大飞机出版工程

总主编 顾诵芬

国家出版基金资助项目

超声速飞机空气动力学和飞行力学

Aerodynamics and Flight Dynamics for Supersonic Aircraft

【俄】Г·С·比施根斯 等著
郭 桢 等译
顾诵芬 等校

上海交通大學出版社
SHANGHAI JIAO TONG UNIVERSITY PRESS

内 容 提 要

本书由俄罗斯科学院院士和俄中央空气流体动力研究院主任专家们撰写，是一本关于超声速飞机的经典著作。

本书介绍了超声速飞机各种平面形状机翼和复杂形状机翼以及操纵面、进气道、尾喷口和机身的空气动力学问题。研究了超声速飞机的稳定性及操纵性、操纵系统的结构及其特性。探讨超声速飞机空气动力学和飞行力学及其与飞控系统的有机联系，阐明了飞机性能的算法及飞机主要参数的选择。

本书可供航空专业的科研人员、研究生和大学生使用。

The original Russian version of *Aerodynamics, Stability and Controllability of Supersonic Aircraft* by G. S. BUSHGENS is first published by MOSCOW NAUKA · FIZMATLIT in 1998.

图书在版编目(CIP)数据

超声速飞机空气动力学和飞行力学/(俄罗斯)比施根斯等著;郭桢等译. —上海:上海交通大学出版社,2009 (2016重印)
ISBN 978-7-313-05627-6

Ⅰ.①超… Ⅱ.①比…②郭… Ⅲ.①超音速飞机—空气动力学②超音速飞机—飞行力学 Ⅳ.①V271.9

中国版本图书馆 CIP 数据核字(2009)第 229188 号

超声速飞机空气动力学和飞行力学

[俄]Г·С·比施根斯 等著
郭 桢 等译
顾诵芬 等校

上海交通大学 出版社出版发行
(上海市番禺路 951 号 邮政编码 200030)
电话:64071208 出版人:韩建民
苏州市越洋印刷有限公司印刷 全国新华书店经销
开本:787 mm×1092 mm 1/16 印张:41.5 字数:826 千字
2009 年 12 月第 1 版 2016 年 4 月第 3 次印刷
ISBN 978-7-313-05627-6/V 定价:188.00 元

大飞机出版工程

丛书编委会

总主编：

顾诵芬（中国航空工业集团公司科技委副主任、两院院士）

副总主编：

金壮龙（中国商用飞机有限责任公司副董事长、总经理）

马德秀（上海交通大学党委书记、教授）

编　委：（按姓氏笔画排序）

王礼恒（中国航天科技集团公司科技委主任、院士）

王宗光（上海交通大学原党委书记、教授）

刘　洪（上海交通大学航空航天学院教授）

许金泉（上海交通大学船舶海洋与建筑工程学院工程力学系主任、教授）

杨育中（中国航空工业集团公司原副总经理、研究员）

吴光辉（中国商用飞机有限责任公司副总经理、总设计师、研究员）

汪　海（上海交通大学航空航天学院副院长、研究员）

沈元康（国家民航总局原副局长、研究员）

陈　刚（上海交通大学副校长、教授）

陈迎春（中国商用飞机有限责任公司常务副总设计师、研究员）

林忠钦（上海交通大学副校长、教授）

金兴明（上海市经济与信息化委副主任、研究员）

金德琨（中国航空工业集团公司科技委委员、研究员）

崔德刚（中国航空工业集团公司科技委委员、研究员）

敬忠良（上海交通大学航空航天学院常务副院长、教授）

傅　山（上海交通大学航空航天学院研究员）

大飞机出版工程

总　序

国务院在2007年2月底批准了大型飞机研制重大科技专项正式立项，得到全国上下各方面的关注。“大型飞机”工程项目作为创新型国家的标志工程重新燃起我们国家和人民共同承载着“航空报国梦”的巨大热情。对于所有从事航空事业的工作者，这是历史赋予的使命和挑战。

1903年12月17日，美国莱特兄弟制作的世界第一架有动力、可操纵、重于空气的载人飞行器试飞成功，标志着人类飞行的梦想变成了现实。飞机作为20世纪最重大的科技成果之一，是人类科技创新能力与工业化生产形式相结合的产物，也是现代科学技术的集大成者。军事和民生对飞机的需求促进了飞机迅速而不间断的发展，应用和体现了当代科学技术的最新成果；而航空领域的持续探索和不断创新，为诸多学科的发展和相关技术的突破提供了强劲动力。航空工业已经成为知识密集、技术密集、高附加值、低消耗的产业。

从大型飞机工程项目开始论证到确定为《国家中长期科学和技术发展规划纲要》的十六个重大专项之一，直至立项通过，不仅使全国上下重视起我国自主航空事业，而且使我们的人民、政府理解了我国航空事业半个世纪发展的艰辛和成绩。大型飞机重大专项正式立项和启动使我们的民用航空进入新纪元。经过50多年的风雨历程，当今中国的航空工业已经步入了科学、理性的发展轨道。大型客机项目其产业链长、辐射面宽、对国家综合实力带动性强，在国民经济发展和科学技术进步中发挥着重要作用，我国的航空工业迎来了新的发展机遇。

大型飞机的研制承载着中国几代航空人的梦想，在2016年造出与波音B737和空客 A320 改进型一样先进的"国产大飞机"已经成为每个航空人心中奋斗的目标。然而,大型飞机覆盖了机械、电子、材料、冶金、仪器仪表、化工等几乎所有工业门类,集成了数学、空气动力学、材料学、人机工程学、自动控制学等多种学科,是一个复杂的科技创新系统。为了迎接新形势下理论、技术和工程等方面的严峻挑战,迫切需要引入、借鉴国外的优秀出版物和数据资料,总结、巩固我们的经验和成果,编著一套以"大飞机"为主题的丛书,借以推动服务"大型飞机"作为推动服务整个航空科学的切入点,同时对于促进我国航空事业的发展和加快航空紧缺人才的培养,具有十分重要的现实意义和深远的历史意义。

2008 年 5 月,中国商用飞机有限公司成立之初,上海交通大学出版社就开始酝酿"大飞机出版工程",这是一项非常适合"大飞机"研制工作时宜的事业。新中国第一位飞机设计宗师——徐舜寿同志在领导我们研制中国第一架喷气式歼击教练机——歼教 1 时,亲自撰写了《飞机性能捷算法》,及时编译了第一部《英汉航空工程名词字典》,翻译出版了《飞机构造学》、《飞机强度学》,从理论上保证了我们飞机研制工作。我本人作为航空事业发展 50 年的见证人,欣然接受了上海交通大学出版社的邀请担任该丛书的主编,希望为我国的"大型飞机"研制发展出一份力。出版社同时也邀请了王礼恒院士、金德琨研究员、吴光辉总设计师、陈迎春副总设计师等航空领域专家撰写专著、精选书目,承担翻译、审校等工作,以确保这套"大飞机"丛书具有高品质和重大的社会价值,为我国的大飞机研制以及学科发展提供参考和智力支持。

编著这套丛书,一是总结整理 50 多年来航空科学技术的重要成果及宝贵经验;二是优化航空专业技术教材体系,为飞机设计技术人员培养提供一套系统、全面的教科书,满足人才培养对教材的迫切需求;三是为大飞机研制提供有力的技术保障;四是将许多专家、教授、学者广博的学识见解和丰富的实践经验总结继承下来,旨在从系统性、完整性和实用性角度出发,把丰富的实践经验进一步理论化、科学化,形成具有我国特色的"大飞机"理论与实践相结合的知识体系。

"大飞机"丛书主要涵盖了总体气动、航空发动机、结构强度、航电、制造等专业方向,知识领域覆盖我国国产大飞机的关键技术。图书类别分为译著、专著、教材、工具书等几个模块;其内容既包括领域内专家们最先进的理论方法和技术成果,也包括来自飞机设计第一线的理论和实践成果。如：2009 年出版的荷兰原福克飞机公司总师撰写的 *Aerodynamic Design of Transport Aircraft*（《运输机气动设计》），由美国堪萨斯大学 2008 年出版的 *Aircraft Propulsion*（《飞机推进》）等国外最新科技的结晶；国内《民用飞机总体设计》等总体阐述之作和《涡量动力学》、《民用飞机气动设计》等专业细分的著作；也有《民机设计 500 问》、《英汉航空双向词典》等工具类图书。

该套图书得到国家出版基金资助，体现了国家对“大型飞机项目”以及“大飞机出版工程”这套丛书的高度重视。这套丛书承担着记载与弘扬科技成就、积累和传播科技知识的使命，凝结了国内外航空领域专业人士的智慧和成果，具有较强的系统性、完整性、实用性和技术前瞻性，既可作为实际工作指导用书，亦可作为相关专业人员的学习参考用书。期望这套丛书能够有益于航空领域里人才的培养，有益于航空工业的发展，有益于大飞机的成功研制。同时，希望能为大飞机工程吸引更多的读者来关心航空、支持航空和热爱航空，并投身于中国航空事业做出一点贡献。

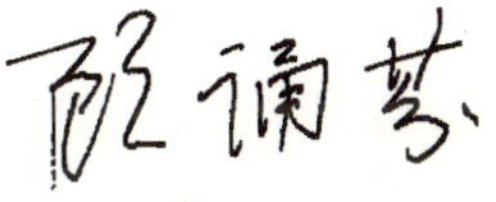

2009 年 12 月 15 日

出版说明

本书是俄罗斯中央空气流体动力研究院(TSAGI)40多年来研究超声速飞机设计经验的系统总结。书中不仅阐述了超声速飞机的气动现象而且给出了大量实验和计算数据。为了超声速飞机的安全和顺利飞行,还介绍了飞机的操纵稳定性以及相应的飞行控制系统,最后还介绍了飞机的初步设计方法。由于本书密切结合飞机设计的实际,为了使我国飞机设计人员能尽快学到这些基础知识,在本书的译述方面,我们采取了平行作业,俄方出一章我们就译一章,因此在俄文出版后不到一年,就由沈阳飞机设计研究所内部出版了中译本,并分发给各飞机设计所和相关的航空院校。由于当时急于译本问世,因此文字和版面的质量不够理想,不宜公开发行。现正逢上海交通大学出版社要出版一套航空专业丛书,为此请他们将此航空经典著作,进一步仔细校订后正式发行。

顾诵芬

2009年12月15日

初版序言

1990年中苏关系正常后，中国航空研究院和俄罗斯中央空气流体动力研究院(ЦАГИ)开展了长期有效的科技合作，直到现在。ЦАГИ的老专家们对我们有很深的友情。本书的主编比施根斯院士长期担任ЦАГИ的副院长，现在是院长顾问，1996年被我工程院聘为外籍院士，并被国家科委授予国际科技合作奖。比施根斯院士长期从事飞机空气动力学和飞行力学的研究工作，有极丰富的经验，写过多本飞行力学方面的专著，在俄罗斯航空界有极高的威望。

经过近10年和ЦАГИ的科技合作活动，使我们感到俄罗斯的空气动力研究始终围绕着怎样才能研制出好飞机这一主题。他们不仅为飞机设计局提供吹风服务，更重要的是给设计局以指导——新机应该采用什么样的气动布局和飞控系统。最终设计局各设计阶段的飞机布局都要通过ЦАГИ的评审。直到现在米格-29、苏-27歼击机都是由他们评审的，难怪西方评论米格-29、苏-27似乎出自一个模子，模子的来源就是ЦАГИ。90年代末亮相的多用途前线歼击机和1998年亮相的苏-37前掠翼飞机，其气动力设计也都有ЦАГИ的劳动，本书第2章就有很多前掠翼的材料，第18章讨论了鸭式布局的利弊。

ЦАГИ不仅有几十座各种试验段尺寸和速度范围的风洞，而且还有10多座飞行模拟台。更重要的是他们有在空气动力和飞行力学领域专业配套齐全的科研人员，他们一直是围绕着创造新飞机在努力，因此，在飞机空气动力学研究方面有着丰富的经验。

ЦАГИ从事超声速飞机气动力和飞行力学方面的研究已有50多年了，因此很自然地积累了大量的经验和数据。过去这些材料都是不能公开的。由于近10年来中俄航空科技合作，双方建立了友谊和信任，他们也需要很好地将长期积累的经验总结出来，但是经济上又有一定困难，因此ЦАГИ和中国航空研究院签订了出版合同，并允许我们译成中文出版。这个合同得到前国防科工委的资助，我们特别感激。

关于专门讲超声速飞机空气动力学和稳定性与操纵性，又这样直接与飞机工程实际相结合的书，在西方公开出版物中还没有见到过。

本书主要的特点是突出介绍如何进行超声速飞机的气动力设计，介绍气动设计中可能遇到的气动力问题及其解决的对策。并且说明这些问题时用了大量的数据和曲线，很少用到理论公式，这对工程设计人员是非常实用的。

书中空气动力学部分是按气动力部件来分别阐述的，如各种形式的机翼、进气道、尾喷口、机身、操纵面的气动特性，并给出了估算气动力方法及有关其气动特性的大量实验结果，给设计人员清晰的量级概念。该书在最后还对超声速飞机各种布局形式作了评述，并对设计超声速飞机的参数优化选择作了详细介绍。

关于飞机的稳定性和操纵性结合了飞行控制系统一起来讲述，这也是少见的，但却是发展趋势，因为新一代飞机的飞行品质越来越多地要依靠电传操纵系统和主动控制技术。书中引用的材料大部分是与现实飞机相联系的。由于飞行力学研究已向过失速领域发展，因此，书中特别介绍了非定常运动和飞机的空间动力学理论。

这样一部密切结合飞机气动力及飞行控制设计实际的书是ЦАГИ 40多年来相关科技人员毕生经验的总结。因此，在1998年纪念ЦАГИ成立80周年的专刊中，在ЦАГИ的大事记中，均把它作为ЦАГИ 90年代的大事，文中说“它将使ЦАГИ科研人员的经验系统化并上升到可以指导一般设计的高度”。

由于我国现在在飞机空气动力学和飞行力学方面没有实用的、系统的新资料，严重地影响气动力设计水平的提高，而且往往还在走人家已经走过而又走不通的道路。为了我们新飞机的发展，应该让在飞机设计一线的同志能看到这种新资料，但我们这些同志能看俄文的已经不多了，因此，中国航空研究院委托六〇一所尽可能快地将本书译出，为了加快进度有些章节特别请北航、西工大的教授和六二〇所的同志参加了译校。第1章由北航朱自强教授校译，第2,4章由六二〇所胡秉科研究员译，绪论和第3,5,6,7,16,17,18章由六〇一所郭桢译审译，第8,15章由西工大高浩教授译，第9章由六〇一所廖启凡译，第10章由六〇一所孔繁杰译，第 11，12，13，14 章由六〇一所曾冬娟译。

六〇一所副总设计师李天同志校译了全书，气动力及全机布局部分由顾诵芬审校，飞行力学和飞控部分由李明院士审校。由于急于早日出书，因此译校比较仓促，肯定会有错误或不当之处，希望读者指出。

本书主要供飞机设计所的科技人员使用，也可以供气动力研究所，空军、海军航空兵的科技人员及航空大专院校的师生参考。

中国科学院院士
中国工程院院士 **顾诵芬**

1999 年 5 月

原版前言

超声速航空成功的发展超过45年了。世界上有几个超声速飞机的“发源地”——苏联、美国、法国、英国、瑞典、中国。历史上形成了的局面，由于许多原因，这些国家中的每一个实质上都是单独地进行着超声速航空领域的研究活动。具体的信息交流实际上是微乎其微。可以看得见的只是最终的工作成果，有时使其他国家感到意外。每个国家都在走自己的路，虽然如此，然而在许多方面的结果又往往是接近的。

显然，超声速航空方面的研制和发展，在各个领域里若不进行广泛的科学(理论和实验)研究、试验设计工作、积累和深化使用经验，是不可思议的。超声速航空领域的进步在很大程度上是由空气动力学的发展所决定的，所以认为在这一概念中包括了本书所研究的空气动力设计的全部综合问题。

现在在理论领域里提出的研究方法，在一般情况下能够得到在空气动力学和飞行动力学领域里的近似估算。近几十年来，供电子计算机使用的更为精确的方法得到了迅猛的发展。在计算理论和方法方面出现了大量的文献资料，但其中很多文献的叙述往往只限于综述这些方法并指出其可能的使用范围就结束了。

我们认为，把近几十年内，尤其是在ЦАГИ所进行的大量实验研究，按照基本的研究方向，并根据超声速航空技术进步的阶段把它们分类后，再加以系统化的概括和总结是有益的。

最近20年来，超声速飞机的设计要考虑到其操纵系统能够确定主要的布局参数这一概念。我们认为这一点有必要在这本书中反映出来，并用部分章节阐述超声速飞机的稳定性、操纵性问题和操纵系统。另外用一章专门阐述空气动力设计的基本问题——飞机参数的选择。

本书是由ЦАГИ的科学研究工作者们——主要研究项目的直接参加者撰写的。作者们意识到，由于在所研究的领域中问题的多样性，虽然有大量的专著，但某些问题未能得到具体的阐明，因此在某些论述方式中可能有个别疏漏。作者们将以感激之情接受读者们关于改进和深化本书内容的意见和要求，因为这本书实质上是这样概括和总结的初次尝试。

本书的编制和问世承蒙中国航空研究院，特别是顾诵芬院士的大力支持，作者们对此深表谢意。作者们还感谢ЦАГИ的领导，特别是副院长B·Л·苏哈诺夫所给予的支持和帮助。

在编制本书时，ЦАГИ的工作人员K·Ю·科斯明科夫在编辑手稿及其出版加工方面作了大量工作。就本书的一些章节，Г·A·费多连科和B·C·别尔科给了他以帮助。对于出版本书的俄文版，ЦАГИ的青年专业人员们在M·A·伊万金的领导下编排了本书的版式。作者和主编对他们全体深表谢意。

俄罗斯科学院院士
中国工程院院士　Г·C·比施根斯

各章作者名单

绪　论　Г·С·比施根斯

第 1 章　А·А·格拉德科夫,Р·Д·伊罗多夫,Г·А·费多连科

第 2 章　Н·К·列别季,Л·Н·昂科娃

第 3 章　Р·Д·伊罗多夫,Н·К·列别季,Г·Л·雅基莫夫

第 4 章　Л·Е·瓦西利耶夫,Р·Д·伊罗多夫,Л·А·库罗奇金,А·А·帕弗连科,Г·А·费多连科

第 5 章　В·И·瓦西利耶夫,А·К·伊万纽什金,Е·В·帕弗留科夫,В·Д·索科洛夫

第 6 章　К·П·彼德罗夫

第 7 章　В·Г·米克拉泽

第 8 章　М·Г·戈曼

第 9 章　В·Я·鲍恰罗夫

第 10 章　Г·С·比施根斯,М·Г·戈曼,А·С·乌斯季诺夫

第 11 章　А·Г·比施根斯

第 12 章　Г·С·比施根斯

第 13 章　В·С·别尔科,Ю·Г·日沃夫

第 14 章　В·Л·苏哈诺夫

第 15 章　М·Г·戈曼

第 16 章　Р·Д·伊罗多夫,Л·А·麦德维日尼科娃,Г·А·费多连科

第 17 章　Р·Д·伊罗多夫

第 18 章　Р·Д·伊罗多夫

目　录

绪　论

超声速航空的发展首先基于解决了基本空气动力学问题和涡喷发动机成功的发展。这种发动机众所周知，20 世纪 40 年代好几个国家都在研制：俄罗斯（A・M・留申卡，B・B・乌瓦洛夫）；英国（P・惠特尔，A・格里费茨）及德国（H・奥亨，M・米勒）。在美国，由知名的迪兰教授领导的国家航空咨询委员会（NACA）中的专门委员会很长时间在注意喷气发动机的研制问题，他们研究了各国在这方面的资料。然而，阿诺德将军却不靠这些，此时，他从英国得到了这种发动机的图纸和有关资料，并下达任务给通用电气公司在美国制造喷气发动机，而贝尔公司制造喷气飞机*。

德国和英国在二次大战期间研制了一系列的喷气发动机，并制造了第一代喷气飞机。

战后 3～5 年发展了喷气发动机并研制了近声速飞机。在 1950 年后，实现了在燃气涡轮后再喷燃料（加力燃烧室），才有可能增加额外的推力，因而飞行速度可以超过声速。

克服声障除了靠推力，还有飞机空气动力学问题——能否实现减少波阻和保证稳定性和操纵性。

成功地解决上述问题——研制发动机、合理的空气动力学特性和保证稳定性和操纵性——实现了由增大速度、歼击机提高机动性和重型喷气飞机加大航程。第一代批生产的超声速飞机出现在 1953～1954 年**。这是米格-19（苏联）及 F-100（美国），达到的飞行速度相当于 $M = 1.2 \sim 1.35$。到 60 年代，苏联、美国、法国和英国的歼击机都达到 $M \approx 2$ 或更高的速度（图 0.1）。

由于气体动力学和热力学特性的不断完善，极大地改善了涡轮喷气发动机的输出参数。对于超声速飞机的布局最重要的参数是：

——发动机推重比 $P_{0ф}/G_{дв}$；

---

* James R. Hansen. 主管工程师。The NASA History Series/NASA，1987 Washington。

** 在此之前，苏联的拉-176（1949 年 1 月）及米格-17 在下降甚至于俯冲时超过了声速。此外，在 1947～1955 年，美国从 B-29 及 B-50 飞机投放用液体火箭发动机的一系列试验机（贝尔、X-1、X-2，道格拉斯 D-558-II 等）在非定常飞行中超过了声速（见图 0.1）。这些飞行得到了一系列有价值的 M 数（马赫数）等对飞机空气动力学有影响的资料，当然也出现了一系列的事故。

——在地面零速度时发动机带加力的总有效推力 $P_{0\phi}$（见图 0.2）；

——加力比 $P_{0\phi}/P_{0a}$；

——在基本巡航飞行状态下的燃油消耗率 C_R（见图 0.3）；

——推力与发动机最大横截面积之比 $P_{0\phi}/S_M$；

——推力随飞行速度（或 M 数）变化特性，最好在超声速飞行时推力增长尽可能更急骤些。

由图 0.1～0.3 可以得出，涡轮喷气发动机采用加力推力并同时改进气体动力参数和热力学参数，就可以大大地增加发动机单位重量和单位最大横截面积的推力。这时在加力状态下燃油消耗率增加。

在改善涡喷发动机的气体动力及热力学参数的同时引入加力推力，可以大大增大单位重量和单位发动机面积的推力。但在加力时耗油率也要增大。

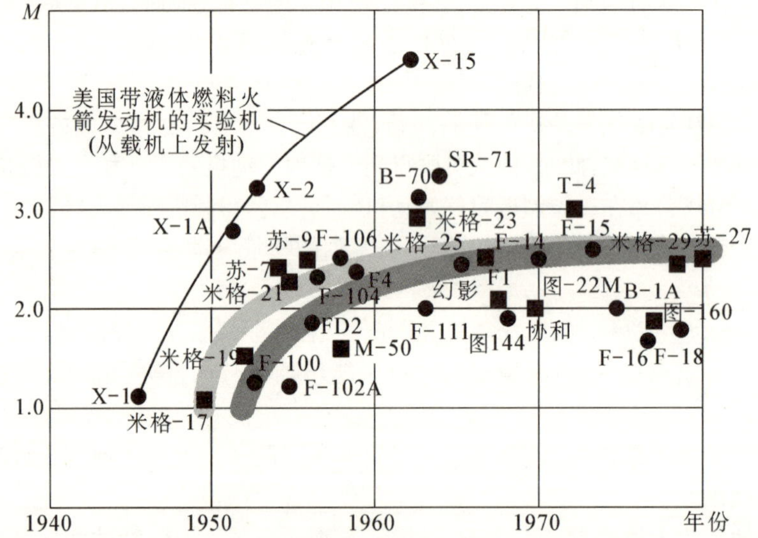

图 0.1　飞机最大速度（M 数）的变化

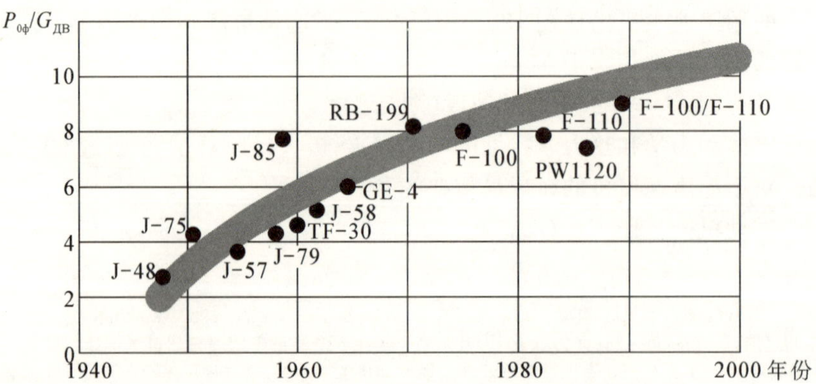

图 0.2　涡轮喷气发动机单位推力的增加

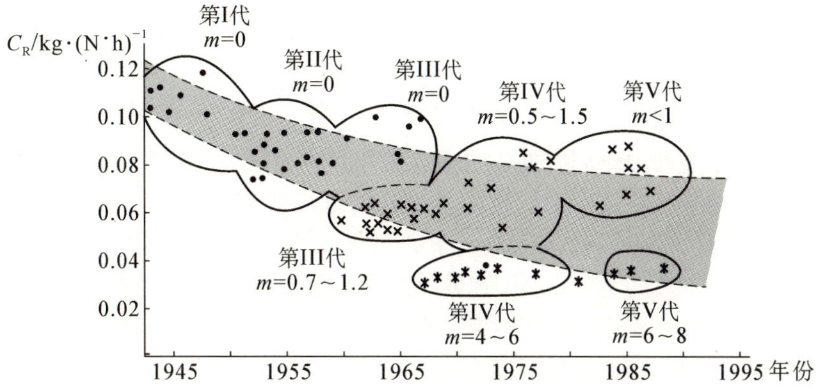

图 0.3　涡喷发动机燃油消耗率的减低（m——涵道比）

今后，改进发动机的内部参数靠提高发动机推力和在 $M>1$ 的飞机升阻比，就可以在超声速巡航飞行时不使用加力。

第一批这样的发动机用在制造远程飞机，如 M－50、图－144、“协和”号、T－4 等已经研制出来。

现在，对于新一代超声速歼击机也采用类似的方法。在机动、加速、爬升、短距起飞情况下使用加力状态。

因此，发展发动机和空气动力学可以完成 3 次主要飞跃：

——转入到超声速 $M=2\sim3$；

——不用加力飞行状态，以 $M=1.7\sim3.0$ 作超声速飞行；

——对于机动飞机不用发动机加力推力转入到 $M=1.5\sim1.8$ 的超声速巡航飞行状态。

空气动力学——选择机翼、尾翼、机身、进气道等的最佳形状在发展超声速航空中具有决定性意义。

选择机翼平面形状及其翼型问题是主要的——需要克服很大的波阻增加，并且在达到声速 $M=0.95\sim1.2$ 时所有空气动力特性、稳定性和操纵性都急剧变化。

当时研究了如下途径：

——在常用展弦比（对歼击机为 3～5）的非后掠机翼上减小机翼翼型的相对厚度，及研制专门的带尖锐前缘的高速翼型；

——利用侧滑效应，用后掠机翼；

——采用带空间流动效应的展弦比很小、而根梢比很大的机翼，在这样的机翼上同时减小翼型相对厚度。

第一个方向在美国研究了很长时间，开始用于贝尔系列装液体燃料火箭发动机的实验机 X－1，其相对厚度为 3%～5%，之后用于装涡轮喷气发动机的美国战斗机 F－84、F－94 和最后用于 F－104。F－104 战斗机从 1960 年到 1978 年投入了批生产。

苏联很快评定这一方向是没有前途的。一系列装有相对厚度 $\bar{c}=9\%$ 和 6% 平直薄机翼的飞机没有成功，根据中央空气流体动力研究院的意见，最好的方案——在稳定性和操纵性方面出现急剧的变化，这在当时很需要复杂的自动控制装置。后来，F－104的使用经验表明，由于其事故率很高和大量机毁人亡的灾祸，证实了这一结论的正确性。

中央空气流体动力研究院的主要研究工作是针对研制小展弦比后掠机翼*和三角形机翼。中央空气流体动力研究院所进行的基础研究使设计局能够先制造跨声速和超声速飞行的试验样机，而后生产作战的歼击机。

随着发动机推力的增加，也由于学者和设计师们对新事物的不断追求，转入研究超声速飞行问题。由于对物理现象的研究明显不足，要进一步发展速度就需要开展对超声速空气动力学领域的研究。

风洞超声速气流模拟试验问题，不像人们所想象的那样简单。初次试图在专门建造的风洞取得超声速流和通过 $M=1$ 没有获得成功。风洞管道内出现的激波不能通过 $M=1$；风洞气流发生“壅塞”。

1946年在中央空气流体动力研究院发现了：采用试验段洞壁开孔可以实现 $M=0.8\sim1.2$ 的跨声速流。这项新措施可使中央空气流体动力研究院组织有计划的风洞研究。即对后来速度方面的每一进展都要进行详细的基础研究和具体飞行器的模型研究。因此，与飞行试验相比，这些研究总是超前。为此，建造了新的专门装置。在图0.4上示出了说明这一情况的相应图线。在此基础上开始了对超声速飞行的空气动力布局的研究。

中央空气流体动力研究院的研究表明，后掠角增大到45°就能够安全地以允许的波阻通过声速（$M=1$）。然而，用后掠角55°机翼可以得到更好的结果。

为了检查在中央空气流体动力研究院风洞跨越声速时所取得的空气动力特性，1947年进行了一系列有中央空气流体动力研究院参加的飞行试验。用自动控制的飞行模型取得了达到 $M=1.4\sim1.45$ 的预期结果。

然而，增大后掠角会引起稳定性、操纵性、结构强度方面的一系列困难，因此，设计局是一步步增大后掠角的。

在仔细研究风洞及对稳定性和强度所有问题分析之后，中央空气流体动力研究院于1949～1950年拟定了55°后掠机翼超声速歼击机CM－2(米格-19)的建议。由于A·И·米高扬设计局的紧张工作，在1952年就进行了歼击机CM－2的飞行试验，并在平飞中达到相当于 $M\approx1.35$ 的速度(图0.5)。

在研制首批超声速飞机时，学者们碰到了一系列新的问题。

第一，在超声速下必须使进入发动机的气流以最小的损失阻滞到亚声速。为

---

* 在美国围绕变后掠机翼发生了一起戏剧性事情。罗伯特·琼斯主要是根据自己的理论工作于1945年向NACA提交一篇文章：采用后掠机翼作为减小空气压缩性影响的一种途径是有价值的。然而编辑委员会主任、著名的力学家西奥多·西奥多森认为作者的论据不能令人信服并称作者的结论是奇术(“hocucpocus”)。进一步讨论来自德国和欧洲的材料，所进行的实验都证明了在美国发展这一方向的必要性和合理性。结果出现了道格拉斯-588－II实验机的研制，而后批生产作战用的后掠翼战斗机。

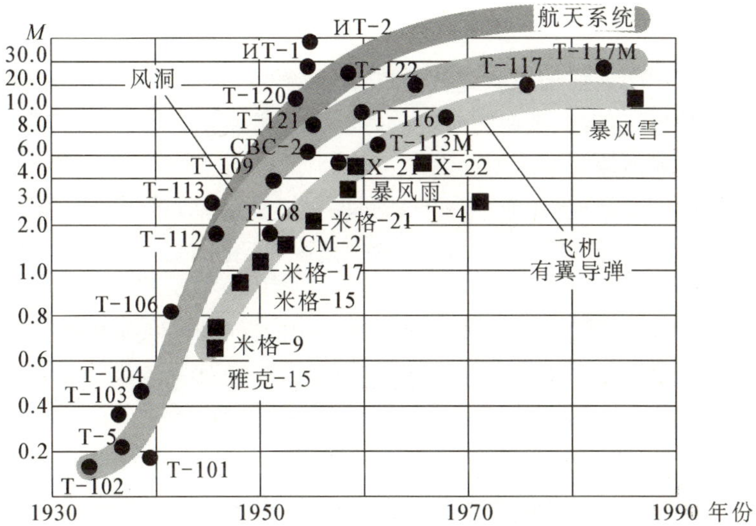

图 0.4　在中央空气流体动力研究院风洞中和在具体飞行技术样机飞行中所实现的 M 数

图 0.5　第 1 架苏联的批量生产超声速歼击机米格- 19 ($M=1.35$)

此,研制了超声速飞机特有的几何形状的进气道,但它随着飞行 M 数的增加而更加复杂起来。

第二,在机翼后掠角 $\chi=55°$ 时,随着迎角增加而要保证纵向稳定性的问题变得复杂起来。在这些条件下,为了保证飞行安全就必须在所有飞行速度范围内具有纵向静稳定性。

正如中央空气流体动力研究院详细的研究表明,上述问题只有在准确地选择平尾靠近机翼平面的下位置才能达到。

第三,已经表明,进入超声速,由于空气动力焦点后移势必引起作用于飞机的纵向力矩大大增加。同时,在超声速下舵面效率急剧地下降。正如中央空气流体动力研究院的研究表明，由于上述原因，必须采用全动平尾，同时也要求采用不可逆式助力操纵。

采用全动平尾必须详细地研究其空气动力特性。主要任务之一是通过选定平尾形状及其转轴位置，保证其偏转时铰链力矩尽可能小。业已表明，存在过补偿时，可以并应该保证亚声速时的平尾操纵。

对所讲述的还应补充，在亚声速下全动平尾提高效率，就需要加装纵向操纵杆行程与平尾偏转关系随 M 数和速压（或飞行高度）变化的自动调节系统，以及操纵杆力的调节系统。

高速飞行（大的速压和 M 数）需要研制和采用不可逆式操纵系统。这种使用辅助能量的新式操纵系统的基本原理也是在中央空气流体动力研究院研究出来的。只有采用助力器在操纵面铰链力矩大的情况下才能实现飞机的操纵。

1949 年，在专门为此改装的飞机上进行了助力操纵系统的飞行试验。中央空气流体动力研究院关于助力操纵系统的工作，为跨声速和超声速飞机设计实践中采用这样的系统奠定了必要的基础。

因此，在转入超声速时稳定性和操纵性就成为决定性的问题。

中央空气流体动力研究院对所有列举的问题进行了详细研究，需要制定专门的风洞和飞行模拟器的实验研究方法。例如，研究进气道和整个发动机装置（压气机、喷管等）的空气动力学，就要求该院建立专门的实验基地。

接着出现了可取什么样的机翼的问题。仍然研究了 3 种方案，只是这次他们都有较为详细的机理。研究最透彻的是后掠角 55°～60°机翼方案。正如研究表明，对于这样的机翼可以利用相当大的相对厚度和展弦比。在这些条件下，也可保证必需的机翼强度和刚度。超声速非后掠机翼应具有较尖的翼型前缘，但这使飞机的机动性急剧地变坏。中央空气流体动力研究院的研究表明，这一方案对于歼击机来说是不合理的。

理论指出，为了减小波阻，为了取得可接受的空气动力特性，必须使机翼前缘为亚声速的（按前缘法向速度分量算）。为要在设计 $M\approx2$ 时满足这一条件，必须选择前缘后掠角≈60°。在这种情况下，可以采用完全圆形前缘和较大相对厚度（约 5%）的翼型，这保证了机动和起飞-着陆状态可接受的特性。此外，还保证了足够的机翼刚度和强度。所有的考虑是有充分根据的，并为中央空气流体动力研究院的大量研究所证实。

А·И·米高扬和 П·О·苏霍伊两个歼击机设计局长时间分析了两个方案的优缺点，这两个方案是中央空气流体动力研究院为全面研究三角翼和后掠翼超声速歼击机所建议的。两个方案都是完全可行的，设计师们应作出最后选择。

歼击机经常为增加速度开辟新的道路，因此，对于今后发展航空的选择是带有原则性的，并且是很重要的。

奇怪的是，这两个方案如果不经实际检验，设计师们都下不了决心选择。因此两个设计局都决定制造两种飞机的方案。

于是在1953年产生了中央空气流体动力研究院对A·И·米高扬设计局研制带后掠翼E-2和带三角翼E-4两种飞机的建议(于1955年进行了首飞)。两种飞机上的发动机、机身和许多其他结构件都是相同的。

П·O·苏霍伊设计局也作出了研制两种飞机的类似决定:后掠翼$\chi_{1/4}=60°$的苏-7和三角翼的苏-9。在这种飞机上用的是重量大、推力大的A·M·留利卡设计局的АЛ-7发动机(其推力比A·И·米高扬的飞机的大),但是两个方案的发动机是相同的。П·O·苏霍伊设计局的飞机于1955～1956年首飞。中央空气流体动力研究院同设计局一起对这些具体的设计方案在空气动力学、强度和飞行动力学方面进行了全部必需的综合研究。

中央空气流体动力研究院超声速风洞综合工程的建造阶段,以独特的、大型尺寸间歇式跨-超声速风洞T-109于1953年投入使用而结束,在世界上没有与这座风洞可以相比的。

试验段正方形横截面尺寸为2.25 m×2.25 m的T-109风洞具有的M数范围为0.5～3.6(后来增大到$M=4.0$)。

这种独特的装置使所设计的飞机的空气动力有进行完全符合要求的研究的可能性,所用的模型尺寸可以高度准确地复现一切细节。

按照A·И·米高扬设计局和П·O·苏霍伊设计局的方案,对上述试验歼击机模型在T-109风洞所进行的研究表明,三角翼和后掠翼两种方案的主要特性是接近的。

中央空气流体动力研究院提供的空气动力布局、稳定性和操纵性、强度和气动弹性的建议,包括了所有主要几何的和其他的决定性数据。一致选定了带平尾的正常式歼击机布局。

A·И·米高扬设计局按结构设计和飞行试验的结果认定三角翼飞机好。设计局进一步工作是制成独创的超声速轻型多用途歼击机米格-21,其起飞重量为8～9 t,装有C·K·图曼斯基的加力发动机P-11Ф,而后装有P-13。米格-21飞机于1956年2月进行首飞。

П·O·苏霍伊设计局两个方案都投入了批量生产,只是每一种都有自己的用途:苏-9是截击机,而苏-7是前线歼击-轰炸机。

在研究预定用于$M=2$的超声速歼击机的空气动力时,有关研制进气道的问题又变得尖锐起来。

在$M<1.3～1.5$时,在可接受的压力损失、气流不均匀度、容许的阻力增加和气流脉动情况下,可以通过正激波实现进口气流的阻滞。在大M数时,必须用与来流成角度的表面(锥体或斜板)组成几道斜激波来实现这种阻滞。随着M数的增加,就必须造成一系列斜激波来实现逐步阻滞,这势必要用形状很复杂的压缩面并使它随飞行M数、通过发动机的空气流量和外界温度而变化。

很重要的是，除了取得进口气流相当高的压力恢复值以外，还要使沿通道截面的气流均匀度 σ_0 达到允许水平以及脉动 ε 尽可能小。所有这些条件可以用足够精确的压缩面控制系统来实现。这一控制原理是由中央空气流体动力研究院的学者们研究出来的。偏离 σ_0 和 ε 的允许值会导致带进气道的发动机失去气体动力稳定性。要使与这些特性匹配的方法通过专门的模型在中央空气流体动力研究院的风洞中研究，以得到发动机的稳定余量，这种方法是 ЦАГИ 和 ЦИАМ 的专家合作研究出来的。

在飞行试验过程中，装有手操纵的进气道调节系统的苏-7 飞机在一次最初超声速飞行中相当突然地出现了新问题——"发动机-进气道"系统失去稳定性。这种现象伴随着管道内压力急剧变化，整个飞机强烈抖动和发动机停车。这种现象称为"喘振"。原因是飞行员不能准确地控制所规定的位置。后来根据中央空气流体动力研究院的学者们研究制定的原则制造出高准确度的进气道（锥体位置和辅助放气门）自动控制系统。

这样，探索和研制早期的超声速歼击机阶段于 1955～1958 年结束了。

在中央空气流体动力研究院及其他研究院研究的基础上，设计局制造出来的早期超声速歼击机成了"长寿飞机"。像米格-21 飞机（图 0.6）在苏联、中国及其他国家投入批量生产将近 30 年，并且大概是世界上最大批量的歼击机。

图 0.6 带三角翼的超声速歼击机米格-21

与研究歼击机同时，随着时间的推移，对重型超声速飞机的空气动力学和强度进行了详细研究。

由于涡轮喷气发动机在加力状态下燃油消耗量很大，所以这些状态应是十分短暂的。

最初，中央空气流体动力研究院进行了轻型和中型轰炸机的可能性研究。曾建议设计局采用大后掠角 $\chi=55°\sim60°$ 机翼的途径。然而，要求取得可接受的航程并保证安全起飞和着陆，可接受的几何参数的探索受到强度、气动弹性和稳定性因素的限制。

中央空气流体动力研究院同设计局一起研究过一系列方案，制造了图-98、伊尔-54、雅克-27等试验机，它们辜负了期望。只有45°后掠翼的轻型轰炸机雅克-28被投入大批生产。

中央空气流体动力研究院的继续研究被用于$\chi=55°$后掠翼远程超声速导弹载机图-22的布局。然而，虽然所采纳的方案，与美国研制的同类的无尾布局的B-58"盗贼"相比更为合理，可是图-22超声速飞行性能毕竟有局限性，因为发动机布置在机翼后的垂直尾翼上。中央空气流体动力研究院所进行的研究曾提醒过专家们注意：要保证布置在机身和机翼扰动区的发动机在超声速飞行时的工作能力。很遗憾，这些担心在飞行中被证实了。

发展喷气轰炸机的下一阶段是由中央空气流体动力研究院同B·M·米亚西谢夫设计局在研制超声速巡航飞行状态的战略导弹载机M-50方面的共同研究。

这些工程之所以成为现实，是因为B·A·多勃雷宁设计局在研制不加力超声速飞行状态用的发动机取得成功。

中央空气流体动力研究院推荐了三角翼飞机布局，两台发动机装在翼尖、两台装在翼下挂架上。

对用硬铝结构的飞机，巡航状态选定在$M\approx1.7$。为了减小纵向配平对升阻比的损失，中央空气流体动力研究院曾建议这样设置重心，在亚声速下静不稳定度为机翼平均空气动力弦长b_A的10%，飞机的稳定性由过载和角速度传感器的自动操纵系统加以保证。中央空气流体动力研究院对其所建议的积分式操纵系统曾作过预先研究，并在B·M·米亚西谢夫的亚声速飞机3M飞行中作过调试。经过大量的综合研究后，M-50飞机的试验样机被制造出来，并于1961年参加了莫斯科航空节检阅。后来由设计局研制了这架飞机的改型M-52。

超声速飞行器的研制工作需要在基础空气动力学和飞行动力学领域加强研究。

早在40年代，适用于翼型和轴对称体跨声速(细长体理论)和超声速的绕流、气体动力学的线性理论方法已发展起来。1944～1947年超声速流中机翼的线性理论得到广泛的发展。

亚声速和超声速前缘三角翼在超声速流中空气动力特性的线性化问题解决了。

系统地比较线性理论所给出的结果表明，为航空技术的实用目的，其使用可能性有一定的局限范围。

为了计算旋成体及与其接近的飞机机身的绕流，线性理论不能给出令人满意的结果，因此必须采用更准确的方法。

当时没有快速运算的计算机，不可能为了计算使用一般的特征线法，尽管该方法基本上是准确的。因此，详细研究了在零迎角下轴对称体绕流有效的近似计算法，按这种方法的计算结果可以给出极高的准确度。

实验研究表明，波阻增量的大部分，尤其是在速度接近于$M=1$时，是由于机身和机翼、尾翼和飞机其他结构件相互影响产生的。这也导致了机翼和机身及其组合的最佳形面的理论探索，使之在各种条件下都产生最小的阻力。

为了减小干扰阻力，对机翼和机身、机翼和发动机短舱连接区域的速度场的影响进行了仔细的理论和实验研究。同时发现，在机翼安装部位有圆筒形机身舱段时，则干扰相当弱。

后来，由于实验和理论研究的结果在国外表述为所谓的跨声速"面积率"，按此规律组合机翼和机身将具有最小的阻力，如果垂直于气流的截面分布与最小阻力的旋成体一样。这一简单的规律在空气动力设计时创造了一个方便的几何概念。采用这一规律时，机翼与机身的阻力比与相对粗大机身连接的机翼明显地小，该机身在连接区域有凸起的表面。然而，具有初始圆筒外形的机身收腰也不产生很大的增益。收腰效应只表现在较为不大的跨声速范围内，可是在大的超声速下阻力就增大了。

机身对升力特性和纵向与航向稳定特性的影响也很重要。这一问题用奇点法并借助于按小参数分解修正的细长体理论来求解。

用大量的实验检验了通过机翼亚声速前缘实现吸力效应来减小升致阻力的可能性的理论原则，在一系列情况下取得了良好的结果，特别是前缘采用专门的弯扭，即所谓的锥形扭转，使阻力显著地降低。

对各种飞行器单个部件和布局的空气动力特性的半经验和近似估算方面的计算方法也发展起来。

在一系列情况下，线性理论变得不够用了，有必要采用更高阶的近似计算。

各种用途飞机的空气动力布局的设计伴随着选择发动机短舱最佳位置的研究，其短舱数目，特别是远程飞机的短舱数目增多了。并研究了布置在机翼翼尖上、机翼下挂架上的短舱布局。

超声速航空的发展与动力装置空气动力学的发展有着不可分割的联系。

空气喷气发动机管道专用的超声速扩压器的研制对增大飞行速度和航程具有重大的意义。普通类型的扩压器通过正激波将超声速流转变为亚声速流并发生很大的压力损失。制定了扩压器的一般设计方法，其中超声速流在最佳斜激波系中阻滞。借助于装入扩压器的专门锥体和斜板造成斜激波系。这一方向坚定地贯彻到飞机制造实践中去并得到系统的发展。

在设计进气道时，需要在确定保证其稳定工作的空气流量范围、进气道"喉道"几何参数的作用、实现气流压缩的各种方式方面进行研究。

在研制进气道系统时也研究扩压器的内流，其中包括研究分离内流的必要性。

对多状态进气道的机械装置、其控制方法、边界层控制方法也进行了研究。

进行了保证发动机和进气道共同稳定工作的研究。并研究了压气机前气流参数不均匀度对其气体动力稳定性的影响。

与此同时，确定并优化发动机短舱整流罩的内、外形。在线性理论框架内求得的这一变分问题的解表明，通气旋成体的阻力与物体表面形状的变化关系很小。波阻基本上由排气截面与最大横截面之比和与圆柱部分连接点母线的切线倾斜角来确定。尾部外形这时接近于截尖圆锥体。

研究了机身尾部区外部气流与喷流的相互作用、尾部和喷管不同形状底部压力和有效推力的关系。

研制超声速飞机需要解决稳定性和操纵性领域一系列原则性问题，还需要研究飞机的非定常空气动力特性，特别是空气动力阻尼特性。

为了在超声速下实验研究就需要建立专门的极为复杂的设备，该设备在模型强迫振荡和稳定旋转时可以分出很小的阻尼力矩。

根据实验研究制定出可靠的超声速阻尼特性的计算方法。

超声速飞机的布局，除了其几何形状变化很大以外(薄翼、机翼展弦比小、大长细比尖头机身等)，还引起惯性特性的很大变化。超声速飞机的惯性椭圆体拉长很多($J_y/J_x \approx 10 \sim 15$)。在急剧滚转时，由于纵向和横侧运动的惯性交感而有可能失去稳定性。研究表明，在滚转角速度超过一定值时会产生失去按迎角或侧滑角的稳定性。这种不稳定性过载可能非周期地或振荡地增加。这时操纵面作用的效果相反且使飞机驾驶困难。在美国某些飞机出了问题，例如F-100战斗机因空中失事而被迫停飞。我们对米格-21、苏-9等歼击机进行了相应的计算，而后进行了飞行试验。建立了这一问题的理论，指出了排除这种危险的措施。

通过声速引起纵向静稳定特性很大的变化。在一些情况下，这些特性还可能出现随迎角非线性变化的性质。分析短周期运动的动力学(特别是稳定性)是有意义的。因为这里的飞行速度(或M数)与迎角相比是变化缓慢的参数，所以发展了适用于这些问题的渐近法。

超声速飞机操纵系统的工作也是极为重要的研究方向。带调节操纵系统主要运动参数和操纵杆力模拟系统(载荷机构)参数的不可逆式助力操纵被广泛地采用。

对于不可逆式助力系统重要的是可靠性问题，解决该问题，除了要求系统部件的可靠性高，还要求从理论上深入地分析系统的结构。

得到更广泛应用的还有自动控制装置的其他元件——飞机振荡阻尼器、比例式纵向自动控制系统，可以使实际上主要的操纵特性与飞行状态、重心位置及其他参数无关。

发展超声速航空就需要进一步完善飞行性能的计算方法，并制定最佳飞行状态的选择方法。例如，飞机加速并进入稳定的超声速飞行状态就需要消耗很多能量，因而需要详细的分析。对于超声速飞机来说，为要进入超声速巡航，消耗约30%载油量，已经掌握改变高度和速度的最佳程序并已查明，最有利的状态对应于最高速压平均值的飞行。此外，超声速飞机的动能很大，靠一部分动能转变为势能就可以取得比静升限大得多的动升限。这些运动的计算方法得到了发展。

后来，由于采用计算机，根据要取得给定的飞行性能的条件，选择飞机最佳参数的方法得到了很大的发展。

飞机很大的推重比使得非定常飞行状态——各种机动飞行的作用提高。

完成前几代超声速歼击机发展阶段的标志之一是 A·И·米高扬设计局与中央空气流体动力研究院共同研制歼击截击机的综合工程，该飞机能达到较大的超声速，相当于 $M\approx3$。同时，飞行高度自然也提高很多。

根据中央空气流体动力研究院的预先研究，认为采用超声速前缘机翼的布局原则是合理的。在这样的情况下，可以采用机翼前缘后掠角≈40°，但是这时翼型的最大相对厚度应该是相当小，$\bar{c}=3\%\sim4\%$，而翼型前缘半径也很小。这时只有超声速前缘才可能得到允许的机翼波阻。这样的布局也可以得到可接受的起飞-着陆性能。

根据飞行状态，也研制出来可调节的发动机进气道。飞行 M 数范围很大，就要求在很大的范围内调节进口斜板，因此，中央空气流体动力研究院推荐了可以产生几道斜激波的水平斜板压缩气流的进气道形式，而进气道本身制成"戽斗"形，紧贴机身。这样的形状可以在进气流量很大的、带加力燃烧室的涡轮喷气发动机的进口处实现很高的总压恢复系数。

这种飞机的研究于 1961 年开始，在 1964 年米格-25 原型样机已经首飞。

在随后的年代里，A·И·米高扬设计局研制了米格-25 飞机的一系列改型，而于 70 年代末设计局研制出来极重要的改型方案——米格-31(图 0.7)。该型歼击截击机成批生产了很长时间，在世界上是无可比拟的。用这样的飞机能进入比静升限高得多的动升限。

图 0.7 歼击-截击机米格-31

苏联的航空在米格-25 飞机飞行中首次碰到了表面加热问题。当 $M\approx3$ 时前缘驻点温度已经达到了 300～350℃。A·И·米高扬设计局首次研制了采用钢、钛及其他材料的结构，以保证必需的强度和寿命。中央空气流体动力研究院进行了在热流作用下的结构件的强度研究。

因此，研制成米格-25 及其随后的改型，并以此为基础，截击高空和高速目标的整个综合体是本国航空的重大成果。用这种飞机可以长时间地超声速飞行，并在速度2 500～3 000 km/h 上作高的机动。这些特性使其从 1965 年到 1978 年期间就创造了25项世界纪录，其中3项是绝对纪录。其中与机动性和良好的驾驶特性有关的某些纪录一直保持到现在——这就是动升限(1973年36 240 m和1977年37 650 m)、闭合航线飞行和高度20 km的爬升率纪录。

中央空气流体动力研究院与П·О·苏霍伊设计局共同研制相当于$M\approx3$的远程高超声速飞机T-4("100")的巨大综合工程也应属于发展高速航空这一方向之列(图0.8)。在这里也表现了高速和高空飞行的优越性。解决在这些速度下取得很大航程这一最困难任务的办法，由于B·A·多勃雷宁设计局发动机专业人员取得的成功而稍有所缓解，他们制造出来在不加力状态下供$M=2$超声速飞行用的涡轮喷气发动机。因为B·M·米亚西谢夫设计局研制M-50和M-52飞机，已经提到了这一点。为适用于$M=3$的飞行速度，T-4飞机的发动机由设计局加以改进，但还没有彻底做完。

图0.8　超声速远程飞机T-4("100")

中央空气流体动力研究院对T-4飞机空气动力性能的研究，旨在$M=3$时得到高升阻比；必须在巡航状态下取得升阻比$K=C_y/C_x$不少于6。为此，1962～1963年研制出来空气动力布局：采用薄三角翼、中央翼前缘后掠角为70°和外翼后掠角为60°并带有锥形扭转。这样，在较大部分飞行速度下前缘为亚声速。为了减小纵向配平引起的升阻比损失，还采用了降低巡航状态纵向静稳定余度的原则和水平前翼。主要的纵向操纵使用升降副翼。因为飞机实际上是单一状态的，所以中央空气流体动力研究院认为可以采用无尾布局，并用不大的前翼在长时间飞行中来配平力矩。在这种飞机上设计成在亚声速飞行时是静不稳定的，并用积分式操纵系统。采取在机身下短舱内"包装式"布置4台发动机。所设计的短舱造型使超声速下的升阻比额外地增加。

在研制T-4飞机时，由中央空气流体动力研究院在动力学、操纵系统设计以及在主要飞行状态下飞机的热强度方面进行了大量的综合研究。1972年8月22日T-4飞机完成首飞。很遗憾，在一系列飞行(约10次)并达到$M\approx1.7～1.8$之后，

T-4工程的拨款于1973年被停止，尽管中央空气流体动力研究院曾建议将飞机研究转入实验工作范畴，这些工作对进一步研究会提供很有价值的信息。

在1950～1960年期间，超声速军用航空的发展为研制超声速旅客机(СПС)的可能性创造了有利的环境。飞行时间缩短一半以上是极为令人神往的，军事航空所积累的经验为解决这种飞机的安全使用问题打下了基础。

在中央空气流体动力研究院于60年代初期就开展了与解决这一任务有关的主要问题的研究。

保证所要求的飞行技术特性(在旅客100～120人和可接受的起飞-着陆性能的条件下，航程6 500 km)就必须在$M\approx2\sim2.2$时达到升阻比$K_{max}\approx7.5\sim8$，这几乎超过了超声速歼击机现有值的0.5～1.0倍。

此外，这样远程的飞行，在$M\approx2.0$状态留空2～3个小时，就需要研究保证在温度约100℃情况下的结构强度。

最后，对发动机装置提出了很高的要求——在超声速巡航状态下燃油消耗率要低，保证在气动阻力最小的情况下调节进口空气流量。

必须研究声爆对地面建筑物和人类的影响，在高度17～20 km飞行时，排气对臭氧层的影响以及降低起飞时的噪声等。

在研制第1代超声速客机图-144时，这些问题由中央空气流体动力研究院的学者们详细地研究过，与设计局、A·H·图波列夫本人和其他研究院的学者们进行了详细的讨论。

在第1阶段，在巡航状态采用发动机加力。这种发动机保证不了要求的航程所必需的燃油消耗量，因此在研制图-144飞机时规定了两个工作阶段。第1阶段航程限于4 000～4 500 km，并随后在第2阶段增加到6 500 km。

由于研究的结果，用“无尾”式布局的图-144飞机可以保证K_{max}接近于8。为此，采用了三角翼，计算了最佳平面形状(前缘有拐折)和相对厚度小的特殊翼型机翼——采用所谓的机翼平面的空间弯扭(弯度)。

大体上同时在英国和法国进行了研制类似的超声速客机“协和”的合作。皇家飞机研究院(RAE)和国家航空航天研究院(ONERA)的学者们以及两个飞机制造公司的设计师们加劲地进行了与设计超声速客机有关的所有问题的研究工作。同时，我们的专家们同法国和英国的专家们会晤了几次。在会晤时讨论了一般的问题，而细节和具体决定仍然保密。

第1代超声速客机图-144和“协和”的研制和使用是这一方向继续发展的最宝贵经验。

20世纪60年代初期开始的图-144飞机的工作，而首飞是在1968年12月31日，比“协和”首飞提早3个月。

装HK-144发动机的飞机在1977年得到了适航证，开始在莫斯科-阿拉木图航线往返试行客运。第1种HK-144发动机的巡航状态燃油消耗量超过了战术技术要求的规定值。同时所提供的发动机的空气流量小于设计值，因此，进气道的尺寸选得过大，这自然要产生附加阻力。多次改型发动机并力图得到巡航状态的燃油消耗量在 1.35～1.45 kg/(kg・h)水平没有获得成功。估计到在这一方向上继续努力没有希望以后，中央空气流体动力研究院和 A・H・图波列夫设计局紧急换用了 П・A・科列索夫设计局研制的不加力的发动机 РД-36-51П。这种发动机及其在图-144 飞机上的安装工作加快了，并且图-144 第 2 阶段研制取得了要求的航程。

最后方案的图-144 飞机(图 0.9)于 1981 年底完成了飞行试验；在规定的应急燃油储备量下它能载送旅客 100 人，航程≈6 500 km。同时每人公里燃油消耗量相当于≈100 g，起飞重量达到 207 t。

图 0.9　超声速客机图-144

图-144 飞机采用了一系列先进的技术设计，这些先进技术后来广泛地应用于航空工业中。例如，整个飞机表面，包括复杂形状的机翼，光滑度极好，波纹度和粗糙度很小，这在很大程度上是由于采用大型蒙皮壁板保证的。在图-144 飞机上那时已经采用了事实上的电传操纵系统，其中舵机根据纵向通道和航向通道产生控制增稳系统的信号全行程工作。以上措施在某些状态下，可以在静不稳定情况下飞行。在着陆时采用机头下倾以改善视界，在最后的样机上，起飞和着陆时采用伸出的前翼使飞机纵向配平以及其他技术。

在研制图-144 飞机时出现了与气动弹性有关的一系列严重困难。首先，这些困难是由保证飞机升降副翼颤振模态安全所决定的。

在 T-104 和 T-109 风洞用全结构相似模型检查这些余度是否足够。T-104 风洞模型是全结构相似的、并用弹性模量小的材料在严格遵守相似条件下制造的。

1982 年装有 П・A・科列索夫不加力发动机的图-144 飞机经国家试验之后，已作好使用试验的准备。然而，这时飞机投入使用的工作被民用航空部停止。可以推测，当时民用航空部的领导人不愿在装备这一新的复杂技术方面承担附加的风险。

最后应当指出，在布尔热航空展览会期间图-144 飞机的严重事故，根据事故委员会的结论，不是飞机的任何技术缺陷造成的。

“协和”开始首飞稍晚些(1969 年 3 月 21 日)，较为顺利地通过了一系列飞行试验并于 1976 年 1 月由“法国航空公司”(ЭрФранс)和“英国航空公司”(Бритиш Аэролайнс)两家接受使用，并得到法国和英国政府的补贴。

图-144 和“协和”飞机的燃油效率水平约为 100 g/(人·km)。“协和”的起飞重量为 185 t，它载送旅客 100 人，航程≈6 200 km。

图-144 和“协和”飞机总的相对载重系数实际上是相同的，约为 57%。起飞重量的差别是因为图-144 的一系列结构特点、发动机装置和设备等所致。

图-144 飞机的巡航飞行的升阻比值接近于 $K = 8$，比“协和”飞机的稍高些。

现在，在中央空气流体动力研究院，在其他国家的各个公司和研究机构也正在进行与研制第二代超声速飞机 СПС-2 有关问题的预研和讨论。

航空的高速度在某种程度上是靠增加起飞-着陆状态的速度和牺牲歼击机某些机动特性换来的。因此，提出了必须改善飞机起飞-着陆性能和缩短起飞-着陆距离的问题。

在这些年代里，世界上许多国家都开始探索解决这一问题的可能方案。解决这个问题看来有两个方向。

一个途径——利用发动机的推力。飞机推重比大时，控制推力矢量，使飞机垂直起飞和着陆。在 20 世纪 60 年代末期研制了这样的飞机雅克-36。用真实飞机在中央空气流体动力研究院 T-101 全尺寸风洞仔细地研究过其推力矢量控制。进行发动机工作的试验，提供了安全起飞和过渡状态以及着陆时的有价值资料。在中央空气流体动力研究院研究飞机垂直起飞状态的空气动力性能的过程中已经发现，由于垂直推力时发动机的喷流产生两种有害效应。一种与“吸附”飞机有关——近地喷流流过飞机表面上产生负压，其结果是近地的有效垂直推力可能减小 15%～20%。

另一种效应使热气体流入发动机的进气道，使推力减小并且可能是发动机喘振产生的原因。

研制了带地板的专门模型试验台就可以在中央空气流体动力研究院详细地研究这些现象，并制定大大减弱这些有害效应的一系列综合措施。在研制相类似的飞机——雅克-38 和雅克-41 时也利用了这些措施。

正如中央空气流体动力研究院的研究表明，这种缩短起飞-着陆距离的途径在当时对于超声速飞机是不适宜的。带转向喷管的发动机装置的尺寸很大，在通过声速时产生无法克服的阻力。此外，垂直起飞和着陆“吃掉了”大部分燃油。

后来，由中央空气流体动力研究院研究并提出垂直起落飞机布局的另一种折衷方案。提出了组合式动力装置，由一台升力巡航发动机和几台升力发动机构成。在这种情况下，由于最大横截面是“错开的”，就能够大大降低阻力。

在 20 世纪 60 年代初期，国内和国外一些作者曾提出，在起飞和着陆时除主发动机以外还采用升力发动机辅助的方案。用这种办法就能够大大缩短起飞-着陆距离。

中央空气流体动力研究院会同 A·И·米高扬和 П·О·苏霍伊设计局进行了这种形式试验歼击机的布局研究，这类试验歼击机于 60 年代后期制造出来，并经过试验。然而它们没有发展前途，因为没有解决改善机动特性的问题，而升力发动机使飞机的载重能力变坏。

中央空气流体动力研究院积极地建议解决所指出的问题的另一途径——采用变几何形状机翼。

中央空气流体动力研究院的研究表明，采用小后掠角（≈10°～15°）和大展弦比的机翼并配有高效率的增升装置，就可以大大缩短起飞-着陆距离并减小起飞-着陆速度。采用后掠角≈35°～45°时，在跨声速飞行状态下，可以取得良好的空气动力特性和机动特性与很高的升阻比。最后，在后掠角变到 60°～75°时，可以达到大的超声速飞行速度而且阻力很小；正是这种布局对低空大表速飞行极为有利，因为 $dC_y/d\alpha$ 值很小。这样一来，保证了飞机的多状态使用。

在研制这种变几何形状机翼时遇到了稳定性和操纵性方面的困难，然而在中央空气流体动力研究院顺利地得到解决，因为，如果在机翼根部形成边条，并将机翼转轴布置在边条确定的部位上，就可找到改变后掠角时、保持机翼焦点实际上不变的作用。

在中央空气流体动力研究院所进行的研究导致了研制通用的布局的可能性，该布局给出极为有利的结果。

A·И·米高扬设计局在研制多用途歼击机米格-23*（1967 年 4 月首飞）时第一个利用了这些成果。在中央空气流体动力研究院 T-101 全尺寸风洞进行了米格-23 样机的研究。随后中央空气流体动力研究院同 П·О·苏霍伊设计局对前线攻击机苏-24（图 0.10）进行了类似的研制。

图 0.10　带变几何形状机翼的前线攻击机苏-24

到 1970 年，这一原则被应用于研制变几何形状机翼远程飞机的改型图-22M（图 0.11）。

---

* 稍早些，按中央空气流体动力研究院的建议同 П·О·苏霍伊设计局采用部分翼展可转动的外翼，进行了苏-7 试验改型（С-22И，1966 年 8 月首飞）。该方案虽然没有根本解决问题，但可以稍许改善飞机的起飞-着陆性能，该飞机作为苏-17，从 1970 年投入批量生产。

图 0.11 变几何形状机翼的远程飞机图-22M3

最后，在 70 年代中期研制战略导弹载机图-160 时，基本思想是变几何形状机翼布局。发动机的配置设计得较为合理——在机翼之下。在这种情况下，空气管道的长度大大缩短了，可是出现了新的困难，即阻力增加，主要是由于机翼的干扰。

针对远程战略导弹载机(图 0.12)的情况，变几何形状效应在起飞-着陆状态下转换到增大翼载 G/S，而增加航程则靠增大燃油重量。

对战略飞机最复杂的要求是在亚声速飞行状态、并可短时间进入超声速达到航程 14 000～16 000 km。

图 0.12 变几何形状机翼的战略导弹载机图- 160

这样的要求只能用于多状态飞机，即采用变几何形状机翼来完成。

在研制变几何形状机翼飞机时，稳定性和操纵性问题起最重要的作用。对于飞机的所有构型要取得可接受的飞行品质，只有在操纵系统中加装一系列自动调节器，而在某些较为复杂的情况下，加装控制增稳系统和危险状态限制器才能实现。

主要任务是利用操纵系统加装改善稳定性和操纵性的自动设备来提高飞机的飞行技术特性，降低飞机上的载荷和改善所有飞行状态下的飞行品质。已经表明合并操纵，即盘式操纵系统和自动驾驶仪综合配套的可能性及其他实际问题。

1978 年中央空气流体动力研究院出版了在专门的操纵自动化会议上报告的操纵自动化的论文集。

在 20 世纪 70 年代中央空气流体动力研究院就引用了操纵杆与执行机构(电输入的助力器)的电连接的远距离操纵系统的研究成果。在随后年代里这一方面得到了广泛的发展。

1967 年 7 月在多莫杰多沃举行的航空检阅可以总结喷气航空和直升机制造的第 1 发展阶段并展示一些新的成就。在检阅时超声速歼击机、短距起落飞机作了飞行表演。在 60 年代末期，中央空气流体动力研究院和许多设计局已经开始制定并研究军用航空发展的新方向。

研究了替换批生产的前线歼击机米格-21等的新方案。在不同的层次上长时间讨论了这种飞机的可能改型及其今后的发展。在中央空气流体动力研究院审查了А·И·米高扬设计局某些主管设计师关于在米格-21的基础上研制无尾式歼击机的建议。中央空气流体动力研究院关于前线歼击机改用这种形式是否合理发表了否定意见,因为它的机动特性不如正常式歼击机方案。而支持了这种歼击机的另一发展方向:带中等后掠角和中等展弦比机翼的正常式布局。

到60年代末期,由于发动机制造技术的很大进展,出现了歼击机的推重比大大增加的可能性。新的发动机使重量特性改善很多,可以开始研究推重比约为8～10的发动机,燃油消耗量改善了(图0.2和图0.3)。如上所述使得所研究的歼击机起飞推重比$P_{0ф}/G_{взл}=1$以上已成为现实,这使得能够大大改善其机动特性(图0.4)。1970年12月召开了研制高推重比和高机动特性的新一代前线歼击机问题的专门会议。

在空气动力学中开辟了新的显著增加飞机升力特性而阻力增量很小的可能性。这一新的方向是以合理地利用机翼上表面所诱发的涡,即以“控制”涡为基础的。这些涡是由机翼根部尖锐的边条所产生的。第2个因素是采用机翼前缘偏转——其偏转角随迎角增大而逐渐增大。此外,采用了“扁平的”机身形状,这使它增加对升力的贡献而减小对航向稳定性的不稳定影响(减小侧滑时的力矩)。所研究的空气动力布局在机翼和机身连接部位具有“融合”性质。

在中央空气流体动力研究院还进行了相对所有3个轴都有旋转角速度的空气动力特性的研究。

在这些研究中,需要为风洞研制专用的设备,以获得气动阻尼特性,并且弄清机翼和整个飞机的非定常绕流效应。按与迎角增加一致的角速度转动推迟了在机翼和机身上诱发的涡流的分离和破裂,在改变运动方向($\dot{\alpha}$符号)时出现绕流的动态滞环,致使飞机在正向和反向运动时气动特性急剧变化。

研究还弄清了在大迎角下丧失阻尼区和滚转、俯仰及偏航的自振形成区。

对非定常空气动力学所进行的研究,就可以研究出这些现象的数学模型和排除这些效应对飞行品质和稳定性的有害影响的一系列措施。

对所有这些新因素的详细研究就可以建立起具有大推重比、高机动性的下一代歼击机的概念(图0.13、图0.14和图0.15)。

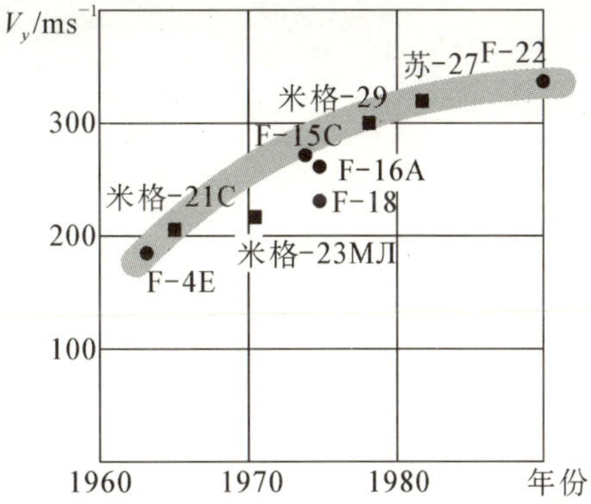

图0.13　超声速歼击机爬升率随年份的变化

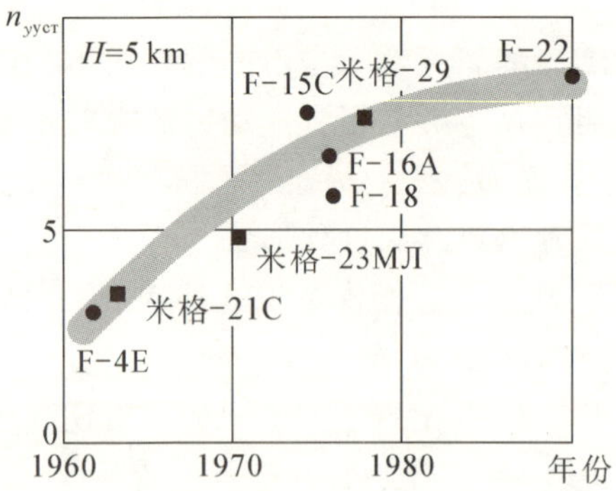

图 0.14 歼击机稳定过载随年份的变化

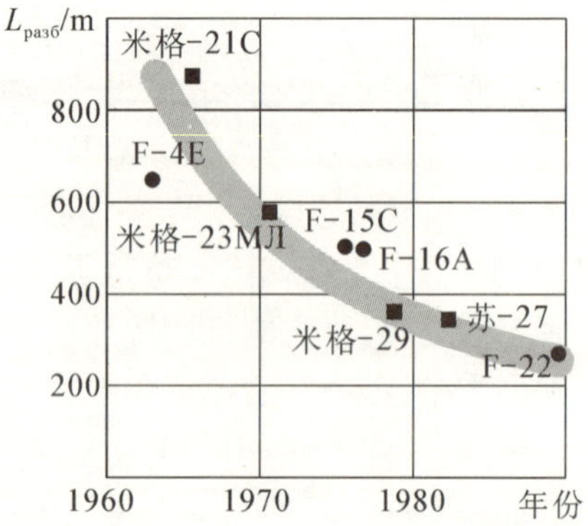

图 0.15 超声速歼击机起飞滑跑距离随年份的缩短

中央空气流体动力研究院与 A·И·米高扬设计局在这一方向上的具体工作早在 1969 年就开始了;研究院的建议于 1972 年提交给设计局;设计局仔细研究、设计和生产于 1977 年底结束,当时也进行了安装两台 P-33 发动机的轻型试验机动歼击机米格-29(图 0.16)的首飞,该发动机保证了很高的推重比。它从 1983 年开始装备部队。

图 0.16 轻型机动歼击机米格-29

П·O·苏霍伊设计局同时进行了安装两台 АЛ-31 发动机的重型机动歼击机的类似研制工作。

然而,这个设计局一开始在机翼布局上选择了另一种途径。在前几架苏-27 飞机(代号 T-10)上采用了带前缘后掠角是变的和翼根边条不大的非平的机翼(尖拱形机翼)。在这个机翼上没有前缘增升装置。这种方案的苏-27 飞机于 1978 年进行了首飞。从中央空气流体动力研究院方面提出建议:采用已经研究好的带翼根边条和前缘襟翼的梯形机翼概念。

经全体讨论的结果,这一概念被设计局采纳了。

在中央空气流体动力研究院对苏-27(图 0.17)新的布局所有问题的研究主要

图 0.17　机动歼击机苏-27

是在1978～1980年和以后的年代。这种方案的首飞是在1983年。

按中央空气流体动力研究院和设计局共同研究的结果，在苏-27上采用了带增稳系统(СУУ)的电传操纵、亚声速静不稳定、机翼前缘随迎角连续增加偏度、机翼上尖锐边条和一系列其他先进措施。

飞行试验过程中，在保证带电传操纵系统飞机的纵向稳定性和操纵性中遇到了困难。在大速压下纵向操纵过于灵敏，致使飞机发生灾难性摆动。

中央空气流体动力研究院用模拟台进行了带增稳系统飞机的动力学研究，产生了一系列新的原则性措施，由于在带增稳系统的电传操纵系统中加装专门的滤波器，苏-27飞机在所有飞行状态下得到了完全令人满意的飞行品质。按该院的建议，这些措施后来在带电传操纵和增稳系统的所有飞机上都采用了。

1985年后，在П·О·苏霍伊设计局随后的工作过程中，在总设计师М·П·西莫诺夫的领导下改进了飞机的一系列结构件(垂直尾翼、设备等)并制造了新的改型。

应当指出，在美国大推重比歼击机的研制于1969年开始，并于1974年结束，比我们稍早些，那时F-15"鹰"飞机批生产已经开始了，到1983～1984年已经交付空军800多架。然而，这种飞机没有中央空气流体动力研究院和设计局共同为国产歼击机研制的那样完善的空气动力布局并且该空气动力布局提供了大大超过F-15的高机动特性。在F-15飞机上没有翼根边条、机翼前缘偏转、扁平形机身、电传操纵系统，该系统能保证苏-27在小静稳定度和静不稳定下高水平的飞行品质。

只是在20世纪70年代中期的随后年代里，在美国进行了轻型战斗机F-16和F-17原型机的研制，这些飞机采用了接近于我们的思想(前缘偏转边条)。轻型战斗机开始批生产：F-16于1978年，而F-18于1982年。然而，正如国外专家的经验和评估表明，美国这些战斗机的空气动力性能以及飞行技术特性，不如米格-29的相关性能。

这样一来，F-16、F-18和米格-29的研制实际上是同时进行的，而美国轻型战斗机的批生产开始得略早些。

在新的机动歼击机上采用了很成功的两台发动机短舱布局，该布局是中央空气流体动力研究院与设计局共同研制的。进气道能在很大的M数和迎角范围内保证有效的气流减速、良好的气流均匀度。专门的研究表明，实际上在任何正迎角下，进口条件均有保证发动机工作的能力。

应当指出，苏-27飞机在飞行中第1次实现了新型机动，即动态进入大的超临界迎角($\alpha \geqslant 90°$)，该机动由试飞员B·Г·普加乔夫于1989年在巴黎航空展览会上作了表演，并誉称为“普加乔夫眼镜蛇机动”。超临界迎角飞行的研究始于1980年，国外这一题目在文章(例如，赫布斯特的文章)公开发表之前就开始了。“眼镜蛇”式机动的可能性的预先研究在中央空气流体动力研究院是于1986年底进行的，并在翌年该院学术会议上作了报告。在中央空气流体动力研究院经过飞行员半实物模拟试验之后，这些研究和初期的飞行试验是在П·О·苏霍伊设计局和飞行试验研究院积极参加下进行的。在飞行试验研究院和А·И·米高扬设计局用米格-29自由飞模型进行了类似的研究。飞行试验已成功地验证这一机动而告终，而随后这种机动的表演在1989年巴黎航空展览会上引起了普遍的轰动。

机动歼击机米格-29和苏-27在国外展览会上展出，并且在许多国家也作了飞行表演。

1988年9月在法恩巴勒传统的国际航空展览会上米格-29第一次展出，而后，苏-27于1989年巴黎航空展览会上首次作了表演。

考察在新一代战斗机方面的工作时，必须指出操纵自动化在保证稳定性、操纵性和作战效能中有越来越大的作用。中央空气流体动力研究院在20世纪50年代就开展了这些研究。

正如上面所指出，所有操纵面均采用不可逆助力操纵是自动化的基础。可靠性是以液压系统、执行机构的助力器的余度和操纵面的分段加以保证。

早在60年代根据已经成熟的经验，实际上所有战斗机都装有不可逆助力操纵。

操纵系统发展的下一步骤:采用一些自动化元件，如振荡阻尼器、杆力载荷机构调节器、力臂调节器，所有这一切保证了60～70年代飞机有满意的飞行品质。

最后，在现在阶段，由于有电输入的液压作动器、模拟和数字计算，中央空气流体动力研究院就可以在已经研究的基础上推荐带控制算法的、更加完善的电传操纵系统，以保证在所有飞行状态，甚至是飞机静(力矩)不稳定度下得到令人满意的飞行品质。

现在这样的电传操纵系统由中央空气流体动力研究院推荐，已广泛地用于各种飞机，而大的余度也是为了保证客机和运输机的实际飞行无故障。

全部电传操纵系统首先装在T-4和图-144飞机上，而后装在苏-27、图-160、安-124飞机上。

在这一期间，中央空气流体动力研究院开展了带电传和自动操纵系统的飞机的弹性振动的研究工作。建立了弹性振动稳定性的理论研究方法，建立了用实验确定操纵面作动器动态特性的方法和建立了带操纵系统的弹性飞机振动的传递函数。

近 15～20 年，在中央空气流体动力研究院确定新一代飞机外形，其空气动力性能、强度和动力学中，除了基础实验研究之外，使用电子计算机的计算方法和模拟方法起到了很大的作用。

对于超声速编制了计算机翼、机身、尾翼和全机综合的空气动力特性的可靠程序。

稍后些，针对跨声速飞行速度也进行了这样的工作。建立了各种用途飞机的设计自动化系统，该系统于 80 年代广泛地推广于各设计局，各设计局于 70～80 年代已经装备了现代化的电子计算机。

计算方法，按有实验资料的原型机换算法，为充分可信地、广泛地研究大量方案，并为探索和优选最佳方案打下了基础。

本书编排如下：

前 8 章叙述各种平面形状机翼——平直、后掠机翼，三角形机翼，变几何形状机翼和复杂形状机翼(它用控制涡的原理提高机动性)以及操纵面、进气道、尾喷口和机身的空气动力学。

第 8～15 章叙述含有保证超声速飞机稳定性和操纵性问题。在这一部分中讨论了基本要求，包括控制增稳系统的飞控系统的结构。研究了按所有操纵通道，保证稳定性的方法，包括空间复杂运动的稳定性。表明了超声速飞机空气动力特性与其飞控系统的结构和参数的有机联系。给出了稳定性和操纵性分析方法的概述。

最后终结的第 16～18 章包括了飞机飞行技术性能、机动特性的评估方法。阐明了这些性能与超声速飞机基本参数的变化规律。介绍了优化参数的设想并给出了飞机基本参数的选择方法。

在撰写本书时，作者们避免详细推导公式和各种关系式。

本书没有研究与超声速飞机目标运用有关的问题，因为这是专门的领域，并且需要补充许多方面的分析，因而超出了对作者们所提出的任务范围。

第1章　确定空气动力特性的基本方法

1.1　计算方法概述

电子计算机的应用完全改变了近几十年来空气动力学计算研究的状况，在理论空气动力学方程的数值模拟方法或解析方法中开辟了“实现数字化”的广阔前景。这一时期所取得的成就是众所周知的。然而，尽管已进行了大量工作，空气动力学的计算研究仍未成为飞机设计的基本手段。这种状况一方面是由于超声速飞机广阔的使用范围使其绕流中出现了多种难以计算的流动现象，如复杂外形的不可压缩和可压缩气体的绕流、超声速流动的非线性本质、激波的相互作用、粘性影响、大迎角现象等，以及其他尚未理解及尚未透彻研究的现象，同时，飞机的不断发展给空气动力学理论提出了新的任务并对计算方法提出了越来越高的要求。图1.1和1.2给出了垂直于前缘的马赫数和迎角不同时，绕尖前缘薄三角翼流动中背风面上可能

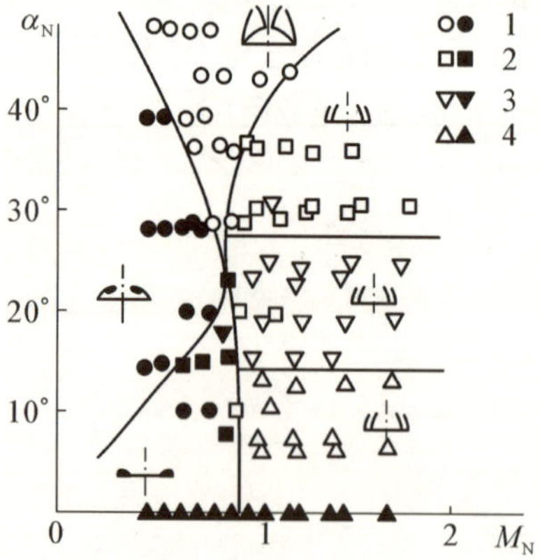

图1.1　尖前缘薄三角翼背风面的流态分类[1]

空白符号表示有激波，黑色符号表示无激波，1—次涡和二次涡；2—局部分离区；3—激波导致的分离流；4—附着流一；α_N，M_N—垂直于前缘的迎角和马赫数

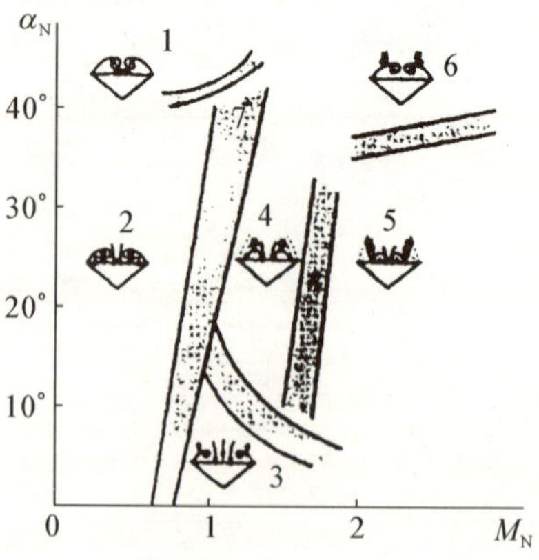

图1.2　尖前缘薄三角冀背风面的流态分类[2]

1—机翼轴线附近的激波区；2、3—前缘气流分离；4—带有激波的分离；5—激波诱导的气流分离；6—带有激波的前缘分离；7—斯坦因勃鲁克-斯克瓦伊尔边界；α_N，M_N—垂直于前缘的迎角和马赫数

出现的各种流态的分类,由图可见其问题的复杂性。因而大多数的研究仍集中于解决飞机空气动力学中一些孤立的问题和建立飞机部件绕流的计算方法。

另一方面,计算空气动力学本身也存在着问题,解析解的数值结果和求解边值问题所得的数值结果之间存在着原则性的差异,取一次近似的解析解所得的精度只取决于机器的精度和所用的程序的结构。

边值问题的求解除物理和数学模型的作用外,还包含着离散化问题,即将所描述的连续介质和连续的边界条件转换成流场中选定的孤立网格点上的流动参数,并用代数关系(通常是线性的)联系起来,形成这些未知参数的方程组,然后求解所得的方程组。所得解的好坏依赖于网格的选取、联系离散点上参数的方程组的选取,以及解法的选用。有些情况下采用了不恰当的计算格式,则因不稳定可能根本得不到解。再加上计算机的精度局限,可以得出结论,边值问题求解过程将伴随着大量误差源的出现,这些误差源影响着能否准确体现方法中明确使用的和明确忽略的关系,不能准确体现就意味着改变了计算出发时所假定的介质的性质。任何一种误差,包括局部误差,都可导致介质的被替换,这样在所计算的流场中就可能出现实际物理流动中不存在的虚假的流动特征而丧失了真实流动的特点。此外,由于出发方程的非线性,介质的局部扰动可能在气流下游区出现扰动区域,如熵层或涡流的形成。可以毫不夸张地断言,计算机每次求解的是相当于某一种介质的流动问题,而该介质不仅由问题的出发方程显式地和隐含地确定,且由计算的软件和硬件确定,因此,如不进行验算,所求的解在很多情况下只能是名义上的解。

综上所述,为获得可靠的结果必须对计算所得的解进行验算。由于多种原因,主要的验算手段是"数值实验"。随后并应将验算结果再与空气动力实验、解析解法或其他计算等的结果进行比较。由此可清楚看出数值实验在发展数值方法中所占的地位以及数值方法的发展与空气动力研究一般状况的联系。

所用计算方法通常按照求解的具体问题来建立,其准确度由该问题中作为感兴趣的特性来衡量。常常取流体作用于绕流物体上的力和物面上的压力分布作为感兴趣的特性,很少采用某些局部区域中的速度分布,一般也不取隐含量,即以隐含方式进入方法关系式中的那些量作为感兴趣的特性。已被证明是很好的方法,在求解其他同类问题时将保持其准确度,但当条件改变时,需进行新的验算并根据准确度要求调整方法。为提高计算方法的效率并能覆盖更多新的问题,发展了大量方法,它们也是计算数学理论发展的材料源。

计算效率反映了执行计算所需的时间,应用于空气动力学中的所有计算方法可根据这一时间从实质上分为两类:适于进行大量计算的实用方法和适于求解个别研究问题的方法。两者间的界限并不明确,也不固定,取决于计算技术的发展状况,但界限总是存在的,并反映着飞机制造实践中计算空气动力学的应用水平。

理论空气动力学为数值计算提供了几种类型可用的方程组。这些方程组的差别取决于各自所采用的约束条件和相对应的描述流动现象的完整程度。

原则上,纳维-斯托克斯方程解能给出关于气体运动的最完整的信息。在定常情况下方程可写成下式:

$$\boldsymbol{F}_{\mathrm{x}}+\boldsymbol{G}_{\mathrm{y}}+\boldsymbol{U}_{\mathrm{z}}=\text{分子和湍流的粘性和热传导作用} \tag{1.1}$$

式中,下标表示对相应坐标微分,$\boldsymbol{F}$, $\boldsymbol{G}$, $\boldsymbol{U}$ 是矢量:

$$\boldsymbol{F}=\begin{bmatrix}\rho u\\ \rho u^2+p\\ \rho uv\\ \rho uw\\ \rho uH\end{bmatrix}\quad \boldsymbol{G}=\begin{bmatrix}\rho v\\ \rho uv\\ \rho v^2+p\\ \rho vw\\ \rho vH\end{bmatrix}\quad \boldsymbol{U}=\begin{bmatrix}\rho w\\ \rho uw\\ \rho vw\\ \rho w^2+p\\ \rho wH\end{bmatrix}$$

方程(1.1)包括了连续、动量和能量方程。为封闭方程组,在(1.1)中还需加入状态方程 $p=\rho RT$ 和卡路里状态方程 $h=æp/(æ-1)\rho$, $H=h+(u^2+v^2+w^2)/2$。

若在求解区域内沿每一坐标轴取 100 个离散节点,则区域内共有 10^6 个节点,$\boldsymbol{F}$, $\boldsymbol{G}$, $\boldsymbol{U}$ 矢量的每一元素将为 10^6 阶的矩阵,每一元素所含数的数目将为 10^{12}。虽然通常计算中沿每一坐标轴的节点数为数十个,且每一节点上的值只受其邻域节点值的影响,因而所得矩阵是稀疏的,但计算仍是十分麻烦的。在计算区域边界上的边界条件的提法具体确定了所研究的问题。

应当提到,在计算超声速飞机的绕流时,流动实质上具有三维特性,因而超声速飞机绕流的二维问题解没有对大展弦比机翼二维问题解那样有意义,很少能将其简化为二维情况。

若不考虑粘性影响,则可将问题简化。这时可从纳维-斯托克斯方程(1.1)得到理想气体的欧拉方程。一般情况下,解欧拉方程要比解纳维-斯托克斯方程简单,因不需计算右端项。有时还可采用 $H=\mathrm{const}$ 关系式来代替能量方程。当沿着某一坐标轴始终是超声速流时可大大简化计算,这时垂直于该轴任一平面内的流动不受下游流动的影响,可沿流动方向依次按层计算流动(所谓"推进法")。此外,在此情况下计算区域自然是有界的。边界层的计算可以计及粘性影响。

对无旋流动,可进一步简化欧拉方程。实际上是这样一种情况,即熵在穿过激波时不发生变化或其变化可以忽略不计,例如激波是弱激波情况。于是可引入速度位 φ,它对坐标变量的导数给出相应的速度分量,遂可用如下一个全位势方程来代替(1.1)式中的 5 个方程:

$$(a^2-\varphi_x^2)\varphi_{xx}+(a^2-\varphi_y^2)\varphi_{yy}+(a^2-\varphi_z^2)\varphi_{zz}-2\varphi_x\varphi_y\varphi_{yx}-2\varphi_x\varphi_z\varphi_{xz}-2\varphi_y\varphi_z\varphi_{yz}=0 \tag{1.2}$$

式中,a 为声速。

前面有关方程(1.1)的离散化和用推进法解欧拉方程的论述同样适用于此方程。

对于引起气流小扰动的物体，即小迎角下的细长体，还可进一步简化方程。考虑到物体引起的扰动相对来流是小扰动，可在(1.2)式中略去高阶的量，遂可得到扰动位的线性化方程

$$(1-M_0^2)\varphi_{xx}+\varphi_{yy}+\varphi_{zz}=0 \tag{1.3}$$

式中，M_0 为来流的 M 数。与以前的非线性方程不同，这是一个线性方程，可用方程基本解的线性组合得到其解。具体求解时，分别考虑厚度和迎角不同边界条件下的解，在厚度问题中可沿物体表面或内部给定源和汇的分布；在迎角问题中则给定涡和偶极子的分布，其强度将在求解过程中予以确定。流场内的速度可由给定的奇点分布沿表面的积分来表示，奇点的强度则根据在物体表面选取的控制点处满足不穿透边界条件求得。这样，问题归结为求解积分方程。选取这样的奇点分布，使未知的强度是积分的系数，计算积分得到未知强度的线性代数方程组。

若在物体表面给定的小面积(面元)上分布奇点，上述解题方法即称为面元法。对于迎角问题，可直接在面元上用压力增量作为奇点，依据 M_0 大于或小于1得到一个面元对另一个面元影响的不同函数形式。在超声速绕流时，这样计算速度较快，因位于气流下游的各点不影响上游的点。然而这种方法计算时间短的根本原因却在于问题解的未知量只分布在物体表面上，而不是在整个流场空间内。

上述求解方法可作为数值解中隐藏着“暗礁”的例证。例如解亚声速绕流问题时，奇点布置于物体内部，但不穿透条件必须在表面上得到满足，用所述方法时应在表面上取一定量的控制点，使在控制点处满足不穿透条件，这样可获得完全光滑的解。可以想象，控制点数增加，求解的准确度也增加。然而点数达到某一值后，无论如何增加点数，解都出现与物理解无关的振荡特性，这就出现了积分方程的不适定问题。为了得到可接受的解，需采用求解积分方程的某些专用方法。

扰动位的线性化方程适用的 M_0 数范围约为2.5～3。M_0 数过大，所获得的可接受的解对应的迎角或厚度过小。M_0 数为1左右时，因某些被忽略的项将起作用也得不到可接受的解。

若设方程(1.2)中的声速为无穷大，则可得到不可压缩流体的方程——拉普拉斯方程：

$$\varphi_{xx}+\varphi_{yy}+\varphi_{zz}=0 \tag{1.4}$$

此方程不同于方程(1.3)之处是无需对流动参数的量级作补充假定，方程就是线性的。若在方程(1.3)中设马赫数 $M_0=0$，也可得到方程(1.4)。这里不讲述解方程(1.4)的各种方法，只提一下方程(1.3)的数值解方法中也同样适用于它的奇点法。

采用普朗特-格劳厄特变换：

$$x_1=x/\beta,\ y_1=y,\ z_1=z,\ \beta=\sqrt{1-M_0^2} \tag{1.5}$$

可将方程(1.3)简化为方程(1.4)。无超声速气流区时,此变换将可压缩流体绕流问题转化为仿射变换物体的不可压缩绕流问题。

最后,方程(1.4)或(1.3)对纵向细长体,或 $M_0 = 1$,因式中第一项消失而简化为

$$\varphi_{yy} + \varphi_{zz} = 0 \tag{1.6}$$

基于求解此方程的空气动力学问题的方法称为细长体截面分析法——任一垂直于纵轴的横截面上的流动与相邻横截面上的流动无关。当电子计算机网开始应用于实际气动力计算时,将此方法与复变函数理论方法相结合,解决了很多各种类型的绕流问题,如计算机翼和机身的干扰影响或小展弦比机翼 $C_{ya}(\alpha) = \pi\lambda\alpha/2$ 关系的准确度等。此方法固有的局限性导致解在距物体纵轴越远处越不准确,且此方法完全未计及 M 数的影响。但此方法的使用简便性弥补了这些不足。此方法在导弹空气动力学中得到了广泛的应用[3]。其实际应用能力并不仅局限于这类飞行器。

电子计算机出现以后,这种方法结合离散涡法可计算大迎角下绕流在机身、机翼和大后掠角边条及其组合体所产生的涡系。离散涡法有其复杂性,因模拟涡流区形成现象需在流场中引入孤立的旋涡,这又必须事先设定拖出旋涡的位置;引入的旋涡个数很少则不能很好地模拟涡流区,旋涡数很多时,由于需要跟踪旋涡的流态,而使计算增加很多困难。即使如此,在保持适当的条件下,可得到完全令人满意的定量结果。在很多情况下,所得到的定性流态图也是很有意义的。

使用数值方法解决空气动力学问题经历了由简单到复杂的发展过程,与上述由方程(1.1)到方程(1.6)的简化过程顺序恰恰相反。大体上与解方程(1.6)问题的同时,或甚至更早些[4],也得到了一些线性化问题的解,如在机翼理论中的解析解。发展求解方程(1.3)数值方法的高峰是从 20 世纪 60 年代末期到 80 年代初期,在此期间建立了能够计算亚声速和超声速气流绕全机外形流动的方法,这些方法不仅可获得飞机的总体和分布的特性,还可求得其周围的速度场。普及最广的是具有不同形式的面元法。按线性理论计算的准确度大体上是 5%～10%,误差来源主要是未考虑粘性影响、边界层分离的影响和非线性影响。确定升力的计算得到的准确度较高,这时只需叠加飞行器上下表面上的作用力。与分布载荷有关的特性计算准确度就低一些,而波阻的计算准确度就更低,这时飞行器表面迎风部分和后部的作用力相减,因此线性理论计算的波阻值与实际波阻值差别较大。当表征飞行器几何形状的直线与马赫线重合时,各种计算的准确度均骤降。计算准确度在很大程度上取决于所选的面元数及面元在飞行器表面上的分布。一般情况下面元数至少为数百个。使用大量面元的必要性使准备计算用几何数据的工作变得既费时又必须过细。

在设计最初阶段、方案选择时的大量计算中,为计及迎角的影响,平面-空间几何形状较为实用,即以部件平行于飞行器纵轴的中弧面上的平面面元替代该部件的表面[5]。

在最简单的近似计算中,粘性阻力可以按相应飞行条件下的平板摩擦系数乘以

飞行器的完全浸润表面积来考虑。

当前，因线性理论兼顾了计算结果的精确性和计算的简便性，而成为飞机空气动力特性计算的基本手段。

中央空气流体动力研究院研制的面元法计算程序不仅能够计算飞机的空气动力特性，而且能够计算结构弹性对它们的影响。图 1.3 给出了典型的飞机弹性对空气动力特性影响的相对变化（Д・Д・叶夫谢耶夫和 A・C・季莫宁的程序）。

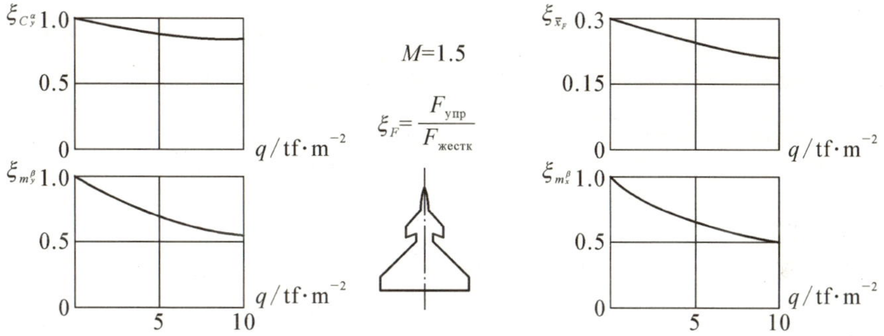

图 1.3　计及结构弹性的空气动力特性随速压 q 的相对变化 ($1tf = 9.81 \times 10^3$ N)

引入非线性修正项可以扩大线性理论的应用范围。在大迎角下将线性理论与上述离散涡法相结合就是一例。

采用求解欧拉方程方法来计算绕全机外形的三维完全超声速流动所需的计算时间也是可以接受的。例如，用麦克科梅克的预估-校正法计算全机外形可以给出飞机总体的和分布的特性。但计算中初始几何数据的准备需花费很多时间和过细的工作，因此，在已有一定进展的设计阶段再做此类计算才是恰当的。图 1.4 给出了用中央空气流体动力研究院研制的麦克科梅克方法计算程序计算的结果[6]。

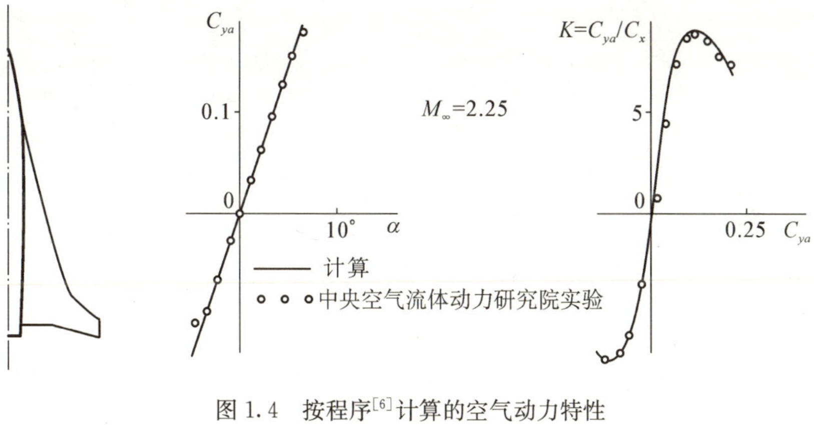

图 1.4　按程序[6]计算的空气动力特性

要计算出流动中的内激波具有一定的难度。有两种获得激波的数值计算方法，其中之一是捕捉在网格节点间被抹平的激波。该激波是通过求解过程中出现流动参数梯度很大的区域而获得的，并借助于专门的计算方法将其分辨出来。这时“激波”处的流动参数可能不满足 Rankine-Hugoniot 关系，因而激波的位置和其后的气体参数均不很准确。分辨激波大大增加了计算时间，且当激波构形复杂时分辨激波更加困难。此外，许多数值方法(包括麦克科梅克法)计算激波前和后的参数值都会出现波动，最简单的办法是任波动存在或引入专门的平滑算子*。

一般情况下欧拉方程的数值求解只能在超级计算机上进行，因而对于亚声速气流绕流问题，大多只用求解欧拉方程方法研究单个部件的绕流问题。

线性理论只能得到低超声速流的解。采用中央空气流体动力研究院研制的方法[7]比用求解全欧拉方程方法可以更简单地得到高马赫数绕流问题的解。已经证明其应用范围可以降低到大致 M 数为 2。该方法是建立在 A·A·伊留申提出的非定常相似假设(高超声速截面规律)基础之上的，即研究沿物体轴向运动的平面内的非定常流动，该平面是以来流的高超声速等速运动的，沿物体轴向的移动在这里起时间的作用，该物体假设是细长的，且迎角不大。B·B·瑟乔夫将此相似律推广应用于大迎角(到几十度)流动。平面内的二维运动采用 C·K·戈都诺夫方法计算，该方法除能计算复杂的形状(图 1.5)外，还具有忽略导致推进法计算失效的亚声速区的优点。实际流动中不大的亚声速区，若非十分重要，可以简单地予以忽略；若存在大面积的亚声速区，利用局部修正法加以研究。在超声速大迎角流动中，绕流物体背风面上的流动不会产生重要的气动力贡献，因此，在简化计算中不考虑背风面流动细节的高超声速绕流计算被证明是有效的。

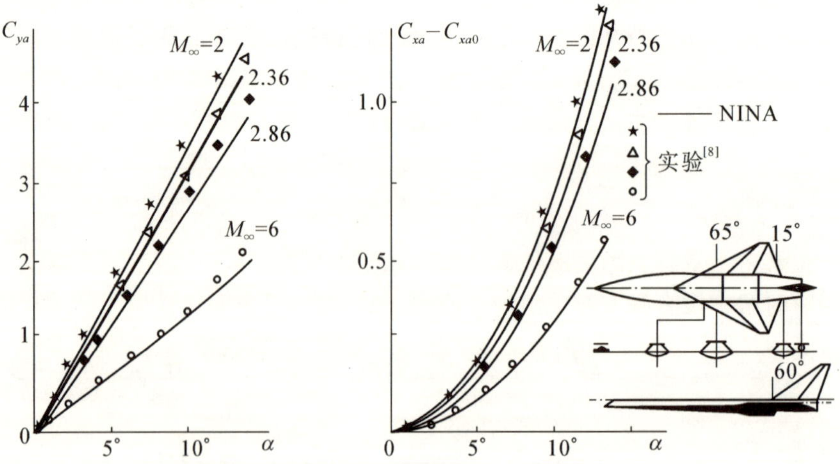

图 1.5 按 NINA 对复杂布局空气动力特性的计算

通过引入边界层或直接求解纳维-斯托克斯方程可计及粘性影响。已有了很多

* 20 世纪 80 年代以来已发展了众多高精度、高分辨率的计算格式和方法，可以避免激波前、后参数的波动——译注。

数值求解三维边界层流动的方法，利用它们可以完成带粘性影响的流动计算，且比求解纳维-斯托克斯方程要快。然而飞机几何形状的复杂性，其绕流空气动力现象的多样性，如分离、边界层与激波相互作用、转捩、边界层与外部无粘流相互作用等，使全机的计算非常复杂。此外，还存在建立湍流模型的共性问题。因此，主要是对相对简单的几何形状和对飞机的部件进行类似的计算。在这些情况下，有时甚至可以不用超级电子计算机。

在纳维-斯托克斯全方程的数值解方面，几年前对应用纳维-斯托克斯全方程作为绕流问题实用计算方法的可能性所作出的审慎的评价到目前仍是正确的[9]。通常也研究纳维-斯托克斯方程各种简化形式的求解方法。它们的求解不仅存在着与解边界层方程类似的困难，而且更为复杂。纳维-斯托克斯方程无可争辩的优点是能给出解的可靠基础，且可从解中自然地得到如分离、涡流生成等现象。然而，要从数值解解释清楚流动特性的特点远不是一件简单的事情。因此，纳维-斯托克斯方程优先使用在一些单独类型流动的数值研究及与其相关的数值空气动力学内部领域中，少量的飞机绕流的数值解只是为了表明飞机绕流数值模拟的趋势，给人们以希望。

求解飞机绕流问题时，基于使用边界层方程的方法和基于使用纳维-斯托克斯方程的方法之间存在着一定的竞争，但同时也可以举出各种方法所得的结果相互补充的例子。可以以大迎角流动计算为例说明此一般情况。

实验表明，在亚声速大迎角下与机翼前缘后掠角有关的分离有 3 种典型形式：在大后掠角时发生闭式分离并沿前缘形成旋涡；在中等展弦比接近直机翼的情况发生三维复杂形状的开式分离；在中等后掠角时在机翼对称线附近两侧机翼上产生强旋涡，它们沿与机翼表面几乎垂直的方向拖出（“角状”旋涡）。

在 20 世纪 80 年代，很多文献用求解欧拉方程的数值解来研究大迎角亚声速气流绕大后掠角机翼前缘附近的流动，发现计算的流动图画，尤其是在尖前缘机翼情况下，很好地描述了分离旋涡流动，在很多情况下甚至能与实验结果在定量上一致。欧拉方程解中出现旋涡的可能性仅为熵值在通过激波时发生变化，且沿激波不是常值。但有时解中没有激波时也出现了旋涡，随后的研究表明这是由于所求得的解不特别可靠，受网格间距及其他因素等的影响，使此数值解实际上已成了假解。物理上可靠的解只能通过求解纳维-斯托克斯方程才能获得，尽管还与实现数值解的具体细节有一定关系。

对于中等后掠角和接近零后掠角机翼的边界层的计算表明，当迎角增大时逐渐形成实验中观察到的分离形态。由于此时没有模拟涡系，不能得到分离本身，是根据边界层中流线形状作出的判断。对于小后掠角机翼，所得到的极限流线的包线是否确实是引起气流中一切变化的分离面，还是仅仅为边界层中的局部现象尚有疑问，薄层假设的纳维-斯托克斯方程数值解对这一问题作出了肯定的回答。

所有这些计算都是在超级计算机上进行的。

产生飞机升力的主要部件是机翼[11, 12]，伴随着升力的产生，机翼也会产生阻力和俯仰力矩。喷气发动机的出现提供了超声速飞行的可能性。为适应超声速飞行，飞机外形发生了惊人的变化，升力、阻力和俯仰力矩对这一变化起着决定性的作用。在不可压缩流体中，直至中等迎角，影响升力最有效的因素是翼型。由于翼型的绕流不存在横向速度，因而可以最有效地利用流体运动获得升力，阻力则仅由粘性效应决定，同时翼型外形可以很容易地改变，并得到相应的压强分布和 $C_{ya}(\alpha)$、$m_z(\alpha)$ 的函数关系。因而翼型成为理想的研究对象。

翼型思想在直机翼飞机上实现时需作某些修正。机翼的有限翼展引起的绕流三维影响使翼型的有效迎角减小，从机翼上拖出的旋涡产生了诱导阻力，这些使升力 C_{ya}^{α} 与机翼展弦比有一定的函数关系，展弦比越小，升力越小，而诱导阻力越大。增大展弦比的要求又与强度要求相矛盾，因此机动飞机的展弦比是上述互为矛盾要求的折中。

翼型绕流是亚声速直机翼空气动力学的基础。适当地选择翼型和稍微地改变机翼平面形状可以保证必要的机翼空气动力特性，这并无原则性的困难。当飞行速度增长，空气压缩性开始表现出来时将会出现困难。翼型的初始压缩性影响使 C_{ya}^{α}、m_z^{α} 增大，且压力的增长与飞行速度的增长不成比例。而在不可压缩气体中，压力与速压 q 的变化呈正比。若引入无量纲压强系数 $C_p = (p - p_{\infty})/q$，则在可压缩气体中按普朗特-格劳厄特变换可得：

$$C_{ya}^{\alpha} = C_{ya\ \text{несж.}}^{\alpha}/\beta,\ m_z^{\alpha} = m_{z\ \text{несж.}}^{\alpha}/\beta,$$

$$C_p = C_{p\ \text{несж.}}/\beta,\ \beta = \sqrt{1 - M_0^2}$$

式中，M_0——来流马赫数。

由此可知，在可压缩气体中随着飞行速度的增加，翼型上的负压将增大，且负压愈大，其增量也愈大。当地速度的增长也是如此。当地速度的增长导致翼型上某一点处的速度达到声速，这时的来流马赫数 M_0 称为临界马赫数。当 M_0 继续增加，翼型上将出现局部超声速区，开始时在翼型上表面，而后在下表面。局部超声速区将以激波形式结束。普朗特-格劳厄特公式不能应用于这种情况。激波中的损失导致一种新的阻力——波阻的出现，使总阻力成倍增加，甚至达到量级上的增加。在翼型上、下表面上超声速区的非同步发展以及激波和分离的移动使升力和俯仰力矩随 M_0 数的增加而急剧地变化。只有达到超声速飞行的 M_0 数，并完全建立起翼型上、下表面的超声速绕流，这种随 M_0 数的增加而急剧变化的特性才终止，升力、阻力和焦点位置开始按超声速绕流规律变化。譬如，对无限薄平板，C_{ya}^{α} 的理论值从在不可压缩气体中的 2π 变化到在超声速下的 $4/\beta$，焦点位置从 1/4 弦长变化到 1/2 弦长，波阻按 $4\alpha^2/\beta$ 关系随迎角变化，正比于相对厚度的平方，并随 M 数以 $1/\beta$ 递减（在超声速绕流时 $\beta = \sqrt{M_0^2 - 1}$）。

在跨声速区翼型阻力的急剧增长和纵向力矩的变化对直机翼来说是典型的。

所有研究都表明，直机翼飞机不适用于跨声速和超声速飞行。“临界马赫数”、“声障”等术语的出现很准确地反映了这一点。

为缓和 M 数的影响，在直机翼概念的框架内，通常采取减小翼型厚度，使用光顺的无急剧负压峰值的对称翼型等措施来提高临界马赫数和减弱激波，但这并不能使情况发生根本变化。

侧滑机翼思想从原则上解决了这一问题。若速度为 V 并与翼弦成 χ 角的气流流过由同一翼型构成的无限翼展等弦长的直机翼，这相当于气流以速度 $V\cos\chi$ 垂直于前缘流过直机翼，沿翼展的速度分量 $V\sin\chi$ 只改变粘性摩擦，因此可提高翼型的临界马赫数 $1/\cos\chi$ 倍。当 χ 角足够大时，这就大大提高了压缩性影响开始出现的 M 数。此时，侧滑机翼的升力比直机翼的减少 $1/\cos^2\chi$ 倍，而阻力减少 $1/\cos^3\chi$ 倍。

侧滑效应在无限翼展的机翼上得到充分的表现，但只能通过有限翼展后掠机翼具体在飞机上实现，因此在翼根和翼尖区侧滑效应将失效，故总效率将下降。虽然为尽可能充分地发挥侧滑效应，需要大展弦比机翼（回忆一下琼斯斜机翼），为尽可能地提高临界马赫数，需要大后掠角，但这样就出现了与强度要求的矛盾，因为提高机翼载荷并保证其必要的刚度势必要减小其展弦比，结果必然是完全三维绕流的小展弦比机翼。实际上，侧滑机翼上的流动已不再是二维的——沿弦向的变化速度和沿展向的常值速度 $V\sin\chi$ 的矢量和给出的流线是弯曲的。

小展弦比机翼的应用彻底摆脱了选用满足升力特性的翼型来设计机翼的概念，而代之以升力面的概念。升力面应保证全部必需的空气动力特性，特别是超声速和跨声速的阻力特性。小展弦比机翼的三维绕流性质有助于消除不期望的压力峰值，使压力分布大体平滑，并使空气动力特性随 M 数的变化较平缓。最初研究小展弦比机翼与侧滑效应并无联系，只因其为应用超声速线性锥形流理论很方便的对象。锥形流的特点是流动参数在机翼顶点发出的射线上保持为常值，机翼的中弧面可能是平面或具有锥形弯扭，在与机翼轴线成一定角度的所有剖面内流动参数的分布是常值。机翼的绕流依据其边缘是超声速的还是亚声速的而性质极不相同。若边缘不位于由边缘各点发出的马赫锥内，则此边缘被认为是超声速的；若边缘位于马赫锥内，则被认为是亚声速的。前一种情况下，边缘不受其下游向上传播的扰动的影响；后一种情况下，边缘受其下游扰动的影响。亚声速前缘绕流与亚声速气流流过前缘相似，超声速前缘绕流类似于楔形绕流。在均匀流中，直线超声速前缘后流动的压力为常值，而亚声速前缘后的压力是变化的。飞机阻力的估算表明，亚声速前缘有利于降低阻力，因为在亚声速前缘上能部分地、甚至全部地实现前缘吸力。

无限薄三角机翼计算出的焦点位置在超声速下与机翼平面面积的质心重合，与 M 数无关，这是单位长度载荷沿对称面弦线线性分布的结果。

对机翼平面形状稍作修改，如切去三角翼的翼尖，使后缘具有后掠角，弯曲三角翼前缘("哥特式"机翼——前缘向外凸起;"镰形机翼"或"S形机翼"——前缘内凹,前缘折转的机翼)等就可以改变单位长度载荷的分布和焦点的位置。例如,切断翼尖后的焦点位置在机翼平面质心前方并随 M 数的增加而靠近质心。上述任一种改变机翼平面形状的方法都为设计提供一种自由参数,使机翼的空气动力特性向需要的方向靠近。为此,下面比较详细地叙述一下如何获得既适合于超声速飞行又适合于亚声速飞行的机翼问题。若要求机翼能一直使用到 $M=2$,机翼前缘后掠角又不得小于 60°,即边缘是声速的,则具有这样后掠角的纯三角形机翼其展弦比应小于 2.3($\lambda=4\cot\chi$)。然而,如此小展弦比的机翼在亚声速飞行时就可能效率很低。由前缘后掠角小于 60°大展弦比梯形翼的基本翼和后掠角为 60°的三角形根边条共同构成的机翼则将具有最高的效率。这样组合的机翼其总展弦比为梯形翼和三角翼展弦比之间的某一中间值。因为绕机翼表面的流动是一个整体,用亚声速"基本"机翼和"超声速"边条组合构成机翼的设计方法似乎不尽合理,然而随飞行 M 数的改变,机翼"亚声速"部分所起作用和"超声速"部分所起作用的相对变化肯定了这种设计方法。机翼的几何参数应在飞机整个使用速度范围内对各种空气动力特性的要求进行折中、细致的选取。

大迎角飞行状态是小展弦比机翼飞机的一种重要飞行状态。C_{ya} 与迎角的关系变为非线性时的迎角称为大迎角。翼型的非线性出现在迎角为 10°~12°左右,这时气流开始分离。大展弦比机翼也是如此。由于绕流的三维影响,中等展弦比机翼分离被推迟到更大的迎角时。带侧向边缘的小展弦比机翼,翼尖绕流与翼尖处形成的流向涡的影响随展弦比的减小而越来越大,如在很小展弦比的矩形机翼上,$C_{ya}=\pi\lambda\alpha/2+\pi\alpha^{3/2}/2$,升力系数随迎角变化的曲线实际上完全不存在线性段。前缘后掠角约为 55°的机翼表面上在不大迎角下就出现了沿前缘的分离涡,该分离涡自机翼顶点开始,不断从前缘得到补充而逐渐扩展,最后从机翼后缘拖出,在机翼下游发生破裂(涡"破裂")。分离涡在其下方产生负压,前缘后掠角和机翼迎角越大,负压也越大,这就导致了随迎角非线性变化的涡升力分量的出现。这种涡升力分量是大后掠角机翼所特有的,并对机翼升力有实质性的贡献。分离涡形成的原因是机翼前缘上的气流分离。对尖前缘机翼,分离的位置固定在前缘处(图 1.1,图 1.2);对钝前缘机翼,分离的位置取决于机翼绕流的雷诺数,即由粘性决定。对于直线前缘(三角形机翼),分离涡实际上是沿着由机翼顶点发出的射线方向,直到后缘,其流动接近于锥形。亚声速锥形流理论在这些现象的研究中得到了广泛的应用。当然,实验研究还是占主要地位。

机翼分离涡的涡破裂点位置随迎角增大而向前移动,并在某一迎角下到达机翼的后缘处。从此迎角开始,空气动力特性的变化规律又发生了变化——随涡破裂点继续向机翼顶点移动,机翼上的负压区逐渐缩小,升力减小,并出现上仰力矩增大的趋势。当涡破裂点接近机翼顶点时,绕流转变为全分离的。涡破裂也决定着 $C_{ya\,max}$ 值。与翼型不同,在小展弦比三角形机翼上涡破裂点位置的移动可经历几十度的迎角范围。

在哥特式机翼上，在前缘形成的分离涡沿前缘流去。在镰形机翼上，在前缘外形切线斜率急剧变化的区域内分离涡离开前缘向气流的下游流去，在外翼段的前缘可能出现第 2 个分离涡，它与轴线的角度比第 1 个分离涡的大。在前缘有折转点的机翼上，第 2 个分离涡的顶点位于折转点处。机翼上两个分离涡的存在导致复杂的旋涡相互作用和随后的消散。所有这些现象都反映在空气动力系数与迎角的关系中。

大迎角下绕流的流动图画大体上就是这样，在细节上，特别是定量关系上，可能会各有不同。涡流的发展对各种影响参数十分敏感，有些看来无关紧要的因素也会使其发生实质性的变化。例如，对同一平面形状的机翼，后缘与涡破裂区相交(或破裂点达到机翼顶点)的迎角可能相差 $5^\circ \sim 7^\circ$。最后应提及表现为所谓滞后效应的曲线 $C_{ya}(\alpha)$的非单值性——如果在曲线 $C_{ya}(\alpha)$的下降段减小迎角，在 $\alpha > \alpha_{\text{к}}$ 时，C_{ya} 沿低于 $C_{ya\,\max}$的曲线变化，直到达曲线的上升段。这样来描述气流发展的历史。

可以利用普尔豪马斯假设计算 $C_{ya}(\alpha)$曲线上升段的升力。该假设认为在大后掠角机翼前缘上气流分离时作用在机翼头部的吸力变为涡升力。这一假设也很好地反映了机翼阻力(对于平面机翼，$C_{xa} = C_{ya}\tan(\alpha)$) 及其极曲线的变化。按照这一假设

$$C_{ya} = K_{\text{p}}\cos^2\alpha\sin\alpha + K_{\text{v}}\cos\alpha\sin^2\alpha$$

式中：K_{p}——按位势绕流理论计算的升力系数；

K_{v}——涡升力系数(等于吸力系数)。

此关系主要是表明了升力形成的“几何”关系。流动过程决定系数 K_{p} 和 K_{v} 的大小。普尔豪马斯假设，因在常值系数时未考虑涡流破裂而不给出 $C_{ya\,\max}$位置。在 C_{ya}曲线的上升段，按 α 展开 cos 和 sin，精度到 α^3 给出

$$\frac{C_{ya}}{K_{\text{p}}} = \alpha + \frac{K_{\text{v}}}{K_{\text{p}}}\alpha^2 - \frac{7}{6}\alpha^3$$

由此得出，线性项在 $\alpha \leqslant 0.1K_{\text{p}}/K_{\text{v}}$ 时是主要的，例如，在 $K_{\text{v}}/K_{\text{p}} \approx 10$ 时 $C_{ya}(\alpha)$关系曲线实际上全是非线性，在 $K_{\text{v}}/K_{\text{p}} \leqslant 0.1$ 时二次项不起作用，在 $K_{\text{v}}/K_{\text{p}} \leqslant 1$ 时 $C_{ya}(\alpha)$关系曲线在不大的 α 下实际上是线性段等。因而原则上可以得到不同比值 $K_{\text{v}}/K_{\text{p}}$ 的 $C_{ya}(\alpha)/K_{\text{p}}$ 的通用关系。此时还是应当注意绕流对其他因素的敏感性。

选择机翼几何参数在这一区域也要服从于保证超声速飞机在整个使用范围内所希望的空气动力特性的一般折中条件。只要指出，例如机翼的尖前缘能够固定涡流形成的开始，这给出在大迎角下很多的优点，可是不能实现小迎角下的吸力，因而在亚声速飞行时使阻力和 $K_{\max}$损失相应地增加。在亚声速前缘超声速飞行时也有这种效应。

1.2 用模型风洞试验确定飞机空气动力特性

飞机的空气动力特性通常是用实验装置试验其模型来确定。虽然在理论空气动力学和计算数学领域有很大的进步,这种研究方法仍然是研制新的布局和改善已有的布局时获得空气动力特性的主要的和最可靠的手段:确定布局的任何方案和旨在改进现有飞机空气动力特性的建议只有在风洞模型实验检验之后才能实现。

课题模型(即用于研究目的的模型)风洞试验的结果用来比较分析飞机各种布局及其部件的空气动力特性。为了计算具体飞机的飞行技术性能和机动性能,其几何相似模型的风洞试验结果(特别是阻力)通过加入修正量换算到真实条件。修正量,其精度和确定方法既取决于风洞特性,也取决于飞机布局的特点。

飞行试验结果所取得的飞机空气动力特性也含有方法修正,该修正决定作用于飞行中飞机上合力所采用的划分形式:即空气动力和发动机推力两个分量。

最终,在风洞模型试验结果中和根据处理飞机飞行试验结果所得到的空气动力特性加以对比,以确定飞机的空气动力特性,该特性结合发动机期望的特性作为一切随后分析和计算飞行技术性能和机动性能的基础。

下面分析一下超声速飞机模型在不同的风洞中所取得的空气动力特性,相互间及与飞行试验结果可能差异的原因。

为了使风洞所取得的模型试验结果换算到真实条件并用来估算飞机的空气动力和计算其飞行技术性能和机动性能,应依照已知的相似准则:

- 几何相似(线性尺度比例恒定);
- 运动学相似(时间、速度、加速度的比例恒定);
- 动力相似(在相似点上各种性质的力的比例恒定)或更详细地说:

——计入介质压缩性相似(M 数恒定 $M = V/a$);

——计入粘性力相似(雷诺数恒定 $Re = bV/\nu$);

——计入周期性现象相似(斯特劳哈尔数恒定 $Sh = L/(VT)$, T——非定常过程的特征时间);

- 计入气动加热相似(普朗特数恒定 $Pr = C_p\mu/\lambda$, λ—— 热传导系数)。

对这些准则应当补充风洞模型和飞行中飞机绕流的初始湍流度——ε。

在热-化学-动力学效应不存在的气流速度($M < 5 \sim 6$)下,任一空气动力系数均与迎角和侧滑角(α 和 β)、飞机构形(δ_i, φ_i——升力面活动部件偏度)和相似准则有关:$C_A = F$(几何相似,α, β, δ_i, φ_i, M, Re, Sh, ε)的函数形式表示。

在满足所有相似条件时,实验的空气动力特性与真实飞机的空气动力特性就不会有差别。很遗憾,完全模拟试验是不现实的。在风洞里只能作几何模拟(精确到模型支撑在风洞天平上作必需的模型外形改变)。按 M 数相似,这相当于遵守计入压缩性相似,在高速风洞中可以实现。Re 数可以只对起飞着陆状态和高度飞行条件在变空气密度的风洞中得到模拟(图 1.6)。

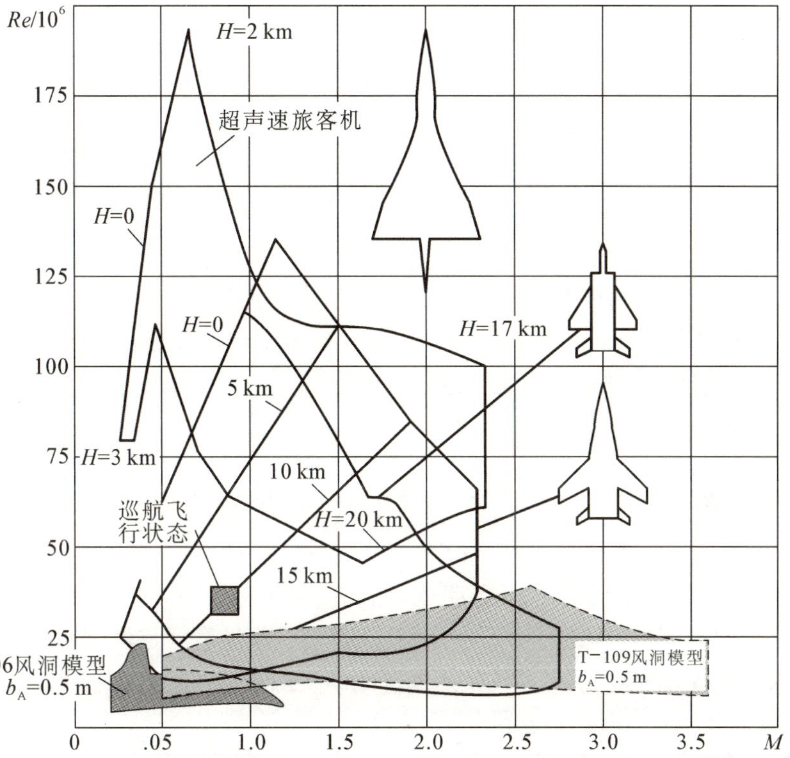

图 1.6　在模型风洞试验和超声速飞机在飞行中的 *Re* 数范围

一般情况下，风洞的试验条件不完全符合真实条件，因而实验研究的结果需要加入方法修正，以便从风洞壁限制的气流条件下风洞天平测得的模型空气动力特性换算为无悬挂装置影响无约束气流条件下的空气动力特性，还有从无约束气流条件下模型空气动力特性换算为飞行条件中真实飞机的空气动力特性的修正。

修正量取决于模型和飞机几何参数的差别程度、模型在风洞中的固定方法和试验条件与飞行条件的差别。为了确定修正量，就要制定和完善风洞实验方法和按真实条件的换算方法。

风洞模型试验条件与飞行条件的差异不仅在于模型尺寸比飞机尺寸缩小得很多。

——在模型上作用着分布的气动力（和力矩）与模型重量，这些力由悬挂装置：刚性支架或钢带束承受，即靠施加在刚性接头上的集中力（和力矩）或作用在 3 个点上的力来平衡（图 1.7）。飞机在分布的气动力和质量力与喷管推力的作用下作自由飞行。换句话说，风洞里的模型在任何力和力矩作用于其上时是静止的，即用惯性坐标系来研究，而飞机是在不平衡力和力矩作用于其上的方向上获得加速度，即机体坐标系，不是惯性坐标系。

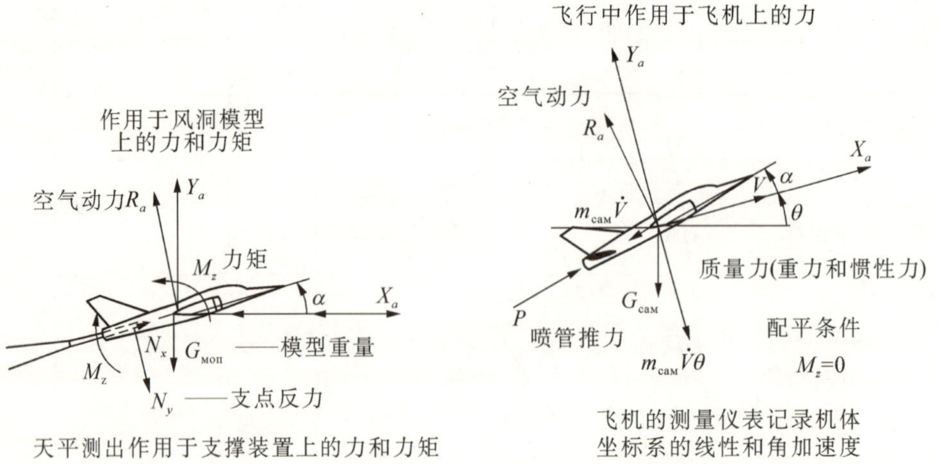

图 1.7 作用于风洞模型和飞行中飞机上的力

——在飞机及其模型同样构形下，模型变形与飞行中飞机变形不同，不仅因模型和飞机的弹性性能不同，而且也由于平衡气动力不同。在改变 M 数试验(在 $\alpha = \text{const}$) 时，模型变形取决于速压 q 值(它随 M 数增加而增加)和 M 数(由于气动载荷重新分布)。飞机结构变形取决于作用的载荷(重力、惯性力)、M 数和迎角(气动载荷分布)与速压(以隐性形式)。

——在风洞弹性相似模型试验时，只在极曲线 ($n_y = 1$) 一点上与飞行中飞机变形相对应，即只在一个状态。为了模拟其他状态，就需要其他弹性相似模型。特别困难的是模拟操纵面的弹性变形。

由此得出，风洞试验无法制作一个气动弹性模型，其变形与所有飞行状态的飞机变形相似。

通常研究用给定飞行状态变形的刚性模型，而试验结果用理论方法修正，该方法可用来修正任何飞行状态时飞机结构的变形。

风洞中的模型处于均匀流中(其精度到由沿风洞试验段主轴的气流均匀度以及没有模型时气流中心沿纵轴的湍流度所表征的参数)。飞行中飞机通过的大气层带有不同强度、方向和湍流度的气流。

——随着风洞气流速度的变化，在压力为常值时，M 数和 Re 数同时发生变化，即每一 M 数对应着一个 Re 数值。对于飞行中的飞机，没有 M 数和 Re 数这样单值的对应。

——模型在气流分离的绕流以及在跨声速 M 数时可能受到强烈的抖振，能导致实验研究的结果大大失真。模型的振动频率和振幅由其质量、支撑装置的质量和弹性、模型-支座系统的阻尼特性和强迫振动所决定，并不符合飞机上这种现象的参数(如果出现这种现象)。

模型和飞机的几何差异总是存在，因为尽管消除尺寸和外形上的差异，而模型和飞机外表面状况不是相同的。

——模型的外部轮廓与飞机的外部轮廓通常要失真，因为模型必须在风洞里固定：在机翼上有钢带或侧支架，在后机身上有钢带或尾撑，在前机身上有钢带或前支柱等。

——模型表面是光滑的（根据标准，模型表面粗糙度小，凸起高度不应超过 5 μm）。飞机的表面状况取决于生产工艺和使用条件。

——在模型上没有凸出在气流中的小零件（鼓包）、飞机机载系统用的辅助进气口，没有或不模拟机翼及其可偏转的部件之间、机身及可偏转的平尾之间的缝隙等。

模拟发动机通气和喷流是单独的问题：

——飞行中作用于飞机的总力，因为其中没有计入飞机外流、进气道和喷管的相互作用的结果，难以分为“纯”空气动力和发动机推力。

动力装置的推力与发动机台架推力不同——这是喷管推力和进气道进气冲量的矢量和：$\boldsymbol{P}_{cy} = \boldsymbol{P}_c + \boldsymbol{P}_в$。在确定列入期望的发动机台架推力时，这些矢量的作用线相互重合，并与来流速度矢量重合，而方向相反，因此，“期望值”的发动机推力以喷管推力（总推力）和动力装置进口冲量损失（$P_B = \dot{m}_B V$）之间的标量差来确定：

$$P_{cy} = \dot{m}_B(W - V) + \dot{m}_T W + F_c(p_c - p)$$

式中：$\dot{m}_B$——进入进气道的空气质量流量；

$\dot{m}_T$——燃油质量流量；

W——喷管出口流速；

V——飞行速度；

F_c——喷管出口截面面积；

p_c——喷管出口截面的静压；

p——大气压力。

$\dot{m}_B \boldsymbol{V} = \boldsymbol{X}_B$ 值物理上是与形成总推力有关的迎面阻力分量——X_B。

这样，在发动机期望特性中的发动机推力概念不含有由于气流速度矢量转动一个角度（$\alpha + \varphi_c$）而出现的力，在这里 $\varphi_c = \varphi_{ДВ}$ ——矢量 $\boldsymbol{W}$ 与翼弦平面的夹角。因此，动力装置的推力矢量无论按量值还是按方向均不与喷管推力矢量相符（图 1.8）。为了满足空气动力与所采用的推力形式相符合的要求，力 $\Delta\boldsymbol{R}_A$ 是对机体的空气动力。其升力和迎面阻力的分量称为“气流转折”修正量。

在通气模型实验研究时，气流转折的修正量用天平测出并在模型气动力系数 C_{xa}、C_{ya}，M_z 中。此时，必须使飞机模型外部阻力和发动机推力是在通过通气模型和飞机发动机对应的空气流量情况下确定的，以保证风洞模型和飞行中飞机的流动相似。

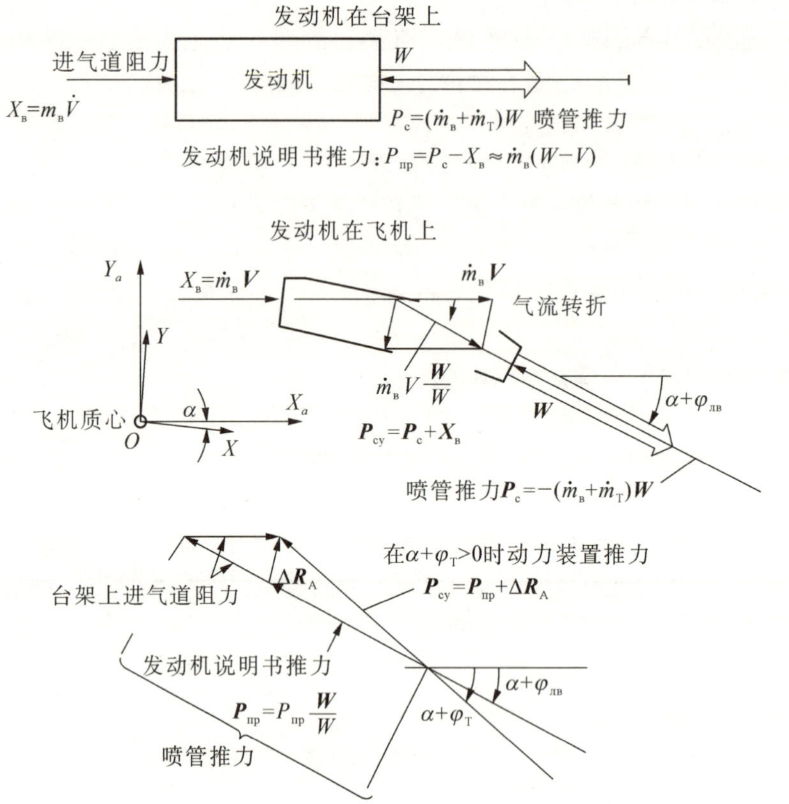

$\Delta\boldsymbol{R}_{A}=\dot{m}\boldsymbol{V}-\dot{m}V\frac{\boldsymbol{W}}{W}$ ——在动力装置中气流转折时作用在飞机上的空气动力

图 1.8 在台架上和飞行飞机上的发动机的推力

除了动力装置的推力中的气流转折的修正量并将其加入飞机的空气动力特性，还有飞机空气动力特性与发动机工作状态也有关系。在给定的速度下，飞机的修正量将取决于 $(\alpha+\varphi_{c})$ 角度和通过发动机的空气流量，而模型的修正量取决于通过管道的相应的空气流量。在小迎角和低空气流量时这些修正量很小，可以忽略不计。随着使用迎角和空气流量的增加(特别是涡轮风扇发动机)，这些修正量要增加。

——模型飞机动力装置的通气能够保持外部绕流特性，但不能保证模拟发动机喷流。甚至带引射器或风扇的主动通气也不保证在整个飞行 M 数范围内完全模拟喷流。

带模拟喷流的主动通气需要从外部供给空气。这一供气系统不可避免地导致模型外形失真。

飞机上喷气发动机的喷流产生引射作用并使喷管所在区域的外部气流加速。在风洞的模型上喷气发动机的喷流有时用几何形状与喷流形状相符合的刚性模拟器来模拟；此时应满足有喷流和模拟器的底部截面的静压相等。发动机的每一工作状态有自己的模拟器。

刚性模拟器和冷喷流不能完全反映喷流对模型尾部压力分布的影响。因此，在确定通气模型的空气动力特性时，只模拟进气道(即进气流)。喷管和排气流通常不模拟，而以所谓的标定尾段来代替。喷流对模型阻力的影响用专门的试验台评估，在那里研究带喷管和排气流的模型尾部，而后研究带标定尾段无喷流的尾部。在这些试验时，要测定喷管推力损失和带喷管和喷流的尾部迎面阻力与带标定尾段无喷流的尾部阻力之间的差值。这个差值称作喷管迎面阻力 X_c 并包括在喷管有效推力损失中，即一部分机体迎面阻力(X_c)假定与推力有关。原则上在推力损失中可能只加入喷管内部损失，而喷管外部阻力(X_c)属于机体空气动力。

划分运动力的方法，即总力在速度轴 X 上的投影，对飞机的推力和阻力原则上没有作用，并不影响其飞行技术性能的计算结果，因为机体空气动力和发动机的推力和采用任一划分形式都等于实际上作用于飞机上总力的同一实际值。

在比较根据风洞模型实验研究所得到的空气动力特性与由飞行试验得到的空气动力特性时，它们应换算成可比较的形式，即应含有作用于飞行中飞机上的合力以同一形式划分所决定的方法修正量。

——如果制成模型没有通气，则代替进气道和喷管安装进口整流罩及出口整流罩(或实心底部截面)，这就明显地改变了模型理论外形及其外部绕流，因而需要对实验结果加以适当的修正。

特别是，必须对进气道的影响补加修正量：

$$\Delta C_{ya} = 2(F_{\text{B}}/S)\sin\alpha,\ \Delta C_{ya}^{\alpha} = 2(F_{\text{B}}/S)\cos\alpha$$

$$\Delta C_{xa} = 2(F_{\text{B}}/S)(1-\cos\alpha)$$

$$\Delta m_z = -2(F_{\text{B}}/S)\,\bar{x}_{\text{B}}\sin\alpha,\ \Delta\,\overline{X}_F = 2(F_{\text{B}}/S)(\bar{x}_{\text{B}}/C_{ya}^{\alpha})\cos\alpha$$

式中，F_{B}/S——进气道进口面积与模型机翼面积之比(相似准则)；

$\bar{x}_{\text{B}}$——进气道进口坐标，如果进口布置在模型设定的质心之后(图 1.9)，$\bar{x}_{\text{B}} > 0$。

计入以下影响的修正量：

——与风洞模型固定有关的失真影响；

——与模型通气相对空气流量有关的底部阻力和内部阻力；

——层流边界层转向湍流层的转捩线位置；

——激波和分离区位置；

——尾喷流对尾部流动的影响等。

借助于补充的测力和流场实验研究加以确定。

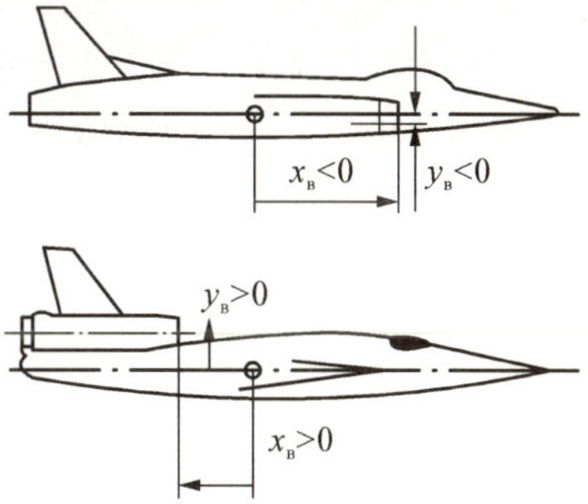

图 1.9　进气道影响修正

$$\Delta M_{z\,\text{B}} = -\dot{m}_{\text{B}}V(\bar{x}_{\text{B}}\sin\alpha + \bar{y}_{\text{B}}\cos\alpha),\ (\varphi_{\text{ДВ}} = 0);$$

$$\Delta m_{z\,\text{B}} = -2\frac{F_{\text{B}}}{S}(\bar{x}_{\text{B}}\sin\alpha + \bar{y}_{\text{B}}\cos\alpha)$$

为了确定其他修正量，利用理论的和工程的计算法，例如计入升力面变形、模型几何外形与飞机外形的差异或模型和飞机外表面状况的差异等对飞机空气动力特性的影响。

应当提到，完全地考虑模型几何的、物理的参数和风洞模型的试验条件对飞机飞行参数和条件的所有偏差的影响，由风洞试验结果换算成真实条件，实际上是不可能的。通过综合分析修正(其确定方法的精度和对飞行技术特性与机动性能的影响)分离出最重要的。这是对每一模型试验结果的方法修正以及保证由模型换算成真实条件并计入以下条件：

——模型上后机身几何形状失真和计入发动机工作状态喷流的影响；

——模型进气道的几何偏差(在不完全模拟时)和相对空气流量的差异；

——风洞模型和飞行中飞机变形的差异；

——飞行 Re 数与实验 Re 数的差异(见第 15 章)；

——模型和飞机外表面状况的差异——废阻的修正(见 1.4 节)。

模型的空气动力特性应换算成给定的重心位置并考虑到飞机的配平。

超声速飞机所实现的 M 数和 Re 数范围很宽，一架飞机需要在尺寸、气流参数、支撑装置不同型别的 3～4 个风洞内试验几个模型，这导致不同尺寸的模型本身部件的各种失真等(图 1.10)。

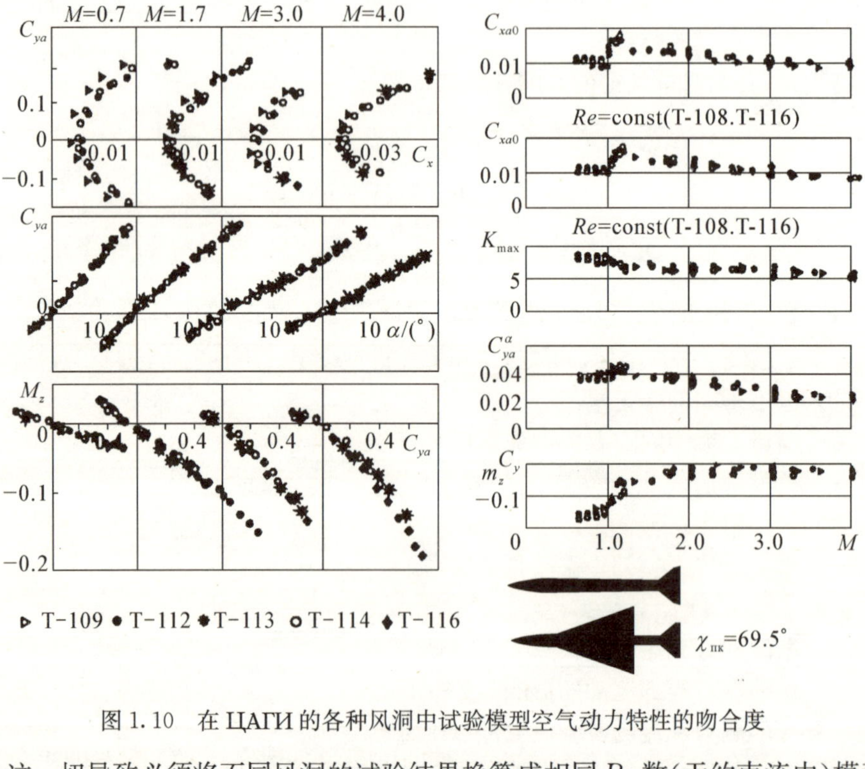

图 1.10 在 ЦАГИ 的各种风洞中试验模型空气动力特性的吻合度

这一切导致必须将不同风洞的试验结果换算成相同 Re 数(无约束流中)模型的空气动力特性，以便对比结果(见表 1.1)并为计算飞行技术性能和机动性能建立统一的原始数据库。

表 1.1　对比数据

参　数	风　洞					
	T-108	T-109	T-112	T-113	T-114	T-116
M 数	0.5～1.7	0.5～3.6	0.6～1.8	1.8～6	0.5～4.0	1.7～10
试验段尺寸 $H\times B/m^2$	方形 1.0×1.0	方形 2.25×2.25	方形 0.6×0.6	方形 0.6×0.6	方形 0.6×0.6	方形 1.0×1.0
机翼面积 S/m^2	0.083 4	0.465	0.048	0.048	0.048	0.115
翼展 L/m	0.355	0.836	0.269	0.269	0.269	0.418
CAX b_A/m	0.315	0.741	0.239	0.239	0.239	0.368
Re 数/$\times 10^6$（相对 b_A）	3～5.5	12～21.5	3.5～4.5	5～8	2.7～7.2	8.5～12.5 1.8～2.8

1.3　风洞试验条件对升力特性和诱导阻力的影响

主要的相似准则——M 数在风洞模型试验时总是保持的。按重要性排第二的气动相似准则算是 Re 数，然而还存在其他无量纲的参数，它们在一定的条件下能起相似准则的作用，并对气动特性的影响与 Re 数相似。

属于这样的参数有来流的湍流度 ε 和流过表面的粗糙度 $\bar{h}_{\text{ш}} = h/l$。

这些参数对流过表面的边界层状况（层流边界层转到湍流层）产生影响。层流层、过渡层和湍流层段的相对长度不仅影响翼型阻力（由于摩擦阻力变化），而且也影响在迎角变化时流过表面与分离区的尺寸和位置以及跨声速下激波的强度和位置。这一切最终都使飞机及其风洞试验的几何相似模型空气动力特性有差异，并在将风洞试验结果换算成真实条件时需要作相应的修正。

在普通型风洞里研究模型的空气动力特性是在小 Re 数（变压力和全尺寸风洞除外）、气流的湍流度（$\varepsilon_{\text{Адт}} \geqslant 0.2\% \sim 0.6\%$）明显超过大气中的湍流度（$\varepsilon_{\text{aTM}} \approx 0.1\%$），并且模型表面（粗糙度 $\bar{h}_{\text{ш}} \leqslant 5\ \mu\text{m}$）比飞机外表面光滑很多。因此，修正量取决于风洞模型和飞机飞行试验时所有这些参数的差异程度和这些差异对空气动力特性的影响程度。

为了确定修正量进行补充的测力和流场研究试验，这关系到确定边界层转捩线，激波和分离区位置同样也可以作转捩位置的试验。

（机翼、模型、飞机）翼型的升力特性可以用线性段范围内升力系数与迎角的关系

$$C_{ya} = C_{ya}^{\alpha}(\alpha - \alpha_0)$$

和升力系数最大值 $C_{ya\max}$ 表示，超声速飞机机翼的最大值是在临界迎角 $\alpha_{\text{кр}} \approx 35° \sim 40°$ 时达到。

表征升力特性的空气动力系数 C_{ya}^{α} 和 $C_{ya\max}$ 以及迎角 α_0 和 $\alpha_{\text{кр}}$，一般说来（在其

他相同的条件下)取决于 Re 数、来流的湍流度 ε 和流过表面的粗糙度 $\bar{h}_{\text{ш}}$。

根据翼型在理想不可压缩流体的绕流理论,升力系数与迎角的关系为

$$C_{ya\ \text{теор}} = 2\pi\sin(\alpha + 2\bar{f})$$

式中:$\bar{f}$——翼型相对弯度,以弦长的百分数计,当 α 和 $\bar{f}$ 都很小时,

$$C_{ya\ \text{теор}} = 2\pi\sin(\alpha + 2\bar{f}),\text{即 } C^{\alpha}_{ya\ \text{теор}} = 2\pi;$$

$$\alpha_0 = -2\bar{f}[\text{Rad}] = -114.6\bar{f}[°]$$

当真实(粘性)流体流过表面时,导数 C^{α}_{ya} 值、零迎角升力系数值和零升力迎角(α_0),由于翼型绕流与理想的偏差,总是小于理论值。

中等相对厚度 ($\bar{c} = 12\%$) 翼型的矩形机翼 ($\lambda = 5$) 的试验表明,Re 数对 C^{α}_{ya} 值影响很大并对 α_0 有某些影响,这对应于翼前缘有层流分离的绕流,该分离具有封闭形分离区(分离气泡)[13, 14]。当迎角增加时,如气泡被破坏,前缘发生分离而不再附着,致使升力急剧下降和阻力增加已经出现在不大的迎角(在该例 $\alpha_{\text{кр}} = 14.5°$)。

随着 Re 数增加,较早地发生层流边界层转捩为湍流层,封闭分离区范围减小,它向前移动,而导数 C^{α}_{ya} 值增加。在 Re 数为某一值时,层流边界层的前分离线与转捩线会聚,分离气泡消失,恢复上表面连续绕流,而导数 C^{α}_{ya} 值和迎角 α_0 在 Re 数继续增加时不再与 Re 数有关(图 1.11 和 1.12)。

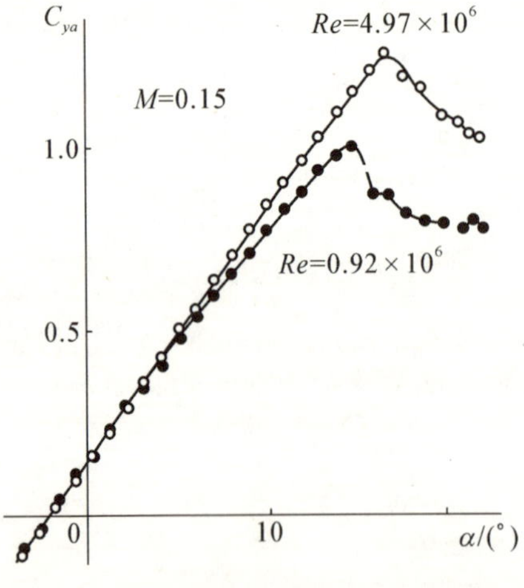

图 1.11 Re 数对翼型 $C_{ya}(\alpha)$ 曲线的影响

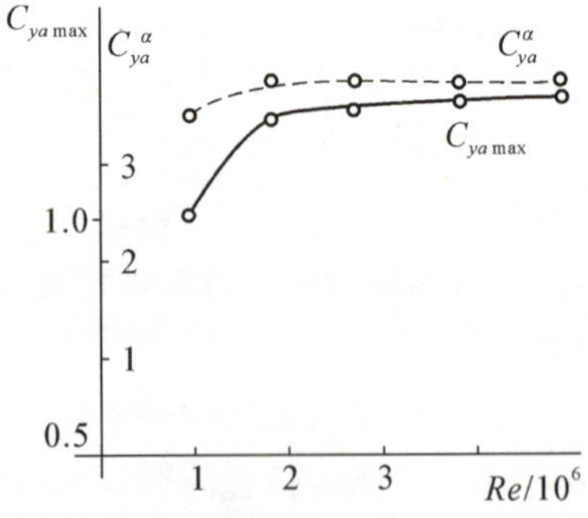

图 1.12 Re 数对翼型 C^{α}_{ya} 和 $C_{ya\ \max}$ 的影响

对应绕流性质这样变化的迎角范围取决于一定的 Re 数区间、压力分布性质、相对厚度和翼型弯度,取决于表面粗糙度和气流湍流度[13]。由于湍流度和表面粗糙度的增加促使边界层较早地湍流化,显然,它们对导数 C^{α}_{ya} 和 α_0 影响定性地与 Re 增加相同。随着翼型相对厚度减小,边界层转捩线接近前缘,而上述参数对导数 C^{α}_{ya} 影响减低。

随着迎角增加，$C_{ya}(\alpha)$关系偏离线性，而升力系数在某一临界迎角值 $\alpha_{кр}$时达到最大值($C_{ya\,max}$)，其值在很大程度上取决于相似准则 Re，ε，$\bar{h}_{ш}$，并且用实验方法可以可靠地确定。

实际上所有中等相对厚度和弯度 ($\bar{c} \leqslant 12\% \sim 13\%$；$\bar{f} \leqslant 2\%$) 的翼型呈现出 $C_{ya\,max}$随 Re 数增加而增加[15]。这是与外流的能量强烈地传递到湍流边界层中、边界层厚度减小和分离延迟与大迎角有关。当 Re 数很小时，翼型绕流在前缘形成分离气泡，在某一范围内 Re 数增加将伴随着不仅 C_{ya}^{α} 增加而且 $C_{ya\,max}$ 值也增加(图 1.11，1.12)。

来流湍流度增加对 $C_{ya\,max}$值的影响与 Re 数增大相似(图 1.13(a))[15]。

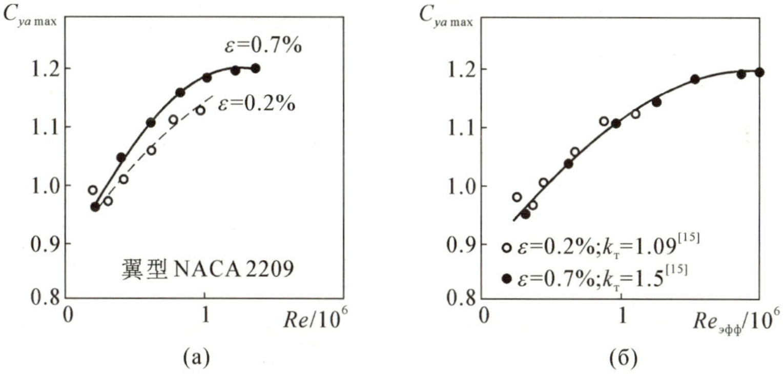

图 1.13 风洞气流 Re 数和湍流度对翼型 $C_{ya\,max}$的影响

绕流表面的粗糙度促使在小 Re 数下边界层较早的转捩同时，导致湍流边界层的厚度增加很多并在小迎角下气流分离，这整个地导致阻力增加和 $C_{ya\,max}$值减低。粗糙度对所指出的空气动力系数的影响取决于飞机和模型的外表面状况的差异程度(图 1.14)[16]。

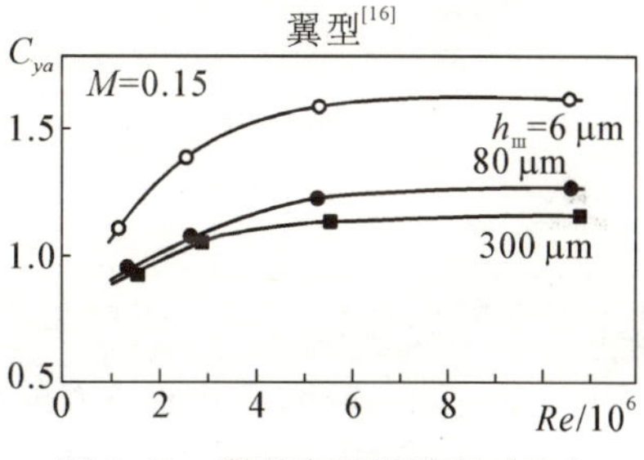

图 1.14 翼型表面粗糙度对最大法向力系数的影响

这样，由于 Re 数、来流湍流度 ε 和流过表面粗糙度($\bar{h}_{ш}$)相似准则共同作用的结果发生它们有部分的补偿作用，即这些因素的共同影响可能比其中每一单个因素的影响要小些：——风洞 Re 数小使 $C_{ya\,max}$减低，而气流的湍流度大和外表面粗糙度小使模型 $C_{ya\,max}$与飞机 $C_{ya\,max}$相比是增加的。

基于这一实验事实建立起在处理不同风洞试验资料时采用计入雷诺数和气流湍流度共同影响的有效雷诺数($Re_{эфф}$)思想[15](图 1.13)。

有效雷诺数按下式计算：

$$Re_{эфф} = Re \cdot k_{т}$$

式中：Re——按来流条件和流过的物体特征尺寸计算的雷诺数；

$k_т$——湍流度系数；

$k_т = Re_c(\varepsilon \sim 0)/Re_c(\varepsilon_{Адт})$；

$Re_c(\varepsilon \sim 0) = 385\,000$——球体临界雷诺数，在湍流度 $\varepsilon \sim 0$ 和阻力系数 $C_x = 0.3$；

$Re_c(\varepsilon_{Адт})$——对应于 $C_x = 0.3$ 和风洞湍流度的球体临界雷诺数。

对于球体的湍流度和临界雷诺数值 $Re_c(\varepsilon)$ 与处理在不同风洞和在大气中自由落下时球体阻力和绕流实验研究的结果所得到的经验关系有联系[15]：

$$\varepsilon = 5[Re_c \cdot 10^{-5}]^{-0.65} - 2 \quad [\%]$$

诱导极曲线

按照机翼理论，阻力系数可以用翼型阻力和诱导阻力之和的形式表示：

$$C_{xa} = C_{xa\,p} + C_{xa\,i} \tag{1.7}$$

式中：$C_{xa\,p}$——在亚临界 M 数时翼型阻力系数，包括摩擦阻力 $C_{xa\,тр}$ 压差阻力 $C_{xa\,д}$ 和废阻力。

C_{xa}——诱导阻力。

一般情况下，系数 $C_{xa\,тр}$、$C_{xa\,д}$ 取决于 M 数和 Re 数、边界层转捩线位置 $\overline{X}_{т\,пер}$ 和升力系数 C_{ya}。正如文献[17]中所示，它们可以用抛物线形式表示。如果边界层转捩线位置不取决于升力系数，则“摩擦极曲线”阻力增长系数与 C_{ya} 和 Re 无关，而型阻极曲线阻力增长系数的变化取决于“压差极曲线”阻力增长系数的变化。

为实际应用，飞机（机翼、模型）的阻力系数可以将最小阻力系数 $C_{xa\,min}$，即包括所有上述不随 C_{ya} 变化的阻力系数及综合的飞机（机翼、模型）的诱导阻力系数，包括所有与 C_{ya} 成比例的阻力分量，如下式：

$$C_{xa} = C_{xa\,min} + A_2(1+\delta)(C_{ya} - C_{ya}^*)^2 \tag{1.8}$$

式中：$A_2 = 1/(\pi\lambda_{эфф})$——诱导阻力增量系数；

δ——考虑到机翼展向压力分布不是椭圆的影响系数；

C_{ya}^*——对应于最小阻力系数的升力系数，表征诱导极曲线沿 C_{ya} 轴移动，这与机翼中弧面的弯扭有关。

按理想流体中有限翼展机翼的线性理论，诱导阻力增长系数 A_2 不取决于机翼中弧面的弯扭（几何扭转和气动扭转规律），而随机翼展弦比变化。实际上它还取决于前缘吸力 S 的实现程度，它为实际条件得到的吸力（风洞试验或飞行试验得到的）与其理论值之比，即试验测得的飞机（机翼、模型）的诱导阻力系数的相对差值

$$C_{ya}\tan\alpha - (C_{xa} - C_{xa\,min})$$

与吸力完全消失的诱导阻力系数和有全部吸力的差值之比

$$C_{ya}\tan\alpha - C_{ya}^2/\pi\lambda$$

在第一次线性近似中这个比值可写成下式：

$$S = \frac{A_2 - 1/C_{ya}^{\alpha}}{1/\pi\lambda - 1/C_{ya}^{\alpha}},\quad \text{式中}\quad A_2 = 1/(\pi\lambda_{\text{эф}}) \tag{1.9}$$

从(1.9)式得

$$A_2 = \frac{S}{\pi\lambda} + \frac{1-S}{C_{ya}^{\alpha}},\quad \text{或}\frac{\lambda}{\lambda_{\text{эф}}} = S + \frac{\pi\lambda}{C_{ya}^{\alpha}}(1-S) \tag{1.10}$$

系数 S 考虑引起与最小可能的阻力差别的所有原因——在机翼任何部分有分离、摩擦系数随迎角的变化、飞机气动布局中各部件的干扰，而不仅是前缘吸力本身的影响。

在有完全吸力的情况 ($S=1$)，$A_2 = 1/(\pi\lambda)$，即 $\lambda_{\text{эф}} = \lambda$；在吸力全部消失的情况 ($S=0$)，$A_2 = 1/C_{ya}^{\alpha}$，$\lambda_{\text{эф}} = C_{ya}^{\alpha}/\pi$。

系数 S 值取决于 Re 数(按来流速度及按垂直于机翼前缘确定的翼型前缘圆角半径计算 Re_ρ)、前缘后掠角、M 数及升力系数 C_{ya}[14, 18]。

当流经机翼无分离，升力系数范围为 $0 \leqslant C_{ya} < (1 \sim 1.5)C_{ya\,K_{\max}}$，极曲线为带常值诱导阻力增长系数 A_2 的抛物线并且 $S=\text{const}$。当前缘增升装置偏转、机翼有扭转、S 值随 Re 数增加而增加、而随 M 数增加则减小。当 M 数使机翼前缘分量 ($M = 1/\cos\chi_{\text{пк}}$) 为声速时，$S=0$，$A_2 = 1/C_{ya}^{\alpha}$。

在亚临界 M 数时，系数 S 弯化的特点是随 Re_ρ 减小，S 值不减小到零，而达到某一最小值，该最小值在 Re_ρ 继续减小时仍为常值[18]。对于 $\chi_{\text{пк}} \leqslant 50^\circ$ 的机翼，这一最小值为 $S \approx 0.5$，并随前缘后掠角增长而减小(图 1.15)。

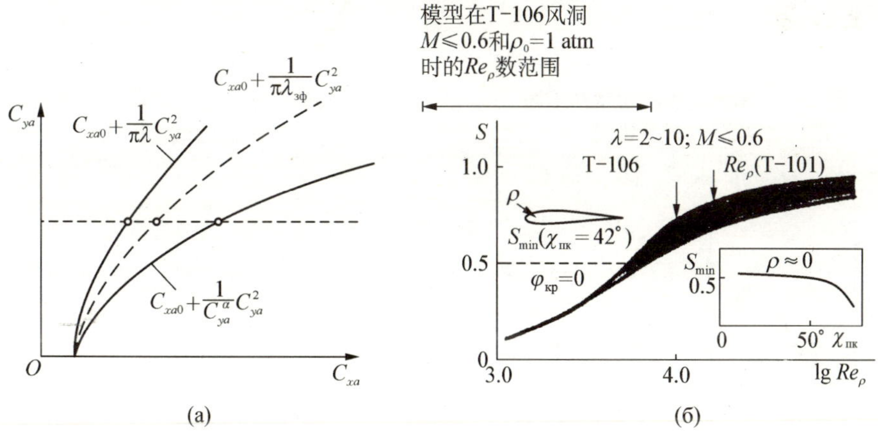

图 1.15　吸力实现程度与 Re 数的关系

对于中等展弦比 ($2 \leqslant \lambda \leqslant 5$) 和后掠角 ($30^\circ \leqslant \chi_{\text{пк}} \leqslant 50^\circ$) 的机翼，机翼平面形状对系数 δ 的影响不大并不超过 5%。计算结果[17]可以用近似公式拟合：

$$\delta = (0.024 - 0.02\cos\chi_{\text{пк}})\lambda$$

在不对称翼型(或不对称翼型机翼)绕流时，粘性影响导致极曲线沿 C_{ya} 轴上移一些，并且，显然随 Re 数增加（粘性减小），C_{ya}^{*} 值将减小。

与在风洞所取得的诱导极曲线加以比较，可以预期，在（对应于飞行的）大 Re 数时，飞机诱导极曲线将有较小的系数 A_2 和 C_{ya}^{*} 值。

对于中等展弦比和后掠角薄机翼（$\bar{c}=0.05$；$\lambda_{баз}=3.4$；$\chi_{пк}=42°$）的超声速飞机模型，在不同风洞中 $M=0.15\sim2.5$ 范围内所得到的 $C_{ya}(\alpha)$ 和 $C_{xa}(C_{ya})$ 曲线的例子示于图 1.16～1.20。比较试验结果表明，所指出的空气动力特性具有令人满意的吻合度，该空气动力特性是在不同风洞标准试验条件所特有的小 Re 数下取得的（图 1.16～1.18）。在亚声速 $M=0.15\sim0.8$ 下宽广的迎角范围内，诱导极曲线实际上相重合（图 1.17）是因为按模型机翼前缘半径计算的 Re 数不超过值 7×10^3（$\log Re_\rho\approx3.85$）。此时，吸力实现程度是最小的，并具有常值 $S_{min}=0.5$（对于 $\chi_{пк}<50°$）（图 1.15）。

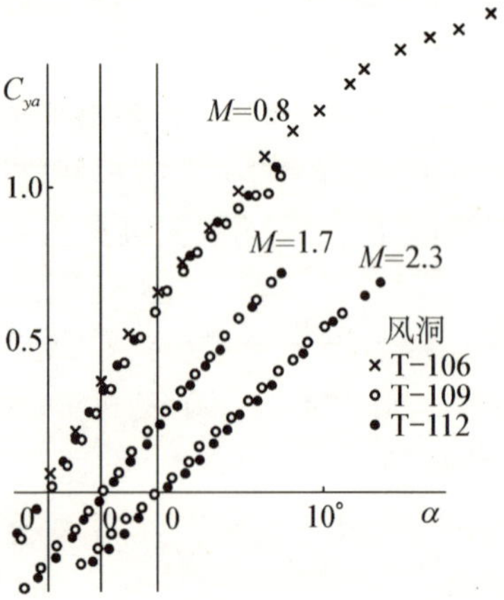

图 1.16　超声速飞机模型在不同风洞的试验比较

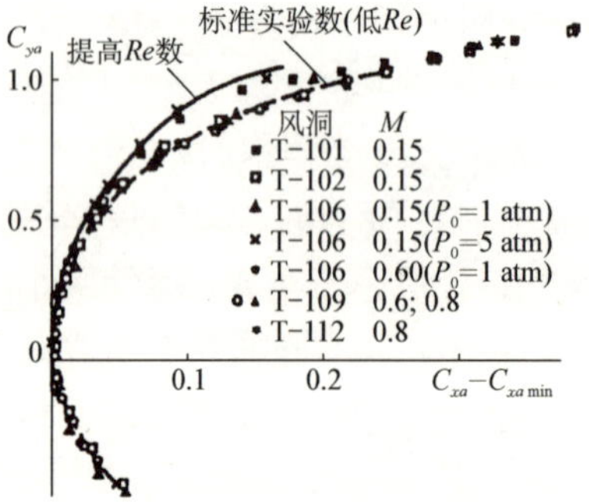

图 1.17　超声速飞机模型在不同风洞的试验比较

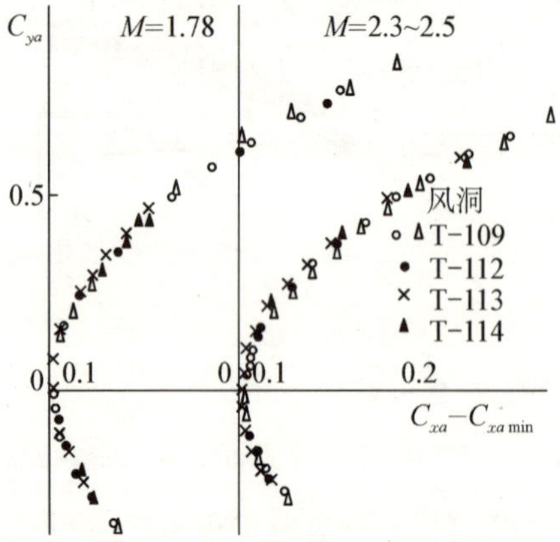

图 1.18　超声速飞机模型在不同风洞的试验比较

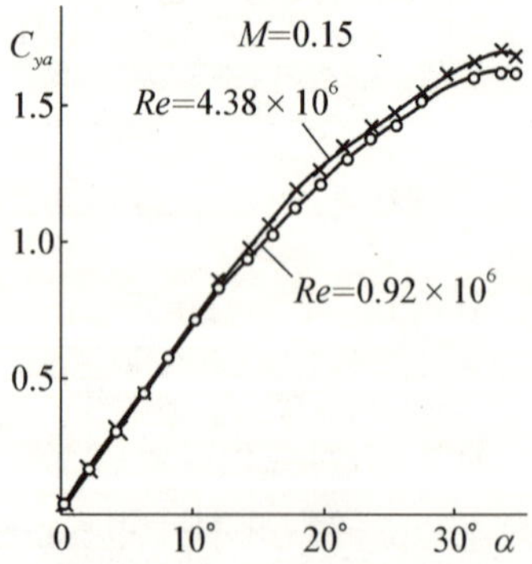

图 1.19　Re 数对超声速飞机模型 $C_{ya}(\alpha)$ 关系的影响

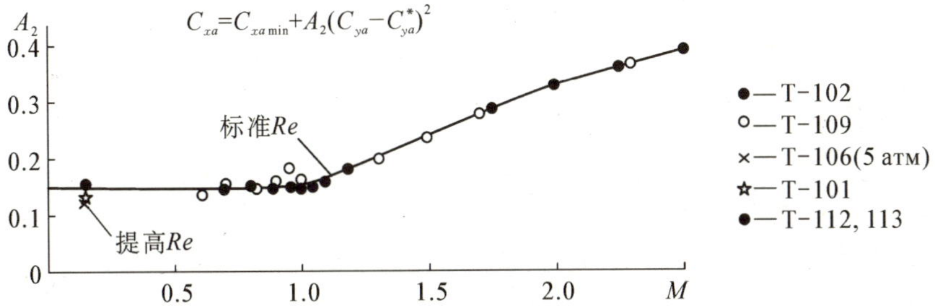

图1.20　在不同风洞试验的超声速飞机模型诱导阻力增加系数

随着 Re 数增加(低速变密度风洞模型和全尺寸风洞飞机试验)，C_{ya}^{α} 导数值实际上不变(小相对厚度翼型机翼)，最大升力系数增加而诱导阻力系数减小，因为在这种情况下 ($Re_{\rho}>7\times10^3$) 吸力实现程度大大增加(图1.17、图1.19)。

当 M 数和 Re 数同时增加时，这些主要相似准则的影响是相互补偿的：随 Re 数增加，吸力实现程度增加，而随 M 数增加则它大大减小。在所研究的例子中，这导致诱导阻力(系数 A_2)在标准试验条件下(当 Re 数由于气流速度而增加时)，对于同一飞机的不同模型仍然实际上是相同的，并在 $M=0.15\sim0.8$ 范围内为常数(图1.20)。

在确定飞机飞行技术性能时，特别是不大的亚声速区 ($M\ll M_{\text{кр}}$)，在这里 Re 数对吸力实现程度影响最大而 M 数影响实际上不存在，在小 Re 数风洞所得到的诱导阻力(系数 A_2)中应加入换算成真实条件的修正(见第15章)。

最后还应提到可能影响边界层状况的两个参数：噪声级(声压级)和空气湿度。

这两个参数对模型空气动力特性的影响研究得不够，虽然已经知道，甚至湍流度小的风洞噪声级比飞行中要高，对边界层转捩有很大的影响[19, 20](图1.21)。空气湿度增加对跨-超声速的空气动力特性也有很大影响。

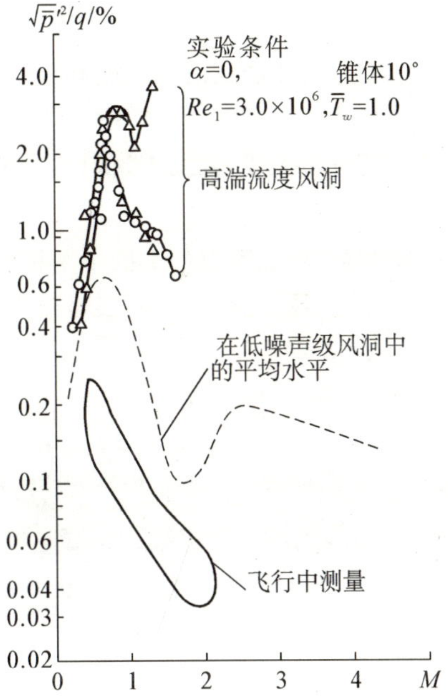

图1.21　不同风洞和飞行中静压脉动的水平

1.4　模型空气动力阻力换算成真实条件

风洞试验时所能实现的 Re 数比飞行中可达到的小1～2量级，并且 $Re_{\max}>10^8$ 对应于亚声速下大型超声速飞机和跨声速低空飞行的机动超声速飞机(图1.22)。飞机的迎面阻力系数(C_{xa0} 或 $C_{xa\min}$)随高度变化显著，而且从模型换算到飞机变化也很大(见图1.22)。修正阻力系数 $\Delta C_{xa\,Re}$ 的方法是尽人皆知的，在教科书和专著[17]中都有，其要点在于计算模型和飞机的所有部件(外翼及尾翼、机身、发动机短舱)的摩擦阻力系数，并考虑它们的几何特点(机翼和尾翼翼型的相对厚度、翼型形状、机身和发动机短舱的长细比)，将相应部件的差值相加并都换算到机翼面积。

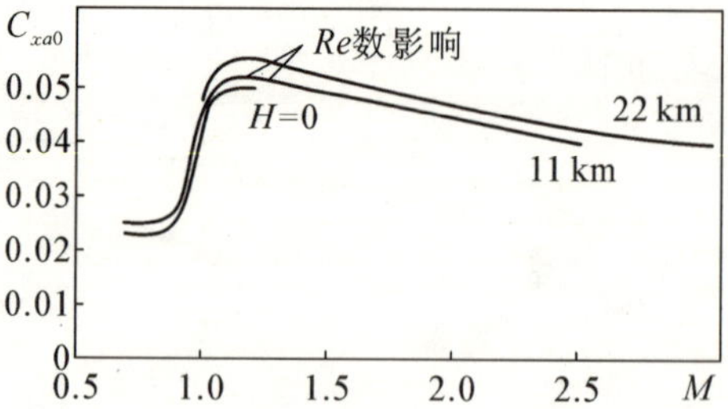

图 1.22 Re 数对飞机 C_{xa0} 的影响

$$\Delta C_{xa\,Re} = \sum_{i=1}^{n} (C_{fi\text{ мод}} - C_{fi\text{ сам}}) S_{\text{ом}\,i}/S_{\text{кр}}$$

因为假定全部阻力中的其他分量不取决于 Re 数，则修正量 $\Delta C_{xa\,Re}$——在确定飞机阻力系数值时必须以模型阻力系数值减去此值，即在模型和飞机同等光滑的条件下，摩擦阻力按真实 Re 数外插。

在概念设计阶段引入雷诺数修正量的近似方法在第 15 章内叙述。

模型外表面状况与飞机表面状况差别很大。在飞机的外表面上有很多生产上的不平度，诸如蒙皮的粗糙度和波纹度、铆钉和螺钉的凸头、蒙皮板对接处、壁板、口盖处的台阶、小零件或飞机设备正常工作所必需的鼓包、全压和静压受感器、气动力角度传感器、天线、辅助进气口以及操纵面摇臂、整流罩等，其中大部分在风洞试验模型上是不能复现的。

对由于外表面生产上的不平度及其他破坏飞机气动力光滑度等增加飞机阻力的修正问题，研究结果这些量是很小的，比 Re 数影响小得多。下面介绍中央空气流体动力研究院推荐的修正方法。

对各种用途批生产和试制飞机的外表面的系统的调查表明，生产上不平度的数量在第一次近似中，与飞机浸润表面面积成正比例，而不平度的最大横截面面积取决于外表面质量(生产工艺)，并且变化范围很宽：按飞机浸润表面面积算达 0.08% 到 0.48%，或按飞机机翼面积算达 0.5% 到 2.3%。根据统计数据生产不均匀度和鼓包的突起横截面积与飞机浸润面积比如表 1.2 所示：

表 1.2 横截面积与飞机浸润面积比

序号	$S_{\text{кр}}$ /m²	S_{Mi}/S_{OM}/%						
		铆钉	螺钉	台阶		盖板	零件	共计
				对接	舱口			
1	23	0.029 0	0.029 0	0.011 0	0.006 7	0.006 7	0.156 0	0.214 0
2	40	0.023 5	0.010 8	0.017 0	0.023 0	0.003 6	0.096 0	0.174 0
3	34	0.023 0	0.009 8	0.015 8	0.018 8	0.015 0	0.075 0	0.158 0
4	34	0.028 4	0.013 8	0.069 0	0.017 4	0.005 0	0.067 0	0.200 0
5	35	0.034 0	0.009 4	0.020 0	0.015 8	0.015 8	0.110 0	0.205 0

(续表)

序号	$S_{кр}$ /m²	S_{Mi}/S_{OM}/%						
		铆钉	螺钉	台阶		盖板	零件	共计
				对接	舱口			
6	60	0.028 0	0.044 0	0.053 0	0.012 5	0.026 4	0.077 0	0.242 0
7	50	0.029 0	0.024 0	0.044 0	0.014 8	0.020 4	0.135 0	0.266 0
8	157	0.064 5	0.020 0	0.046 0	0.050 0	0.016 0	0.060 5	0.260 0
9	157	0.020 5	0.014 0	0.029 0	0.020 3	0.016 0	0.100 0	0.200 0
10	32	0.026 0	0.051 0	0.069 0	0.041 0	0.018 7	0.146 0	0.350 0
11	38	0.012 9	0.042 5	0.209 0	0.209 0	—	0.210 0	0.477 0
12	507	0.002 6	0.006 4	0.020 6	0.026 4	—	0.025 7	0.082 3
13	460	0.009 2	0.009 5	0.088 0	0.028 7	0.000 7	0.018 0	0.154 0
14	150	0.057 0	0.028 6	0.154 0	0.075 6	0.013 4	0.028 8	0.358 0
15	180	0.071 0	0.019 0	0.022 4	0.020 4	0.012 0	0.027 0	0.204 0
16	330	0.034 0	0.003 0	0.094 0	0.020 0	0.006 8	0.021 2	0.178 0

第 1～13——超声速飞机；第 14～16——亚声速飞机；按全部超声速飞机平均 $S_{M\sum} \approx (0.002\,3 \sim 0.002\,5)S_{OM}$。

对于当代工艺水平能得到的最佳飞机外表面状态即将各种生产上的不均匀和小件突起物(测各种飞机的)的横截面面积的叠加数据对所有调查的飞机 $S_{M\sum_{\min}} \approx 0.000\,5S_{OM}$，对超声速飞机 $S_{M\sum_{\min}} \approx 0.001\,1S_{OM}$。所得到的最小值比平均水平低 2.5～5 倍。不平度使绕流表面的气动力光滑度遭到破坏，并依据飞行状态和表面质量使阻力大大增加以及飞机飞行技术性能变坏。

在风洞所试验的飞机模型上复现上述部件，由于模型尺寸小实际上是不可能的，并且在方法上证明是不正确的，因为模型上边界层的状况和相对参数与全尺寸的差别很大。因此，边界层中不平度阻力用装入风洞壁里的专门测量元件来研究。

在理论表示的基础上系统整理并综合类似研究的结果就能够查明不同类型不平度阻力的主要变化规律。

表面的**粗糙度**使阻力增加。应考虑到随凸起超过允许值的粗糙度阻力增加的速度、高度范围，示于图 1.23(a)。在低空以极限大速度飞行时粗糙度阻力特别大(见图 1.23(б))。

表面的**波纹度**使跨-超声速的阻力大大增加。波纹度阻力系数取决于其形状并与波纹高度及其长度比的平方成正比(见图 1.24(a))。波纹阻力变化取决于波纹高度及边界层厚度比，见图 1.24(б)。这种变化可以以 h/δ 比的立方根近似拟合。

沉头铆钉和螺钉头、蒙皮对接和舱门，口盖处台阶型生产上**不平度**产生的阻力，确定它的特征参数是按不平度高度 h 和动力速度 $v_* = \sqrt{\tau_w/\rho_w}$。

计算出来的 $Re_h^* = \rho_w v_* h/\mu_w$，

式中：τ_w，ρ_w，μ_w——摩擦应力，密度和壁板上粘性系数。

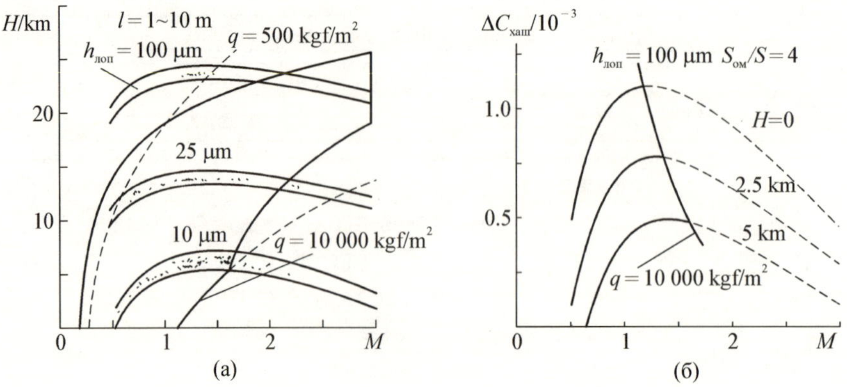

图 1.23　表面粗糙度的附加阻力

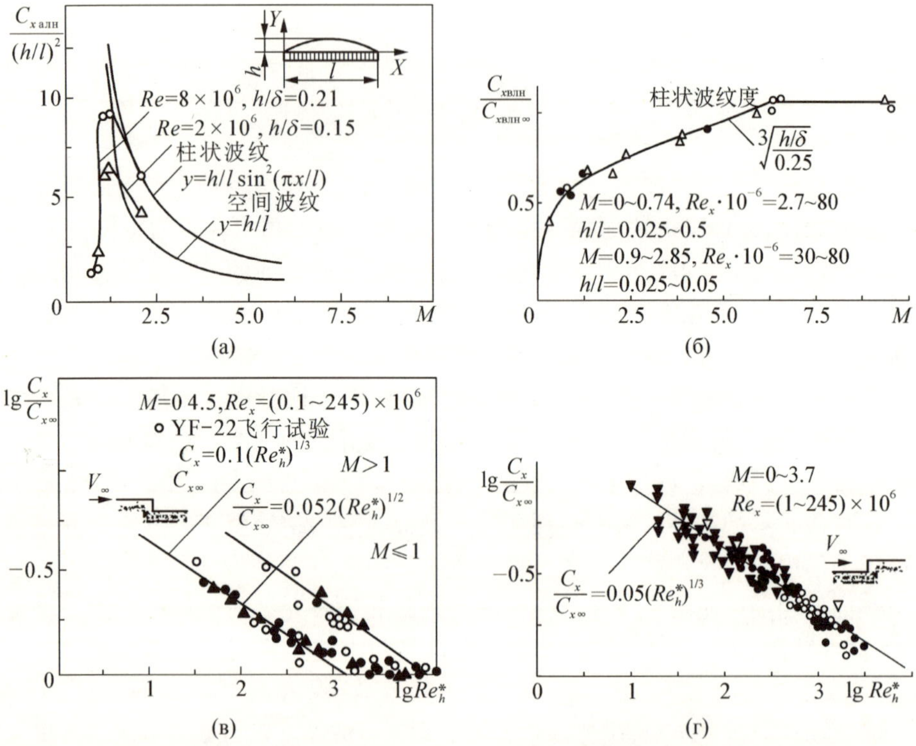

图 1.24(а)、(б)、(в)、(г)　生产上不平度的阻力

阻力系数随 Re_h^* 增加而到某一定值，该值取决于 M 数和不平度类型。继续增加 Re_h^*，阻力系数的增长便停止。

图 1.24(в)(г)举例给出了正和逆台阶的关系。对于逆台阶有洛克希德 YF－12 飞机飞行实验在超声速 $M = 2.2 \sim 2.85$ 和 $Re_x \approx 10^8$ 时得到的一系列点。

这些数据证实了风洞试验中所得到的规律性。

气流中突出零件在估算每一具体情况的阻力时需要单独处理。估算用已知的计算方法或按试验结果进行。零件的阻力系数随着边界层厚度增加与$\sqrt[3]{h\delta}$成比例地减小(图 1.25(а))。

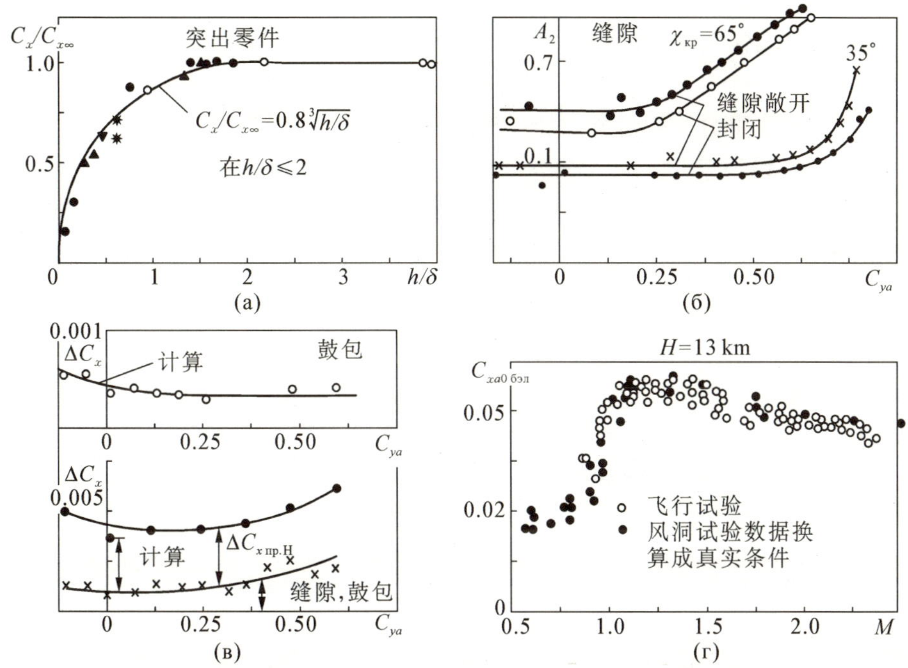

图 1.25

(а)、(б)、(в) 鼓包和缝隙的阻力;(г) 飞行试验得到的 C_{x0} 与换算成真实条件的风洞试验数据的比较

机翼增升装置和操纵面处的**缝隙**,不论是顺着气流方向(各段之间或顺着侧边),还是与气流方向(沿机翼或尾翼展向)交叉,在结构上是不可避免的,不属于生产上的不平度。然而,有空气串流的缝隙的存在导致阻力增加很多。缝隙的影响类似减少机翼有效展弦比(见图 1.25(б))。

所列举的规律性作为由生产上不平度和飞机上突起的小零件所决定的阻力修正量计算方法的基础。

阻力系数增量按以下公式计算:

对粗糙度

$$\Delta C_{x\,ш}=\left[6.2\sqrt[6]{h}\left(1.23-0.23\frac{H}{11}\right)-1\right]C_{x\,тр.с}$$

式中:$C_{x\,тр.с}$—— 飞机摩擦阻力,如果右边是负的,则应认为 $\Delta C_{x\,ш}=0$。

对波纹度

$$\Delta C_{x\,\text{влн}} = \overline{C}x_{\infty\,\text{влн}}(h/l)^2\sqrt[3]{h}\left(1.08-0.08\frac{H}{11}\right)x^{-2/7}\frac{S_{\text{влн}}}{S}$$

式中：h，l——波纹高度及其长度；

$S_{\text{влн}}$——波纹覆盖的表面面积；

x——从前缘到波纹中间的距离以米计；

$\overline{C}_{x\infty\,\text{влн}} = \overline{C}_{x\infty\,\text{влн}}/(h/l)^2$——相对波纹阻力的极限值，取决于波纹形状和类型（柱状的或空间的）（图1.26）。

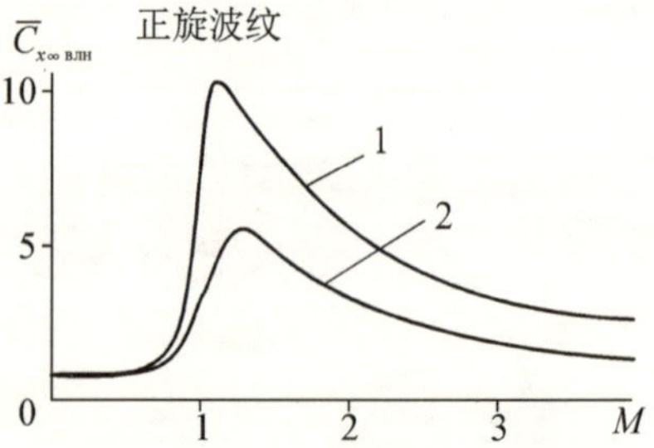

图 1.26 波纹阻力系数的极限值

1—圆柱状波纹；2—空间波纹

对生产上不平度（正和逆台阶，柱状突起）

$$\Delta C_{x\,\text{пр н}} = B(M)\sqrt[3]{h}\left(1.4-0.4\frac{H}{11}\right)x^{-1/36}\frac{S_{\text{м н}}}{S}$$

式中，$B(M)$——M数和不平度类型的函数（见图1.27）；

x——从前缘到不平度的距离(m)；

$S_{\text{м н}}$——不平度最大横截面面积。

对小零件

$$\Delta C_{x\,\text{д}} = C_{x\infty\,\text{д}}\sqrt[3]{\frac{h/\delta}{2}}\frac{S_{\text{м д}}}{S}$$

式中，$C_{x\infty\,\text{д}}$——零件极限阻力系数（在$h/\delta\to\infty$时）；

$S_{\text{м д}}$——零件最大横截面面积；

δ——零件安装部位的边界层厚度。

$$\text{在}\frac{h/\delta}{2}\geqslant 1\text{时认为}\frac{h/\delta}{2}=1\text{。}$$

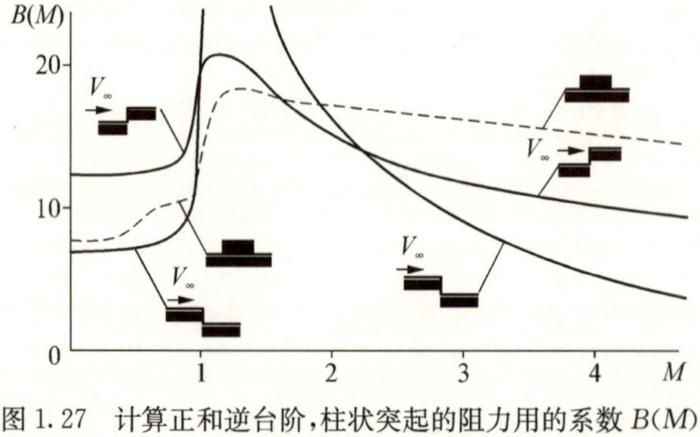

图 1.27 计算正和逆台阶，柱状突起的阻力用的系数 $B(M)$

在所有列出的公式中：h——不平度高度(m)，H——飞行高度(km)，S——飞机机翼面积。

对于所调查飞机的计算结果，生产上不平度和小零件使零升阻力系数增加 $\Delta C_{xm0} \approx 0.000\,35 \sim 0.005\,8$，这是光滑气动力表面的飞机的 3%～28%。

对于大部分飞机，附加阻力值为 $\Delta C_x = 7\% \sim 17\%$，而对于外表面高质量的飞机(No 2，3，12，16)，$\Delta C_x = 3\% \sim 6\%$。

附加阻力计算方法的正确性已由外表面初始状态和改进状况的 No11 飞机在中央空气流体动力研究院 T-101 风洞多次实验研究所验证。业已表明，生产上不平度和小零件阻力增量的实验值与计算的相接近(图 1.25(в))。

当风洞试验条件所确定的飞机阻力系数换算成真实条件时，采用对模型和飞机表面状况的差异引入修正量的方法使在风洞和飞行试验中取得的零升阻力系数符合得很好(图 1.25(г))。

图 1.28 给出了飞机表面状况的修正量的趋势。表 1.3 和表 1.4 给出飞机的几何尺寸和浸润面积。

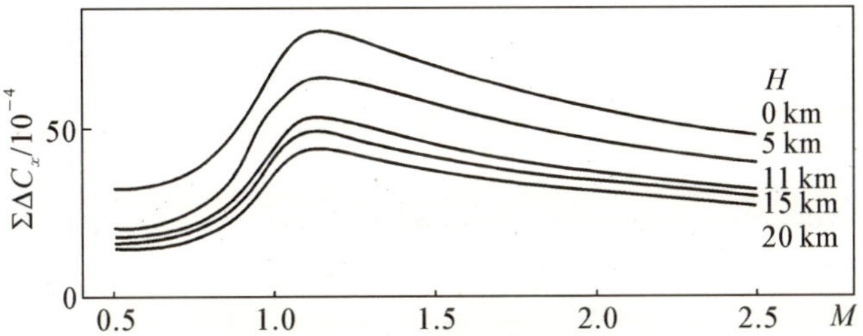

图 1.28　飞机废阻力

生产上不平度＋小零件(按调查结果)

表 1.3　几何尺寸

	机翼	机身	平尾	平尾＋配重
面积/m^2	62	$S_{пл\ пр} \approx 58$	12.25	15.4＋2.5
长度/m	$b_{ср} \approx 3.66$	$l_ф \approx 21.6$	$b_{ср} \approx 2.24$	$b_{ср} \approx 2.39$

表 1.4　浸润面积

	机翼外翼	机身	发动机舱	平尾	平尾＋配重	共计
$S_{ом}/m^2$	70.2	120.7	54	24.5	35.8	305.2
$S_{ом}/S$	1.13	1.95	0.88	0.39	0.58	4.93

参考文献

[1] Miller D S, Wood R M. Leeside Flows over Delta Wings at Supersonic Speeds // Journal of Aircraft [J]. 1984,21(9):680-686.

[2] Szodruch J G, Peake D J. Leeward Flow over Delta Wings at Supersonic Speeds [R]. NASA TM-81187,1980.
[3] Нилсен Дж. Аэродинамика управляемых снарядов [М]. Оборонгиз, 1962.
[4] Аэродинамика частей самолета при больших скоростях [М]. Изд-во иностранной литературы, 1959.
[5] Белоцерковский С М, Кудрявцева Н А, Попыталов С А, Табачников В Г. Исследование сверхзвуковой аэродинамики самолетов на ЭВМ [М]. Наука, 1983.
[6] Kovalenko V V, Khlevnoy V V. Complex of Computer Codes for Calculating the Supersonic Flow Field over Vehicles [C]. Proceedings of the Second Sino-Russian Symposium on Aerodynamics, [M]. Bedjing, 1992,137-156.
[7] Voevodcnko N. V. Computation of Supersonic Hypersonic Flow near Complex Configurations [C]. Proceedings of 19-th Congress ICAS, 1994(1):406-412.
[8] James C. Ellison. Investigation of the Aerodynamic Characteristics of Hypersonic Transport Model at Mach Numbers to 6 [R]. NASA TND-6191,1971.
[9] Аэродинамика ракет, кн. 2. [М]. Мир, 1989.
[10] Tai T C. Flow Separation Pattern over an F-14A Aircraft Wing [R]. AIAA Paper №90-596, 1990.
[11] Кюхеман, Д. Аэродинамическое проектирование самолетов [М]. Машиностроение, 1983.
[12] Петров К П. Аэродинамика элементов летательных аппаратов [М]. Машиностроение, 1985.
[13] Чжен. П Отрывные течения, т. 2. [М]. Мир, 1973.
[14] Мартынов А К. Прикладная аэродинамика [М]. Машиностроение, 1972.
[15] Красильщпков П П. Практическая аэродинамика крыла [С]. Труды ЦАГИ, вып. 1459,1973.
[16] Некрасова М Н. Савинов А А. Влияние числа Рейнольдса и шероховатости на распределение давления и $C_{y\max}$ профиля с относительной толщиной $\bar{c}=6$ и 12% [С]. ТрудыЦАГИ, 1970.
[17] Игнатьес С Г. К. расчету поляры крыла большого удлинения при докритических числах М [С]. Труды ЦАГИ, вып. 1921,1978.
[18] Henderson W P. Studies of Various Factors affecting Drag due to Lift at Subsonic Speeds [R]. NASA TN, 1966, 10:3584.
[19] Saltzman E J, Ayers T G. A Review of Flight-to-Wind Tunnel Drag Correction [R]. AIAA-81-2475.
[20] Dougherty N S. Correlation of Transition Reynolds Number with Aerodynamic Noise Levels in a Wind Tunnel at Mach Numbers 2÷3 [R]. AIAA 1975,13,12.
[21] Торжков И Н. Определение аэродинамических характеристик профиля, обтекаемого влажным газом [R]. Технические отчеты ЦАГИ, 1959.
[22] Христианович С А. Обтекание тел газом при больших дозвуковых скоростях [С]. Тр. ЦАГИ, 1940.
[23] Симонов Л А, Христианович С А. Влияние сжимаемости на индуктивные скорости крыла и винта. [J]. Прикладная математика и механика 1944,8,2.
[24] Никольский А А. О телах вращения с протоком, обладающих наименьшим внешним волновым сопротивлением в сверхзвуковом потоке//В сборнике теоретических работ по аэродинамике. [М]. Оборонгиз, 1957.

[25] Дородницын А А. Расчет распределения давления по телам вращения в сверхзвуковом потоке газа//в сборникс теоретических работ по аэродинамике. [M]. Оборонгиз, 1957.
[26] Сычев В В. Расчет распределения давлений по телам вращения под углом атакив сверхзвуковом потоке газа//в сборнике теоретических работ по аэродинамике. [M]. Оборонгиз, 1957.
[27] Струминский В В. Теория пространственного пограничного слоя на скользящем крыле//В сборнике теоретических работ по аэродинамике. [M]. Оборонгиз, 1957.
[28] Шуригин В М. Обтекание крыльев с отклоненными элеронами при сверхзвуковых скоростях//В сборнике теоретических работ по аэродинамике. [M]. Оборонгиз, 1957.

第 2 章　直机翼、后掠机翼和三角机翼超声速飞机空气动力学

2.1　小迎角时直机翼、后掠机翼和三角机翼的绕流

直机翼

有限翼展直机翼由两个表征机翼平面形状的参数——展弦比 λ 与根梢比 η——及翼剖面的构成确定。按自身的气动特性和特征，除翼尖外，这种机翼的剖面绕流很接近翼型，在翼尖的绕流特性具有空间性。图 2.1 和 2.2 示出相对厚度 $\bar{c}=4\%$ 和 8%的 6 种单独机翼($\lambda=0.5\sim3$)在 $\alpha=0$ 时的阻力测量结果。减小展弦比导致增加 $M_{\text{кр}}$，并降低跨声速和超声速时的波阻增量。比较用线化理论计算的和实验的结果表明，线化理论使小展弦比机翼($\lambda\leqslant2$)的阻力显著增加。当机翼展弦比 $\lambda=3\sim4$ 时，按线化理论计算的波阻与实验结果很一致(图 2.3)。

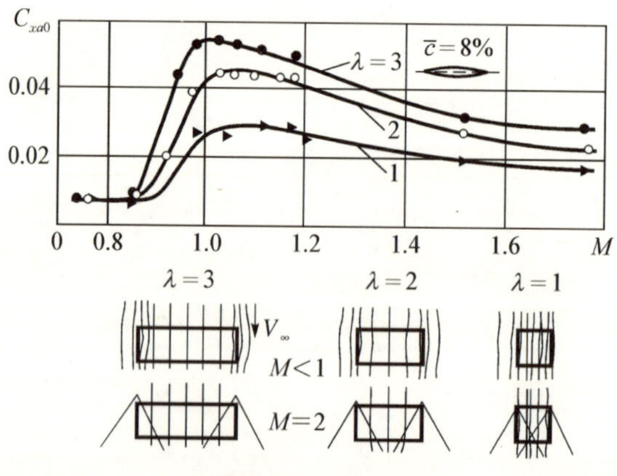

图 2.1　相对厚度 $\bar{c}=8\%$ 的各种展弦比直机翼($\alpha=0$ 时) 的阻力系数

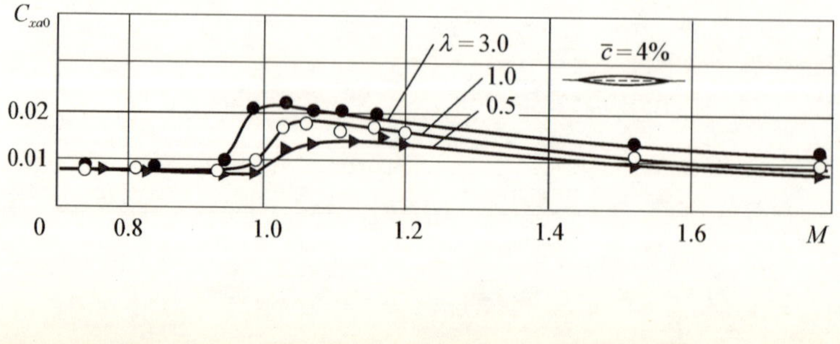

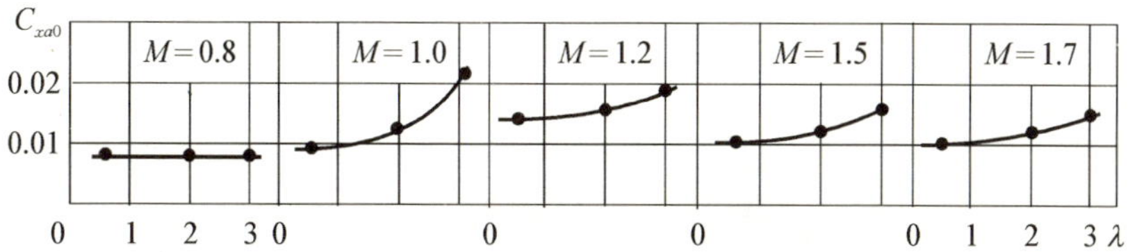

图 2.2　相对厚度 $\bar{c}=4\%$ 的各种展弦比直机翼($\alpha=0$ 时)的阻力系数

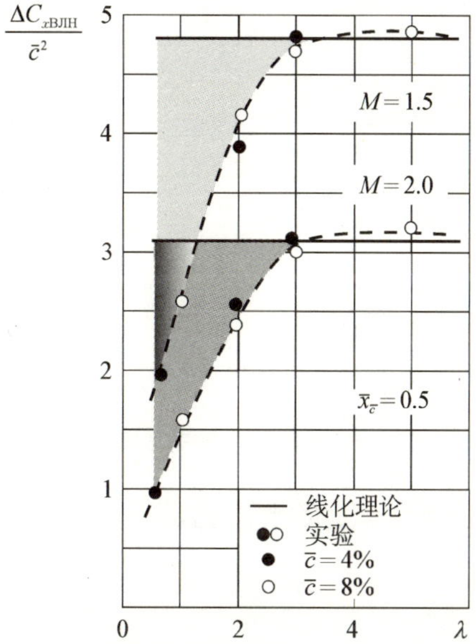

图 2.3　超声速 M 数时,直机翼(抛物线翼型,$\alpha=0$) 波阻的理论与实验值比较

跨声速范围($M\approx1$),由尖前缘翼型构成的直机翼的波阻,可按由整理相似参数得出的经验关系式(图 2.4) 确定:

$$\Delta C_{x\ \text{ВЛН}}\approx 2.6\lambda\bar{c}^{2}$$

翼型厚度和形状对等弦长 ($\eta=1$) 和梯形($\eta\neq1$) 直机翼的阻力系数影响见图 2.5*。

采用小展弦比、小相对厚度和尖翼型,减小了直机翼的波阻。但随着直机翼展弦比的减小,降低了跨声速和超声速时的升力特性,而且对于展弦比很小的机翼($\lambda<2$),升力随迎角的变化特性出现显著的非线性(图 2.6)。

直机翼的亚声速和超声速 C_{ya}^{α} 值可以用熟知的理论方法计算。比较计算和实验数据表明,它们有着良好的一致性(图 2.7)。

后掠机翼

后掠机翼由翼剖面的构成和 3 个参数确定:展弦比 λ、根梢比 η 和 1/4 弦线后掠

---

* 该段文字叙述的意义与图(2.5)不符,应改为“翼型相对厚度和机翼根梢比对直机翼阻力系数的影响见图 2.5”——译者注。

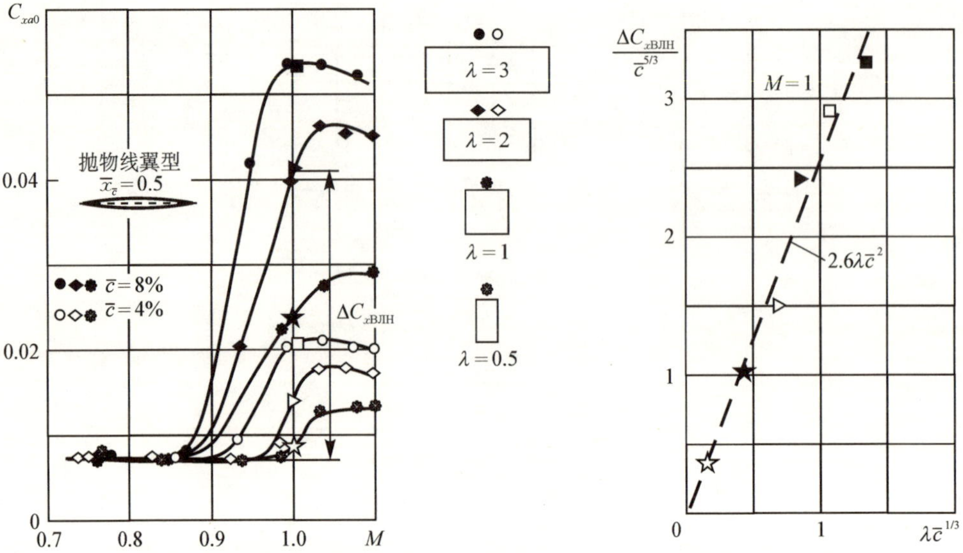

图 2.4 亚声速和跨声速 M 数时，各种展弦比和相对厚度的直机翼阻力系数（$\alpha=0$）

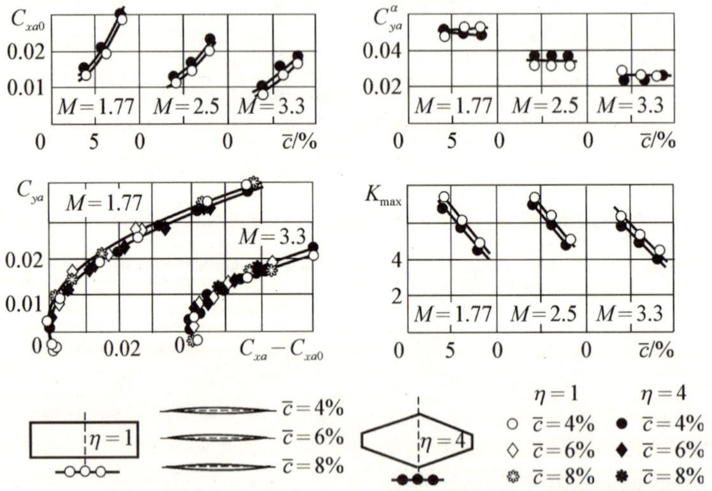

图 2.5 超声速 M 数时，相对厚度和根梢比对直机翼气动特性的影响

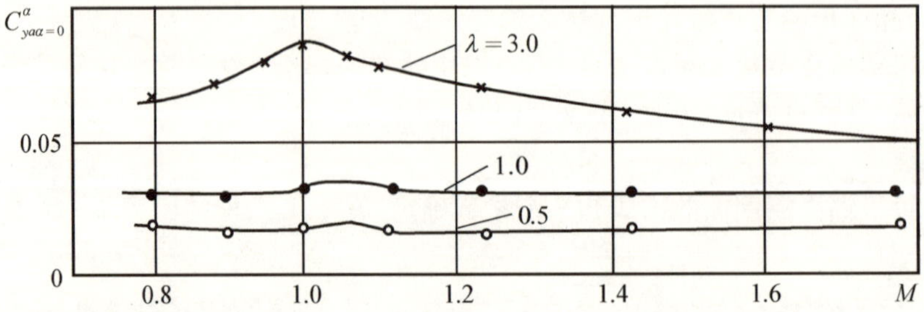

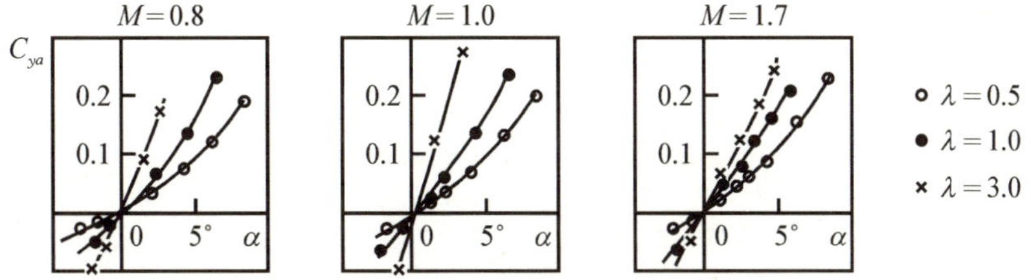

图 2.6　展弦比对直机翼升力特性的影响

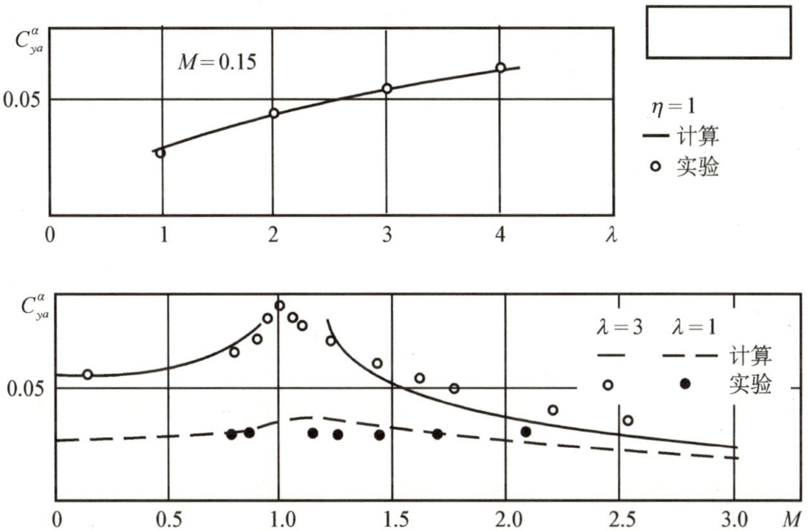

图 2.7　各种展弦比直机翼导数 $C^{\alpha}_{ya}(M)$ 的理论与实验值比较

角$\chi_{1/4}$；后缘后掠角 $\chi_{зк}>0$。众所周知，对于侧滑机翼($\lambda=\infty$)，开始出现激波失速的点向高 M 数范围移动($M_{кр\cdot\chi}=M_{кр}(\chi=0)/\cos\beta$，式中 β——侧滑角)，而失速本身表现得比在直机翼上弱得多。

在有限翼展无尖削的后掠机翼上，侧滑效应只出现在外翼的中部区域。后掠机翼的根部(侧边)和梢部剖面出现所谓的根部和梢部效应，其与机翼根部剖面的后掠效应减小和机翼梢部发生空间绕流有关。

在机翼的根部和梢部区，等压线向减小后掠角的方向偏转，某些情况下，几乎垂直于来流方向，也就是像在直机翼上那样(图 2.8)。机翼的这些剖面比它的中部区域在跨声速过早地产生激波失速，并增加阻力系数。梢部剖面阻力系数的减小部分补偿了后掠机翼根部剖面阻力系数的增加，机翼总阻力系数开始增加的 M 数比直机翼的大。超声速时，后掠机翼大部分翼展渐渐变成稳定的超声速绕流，因此等压线实际上是与边缘平行了(图 2.8)，而机翼剖面的压力系数值不大，与侧滑翼上的值相当。

对于有尖削的后掠机翼，减小后缘后掠角导致减小跨声速时的等压线侧滑角。因而大根梢比机翼不能完全利用侧滑效应，与小根梢比机翼比较，在跨声速较早地发生急剧发展的激波失速。

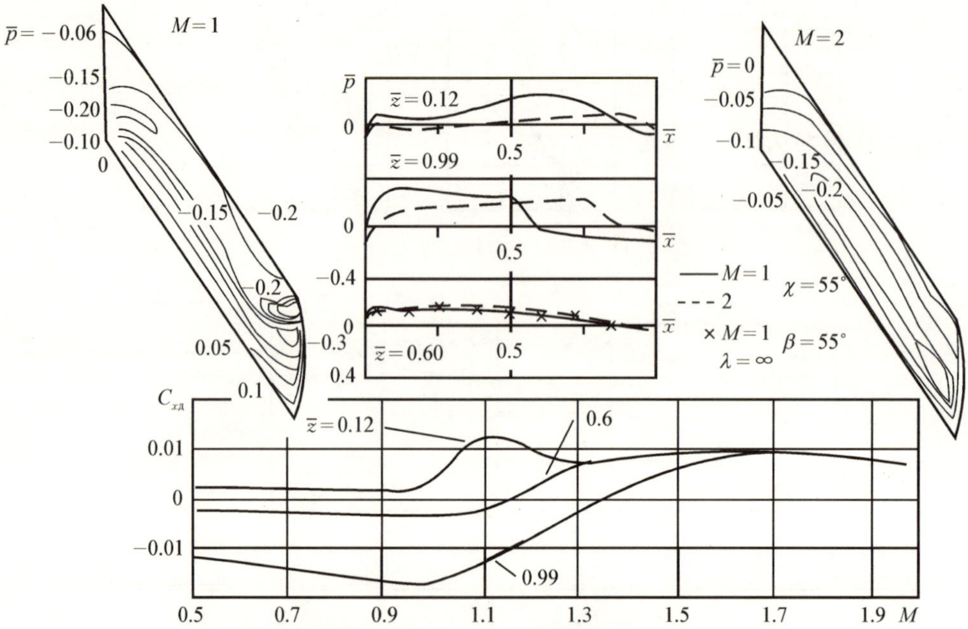

图 2.8　M 数对后掠机翼的压力分布和阻力系数的影响

增大后掠机翼展弦比导致扩大侧滑效应的展向范围。超声速时，改变后掠机翼的展弦比和根梢比对机翼表面的压力分布及其大小影响不大(图 2.9)。

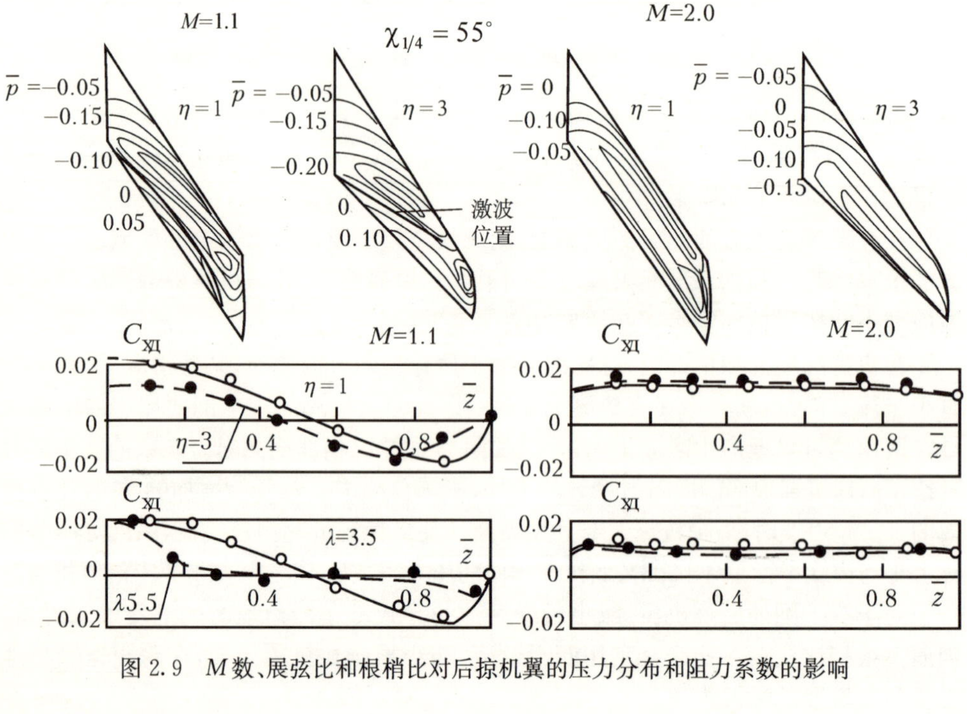

图 2.9　M 数、展弦比和根梢比对后掠机翼的压力分布和阻力系数的影响

后掠角对机翼总气动特性的影响，甚至在不大的展弦比和翼型相对厚度时，都是很显著的(图 2.10)。机翼后掠角越大，超声速时其波阻增量越小。改变后掠角在很大程度上影响了亚声速和跨声速时的升力特性和压心位置，超声速时这种影响减弱(图 2.11)。

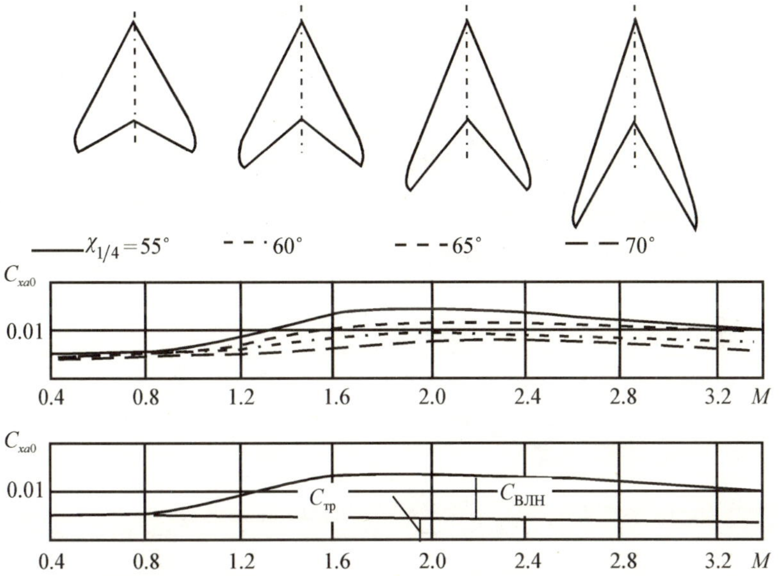

图 2.10　后掠角对后掠机翼阻力系数 ($\alpha = 0$) 的影响：$\lambda = 2$；$\eta = 4$；$\bar{c} = 6\%$

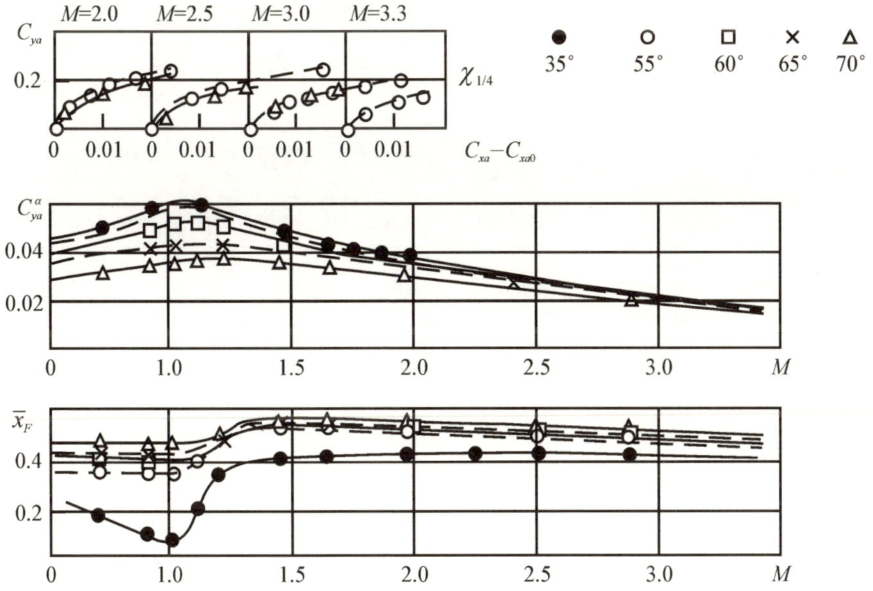

图 2.11　后掠角对后掠机翼气动特性的影响

减小机翼翼型相对厚度，可显著降低阻力系数，对机翼的升力特性和纵向稳定性影响较小（图 2.12），而增加机翼根梢比导致低超声速时的阻力系数略有增大。

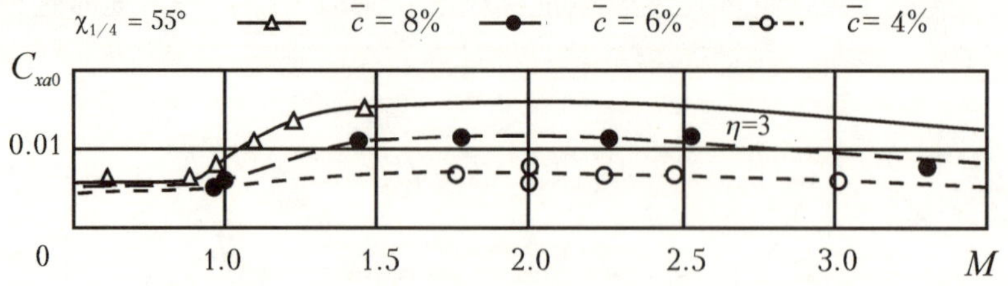

图 2.12　相对厚度对后掠机翼阻力系数（$\alpha=0$）的影响

现代计算方法能够很精确地计算后掠机翼的气动特性。分析计算和实验资料表明，对于 $\lambda>1.2\sim1.5$ 时的有限翼展后掠机翼气动特性，一次近似时在很宽的速度范围内可按线化理论确定（图 2.13 和图 2.14）。

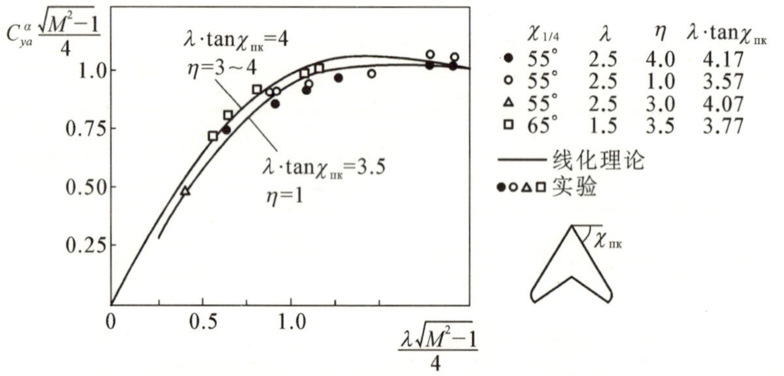

图 2.13　用相似参数表示的后掠机翼导数 C_{ya}^{α} 的理论与实验值比较

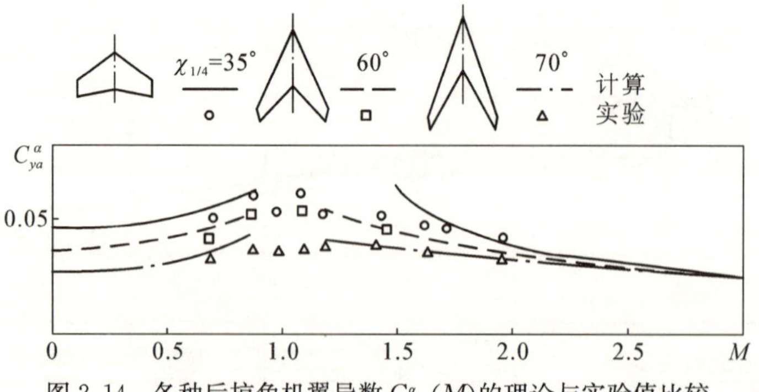

图 2.14　各种后掠角机翼导数 $C_{ya}^{\alpha}(M)$ 的理论与实验值比较

三角机翼

三角机翼是由翼剖面构成和 λ 或 $\chi_{пк}$ 两个参数之一确定的；后缘是直的，无侧缘（$1/\eta=0$），前缘后掠角和展弦比用关系式 $\lambda=4\cot\ \chi_{пк}$ 相关联。这种机翼作为升力面，其上表现出空间绕流效应和侧滑效应，这导致显著降低机翼在跨声速和超声速时的波阻，并在通过声速时使气动特性平滑变化。

可用线化理论计算三角机翼的气动特性，尽管线化理论在一系列情况下不能很充分考虑小展弦比机翼的空间绕流效应和侧滑效应。

对于超声速前缘三角机翼，按线化理论计算的和实验的 C_{xa0} 和 C_{ya}^{α} 值有很满意的一致性（图 2.15～图 2.17）。用线化理论方法也能精确地计算三角机翼的升力特性（图 2.18）。

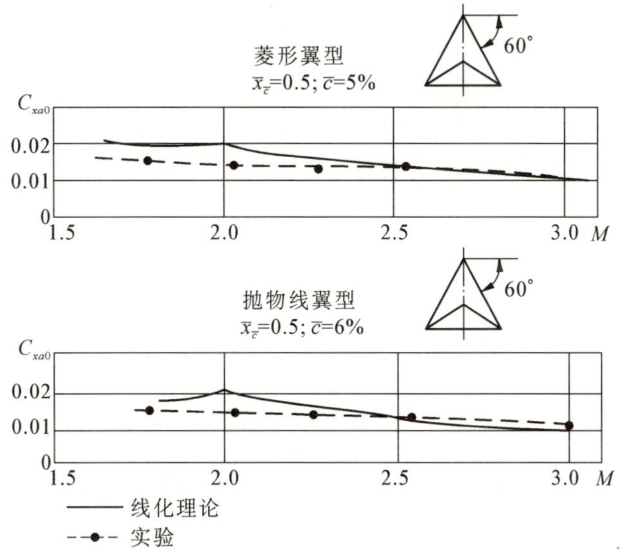

图 2.15　翼型形状对三角机翼阻力系数($\alpha=0$)的影响

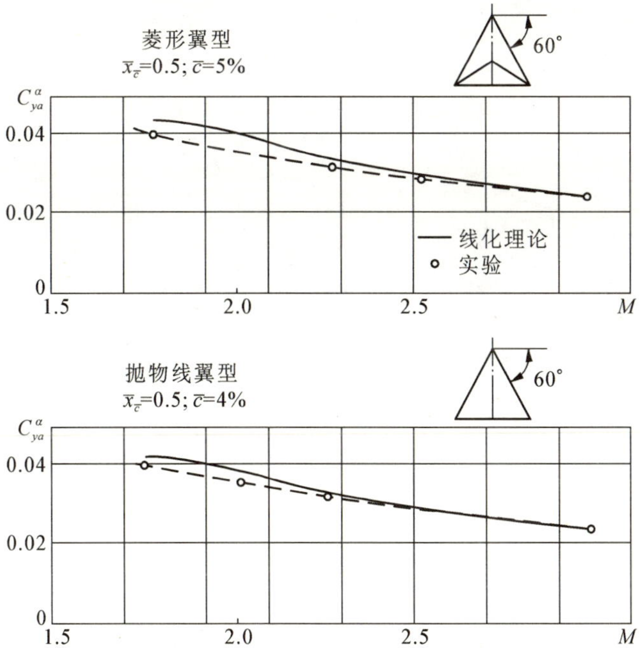

图 2.16　翼型形状对三角机翼导数 $C_{ya}^{\alpha}(M)$值的影响

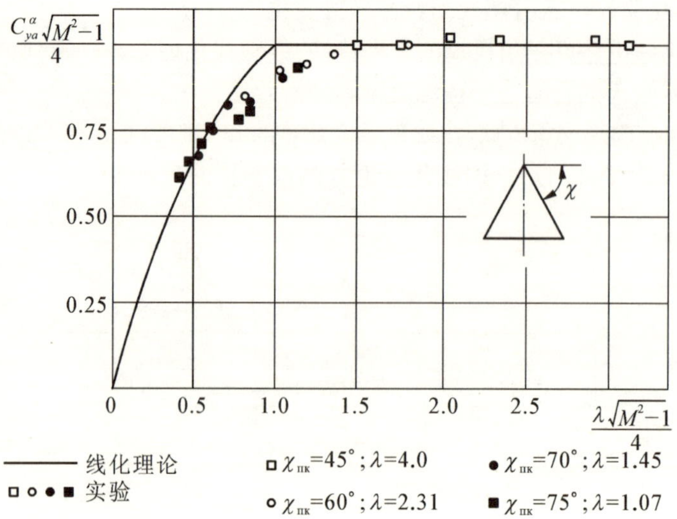

图 2.17 用相似参数表示的三角机翼导数 C_{ya}^{α} 的理论和实验值比较

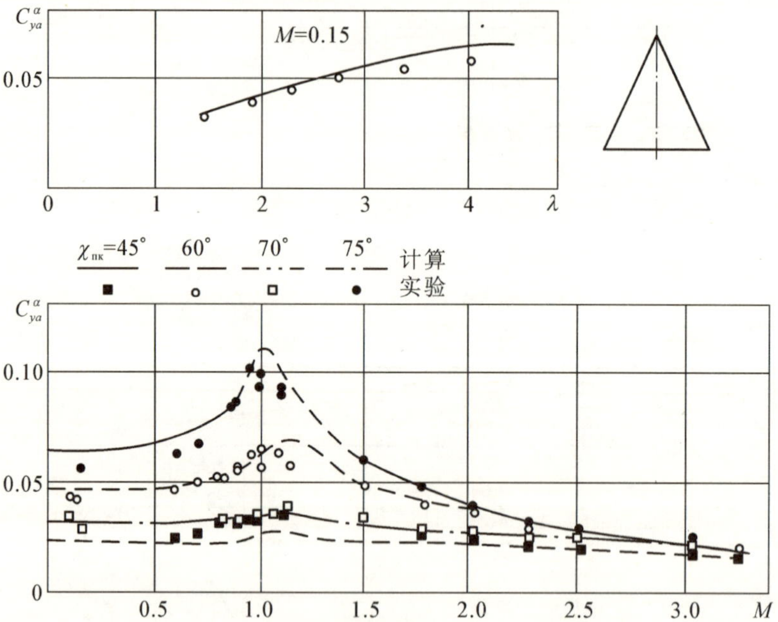

图 2.18 后掠角对三角机翼导数 $C_{ya}^{\alpha}(M)$ 值的影响

图 2.19 和图 2.20 示出三角机翼的绕流特性。

在亚声速，当压缩性影响表现得还不强烈时，外翼中部和梢部剖面的压力分布图相应于原始翼型，而在根部剖面却有明显差别——作三角机翼根部剖面压力分布图，其变化程度比后掠机翼要小得多，也就是在三角机翼上表现出后掠机翼特有的根部效应是很弱的。随着 M 数增加，三角机翼上、下表面的吸力增大，加剧压力分

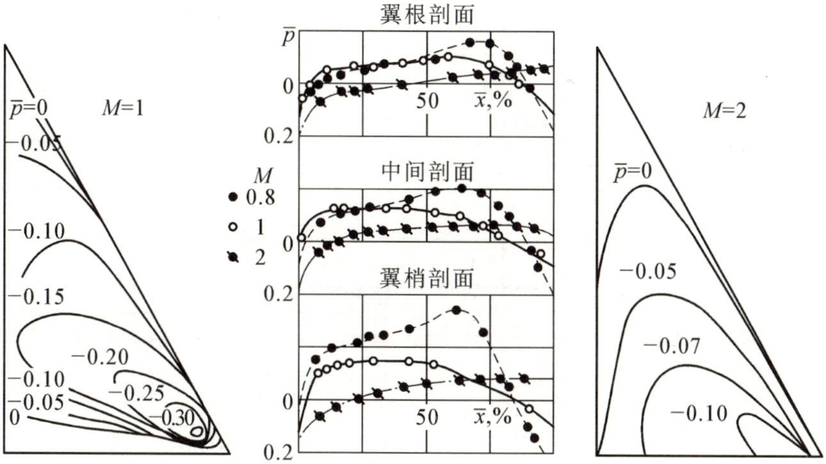

图 2.19　亚声速和超声速 M 数时，三角机翼表面的压力分布 ($\alpha=0$)

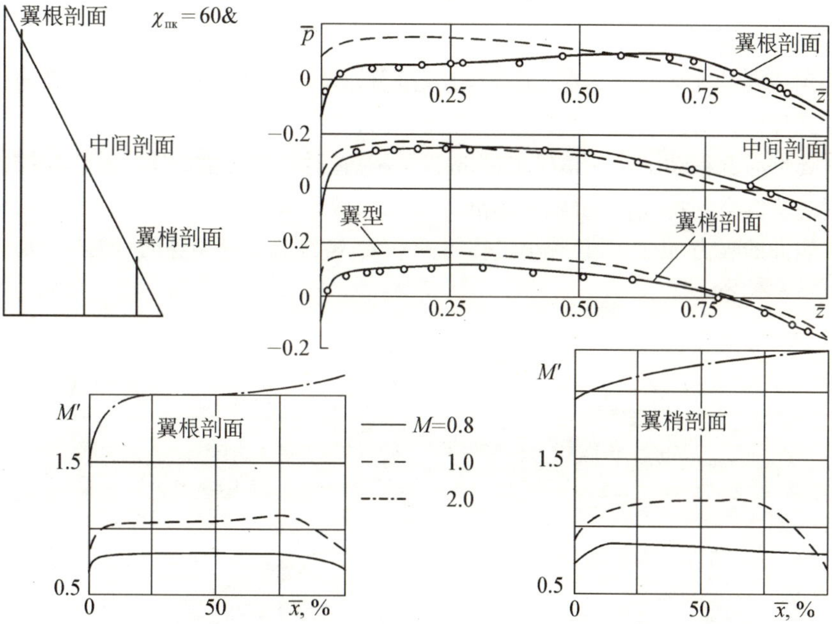

图 2.20　亚声速和超声速 M 数时，三角机翼表面压力分布和局部 M′数分布

布图的改变。在超声速，当在三角机翼整个表面上实现超声速绕流时，沿机翼上表面的等压线具有图 2.19 的形式。三角机翼大部分表面上吸力都小。翼面上的局部速度(M')在翼根和中部剖面接近来流速度(M_∞)(图 2.20)。三角机翼的这种绕流特性决定了其在超声速时波阻小，而根部和梢部剖面的不同绕流特性导致阻力沿展向有不均匀变化的特性。机翼梢部剖面的阻力系数从亚、跨声速时的负值变化到超声速时的不大正值，补偿了机翼根部剖面阻力系数的增加。因此，三角机翼的总阻力系数在很大的速度范围内仍是不大的(图 2.21)。

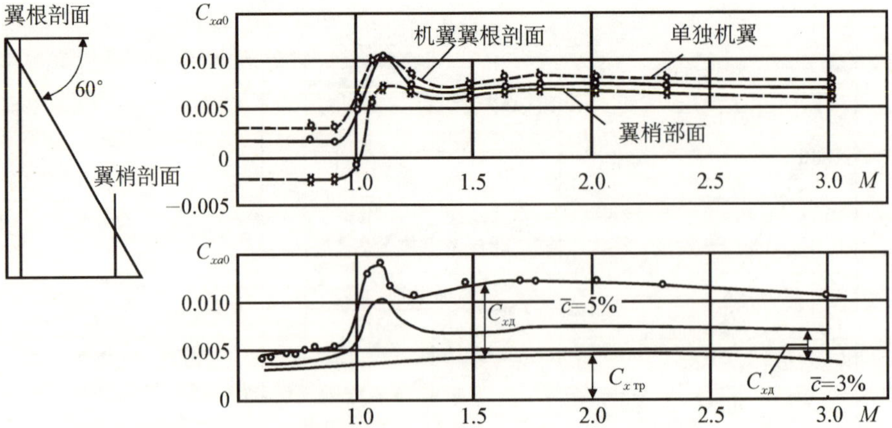

图 2.21 三角机翼及其剖面阻力系数与 M 数的关系 ($\alpha = 0$)

实验和计算研究表明，相对厚度 $\overline{c} \leqslant 5\%$ 的三角机翼波阻在超声速小于总阻力的 50%*。对于很薄的三角机翼($\overline{c} = 3\%$)，由于降低了波阻，更加提高了摩擦阻力占机翼总阻力的比例。

三角机翼的前缘后掠角$\chi_{пк}$(或展弦比)显著影响机翼的绕流特性及其总的气动特性。在三角机翼根部剖面，随着后掠角$\chi_{пк}$的增加，增强了后掠效应，与此相关的是最大吸力向翼型后部移动。在三角机翼梢部剖面，随着后掠角$\chi_{пк}$的增加，仍然在较大程度上出现绕流的空间特性，并由此引起沿翼型弦向减小吸力。随着$\chi_{пк}$的增加，减小了整个机翼表面的吸力，由此引起减小机翼阻力系数，特别是在超声速时(图 2.22)。

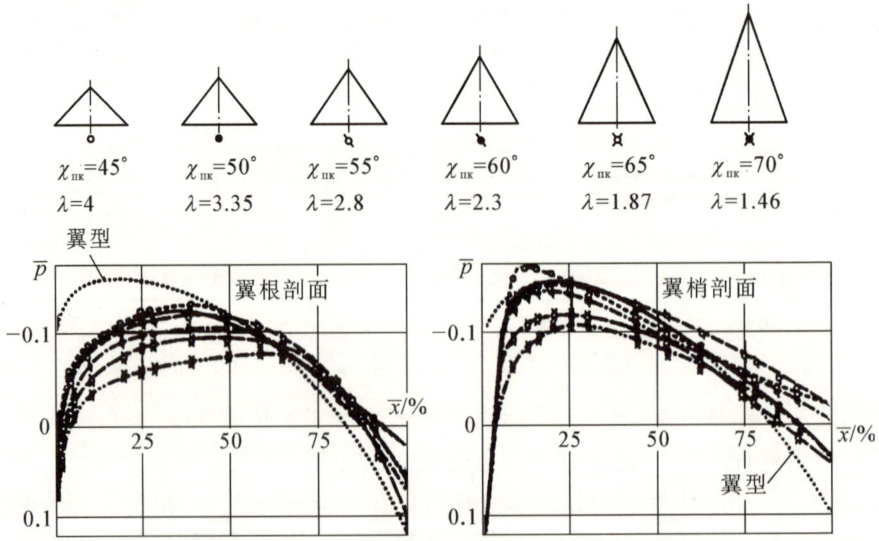

图 2.22 各种展弦比三角机翼沿弦向和展向的压力分布 ($\alpha = 0$)

* 与图 2.21 不符 —— 译者注。

图 2.23 示出沿全翼展由相对厚度 $\bar{c}=0.04$ 的抛物线翼型构成一组单独三角机翼的阻力系数 C_{xa0}。可以看出，超声速时三角机翼的阻力不大，其值显著取决于$\chi_{пк}$角，并随此角的增加而减小。但增加三角机翼的$\chi_{пк}$导致降低跨声速和超声速时的升力特性和极曲线的陡度(图 2.24)。由于它们及阻力系数的减小，各种展弦比三角机翼在超声速时最大升阻比变化较小。

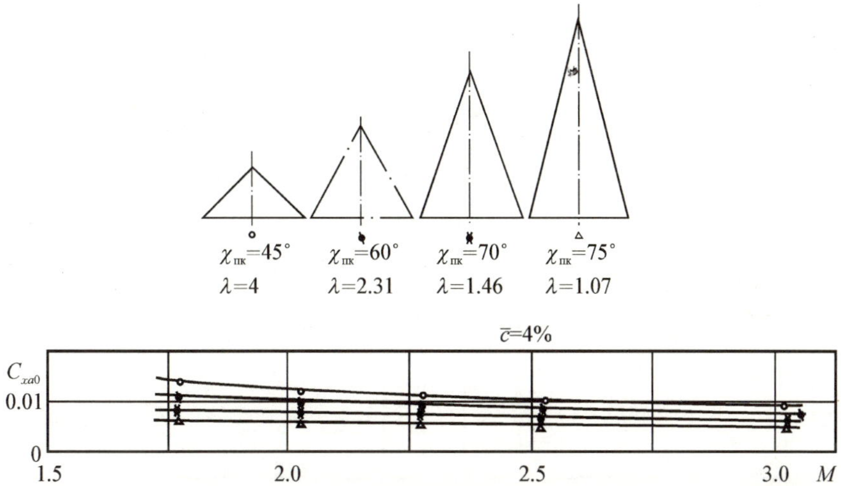

图 2.23　展弦比对有 $\bar{c}=4\%$ 的抛物线翼型的三角机翼阻力系数 ($\alpha=0$) 的影响

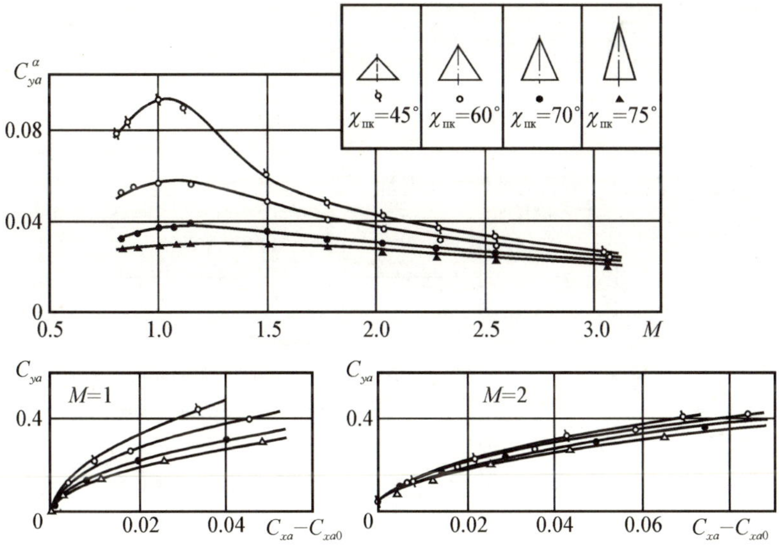

图 2.24　后掠角对三角机翼气动特性的影响

亚、跨声速时，三角机翼的焦点线在翼展的大部分位于接近 1/4 弦线处，只是在根部剖面向后缘方向移动。随着 M 数增加，在根部和中部剖面焦点线加剧向后缘移动，在 $M\approx 2$ 时达到弦线中间。通过声速时三角机翼的气动焦点向后移动，超声速时三角机翼的焦点位置与$\chi_{пк}$关系不大，能很好用计算方法确定(图 2.25)。

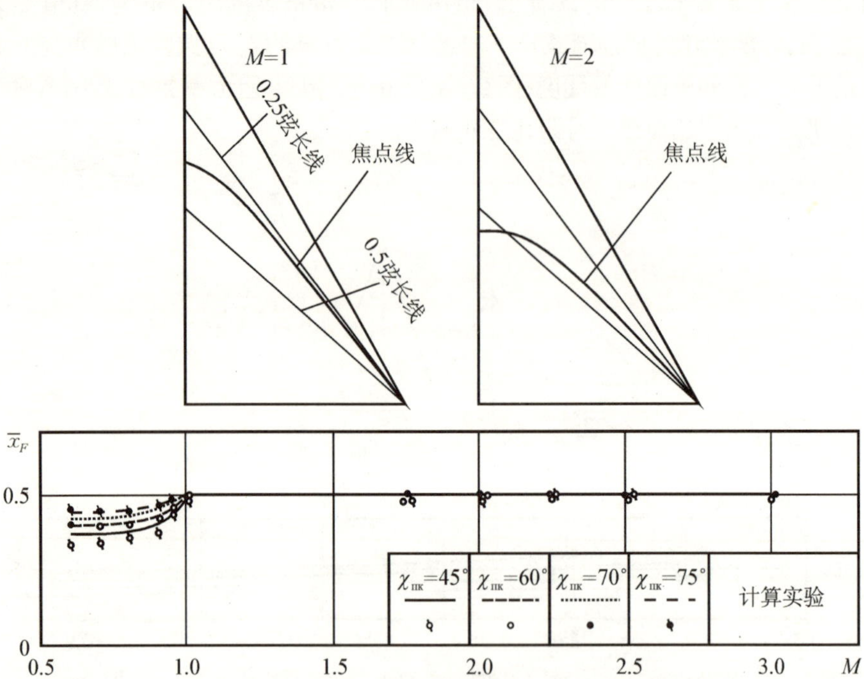

图 2.25　后掠角对三角机翼气动焦点位置的影响

根梢比实际上不影响三角机翼的阻力系数，但由于减小了展弦比

$$\lambda = 4\,\frac{\eta - 1}{\eta + 1}\cot \chi_{пк}$$

而导致亚、跨声速时升力特性和最大升阻比下降(图 2.26)。在 $\chi_{зк} = \pm 10° \sim 15°$ 范

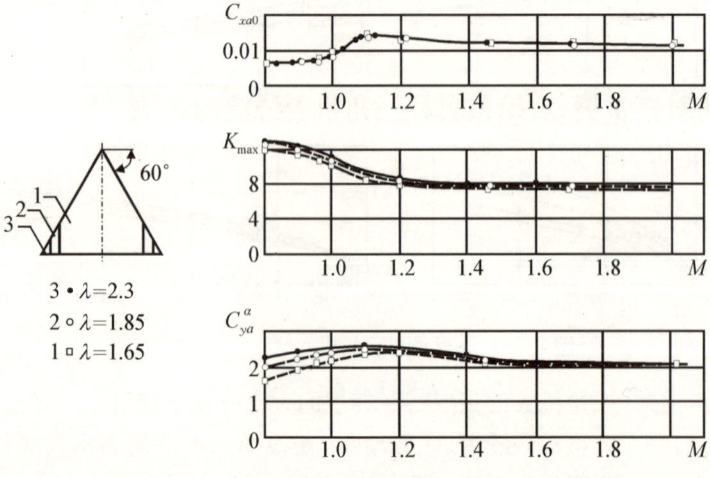

图 2.26　三角机翼的气动特性随根梢比的变化

围内改变三角机翼的后缘后掠角，并不显著影响这种机翼在跨、超声速时的基本气动特性。但是，当 $\chi_{зк}<0$ 时，机翼形状接近三角形，其展弦比较小，所以在亚声速和超声速时其升阻比和升力系数要低。

小展弦比薄后掠机翼和三角机翼在通过声速和超声速时波阻小，它们在超声速飞机上得到广泛应用。

图 2.27 示出翼型相对厚度 $\bar{c}=5\%$ 和 3%时各种平面形状机翼的系数 C_{xa0} 和 C_{ya}^{α} 比较。

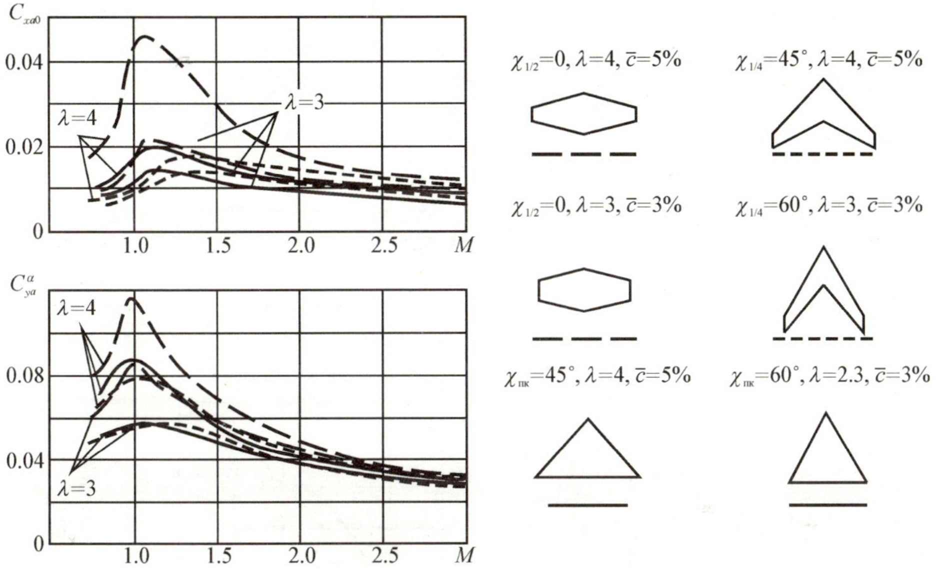

图 2.27　相对厚度 $\bar{c}=3\%$ 和 5%的不同平面形状机翼的气动特性(C_{xa0} 和 C_{ya}^{α})

这些机翼的气动特性最大的不同是在跨声速范围。直机翼在这个范围的 C_{ya}^{α} 和 C_{xa0} 值最大。超声速时，薄的直机翼、后掠机翼和三角机翼的升力特性和阻力系数接近。

2.2　迎角对直机翼、后掠机翼和三角机翼绕流的影响

用熟知的理论方法可以计算各种平面形状有限翼展机翼的气动特性随迎角的变化，能达到实用上足够精确，一直到开始出现严重分离之前的迎角。图 2.28 示出直机翼、后掠机翼和三角机翼的 $C_{ya}(\alpha)$ 和 $m_z(\alpha)$ 关系曲线计算与实验比较。通常用气动实验方法确定机翼在 $\alpha>10°\sim15°$ 时的大迎角气动特性及评估改善机翼绕流措施的有效性。

直机翼　为了把超声速时的波阻值保持在薄的后掠机翼和三角机翼的波阻水平上，直机翼应用小的相对厚度—— $\bar{c}=3\%\sim3.5\%$ (见 2.1 节)。这使解决无分离直机翼绕流问题更加复杂化。直机翼的 $C_{ya\,max}$ 值，在相对厚度 $\bar{c}=3\%\sim4\%$ 时比

相对厚度 $\bar{c}=10\%\sim12\%$ 时低 30%～40%，不超过 $C_{ya\max}=0.7\sim0.8$，比较直机翼和后掠机翼的 $C_{ya\max}$ 表明，要保证直机翼飞机有高 $C_{ya\max}$ 问题的复杂性(图 2.29)。

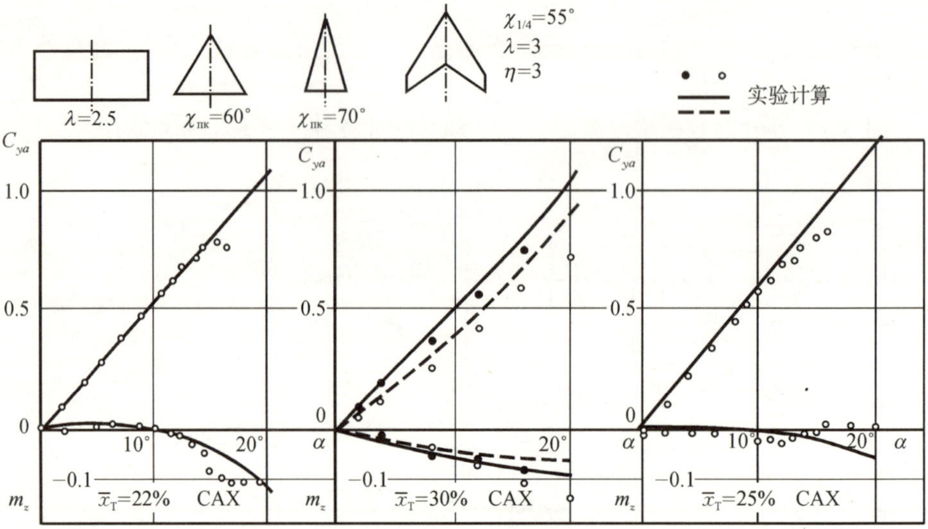

图 2.28 不同平面形状机翼的气动特性

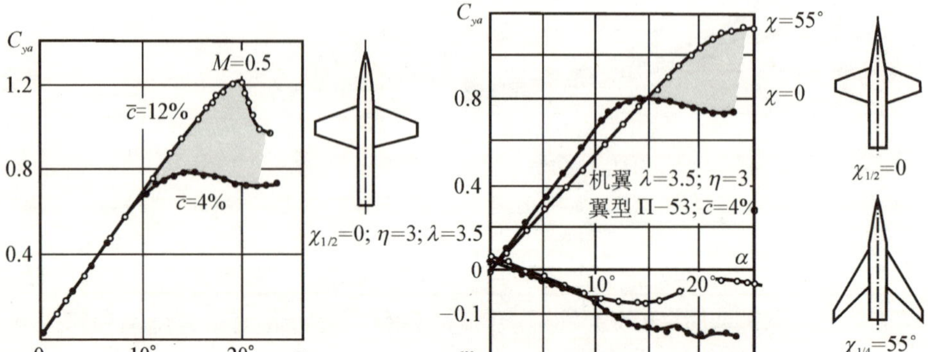

图 2.29 相对厚度和前缘后掠角对机翼 $C_{ya\max}$ 的影响

系统研究直机翼的气动特性表明，当 $\lambda>2$ 时，$C_{ya\max}$ 实际上与机翼展弦比无关(图 2.30)。对于所研究的展弦比的所有机翼，当大于 $C_{ya}=0.2\sim0.25$ 时增加升力系数，发现型阻也急剧增加，而且直机翼这种阻力的增加也发生在 $C_{ya}(\alpha)$ 变化的线性段，这与边界层从机翼上表面过早的分离有关。提高直机翼 $C_{ya\max}$ 的可能措施之一，是采用偏转前缘或前缘附翼形式的机翼前缘增升装置。由于 M 数增加到 0.8～0.9 时，机翼前缘恢复了平滑流动，偏转前缘消除机翼上局部分离的作用就减小了。

为保证直机翼飞机的纵向、横向稳定性与操纵性，防止偏离，必须保证大迎角时梢部剖面比根部剖面有高的升力特性。这可在机翼梢部采用高升力翼型、差动偏转可转动的前缘以加大靠近机翼梢部的偏角，以及选择机翼本身的几何参数(展弦比、

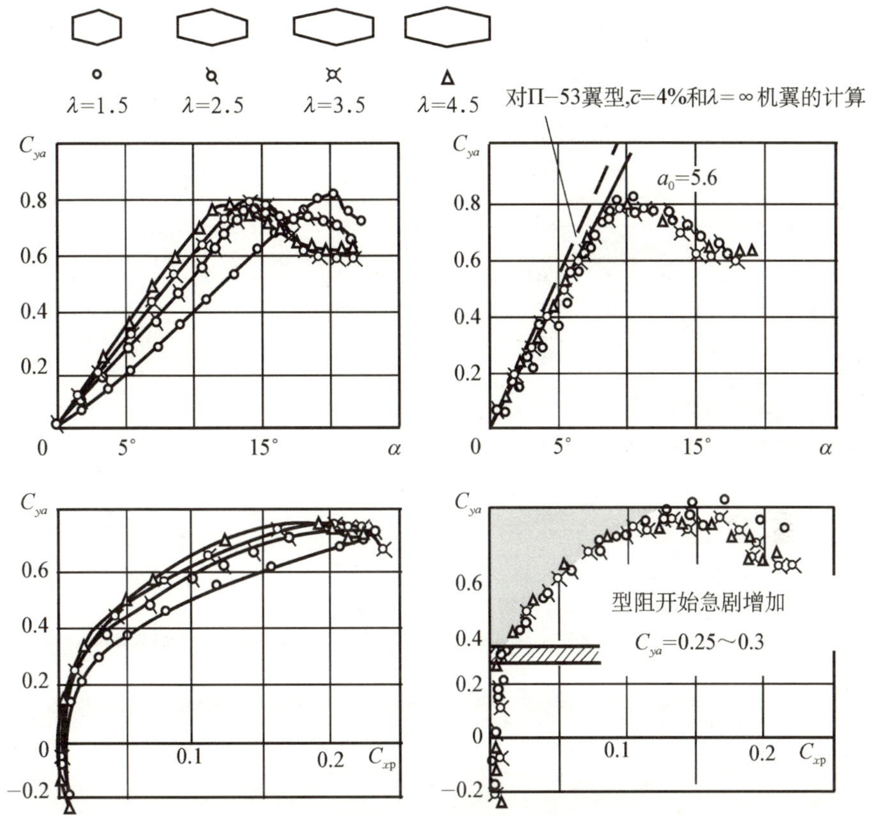

图 2.30　展弦比对直机翼气动特性的影响

根梢比、翼型相对厚度)达到。系统研究结果表明,增升装置效率取决于机翼展弦比的大小,当机翼展弦比 $\lambda \approx 3$ 时,着陆襟片放下 60°机翼有最大的 $C_{ya\ \max}$ 值(图 2.31)。

后掠机翼　有限翼展后掠机翼在大迎角时的绕流比无限翼展侧滑翼复杂得多,这是由于气流沿展向的横向流动伴随着在梢部剖面的边界层增厚和堆积,因而在后掠机翼上过早地发生梢部气流分离,它随迎角增加而向中部剖面扩散。这些现象在中等后掠角机翼上表现得特别明显。大迎角时产生的梢部气流分离导致机翼气动特性的显著变化,破坏了升力特性随迎角的有规律变化(图 2.32)。随着气流分离的扩展,纵向稳定性显著变坏和降低整个机翼的升力特性。

后掠机翼上气流分离的扩展取决于机翼的几何参数。减小后掠机翼的展弦比导致减弱机翼梢部气流分离发展的强度,对大迎角时的机翼气动特性产生有利影响。

跨声速大迎角时,后掠机翼升力有沿展向的不利的重新分布,并发现有更早的梢部气流分离。为保证后掠机翼在相应于起飞、着陆和跨声速机动迎角时具有有利的特性,必须采取专门措施(机翼上安装翼刀、梢部加翼弦前伸、带有下垂前缘的一组特殊翼型,等等)。

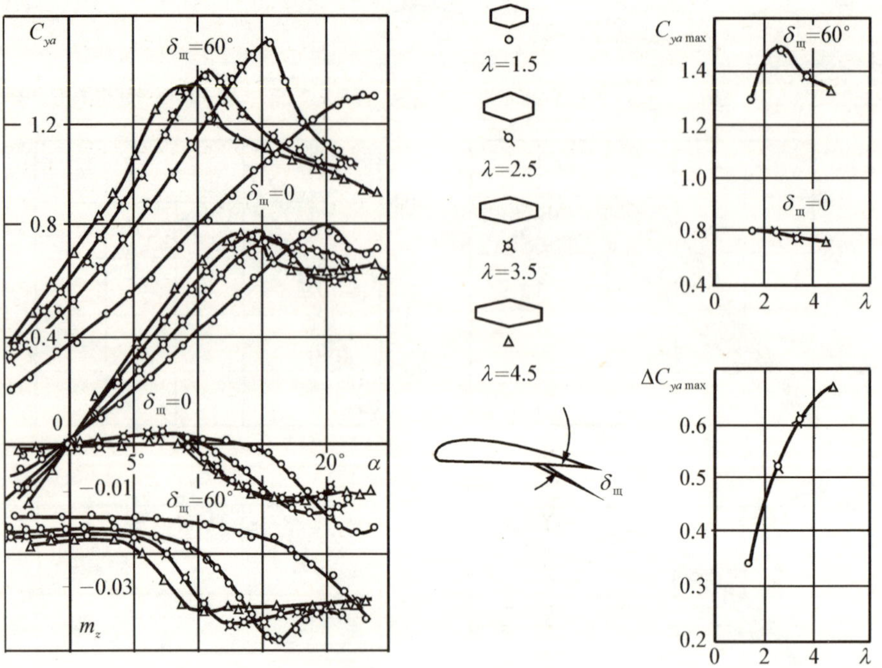

图 2.31　直机翼的展弦比对着陆襟片效率的影响

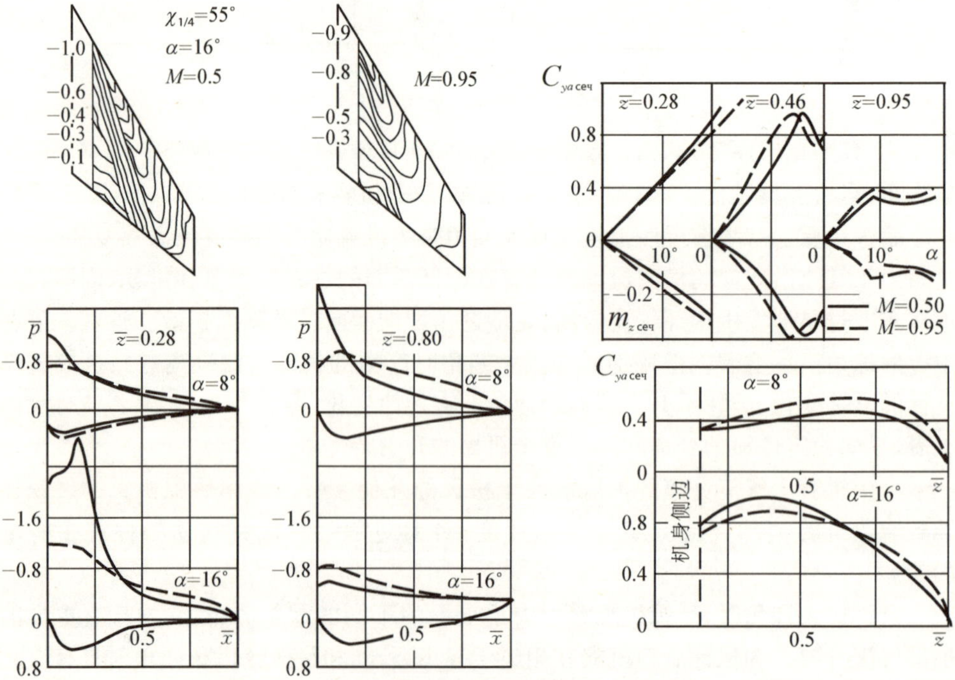

图 2.32　亚声速和跨声速 M 数时，后掠机翼的压力分布

超声速时，后掠机翼在大迎角的绕流状况有显著变化。机翼主要部分的绕流直到大迎角都无气流分离，气流向梢部的横向流动显著减少，气动载荷沿展向分布变得更均匀，在飞行迎角范围气动特性都保持线性(图 2.33)。

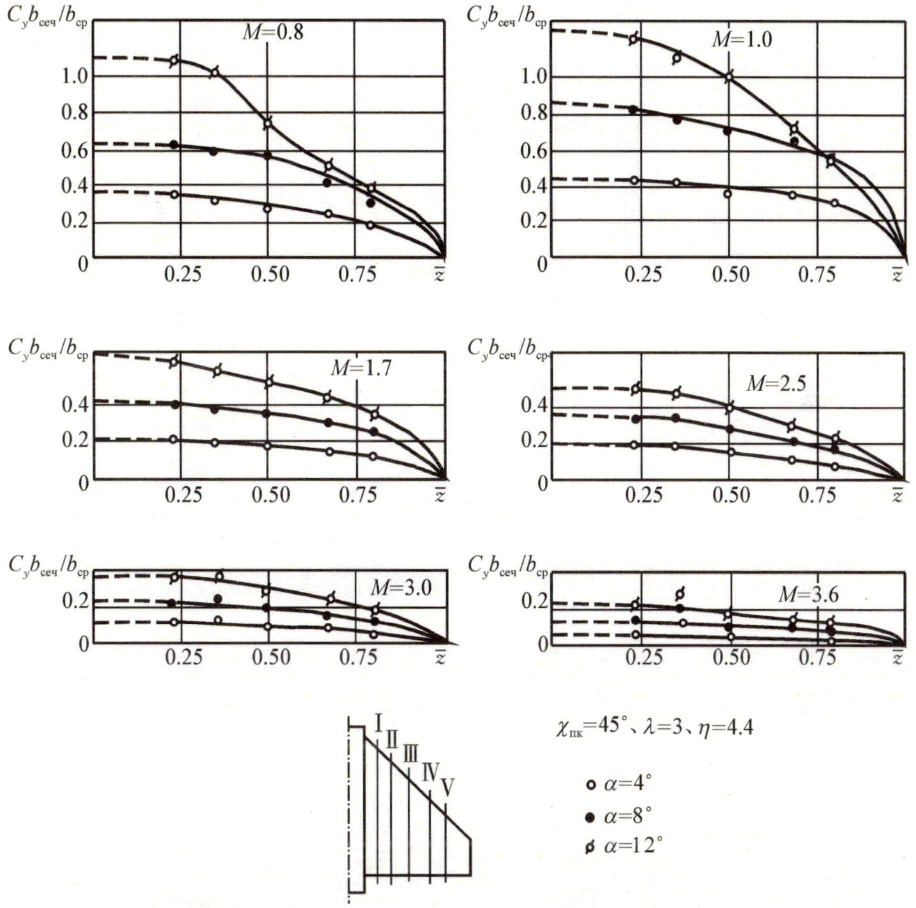

图 2.33　亚、跨、超声速 M 数时，$\chi_{пк}=40°$，$\lambda=3$，$\eta=4.4$ 后掠机翼的展向环量分布

三角机翼　三角机翼和形状接近三角机翼的绕流特点是，由于机翼根梢比很大，前缘后掠角也大，机翼后缘后掠角小，形成了一系列的特性。机翼的这些几何特性促使提高梢部剖面在小和中等迎角时的升力特性，并产生横向压力梯度，引起边界层沿前缘向翼梢横向流动，导致发生根部的过早气流分离。与此同时，由于减少了边界层沿机翼直后缘的横向流动，三角机翼上发生的气流分离现象比在后掠机翼上“温和”些。亚、跨声速时三角机翼梢部产生过早的气流分离，显著降低了梢部剖面的升力特性(图 2.34)，但它们部分地被中部和根部剖面增加的升力所补偿。因此，对三角机翼随迎角变化的总气动特性是十分有利的。

三角机翼的翼型形状对其在大迎角时的绕流特性有显著影响。前缘后掠大的三角机翼气动布局中采用尖超声速翼型(如抛物线或菱形翼型)，使机翼在大迎角时的绕流被强烈破坏，改变机翼梢部剖面升力系数随迎角变化的特性(图 2.34、图 2.35)。机翼梢部采用不对称的高升力的翼型或带有前伸的和前缘下垂的对称翼型，使在机翼梢部剖面产生分离现象的发生点向大迎角范围移动，可提高机翼梢部的承升能力，并改善机翼总的气动特性(图 2.36)。

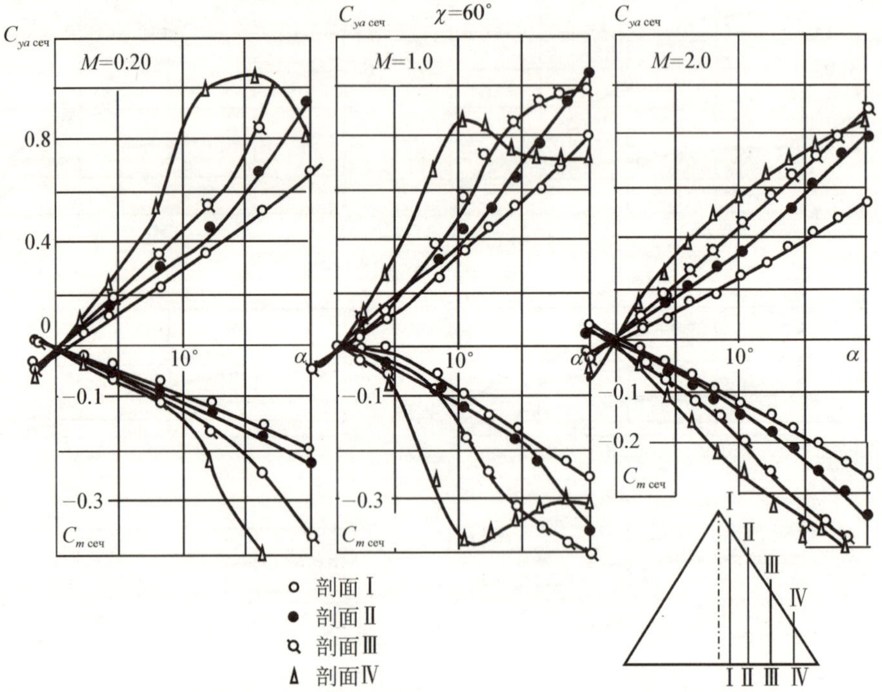

图 2.34 三角机翼 ($\chi_{пк}=60°$) 的剖面气动特性

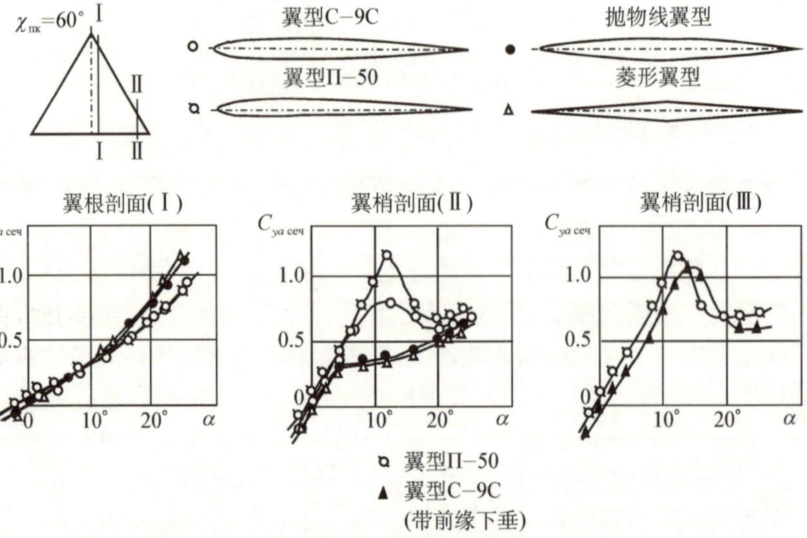

图 2.35 翼型形状对三角机翼的剖面气动特性的影响

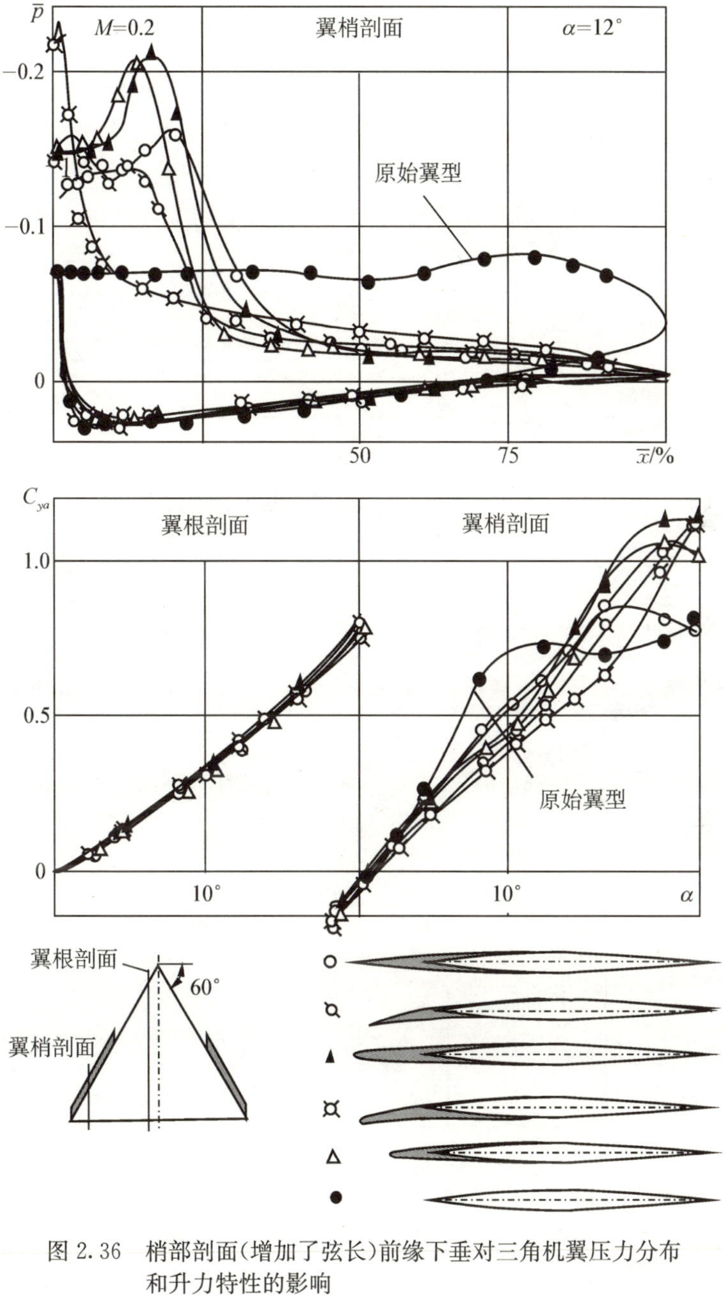

图 2.36 梢部剖面(增加了弦长)前缘下垂对三角机翼压力分布和升力特性的影响

也可以通过安装翼刀或采用前缘“齿口”改善机翼大迎角绕流。机翼上采用“齿口”的效果类似采用翼刀的效果,但表现得更有效。

有各种前缘后掠角三角机翼的总气动特性随迎角变化的特点是不同的。小迎角时,增加机翼展弦比(减小前缘后掠角),由于在根部和中部剖面有大的升力值,使三角机翼的升力增加。大迎角时则相反，$\chi_{пк}\geqslant 60^\circ$ 的机翼升力系数可超过 $\chi_{пк}\approx 45^\circ\sim 50^\circ$ 的机翼升力系数，这是由于改善了大后掠小展弦比机翼梢部剖面的绕流。随着三角机翼后掠角$\chi_{пк}$的增加，改善了其在大迎角时的纵向稳定性特性。增加$\chi_{пк}$时，机翼气动焦点向后移动（图 2.37）。三角机翼的升力主要由根部和中部剖面产生。用切尖减小机翼展弦比，明显降低了整个机翼的升力系数。因此展弦比相等时，后掠角$\chi_{пк}$较小，但切尖的机翼有大的升力（图 2.38）。

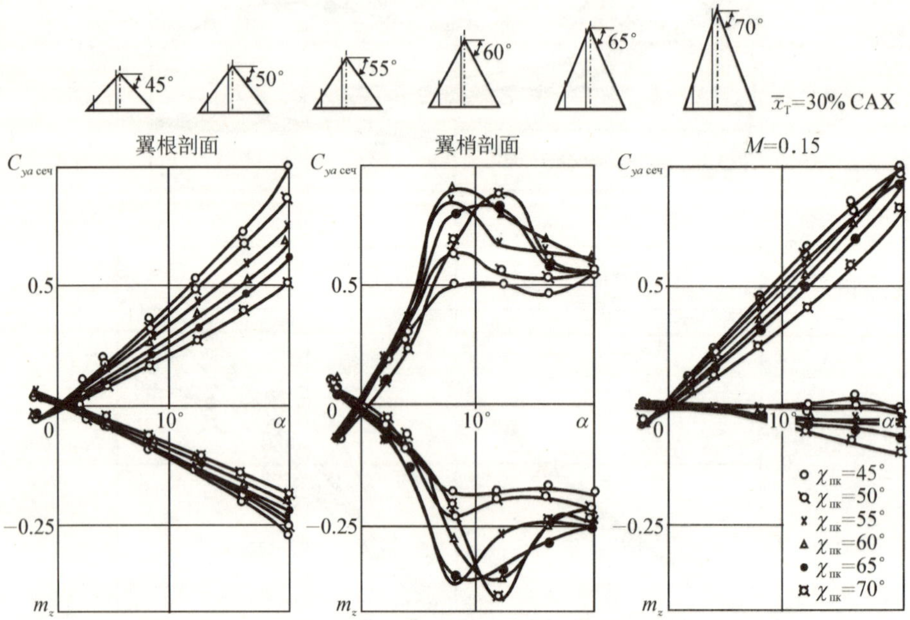

图 2.37 后掠角对三角机翼气动特性的影响

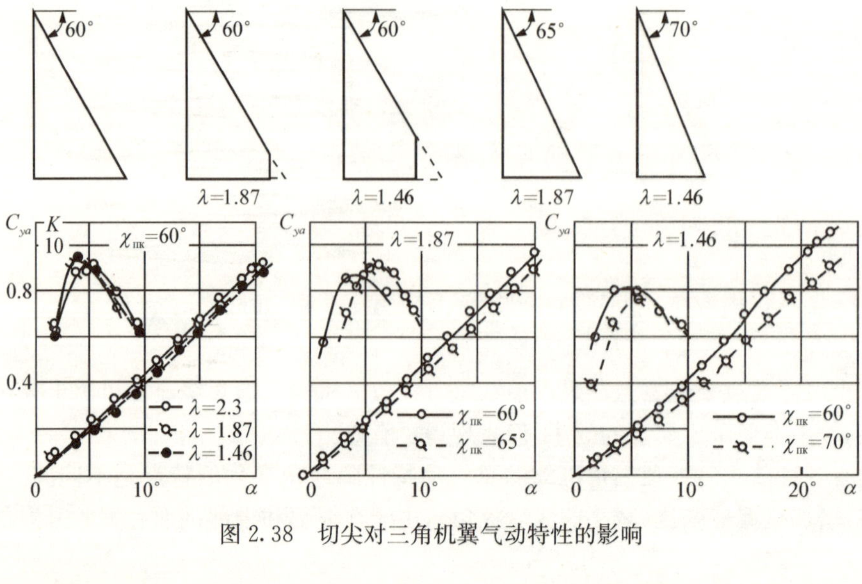

图 2.38 切尖对三角机翼气动特性的影响

整个亚声速范围内都保持着机翼后掠角$\chi_{пк}$的影响。在跨声速范围，当明显开始出现压缩性影响时，三角机翼出现分离增强，与此相关的是显著改变升力系数和纵向稳定性随迎角的变化。超声速时，在整个机翼表面上恢复了光顺的无分离绕流，机翼所有剖面的气动特性都是随迎角增加而单调变化。

用在上翼面加翼刀、前缘"齿口"，甚至在梢部配置一组带承升能力高的特殊翼型，使在亚、跨声速 M 数范围内，当迎角增加时减弱梢部气流分离强度，并减缓其沿展向的发展。

前掠机翼　后掠机翼和前掠机翼的空气动力学研究是同时开始的。20 世纪 40 年代进行了初步系统的实验与计算研究。由于消除全金属结构的气动弹性发散存在很大困难，前掠机翼在当时没有得到实际应用。

70 年代末又恢复了对前掠机翼的兴趣，这与复合材料的出现有关，因利用它的弯曲和扭转定向变形，在所接受的重量情况下能保证对这种机翼所要求的气动弹性特性。

前掠机翼的基本特性如下：

——小迎角时，前掠机翼有更有利的展向环量分布，梢部剖面气动载荷随机翼展弦比增加而减小；中等和大迎角时，后掠机翼梢部剖面的气动载荷较小。

——机翼上的激波失速比后掠机翼发生得晚些，由于减弱了"中间效应"和在机翼中部区域出现压力积分为负值，因此前掠机翼在跨声速范围的迎面阻力小和升阻比大(图 2.39)，但超声速阻力大；此外，前掠机翼飞机在跨声速范围阻力的减小可以促进在机翼布局上采用适度薄的超临界翼型，与后掠机翼飞机布局比较，有更合理的横截面沿机身纵轴的分布。

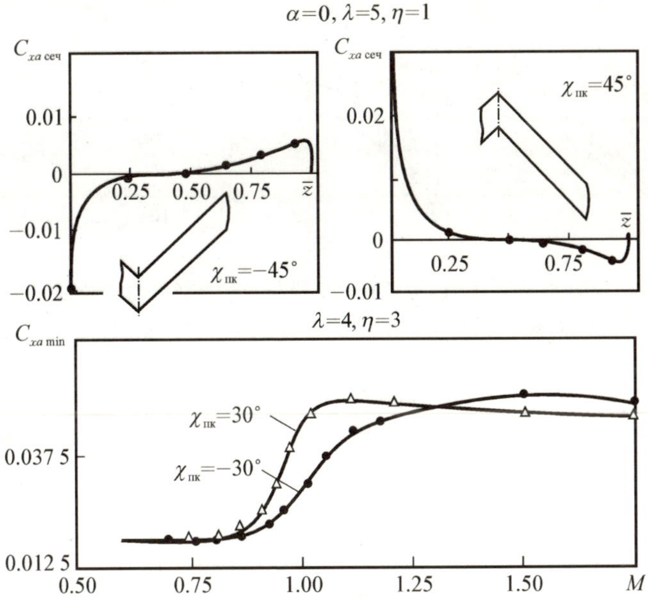

图 2.39　无尖削 ($\eta=1$) 的后掠机翼和前掠机翼的气动特性

——大迎角时，在前掠机翼上，由于边界层从翼梢剖面向根部剖面的缓慢横向移动，机翼中部区域产生气流分离，增加 α 时慢慢沿展向发展，因此机翼中部和梢部剖面保持高升力特性，这导致直到大超临界迎角时都保持机翼的阻尼特性和副翼效率，但使位于机翼后面的水平尾翼的效率有所降低。

——“鸭”式布局是前掠机翼飞机首选的气动力形式。前掠机翼飞机布局中存在翼根前边条和前水平尾翼(ПГО)，部分地恢复了根部和中部剖面的无分离绕流，因而直到大超临界迎角都提高了机翼和整个布局的升力特性(图 2.40)。这样，边条在前掠机翼布局中的作用与其在后掠机翼机动飞机上的作用机理正相反。前掠机翼飞机布局的升力特性和升阻比与现代后掠机翼飞机的水平相当，具有大 $C_{ya\,\max}$ 值、起飞和着陆状态的大 C_{ya} 值。

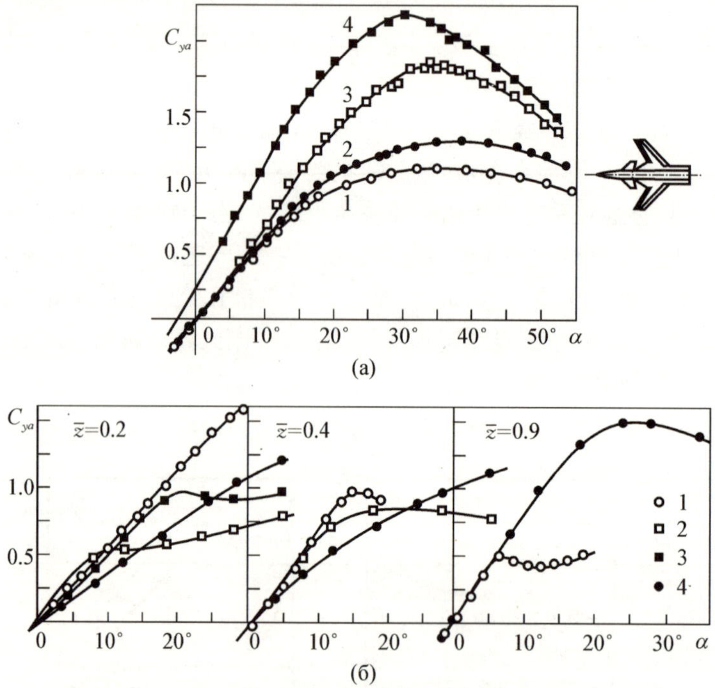

图 2.40 (a) 前掠机翼飞机模型没配平时的气动特性

1—机身+前掠机翼；2—在 1 上加前边条；3—带 ПГО 的模型 ($\bar{h}=0.1$)；4—$\delta_н=30°$，$\delta_{эл}=30°$，$\delta_щ=40°$

(б) 后掠机翼和前掠机翼剖面的升力特性

1—机身+后掠机翼 ($\chi_{пк}=41°$，$\lambda=3.2$)；2 和 3—机身+前掠机翼及其加前边条 ($\chi=-30°$，$\lambda=4$)；4—带 ПГО 的模型

由于前掠机翼无梢部气流分离和较晚地发生激波失速，在宽的 M 数和迎角范围内能保证飞机有利的纵向稳定特性和高的横向操纵面效率。随着迎角增加，与后掠机翼比较，前掠机翼增大了弯矩(图 2.41)。此外，使用前掠机翼时，飞机焦点随 M 数的移动量显著增加(图 2.42)。

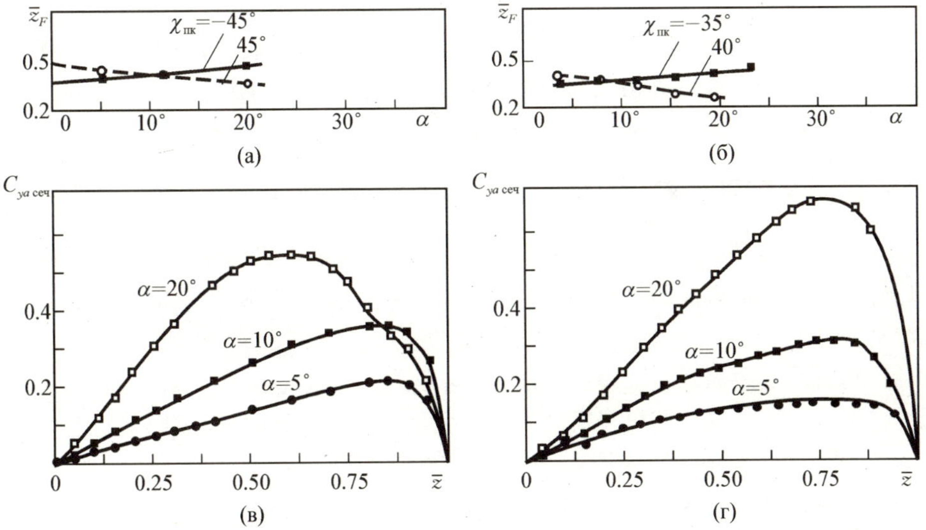

图 2.41　后掠机翼和前掠机翼气动载荷沿展向的分布($\bar{x}_F$——焦点沿展向位置)

(а) 根据压力分布计算；(б) 用应变天平测量(А・И・卡里宁的实验)；

(в) $\chi_{пк}=45°$、$\lambda=5$、$\eta=1$；(г) $\chi_{пк}=-45°$、$\lambda=5$、$\eta=1$

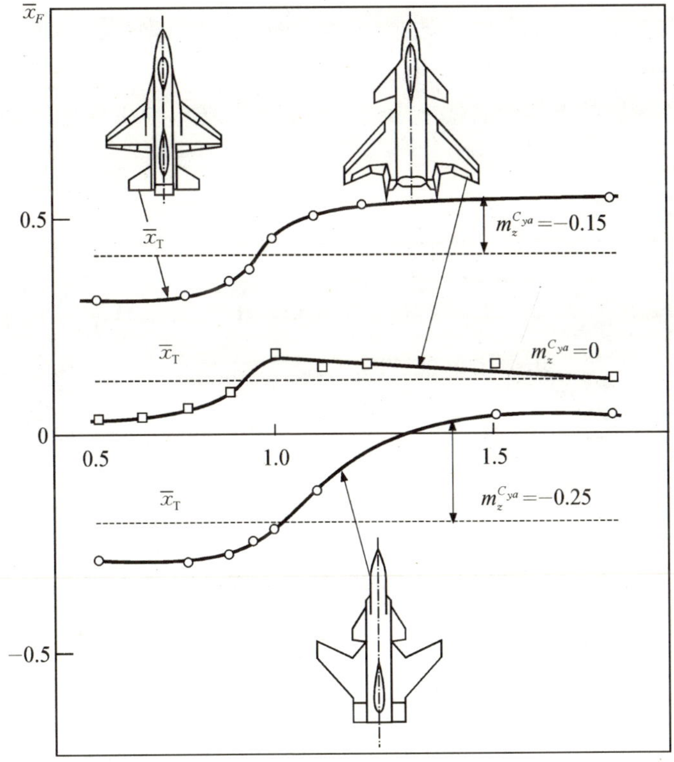

图 2.42　各种布局的气动焦点位置和保证 $m_z^{C_y}|_{M=0.1}=0.1$ 要求的重心位置

研究前掠翼"鸭"式飞机布局并在有高效操纵面(前翼、副翼、后缘襟片)的情况下优化布局参数,能保证飞机在亚声速纵向静不稳定情况下全飞行速度和迎角范围内的纵向配平。这种机翼的气动弹性问题还需要进行附加的研究,特别是在静不稳定时要考虑操纵系统。

2.3 机翼参数对机翼-机身组合体气动特性的影响

当流经机翼-机身组合体时,等压线在大部分翼面上的分布与单独机翼相同。在后掠机翼和三角机翼的侧边剖面,等压线转为垂直气流,机翼的梢部绕流成为空间流动。

三角机翼上后掠效应沿展向只发生在不大的一段上。

在配置机翼区选择的机身横截面面积变化规律(面积律),能够影响机翼侧边剖面的流动,影响靠近机身的等压线分布和影响机翼-机身组合体的气动特性。例如,按跨声速面积律设计的在配置机翼区有收缩段的机身,减弱了跨声速时机翼根部效应,导致降低机翼侧边剖面的阻力。亚声速时机身收缩要影响包括梢部在内的所有机翼剖面;随着来流速度的增加,机身收缩对机翼绕流的影响区减小,当 $M \geqslant 1.7$ 时,按跨声速面积律设计的收缩机身实际上不影响展弦比 $\lambda \approx 3$ 后掠机翼的梢部剖面 ($\bar{z} > 0.7$) 的流动。

减少机翼翼根剖面的阻力导致减少按面积律修形的翼身组合体的整个阻力,使之与最小阻力体的翼身组合体相当。

带圆柱机身段的翼身组合体上出现激波失速比在单独机翼上早,但它的发展进行得更缓和(见图 2.43)。

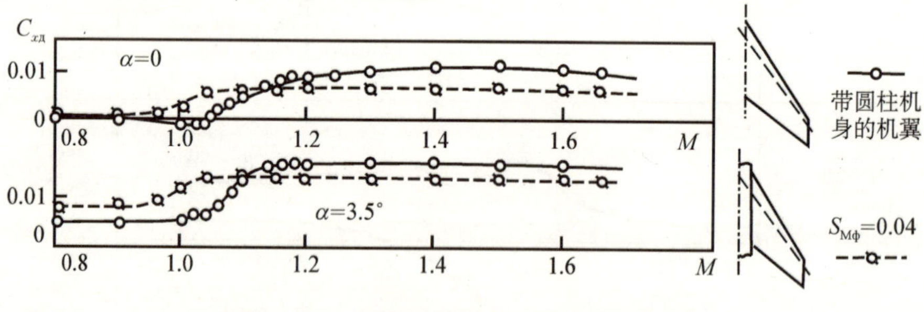

图 2.43 "机翼+机身"组合体的阻力系数

机身的存在提高了靠近机身侧边的机翼局部流动速度,使机翼侧边和中部剖面的升力比单独机翼的高些。

机身对机翼绕流的影响沿展向到机翼梢部逐渐减弱,并取决于机身最大横截面积:细长机身 ($\bar{S}_{мф} < 0.05 \sim 0.07$) 几乎不改变机翼梢部剖面的绕流特性;具有大相对横截面积 ($\bar{S}_{мф} > 0.1$) 的机身要改变机翼绕流状况,必须增大上翼面的吸力和下翼面的压力(见图 2.44)。

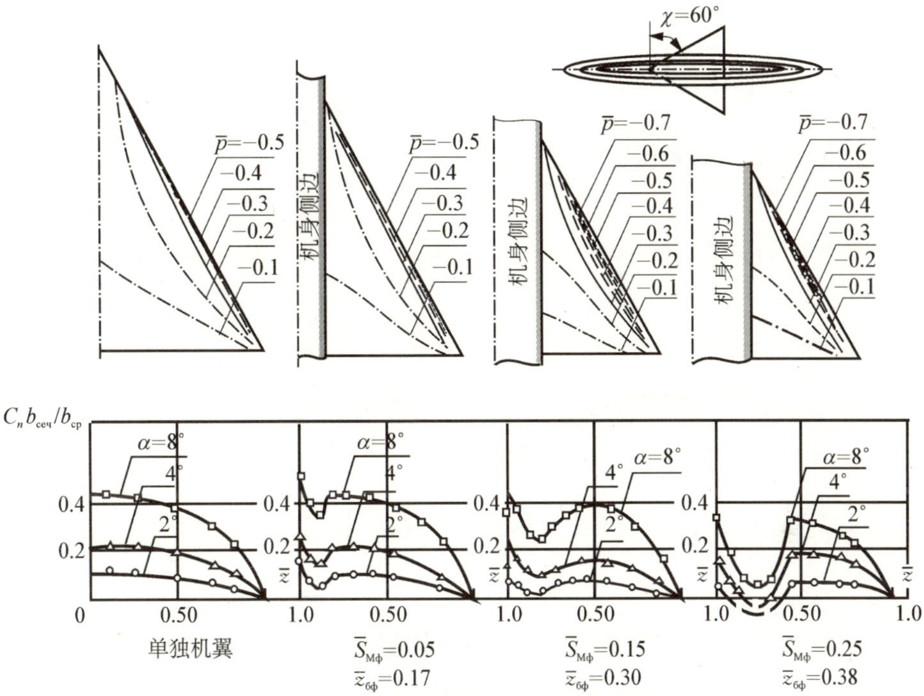

图 2.44　机身对三角机翼等压线的影响

($M=0.15$; $\alpha=4°$;翼型:C-9c; $\bar{c}=6\%$; $\lambda=2.3$)

与单独机翼气动载荷沿展向分布比较,机身的存在使气动载荷沿展向重新分布:在接近机身侧边的剖面增大气动载荷,而在被机身占据的部分显著降低气动载荷。

存在机身时,机身最大横截面积越大,则载荷沿机翼展向重新分布越显著(见图 2.44 和图 2.45)。当机身最大横截面积不大 ($\bar{S}_{мф}=0.05\sim0.07$) 时,机身占据机翼部分的环量“损失”通常由侧边和中部剖面增加的环量补偿,因此机翼-机身组合体的升力仍接近单独机翼的升力。

当机身最大横截面积大 ($\bar{S}_{мф}>0.1$) 时,由于机身所占机翼那段的升力比所占的机翼部分的小,机翼-机身组合体的升力小于单独机翼的升力(图 2.45)。

大迎角时,在小展弦比机翼上存在机身,几乎不影响机翼的绕流特性,或者使绕流特性有某些改善。例如,如果单独直机翼随迎角增加使中部气流分离强烈,将导致降低机翼升力特性,有机身时,由于机身位于机翼分离区,其本身的绕流为无分离流,从而减少总分离区,因此提高机翼升力特性。

有大后掠角$\chi_{пк}$的后掠机翼和三角机翼,当其上存在机身时,大迎角绕流特性变化较小(见图 2.46 和图 2.47),因在这些机翼上气流分离发生在梢部剖面,其随迎角增加缓慢向机身侧边发展。带有机身相对横截面积不大的后掠机翼,因机身占据机翼部分的升力大约等于机身的升力,这时升力特性不变。带有 $\bar{S}_{мф}\geqslant$

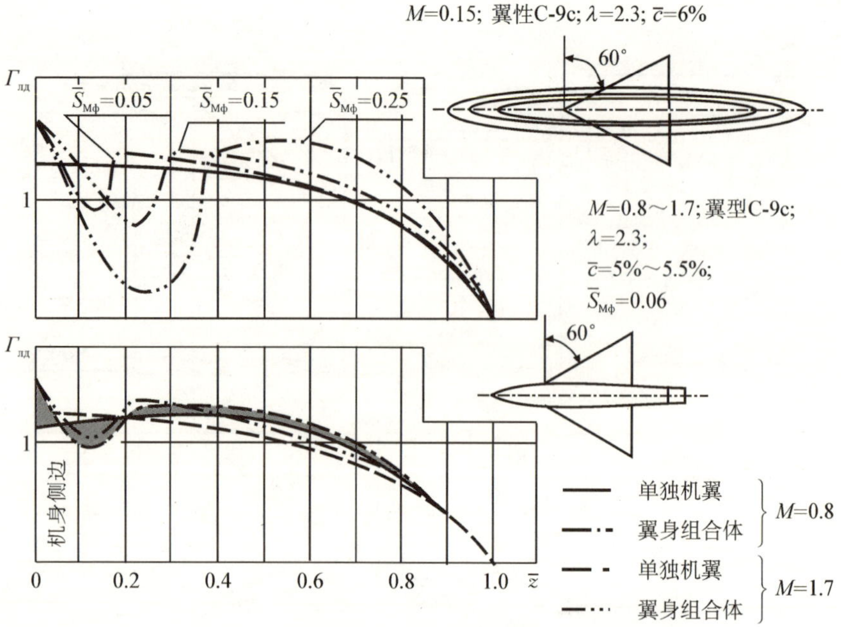

图 2.45 机身对三角机翼展向环量分布的影响

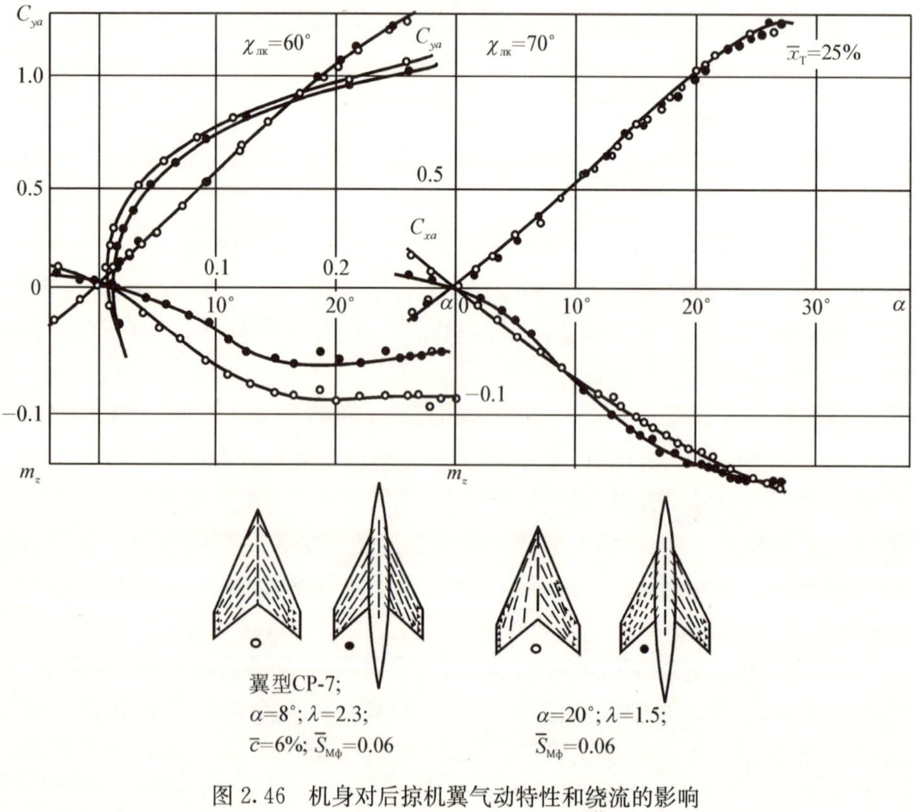

图 2.46 机身对后掠机翼气动特性和绕流的影响

翼型CP-7c； $\alpha=20°$；$\lambda=1.5$；
$\alpha=8°$；$\lambda=2.3$； $\overline{S}_{M\phi}=0.06$
$\overline{c}=6\%$；$\overline{S}_{M\phi}=0.06$

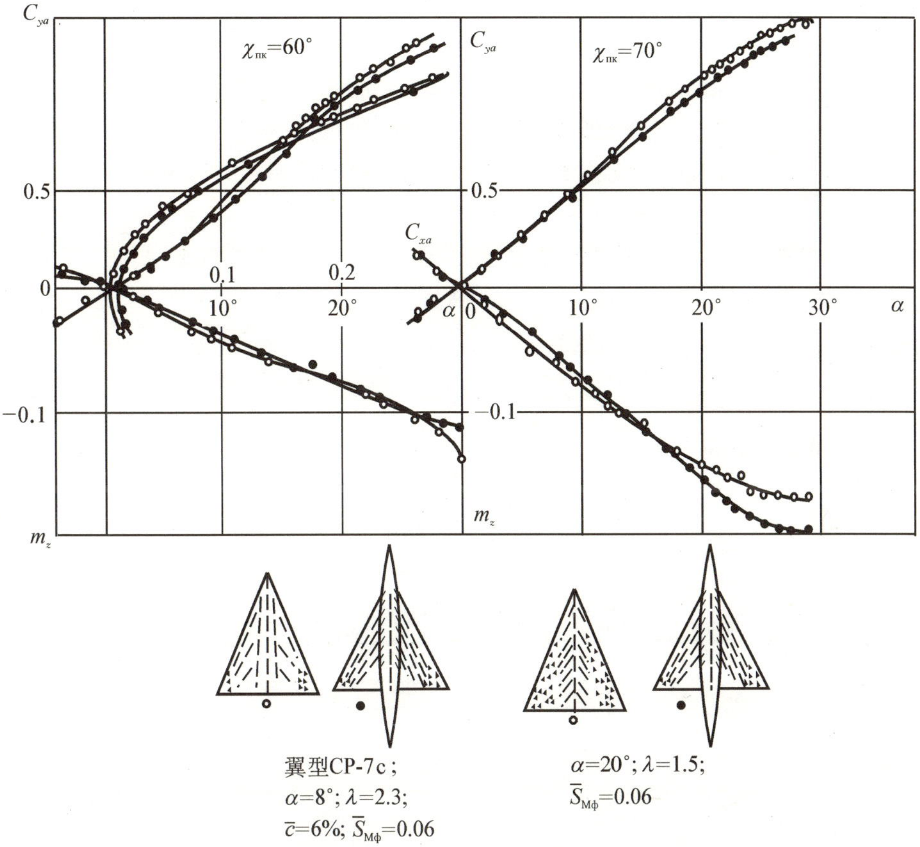

图 2.47   机身对三角机翼气动特性和绕流的影响

0.07 机身的 $\chi_{\text{пк}} = 60°$ 三角机翼，由于机身占据机翼部分的环量损失，发现其升力特性有些下降。

对机翼-机身组合体的系统研究，能够发现一系列规律性，在设计具体飞机气动布局和估算其气动特性时，这些规律性是有用的。

展弦比的影响

增加梯形和三角机翼的展弦比，导致机翼-机身组合体在亚声速时的升力特性提高（见图 2.48）。单独机翼和该机翼-机身组合体的研究结果表明，改变机身相对横截面积（$\overline{S}_{M\phi} < 0.1$）实际上不改变机翼在超声速时的升力特性。

机翼展弦比对机翼-机身组合体迎面阻力特性的影响表现得与对单独机翼特性的影响相同。

减小机翼展弦比导致增大 $M_{\text{кр}}$、减小在跨声速和超声速时的波阻增量，但与此同时使升力降低。此外，减小展弦比在通过声速时，使迎面阻力和升力特性随 M 数变化更光滑（见图 2.49～图 2.52）。

改变展弦比导致跨声速焦点位置的显著变化。展弦比对超声速时升力特性、诱导阻力、升阻比和焦点位置的影响显著减弱。

根梢比的影响

研究机翼根梢比对机翼-机身组合体气动特性的影响表明，超声速时根梢比从 1 变化到 5 对直机翼和后掠机翼的升力特性、诱导阻力影响小。增加根梢比时因减小了外翼面积（当保持机翼总面积不变时），而使直机翼-机身组合体和后掠机翼-机身组合体迎面阻力系数减小得不多。

按线化理论相似参数整理的机身与各种展弦比、根梢比的梯形、后掠、三角机翼组合体模型的实验结果表明，对于研究的机翼，理论关系为：

$$C_{ya}^{\alpha}\frac{\sqrt{M^2-1}}{4}=f\left[\frac{\lambda\sqrt{M^2-1}}{4}\right]$$

与实验数据有满意的一致性（见图 2.53～图 2.55）。这个关系可以用于估算机翼-机身的 $(\bar{S}_{мф}<0.1)$ 升力特性。

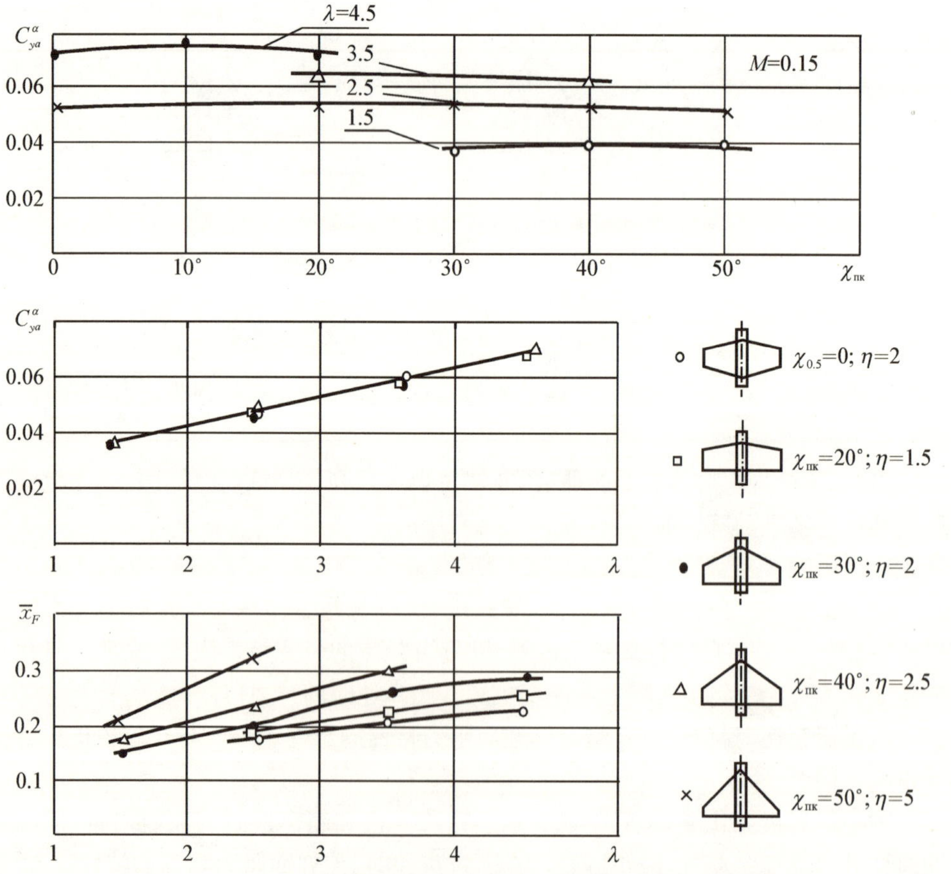

图 2.48 机身展弦比和后掠角对"机翼＋机身"组合体的升力特性（导数 C_{ya}^{α}）和气动焦点位置的影响

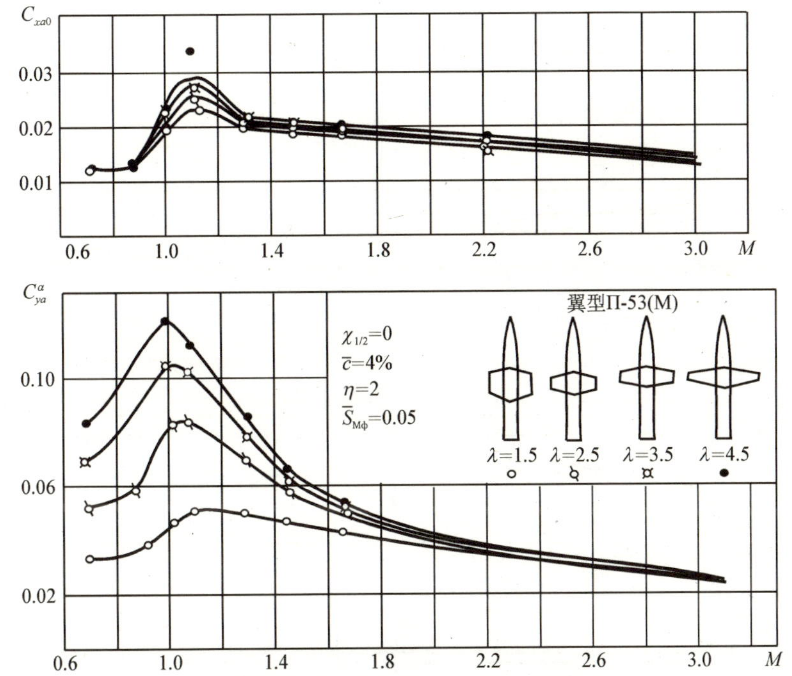

图 2.49　直机翼展弦比对“机翼＋机身”组合体的升力特性(C^{α}_{ya})和零升阻力系数(C_{xa0})的影响

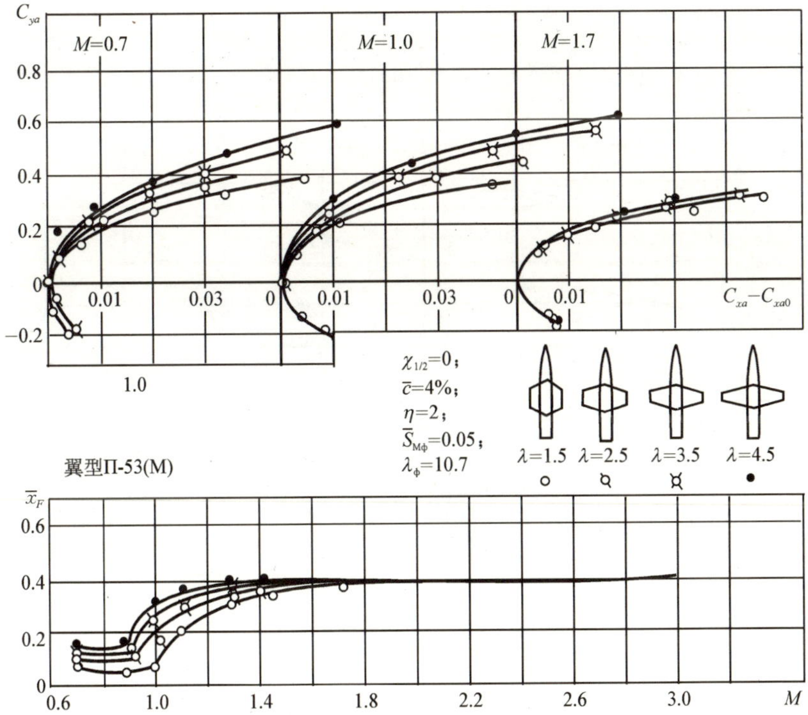

图 2.50　直机翼展弦比对“机翼＋机身”组合体诱导阻力和气动焦点位置的影响

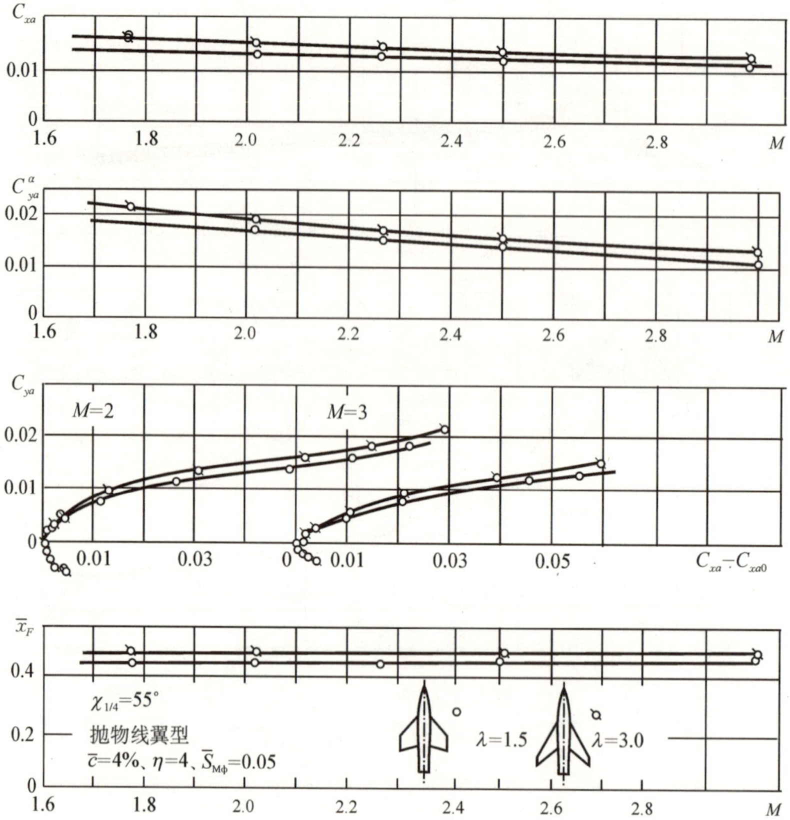

图 2.51　后掠机翼展弦比对“机翼＋机身”组合体气动特性(C_{xa0}、C_{ya}^{α}、C_{xi}、$\bar{x}_F$)的影响

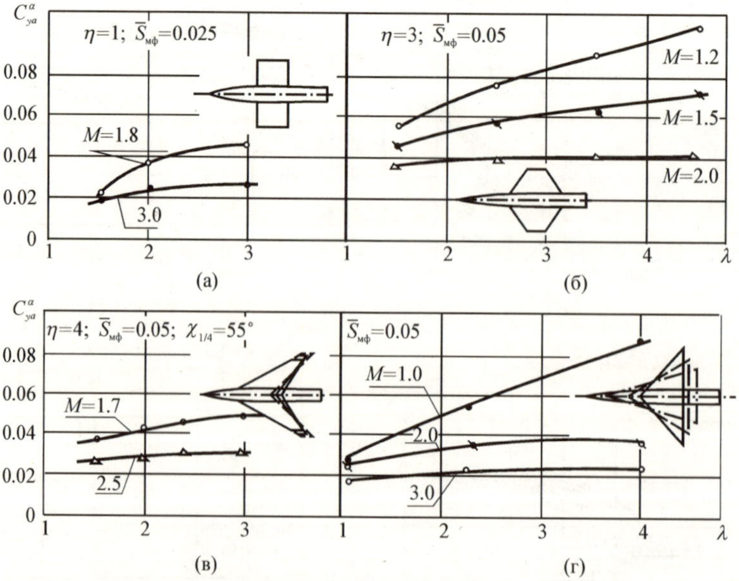

图 2.52　各种平面形状机翼的展弦比对“机翼＋机身”组合体升力特性(C_{ya}^{α})的影响(а)(в)(г)抛物线翼型;(б)п－53 翼型

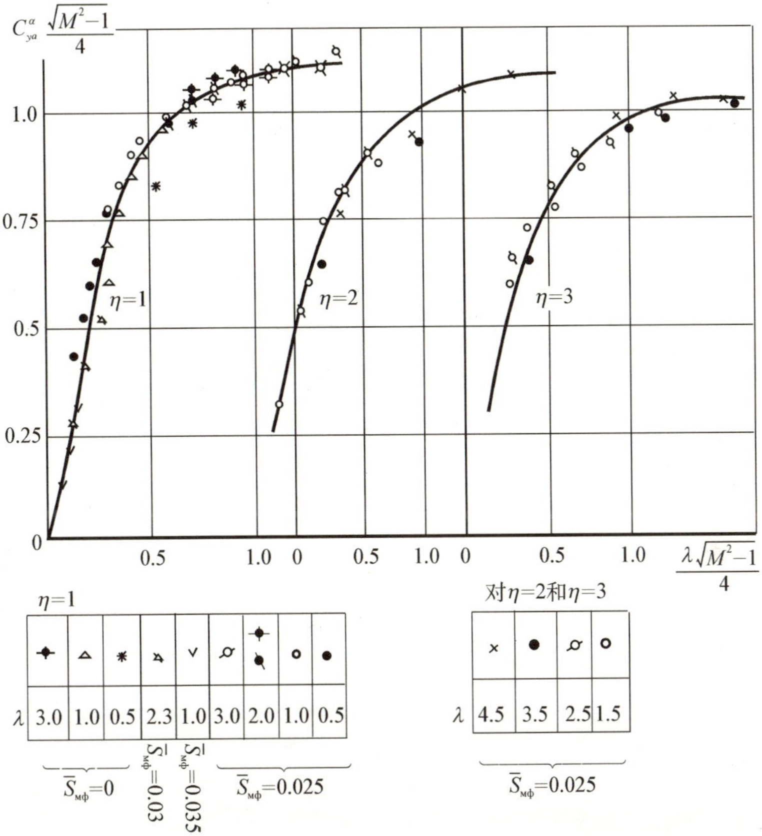

图 2.53　按线化理论相似参数整理的机身与直机翼组合体模型的升力特性

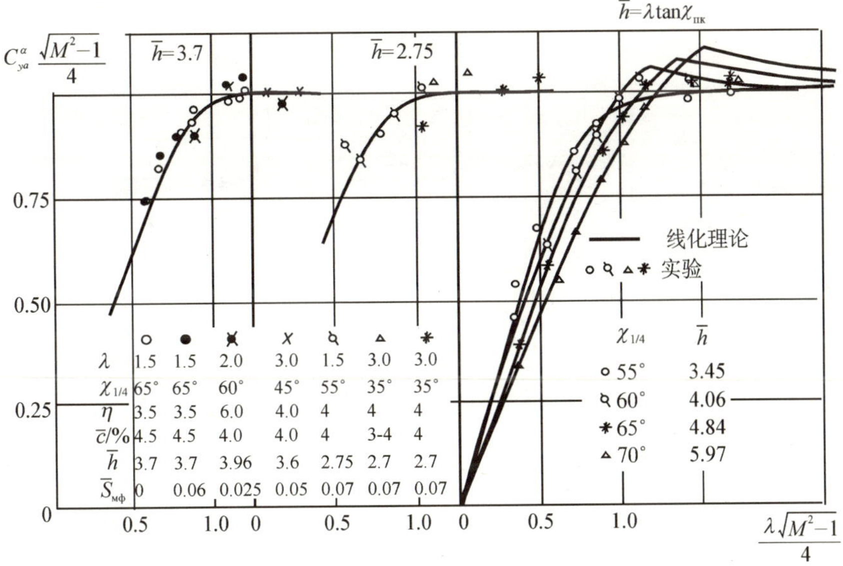

图 2.54　按线化理论相似参数整理的机身与后掠机翼组合体模型的升力特性

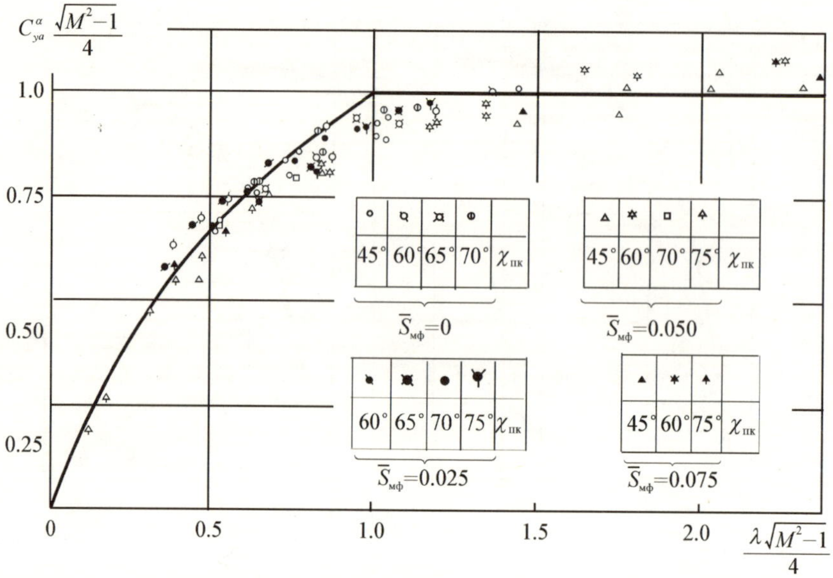

图 2.55 按线化理论相似参数整理的机身与三角机翼组合体模型的升力特性

机翼后掠角的影响

亚声速 $M \leqslant 0.85$ 时改变机翼后掠角对迎面阻力系数 C_{xa0} 的值影响小，$M > 0.9$ 时随着机翼后掠角增加，机翼-机身组合体的波阻增量减小(图 2.56)。随着机翼后掠角增加，波阻占机翼总阻力的比例急剧减小。机翼-机身组合体阻力系数降低的相对值与机翼后掠角增大有关，超声速时则几乎保持为常数。

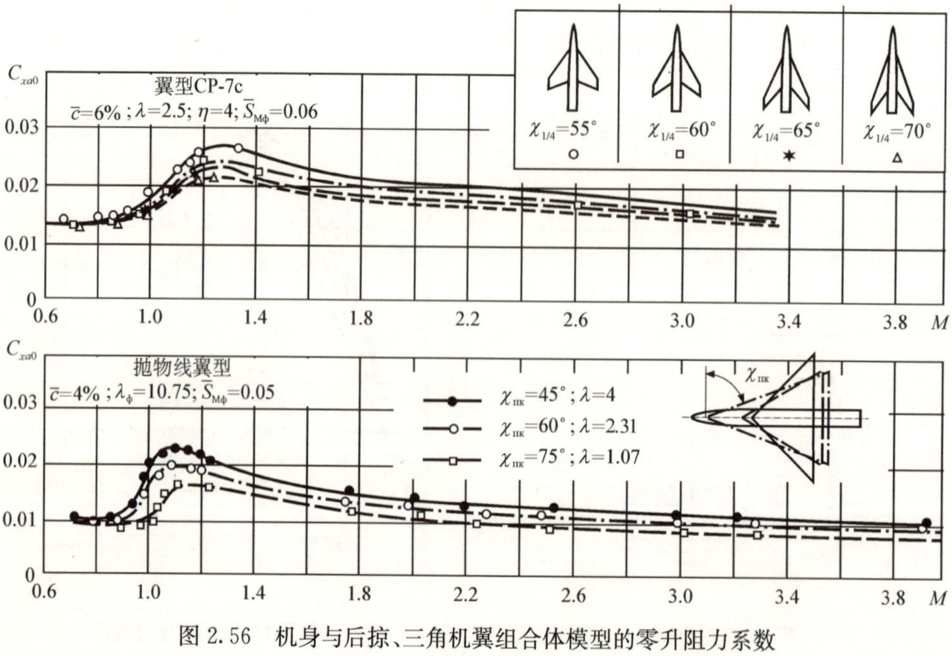

图 2.56 机身与后掠、三角机翼组合体模型的零升阻力系数

增加后掠角导致机翼升力特性减小。在亚、跨声速范围 C_{ya}^{α} 值随机翼后掠角的变化最大；从 $M \approx 2$ 开始，C_{ya}^{α} 值随参数 $\chi_{пк}$ 的变化显著减弱(图 2.57)。

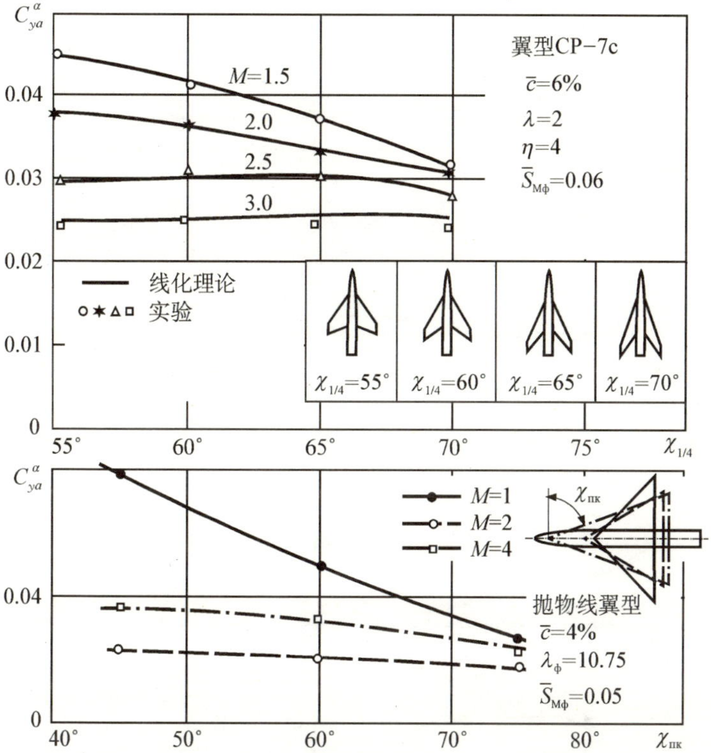

图 2.57　后掠机翼和三角机翼后掠角对“机翼＋机身”组合体升力特性的影响

亚、跨声速时梯形直机翼的升力特性超过相等展弦比的后掠机翼和三角机翼的升力特性。超声速时直机翼与后掠机翼在升力特性上的差别减小。

机翼后掠角显著影响飞机纵向稳定性。从亚声速向超声速过渡时，三角机翼或大后掠机翼与机身组合体的焦点向后移动(用每种机翼的平均气动力弦长的百分数表示)，焦点的后移显著小于中等后掠机翼或直机翼与机身组合体(图 2.58 和图 2.60)。

机翼相对厚度和翼型的影响

机翼翼型相对厚度对飞机的迎面阻力特性和升阻比有较大的影响。

减小任何平面形状机翼的翼型相对厚度都导致显著降低机翼-机身组合体的超声速迎面阻力(图 2.59)。例如，把 $\lambda = 2$ 直机翼的 Π－53 翼型相对厚度从 6%减小到 4%，$M = 1.8$ 时的波阻几乎降低 50%。

飞机 K_{max} 的值也显著取决于机翼翼型相对厚度 $\bar{c}$，在 $M < 1$ 范围，K_{max} 的值随 $\bar{c}$ 的增加而增大，而在 $M > 1$ 范围，K_{max} 的值随 $\bar{c}$ 的增加而降低(图 2.60)。机翼翼型相对厚度对后掠角不大的后掠机翼，特别是直机翼的气动特性影响最大；随着机翼后

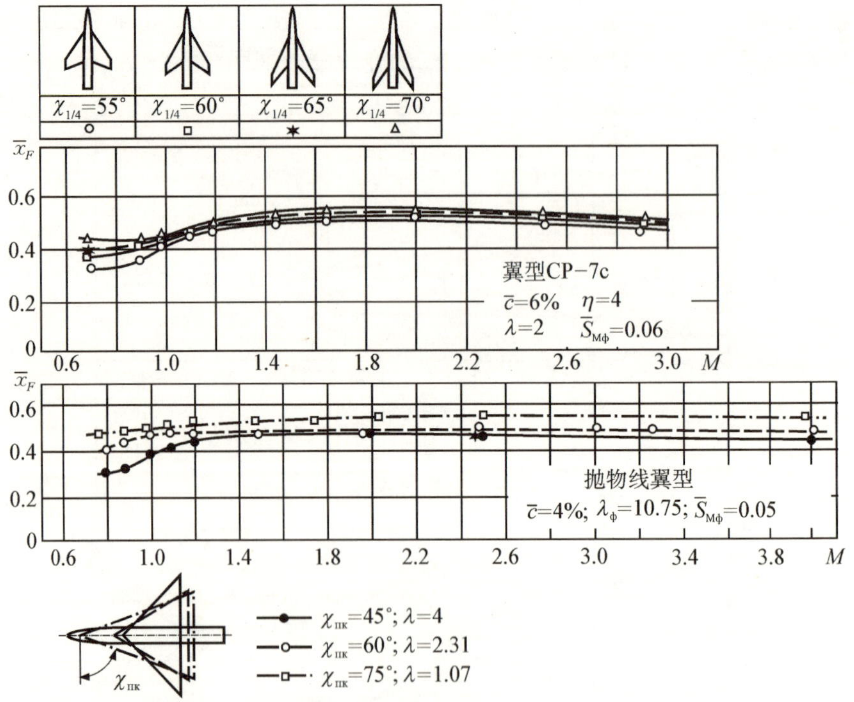

图 2.58 后掠机翼和三角机翼后掠角对“机翼＋机身”组合体气动焦点位置的影响

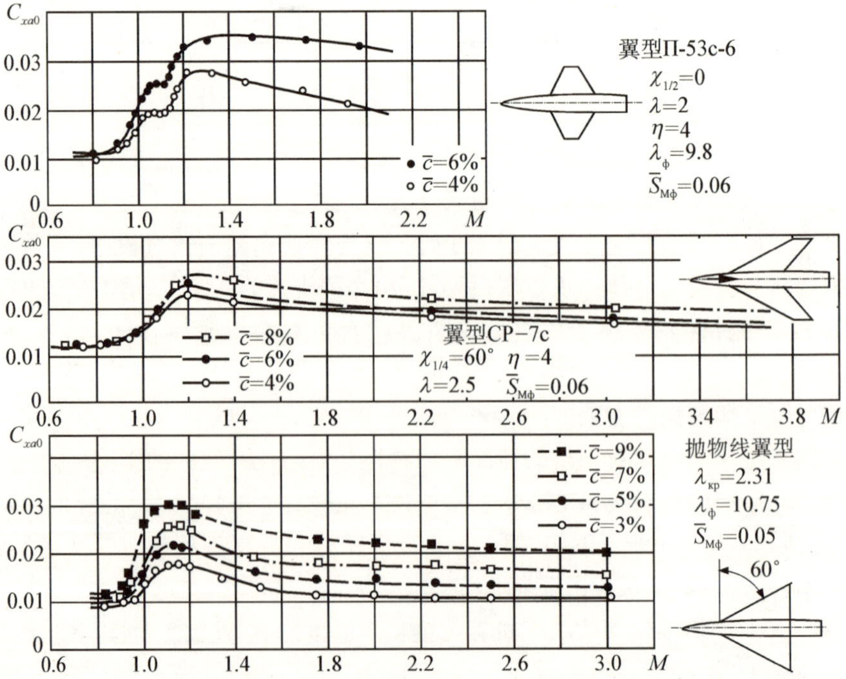

图 2.59 机翼翼型相对厚度对“机翼＋机身”组合体零升阻力系数的影响

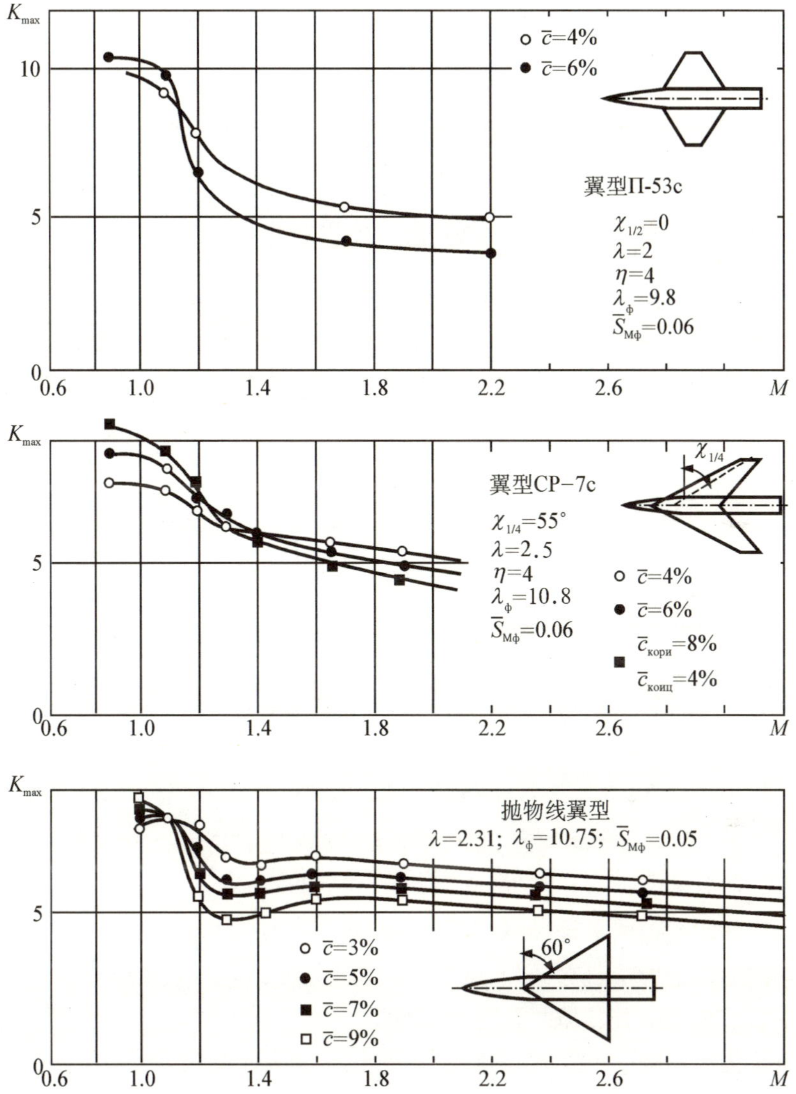

图 2.60　机翼翼型相对厚度对“机翼＋机身”组合体最大升阻比的影响

掠角的增加，相对厚度对机翼阻力系数的影响减小(图 2.61)。在某些情况下，允许增加前缘大后掠角机翼的根部剖面相对厚度，而不显著降低大相对横截面积机身($\bar{S}_{мф} > 0.1$)与小展弦比机翼组合体的气动特性。

无论在超声速还是亚声速，翼型相对厚度都不影响机翼与具有所研究参数机身组合体的诱导阻力(见图 2.61)。

翼型形状显著影响机翼-机身组合体的气动特性。

直机翼上采用尖前缘翼型，在超声速时能非常显著地降低机翼-机身组合体的阻力，但在跨声速范围引起阻力增加；前缘大后掠角机翼上采用尖前缘翼型，超声速

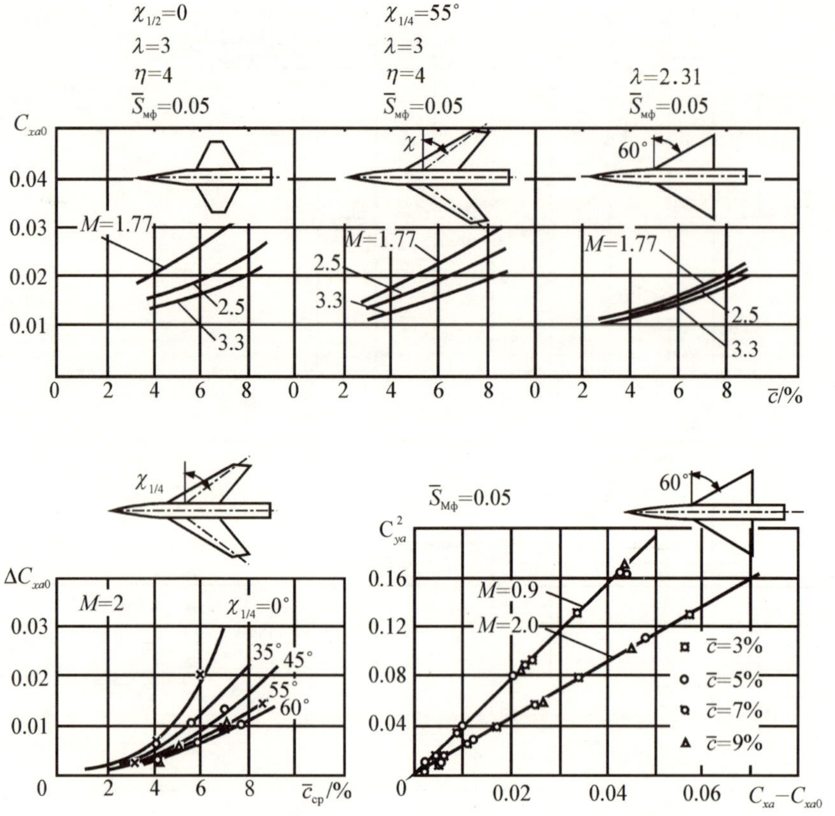

图 2.61　机翼相对厚度和后掠角对“机翼＋机身”组合体零升阻力系数和诱导阻力的影响(抛物线翼型)

时波阻增量的降低程度不大，但提高 K_{max} 值(图 2.62)。

用不同的翼型形状研究 $\chi_{\text{пк}} = 60°$ 三角机翼与机身的组合体表明，改变翼型形状实际上不影响焦点位置，对 C_{ya}^{α} 有小的影响。

机翼上下位置的影响

改变机翼在机身上的上下位置对超声速时的飞机升力特性、阻力、升阻比有小的影响，但显著影响侧向稳定性(图 2.63)。

机身最大横截面积的影响

众所周知，机身最大横截面积越大，低亚声速、跨声速和超声速时机翼-机身组合体的迎面阻力越大(图 2.64)；这时，在不大的相对机身横截面积 ($\bar{S}_{\text{мф}} < 0.1$) 时，机翼-机身组合体的升力接近单独机翼的升力(图 2.65、图 2.66)，即 $C_{ya\ \text{кр+ф}}^{\alpha} \approx C_{ya\ \text{из кр}}^{\alpha}$。因此，机翼-机身组合体的诱导阻力与$\bar{S}_{\text{мф}}$的值关系不大(图 2.67)。

超声速时，机翼-机身组合体的 C_{xa0} 值可由下列关系式确定：

$$C_{xa0\ \text{кр+ф}} = C_{xa0\ \text{из ф}}\bar{S}_{\text{мф}} + C_{xa0\ \text{из кр}}\frac{S_{\text{к}}}{S}$$

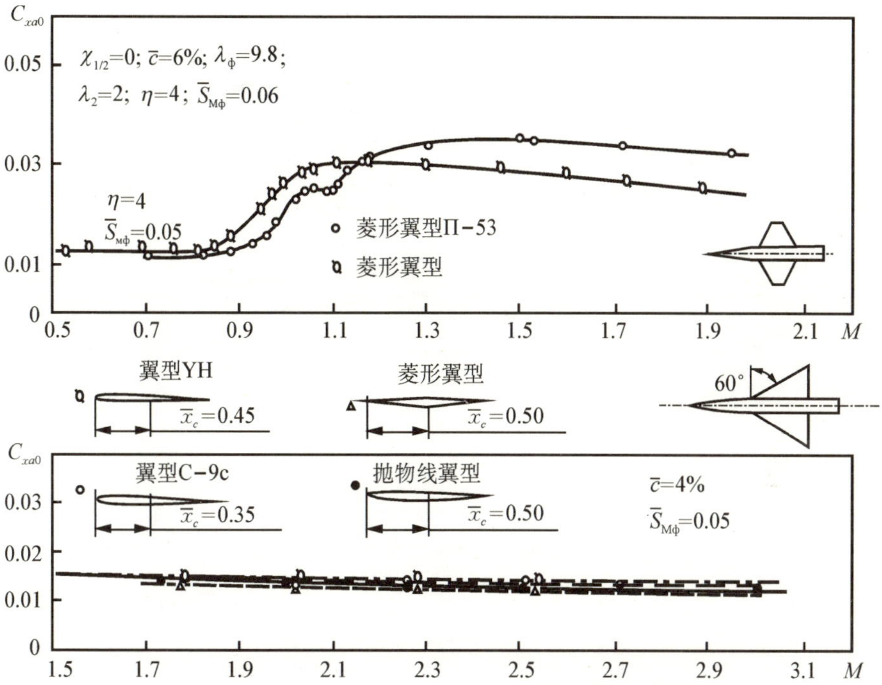

图 2.62　翼型形状对“机翼＋机身”组合体零升阻力系数的影响

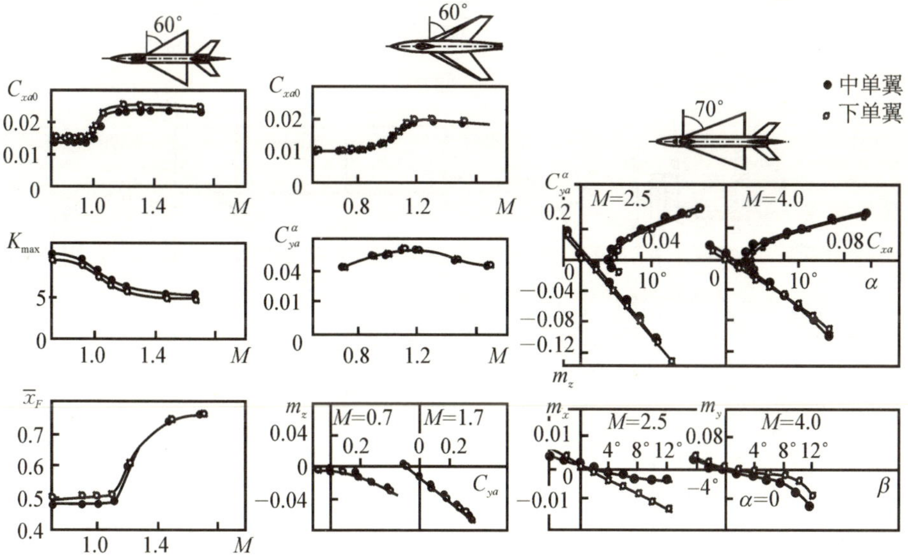

图 2.63　机翼在机身上的上下位置对气动特性的影响

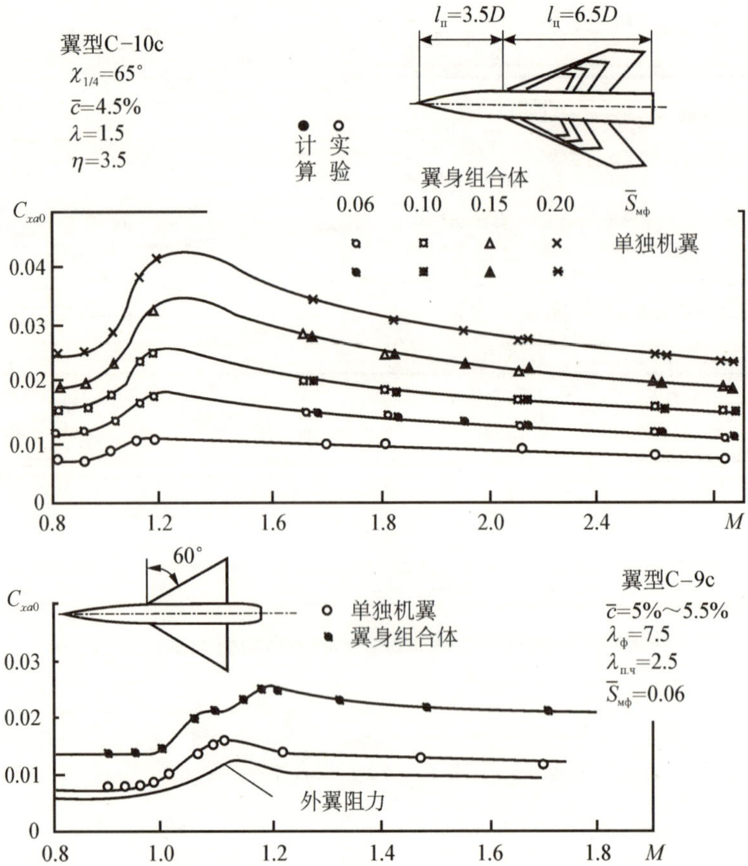

图 2.64 机身最大横截面积对"机翼+机身"组合体零升阻力系数的影响

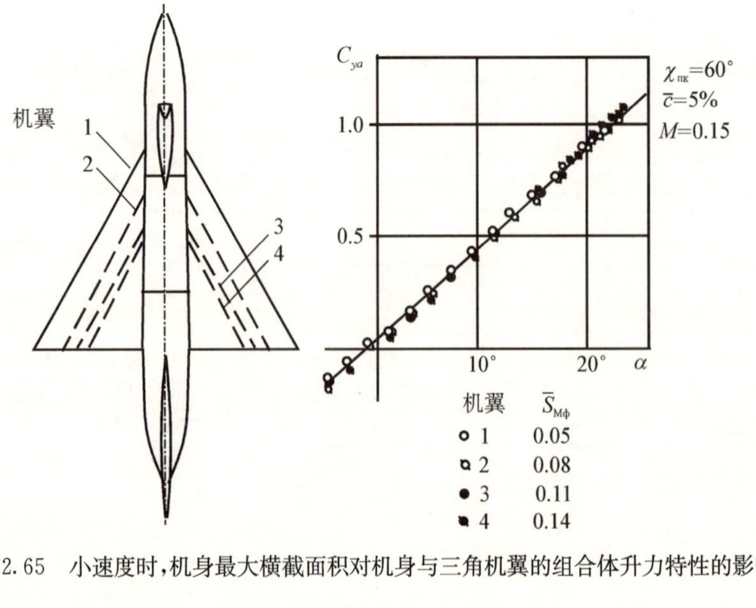

图 2.65 小速度时，机身最大横截面积对机身与三角机翼的组合体升力特性的影响

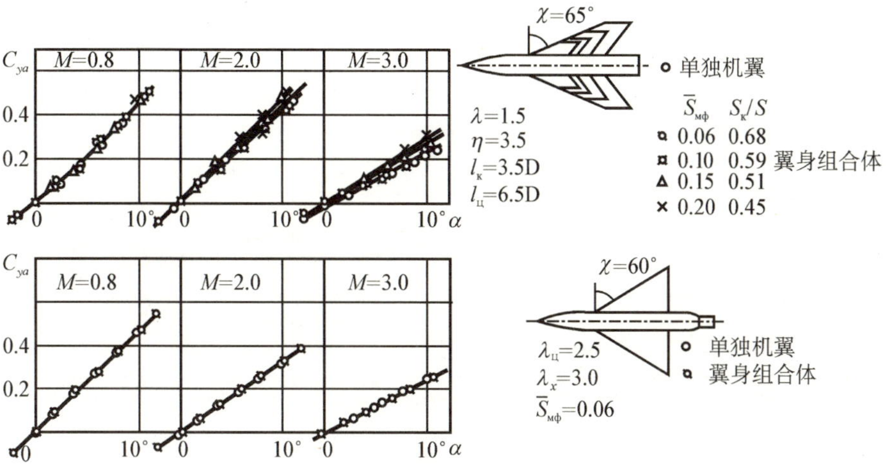

图 2.66　亚声速和超声速时，机身最大横截面积对机身与后掠机翼组合体和机身与三角机翼组合体的升力特性的影响

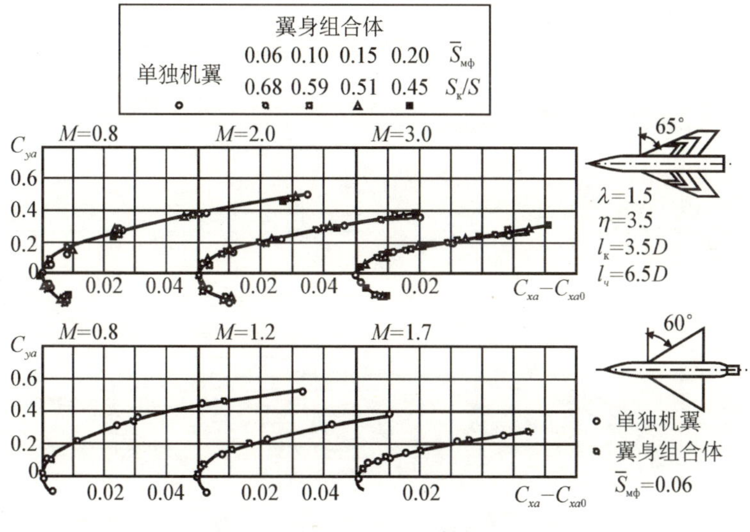

图 2.67　亚声速和超声速时，机身最大横截面积对机身与后掠机翼和机身与三角机翼诱导阻力的影响

图 2.68 示出所研究的后掠机翼-机身组合体 C_{xa0}，C_{ya}^{α}，$C_{xa}-C_{xa0}=f(\bar{S}_{мф}, M)$ 关系的计算与实验比较。看出，超声速时 C_{xa0}、C_{ya}^{α}、C_{xi} 的计算与实验值相互吻合得良好。

机身横截面形状的影响

有椭圆横截面机身的飞机模型，当横截面的高度小于宽度时，其升力特性不仅高于横截面的高度大于宽度机身的飞机模型的升力特性，而且也高于圆横截面圆柱机身的飞机模型升力特性(图 2.69)。

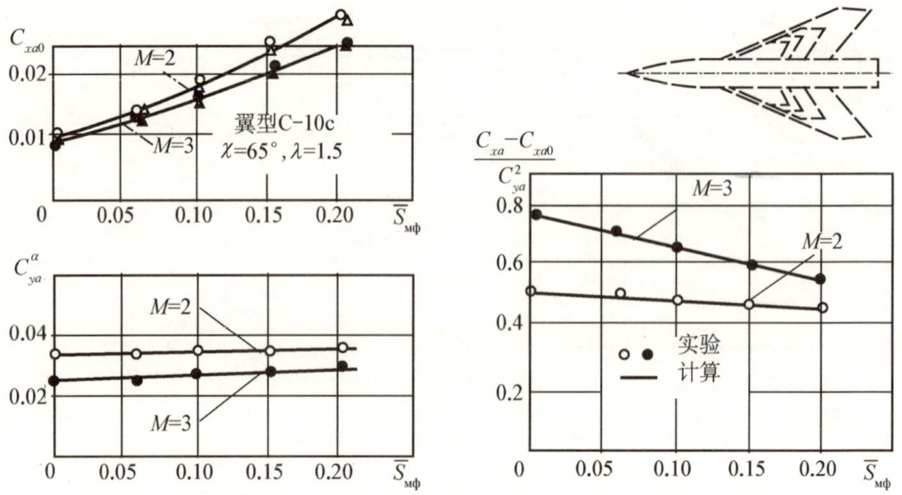

图 2.68 在 $M=2.3$ 时，后掠机翼与机身组合体的 C_{xa0}，C_{ya}^{α}，$C_{xa}-C_{xa0}=f(\overline{S}_{мф}, M)$ 的计算与实验比较

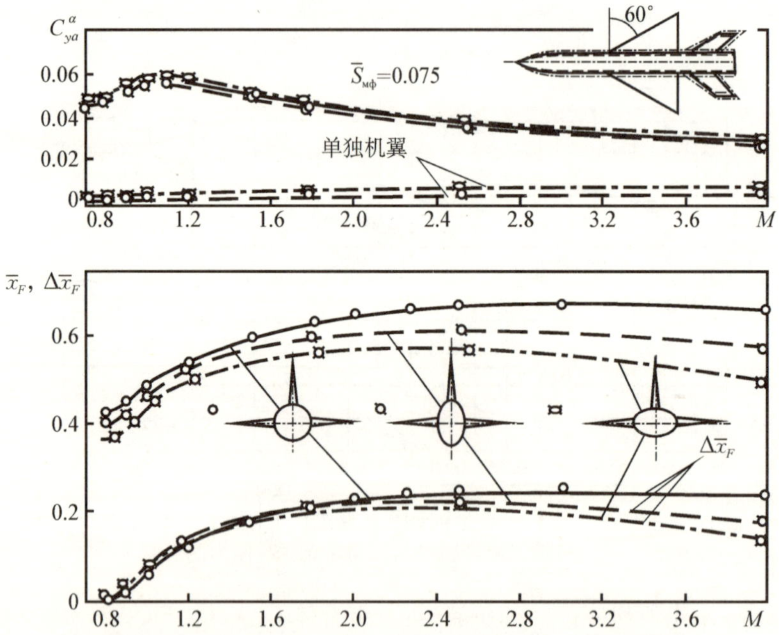

图 2.69 机身横截面形状对三角机翼与机身组合体升力特性(C_{ya}^{α})和气动焦点位置的影响

椭圆横截面的长轴位于水平面的机身参与产生升力，可称为机身升力。

有机身升力的飞机模型，在亚声速和超声速都有较小的诱导阻力和总阻力。因此，在超声速时，有这种机身的模型，最大升阻比超过高度大于宽度机身的模型 K_{max} 值，但接近圆截面圆柱机身的飞机模型 K_{max} 值(图 2.70)。

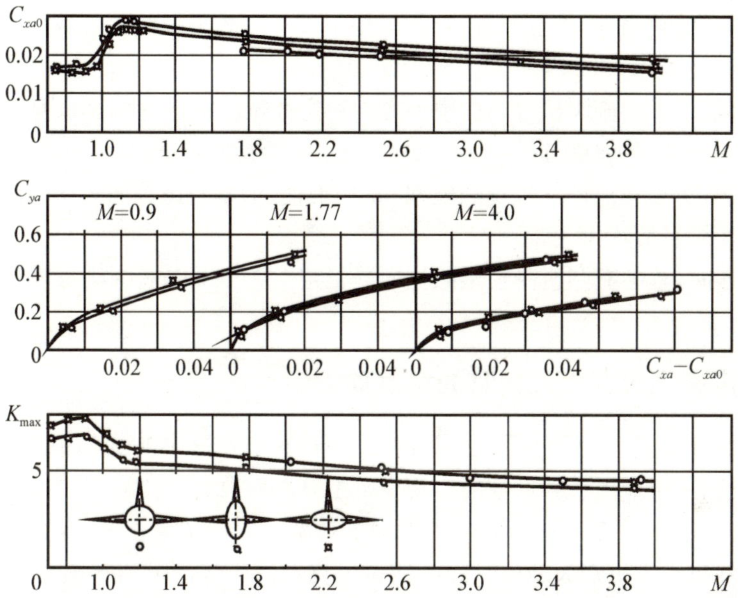

图 2.70　机身横截面形状对“机翼+机身”组合体 C_{xa0}、$C_{xa}-C_{xa0}$、K_{max}的影响

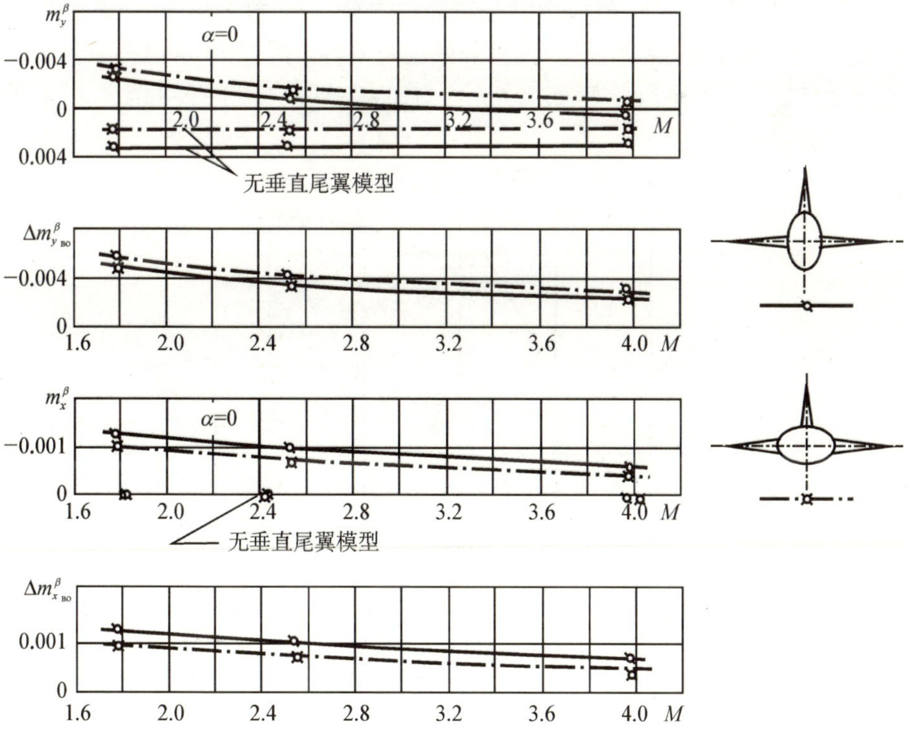

图 2.71　机身横截面形状对方向和侧向稳定性特性的影响

超声速时，有椭圆机身的飞机模型焦点位置比有圆截面机身的飞机模型焦点位置靠前得多，而且当 M 数增加时，有长轴位于水平面的椭圆截面机身的飞机模型焦点前移得更剧烈(图 2.69)。

超声速时，平向椭圆机身飞机模型方向稳定性特性接近圆截面机身的飞机模型方向稳定性特性、垂向椭圆机身的模型方向稳定性导数 m_y^β 的值，因前机身有较大的不稳定影响，小于其他形状机身的模型 m_y^β 类似值，但垂直尾翼的效率较高。水平尾翼的效率与机身形状无关。

超声速时，垂向椭圆机身模型的侧向静稳定性大于平向椭圆机身模型的侧向静稳定性(图 2.71)。

2.4 超声速飞机在大迎角时的空气动力学

为了保证按超声速飞行优化设计的气动布局(小展弦比 λ、大后掠角 $\chi_{\text{нк}}$)的飞机有高机动性，飞机应由机翼保证的实现全范围升力系数。

图 2.72 示出飞机模型在 $M=0.9$ 时的典型 $C_{ya}(\alpha)$ 关系曲线，升力系数随迎角的变化特性决定飞机在大迎角时的品质。机翼上产生气流分离伴随着降低 $C_{ya}(\alpha)$ 的增长强度，也就是脱离其变化的线性规律。在这个迎角范围飞机可能发生抖振。但即使在机翼上发生分离现象，升力还继续增长，可能使 C_{ya} 超过 $C_{ya\ \text{тр}}$ 值进行剧烈机动。随着迎角继续增大，机翼上的分离现象增强，引起抖振增强，使驾驶飞机困难。升力的继续增长实际上停止，飞机开始进入偏离。图 2.73 示出一系列国内外飞机开始抖振的升力系数与 M 数的关系。看出，在 $M=0.7\sim0.9$ 范围，$C_{ya\ \text{тр}}$ 的值在 0.5～0.7 范围内。

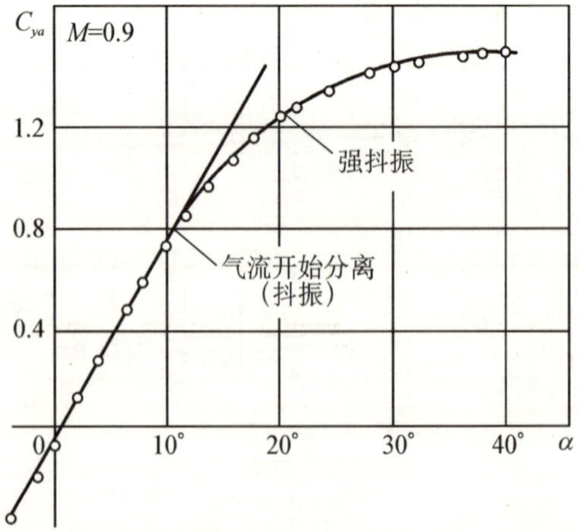

图 2.72 超声速飞机模型典型的 $C_{ya}(\alpha)$ 关系曲线

图 2.74 示出根据试飞得出的 $C_{y\ \text{св}}$ 与 M 数的关系。看出，偏离发生在 $C_y>1.2$，其对应的迎角 $\alpha_{\text{ист}}\approx15^\circ\sim25^\circ$。

由于在亚声速和跨声速时飞行的最大许用升力系数 $C_{y\ \text{доп}}$ 的值不是受机翼升力

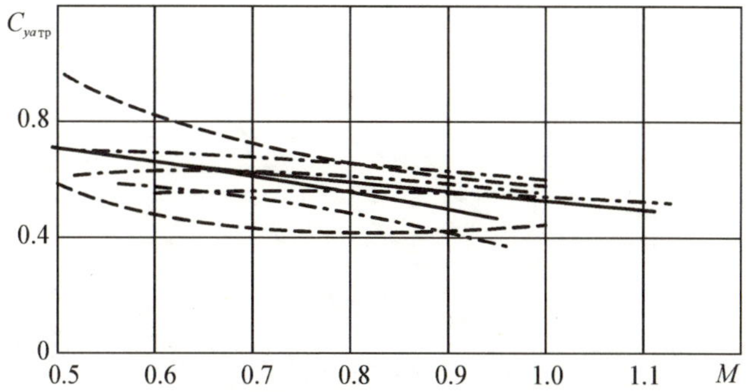

图 2.73　三角机翼和后掠机翼飞机开始抖振的升力系数

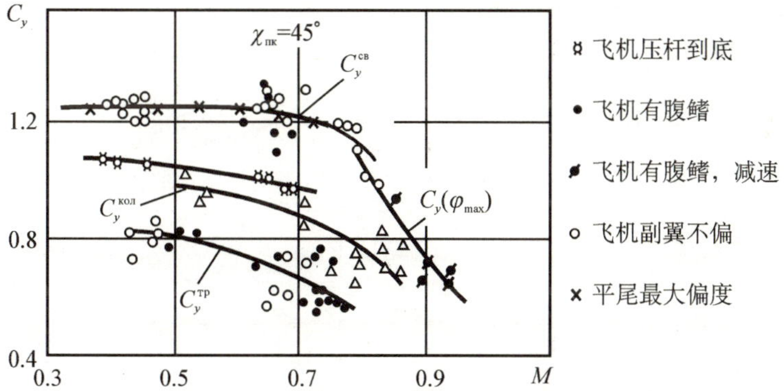

图 2.74　由试飞得出的超声速飞机在机体坐标系中对应开始抖振 $C_{y\,тр}$、滚转振荡 $C_{y\,кол}$、偏离 $C_{y\,св}$ 的升力系数

特性的限制，而是受机翼阻尼特性（$m_x^{\bar{\omega}_x}$）的下降和飞机方向静稳定性余量（m_y^{β}）的限制，飞机不可能经常进入大迎角（大 C_y）。因此在深入研究气动布局时，与旨在提高飞机 $C_{y\,max}$，$C_{y\,доп}$ 和 $C_{ya}>C_{ya\,K_{max}}$ 时的升阻比措施相配合，必须保证直到大迎角都保持机翼的升力和阻尼特性、纵向与侧向稳定性和操纵面效率。

提高超声速飞机在亚、跨声速大迎角时的升力特性问题，在机翼气动布局中采用边条——机翼前侧边剖面处的小展弦比升力面——配合在机翼中弧面采用弯扭及用增升装置（襟翼、前缘附翼、可偏转的前缘），也就是通过设计新的、更复杂的机翼布局来解决。

图 2.75 和 2.76 示出三角机翼（$\chi_{пк}=55°$，$\lambda=2.8$）和非平面的中等后掠机翼（$\chi_{пк}=40°$、$\lambda=3.2$）飞机模型在 $M=0.6\sim1.0$，$\alpha=-4°\sim40°$ 范围的 $C_{ya}(\alpha)$ 和 $m_z(\alpha)$ 的气动特性。对于三角机翼飞机模型，$C_{ya}(\alpha)$ 和 $m_z(\alpha)$ 线性变化保持到迎角 $\alpha=10°\sim15°$，在 $\alpha=35°\sim40°$ 达到 $C_{ya}=1.3\sim1.4$。用非平面的中等后掠机翼飞机模型，在高亚声速和跨声速时 $C_{ya}(\alpha)$ 的线性变化保持到 $\alpha=10°\sim12°$，同样在 $\alpha\approx35°\sim40°$ 达到 $C_{ya\,max}=1.4\sim1.55$。

图 2.77 示出 3 种机翼：三角机翼、平面的中等后掠机翼和非平面的后掠机翼（机

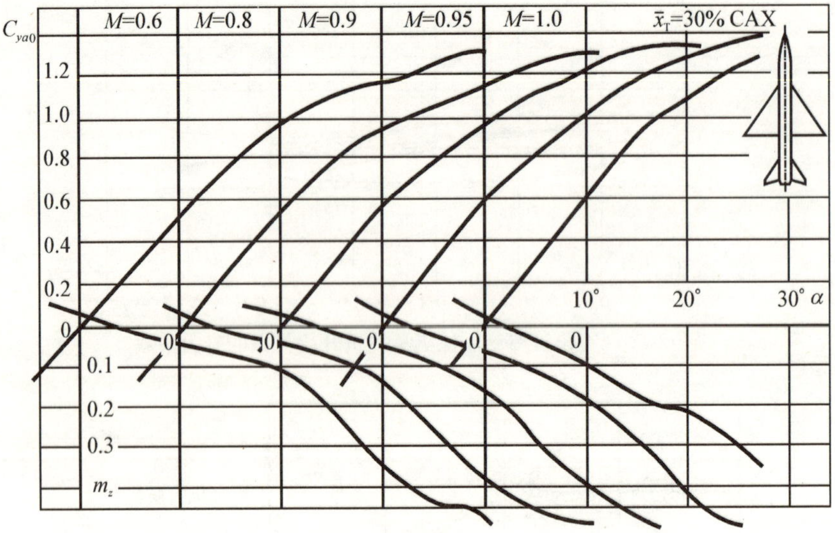

图 2.75 三角机翼飞机模型的 $C_{ya}(\alpha)$ 和 $m_z(\alpha)$ 关系曲线

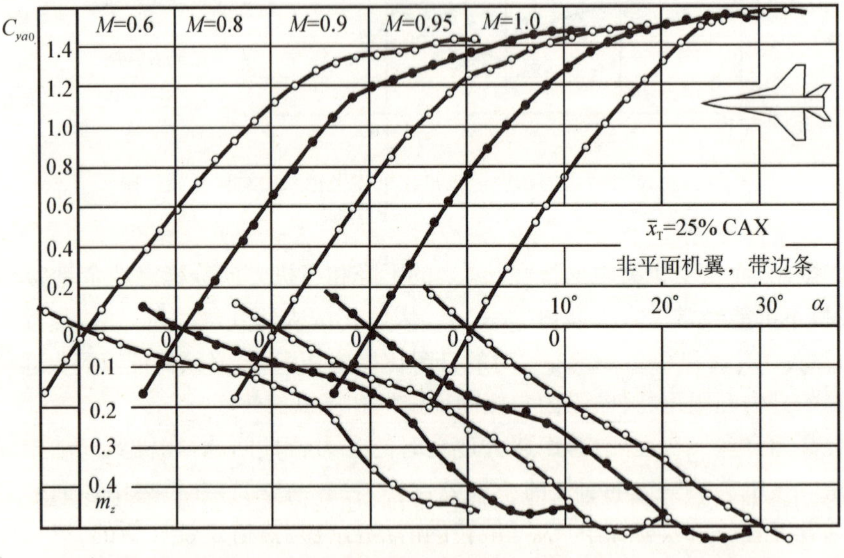

图 2.76 带边条的中等后掠机翼的飞机模型的 $C_{ya}(\alpha)$ 和 $m_z(\alpha)$ 关系曲线

翼中弧面带弯扭）飞机模型的气动特性比较。看出，由三角机翼向中等后掠和加大展弦比的平面后掠机翼过渡，可保证既在小、中等迎角，也在大迎角提高升力特性和升阻比（$\Delta K_{max}=1.0$），而中弧面弯扭和在侧边剖面加不大的边条引起附加的升力系数增量（$\Delta C_{ya\,max}=0.1\sim0.2$）、最大升阻比增量（$\Delta K_{max}=1.5$）和大迎角时的升阻比。

所有研究的机翼都具有直到大迎角的升力特性，在 $\alpha\approx30°\sim40°$ 时达到 $C_{ya\,max}$ 值（图 2.78）。中等后掠和中等展弦比机翼（$\chi_{пк}\approx40°\sim45°$、$\lambda=3\sim3.5$）具有最大的 $C_{ya\,max}$ 值。

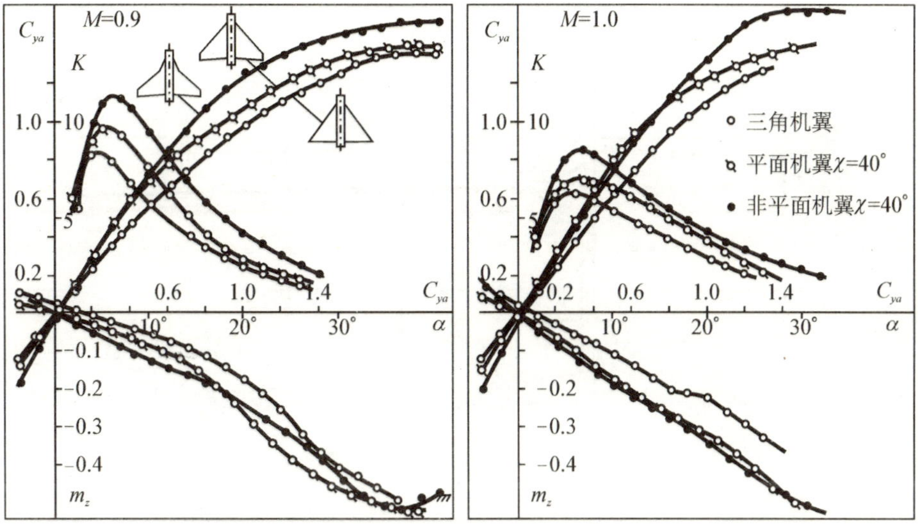

图 2.77　中弧面弯扭和机翼平面形状对模型气动特性的影响(重心在 30%～25%CAX)

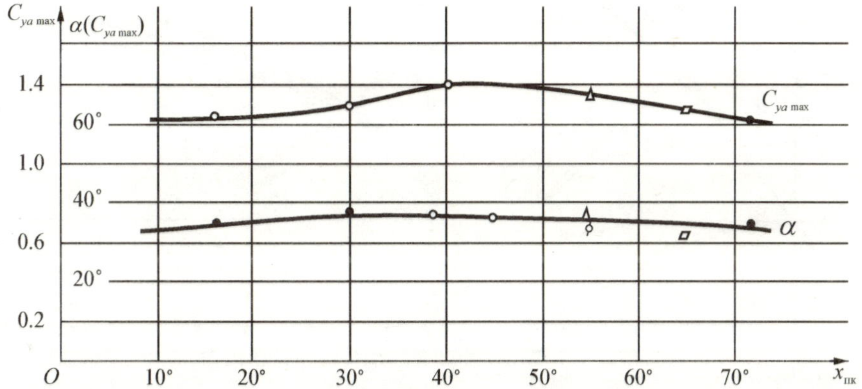

图 2.78　各种后掠机翼的 $C_{ya\max}$ 值和 $\alpha(C_{ya\max})$ 值

在边条对机翼升力有利影响的迎角范围,还能降低给定升力的诱导阻力,也就是在对应于机动状态的大 C_{ya} 值,提高飞机的升阻比(见图 2.80)。

由于在带边条的机翼上,大迎角时绕流的改善和载荷沿展向的重新分布,增加了开始抖振的 C_y,提高了副翼和后缘襟翼的效率。

图 2.79 示出三角机翼在亚声速、跨声速和超声速范围的 $C_{ya\max}(M)$ 关系曲线。

通过在机翼侧边剖面采用小展弦比大前缘后掠角、相对面积不大($\bar{S}_{\text{н}}\approx 0.1$)的附加升力面——根部边条,靠其在大迎角形成强涡而产生附加升力,可能提高超声速飞机在亚声速飞行时的大迎角升力特性。

图 2.80 示出带有前边条的中等后掠机翼飞机模型的气动特性实例,用选择边

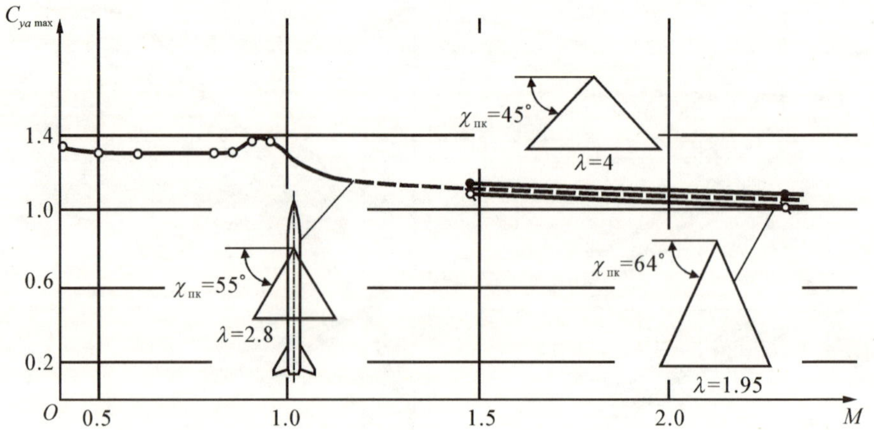

图 2.79 三角机翼的 $C_{ya\,max}(M)$ 关系曲线

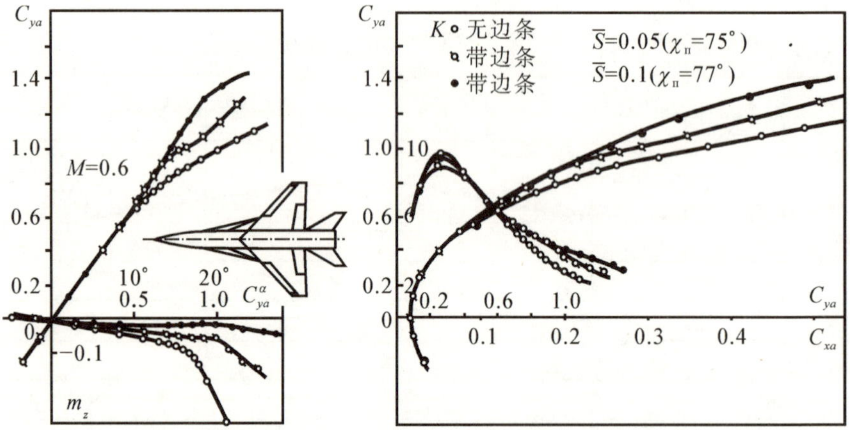

图 2.80 边条面积对飞机模型在大迎角时的气动特性影响(重心在 25%CAX)

条形状和尺寸的方法可以显著提高飞机在迎角 $\alpha>10°$ 时的升力特性，提高 $C_{ya\,max}$ 值(见第 4 章)。

边条引起模型气动焦点向前移动，大约边条在气流中的每百分之一相对面积使焦点移动 0.5%CAX，并在大迎角时产生显著的抬头力矩。用选择水平尾翼相对机翼的位置，可以保证带边条机翼的飞机在直到 $C_{ya\,max}$ 的所有迎角范围有可接受的纵向稳定性特性。在配置下水平尾翼时，边条引起的抬头力矩可由随迎角增加的水平尾翼升力因而产生的低头力矩所弥补。机翼上采用边条的效果在 $M>0.8$ 时减小，在 $M>1.1$ 时实际上消失了。

像上面已经指出的那样，在机翼气动布局中利用中弧面的弯扭，即与剖面的几何扭转相结合沿展向改变翼型的相对弯度(图 2.81)，是改善大迎角时机翼绕流、提高飞机升力特性和升阻比的另一种方法。每种机翼的中弧面弯扭是对给定飞行状态通过计算选择的；中弧面弯扭的最大影响表现在亚声速。

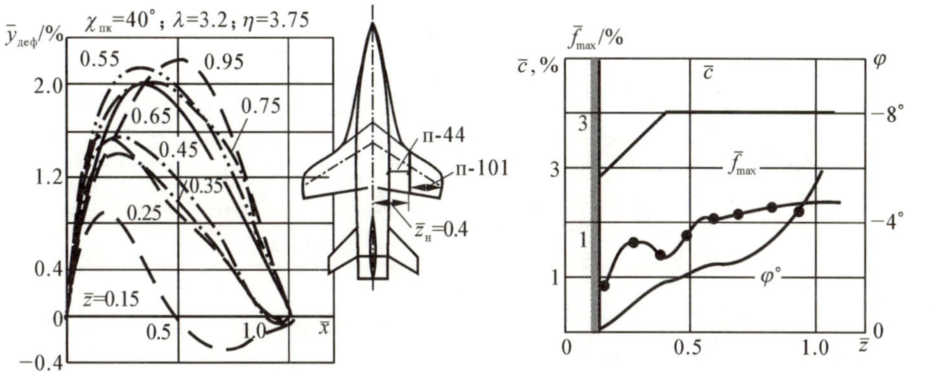

图 2.81　机翼中弧表面弯扭示例

$\bar{f}_{max}$—翼型相对弯度；φ—几何扭转；$\bar{y}_{деф}$—翼型中弧线坐标；$\bar{z}$—剖面沿翼展的相对坐标

机翼弯扭的影响导致极曲线向上(沿 C_{ya})和向右* 移动，也就是提高最大升阻比和大 C_{ya} 时的升阻比(图 2.82 和图 2.83)，使 $C_{ya}(\alpha)$的线性变化延伸到大迎角(图 2.84)。这也提高机翼的 $C_{ya\ доп}$(图 2.85)，而剖面的几何扭转产生抬头力矩，它缓和了飞机的配平条件，这在超声速是特别重要的。外翼后掠角越小，机翼中弧面弯扭的有利影响表现得越大(图 2.86)，在所对应的 M 数范围这种后掠角是最佳的。

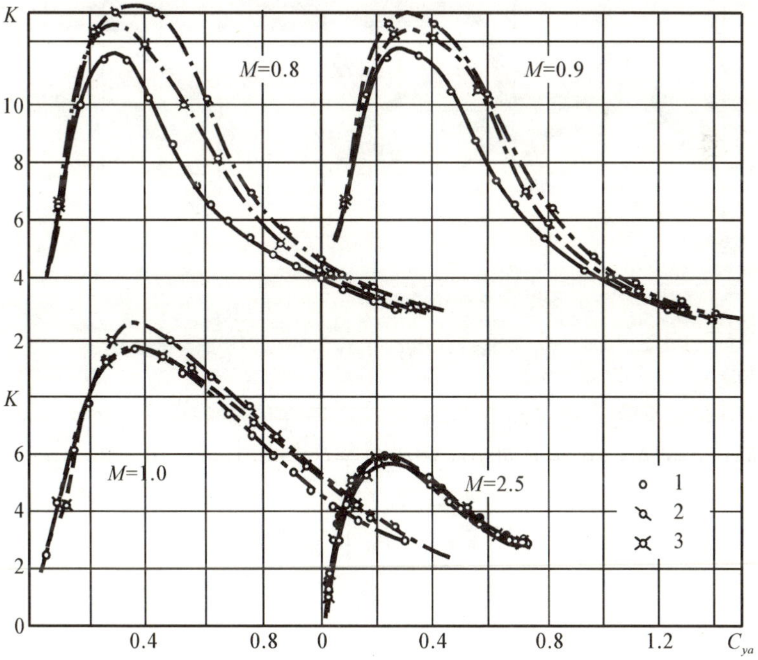

图 2.82　机翼中弧面弯扭对飞机模型升阻比的影响 ($\chi_{пк}=40°$, $\lambda=3.2$)

1—平面机翼；2—前缘修圆的弯扭机翼；3—前缘修尖的弯扭机翼

* 应向左移动——译者。

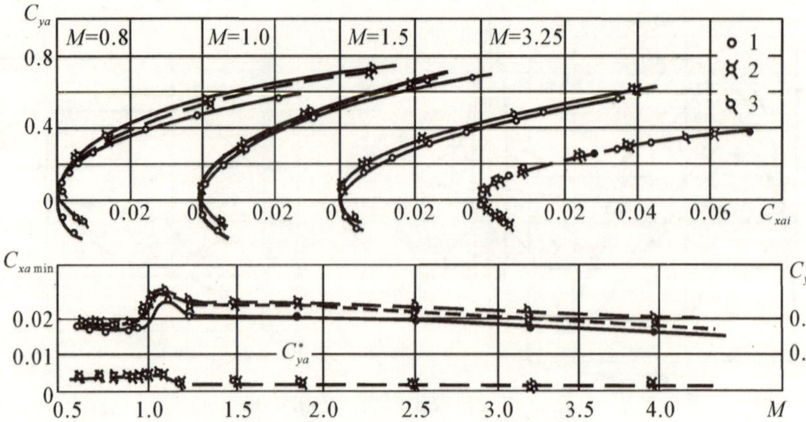

图 2.83　机翼中弧面弯扭对飞机模型极曲线的影响 ($\chi_{\text{пк}} = 40°$, $\lambda = 3.2$)

1—平面机翼；2—前缘修圆的弯扭机翼；3—前缘修尖的弯扭机翼

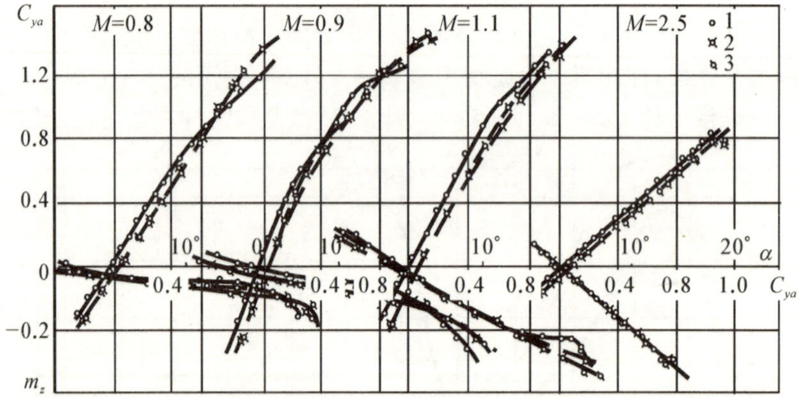

图 2.84　机翼中弧面弯扭对 $C_{ya}(\alpha)$ 和 $m_z(C_{ya})$ 关系曲线的影响

($\chi_{\text{пк}} = 40°$, $\lambda = 3.2$, $x_{\text{т}} = 25\%$CAX)

1—平面机翼；2—前缘修圆的弯扭机翼；3—前缘修尖的弯扭机翼

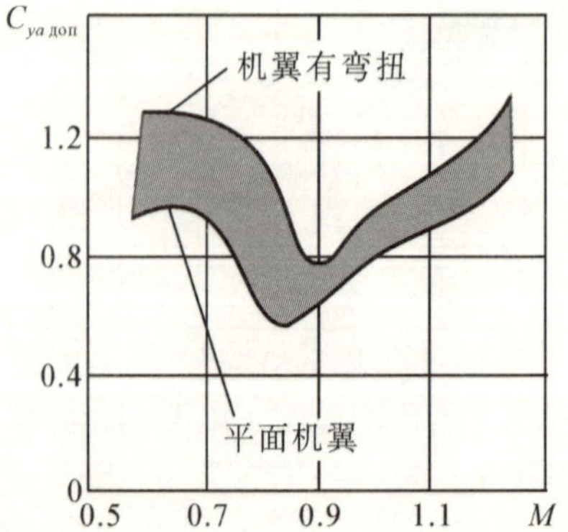

图 2.85　机翼中弧面弯扭对 $C_{ya\,\text{доп}}(M)$ 的影响 ($\chi_{\text{пк}} = 40°$, $\lambda = 3.2$)

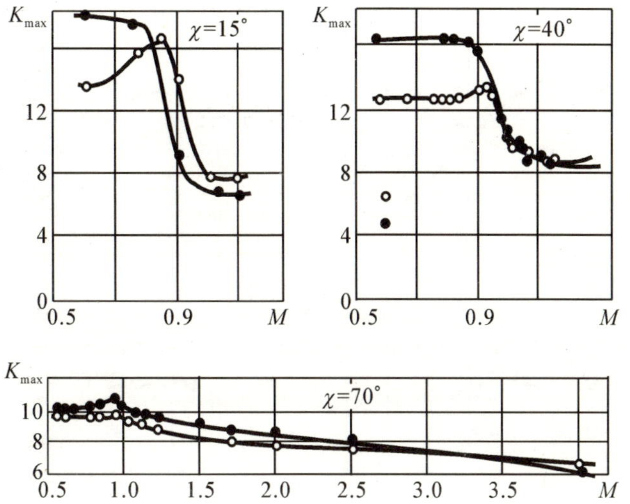

图 2.86　机翼中弧面弯扭和后掠角对 $K_{max}(M)$ 的影响

1—平面机翼；2—非平面机翼

机翼外翼中弧面的弯扭与在侧边剖面的边条相结合，几乎保证了 $C_{ya}(\alpha)$ 的线性变化到很大的迎角(图 2.87)。

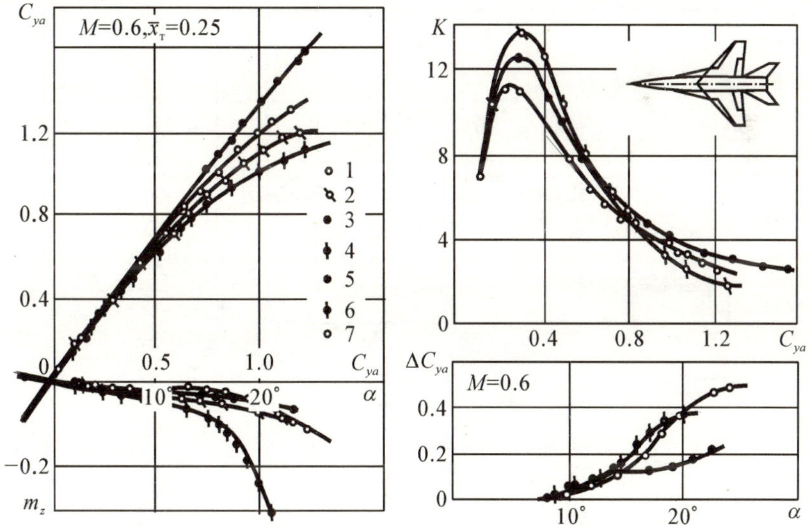

图 2.87　中弧面弯扭对带边条机翼的气动特性影响

1—平面机翼，$\overline{S}_H = 0.04$；2—非平面机翼，$\overline{S}_H = 0$；3—非平面机翼，$\overline{S}_H = 0.11$；4—平面机翼，$\overline{S}_H = 0$；5—平面机翼，$\overline{S}_H = 0.04$ 和 6—平面机翼，$\overline{S}_H = 0.1$；7—非平面机翼，$\overline{S}_H = 0.11$

在亚声速 ($M \approx 0.8$) 机动状态，机翼增升装置偏转小角度 ($\delta \approx 5° \sim 10°$)，可以提高中等和大 C_{ya} 值范围的飞机升力特性和升阻比(图 2.88)。

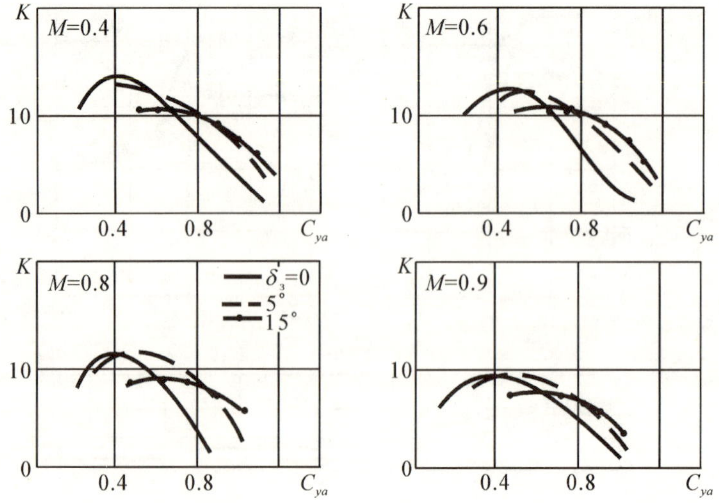

图 2.88 偏转后缘襟翼对模型升阻比的影响(模型带 $\chi=45°$ 的机翼)

对有中等后掠机翼超声速飞机模型的类似研究表明,在有边条的机翼上同时偏转全翼展后缘襟翼和前缘,在 $C_{ya}>C_{ya\,K\max}$ 状态可保证升阻比增加 2～2.5(图 2.89)。

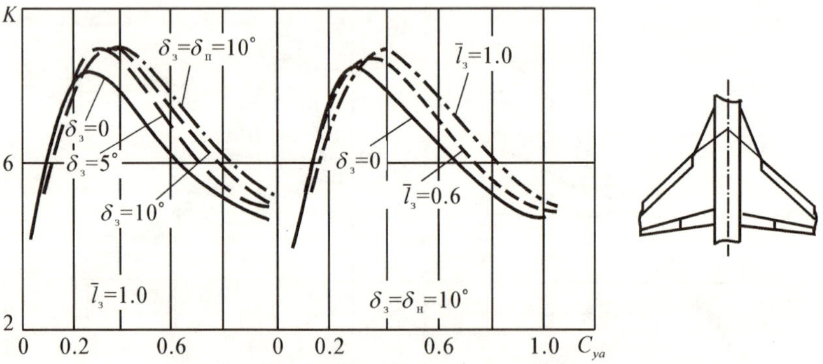

图 2.89 偏转后缘襟翼和前缘对模型升阻比的组合影响 ($M=0.8$)

大 C_{ya} 时把增升装置偏转小角度,在平面机翼上获得的升阻比的增量比在中弧面有弯扭的机翼上获得的大(图 2.90)。

图 2.91 示出中等后掠机翼飞机布局的方向稳定性 $m_y^\beta(\alpha)$ 的特性。看出,$\alpha>20°$ 时方向静稳定性余量 m_y^β 急剧下降,$\alpha>22°\sim25°$ 时,由于垂直尾翼损失了效率,而全部丧失方向稳定性。

可以显著改善大迎角时的横侧稳定性特性:

——安装前机身边条(图 2.92);

——机翼上安装翼刀或偏转机翼前缘增升装置,也就是改善机翼在大迎角时的绕流措施;

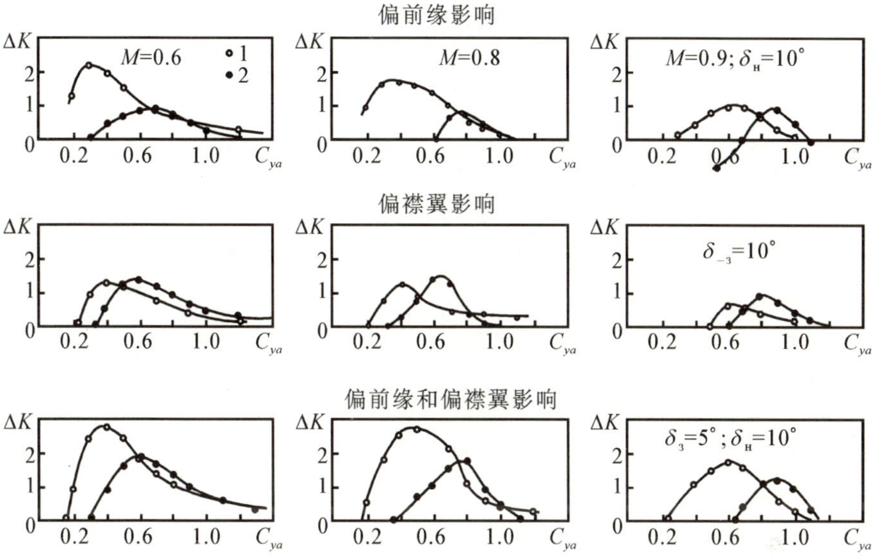

图 2.90　偏转增升装置对平面机翼和中弧面弯扭机翼升阻比的影响

1—平面机翼；2—非平面机翼

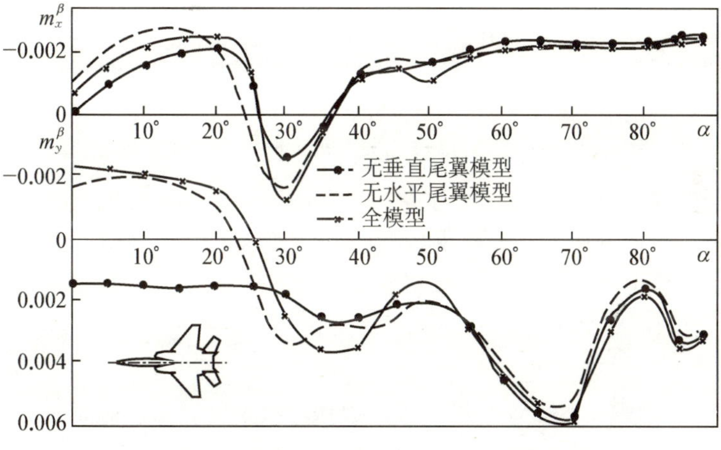

图 2.91　有中等后掠机翼的模型方向和侧向稳定性 $m_y^\beta(\alpha)$和 $m_x^\beta(\alpha)$的特性 ($\delta_н=\delta_з=\varphi_{го}=\delta_э=0$; $\Delta\beta=10°$)

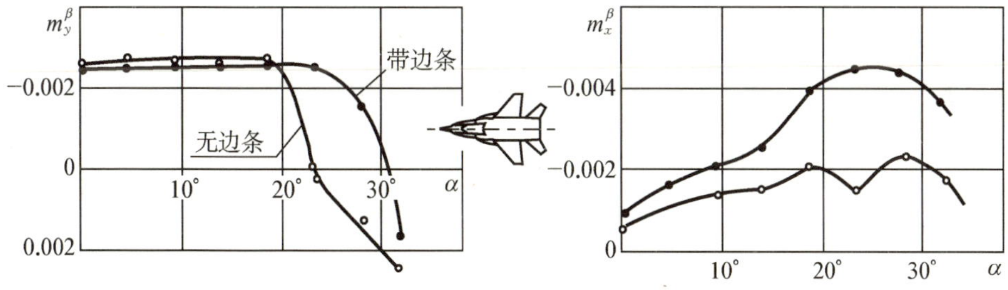

图 2.92　边条对 $m_y^\beta(\alpha)$和 $m_x^\beta(\alpha)$特性的影响

——在前机身安装窄筋条(图 2.93),它能够减小不稳定的偏航力矩;

筋条方案	l/mm	h/mm
○	—	—
□　1	536	13
△　2	536	8
●　3	250	9
■　4	140	15

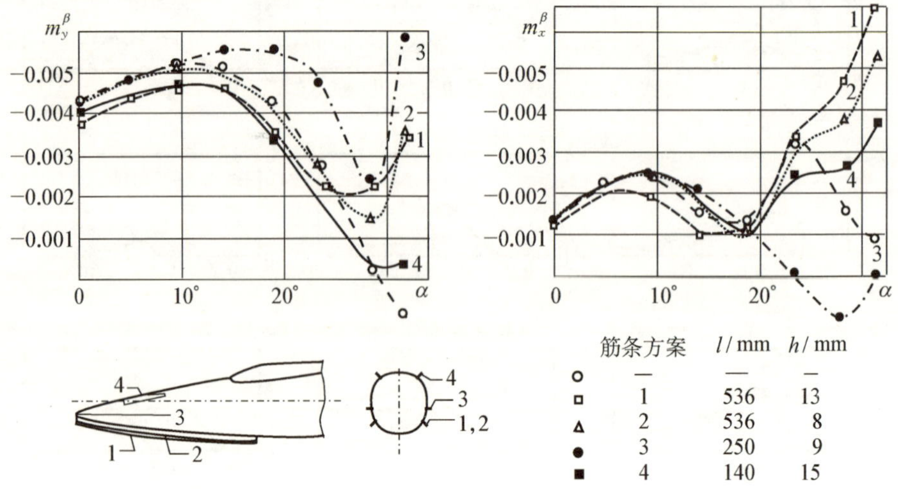

图 2.93　前机身筋条对 $m_y^\beta(\alpha)$ 和 $m_x^\beta(\alpha)$ 特性的影响; $\chi = 47°40'$, $\overline{S}_{BO} = 0.174$, $\lambda_{BO} = 1.69$, $\overline{S}_{rp} = 0.042$, $\lambda_{rp} = 0.43$; $x_{\text{T}} = 32\%\text{CAX}$

——增加垂直尾翼与腹鳍的相对面积和展弦比(图 2.94),这能够增加飞机在小的和中等迎角时的方向稳定性余量,并把发生方向不稳定的起始迎角推迟到大迎角范围。

同时采用大展弦比和大相对面积的垂直尾翼、边条或机翼翼刀或前机身筋条,可以保证超声速飞机在直到 $C_{ya\ max}$ 的所有迎角范围的方向稳定性。

机翼产生气流分离是在大迎角减小并随后丧失机翼阻尼特性的原因,特别是在高亚声速($M > 0.8$)时。用于改善机翼梢部剖面绕流的措施(偏转机翼前缘增升装置、机翼上安装翼刀、在梢部剖面采用伸长前缘并下垂),可提高机翼的阻尼特性(图 2.95)。

利用副翼、机翼上的扰流片以及差动偏转的水平尾翼作为侧向操纵面。众所周知,副翼在迎角 $\alpha > 12° \sim 15°$ 时的效率比小迎角时的效率降低 50%(图 2.96),扰流片的效率也一样要降低,此外随机翼后掠角增加还要降低。通过偏转前缘增升装置、在机翼上安装翼刀改善机翼在大迎角时的绕流,特别是通过引自发动机的压缩气体从机翼前缘吹气,能显著提高副翼在大迎角时的效率(图 2.97)。差动偏转的水平尾翼在亚声速和超声速大的迎角范围($\alpha \approx 30°$)内都保持效率。

2.5　地面效应对超声速飞机气动特性的影响

飞机在起飞、着陆和近地飞行时的气动特性不同于离开地面很远飞行时的气动特性。随着接近地面,飞机的气动特性这样变化:升力增加,诱导阻力减小,纵向稳定性余量增加,而飞机机翼后面的洗流减小。

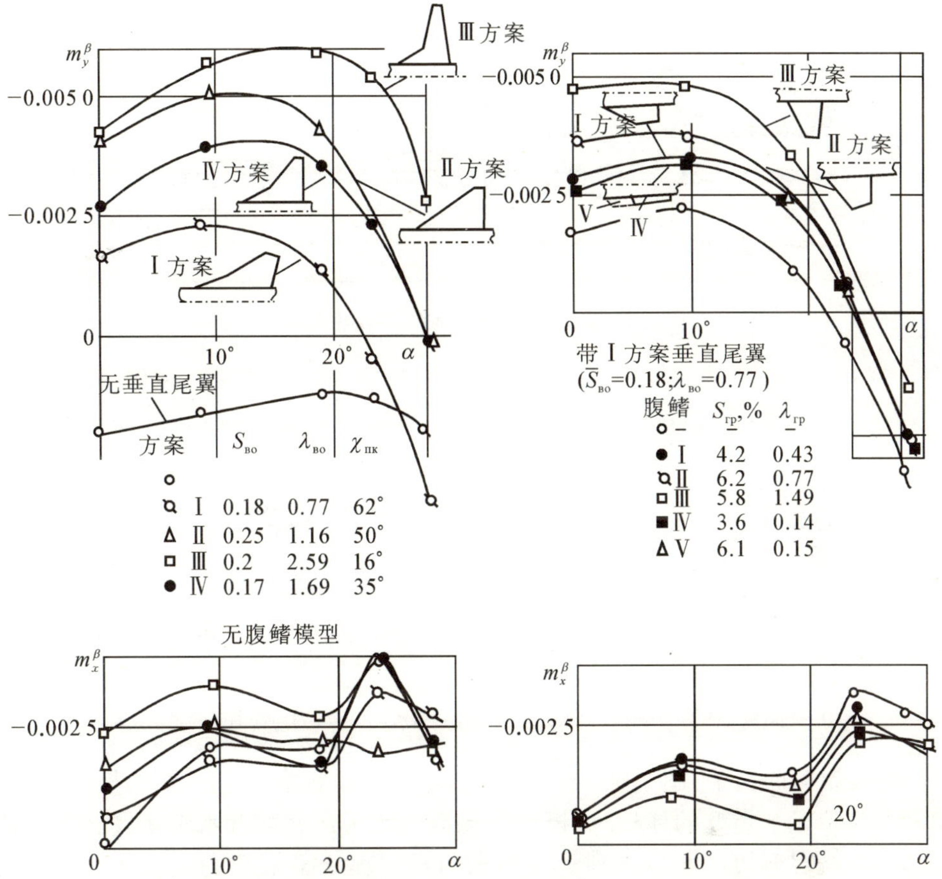

图 2.94　垂直尾翼和腹鳍尺寸对 $m_y^\beta(\alpha)$ 和 $m_x^\beta(\alpha)$ 特性的影响

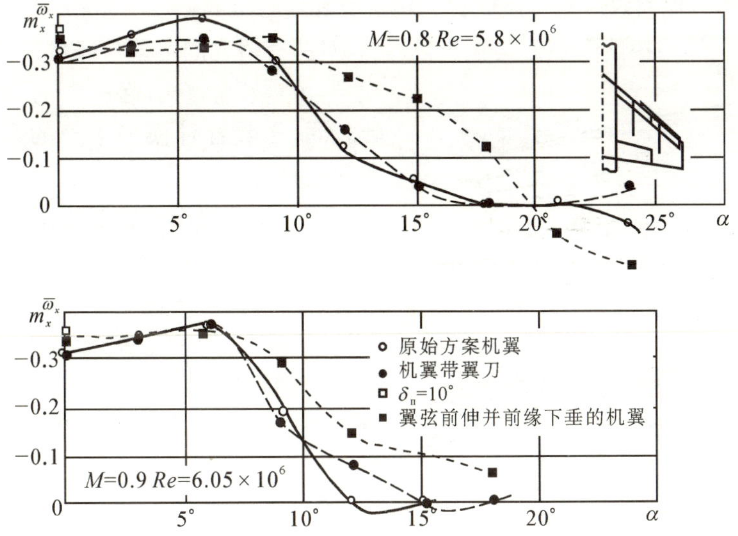

图 2.95　改善机翼阻尼特性的措施

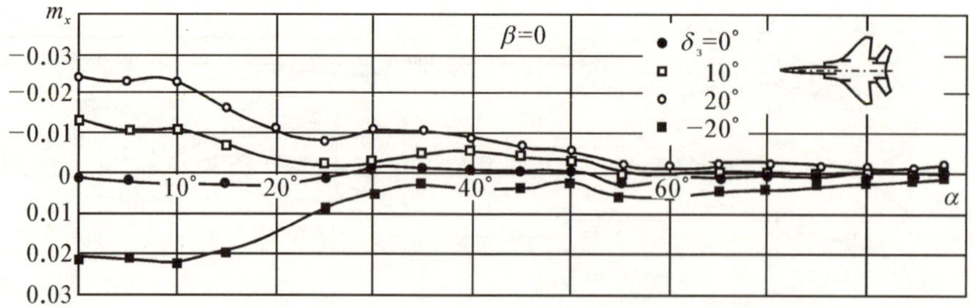

图 2.96　副翼效率随迎角的变化关系

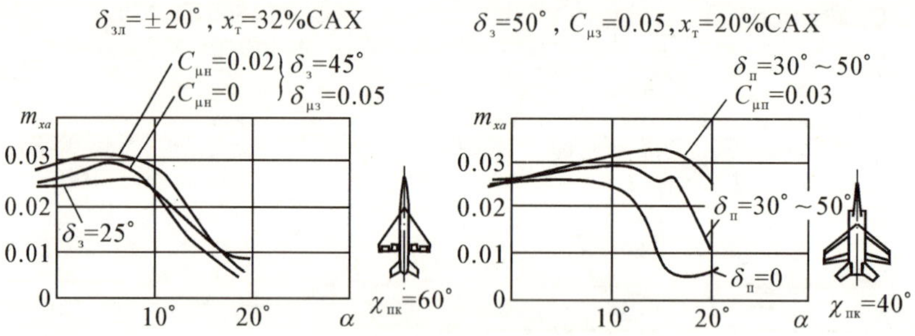

图 2.97　提高副翼效率的措施

$C_{\mu н}$, $C_{\mu з}$—机翼前缘和后缘吹气时对应的气体流量系数；$\delta_н$, $\delta_з$—对应的前缘和襟翼的偏度

作为说明的例子，图 2.98～图 2.100 示出三角机翼飞机方案的模型，在没有和有模拟近地情况的地板时，模型的基本气动特性和配置水平尾翼区的洗流变化。取机翼侧边剖面后缘到地板距离与机翼面积平方根的比值作为特征距离 ($\bar{h} = h/\sqrt{S}$)。

系统研究地面效应对小展弦比三角机翼和后掠机翼 ($\chi_{пк} = 40° \sim 60°$、$\lambda = 2 \sim 3$) 飞机模型气动特性影响的实验资料表明，对所有研究的不偏与偏机翼增升装置的模型，由地板影响引起的升力系数增量大致相同，尽管各种模型本身的升力系数值彼此间显著不同(图 2.101)。

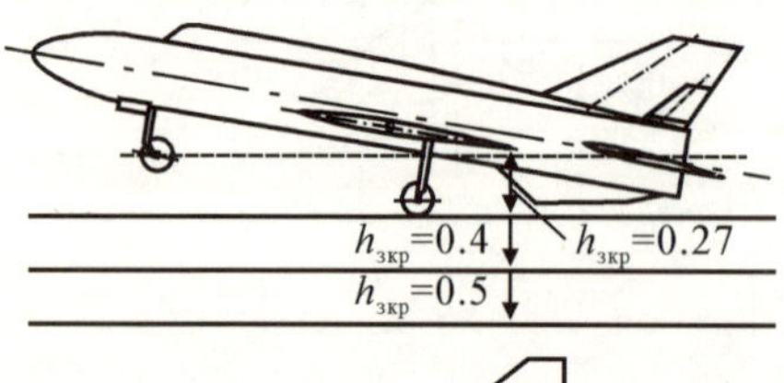

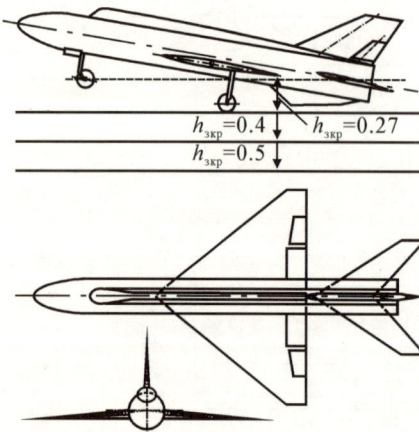

图 2.98　飞机模型接近地板时的示意图

图 2.102 给出机翼展弦比 $\lambda = 2$ 和 3 的飞机模型在固定迎角值 ($\alpha = 6°, 10°, 12°$) 时地面效应引起的升力系数平均增量 $\Delta C_{ya} = f(\bar{h})$ 的关系曲线。随着迎角增加(随 C_{ya} 增加)，地板影响引起的升力系数增量增大。偏转增升装置的模型由于地板影响引起的 ΔC_{ya} 比无增升装置模型的大。

随着模型向地板接近，当固定迎角(无论在 $\delta_з = 0$ 或者在 $\delta_з \neq 0$ 情况下)时纵向力

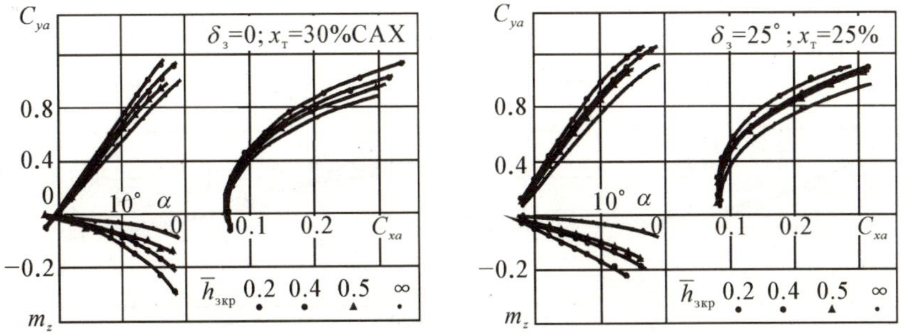

图 2.99　地板对三角机翼飞机模型气动特性的影响

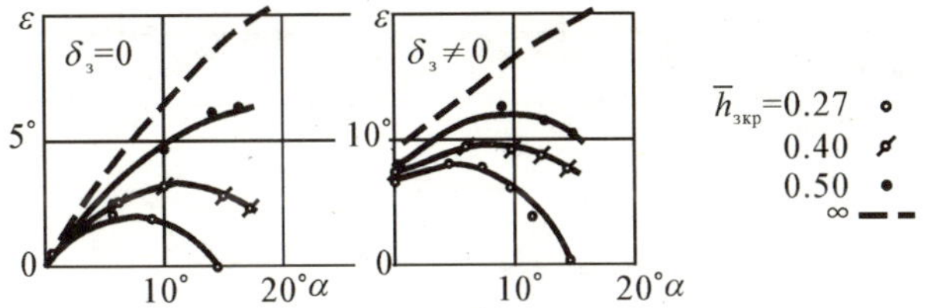

图 2.100　地板对模型的接近水平尾翼区下洗的影响

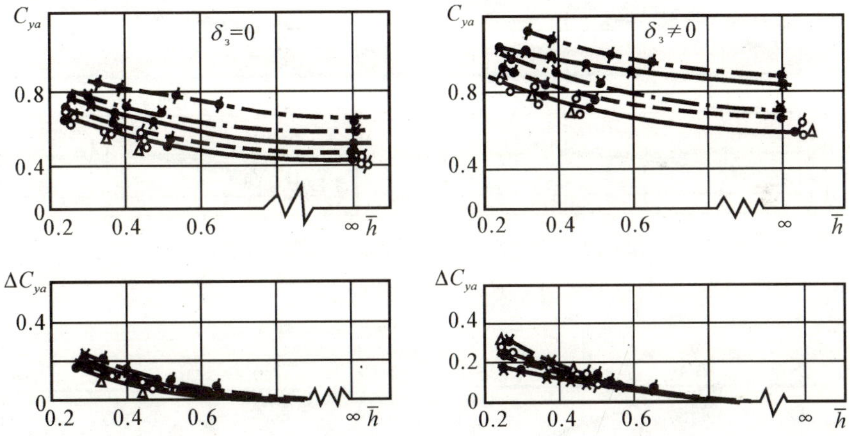

	χ_T，%CAX	机翼	$\chi_{пк}$	$\lambda_{пк}$	$A_{го}$		χ_T，%CAX	机翼	$\chi_{пк}$	$\lambda_{пк}$	$A_{го}$
—●—	32	▲	57°	2.22	0.23	—✱—	37	^	58°	3.10	0.23
- -●- -	32	▲	57°	2.15	0.22	○	32	▲	60°	2.12	0.24
-·●·-	30	▲	54°	1.93	0.22	✱	34	▲	60°	2.25	0.2
—·●·—	20	▲	42°	2.80	0.2	△	32	▲	60°	2.30	0.22

图 2.101　地板对模型升力特性的影响 ($\alpha = 10°$)

矩系数也增加。对于所研究的小展弦比机翼 ($\chi_{пк}= 40° \sim 60°$，$\lambda = 2 \sim 3$) 的模型，α=常数时纵向力矩增量位于范围相当窄的曲线束中，随着迎角增加(随 C_{ya} 增加)，Δm_z 的值增大，偏转机翼增升装置时其值也增大(图 2.103 和图 2.104)。

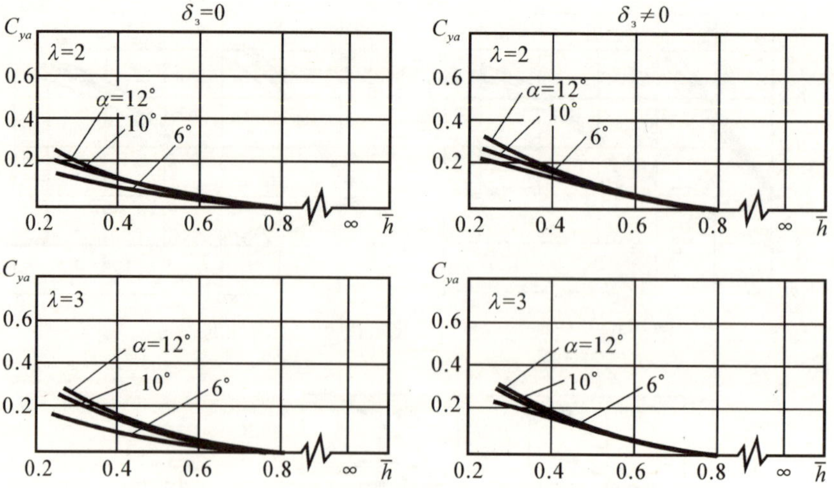

图 2.102 地面效应引起的升力系数的平均增量值

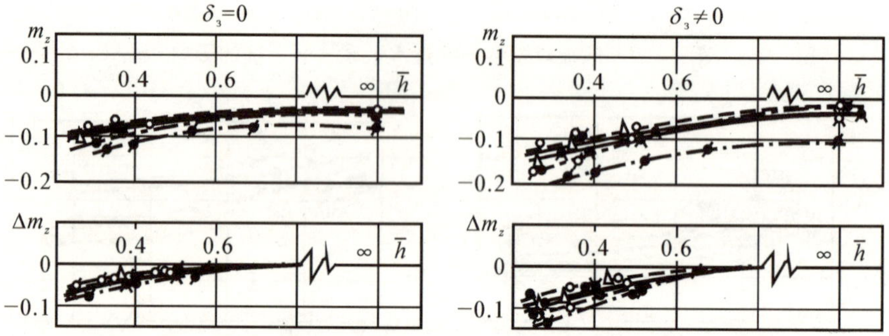

图 2.103 地板对纵向力矩系数的影响(符号见图 2.101)

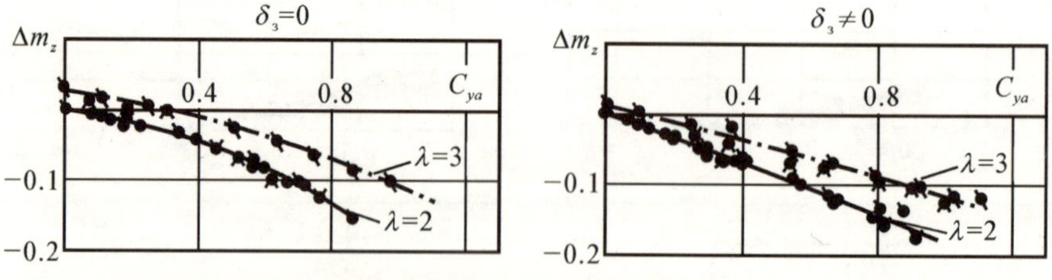

图 2.104 地板对纵向力矩系数增量的影响(符号见图 2.101)，$\bar{h}=0.25\sim0.32$

当接近地板时，飞机模型的焦点向后移动(图 2.105)，当(相对水平尾翼浸润面积的)水平尾翼尾容量 $A_{ro}=0.15\sim0.25$ 时，水平尾翼效率有某些提高。

图 2.106 示出地面效应在配置水平尾翼区引起的洗流角变化。不管以任何迎角接近地面，机翼后面的洗流都急剧减小，这导致水平尾翼效率提高。

根据上面列出的资料，能够确定计及近地配平的飞机升力系数。

图 2.107 示出有各种机翼飞机模型的配平升力系数平均增量随到地板相对距离的变化关系。不偏转机翼增升装置时，改变迎角 ($\alpha=6°\sim12°$) 对 $\Delta C_{ya\ бал}$ 的值影

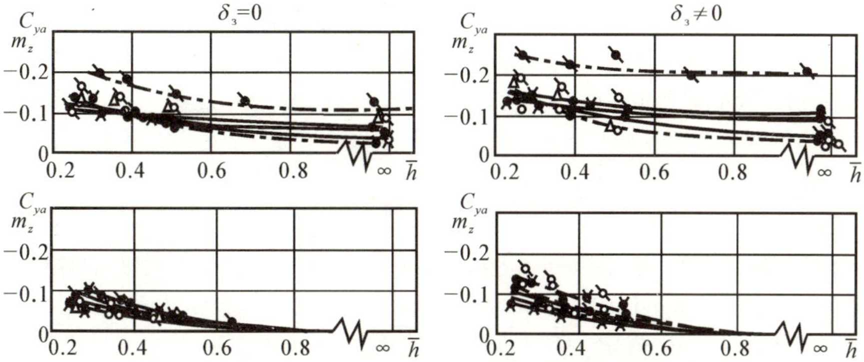

图 2.105　地板对气动焦点移动的影响(符号见图 2.101)

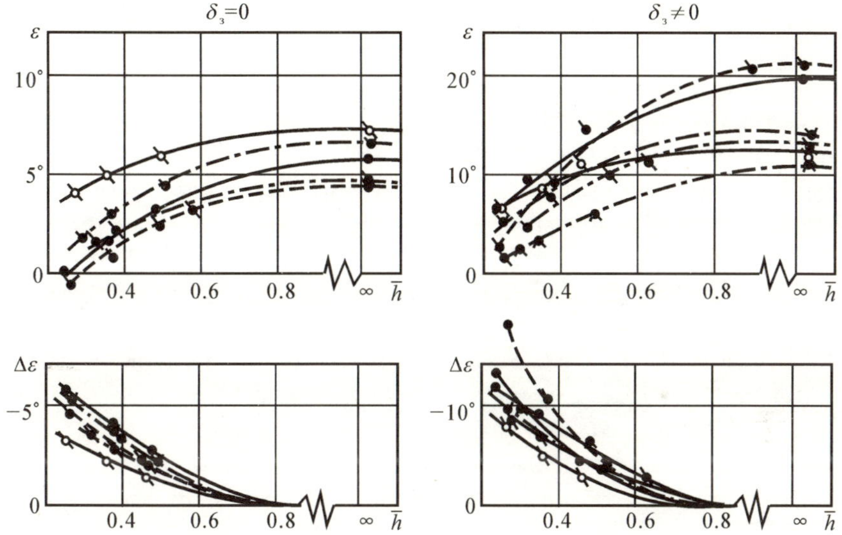

图 2.106　地板对配置水平尾翼区洗流角变化的影响(符号见图 2.101)($\alpha = 10°$)

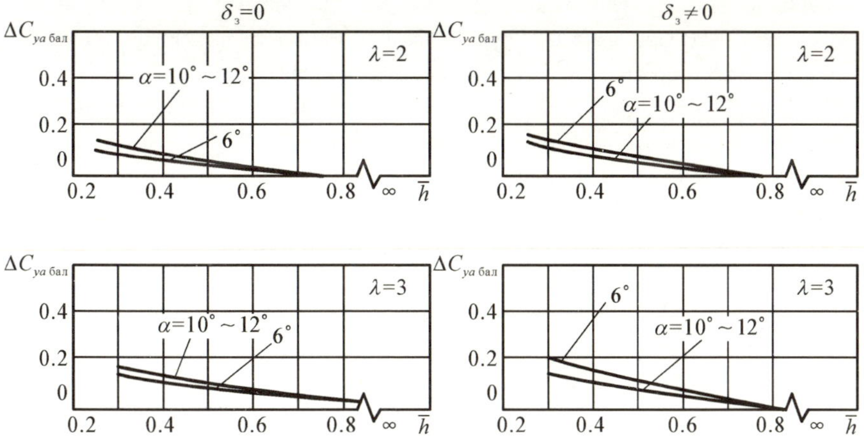

图 2.107　地面效应引起的配平升力系数平均增量值，$m_{z;\bar{h}=\infty}^{C_{ya}} = -0.05$

响小。偏转机翼增升装置时，在固定迎角情况下，当地面效应引起的纵向力矩系数增长强度超过升力系数增长强度，增加 α 可能导致 $\Delta C_{ya\ бал}$减小。

为计算飞机近地时的配平升力系数值，可以利用所画出的 $\Delta C_{ya\ бал}(\bar{h})$ 曲线图。

参考文献

[1] Смруминский В В. Аэродинамика стреловидных крыльев [C]. Тр. ЦАГИ. 1947.

[2] Смруминский В В，Лебедь Н К，Окерблом Г И. Расчет аэродинамических характеристик прямых и стреловидных крыльев [C]. Тр. ЦАГИ. 1954.

[3] Красильщиков П П，Онькова Л Н. Исследование аэродинамических характеристик моделей самолетов с треугольными крыльями при сверхзвуковых скоростях полета на больших углах атаки ($\alpha = 25°$) [C]. Тр. ЦАГИ. 1960.

[4] Красильщиков П П，Лебедь Н К，Смирнова В В. Аэродинамические характеристики треугольных и ромбовидных крыльев при около-и сверхзвуковых скоростях полета [R]. Технические отчеты ЦАГИ. 1957.

[5] Алексесв М А，Примуло М Ф. Влияние формы профиля на аэродинамические характеристики изолированных крыльев при сверхзвуковых скоростях полета [C]. Тр. ЦАГИ，1959.

[6] Смирнова В В，Емельянова Г С. Влияние формы фюзеляжа на аэродинамические характеристики самолета с треугольным крылом на около-и сверхзвуковых скоростях [R]. Технические отчеты ЦАГИ. 1963.

[7] Красильщиков П П，Смирнова В В. Исследование по уменьшению сопротивления интерференции на моделях самолета с треугольным крылом при около-и сверхзвуковых скоростях [R]. Технические отчеты ЦАГИ. 1958.

[8] Иродов Р Д，Мамвеев А П. Влияние земли на аэродинамические характеристики самолетов с треугольным и стреловидным крылом на взлетнопосадочных режимах [C]. Тр. ЦАГИ. 1958.

[9] Ламкин В И，Тюрина А Г. Исследования аэродинамических характеристик моделей самолетов с тонкими прямыми крыльями [C]. Тр. ЦАГИ. 1959.

[10] Шмейнберг Р И，Смарина А И. Определение подьемной силы прямого крыла с корпусом при сверхзвуковых скоростях [R]. Технические отчеты ЦАГИ. 1960.

[11] Иродов Р Д，Мамвеев А П. Основные аэродинамические характеристики моделей самолетов со стреловидным и треугольным крыльями в диапазоне $\alpha = 0 \div 50°$ при малых дозвуковых скоростях [C]. Тр. ЦАГИ. 1956.

[12] Лебедь Н К，Соловьева Т И. Исследования аэродинамических характеристик моделей со стреловидными и треугольными крыльями на больших углах атаки (до $\alpha = 40°$) при околозвуковых скоростях [C]. Тр. ЦАГИ，1974.

[13] Лебедь Н К，Ощепков Г Е，Онькова Л Н，Оводкова К И，Дорохова З К. Аэродинамическне характеристики сверхзвуковых самолетов с прямыми，треугольными и стреловидными крыльями [C]. Тр. ЦАГИ. 1968.

[14] Лебедь Н К. Исследования по аэродинамике высокоскоростных самолетов [C]. Тр. ЦАГИ. 1966.

[15] Красильщиков П П. Практическая аэродинамика крыла. (Сборник статей) [C]. Тр. ЦАГИ. 1973.

第3章　变几何形状机翼超声速飞机的空气动力学

3.1　变几何形状机翼飞机空气动力特性的特点

喷气航空的发展在很大程度上是与完善飞机的空气动力布局有关，而首先是与机翼的空气动力布局有关。

在1945～1950年，无后掠平直机翼的空气动力布局使装有涡轮喷气发动机的歼击机能够取得相当于$M=0.75\sim0.8$的速度。

在1946～1953年，为了跨声速飞行和克服声障，在中央空气流体动力研究院研究出来相对厚度很大的后掠机翼。后掠机翼的主要优点是使临界M数增大并且在飞机跨越声速时，保证所有主要空气动力特性平稳(相对不大)的变化。

在1950～1960年，对于超声速飞机，广泛采用薄三角形机翼和小展弦比后掠机翼，这两种机翼能使飞机的波阻降低很多。然而，采用这些机翼导致飞机在亚声速和起飞-着陆状态的空气动力特性变坏，并且使亚声速飞行的飞行性能(主要是航程)变坏。三角翼和后掠机翼($\chi_{\text{пк}}=50^\circ\sim60^\circ$)在起飞-着陆状态升力特性低，使这些飞机很难用很高的翼载，从而在有限长度的起飞跑道上不能使航程增加很多。这样机翼的飞机在机动时升阻比很低，因此，只有当推重比很大时才能(低空)作大过载稳定机动。

合并一系列性能——是一项极其复杂的任务：如在巡航高度和近地飞行有大的亚声速航程、大的超声速航程，在近地飞行时最大速度要大，并在大表速状态能长时间飞行、在亚声速飞行时机动性高和起飞与着陆滑跑距离短。将所有这些特性综合在一架固定机翼的飞机上，如果不作很大的折衷，看来是不可能的，因为所列举的每一种飞行状态都对应着其最佳的机翼形状(图3.1和图3.2)：

在$H=7\sim11$ km作高亚声速($M=0.7\sim0.9$)飞行(巡航状态)。为了保证高升阻比(每公里燃油消耗量最小)，机翼应具有相当大的展弦比和相当大的厚度。

超声速飞行($M=1.8\sim2.5$)。小展弦比(大后掠角)薄机翼能保证达到超声速，并在超声速区得到每公里燃油消耗量最小。

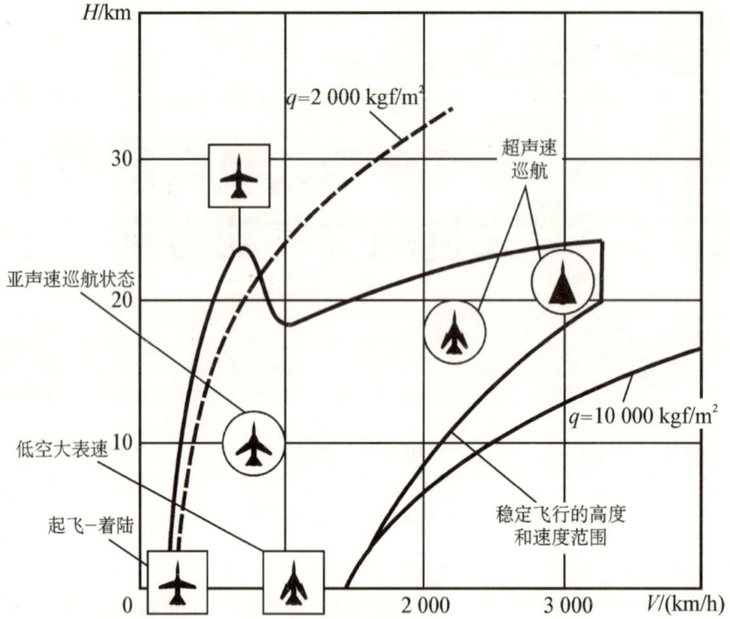

图 3.1 不同布局飞机最佳飞行状态范围

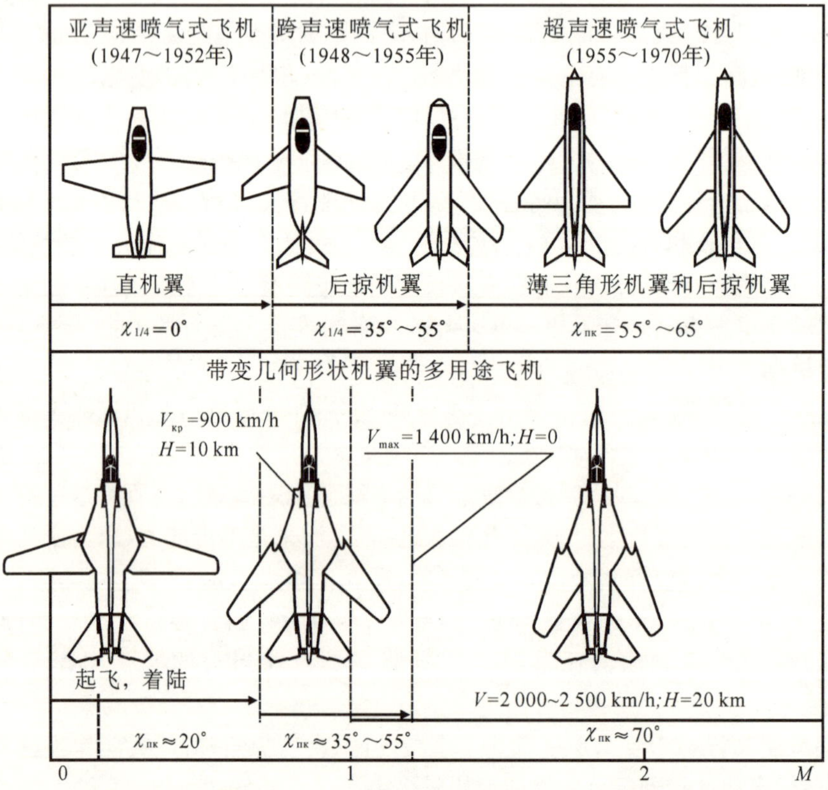

图 3.2 飞机布局形式及其特征飞行状态($V_{кр}$——巡航飞行速度)

在低空以速度$V=800\sim900\,\text{km/h}(M=0.65\sim0.75)$长时间飞行。中等展弦比大翼载的机翼是最佳的。

在短或相对短的机场跑道上起飞和着陆。为了保证这一要求,飞机应具有起飞和着陆构型有高升力特性的机翼——带增升装置的大展弦比、翼载相当小的机翼是最佳的。

在整个亚声速飞行范围内有高的机动能力。要求机翼在大迎角下有高的升力特性和高的升阻比。

在低空以接近最大速压短时间超声速飞行。小展弦比(大后掠角)面积相对小,并且升力特性较低的机翼是最佳的。

借助于变几何形状机翼能达到满足所有飞行状态,飞行员在飞行中能够控制该机翼的展弦比和后掠角,机翼的承力面积在改变外翼后掠角时变化很小,因此,必须根据在所有飞行状态下尽可能地最充分发挥飞机空气动力布局特性和利用机翼在展开位置的高升力特性来选择翼载。在这种情况下,选择相当大的翼载时,飞机以小后掠角(大展弦比相当厚的机翼)飞行能保证大的巡航航程,低空长时间飞行并在极大后掠角(与后掠角增大和展弦比减小一起也减小了外翼相对厚度)时达到超声速。飞机良好的起飞-着陆性能可以通过选择大展弦比机翼的高效增升装置来保证,该增升装置装在机翼前缘和后缘上。

为了在飞行中转动机翼,需要具有强度和可靠性都高的转动接头和大功率的作动器。此外,外翼和中央翼应当有专门的受力构件组,以保证将力从外翼主要是通过转动接头传到机身上。

这些情况导致变几何形状机翼飞机的结构重量比中等后掠角机翼飞机的起飞重量增加3%～5%,这使直接赢得的航程有某些损失。然而,在小后掠角和大展弦比的机翼上高效率的增升装置使变几何形状机翼的飞机在其他同等条件下,在给定长度的起飞-着陆跑道上能增加装载。结果是在采用副油箱后(并增大机内油箱的载油量),变几何形状机翼的飞机比在起飞-着陆跑道长度相同的机场上使用中等展弦比机翼的飞机,可能的巡航航程要大很多。

因此,只有变几何形状机翼的飞机布局,其后掠角在飞行中可以控制,才能满足对现代超声速多状态飞机的一系列相互矛盾的要求。

飞行中改变机翼的几何形状,相对位于机身上的转轴转动外翼就可以实现。在结构展弦比$\lambda_\kappa=\lambda/\cos^2\chi$不变时,转动外翼改变后掠角就可以得到机翼展弦比在宽广范围改变,从$\chi=70°$的$\lambda=1.5$到$\chi=15°\sim20°$的$\lambda=7\sim8$(图3.3和图3.4)。同时改变机翼的展弦比、相对厚度和后掠角(图3.5)会使机翼升力特性和飞机所有空气动力特性变化很大。亚声速飞行的导数C_{ya}^{α}和升阻比以2～2.5倍变化(图3.6和图3.7)。因此飞行员在飞行中可以根据飞行状态控制飞机的空气动力特性,使与飞行状态相适应。

必须保证高的机动特性和在短起飞-着陆跑道的机场上使用,对机翼的升力特性提出了较高的要求，采用超声速飞机的普通的机翼增升装置是满足不了这些要求的(图 3.8)。

变几何形状机翼的飞机布局的初期研究已经表明，外翼相对于机身上的转轴简单的转动可使飞机的升力特性和升阻比极大地改善(图 3.9～图 3.12)，可是，会使机翼的气动力焦点向后移动很大(图 3.13)，随着过渡到超声速，该移动量与由于压缩性影响的机翼焦点向后移动量叠加起来。焦点位置的变化范围如此之大，以致出现了难以配平飞机和保证在所有飞行状态下具有可接受的稳定性和操纵性的问题。为了保证机翼外翼转动时具有可接受的焦点移动量，需要采用固定的机翼中央部分(图 3.13～图 3.14)，该中部布局使亚声速飞行的升力特性及其升阻比稍有降低(图 3.9 和图 3.12)。

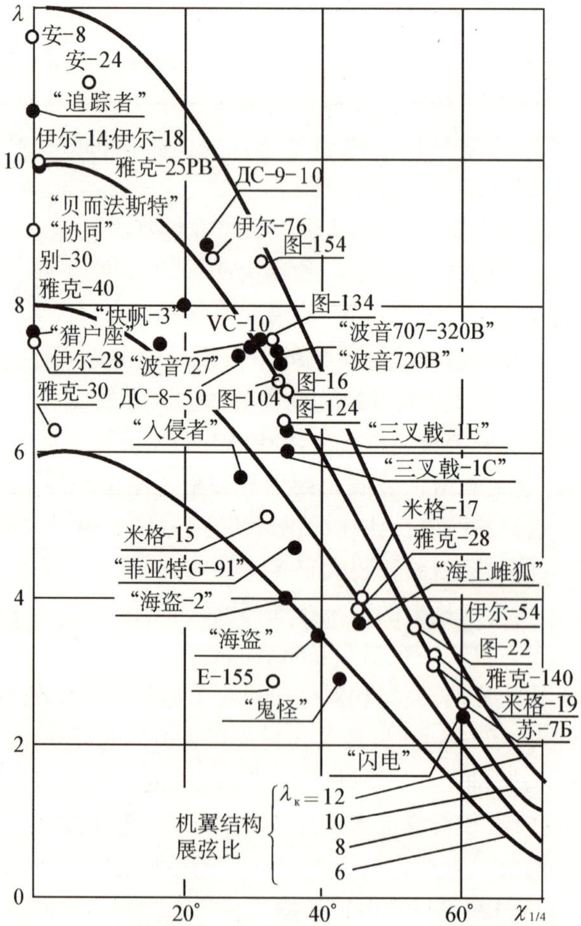

图 3.3 后掠机翼几何展弦比和结构展弦比的关系

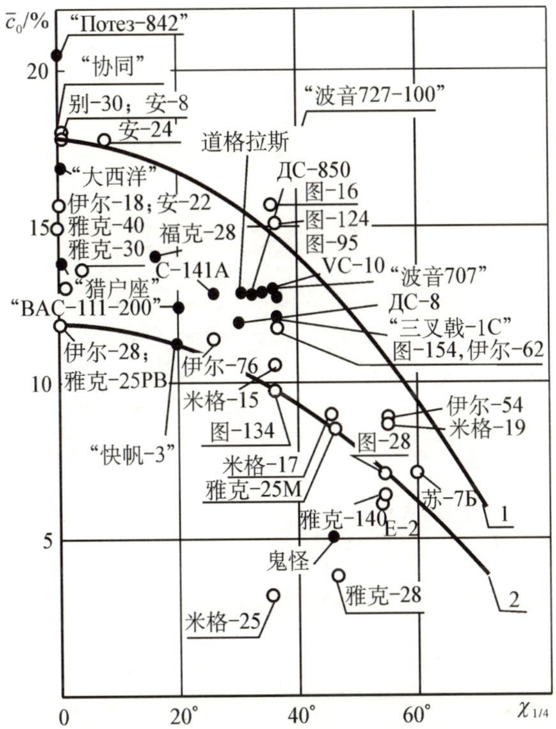

图 3.4　顺气流和沿 1/4 弦线的机翼截面相对厚度的关系

1—$\bar{c}_{01}$=18%；2—$\bar{c}_{01}$=12%

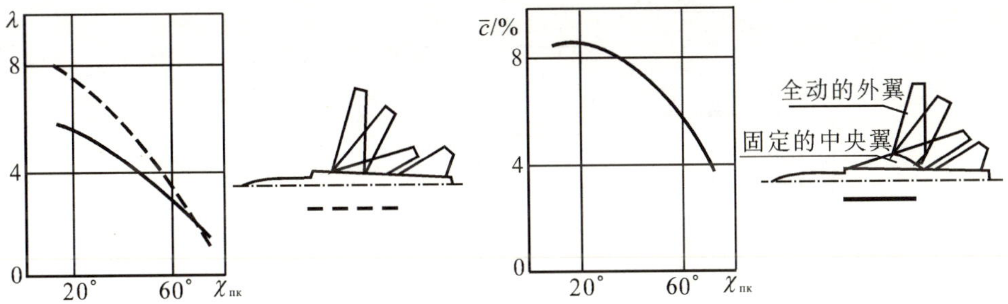

图 3.5　机翼展弦比和相对厚度随后掠角的变化

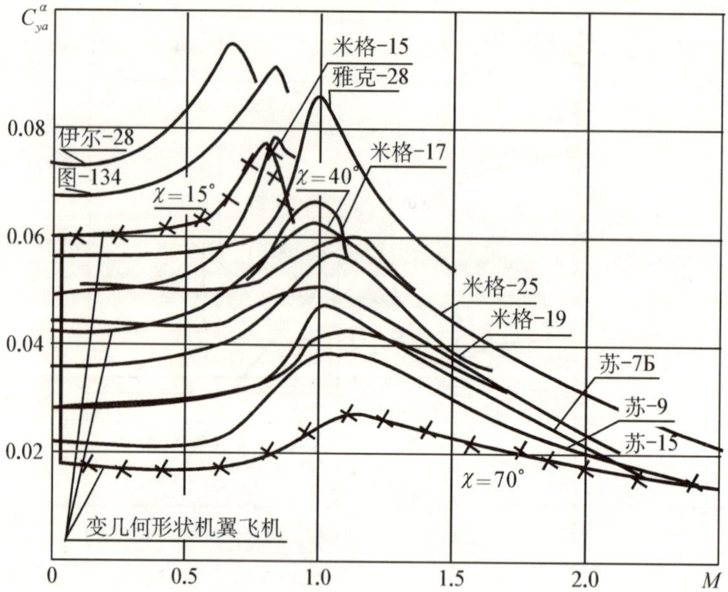

图 3.6 变几何形状机翼飞机导数 $C_{ya}^{\alpha}(M)$ 的变化范围

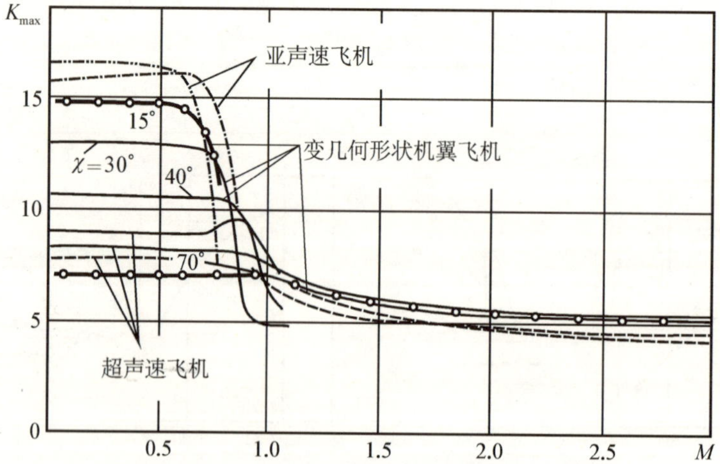

图 3.7 变几何形状机翼飞机 $K_{max}(M)$ 的变化范围

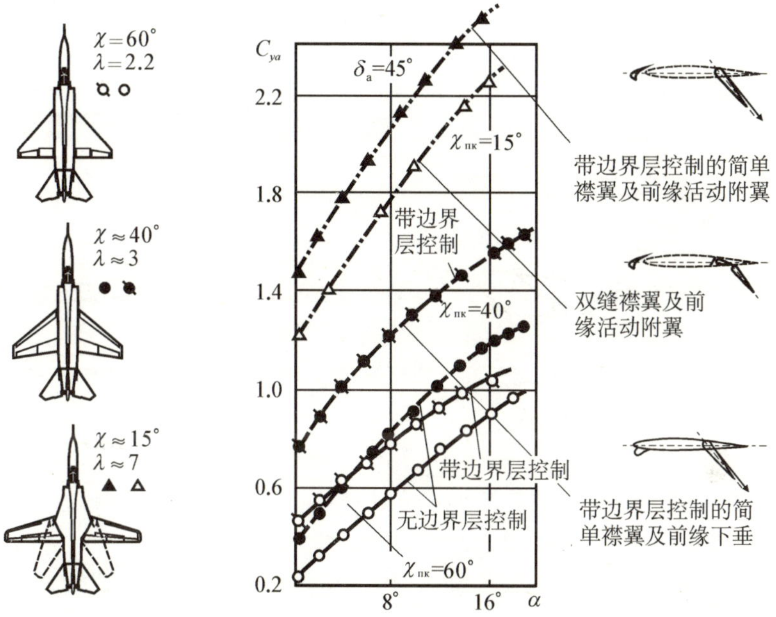

图 3.8　变几何形状机翼飞机和固定式机翼飞机的起飞-着陆增升装置效率的比较

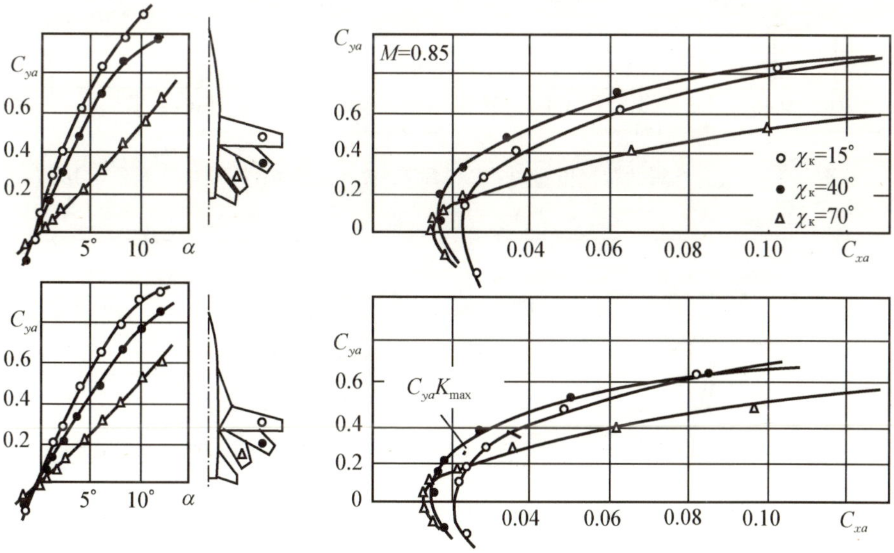

图 3.9　机翼外翼的转轴位置对亚声速下 $C_{ya}(\alpha, \chi_к)$ 和 $C_{ya}(C_{xa})$ 关系的影响

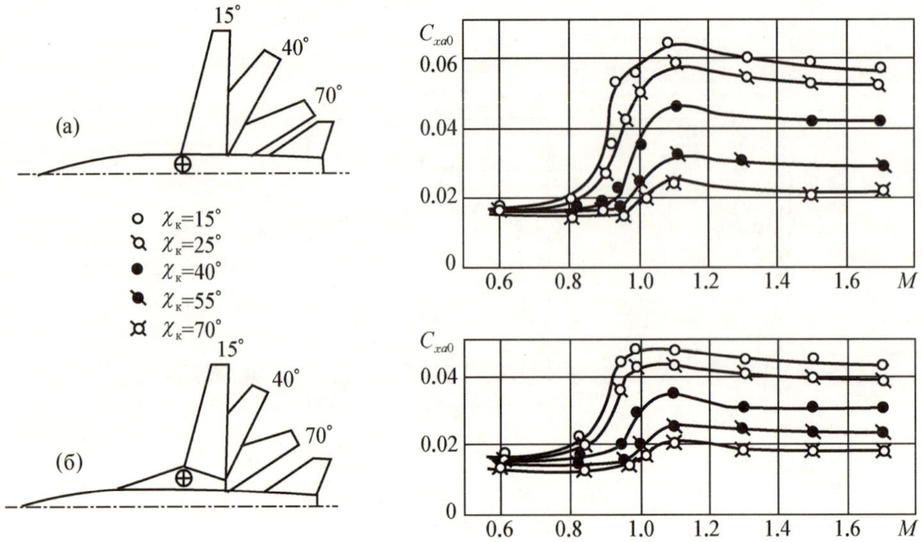

图 3.10　机翼外翼的转轴位置对 $C_{xa0}(M, \chi_к)$ 关系的影响

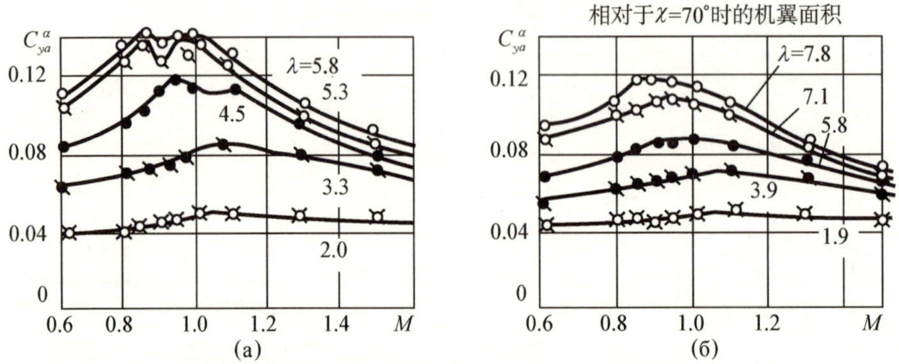

图 3.11　机翼外翼的转轴位置对 $C_{ya}^{\alpha}(M, \chi_к)$ 关系的影响(符号含义见图 3.10)

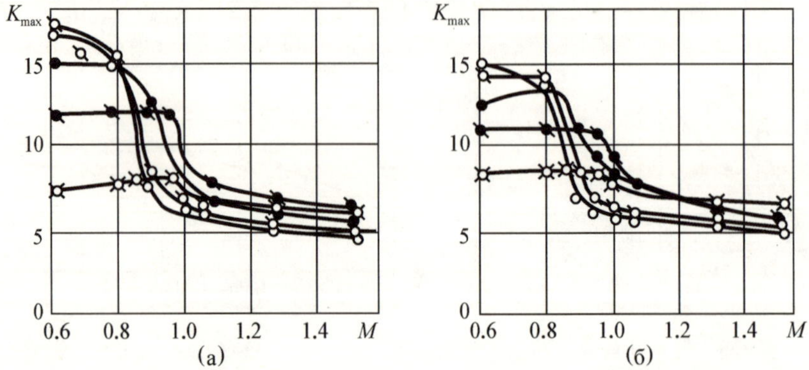

图 3.12　机翼外翼的转轴位置对 $K_{max}(M, \chi_к)$ 关系的影响(符号含义见图 3.10)

$\bar{x}_F$——以 $\chi = 70°$ 时机翼平均空气动力弦的%表示

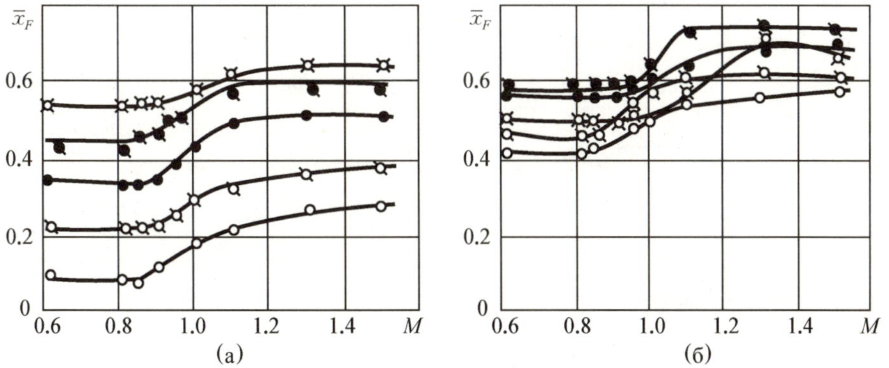

图 3.13　机翼外翼的转轴位置对 $\bar{x}_F(M, \chi_к)$ 关系的影响(符号含义见图 3.10)

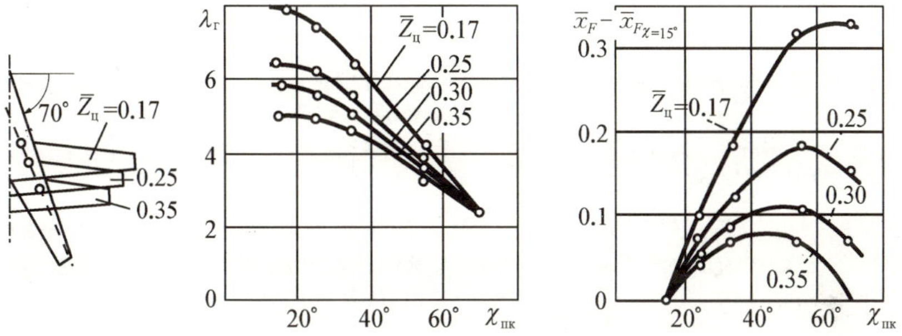

图 3.14　中央翼尺寸对机翼的几何展弦比和对亚声速下气动力焦点移动的影响

为使变后掠机翼飞机每一飞行状态都能有最佳的空气动力特性，就需要解决一系列复杂的空气动力布局问题。其中主要有：

——选择机翼的空气动力布局，以保证在跨声速和超声速下(在大后掠角时)，零升阻力系数相当小和在亚声速下(在小后掠角和大迎角时)升阻比和升力特性很高；

——选择机翼外翼的转轴位置和固定中央翼的形状，以保证机翼从小后掠角到最大后掠角转动时飞机焦点移动最小；

——选择机翼的增升装置，以保证最大可能的飞机升力特性和提高在起飞-着陆状态的升阻比；

——考虑到整个机翼后缘装有起飞-着陆增升装置，选择横侧操纵面的参数和位置；

——保证水平安定面的高效率，以便在所有飞行状态的高升力系数条件下能够配平飞机；

——考虑到扩大按表速飞行的使用状态，在改变机翼后掠角时要保证满意的稳定性和操纵性；

——选择合理的飞机参数，以保证最充分实现变几何形状机翼的飞机空气动力布局所具有的性能。

现将对变几何形状机翼的空气动力特性系统的实验研究和计算研究的结果、对可能的飞行性能的分析和对变几何形状机翼飞机主要参数的选择，叙述如下。

用各种用途的飞机模型在中央空气流体动力研究院（ЦАГИ）的 T－102、T－106M、T－108、T－109、T－113 风洞并用大尺寸模型和真实飞机在 ЦАГИ 的 T－101 风洞进行了系统的实验研究。

3.2　变几何形状机翼翼型的选择

变几何形状机翼的重要特点是当机翼外翼转动时翼型参数发生变化，这种变化从满足不同飞行状态要求的观点来看是有利的。例如，如果对于小后掠角机翼来说，采用相当大的相对厚度和中等弯度的翼型（这能保证在亚临界 M 数下升阻比高、升力特性高并使翼梢剖面大迎角时有必需的升力余量），而当外翼后掠角增大时，由于剖面转动，翼型的相对厚度和弯度明显地减小，这使跨声速和超声速飞行状态下利于得到可接受的特性。

根据上述的考虑，对于变几何形状机翼的外翼布局可以选取具有高升力和高速特性，并且采用在跨声速飞机机翼翼端段布局中的翼型。外翼在展开位置（$\chi_к \approx 15°$）的相对厚度可以取 8%～10%，而相对弯度应是 $\bar{f} = 1.5\% \sim 2.2\%$，以便在收起位置（$\chi_к \approx 70°$）机翼弯度较小。为了设计机翼固定部分（中央翼）的剖面，应当采用小前缘半径（$\bar{\rho}_н \approx 0.25\%$）的薄（$\bar{c} = 4\% \sim 4.5\%$）对称翼型。

为了保证在大迎角下，特别是在跨声速下稳定的机翼绕流，外翼应采用向翼端逐渐增大弯度的布局。

为了提高变几何形状机翼飞机在高亚声速下的升阻比，可以采用：

——机翼空间弯扭和几何扭转，以保证在给定的 C_{ya} 值下减小阻力并且降低配平升阻比的损失；

——机翼前缘增升装置（偏转前缘或活动前缘附翼）偏转小的角度（$\delta_н \approx 5° \sim 8°$）；

——相对弯度稍大和 $M_{кр}$ 值高的翼型；

——增大翼型前缘的局部弯度。

采用翼剖面空间弯扭和几何扭转使飞机极曲线这样变化，即在对应于 $C_{ya\,K_{max}}$ 的 C_{ya} 值下，诱导阻力大大减小，因而升阻比提高。此外，产生抬头力矩增量，其结果配平损失减小，而在亚声速巡航飞行状态的升阻比增加（图 3.15 和图 3.16）。

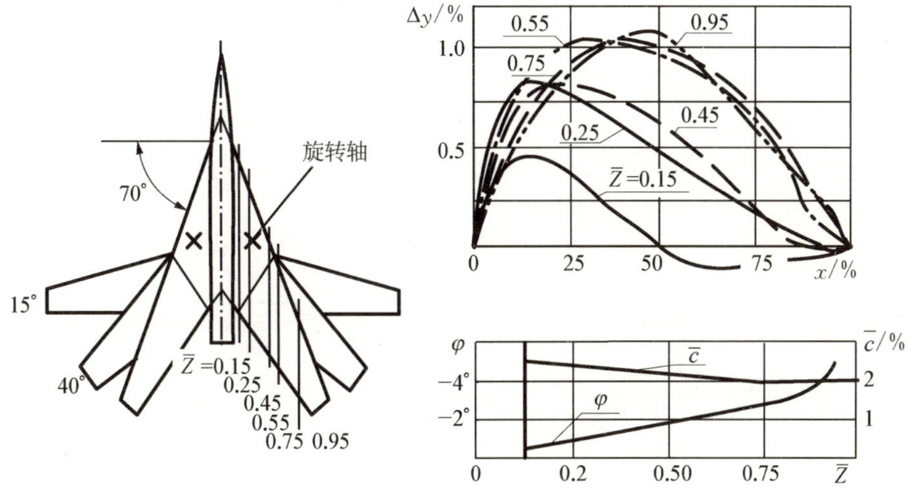

图 3.15　翼剖面空间弯扭示意图

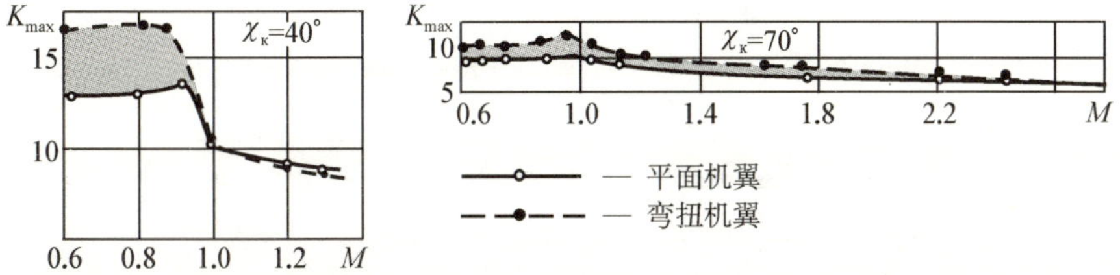

图 3.16　机翼空间弯扭对外翼后掠角 $\chi_к = 40°$ 和 $70°$ 时 $K_{max}(M)$关系的影响

小偏转角前缘襟翼或前伸量不大的前缘附翼形式的机翼前缘增升装置，使亚声速下的升阻比增加很多(图 3.17)。

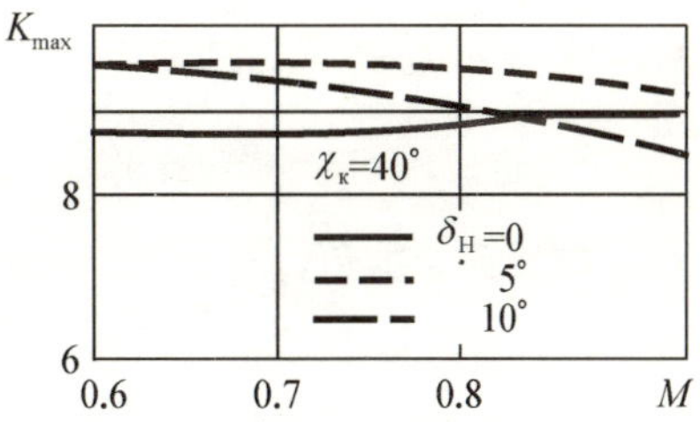

图 3.17　前缘偏转对 $K_{max}(M)$ 关系的影响

下面列出了在中央翼剖面的翼型保持不变，外翼剖面采用不同形状翼型对升阻比量值影响的研究结果：

——带前缘下弯不大 ($\bar{h}_{отг} = -1\%$) 的 CP-16系列翼型，目的是靠减弱机翼前缘附近的涡系使极曲线弯折减小。

——带“平台形”压力分布，弯度增加，前缘半径减小和最大厚度与最大弯度位置较为靠后的翼型——CP-15 系列翼型 ($\bar{f}_{max} = 2.2\%$, $\bar{x}_{\bar{c}} = 42.5\%$, $\bar{x}_{\bar{f}} = 47.5\%$)。这样的翼型由于相当大的弯度与小的扩压段强度的有利结合而具有高的 $M_{кр}$值。

——具有使亚声速 M 数范围结尾激波减弱因而使波阻降低的尖峰形压力分布的 П-128 系列翼型。П-128 系列翼型具有大的前缘半径(在 $\bar{c} = 9\%$ 时 $\bar{\rho}_н =$

1.4%）和靠近前缘的上表面曲率急剧变化的特点。

在机翼外翼的空气动力布局中采用具有平台式压力分布、相对弯度（$\bar{f}_{max}$ = 2.2%）和小曲率半径前缘(在相对厚度 $\bar{c}=9\%$ 时 $\bar{\rho}_н=0.8\%$）的 CP-15 系列翼型导致小的和中等后掠角（$\chi_к=15°\sim35°$）机翼的模型在亚声速速度范围内 K_{max} 值增加最多(图 3.18 和图 3.19)。升阻比的增高是由于实现了在巡航状态外翼流动几乎没有分离。模型的 C_{xa} 值此时稍有增加(见图 3.20)。

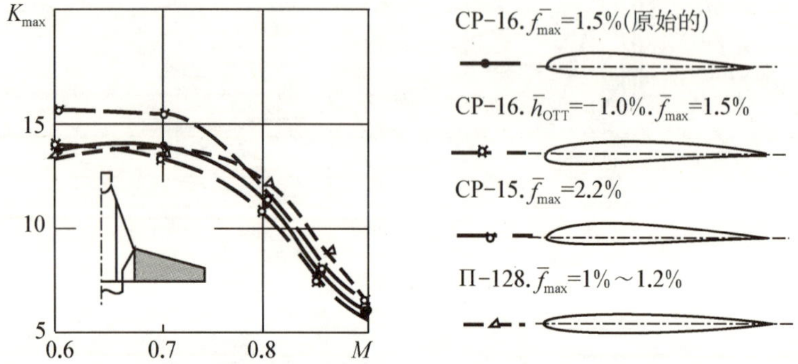

图 3.18 翼型形状对在 $\chi_к=15°$ 时 $K_{max}(M)$关系的影响

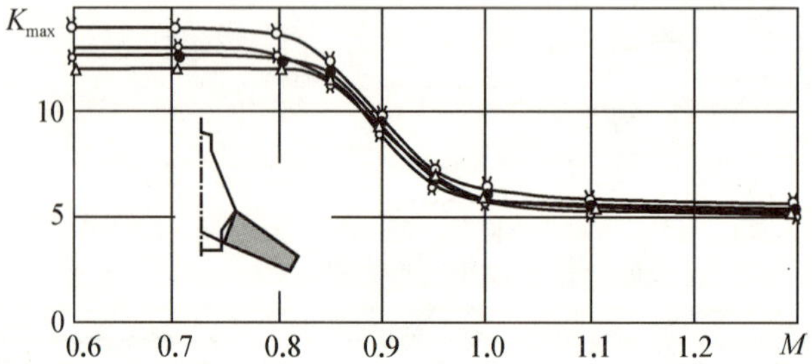

图 3.19 翼型形状对在 $\chi_к=35°$ 时 $K_{max}(M)$关系的影响(符号含义见图 3.18)

在外翼后掠角 $\chi_к$ 从 15°增加到 70°时，翼型相对厚度 $\bar{c}$ 从 10%减小到 4.2%，相对弯度 $\bar{f}_{max}$ 变成 0.4%～0.9%而不是 1%～2.2%。因此，在收起位置机翼的相对厚度和弯度值与固定机翼的超声速飞机属于同一量级，并且所推荐的机翼外翼翼型设计，既在亚声速，也在超声速均能完全保证大后掠角（$\chi_к=70°$）机翼飞机应有的令人满意的空气动力特性(图 3.21)。

对于用相对厚度为 $\bar{c}=10\%$、8% 和 6% 的 CP-15 翼型的机翼空气动力布局和这些翼型的 $\bar{p}(\bar{x})$ 计算曲线示于图 3.22。

由不同相对厚度的 CP-15 系列翼型组成的机翼研究表明，在低亚声速（$M\leqslant0.7\sim0.8$）情况下，在机翼外翼相对厚度大时模型的最大升阻比比较大。另一方面，机翼相对厚度减小到 $\bar{c}=6\%$，就可以推迟发生激波失速的起始 M 数，即在 $\chi_к=15°$ 时为 $M\approx0.85$ 和在 $\chi_к=35°$ 时为 $M\approx0.9$。

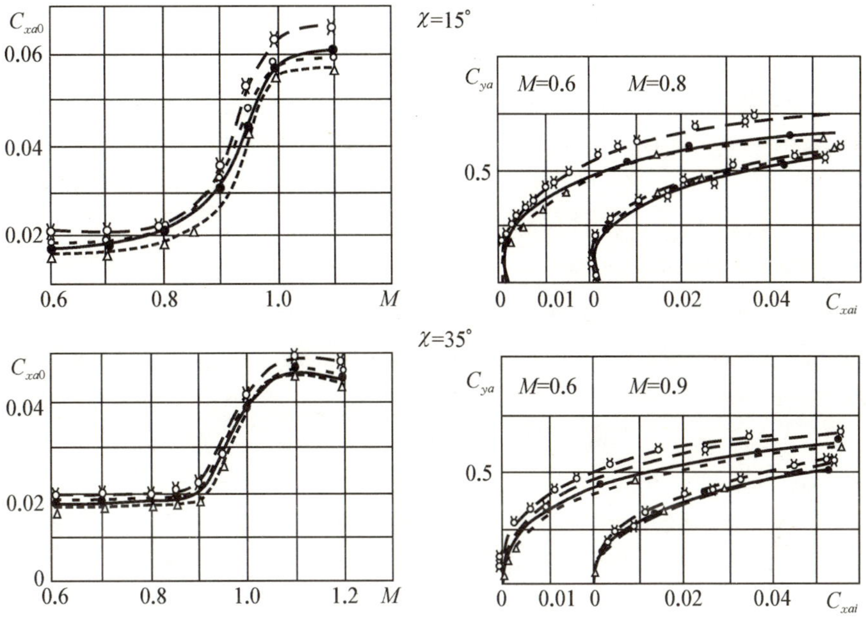

图 3.20　翼型形状对 $C_{xa0}(M)$ 和 $C_{ya}(C_{xai})$ 关系的影响

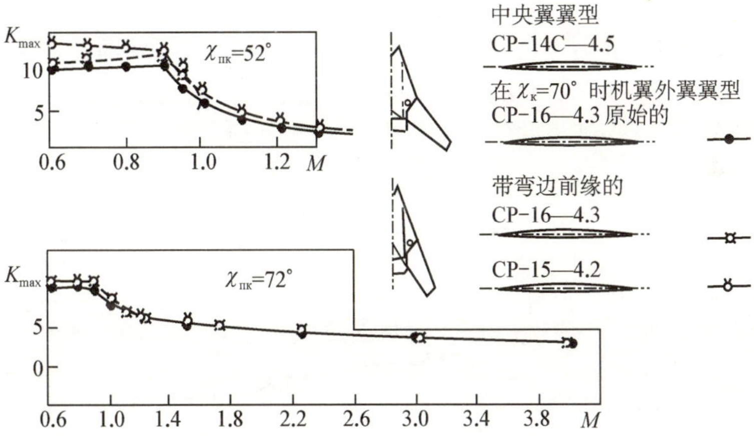

图 3.21　翼型形状对在 $\chi_к=52°$ 和 72°时 $K_{max}(M)$ 关系的影响

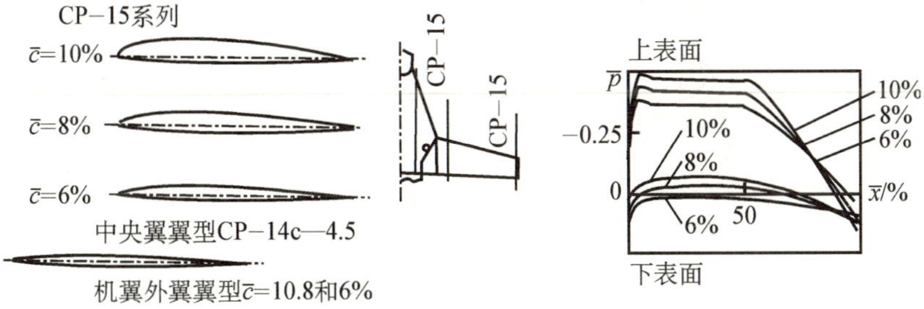

图 3.22　相对厚度对 CP - 15 翼型弦向压力分布的影响

因此，保持变几何形状机翼外翼 CP－15 翼型的相对弯度不变而减小相对厚度，可使小的和中等的后掠角机翼模型的 K_{max} 值在高亚声速和跨声速下提高很多。

在高亚声速下改善变几何形状机翼飞机在中等和大迎角下的空气动力特性的另一种方法，是通过向前缘下垂并向翼尖方向逐渐增加下垂来增加机翼外翼的局部曲率。

前缘下垂，即使剖面具有局部曲率，使翼型上大部分表面产生有利的压力梯度，从而有助于提高亚声速下的升阻比。

向翼尖增加前缘下垂可改善翼尖剖面最易发生气流分离的流动。

减小下垂前缘的曲率半径有助于减小翼型前缘附近的扰动，这也改善大迎角下的机翼绕流。

同时，前缘下垂增大与翼型沿翼展方向总有效弯度的增加，使得模型的迎面阻力在亚声速和跨声速下有些提高。

图 3.23 示出了变几何形状机翼外翼的两个剖面(前缘转折处的剖面和机翼尖剖面)，采用了 CP－16M 翼型。这个外翼具有相对厚度小(由于增加外翼弦长) $\bar{c}=8.3\%$ (原始机翼为 $\bar{c}=10\%$)，前缘圆角半径小 $\bar{\rho}_{н}\doteq 0.7\%$ (在 CP－16 系列翼型的原始机翼上为 $\bar{\rho}_{н}=1.4\%$) 并向外翼尖逐渐增加前缘下垂值 ($\bar{h}_{отг}=-1.5\%\sim 2.5\%$) 的特点。为了定性的评估，对在机翼外翼翼尖剖面上所采用的 CP－16 和 CP－16M 翼型计算的压力分布图加以比较。减小相对厚度和前缘下垂 $\bar{h}_{отг}=-2.5\%$ 在计算状态 ($C_{ya}=0.3$) 就消除了翼型上表面的负压峰值，从机翼绕流观点来看在大部分上表面造成了有利的压力梯度，因此提高了 $M_{кр}$。

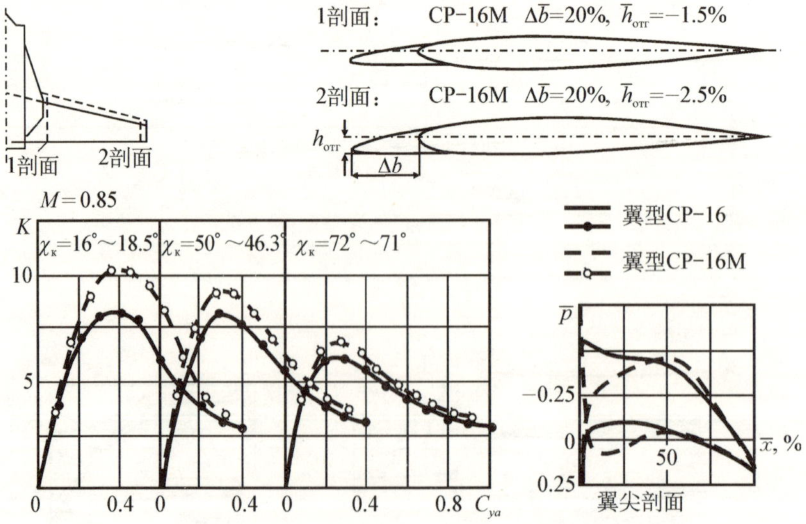

图 3.23　增加机翼外翼部分的弦长和前缘下垂对外翼不同后掠角下压力分布和 $K(C_{ya})$ 关系的影响

模型试验结果表明(图 3.23)，在变几何形状机翼外翼剖面采用局部曲率大的CP-16M翼型，在亚声速范围内使所有机翼构型的升阻比增加很多，同时，不论是在对应于亚声速巡航状态的 $C_{ya}=0.3\sim0.4$ 值下，还是对应于飞机机动状态的 $C_{ya}=0.8\sim1.0$ 值下，升阻比值都增加了，即过渡到具有增大弦长和前缘下垂的新的机翼外翼，就使在亚声速和跨声速下升力大大增加并使诱导阻力降低，这保证了在外翼小的和中等的后掠角时升阻比值增加。在大的超声速状态下用最大后掠角($\chi_к=70°$)的机翼构型，模型的 K_{max} 值实际上不发生变化。

这样一来，在亚声速下最大升阻比值由变几何形状机翼保证，在其布局中采用总相对弯度大的(CP-15 型)翼型和局部曲率大的(CP-16M 型)翼型。

变几何形状机翼飞机在高亚声速飞行时的空气动力特性，通过在机翼外翼部分采用为这种布局专门研制的高升力超声速翼型可以获得进一步改善。这样的翼型保证临界 M 数($M_{кр}$)提高，在外翼后掠角 $\chi_к=15°\sim25°$ 时到 $M\approx0.85$ 和在 $\chi_к=40°\sim50°$ 时到 $M\approx0.92\sim0.94$，保持变几何形状机翼具有高的 K_{max} 值(图 3.24)，以及改善大迎角下的空气动力特性并提高飞机的 $C_{y\,доп}$。

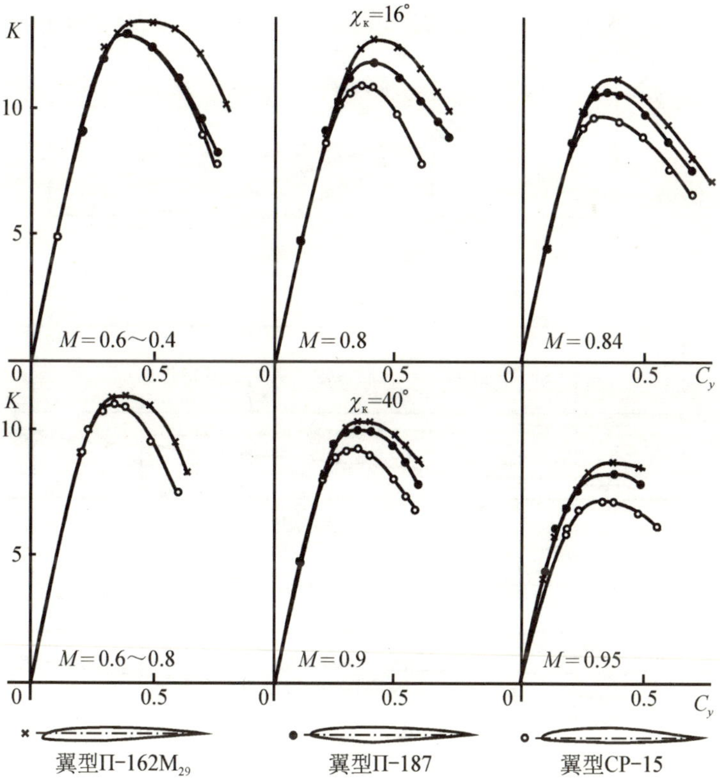

图 3.24　翼型形状对变几何形状机翼模型在 $\chi_к=16°$ 和 40°、$M=0.85\sim0.95$ 时空气动力特性的影响

3.3　变几何形状机翼飞机在大迎角下的空气动力学

改变飞机机翼的后掠角就可以在宽广的飞行状态(M 数)范围内保证高机动特性。

在机翼外翼后掠角 $-40°$时,飞机在跨声速下具有最大的升阻比和大的 $C_{ya\ max} \approx 1.5$(图 3.25 和 3.26),并且 $C_{ya\ max}$值是在 $\alpha = 35° \sim 40°$ 时达到。

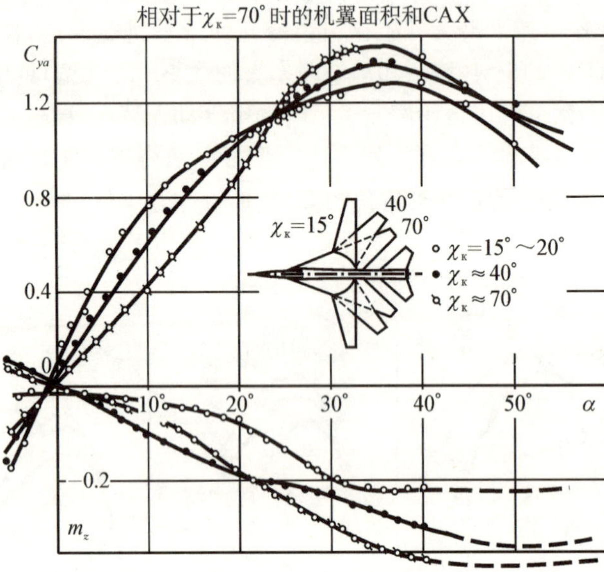

图 3.25　机翼外翼后掠角对 $C_{ya}(\alpha)$和 $m_z(\alpha)$关系的影响

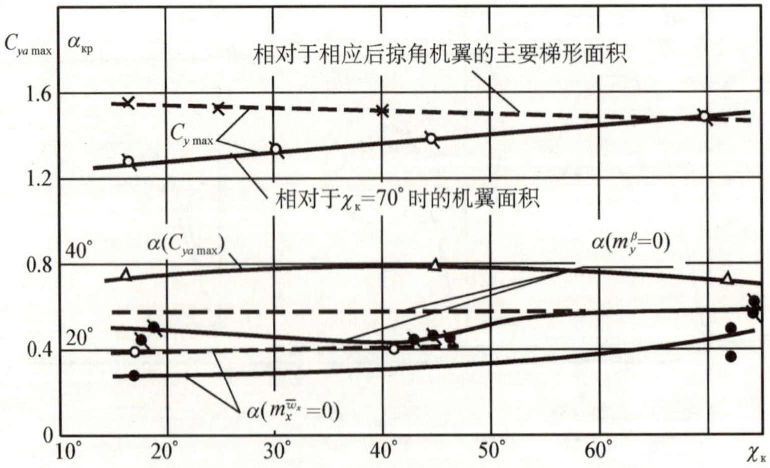

图 3.26　机翼外翼后掠角按航向稳定性 ($m_y^\beta = 0$) 和滚转阻尼 ($m_x^{\bar{\omega}_x} = 0$) 对 $C_{ya\ max}$和临界迎角的影响

机动飞机飞行试验的经验表明，对于飞行极限允许的升力系数值 $C_{ya\ доп}$ 低于 $C_{ya\ max}$ 很多。飞机进入对应于 $C_{ya\ max}$ 的迎角是困难的，通常是由于一系列稳定性和操纵性的变坏所致（图 3.26～图 3.28）。

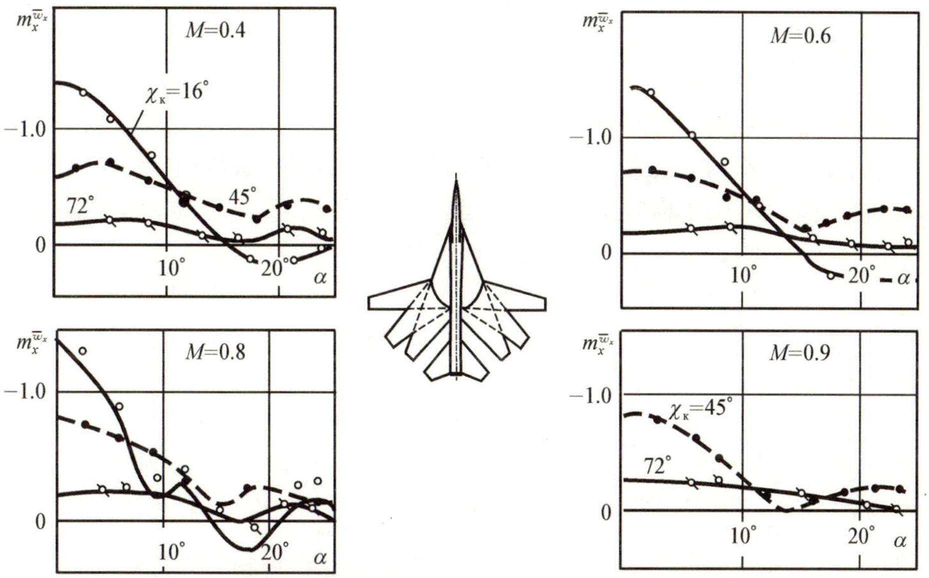

图 3.27　模型的滚转阻尼特性随迎角、M 数和外翼后掠角的变化

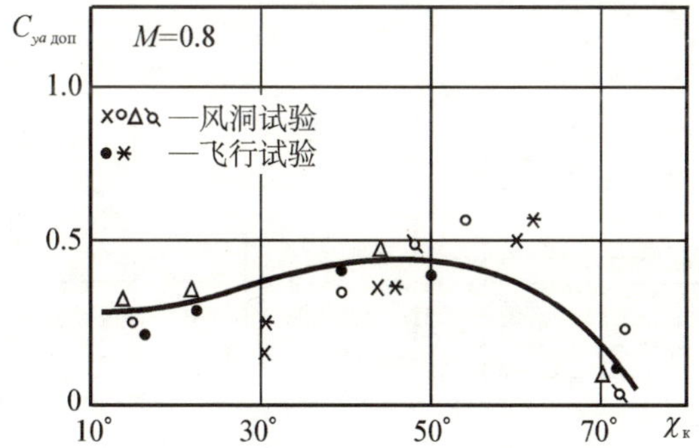

图 3.28　在 $M=0.8$ 时 $C_{ya\ доп}$ 与机翼外翼后掠角的关系

决定飞机偏离的原因之一可能是在大迎角下机翼所丧失的滚转阻尼特性。机翼的阻尼特性与其升力特性紧密地相关联。在机翼后掠角小时，在外翼上先开始分离，表现在 $C_{ya} = f(\alpha)$ 变化中出现本质的非线性，通常会使导数 $m_x^{\overline{\omega}_x} = f(\alpha)$ 变号（图 3.27）。在机翼中等后掠角时，分离现象表现较弱，并且 $C_{ya} = f(\alpha)$ 曲线的非线性表现少些，因而机翼阻尼特性下降也不那么强烈。对于这一后掠角，改善机翼外翼在大迎角下的绕流是进一步提高滚转运动阻尼的直接办法。

飞机偏离的另一原因可能是航向稳定性减小直到导数 $m_y^{\beta} \geqslant 0$ 变号，这情况也

可能发生在比 $\alpha(C_{ya\ max})$小的迎角下(图 3.26)。

这一现象的主要原因——垂直尾翼区侧洗的增强,因而其效率实质性地减低。在大迎角下很大侧洗的出现是由边条翼后流动的结构决定的。在机翼固定部分上采用翼刀可使涡的强度减弱,并使垂直尾翼效率保持到大迎角。改善飞机航向稳定性最有效的手段是配置腹鳍和采用大面积和大展弦比的垂直尾翼。

在大迎角下保持横向操纵面有足够的滚转力矩很重要。对于小后掠角机翼,扰流片为横向操纵性提供主要的贡献。在大迎角下,由于在机翼上分离,扰流片便失去了效率。靠前缘增升装置消除分离能使横向操纵的效率保持到大迎角。采用差动式水平安定面有助于横向操纵性保持到大迎角,实际上其效率到大迎角 α 也不发生变化(见第 7 章)。

这样,变几何形状机翼飞机的偏离,是由横侧稳定特性和操纵特性所决定的,而出现这种特性的起因是飞机机翼流动产生气流分离,并且在大迎角下机翼后的流动结构发生了变化。

在图 3.29 上示出了在 $M=0.8$ 时飞机升力系数随 α 的典型变化,并指出出现气流分离(抖振开始)的区域、机翼上气流分离扩展的区域(偏离和飞机进入尾旋运动区域)。飞机的机动可以进行到在机翼上气流分离强烈发展开始之前。在图 3.28 上对变几何形状机翼不采用机动增升装置的飞机示出了 $M=0.8$ 时的 $C_{ya\ доп}=f(\chi_{пк})$的变化,这些变化是在风洞模型试验和按飞行试验结果取得的。可见,在外翼为小的和中等后掠角时 $C_{ya\ доп}$ 为 0.5～0.6($\alpha\approx12°\sim14°$);在外翼大后掠角时,$C_{ya\ доп}$值及达到该值的迎角都减小。

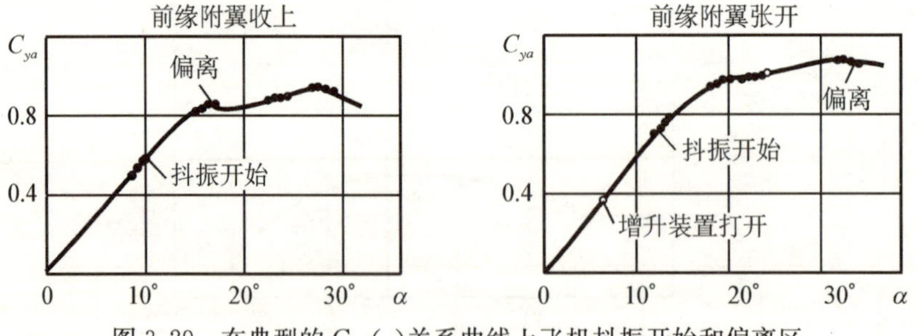

图 3.29 在典型的 $C_{ya}(\alpha)$关系曲线上飞机抖振开始和偏离区

从考察在高亚声速下变几何形状机翼飞机模型的 C_{ya}, $m_z=f(\alpha)$关系(图 3.30)可以看出,在外翼为小的和中等后掠角 ($\chi_{пк}=15°\sim45°$) 的机翼构型中,在迎角 $\alpha\approx10°\sim12°$ 时出现 $C_{ya}=f(\alpha)$ 变化的非线性,即在迎角增加时,升力增长速率减低。在大后掠角($\chi_{пк}\approx70°$)机翼飞机的模型上,$C_{ya}=f(\alpha)$ 变化的非线性出现在小迎角($\alpha\approx7°\sim8°$)下,并且 C_{ya}值增长速率随着迎角增加而增加,这是与机翼前缘的涡在机翼上的发展有关。机翼上的气流分离用测量位于沿机翼活动外翼后缘上各点的压力分布的方法,或借助于油流膜法取得的机翼上表面流线谱来确定,该流线谱给出随着速度和迎角增加的机翼表面上气流分离的传播图。

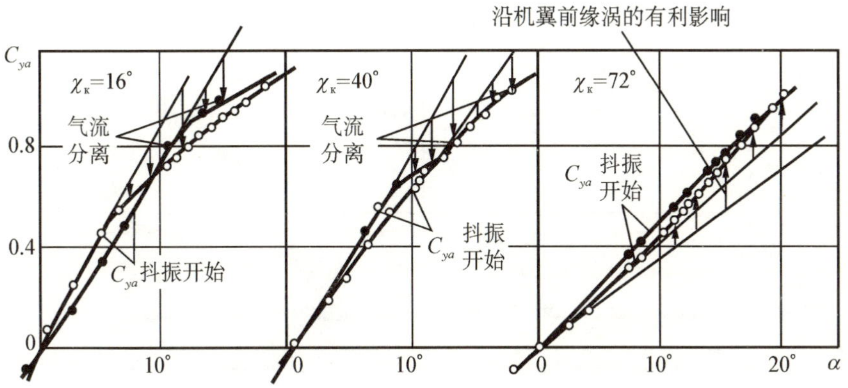

图 3.30　在 M=0.6 和 0.9 时机翼外翼后掠角对 $C_{ya\ тр}$的影响

从考察流线谱得出，当速度相当于 M=0.8 时，在小后掠角($\chi_к$=15°)外翼的机翼上，早在 $\alpha\approx4°$就产生激波下的气流分离。随着迎角增加，气流分离既沿机翼弦向也沿展向扩展。最强烈的气流分离出现在翼尖剖面处。

在外翼后掠角 40°的机翼上，当 M = 0.94 时，翼尖产生的气流分离随着迎角的增加缓慢地向翼根方向扩展。

Re 数从 4×10^6 增加到 10×10^6 能改善小后掠角机翼模型的空气动力特性，将产生强烈的气流分离的开始推迟到大迎角范围(图 3.31)。因而，对于小后掠角外翼的机翼的 $C_{ya}=f(\alpha)$和 $m_z=f(\alpha)$特性在全尺寸条件下比在风洞模型试验时更要好些。然而随着外翼后掠角的增加，Re 数对机翼空气动力特性的影响减小，而在$\chi_к$=70°时，实际上不存在影响。Re 数对飞机特性的影响在飞行 M 数增加时也减小(图 3.31)。

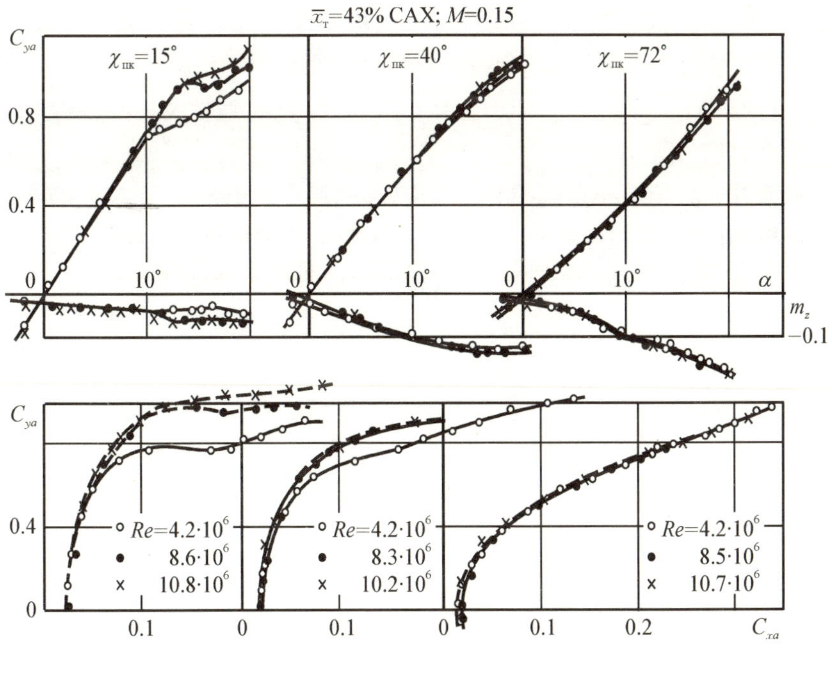

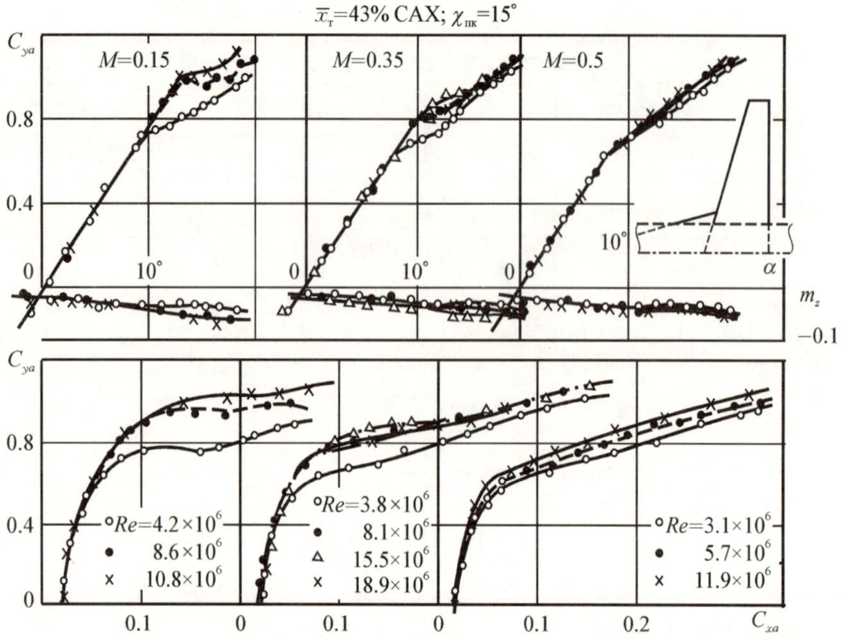

图 3.31 *Re* 数和 *M* 数对变几何形状机翼超声速飞机模型的空气动力特性的影响

在高亚声速和大迎角(在飞机机动状态)下，最有效地提高变几何形状机翼飞机的升力特性、$C_{ya\ тр}$和升阻比是机翼增升装置(前缘缝翼、偏转前缘和襟翼)偏转小角度，沿全外翼展采用向翼尖方向逐渐增加前缘下垂的翼型。正是这些措施提高了飞机航向稳定性的临界迎角值，同时又提高了滚转阻尼。

沿变几何形状机翼转动外翼的全翼展，以小角度偏转襟翼和前缘缝翼($\delta_з=\delta_{пр}=8°\sim10°$)在宽广的亚声速速度范围内可提高外翼中等后掠角$\chi_к=40°\sim45°$的机翼的升力特性 $\Delta C_{ya}\approx0.13\sim0.15$，保持$C_{ya}$，$m_z=f(\alpha)$ 线性关系特性到大迎角，并提高大 C_{ya}时的升阻比。

机翼增升装置偏转小角度的有利效应，在外翼小后掠角($\chi_к=15°\sim20°$)的机翼构型时仍得到保持，而在外翼大后掠角($\chi_к=70°$)的机翼构型时便减弱了。

机翼外翼采用向翼尖方向逐渐增大翼型前缘下垂也会实质性地改善飞机在大迎角下的空气动力特性。这样的机翼翼型设计使机翼翼尖剖面的绕流在大迎角区得到改善，并将产生气流分离的起始点移向机翼中部。所有这一切可以使 $C_{ya}=f(\alpha)$ 和 $m_z=f(\alpha)$关系的线性变化在亚声速速度范围内保持到大迎角，特别是在机翼偏转前缘辅助偏转小角度的情况下(图 3.32)。

在变几何形状机翼飞机上以小角度偏转前缘缝翼或前缘襟翼可使 $C_{ya\ тр}$系数增加，已经很好地被飞机的飞行试验所证实(图 3.33)。

局部增大变几何形状机翼翼型的头部曲率，在整个亚声速速度范围和对应机翼外翼不同构型状态可使飞机在大迎角下的升阻比增加很多，特别是在外翼小后掠角

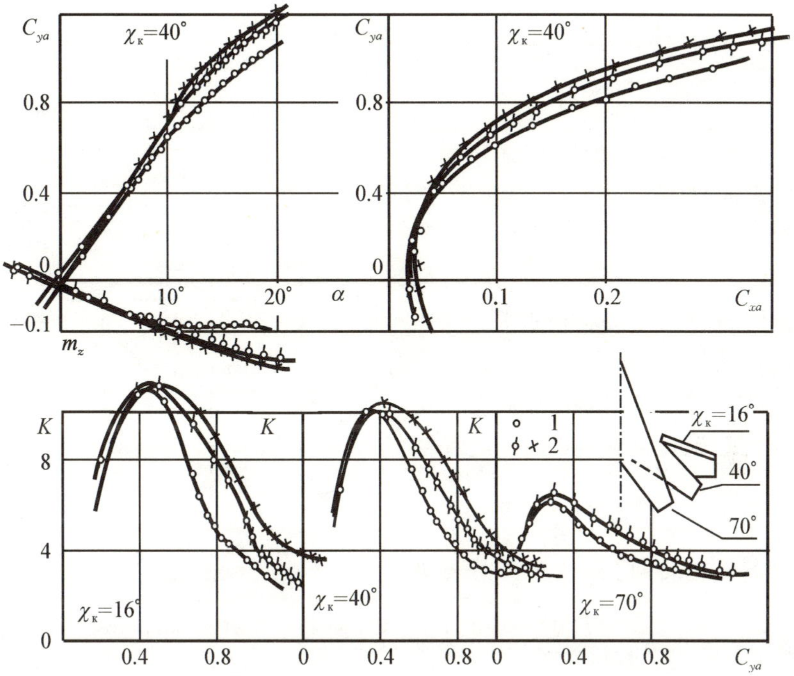

图 3.32　前缘下垂和机翼外翼前缘偏转对模型空气动力特性的影响

1—不带前伸前缘的原始机翼；2—带前伸前缘的机翼、外翼弦增长和前缘下垂的机翼 $\delta_н = 0$ 及 $\delta_н = 10°$

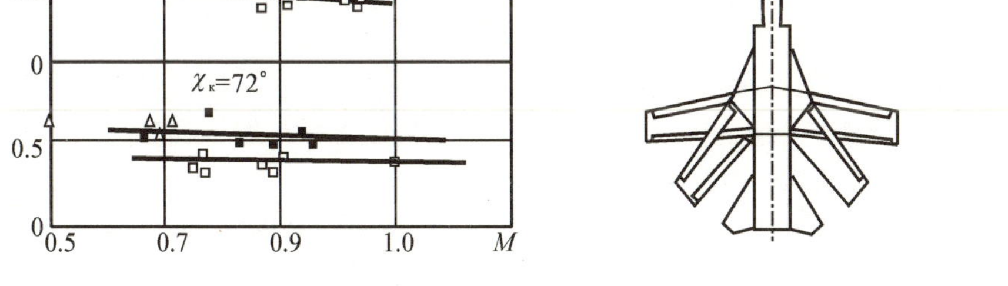

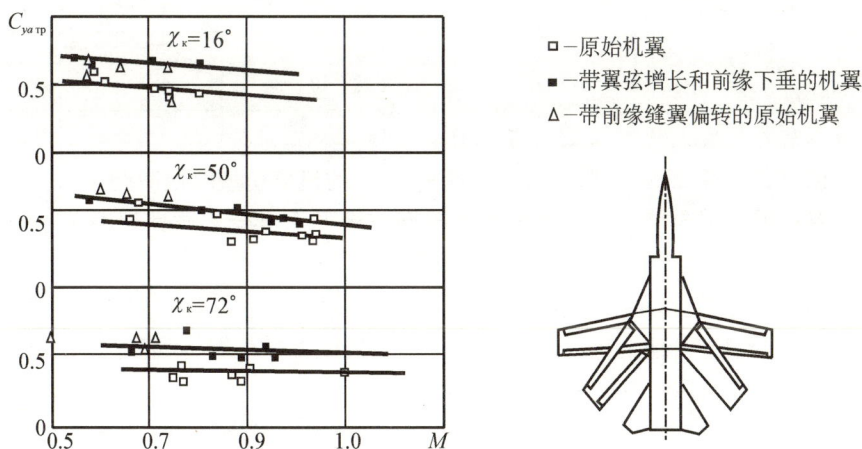

图 3.33　前缘缝翼偏转对抖振开始升力系数——$C_{ya\ тр}$的影响

的机翼构型和外翼全翼展的偏转前缘偏转小角度($\delta_н \approx 8° \sim 10°$)的情况下。只在翼梢段作前缘下垂产生的效应极小。

3.4 变几何形状机翼的起飞-着陆增升装置

在变几何形状机翼的飞机上,起飞-着陆增升装置沿机翼活动外翼的全翼展布置,而横向操纵通常是采用扰流片和差动式水平安定面(见第6章)。

机翼后缘增升装置

对于变几何形状机翼的飞机,可以采用简单偏转的、单缝的、双缝的带小和大导流板的后退式襟翼,小伸出量和转轴在襟翼内的双缝襟翼,由发动机引来压缩空气在其上表面对偏转襟翼吹气(带边界层控制系统——УПС)。

在变几何形状机翼上采用活动外翼全翼展的襟翼在偏转时,与位于部分翼展上的襟翼效率相比,能提高其效率(图3.34)。此外,增大襟翼的展长能减小机翼在大迎角下的诱导阻力(图3.35)。

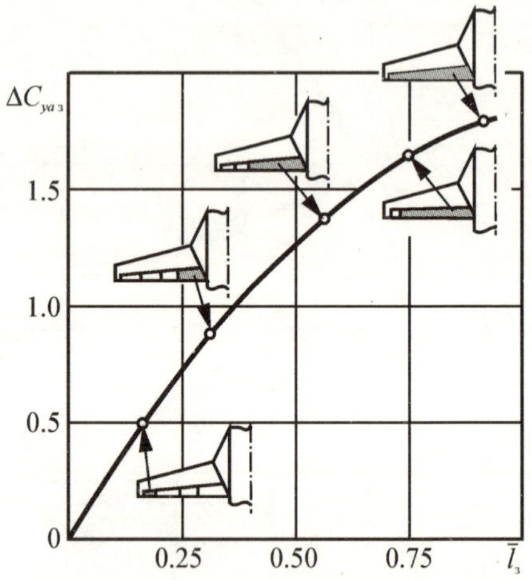

图3.34 在$\delta_з = 50°$时襟翼效率与其相对翼展($\bar{l}_з$)的关系(带边界层控制系统和前缘缝翼)

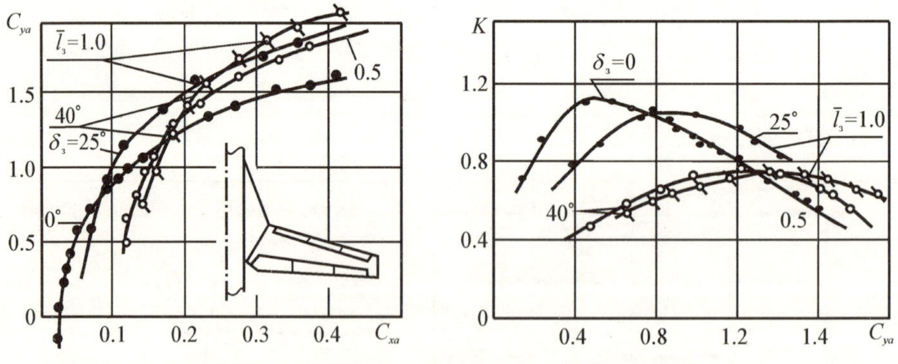

图3.35 襟翼偏转角和相对翼展对模型的极曲线和升阻比的影响($M=0.15$)

在图3.36上举例示出了机翼在展开位置($\chi_к = 15° \sim 30°$)比较3种全翼展增升装置的飞机模型空气动力特性C_{ya},$m_z = f(\alpha)$:简单偏转襟翼、双缝襟翼和带边界层控制系统的襟翼。由于偏转机翼增升装置在图3.37上给出了在$C_{ya} = f(\alpha)$曲线线性变化段上相应的升力系数增量$\Delta C_{ya з} = f(\delta_з)$,这些增量是按同一飞机样机由中央空气流体动力研究院T-101风洞试验取得的。这些和以下换算的曲线图上的所有系数都是相对于机翼收起位置($\chi_к = 70°$)的面积$S_{кр}$和平均空气动力弦长b_A的。

位于活动外翼全翼展上的简单偏转襟翼能保证在$\alpha = 10°$时(C_{ya}曲线线性区域)

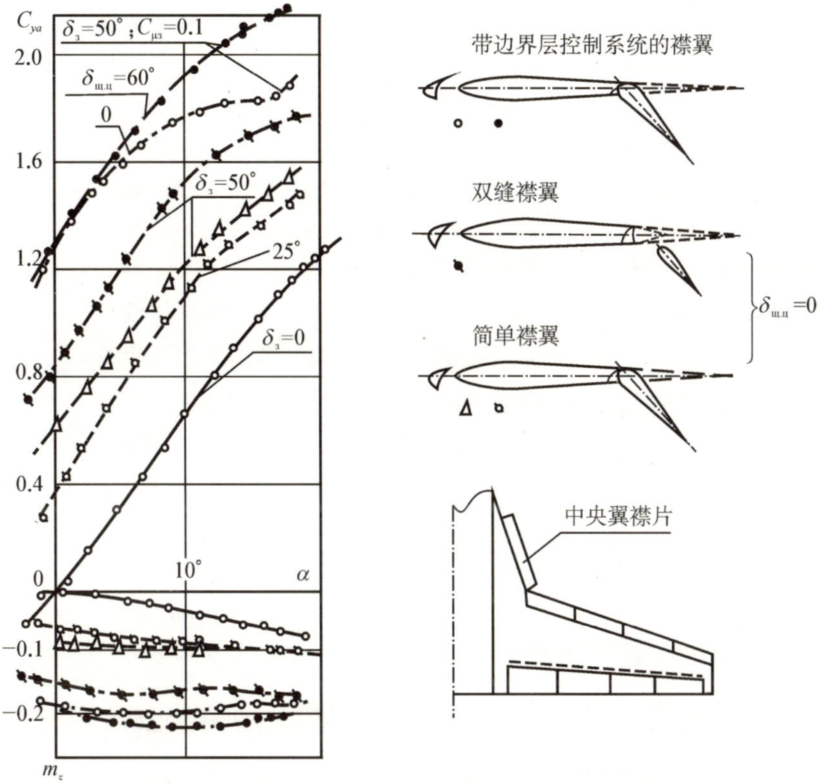

图 3.36　各种方案襟翼的效率比较($\bar{x}_т$=43%CAX)

升力系数的增量，在 $\delta_з=25°$ 时为 $\Delta C_{ya}=0.4$ 和在 $\delta_з=50°$ 时为 $\Delta C_{ya}\approx0.55$。简单偏转襟翼只偏转到 30°～35°是适宜的，再继续增大其偏转角，由于襟翼上出现气流分离，机翼升力增长率大大降低。

开缝式襟翼具有较高的效率。缝隙的存在可以防止襟翼上气流分离，使其平顺、连续的流动保持到很大的偏转角，从而使机翼升力系数增量大大提高。在双缝襟翼最佳偏转角($\delta_з\approx40°$～50°时)，增量 ΔC_{ya} 为 0.9～0.95(图 3.37)。

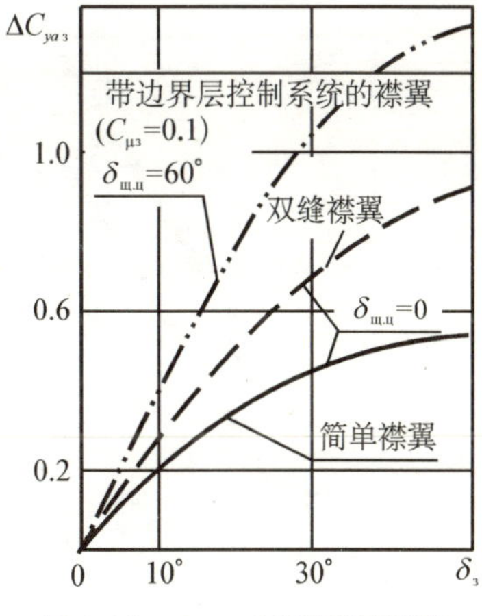

图 3.37　在 $\alpha=10°$ 时偏转机翼后缘增升装置所产生的升力系数增量

双缝襟翼的效率主要取决于襟翼和导流板的几何参数，取决于导流板、襟翼和机翼主要部分之间的相对位置。在导流板和襟翼之间存在缝隙≈1%$b_{сеч}$，与在导流板和机翼主要部分之间存在缝隙≈1.5% $b_{сеч}$，与简单偏转襟翼的效率相比，这样的双缝襟翼的效率能提高很多。导流板-襟翼系统相对机翼主要部分后退量的增加也使襟翼产生升力系数增量的增加。在相对弦长不变的情况下，双缝襟翼的效率主要取决于导流板的相对弦长及其相对厚度。

双缝襟翼最合适的参数：

襟翼相对弦长 $b_з$	$0.26 \sim 0.28 b_{сеч}$；
导流板相对弦长 $b_д$	$0.28 \sim 0.3 b_з$；
襟翼伸出量 $\Delta x_з$	$0.1 b_{кр}$；
偏转角 $\delta_з$	$45° \sim 50°$。

具有小伸出量和位于主襟翼前缘上部的导流板的襟翼保证升力系数增量大而纵向低头力矩增量小。这样的襟翼(图 3.38)保证与大伸出量双缝襟翼(图 3.39)大约有同样的机翼升力系数增量，但在偏转时产生稍小的低头力矩增量。

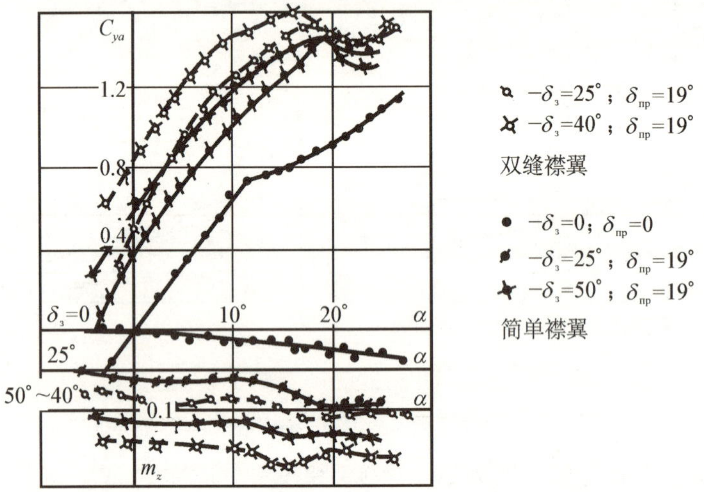

图 3.38 主襟翼前缘上部带导流板的双缝襟翼和前缘缝翼的效率($x_т=32\%$CAX)

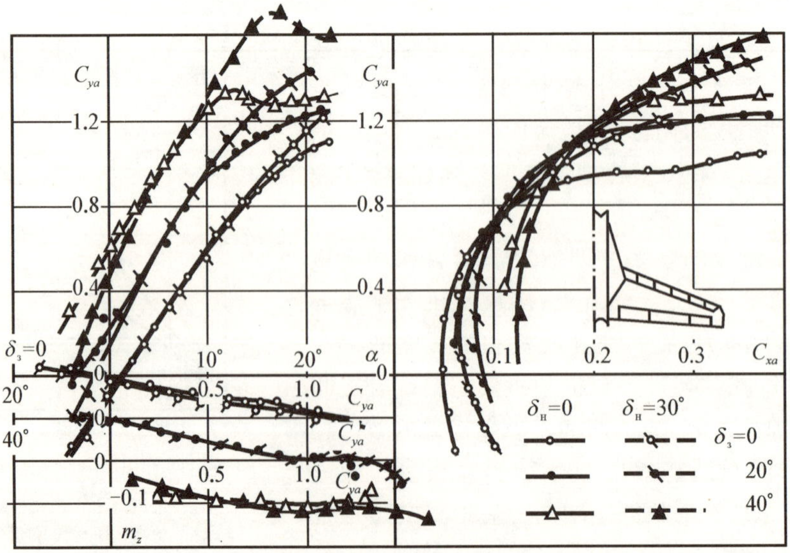

图 3.39 大伸出量的双缝襟翼和前缘襟翼的效率($\bar{x}_т=32\%$CAX)

装有机翼前缘增升装置时，所考察方案的双缝襟翼，在起飞-着陆迎角（$\alpha \approx 10° \sim 12°$）下保证飞机升力系数（不计人配平损失）$C_{ya} \approx 1.4 \sim 1.5$（机翼展开时的参数 $C_{ya} \approx 1.7 \sim 2$），$C_{ya\ \max} \approx 1.6 \sim 1.7$（相应为 $C_{ya\ \max} \approx 2.2 \sim 2.5$）（图 3.38 和图 3.39）。

采用边界层控制系统（УПС）的简单襟翼是一种有效的变几何形状机翼起飞-着陆的增升装置，在偏转大的角度时能得到最大的升力系数增量。

从发动机引来的压缩空气不仅可以用来吹除偏转襟翼时其上表面的气流分离，而且也可以用来在整个机翼活动外翼表面上产生额外的环量。用动量系数 C_μ 值表示压缩空气吹气特性为

$$C_\mu = \frac{\dot{G}_{\text{в}} V_{\text{щ}}}{q_\infty S_0}$$

式中：$\dot{G}_{\text{в}}$——空气质量流量；

$V_{\text{щ}}$——在完全绝热膨胀时从缝隙中流出的气流速度；

q_∞——速压；

S_0——用边界层控制系统的机翼面积。

在图 3.40 上示出了根据中央空气流体动力研究院 T－101 风洞试验，动量系数对有边界层控制系统的襟翼不同偏转角产生的升力系数增量值的影响。可见，在襟翼偏转角小（$\delta_з = 25°$）时，为了恢复其上表面的无分离流动，需要吹气强度 $C_\mu \approx 0.05$。继续增大吹气强度时，由边界层控制系统产生的 ΔC_{ya} 增量减缓下来。在襟翼偏转角 $\delta_з \geqslant 50°$ 时，提高吹气强度伴随着增量 ΔC_{ya} 单调地增加，这说明甚至是在动量值 C_μ 比较大时也不能完全恢复其上表面的无分离流动。

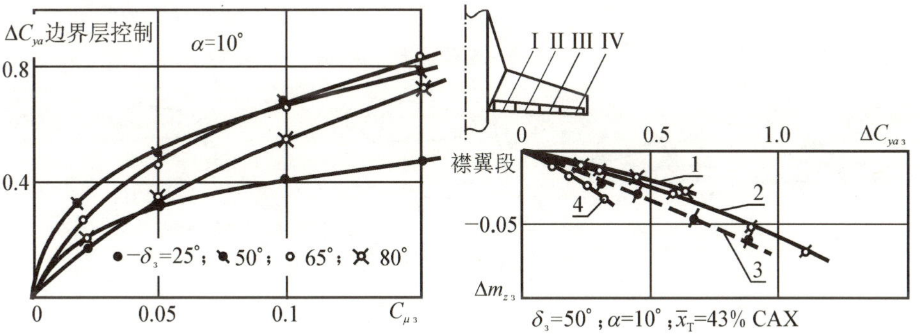

图 3.40　动量系数 $C_{\mu з}$ 对带边界层控制系统的襟翼效率的影响

1—Ⅰ；2—Ⅰ＋Ⅱ＋Ⅲ＋Ⅳ—带边界层控制系统的襟翼，$C_{\mu з} = 0.1$；3—Ⅰ＋Ⅱ＋Ⅲ＋Ⅳ（双缝襟翼）；4—Ⅳ

在吹气强度 $C_\mu = C_{\mu R}$，这里，$C_{\mu R}$ 为消除襟翼上气流分离所必需的吹气强度，襟翼可以偏转很大的角度（$\delta_з = 75° \sim 80°$），并能保持其足够高的效率。然而，对变几何形状机翼在展开位置上最佳的襟翼偏转角度是 $\delta_з \approx 50° \sim 60°$，因为继续增大角度，$\Delta C_{ya\ з}$ 增长速率降低，而偏转襟翼产生的低头力矩增大。边界层控制系统的存在实际上使偏转简单襟翼产生的 ΔC_{ya} 值增加 1 倍。

当简单的、双缝的和带边界层控制系统的襟翼偏转大角度时，变几何形状机翼的升力特性实质性地提高，同时伴随着纵向低头力矩的增长(图 3.36)。

当采用按机翼活动部分整个翼展布置的襟翼时，产生的升力大部分增量主要是靠偏转内侧段和中段襟翼，而偏转翼梢段襟翼作用不大，同时偏转内侧段伴随着纵向低头力矩增量与偏转外侧段产生的增量相比要小得多。这种情况可以采用襟翼各段差动偏转，得到 ΔC_{ya} 增量很大而 Δm_z 增量很小。此时，襟翼内侧段应当偏转很大的角度。

机翼前缘增升装置

在变几何形状机翼的外翼处于展开位置(小后掠角$\chi_к=15°\sim20°$)时，与普通的大展弦比直机翼上一样，按迎角过早地发生气流分离。平顺的无分离流动只保持到迎角 $\alpha\approx8°\sim10°$。当迎角继续增大时，在机翼中央剖面靠近前缘转折处先出现气流分离，而后逐渐地扩展到整个外翼。偏转襟翼，不论是简单的还是双缝式的，在同样的或更小的迎角下导致机翼上表面出现气流分离。

因此，变几何形状机翼处于展开位置，机翼整个前缘，包括固定部分——中央翼都采用增升装置是适宜的。

作为变几何形状机翼的前缘增升装置，采用沿着活动外翼前缘布置的活动的和滑动的前缘缝翼。对增升装置效率产生主要影响的是前缘缝翼的伸出和下垂量以及前缘缝翼和机翼主要部分之间的缝隙尺寸。可能还采用外翼偏转前缘和沿着中央翼前缘布置的特型和非特型襟片。

变几何形状机翼各种类型的前缘增升装置的示意图示于图 3.41。

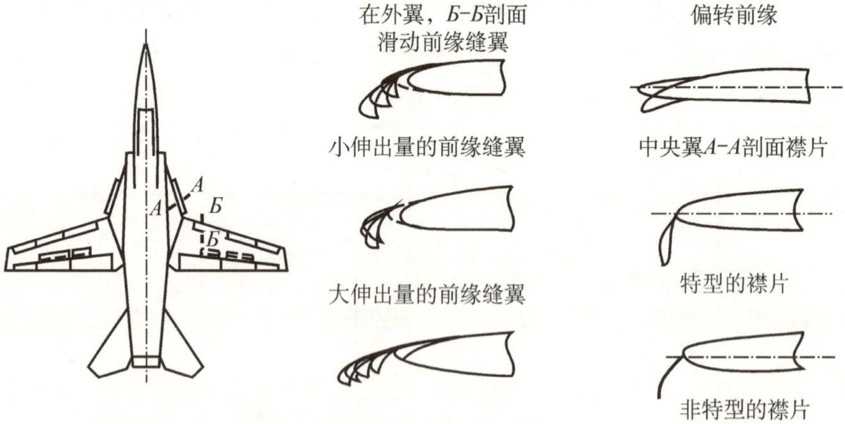

图 3.41　机翼前缘增升装置的种类

偏转机翼前缘增升装置使在大迎角下机翼上表面恢复平顺的无分离流动。当外翼前缘缝翼、中央翼装襟片和双缝襟翼或有边界层控制系统的襟翼偏转时，绕机翼整个上表面的气流平顺地流动达到大的迎角，这将使增升装置产生的高升力系数增量保持到迎角 $\alpha\geqslant20°$(图 3.42)。

前缘缝翼伸出使负压峰值从基本机翼部分移到前缘缝翼并使压力沿基本机翼重新分布，因而 $C_{ya\ сеч}=f(\alpha)$ 的线性变化保持到大迎角。

襟翼偏转使得机翼上表面的负压和下表面的压力沿各剖面全弦长极大地增加，决定着剖面和整个机翼的升力系数增加到对应于无分离流的迎角。襟翼和前缘缝翼共同偏转就使机翼各剖面的压力分布实质性地重新分布，并保证提高机翼的升力特性到大的迎角。

对活动和滑动的前缘附翼和沿外翼前缘布置的偏转前缘，以及在中央翼上布置的特型和非特型襟片效率的变参数研究表明，带缝隙的活动前缘缝翼的效率极大地取决于前缘缝翼相对于基本机翼部分的伸出量、下垂量，机翼前缘和前缘缝翼之间缝隙的相对宽度。在前缘缝翼相对于基本机翼部分的伸出和下垂量增加时，前缘缝翼的效率在大迎角下将极大地提高(图 3.42)。滑动前缘缝翼(无缝隙)的伸出不能保证飞机的 $C_{ya\ \text{сеч}}(\alpha)$ 线性变化关系到大的迎角。飞机上采用双缝襟翼和有边界层控制系统的襟翼时，前缘缝翼在大迎角下的效率增加(图 3.43)。当双缝襟翼偏转最佳角度($\delta_з \approx 40° \sim 50°$)时，开缝活动前缘缝翼会改善 $C_{ya}(\alpha)$关系、飞机极曲线及其在大 C_{ya} 值时的升阻比，这对起飞和着陆状态是极为重要的

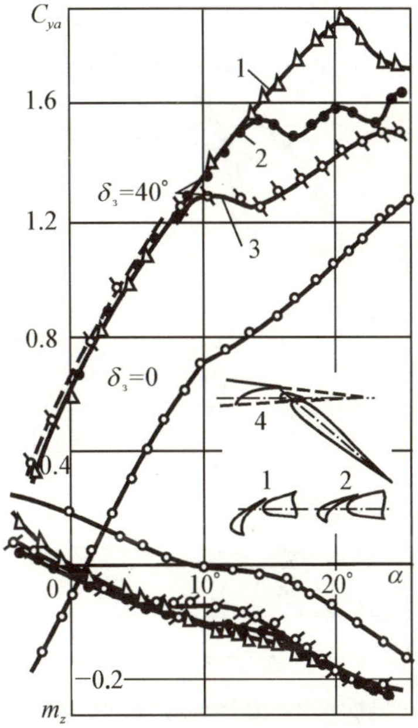

图 3.42　前缘缝翼位置对双缝襟翼效率的影响

1—前缘缝翼位置 Ⅰ；2—前缘缝翼位置 Ⅱ；3—无前缘缝翼；4—双缝襟翼

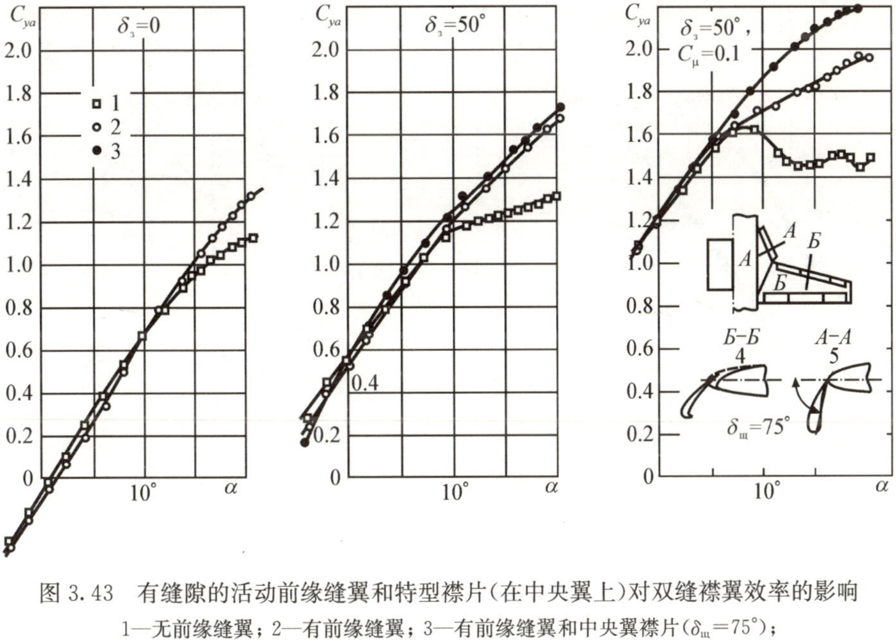

图 3.43　有缝隙的活动前缘缝翼和特型襟片(在中央翼上)对双缝襟翼效率的影响

1—无前缘缝翼；2—有前缘缝翼；3—有前缘缝翼和中央翼襟片($\delta_щ$=75°)；
符号：4—活动前缘缝翼；5—特型襟片

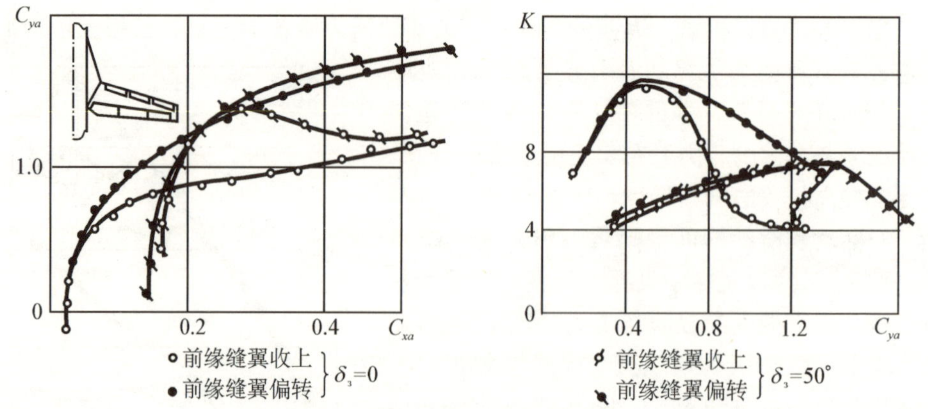

图 3.44　有缝活动前缘缝翼对飞机的极曲线和升阻比的影响($M=0.15$)

(图 3.43 和图 3.44)。

对于多状态机动飞机，作为机翼前缘增升装置可以采用机翼偏转前缘代替活动前缘缝翼(图 3.45)。偏转前缘的效率比活动前缘缝翼的效率稍低些。变几何形状机翼活动外翼全翼展的偏转前缘的偏转，机翼增升装置不偏转和偏转均可保证 $C_{ya}(\alpha)$ 线性变化关系到大迎角($\alpha\approx20°$)(图 3.39)。在迎角 $\alpha>5°$ 时，$C_{ya}(\alpha)$ 和 $m_z(\alpha)$ 的线性特性在外翼全翼展的偏转前缘偏转时可以保证；部分翼展的偏转前缘的偏转不能保证前缘转折附近机翼段的平顺绕流，从而不能保证 $C_{ya}(\alpha)$ 在大迎角下的线性变化。机翼偏转前缘在起飞-着陆状态下，通常偏转近似于 25°～30°角，继续增大偏转前缘的偏转角不能提高其效率。

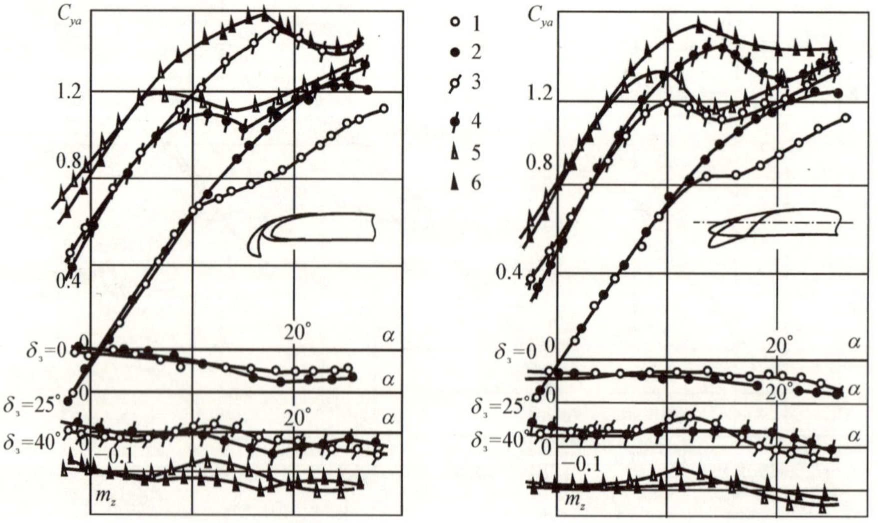

带双缝襟翼和前缘缝翼的机翼

	1	2	3	4	5	6
$\delta_з=$	0	0	25°	25°	40°	40°
$\delta_{пр}=$	0	19°	0	19°	0	19°

带双缝襟翼和偏转前缘的机翼

	1	2	3	4	5	6
$\delta_з=$	0	0	25°	25°	40°	40°
$\delta_H=$	0	20°	0	20°	0	20°

图 3.45　前缘缝翼和偏转前缘的效率比较($\bar{x}_т=32\%CAX$)

襟翼偏转角度大时，特别是襟翼上采用边界层控制系统时，外翼上前缘缝翼的伸出不能保证升力系数和纵向力矩特性的线性变化到大迎角，因为前缘缝翼的伸出虽然恢复了机翼外翼的连续绕流，但不能消除从中央翼脱离的涡束对与中央翼连接的机翼区域的影响。

为了消除靠近前缘转折的机翼段上的气流分离，采用中央翼前缘增升装置是适宜的。中央翼前缘襟片的偏转保证改善翼根和翼中间剖面在大迎角的绕流，特别是在有边界层控制系统的襟翼偏转角度大的情况下。中央翼襟片的效率决定于其偏转角度，并且几乎不取决于其特型设计，同时中央翼襟片的最佳偏转角度是 $\delta_{щ}=60°\sim70°$角。

中央翼襟片的效率还取决于襟片和基本机翼部分之间的缝隙大小，并且在偏转襟片时，无缝隙的襟片比有缝隙的襟片使机翼有更大的临界迎角。

因此，对于变几何形状机翼飞机的起飞-着陆状态机翼处于展开位置时，采用双缝襟翼和有边界层控制系统的襟翼作为增升装置，并且外翼前缘缝翼或偏转前缘和中央翼襟片同时偏转就可以得到升力系数值（不计入配平损失）$C_{ya\,\max}\approx 2\sim 2.5$；$C_{ya}(\alpha=12°)\approx 1.6\sim 2.1$。

在图 3.46 上对于有各种类型增升装置的变几何形状机翼的飞机示出了相对于展开和收起位置机翼参数的 C_{ya}、$m_z=f(\alpha)$ 关系。

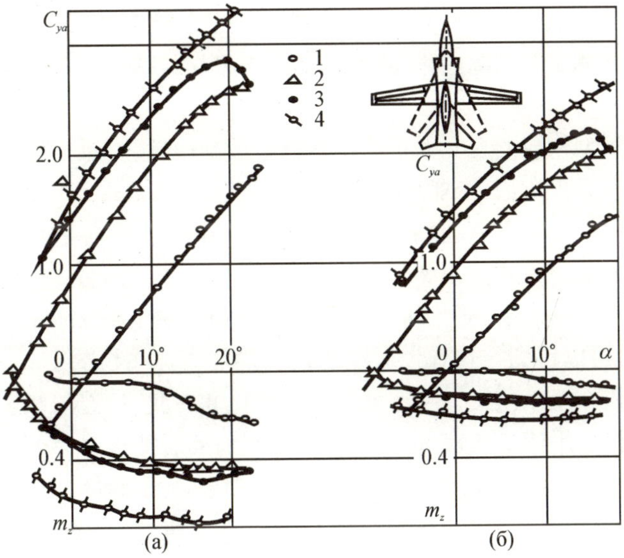

图 3.46　机翼前缘和后缘各种类型的增升装置的效率

(a) 相对于机翼参数$\chi_{пк}=16°$，$\bar{x}_т=5\%$平均空气动力弦长；(б) 相对于机翼参数$\chi_{пк}=72°$，$\bar{x}_т=43\%$平均空气动力弦长。符号—带前缘缝翼：1—$\delta_з=0$；2—双缝襟翼 $\delta_з=50°$，$\delta_{щ}=60°$；3—带边界层控制系统的襟翼 $\delta_з=50°$，$\delta_{щ}=60°$；$C_{\mu з}=0.1$；无前缘缝翼：4—带边界层控制系统的襟翼 $\delta_з=50°$，$\delta_{щ}=60°$，$\delta_н=45°$，$C_{\mu з}=0.1$；$C_{\mu н}=0.15$（$C_{\mu з}$和 $C_{\mu н}$分别为在襟翼和偏转前缘吹气时喷流的动量系数）

计算表明，对于变几何形状机翼的飞机，在 $A_{г.о}\approx 0.25\sim 0.3$ 时，可以得到在 $\delta_з\approx 50°$和 $\alpha=10°$时（计入近地影响）的配平升力系数值：

有简单襟翼　　　　　　　　　　1.2；

有双缝襟翼 1.4～1.5；
有边界层控制系统的襟翼($C_\mu \approx 0.1$) 1.7～1.9。

3.5 变几何形状机翼飞机的空气动力布局

正如上面已经指出，外翼后掠角的改变可以在宽广的范围内改变机翼的几何展弦比，并从而改变飞机的升力特性可达1.5～2.5倍(取决于飞行状态)。变几何形状的机翼，从超声速飞行的观点来看，能有利地改变顺气流方向的相对厚度——在机翼最大后掠角时，其相对厚度变得最小。

研究表明，适当地选择固定中央翼的相对翼展和机翼活动部分与固定部分参数的相互关系，就可以保证在后掠角和 M 数宽广的变化范围内具有可接受的机翼空气动力焦点的移动，包括按外翼后掠角实际上不变的焦点位置。

在外翼后掠角最小时，得到最好的特性是因为此时固定中央翼相对翼展最小(因机翼展弦比最大)。飞机在外翼后掠角$\chi_{\text{пк}}=15°\sim35°$下的最大升阻比随着中央翼相对翼展的增大而单调地减小，然而在大后掠角($\chi_{\text{пк}}\geqslant45°$)时，中央翼为小翼展的飞机的升力和纵向配平升阻比开始显示出较大的损失，所以在 $\chi_{\text{пк}}=55°$时，中央翼相对翼展为0.25～0.35，$K_{\max\,\text{бал}}$看来是最大的。

借助于适当的选择水平尾翼相对于机翼的位置和各种参数，就可能保证飞机在所有飞行状态下有满意的纵向稳定特性，而不需采用传统的后掠机翼改善这些特性的手段(翼刀、锯齿等)。

由高升力翼型构成的变几何形状机翼处于展开位置，可以实现亚声速和跨声速下有高的升力和升阻比值，与亚声速飞机的相应值接近。

由于改变后掠角可以有利地改变相对厚度和展弦比，这样的机翼在超声速下能够保证飞机迎面阻力不超过小展弦比薄机翼超声速飞机的阻力。

在起飞和着陆状态下，变几何形状的机翼的前缘和后缘采用高效率的起飞-着陆增升装置，就可以得到与具有大展弦比机翼的亚声速飞机的 $C_{ya\,\text{пос}}$值相近的高升力系数值。飞机在亚声速飞行状态下的高升阻比和在起飞-着陆状态下的良好的升力特性靠选择机翼平面形状来保证，其特点是有前缘后掠角 $\chi_{\text{пк}}\approx65°\sim70°$的固定中央翼，相对翼展$\bar{z}_{\text{Ц}}=0.25\sim0.35$(以后掠角$\chi_{\text{пк}}\approx15°\sim20°$的展开机翼翼展为参考长度)和后掠角在$\chi_{\text{пк}}=15°\sim75°$范围内变化的转动外翼，以及布置在距飞机对称面$\bar{z}_{\text{о.в}}=0.2\sim0.3$半翼展处的转轴。

机翼处于展开位置的展弦比按基本梯形算为$\lambda=7\sim8$，按计入中央翼及机身所占部分的总面积算相当于$\lambda=5\sim6$。

减小中央翼尺寸并将外翼转轴移近机身，当转动外翼后掠角增大时将引起飞机焦点向后移动量增大、增加机翼重量并将导致在外挂接头*配置有用装载的困难。

* 原文为 угол，应为 узел——译者。

增大中央翼尺寸并将外翼转轴远离机身将引起展开位置的机翼升力特性降低，并且使大迎角下保证可接受的纵向稳定特性问题更加复杂。

机翼外翼用跨声速飞机翼梢段所用的高升力翼型配置，其相对厚度为 8%～10%和相对弯度为$\bar{f}=1.5\%\sim2\%$，向外翼翼尖逐渐增大。中央翼采用相对厚度$\bar{c}=4\%\sim5\%$的对称翼型，前缘半径不大（$\bar{\rho}_{н}=0.25\%$）。

用上述的空气动力布局设计成的机翼就能保证在亚声速飞行状态下最大的升阻比：在飞机机身最大横截面相对面积$\bar{F}=8\%\sim9\%$时，$K_{max}=12\sim13$，在最大横截面相对面积$\bar{F}=1.5\%\sim2\%$时，$K_{max}=18\sim19$，并且在超声速飞行时有足够高的升阻比。

为了保证展开机翼的高升力特性，在起飞-着陆状态下需要有机翼全后缘和前缘的增升装置：

(1) 双缝襟翼，其参数如下：

襟翼弦长	26%～28% $b_{сеч}$
导流板弦长	28%～30% $b_{з}$
襟翼后退量	10% $b_{з}$
偏转角	45°～50°

(2) 前缘缝翼，其参数如下：

前缘缝翼弦长	12%～15% $b_{сеч}$
伸出量	5%～7% $b_{сеч}$
下垂量	4%～7% $b_{сеч}$

(3) 在中央翼固定部分上——襟片。

类似的增升装置可以保证机翼升力特性与迎角的线性关系保持到$\alpha=20°$，并得到最大的升力系数$C_{y\,max}=1.8\sim2$和在起飞及着陆时升力系数$C_{ya}=1.2\sim1.5$。采用边界层吹除的增升装置可以提高$C_{ya\,пос}$到 1.8～1.9。

为了保证纵向操纵的高效率，采用全动平尾。

为了配平有高效率的机翼增升装置保证的高升力系数，水平尾翼的尾容量取为：

$$\bar{A}_{го}=0.25\sim0.3,\ \bar{S}_{го}=0.25\sim0.3$$

减小水平尾翼面积可以通过增大尾臂来达到。

为了保证可接受的横向操纵，如果实际上整个机翼后缘都被增升装置所占用，则采用扰流片操纵与差动平尾相结合。

为了保证令人满意的横向操纵性，机翼活动部分上表面的扰流片，其弦长为垂直于扰流片转轴剖面的机翼弦长的 0.12～0.15，扰流片的展长（在一个机翼外翼上）为机翼半翼展的 0.35～0.4，扰流片的最大偏转角为 45°～50°。扰流片布置在襟翼之前并且可以由几段构成。

对于全动平尾采用展弦比$\lambda=2\sim2.5$、根梢比$\eta=3\sim4$和前缘后掠角到 55°～60°。对于横向操纵，差动值（平尾左右段偏转角之差）为$\Delta\varphi\leqslant5°\sim10°$。从空气动力特性（效率、尾旋特性）观点来看，平尾转轴制成无后掠角（直轴）较为可取。

飞行技术性能和机动特性

飞行中变后掠机翼的飞机布局由于按飞行状态优化外翼后掠角故能保证飞行技术性能的改善。可转动的外翼在每一固定的位置，飞机都有一个确定的飞行技术性能优势(图 3.47)：在后掠角最小($\chi_{пк}=5°\sim30°$)时，有最大的续航时间和航程与最好的起飞-着陆性能；在后掠角最大($\chi_{пк}\approx70°$)时，可实现最大的飞行速度、最大的稳定过载和最大的超声速高度，并保证在近地扰动大气中飞行时有最小的过载；在中等后掠角($\chi_{пк}=30°\sim45°$)时，可实现在亚-跨声速飞行时最大的稳定过载和最大的高度。

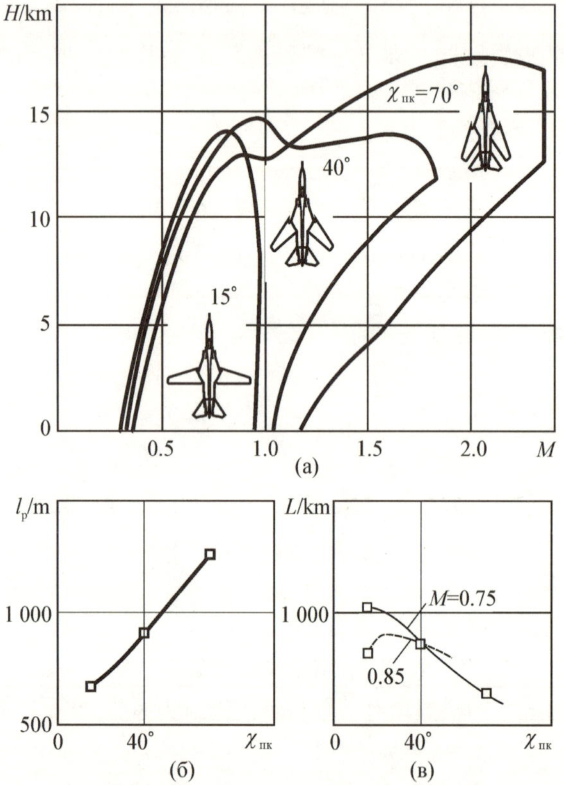

图 3.47 多用途变几何形状机翼飞机的水平稳定飞行状态范围、航程(L)和起飞滑跑距离(l_p)

(a) $P/G_{взл}=0.65$；(б) $G/S=450\ kgf/m^2$ ($1\ kgf/m^2\approx9.8\ Pa$)；
(B) $\bar{m}_т=0.23$($\bar{m}_т$—相对燃油重量$\bar{m}_т=m_т/m_c$，m_c—飞机重量)

当变几何形状机翼的飞机，由于改变机翼后掠角从一个状态过渡到另一个状态，可能比按一个主要飞行状态优化的固定机翼的飞机更能实现极宽的综合飞行性能和机动特性，即采用变几何形状机翼使飞机具有多状态特性。

要得到变几何形状机翼飞机的最大航程和续航时间状态，要给出最大升阻比 K_{max}、$K_{max}M$ 乘积和达到最大升阻比时的升力系数($C_{ya\,K_{max}}$)与飞行 M 数的关系。在图 3.48 和图 3.49 上，示出了变几何形状机翼的机动飞机($K_{max}\approx12$)和运输飞机

($K_{max}\approx18$)布局对外翼不同后掠角状态的最大升阻比与 M 数的典型关系，并与三角机翼和中等展弦比机翼的飞机的升阻比对比。可见，变几何形状机翼飞机在亚声速下能够实现的升阻比，比三角机翼飞机的升阻比高 60%～70%和比中等后掠角机翼飞机的升阻比高 20%～30%。

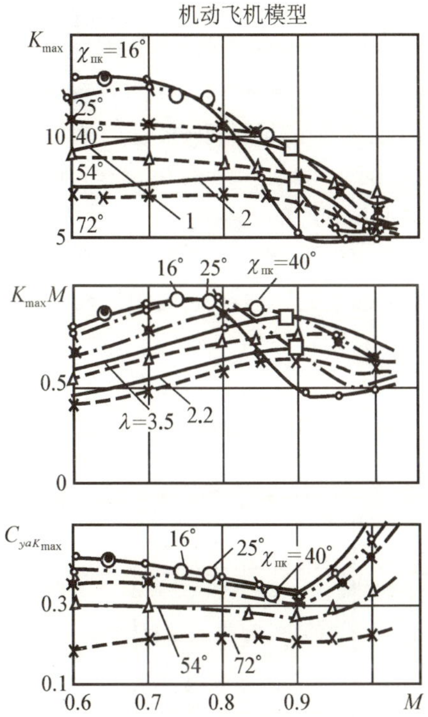

图 3.48 机动飞机模型 K_{max}、$K_{max}M$ 和 $C_{yaK_{max}}$ 与 M 数的关系

1—中等后掠角机翼 $\lambda=3.5$，$\chi_{пк}=40°$飞机；
2—三角形机翼 $\lambda=2.2$，$\chi_{пк}=60°$飞机

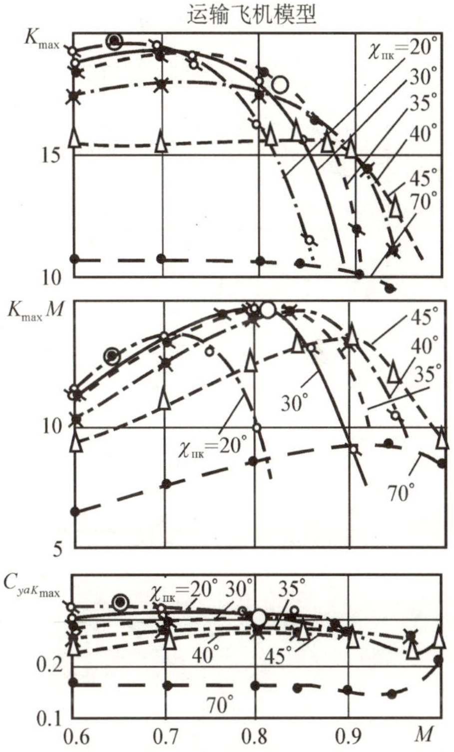

图 3.49 运输飞机模型 K_{max}、$K_{max}M$ 和 $C_{yaK_{max}}$ 与 M 数的关系

两个曲线图所使用的符号：○●△×—变几何形状机翼的飞机模型；○□—$(K_{max}M)_{max}$；⊙—K_{max}

变几何形状机翼飞机的最大升阻比是在小后掠角下达到的，因而比中等展弦比机翼飞机和三角机翼飞机（$M=0.6\sim0.7$）达到这一点的速度小，因此，变几何形状机翼飞机的 $K_{max}M$ 乘积值超过三角机翼飞机的数值不是 60%～70%，而是 30%～40%，而超过中等展弦比机翼飞机的 10%～20%。在 $M=0.75\sim0.85$，后掠角$\chi=15°\sim35°$时有很陡的 $K_{max}M$ 最大值，这取决于飞机的机翼空气动力布局（厚度、外翼转轴沿展向位置、展弦比、机身相对最大横截面等）。

航程和续航时间取决于相对燃油重量，相对燃油重量本身决定于飞机结构相对重量、设备和武器相对重量、发动机比重、推重比，等等。如果在其他相同的条件下，变几何形状机翼飞机的相对燃油重量比普通的中等展弦比机翼的飞机小 3%～5%（由于相应地增加相对结构重量），则与实现升阻比水平有关的其航程将超过中等展

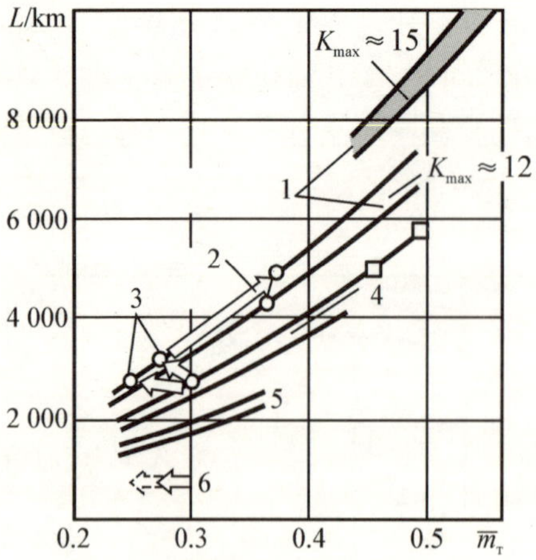

图 3.50 普通机翼和变几何形状机翼飞机的航程比较

1—变几何形状机翼；2—副油箱；3—起飞滑跑缩短 2/3；4—中等后掠角机翼 $\lambda=3.5$，$\chi_{пк}=40°$；5—三角机翼；6—在过渡到变几何形状机翼时 $\bar{m}_т$ 减小

弦比机翼飞机的航程。在相对燃油重量损失很大时，直接赢得航程可能不现实，但增加航程可以靠增加油箱载油量和增加一些起飞滑跑距离来保证(图 3.50)。

变几何形状机翼飞机在低高度飞行时的不同特点是控制导数 C_{ya}^{α} 的能力。在低高度、大速度的长时间飞行时，采用外翼大后掠角导致 C_{ya}^{α} 值减小，由于大气扰动改变迎角时过载变化相对地小：它们相当于机翼后掠角 $\chi=15°\sim20°$ 的飞机在 $M=0.4$ ($V\approx500$ km/h)的过载值。

后掠角减小到 $\chi=15°\sim40°$ 使 C_{ya}^{α} 增大，并且能保证迅速产生大的机动过载的能力(图 3.51)：

$$n_{ya}^{\alpha}=\frac{q}{G/S}C_{ya}^{\alpha}$$

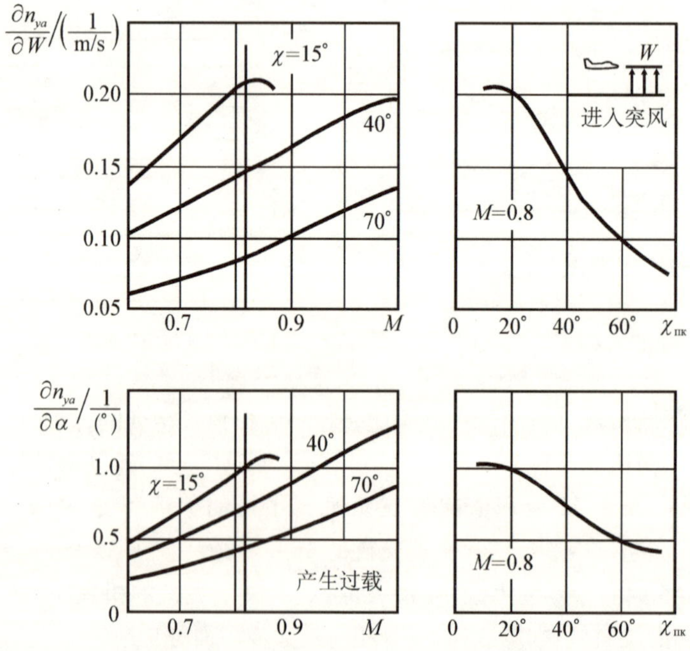

图 3.51 在扰动大气中飞行时后掠角对过载 n_{ya} 的影响(W——垂直突风速度)

这样，在操纵改变迎角时，变几何形状机翼飞机能实现改变迎角 1°的过载增量，比在扰动大气中飞行时非故意改变同样迎角的过载增量大 2～2.5 倍。在保持高机动能力的条件下，变几何形状机翼飞机的这种特性，保证乘员在低高度、长时间飞行

中大大降低疲劳。

在 $M=0.8\sim0.85$ 时改变机翼后掠角不会使航程发生明显的变化。

极小高度的航程取决于翼载、飞行速度和外翼后掠角。然而在 $M\approx0.8$($V\approx1\,000$ km/h)范围内，翼载 $G/S=350\sim500$ kgf/m^2(1 kgf/m$^2\approx9.8$ Pa)时，飞机的阻力实际上不取决于外翼的位置，这保证了在改变机翼后掠角时公里耗油量的差别不大。

在 $M>0.85\sim0.9$ 时，增大外翼后掠角能确保变几何形状飞机阻力 G_{xa0} 大大减小和减小需用推力，因而变几何形状机翼飞机不像中等后掠角固定机翼飞机，在高的推重比下才能在低高度达到超声速的飞行速度。

起飞-着陆特性

对于起飞推重比 $P/G>0.6$ 的飞机，需用的跑道长度由着陆滑跑决定，在 $P/G<0.5$ 时由起飞滑跑决定。这预先决定了机翼升力特性和航程(活动半径)之间的关系。如果把带外挂的载重或油箱的起飞重量当作设计值，则根据起飞条件需用的跑道长度将等于根据它着陆条件的长度。起飞构型的飞机升力特性越高，则它能拥有更大的航程，并能携带更多的装载重量(图 3.52)。

变几何形状机翼具有高的升力特性——在起飞和着陆时它们能保证 $C_{ya}=1.2\sim1.6$，这就能够使重量超过正常起飞重量 20%～25%(不带副油箱和载重)的飞机从保证着陆的跑道上起飞(图 3.52 和图 3.53)。

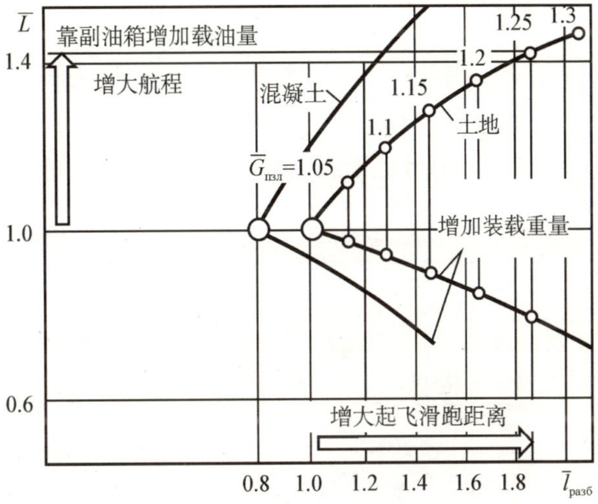

图 3.52　飞机相对航程与相对起飞滑跑距离的关系

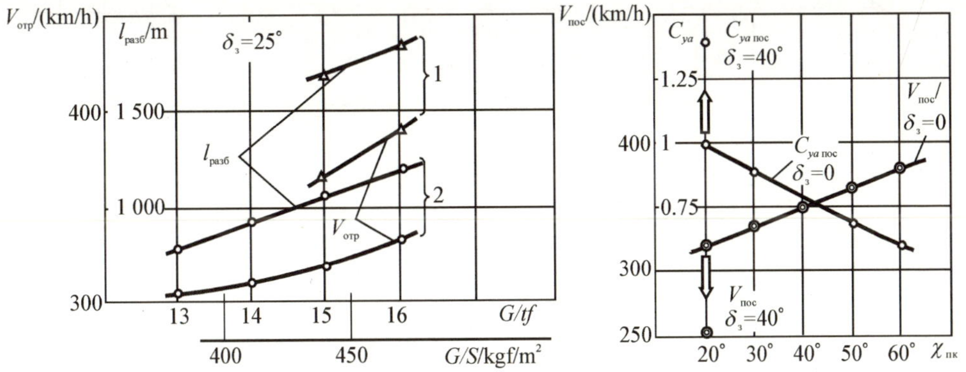

图 3.53　变几何形状机翼飞机的起飞-着陆性能($V_{пос}$，$V_{отр}$，$l_{разб}$；飞行试验)

1—固定机翼 $\chi_{пк}=60°$ 飞机；2—变几何形状机翼飞机，$\chi_{пк}=30°$

起飞构型的高升力特性与巡航飞行时高升阻比同等重要。可用的起飞升力系数的增大，不仅对缩短正常起飞重量下的起飞滑跑距离，而且对增加飞机活动半径和在增大起飞重量时提高载重重量都具有头等重要的意义。

充分利用变几何形状增加机翼起飞时的升力特性，就能使这样机翼的飞机具有的巡航航程，比在同样长度的起飞跑道的机场上使用的单一形式小展弦比机翼的飞机增加 1.5～2 倍，或可多载约 20%起飞重量的额外重量升空。

飞机的机动能力决定于可用的纵向过载 n_{xa} 和法向过载 n_{ya} 以及稳定盘旋过载 $n_{ya\ уст}$。在飞机对比时，要确定最大垂直速度（快速爬升性能）和最大稳定过载。

最大快速爬升率和最大稳定过载通常是在 1 km 和 5 km 高度上加以研究。在低高度上过载可能受强度限制。

在亚声速飞行速度下，对应于零升力的飞机阻力实际上不取决于转动外翼的位置，因此，在 $n_{ya}=1$ 时可用的纵向过载对于低高度高亚声速（大速压）、现代飞机所特有的推重比下，实际上也不取决于外翼后掠角。在这些飞行状态下，需要的稳定垂直速度只能用选择推重比加以保证。

变几何形状机翼的飞机可以在每一飞行速度利用能保证最大稳定过载的那种外翼位置（图 3.54）。

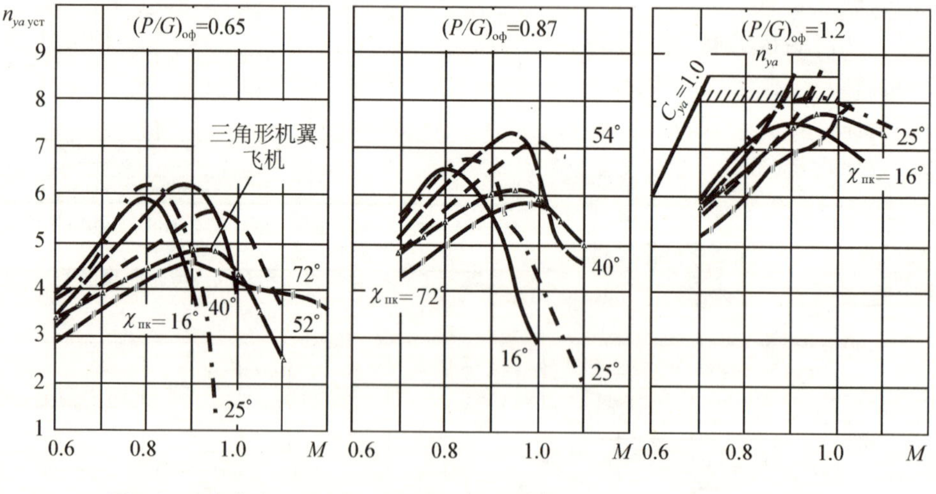

图 3.54 在高度 $H=1$ km$(G/S)_{расч}=400$ kgf/m^2(1 kgf/m$^2\approx$9.8 Pa)时稳定过载 $n_{ya\ уст}$ 与 M 数、推重比和飞机外翼后掠角的关系

在低飞行高度、法向过载不大的增速和垂直机动，在 $M<0.8$ 时采用外翼后掠角 $\chi_{пк}\approx25°\sim30°$，在 $M>1.1\sim1.2$ 时采用后掠角 $\chi_{пк}\approx70°$ 是适宜的。在以大过载机动时，随飞行速度增加而增大后掠角如图 3.55 所示，或以外翼中等后掠角 $\chi_{пк}\approx40°$ 作机动是适宜的。

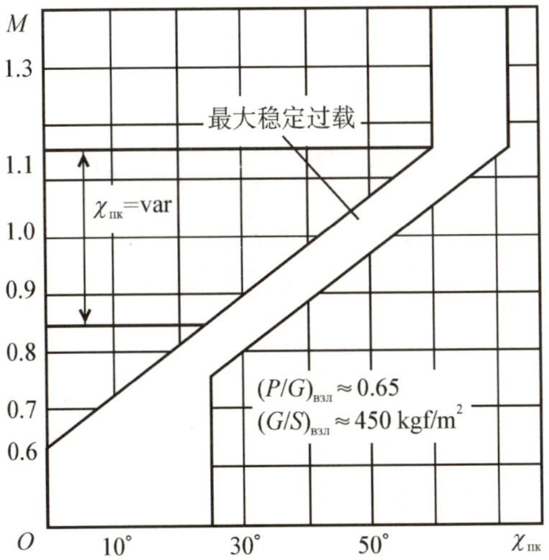

图 3.55　与 M 数和机翼外翼后掠角有关的稳定过载 $n_{ya\ уст}$ 最大值的范围

参考文献

[1] Лебедь Н К, Груздов А Ф, Дорохова З К, Оводкова К И. Влияние парамстров крыда и Фюзеляжа на аэродинамические характеристики моделей самолетов с крылом изменяемой геометрии [C]. Тр. ЦАГИ, 1969.

[2] Лебедь Н К, Онькова Л Н, Ощепков Г Е, Петров А В. Исследования эффективности различных видов взлетно-посадочной механизации и продольная балансировка самолета с крылом изменяемой геометрии [C]. Тр. ЦАГИ, 1969.

[3] Логинов И П, Якимов Г Л. Расчетные и экспериментальные исследования аэродинамических характеристик неплоских крыльев с изменяемой стреловидностью при околозвуковых и сверхзвуковых скоростях [C]. Тр. ЦАГИ, 1969.

[4] Штейнберг Р И, Терехова В А. Крылья изменяемой геометрии с малым изменением положения фокуса при повороте консоли [J]. ТВФ, 1970, №4.

[5] Арнольдова Г Г, Иродов Р Д, Медвежникова Л А. Режимы нолета, основные летные данные и маневренные возможности самолетов с крылом изменяемой геометрии [C]. Тр. ЦАГИ, 1971.

[6] Бюшгенс Г С, Александров Г В, Белоцсрковский С М, Загайнов Г И, Иродов Р Д, Лебедь Н К, Микеладзе В Г, Николаева К С, Штейнберг Р И, Якимов Г Л. Аэродинамика самолетов с крыльями изменяемой геометрии. (Монография) [C]. Тр. ЦАГИ, 1980.

第4章　复杂平面形状机翼超声速飞机空气动力学旋涡控制

4.1　复杂平面形状机翼空气动力学及其对超声速客机(СПС)的应用

中央空气流体动力研究院(ЦАТИ)在20世纪60年代就开始大力研究新类型的升力面——复杂平面形状机翼。这种机翼是中等展弦比的原始机翼与前伸的很小展弦比边条的组合(图4.1)。这里原始机翼和边条的平面形状可能是各式各样的,例如,原始机翼可能有梯形的、后掠形的和三角形的,而边条可能是三角形的、拱形的和长方形的,等等。

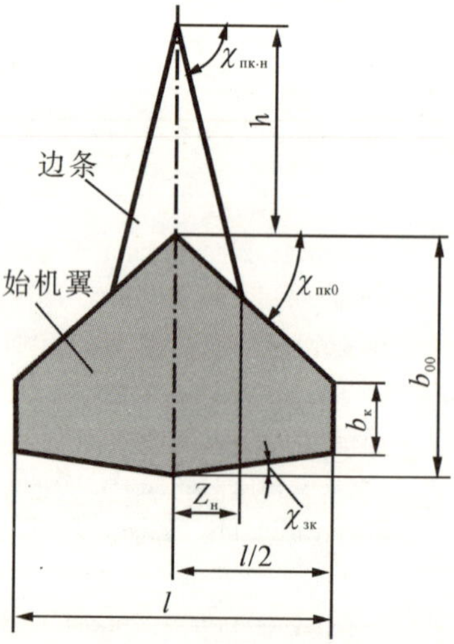

图4.1　复杂平面形状机翼——原始机翼与边条的组合

通过相应的选择原始机翼和边条的几何参数可以形成升力面,使其低亚声速时的气动焦点位置与既定超声速巡航速度时的气动焦点位置之差达到给定值,其中包括其差为零(图4.2)。从而可能解决按无尾或有很小平尾布局设计的飞行器在超声速飞行时没有很大的损失升阻比的纵向配平问题。

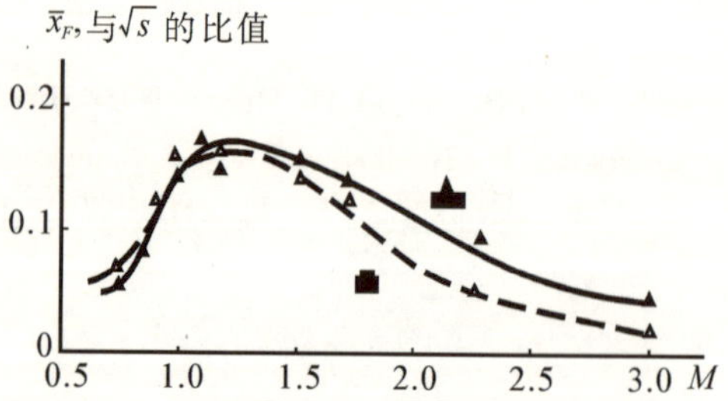

图4.2　验证具有给定低亚声速和超声速气动焦点位置差值的升力面设计原理的初步实验结果

进一步的计算和实验研究除发现已指出的基本特点外,还揭示出复杂平面形状机翼的一系列重要特性:

——亚声速时复杂平面形状机翼的升力特性有保持到大迎角的有利非线性特性,因此,这种机翼的可用升力显著大于原始机翼(图4.3),它保证了达到更好的起飞-着陆和机动性能的可能性;

——由于复杂平面形状机翼在有边条的地方翼弦很长,可以实现很小的

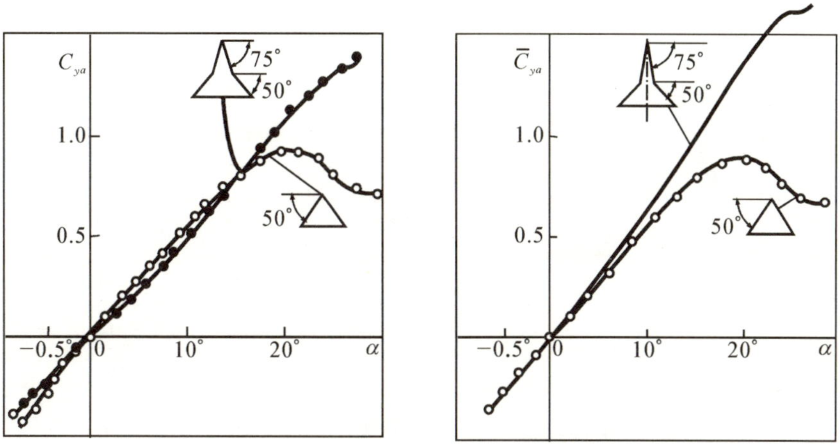

图 4.3　复杂平面形状机翼和原始机翼在低速时的升力特性

（确定系数 $\overline{C}_{ya}$ 时，采用基本机翼面积作为特征面积）

翼型相对厚度 $\overline{c}_{max}\approx 2\%\sim 2.5\%$，这样导致降低波阻和提高 $M>1$ 时的 K_{max}，并保证了很大有效容积，足以存放燃油。

——有大后掠角边条的复杂平面形状机翼在大部分翼展上，一直到大 M 数，都保持亚声速前缘。这样，在超声速巡航速度时依靠优化机翼中弧面形状，有可能获得 K_{max} 和 m_{z0} 值的明显收益(图 4.4)。

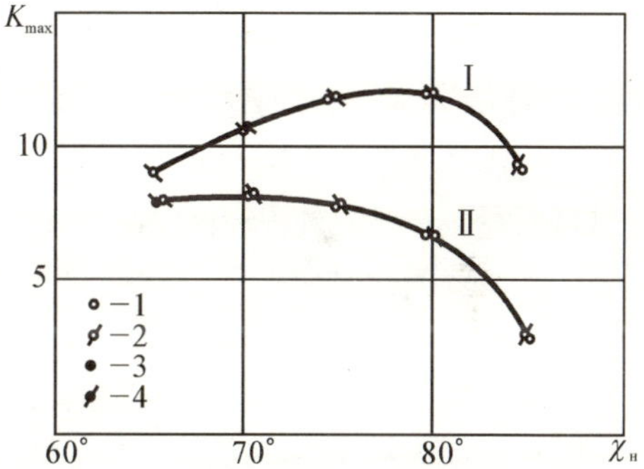

图 4.4　在复杂平面形状机翼上优化中弧面形状在超声速巡航速度时得到的 K_{max} 值收益 ($M=2.3$；$\overline{z}_H=0.5$)

Ⅰ—非平面机翼；Ⅱ—平面机翼；1—$\chi_0=45°$；2—50°；3—55°；4—60°

——复杂平面形状机翼，在沿来流很长的长度上产生升力，它能够减弱声爆。

——由于复杂平面形状机翼的翼弦长，相应的 Re 数大，亚、跨、超声速飞行时摩擦阻力都小。

——亚声速时相对小的摩擦阻力在很大程度上弥补了小展弦比引起的诱导阻力的增大，此外，开始激波失速的点向大 M 数方向移动，因此，在跨声速($M\approx 0.95$)有复杂平面形状机翼的布局可能比有传统的大展弦比机翼的布局获得较高的 K_{max} 值。

——超声速和高超声速飞行时，采用复杂平面形状的机翼保证达到高水平的气动完善性。

——因复杂平面形状机翼能实现沿弦向和展向较均匀的结构载荷，具有有利的结构与强度特性，并且其展弦比小，减小了设计根部剖面的弯矩。

这样，只有复杂平面形状机翼有可能既在超声速也在亚声速和高超声速时获得良好的气动特性。毫不意外，这种机翼在俄罗斯和国外许多设计的超声速机动和非

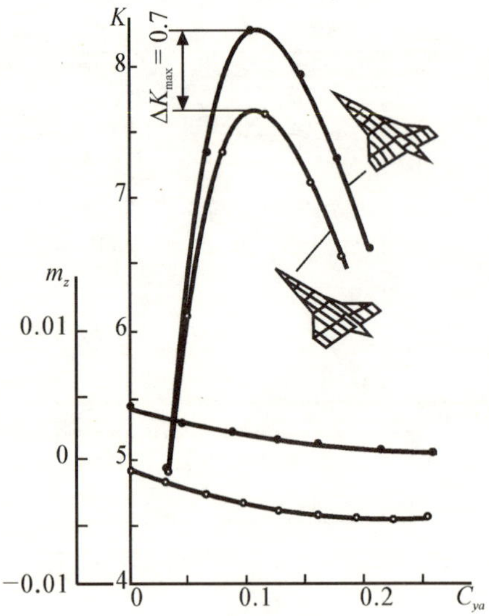

图 4.5 在 CПC 课题模型上实验验证优化中弧面形状获得 K_{max} 值的显著收益可能性

机动飞机，直到航天飞机“Shuttle”和“暴风雪”上都得到广泛应用。

对于实质上是双状态飞机的超声速客机，十分重要的是既在超声速($M\approx2$)也在亚声速($M\approx0.95$)的巡航状态保证有效的飞行，复杂平面形状机翼满足了这种要求。

在中央空气流体动力研究院进行的研究表明，将前缘拐折处修圆实际上不影响升力特性，但使大迎角时的纵向静稳定性变坏。因此，在图-144 试验机上机翼设计成单折点的直线前缘，边条和外翼的后掠角分别为 $\chi_{пк.н}=78°$ 和 $\chi_{пк0}=55°$。

中央空气流体动力研究院进行的理论和实验研究能获得最佳的中弧面形状，它保证得到最大升阻比值的收益在 $M=2.27$ 时为 $\Delta K_{max}\simeq0.7$ (图 4.5)。

同样指出，在机翼前缘范围采用一段或两段偏转的自适应增升装置能提高在跨声速和中等超声速飞行时的升阻比(图 4.6)(这个建议在图-144 上未能实现，因提出建议时图-144 批量生产飞机的生产已经结束)。

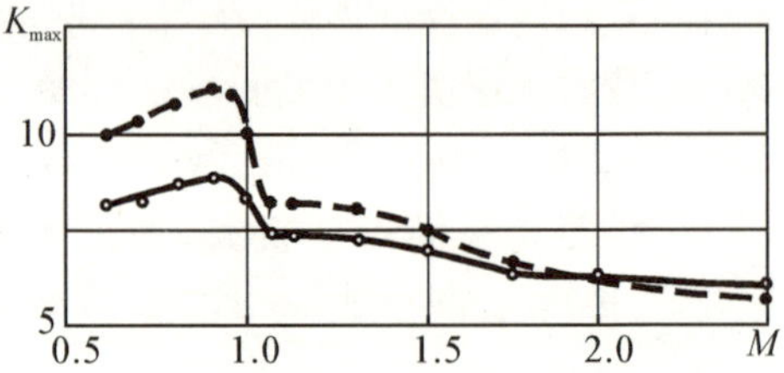

图 4.6 由机翼前缘下垂提高具有复杂平面形状机翼的 CПC-1 模型的 K_{max} 值

实线—前缘不下垂；
虚线—前缘下垂 ($b_н=0.125\,b$)

目前在俄国针对研制第二代超声速客机——CПC-2 正进行研究工作。这些研究在很多方面都基于图-144 的研制经验。

深入的预先研究结果表明，与 CПC-1 比较，CПC-2 有显著提高升阻比的实际可能性。作为例子，图 4.7 示出在中央空气流体动力研究院深入研究的 CПC-2 气

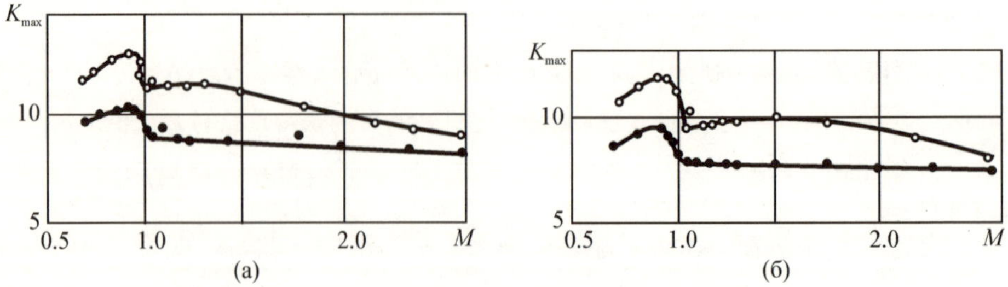

图 4.7 在中央空气流体动力研究院风洞 T-112 和 T-113 中模型 CПC-1 和 CПC-2 的实验研究结果

CПC-1—实心圆点曲线；CПC-2—空心圆点曲线

动布局方案之一的实验数据。在全尺寸条件下评估的 СПС－2 K_{max} 水平表示在图 4.8 上。

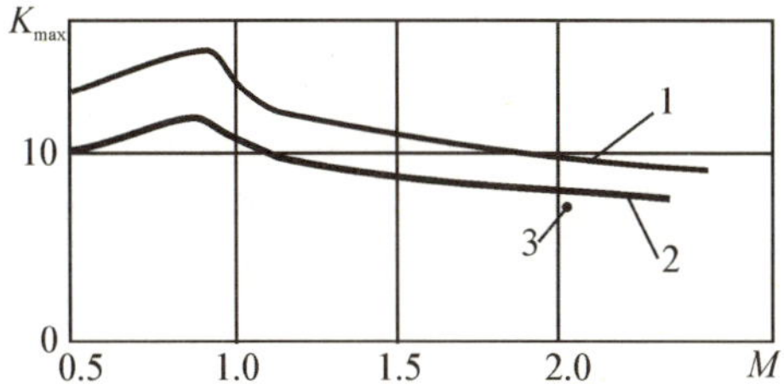

图 4.8　评估全尺寸 СПС－2 的 K_{max} 实际可能的值(1)和给出的 СПС－1 值：图－144(2)与“协和号”(3)

当地噪声向 СПС－2 提出硬性要求时，为满足这种要求，特别是必须显著提高起飞状态的升阻比。中央空气流体动力研究院进行的研究表明，提高这种状态升阻比的有效措施是，采用组合偏转升降副翼和基本翼外翼的前缘增升装置，后者设计成偏转前缘或涡襟翼(图 4.9)。

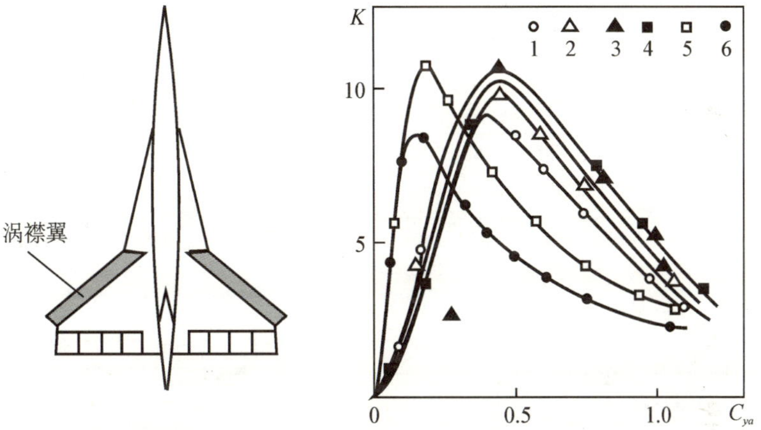

图 4.9　采用前缘涡襟翼形式的机翼增升装置与偏转升降副翼组合是在起飞高升力系数时提高升阻比的有效措施 ($M=0.15$, $\bar{h}_{экр}=0.15$)

1、5、6—$\delta_{зв}=0$；2—5°；3—10°；4—15°；1～4—$\varphi_{щ}=30°$；5—$\varphi_{щ}=0$；6—$\varphi_{щ}=0$，$\bar{h}_{экр}=\infty$

4.2　大迎角时提高薄机翼升力特性和升阻比的原则

在亚声速大迎角($\alpha \geqslant 15°$)范围飞行时，前缘边条是提高中等展弦比薄机翼升力特性的有效措施。边条的应用是建立在利用尖前缘狭窄三角机翼($\lambda \leqslant 2$, $\chi_{пк} \geqslant 65°$)的绕流特性基础上：沿前缘产生顺着涡轴有很大速度的强涡束($V_{oc}/V_{\infty}=1.5 \sim 3$；图 4.10)。这种稳定的涡流在大迎角(当 $\lambda=1.5 \sim 1.0$ 时，$\alpha=25° \sim 30°$)之前位于这些机翼翼面的上方，并沿气流方向扩散，在大迎角范围它既对作用在机翼本身、也对作用在机翼后面的飞机气动布局部件的力和力矩有决定性的影响。

机翼上产生随迎角变化的非线性升力增量，当 $\alpha=25° \sim 30°$时其大小与位流(在前缘没有分离涡)升力相当。在涡破裂点位于机翼后缘的迎角范围内，小展弦比机翼的升力系数变化可按“吸力类比法”确定(图 4.11)，该方法与实验符合得很好。

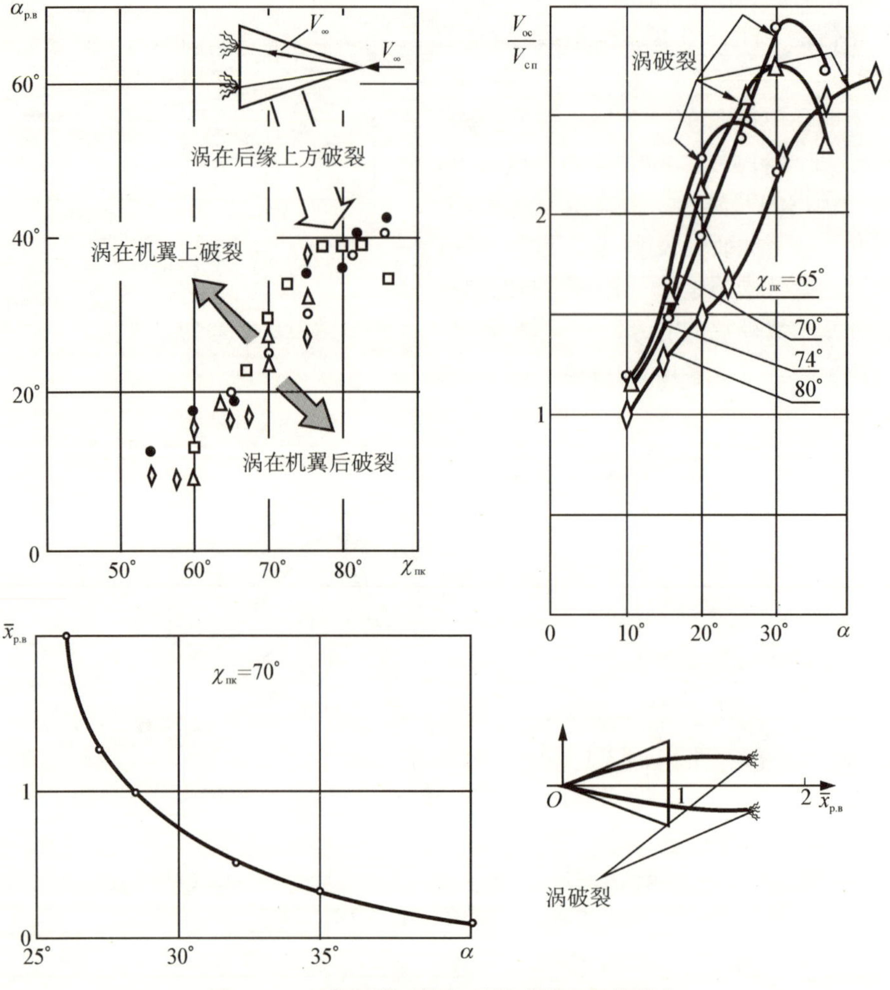

图 4.10 三角机翼后掠角对涡破裂迎角的影响

对于三角机翼：

$$C_{ya} = C_{ya\ п} + C_{ya\ в} = C^{\alpha}_{ya\ п}\sin\alpha\cos^2\alpha + \pi\sin^2\alpha\cos\alpha$$

式中：$C_{ya\ п}$和 $C_{ya\ в}$——位流和涡升力系数分量；

$C^{\alpha}_{ya\ п}$——迎角 $\alpha=0$ 时位流升力系数分量导数。

$$\frac{C_{ya\ в}}{C_{ya\ п}} = \frac{\pi}{C^{\alpha}_{ya\ п}}\tan\alpha \approx \frac{2}{\lambda}\tan\alpha$$

当涡破裂点到达机翼后缘时升力系数开始接近峰值，其增长速度降低；升力系数在 $\alpha=30°\sim40°$时达到最大值。$C_{ya\,\max}$的最大值(≈1.3)对应于展弦比 $\lambda=1\sim2$ ($\chi_{пк}=75°\sim65°$；图 4.11)的三角机翼，机翼前缘修圆导致显著降低涡升力分量。对于其他平面形状的狭窄机翼(拱形、交弧形、S 形，等等)也存在类似的规律。

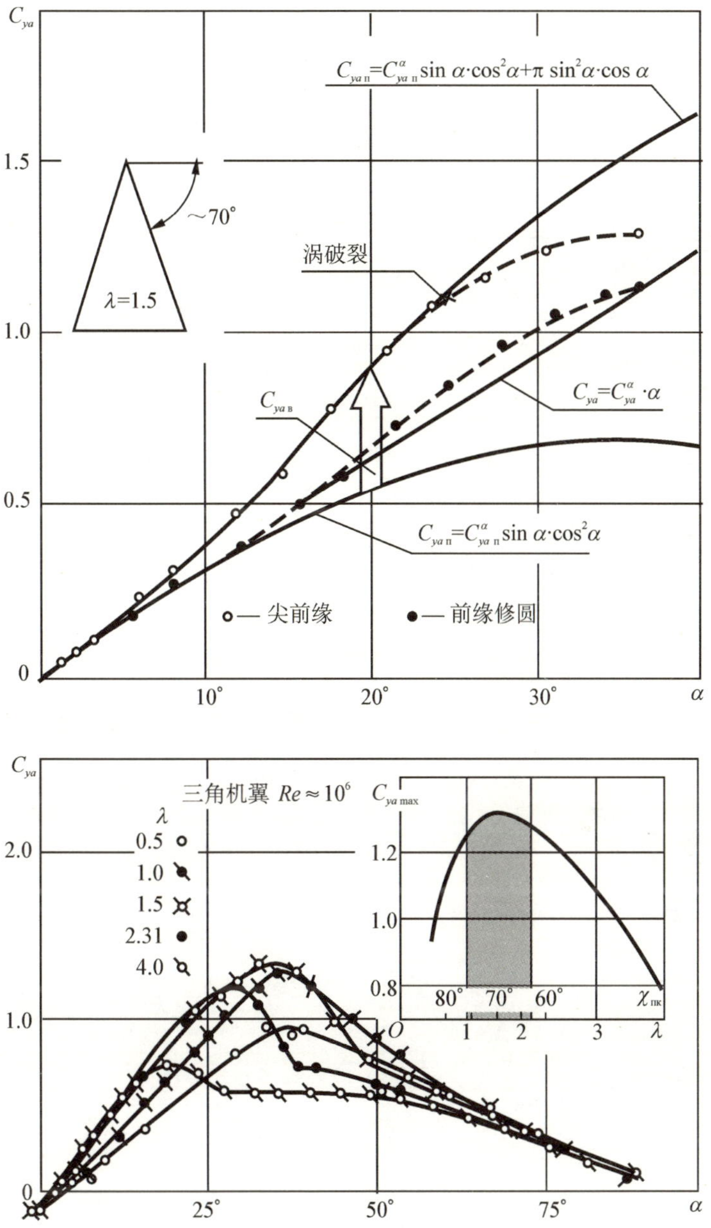

图 4.11　前缘修圆和展弦比对三角机翼 $C_{ya}(\alpha)$关系曲线的影响

利用狭窄的三角机翼或狭窄的其他形状机翼作为边条，配置在中等展弦比和中等后掠角薄机翼($\bar{c}\approx5\%\sim6\%$、$\lambda=2.5\sim4$、$\chi_{пк}=30°\sim40°$)的前面，可改变在超过无边条机翼临界迎角时的外翼绕流特性(图 4.12)，边缘涡(外翼前缘脱出的涡)在边条涡的作用下向机翼稍部剖面移动，结果显著扩大外翼的无分离流动区。外翼和中央翼处在边条涡下面的部分产生吸力区；受边缘涡影响的外翼部分存在吸力。直到$\alpha\approx24°$在机翼大部分上表面上都可以观察到有规律的流动。

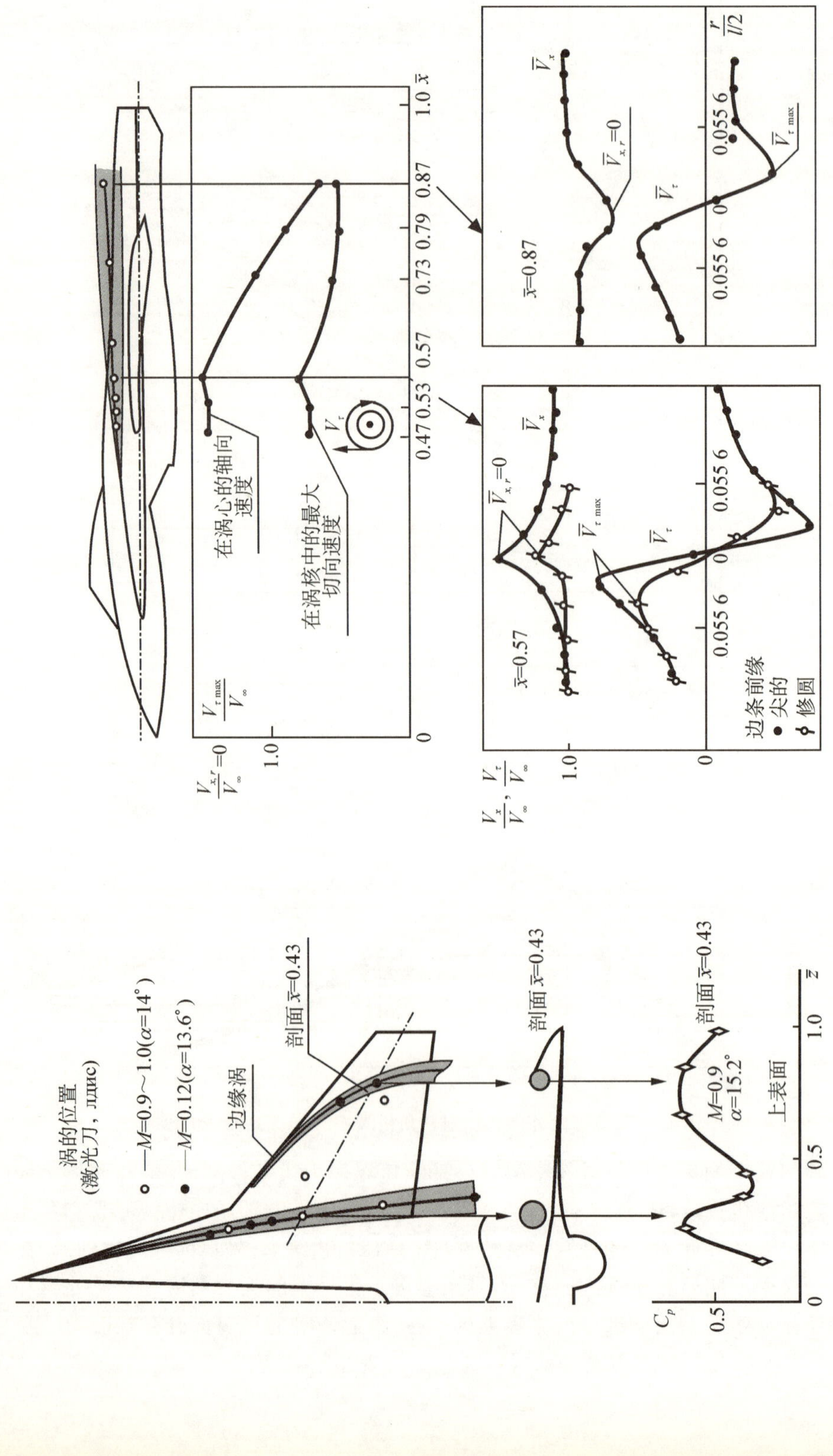

图 4.12　在有边条的中等后掠机翼上涡的位置，涡核中速度的分布

应该强调指出，边条前缘应是尖的。圆前缘导致降低涡的强度和涡核的轴向速度，并减小有边条机翼在大迎角时的升力系数，这一方面是由于降低了边条本身的升力特性，另一方面也由于减小了外翼的吸力。

载荷分布计算和实验研究表明，配置边条时，在小迎角机翼根部剖面上(边条宽度上)的载荷分布在较长的翼弦上，减小了前缘吸力峰值。大迎角时有前边条的机翼上前缘区很陡的吸力峰值消失，但沿翼弦的压力梯度变得不大，并且增大吸力的区域实际上扩大到机翼后缘。在大部分半翼展上提高剖面升力系数。只是在梢部剖面($\bar{z} \geqslant 0.6$)发现 $C_{ya\ \text{сеч}}$ 在 $\alpha = 12° \sim 14°$时不再增长。随着迎角增加，载荷在机翼中央剖面的比例增大(图 4.13)。总之，在中等展弦比和中等后掠机翼前面配置边条，大迎角($\alpha = 20° \sim 40°$)系数增量超过单独边条产生的升力系数(图 4.14)。

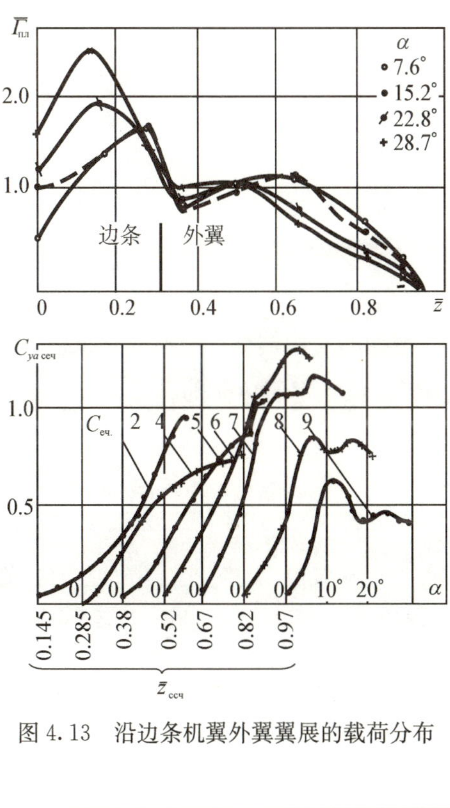

图 4.13 沿边条机翼外翼翼展的载荷分布

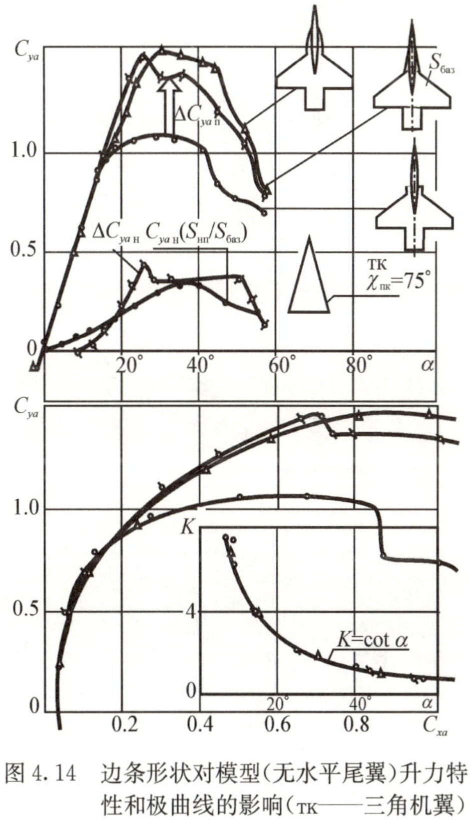

图 4.14 边条形状对模型(无水平尾翼)升力特性和极曲线的影响(ТК——三角机翼)

所研究的有边条中等展弦比机翼的绕流结构——在边条的尖前缘产生涡，涡在边条后机翼上方及在更远处扩散，外翼上的边缘涡和气流分离区向梢部剖面移动——一直保持到高跨声速(图 4.12 和图 4.15)。

中等展弦比机翼上配置边条，大迎角时升力可能增加百分之几十(图 4.14 和图 4.15)。由配置边条产生的升力系数增量实际上直到 $M = 0.6 \sim 0.8$ 都不变，$M = 0.9$ 时可能减小 20%～30%(图 4.15)。

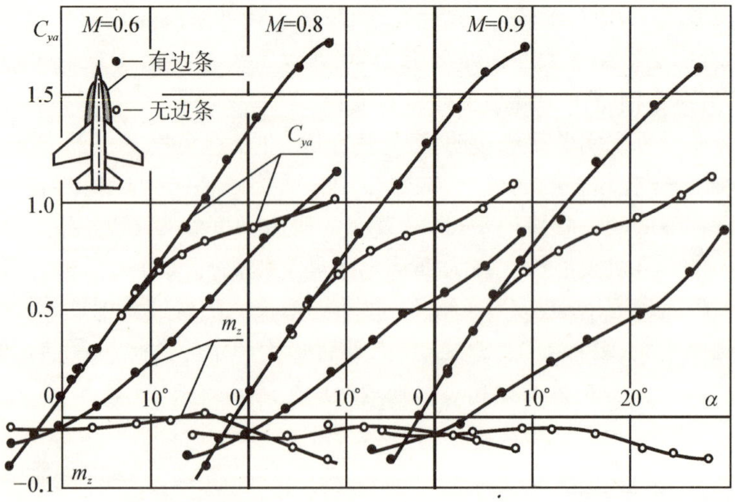

图 4.15 在不同 M 数下拱形边条对模型 $C_{ya}(\alpha)$ 和 $m_z(\alpha)$ 关系曲线的影响

当外翼绕流没有发生分离，小迎角（$\alpha \leqslant 10°$）时边条对亚声速和跨声速（$M \leqslant 1.2$）时的升力特性影响不大。计算和实验研究表明，对于小或中等展弦比（$\lambda \leqslant 4$）机翼，在相当大的范围内改变边条的相对展长和相对面积，导数 C_{ya}^{α}（相对基本机翼面积）实际上都不变。

当边条的相对展长和相对面积的变化不超过 $\bar{z}_{н}=0.3 \sim 0.4$ 和 $\Delta S_{н}/S_{баз}=0.5$ 时，导数 C_{ya}^{α} 的变化不超过 $\Delta C_{ya}^{\alpha}/C_{ya}^{\alpha} \approx 0.05$。增加的面积被减小的展弦比抵消。对于小展弦比机翼，近似地保持熟知的规律：升力特性（给定迎角时的升力，$C_{ya}^{\alpha}S$）正比于展长的平方：

$$C_{ya}^{\alpha}S \approx \frac{\pi\lambda}{2}S = \frac{\pi l^2}{2}$$

大超声速时，配置边条时由于增加了飞机升力面面积，导数 C_{ya}^{α}（相对基本机翼面积）增大。相应地减小了极曲线系数 A_2，它决定与升力有关的阻力系数值：当 $M \geqslant 1.5$ 时，$A_2 \approx 1/C_{ya}^{\alpha}$。

在边条对升力特性有显著影响的大迎角范围（$\alpha \geqslant 15°$），与升力有关的阻力系数近似地由下式确定（图 4.14）：

$$C_{xa} = C_{ya}\tan\alpha \text{ 或 } K = \cot\alpha,$$

这对应于在机翼上的作用力垂直于翼面的情况（没有前缘吸力）。由于在大迎角给定升力系数时，有边条机翼的迎角比无边条机翼的小，因此有边条机翼的阻力系数比无边条机翼的小，其升阻比比无边条机翼的大（图 4.14）。

在亚声速当配置边条时，从大约对应于最大升阻比的升力系数（$C_{ya\,K_{max}}$）的迎角到对应于在外翼上气流分离扩散的升力系数（$C_{ya} \approx 1$）的迎角范围内，发现阻力有些增加，升阻比下降，这是由于被边条覆盖的机翼前缘部分损失吸力的缘故。

总起来看，机翼根部前边条是在大迎角时提高升力和在高升力系数时提高升阻比的有效措施。在边条尖前缘形成涡束是提高升力特性和提高升阻比的先决条件。涡的强度越大，它在边条范围之外扩展得越大，对位于涡迹中的飞机气动布局部件影响越大：外翼根部和中部剖面、中央翼上翼面、水平尾翼和垂直尾翼的外露翼。气动布局部件之间的强烈相互影响是有前边条机翼飞机的基本特性之一。

为研究有三角形边条机翼的涡特性，进行了流谱观察，并借助球形气动探头沿来自边条的涡束运动轨迹测量涡核中的静压分布。流谱观察是在水洞中的专门的显示模型上用“氢气泡”法实现的，该模型与测力试验模型相似。水在电解时出现的微小氢气泡被水流携带着从机翼前缘或边条流出，就能观察和拍摄绕流图形。

迎角不大（$\alpha<10°$）时，边条上形成的强度不大的涡束在机翼上方扩散，并在机翼后缘随后破裂，没有明显增加模型升力。中等迎角（$\alpha>12°$）时，形成足够强度的涡束，促使显著地增加升力系数，但当 $\alpha\geqslant14°$时，涡在机翼后缘区破裂，这是导数 C_{ya}^{α} 显著降低的原因之一（图 4.16 和图 4.17）。

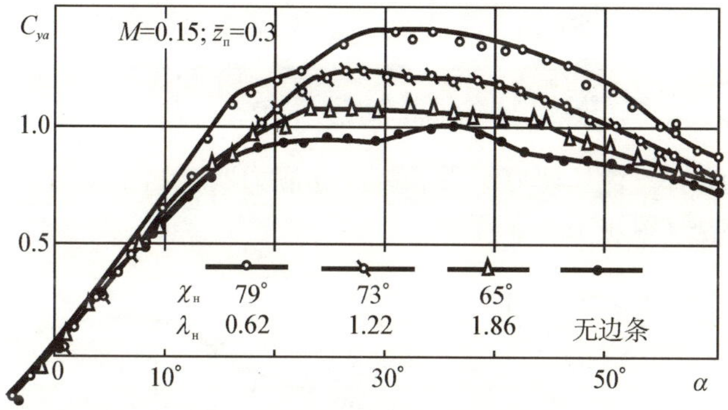

图 4.16　三角形边条后掠角对无水平尾翼飞机模型的升力特性影响

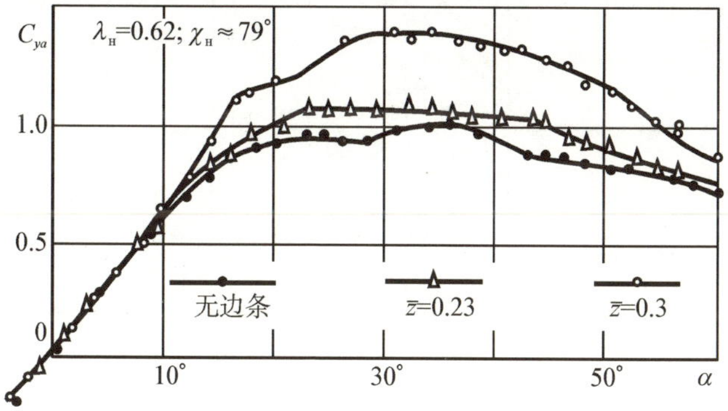

图 4.17　三角形边条相对展长对无水平尾翼飞机模型的升力特性影响

在涡轴上测量的静压 $\bar{p}_{min}$ 数据，能够比流谱观察更准确地找到涡破裂的起点。图 4.18 示出有最小展弦比 $\lambda=0.62$ 三角形边条的机翼沿机身长度 4 个剖面的 $\bar{p}_{min}$ 随迎角 α 的变化关系。看出，迎角决定每个剖面的涡束强度，并在一定迎角时在涡核中达到最大吸力。高强度的涡束出现在大迎角（$\alpha>10°$），但涡束的稳定段在长度上受到限制。涡束的最初破裂发生在机翼后缘区（图 4.18 上的剖面 1）。破裂点由涡核中的压力开始增大点确定。在涡束的破裂区观察到涡核的急剧扩大和氢气泡的无规则运动（“涡爆破”现象）。随着迎角增加，涡束破裂区向边条移动，涡束稳定段的长度减小。

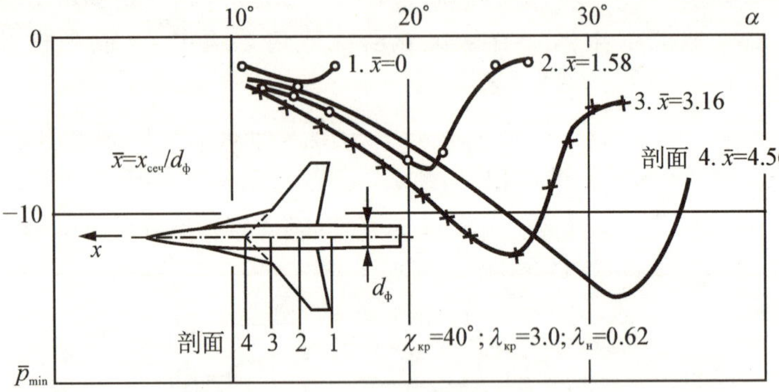

图 4.18　从三角形边条脱出的涡轴上的静压（$\bar{p}_{min}$）与迎角的关系

将在涡核中的 $\bar{p}_{min}$ 测压研究结果和相应的测力实验结果进行比较，可以得出绕流的 4 种特有情况（图 4.19）：

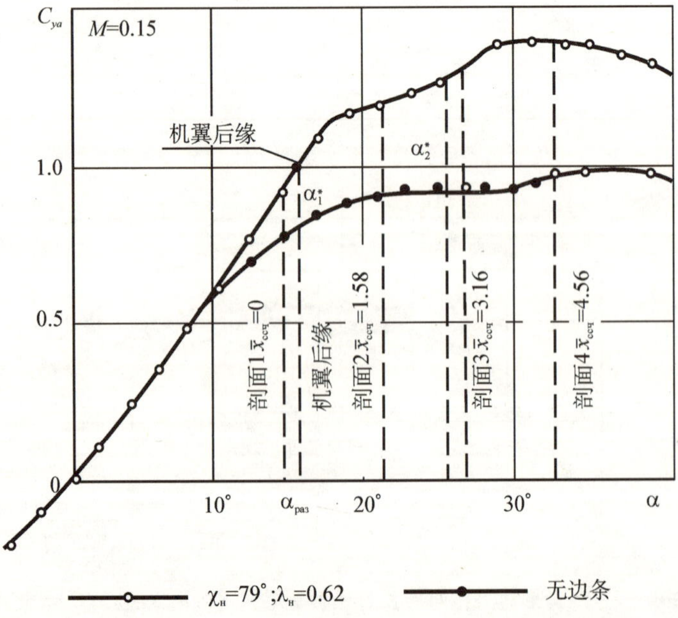

图 4.19　有三角形边条的中等后掠机翼的 $C_{ya}(\alpha)$ 与绕流特征情况的关系曲线

——无分离绕流——小迎角($\alpha<6°$)范围，实际上不存在边条影响；

——含有来自边条的强涡束在机翼后缘区破裂的绕流，它由特征迎角 α_1^* 确定，当$\alpha>\alpha_1^*$ 时，发现导数 C_{ya}^{α} 开始急剧下降，这是由在机翼外翼范围内“涡爆破”现象引起的；

——在机翼前缘和边条相交的范围内含有涡束破裂的绕流，它由特征迎角 α_2^* 确定；

——在 $C_{ya\max}$时的绕流，其特点是涡束在边条的前部破裂，它由 $\alpha_{\max}$确定；这时涡束的稳定段长度不太大。

在 $\alpha_{\max}$时由配置边条引起的升力增量达到最大，继续增加迎角($\alpha>\alpha_{\max}$)导致降低升力系数增量。表征涡束破裂的迎角 α_1^* 和 α_2^* 的值决定升力数值在大迎角时的增量水平。

为了保证机翼边条的高升力特性，必须利用边条的几何参数增大迎角 α_1^* 和 α_2^*，即将涡束破裂的起点，特别是对出现在机翼的后缘区，移向大迎角，还有要消除或减少大迎角 ($\alpha>17°$) 时的 $C_{ya}=f(\alpha)$ 关系曲线的非线性。$C_{ya}=f(\alpha)$ 的平滑变化关系可用涡结构的形成保证，即在大迎角时涡结构的破坏，不要出现“涡爆破”效应，也不要发生急剧的涡重构。

不同平面形状根部前边条的涡流特性

为掌握当 $\alpha>\alpha_1^*$ 时保证升力系数随迎角更平滑地变化和减小出现的 $C_{ya}(\alpha)$关系曲线急剧非线性的可能性，对平面形状为拱形的边条($\lambda=0.46$)和 S 形边条($\lambda=0.73$)进行了综合研究。

研究表明，来自拱形边条的涡束在机翼后缘区接近破裂时比来自三角形边条的涡束稳定。有拱形边条模型的涡束在机翼后缘的破裂迎角 α_1^* 比有三角形边条的大 $\Delta\alpha=3°\sim4°$(图 4.20)。但其机翼前缘与边条交界区产生涡束破裂的迎角 α_2^* ($\alpha_2^*=22°$)比有三角形边条的小($\alpha_2^*=26°$)。

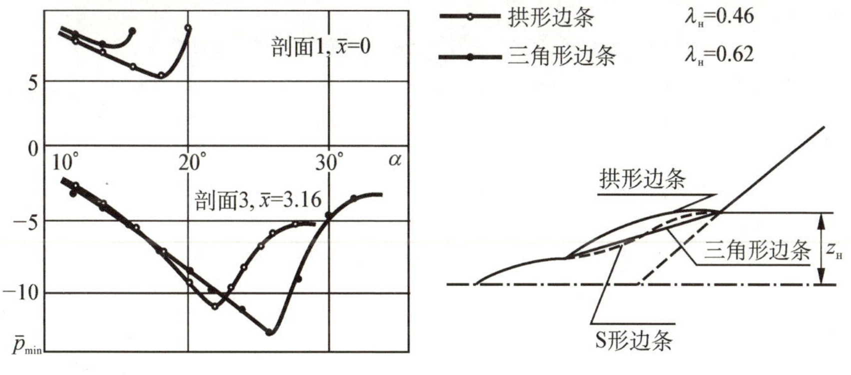

图 4.20　边条形状对涡破裂迎角的影响

在水洞中对有三角形和拱形边条的飞机模型进行了各种迎角时的流谱观察。

小迎角($\alpha=10°$)时，在开始形成涡流的瞬间，三角形和拱形边条模型的涡流图形实际上是相同的。两种情况模型的特点是都具有两股涡流，其中一股在边条上形成，另一股起源于机翼前缘与边条的交界区。

当增加迎角($\alpha=15°$)时，来自三角形边条和从机翼与边条交界点来的涡束在机翼上方破裂。来自拱形边条和从机翼与边条交界点来的涡束分别在机翼上方扩散，彼此不干扰，并在机翼后缘达到极限之后破裂。

迎角 $\alpha=20°$ 时，三角形边条机翼上方存在一个破裂的涡束，拱形边条机翼上方保持着在边条和边条与机翼交界形成的两个分开的涡束，而且拱形边条的涡束破裂区比三角形边条的更接近后缘。由涡破裂形成的非定常气流分离区在有拱形边条机翼上占据较小的机翼面积。

大迎角时在拱形边条机翼上方具有两股涡流，其中有较大稳定性的第二股是产生附加升力和有较光滑的 $C_{ya}=f(\alpha)$ 关系曲线的有利因素(图 4.21)。

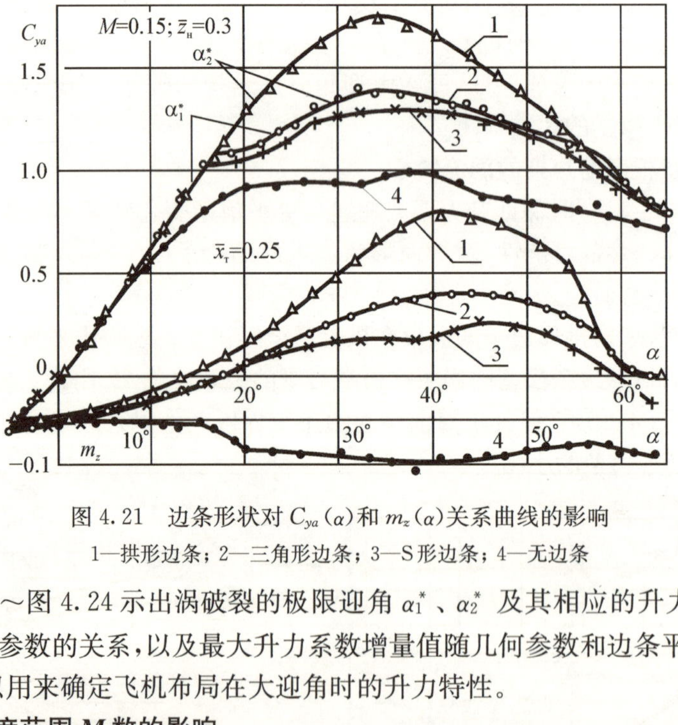

图 4.21 边条形状对 $C_{ya}(\alpha)$ 和 $m_z(\alpha)$ 关系曲线的影响

1—拱形边条；2—三角形边条；3—S 形边条；4—无边条

图 4.22～图 4.24 示出涡破裂的极限迎角 α_1^*、α_2^* 及其相应的升力系数(C_{ya1}^*、C_{ya2}^*)与边条参数的关系，以及最大升力系数增量值随几何参数和边条平面形状的变化，这些可以用来确定飞机布局在大迎角时的升力特性。

在亚声速速度范围 M 数的影响

带水平尾翼、垂直尾翼和不同平面形状边条的飞机模型在不同 M 数时的 $C_{ya}=f(\alpha)$ 关系曲线表示在图 4.25 上。由图中提供的曲线看出，由低亚声速向高亚声速和跨声速过渡时，由于飞机模型仍有升力增加，实质上还保持边条的影响。跨声速时有边条模型的 $C_{ya}=f(\alpha)$ 关系曲线上有某些光滑的非线性特点。

但从亚声速向跨声速过渡时，表征机翼后缘和机翼前缘与边条交界区涡束破裂的极限迎角 α_1^*，α_2^* 值和配置边条引起的相应升力增量值是变化的。

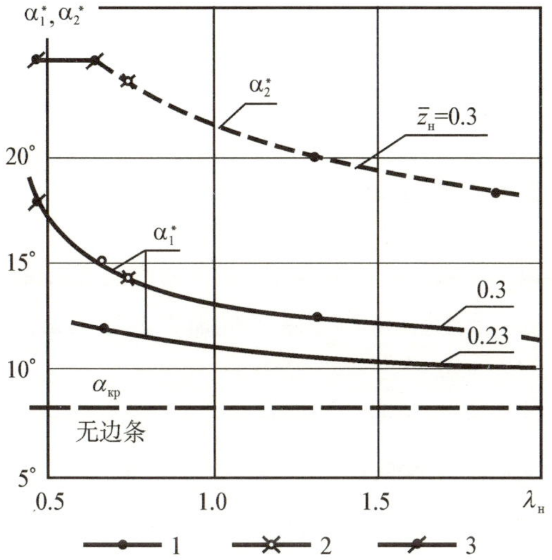

图 4.22　边条的几何参数与形状对涡破裂极限迎角的影响

1—三角形边条；2—S形边条；3—拱形边条

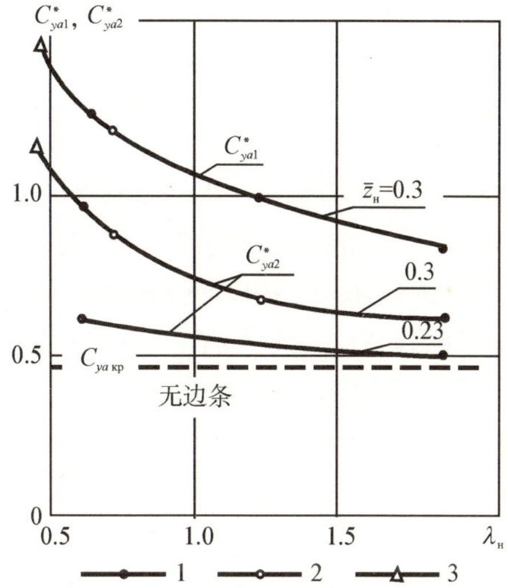

图 4.23　边条的几何参数与形状对涡破裂极限升力系数值的影响

1—三角形边条；2—S形边条；3—拱形边条

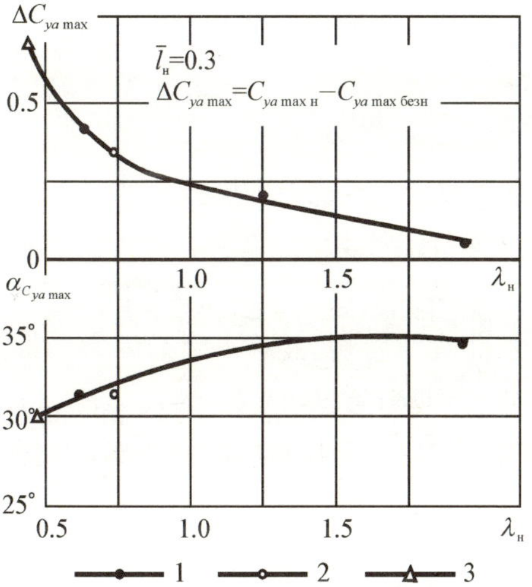

图 4.24　不同平面形状边条产生的升力系数增量(图中符号与图 4.23 上的相同)

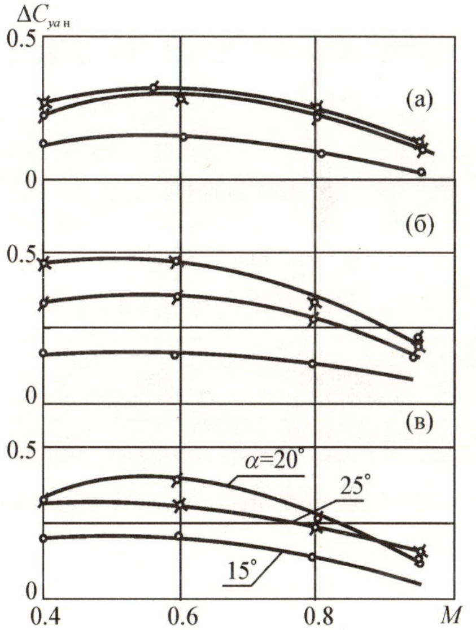

图 4.25　M 数对由不同平面形状边条产生的升力系数增量的影响

(a) S形边条，$\lambda_{н}=0.73$；(б) 拱形边条，$\lambda_{н}=0.46$；(в) 三角形边条，$\lambda_{н}=0.62$；$\Delta C_{ya\ н}=C_{ya\ сн}-C_{ya\ безн}$

对于所研究的拱形、三角形和S形边条的模型，发现在中等亚声速 $M=0.6$ 有迎角 α_1^* 的最大值和模型的最大升力系数增量 $\Delta C_{ya\ н}$(图 4.25)。继续增加 M 数，迎角 α_1^* 和升力系数增量值减小，在跨声速 ($M=0.95$) 边条对获得附加升力的影响显著减小。

向跨声速过渡时表现出的升力特性降低是由于机翼上产生了激波失速现象。在跨声速($M > 0.7$)机翼上产生由激波包围的局部超声速区,机翼上存在的这个区以增大的压力作用在涡结构上,影响了涡束在机翼上产生的吸力值,导致降低飞机模型 C_{ya} 的增量。

纵向稳定性特性

根部前边条在产生升力增量的同时,引起飞机模型气动焦点前移(图 4.21 和图 4.26)。小迎角时,边条像小展弦比机翼一样有光滑而无分离绕流,其本身产生不大的升力值,由边条引起的压力中心前移不大。随着进入大迎角,显著地增大了边条本身的升力,飞机模型的压力中心显著前移。发现有拱形边条飞机模型的气动焦点位置比有三角形和 S 形边条模型的更靠前(图 4.26)。

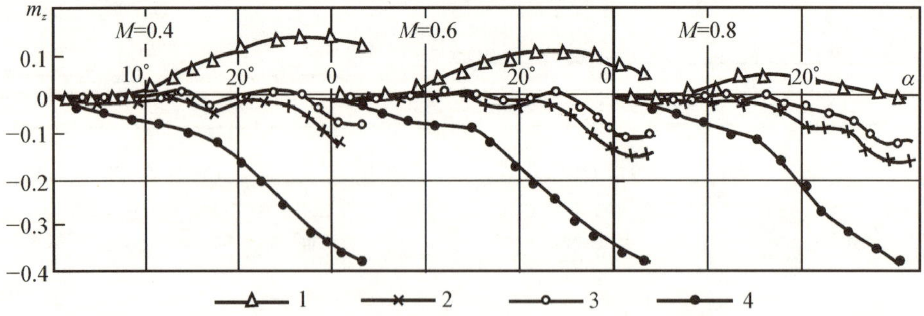

图 4.26 M 数对有不同平面形状边条模型的 $m_z(\alpha)$ 关系曲线的影响,$\bar{x}_T = 0.25$

1—拱形边条,$\overline{S}_{пн} = 13.5\%$;2—S 形边条,$\overline{S}_{пн} = 8\%$;3— 三角形边条,$\overline{S}_{пн} = 9.4\%$;4—无边条

4.3 在机翼根部有前边条的飞机空气动力学(涡流控制)

在飞机气动布局中使用边条,要求按下列主要方面全面研究综合气动特性:

——选择边条基本几何参数和其他气动布局部件参数,以确定大迎角时的升力增量;

——在小和中等迎角范围,研究边条对极曲线的影响,并寻求降低阻力和提高升阻比的途径;

——研究边条和飞机尾部布局部件的干扰并寻求达到要求的三轴稳定与操纵特性的途径。

中央空气流体动力研究院在一系列模块式结构模型上进行了类似研究(图 4.27)。

在气动布局中对边条的系统研究表明,边条在大迎角时引起的飞机升力增量,既取决于边条的参数(相对面积、平面形状、前缘半径、中弧面形状),也取决于机翼外翼参数、机身后段的长度和宽度、水平尾翼和垂直尾翼的布局。这样,当基本机翼的前缘后掠角增加到超过 $\chi = 50°$ 时,能提高其在大迎角时的升力特性(其中包括 $C_{ya\,max}$),而当它带有边条时,升力特性却变化不大。结果在有边条机翼和无边条机翼升力特性之间的差别减小,也就是边条的升力系数增量减小。对于中等后掠和中等展弦比($\chi = 30° \sim 40°$、$\lambda = 3.2 \sim 4.5$)机翼,升力特性的增量与平面形状关系不太大(图 4.28)。

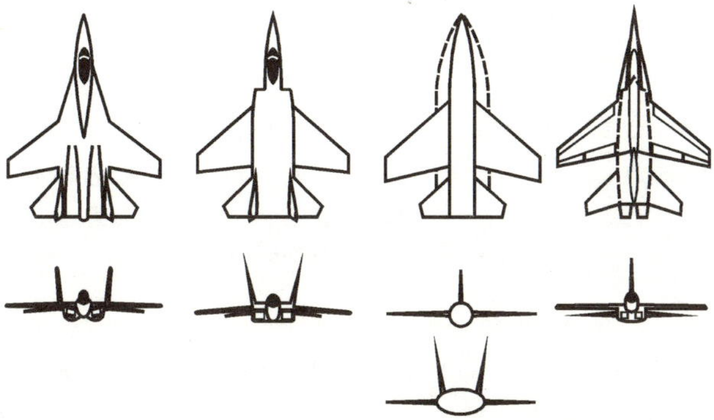

图 4.27　科研用超声速飞机方案模型示意图

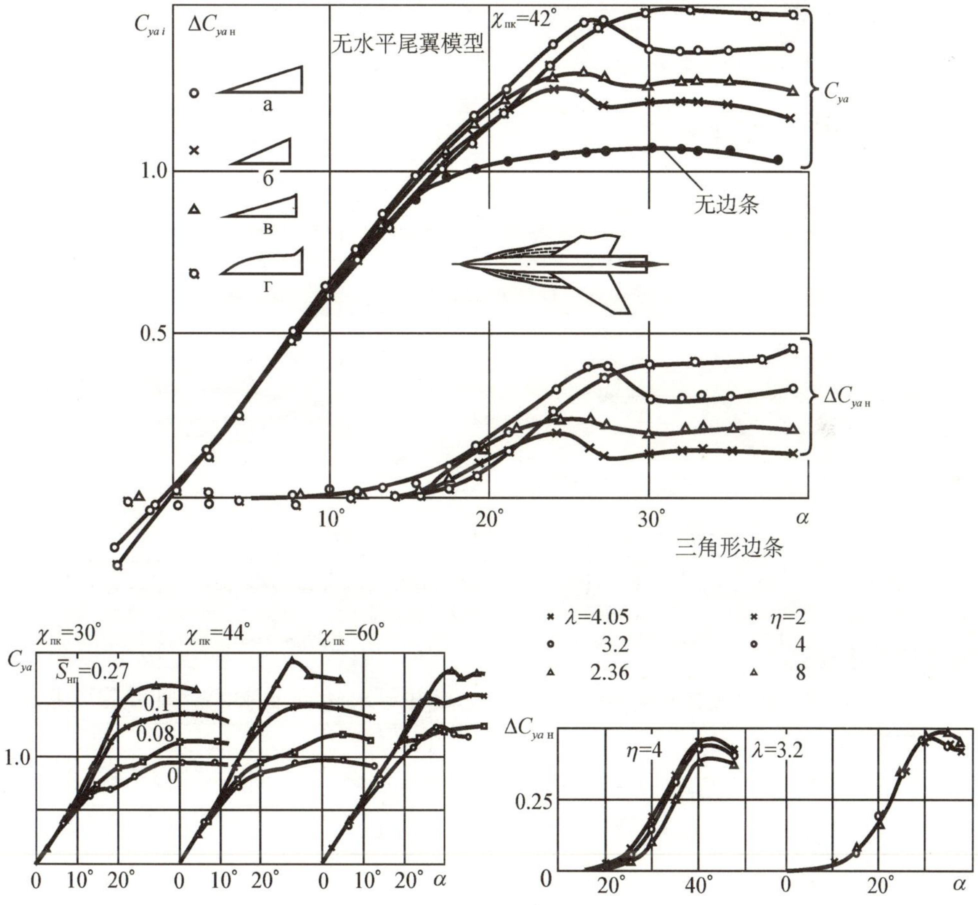

图 4.28　边条的几何参数和平面形状对飞机模型的升力特性影响

а— $\chi_{н}=74°$，$\bar{S}_{нп}=0.115$，$\bar{z}_{н}=0.33$；б— $\chi_{н}=68°$，$\bar{S}_{нп}=0.069$，$\bar{z}_{н}=0.33$；

в— $\chi_{н}=74°$，$\bar{S}_{нп}=0.08$；$\bar{z}_{н}=0.295$；г— $\bar{S}_{нп}=0.115$，$\bar{z}_{н}=0.27$

在风洞中用模型在低亚声速、迎角范围到 $\alpha=38°\sim58°$ 系统地研究了边条几何参数对飞机升力系数增量的影响。研究包括广泛的参数范围：$\lambda = 3.2 \sim 4.5$，$\eta = 2 \sim 8$，$\chi = 30° \sim 42°$ 的机翼；$\chi_{н} = 68° \sim 76°$ 的三角形边条、拱形边条和S形边条，$\overline{S}_{нп} = 0.07 \sim 0.2$(在气流中的部分)。

分析研究结果表明，配置边条时，$C_{ya}(\alpha)$关系曲线从无边条机翼失去线性特性的迎角 $\alpha_{л}$ 开始强烈地增大升力，而此时机体坐标系的阻力系数 $C_x(\alpha)$有一个最小值，这对应于在机翼上翼面开始产生气流分离的点(图 4.29)。对于所研究的机翼，这个迎角在 $\alpha = 8° \sim 14°$ 范围内。

在某个给定迎角情况下，边条的升力增量 $\Delta C_{ya\,н}$随其计及被机身占据部分的面积($\overline{S}_{н}$)按接近线性的规律变化(图 4.29)。

这些实验结果已作为比较不同边条平面形状的效率和分析其他气动布局部件几何参数对边条效率影响的基础。对人为选定的相对面积 $\overline{S}_{н} = 0.2$ 得出边条的升力系数增量，研究了它与迎角差值 $\alpha - \alpha_{л}$ 的关系，即 $\Delta C_{ya\,н} 0.2/\overline{S}_{н} = f(\Delta\alpha_{л})$。

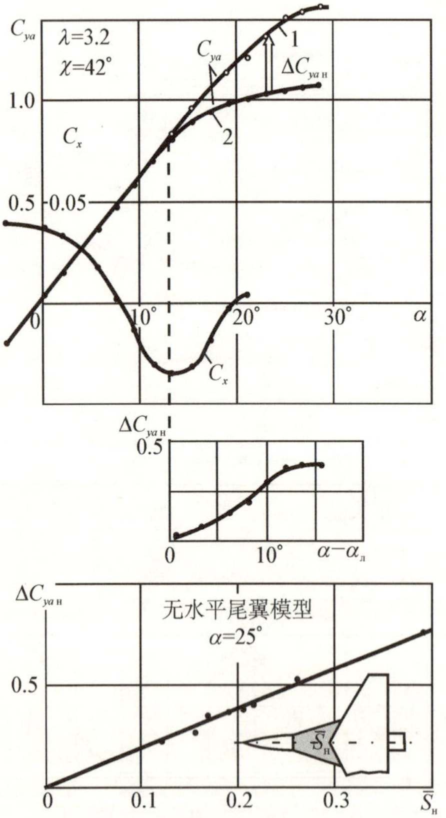

图 4.29 升力系数增量随迎角和三角形边条面积的变化关系

1—有边条、无水平尾翼和垂直尾翼；
2—无边条、无水平尾翼和垂直尾翼

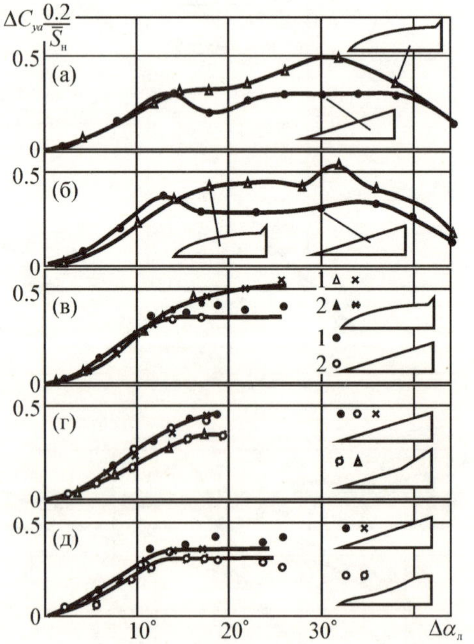

图 4.30 边条平面形状对升力系数增量的影响

(a) 全模型 $\chi = 42°$，$\lambda = 3.2$；(б) 无水平尾翼模型 $\chi = 42°$，$\lambda = 3.2$；(в) 无水平尾翼和垂直尾翼模型 $\chi = 42°(1)$，$\chi = 30°(2)$；(г) 无水平尾翼和垂直尾翼模型 $\chi = 32° \sim 35°$，$\lambda = 3.2 \sim 4.5$；(д) 无水平尾翼和垂直尾翼模型 $\chi = 30° \sim 42°$

边条平面形状的影响

边条平面形状的影响在低亚声速时归纳如下(图 4.30)：

拱形边条对所选定的 $\overline{S}_{н}=0.2$，在 $\alpha-\alpha_{л}\geqslant 12^{\circ}$ 时，能够得到的升力系数增量比三角形边条的约大 0.15。当 $\alpha-\alpha_{л}\leqslant 10^{\circ}$ 时，拱形边条的效率较低。

配置 S 形前缘边条时，其升力系数增量比三角形边条的低(当 $\alpha-\alpha_{л}\geqslant 14^{\circ}$ 时约低 15%)。

在配置三角形边条情况下，从边条前缘圆滑向机翼前缘过渡，升力系数增量要降低 20%～25%。

水平尾翼的影响

水平尾翼的影响表现为当 $\alpha-\alpha_{л}$ 从 8°～10°到 20°～25°范围时使升力系数增量减小 $\Delta C_{ya\,го}=0.05\sim0.1$(图 4.31)，即降低 25%～30%。

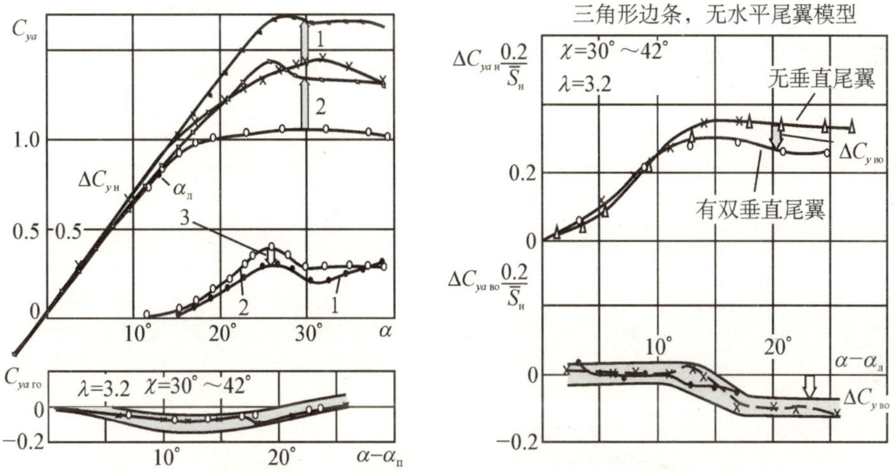

图 4.31　水平尾翼和垂直尾翼对由边条引起的升力系数增量的影响

1—$\Delta C_{ya\,н}$—全模型；2—$\Delta C_{ya\,н}$—无水平尾翼模型；3—$C_{ya\,го}=\Delta C_{ya\,н.\,полн}-\Delta C_{ya\,н.\,без\,го}$

此外，配置水平尾翼时增强了一系列气动布局参数对升力系数增量值的影响：增大单垂直尾翼和双垂直尾翼方案之间的差别；增大短机身和长机身之间的差别；使不同展弦比和后掠角机翼方案的差别变得更明显。

垂直尾翼的影响

在无垂直尾翼和有单垂直尾翼模型配置边条时，其升力系数增量大致相同。配置双垂直尾翼在对应于 $\alpha-\alpha_{л}>12^{\circ}\sim19^{\circ}$ 的迎角使升力系数增量减少 $\Delta C_{ya\,во}0.2/\overline{S}_{н}\approx0.1$，即约降低 25%(图 4.31)。

机身的影响

在无水平尾翼模型上增加机身长度在迎角 $\alpha-\alpha_{л}=0^{\circ}\sim15^{\circ}$ 范围使升力系数增量增加 $\Delta C_{ya\,ф}0.2/\overline{S}_{н}\approx0.05$。在全模型上增加机身长度导致更明显地改变升力系数增量。

机身后段的横截面形状对 $\Delta C_{ya\ н}0.2/\overline{S}_{н}$ 值也有某些影响。配置机翼后边条(后梁)和增加机身后段宽度导致降低配置前边条时产生的升力系数增量。很重要的情况是后边条本身也产生升力,因此飞机的总升力系数还是增加。

将机身向机翼平滑过渡段的上表面压平,也就是向升力机身形式过渡时,配置边条增加飞机的升力系数增量。

M 数影响

M 数对有一系列机翼前边条模型的升力系数影响表示在图 4.32 上。

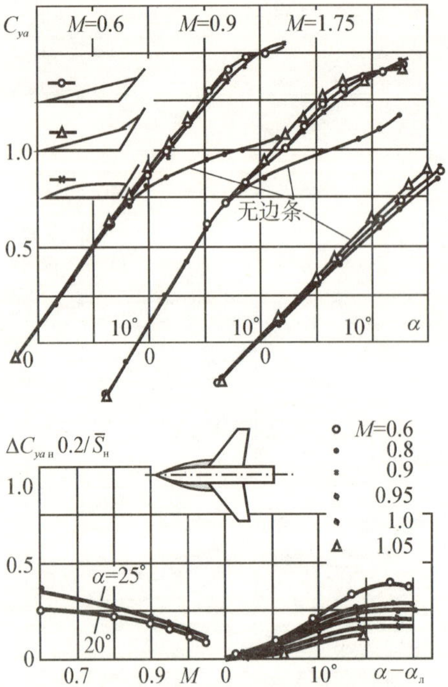

图 4.32 M 数对由不同平面形状边条引起的升力系数增量的影响(无水平尾翼模型)

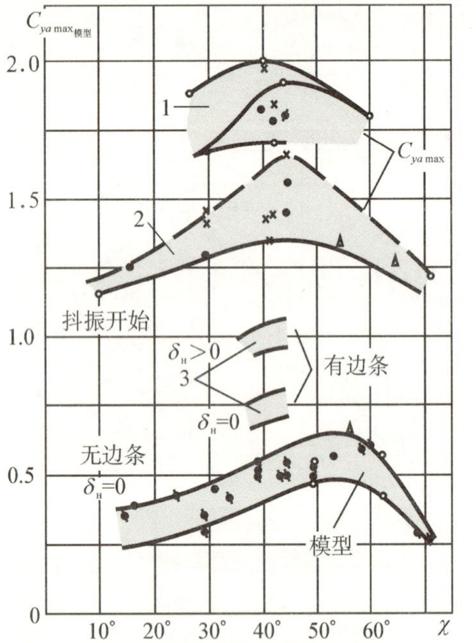

图 4.33 边条对对应抖振起点的升力系数值的影响

1—有前边条;2—无边条;3—飞行试验

在亚声速和跨声速范围增加 M 数,不同形状边条在大迎角时的升力系数增量值差别不明显。

配置机翼前边条实际上改变了飞机的所有气动特性。边条的涡束是改善机翼外翼绕流的先决条件,这种绕流的改善导致提高对应抖振起点的升力系数(图 4.33),提高副翼和襟翼在亚声速大迎角时的效率。

配置边条时,因其附加的摩擦表面不大,亚声速零升阻力系数实际上没有变化。超声速时因减小机翼根部剖面的相对厚度而降低阻力系数。$M=1.5\sim2.5$ 时,这种降低量可占飞机波阻的 10%~15%,相当于使最大升阻比提高 5%~7%。

气动焦点位置

配置边条时气动焦点位置前移:亚声速时前移不太明显,大超声速时前移显著。

减小了跨声速 ($M \approx 0.8$) 与超声速($M = 1.8 \sim 2.5$) 焦点位置之间的距离，这导致减小超声速配平飞行条件下的升阻比损失。

机翼上配置前边条，在亚声速大迎角时产生抬头力矩，并随迎角的增加而增大。由于 $m_z(\alpha)$关系曲线出现的“勺”形非线性，消除它需要增大飞机后段的升力面：增大水平尾翼面积，在机身后段配置侧边条。

从图 4.34 给出的例子看出，为补偿大迎角时由边条产生的抬头力矩，考虑边条与水平尾翼的干扰可能需要增大水平尾翼面积。

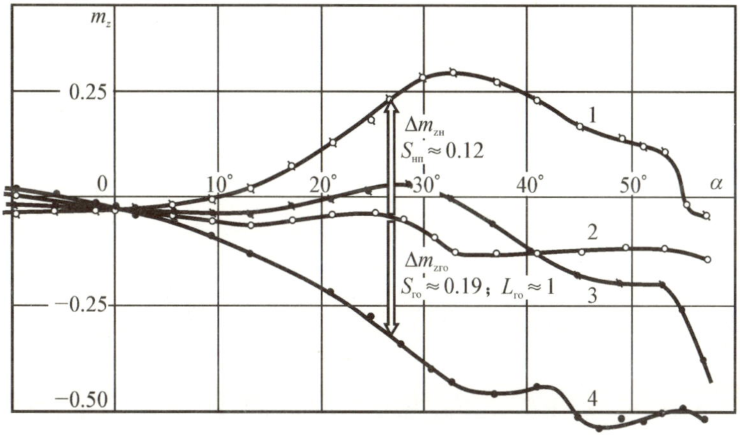

图 4.34　边条和水平尾翼对飞机模型 $m_z(\alpha)$关系曲线的影响

1—无水平尾翼、有边条；2—无边条、无水平尾翼；3—有边条、有水平尾翼；4—无边条、有水平尾翼

飞机的横侧稳定性

配置机翼前边条时，由于机身头部绕流特性的变化，显著改变了飞机的横侧稳定性：来自边条的涡比在机身头部脱出的涡更稳定，导致减小机身头部的不稳定偏航力矩。有边条机翼的尾流特性(垂直和水平洗流、气流阻滞)与迎角和侧滑角有着复杂的关系，它决定作用在水平尾翼和垂直尾翼以及机身后段的力和力矩。

边条涡对垂直尾翼的影响表现在迎角 $\alpha \geqslant 18^\circ \sim 20^\circ$时。双垂直尾翼最强烈的经受着边条涡的影响。在边条涡从垂直尾翼外侧跑到其上缘附近的迎角范围内，可能损失静航向稳定性 ($m_y^\beta = 0$)。这是由于在侧滑引起涡相对垂直尾翼外翼移动时，在涡之间的区域出现附加的不稳定侧洗。侧滑时在涡之外的附加侧洗导致出现稳定的偏航力矩(图 4.35)。如果在某个迎角范围，涡跑到两片垂直尾翼之间，则可保证这个范围的航向稳定性。大迎角时气流的阻滞对垂直尾翼效率有较大的影响。

这样，在气动布局中采用机翼前边条在大迎角范围 ($\alpha \geqslant 15^\circ$) 可保证高升力特性和高升阻比，此外，要做到：

——提高对应于抖振起点的升力系数；

——降低超声速零升阻力系数；

——大超声速时前移气动焦点位置，从而提高这个飞行速度范围在配平条件下

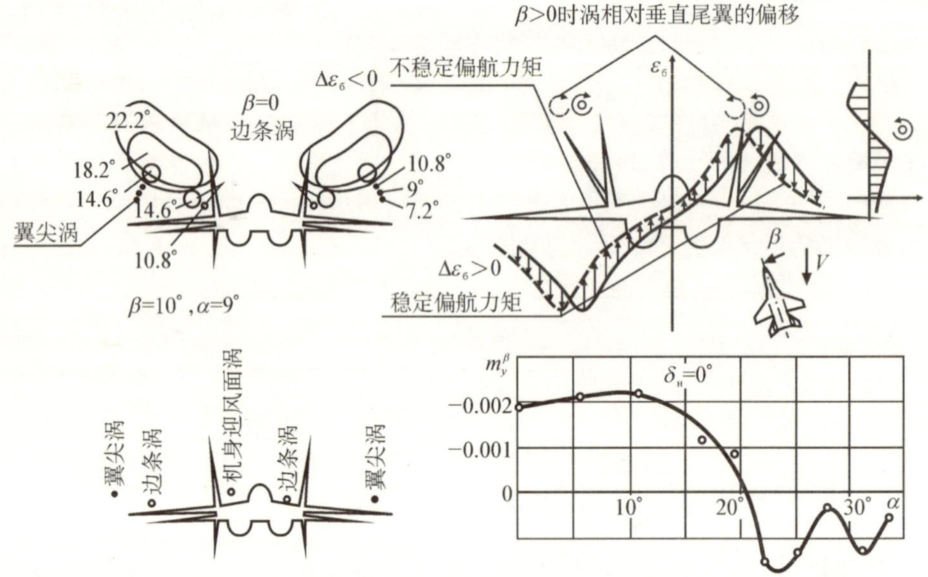

图 4.35　来自边条的涡相对双垂直尾翼的配置示意图及其对航向稳定性的影响

的升阻比;

——提高副翼(升降副翼)和襟翼在亚声速大迎角时的效率。

与此同时,配置边条导致某些不良效果:产生抬头力矩,降低中等迎角范围的升阻比。

为消除抬头力矩,必须精心地相互协调边条和飞机后段升力面的几何参数。

为提高升阻比,必须完善机翼气动布局,飞行中偏转增升装置。

4.4 有机翼增升装置的飞机气动特性

机翼前缘产生局部气流分离是超声速飞机气动布局中采用了小和中等展弦比薄机翼($\bar{c}<5\%\sim6\%$)特有的绕流特性。这种分离降低了前缘区的负压,导致减小吸力和增大小和中等迎角时的阻力(图 4.36)。如 4.2 节指出的那样,随着迎角增加,边缘涡脱离机翼表面,并与翼尖涡合并,引起翼尖气流分离。因而降低升力系数,并产生抬头力矩。

平面机翼实现吸力的程度,可根据实验结果借助下列关系式确定(见第 1 章):

$$S=\frac{1-A_2C_{ya}^{\alpha}}{1-(1/\pi\lambda)\cdot C_{ya}^{\alpha}} \tag{4.1}$$

系数 A_2 在亚声速位于 $A_2=(1.5\sim2.0)/\pi\lambda$ 范围内(图 4.37),这基本上是由于上面谈到的气流分离,沿机翼弦向压力分布的重新分配和减小了实现吸力的程度。如系统计算研究指出的那样,环量沿机翼展向分布与椭圆形状有差别,可能使诱导阻力的增加不大于 5%～10%(图 4.37)。

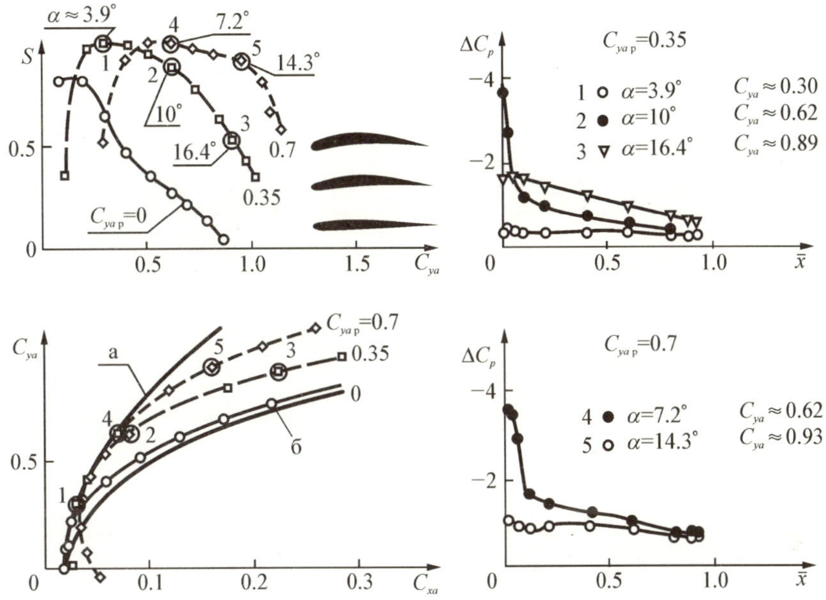

图 4.36　实现吸力的程度随翼型弯度和升力系数的变化($M=0.2$,无边条)

左下图中:a— $C_{xa}=C_{xa0}+C_{ya}^2/\pi\lambda(1+\delta)$;б— $C_{xa}=C_{xa0}+C_{ya}^2/C_{ya}^{\alpha}$

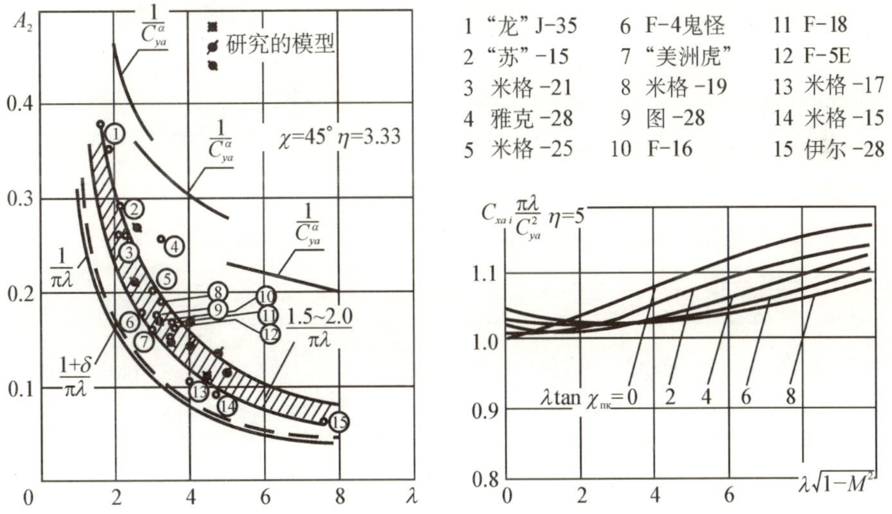

图 4.37　增大诱导阻力的系数 A_2 随机翼展弦比的变化关系

对于超声速飞机模型,系数 S 在低亚声速时的变化范围从≈0.4 到≈0.7,随参数

$$Re_{\text{пк}}=\rho_{\text{нос}\perp}(V\cos\chi_{\text{пк}}/\nu) \tag{4.2}$$

的增加而增大,也就是随着机翼后掠角减小和垂直机翼前缘的翼型前缘曲率半径的增加而增大。对于有大展弦比机翼的亚声速飞机,由于这种形式的飞机有较小的后掠角和较大的翼型相对厚度,参数 S 提高到 0.9(图 4.38)。

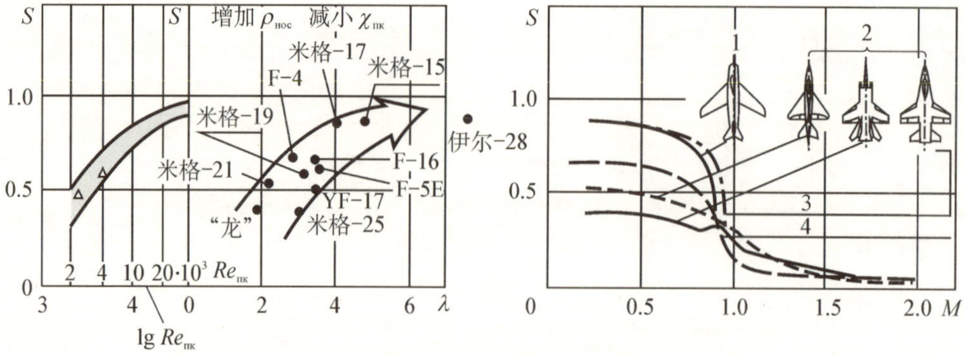

图 4.38 雷诺数和机翼参数对实现吸力程度的影响

1—厚翼型，$\bar{c}=10\%\sim12\%$；2—薄翼型，$\bar{c}=3\%\sim5\%$；
3—偏转各增升装置(沿包络线)；4—不偏转增升装置

因此，改进机翼前缘绕流是改善中等展弦比薄机翼空气动力学的基本途径，这可通过增大翼型前缘曲率半径及通过选择中弧面的弯扭分布，使在给定的升力系数临界点(气流滞止点)移向剖面翼型的前缘，并保证前缘绕流光滑而不分离。在这个设计升力系数值的附近，当前缘修圆时降低吸力峰值，减少引起分离的概率，而当分离时，减小气动特性的变化。机翼前缘下偏出现压力向前的分量，它类似于在平面机翼上实现前缘绕流不分离而产生吸力，可部分地补偿机翼剖面的中部和后部压力向后的分量。显然，类似地调整机翼剖面只能借助机翼前、后增升装置，在飞行中它们的偏转按迎角和 M 数调节。在飞行中通过采用偏转机翼增升装置减小前缘吸力损失，是在亚、跨声速飞行时降低诱导阻力和提高升阻比的主要潜力。

偏转前缘和后缘襟翼对升力和俯仰力矩的影响见图 4.39。在有中等展弦比带边条机翼的飞机模型上，偏转增升装置能使低亚声速大迎角时的升力系数增加 $\Delta C_{ya}\approx0.15$。偏转前缘导致在迎角范围 $\alpha=20^\circ\sim25^\circ$ 出现低头力矩。当迎角 $\alpha\geqslant25^\circ$ 时出现非线性“勺”形趋势。沿全

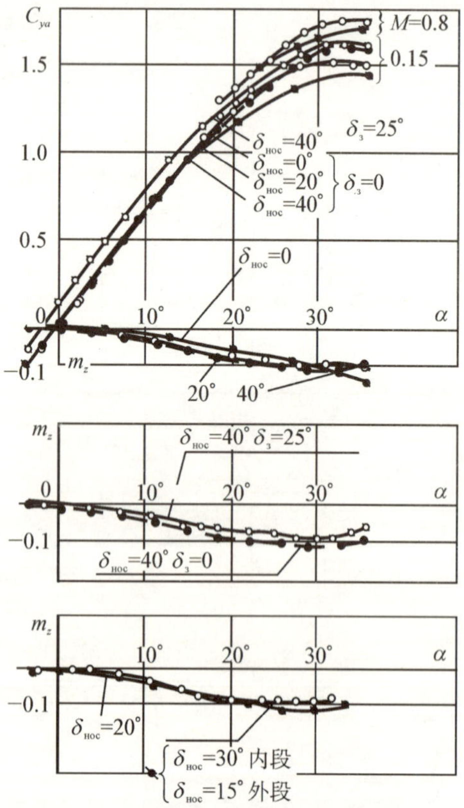

图 4.39 偏转前缘和后缘襟翼对 $C_{ya}(\alpha)$ 和 $m_z(\alpha)$ 关系曲线的影响

翼展或只在根部段使前缘偏度增加到 $\delta_{\text{нос}}=30°\sim40°$，可消除这种非线性。直到 $M\approx0.9$，偏转前缘都可保持增加升力。偏转增升装置时保证光滑的机翼外形表面，可改善亚声速和跨声速大迎角时的 $C_{ya}(\alpha)$ 关系曲线的特性。

偏转增升装置时的机翼极曲线可表达成下列形式：

$$C_{xa}=C_{xa0}-A_1C_{ya}+A_2C_{ya}^2+\sum_{i=1}^{n}C_{xa0}^{\delta_i}\delta_i+\frac{1}{2}\sum_{i,\,j=1}^{n}C_{xa0}^{\delta_i\delta_j}\delta_i\delta_j-\sum_{i=1}^{n}A_i^{\delta_i}\delta_iC_{ya}\tag{4.3}$$

或者

$$C_{xa}=C_{xa\,\min}+A_2\Big(C_{ya}-C_{ya*}-\sum_{i=1}^{n}C_{ya*}^{\delta_i}\delta_i\Big)^2+\sum_{i=1}^{n}C_{xa\,\min}^{\delta_i}\delta_i+\frac{1}{2}\sum_{i,\,j=1}^{n}C_{xa\,\min}^{\delta_i\delta_j}\delta_i\delta_j\tag{4.4}$$

式中上标 δ_i 和 $\delta_i\delta_j$ 表示气动力系数对增升装置组件和纵向操纵面偏角的一阶和二阶导数。图 4.40 用例子说明得到这种近似极曲线的可能性和精度（σ_x——均方根误差）。所写出的这种形式的极曲线也是出自机翼的线化理论。上面公式中所包含的各种系数和导数可由气动实验确定。系数 C_{ya*}、A_1 及其导数决定极曲线相对横坐标轴的位移（极曲线的非对称性），而系数 C_{xa0}、$C_{xa\,\min}$及其导数决定极曲线相对纵坐标轴的位移。

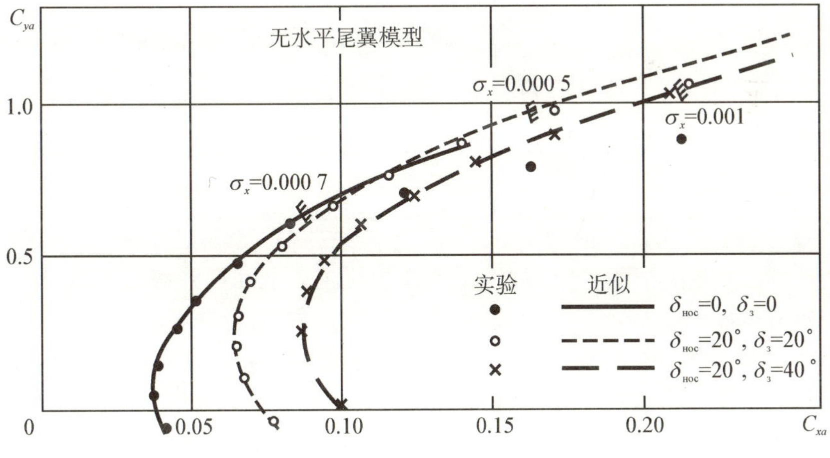

图 4.40　偏转增升装置时由关系式(4.4)得到的近似极曲线例子

向下偏转前缘（前缘附翼）和后缘襟翼引起极曲线上移（ΔC_{ya*}）和右移（$\Delta C_{xa\,\min}$）。对于任意给定（设计）的升力系数 $C_{ya\,\text{p}}$值，存在着保证最小阻力系数的最佳机翼增升装置组件偏度，可由下列方程确定：

$$\sum_{i,\,j=1}^{n}C_{xa0}^{\delta_i\delta_j}\delta_{j\,\text{opt}}=A_1^{\delta_j}C_{ya\,\text{p}}-C_{xa0}^{\delta_i}\tag{4.5}$$

在给定机翼展向载荷分布等，当加上相应的补充条件，可确定在配平条件下的增升装置组件的最佳偏度。

对于给定的设计升力系数，极曲线可用下列公式表示：

$$C_{xa} = C_{xa0} + \Delta A_2 C_{ya\,p}^2 - (A_1 + 2\Delta A_2 C_{ya\,p}) C_{ya} + A_2 C_{ya}^2 \tag{4.6}$$

ΔA_2 的值取决于极曲线表达式(4.3)中的导数。

当升力系数 $C_{ya} > 0.5 C_{ya\,p}$、偏转增升装置时机翼的升阻比大于 $\delta_i = 0$ 时的机翼升阻比。按照(4.5)式连续改变机翼增升装置偏度，也就是与升力系数(迎角)成正比改变增升装置偏度时，阻力系数与升力系数的关系由(4.3)式中极曲线的包络线(图 4.41)方程给出：

$$C_{xa\,or} = C_{xa0} - A_1 C_{ya} + (A_2 - \Delta A_2) C_{ya}^2 \tag{4.7}$$

在理想情况下，$A_2 - \Delta A_2$ 的差值达到 $1/\pi\lambda$ 值(实现全吸力)。

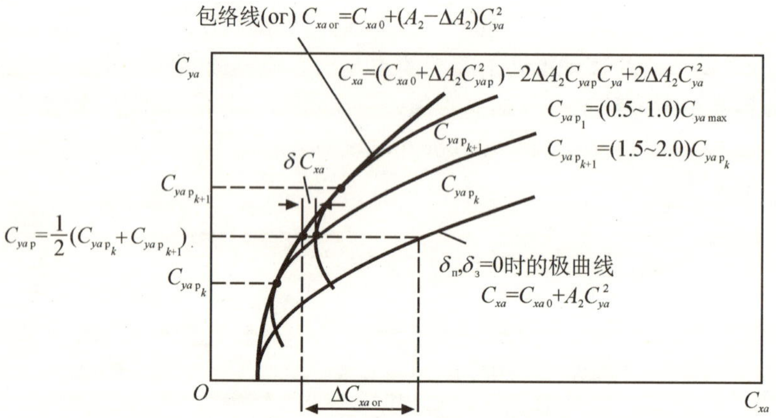

图 4.41 用偏转增升装置得到一族极曲线的包络线示意图

这样，在飞行中利用可操纵的机翼增升装置相当于降低极曲线系数 A_2，也就是增大机翼有效展弦比。

分析公式(4.6)和(4.7)表明，使用非平面机翼时，用 2～3 个固定的增升装置位置计算最大升阻比可实现的阻力值与按包络线实现的阻力值之差不大于 5%～10%。但这时增加零升阻力系数。对于平面机翼，保证获得最小零升阻力，增升装置的固定位置不应小于 3～4 个。在使用尖前缘机翼情况下，需要更精确地调整，因此要求更多的增升装置组件的位置。

分析机翼增升装置组件的偏度和几何参数对飞机模型极曲线影响的实验研究结果，能够建立一系列特有的规律性(图 4.42～图 4.46)：

偏转机翼前缘时：

——当 $\delta_{\text{HOC}} \leqslant 20°$，极曲线非对称系数 C_{ya*} 近似地按线性增大，再加大前缘偏度时系数 C_{ya*} 变化小；

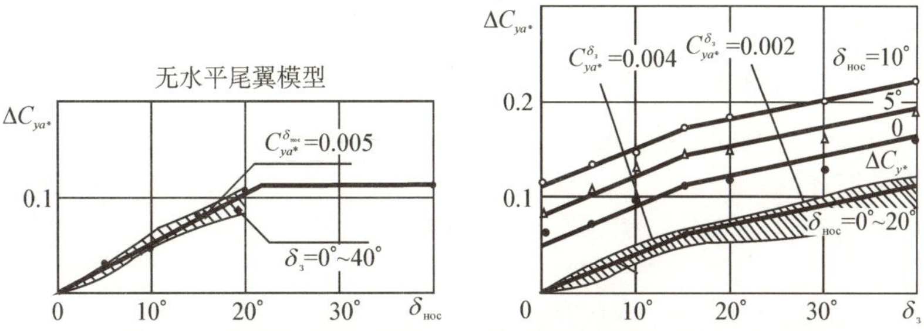

图 4.42　偏转前缘和后缘襟翼对极曲线非对称系数 C_{ya*} 的影响

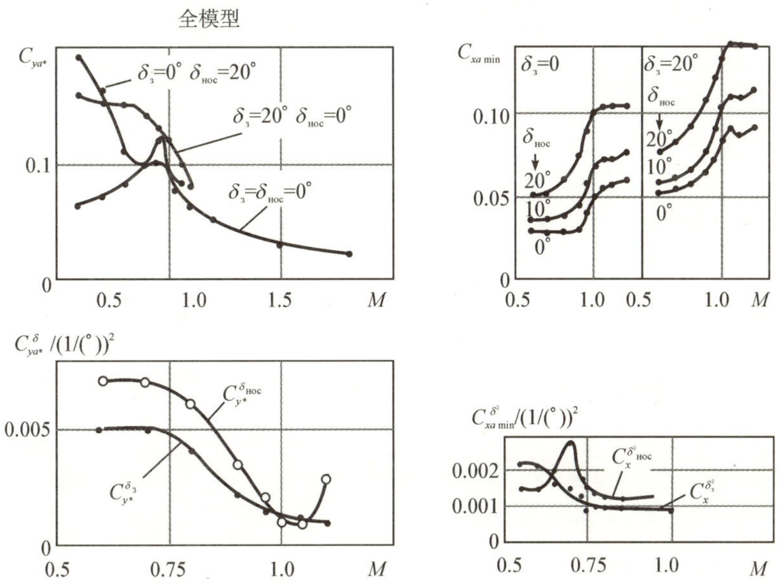

图 4.43　偏转前缘和后缘襟翼对极曲线系数 C_{ya*}、$C_{xa\,min}$ 随 M 数变化的影响

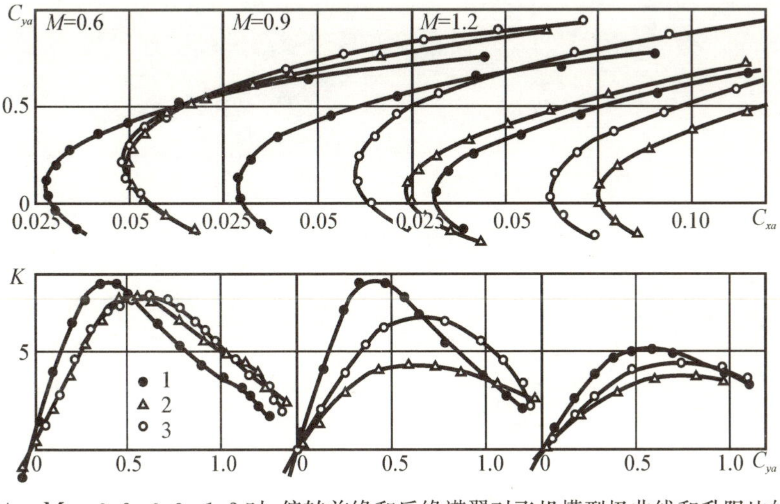

图 4.44　$M=0.6$、0.9、1.2 时，偏转前缘和后缘襟翼对飞机模型极曲线和升阻比的影响

符号：1—$\delta_{нос}=0$，$\delta_з=0$；2—$\delta_{нос}=20°$，$\delta_з=0$；3—$\delta_{нос}=0$，$\delta_з=20°$

——最小阻力系数按平方规律变化；

——在不大的前缘偏度（$\delta_{\text{нос}} \approx 5°$）时，达到提高最大升阻比；

——高升力系数（$C_{ya} = 0.7 \sim 1.0$）时可增加升阻比 $\Delta K = 1.5 \sim 2.0$；

偏转后缘简单襟翼时：

——极曲线非对称系数的增加量比偏前缘时的增加量小；$C_{ya*}(\delta_з)$ 关系曲线与 $C_{ya*}(\delta_{\text{нос}})$ 关系曲线一样，可以用折线近似表示；

——增加的阻力系数大致等于或大于偏前缘时的增加量；

——增加的最大升阻比比偏前缘时小，而在升力系数 $C_{ya} = 0.7 \sim 1.0$ 时升阻比大致相同。

无论在偏转前缘，还是在偏转后缘襟翼时，直到最大升力系数都发现增加最大升阻比，其增加量 $\Delta K \approx 1$。在两种情况的实验中，都发现偏转增升装置时系数 A_2 增加得不明显（图 4.45）。

偏转前缘和后缘襟翼时，极曲线和 $K(C_{ya})$ 关系曲线的性质特点一直保持到 $M = 0.8 \sim 0.9$。从 $M \approx 0.7$ 开始前缘或后缘襟翼的偏度越大，则系数 C_{ya*}（降低）和 $C_{xa\,\min}$（增加）变化得越强烈。增升装置组件最佳偏度（保证阻力最小）减小。当 $M \geqslant 0.9$ 时，偏转增升装置在高升力系数值时实际上不提高最大升阻比。

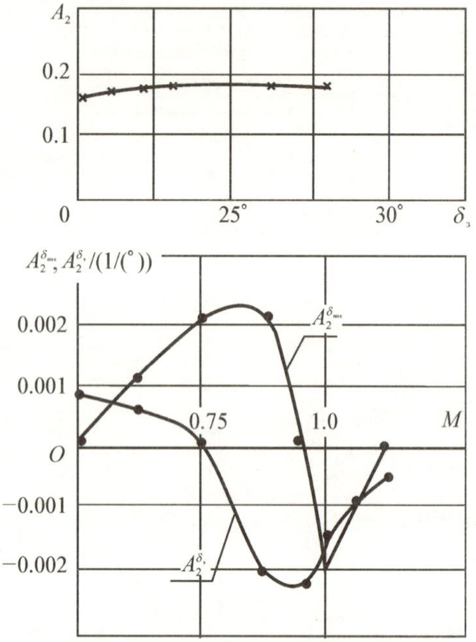

图 4.45 偏转前缘和后缘襟翼对增大诱导阻力的系数 A_2 的影响（全模型）

图 4.46 表示在保证阻力最小时前缘和后缘襟翼偏度随迎角和 M 数变化规律的例子。

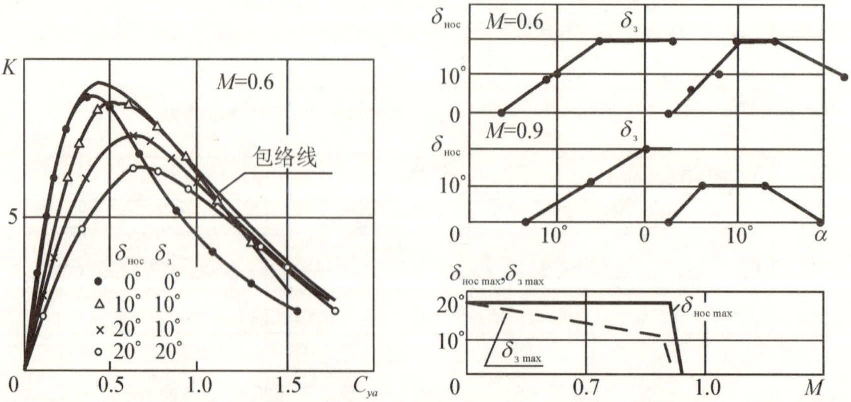

图 4.46 前缘和后缘襟翼偏转规律与迎角和 M 数的关系

增加前缘和襟翼相对面积（依靠增加展长）在低亚声速时引起增大 $C_{xa\,\min}$、C_{ya*} 和 A_2（在给定 $\delta_{нос}$ 和 $\delta_з$ 时）及其导数 $C_{ya*}^{\delta_{нос}}$、$C_{ya*}^{\delta_з}$ 和 $A_2^{\delta_{нос}}$、$A_2^{\delta_з}$ 大致与面积成正比增大。

增加前缘相对弦长对升阻比略有影响。

翼型前缘曲率半径 $\bar{\rho}_{нос}$ 从 0% 变化到 0.5%，在亚声速不偏转前缘时引起降低系数 A_2 和提高升阻比。带偏转前缘机翼的模型升阻比实际上没变化。超声速在 $\bar{\rho}_{нос}=0\%\sim0.25\%$ 范围内改变前缘曲率半径，无论在偏转还是不偏转前缘时实际上升阻比不变。当 $\bar{\rho}_{нос}=0.5\%$ 时显著增加零升阻力系数。

如果在偏转机翼增升装置时保持机翼表面光滑流线，可以提高在飞行中采用偏转增升装置作为增加飞机升阻比和增大允许用最大升力系数措施的效率(图 4.47)。

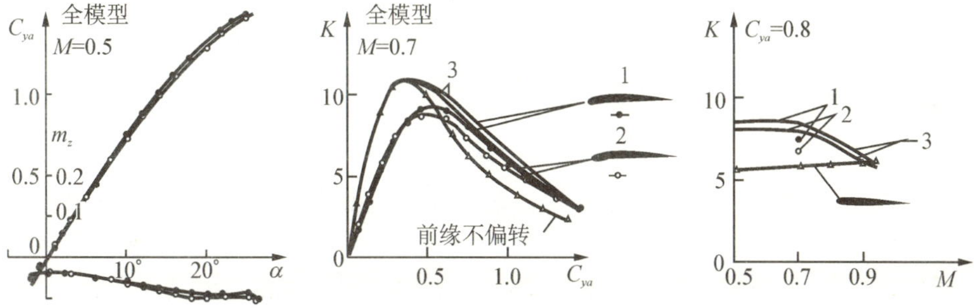

图 4.47　偏转前缘(柔性增升装置)时，外形光滑性对飞机模型升阻比的影响，$\delta_{нос}=20°$（在这种情况，前缘偏转）

1—柔性增升装置；2—普通增升装置；3—包络线

带前边条机翼上的起飞-着陆增升装置在起飞和着陆状态（$\alpha=10°\sim15°$）时的特性与机翼无边条时相同。当 $\alpha\geqslant12°$ 时，由于在边条前缘形成涡而增大吸力，发现提高了襟翼效率。采用开缝和多段增升装置可提高其效率。

这样，当有足够大面积（$\bar{S}_{нп}=0.1\sim0.13$）的尖前缘窄边条(保证大迎角范围有高升力特性和高升阻比）和有增升装置在飞行中其偏度随迎角与 M 数变化的中等展弦比、中等后掠($\lambda=3\sim4$、$\chi_{пк}=30°\sim40°$）的机翼配合使用时，在亚、跨声速大的迎角范围内能够显著提高飞机的升力特性和升阻比。它保证在小和中等迎角范围的升阻比最大，并在大迎角范围继续提高升力特性和升阻比。

4.5　有自适应机翼的飞机气动特性

自适应机翼是在飞行中采用偏转增升装置原理的继续发展，它是一种在飞行条件：M 数、迎角、作机动过程、大气扰动改变时用特殊系统连续偏转其可动组件的多功能操纵面。为提高自适应机翼的效率，偏转活动组件时要合理地保持机翼表面的光滑流线。

自适应机翼能够做到：

——通过在配平情况下使阻力最小的条件确定最佳机翼中弧面形状，保证高的巡航升阻比和机动升阻比；

——降低在大速度飞行时的阻力——机翼中弧面为平面；

——通过同步非对称偏转外翼前段和后段的活动组件（前缘和副翼）改善大迎角横向操纵性；

——通过同步操纵机翼弯度和水平尾翼的偏度保证直接升力控制；

——通过有利偏转根部剖面的襟翼降低大过载飞行时的弯矩；

——通过随外界扰动变化偏转分段襟翼降低在不平静大气中飞行时的载荷。

依靠在下述两个方面完善机翼，可以降低飞机阻力。第一，在现代飞机上采用中弧面弯扭不大的机翼。利用有平中弧面的自适应机翼能够降低飞机的零升阻力。第二，大迎角时偏转常规增升装置，其在机翼上表面出现的转折处产生气流分离，导致增升装置效率下降。在自适应机翼上采用大相对弦长的前缘，并在结构上采用柔性蒙皮组件以保持表面的光滑流线，能够消除这些直到大迎角时不希望出现的现象。

在机翼展弦比为4、根梢比为4和前缘后掠角为38°的正常气动布局模型上（图4.48）检验了上述措施的效率。模型试验用有现代飞机特有的适中弯扭（相对弯度从在根部剖面占当地弦长的0.6%变化到在尖部剖面占当地弦长的1.3%，扭转为−2°）和相对厚度为5%的原始机翼、平中弧面机翼及4付模拟按理想（柔性）增升装置的自适应机翼。在给定亚临界M数和升力系数时，使这些机翼具有按线化理论计算的弯扭，求解空气动力学的混合边值问题。按外翼给定载荷分布，其特点是，不考虑前缘特性，环量沿展向按椭圆分布，也就是满足薄翼在亚声速气流中压阻最小的条件。用平板模拟带边条的机身，按环量沿展向分布不

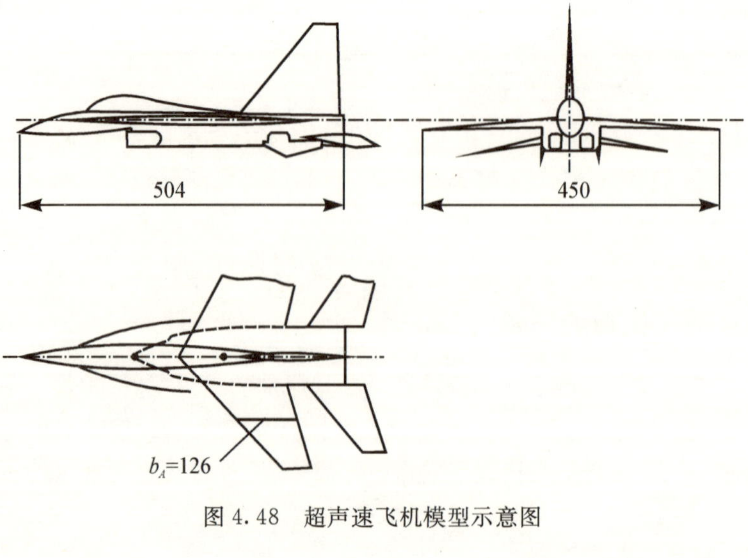

图4.48 超声速飞机模型示意图

出现凹坑选择其迎角。在其中的一个方案中附加了无水平尾翼的配平条件，这是依靠在计算中前移给定的机翼剖面压心线实现的。计算按来流 $M_p = 0.6$ 和升力系数 $C_{ya} = 0.5$ 进行。

比较原始机翼和有平中弧面机翼的模型气动特性表明，差别主要涉及到阻力（图 4.49）。使机翼具有适中的弯扭导致显著提高最大升阻比，但与此同时伴随着不希望有的增加零升阻力。这样，采用有平中弧面的自适应机翼，在最大升阻比状态依靠偏转增升装置获得弯扭，能使飞机的零升阻力系数在亚声速减小约为 0.005，在超声速减小 0.002 5。

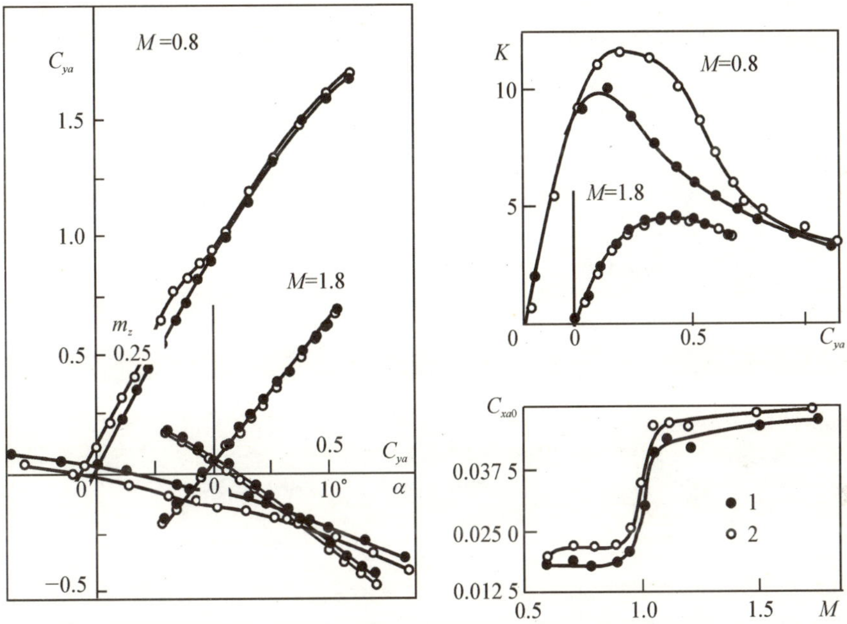

图 4.49　机翼中弧面的适中弯扭对模型气动特性的影响

1—有平中弧面的机翼；2—有适中弯扭的机翼

图 4.50 指出依靠加大外翼弯扭提高模型升阻比的可能性。数据是在亚声速来流情况下具有设计升力系数为 0.5 的机翼和名义上对应计算升力系数为 0.8 与 1 使弯扭达到 1.6 倍和 2 倍的两付机翼、无水平尾翼的模型上得到的。与平面机翼比较，当 $C_{ya} = 0.5 \sim 1$ 时升阻比增加 $\Delta K \approx 4 \sim 5$。

图 4.51 示出有理想自适应机翼的模型升阻比包络线与有适中弯扭和常规增升装置机翼的模型达到的升阻比水平比较结果。这里示出两条包络线：一条对应理想自适应增升装置的包络线 1，另一条对应有适中弯扭的机翼在增升装置各种偏度时升阻比的包络线 2。由于机翼剖面是按最大升阻比状态特制的翼型，在这种情况下对最大升阻比不起作用。在大升力系数值时的机动状态，偏转常规增升装置不可能防止在前缘形成气流分离，依靠采用自适应机翼使升阻比增加 1.5～2 个单位。

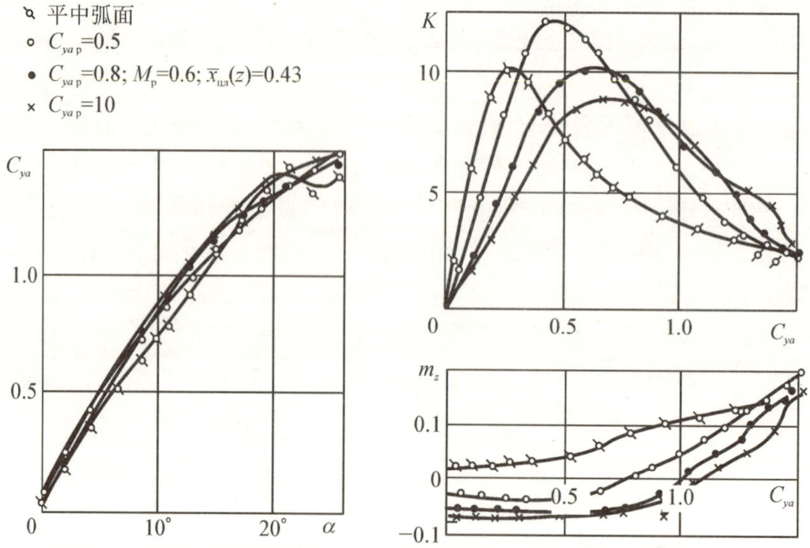

图 4.50　机翼中弧面的弯扭程度对 $C_{ya}(\alpha)$、$K(C_{ya})$ 和 $m_z(C_{ya})$ 关系曲线的影响，模型无水平尾翼，$M=0.6$

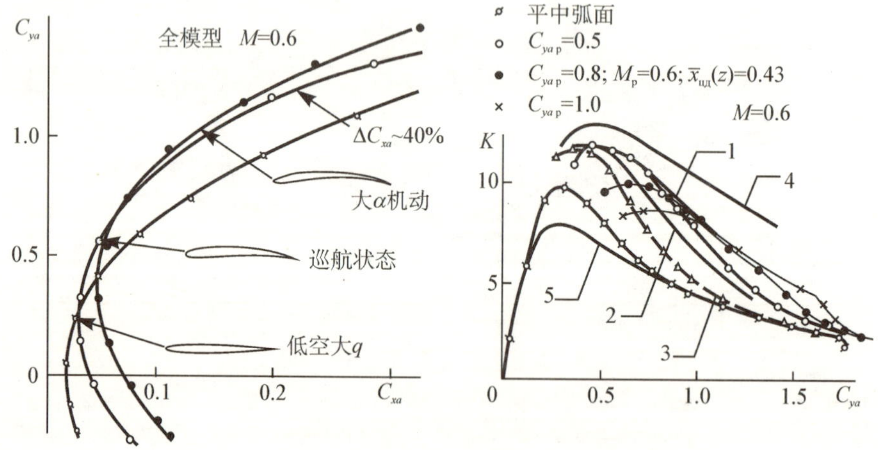

图 4.51　自适应增升装置的效果

1—理想自适应增升装置；2—有适中弯扭和常规增升装置的机翼；3—有适中弯扭无增升装置的机翼；4— $C_{xa}=C_{xa0}+C_{ya}^2/\pi\lambda$；5— $C_{xa}=C_{xa0}+C_{ya}^2/C_{ya}^{\alpha}$

图 4.52 示出证明有可能配平自适应增升装置而不损失升阻比的实验数据。比较有相同设计 $M_p=0.6$、升力系数为 0.5 和在计算出的剖面压心线位置是不同的两种弯扭机翼的模型气动特性。在一种情况中压心线位于弦长的 43%。计算表明，在这种情况下，剖面中弧线的弯折点位于机翼后缘附近，机翼的前缘部分作有利的弯曲，因此可以人为地把它处理成沿增升装置前缘弯折的自适应机翼。第二种情况

附加配平无水平尾翼模型的条件。这靠把机翼的压心线前移到相应于当地弦长的29%位置来实现。改变中弧面在于增大前缘偏度和可以用上偏后缘增升装置呈现S形剖面。看出，在不同俯仰力矩时两种机翼的升阻比大致相同。分析最佳中弧面的等斜率线能够得出有关自适应机翼活动组件的合理平面形状。

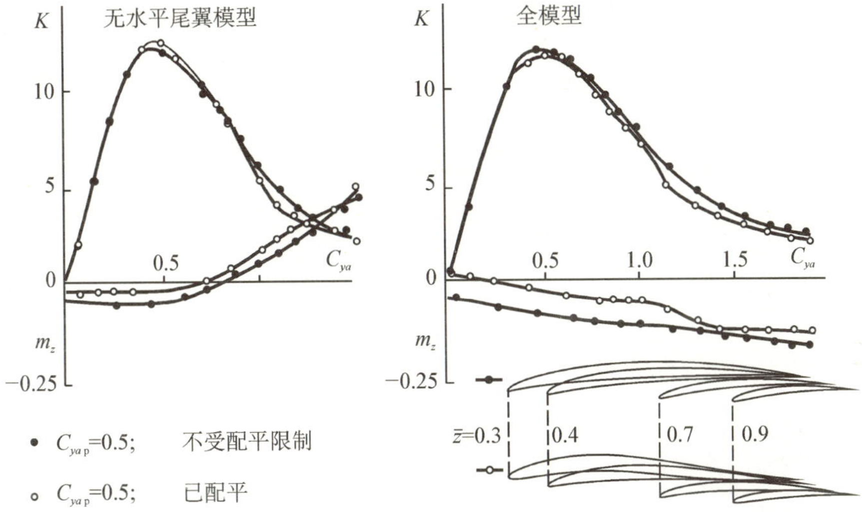

图 4.52　有自适应增升装置的模型配平对升阻比值的影响 ($M = 0.6$)

计算表明(图 4.53)在机翼前面部分的等斜率线是接近直线并平行于前缘。因此对于自适应机翼推荐前缘部分沿展向有不变的绝对弦长，比原始的前缘部分的弦长有所增加，前缘部分沿弦向的偏度按立方规律增大。偏转这样的前缘时，机翼负扭转并向翼尖增大。根据离散涡方法进行的计算表明，在弯折的前缘部分与翼盒部分的机翼结合处没有急剧的压力变化，偏转这样的前缘部分时，实现了气流沿整个前缘的光滑流动。如果偏转的自适应机翼前缘部分弦长沿展向不保持常数，那么沿机翼展向的各段前缘部分的最佳偏度值是不同的；在不同偏度的各段之间的缝隙引起增加阻力。

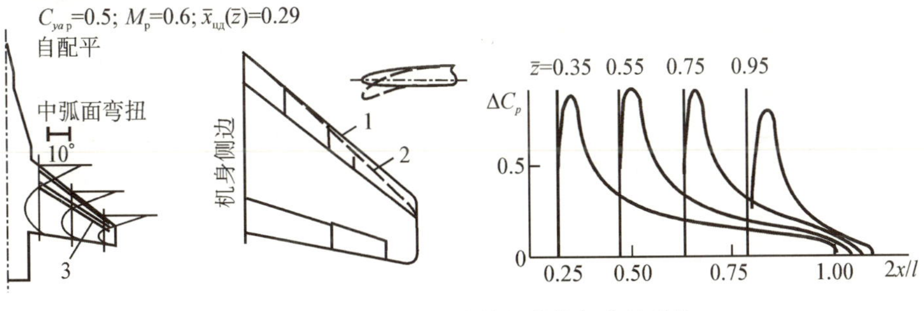

图 4.53　自适应机翼偏转的前缘部分的形状

1—自适应机翼；2—原始机翼；3—相对机身结构水平线的中弧面等斜率线

这样，实验研究表明，在有最佳中弧面机翼的模型上实现的阻力收益接近于在理论上的可能值（$S\approx0.8$）。对于有中等展弦比和中等后掠机翼（$\lambda=4$、$\chi_{пк}\approx40°$）的飞机，与有平机翼的飞机相比，可以期望升阻比在亚声速巡航状态增加 $\Delta K_{max}\approx2$，在 $C_{ya}=1.0$ 的机动状态增加 $\Delta K\approx4$（图 4.51）。

4.6　超声速飞机在大迎角时的静稳定性

带机翼前边条飞机的升力面、稳定和操纵面之间的显著干扰，导致选择稳定与操纵面的形状、尺寸和位置方面与选择边条参数要一起综合考虑，用处理局部气动力的方法即对机翼、边条、机身头部和尾部绕流结构的必要方面作改变（用翼刀、涡流发生器、机身边条、腹鳍，等等），以及在广泛迎角范围（其中包括过失速）为保证三轴稳定与操纵性，要研究使用机翼增升装置的可能性。

像上面指出的那样（见 4.2 节），增大水平尾翼面积与展弦比和/或增加后机身宽度（机身后边条、升力机身布局）是保证亚声速大迎角纵向静稳定性的基本途径。这些措施的系统研究结果表示如下（图 4.54 和图 4.55）：

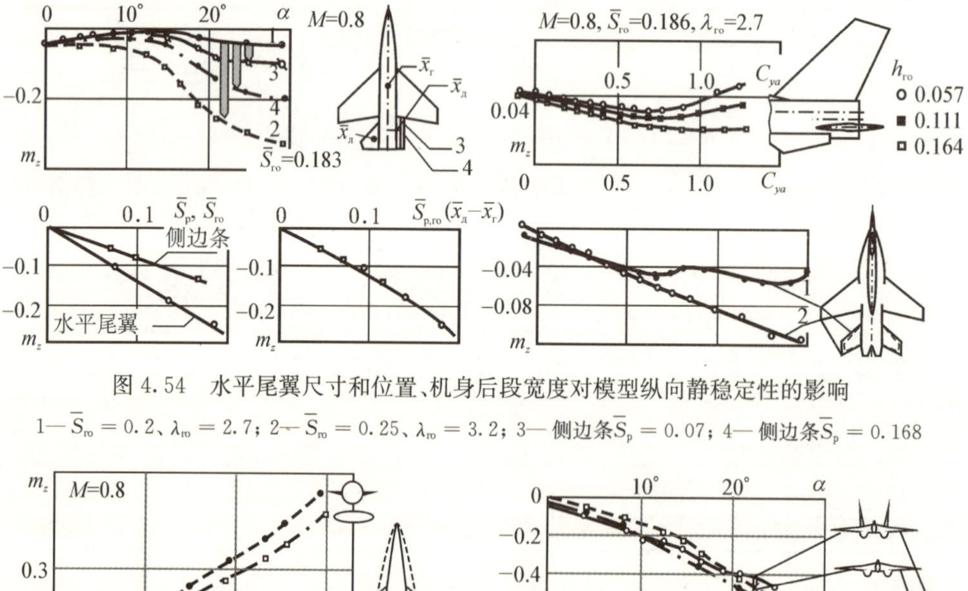

图 4.54　水平尾翼尺寸和位置、机身后段宽度对模型纵向静稳定性的影响

1—$\bar{S}_{го}=0.2$、$\lambda_{го}=2.7$；2—$\bar{S}_{го}=0.25$、$\lambda_{го}=3.2$；3—侧边条$\bar{S}_{р}=0.07$；4—侧边条$\bar{S}_{р}=0.168$

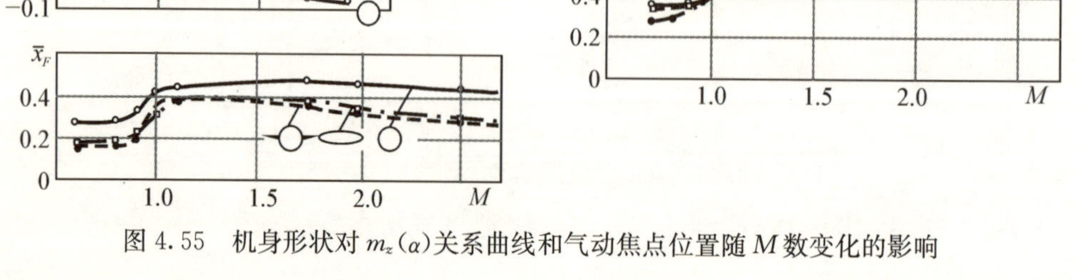

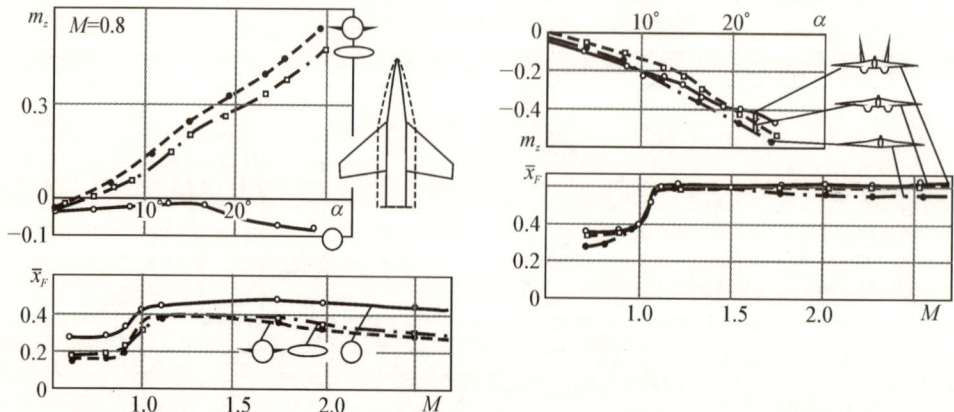

图 4.55　机身形状对 $m_z(\alpha)$ 关系曲线和气动焦点位置随 M 数变化的影响

——配置在后机身的升力面展弦比和面积越大，其低头力矩越大。当面积相同时，后机身侧边条产生的低头力矩比水平尾翼产生的小；

——当水平尾翼下移到低于机翼弦平面或增加它的下反角时，其产生的低头力矩增加；

——机翼-机身组合体的俯仰力矩取决于机身横截面形状。从椭圆形截面转换成沿全长带侧边条的圆截面，导致出现抬头力矩；

——在升力机身下面安装分散式发动机舱时，俯仰力矩向抬头力矩变化；而在安装双垂直尾翼时，在大迎角时的俯仰力矩向抬头力矩变化。

选择高机动飞机的尾部布局时应考虑在其上安装升力面导致改变飞机气动焦点随 M 数变化的特性。在有宽机身（或在机身后段有侧边条）的气动布局中，发现气动焦点在超声速范围有后移的趋势，而有普通气动布局机身的气动焦点前移。

升力机身下面安装发动机舱，在亚声速和大超声速时导致气动焦点后移。安装双垂直尾翼，气动焦点位置变化不明显。

分析不同边条方案和不同机身尾部构型的飞机模型的升力特性和俯仰力矩特性方面的资料表明，当边条在气流中的相对面积 $\overline{S}_{н.п}=0.1\sim0.13$（考虑被机身遮蔽的部分时 $\overline{S}_{н.п}=0.18\sim0.25$）和机身后段宽度 $\overline{z}_{хв}=0.25\sim0.35$ 机翼展长（升力机身布局）时，可能保证足够高的升力特性和可接受的纵向特性。对于在单发动机或双发动机飞机的普通机身后段宽度情况下，水平尾翼面积和展弦比可接受值的范围为 $\overline{S}_{го}=0.25\sim0.38$，$\lambda_{го}=3\sim3.5$。

分析有机翼前边条飞机模型的横侧静稳定性特性表明，当增大垂直尾翼面积和展弦比时扩大了保证低亚声速横侧稳定性的迎角范围，当 $\overline{S}_{во}=0.25\sim0.3$ 和 $\lambda_{во}=1.4\sim1.7$ 时可达到 $\alpha\approx30°$（图 4.56）。垂直尾翼可能是单垂直尾翼，也可能是双垂直尾翼。

对于双垂直尾翼飞机，大迎角时的航向稳定性由边条涡在两片垂直尾翼之间的位置确定（图 4.57 和图 4.58）。

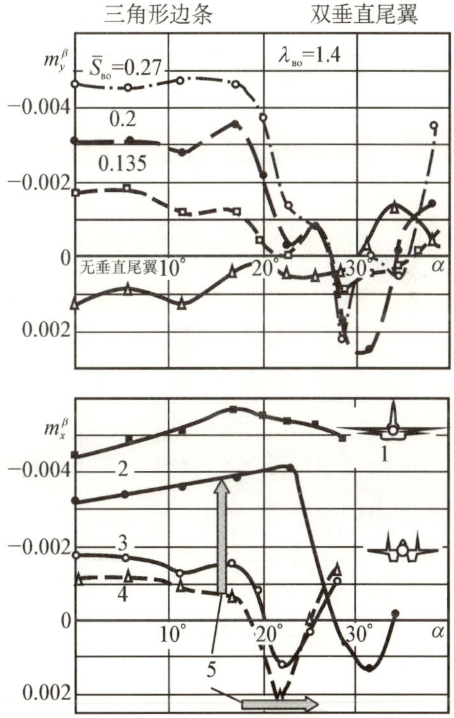

图 4.56 垂直尾翼几何参数对模型航向稳定性的影响

1—单垂直尾翼，$\overline{S}_{во}=0.27$、$\lambda_{во}=1.5$；2—$\overline{S}_{во}=0.27$、$\lambda_{во}=1.5$；3—$\overline{S}_{во}=0.19$、$\lambda_{во}=1.3$；4—$\overline{S}_{во}=0.17$、$\lambda_{во}=1.0$；5—增大垂直尾翼面积和展弦比的影响（$\overline{S}_{во}=0.17\sim0.27$、$\lambda_{во}=1\sim1.5$）

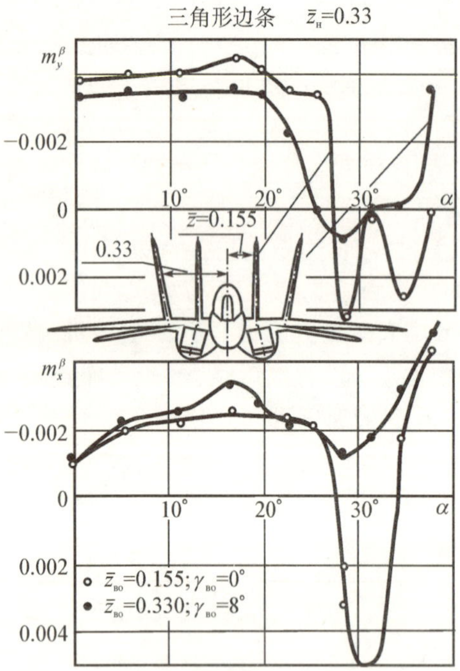

图 4.57 双垂直尾翼沿机身宽度上的布置对模型航向和横向稳定性的影响

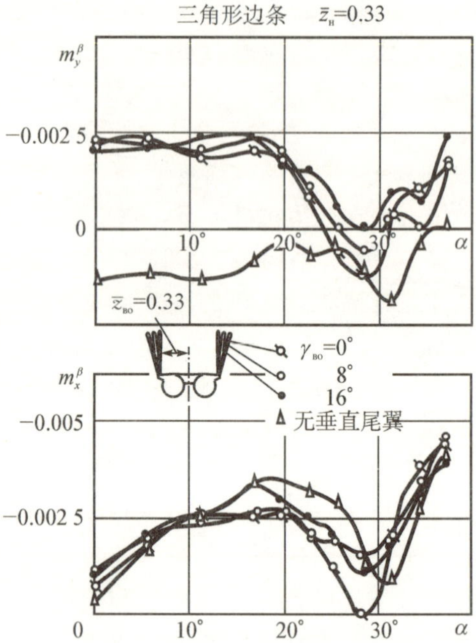

图 4.58 垂直尾翼外倾角对模型航向和横向稳定性的影响

大迎角时的滚转和偏航力矩取决于机翼与边条配合的平面形状。在急剧过渡(边条前缘在与机翼前缘交接处平行于飞机对称面,例如在拱形边条情况下)时,边条涡的位置是稳定的,$m_x(\alpha, \beta)$和$m_y(\alpha, \beta)$关系曲线相当有规律,在广泛的迎角范围内保证导数m_x^β和$m_y^\beta(\alpha, \beta)$是负值。在光滑过渡情况下涡不稳定,$m_x(\alpha, \beta)$和$m_y(\alpha, \beta)$关系曲线急剧变化。

边条翼型的选择起着重要作用:圆前缘使横侧稳定性变坏。对于机动飞机,必须使边条前缘削尖(图 4.59)。

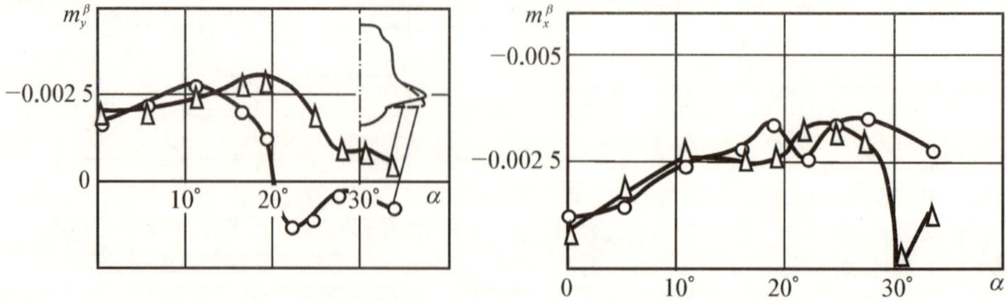

图 4.59 边条前缘削尖对模型航向和横向稳定性的影响

改善机翼外翼绕流的措施:前缘修圆、在外翼中部剖面安装翼刀、偏转机翼前缘，同样可达到改善大迎角时的横侧稳定性。

机翼前缘的偏转角增加到 $\delta_{\text{нос}} = 40°$，在低亚声速使 $\alpha \geqslant 25°$ 时的横侧特性得到改善。差动偏转前缘：尖部段有小偏角、根部段有大偏角给出良好结果。减小尖部段的偏角导致在迎角范围 $\alpha = 11° \sim 19°$ 改善滚转力矩 $m_x(\alpha,\ \beta)$随迎角和侧滑角的变化，而增加根部段的偏角改善迎角 $\alpha > 23° \sim 26°$ 时的 $m_x^\beta(\alpha)$ 和 $m_y^\beta(\alpha)$ 关系曲线(图 4.60)。

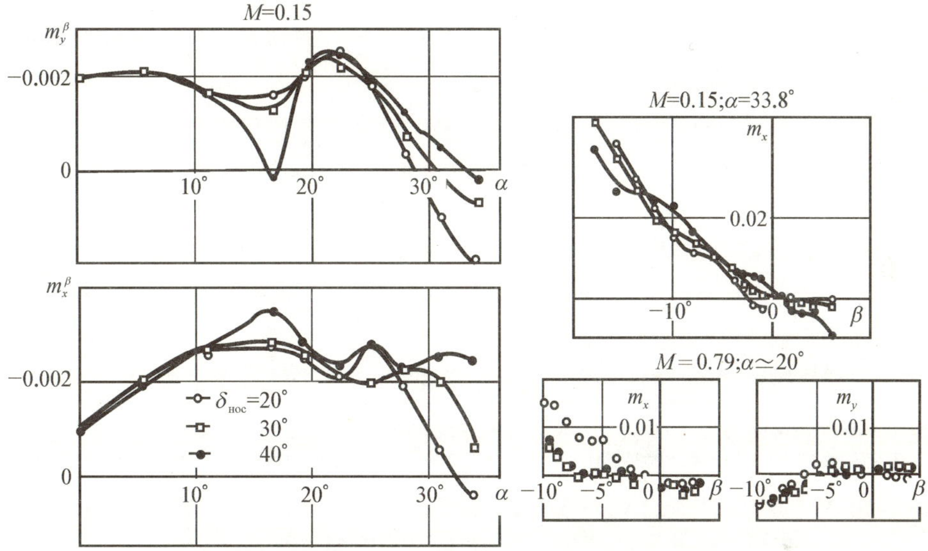

图 4.60　偏转机翼前缘对模型航向和横向稳定性的影响

在跨声速，前缘偏角大于 $\delta_{\text{нос}} \approx 20°$，并不引起改善横侧稳定性特性。

在机身后段下表面采用腹鳍和把机身头部的横截面由圆形变成椭圆形，可能达到扩大保证航向稳定性 ($m_y^\beta < 0$) 的迎角范围(图 4.61)。腹鳍是改善大超声速横侧稳定性的有效措施。

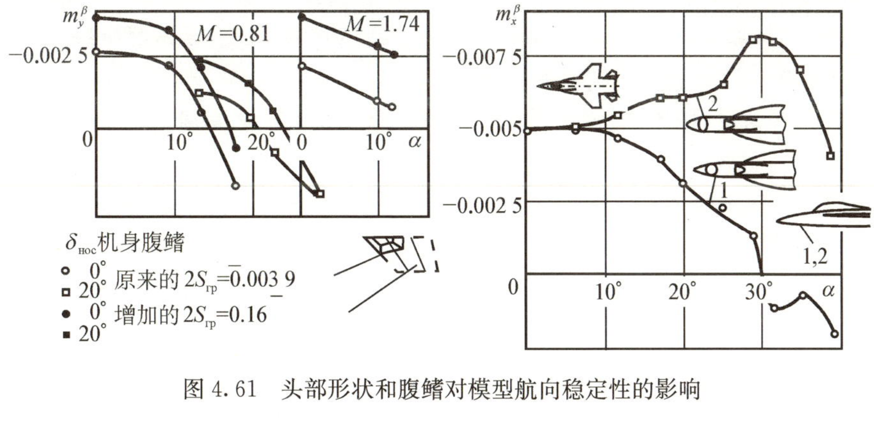

图 4.61　头部形状和腹鳍对模型航向稳定性的影响

4.7 复杂平面形状机翼超声速飞机空气动力学的一些结论

对带机翼前边条的飞机空气动力学方面的综合研究表明，这种飞机的特点是气动布局部件间有很强的干扰，对气动特性有多种影响。这样，机翼边条既用于保证大迎角范围的高升力特性，也用于改善大迎角范围的横侧稳定性；偏转机翼前缘保证在广泛的迎角范围内提高升阻比，并能改善飞机的稳定性与操纵性。无论是纵向还是横侧稳定性特性都取决于边条、水平尾翼和垂直尾翼的参数。安装双垂直尾翼改变俯仰力矩，而安装水平尾翼改变滚转和偏航力矩。偏转水平尾翼时改变横侧稳定性。

研究气动布局部件间的所有各种气动力关系，能够得出如下结论：

(1) 机翼根部窄而薄的尖前缘边条在大迎角范围保证高升力特性和高升阻比。

边条的相对面积$\overline{S}_{п}$(在气流中)应在 0.1～0.15 范围内。减小面积要降低升力，增加面积引起增大抬头力矩。

(2) 基本的梯形机翼在$\lambda_{баз}\approx 4$和$\chi_{пк.баз}\approx 40^{\circ}$的中等展弦比和中等后掠角时，可保证足够高的亚声速巡航升阻比。

为保证在跨声速和超声速范围的高速特性，希望有平的机翼中弧面。

(3) 机翼应该有在飞行中偏转的前缘和后缘增升装置。

增升装置的用途——提高在亚声速巡航飞行中和在亚声速机动时的升阻比，并在大迎角时改善稳定与操纵性。

(4) 为补偿由边条产生的抬头力矩，在机身后段配置合适的升力面。

可能的形式：用升力机身(宽体升力机身或机身带有宽度不小于 0.3～0.35 机翼展长的侧边条)及用普通机身和增大水平尾翼面积与展弦比——不小于 $\overline{S}_{го}=0.25\sim 0.38$ 及 $\lambda_{го}=3.0\sim 3.5$。

(5) 水平尾翼位置应适当低于机翼弦平面。也可能用下反角。水平尾翼位置相对机翼越低，大迎角时抬头力矩越小。

(6) 垂直尾翼可能是单垂直尾翼或双垂直尾翼，其相对面积不小于 $\overline{S}_{во}=0.25\sim 0.3$，展弦比不小于$\lambda_{во}=1.4\sim 1.7$。这样的尾翼在亚声速能够保证直到迎角不小于$\alpha=25^{\circ}\sim 30^{\circ}$时的侧向稳定性。

双垂直尾翼侧重用于带有宽升力机身的布局，单垂直尾翼侧重用于带有普通机身的布局。

在用双垂直尾翼时，其两片垂直尾翼之间上部的距离应大于边条的展长。研究表明，与有普通机身的布局比较，可以预料升力机身的布局能做到：

——由于增加某些平面投影面积，使超声速时的升力特性有一定提高，并相应地改善极曲线。

——波阻有些增加——有升力机身布局的飞机体积分割成几个单独的单元体积(带座舱盖的前机身、发动机舱)，围成这些单元体积增加面积，由于飞机表面对结构水平线斜率要求又限制了这些体积；这些体积的干扰可能是不利的。

——摩擦阻力和由表面粗糙度（铆钉、螺钉等）产生的阻力有某些增加；这种阻力正比于飞机浸润面积，当体积相同时，在有升力机身的布局中，由于较大的机身宽度和有较复杂周边的横截面，机身的表面积大；此外，像在超声速时一样，气动布局部件与升力机身之间可能有不利的干扰。

——由于增加了机身后段的宽度，亚声速（$M=0.8$）和大超声速（$M=2\sim2.5$）时的气动焦点位置有大的差别；在配平条件下这个差别由前面指出的改善极曲线进行补偿。

两个所研究的带有机翼前边条的布局方案中，在亚声速大迎角达到了比无边条布局有相当高的升力特性，在亚声速有大的导数 C_{ya}^{α} 值。当被比较的方案有相等的相对机身最大横截面积时，有机翼前边条和普通机身的布局可能获得最小的超声速零升阻力系数。就在这个方案达到超声速最大配平的升阻比。

参考文献

[1] Некоторые вонросы аэродинамики деформированного крыла произвольной формы в плане. Сборник работ [C]. Тр. ЦАГИ, 1970.

[2] Павленко А А. Онтимизация параметров адаптивного крыла маневренного самолета нормальной схемы [C]. Тр. ЦАГИ, 1989.

[3] Песецкий В А. Исследование топологии обтекания моделей самолетов различных схем на больших углах атаки [C]. Тр. ЦАГИ, 1989.

第 5 章　超声速飞机进气道和尾喷管的空气动力学

进气道和尾喷管的空气动力学是整个超声速飞机空气动力学独立而重要的篇章之一。它包括进气道和尾喷管通道的气流研究、进气道和喷管工作状态与发动机工作状态的匹配问题、发动机进气流和排气流与飞机机体绕流的干扰问题。

随着超声速飞机推重比的不断提高，成为使动力装置及其部件——进气道和尾喷管——在保证飞机高的飞行技术性能方面起到越来越大的作用的先决条件。因此，动力装置优化问题，它与机体一体化问题具有越来越大的意义。解决这些问题需要作大量的实验和计算研究工作。

5.1　进气道的特性

飞机的超声速进气道——这是用来从周围吸取必需量的空气，输送给发动机，而且要将它的流速有效地减速到亚声速，亦即将动能转化为压力。较为广义的概念是进气装置——动力装置这个部分包括进气道及其调节和防护装置。

进气道中气流的压缩过程属于最复杂的气体动力学过程。这种复杂性随来流速度的增大而增加，不仅是因为进气道中不可弥补的能量损失增加，而且还因为其稳定工作范围减小，该范围受到进气道和发动机强烈的压力振荡的限制（喘振）。压缩过程实质性地取决于飞机飞行条件和影响进气道前流场的飞机部件的绕流。

进气道的布局和研究的实质，特别是对于新型飞行器和发动机，首先取决于用什么进气道来保证（它既是飞机的又是发动机的部件），而后在模型和实物试验时检查飞机和发动机特性匹配的正确性。

在进气道空气动力设计和在飞机上的布局，既要考虑保证其工作效率的特性，又要保证其使用能力的特性。效率要求对于典型的飞行轨迹是极为重要的，而使用特性在飞机飞行和发动机工作一切可能的范围内都是重要的（包括极限的和特殊的）。

主要几何参数

进气道由超声速部分、亚声速扩压器和飞机管道组成（图 5.1 和图 5.2）。超声速部分的主要部件是：特型斜板（用于二元进气道）或中心锥（用于轴对称进气道）、过渡段、外罩、喉道——具有最小面积的管道段、侧板(用于二元进气道)、边界层控制(吸除或放气)系统。特型斜板(或中心锥)的决定性参数是表面起始倾斜角、最终倾斜角 δ_1 与 $\delta_к$(θ_1 和 $\theta_к$)和滞止面的级数 n,这些决定了滞止面到进口平面的长度 $l_к$ 及超声速气流在外部斜激波系中的滞止程度。进气道进口的尺寸由进口面积 F_0 值确定,该面积等于进气道进口在 yz 平面上的投影面积。对于二元进气道不考虑外

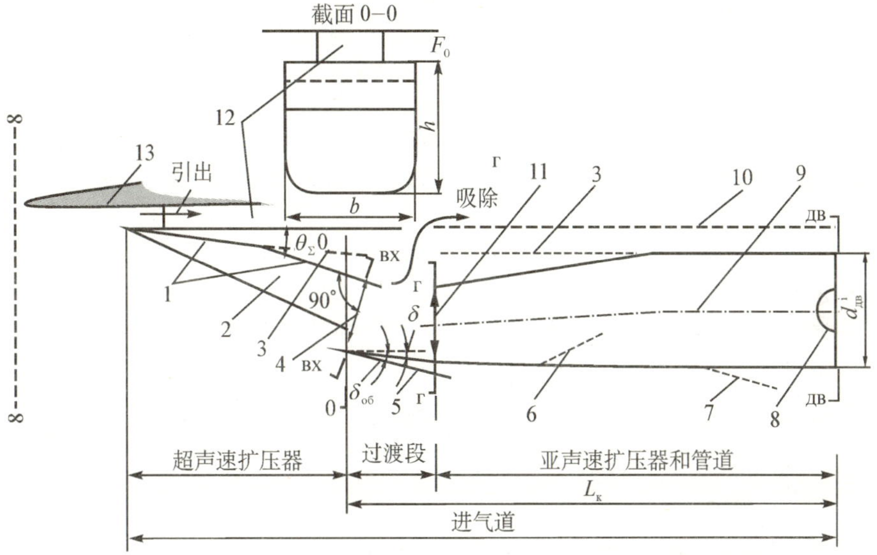

图 5.1　二元进气道

1—压缩面; 2—侧板; 3—活动斜板; 4—进口高度;5—外罩; 6—辅助进气门;
7—放气门; 8—发动机;9—截面中心线; 10—进气道理论平面;11—喉道高度;
12—边界层隔道导流板; 13—机翼(或机体其他部件)

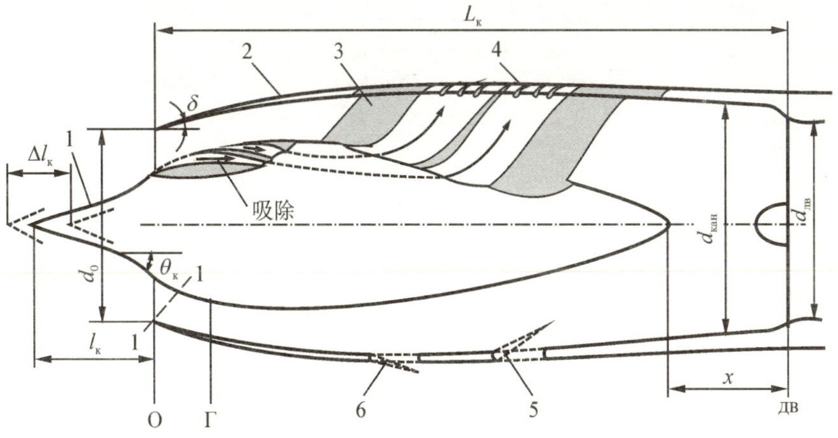

图 5.2　轴对称进气道

1—中心体(锥体); 2—外罩; 3—支撑件; 4—百叶窗; 5—辅助进气门; 6—放气门

罩唇口倒圆，$F_0=bh$，式中 b 为宽度，h 为进气口高度。对于轴对称进气道，$F_0=\pi d_0^2/4$，式中 d_0 为唇口前缘的直径。

外罩的主要参数是它的内倾角 δ、外倾角 $\delta_{об}$（图 5.1）及其长度。亚声速扩压器和飞机管道的决定性参数是面积沿长度分布图、亚声速扩压器的当量扩散角

$$\gamma/2=\arctan\left[\frac{\sqrt{\bar{F}}-1}{2l/d_{экв}}\right]$$

式中：l——亚声速扩压器起点到所研究的截面的距离；

$\bar{F}$——亚声速扩压器出口和进口的面积比；

$d_{экв}$——对应于亚声速扩压器进口面积 F 的当量直径和管道相对长度 $\bar{L}_к=L_к/d_{дв}$，式中 $L_к$ 为管道从进气道进口平面到对应于发动机起点截面的长度，$d_{дв}$ 为发动机进口处管道直径。

从中心体或压缩面吸除边界层系统形式的边界层控制系统是以特型斜板或锥体上的通孔面积 $F_{отв}$ 与进气道进口面积 F_0 之比 $\bar{F}_{отв}=F_{отв}/F_0$ 来表征的。从安装进气道的机体部件近处隔除边界层系统，用引出隔道的高度 $h_{щ.сл}$ 与从机体部件（例如，机翼或机身）的起点到特型斜板（或锥体）边缘距离的比值 $\bar{h}_{щ.сл}=h_{щ.сл}/L_{пл}$，以及位于进气道和机体之间引出隔道中特型斜板——边界层导流板的形状和几何尺寸来表征。

进气道可以安装特型斜板（锥体）和外罩的调节系统、起飞用的进气装置（例如，辅助进气门）和放气门。

空气动力特性

决定超声速进气道空气动力效率的主要特性如下。

总压恢复系数　表示输入发动机的空气流量的总压损失。它是以发动机进口处管道测量截面的滞止气流的平均总压 $p_{0\,дв}$ 与未扰动的来流总压 $p_{0\,\infty}$ 之比来确定：

$$\nu=p_{0\,дв}/p_{0\,\infty}$$

空气流量系数 f　表示进气道所吸进的空气流量值。它是以通过进气道的未扰动来流的空气流管面积 F_∞ 与进口面积 F_0 之比来确定：

$$f=F_\infty/F_0$$

进气道的外部阻力系数　它是以进气道外部阻力 $X_{вз}$ 与未扰动来流的速压 q_∞ 和进气道进口面积 F_0 之比来确定：

$$C_x=X_{вз}/(q_\infty F_0)$$

通常，当空气动力模型在风洞试验、完全模拟进气道空气通道并有边界层吸除系统时，则进气道的外部阻力值要加到空气动力特性及其极曲线上。当部分地模拟进气道空气流路时（例如，只模拟了一种，与工作状态不同的，最大流量值情况），飞

机的空气动力特性需要修正，因为不完全对应进气道的流动（见 5.4 节）。

进气道总的外部阻力系数的主要分量如下：进入进气道的气流流管型面的阻力系数 $C_{x\,ж}$，外罩的外部波阻系数 $C_{x\,об}$，边界层吸除系统的阻力系数 $C_{x\,отс}$ 和排放系统的阻力系数 $C_{x\,кл.\,сл}$，发动机短舱的摩擦阻力系数 $C_{x\,тр}$（图 5.3）。

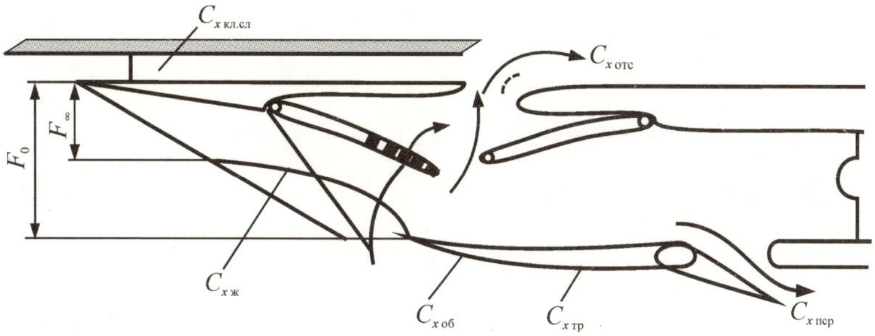

图 5.3　进气道总的外部阻力系数的分量

$C_{x\,ж}$—进入进气道的气流流管型面的阻力系数；$C_{x\,об}$—外罩外部波阻系数；$C_{x\,отс}$—从进气道滞止面上吸除边界层系统的阻力系数；$C_{x\,кл.\,сл}$—机体表面边界层排放系统（边界层隔道）的阻力系数；$C_{x\,тр}$—发动机短舱的摩擦阻力系数；$C_{x\,пер}$—从管道向外部气流中放气的阻力系数

进气道防喘振余量 ΔK_y 和 $\Delta \bar{l}$　分别表示按空气流量和进气道调节机构从进气道或发动机压气机工作状态到喘振状态的余量。ΔK_y 和 $\Delta \bar{l}$ 值由以下式确定：

$$\Delta K_y = \left[\frac{(f/\nu)_{дв}}{(f/\nu)_{п}} - 1\right] \times 100\%；\Delta \bar{l} = (\Delta l / l_{раб}) \times 100\%$$

式中，$(f/\nu)_{дв}$ 和 $(f/\nu)_{п}$——分别为进气道工作状态和喘振边界的系数 f 和 ν 之比；

$l_{раб}$——调节机构的工作位置；

Δl——保持进气道和发动机稳定（无喘振）工作的调节机构最大偏调量。

发动机压气机进口处管道内的气流不均匀度　气流不均匀度由气流的定常不均匀性和大尺度的气流湍流度来确定（详见下文）。定常不均匀性由周向 $\Delta \bar{\sigma}_о$ 和径向 $\Delta \bar{\sigma}_р$ 不均匀性的参数积分及其所占据的区域 $\varphi_о$ 和 $f_р$ 的大小来表征。气流湍流度由总压脉动的振幅 A 及其均方根值 ε 来表征。很多决定发动机压气机的气体动力稳定性的总的气流不均匀度综合参数是 $W = \Delta \bar{\sigma}_о + \varepsilon$ 值，包括气流周向不均匀性 $\Delta \bar{\sigma}_о$ 和脉动分量 ε。

进气道的节流特性

进气道的节流特性是总压恢复系数 ν 与流量系数 f（图 5.4）或换算空气流量 $q(\lambda_{дв})$ 的关系。

$$q(\lambda_{дв}) = \left[\frac{æ+1}{2}\right]^{\frac{1}{æ-1}} \lambda_{дв} \left[1 - \frac{æ-1}{æ+1}\lambda_{дв}^2\right]^{\frac{1}{æ-1}}$$

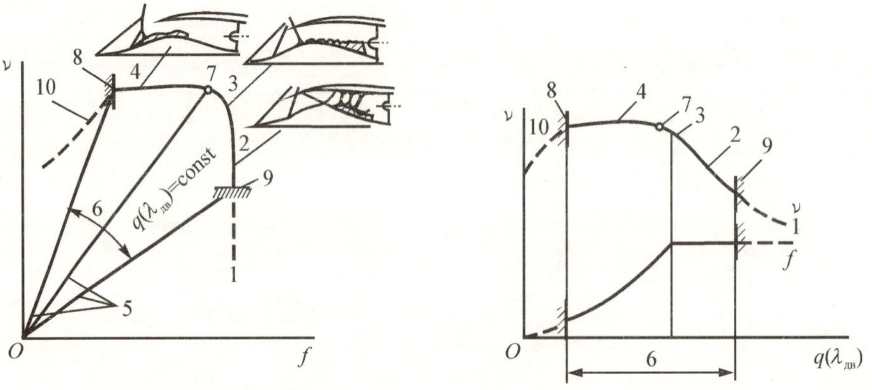

图 5.4　进气道的节流特性

1—进气道节流特性；2—超临界状态；3—临界状态；4—亚临界状态；5—发动机流量特性；6—进气道和发动机的稳定工作状态；7—进气道和发动机的设计共同工作状态；8—进气道喘振边界；9—发动机稳定工作边界；10—进气道喘振工作状态区域

式中，　$\lambda_{дв}$——发动机进口处管道内的换算速度；

$q(\lambda_{дв})$——气体动力函数。

进气道的工作状态可分为 4 种典型：超临界状态；临界状态；亚临界状态；喘振状态。超临界状态表征为结尾激波位于进口平面之后，在这种情况下可得到最大的空气流量。在这一状态下当减小换算空气流量 $q(\lambda_{дв})$时，空气流量系数保持不变，而总压恢复系数增加，这是因为结尾激波位于低超声速区域。

进气道的临界工作状态对应于结尾激波位于进气道进口平面，在这种情况下空气流量系数 f 仍保持最大。当进一步节流，即减小 $q(\lambda_{дв})$时，结尾激波递流向前移并位于进口平面之前，导致在进口平面之前有额外的放气（进气道亚临界工作状态）。这时空气流量系数减小，而总压恢复系数开始略有增加，是由于管道内速度减小而使管道内损失减少所致，而后大致上保持不变。在深度节流时，ν 系数值可能由于设计的斜激波系遭到结尾激波的破坏而减小。进气道喘振在亚临界工作状态下出现，当某种程度节流时，管道内出现气流周期性的振荡，在进口平面之前管道内的部分空气通过进口冒出。这时全尺寸进气道内的流谱和压力以频率 2～7 Hz 周期性地变化。长时间的喘振状态不只按动力装置的气体动力稳定性，而且按结构的强度条件都是不允许的。

发动机的流量特性在 ν 和 f 坐标上用直线绘出：

$$f/\nu = G_{пр}/(242 \cdot F_0 q(M_\infty)),$$

式中，$G_{пр}$——发动机的换算空气流量，kg/s；

F_0——进口面积，m^2；

242——有量纲的系数，kg/m^2s。

发动机流量特性与进气道节流特性的交点决定了进气道和发动机的共同工作状态。

发动机的稳定工作范围在进气道的节流特性上是有限制的。稳定工作的边界不只取决于进气道特性，而且也取决于发动机承受进气道来的扰动的稳定性。在进气道超临界工作状态下，发动机喘振的原因是气流不均匀度的增加，而在亚临界状态下是进气道的喘振。应当提到，在喘振强度不大时（例如，在 $M_\infty < 1.7$ 时）它可能不引起发动机的喘振。因此，在进气道的节流特性上，发动机的喘振边界不总是与进气道本身的喘振边界相重合。

进气道和发动机最佳的共同工作状态，从动力装置效率考虑是临界状态。临界状态近似地按 f_{max}/ν_{max} 比，即按所谓的节流特性假想的拐点来确定。

在实际工作中，考虑到动力装置需要的稳定裕度，简化进气道调节，排除结构振动等，由于存在各种不准确性，进气道和发动机的共同工作状态与临界状态可能还有差别。

典型的进气道特性关系曲线

采用典型的关系曲线就可以运用它们在进气道和整个动力装置的初步设计，选型阶段，以及在分析新研制的各种用途飞机所得到的进气道特性结果。在超声速下可调节和不可调节进气道的关系曲线 $\nu(M_\infty)$，因为有效地滞止超声速气流方式的不同和进气道与发动机工作最佳匹配的可能性也不同而有很大差别。

在图 5.5 上示出了外压缩式和混合压缩式（见 5.2 节）可调节进气道的总压恢复系数的典型关系曲线。它们主要是在如下条件下得到实现：

——进气道在飞机巡航迎角和零侧滑角下工作；

——在进气道之前从飞行器机体表面引走了边界层；

——进气道有吸除边界层系统；

——引起进气道特性变坏的飞行器机体部件的扰动（激波、涡迹等），不进入进气道的进口；

——进气道在所研究的全部飞行 M 数范围内都能调节，并装备有启动进气调节装置。

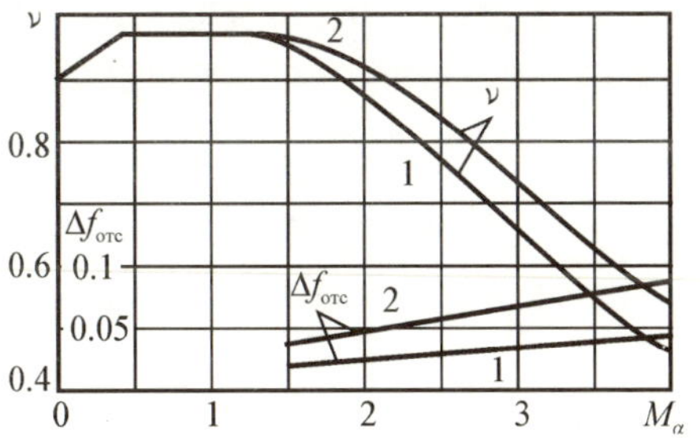

图 5.5　典型（标准大气）的总压恢复系数 ν 和吸除空气流量系数 $\Delta f_{отс}$ 的关系曲线

1—外压缩式进气道；2—混合压缩式进气道

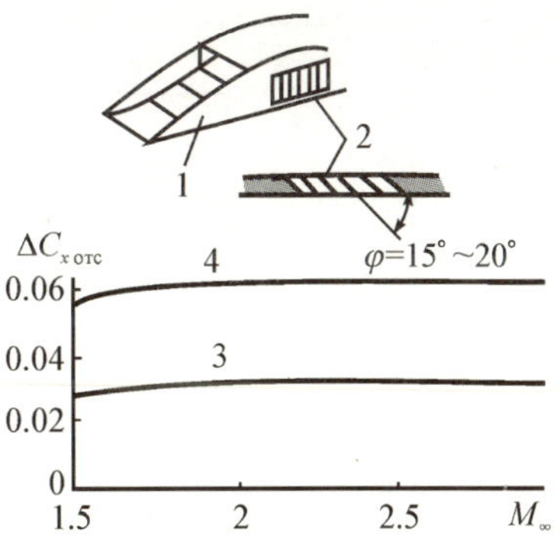

图 5.6　由于通过百叶窗放气，进气道外部阻力系数增量

1—进气道；2—放气百叶窗；3—外压缩式进气道；4—混合压缩式进气道

复系数的典型值所必需的吸除或排出空气流量值 $\Delta f_{отс}=\Delta F_{\infty}/F_0$。$\Delta f_{отс}$ 值随 M_{∞} 数增加而增加。对于混合压缩式进气道比外压缩式进气道该值大约大 1 倍。

放气势必引起外部阻力增加。此时，阻力增量值取决于放气系统的结构。为了估算可以利用图 5.6 的数据，该数据是根据在 $\varphi\approx15°\sim20°$ 角（百叶窗）放气时的实验数据得到的。在 $M_{\infty}\approx1.5\sim3.0$ 时外压缩式进气道的近似值 $\Delta C_{x\ пер}\approx0.03$ 而混合压缩式进气道的近似值 $\Delta C_{x\ пер}\approx0.06$。

装有纯涡轮喷气发动机和小涵道比涡扇发动机的超声速飞机不可调节进气道的特点：在超声速飞行下与发动机匹配状态是在节流特性平缓段实现的（图 5.7(a)，(б)）并通过进口平面之前的结尾激波有大量空气溢出（进气道亚临界工作状态），即有很大的流管型面外部波阻。在这种工作状态下，总压损失由斜板（或锥体）斜激波中损失和进口平面之前结尾激波损失以及内管道里总压损失构成。因此，随着超声速飞行速度的增加，在斜激波中有效滞止部分（总压损失小）减小，而在结尾激波中总压损失增加，对于大部分研究过的进气道在 $M_{\infty}>1.3\sim1.5$ 时不可调节进气道的总压恢复系数值急剧地减小（图 5.8）。

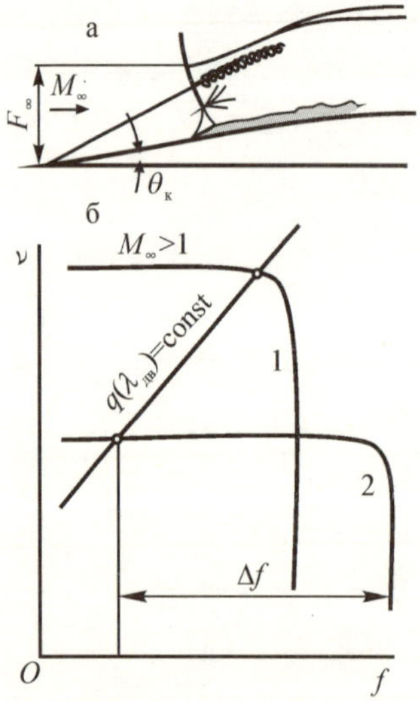

图 5.7　可调节和不可调节进气道与发动机匹配状态

1—可调节进气道；2—不可调节进气道

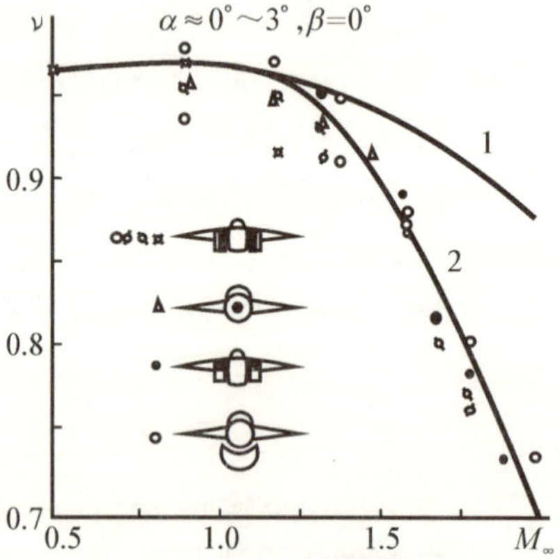

图 5.8　不可调节进气道总压恢复系数关系曲线

1—可调节进气道的典型关系曲线；2—不可调节进气道 $\nu(M_{\infty})$ 关系曲线

在图 5.5 上也示出了为实现总压恢复系数 ν 和吸除空气流量系统 $\Delta f_{отс}$ 的关系曲线。

根据实验研究的经验，在进气道选型和布置的初始阶段，对于无边界层控制的不可调节进气道可以采用图 5.8 所示出的关系曲线 2 估算系数 ν。

为了保证在起飞-着陆飞行状态（$M_{\infty}\leqslant0.4$）高的特性，不可调节进气道要装备启动进气调节装置是先决条件。

进气道内气流扰动的种类和决定性参数

进气道内的气流由于滞止、与壁面摩擦及影响它的飞机部件外部绕流过程的结果逐渐变得不均匀和非定常的。

定常不均匀度　气流的定常不均匀度按对压气机的影响性质可分为周向和径向不均匀度(图 5.9)。

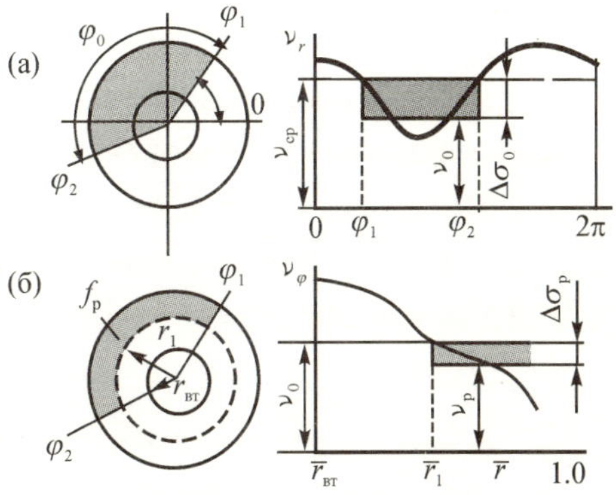

图 5.9　气流的周向(a)和径向(б)定常不均匀度

在一般情况下,对于每一种不均匀度均采用两个参数;气流滞止区的总压损失相对值和这些区的相对尺寸。周向不均匀度以 $\Delta\bar{\sigma}_0$ 和 φ_0 参数表征,径向不均匀度以 $\Delta\bar{\sigma}_p$ 和 f_p 表征。在混合不均匀度时,首先确定周向不均匀度,而后确定径向不均匀度,并且 $\Delta\bar{\sigma}_p$ 相对于气流滞止扇形区的平均总压计算(而不是相对于截面平均总压):

$$\Delta\bar{\sigma}_0 = \Delta\sigma_0/\nu_{cp},\ \bar{\varphi}_0 = \varphi_0/2\pi,\ \Delta\bar{\sigma}_p = \Delta\sigma_p/\nu_0,\ f_p = (1-\bar{r}_1^2)/(1-\bar{r}_{BT}^2)$$

式中:

$$\Delta\sigma_0 = \nu_{cp} - \nu_0,\ \varphi_0 = \varphi_2 - \varphi_1;\ \nu_{cp} = \frac{1}{2\pi}\int_0^{2\pi}\nu_r \mathrm{d}\varphi;$$

$$\nu_r = \frac{1}{1-\bar{r}_{BT}^2}\int_{\bar{r}_{BT}}^{1}\nu 2\bar{r}\mathrm{d}\bar{r};\ \nu_0 = \frac{1}{\varphi_0}\int_{\varphi_1}^{\varphi_2}\nu_r \mathrm{d}\varphi;\ \Delta\sigma_p = \nu_0 - \nu_p;$$

$$\nu_p = \frac{1}{1-\bar{r}_1^2}\int_{\bar{r}_1}^{1}\nu_\varphi 2\bar{r}\mathrm{d}\bar{r};\ \nu_\varphi = \frac{1}{\varphi_0}\int_{\varphi_1}^{\varphi_2}\nu \mathrm{d}\varphi$$

存在两个和两个以上低压扇形区时,计算每一扇形区的 $\Delta\bar{\sigma}_0$ 和 $\bar{\varphi}_0$ 参数。当 $\varphi_0 > 60°$ 时,取不同扇形区 $\Delta\bar{\sigma}_0$ 值中的最大者作为决定性参数。如果 $\varphi_0 < 60°$ 时,比较 $\Delta\sigma_0\varphi_0/60$ 值并选取其中最大者。

为了减少测量数据和简化计算,在某些情况下采用表征气流不均匀度的其他参数。这样参数的例子是 $D = (p_{0\,\max r} - p_{0\,\min r})/p_{0\,cp}$ 参数,表征相对于测量截面内平均总压的该发动机特征相对半径 $\bar{r}^*$ 上的总压最大不均匀度。对于加长管道的进气道和特征半径 $\bar{r}^* = 0.6$(涵道比为 $m \approx 2$ 的涡扇发动机),$D \approx 3\Delta\bar{\sigma}_0$。

管道内气流的扭转度也属于定常不均匀度。它在管道横截面内存在静压不均匀度时产生。形成的二次流在进气道喉道附近和管道弯曲处特别多。在进气道外部绕流作用下也可能气流全部扭转,例如,带水平斜板的二元进气道在原地工作时,如果并排有第 2 个进气道在工作或配置有机身侧表面。这时在核心的洗流角能达到 2°～6°。气流的扭转度会明显地影响没有进气导向器的发动机的工作。

---

* 原文 r 应为 $\bar{r}$——校者。

湍流度　湍流是不同尺寸的涡流形成的气流无规则运动。

气流的湍流度对发动机工作的影响归结为气流的不均匀度，该不均匀度是通过复杂的定常速度场和最大的涡流流型引起的速度场叠加而成。特点是在进气道内大型涡流流型能通过气流核心截面的任一点。在 $L < 10$ 时，压力脉动可能沿进气道管道横截面具有相当大的不均匀度。

进气道内的气流湍流度借助于传感器和设备测量，其幅频特性这样选取，使大尺度涡流流型能捕获，而使小尺度的则予以平顺过去。在选取传感器和设备时采用特征的过程频率概念：

$$n_{\text{xap}} = V/d,$$

式中：V——管道内平均速度；

d——管道直径。

大型涡流型的主要特性：最大相对强度（振幅）$A_{\max} = \Delta p_{0\max}/2p_{0\text{ cp}}$；纵向尺度（比例）$l_{\text{B}} = V_{\text{cp}}\tau_{\text{B}}$；涡的跟随频率 $n_{\text{B}} = 1/\tau_{\text{B}}$（图 5.10）。

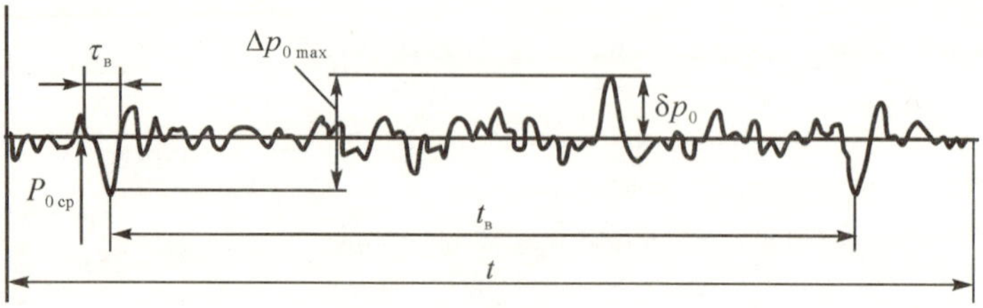

图 5.10　进气道管道内总压振荡的示波器记录

大型涡流型是沿流向延伸的，其纵向尺度通常是管道直径的量级，而其频率则是不规则的。纵向尺度通常与进气道工作状态及其调节部件的位置关系不大。也没有发现通过的涡流数量对发动机工作的影响。因此，表征进气道内湍流最重要的量值是大尺度脉动（$A_{\max}$）的强度。总压湍流脉动的强度与速度纵向分量脉动的强度有关。这种关系近似地由下式确定：

$$\Delta p_0/2p_{0\text{ cp}} = 1.4M_{\text{cp}}^2U_1/U_{\text{cp}}$$

式中："cp"表示定常量的值。

根据测量结果处理过程的自动化要求，脉动强度用均方根值表征是方便的：

$$\varepsilon = \sqrt{\overline{(\delta \overline{P}_0)^2}}/p_{0\text{ cp}}$$

式中：
$$\overline{(\delta p_0)^2} = \frac{1}{t}\int_0^t [\delta p_0(\tau)]^2 \mathrm{d}\tau$$

在脉动正态分布律的情况下 $\varepsilon = A_{\max}/3$。然而由于其中湍流的各向异性和可能的不均匀度，在进气道内不总是这种规律。

在专门研究时广泛地采用表征湍流的其他统计量值，包括时间尺度和随机过程的功率谱密度。

单维扰动　在进气道稳定工作时，气流单维扰动可能是非周期的和振荡的。

非周期的扰动是总压迅速变化，既往减小方面变，也往增加方面变。迅速移动进气道调节部件（修正调节程序，打开放气门等）或作剧烈机动时迅速改变飞机迎角和侧滑角，当在湍流大气中飞行等可能引起这种扰动。在进气道稳定工作时可能观察到振荡扰动，例如，在节流特性的垂直段上靠近临界状态。这些振荡的频率具有进气道管道所固有的声频量级。此外，振荡扰动可能由进气道内各种活动部件，例如，自动调节辅助进气门所激起。应当指出，在进气道个别段内，例如，喉道附近发生的压力周期振荡，由于进气道内有相当大的湍流，可能逐渐消散而不会延续到管道终端。

自激振荡和特性间断　进气道的不稳定工作与新类型扰动的出现有联系，这种扰动会导致自激振荡和间断特性。

外压缩式超声速进气道最典型的振荡是喘振。喘振发生在进气道亚临界工作状态节流。在喘振时管道的部分空气通过进气道进口周期性地往外抛出。喘振属于张弛型振荡。喘振振荡的强度取决于该进气道的特点，并随来流的 M 数增加而增强。喘振时振荡频率由动力装置的流道气体容积来确定，随容积减小而增加，对于实际飞机进气道处于 3～10 Hz 范围内。随节流程度的增加，进气道的喘振频率增加。

在超声速气流外压缩式进气道工作时，在节流特性的平缓段上可能产生大致与喘振频率谐波接近的压力振荡，但振幅小很多。这些压力振荡叫做进气道的弱不稳定性，这种弱不稳定性会平稳地过渡到喘振。在这种情况下，作为进气道喘振边界所取的点，是该点的振幅导致发动机的喘振（约定 $A=20\%$）。

在外部绕流急剧变化时可能发生进气道特性间断。典型的例子是涡面现象（详见 5.2 节）。在这种情况下进气道的特性发生突变。进气道过渡到新的工作状态，此时比出现涡面之前，ν 和 f 值低而气流不均匀度高。在进气道内超声速气流分离时，混合压缩式进气道内也有类似的特性变化。

表征扰动对发动机影响的参数　在进气道末端，一切类型的扰动按对发动机的影响性质适当地分为 3 种形式：气流不均匀度（定常不均匀度和湍流度）；单维扰动；热扰动。

气流的不均匀度以综合参数 $\Delta\bar{\sigma}_0+\varepsilon$ 来表征。可以使用所研究的发动机和进气道台架试验时求得的另外的参数代替该综合参数。后者的例子是涡扇发动机和带加长管道的进气道调试时广泛采用的不均匀度参数 $W=2A+D$。

对于长度为 4～10 倍直径（即 $(4\sim10)d_{\text{дв}}$）的管道和飞机无过载和侧滑的飞行状态，不均匀度综合参数的特征量级 $\Delta\bar{\sigma}_0+\varepsilon=4\%\sim7\%$。当有过载、侧滑和大气温度变化时气流不均匀度可能增加到 1.5～2 倍（见图 5.11）并且既取决于飞机的 α 和 β 角，也取决于进气道和发动机所采用的调节系统。

单维振荡以频率和强度来表征。单维扰动的强度以发动机进口相对降低总压

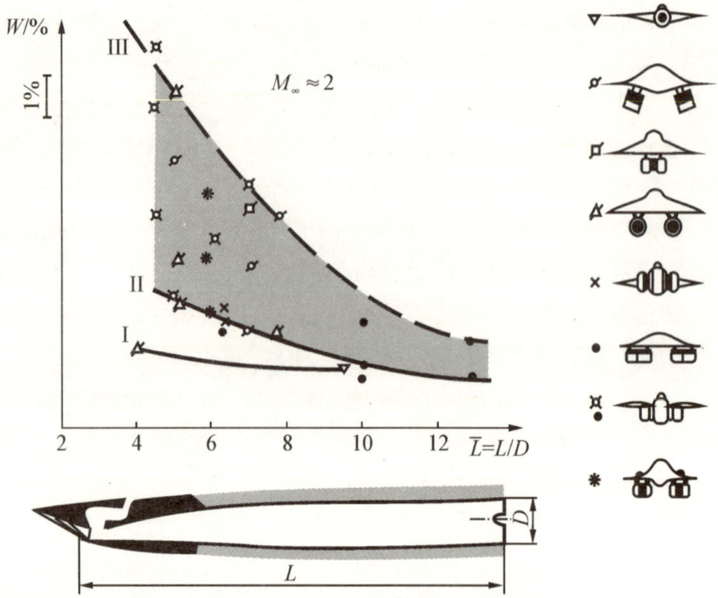

图 5.11　进气道在飞机上不同的布置时，其管道内的气流不均匀度 W

Ⅰ—轴对称进气道；Ⅱ—二元进气道；Ⅲ—按 α、β、t_∞ 的非设计状态；Ⅰ、Ⅱ：$\alpha \approx 0^\circ \sim 3^\circ$，$\beta = 0$

值 $p_{0\,дв}$ 及其变化速度 $dp_{0\,дв}/d\tau$ 来表征。

5.2　超声速进气道的型别

各种超声速进气道的型别可按超声速气流压缩方式，压缩面的形状和进口截面的形状、压缩面级数和相应的斜激波数目、在调节方式、在飞行器上进气道的布置等方面来区分。

在现代超声速飞机上采用超声速气流外压缩式和混合压缩式进气道。在外压缩式进气道中超声速气流的滞止是在进口平面之前几道斜激波和一道结尾激波中实现的，此时进气道的匹配状态相当于亚临界状态，即结尾激波位于进气道进口平面附近(图 5.12)。在混合压缩式进气道中，超声速气流的滞止，一部分是在进口平

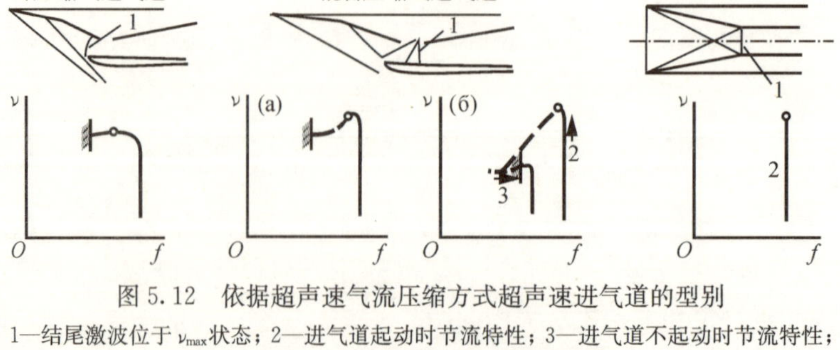

图 5.12　依据超声速气流压缩方式超声速进气道的型别

1—结尾激波位于 ν_{max} 状态；2—进气道起动时节流特性；3—进气道不起动时节流特性；

(a) 自起动进气道，(б) 起动调节式

面之前的几道斜激波中，一部分是在进口平面之后的斜激波和位于进气道喉道处的结尾激波中实现的，即在这种情况下进气道和发动机的匹配是在超临界状态下实现的。当混合压缩式进气道在超临界状态后立即节流时，超声速流可能分离，伴随着系数 ν 和 f 急剧地减小和管道内的总压振荡。如果打开节流门，超声速气流的内滞止设计系统得以恢复，则进气道称为自动起动。如果为此需要专门的调节，则这样的进气道称为起动调节式或强制起动式进气道。

在内压缩式进气道中，超声速气流滞止是在进口平面之后、内管道中实现的。这种形式的进气道由于其调节和保证进气道和发动机工作匹配状态有困难，在超声速飞机上没有得到广泛的应用。

按压缩面和进口截面的形状，轴对称、二元、半圆形和空间进气道在各种用途的超声速飞机上得到了广泛的应用。

在轴对称和半圆形进气道中，为了滞止超声速气流采用特型锥体（它的一半）或截出部分，而在二元进气道中采用特型斜板。二元进气道的进口截面具有矩形，轴对称的为圆形（半圆形或圆的部分）。

依据滞止面的形状可分为 1 级，2 级，3 级，…，n 级二元和轴对称进气道以及保证超声速气流的等熵滞止的曲压缩面进气道。

进气道可以是可调节的（采用特型锥体和斜板调节）和不可调节的。

可调节的进气道通常制成轴对称的、二元的或半圆形的。可实现最大的调节能力是二元进气道。对于不可调的进气道可以在各种空间形状的进气道上成功地使用。

按照在飞机上的布置（图 5.13）进气道可分为：正面轴对称的；两侧二元的或半圆形的；机身下部二元或半圆形的；翼下二元的，轴对称的；翼上（机身背部）二元或轴对称的；位于机翼边条下的两侧二元的及半圆形的或其他进口形状的……

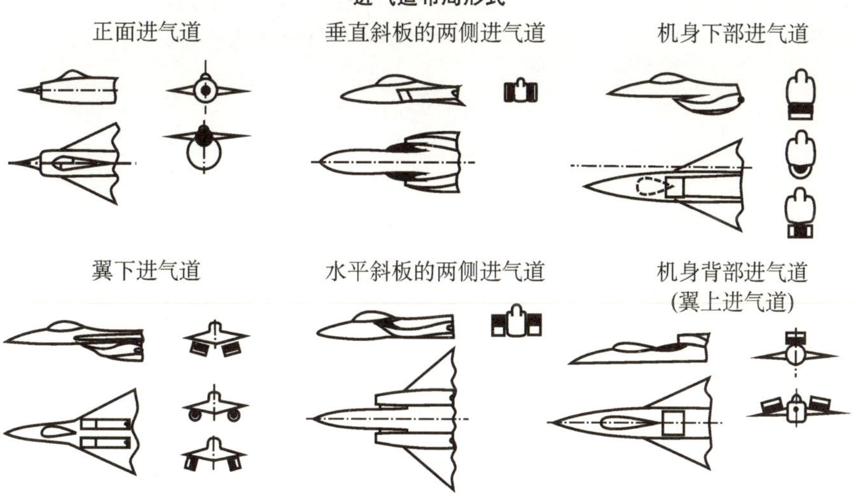

图 5.13　进气道在飞机上的布局形式

对一系列典型布置的进气道的工作特点进行研究(图 5.14)。

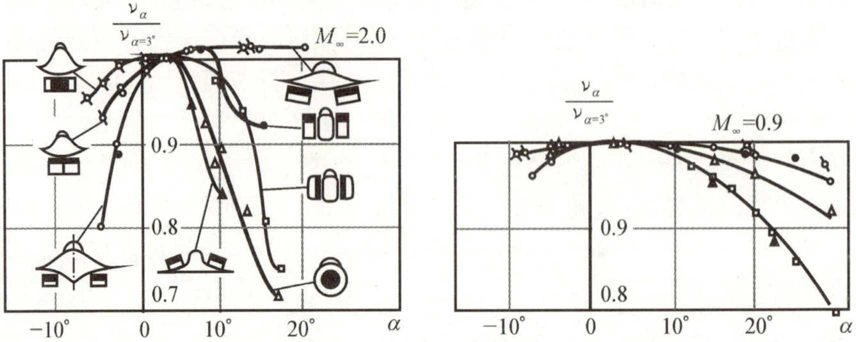

图 5.14 进气道在飞机上不同布置的情况下总压恢复系数随迎角的变化关系

下面所列出的资料属于超声速气流外压缩式进气道,该进气道具有最宽广的稳定工作范围,特别是在迎角方面。

圆形进气道

圆形进气道(图 5.15)被广泛地使用在设计飞行到 $M_\infty = 1.9 \sim 2.3$ 的第一代超声速飞机上。当布置在单个的发动机短舱里时,该型进气道可以得到重量最小和设计状态特性很高的动力装置。然而,随着迎角的增加,圆形进气道的特性急剧地变坏,特别是在超声速下,为了保证动力装置的工作能力采用加长的管道并在前机身布置进气道(苏-7、米格-21 等布局)。在图 5.16 上示出了在两个典型来流 M_∞ 数为 0.9 和 2 时,在中央空气流体动力研究院研制的轴对称进气道模型的试验结果。进气道的长度等于发动机进口直径的 3 倍。当 $\alpha = 0$ 时,总压恢复系数值对应于混合压缩式进气道的典型值(图 5.5

图 5.15 带正面轴对称进气道的超声速飞机

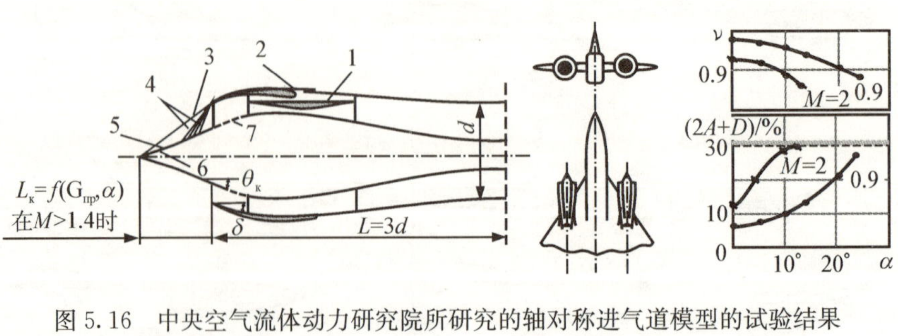

图 5.16 中央空气流体动力研究院所研究的轴对称进气道模型的试验结果

1—"X"式支撑(用于均衡 $\alpha > 15°$ 气流);2—辅助进气门;3—斜激波;4—压缩波;5—等熵外形;6—锥体;7—边界层吸除

上的曲线 2)，气流的不均匀度很低，$2A+D$ 值为 7%～13%。当 $M_\infty=2$ 时气流不均匀度的允许值保持到 $\alpha=11°$。为了保证动力装置在大迎角下的稳定工作，必须采用发动机附加调节，以便短时间增加稳定裕度并对进气道调节系统按迎角加入修正。

两侧进气道

两侧进气道(图 5.17、图 5.18)是第二代超声速飞机所特有的。两侧进气道的主要特点是，与前机身的迎角相比，进气道布置处的迎角增加到 1.3～1.5 倍。因此，在两侧进气道中，在空气动力方面最有效的是水平配置斜板的二元进气道。这样配置的典型例子是米格-25 和米格-31 飞机，还有 F-14 和 F-15 飞机。其他形式进气道——垂直配置斜板的二元进气道和半圆形进气道——侧面配置具有在迎角下总压恢复系数和气流不均匀度最差的特性。为了减低垂直斜板进气道中气流的不均匀度，采用加长的管道或专门均匀气流的措施，例如纵向隔板(米格-23 布局)。

图 5.17　装有水平滞止斜板的两侧二元进气道的超声速飞机

图 5.18　垂直滞止斜板的侧面二元进气道

水平斜板和管道长度 $L/d=4.5$ 的侧面进气道主要特性与迎角的关系示于图 5.19。在亚声速飞行 M 数下水平配置斜板的进气道在宽广的迎角范围内，不仅在总压恢复系数方面，而且在气流不均匀度方面都具有稳定的较高特性。当 $M_\infty>2$ 时采用这种形式进气道，在大迎角下从机身侧表面和下表面上可能产生气流分离，所谓的"涡面"现象。当产生"涡面"时进气道内总压恢复系数突然下降和气流不均匀度突然增加。产生"涡面"的原因是当迎角增大时进口平面前进气道的激波强度增强。激波作用在机身边界层上并引起其分离。飞行 M 数越高，出现这种现象的迎角越小。增大产生"涡面"的迎角的可能措施是相对于机身向下移动进气道。这就可以使压差最紧张的区域——进气道唇口边缘——离开机身边界层并从而增大激波中的允许压差。正如实验结果表明，向下移动进气口高度的 1/10，可使开始产生"涡面"的迎角向大迎角方向移 2°～3°(图 5.19)。

在 $M_\infty>1$ 时水平斜板二元侧面进气道的另一缺点是在 $\alpha<\alpha_{\text{расч}}$ 时气流的不均匀度增加，这是因超声速气流外压缩降低所致。

上述的缺点采用水平斜板按迎角调节位置可以排除。这样的进气道于 1961 年

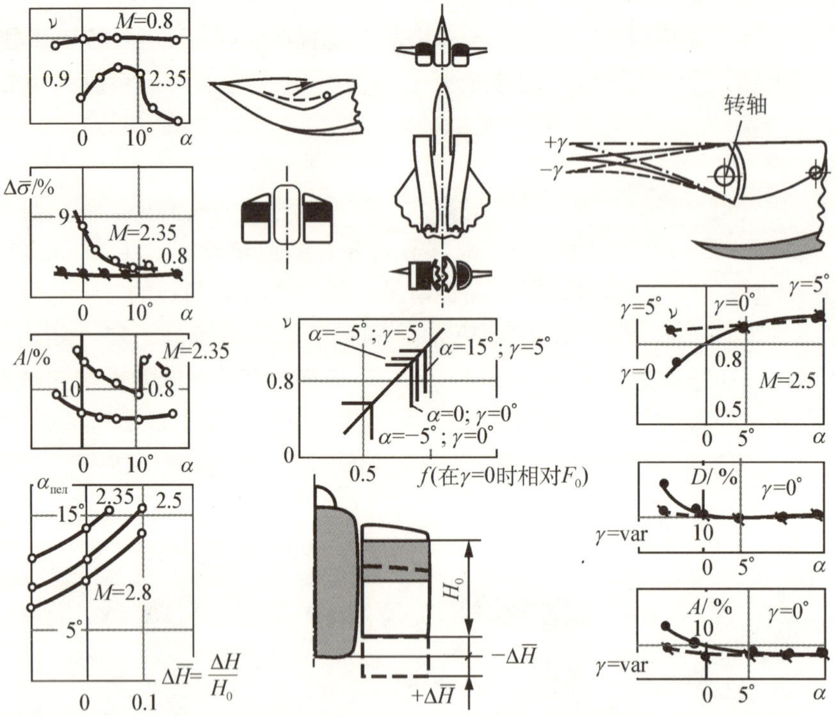

图 5.19　水平配置滞止斜板，$L/d=4.5$ 二元侧面进气道特性

由中央空气流体动力研究院已经提出，并用模型详细地研究过。研究结果表明，整个斜板转动能排除“涡面”现象。此时，总压恢复系数和气流不均匀度在所有迎角研究的范围内几乎没有变化。这种形式进气道虽然结构复杂，还是被美国 F-15 战斗机所采用。

翼下进气道

翼下进气道布置(图 5.20、图 5.21)被用在超声速旅客机图-144、协和和第 4 代歼击机苏-27、米格-29 上。在机翼下的进气道比在机身侧面处，在方向上有更为稳定的局部速度场。

图 5.20　装有水平滞止斜板翼下二元进气道的超声速高机动飞机苏-27 M

图 5.21　米格-29 飞机上滞止斜板水平配置的翼下二元进气道

采用机翼作为气流第一级压缩还可以得到一个优点——进气道按迎角的节流特性比水平配置斜板的侧面进气道的变化小。试验结果(图 5.14 和图 5.22)表明，水平配置斜板的翼下二元进气道的特性在正迎角下十分稳定，但在有侧滑角和负迎角下特性明显变坏。

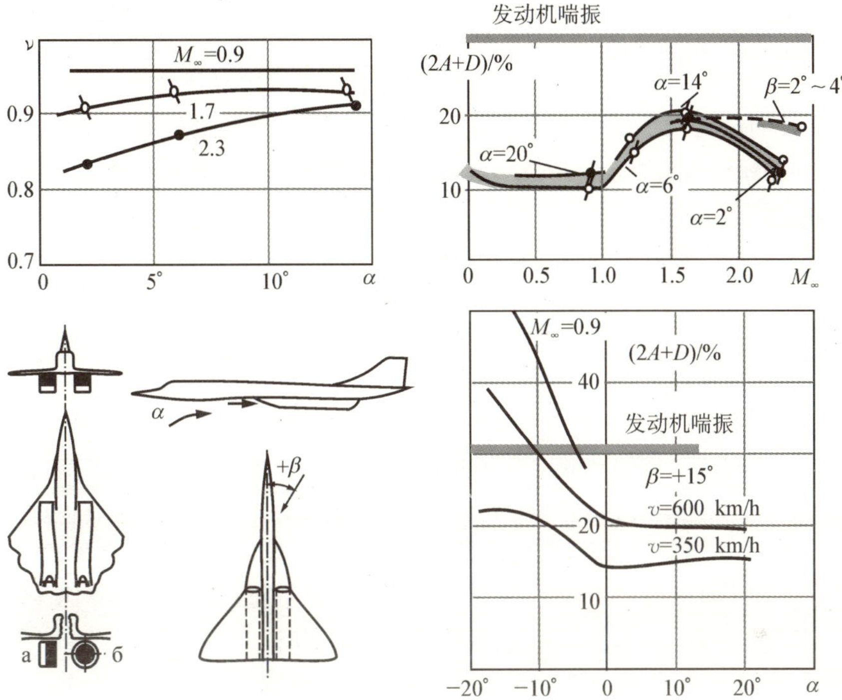

图 5.22　翼下进气道特性

特性随迎角和侧滑角的变化对应于进气道前气流平均速度、涡迹位置和机翼上(或机身)边界层厚度的变化。

翼下布置的最大困难与保证负迎角下动力装置的工作能力有关。当 $\alpha < 0$ 时从机翼前缘脱离的涡系(图 5.23)，计入侧滑角，占据约等于机翼局部剖面半翼展的区域($\bar{z}_0 \approx 0.5 \sim 1$)。涡系进入进气道时，导致其所有特性急剧地变坏。在亚声速下和加长管道时特性的变坏还处在允许的范围内(图 5.22)。另外，在不大的亚声速时甚至在进气道作转一圈的吹风($\alpha = 0° \sim 360°$)还能保证动力装置的工作能力。然而，M_∞ 越高，动力装置可能稳定工作的负迎角绝对值就越小(无附加调节)。

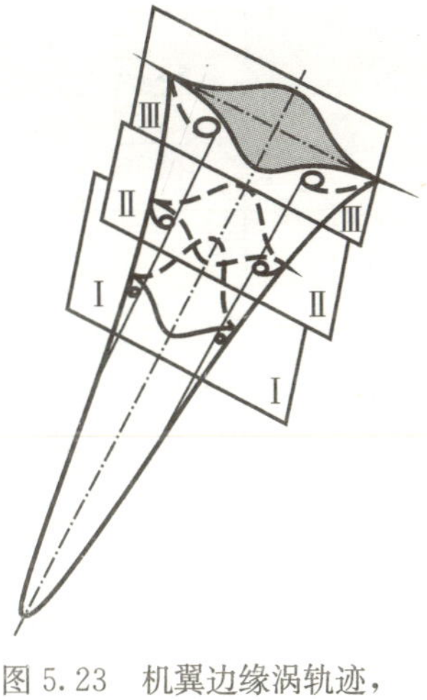

图 5.23　机翼边缘涡轨迹，$M_\infty = 1.7$，$\alpha = -10°$，$\beta = 0$(机翼下表面)

选择进气道相对于超声速飞机机翼前缘布置的部位要可以排除边缘涡进入进口。这一区域大致对应于 $\bar{z}_0 = 0 \sim 0.5$。

当垂直配置斜板时(图 5.22 上布局 a),进气道特性随迎角减小可能达到某些改善。

在轴对称进气道的情况(图 5.22 上布局 б),涡流进入进气道的最初瞬间不导致进气道防喘振余量的缩小,并伴随有声音和抖动现象,这些现象警告已接近危险状态。

用局部的措施(改变翼型前缘形状、边条形状,安装专门的隔板——扰流器和涡流发生器)能使进气道特性急剧变坏开始的负迎角推迟 2°～4°或使进气道可以靠近机翼前缘。

在翼下布局中复杂的任务之一是在起飞和着陆状态下防止土块进入发动机的问题。解决这一问题的各种途径都是已知的,例如,完全封闭进气道的进口并组织从机翼上表面送入空气(这在起飞-着陆状态需要附加调节进气道),在管道内安装在飞行中收起的格栅。

在图 5.24(a)上给出了对主要所研究的进气道布局在 M_∞ 数为 0.9 和 2,发动机推力及其前面气流不均匀度随迎角的相对变化综合图表。水平斜板可调二元两侧进气道的位置,在迎角宽阔的范围内具有最好的空气动力特性。对于其他进气道布局在大迎角(主要是负迎角)下气流不均匀度可能超过发动机的允许水平。因此,在机动飞机上使用这些进气道,需要在发动机调节系统中随着接近危险状态采用短时间增大稳定裕度或限制迎角。在这种情况下,正如从图 5.14 和图 5.24(б)中可以看出,用进气道翼下布局,在宽阔的正迎角范围内能保证进气道特性,使发动机有效推力最稳定。

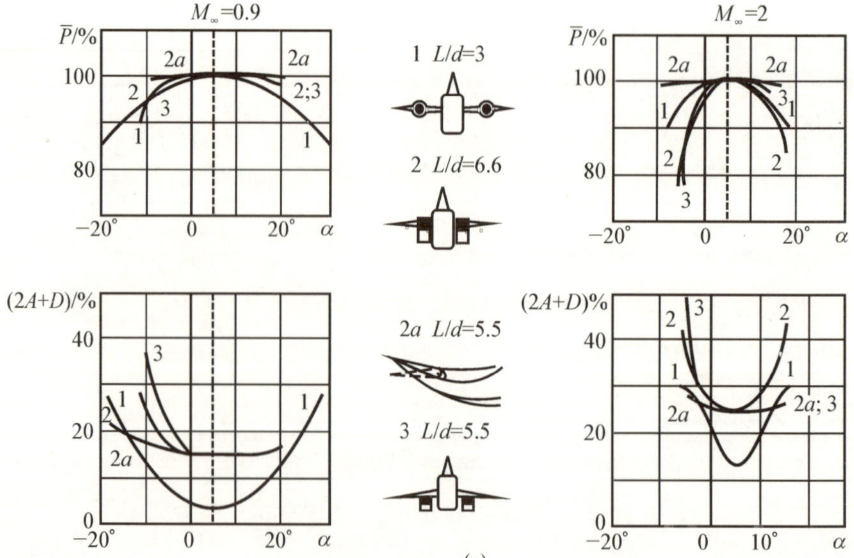

(a)

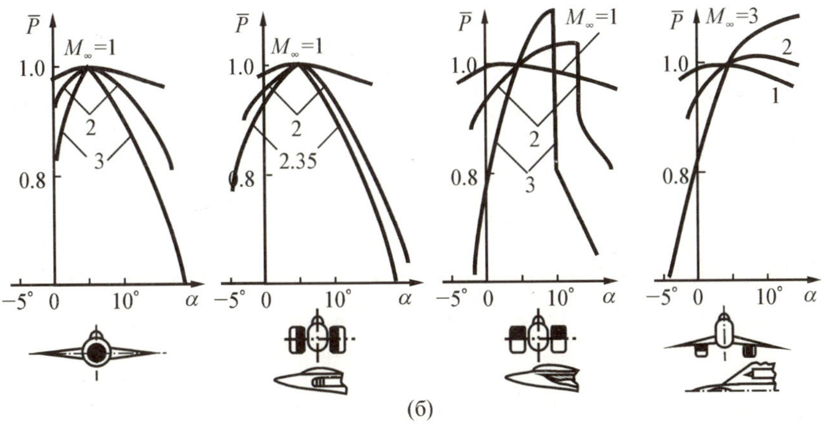

图 5.24　对于进气道在飞机上的典型布局，发动机推力($\bar{P}$)及其前面气流不均匀度($2A+D$)随迎角的相对变化

5.3　进气道的调节

调节程序

通过进气道模型风洞试验和随后的结果分析阐明了进气道的调节程序。

编制调节程序的方法如下。在给定的外部绕流条件(M_∞，α，β)下，调节部件不同位置情况下的进气道特性，要依据进气道节流特性的特征点位置的参数加以研究。在实际工作中利用节流特性特征点的位置的几个参数：节流特性参数 a，计及从管道放气后通过发动机的流量(换算的单位流量 $q(\lambda_{дв})$或换算流量 $G_{пр}$)和节流特性参数 f/ν。参数 a、$q(\lambda_{дв})$和 $G_{пр}$通过参数 f/ν 表示：

$$a=\frac{f}{\nu}\frac{q(M_\infty)F_0}{F_г},\ q(\lambda_{дв})=\frac{f}{\nu}\frac{q(M_\infty)F_0}{F_{дв}},\ G_{пр}=242\frac{f}{\nu}q(M_\infty)F_0$$

式中，$F_{дв}$——管道在发动机压气机进口处的面积；

$F_г$——进气道喉道面积。

选择参数取决于所要解决的问题和随后分析的规范准则。

当使用参数 a 时，选择程序用图解法在 $aF_г$平面内进行，在平面内标出节流特性的主要参数，即在进气道和发动机喘振边界上和节流特性角(最佳)点上标出 a 值。此时要考虑到按调节程序保证在进气道工作状态使用范围内，动力装置稳定工作所必需的防喘振余量。在选定参数 $a_{согл}$程序值之后，调节程序从流量方程中求出：

$$F_г=\frac{1}{a_{согл}}\frac{G_{пр}}{242}$$

式中，喉道面积 $F_г$ 与进气道调节部件位置是单值关系。

在进气道和发动机的匹配状态按外部绕流条件(例如，按迎角 α)变化很大时，要补充研究 $a=f(\alpha)$ 关系，并根据迎角确定需用的 $a_{согл}$值修正。

$a_{согл}$值接近于 1 并与进气道调节部件的位置关系不大。这是因为参数 a 是进气道喉道换算的单位流量与进气道喉道和发动机之间段上总压恢复系数之比，$a=q(\lambda_г)/\nu_{г\_дв}$，式中，$\nu_{г_дв}$是从喉道到发动机的管道段上的总压恢复系数。在节流特性的最佳点上两个值和它们的比都接近于 1。a 值减小对应于进气道的亚临界工作状态，而 a 值增大对应于超临界工作状态。

使用参数 a 使进气道整个调节程序简化为保证 $a(F_г)$值为常值或变化很小。这就能够按照最少的实验点数编制调节程序，利用以前研究进气道的经验及检验的结果。

在利用参数 f/ν，$q(\lambda_{дв})$或 $G_{пр}$时，先按这些参数绘制进气道特性。然后标出发动机的需用流量特性并计及需要的防喘振余量，确定进气道调节部件的位置。最后在 $lG_{пр}$平面内选定调节程序，其中 l——进气道调节部件的位置，$G_{пр}$——通过发动机的换算空气流量或与其有单值关系的参数（例如，压气机的换算转速或增压比）。$lG_{пр}$平面在飞行中调试进气道调节程序在实际研究中使用。

进气道工作状态的使用范围

在飞行条件下进气道调节部件位置的程序值保持得不很准确。偏差是由测定换算流量和调节部件位置不准确造成的。可能的偏差是编制进气道按调节程序工作状态的使用范围。在图 5.25 和图 5.26 上用 l、$G_{пр}$和 ν、f 坐标示出了在给定的飞行条件下进气道工作状态的使用范围。

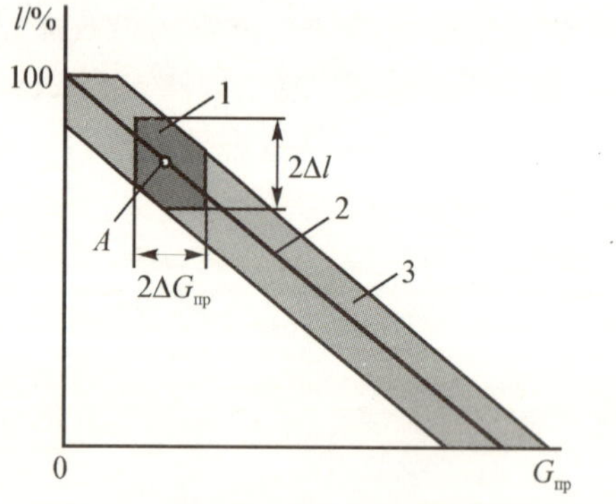

图 5.25 用 l、$G_{пр}$坐标表示进气道工作状态的使用范围

1—对应于点 A 工作状态的需用使用范围；2—名义上的调节程序；3—进气道工作状态的需要使用范围

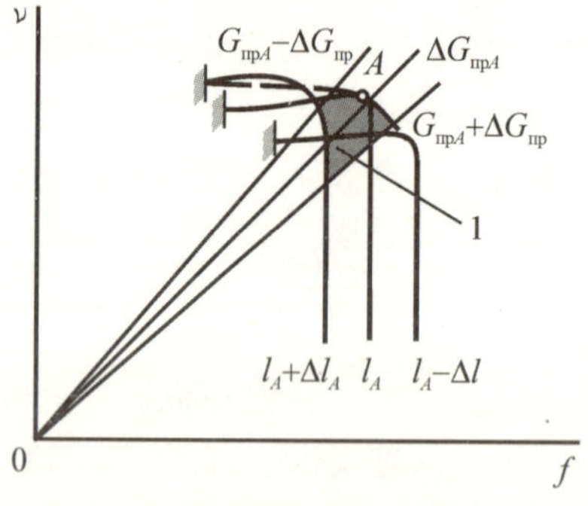

图 5.26 用 ν、f 坐标表示进气道工作状态的使用范围

1—对应于点 A 工作状态的需要的使用范围

需用的使用范围值由以下诸因素确定：进气道调节的静态及动态误差 $\Delta l_{ст}$、$\Delta l_{дин}$；进气道加工尺寸的偏差 $\Delta l_{произв}$；发动机的换算空气流量的偏差，它是由发动机调节系统的误差及加工叶片零部件的误差引起的。

进气道调节系统的使用经验以及对其发展远景的分析可以指出，调节部件全行程极限误差值如下：$\Delta l_{ст}=\pm 2\%$，$\Delta l_{дин}=\pm 3\%$。用调节部件位移量表示的进气道制造精度为全行程的$\pm 2\%$。

对于现有的涡轮喷气发动机和涡扇发动机，空气流量的散布值 $\delta G_{\text{пр}}$ 为 $\pm 2\%$。此外，应当指出，在高空飞行中由于 Re 数对压气机特性的影响，通过发动机的换算空气流量可能减小。

在确定进气道工作状态的需要使用范围值时，应当注意到，误差 $\Delta l_{\text{ст}}$、$\Delta l_{\text{произв}}$ 和 $\delta G_{\text{пр}}$ 是随机的，而误差 $\Delta L_{\text{дин}}$ 是系统的。

业已规定，可用的防喘振余量应在所有使用条件下超过需用余量一个保险余量值，该保险余量值等于进气道调节部件行程的 2%。

为了减小进气道工作状态需要的使用范围，采用附加的闭环调节，该闭环调节实现对调节部件位置的修正。修正的信号由进气道专门的试验结果选定。通常这是进气道特征点上的两个压力比值，或是固定于进气道喉道附近的 M 数与该处总压管的数据对比。

5.4　进气道的外部阻力

外部气动力和发动机推力的划分原则

超声速飞行器与空气喷气发动机的外部和内部空气动力学有密切的相互关系。同时把力和力矩列为外部气动特性或发动机特性是人为的。

照例把通过发动机的流管有关的动量变化特性列为内部特性，与这一流管外部流动动量变化有关的特性列为外部特性。这样的划分是根据所采取的推力概念：

$$P = m_c V_c - m_\infty V_\infty + (p_c - p_\infty) F_c$$

式中，$m_c V_c$——喷管出口处流管内的动量；

$m_\infty V_\infty$——流入发动机的未扰动流管的动量；

p_c、p_∞——分别为喷管出口处流管内和未扰动气流中的静压；

F_c——喷管出口面积。

应当指出，所采用的推力可以在台架条件下用实验方法足够简单地测定它。在飞机所有飞行状态下包括有迎角、侧滑角和倾斜角，通常认为按上述的公式求出的推力矢量作用在喷管出口截面中心，并顺喷管轴线指向与排出速度相反的方向。

在这种情况下，不仅把作用在发动机短舱实体外廓上的力，而且把作用在流管型面上的力以及由动量 $m_\infty V_\infty$ 矢量与飞机轴线方向偏转所引起的力和力矩都应列入外部阻力(图 5.27)。

当发动机短舱在理想亚声速流中，外部阻力

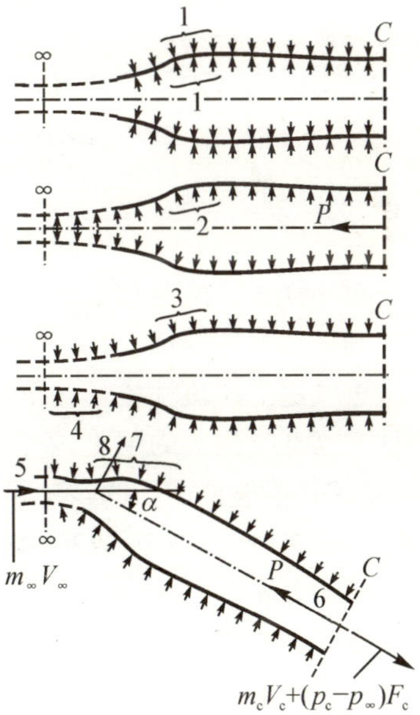

图 5.27　外部气动力和发动机推力划分示意图

1—作用在发动机短舱上的力；2—决定发动机推力的力；3—决定发动机短舱外部阻力的力；4—进气道溢流阻力；5—在迎角下作用在发动机短舱上的力；6—发动机推力；7—外部气动力；8—mV_∞ 矢量转向喷管轴线所引起的力

等于零，即流管型面的阻力由作用在固定短舱外廓上的吸力来补偿。在气流超声速下流管型面的阻力可能很大，而吸力可能不存在。

动力装置的阻力分量

布置在飞行器机体表面附近的发动机短舱的阻力系数可以用如下系数之和来表示：

$$C_x = C_{x\,\text{тр}} + C_{x\,\text{д}} + C_{x\,f} + C_{x\,\text{пер}} + C_{x\,\text{сл}} + C_{x\,\text{интерф}}$$

式中，$C_{x\,\text{тр}}$——短舱外表面的摩擦系数；

$C_{x\,\text{д}}$——在流量系数 $f=1$ 时短舱外表面的压差阻力系数；

$C_{x\,f}$——进气道溢流阻力系数；

$C_{x\,\text{пер}}$——从管道向外部气流中放气的阻力系数(与这里有关的有进气道边界层吸除系统阻力、放气门阻力和由于管道不密封和从管道引气所产生的阻力)；

$C_{x\,\text{сл}}$——进气道边界层隔道引出边界层系统的阻力系数；

$C_{x\,\text{интерф}}$——发动机短舱和飞机机体相互影响所引起的干扰阻力系数。

进气道外部绕流条件的模拟

流入进气道的空气流影响着飞机机体的绕流。作用在进气道流管型面上的力可能沿所有 3 个坐标轴产生分量，并产生影响飞机稳定性的附加力矩。因此在研究空气动力模型时应正确地模拟进气道外部绕流条件。在试验通气空气动力模型时，作用在流管型面上的力，以及 $m_\infty V_\infty$ 动量矢量转向喷管轴线引起的力和力矩要加入到飞机的极曲线上。

当进气道的流量系数和外部绕流模拟正确，则计算飞行性能时气动特性不需要任何附加修正。然而在模拟进气道绕流时由于模型尺寸不大和没有发动机，引起气动力和结构上的困难。在试验空气动力模型时，通常 Re 数比实际的低很多，这可能导致进气道的绕流性质变化很大。此外，在复现边界层吸除系统和进气道各种调节部件方面产生颇大的困难，而没有它们，进气道绕流性质也要有变化。在亚声速 M 数不大时，不能使需要的空气量通过模型进气道和管道。

通常在空气动力模型上只制作对进气道外部绕流影响很大的第 1 级压缩面，而喉道尺寸则要放大。进气道内的边界层吸除不模拟或部分地模拟。因此，为了保证实际进气道及其模型完全符合，要进行专门的试验。按其绕流中发现的差别，对模型的气动特性通常用计算方法进行修正。为了进一步精确修正量，进行专门的模型研究。

5.5 进气道的设计

对进气道的要求

进气道气动力设计和在超声速飞机上的布局，既要考虑到保证其效率的特性(总压恢复、外部迎面阻力、流量)，也要考虑到保证其使用可能性的特性(调节、防喘振余量、发动机前气流不均匀度、在起飞-着陆状态下防止外来物进入、进气道正常工作被破坏对飞机和发动机的特性的影响、执行专门功能和要求的可能性——诸如发射导弹、外形尺寸限制等)。

进气道设计时应给定：

——按飞行轨迹通过发动机的换算空气流量和在发动机节流及由于大气温度变化其可能的偏差；

——飞行条件，包括主要状态(M_∞数、迎角、侧滑角)及其按飞机操纵性条件和由于大气湍流在使用范围内的变化，以及其极限值。

应当提出，最重要的需要特性对于不同的状态可能是不同的，例如，在巡航状态下要的是最大经济性和在飞机爬高与加速状态下要的是最大有效推力。

发动机的稳定工作条件应在发动机和飞机设计师之间商定。

通常，不可能满足对进气道提出的所有要求，并且在一些要求之间以折衷的方式求得解决。

外压缩式进气道

采用外压缩式进气道是由于它有良好的使用特性。它们既可能是二元的(图 5.2)，也可能是轴对称的(图 5.1)或者是切出的扇形部分。

轴对称进气道与二元的相比，主要优点是它的重量轻和紧凑性，而缺点是保证在大迎角下工作状态的困难和调节时结构上的困难。此外，二元进气道比轴对称进气道与机身和机翼较容易连接。

二元和轴对称进气道的基本设计原则是相同的。下面举轴对称进气道的例子，研究一下设计并指出与二元进气道的差别，按边界层分离条件二元进气道的流动是较为紧凑的。

进气道的形式　短舱型超声速可调节进气道的形式示于图 5.2。力图使管道长度不大，促使发动机前面的气流不均匀度增加，特别是在有迎角的情况下，在设计进气道亚声速部分和选择其长度时，要考虑保证气流均匀的必要性。进气道在喉道区域应使气流转弯平缓，并与中心体上边界层的强化吸除结合起来。

主要尺寸的选择　在选择进气道的主要尺寸和调节部件位置时，利用进气道前及其临界截面(喉道)中的气流面积值：

$$F_\infty = \frac{(G_{\text{пр}} + \Delta G_{\text{пр. отб}})\nu}{242q(M_\infty)},\ F_{\text{г}} = \frac{G_{\text{пр}} + \Delta G_{\text{пр. отб}}}{242a}$$

式中，F_∞——进入进气道的气流，能通过临界截面的未受扰动来流的截面积，m^2；

$G_{\text{пр}}$——通过发动机的换算空气流量，kg/s；

$\Delta G_{\text{пр. отб}}$——由于从管道引气(放气、冷却、空调、不密封等)通过临界截面的流量增加量；

ν——发动机进口处总压恢复系数；

$q(M_\infty)$——进气道前的换算流量；

$F_{\text{г}}$——喉道面积，m^2；

a——节流特性的标称参数。

进气道面积 F_0 比气流面积 F_∞ 大，并按设计超声速状态选定：

$$F_0 = \pi d_0^2/4 = F_\infty/f$$

式中，$f = 1 - \Delta f_{отс} - \Delta f_{пер}$，

$\Delta f_{отс}$——进气道喉道前吸除的空气流量系数；

$\Delta f_{пер}$——进口平面前激波和压缩波后（以及在进气道喉道前通过外罩）放走的空气流量系数。

边界层吸除（OПC）和放气是为改善进气道有效和使用特性而进行的。在设计时 ν、$\Delta f_{отс}$、$\Delta f_{пер}$ 和 a 根据典型关系曲线（图 5.5）和进气道——原型机的试验结果选择。通常 $\Delta f_{пер} \approx 0.02 \sim 0.05$，$a \approx 0.9$。

短舱式进气道总的相对长度通常是 $L/d_{дв} \approx 2 \sim 4$ 并取决于最大迎角和发动机前允许的气流不均匀度。对于二元进气道 $L/d_{дв} \approx 4 \sim 10$。

中心体 进气道的中心体制成多级式锥体（斜板）或制成曲面外廓的锥体（斜板），以保证超声速气流等熵压缩。在设计超声速 M 数下激波和压缩波系这样形成，以保证进口平面前气流溢流不大（$\Delta f_{пер} \approx 0.02 \sim 0.05$）。中心体这样的型面设计可使进气道防喘振余量增加，特别是在偏离设计状态的情况下。所建议的最大中心体角 $\theta_к$（图 5.28）能够得到对应于外压缩式进气道到 $M_\infty \approx 3$ 典型曲线 $\nu(M_\infty)$ 的 ν_{max} 值。

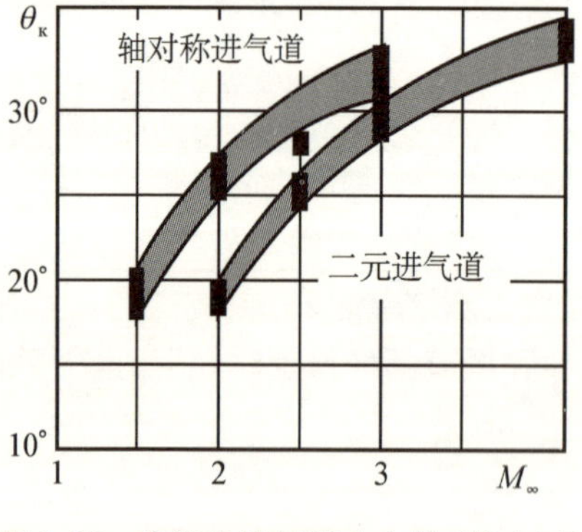

图 5.28 建议的进气道中心体（滞止面）最大倾斜角 $\theta_к$

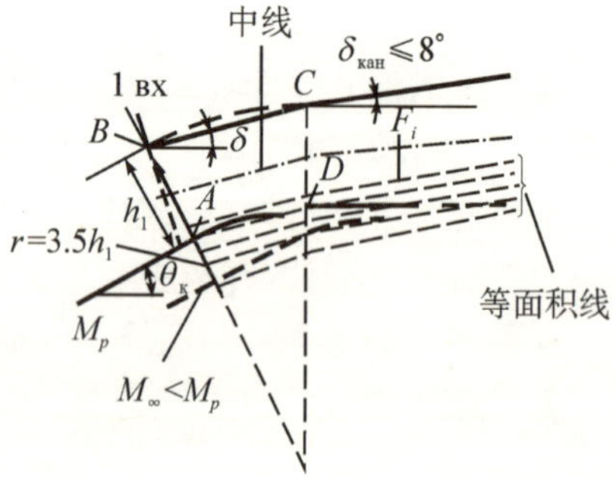

图 5.29 进气道过渡段绘制示意图

过渡段 进气道的过渡段以如下方法设计。

外罩内轮廓线通过以半径 $r/h_1 \approx 3.5$ 为弧的内接弦线形成（图 5.29）。此时唇口起始倾斜角 δ 设计成这样，使角度差 $\theta_к - \delta \leqslant 12° \sim 15°$。在中心体上转弯段末端（图 5.29，点 D）根据 $F_{г зап} \leqslant F_г \leqslant F_{вх}$ 条件求出，式中 $F_{г зап}$ 为进气道启动时喉道面积；$F_{вх}$ 为进口面积（截面"вх"按中线的法线选取，而截面 1 为按中心体的法线；$F_{вх} \approx F_1$）。通常 $F_г/F_{вх} = 0.95 \sim 1$。AD 轮廓线这样设计，以使结尾激波固定在进

气道的进口和喉道平面之间，即使管道截面面积接近于常值。这就能够避免在进气道的过渡段内结尾激波出现不稳定现象。

绘制的过渡段轮廓线按照进气道在 M_∞ 数范围内的调节要求加以修正。为此绘制相对于外罩的等面积线并根据喉道、进口需用的面积值和需用的流量系数值求出中心体位置。为了排除产生的矛盾，利用不同的气动和结构方案。尤其是在 AD 段上允许轮廓线有台阶以连接边界层吸除缝和使中心体可在其中伸缩，喉道区域有圆筒形的衬垫。

亚声速扩压器　轴对称进气道的亚声速扩压器，通过纵向移动中心体部件来调节，借助于扩大外罩一侧的管道面积来构成（图 5.29，$\delta_{кан} \leqslant 8^\circ$）。面积扩大继续到对应于亚声速飞行状态的喉道面积值，该面积根据图 5.30 来选取。图 5.30 能够按给定的总压损失系数值（例如，典型的或标准的 $\delta_{ст}$）和计算的（或按原型机取的）亚声速扩压段阻力系数值 $\zeta_м$，求出 $G/F_г$ 而后求出 $F_г$。通常 $\zeta_м \approx 0.1$，$G_{пр}/F_г \approx 220\ \mathrm{kg(m^2s)^{-1}}$。

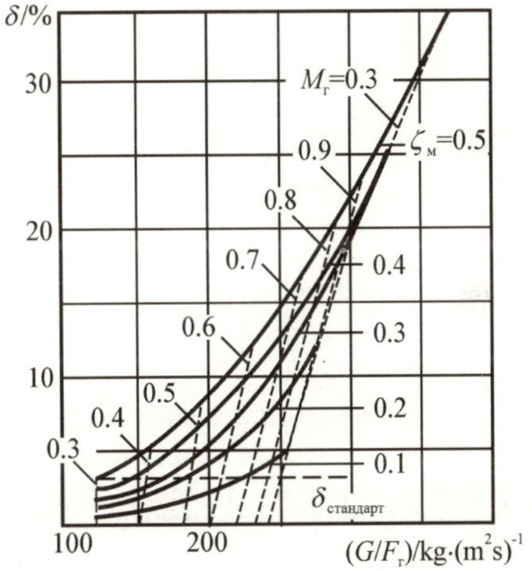

图 5.30　亚声速扩压器损失系数 $\delta = 1 - \nu$ 与 $G_{пр}/F_г$ 比的关系曲线

$G_{пр}/F_г$—相对于喉道面积的（“喉道载荷”）通过发动机的换算空气流量系数；$\zeta_м$—亚声速扩压器阻力系数；$M_г$—进气道喉道气流 M 数

接着，管道应具有不大的扩散（20%～40%）并用双曲率轮廓线制成（$r/h \geqslant 4/5$）。

固定中心体并用来吸除边界层的支撑架最好按“X”式安装。然而，支撑架对发动机前气流不均匀度的正面影响不大并且在 $\alpha > 15^\circ$ 时才表现出来。

为了改善燃气涡轮发动机的工作条件，最好在发动机近前有一段圆筒段，将管道稍加收缩直至与发动机安装边一致（$x/d_{дв} \approx 1$，$d_{кан}/d_{дв} = 1 \sim 1.05$）。

起飞调节装置　超声速进气道在原地工作时，由尖锐前缘气流分离所引起的总压损失颇大（图 5.31）。为了减小损失，采用进气道专门的起飞调节装置。

有效形式的起飞调节装置是辅助进气门。决定减少进气道原地工作损失的主要几何参数是管道壁板的相对切口面积 $\overline{F}_{выр} = F_{выр}/F_г$ 和外罩上切口后缘相对厚度（吸入能力）$\overline{h}_{об} = h_{об}/L_{выр}$。对于进气门最佳开度角 $\varphi = 25^\circ \sim 30^\circ$ 的经验关系曲线 $\delta/\delta_0 = f(\overline{F}_{выр}, \overline{h}_{об})$ 示于图 5.32（δ_0——进气门关闭时进气道损失系数）。值 $\overline{F}_{выр}$ 按需要的损失系数值 δ 求得。进气门数目根据取得 $\overline{h}_{об} = 0.3 \sim 0.4$ 的条件确定。在 $\overline{h}_{об} = 0.3$ 和 $G_{пр}/F_г = 220\ \mathrm{kg \cdot (m^2s)^{-1}}$ 时，为了在 $M = 0$ 得到典型值 $\nu = 0.9$，需要面积 $\overline{F}_{выр} = 0.6$。

根据减轻重量和使用方便的考虑，辅助进气门最好制成自动调节的，即不需强

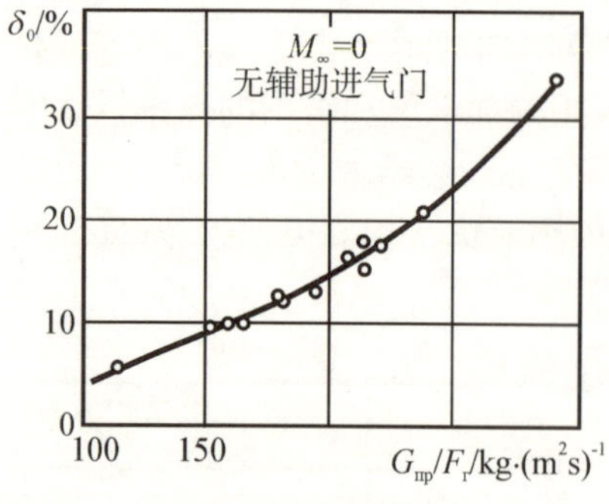

图 5.31 在原地工作状态($M_\infty=0$)总压损失系数与 $G_{пр}/F_г$ 比的关系曲线

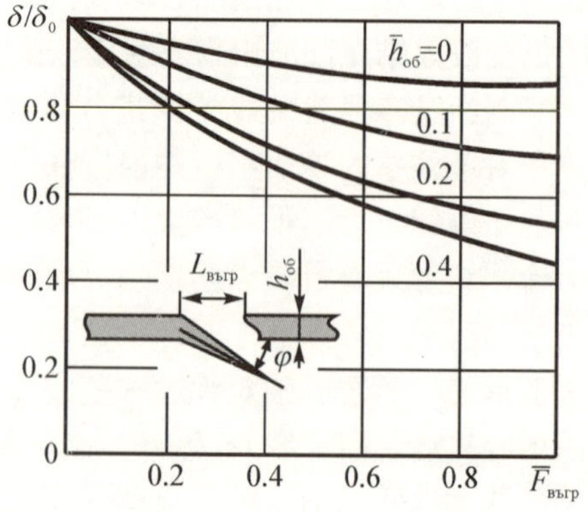

图 5.32 对进气门开度角 $\varphi=25°\sim30°$ 的 $\delta/\delta_0=f(\overline{F}_{выр},\overline{h}_{об})$ 关系曲线(式中 $\overline{F}_{выр}=F_{выр}/F_г$,$\overline{h}_{об}=h_{об}/L_{выр}$)

制操纵。最大的开度($\varphi\approx30°$),借助于限动器加以限制。为了排除自激振荡,采用摩擦阻尼器。

在其他形式的起飞调节装置中,轴对称进气道上采用可移动的外罩前缘,而在二元进气道上采用转动的外罩前缘。

进气道的调整和调节程序的选择 设计好的进气道进行模型风洞研究,以便测定其特性及其与设计值是否一致。按试验结果进一步精化进气道的调节程序,并对进气道的几何尺寸加以修正。

改善进气道的方向 改善进气道的主要方向是减小外罩的外缘角和缩减进气道长度。

通过超声速气流外压缩过渡到混合压缩可以大量减小外罩的外缘角。下面研究这一方向。

缩减进气道长度,首先导致发动机前气流不均匀度增加(图 5.11),特别是在极限状态下,因而使动力装置的稳定工作区域变窄。在这种情况下,保证动力装置稳定工作是通过发动机、进气道的工作状态与飞行条件(M, α, β, T)较为严格的协调,即通过复杂化的动力装置调节系统可以实现。这一方向必须采用机载电子计算机对进气道和发动机共同调节。

带不可调节超声速扩压器的进气道

在研制某些型别飞行器时提出研制不可调节超声速扩压器进气道的任务。

特点 不可调节超声速扩压器按在设计的超声速 M_∞ 数下增大了的空气流量来选择,该流量相当于通过发动机的最大换算空流量 $G_{пр.\max}$。流量差 $\Delta G_{пр.пер}=G_{пр.\max}-G_{пр\,M}$(式中,$G_{пр\,M}$为在所研究的 M_∞ 数下通过发动机的经换算的空气流量),即从进气道管道向外面气流中放气的量。

喉道面积不变的不可调超声速扩压器可以得到管道空气流量为常数。然而进

气面积 F_0 尺寸过大，致使这种形式进气道的外部阻力增加。为了减小外部阻力，就要限制中心体最大的角度值 $\theta_к$（与可调节进气道的典型值相比），这使在 $M_\infty > M_{\theta к}$ 时的总压恢复系数减小，在这里 $M_{\theta к}$ 数按图 5.28 示出的 $\theta_к = f(M_\infty)$ 关系确定。在设计带不可调节超声速扩压器的进气道时，通常要寻求进气道的外部阻力和总压恢复系数之间的折衷方案，特别是以大 M 数飞行。

超声速部分不可调节的几何形状使得能够采用圆筒形或扩散小的管道段来均匀进气道喉道内的气流。然而，尽管如此，在不可调节超声速扩压器的进气道中最好采用抽吸空气，就能够得到在使用工作状态范围内进气道的防喘振余量。此外，采用中心体边界层吸除就能增加 $M_\infty > 1$ 时进气道的总压恢复系数。

从管道放气　为了放气可以采用放气门，百叶窗和管道壁板开孔，并随后通过发动机舱的空间将空气排放到喷管或短舱尾部。

放气系统的计算按流量方程用流量系数 μ 的实验数据进行：

$$\Delta G_{пр.\,пер} = 242\mu_{пр}q(\lambda_{пер})F，其中\ \mu_{пр} = (p_{0\,пер}/p_{0дв})\mu$$

式中，$\Delta G_{пр.\,пер}$——换算的放气流量，$kg \cdot s^{-1}$；

242——有量纲系数，$kg(m^2s)^{-1}$；

$q(\lambda_{пер})$——流出气流核中的换算速度的换算流量；

$p_{0\,пер}$、$p_{0\,дв}$——分别为放出空气和测量截面的总压。

放出空气的流量系数 $\Delta f_{пер} = \mu(p_{0\,пер}/p_0)q(\lambda_{пер})(F/F_0q(M_\infty))$。

按相当于发动机的进口截面确定的进气道节流特性在超临界状态有放气时就变成倾斜了（图 5.33）。节流特性的斜率首先取决于 $\Delta f_{пер}$关系式中 $p_{0\,пер}/p_0$ 值的变化。此外，由于系数 μ 与放气区域流动性质的原因，有可能偏离线性关系。节流特性的垂直段只是在管道内结尾激波通过放气系统后，才是可能的。

在放气门放气的情况下（图 5.33），临界截面面积 $F_{кр}$是特征面积。当外路气流超声速时，压差通常大于临界值，因而 $q(\lambda_{пер}) = 1$。对于有侧壁板的放气门，增大 φ 角到 35°时，流量系数 μ 在 0.95～0.85 范围内变化。无侧壁板的放气门放气量随 φ 的增加而增加，侧向溢流效率（通过侧面 $abcda$）相当于值 $\mu_{бок} = 0.4 \sim 0.3$。在放气门前气流不均匀度增加的情况下系数 μ 便减小（例如，当结尾激波通过时，约为 20%）。

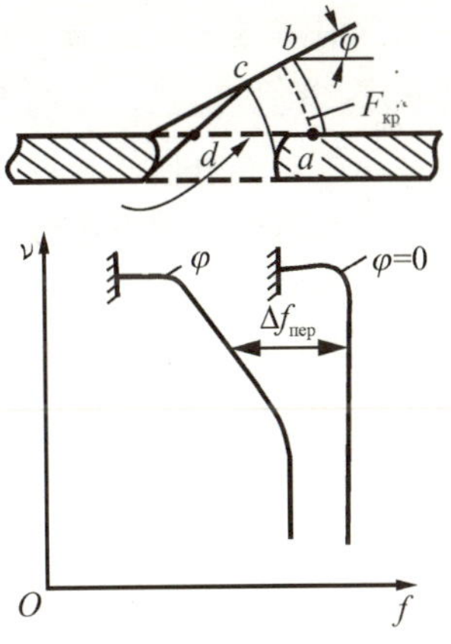

图 5.33　在管道放气时进气道的节流特性

由于流通部分形状复杂和气流不均匀度的影响，放气门的效率用试验方法检验。由试验的结果求得 $\Delta G_{пр.\,пер} = f(\varphi)$ 的关系曲线并估算相对于所取的放气门临界截面面积值的流量系数。

为了减小放气门作动器上的载荷和缩减其尺寸，放气门制成百叶窗式。通过百叶窗的流量系数 μ 要低——$\mu = 0.8 \sim 0.5$。减小系数 μ 导致放气时内路阻力增加，内路阻力由 $\mu\nu = \nu_{аф}$ 综合确定。百叶窗的外路阻力分量通常也比带侧壁板和同样开度角 φ 的放气门的大。

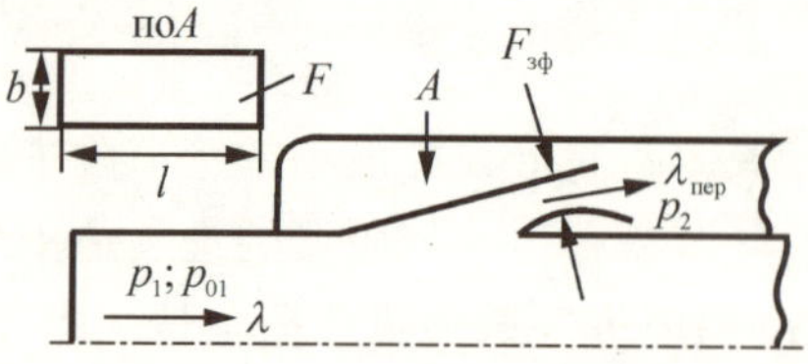

图 5.34 管道放气示意图

通过管道壁板矩形孔放气时，取孔面积 F 作为特征表面(图 5.34)。孔的换算速度 $\lambda_{пер}$根据比值 $p(\lambda_{пер}) = p_2/p_{01}$ 确定。式中：p_2 为孔后腔内静压；p_{01} 为放出气流中的总压。流量系数 $\mu = F_{аф}/F$ 取决于管道内速度 λ_1 和压力比 p_2/p_1。对于圆孔在临界值 $p_2/p_1 \approx 0.528$ 时，μ 值大约从 0.6(在 $\lambda_1 = 0.4$)变化到 0.2～0.3(在 $\lambda_1 = 1$ 时)。在面积相同时纵向孔的效率比横向孔的高。例如，当孔的相对长宽比 l/b 从 7.2 增加到 23.7 时，系数 μ 从 0.6 增加到 0.67($\lambda_1 = 0.45$; $p_2/p_1 = 0.6$)。p_2/p_1 增大到 0.85，导致 μ 从 0.6 降低到 0.4。

在放气 $\Delta G_{пр.пер}$ 时，由值 $\Delta\bar{\sigma}_0$ 和 ε 表征的流量 $G_{пр}$ 的发动机前的气流不均匀度接近于在流量 $G_{пр} + \Delta G_{пр.пер}$ 时，放气前进气道内的同一值。可以看出向这一和那一方面不大的偏差。在管道内气流不均匀时，放出低速压部分空气则不均匀度减小，在扩压器放出高速压空气则不均匀度增加。放气的进气道内的总压恢复系数比不放气的进气道内的要高，是因为减小管道内速度、对边界层影响和引出低速压部分空气($\Delta\nu_{max} \approx 0.005 \sim 0.03$)。

不可调节进气道的研制条件 不可调节超声速扩压器的进气道应具有从管道内放气的系统，按 $\Delta G_{пр.пер} = f(G_{пр})$ 规律调节，式中 $G_{пр}$通常是发动机换算转速 $n_{пр}$或压气机增压比 $\pi_к$ 的函数。

完全不可调节几何形状的进气道的效率取决于发动机的流量特性和飞行器的飞行状态。如果在需用的 M_∞ 数范围内发动机的换算流量 $G_{пр}$保持不变，并且在超声速飞行下发动机转速下降已被排除，则不需要调节。$G_{пр}$减小不多可以用节流特性平缓段加以保证，M_∞数和迎角越小，越容易做到这一点。

混合压缩式进气道的特点

混合压缩式和外压缩式进气道特性的比较 超声速气流混合压缩式进气道与外压缩式进气道的差别首先在于中心体和外罩轮廓线倾斜角较小。在外压缩式进气道中总压恢复系数 ν 最大值在亚临界状态下达到，而在混合压缩式进气道中总压恢复系数 ν 最大值在超临界状态下达到(图 5.12)。在混合压缩式进气道节流时，在超临界状态后立即可能发生进气道内部气流分离，伴随着管道内总压和空气流量急剧的下降和振荡。

考虑到总压恢复和外部阻力，超声速气流混合压缩式进气道能够得到在 $M_\infty > 2 \sim 2.5$ 时最高的效率。它们的总长度与外压缩式进气道大致相同，但重量稍许增加，主要由于与外压缩式进气道相比其调节装置占的比重大。

在设计状态下，采用内压缩式进气道能够得到不太大的气流不均匀度，甚至比外压缩式进气道还低。两种形式进气道在起飞-着陆状态下防止外来物进入的要求方面也是同等的。

然而诸如使用特性，如防喘振余量、调节和进气道正常工作被破坏对飞机和发动机特性的影响（“对故障反应”）等，混合压缩式进气道比外压缩式进气道差些。因此，在设计时应预先采取气动力和结构方面的措施，以使混合压缩式进气道能够在飞机上使用。最后是计算发动机推力所采用的与这一形式进气道在课题研究结果所达到的值相比总压恢复系数值（图 5.5）低些，而抽吸空气量高些。

使用特性的保证。防喘振余量　飞行器的进气道应具有不仅在空气流量方面，而且在调节部件行程方面的防喘振余量。

外压缩式进气道在最佳（临界）工作状态下的防喘振余量，以节流特性的平缓段来保证。类似的平缓段对于采用超声速气流内压缩式进气道也应得到。

混合压缩式进气道取得平缓段的物理基础是用从管道壁面排气以改变管道内在超声速和亚声速流动时的空气排放量。流量增加正激波后压力也成比例地增加，因为在排放系统的出口处通常 $\lambda_c=1$。正激波后的静压力（p_2）与正激波前的静压力（p_1）之比，在 $M_\infty>1.24$ 时超过引起边界层分离的压力比 $(p_2/p_1)_{кр}$。然而，在边界层控制时，相当于正激波的 p_2/p_1 值，可以维持到 $M\approx1.9$。在进气道喉道内对于平均典型的 M 数值可以认为 $p_2/p_1\approx2$（图 5.35）。因此，对于进气道从喉道区域抽吸空气的相对量大约应等于进气道防喘振需要的余量值。

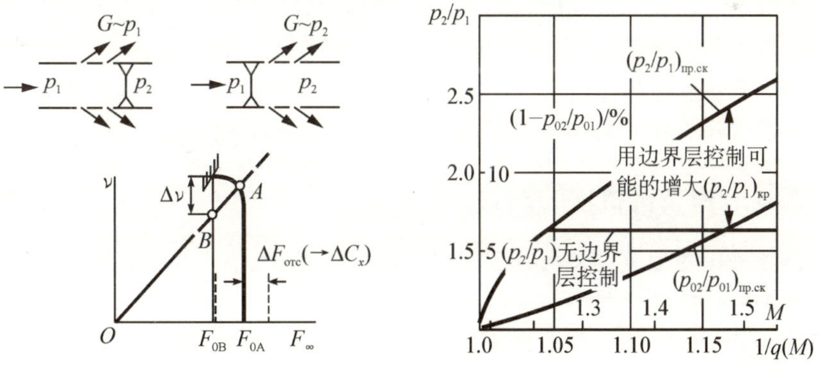

图 5.35　混合压缩式进气道借助于边界层控制取得节流特性平缓段的物理基础

通过选择与发动机匹配状态 $\nu_{согл}<\nu_{max}$ 的总压恢复系数值，存在陡的节流特性时也可以建立需用的进气道防喘振余量（图 5.35 上点 B）。然而正如计算表明，用这种办法来保证需用的防喘振余量比起增大从进气道喉道吸除边界层，会导致飞机特性的损失更大。

为了保证按调节部件行程（以及对外部扰动）的余量，在混合压缩式进气道中采用放大喉道面积尺寸和喉道区域放气增多。这些措施也降低混合压缩式进气道的效率。进气道控制系统的精度越高和动作越迅速，特性变坏可能就越小些。

调节 混合压缩式进气道动力装置调节系统的特点是由于流入进气道的超声速流分离而可能使其正常工作被破坏。

内压缩取决于进口前的M数。另一方面，在给定的M数下，进气道喉道的面积取决于通过发动机的空气流量。因此，为使动力装置稳定而有效地工作应保证：

(1) 进气道的几何尺寸与来流M_∞数的单值关系(由于迎角(侧滑角)和外部气流不均匀度的影响，这种关系可以向喉道相对面积增大方面稍加修正)；

(2) 通过发动机和管道放气系统的空气流量与来流M_∞数的单值关系$G_{пр.\,дв}+\Delta G_{пр.\,пер}=f(M_\infty)$(如果附加放气$\Delta G_{пр.\,пер}$主要不是通过放气门，而是通过涡轮冲压式发动机的冲压管道，则动力装置实现在该条件下的有效地工作是可能的)；

(3) 进气道在失速后再起动的可能性。为此目的应研制进气道再起动的专门系统，该系统包括按程序控制发动机和进气道的可调节部件；如果进气道是制成自起动的，则不需要再起动系统。

进气道失速对飞机稳定性的影响 进气道失速导致力和力矩的出现，作用于所有3个坐标轴上并且产生以下结果：

——改变发动机的有效推力；

——改变由流过发动机短舱的气流转向所产生的力，并应计入飞机的外部特性中；

——进气道进口前气流分离时飞机外部绕流的不对称性。

在进气道失速前和失速后状态下，空气流量系数差越大(即内压缩越大)，作用力的力臂越大和迎角越大，则进气道失速对飞机稳定性的影响就越强烈，特别是双发动机布局。进气道失速时所产生的力和力矩用模型在风洞中试验的方法确定。

进气道工作失速的后果在选择进气道及其在飞机上的布置时应予以考虑。

5.6 进气道和飞机机体的综合

研制各种用途超声速飞机有效工作的动力装置，在许多方面决定于成功地解决在进气道和机体的综合时所产生的一系列问题。

其中最重要的问题应提出如下：

——考虑机体流动局部气流参数对进气道工作的影响；

——组织在进气道前机体表面产生的边界层的引出系统；

——机体部件的涡迹流入进气道内的干扰；

——探索涡系控制方法，以便扩大进气道按M_∞数、迎角和侧滑角的有效工作范围；

——并列布置一个进气道喘振时的相互影响；

——在飞机起飞和着陆时机场表面外来物进入进气道的问题等。

对于各种用途的超声速飞机：客机、行政机、机动作战飞机等，解决这些问题是研制动力装置的布局时共同的任务。

应熟知所有超声速进气道在飞行器上的布局的类型(其中的一些例子见图 5.13)。

考虑进气道靠近机体布置区域的局部参数

在选择进气道安装部位时首先必须用计算或实验方法确定前机身的绕流,以便查明局部 M 数流场、进气道前洗流角,以及在进气道布置区域的平均气流参数。这样的计算实例示于图 5.36 和图 5.37。

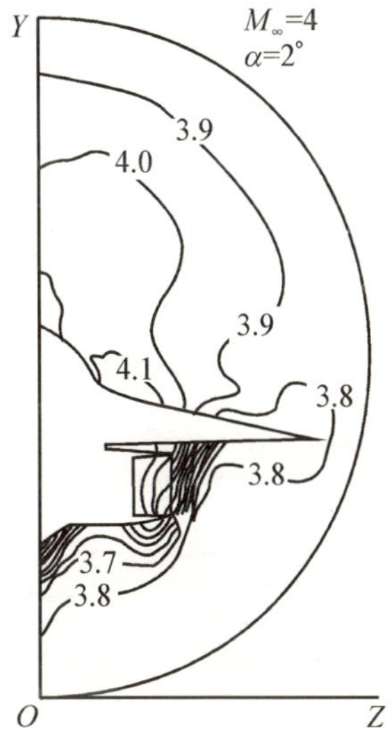

图 5.36　用(等局部 M_i 数线)确定法计算进气道绕流

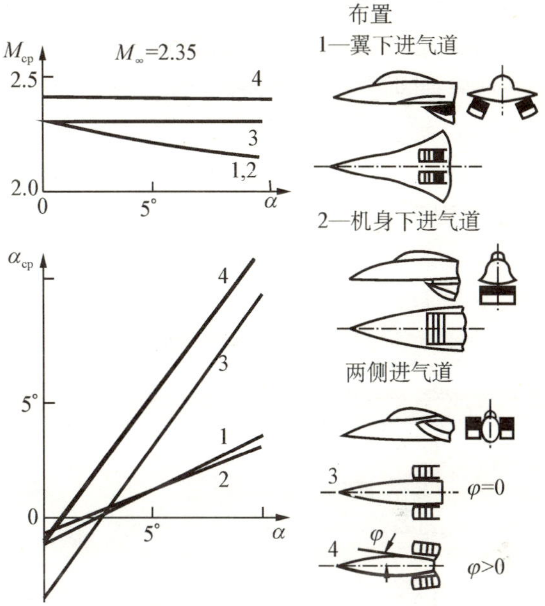

图 5.37　对各种进气道布置中进气道前气流 M_{cp}数和迎角 α_{cp}与飞机迎角 α 的关系

在考虑局部参数时应遵循的基本原则如下:

——不允许前机身、机翼、座舱盖、水平前翼及其他机体部件的激波进入进气道内。

——布置进气道应考虑到在垂直和水平面内,至少在设计巡航迎角和零侧滑角时的局部洗流角。为此目的,两侧和正面进气道的超声速部分向下倾 $\Delta\alpha \approx 2° \sim 4°$ 角,大致按飞机巡航飞行迎角来安装。

——最好将进气道布置在机体部件(机翼或其边条,机身)预先滞止超声速气流的区域。

组织边界层吸除系统

为了消除或减弱在进气道前机体表面生成的边界层影响,进气道应与机体移开大约等于或大于边界层局部厚度的值 $h_щ$。通常在安装二元进气道时,值 $h_щ$约等于

(0.01～0.015)L，L 为从机体部件(机身、机翼)起点到进气道的长度。

在进气道和机体之间的引出隔道中安装特型隔道板分流装置。隔道中的流动具有复杂的空间性质并有气流分离和涡流形成。沿隔道板长度上流谱和压力分布不仅取决于隔道板的形状和倾斜角，而且还取决于引出隔道的形状、进气道超声速部分的几何形状、引出隔道出口处机体的几何形状。

在图 5.38 上示出了在对称隔道板顶点上带不变半角 $\theta = 8.5°$ 的隔道板长度上典型的压力系数分布 $\bar{p}_i = (p_i - p_\infty)/q_\infty$。减小压力直至小于斜板尾部未扰动气流中的静压值，与外部气流的引射影响有关。带 $\theta \geqslant 15°$ 的斜板起始部分上压力分布是典型的湍流边界层分离。在短的引出斜板($\theta \geqslant 25° \sim 30°$)时可能有引出隔道不启动现象，此时分离区域位于进气道滞止斜板开头之前。在这种情况下，由于分离区域扰动部分进入进气道进口，进气道特性会有实质性的变坏。在图 5.39 上示出了在 $M_\infty \approx 1.6 \sim 2.5$ 斜板分离扰动区域的相对距离 $x/2c$ 与单级导流板的顶点半角 θ 的实验关系。从这些关系曲线得出结论，分离区域位于边界层隔道导流板顶点之后的允许半角 θ 值不应超过 $\theta \approx 15° \sim 20°$。为了改进隔道导流，沿隔道长度逐渐扩展是适宜的。

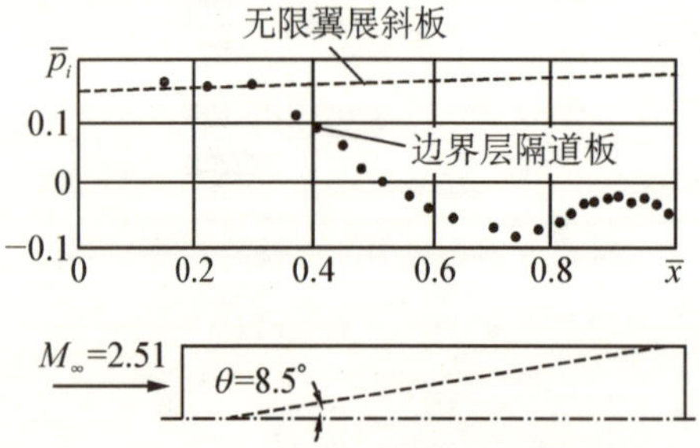

图 5.38 在 $M_\infty = 2.51$ 和隔道板半角 $\theta = 8.5°$ 时，沿边界层隔道隔道板的典型压力系数分布 $\bar{p}_i = (p_i - p_\infty)/q_\infty$

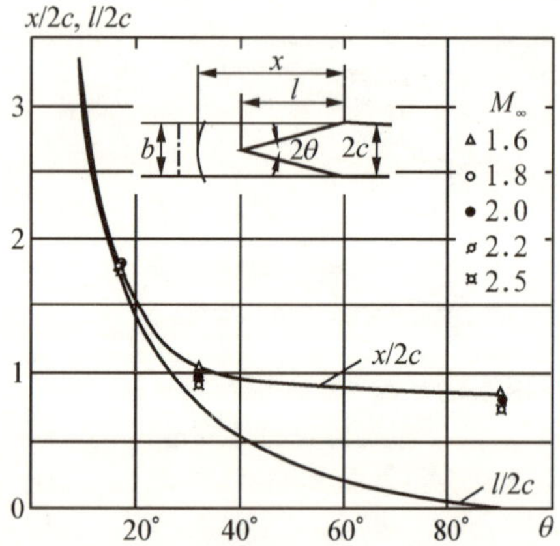

图 5.39 引出系统($h/\delta_{п.сл} = 0.85 \sim 1$，$b = 2c$)边界层隔道隔道板扰动的分离区域相对距离 $x/2c$ 与单级导流板顶点半角 θ 的试验关系曲线

引出系统中隔道板导流装置的外部波阻比无限宽的导流板低得很多(图 5.40)。图 5.40 的数据可以用来估算引出系统的外部波阻。

激波-涡流对超声速进气道的相互作用

在研制非迎面进气道的超声速飞机时，面临的重要任务是必须考虑到位于进气道前面机身部件的涡系对进气道特性的影响。试验已经查明，位于机体表面(例如机身上)进气道前各种突出的附加构件，例如速度传感器、天线等，尽管它们与进气

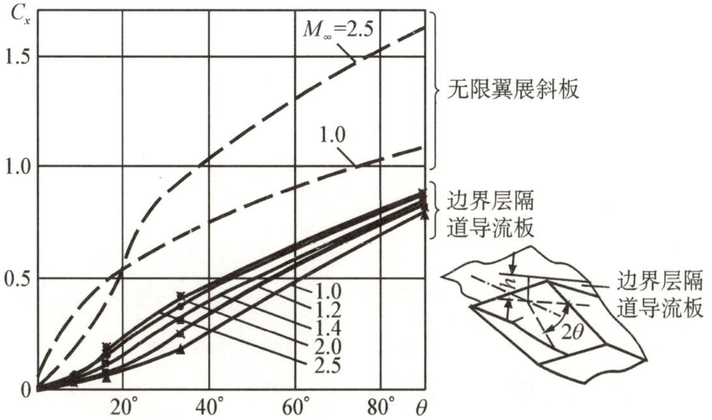

图 5.40　边界层引出系统中导流板与同型无限宽度斜板波阻系数的比较(在边界层隔道中导流板的相对高度值 $h/\delta_{\text{п.сл}}=0.85\sim1$,式中 $\delta_{\text{п.сл}}$——导流板前边界层厚度)

道相比尺寸很小并且离进气道也很远,在超声速下可能使内部特性大大变坏(图 5.41)。此时,进气道总压恢复系数和防喘振余量大大减小,发动机前管道内气流不均匀度参数可能急剧地增大,它决定着发动机工作的气体动力稳定性。这种现象的物理性质归结为激波-涡流的相互作用,即由机体部件来的涡迹,包括飞机上的附加构件与进气道激波的相互作用的不利效应,其结果是将进口平面前设计的激波系破坏。

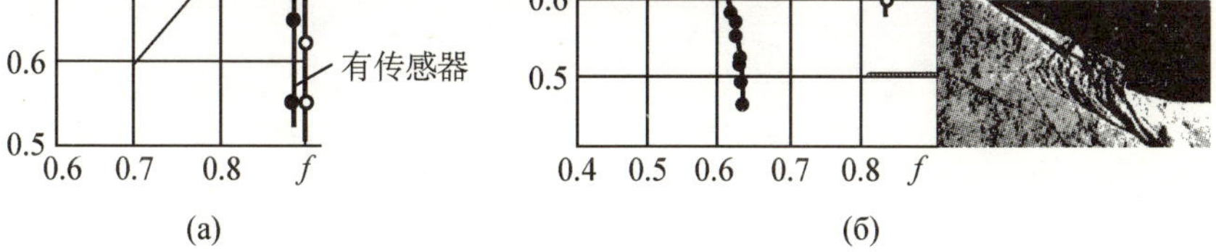

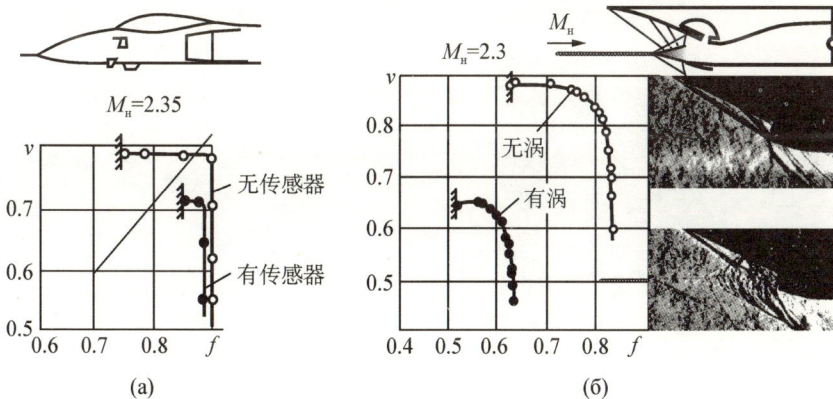

图 5.41　从机身前的部件来的涡迹对进气道节流特性的影响

重要的是涡迹与进气道内流的相互作用发生在进口平面前大的正压力梯度的条件下,这是超声速进气道的特点,特别是外压缩式,当与发动机匹配工作状态相当于进气道亚临界工作状态和结尾激波位于进口平面之前。在强激波的作用下发展起来的涡流发生破裂(例如,以涡流束、机身涡面、机翼边缘涡等形式)并形成在气流中悬浮回流区,绕着锥形激波转(图 5.41 和图 5.42)[5,7,10]。在这些图上所示出的阴影照片和流图相对三激波系进气道(图 5.41)、单激波进气道(图 5.42)和皮托管式最简单的进气道(图 5.42)。相互作用区域横向分布的测量压力 p_0'间接地证实形成回流区的流谱图,其中降低的总压 p_0'相当于在激波与湍流边界层激波-粘性相互作用下的临界压差(图 5.43)。类似的激波-涡流和激波-粘性相互作用不仅按回流区域的形式及其中的压力量级,而且按回流区域附近形成的激波锥的斜角值也说明了这点。

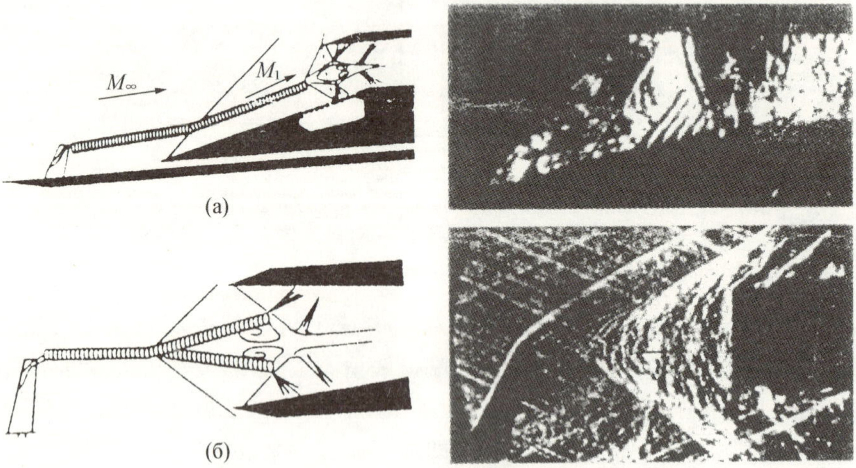

图 5.42　在进口激波作用下涡破裂示列

(a) 单级二元进气道;(б) 最简单的皮托管式进气道

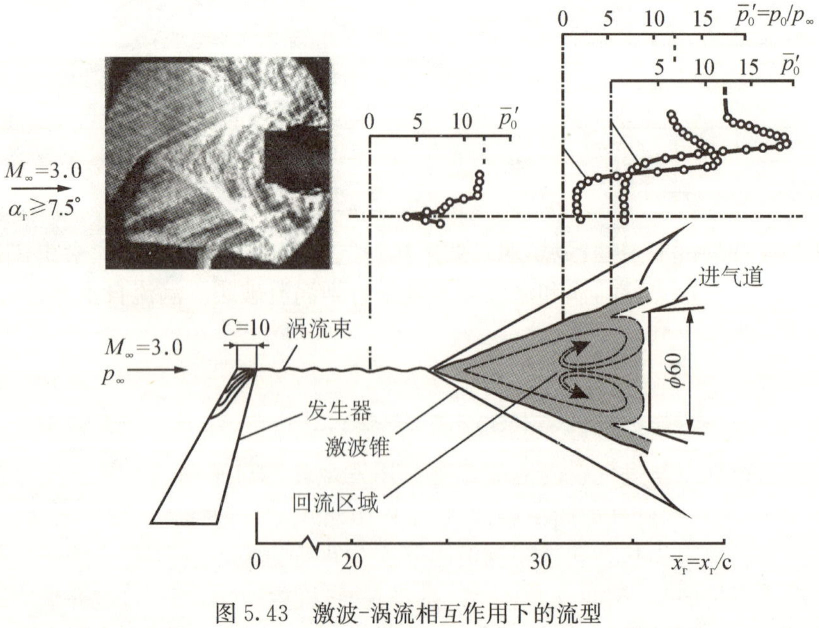

图 5.43　激波-涡流相互作用下的流型

相互作用效应在许多方面决定于涡迹类型、其强度(即切向速度和轴向速度比)和用其中压力升高表征的激波强度[7, 8, 10]。

对于强度低的涡流尾迹,例如安装成零迎角或小迎角的物体后面的或距物体-尾迹发生器相当远的湍流尾迹型的尾迹,就看不到涡的破裂和回流区域的形成。在这种情况下出现中间形式的相互作用(图 5.44)并使初始正激波弯曲。在干扰区域的压力 p_0' 也比初始正激波后的低,而比涡破裂时高得多。在改变涡强度时,例如由于改变翼形涡流发生器的安装角,由一种形式相互作用的转变可能具有跳跃式性质。在过渡区域内可能有任意性的摆动过程,从一种相互作用流转到另一种相互作用流。

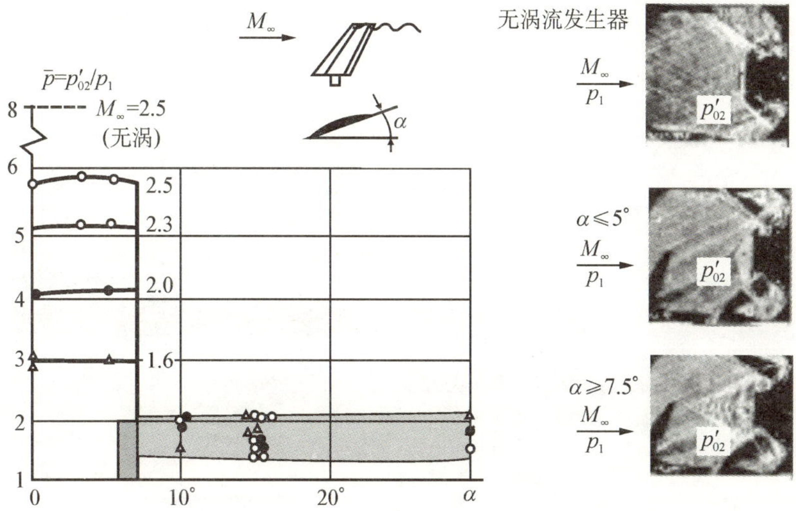

图 5.44　在涡和激波干扰区域内,由于改变涡流发生器安装角试验中取得的涡强度对流型和最小相对压力值 $\bar{p}$ 的影响。

同时涡的破裂和回流区域的形成只发生在高强度的斜激波中,即激波压降与正激波中压降的差不大于 20%～30%(图 5.45)。这大致相当于一瞬间,即实现从斜板脱体激波和局部亚声速区域,通过此区域逆气流方向传递反压力。当激波中压降较小(图 5.45 上白点)时,涡和激波交叉处未看到涡流破裂。涡流自由地通过激波,此时涡流只是有些变形。

这样,强涡流进入进气道时,它能自由地通过斜激波,其中压降通常比涡流破裂所必需的压降小些。此时只是发生斜激波局部畸变。因此,在进气道超临界工作状态下,其进口处的流型可能变化很小,而空气流量系数可能与涡流不存在时它的值接近。在进气道亚临界工作状态下,当进口平面前出现高强度的结尾激波时,涡发生破裂并在气流中形成悬浮着的回流区域,与结尾激波和斜板表面上湍流边界层相互作用的分离区域相似(图 5.46)。进入进气道的涡流的影响程度不仅取决于涡流的强度,而且也取决于其尺寸和进入进气道的部位,以及进气道的工作状态。当涡

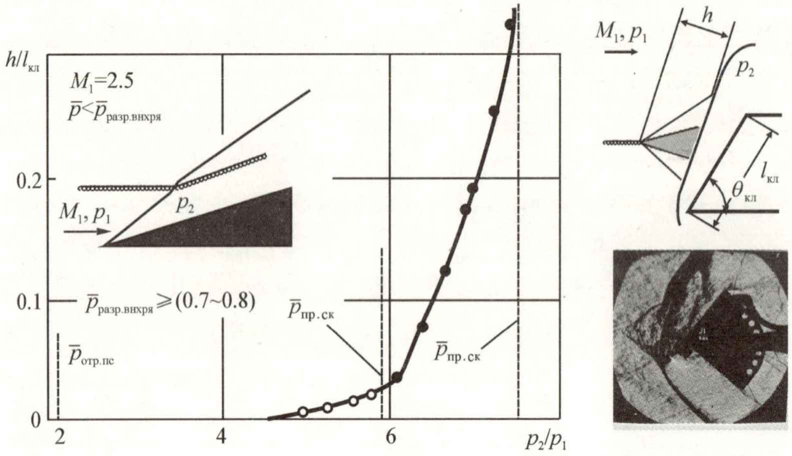

图 5.45 在涡流和激波相互作用区域内激波强度(激波后和激波前压力比p_2/p_1)对回流区域大小的影响

$M_1=2.5$；$\bar{p}_{разр.вихря}$—可观察到涡流破裂的相对压力；$\bar{p}_{отр.пс}$—湍流边界层分离时相对压力；$\bar{p}_{пр.ск}$—正激波中的相对压力

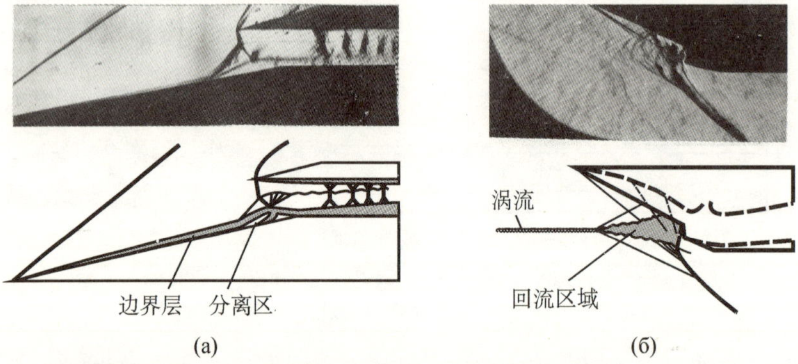

图 5.46 在超声速下进气道内激波-粘性(a)和激波-涡流(б)相互作用

流在唇口前缘附近进入时，特性变坏最厉害，特别是在设计的飞行 M 数下，当斜激波聚焦在唇口边缘处并且该处总的压降很高，会大大超过涡流破裂所必需的水平。在这种情况下，由于进口平面内产生回流区域，进气道特性可能变坏很多，该回流区域实际上可能完全破坏设计的初始激波系，把大量的空气从进口旁放过，正如图 5.41 所示，在三级二元进气道试验时曾发生过这种情况。

进气道和机体综合的重要目的之一在于消除来自机体部件和飞机各种附加构件与传感器的涡流尾迹在飞机主要飞行状态下进入进气道的进口。

5.7 超声速飞机动力装置的尾喷管

尾喷管是空气喷气发动机必需的部件。在喷管中把加入流经发动机的空气中的热能完全地转变为喷流的动能，在其流动时产生喷管推力。因为空气喷气发动机的推力是喷管反作用推力和发动机进气道进气阻力之差，所以从气体动力学观点来看，整个动力装置的经济性在很大程度上（比例系数大于 1）取决于喷管制造的完善程度。

为超声速飞机的发动机研制尾喷管问题特别复杂。随着飞行速度的增加，在喷管推力损失和发动机推力损失之间的比例系数在增加。为了保证喷管的高效率，它应作两个参数的最低限度的调节。空气喷气发动机流过喷管的排气是在压力大和温度高的条件下，这是相当复杂的结构设计问题。解决这一问题通常不得不在强度、可靠性、重量和飞行条件下的气体动力效率相互矛盾要求之间寻求折衷方案。

外部气流与喷流的相互作用对于空气喷气发动机的喷管是最重要的问题。这种相互作用的力与喷管本身特性有关，以致在方法学上必须把它们包括在喷管反作用推力的组成部分中，引入有效推力——飞行条件下喷管推力的概念。有效推力已经不仅取决于喷管本身的形式和结构特点，而且也取决于喷管在飞机上的布局的特点、短舱尾部的形状、喷管相对飞机机体部件（机身、机翼和尾翼）的位置。因此研制喷管有必要与飞机总体布局协调进行，在这里也要寻求折衷方案。

本节简要介绍尾喷管特性和在确定飞行器特性时计算其效率的方法，超声速飞机使用的尾喷管类型和发动机典型工作状态下的流动特点、布局形式对尾喷管效率的影响，以及带推力矢量控制和反推力装置的二元超声速喷管的特性。

空气喷气发动机喷管的气体动力特性

在空气喷气发动机尾喷管的空气动力学中采用以下平均的或无量纲的量值：

p_{oc}——在喷管进口处或临界截面中按流量平均的气流总压；

T_{oc}——按流量和热焓平均的喷管总温；

$\pi_{cp} = p_{oc}/p_\infty$ ——喷管可用的落压比；

$\bar{p}_{02} = p_{02}/p_\infty$，$\bar{p}_{02} = p_{02}/p_{oc}$ ——引射喷管外涵道的相对总压；

$\bar{p}_д = p_д/p_\infty$ ——分离区域的相对总压；

$G_c = \int_F \rho V\cos\beta \mathrm{d}F$ ——通过喷管的燃气质量流量；

$G_p = æ\left(\frac{2}{æ+1}\right)^{\frac{æ}{æ-1}}\frac{F_* p_{oc}}{a_*}$ ——设计的喷管燃气极限质量流量；

$\mu = G_c/G_p$ ——喷管流量系数；

$\vartheta\bar{G}_2 = G_2 a_{*2}/G_c a_{*c}$ ——经过喷管次流通道的相对换算空气流量；

$J_c = \int_{F_c}(\rho V^2\cos^2\beta + p)\mathrm{d}F$ ——喷管冲量（β——喷管出口截面内速度矢量相对喷管轴线的角度）；

$J_p = \left(\frac{2}{æ+1}\right)^{\frac{1}{æ-1}}\mu F_* p_{oc} z(\lambda_c)$ ——设计的喷管冲量，式中 λ_c—— 由关系式 $q(æ,$

$\lambda_c) = \mu F_* / F_c$、$z(\lambda_c) = \lambda_c + 1/\lambda_c$ 确定的换算速度；

$\bar{J}_c = J_c / J_p$ ——喷管冲量系数；

$\Delta \bar{J}_c = 1 - \bar{J}_c$ ——冲量损失；

$P_c = J_c - F_c p_\infty$ ——喷管推力；

$P_{c\,ид}$——理想喷管推力，$P_{c\,ид} = æ\left(\dfrac{2}{æ+1}\right)^{\frac{1}{æ-1}} \mu F_* p_{oc} \lambda(æ, \pi_{cp})$；

$\bar{P}_c = P_c / P_{c\,ид}$ ——喷管推力系数；

$\Delta \bar{P}_c = 1 - \bar{P}_c$ ——喷管推力损失；

$P_{c\,эф} = P_c - X_{rc} + X_r$ ——喷管有效推力； (5.1)

X_{rc}——带喷管的发动机舱外部阻力；

$X_r = -\int_{F_c}^{F_м} (p - p_\infty) dF$ ——作用在检验短舱(机身)无喷管的外部纵向气动力，包括在飞机机体的纵向气动力中。

从列举的特性中最重要的是它的有效推力(5.1)，该有效推力是喷管推力与有喷流喷管的短舱的外部阻力之差。为了在确定飞机气动特性时在方法学上正确地考虑到喷流的影响，从有效推力中反其号减去得自检验气动模型尾部的外部阻力。这就可以避免把作用在气动模型和尾部模型的同一些力计算两次。对这个问题将稍详细地讨论。

为了确定飞机的气动特性，采用基准的或校核用的模型，它是尽可能比较全的飞机的缩比模型(图5.47)。然而，在这种模型中通常用固定几何尺寸的通气发动机舱模拟发动机。这样的通气发动机舱不能模拟喷管可用的落压比和喷管几何尺寸。因此，在研究带通气的飞机气动模型时，据此确定其气动系数，从测得的力中减去通气阻力和发动机舱模型端面的阻力。为了考虑到发动机喷流对气动特性的影响，采用专用的飞机尾部模型，并有详细模拟可调喷管的几何尺寸和喷流的参数。确定喷管有效推力是按作用在有喷流时带喷管的飞机尾部上的力与作用在无喷流时飞机尾部检验模型上的力之差，该飞机尾部是复制的飞机基准气动模型的外形。在飞机运动方程中叠加发动机说明书推力和作用在飞机上的气动力时，除了要用发动机说明书中给出的喷管推力与有效推力之差作修正外，无须作其他任何修正。

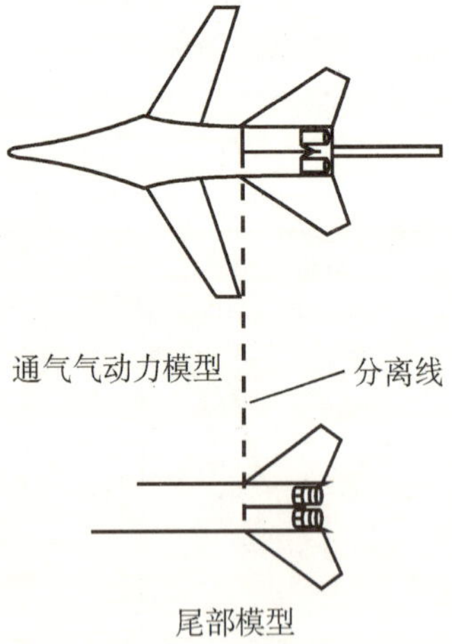

图 5.47 飞机气动力模型和尾部模型

尾喷管的功能

对于超声速飞行器的动力装置采用范围很宽的可调节喷管。尾喷管大量型别和方案的出现，在许多方面是由现有的和正在研制的飞行器的多样性及其功能特点所决定的。飞行器的用途及其战术技术要求在尾喷管的型别、调节形式和功能上留下一定的痕迹。

尾喷管的主要功能如下：

——保证气流以最小的总压损失增速；

——使喷管出口截面的压力与外部气流条件协调；

——调节喷管临界截面，使发动机能加力；

——保证壁板冷却；

——保证推力矢量控制和反推力；

——降低红外和雷达波长段的可探测性；

——抑制喷流噪声。

所有列举的喷管功能应在重量最小和成本最低、外部阻力最小的条件下实现，以及满足可靠性和寿命的要求。对每一具体情况下根据需要，喷管的这些或那些功能可以削弱或加强。

在可调节超声速喷管的整个范围内收敛-扩散形喷管、带中心体的喷管和引射喷管得到了最广泛的实际应用。下面将定性地研究这些喷管的流动状态及其内部特性。对于较为广泛的喷管类型的这些问题较为详细的介绍，可见参考文献[14]。

收敛-扩散形喷管

在图5.48上示出了拉瓦尔喷管型收敛-扩散(超声速)喷管。与在收敛形喷管中一样，在π_{cp}值不大时，在喷管整个长度上，包括跨声速和超声速部分，都有连续的亚声速区。喷管内的流动是非自成形的，即喷管特性取决于π_{cp}值。在喷管临界截面区域内可能有局部的超声速流动区，其后在喷管张角和扩散很大时可能产生气流分离。通常这种分离具有振荡性质，并且这些振荡扩散到发动机整个亚声速管道。振荡的振幅随着接近于进入喷管亚声速部分的自成形流状态而增大，当通过声速的过渡面扩散到喷管临界截面的整个流通部分。实际发动机的研究表明，如果临界截面附近喷管超声速部分的母线倾斜角大于$\theta_c \approx 0.02$ rad和相对于临界截面面积的喷管出口截面面积$\overline{F}_c = F_c/F_* > 1.1$，则这样的振荡对于发动机的强度是不允许的。

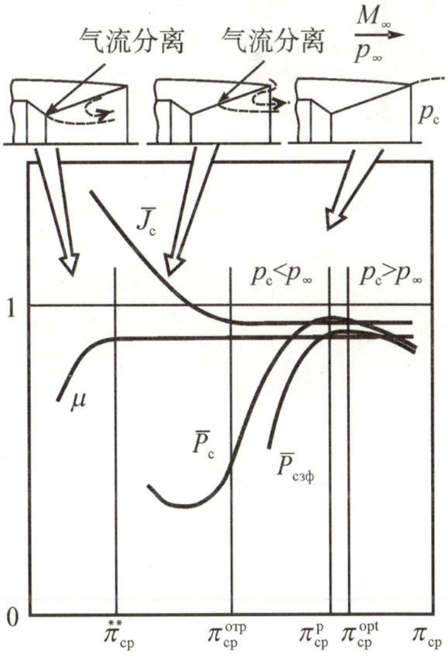

图5.48　收敛-扩散形喷管中流动状态

在喷管亚声速部分形成自成形流的π_{cp}值不仅取决于喷管亚声速部分轮廓线，而且取决于超声速部分轮廓线。这种状态到来的特征是在进一步增大π_{cp}时，喷管

流量系数 μ 不再变化。冲量系数 $\bar{J}_c$ 和推力系数 $\bar{P}_c$ 这时取决于 π_{cp}。冲量系数 $\bar{J}_c$ 大于 1，推力系数 $\bar{P}_c$ 小于 1。

随着 π_{cp} 增加（在 $\pi_{cp}>\pi_{cp}^{**}$ 时）超声速部分的气流分离向喷管出口截面移动。气流脉动、喷流噪声和结构振动都减小。当气流分离点达到喷管出口边缘，在喷管超声速部分达到了自成形流动状态。这种状态的开始用 $\pi_{cp}^{отр}$ 表示。喷管进入超声速部分自成形流动的特征是喷管冲量系数 $\bar{J}_c$ 与 π_{cp} 无关。

进入拉瓦尔喷管式的内膨胀的喷管超声速自成形状态是在气流过度膨胀最大的情况下发生，而在喷管出口边缘附近有静压小于大气压的区域。对于喷管出现过度膨胀的可用 π_{cp} 值，出现所谓过度膨胀的推力损失。在设计状态 $\pi_{cp}=\pi_{cp}^{p}$ 时，静压与大气压力相等和推力系数达到其最大值。（在较为严格的提法中，由于喷管冲量系数小于 1 并取决于喷管的几何膨胀率，内推力系数最大值是在 $\pi_{cp}^{opt}>\pi_{cp}^{p}$ 时达到，但这个差别不很大。）当 $\pi_{cp}>\pi_{cp}^{p}$ 时，在喷管整个表面上的静压大于大气压。要充分地利用气流的位能，喷管的膨胀率不足，出现所谓的不完全膨胀损失。不完全膨胀和过度膨胀的推力损失只取决于喷管可用的和设计的相对压力差，并可按气体动力学一维关系式确定。

喷管推力内部损失不仅包括不完全膨胀和过度膨胀的推力损失，而且包括摩擦损失和取决于喷管超声速部分形状的外形损失。为了估算在实际工作中最常遇到的锥形超声速喷管的内部推力损失，使用列线图[15]可以很快地确定这类喷管的推力损失。在图 5.49 上示出了对于冷空气（æ = 1.40），估算锥形超声速喷管内部推力损失的列线图。

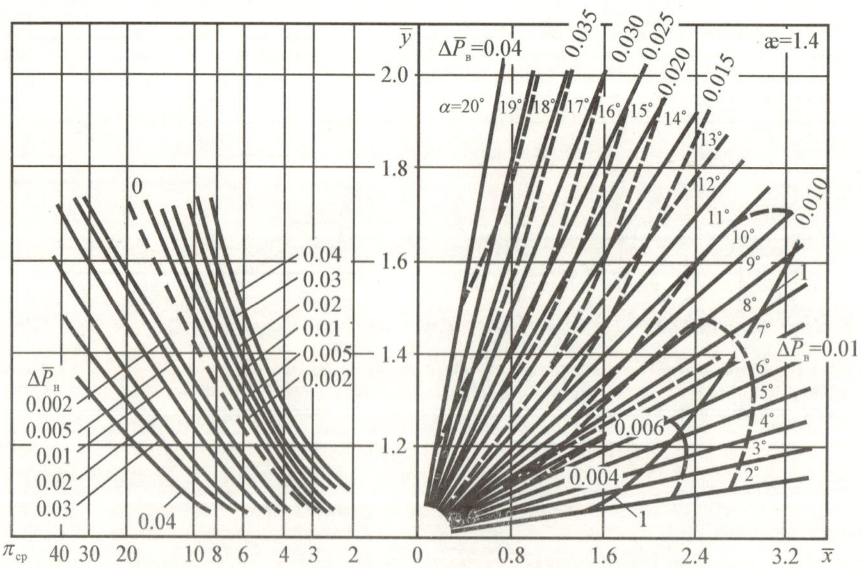

图 5.49 确定锥形超声速喷管内部推力损失的列线图

在列线图的右部分上示出了在半张角 $\alpha = 2° \sim 20°$ 范围内设计的锥形喷管族的外形。用虚线绘出了等内部推力损失 $\Delta \bar{P}_{в}$ 线，该线是在设计状态外形推力损失和气流与喷管壁摩擦推力损失之和，当喷管出口截面压力等于大气压：$\Delta \bar{P}_{в} = \Delta \bar{P}_{к} + \Delta \bar{P}_{тр}$。

在列线图的左部示出了在按喷流相对压力范围 $\pi_{ср} \approx 2 \sim 40$ 计算的非设计状态推力损失。这样，在半张角和喷管超声速部分长度任意给定的值下(线性尺寸相对于喷管临界截面的半径)，从设计的区域内在列线图的右部分求出喷管内部推力损失，而在左部分求出非设计状态的喷管推力损失。总的喷管推力损失是内部推力损失和喷管非设计状态推力损失之和：$\Delta \bar{P}_{c} = \Delta \bar{P}_{в} + \Delta \bar{P}_{н}$。

列线图是为锥形喷管无激波流绘制的。无激波流的边界在图 5.49 上用实线 1 - 1 示出。应当指出，对于收敛-扩散形喷管在自成形流状态下，内部特性实际上不取决于外部条件，因此对内部损失的估算与实验和飞行条件下的吻合得很好。

带中心体的超声速喷管

在图 5.50 上示出了完全外部膨胀有中心体超声速喷管的流动状态，当通过声速的过渡面位于喷管外罩出口截面处。在这个喷管中，与在拉瓦尔喷管内同样，在进入自成形流状态后，在喷管亚声速部分的中心体上发生气流分离。有中心体喷管的这种分离不引起明显的结构振动。分离点后的静压接近于大气压，因此，在喷管内实际上没有过度膨胀损失。在图 5.51 上示出了在锥形超声速喷管和 3 种形式的有中心体喷管，亦即纯内部膨胀喷管 2、混合膨胀喷管 3 和纯外部膨胀喷管 4 的推力损失比较。增加外部膨胀部分会使过度膨胀喷管推力损失大大减少而不完全膨胀损失略有增加。有中心体喷管的内部特性，与锥形超声速喷管同样可以用计及摩擦损失的特性线方法足够准确地计算出来。

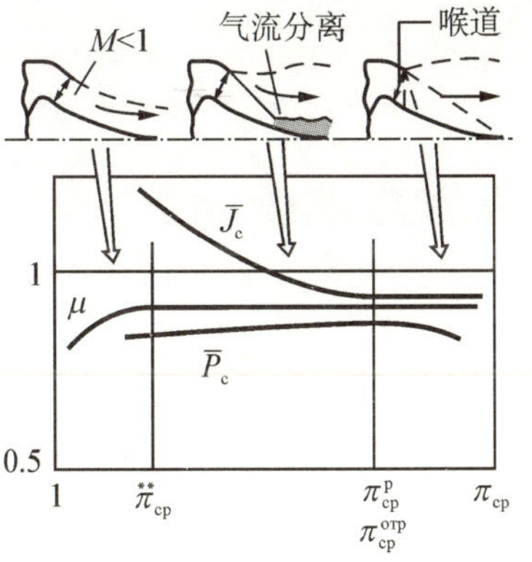

图 5.50　有中心体的超声速喷管内流动状态

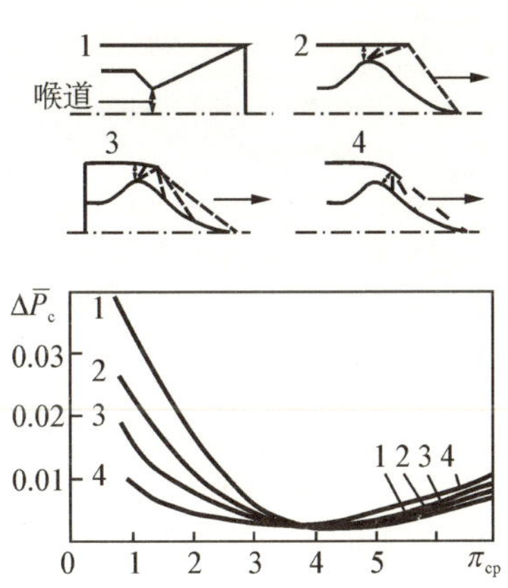

图 5.51　锥形超声速喷管和有中心体的超声速喷管内部推力损失的比较

在有中心体喷管中，在设计值 π_{cp} 时保证外罩出口截面后气流均匀并指向喷管轴线，进入自成形无分离状态与设计状态相符合，即在 $\pi_{cp} > \pi_{cp}^{p}$ 时冲量系数保持不变(图 5.50)，而推力系数减小，因不完全膨胀损失增加所致。

超声速引射喷管

引射型超声速喷管在前一代飞机的发动机上得到了广泛的应用(图 5.52)。现在重新提高了对使用引射喷管的兴趣，特别是用于新一代超声速旅客机的发动机，以便减小原地噪声。

在图 5.53 上示出了引射喷管中的流动状态。与以上所研究的无不连续外形的喷管不同，在引射喷管中出现了第 4 种特性——二次流中的相对压力 $\bar{p}_{02}$ 或 $\bar{p}_{02}$ 和附加参数——二次流通路中的相对空气流量 $\bar{\delta G}_2$，从发动机外壳与导风罩间进入喷管。所有这一切使喷管内流谱复杂起来。在图 5.53 上所列出的示意图相当于二次流流量为零或不大。

图 5.52 米格-23 飞机带可调的引射型喷管的尾部

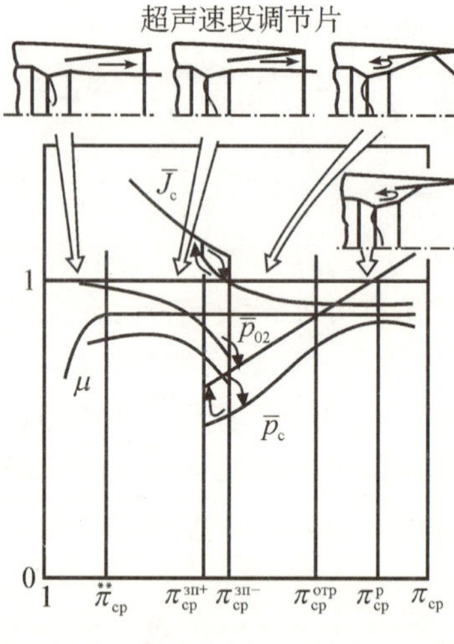

图 5.53 带短超声速段调节片的超声速引射喷管内的流动状态

如果引射喷管的外形不连续是从临界截面开始的，则进入喷管亚声速部分的自成形状态相对平顺，没有明显的气流振荡。如果在喷管内安装短的超声速段调节片，则进入自成形状态可能出现如在拉瓦尔喷管一样的流动，出现颇大的气流振荡。

从内喷管出口截面到喷管出口截面这一段上的喷流将二次流中边界层空气吸进去，使它的压力降低。由二次流引出的边界层空气，由喷管外罩和喷流与发动舱壁的环形间隙中的大气来补充，如果环隙是与大气相通的。随着喷管相对压力的增加，喷流的引射作用的强度增强，二次流中的压力减少越来越显著，最后喷流贴到喷管外缘，将二次流的流路完全堵住。当喷管内二次流的流量为零或不大时，喷流附着喷管外罩的过程，称为启动二次流流道，它往往发生得突然并有滞环性质(当喷管内相对压力减小时喷流分离是在较小的 $\pi_{cp}^{зп-}$ 值，而它的附着是在增大的 $\pi_{cp}^{зп+}$ 值)。随着二次流的流量增加，二次流通路的启动进行得越来越平顺，滞环现象也消失了。如果喷管二次流通路不与大气连接或通过超声速气流区域相连接，则在启动之后二次流通道的流动成为自成形的，其中压力与喷流的压力比则成为常值。

在二次流通路启动之后，出口截面前喷管外罩上可能出现气流二次分离，而冲量系数依然是与 π_{cp} 有关的变量。喷管内完全自成形流是在 $\pi_{cp}^{отр}$ 时到来，此时气流分离移到外罩出口边缘。从这一状态开始，喷管的冲量系数也成为常值。

引射喷管的不同特点是喷管过度膨胀的推力损失减少很多。在 $\pi_{cp} < \pi_{cp}^{зп}$ 状态下它们是理想推力的 2%～4%。与此同时在相同尺寸的拉瓦尔喷管中，它们达到 20%～30%。引射喷管的特性，除了个别的状态以外，实际上不能计算，并且主要是用试验方法来确定[16]。

5.8　超声速飞机轴对称喷管的有效推力

超声速飞机尾喷管的研制假定可以分为两个阶段。第一阶段——选择喷管本身的形式和调节形式，以保证喷管内部推力损失最小、重量不大及其操纵形式尽可能最简单；第二阶段——选择喷管在飞机上的合理布局，以保证发动机喷流和喷管调节面位置对飞机的气动特性的不良影响最小，有效推力损失最小。

第一阶段通常从分析喷管出口截面的设计面积与在飞机主要飞行状态下临界截面面积的关系开始。喷管调节形式应保证在飞行高度和速度以及发动机工作状态宽广的范围内有最佳的特性，即要求临界截面、喷管出口截面面积以及发动机舱外形的调节。因此，最佳的超声速喷管应具有 3 组调节片(声速喷管调节片、超声速部分调节片和外部调节片)和 3 组相应的控制系统。

然而，在实际工作中联系 3 组调节片环的运动机构，只要用两个控制系统就能加以限制(图 5.54)。同时，主控制系统在调节临界截面面积的同时也调节了最大限度对应于飞机主要飞行状态的喷管出口截面面积，按某种规律 $F_c = F_c(F_*)$。通常这样的单值关系能够排除在超声速飞行下非设计状态的推力损失，然而，在起飞和亚声速加速状态下，这样的关系给定的喷管出口截面面积是过度膨胀的。在这些状态下喷管的过度膨胀不仅使推力损失增加，而且能引起喷管超声速部分的气流分离，因此，可能出现结构振动增大。因此在这样喷管的控制系统中规定有第 2 个控制系统，用来修正亚声速飞行的喷管出口截面面积。

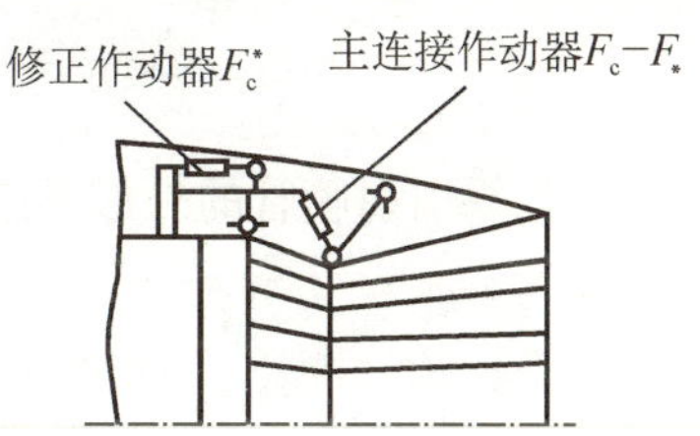

图 5.54　超声速喷管调节形式

在图 5.55 上举例示出了单发动机舱的不同喷管调节规律的发动机有效推力损失的比较。研究一下两个控制系统 3 组调节片的喷管、一个控制系统所谓的“变光圈式”喷管以及不可调节出口截面面积和临界截面变面积的喷管。

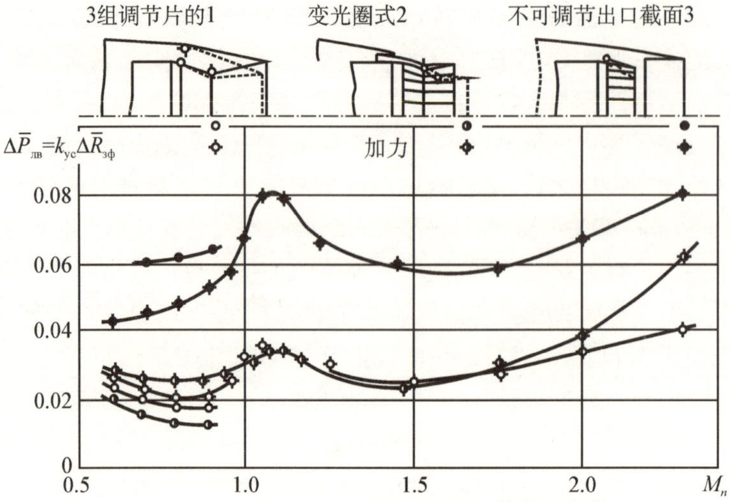

图 5.55　具有不同调节规律的超声速喷管有效推力损失的比较

在不加力状态下 3 组调节片喷管的发动机推力损失不超过理想推力的 2%。“变光圈式”喷管的发动机具有稍小的推力损失。在加力加速状态下推力损失为 2.5%～3.5%，并且只在 $M>2$ 时“变光圈式”喷管的推力损失因喷管气流不完全膨胀的损失而开始增加。带不可调节出口截面的最简单喷管发动机的有效推力损失在整个所研究的飞行速度范围内高 3%～5%。因此，早在超声速飞机喷管研制的第 1 阶段，选择其调节形式，为了保证最大的效率，必须：第一，调节临界截面、出口截面面积和外形面积；第二，考虑到需用的飞行高度和速度范围，该需用范围确定了喷管部件的调节范围。所研究的实例是单个喷管布置在飞机上。超声速飞机的布局，通常是多发动机舱的。在图 5.56 上举例示出了米格- 29 飞机尾部的照片。研究表明，飞机尾部的布局形式的特点对喷管的推力特性有显著的影响。这一问题在双发动机动力装置的机动超声速飞机上是特别突出的，喷管不得不并排布置，因而出现其相互的、往往不利的影响。布局形式的不利影响在亚声速巡航飞行状态下特别大，此时为保证损失最小，其调节片最大限度地关闭。因而研制喷管的第二重要阶段是指向探索合理的布局方案，以保证喷管有效推力损失最小，并考虑到有喷流时其内部特性和尾部外部阻力。

图 5.56　米格- 29 飞机尾部布局

喷管和尾部布局方案的完善性的基本准则是在其外表面和飞机尾部部件上是否有分离区及其所处的位置。这些分离区域越宽阔，则有效推力损失就越高。这是因为当喷管外表面的边缘区无分离绕流时，有喷流时形成高压区域，因而喷管阻力减小。在完全确定的实际条件下这一阻力甚至变成负值——产生与喷管反作用推力同一符号的推动力。在喷管出口截面区域出现分离区域时：第一，在这一区域的压力本身比无分离绕流的情况低些；第二，喷流引射分离区的空气同时，使其中的压力降低，如果分离区也扩展到其部件上，致使飞机尾部阻力增加很多。如果分离区域颇大，其中非定常流能引起不允许的结构低频振动。

如喷管外表面上气流分离的这些现象，暂时还不能作数字模拟。因此，关于选择喷管合理布置的主要信息源还是试验研究。下面研究某些轴对称喷管成对布置的实例来看布局的特点。

研究了三个布局问题——确定发动机舱尾部和喷管之间的台阶影响，确定喷管外和内超声速调节片环边缘间的台阶影响和选定合理的尾端，所谓的受力梁架，其上布置操纵垂直尾翼和水平尾翼的作动部件。

在图 5.57 上示出了沿尾部表面的压力分布图和喷管外部收敛的外形。分析压力分布图表明，当喷管安装在发动机舱中有台阶的情况：第一，出现台阶本身的底阻（在该情况下台阶上底部负压 $\Delta p_s = 0.03 p_\infty$）；第二，由于喷管表面台阶后压力恢复梯度增加，气流再次分离提前到来，其出口截面区域气流分离区域更宽阔并由此而引出一系列问题。

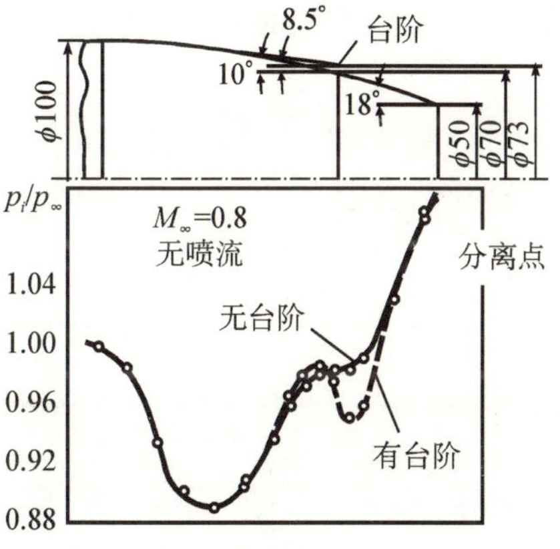

图 5.57　沿尾部表面母线的静压分布

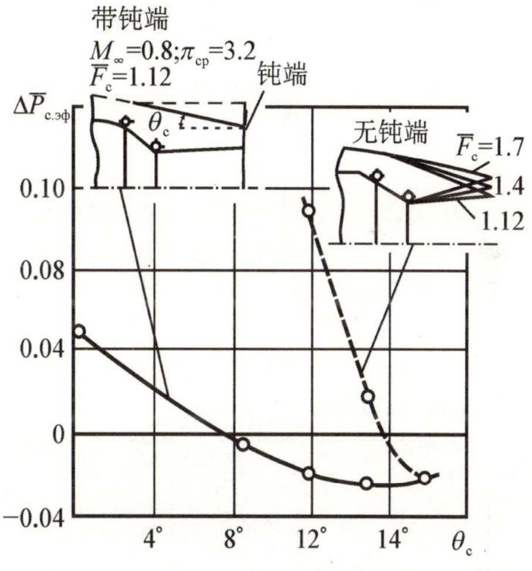

图 5.58　与其调节无关和有关的情况下外调节片收敛角对喷管有效推力的影响

在图 5.58 上示出了在亚声速巡航飞行状态下损失喷管的有效推力，该喷管外表面上的气流分离区域缩小是因为外调节片打开较充分，而超声速调节片位置则保持不变（因而在调节片之间形成钝端面）及喷管外调节片与超声速调节片同时打开的情况。正如所见，在后一种情况，虽然外调节片打开时，其阻力也减小，可是因过度膨胀喷管内部推力损失如此强烈增加，甚至没有必要在这方面去作优化。在第一种情况，相反，在一定的构型下，允许在喷管出口截面处有合适的钝端面。其阻力增量要小于外调节片在其打开时阻力的减少量。此钝端的最佳面积约等于在不加力状态下喷管的临界截面面积。

在图5.59上示出了伸出在喷管出口截面后的承力梁架端面形状的研究结果。在这里和下面从测得的有效推力中减去尾翼部件和各种附加构件的模型在无喷流时测得的外部阻力，因此在有效推力中只包括喷流对这些零部件的影响。最差的是对着喷管的末端是平的，并偏离喷管某一角度的方案(方案4)。在这样的梁架末端与喷管之间形成的分离区域扩散到喷管的颇大部分。此区域的底部压力总是小于大气压力，并且不仅作用在喷管表面上，而且作用在梁架末端的斜表面上。结果喷管的有效推力损失比无梁架的布局约高4%。最佳的可以认为是方案1，其对着喷管的梁架的表面是削尖的。在这种情况下，分离区域缩减到最小，有效推力损失只比不带梁架的原始喷管的高出0.5%～1%，这取决于飞行M数。

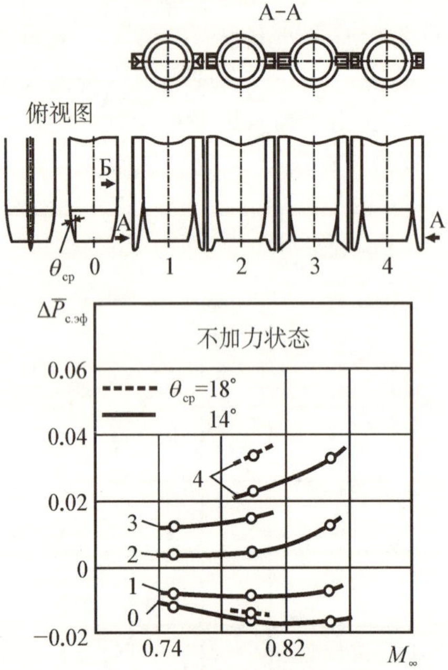

图5.59 承力梁末端形状对喷管有效推力损失的影响

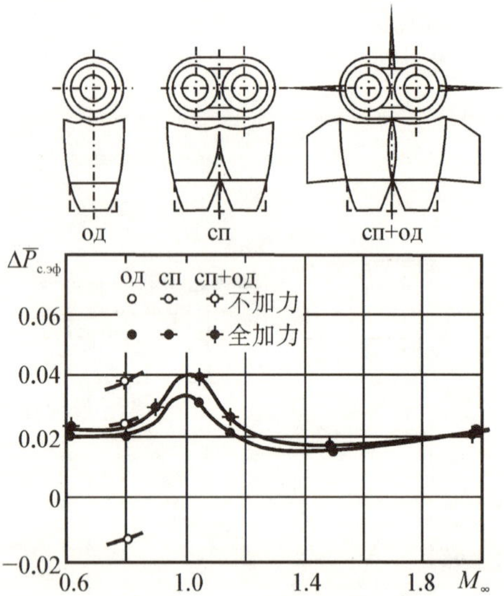

图5.60 喷管布局对其有效推力的影响

在图5.60上示出了单发动机舱喷管，紧挨着的双喷管和紧挨着的双喷管并有水平和垂直尾翼在加力状态下的有效推力损失，当喷管外调节片大体上打开到圆筒位置，在所有三种布局中有效推力损失的差别不大。当$M_\infty=1$时最大值不超过理想推力的1%。当$M_\infty=0.8$不加力状态下，双喷管的推力损失超过单喷管的推力损失约为4%，有尾翼时推力损失还增加1.5%。损失源——在喷管间的空间产生分离区域并且这些区域由于尾翼部件后的湍流尾迹而扩展。

现研究双喷管布局、尾翼部件布置和飞机尾部特种挂架配置的优化问题。

在图5.61～5.63上示出了双喷管有效推力损失增量与发动机舱布置间隔、喷管安装在xz平面有角度和喷管间安装活动整流罩的关系。随着短舱从极限密集布置（$l_{oc}/D_{MC}=1$）到间隔布置的有效推力损失，由于喷管间分离区域增大先是增加，在 $l_{oc}/D_{MC}=1.3\sim1.4$ 时达到最大值，而后开始减小，因为喷管绕流越来越接近单独发动机舱绕流的性质。

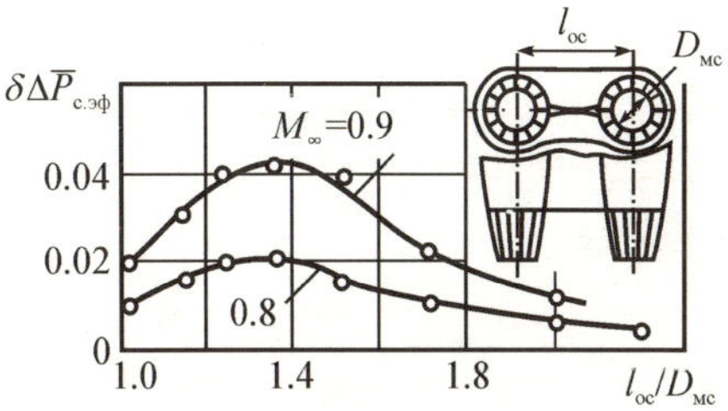

图 5.61　有效推力损失与双发动机舱布置间隔的关系

对给定间隔的双喷管，将喷管在 xz 平面中向里偏一个角度安装是相当有效的。在安装角 $\theta_{c.зкл}=2.5°$ 时有效推力损失减少约 2%。既由于喷管间分离区本身缩小，也由于两股喷流不同轴会出现回流使中间压力升高。

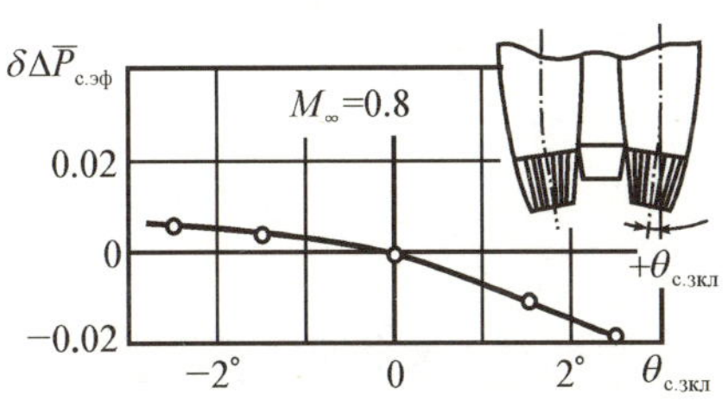

图 5.62　双喷管带角度后的效率

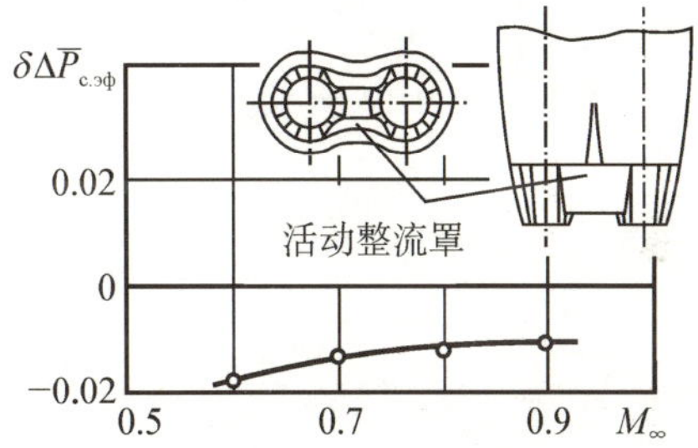

图 5.63　双喷管间安装活动整流罩的影响

在紧挨着的双喷管布置时，采用活动整流罩悬挂在两个发动机舱出口截面处的两个喷管之间是有效的。整流罩在收起状态和在张开状态都像喷管的外表面。采用整流罩可使喷管间的分离区域缩减到最低限度。

在图 5.64～5.66 上示出了喷管有效推力损失与垂直尾翼和腹鳍位置的关系。

随着垂直尾翼沿 z 轴从短舱和喷管在垂直对称面位置向水平尾翼上移，有效推力损失先是增加，在 $z_{BO}\approx0.5D_{MC}$，即尾翼位于与短舱侧表面相切的平面时达到最大值，而后减小。当 $z_{BO}/D_{MC}>1$ 时，尾翼影响变得可以小到忽略不计(图 5.64)。

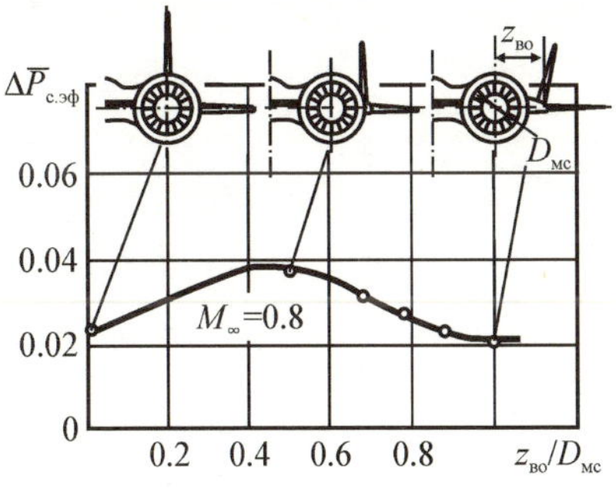

图 5.64　喷管有效推力变化与尾翼相对喷管轴线配置的关系

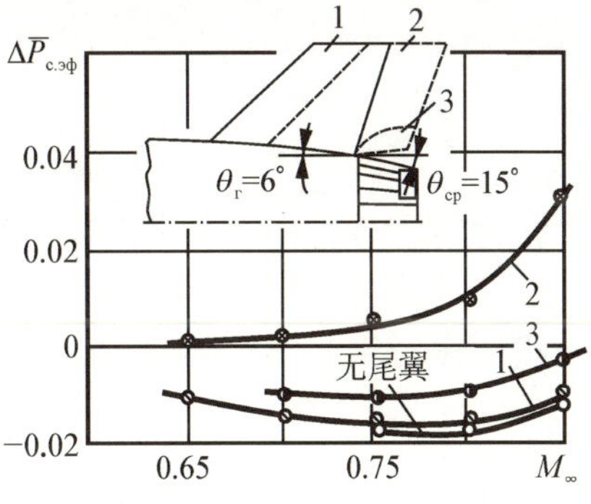

图 5.65　喷管有效推力变化与尾翼相对喷管出口截面位置的关系

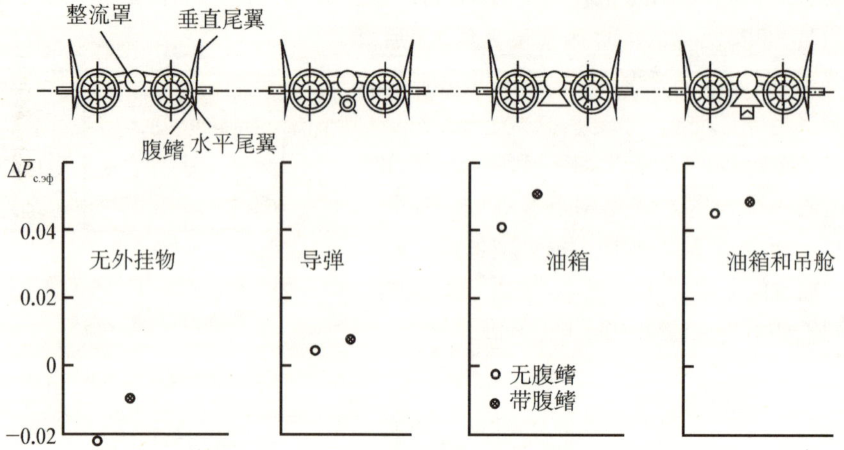

图 5.66　安装腹鳍和各种外挂物对双喷管布局有效推力的影响

($M=0.8$，$\pi_{cp}=3.5$，不加力)

如果垂直尾翼的后缘位于发动机舱和喷管的对称面内，布置在喷管前面，则尾翼对有效推力的影响实际上不存在。如果尾翼装在喷管上面和它对着喷管的边缘是平齐的，有效推力损失便急剧地增加(图 5.65 的方案 2)。在 $M_\infty\approx0.8$ 时这个量增加为喷管理想推力的≈3%。尾翼局部切口并且对着喷管的切口边缘削尖，在这里是相当有效的(图 5.65 的方案 3)。

为了提高飞机的稳定性，有时在水平尾翼的下面安装腹鳍，如果它们布置在喷管近处，则它们的湍流尾迹便会流入喷流作用区，导致有效推力损失增加。喷管附近配置各种特种外挂物也会导致这一点(图 5.66)。

在图 5.67 上示出了飞机尾部 3 个模型的草图和这些飞机由于其喷管有效推力损失造成的发动机有效推力损失，作为选最大状态发动机喷管临界截面直径的尺度。

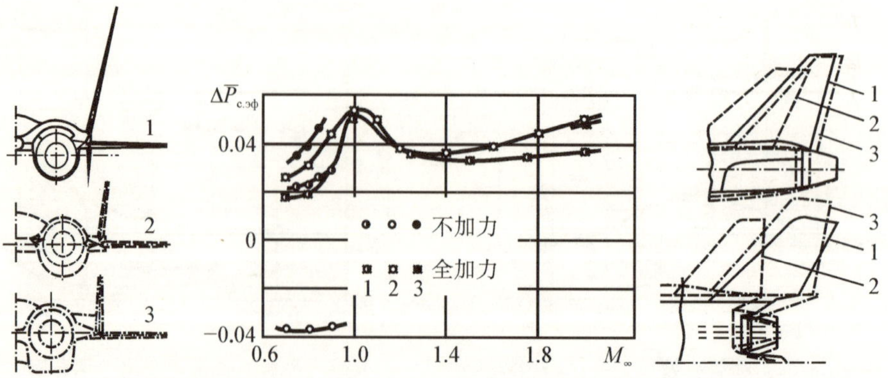

图 5.67　双喷管布局发动机有效推力损失的比较

关于优化尾部布局的最完整的建议在飞机No2方案上得到考虑。该模型具有喷管的最大间隔的布置，水平和垂直尾翼最大限度地前移，没有腹鳍，发动机舱尾部具有光顺外形，没有模型No1的上“鼓包”和模型No3的下“鼓包”。结果在不加力状态下模型No2发动机的推力损失比模型No1小6%和比模型No3小8%。在加力状态下模型No2的推力损失比模型No1的高。这主要是因为，在发动机上喷管超声速调节片调节系统选定调节范围减小，因而在亚声速下该喷管有些过度膨胀，而在高的超声速下则膨胀不完全。

5.9 带推力矢量控制和反推力装置的二元超声速喷管的气动特性

对于未来的超声速飞机，通过采用带推力矢量控制和反推力装置的二元喷管可以达到极大的特性改善。改善特性靠以下措施：

——喷管推力最佳转向和反推力；

——在有喷流时增加飞机的升阻比（超环量效应）；

——在喷管非设计点工作状态下减少推力损失；

——降低外部阻力；

——降低由于漏气的推力损失；

——降低红外波段和雷达波段的可探测性。

除了这些优点以外，二元喷管有以下缺点：

——喷管的重量增加；

——冷却和摩擦损失增加。

所提出的二元喷管的优点和缺点的显著性与其在飞机上布局的条件有密切关系。在具体布局中这些优点和缺点既可能加强，也可能减弱。为了作出最佳的决策，必须预先作广泛的模型研究和计算研究。

本节介绍了二元喷管特性的研究结果，包括确定从圆形横截面到矩形横截面过渡管道内的损失，二元喷管在非设计状态、推力矢量偏转和反推力状态的损失，确定带二元喷管的尾部、包括在迎角下的外部阻力，最后，对二元喷管和轴对称喷管在飞机布局中的有效推力进行比较。

在采用二元喷管时，必需的部件是过渡管道，在此，将涡轮后轴对称的截面改变为声速喷管出口截面处的矩形截面。过渡管道的存在使二元喷管的内部推力损失比轴对称喷管的增加。在图5.68上示出了不同的宽高比的二元声速喷管的推力损失与可用的落压比π_{cp}的变化关系。在二元喷管中亚声速部分的推力损失比轴对称喷管的高，并随二元喷管相对宽度的增加而增加。这主要是因为浸润面积增大。相对宽度$b/h=2\sim7$的二元喷管亚声速部分的推力损失增量与轴对称喷管相比为理想推力的0.3%～0.7%。这一事实值得注意，即在二元喷管几何尺寸固定的情况下，损失增量在尾喷管不同的可用落压比下，实际上保持不变。

为了估算过渡管道的推力损失可以利用以下关系：

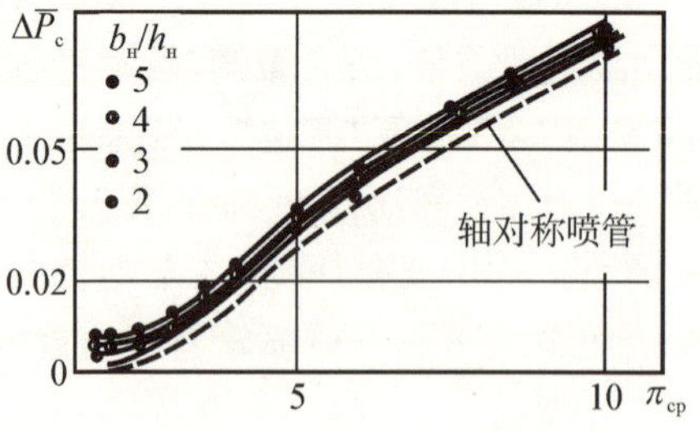

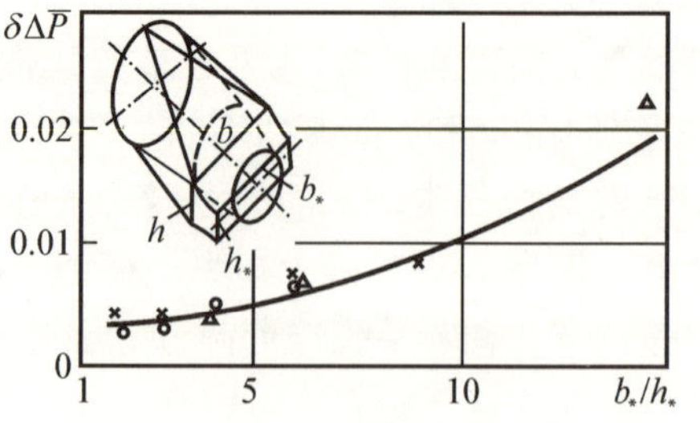

图 5.68　从圆形横截面向矩形横截面过渡时声速喷管推力损失与可用落压比

(a) 和出口截面相对宽度；(б) 的关系；$\Delta\overline{P}_c=\Delta\overline{P}+\delta\Delta\overline{P}$，式中 $\delta\Delta\overline{P}$ 为过渡的附加损失，$\Delta\overline{P}$ 为声速喷管

$$\Delta\overline{P}_c=0.0035\pi(M_F)M_F^2+\frac{\Delta S_{пк}}{F_*}+0.003\frac{D}{L}\frac{b_*}{h_*}$$

式中，　M_F——过渡管道进口处的 M 数；

$\Delta S_{пк}$——二元管道与轴对称管道相比浸润面积的增量；

F_*——临界截面面积；

D——进口处管道直径；

L——过渡管道长度；

b_*、h_*——临界截面的宽度和高度。

现研究二元喷管和轴对称喷管非设计状态的损失特性。在图 5.69 上示出了带中心楔体二元喷管推力损失与喷流可用落压比的关系的研究结果。所研究的喷管具有膨胀比 $F_{cp}/F_*=2.4$，这相当于 $\pi_{cp}=13$ 的设计喷流。在过度膨胀状态下，喷管推力损失与喷管外罩的膨胀比 $\overline{F}_a=F_a/F_*$ 关系很大。外罩膨胀比越大，推力损失增加越明显。在膨胀比不大的 ($\overline{F}_a=1.2$) 喷管中，推力损失在很宽的 π_{cp} 变化范围内保持不变。与同样膨胀比的轴对称喷管相比，带中心楔体的二元喷管中推力损失在过度膨胀状态下较小，在设计状态和不完全膨胀状态下大 2.5%～3%。在带中心楔体的二元喷管上最好将侧板延伸到楔体后缘。在无侧板的喷管中由于中心楔体表面上气流横向流动，推力损失比带侧板的喷管大 0.5%～0.7%的理想推力(图 5.70)。楔角从 $\theta_{кл}=10°$ 增加到 $\theta_{кл}=21°$ 导致过度膨胀状态的损失增大 1.0%～3.0%。

在图 5.71 上示出了不同形式二元喷管和轴对称喷管在全加力状态下的有效推力损失。除带中心楔体的喷管以外，研究了收敛二元喷管，以及带斜切口的二元喷管和二元收敛-扩散形喷管，其数据介绍在文献[17～18]中。所有二元喷管的推力损失都超过轴对称喷管的推力损失水平。最明显的损失增量是出现在带斜切口和中心楔体的二元喷管中。看来，这是与二元喷管浸润表面的增加有关。

二元喷管的优点之一是在结构上安排反推力装置比较简单。在图 5.72 上示出了带中心楔体的二元喷管的反推力系数。研究两种反推力装置方案：在喷管亚声速

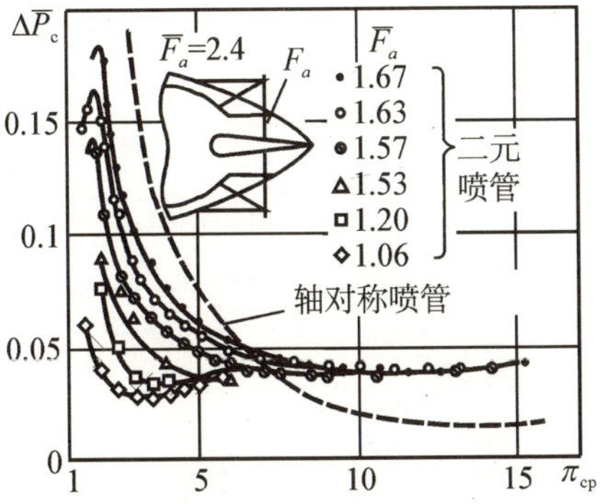

图 5.69　带中心楔体的二元喷管的内部损失与喷流落压比的关系

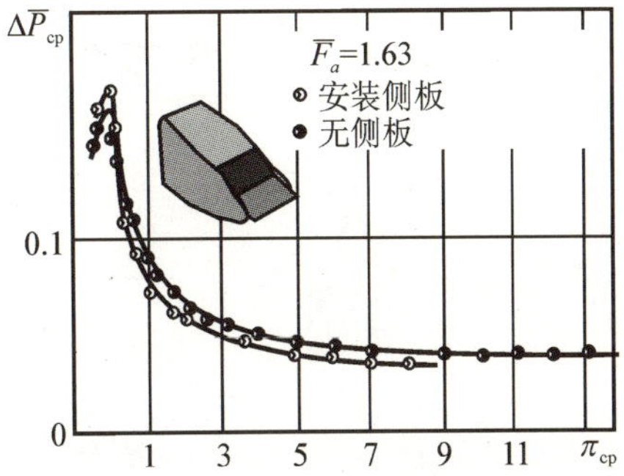

图 5.70　安装侧板对带中心楔体的二元喷管内部特性的影响

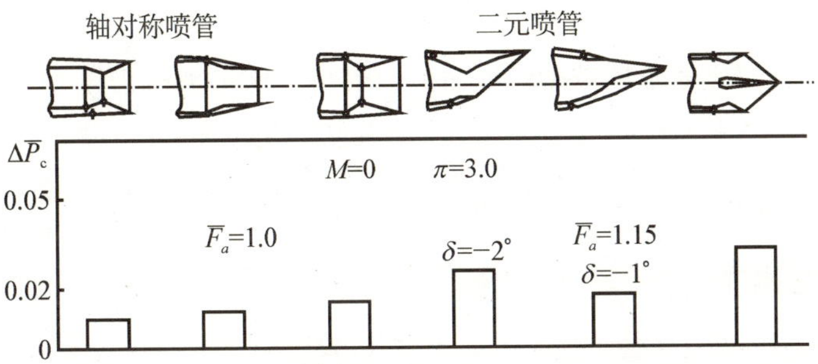

图 5.71　不同形式二元喷管和轴对称喷管的特性比较(δ——推力矢量偏角)

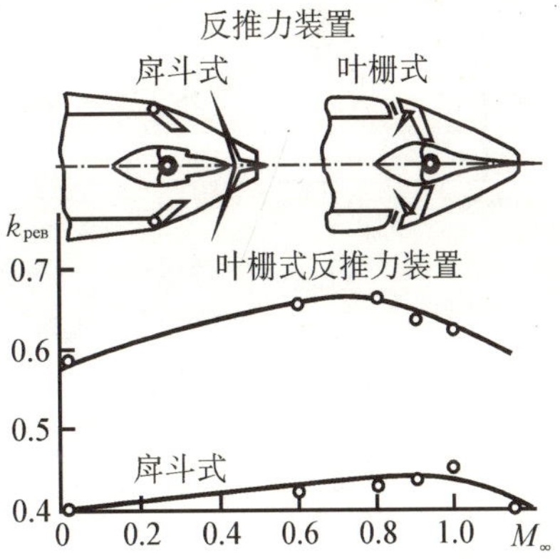

图 5.72　二元喷管反推力系数与外部气流 M 数的关系

部分装叶栅式反推力装置和借助于中心楔体上开板式的反推力装置。在飞行中较为有效的是叶栅式反推力装置。在喷管落压比为 $\pi_{cp}=3$ 和 $M_\infty=0.6\sim0.9$ 时其反推力系数为 0.65。随着 π_{cp} 的增加反推力系数减小。借助于中心楔体上开板式的反推力系数在同样条件下为 0.42。

用偏转板来偏转喷管推力矢量的效率示于图 5.73。当 $M_\infty=0$ 时,在起飞条件下中心楔体偏转 10°导致推力矢量偏转 11°,此时推力模量损失增加 0.4%的理想推力。带斜切口的喷管由于其不对称性,在下板不偏转时推力矢量倾斜角为 3.5°,下板偏转 10°使推力矢量有效偏角增大到 14°。此时推力模量损失增大 0.8%,推力的纵向分量损失增加到 3%的理想推力。研究结果表明,在起飞条件下偏转二元喷管板从 0°到 15°,实际上使推力矢量同样地转向,并且带斜切口的喷

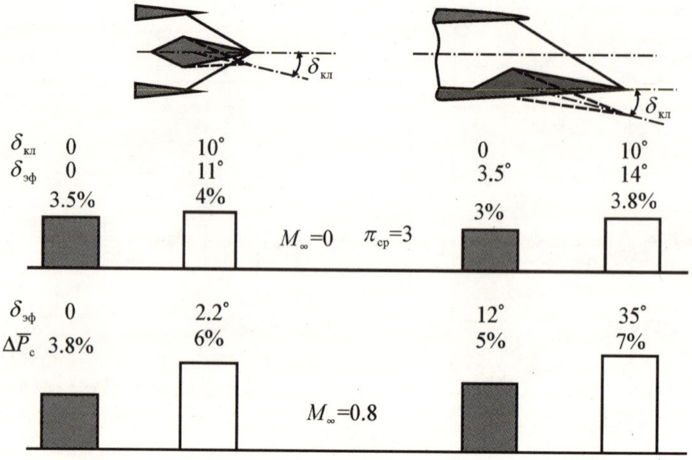

图 5.73　外部气流 M_∞ 数对推力矢量有效偏转角的影响

管的推力矢量转向伴随着比带中心楔体的喷管更大的推力模量损失。

在巡航飞行状态 ($M_\infty = 0.8$) 下，所研究喷管的控制板的偏转效率增加 1 倍。偏转中心楔体 10°可使推力矢量转向 22°。带斜切口的喷管的板转向 10°也会有大致相同的效应。推力矢量偏转更大的角度 ($\delta_c = 22° \sim 35°$) 伴随着有效推力损失更高 (6%～7%理想推力)。

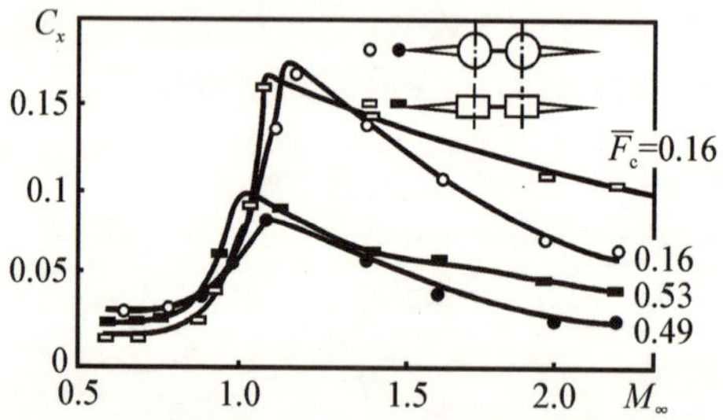

图 5.74　双轴对称喷管和双二元喷管布局的外部阻力的比较

无喷流测得的二元喷管和轴对称喷管的外部阻力示于图 5.74。在图 5.74 上采用 $\bar{F}_c = F_c/F_м$ 值作为参数，该值是喷管最大横截面面积与出口截面面积的比。在亚声速 M_∞ 下二元喷管的阻力比轴对称的小，这主要是因为二元喷管与飞机机身尾部收敛结合最好。在超声速下，当边界效应的影响减小，在喷管的大部分表面上的气流接近于二元流，它的阻力超过轴对称喷管的阻力。

喷流与外部气流相互作用对飞机的气动特性影响很大。在图 5.75 上示出了在不同的外部气流 M_∞ 数下迎角对喷流作用在飞机模型上的法向力增量的影响 (在这里和以下所有空气动力系数都是相对于飞机尾部最大横截面面积的)。随着迎角的增加法向力增量实际上呈线性增长。最明显的 ΔC_y 变化发生在不大的 M_∞ 数下。由于有喷流作用在飞机上的法向力增量(超环量效应)不仅取决于飞机的迎角，而且对于有控制推力矢量的喷管还取决于喷流的偏转角，并可以近似地用下式表示：

$$\Delta C_y = \Delta C_y \big|_{\alpha=0,\ \delta_c=0} + \Delta C_y^{\alpha} \cdot \alpha + \Delta C_y^{\delta_c} \cdot \delta_c$$

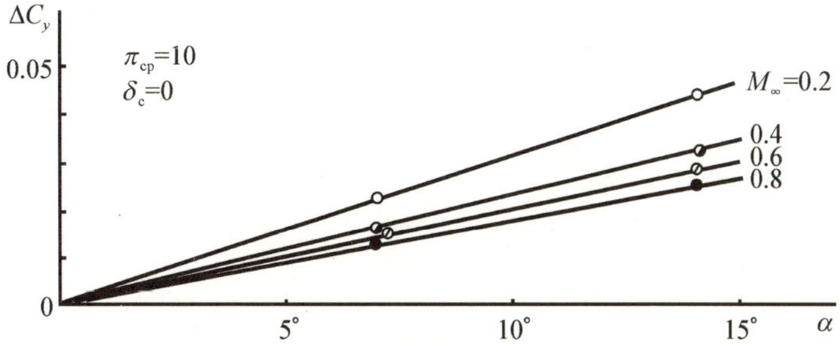

图 5.75　有喷流时迎角对法向力增量的影响

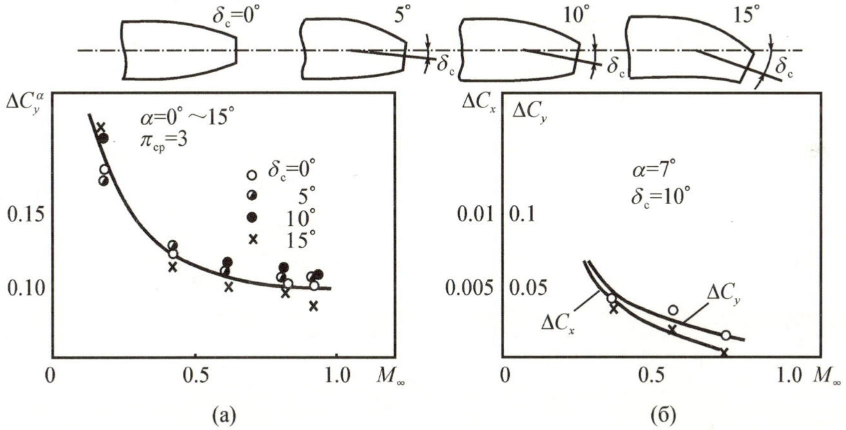

图 5.76　飞机模型的 ΔC_y^α(a)、ΔC_x 和 ΔC_y(б)系数与 M_∞ 数的关系

M_∞数对 $\Delta C_y^{\delta_c}$ 系数值的影响示于图 5.76(a)。至于考虑到推力矢量控制影响的 $\Delta C_y^{\delta_c}$，则确定它时必须考虑到这一事实，即依据偏转喷流装置的形式，将以不同的方式改变尾部几何尺寸。而由于有喷流偏转(见图 5.76(б))，不仅法向气动力而且纵向气动力增量都与尾部的形状关系很大。因此，推力矢量控制对飞机气动特性的影响必须针对每一具体形式的偏转喷流装置分别确定。这样的装置将是最佳的，它能保证在偏转喷流时升阻比增量最大、外部阻力增量最小而法向力增量最大。下面援引尾部形状对喷流偏转效率的影响的近似估算。

喷流偏转对扁平后机身和飞机喷管在亚声速下气动特性的影响借助于近似方法评估。为了计算法向和纵向分力，在有湍流边界层时，使用局部线性化方法。尾部出口截面后面的喷流用刚性不可穿透的表面模拟(图 5.77)，其形状依据喷流偏转角和喷管可用压降而变化。如果边界层是从尾部表面分离的情况，则计算到分离点就停止。为了确定边界层分离点的位置，使用 Γ·M·巴姆-泽利科维奇准则。在分离点后预定位移厚度不变并等于其分离点的值。分离区域的边界取为直线并以 12°～14°角离开物体表面，角度大小取决于 M_∞数。

在图 5.77 上作为使用所研究的方法的例子示出了在 $M_\infty=0.6$ 和 $\pi_{cp}=3$ 时尾

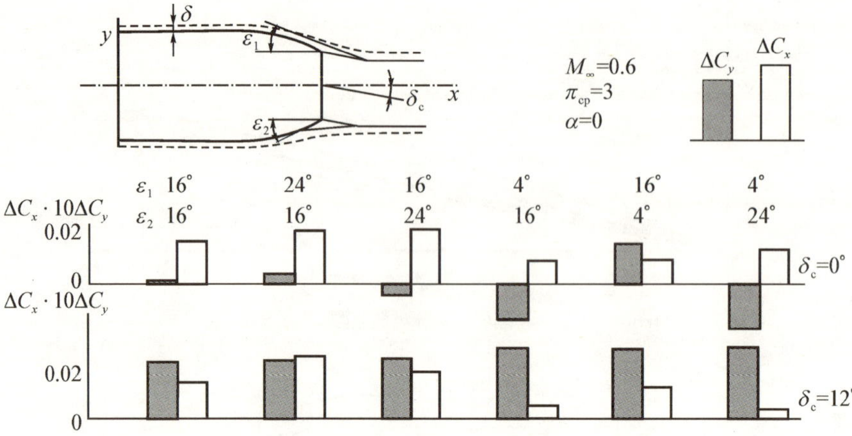

图 5.77 扁平尾部形状对喷流偏转效率的影响

部形状对收缩比为 $y_{cp}/y_{M}=0.63$ 的扁平尾部推力矢量偏转效率影响的评估(见下)。在任何破坏对称的情况下,甚至在喷流零偏度和零迎角时都发生作用在尾部上法向力的变化。同时根据尾部的形状,由于不对称性产生的法向力增量既可能为正,也可能为负。喷流的偏转使法向力增量颇大地增加。依据尾部的形状这种增量可能伴随着阻力增加或减小。

所列举的布局比较表明,为了在尾部收缩比给定的情况下靠超环量取得最大限度增加的升力,必须在出口截面处附近的上表面有不大的收缩角 ($\theta_{cp}=4°$) 和下表面比较大的收缩角 ($\theta_{cp}=16°$)。这个结论在从 0°到 15°范围内对于所有推力矢量偏度是正确的,因为 C_y 和 C_x 系数与 δ_c 关系在此区域内接近于线性。

在布局中轴对称喷管和二元喷管有效推力损失的比较是有意义的。在所进行的研究中研究了 5 种不同的喷管布局(图 5.78)。3 种布局具有双喷管隔开布置的如下形式:超声速轴对称喷管、二元收敛喷管和带中心楔体二元喷管,和两种具有斜切口和中心楔体二元单喷管布局。在亚声速巡航飞行状态和全加力增速状态下布局中喷管有效推力损失的比较示于图 5.79。二元收敛喷管在亚声速巡航飞行状态下能保证有效推力损失最小,比轴对称喷管的小 1.2%。带斜切口和中心楔体的二元收敛-扩散喷管的有效推力实际上与轴对称喷管的有效推力相符合。

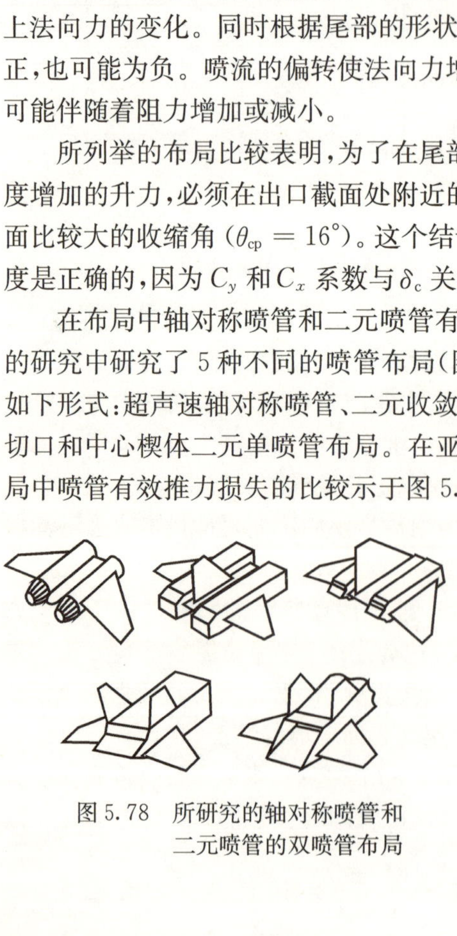

图 5.78 所研究的轴对称喷管和二元喷管的双喷管布局

用全加力增速到 $M_\infty=1.2$ 状态,二元收敛喷管具有有效推力损失最小。其他二元喷管在超声速 M 数下具有与轴对称喷管同样的推力损失,而在亚声速下——大 1%~2%理想推力。

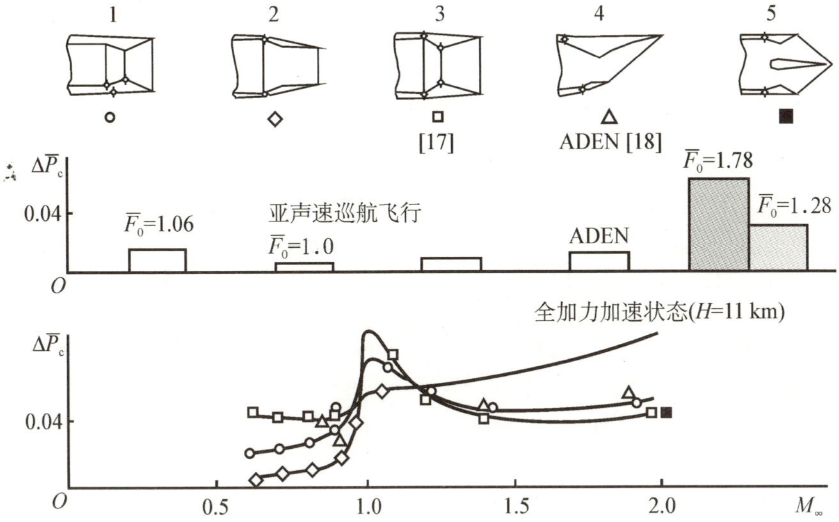

图 5.79　双喷管布局中喷管有效推力损失的比较

1—轴对称喷管；2—二元收敛喷管；3—二元收敛-扩散喷管；
4—带斜切口二元喷管；5—带中心楔体二元喷管

应当提到，上面所研究的二元喷管布局是将轴对称喷管简单地换成二元喷管而飞机机体未作相应的改进。看来，如果二元喷管与飞机机体有机地接合起来，它的优越性在所谓的融合体布局中能更充分地表现出来。

参考文献

[1] Нечаев Ю Н. Теория авиационных двигателей. [M]. ВВИА им. Н Е. Жуковского, 1990.

[2] Николаев А В. Течение во входном участке канала сверхзвукового диффузора при отрыве пограничного слоя головной волной [J]. Ученые записки ЦАГИ, т. 1, No 1, 1970.

[3] Васильев В И. Вопросы проектирования и расчета воздухозаборников сверхзвукового пассажирского самолета [C]. — Труды ЦАГИ, вып. 1501,1973.

[4] Васильсв В И, Юденков Н А, Богданов В В. Исследование интенсивности турбулентных пульсаций потока в воздухозаборниках [C]. Труды ЦАГИ, вып. 1327,1971.

[5] Затолока В В, Иванюшкин А К, Николаев А В. Интерференция внхрей со скачкамн уплотнения в воздухозаборнике. Разрушение вихрей [J]. — Ученые записки ЦАГИ, 1975, 6(2). (Также Fluid Mechanic — Soviet Research, 1978,7(4)).

[6] Voul V. Supersonic Air Intake for the Supersonic Transport Plane Tu-144 [C].
Bezlioudko A. MIG-29 Aircraft Supersonic Air Intakes.
Proceedings of the AFOSR Workshop on Fluid Dynamics of High Speed Inlets. Rutgers University, New Brunswick, NJ, 24-25 May 1994.

[7] Иванюшкин А К, Коротков Ю В, Николаев А В. Некоторые особенности интерференцин скачков уплотнения с аэродинамическим следом за телом [J]. Ученые записки ЦАГИ, 1989,20(5).

[8] Delery J, Horovitz E, Leuchter O, Solingac J. Studes foundamentals sar les e'coulements tourbillonaires [J]. La Recherche Aerospatiale No 2, 1984.

[9] Ivanyushkin A K, Pavlyukov E V. Aerodynamic Problems of Propulsion System Operation safety [R]. Aircraft Flight Safety Conference, Zhukovsky, Russia, August 31 - September 5,1993,148 - 162.

[10] Ivanyushkin A K. Aerodynamic Problems of Interference of Power Plant Inlets and Super-Sonic Aircraft Airframe Components [R]. Proceedings of the Sino-Russian Symposium on maneuverable aircraft/engine integration, 15th - 17th December 1994, Beijing, CAE.

[11] Васильеб В И, Жустрин К В, Ремеев Н Х, Симонов И С, Ситнихов В П, Ташевсхий Ю Р, Юденхов И А. Характеристики воздухозаборников сверхзвуковых самолетов и мстоды нх определения в аэродинамических трубах [J]. РДК. Издательский отдел ЦАГИ, т. II. кн. 1, вып. 1,1978.

[12] Васильев D И, Гурылев В Г, Елисеев С Н, Гончарук П Д. Осесимметричные сверхзвуковые воздухозаборники [J]. РДК. Издательский отдел ЦАГИ, т. II, кн. 1, вып. 3, 1980.

[13] Николаев А В, Симонов И С, Васильсв В И, Иванюшкин А К, Ремеев Н Х, Юденков Н А, Александрович Е В. Плоские сверхзвуковые воздухозаборникн [J]. РДК. Издательский отдел ЦАГИ, т. II, кн. 1, вып. 4. 1981.

[14] Михайлов Б Н, Павлюков Е В, Соколов В Д. Аэродинамическое проектнрование сопл ВРД [J]. РДК ЦАГИ, т. II, кн. 2, вып. 1, ОНТИ ЦАГИ, 1982.

[15] Павлюков Е В. Номограммы для определения тяги сверхзвуковых сопл [C]. Труды ЦАГИ, вып. 1535, 1973.

[16] Горкун В И, Михайлов Б Н, Соколов В Д. Аэродинамические трубы для исследования сопл [J]. РДК ЦАГИ, т. II, кн. 2, вып. 5, ОНТИ ЦАГИ, 1981.

[17] Laughrey J A, Drape D J, Hiley P E. Performance Evaluation of an Air Vihicle Utilizing Nonaxisymmetric Nozzles [R]. AIAA 79 - 1811.

[18] Capone F J, Gowadia N S, Woten W H. Performance Characteristics of Nonaxisymmetric Nozzles Installed on F - 18 Airplane [R]. AIAA 79 - 0101.

第 6 章　超声速飞机身空气动力学

6.1　前言

现代飞机的空气动力布局，特别是翼身融合体布局，很难形成大长细比（或与其接近的）旋成体的机身概念。只是前机身（飞行员座舱盖前）和后机身（其上布置垂直尾翼和/或水平尾翼）可能在形状和绕流性质上接近于旋成体。因此，机身的空气动力特性很难从整个飞机的一般特性中区分开来。然而，为了就这些部件对整个飞机空气动力特性的可能影响有总的概念，研究单独的旋成体，前机身和后机身的绕流特点是适宜的。

一般情况，旋成体的形状由光顺外形的前机身、圆柱形中机身和收缩形后机身构成。

在小迎角（小于 5°～7°）下，可实现旋成体轴对称绕流，因为法向速度分量（$V\sin\alpha$）很小（图 6.1(a)）。在旋成体（横截面为准确的圆形）的不同段上，绕流只是边界层的状态和厚度不同，该边界层随着远离其前端而增厚。边界层层流段的长度取决于 *Re* 数、表面粗糙度和前机身外形的形状。

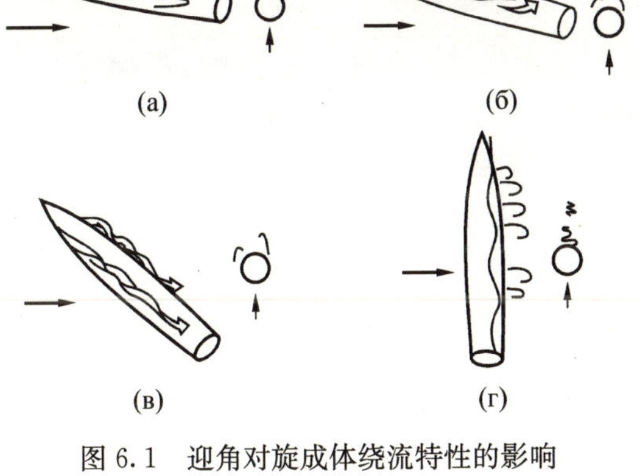

图 6.1　迎角对旋成体绕流特性的影响

(а) 小迎角，附体流动；(б) 中等迎角，两个涡系；(в) 大迎角，两个非对称和非定常涡系；(г) 横向流动

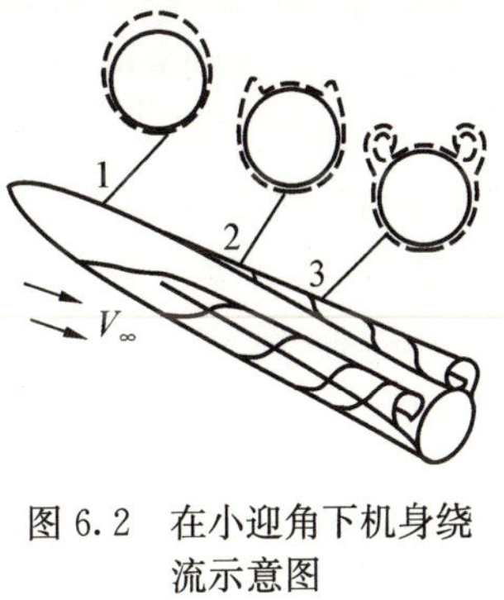

图 6.2　在小迎角下机身绕流示意图

1—背风面边界层变厚；2—边界层分离；3—分离后的边界层卷起

在中等迎角(约 7°～20°)下法向速度分量开始对旋成体绕流特性有影响:边界层厚度的变化在横向流动时不能克服压力梯度而从表面分离,形成两股对称和定常的涡系顺着轴线流去(图 6.1(б)和图 6.2)。

边界层分离起始点距机头的距离($X_{отр}$)和涡束的卷起,在很大程度上取决于迎角、M 数和 Re 数以及旋成体外形的形状。迎角和 M 数的增加会促使分离点向旋成体头部移动,并且这种移动在跨声速和超声速区域内是最大的(图 6.3)

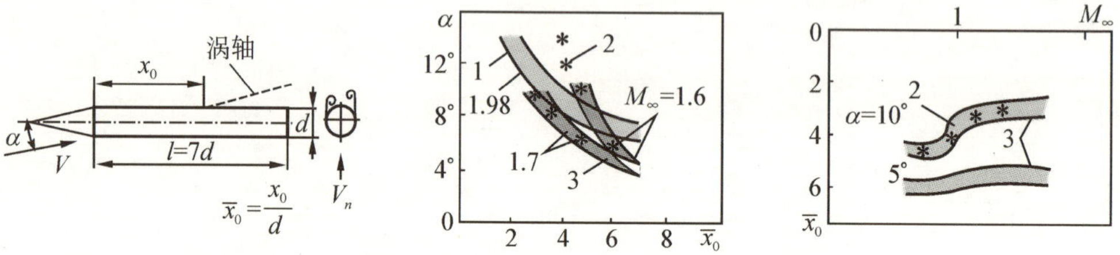

图 6.3 附面层分离开始位置与迎角和 M_∞ 数的关系

1—按压力分布研究(带锥形头部的模型);2—按光学研究(带锥形头部的模型);3—按压力分布研究(带尖拱形头部的模型)

在大迎角(约 20°～60°)下,旋成体横向和纵向绕流速度分量逐渐变成相同量级,向背风面溢流的空气量增加,导致横向流动的非定常性和涡系沿柱体的两侧非对称脱离,以致在没有侧滑角情况下能诱导出很大的侧向力(图 6.1(в))。

在迎角大于 60°的范围内(图 6.1(г)),实质上发生旋成体横向流动。在这种情况下,绕流和空气动力特性是由法向速度分量决定的。

所指出的这些特点对有较为复杂横截面形状的物体绕流时更为突出,并且是超声速飞机空气动力特性随迎角、M 数和 Re 数相应变化的原因。

6.2 旋成体绕流的特点

头部的绕流

机身头部的形状能影响超声速飞机的空气动力特性。除对阻力影响以外,它可以表现在法向力和侧向力、俯仰力矩和偏航力矩的变化上。对于长细比为 $0.5d$ 的半球形和长细比为 $1d$ 的尖拱形小长细比头部的特点是从头部到圆柱部分的过渡段压力急剧变化,在亚声速下它是气流分离产生的原因,其在圆柱段上的部位和长度取决于 Re 数和边界层的状态。

在高亚声速下,由于表面形成局部超声速区,产生气流分离和附着交替出现的非定常绕流。这导致在流经的表面上产生大幅值的交变载荷和相应的压力中心移动。

在大长细比的头部既没有很高的负压值,也不存在能产生分离的急剧的压力梯度。

尾部的绕流

超声速飞机尾部的空气动力布局是极为复杂的,首先取决于发动机台数及其相互位置，以及发动机喷管的形状和数量。然而，超声速飞机尾部任一布局的基础都是后机身段以收缩形状的尾部结束的。就是在这最简单的情况也同较为复杂的布局一样，尾部绕流的性质取决于其形状、M 数和 Re 数、边界层状态，取决于布置在最近处的机翼、尾翼和从发动机喷管喷出的气流的气动力干扰。

尾部的压力分布亦即作用于其上的空气动力的大小，在很大程度上取决于其表面有无气流分离。

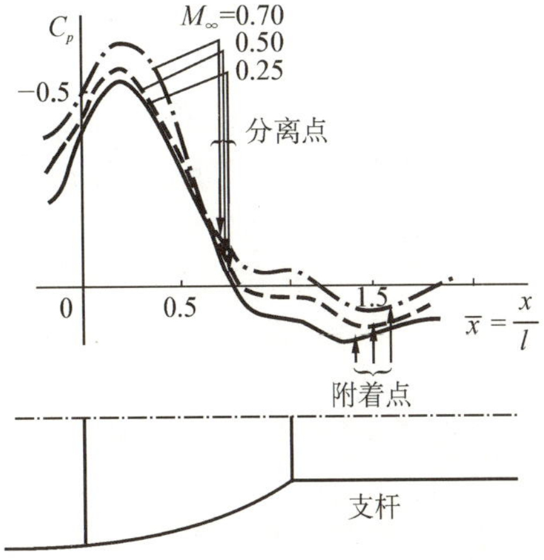

图 6.4　M_∞ 数对有圆弧形机身尾段的气流分离点和附着点以及压力分布的影响

为了研究零迎角下尾部绕流性质和压力分布，曾对带有锥形、椭圆形和圆弧形三种形状尾部的圆柱形旋成体模型进行了实验。为了在尾部前得到不同厚度的边界层，改变了模型圆柱段的长度。模型安装在圆柱形尾支杆上，其直径等于尾部最小直径。这样的支杆在一定程度上相当于计及了在设计情况下从发动机喷管喷出的喷流。

在图 6.4 上图示说明未扰动气流 M_∞ 数对尾部分离起始点和压力分布的影响，该尾部的圆弧平均切线角为 16°。当气流从圆柱段向收缩形尾段过渡时出现负压峰值，并随后产生急剧的正压力梯度。证明流过尾部的气流速度下降和阻滞，最后导致气流分离。

随着 M_∞ 数增加，分离点向气流上游移动而附着点向气流下游移动（位于模型支杆上的附着点是分离区域的边界点）。分离区域在全部所研究的 M 数下，具有很大的发展并且波及约 1/3 的尾部。在分离区域内有实际的等压段，其大小约等于未扰动的压力。

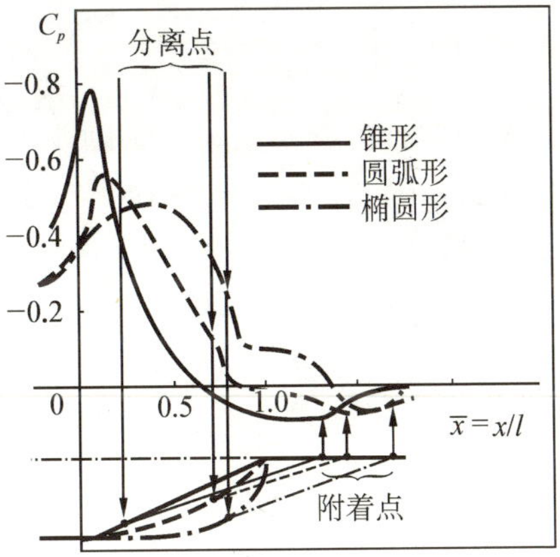

图 6.5　在外形切线平均倾斜角 16°和 M_∞ = 0.5 时后机身外形形状对气流分离的附着点及压力分布的影响

在分析边界层厚度对分离影响时，应当注意有两种互相矛盾的趋势。一方面，厚度较大而能量较低的边界层在不利的（正的）压力梯度下促使分离。另一方面，位移厚度较大的边界层似乎能减缓由非粘性气流浸润的尾部的有效收缩，减小不利的压力梯度，因而防止分离。由于这两种相互矛盾影响的结果，在边界层厚度变化时分离点的位置实际上不发生变化。在所进行的研究中，模型的圆柱段末端的位移厚度（按尾段最大半径计算）在

$\delta^*/R=0.9\sim0.14$ 范围内变化。

尾部形状对压力分布、分离与附着点的位置影响示于图 6.5。三种外形的形状——锥形、椭圆形和圆弧形——在尾部轴线和外形切线之间平均角皆为 16°。最大的负压值出现在锥形外形紧靠折点之后。从圆柱段向尾部过渡的外形形状平缓变化时(椭圆形和圆弧形),负压值很小。在压力梯度最大的外形区域产生分离。对于椭圆形状它位于尾部后 1/3 处,对于圆弧形状——约在尾部 1/2 长度处,而对于锥形——在尾部前部。在圆弧形状尾部,特别是椭圆形状,分离区域的深度最大,而锥形形状为最小。因此,在前两种情况,在分离区域出现大约等压的回流。这时分离区域内的压力值与分离前的压力值有直接关系。在锥形尾部上分离区域不仅长度最长而且深度最小,因此,其中不产生如此扩展的回流。因而,在 $C_p(\bar{x})$ 关系曲线变化的特点是没有压力为常值的一段。根据这一点可以作出结论,尾部外形的形状不仅影响分离点的位置,而且影响分离区域内的压力。

在尾部轴线和外形切线之间平均角(β)的大小对锥形和椭圆形尾部分离区域和压力分布的影响示于图 6.6。应当注意,平均倾角的大小相当于尾部长细比的大小。模型最大直径超过其最小直径的一倍(尾支杆直径)。对于圆锥形状,角度值 8°、16° 和 24°对应于尾部长细比 1.78、0.87 和 0.56。

从对比所示出的关系曲线中可以看出,随着切线与椭圆外形平均倾斜角的增加(或尾部长细比减小),分离点向气流上游移动,而附着点向气流下游移动。由外形折点引起的压力梯度的增加致使锥形尾部角度的变化对分离点的位置影响很小,对于所研究的角度,该分离点位于紧接在外形折点之后。锥度角的增加只使附着点向气流下游移动。其结果分离区域的深度增加并在一定的角度(24°)下分离区域内产生回流,并在 $C_p(\bar{x})$ 关系曲线中有压力为常值的特征段(图 6.6)。

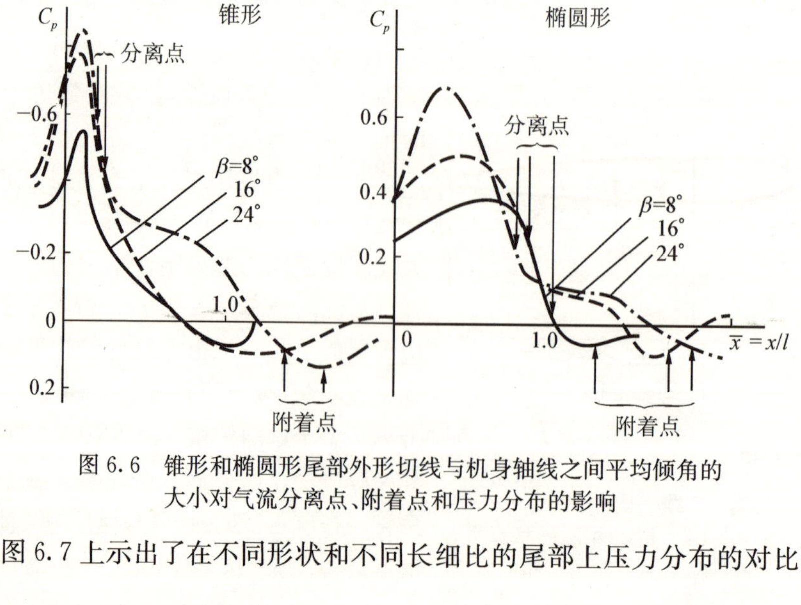

图 6.6 锥形和椭圆形尾部外形切线与机身轴线之间平均倾角的大小对气流分离点、附着点和压力分布的影响

在图 6.7 上示出了在不同形状和不同长细比的尾部上压力分布的对比。这些

现象因 M 数和 Re 数变化以及发动机喷管喷出气流的作用有可能增强或减弱。这些因素的影响可能对绕流的作用力有所不同，并具有相反的性质。因此，在确定后机身最佳形状时应当评估影响原因的全部的综合作用。

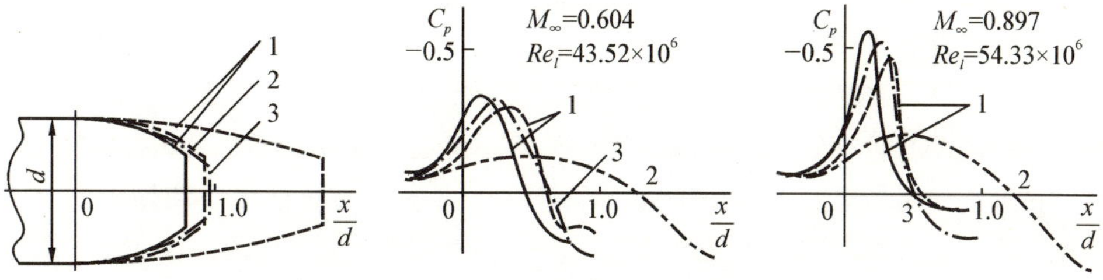

图 6.7　外形形状和长细比大小对 $\alpha=0$ 时后机身压力分布的影响包括：圆弧外形(1)，圆弧＋锥体外形(2)，特型外形(3)

6.3　机身阻力

一般情况下，超声速飞机机身的气动阻力取决于飞行状态和前、中及后机身的几何参数。

前机身的阻力

在零迎角和亚声速下，在前机身前段上作用着压力，在外形其余部分上作用着吸力，即，这一部分表面上法向力纵向分量指向迎面气流。因而大长细比前机身的阻力在亚声速下很小——基本的阻力部分来自摩擦力，摩擦力可以达到总阻力的 95%。

头部的长细比对 $M_{кр}$ 值因而对机身波阻具有决定性的影响(图 6.8)。在给定的长细比条件下，由下面方程确定的头部外形具有最大的 $M_{кр}$ 值：

$$\bar{r}=\frac{2r}{D}\left[4\frac{x}{2l_н}\left(1-\frac{x}{2l_н}\right)\right]^m \tag{6.1}$$

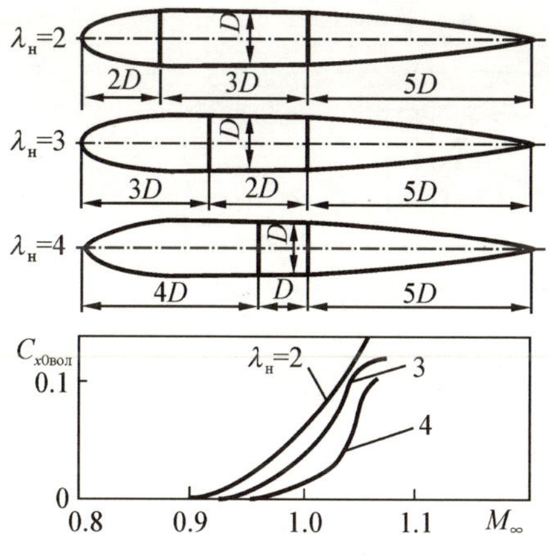

图 6.8　不同长细比头部的机身波阻系数与 M_∞ 数的关系

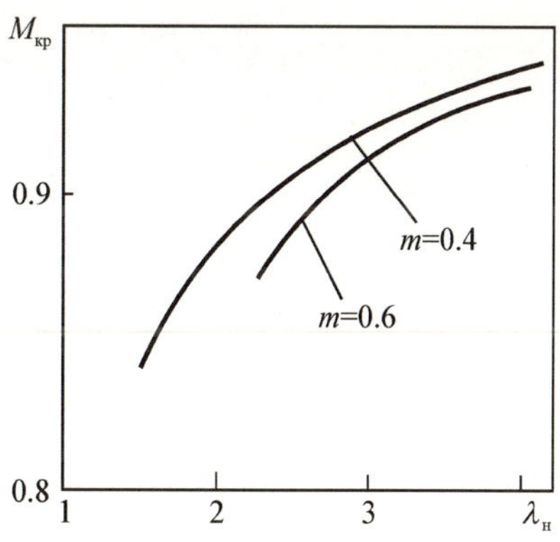

图 6.9　前机身长细比 $\lambda_н$ 对 $M_{кр}$ 值的影响

当 $m = 0.4$ 时，即比椭圆更丰满(图 6.9)。

式中，$l_н$——头部长度；

D——头部最大直径等于圆柱体部分的直径；

x——由头部顶点沿纵轴选取的坐标值；

r——对应 x 坐标上头部横截面的半径。

在给定的外形形状下，头部长细比越大，$M_{кр}$值就越高。钝头和尖头旋成体，其长细比不同，但 $M_{кр}$值相同(具有高 $M_{кр}$值)，到 $M = 1.02$ 时具有同样的波阻(图 6.10)。

正如前面所指出的，头部的阻力实际上取决于其长细比的大小和外形的形状。在亚声速下这些参数的影响是最小的(图 6.10 和图 6.11)。在跨声速 M_∞ 数区域，由于波阻的出现和随后的增加而使阻力急剧地增大。在 $M_\infty < 1$ 时，它是由头部表面超声区结尾的正激波损失引起的，在 $M > 1$ 时，它是由脱体头波损失引起的。头部 C_{x0} 值一直增加到相应的头波附体于尖拱形头部的 M_∞ 数为止。再进一步增加 M_∞ 数，C_{x0} 值单调地减少。然而在尖拱形头部的顶角大时(在所研究的 M_∞ 数、$\lambda_н < 2$ 时超过 30°)头波不附体并且 C_{x0} 值继续增加。

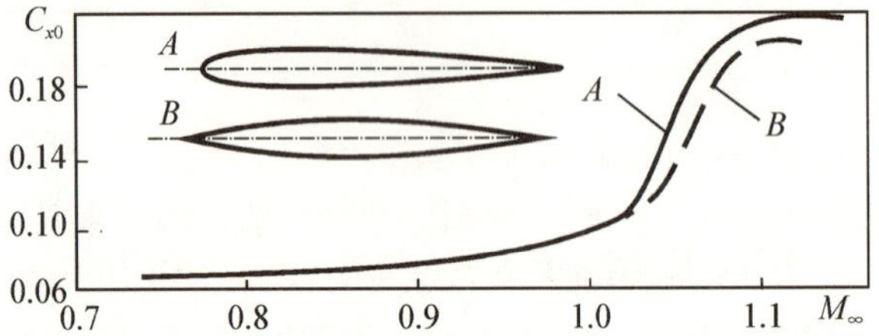

图 6.10　前机身的形状(在相同的 $M_{кр}$值)对其阻力的影响

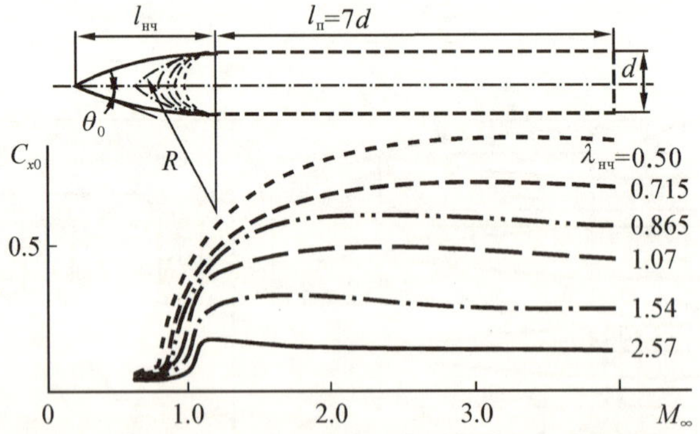

图 6.11　机身 $\lambda_ц = 7d$ 头部的形状和长细比对其迎面阻力(压差阻力和摩擦阻力)随 M_∞ 数变化的影响

在图 6.11 上示出了在零迎角下，Re 从 $Re_d = 6.05 \times 10^6$(在 $M_\infty = 0.6$) 到 $Re_d = 19.5 \times 10^6$(在 $M_\infty = 4.0$) 的范围内，不同长细比尖拱形头部迎面阻力系数(压差和摩擦阻力)实验研究的结果。在测量头部迎面阻力时，其后面有长细比 $\lambda_ц = 7d$ 的圆柱部分。表中示出了所研究的头部的基本几何参数。

图 6.12 示出了在超声速下 ($M = 2.72$) 头部圆角半径对尖拱形头部迎面阻力的影响。原始的尖拱形头部在给定的相对厚度下具有最小波阻体的外形：

$\lambda_н$	θ	R/d
2.57	22°0′	6.80
2.04	30°0′	2.62
1.07	49°37′	1.4
0.865	60°0′	0.999
0.714	70°0′	0.76
0.5	90°0′	半球体

$$Y^2 = \frac{r_{дон}^2}{\pi}\left[t\sqrt{1-t^2} + \arccos(-t)\right] \qquad (6.2)$$

式中，$t = 2(x_i/l) - 1$；

r——底部截面半径；

x_i——从头部顶点沿其轴线量出的距离；

l——原始带尖头的头部长度，等于 $4d$。

三个其他模型的头部相对半径值分别为 $r_н/r_{дон}=0.25$、0.5 和 0.75。如果头部修圆半径小于模型底部半径 1/4，则阻力增加不多(图 6.12)。然而在进一步增加头部半径时，则阻力增加很快。要注意到，与尖头尖拱形原始模型的体积大体相同的带圆柱体圆锥模型的阻力，在超声速下稍大于最小阻力体 ($r_н/r_{дон} = 0.25$) 的阻力。这样的头部可以用在无人驾驶飞行器上，因为圆锥体在结构和工艺上是较为简单的。

在阻力上最佳的是幂次方形状的头部。这样的形状之一是卡门尖拱形，其外形由下式给定

$$r = \sqrt{\frac{2}{\pi}\left[\arcsin\sqrt{\bar{x}} - (1-2\bar{x})\sqrt{\bar{x}(1-\bar{x})}\right]} \qquad (6.3)$$

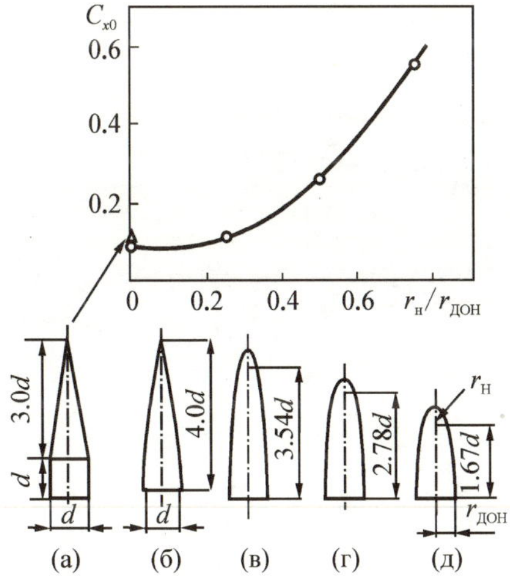

图 6.12 在 $M_\infty = 2.72$ 迎面阻力系数 ($\alpha = 0$) 与机身头部钝度值的关系 ($Re_d = 0.73\times10^6$)

(а) $r_н/r_{дон}=0$；(б) 0；(в) 0.25；(г) 0.5；(д) 0.75

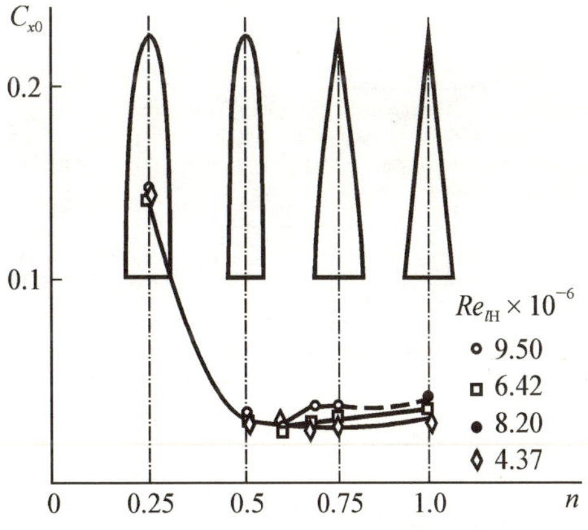

图 6.13 在 $M_\infty = 6$ 时前机身迎面阻力系数 ($\alpha = 0$) 与其外形的形状的关系

式中，$\bar{r}=r/r_{\text{дон}}$，$\bar{x}=x/l$。

幂次方形状的物体 $\bar{r}=\bar{x}^n$ 在 $n=0.75$ 时，其体积比具有同样长细比的圆锥的体积大 1.2 倍并且在 M_∞ 数从 1.75 到 3.0 范围内与一系列其他类似形状的相比，迎面阻力较小。超声速飞机的机身采用最佳钝度的头部(代替抛物线形)，有可能使头部迎面阻力系数下降 10%～12%。在图 6.13 上示出了在 $M_\infty=6$、雷诺数范围从 4.37×10^6 到 9.5×10^6、对长细比 $\lambda=6.63$ 的幂次方形式旋成体，其幂指数 n 值与阻力值的关系。如果幂指数增加到 $n=0.5$ 则幂次方形式物体的阻力急剧地减小，而当 $n>0.5$，时阻力值实际上不再发生变化，尽管这时物体的体积减小了($n=1$ 圆锥体具有最小的体积)。

尾部阻力

尾部外形绕流的基本规律性和压力分布及其相应的阻力值用最简单形状的尾部例子作研究，该尾部系旋成体圆柱部分收缩的延续。

虽然在靠近尾部处有飞机机翼，而在尾部本身又有尾翼的这种空间流动，但尾部阻力(与头部阻力一样)在很大程度上仍取决于其长细比和形状。

垂直作用于物体表面的压力，根据其外形的形状产生未扰动气流方向的分量，形成拉力或阻力。在图 6.14 上对于具体形状的外形示出了旋成体的径向压力分布。关系曲线表明，在旋成体的头部阻力位于中心部分，而拉力则在它的周边上。在尾部，力的分布图正好相反。拉力位于中间，而阻力在周边上。沿尾部外形的不利压力梯度将使实际流体(由于存在边界层)不能完全恢复压力或甚至导致气流分离，因此减少拉力而增加阻力。

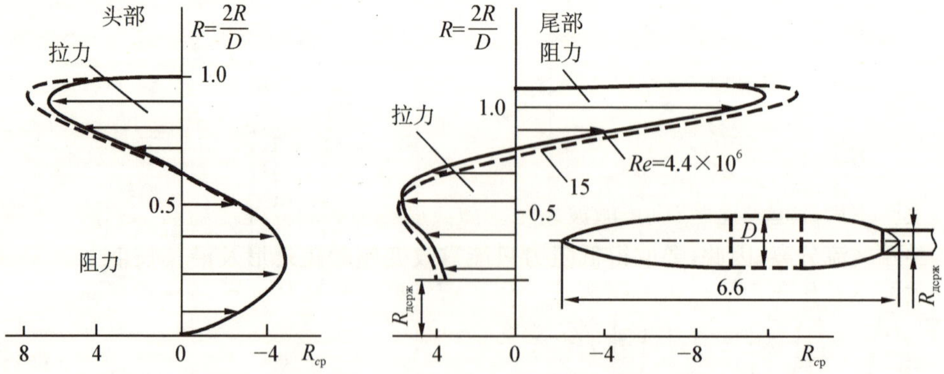

图 6.14 前、后机身径向压力系数分布

在给定的长细比值 $\lambda_к$ 下，按方程(6.1)在 $m=1\sim0.8$ 时所做成的外形可得到较小的压差阻力系数($C_{xд}$)(在 $m<0.8$ 时，由于空气粘性的影响在尾部不能产生必需的压力恢复)。减少 $\lambda_к$ 引起吸力增加和正的压力梯度。这使 $M_{кр}$ 减少而且可能产生气流分离，限定了 $\lambda_к$ 的下限。

在高亚声速 M_∞ 下，为防止分离和减少压差阻力，后机身的长细比 $\lambda_к$ 应选用不小于 3.5。

在超声速飞机机身布局的具体情况下，不能总是使尾部具有最佳形状。在图 6.15 中对一系列尾部示出了阻力系数与 M_∞ 数的函数关系（其压力分布在图 6.7 中给出）。可以看出，外形大部分是具有小的曲率的尾部（因之有更为有利的压力梯度）在很宽的亚声速 M_∞ 范围具有小的阻力。增加尾部外形的曲率同时减小其长细比，自然地会在由机身圆柱部分向收缩部分过渡区域引起吸力的增加（图 6.11）。增加 M_∞ 时，这个区域的吸力也增加，这导致形成局部超声速区，随之而来波阻增加。在图 6.15 上小长细比圆弧外形的尾部（实线）$C_{x0}(M_\infty)$ 关系曲线变化性质就对应这种情况。

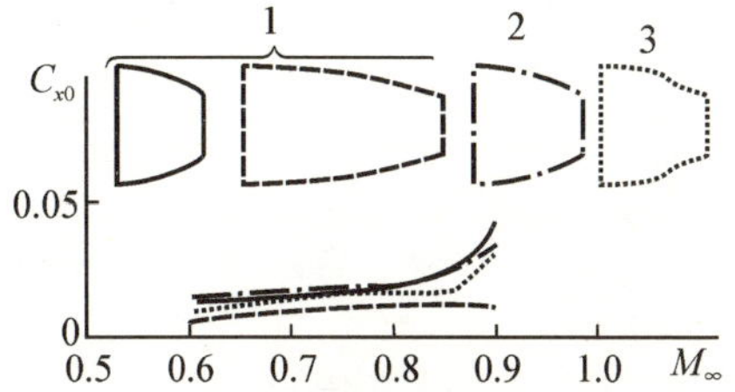

图 6.15　机身尾部的形状和长细比对其阻力随 M_∞ 关系的影响

所研究的外形：圆弧形(1)，圆弧＋圆锥形(2)，特型形(3)

中段阻力

中机身的阻力在它具有准确的圆柱形状的区域，依据表面状况（光滑度、粗糙度、波纹度）和边界层在其长度上的状态是由摩擦阻力来决定。中段摩擦阻力的大小可以用计算方法足够准确地算出来。

超声速飞机的大部分机身由机翼和尾翼所占用。机身的下部和两侧通常连接发动机的进气道。这些情况引起干扰阻力，其大小依据飞机的布局只能用实验方法加以确定。位于机身上的各种突出构件也增加阻力。

其中首先指的是飞行员座舱盖。在跨声速下飞行员座舱盖的阻力能达到 50% 机身阻力（在座舱盖与机身最大横截面面积比为 $S_{фон}/S_{фюз}=0.10\sim0.15$ 时）。因此，对超声速飞机飞行员座舱盖的气动布局所提出的基本要求是在保证良好的视界下阻力要小。

座舱盖的阻力系数在跨声速区域达到最大值，从超临界 M_∞ 数起，在座舱盖表面上产生局部超声速区，以正激波结尾。激波后压力骤增同座舱盖后部扩散段一起能导致气流分离，因此，要取得低阻力只能靠改变座舱盖外形及沿其长度上的横截面面积分布使之不产生压力骤增和气流分离。沿座舱盖外形气动载荷的均匀变化对高速飞行下安全打开和抛放座舱盖也是有利的。

在分析座舱盖阻力时，把它看成是由头部和尾部组成是方便的。最大横截面面积 $2S_{фон}$ 和当量直径 $d_{экв}=\sqrt{4S_{фон}/\pi}$ 作为旋成体的座舱盖当量长细比按下式确定：

$$\lambda_{фон}=\frac{l_{фон}}{2}\sqrt{\frac{\pi}{2S_{фон}}}\tag{6.4}$$

外形子午线的形状和横截面的形状，风挡平面玻璃的倾斜角和相对尺寸及其与座舱盖基面的连接对阻力、特别是对座舱盖超临界气流速度下的阻力具有决定性的影响。随着长细比增加，气流流过座舱盖，其表面吸力较小，波阻产生在较大 M_∞ 数下并且增加较慢，而座舱盖的阻力系数值

$$C_{x\text{фон}} = \frac{x}{qS_{\text{фон}}} = (C_{x\text{фюз+фон}} - C_{x\text{фюз}})\frac{S_{\text{фюз}}}{S_{\text{фон}}} \tag{6.5}$$

较小(图 6.16)。

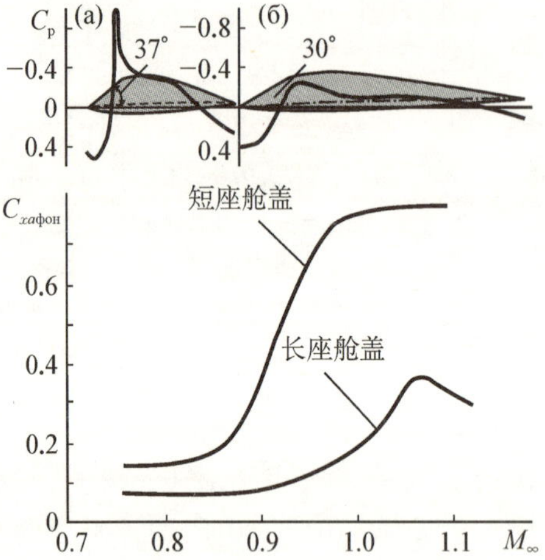

图 6.16 短(a)和长(б)座舱盖压力系数的分布和短及长座舱盖的阻力与 M_∞ 数的函数关系

座舱盖横截面面积沿其长度上的变化规律的选取应与最小阻力旋成体一样。为避免机身和座舱盖速度场产生不希望的干扰，最好将座舱盖沿机身长度布置在最小加速的部位，即吸力最小的部位。

减小风挡平面玻璃与机身轴线的安装角虽然也同时减小座舱盖的阻力，然而使视界明显地变坏。

底部阻力

流过旋成体的外部气流为底部截面后区域的空气所引射。结果在旋成体底部之后产生吸力，该吸力引起物体产生一部分阻力，称之为底部阻力。旋成体的底部阻力可能达到全部阻力的 30%。

在旋成体底部截面之后产生吸力是复杂的现象，在亚声速和超声速流动时本质上是不同的。不论哪种情况，底部阻力主要取决于底部截面前边界层的状态和旋成体本身的几何参数。除此之外，它与外部来流的速压成正比。Re 数影响最强烈的表现在层流边界层和相应于由层流层向湍流层过渡的 Re 数范围。在湍流边界层情况下，底部压力的大小实际上与 Re 数无关。在研究与底部压力有关的问题时，应该注意到，边界层包围了底部吸力区，同时把它同外流分开。结果，引射外流的作用使之减弱了并使底部吸力减小。因此，底部截面的边界层越厚(物体长或粗糙度大)，则底部压力越大而底部阻力越小。研究表明，大长细比的旋成体，迎角大约增加到 $\alpha \approx 5°$，实际上对底部压力值无影响。底部压力随物体温度增高而增加。

在研究底部压力时，它通常以无量纲系数表示：

$$C_{p\,\text{дон}} = (p - p_\infty)/q \text{ 和 } \bar{p}_{\text{дон}} = p_{\text{дон}}/p_\infty,$$

式中，$p_{\text{дон}}$——旋成体底部截面的压力；

p_∞——未扰动气流的静压；

q——速压。

举个例子，对于有尖拱形头部的旋成体模型在图 6.17 上示出了这两个系数随 M_∞ 的变化曲线。研究是在模型有湍流边界层情况下进行的。

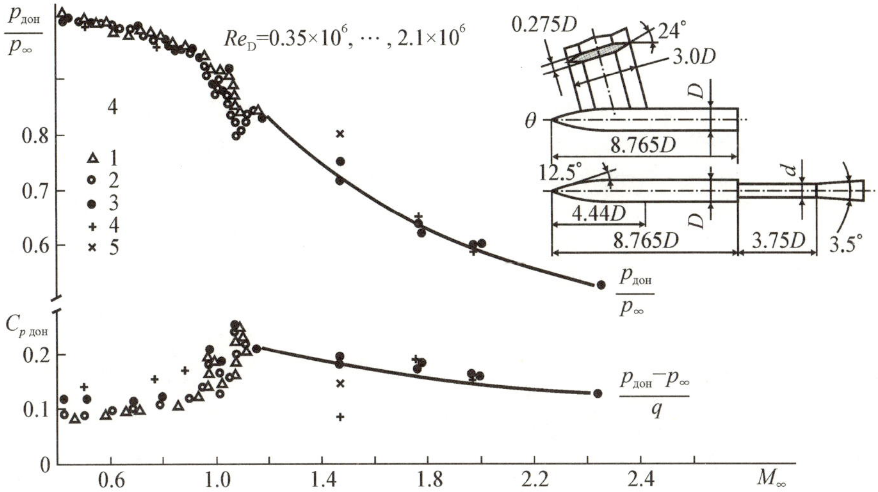

图 6.17　底部压力系数值和底部相对压力值与 M_∞ 数的关系

1，2—分别增加和减小 M_∞（M_∞连续变化）；3—离散的 M_∞数；4，5—分别为侧向支架斜角 $\theta=75°$ 和 $\theta=40°$ 杆的影响

以 $C_{p\text{дон}}=(p_{\text{дон}}-p_\infty)/q$ 形式表示底部压力系数便于计算作用在物体上的力（特别是阻力）。$C_{p\text{дон}}(M_\infty)$ 关系曲线在跨声速区有最大值，这证明在这个速度范围里有最大的底部阻力系数。在超声速，$C_{p\text{дон}}$值随 M_∞ 数增加不断地减小，这在很大程度上是由速压的增加所决定的。这种情况，对研究超声速 M_∞ 数范围的底部压力造成困难。在这种关系中，表示底部压力大小的、更方便的形式是用底部相对压力系数 $\bar{p}_{\text{дон}}=p_{\text{дон}}/p_\infty$。

应该注意到，在风洞试验中，很难得到准确的底部压力值。从图 6.17 中看出，无论是侧向支杆，还是尾支杆情况，实验点都很分散。这是由于在底部区域的流动既受支杆装置本身的影响又受它同外部流动和风洞试验段洞壁间的相互作用的影响所造成的。通常在跨声速 M_∞ 数范围，底部压力的畸变达到最大值。用实验研究底部压力的最可靠的方法是用自由飞来测定。然而这时产生新的困难，使广泛利用这种方法复杂化。

在某些超声速飞机的底部布置有喷气发动机的喷管。当发动机工作时，底部压力在很大程度上将取决于外流参数、喷流气体动力参数、发动机工作状态，取决于其台数和相互位置（见第 5 章），并与发动机不工作的喷流情况的压力有本质的区别。

因此，有底部截面的飞机模型的气动特性要减去风洞试验时测得的底部压力来表示。在换算为飞机气动力特性时，发动机工作的影响作为修正量对风洞试验结果加以修正。

最简单的情况将是带有一个中心喷流的平面底部。旋成体的绕流同时在底部截面之后产生带环形旋涡的尾流区域。喷流的出现，致使环形旋涡分成内、外两个涡。这时，与外部流动有关的外部环形旋涡保持在无喷流时原来旋涡的旋转方向，而与喷流有关的内部环形旋涡有相反的旋转方向。喷流冲量的增加和由此引起的喷流气体动力结构的改变使旋涡的尺寸和底部压力值发生了变化。开始底部压力增加（底部阻力下降)，在 $p_a/p_\infty \approx 0.15$($p_a$——喷流中静压)时达到最大值，而后开始下降(底部阻力增加)。进一步增加喷流的冲量使底部压力重新增加(或减少底部阻力)。在较宽的喷流非设计条件范围，底部相对压力系数变化的典型关系示于图 6.18。在大值 p_a/p_∞ 时，发现底部压力增加最剧烈(超过 $p_{дон}/p_\infty = 1.0$ 值)。这与旋成体尾部区流动形式的根本改变有关，在这种情况下，喷流膨胀极其不足引起气流从旋成体表面分离(图 6.18)。

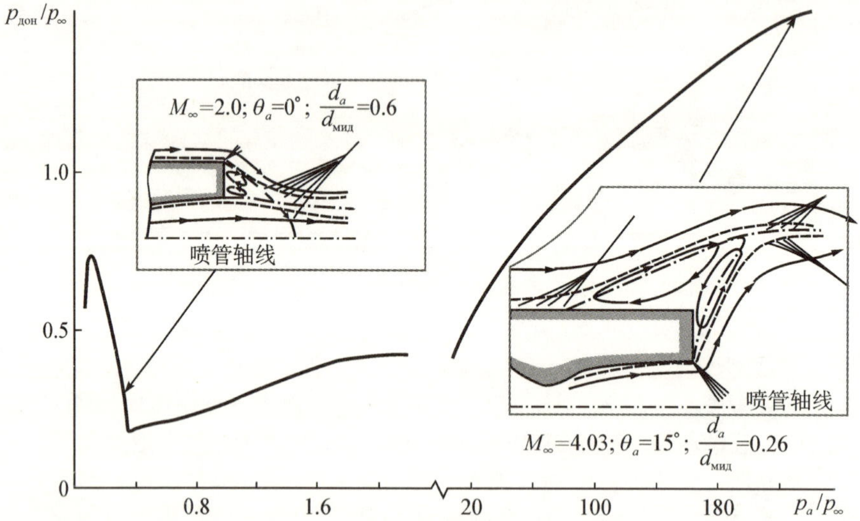

图 6.18　底部相对压力值与发动机喷流偏离非设计值程度的关系($M_\infty = 2.0$)

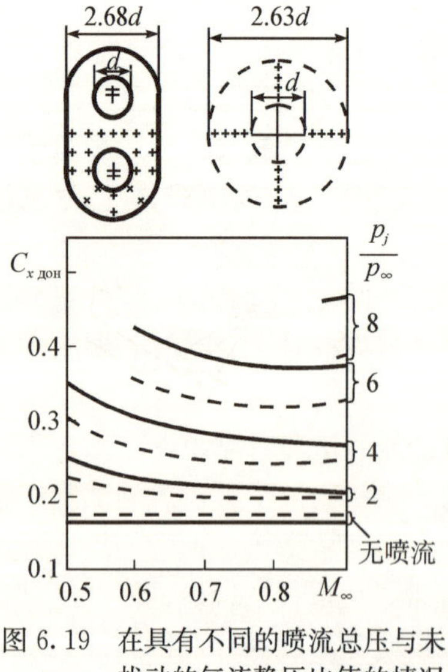

图 6.19　在具有不同的喷流总压与未扰动的气流静压比值的情况下，后机身单、双喷管布局的底部阻力与 M_∞ 数的关系

正如前面已经指出，底部阻力也取决于底部截面前的物体形状。在图 6.19 上示出了在不同的喷流总压 p_j 与未扰动的外流静压比值情况下，旋成体单、双喷管布局的底部阻力与 M_∞ 数关系的研究结果。两个模型在底部截面以前的形状实际上是相同的。这有可能以不失真的形式比较喷流的数量对底部压力大小层影响。在没有喷流时，底部阻力(按底部截面上一组测压点的平均压力来确定(图 6.19))，在所研究的范围内与 M_∞ 数无关，并且对两种布局几乎一样。底部的压力值与在图 6.17 上示出的结果在性质上是一致的。在有喷流时，底部阻力随 p_j/p_∞ 比值的增大而增加。双喷管布局在低亚声速时，底部阻力增加最多。

在有喷流时，沿旋成体底部径向的压力分布实际上不是常值。在一系列情况下，靠近喷口压力值最大，而在底部截面的外圈则有最小值。最复杂的压力分布是在底部有几股喷流的情况。在这种情况下，如 p_a/p_∞ 值小，外部气流被吸到喷流之间的空间。如 p_a/p_∞ 值大，特别是距底部截面某一距离处喷流开始汇合，喷流之间的空气开始向外流。流动形式的这种改变对底部阻力值有明显影响：如 p_a/p_∞ 值小，发动机喷流的存在会增大底部阻力，而对应于 p_a/p_∞ 值大的状态，发动机喷流的存在会减小底部阻力。

机身纵向外形的形状对其气动力特性的影响

前机身纵向外形的形状，特别是头部过渡到圆柱部分区域的形状基本决定了机身升力的大小。

举例在图 6.20 和 6.21 上示出了头部基本气动力特性，其子午线外形为按幂次方的曲线

$$\bar{r} = R_{\text{мид}}(x/L)^n \tag{6.6}$$

式中，$\bar{r}$——当地横截面的相对半径；

$R_{\text{мид}}$——最大横截面半径；

x——从机头顶部量的当地纵轴坐标；

L——头部长度；

n——幂指数等于 0.5。

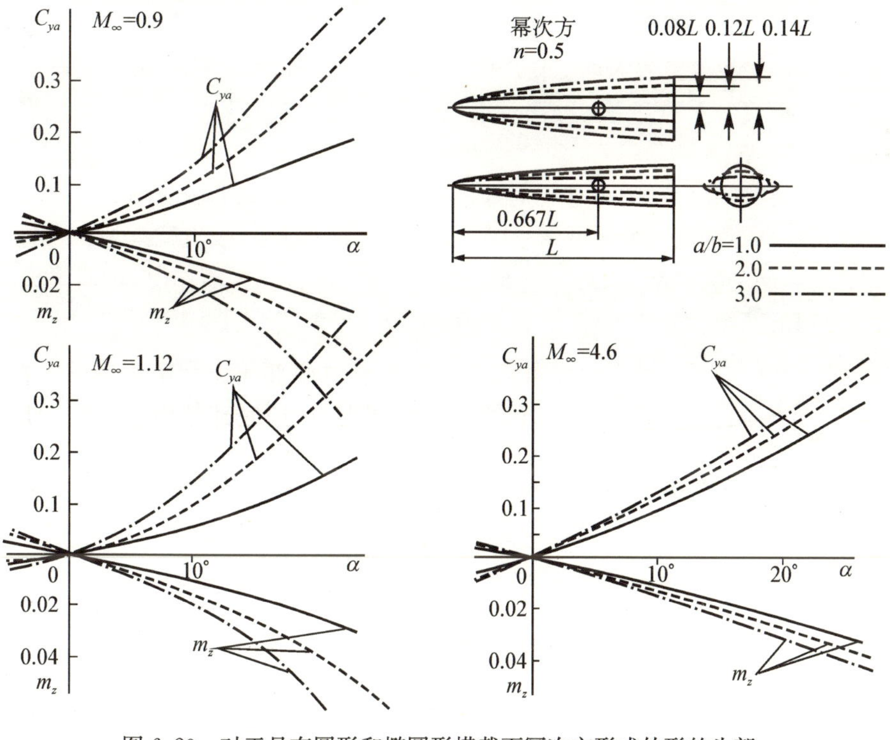

图 6.20　对于具有圆形和椭圆形横截面幂次方形式外形的头部，在不同的 M_∞ 数下 C_{ya} 与 $m_z(\alpha)$ 的关系

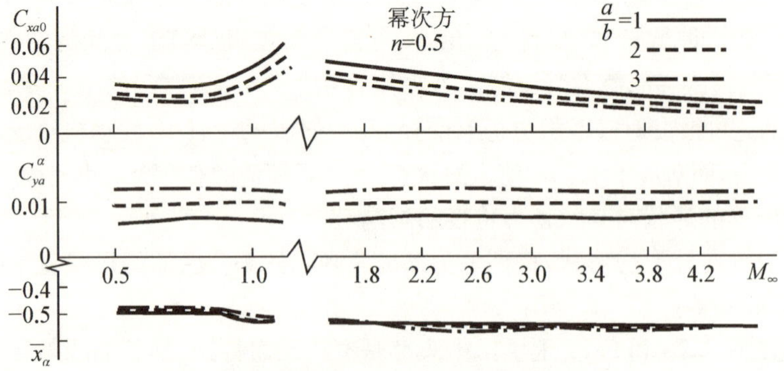

图 6.21　具有圆形和椭圆形横截面幂次方形式外形的头部的 C_{x0}，C_y^α 和$\bar{x}_д$ 与 M_∞ 的关系

研究是在 M 数从 $M_\infty = 0.5$ 到 $M_\infty = 1.12$ 范围完成的(按速压和模型长度计算的)，Re 数从 $Re = 6.25\times10^6$ 变化到 $Re = 9.00\times10^6$，而在超声速 M_∞ 数时，$Re = 5.73\times10^6$。借助于名义直径为 0.03 cm 的金刚砂环带(0.16)贴到每个模型距头部 2.54 cm 处作为人工固定边界层转捩。

对于椭圆形横截面示出了长半径 a 和短半径 b 比 $a/b=2$ 和 3 两种情况，长半径和短半径的坐标按圆形截面情况同样的幂定律变化。所研究的模型具有同样的长度和体积。空气动力系数是相对物体平面的投影面积，纵向力矩系数是相对图 6.20 中标出的重心位置计算出来的。比较图上示出的关系曲线表明，借助于椭圆度可以增大作用于前机身上的升力。减小长细比也可以增大前机身的升力，但是这将导致阻力增加。

至于后机身的升力，则在有迎角时它可能是负的。正如从曲线图 6.7 中可以看出，在中机身向尾部的过渡区域产生吸力，尾部长细比越小，吸力就越大。在有迎角时，尾部迎风面的吸力增加，而背风面的阻力下降(在长细比值小时，可能形成其中压力为常值的宽阔的分离区域)。在这种情况下，与头部不同，作用于迎风面和背风面上的压差将产生负的升力。

在机身上机翼布置得很靠近，又有水平尾翼，特别是有发动机喷管喷出的喷流，在有迎角的情况下实质性地改变了尾部绕流图。

在后机身产生负的升力，在"无尾式"超声速飞机布局表现最为明显。在这种情况下，在后机身上只布置垂直尾翼，下部迎风面上的气流不发生畸变。

机身横截面的形状对其空气动力特性的影响

机身的横截面，尤其是它的中段，其形状不同于准确的圆形。在图 6.22 上示出了机身横截面的形状对亚声速和超声速 M_∞ 数下升力系数值的影响的研究结果(在计算升力系数时取模型中段横截面面积作为特征面积)。研究了圆形和椭圆形的横截面。此时，椭圆形横截面研究了两种方案。一个方案——长直径平面位于水平位置(垂直于迎角平面)，而另一方案——垂直位置(在迎角平面内)。

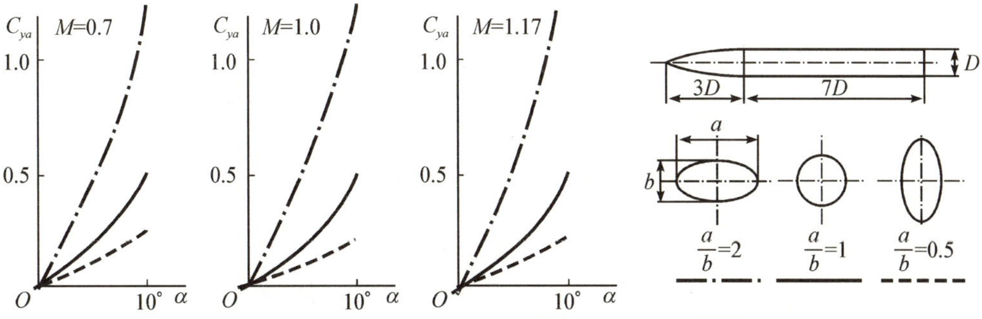

图 6.22　圆形和椭圆形横截面机身的 $C_{ya}(\alpha)$关系

当模型布置在与迎角平面垂直的平面内，升力系数值大大增加。这在大迎角的情况下特别明显。在这种情况下升力的增加，不仅是因为具有椭圆形状的物体长细比值较大（导数 C_y^α增加），而且与所研究的物体侧面涡系产生的非线性的升力分量有关。

在给定的 M 数下，确定带椭圆形截面的机身的导数 C_y^α时，可以利用对于圆形相应的 C_y^α值乘以 a/b 比值。

6.4　在大迎角无测滑的情况下机身不对称和非定常绕流

正如上面已经提到，在中等迎角情况下，在量值上不断增加的法向速度分量的作用下空气的横向流动导致机身侧面产生两股纵向涡系，与迎角平面对称，产生不仅是对称的，而且是定常的绕流。

当过渡到大迎角，并且法向分量较之来流轴向速度分量因而有更大的增加，机身的气动力特性不仅发生量的变化，而且也发生质的变化。

在大迎角无侧滑的情况下侧向力产生的原因

研究表明，当迎角达到 $\alpha > 20°$ 时存在法向力的同时，也产生很大的侧向力。

在图 6.23 上列出的示波器记录证明，在不变的迎角 $\alpha \approx 35°$ 时，达到一定的法向力值，在其附近可以看到由机身侧面拖出的涡系非定常性引起的不大的振荡。与此同时也产生与法向力同一量级的侧向力；其大小周期性地变化，反映着时而从机身这一面，时而从那一面周期性的涡的分离。

这一事实反映出过渡到大迎角时绕流性质的变化。

由气流分离引起的所有涡的形成，很不稳定并对很小的外部影响很敏感。因此，机身右和左侧相对迎角平面不大的几何不对称能对涡系的状态影响很大，而在大迎角不对称的条件下，已从头部产生的旋涡中的一个（从右或左侧）脱离表面并向气流下游流去。在它的位置处通过边界层，流来的空气促使产生新的涡。在机身对面的侧面上此时生成与其对称的旋涡，但强度更大。这就产生速度不对称并且因此产生机身右侧和左侧的压差，最终产生侧向力。达到一定的大小以后，这个涡也分离。在机身相对的侧面上涡系发展和分离的过程是周期性的，并有图 6.23 上以示波器记录的特征。在头部卷起的旋涡的后边，沿机身长度又形成下一个涡系，也是周期性地发展和分离。此时，它们分离后脱出去所形成的角度与第一个涡的相同。

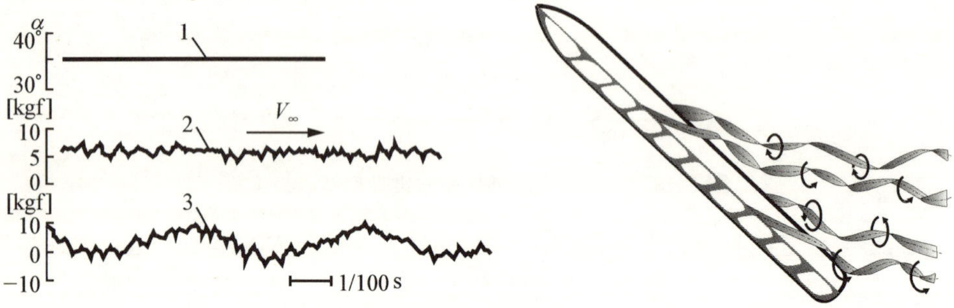

图 6.23 在大迎角下绕流图和作用于机身上的法向力(2)和侧向力(3)的示波器记录

1—实验时的迎角

这样一来，在大迎角下，顺着机身在其背风面上形成完整的涡系。它们依次地产生、分离并顺着气流方向脱出去(图 6.23)。在亚声速下所进行的实验研究表明，在迎角 $\alpha > 20°$，产生很大的侧向力和偏航力矩(图 6.24)。侧向力是相对于模型横截面面积的，偏航力矩也是相对同一面积和直径并且相对于模型一半长度的点计算的。侧向力和力矩的产生是由上述的流动特点所决定的。所观察到的实验点散布很大(图 6.24)是由于实验的特点和流动的非定常性所致。虽然如此，可以看到在迎角增加时侧向力和力矩系数变化还有一定规律性。在迎角 $\alpha \approx 30° \sim 35°$ 时达到侧向力和力矩的第一最大值。进一步增加迎角伴随着侧向力减小和力矩变为相反的符号。看来，这是由于沿旋成体的涡系强度改变所致。超过 $\alpha \approx 45°$ 侧向力重新开始增加，而力矩趋向于改变符号。当迎角 $\alpha > 60°$ 时，旋成体横向流动占优势，此时涡系沿物体没有移动。对于这种迎角，特点是侧向力和力矩都在逐渐地减少。既然侧向力和偏航力矩有赖于极为复杂的绕流特性及形成的涡系，所以它们实质性地取决于旋成体的外形，尤其是其头部的外形(也见第 8 章)。

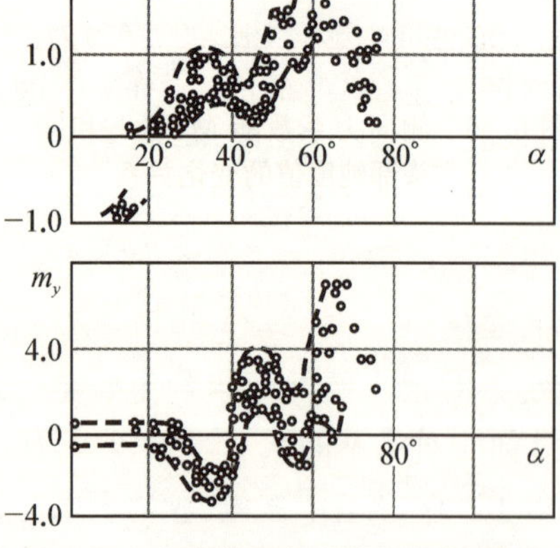

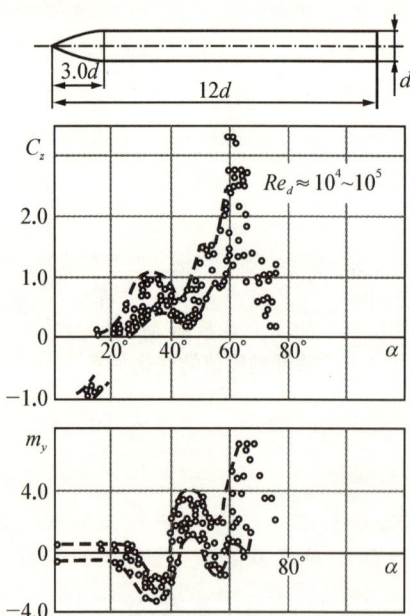

图 6.24 由中等迎角向大迎角过渡时，机身法向力和偏航力矩系数值的变化

机身几何参数，*Re* 数和 *M* 数与边界层状态对侧向力和偏航力矩大小的影响

到迎角 $\alpha \approx 40^\circ \sim 45^\circ$ 所进行的研究，即对于从中等到大迎角的过渡区域，就能够对各种因素对侧向力大小的影响作出较为详细的分析，略有轴不对称可能成为产生不对称涡系的原因。滚转角(绕纵轴旋转角 γ)也能加强对涡系形成区的影响即使在不对称很小的情况。侧向力初始的方向，通常是不确定的，因为这是与机身外形的形状任何很小的偏差有关。然而当产生了不对称绕流并且侧向力方向已经确定后，再增加迎角时方向已经不再改变。改变滚转角不仅影响侧向力系数的大小，而且影响它改变符号(图 6.25)。

在该项研究中，侧向力系数是相对速压和旋成体横截面面积的。依据温度和流速(按圆柱形模型的直径计算出来的)，*Re* 数变化在 0.243×10^6 到 0.387×10^6 范围内。应当注意到，在实际条件下机身上总是有附加的结构和突起，是偏离轴对称实质性的外形偏差，在这些条件下，改变滚转角能对侧向力的大小和变化性质有很大的影响。

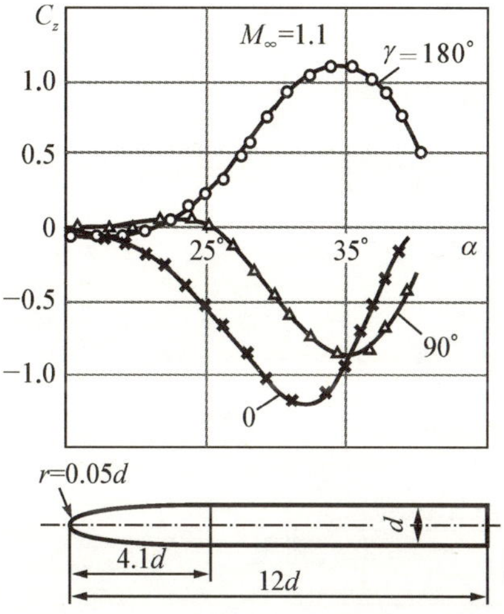

图 6.25　在跨声速下不同的滚转角时侧向力系数与机身迎角的关系

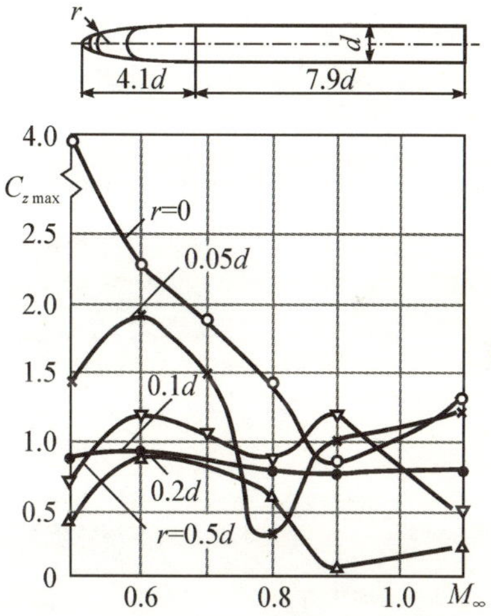

图 6.26　侧向力系数随 M_∞ 数与机身头部纯度值的变化关系

在高亚声速和跨声速 M 数下所进行的研究指出，随 M 数增加侧向力减少很大。在图 6.26 上示出了在迎角 $\alpha \approx 30^\circ \sim 40^\circ$ 范围内最大 C_z 值随来流 M 数的变化关系。所指出的趋势在较大程度上取决于头部钝度值并且对于具有各种长度头部的旋成体是不同的。从图 6.27 中可以看出，增加尖锐头部的长细比伴随着侧向力增加。同时钝圆头部增加其长细比会导致侧向力减小。

该研究是在模型表面为层流边界层的情况下进行的。为了评估边界层状态的影响，对同样那些模型带湍流发生器进行了研究(湍流发生器——这是宽度为 0.12 cm粗糙材料带，沿着整个旋成体贴在背风面上)。在图 6.28 上给出了这两种情况的关系曲线的比较。大家知道湍流边界层比层流具有更大的能量；它能克服较大的不利压力梯度。因此使边界层变湍流沿接近于背风面的中线分离，分离带的宽度缩小，致使作用于物体上的法向力减小（因为在分离区域作用着决定部分法向力的吸力）。既然从旋成体脱离的涡系强度与法向力有关，则强度变小，引起侧向力减小。换句话说，从中等向大迎角过渡时，同有层流边界层情况相比有湍流边界层的侧向力大大减小。

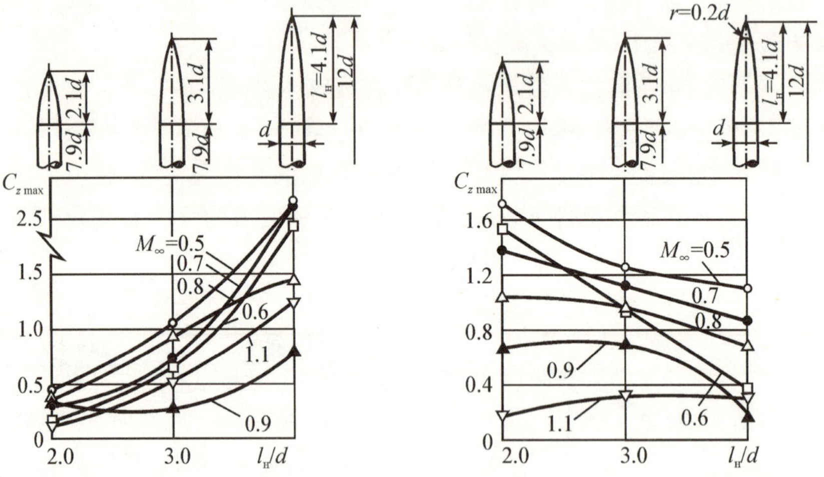

图 6.27 在不同的 M_∞ 数下侧向力最大值与机身头部的长细比和钝度值的关系

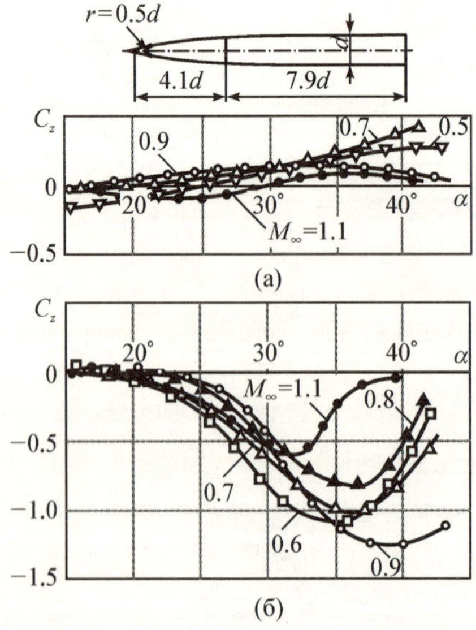

图 6.28 在不同的 M_∞ 数和边界层状态下随迎角增加机身侧向力系数的大小和变化性质的关系

(a) 有端流发生器，(б) 无湍流发生器边界层状态(确切地说湍流度),Re 数和 M 数对侧向力和偏航力矩大小的影响机理与气流分离和附着条件有关,正像在无限长圆柱体横向绕流时一样。

在该情况下(在大迎角下),分离条件由垂直于轴线的速度分量的大小所决定。在未扰动来流的亚声速和亚临界 Re 数(按垂直于机身轴线的速度计算出来的),气流分离出现在机身纵向最大截面前的背风面。在这种情况下,分离区域的宽度将超过机身最大横截面,这引起很大的侧向力和偏航力矩值。

在超临界 Re 数(按法向速度分量计算出来的)和湍流的情况下,分离线移向机身纵向最大截面之后。背风面的分离区域缩小,这将促使侧向力和偏航力矩值减小。

这两个事实与头部外形的形状相结合将影响迎角改变时侧向力和偏航力矩的大小和变化的性质。

在超声速飞行时,垂直于机身轴线的速度分量能达到跨声速值。这在分离区域产生局部超声速区并随后气流附着在机身表面上或缩小其背风面的分离区域。结果是侧向力和偏航力矩值将减小,这一点已由研究结果所证实。

分析所完成的研究结果表明,在大迎角无侧滑飞行的情况下,为了减少或消除侧向力,就必须使机身绕流相对迎角平面是对称的。这一点可以靠固定机身右和左侧分离线来得到。为此,最简单的措施是在前机身可能分离的区域内安装纵向边棱。

上面所介绍的研究结果是在中等到大迎角过渡时旋成体绕流特点的定性现象。在有各自外形特点的具体飞行器的条件下,侧向力系数值可能稍有不同,而为了确定侧向力系数必须进行实验研究。

参考文献

[1] Петров К П. Аэродинамика тел простейших форм,[M]. факториал, 1997.

[2] Пстров К П. Аэродинамика элементов летательных ашаратов. [M]. Машиностроенне, 1985.

[3] Терехова В А. Подъемная сила корпусов с некруговым поперечным сечением при околозвуковых скоростях [C]. Тр. ЦАГИ, 1981.

[4] Петров К П. Аэродинамика ракет. [M]. Машиностроение, 1977.

[5] Свищев, Г П. Александрович Е В. Полядский В С и др. Азродинамическая компоновка фюзеляЖей и мотогондол. Руководство для конструкторов. Т. 1, вып. V. [M]. БНИ ЦАГИ, 1952.

第 7 章　操纵面的空气动力学

中等和小展弦比较薄机翼飞机的研制，确保超声速下必要的操纵性就需要寻求这类飞机操纵面的新途径。许多年来所进行的基础研究和应用研究就可以设计各种气动布局形式的超声速飞机的操纵面，确定其效率和铰链力矩特性。

7.1　翼型上舵面的空气动力特性

装有移轴空气动力补偿的舵面偏转时，有了其翼型的物理流动图就有可能研究从亚声速过渡到超声速时气流的压缩性的影响，Γ·Π·斯维肖夫已进行了在近声速的带偏舵面的翼型的物理流型的基础研究。

在图 7.1 上示出了 $M=0.6$ 到 $M\approx 2.0$ 偏转舵面的翼型的压力分布是如何变化的。

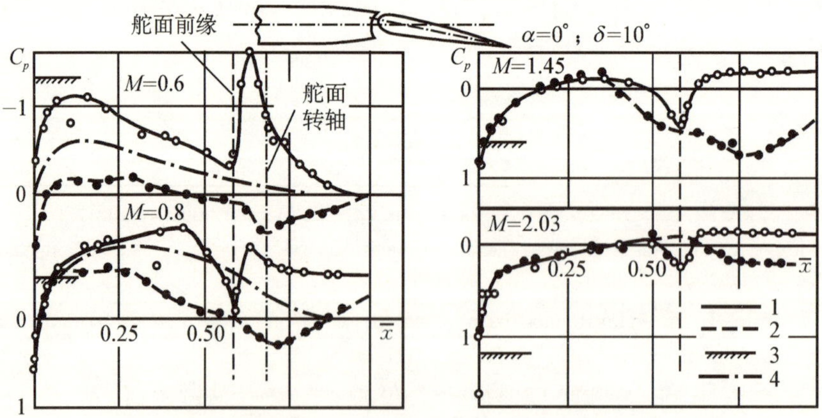

图 7.1　在亚声速和超声速下沿带舵面偏转的翼型弦向压力分布图

翼型 NACA 00M；$\bar{c}=0.1$，$\bar{b}_p=0.3$，$\bar{b}_к=0.26$（“抛物线 70”）

1，2—对应上、下翼面；3— $C_{pкрит}$；4 — $\delta=0$

在来流为亚临界 M 数时，偏转舵面导致沿翼型全弦长上吸力和压力的增长。当 M 数大于临界值时，在翼型上产生以激波结尾的超声速区。此时偏转舵面不会引起位于激波前的翼型部分的压力变化。在超声速下，偏转舵面只引起舵面本身上的压力重新分布。当增大 M 数时，偏转舵面上的压力差减小。

当过渡到超声速时，在舵面本身上的压力中心向后移动。

在过渡到超声速时，偏转舵面的翼型绕流的这些变化导致舵面效率减小和铰链力矩增加。

在超声速下的压力分布图上可以看到在移轴补偿前缘有一环形，该环形也使铰链力矩增大。这种现象的分析将在下面给出。

7.2　纵向操纵面

为了超声速飞机的纵向操纵，通常采用全动式水平尾翼，这是因为，当过渡到超声速时，飞机的气动焦点向后移动，这使纵向静稳定度增加，而升降舵的效率大大降低了(3/5～2/3)，这使纵向操纵不足。与此同时，全动式水平尾翼的效率在过渡到超声速时变化不大(图 7.2)。

这是因为在亚声速和超声速下偏转舵面的尾翼绕流特性不同。全动平尾一侧偏转角的变化导致既在亚声速也在超声速下沿平尾全弦长上压力分布的变化。这时平尾弦向的压力分布由在头部接近于带峰值的三角形转变为近似于矩形(图 7.3)。

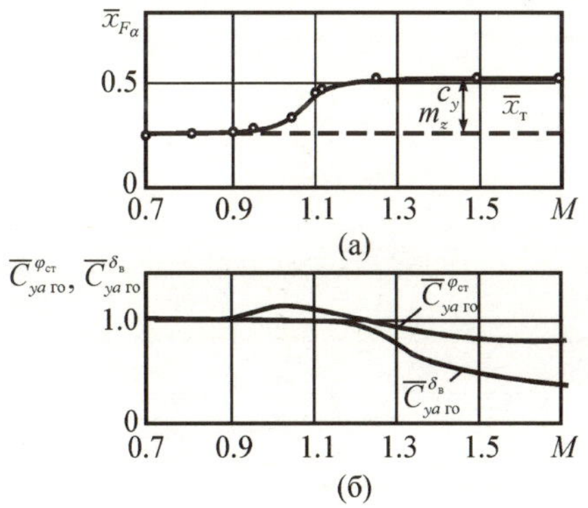

图 7.2　M 数对飞机的气动焦点和带升降舵的平尾的升力特性的影响

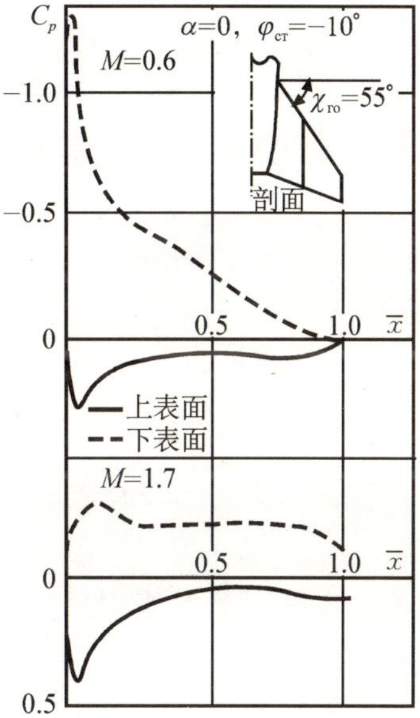

图 7.3　在亚声速和超声速下全动平尾弦向压力分布图

在亚声速气流下，偏转平尾上的升降舵或机翼上的升降副翼伴随着既在舵面上也在平尾或机翼的全弦长上的压力变化。在超声速下，正如在前面带舵面的翼型上已经说明，偏转舵面时只是使舵面上的压力分布发生变化(图 7.4)。

采用全动水平尾翼还可以降低飞机配平升阻比的损失，因为带偏转舵面的尾翼的迎面阻力比全动尾翼的迎面阻力在尾翼同样大小的升力下要大些。在超声速时这一差值特别大(图 7.5)。

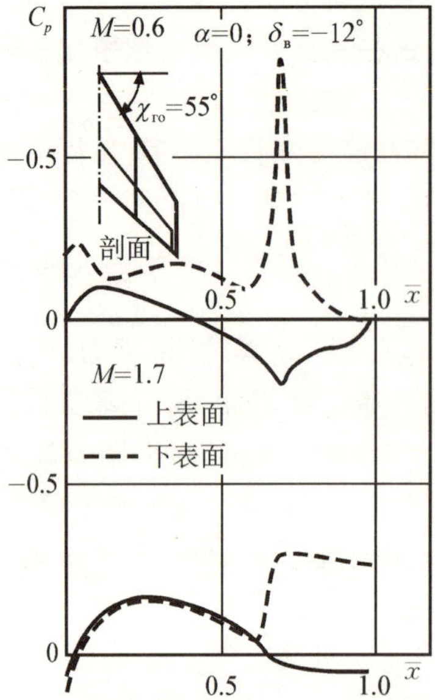

图 7.4　在亚声速和超声速下带偏转升降舵的后掠尾翼的弦向压力分布图

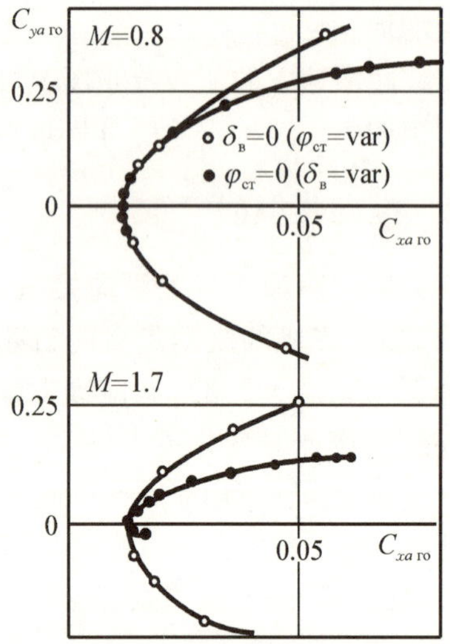

图 7.5　在亚声速和超声速下，$\delta_B=0$，φ_{cr} = 变化和 $\varphi_{cr}=0$，δ_B = 变化时水平尾翼的极曲线

全动平尾的效率按下式计算：

——对于布置在垂直安定面上的平尾

$$m_z^{\varphi}=-K_{ro}\cdot C_{ya\ ro}^{\alpha_{ro}}A_{cr}$$

——对于布置在机身上的平尾

$$m_z^{\varphi}=-K_{ro}\cdot C_{ya\ ro}^{\varphi_{ro}}A_{cr}$$

式中，$C_{ya\ ro}^{\alpha_{ro}}$——单独水平尾翼的升力对水平尾翼迎角的导数。在全动平尾布置在机身上时，$C_{ya\ ro}^{\alpha_{ro}}$是由全动平尾的外露面构成的尾翼确定的；

K_{ro}——考虑到水平尾翼前气流阻滞的系数。

对于布置在垂直安定面上的尾翼，在 $M<1$ 时 $K_{ro}=0.95$ 和在超声速下 $K_{ro}=1.0$。对于机身上的尾翼，在 $M<1$ 时 $K_{ro}=0.9$，而在超声速下其值示于图 7.6 上。

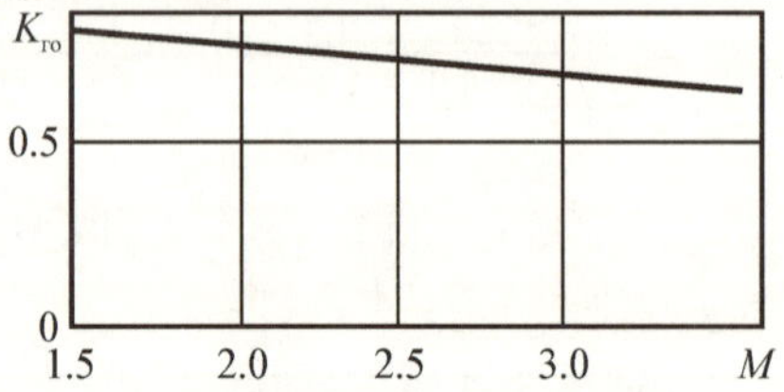

图 7.6　阻滞系数 K_{ro} 与 M 数的关系

水平尾翼的尾容量

$$A_{cr}=\frac{S_{cr}\cdot L_{cr}}{Sb_a}$$

式中，S_{cr}——平尾面积；

$L_{ст}$——平尾尾臂(由飞机重心算到平尾 1/4CAX);

b_a——机翼平均空气动力弦;

$C_{ya\ го}^{\varphi}=K_{инт}$, K_1, $C_{ya\ го}^{\alpha_{го}}$——对水平尾翼偏转角的导数;

K_1——计入 M 数影响的实验修正量(图 7.7);

$K_{инт}$——计入尾翼和机身相互干扰的系数(图 7.8,这里 d——尾翼处机身直径;L——尾翼外廓展长)。

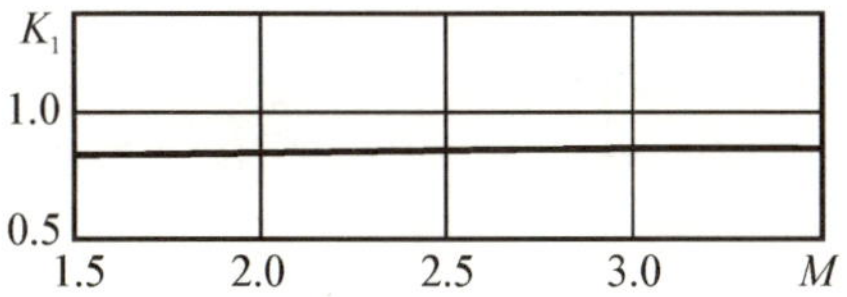

图 7.7　K_1 系数与 M 数的关系

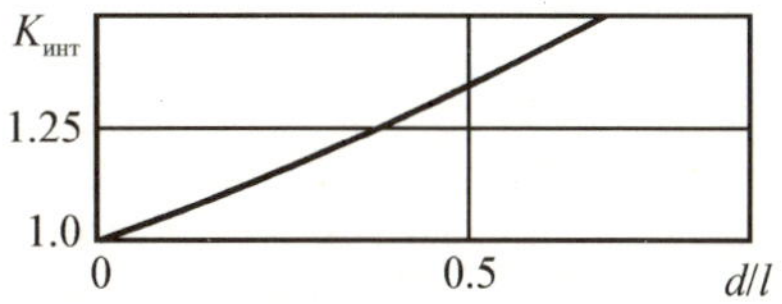

图 7.8　干扰系数 $K_{инт}$ 与机身直径的尾翼翼展之比 d/l 的关系

对于全动平尾选择转轴的位置是重要的。正如下面所说明的,这种选择对铰链力矩的影响很大,然而平尾效率也与选择斜轴或直轴有关。

从图 7.9 可以看出,在大偏角下斜轴平尾效率比直轴的低(由于平尾偏转时在平尾根弦和机身之间出现间隙)。

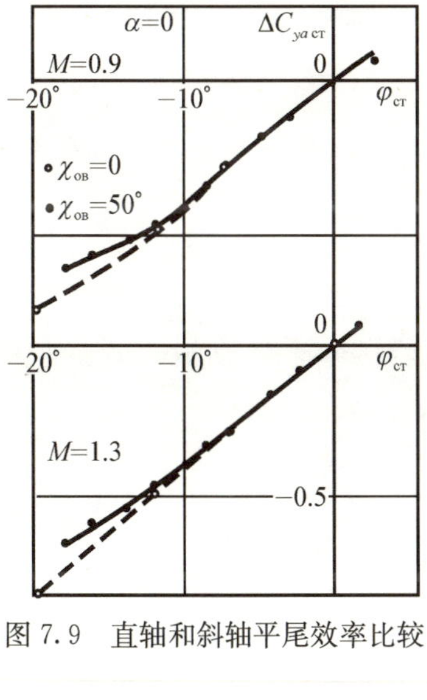

图 7.9　直轴和斜轴平尾效率比较

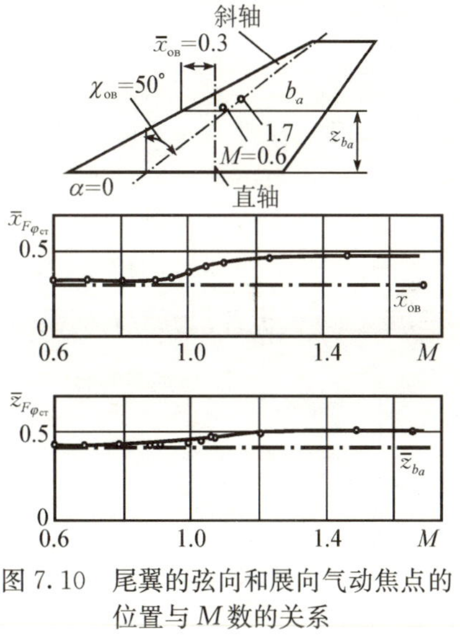

图 7.10　尾翼的弦向和展向气动焦点的位置与 M 数的关系

为了选择平尾斜轴的位置,必须了解平尾的弦向和展向压力中心的位置 $\bar{x}_{F_{ст}}$ 和 $\bar{z}_{F_{ст}}$,因为压力中心沿平尾展向移动时,自平尾气动力作用点到斜轴的距离减小(图 7.10),因此铰链力矩可能减小。

通常这样选择全动平尾的转轴,即在一个助力器腔发生故障时,仍然保证在过补偿状态下所需要的助力器的推力储备。在图 7.11 上举例说明直轴的位置对全动平尾铰链力矩的影响。可见，转轴在 $\bar{x}_{ов}=46\%$ 位置时在超声速下铰链力矩很小，然而在亚声速下有很大的过补偿。在转轴较为靠前的位置（$\bar{x}_{ов}=40\%$）时，亚声速下的过补偿减小而超声速下的铰链力矩则增加。在转轴相当靠前的位置时，由于外翼的根部安装前边条，铰链力矩可能减小，边条后掠角超过基本外翼的后掠角 15°～20°（图 7.12）。

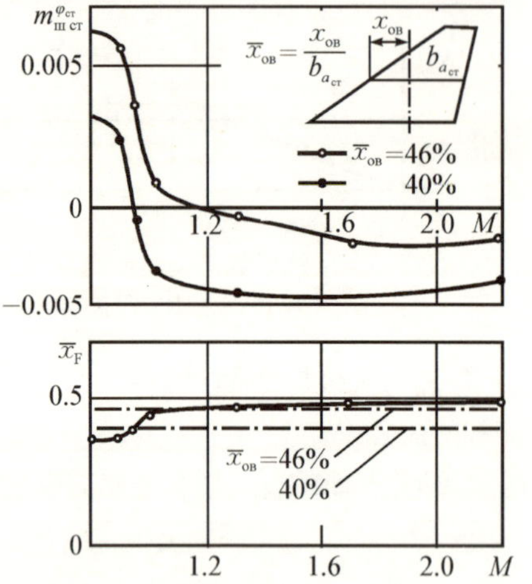

图 7.11 两种转轴位置的平尾铰链力矩导数 $m_{ш\,ст}^{\varphi_{ст}}$ 与 M 数的关系

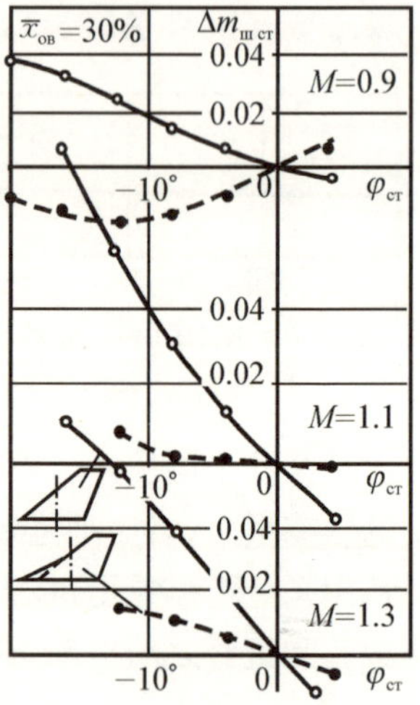

图 7.12 平尾根部边条对其铰链力矩的影响

应当注意，在跨声速下可能发生所谓的零铰链力矩（在外翼升力为“零”时的铰链力矩）。这些力矩是由于有垂直尾翼引起相对于平尾平面不对称所致。

在图 7.13 上可以看出，无垂直尾翼时“零”铰链力矩（$m_{ш0}$）很小。垂直尾翼在机身长度方向的位置对$m_{ш0}$值影响很大。实验测定的 $m_{ш0}$ 值对选择助力系统的需用推力和功率影响很大，因为超声速飞机作跨声速飞行都接近地面，所以在最大速压区。

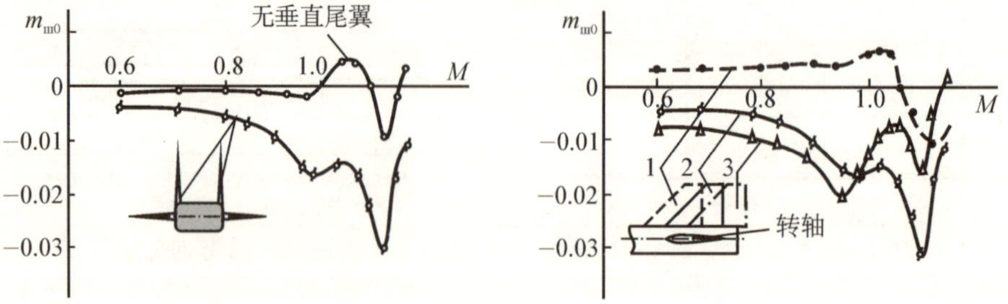

双垂直尾翼在第2位置　　单垂直尾翼

图 7.13 平尾“零”铰链力矩与 M 数的关系

1，2，3—分别为单垂直尾翼第 1、2、3 位置

对于机动飞机，除正常布局以外，可采用“鸭”式布局和所谓的三翼面布局。在图 7.14 上举例示出了三翼面布局的飞机模型的总图，其空气动力特性示于图 7.15

上。系数 C_{ya} 是相对于机翼面积的。以纵向力矩增量 Δm_{z0} 随外翼偏转角的关系表示全动平尾、水平前翼的效率及其共同偏转时的效率。

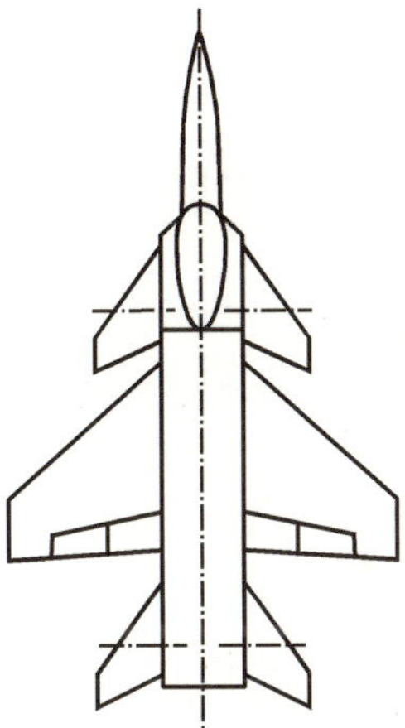

图 7.14　三翼面布局的飞机模型总图

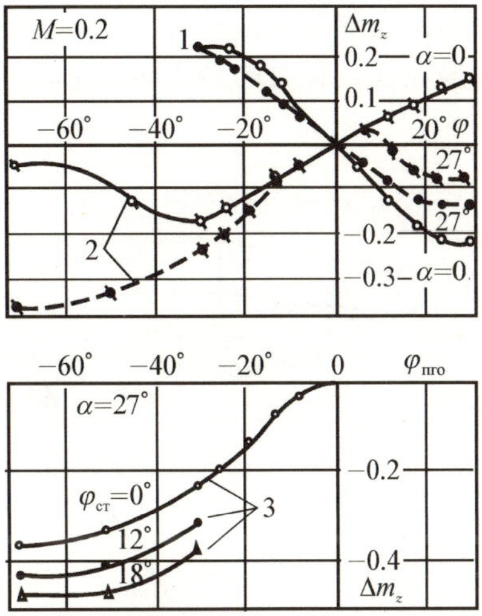

图 7.15　正常布局(1)、“鸭”式布局(2)和三翼面布局(3)的平尾效率与平尾偏转角的关系

当迎角 $\alpha = 0$ 时，平尾和水平前翼的效率保持到其偏转角 $\pm 30°$。当迎角 $\alpha = 27°$ 时，用于产生下俯力矩的平尾效率明显地减小，而前翼的效率急剧地增加并保持到偏转角 $\varphi_{пго} = -70°$。同时当 $\alpha = 27°$ 在正偏转角时，水平前翼完全失去效率，甚至发生反效。在大的正迎角下，保证低头力矩的纵向操纵效率在平尾和水平前翼同时偏转下可能大大增加。在亚声速时机翼的上洗对水平前翼有很大的影响。

这特别是对铰链力矩特性有影响。从图 7.16 和 7.17 上示出的 $C_{ya\ пго} = F(\alpha)$ 和 $m_{ш\ пго} = F(\alpha)$ 关系中可见，位于水平前翼后的机翼主要是使水平前翼的后部增加载荷，这引起前翼升力的增加和负值铰链力矩大大增加。

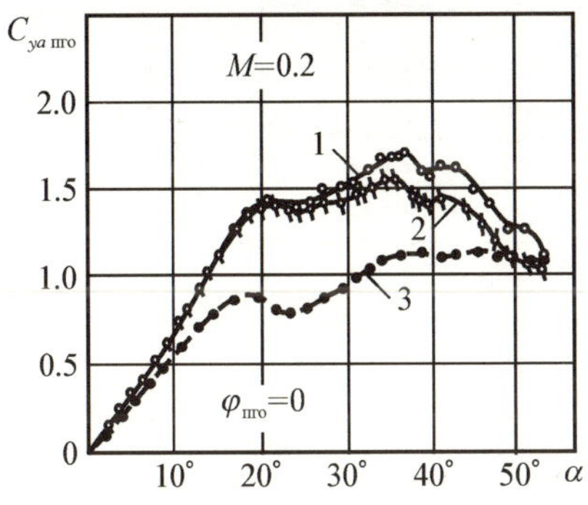

图 7.16　水平前翼升力特性与迎角的关系

1—有机翼和平尾；2—有机翼无平尾；3—无机翼和平尾

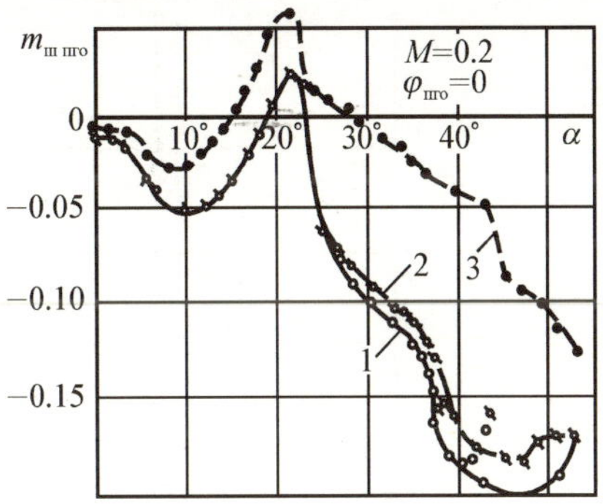

图 7.17　水平前翼铰链力矩与迎角的关系

1—有机翼和平尾；2—有机翼无平尾；3—无机翼和平尾

在许多超声速飞机(例如,“无尾”布局)上,俯仰和滚转操纵是用升降副翼——沿机翼后缘布置的操纵面来实现的。

用前缘变后掠角 $\chi_{пк}=65^\circ$ 和 55° 的模型进行了升降副翼的系统研究(图 7.18)。作为纵向操纵面最有效的是内段和中段升降副翼(图 7.19)。

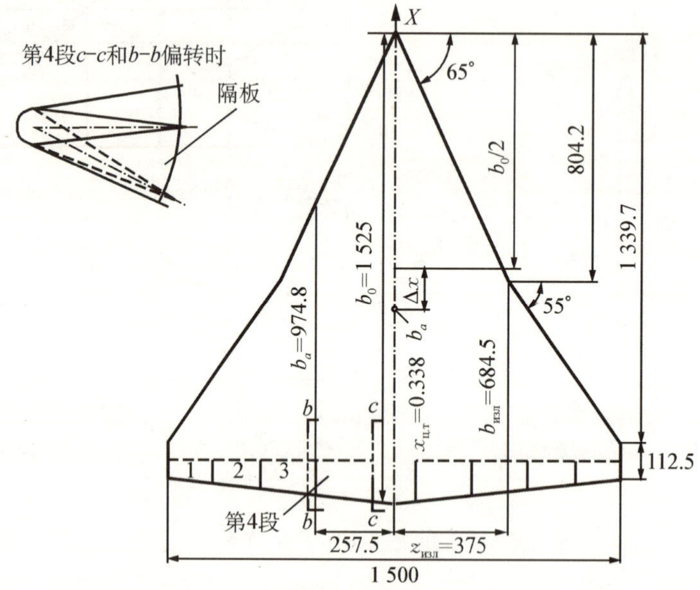

图 7.18 前缘变后掠角的模型示意图

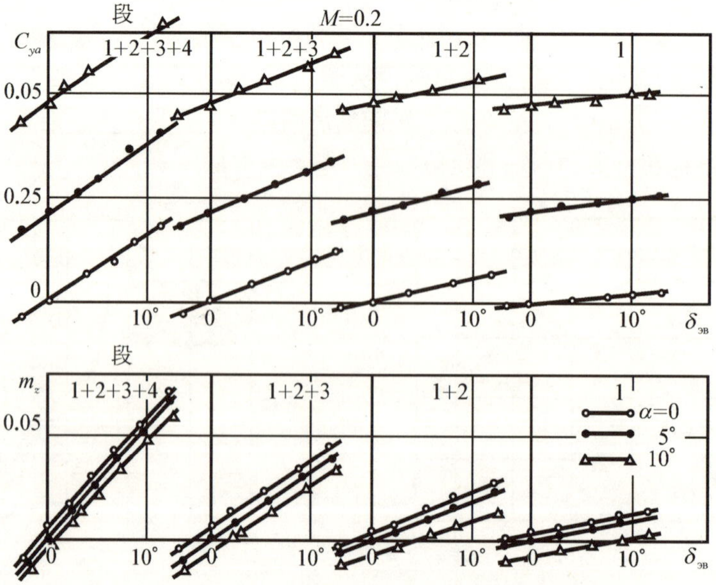

图 7.19 各段升降副翼的效率与偏转角的关系

众所周知，当过渡到超声速时舵面的铰链力矩(舵面、副翼、升降副翼)大大增加，而在亚声速下有效的移轴气动补偿不能降低超声速下的铰链力矩(图7.20)。

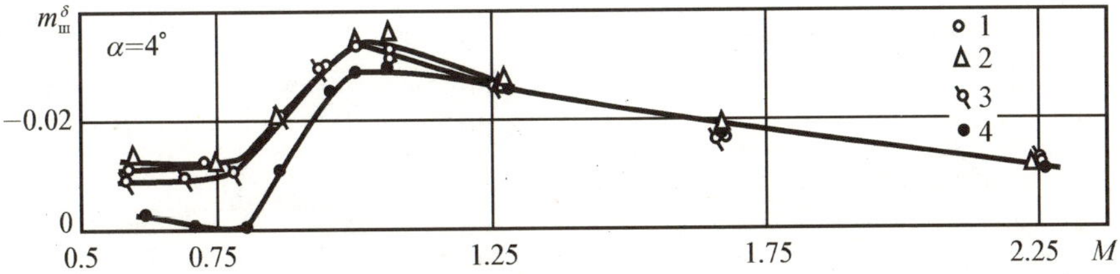

图 7.20　升降副翼铰链力矩导数在不同的移轴补偿度下随 M 数的关系

1—结构补偿；2，3，4—分别为$\bar{S}_{\text{ок}}$=0.1、0.15 和 0.3 的移轴补偿

在 $M>1$ 时铰链力矩的增加是因为舵面上的压力重新分布并且压力中心沿翼弦向后移动，而移轴补偿效率损失的原因是：根据超声速流动的规律，靠近偏转舵面的移轴补偿的前缘气流加速而使压力增加——靠近移轴补偿的前缘形成环形压力分布，因此，移轴补偿不仅不减小力矩，反而有可能稍许增加力矩。

用小展弦比前缘变后掠角的机翼模型(图 7.21)在中央空气流体动力研究院的超声速风洞 T－109 中，在跨声速和超声速下对不同形式移轴补偿的操纵舵面的流动物理图进行了较为详细的实验研究。从(图 7.22～7.24)压力分布特性中可见，在亚声速下 ($M=0.6$)，在(移轴补偿) 转轴前的副翼部分产生使铰链力矩补偿的压力降，而在超声速($M=1.78$ 和 $M=2.3$) 下，在移轴补偿的前缘产生使移轴补偿效率减低的环形压力区。当 $M>1.5$ 时，普通形式的移轴补偿实际上不能减小铰链力矩。同时，如果在

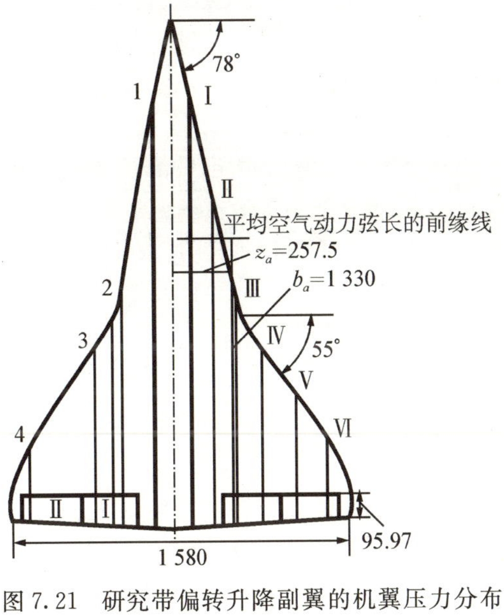

图 7.21　研究带偏转升降副翼的机翼压力分布用的模型示意图

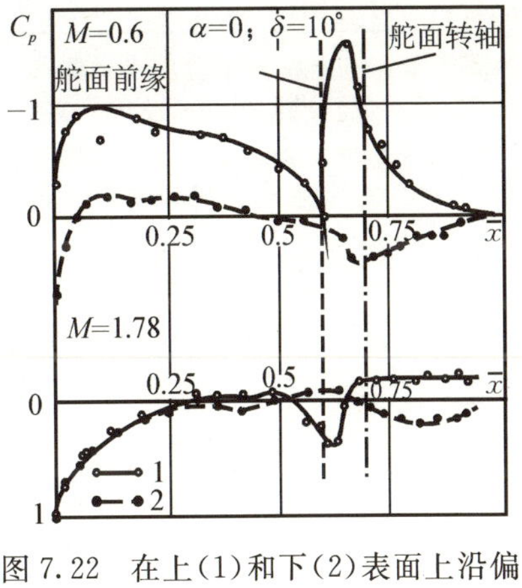

图 7.22　在上(1)和下(2)表面上沿偏转升降副翼的机翼翼弦的压力分布

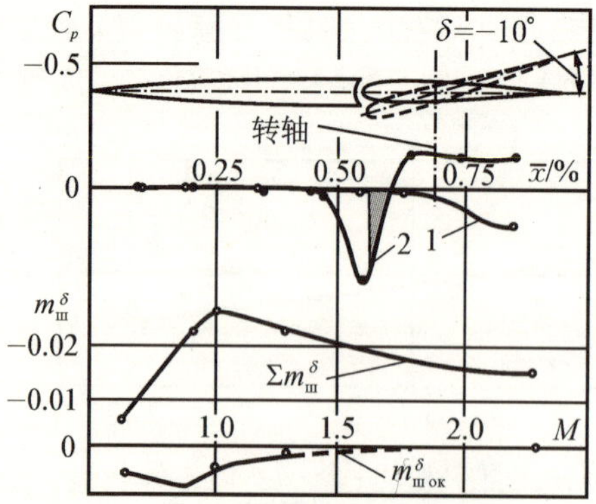

图 7.23　带移轴补偿的升降副翼的压力分布和铰链力矩

$M=2.3$，$\alpha=0$，剖面Ⅴ(1 和 2 见图 7.22)

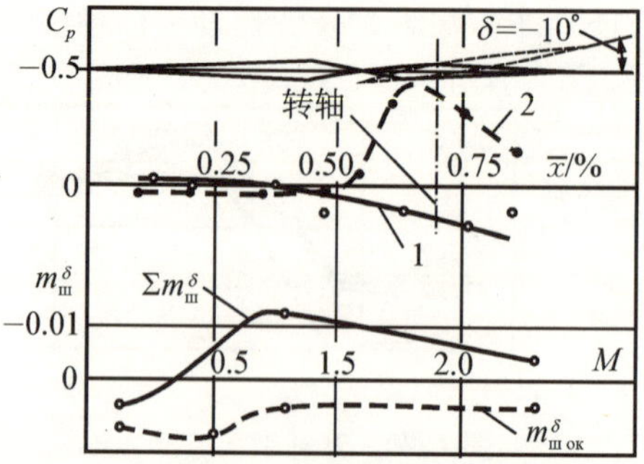

图 7.24　带楔形移轴补偿的升降副翼的压力分布和铰链力矩

$M=2.3$，$\alpha=0$，剖面Ⅴ(标记见图 7.22)

升降副翼之前的机翼固定部分的后缘做成削尖的楔形，移轴补偿部分也制成楔形前缘，则在超声速下这样的补偿可使铰链力矩减小(图 7.24)。楔形补偿已在一系列超声速导弹上采用。

因为楔形补偿不仅使铰链力矩减小，而且还使操纵面的效率增大，所以，在同等效率下可以在超声速流时得到很小的铰链力矩。担心“楔形-楔形”补偿会使迎面阻力大大增加是夸张的说法。实验表明，在所有试验过的方案中，机翼阻力基本上是一样的。

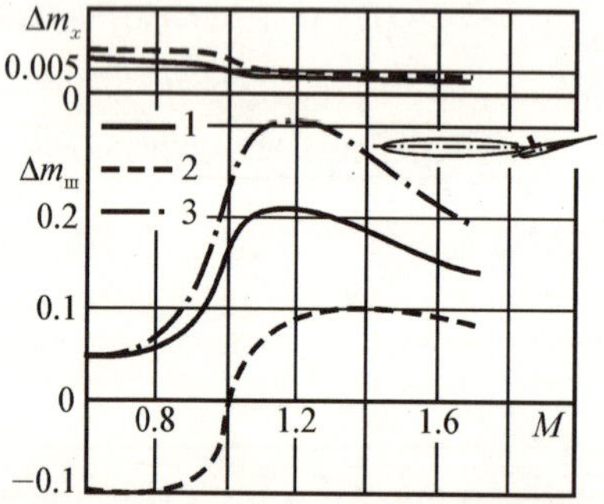

图 7.25　与扰流片组合的升降副翼的铰链力矩与 M 数的关系

1—无扰流片 $\delta_э=-10°$，2—有扰流片 $\delta_э=-10°$，3—无扰流片相同效率的 $\delta_э$ 偏度

还有一种减小铰链力矩的方法是采用一种组合：移轴补偿及转轴处加扰流片。偏转扰流片所产生的力矩作用在移轴补偿上，使得超声速下的铰链力矩大大减小(图 7.25)。与扰流片组合的升降副翼的效率增加，因此，无扰流片的升降副翼的效率达到升降副翼-扰流片组合的效率时，升降副翼的铰链力矩将更大。在超声速下，移轴补偿与扰流片组合在同等效率下可使铰链力矩减小(3/5～2/3)。

7.3　横向操纵面

作为超声速飞机的横向操纵面采用副翼、升降副翼、扰流片和差动平尾。

副翼

前面已经说明，过渡到超声速飞行，偏转舵面的机翼绕流特性发生很大的变化。如果在亚声速下，副翼效率是与相对展长、相对弦长的平方根和转轴后掠角余弦的平方成比例 ($m_x^{\delta_э}\approx\bar{l}_э\sqrt{\bar{b}_э}\cdot\cos^2\chi_э$)，则由于过渡到超声速时的绕流特性的变化，副翼效率与相对弦长成比例：$m_x^{\delta_э}\approx\bar{l}_э\bar{b}_э\cdot\cos^2\chi_э$。

对超声速下副翼效率所进行的系统的实验研究验证了这些关系(图 7.26)。

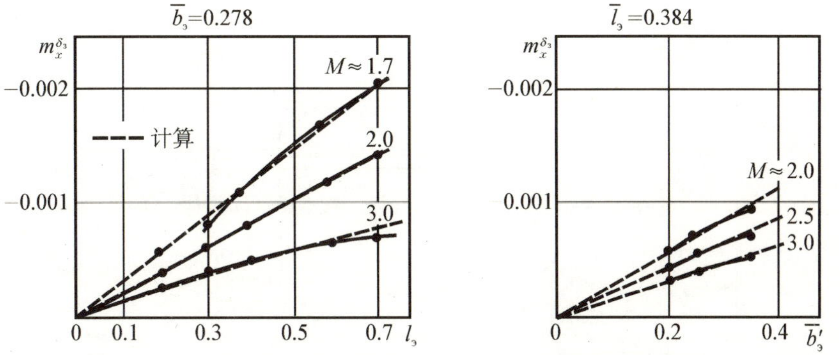

图 7.26　在超声速下副翼效率与相对展长和相对弦长的关系

$\bar{b}'_э$—副翼自转轴到后缘的相对弦长

众所周知,弹性变形的影响使副翼效率减小。当飞行速度(速压)增大时,可能出现副翼完全失效。出现副翼完全失效的速度(速压)称为副翼反效速度。当机翼后掠角增大时,通常反效速度减小。减小机翼弹性变形对副翼效率影响的办法之一是采用翼根副翼,即布置在机翼根部或中部。在这种情况下,利用翼根副翼也可作为起飞-着陆状态下的襟翼用。在后掠翼 $\chi=55°$ 上的翼根副翼效率与同等相对展长和相对弦长的普通副翼效率的比较示于图 7.27 和 7.28 上。

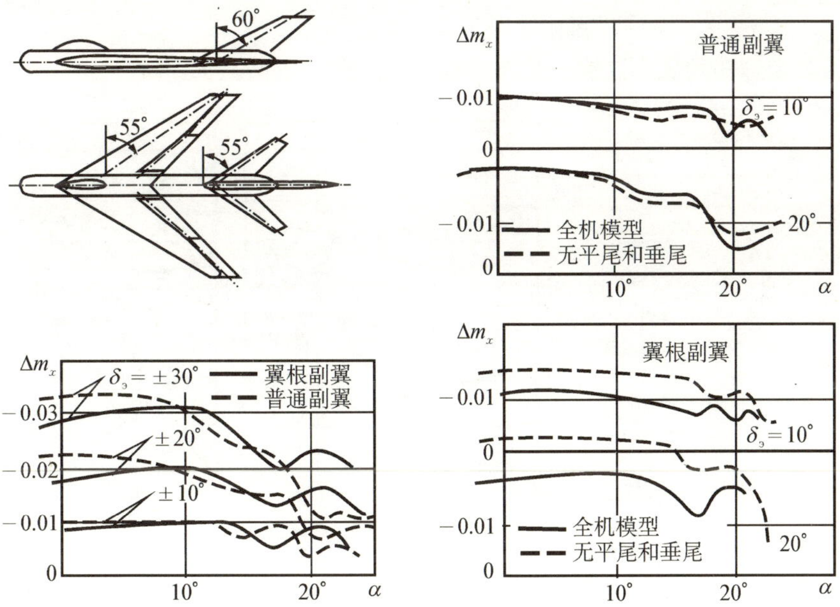

图 7.27　翼根副翼的效率与迎角的关系

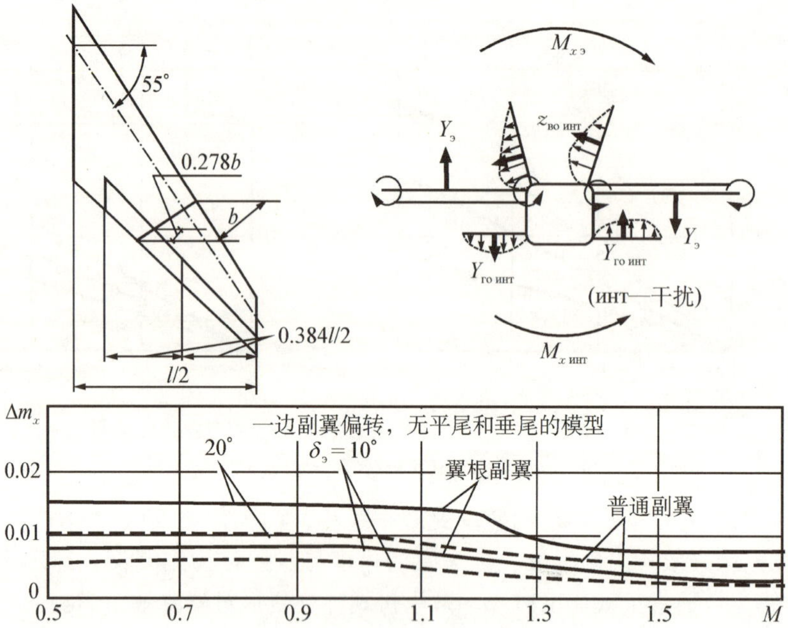

图 7.28　翼根副翼的效率与 M 数的关系

在一些情况下，在小翼弦比机翼上采用所谓的翼尖副翼，系全动式机翼翼尖段。研究表明，当迎角增大时正偏度的翼尖副翼的效率大大减小，而当迎角 $\alpha = 15° \sim 17°$ 时则完全失效。偏转襟翼使这种不利的效应增强。

偏转负迎角的翼尖副翼的效率保持到大的迎角(图 7.29)。

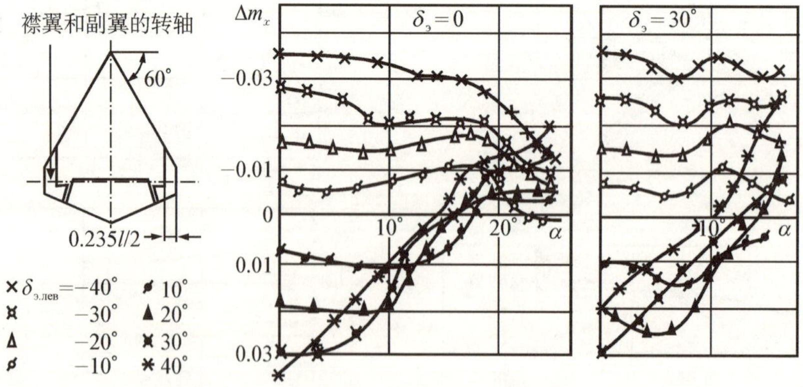

图 7.29　翼尖副翼的效率与 M 数的关系

因此，当采用翼尖副翼时必须差动偏转——负偏度大而正偏度小。在亚声速下，普通副翼的效率比同样相对面积的翼尖副翼的高些，而在超声速下，两种副翼方案的效率接近起来(图 7.30)。

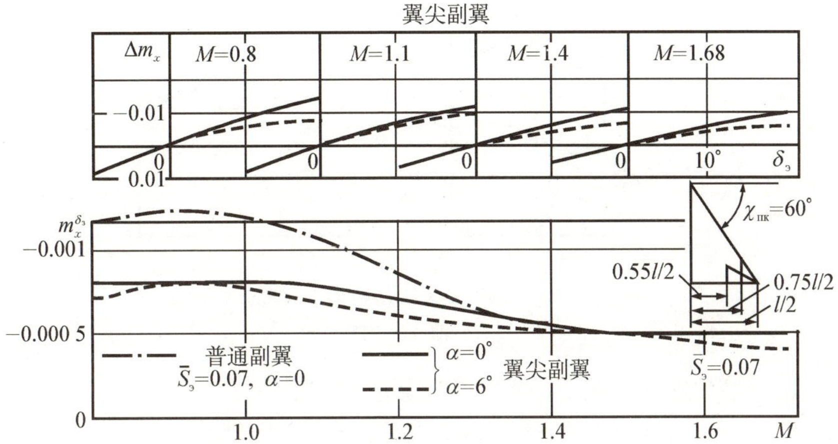

图 7.30 翼尖副翼的效率与 M 数的关系

对于机动飞机，保证足够的横向操纵效率直到大迎角，很重要。在图 7.31 上示出了在 $\chi_{пк}=50°\sim70°$ 范围内改变后掠角时在三角机翼上的副翼效率特性。当迎角较小和襟翼不偏转时，副翼效率随机翼前缘后掠角增大而使同样相对尺寸的副翼的导数 $m_x^{\delta_э}$ 减小。然而当 $\chi_{пк}$ 减小时，使副翼效率降低的翼尖失速出现在较小的迎角下，并且 $\chi_{пк}$ 角度愈小，导数 $m_x^{\delta_э}$ 随迎角增加而减小得就愈快。偏转襟翼使小 $\chi_{пк}$ 角的三角机翼上的副翼效率更加急剧地下降。正偏度大的副翼效率比负偏度大的副翼效率随迎角减低得更快。这一点已由全尺寸三角机翼 $\chi_{пк}=60°$ 飞机样机在中央空气流体动力研究院 T－101 风洞试验结果所证实。可见，正偏度大 $(\delta_э\approx26°)$ 的副翼效率，在偏转襟翼时随迎角的增大而大大减低，而负偏度大 $(\delta_э\approx-29°)$ 的副翼效率随迎角增大到 $\alpha=10°\sim11°$ 却升高，然后缓慢地减低(图 7.32)。

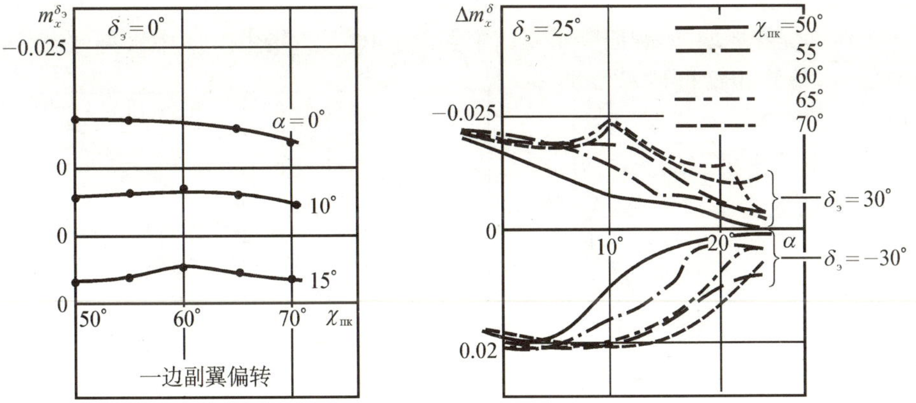

图 7.31 三角机翼上($\bar{l}_э=0.45$, $\chi_э=14°$, $\bar{S}'_э=0.07$ 副翼的效率

($\bar{S}'_э$)一从转轴到后缘的副翼相对面积)

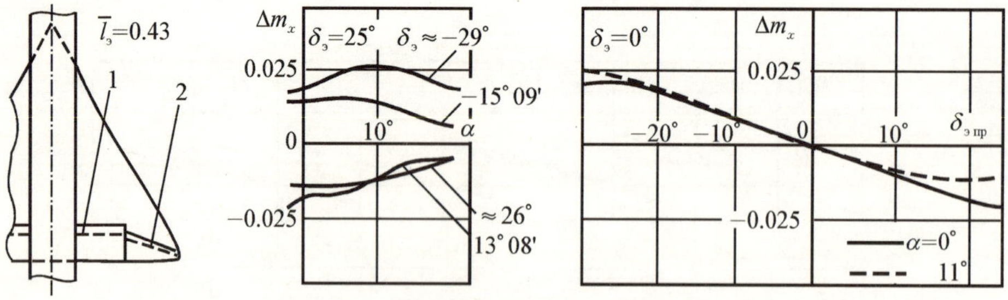

图 7.32 三角机翼飞机样机上的副翼效率

1—襟翼转轴；2—副翼转轴

前缘增升装置对大迎角下副翼效率的影响是在中等展弦比 $\lambda=3.5$ 和后缘非后掠的 $\chi_{пк}=40°$ 后掠机翼上作的(图 7.33)。研究表明，翼尖部分的锯齿，偏转前缘和前缘缝翼都使大迎角下的副翼效率大大提高。

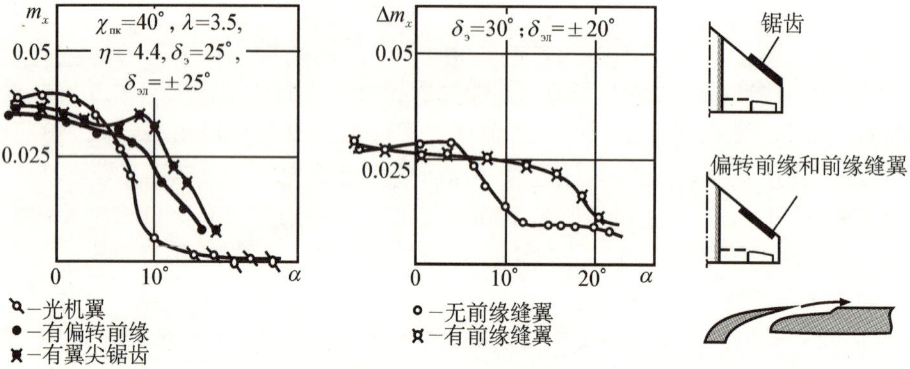

图 7.33 后掠机翼上的副翼效率与迎角的关系

为使副翼效率增加，曾研究了采用副翼前缘吹气。从图 7.34 中可见，在偏转增升装置时，偏转正偏度的副翼效率可以增大到两倍。

用小展弦比机翼研究表明，机翼和副翼的翼尖形状对铰链力矩影响很大。三角形翼尖的副翼，铰链力矩最大，而最小值是副翼未通到翼尖且机翼有固定的翼尖部分时(图 7.35)，此时，三角形翼尖方案既在亚声速下也在超声速下均得到最小的单位铰链力矩的副翼效率 $C_{ya}^{m_{ш\,э}}$。

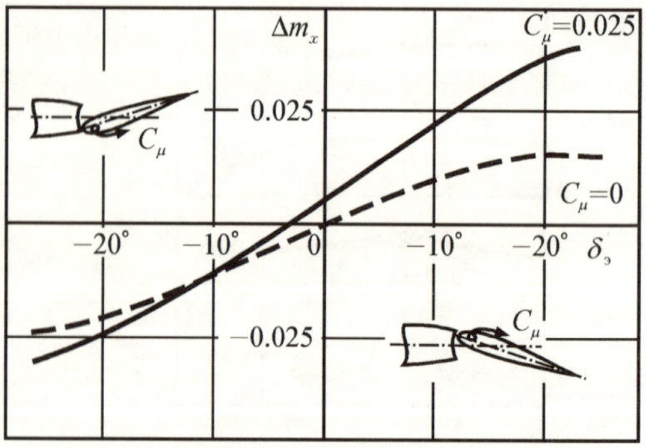

图 7.34 副翼前缘有吹气时的副翼效率

($\alpha=8°$, $\delta_э=30°$, $M=0.2$)

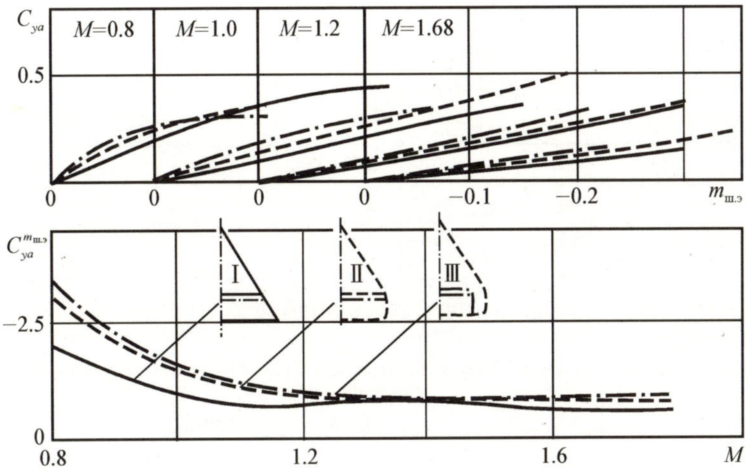

图 7.35　三角机翼上副翼的铰链力矩

在三角机翼上副翼相对展长的增加实际上不影响导数 $m_{ш.э}^{\delta_э}$，而负导数 $m_{ш.э}^{\alpha}$ 随展长的增加而减小。副翼相对弦长的增加使导数 $m_{ш.э}^{\alpha}$ 和 $m_{ш.э}^{\delta_э}$ 的绝对值增加，并且 $m_{ш.э}^{\alpha}$ 增长较快(图 7.36)。

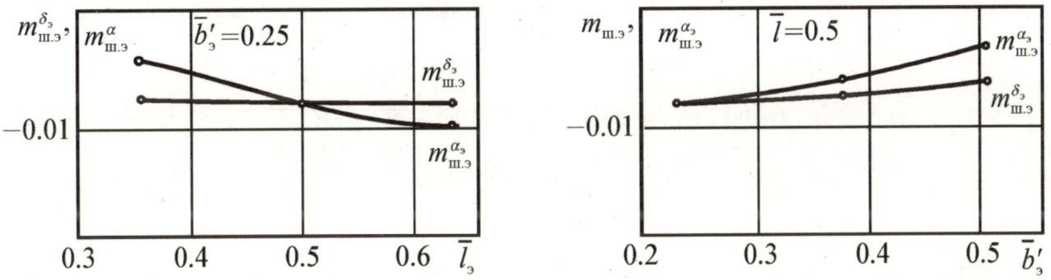

图 7.36　导数 $m_{ш.э}^{\alpha}$ 和 $m_{ш.э}^{\delta_э}$ 与副翼相对弦长和展长的关系

(结构补偿，$\chi_{пк}=60°$，$\chi_э=0$，$M=0.2$)

扰流片

扰流片通常作为补充副翼的横向操纵面，用于起飞-着陆状态，同样在速压下由于弹性影响降低副翼效率的巡航状态也用，以便增大横向操纵效率。

在跨声速和超声速下，M 数对偏转扰流片的机翼绕流特性的影响示于图 7.37。

在跨声速下扰流片前的压力随 M 数的增加而增加，但是到 M 数=0.97 扰流片后的吸力也增加。在超声速下，随着 M 数的增加，扰流片前的压力减小，这仅扩展到扰流片前机翼翼弦的一小部分上。在扰流片后，M 数增加时吸力也减小，而在大 M 数下，仅在扰流片附近减小。

在变几何形状机翼上，当襟翼沿全机翼翼展布置时，扰流片操纵就成为滚转操纵的主要操纵面。此时，需要注意扰流片的工作特点——其效率随迎角和机翼后掠角的增大急剧地减小。

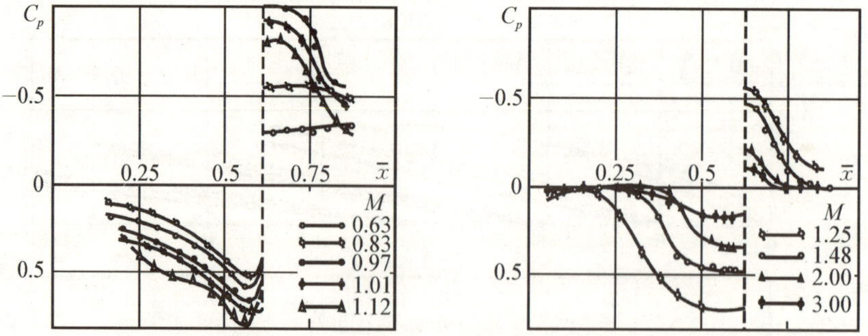

图 7.37 在跨声速和超声速下偏转扰流片的机翼弦向压力分布($\bar{h}_{инт}=0.032$)

正如研究所表明的,如采用缝隙式扰流片可以部分地减少这些不利现象(图 7.38)。

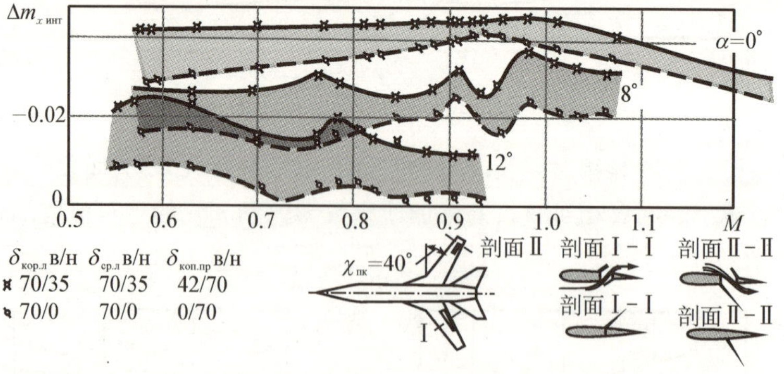

图 7.38 在不同的迎角下缝隙式扰流片的效率与 M 数的关系

B/H—上面的/下面的,$\delta_{кор.л}$—左翼根的,$\delta_{ср.л}$—左中的,$\delta_{кон.пр}$—右翼尖的

差动平尾

差动平尾在超声速飞机上得到应用,是因为其副翼的效率在大速压下实质性地减小;在变几何形状机翼的飞机上得到应用,是因为其扰流片操纵的效率随着外翼后掠角的增大而减小。当机翼外翼最大后掠角 $\chi_{пк}=72°$ 时,扰流片的效率就很小,而差动平尾的效率,偏转小的角度±3.3°,就比普通形式扰流片的效率高一倍(图 7.39)。

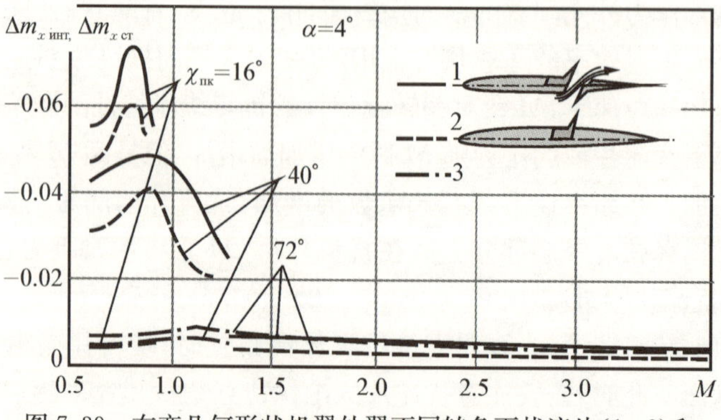

图 7.39 在变几何形状机翼外翼不同转角下扰流片(1, 2)和差动平尾(3, $\Delta\varphi=\pm3.3°$)的效率与 M 数的关系

由于差动平尾既是俯仰又是滚转的操纵面，因此，必须对纵向和横向操纵特性一起分析，特别是作为纵向操纵面的平尾在大偏转角下。

差动平尾独特的特点是偏航和滚转力矩的不寻常的关系。这种效应与平尾沿 X 轴距重心的力臂很大而外露平尾相对于对称平面的力臂较小有关。

变后掠机翼飞机两种转轴后掠角（$\chi_{ов}=0°$ 和 45°）的尾翼方案的模型试验结果示于图 7.40 和图 7.41。当差动平尾偏转较小的角度（±5°和 10°）时，其效率随迎角变化很小；不偏襟翼时到迎角 $\alpha=15°\sim16°$，偏襟翼时到迎角 $\alpha=10°$。差动平尾的效率很少取决于其转轴的后掠角。偏转差动平尾产生的偏航力矩 m_y 按绝对值随迎角增长，在采用斜轴的差动平尾时增长特别急剧。

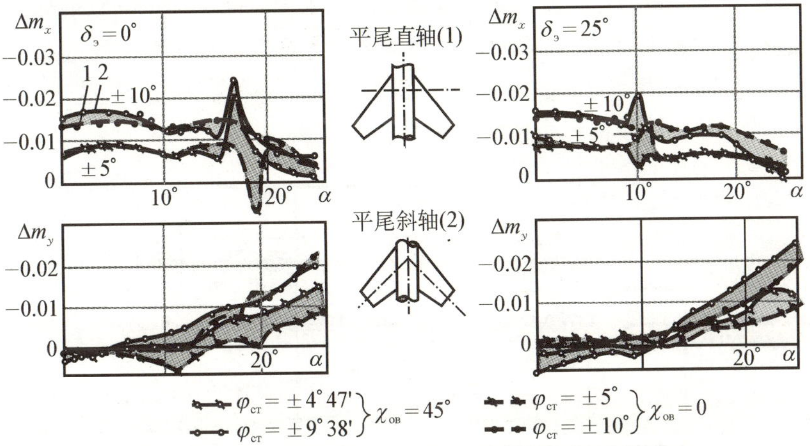

图 7.40　差动平尾在小偏角下滚转和偏航力矩增量与迎角的关系（$M=0.2$，$\varphi_{ср}=0$，$\chi_{пк}=16°$）

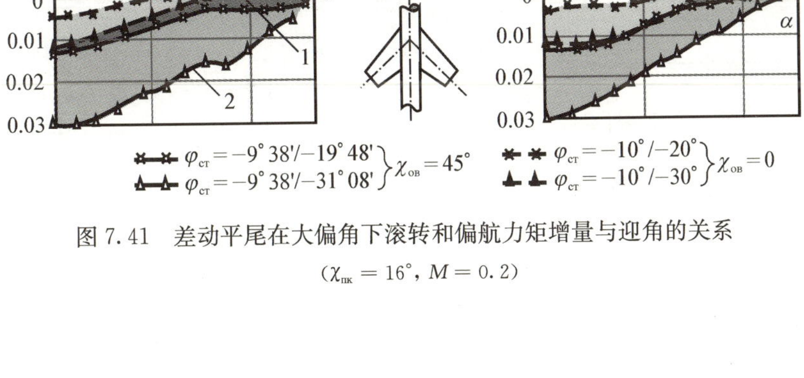

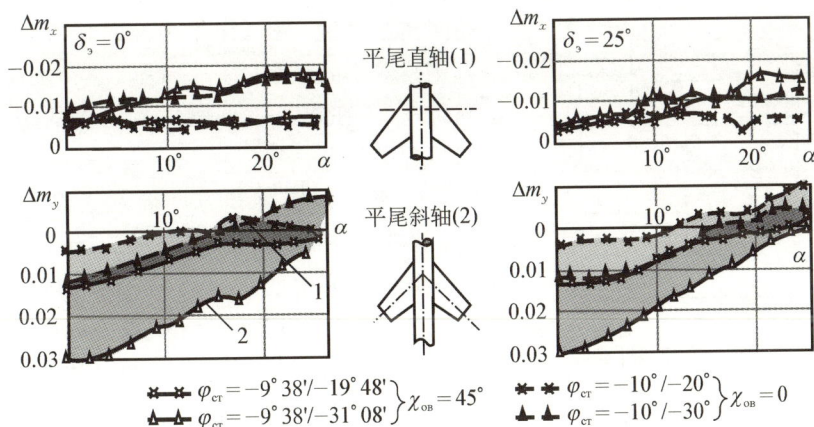

图 7.41　差动平尾在大偏角下滚转和偏航力矩增量与迎角的关系

（$\chi_{пк}=16°$，$M=0.2$）

当差动平尾从非零度初始角偏转时可以看到迎角对效率的明显的影响。

譬如，在 $\varphi_{\text{ст}}=-10°/-30°$ 时，在小迎角下的平尾效率实际上与 $\varphi_{\text{ст}}=-10°/-20°$ 时的效率相符合，因为偏大负角度－30°的那个平尾上发生失速。在大迎角下由于 $\alpha_{\text{го}}$ 减小和失速消除，在 $\varphi_{\text{ст}}=-10°/-30°$ 时的平尾效率比在 $\varphi_{\text{ст}}=-10°/-20°$ 时的大一倍。不论机翼增升装置偏转与否，采用斜轴平尾的偏航力矩比直轴的大得多。

7.4 方向操纵面和稳定面

作为超声速飞机的方向操纵和稳定的气动面采用带方向舵或不带方向舵（在全动式垂直尾翼时）的垂直尾翼。超声速飞机可配置单垂直尾翼和双垂直尾翼。

在过渡到超声速时，在跨声速区内垂直尾翼的效率可能变化不规则，而在超声速和小迎角下一次近似按 $1/\sqrt{M^2-1}$ 规律变化（图 7.42）。方向舵效率的下降很大，在超声速时 $m_y^{\delta_{\text{н}}}$ 值是亚声速时该值的 20%～25%，并且是 $m_{y\,\text{во}}^{\beta}$ 值的 10%～15%，这在一系列情况下导致在超声速时必须采用全动垂直尾翼。

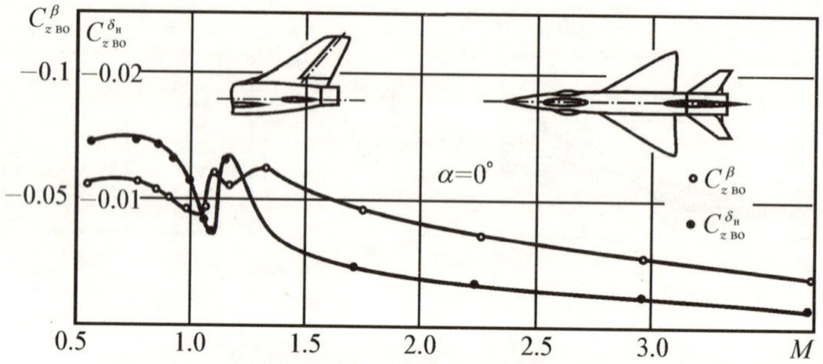

图 7.42 垂直尾翼和方向舵效率随 M 数的变化

（$\chi_{\text{во пк}}=60°$，$\chi_{\text{н}}=39°$，$\lambda_{\text{во}}=0.782$，$\bar{b}'_{\text{н}_\perp}=0.335$，$\eta_{\text{во}}=2.64$）

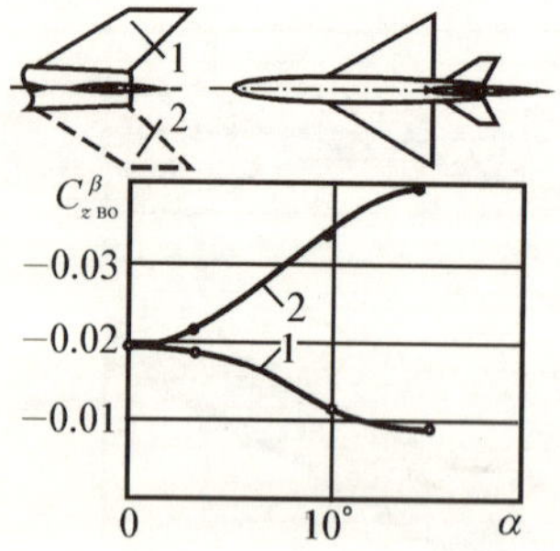

图 7.43 布置在机身上部（1）和下部（2）的垂直尾翼的效率随迎角的变化

（带平尾，$\chi_{\text{во}}=60°$，$\lambda_{\text{во}}=0.78$，$\eta_{\text{во}}=1.9$，$M=3.27$）

如同在亚声速一样，在超声速时增大迎角也引起垂直尾翼效率的减小（图 7.43）。

同时，布置在机身下部的垂直尾翼的效率随着迎角的增大而增大。

为了研究垂直尾翼和方向舵在大迎角下的效率，对活动垂直尾翼模型的空气动力特性进行了实验研究。分析所取得的结果表明（图 7.44），在大迎角下，垂直尾翼向下移动有助于提高方向舵的效率。

为了在大迎角下提高方向操纵的效率，可以采用安装在前机身上的涡流发生器。

在图 7.45 上所示的结果是在前机身左侧安装相对面积 $\bar{S}_1=0.002$、$\bar{S}_2=0.004$、$\bar{S}_3=0.006$ 平板式涡流发生器时取得的。

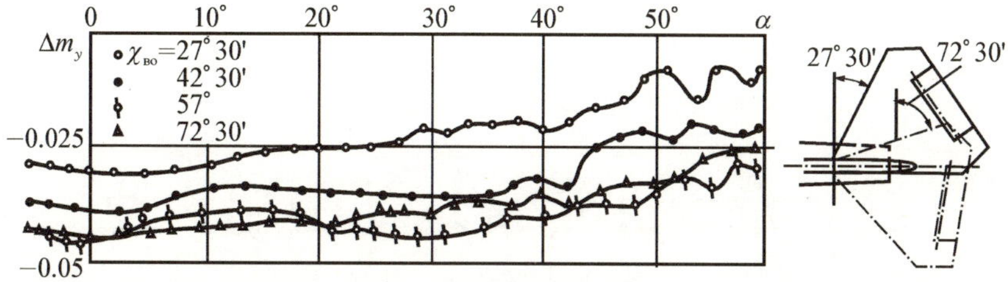

图 7.44　活动垂直尾翼到很大迎角时的效率　($\delta_н=20°$)

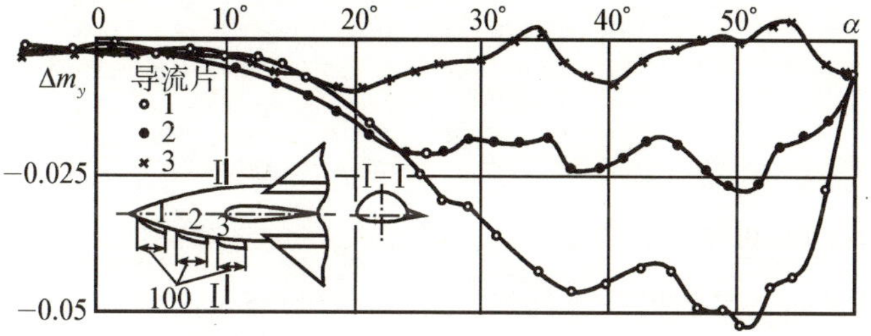

图 7.45　前机身安装的涡流发生器到很大迎角时的效率

所研究的涡流发生器在小迎角下实际上不产生偏航力矩增量,然而随着迎角增加超过 10°时,涡流发生器的效率增加。布置在机身最前部的涡流发生器是最有效的。

参考文献

[1] Бюшгенса Г С Аэродинамика и динамика полета магистральных самолетов [C]. Под ред. - Москва - Пекин: ЦАГИ, Авиа-изд. КНР, 1995.

[2] Калинин А И, Микеладзе В Г, Рекстин А Ж Аэродинамика органов продольного управления. Руководство для конструкторов [M]. ЦАГИ, 1969.

[3] Васильев Л Е, Зъкова Г Г, Микеладзе В Г, Рекстин А Ж Аэродинамические характеристнки органов поперечного управления. Руководство для конструкторов/Составители [M]. ЦАГИ, 1996.

[4] Луков Г И Аэродинамические характеристики вертикальных оперений. [M]. ЦАГИ, 1969.

[5] Микеладзе В Г. Исследования аэродинамических характеристик элеронов на треугольных крыльях [C]. Тр. ЦАГИ, 1957.

[6] Богачев Е П, Васильев Л Е, Микеладзе В Г. и др. Исследование способов уменьшения шарнирных моментов органов управления при сверхзвуковых скоростях [R]. Технические отчеты ЦАГИ.

[7] Микеладзе В Г, Рохова И З. Физическая картина обтекания крыла с отклоненными элевонами [C]. Тр. ЦАГИ, 1971.

[8] Микеладзе В Г. Аэродинамика органов управления истребителей [C]. Тр. ЦАГИ, 1978.

[9] Лотов А Б, Свищев Г П, Рекстин А Ж, Жданов В Т. Аэродинамика органов управления околозвуковых самолетов [C]. Тр. ЦАГИ, 1949.

第8章 非定常运动中超声速飞机空气动力学

在非定常运动中，扰动作用下确定空气动力反应，不论是对模拟飞机的动态特性，还是研究在所有可能飞行状态下飞机的稳定性都是必需的。空气动力载荷的数学模拟在进行飞机自动控制系统的综合时也是需要的。

在保持绕流不分离的小迎角飞行状态，因为所谓非定常气动导数概念可保证足够的准确度，故描述非定常载荷的问题可以大大简化。这些导数可以用计算和实验方法，相互补充加以确定。

在大迎角下，机动飞机的运动具有明显的非定常特征。所以与绕流的分离和旋涡发展滞后有关的非定常效应可能有决定性意义。由于机翼分离绕流扩展的非定常性，建立气动力载荷明显的滞后在模拟飞机偏离时的动态特性具有重要意义。而在分离绕流和偏离区，可靠地模拟飞机的扰动运动对保证飞机在临界状态下的飞行安全具有巨大意义。

要掌握过失速迎角的可控飞行，在飞机设计时就需要采用相适应的模型用来描述在分离绕流和涡流条件下的空气动力特性。在这种绕流情况下会产生很大的非线性和非定常的气动力载荷，它与飞机的运动过程有很大关系。

8.1 确定空气动力导数的计算和实验方法

在线性近似的范围内，飞机的纵向和横侧运动旋转气动导数和非定常的气动导数既可以用计算也可以用实验方法取得。

在小迎角飞行状态下，机翼及其他气动力表面的绕流通常具有无分离的特征。所以要计算非定常气动导数可以采用离散涡法。该方法可以相当准确地估算非定常的导数并分析不同几何参数配置的影响[2,3]。

为了实验确定非定常气动导数，可在风洞中使用专用的装置。该装置使飞机模型实现俯仰、偏航和滚转小振幅的强迫或自由振动。

计算方法

在飞机布局的初步气动力设计阶段，可以使用简单的工程计算方法。该方法由于经济性好,可以足够详细地分析布局方案,研究其各种部件的影响并从工程观点找到可以接受的方案。

属于这方面工作的程序,例如有 UNST 程序[4]。该程序在无分离绕流状态下用来计算任意布局飞机的静态和非定常的气动导数。它所得到的信息在初步设计阶段进行评估飞机的稳定性和操纵特性是足够用的。

飞机的扰动运动以一系列运动参数:迎角和侧滑角为 α 和 β,滚转、偏航和俯仰的旋转角速度为 ω_x, ω_y 和 ω_z,以及舵面偏转角为 δ_B, $\delta_Э$ 和 δ_H 来表示。在准定常的近似计算范围内,非定常的气动力和力矩还取决于迎角和侧滑角的变化速率 $\dot{\alpha}$ 和 $\dot{\beta}$。程序能够按上述任一参数计算出气动力和力矩系数 C_y, C_z, m_x, m_y 和 m_z 的偏导数值。

计算的初始数据——飞机的几何形状和所求的导数类型由用户用方便的接口给定。现有的绘图设备可以检查给出几何布局的准确性。

在所采用的计算图中,假设飞机的升力面(机翼、水平尾翼和垂直尾翼)可以用平行于飞机纵轴的薄中弧表面来近似。机身也用“十字交叉”的两个薄表面近似。同时此基准面按弦向和展向划分成必需数量的表面元素,在每一表面元素上设置附体马蹄涡和检查点,该点应满足流动不渗透此表面条件。用一组基准涡面表示飞机的布局示例于图 8.1。

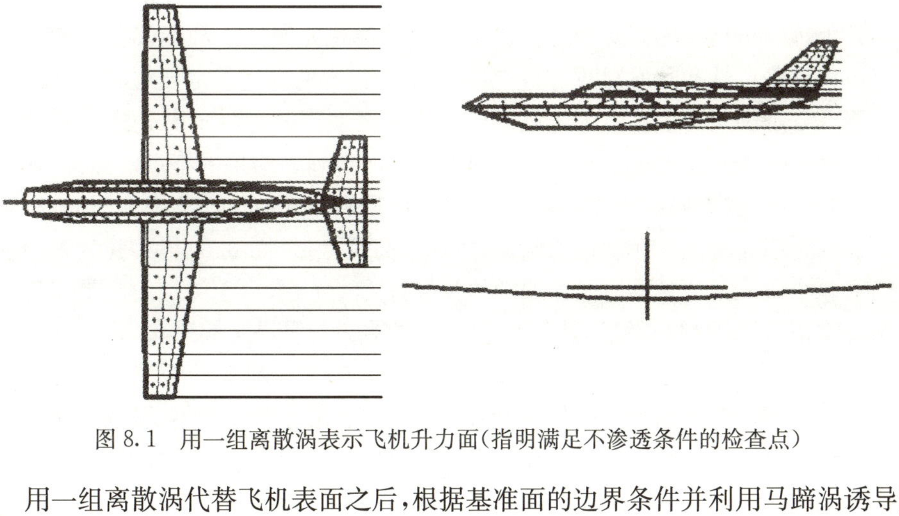

图 8.1　用一组离散涡表示飞机升力面(指明满足不渗透条件的检查点)

用一组离散涡代替飞机表面之后,根据基准面的边界条件并利用马蹄涡诱导速度的静态和非定常的表达式计算必需的静态和非定常的导数以及舵面效率。压缩性修正用飞机基面的仿射变换进行。

中央空气流体动力研究院使用 UNST 程序的尝试表明,对于飞机上无分离绕流状态、马赫数范围 $M = 0.2 \sim 0.7$,计算结果与实验数据十分吻合。所取得的气动导数,其估算的准确度对飞机初步设计阶段完全够用。在随后几节里特别介绍一下计算和实验结果的一些对比。

实验方法

中央空气流体动力研究院用来研究飞机模型非定常空气动力特性的主要装置之一是ОВП-102Б装置。该装置供中央空气流体动力研究院T-102、T-103风洞使用并实现小振幅和大振幅谐波强迫振荡的方法。

此装置是按模块原则来实现的——它用几个基本的机械部件可以组装3种运动系统。每一系统都能使被试验的飞机模型相对于模型坐标系(俯仰、滚转和偏航)三个轴中的任一个实现谐波强迫振荡(见图8.2)。

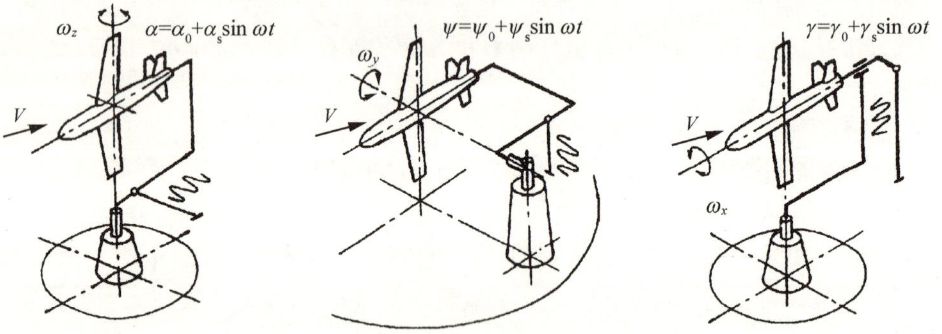

图8.2 强迫振荡装置ОВП-102Б示意图

所测得数据的处理方法在实验的有效性中起着重要作用。数字计算机可利用的高效处理测量结果的算法中首先应提到快速傅里叶变换法和回归分析法。它不仅可以得到稳定性和阻尼导数,而且在一次执行过程估计出所得导数的可信度。

图8.3示出三角机翼在低速风洞中以不同频率作俯仰振动时处理试验结果的示例。这一例子直观地说明所测信号的特点和所得到的结果的特点。显见,在大迎角区,由于在机翼上涡破碎过程的动态效应,出现组合导数值随频率而不同,所算导数值的区别明显增加。在测得的俯仰力矩中,高频分量(图8.3)与实验装置的模型支座和整个机械系统激发的弹性振动的频带有关。然而,由于弹性的频带与迎角变化的基准信号(1～2 Hz)相差很大,故分解出的有效信号是足够可靠的。

当相对于体轴振荡时,由于模型的质心固定,产生角速度投影与迎角及侧滑角变化速率之间运动学耦合。因此,模型在ОВП-102Б装置上滚转、偏航和俯仰强迫振荡的结果只能得到组合的旋转和非定常导数(见下一节)。为了分离导数,需要另一实验系统,并且允许模型质心移动。

为了研究分离绕流和旋涡绕流建立过程的特点,在中央空气流体动力研究院研制出专用(自由振荡和非周期运动)装置СКАД[10]。СКАД装置利用ОВП-102Б装置的标准支架并有辅助构件。它可当模型达到最大偏转角时将其截获(停止)。在模型运动过程中和它停止之后进行测量力和侧向力矩,此时俯仰力矩按过渡过程复现。取得结果示例于下一节图8.11。

在高亚声速、跨声速和低超声速范围内研究飞机模型的非定常空气动力特性是

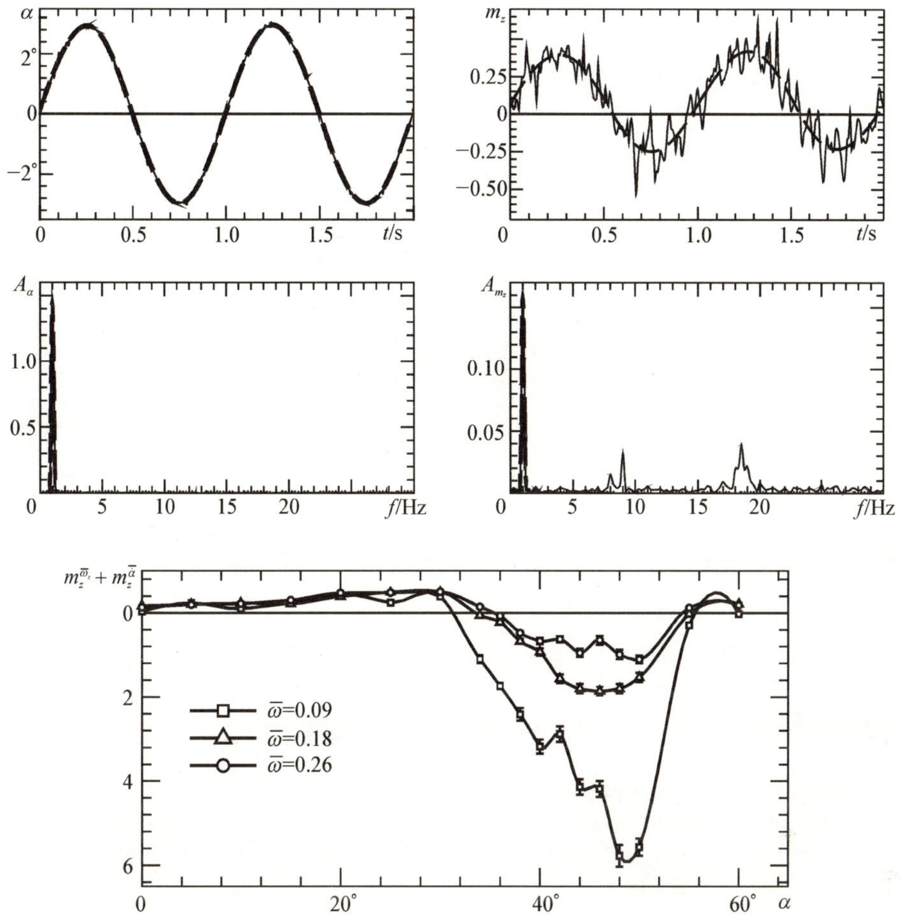

图 8.3　输入信号(迎角变化)和输出信号(俯仰力矩系数变化)的频谱分析
(在风洞气流中按模型强迫振荡的结果用回归法所得组合的非定常导数和旋转导数)

一项亟待解决的而且也是复杂的任务。在高速气流中采用强迫振荡的方法会遇到与模型支架和实验装置构件不利的与弹性影响有关的严重问题。通常,为了模拟高速飞行的斯特劳哈尔数而必须提高振动频率时,会出现与装置本身、操纵系统和支架的弹性变形有关的有害振荡。

为了克服这一矛盾,中央空气流体动力研究院根据在模型弹性铰接接头上自由振荡——CKM[5]而研制出的专用装置并投入使用。飞机模型借助专用的弹性构件(弹性铰接接头)固定在试验段尾支臂上,可以使模型作小角度的俯仰、偏航或滚转振荡。振荡时记录偏转角的过渡过程和模型内测力天平的指示。弹性铰接接头和 5 分力测力天平制成统一整体。这样做是为了避免会增加铰链接头结构阻尼的附加连接件。天平元件后端固定在尾支臂前的圆柱形部分上,而元件的前部固定于模型。这样,模型振动轴与铰链接头振动轴重合。模型在 CKM 装置上的固定方法示于图 8.4。

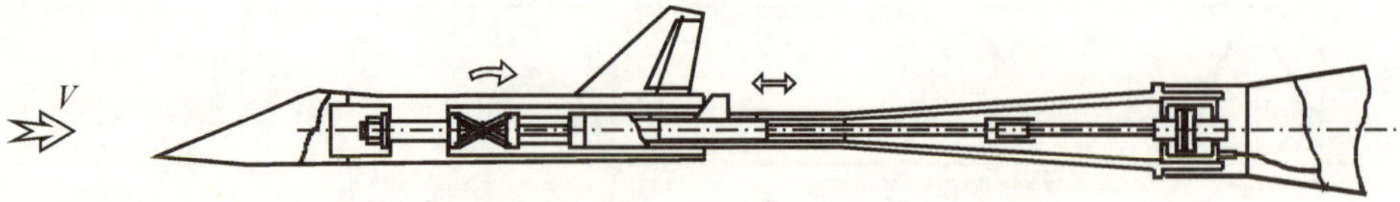

图 8.4 在中央空气流体动力研究院自由振荡装置(СКМ)
弹性铰链接头上的模型示意图

测量结果的数学处理可以得到所需要的气动阻尼导数。

该装置可供具有以下几何特性和惯性特性的模型进行研究：$S_{МОД} \leqslant 0.1\ m^2$、$G_{МОД} \approx 10 \sim 15$ kg、$I_z \approx 0.2 \sim 0.5\ kg \cdot m^2$、$I_y \approx 0.2 \sim 0.7\ kg \cdot m^2$、$I_x \approx 0.02 \sim 0.15\ kg \cdot m^2$。研究的马赫数范围为：$M = 0.3 \sim 1.6$。安装的迎角和侧滑角：$\alpha = -30° \sim +30°$、$\beta = -15° \sim +15°$。安装的模型滚转角可以是任意的。模型按俯仰、滚转或偏航角振荡的振幅：$\nu < 0.25°$。模型绕俯仰、偏航和滚转角振荡的频率——$\omega_z : f = 10 \sim 25$ Hz，$\omega_y : f = 10 \sim 25$ Hz，$\omega_x : f = 10 \sim 35$ Hz 。

动态实验是在半自动状态进行的。风洞(АДТ)工作状态的控制——保持给定的气流马赫数，α、β 机构架按试验大纲转换到所需的位置等，由实验员借助风洞测量振动系统(ИВК)来实现。控制动态装置的工作——激励振荡，在振荡过程中采集传感器的信息、消除振荡，以及多次重复循环的测量等均借助可活动的测量振动系统来实现。

8.2 小迎角下的阻尼特性

在无分离绕流的小迎角下，不论是纵向还是横侧运动的非定常和旋转气动导数，均可用以线性气动模型为基础的程序，其结果是足够准确的[2, 3]。

目前现有的电子计算机程序，由于它计算需用的时间最少，已全面代替了在飞机设计中气动力布局时进行估算气动导数的近似分析法。这些程序可以很容易实现改变机翼、水平尾翼和垂直尾翼的几何特性及其相对位置，从而改变了飞机布局等。

为了得到不同飞机布局所特有的纵向和横侧运动气动导数值的概念，作为例子，在表 8.1 和表 8.2 中示出了按 UNST 程序的计算结果。所研究的布局形式示于图 8.5。除了整个布局的计算外，表中还对无水平尾翼或垂直尾翼的截短构型列出了结果。

表 8.1 纵向非定常气动导数($M = 0.2$)

模　型	$C_y^{\bar{\omega}_z}$	$C_y^{\bar{\dot{\alpha}}}$	$m_z^{\bar{\omega}_z}$	$m_z^{\bar{\dot{\alpha}}}$
标准动态模型	3.102	1.146	−2.170	−0.758
标准动态模型(无平尾)	1.822	1.024	−0.876	−0.262
No1	3.608	1.497	−2.250	−1.023
No1(无平尾)	2.577	0.389	−1.219	0.074
No2	4.837	1.365	−4.386	0.082

（续表）

模　型	$C_y^{\bar{\omega}_z}$	$C_y^{\bar{\dot{\alpha}}}$	$m_z^{\bar{\omega}_z}$	$m_z^{\bar{\dot{\alpha}}}$
No2(无鸭翼)	4.906	0.315	−3.874	0.283
No3	3.474	1.644	−2.498	−0.999
No3(无鸭翼)	3.489	1.035	−2.403	−0.811

表 8.2　横侧非定常气动导数（$M=0.2$）

模　型	$m_x^{\bar{\omega}_x}$	$m_x^{\bar{\omega}_y}$	$m_x^{\bar{\dot{\beta}}}$	$m_y^{\bar{\omega}_x}$	$m_y^{\bar{\omega}_y}$	$m_y^{\bar{\dot{\beta}}}$
标准动态模型	−0.293	−0.080	−0.009	−0.039	−0.523	−0.035
标准动态模型（无垂尾）	−0.272	0.027	0.018	0.002	−0.206	−0.041
No1	−0.319	−0.046	−0.021	−0.012	−0.290	0.020
No1(无垂尾)	−0.308	0.00	0.00	0.00	−0.047	0.024
No2	−0.325	−0.181	−0.014	−0.074	−0.439	−0.021
No2(无垂尾)	−0.287	0.00	0.00	0.00	−0.080	0.079
No3	−0.302	−0.155	−0.022	−0.031	−0.706	−0.076
No3(无垂尾)	−0.290	−0.018	−0.013	−0.006	−0.145	−0.010

图 8.5　用于对比其非定常气动特性的各种机动飞机布局

用小振幅强迫振荡法取得的实验结果与程序计算结果比较后，可以评估所取得的气动特性的准确度。在阐述大迎角的下一节中，实际上小迎角区的非定常导数实验曲线图上都用粗虚线示出按 UNST 程序计算的值。

在图 8.6 上示出了在中央空气流体动力研究院 T-108 和 T-128 风洞的自由振荡装置 CKM 上，在马赫数范围 $M=0.3\sim1.1$ 内，对动态实验标准模型(СДМ)俯仰、偏航和滚转的组合旋转和非定常导数实验测定的结果。为了对比也列出了不同的科学中心——联邦德国宇航研究院(DFVLR)、美国阿纳德工程开发中心(AEDC)和印度国家航空实验室(NAL)所取得的实验结果。按 UNST 程序计算气动导数的结果用虚线示出。在小马赫数下计算和实验的结果之间相吻合情况完全可以接受(偏航运动除外，这是因为机身影响的计算不够准确)。应当指出，用不同

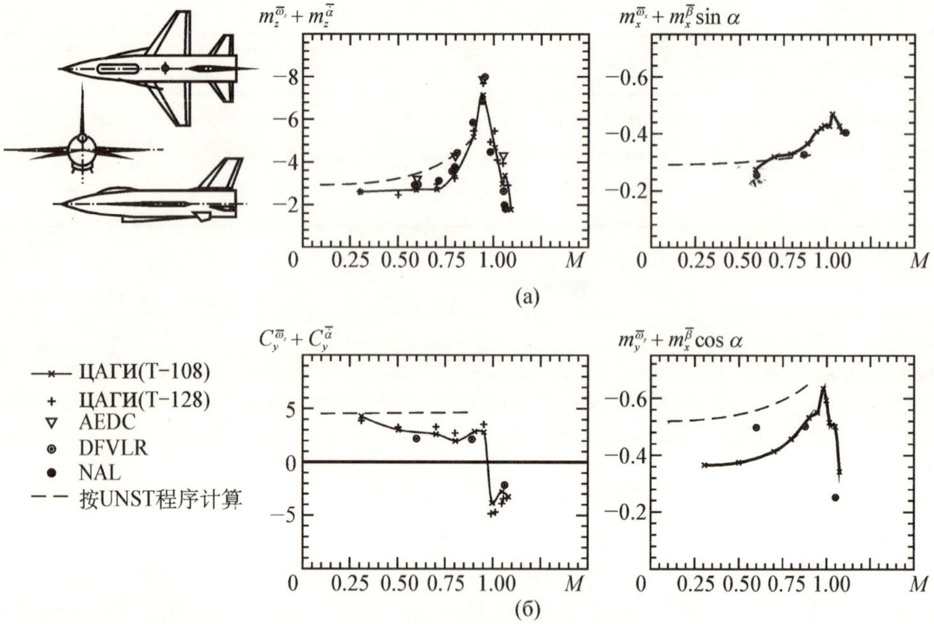

图 8.6　机动飞机的动态标准模型

(a) 在中央空气流体动力研究院带弹性铰链接头的自由振荡装置 CKM 上；
(б) 不同的马赫数下实验测定非定常和旋转导数的结果

的实验装置所取得的实验结果相吻合情况也完全可以接受。

当接近跨声速飞行状态时，压缩性的影响表现在俯仰和偏航的阻尼增加很多，滚转方向则小些。而当过渡到超声速时这些阻尼特性则急剧地下降。

8.3　大迎角空气动力学

在大马赫数飞行时，使用的迎角值相对说不大且为了模拟飞机的动态特性完全可使用以计算或实验方法得到的气动导数。在这些飞行状态下(除跨声速状态以外)，绕流实际上是无分离的。

在着陆状态、在风扰动作用下，急剧空间机动并发挥飞机的极限能力时，可能达到引起分离绕流发展的迎角。在这些状态下，运动稳定性的丧失会导致偏离和进入尾旋。此时引起急剧旋转且迎角和侧滑角剧增。在这种情况下的运动具有本质的非定常性质，各种参数变化幅值很大。为了恰当地描述在这些运动状态下的气动特性，需要有关于绕流性质和动态特点以及产生的气动载荷详细的概念。

在分离绕流状态下飞机气动特性的非线性和非定常特点

机动飞机大迎角非定常气动特性在很大程度上与分离绕流和涡流出现的特点有关(见图 8.7(a)绕流的近似图形)。在正常布局的飞机上，大迎角旋涡绕流结构主要是在加长的飞机头部和大后掠角机翼的边条上形成。中等后掠角的机翼外翼在大多经历大展弦比机翼所固有的气流从光滑表面分离的发展过程。因而出现旋涡区和气流分离区的相互影响，产生大迎角下复杂的绕流拓扑图。

机翼上涡流结构的破碎过程对大迎角下机动飞机气动特性的非线性和非定常的特点影响很大。机翼边条和前缘迎风面涡系的破碎导致横向失去稳定性，气动导数 m_x^β 在某些迎角范围内改变符号。就在这个范围内可以看到由迎风面涡系破碎过程所决定的按侧滑角非线性关系曲线(图 8.7(б))。偏航振荡时，在涡系破碎的发展区域将显示出所产生气动载荷的很大迟滞，致使非定常导数很大程度上取决于振动幅值和频率。

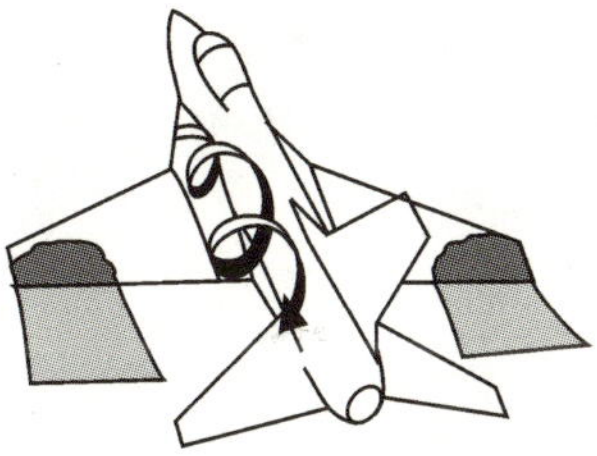

(a)

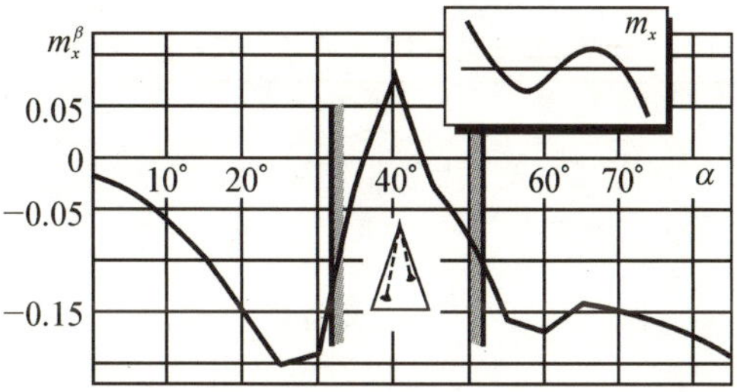

(б)

图 8.7　大迎角下绕流的特点

(a) 涡系和气流分离；(б) 在机翼上面涡系不对称破碎对横向稳定性的非线性特性的影响

大迎角下典型的非线性特点之一就是既在定常绕流条件*下又在非定常绕流条件下出现的气动特性迟滞现象。在定常条件下因(两种或两种以上)不同结构的绕流存在可能有所谓的静态迟滞现象，致使气动载荷与运动参数(例如与迎角、侧滑角、圆锥形旋转的角速度等)间产生非单值的关系。由气流分离产生的非单值或静态迟滞区(尤其是在机翼上)与雷诺数关系很大。

在非定常条件下，静态迟滞现象变化很大，它使载荷非单值区域扩大，同时迟滞区域的宽度开始与斯特劳哈尔数关系很大，亦即与运动非定常程度关系很大。**动态迟滞现象**在分离绕流区甚至没有静态迟滞下大幅值和高频率振荡时都明显地表现出来。出现这种效应是由于飞机非定常运动时机翼上气流分离发展滞后或在机翼上涡系结构破碎滞后所致。自然，这些空气动力特点会对飞机大迎角的动态特性影响很大并因此需要对它们加以正确描述。

静态气动力迟滞现象是在一些相同运动参数下可能存在不同的稳定绕流结构的结果。例如分离的和无分离的，或有不同分离区的分离绕流，或有不同的拓扑结构的分离绕流等。在空气动力积分——总气动力和力矩中，迟滞可能以非单值的关系表现出来。

实验中所得到的这类气动力迟滞的例子刊载于许多文章中[6~9]。其中的前 3 篇文章中介绍了在亚声速下大展弦比机翼大迎角的实验研究的数据。取自文献[6]

---

* 所谓定常绕流下是指 $\dot{\alpha}\approx 0$ 时的迟滞现象——校者注。

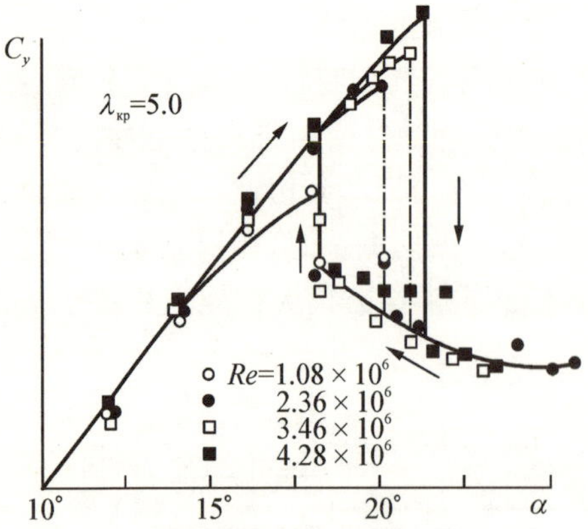

图 8.8 迟滞区宽度与雷诺数的关系（NACA-23012 翼型）

的图 8.8 上清楚可见，当迎角正和反向变化时，在气流分离和恢复迎角区，大展弦比机翼升力值存在静态气动力迟滞。在参考文献[8，9]中列举了在大展弦比矩形机翼上有 3 个稳定分离绕流结构的非单值区。

这时要提到滞环宽度与雷诺数关系很大（参考文献[6]中研究了 $Re=1.08\times10^6\sim4.28\times10^6$ 范围）。当迎角增加时，无分离绕流区随 Re 数增加而扩大，而无分离绕流的恢复实际上在同一迎角下进行。

参考文献[7]中列出了不同相对厚度的小展弦比平直机翼的分离绕流的研究结果。在正行程和反行程中测量总气动力矩表明静态迟滞的存在，其中对应相对厚度 $\bar{c}=0.09$ 的机翼迎角在 $17^\circ<\alpha<21^\circ$ 范围内。流动显示表明，机翼上的无分离绕流被分离绕流所代替时，机翼上出现封闭的回流区。流动结构的更迭导致俯仰力矩 m_z 值的突变。而无分离绕流的恢复已经是在较小的迎角值并且也伴随着 m_z 值的突变。此时翼型相对厚度对气动力迟滞区的大小和位置的影响与 Re 数的影响相似。在图 8.9 上示出了以不同幅值的强迫振荡法取得的组合非定常和旋转的俯仰导数关系曲线。当处于静态迟滞区时，这些气动特性发生最急剧的变化。因为静态迟滞的存在能导致空气动力载荷随振幅和运动过程的性质变化很大，所以它的计算和恰当地描述在研究飞机大迎角动态特性时极为重要。

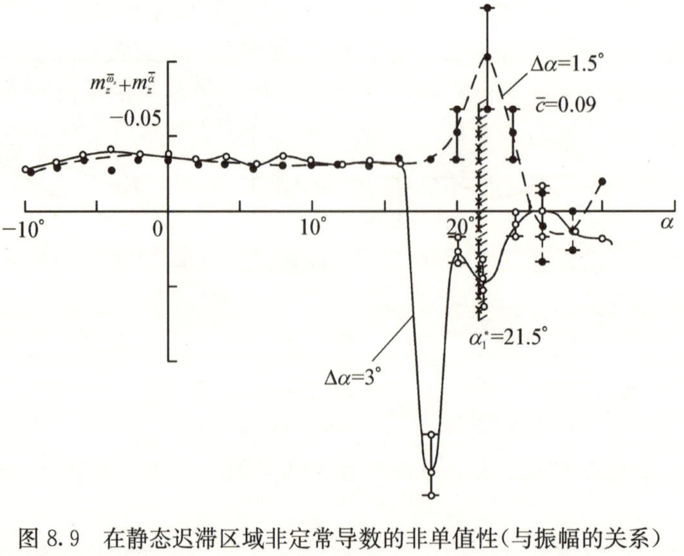

图 8.9 在静态迟滞区域非定常导数的非单值性（与振幅的关系）

空气动力特性的动态迟滞

当飞机在对应于 $C_{y\max}$ 迎角附近作非定常运动时，可以看到空气动力 C_y 和力矩 m_z 与其静态关系相比有很大变化。这时 $C_{y\max}$ 值的增加与迎角增加的速度 $\dot{\alpha}>0(\bar{\dot{\alpha}}\leqslant 0.02)$ 成正比例。

影响气流分离推迟及其恢复的决定性因素是当迎角增加 $\dot{\alpha}>0$ 时后缘静压梯度减小，有助于防止边界层分离，以及在折算频率值 $\bar{\omega}\geqslant 0.01$ 时表现出的机翼前缘涡系的偏移效应。要注意到当以 $\dot{\alpha}>0$ 非定常运动时，气流分离迎角的推迟与由 Re 数增加所决定的类似过程完全相同。此时可以假设，非定常运动时 $C_{y\max}(\bar{\dot{\alpha}})$ 值的变化可能就在静态试验中观察到的 $(C_{y\max})_{Re\to\infty}\sim(C_{y\max})_{Re\to 0}$ 范围内变化。即在(风洞)小 Re 数时也在飞行条件下大 Re 数时都有动态迟滞。

当增大迎角时由于分离绕流出现的滞后，可能产生很大的 $C_{y\max}$ 值增量。相反，当迎角减小时出现分离绕流恢复的滞后效应。在大迎角非定常运动时出现的空气动力载荷的变化，自然对所研究的区域其中包括失速时飞机的扰动运动性质影响很大。为了正确描述这一区域的空气动力特性，就必须考虑到分离绕流出现和恢复的动态迟滞效应[16]。

对应于 $C_{y\max}$ 的迎角区域内的动态迟滞，既可在空气动力实验中也可在直接飞行中看到。此时，正如实验表明，在风洞条件下模拟动态迟滞可以得到很接近于实际飞行条件的结果。

在图 8.10 上示出了在风洞中以大幅值改变迎角时前缘后掠角 70°的三角形机翼上法向力和仰力矩系数变化的示例。当迅速进入机翼上面涡系破碎的迎角区域时，出现明显的空气动力特性动态迟滞。

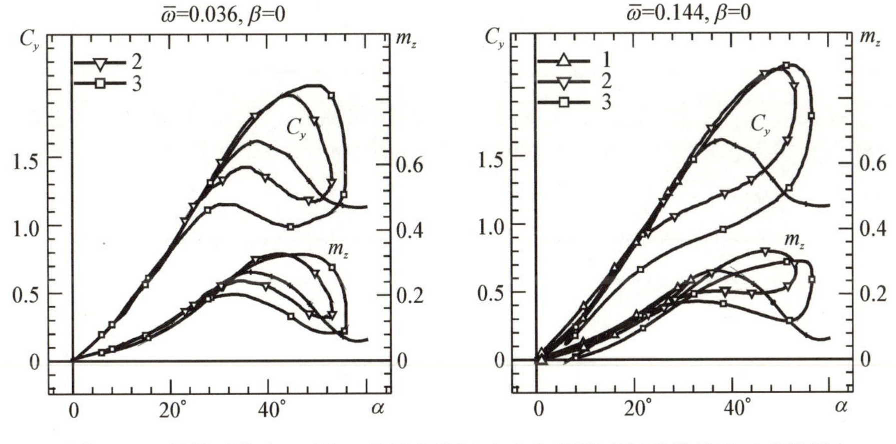

图 8.10　前缘后掠角 70°的三角形机翼法向力和俯仰力矩系数值的动态迟滞

$1-\alpha_0=15°,\ \Delta\alpha=15°;\ 2-\alpha_0=38°,\ \Delta\alpha=15°;\ 3-\alpha_0=30°,\ \Delta\alpha=25°$

在图 8.11 上示出了机动飞机动态进入过失速迎角 $\alpha=70°$ 过程中法向力系数 C_y 的测定结果(作者得到的结果[10])。从过渡过程中测得的法向力系数与静态条件下其值的比较表明，可以看到 C_{ymax} 值动态骤增很多，约 0.8。当模型固定在迎角 $\alpha\approx70^{\circ}$ 后，可清晰见到建立定常分离绕流的非周期过程。在此过程中法向力系数值达到其静态值的量级。根据这些研究结果可直接估算建立分离涡流的特征时间。

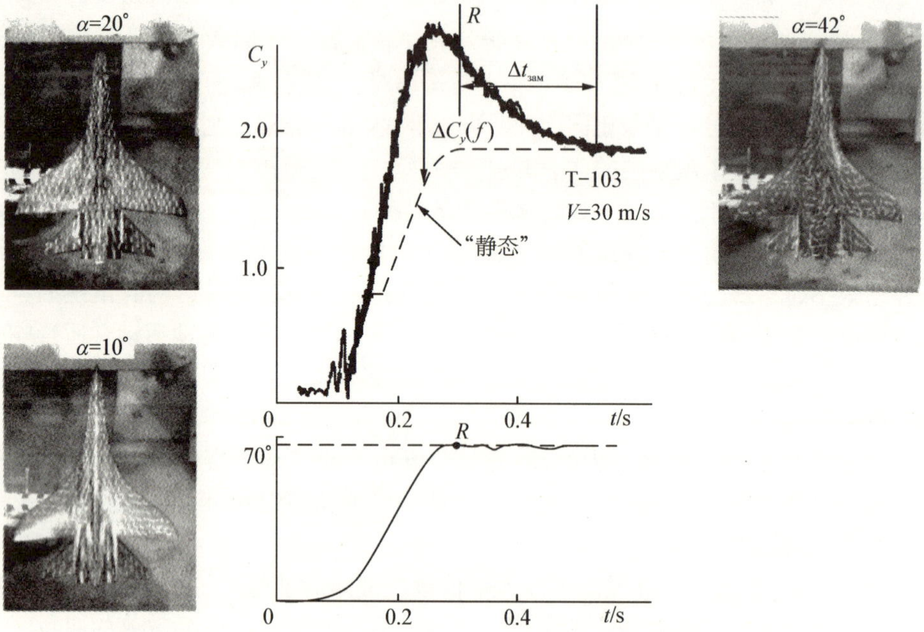

图 8.11　飞机模型迅速地非周期进入大迎角时法向力系数的动态变化

（在照片上对应迎角的 3 个变化过程值 10°、20°、42°，用线示出了表面绕流的结果）

机翼分离绕流扩展的动态效应及其与水平尾翼的气动干扰会导致俯仰负阻尼的出现。图 8.12(a)，(б)针对这种情况示出了典型的法向力和俯仰力矩以及组合的非定常旋转和气动导数的关系(具有大展弦比机翼正常布局的飞机)。可见在分离绕流扩展区域($\alpha\approx15^{\circ}\sim20^{\circ}$)内出现的“负阻尼”度与用强迫振动法进行试验的振动频率关系很大。

将该飞机模型安装在风洞中俯仰方向自由的铰链接头上，由于存在负阻尼区，故建立包括这一区域的模型具有迎角大幅值的自振(图 8.12(в)、(г))。此时可见，在模型运动过程中所测得的升力值与静态条件下求出的关系曲线相比有明显的差别。这些结果说明分离绕流扩展区域内的气动载荷随运动本身的性质变化很大。

自由振动方法是研究飞机模型大迎角非定常空气动力特性的有效方法。为此，必须根据运动参数的变化复原作用于模型上的力矩的变化，并且既要辨认描述空气动力特性的数学公式的结构，又要估算列入其中的参数值。

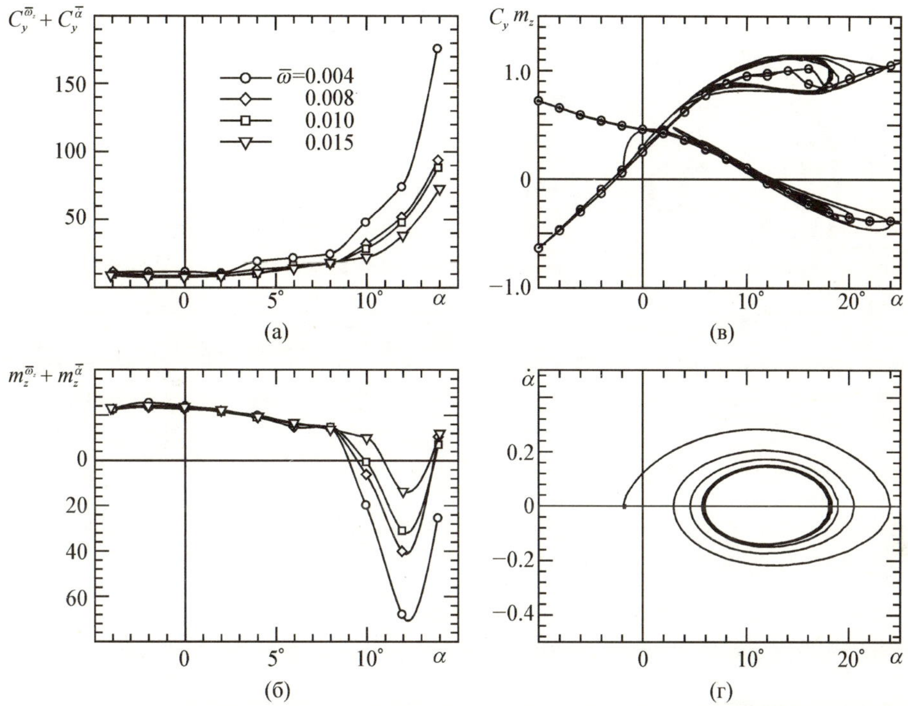

图 8.12　(а) 出现气流分离时法向力系数的非定常导数的增长；(б) 分离绕流扩展区域内“负俯仰阻尼”；(в) 法向力值的动态迟滞；(г) 包括“负阻尼”区域的俯仰自激振荡

在图 8.13、图 8.14 上示出了(机翼前缘后掠角 70°)三角形机翼滚转方向自由的模型，大迎角、动态研究的例子。有某个迎角范围，此时在无倾斜 $\gamma=0$ 位置有强烈的不稳定性出现了机翼自振。这时动态系统的相平面图展现出两种稳定振荡状态

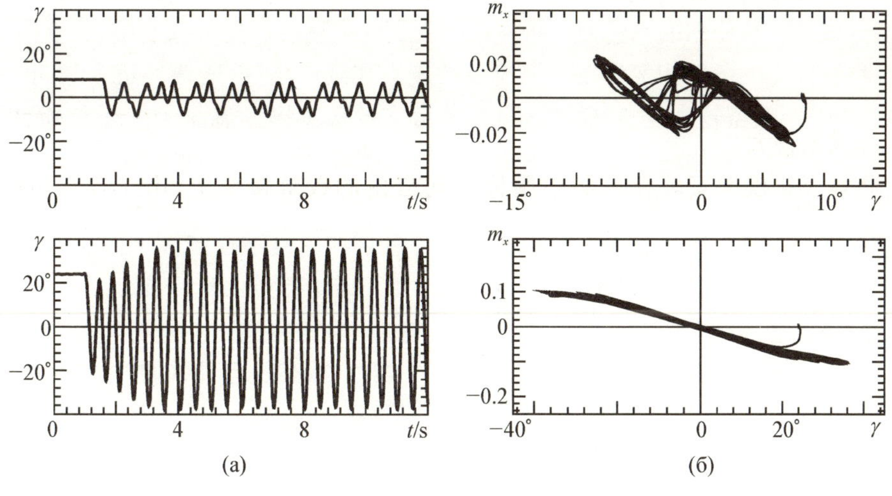

图 8.13　滚转运动的自振状态

(а) 小幅值随机的和大幅值周期性的；(б) 在静态关系曲线上滚转力矩的动态变化

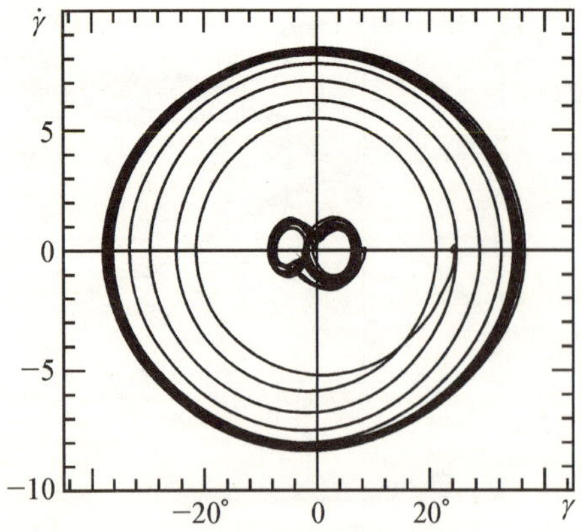

图 8.14 滚转自由振荡动态相平面图
(小振幅随机自振和大幅值稳定周期振荡)

的存在,即小幅值随机自振状态和大幅值周期性状态。这种机翼一个自由度的随机运动状态只在产生气动载荷迟滞时才可能出现。这对于建立描述滚转力矩的适当模型是很重要的结论。

大迎角下气动力的不对称

现代机动飞机的许多布局,其特点是在大迎角下会出现不对称的气动载荷。这种气动力不对称甚至在对称来流的条件下也表现出来。其原因是由于头部和边条处涡系结构的不对称性所引起的不对称的分离绕流,或是机翼表面上气流分离的不对称扩展引起的。绕流的不对称甚至在零侧滑角时也能导致出现很大的滚转和偏航力矩,其值在不同的迎角下可能变化很大直到改变作用方向。

产生不对称的物理性质与对称分离绕流失去稳定性紧密相关,那时还没有不对称载荷。当绕流对称结构的稳定度降低时,提高了对飞机形状小的几何形状偏差的敏感性,特别是在其头部从发生分离观点来看处于危险区。因此,在研究飞行动力学问题时,不论是直接分析气动力实验所得到的结果,还是最终建立描述气动力不对称效应的合理模型都必须较为深入地理解产生气动力不对称的物理性质。

在研究大后掠角机翼的细长体最简单构型的文章[11]中表明,在迎角 $\alpha \geqslant \alpha_{кр}$下,这里 $\alpha_{кр}$——取决于流线体长细比的某一临界值,这样布局的稳定分离绕流可能不是唯一的——除对称涡流状态以外还出现两个镜像不对称状态的分离绕流。

在这种情况下,研究了两个不同复杂性的涡流模型。第一个(最简单的)是以离散涡近似地代替分布的涡流面。将离散涡用数学模型与机翼边缘连接,数学模型上不存在法向力的条件代替分布的涡流面的压力连续性条件(所谓的迈克尔-布朗模型)。第 2 个模型较为复杂,模拟了气流中分布的螺旋形涡流面。在研究两个模型时均发现产生不对称的效应。只是临界值 $\alpha_{кр}$的数值不同(用简单方法研究时,$\alpha_{кр}$值大些)。而模拟螺旋形涡流面并用已建立的方法得到其平衡状态(该方法是以迭代法重绘涡流面几何图形直到满足稳定性条件和切向速度不连续面上的压力连续性条件)就能够得到 $\alpha_{кр}$值,该值很接近于试验中所得到的结果(图 8.15)。

动态系统中产生不对称的特点已可由非线性稳定性理论十分清楚地知道并与分叉(分支)条件有联系。在分支条件下与失去对称状态稳定性的同时,产生稳定的“镜像”不对称状态。因此,超过迎角的临界值会导致绕流性质的重构——从对称变为不对称。此时,不对称符号将取决于小扰动因素。此扰动可能就是飞机的侧滑或安装在产生旋涡绕流结构部位的突出构件。

涡系的近似描述(迈克尔-布朗模型)能使问题归结为有限维数的非线性方程

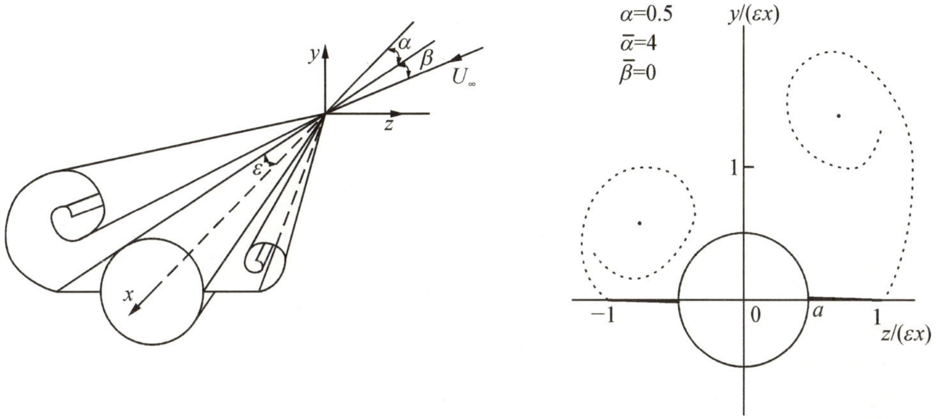

图 8.15　不对称的涡流的产生

组,其分支特点用数值方法可以有效地加以研究。在图 8.16 上对锥形机身直径小于翼展一半 $a=0.5$ 的情况示出了滚转力矩系数 m_x/ε^2 换算值的表面,这里 ε 为三角形机翼半顶角。在图的下部示出了 $\bar{\alpha}=\alpha/\varepsilon$ 和 $\bar{\beta}=\beta/\varepsilon$ 参数面的分支曲线图。在 $\bar{\beta}=0$ 和 $\bar{\alpha}$ 值小时解是唯一的,并对应于稳定的对称旋涡结构。当达到临界迎角 $\bar{\alpha}_{кр}\approx5.18$(点 A)时解的结构发生变化。对称解变成不稳定的,并且同时出现在迎角值大时继续存在的两个稳定的不对称解。在 $\bar{\alpha}$ 和 $\bar{\beta}$ 参数区域 2 中存在 3 个解:其中两个是稳定的和一个是不稳定的。在解的非单一性区域侧滑角变化时可能有空气动力迟滞现象。

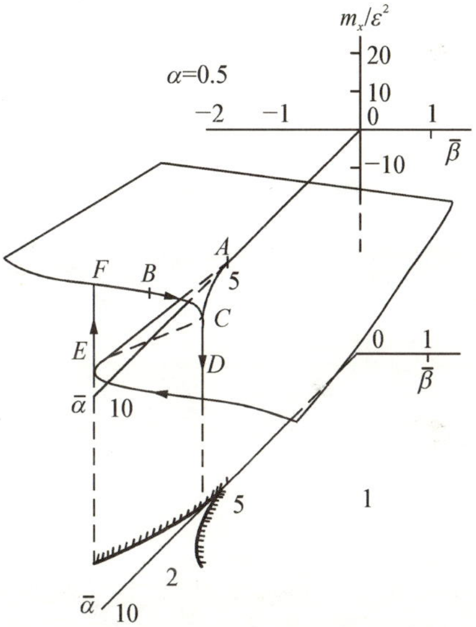

图 8.16　在临界迎角区域非单值的滚转力矩关系

在研究如上举出的细长体分离绕流时没有注意到实验中已经熟知的涡系破碎或爆裂的可能性。在对某布局进行分离绕流理论分析时考虑这些效应是相当复杂的问题,因为缺少可接受的描述涡系破碎现象的方法。

这样,自然可以假设,产生不对称的真实进程本身是与失去对称涡流的稳定性和同时产生不对称状态的解的分支有关。当不对称发展时,影响涡系破碎的因素具有重要性,所以最终确立起带不对称破碎的涡系绕流。此时,分支性质发生变化。在文献[11]中不考虑涡系破碎影响研究数学模型时,解的分支具有超临界性质,即不对称状态只存在于 $\alpha\geqslant\alpha_{кр}$(图 8.16)。在文献[12]的试验中已查明对于亚临界分支产生不对称的另一进程,即不对称状态可能也存在于产生不稳定性的亚临界区域。

因此,上述文章中所研究的布局绕流在水洞中用涡系显示法进行了实验研究[12]。实验验证了不对称产生的效应,但是表明它还伴随着涡系的不对称破碎。迎角临界值 $\alpha_{кр}$ 虽然在大小上有所不同,可是十分接近在研究不考虑破碎效应的问题时所得到的理论值。

在图 8.17(a)上示出了在不同的迎角值下实验所取得的结果,并表明涡系破碎点位置的不对称值[12]。在亚临界区域以及在两种涡系不对称破碎区域均发现绕流对非定常扰动的敏感度提高了。在所进行的试验中这种扰动因素是发动机为水洞泵送水时产生强量级的高频颤动。

在图 8.17(б)上示出了在改变侧滑角和 $\alpha=30^\circ$ 时右和左涡系破碎点位置的不对称关系。清楚可见,在某一范围内改变侧滑角(左右涡系的)双稳定状态所产生的空气动力迟滞。所列出的结果对应于定常条件,而在非定常条件下包括所研究的范围时静态滞环,由于旋涡环流重构的惯性将扩大很多。在图 8.18 和图 8.19 上示出了试验取得的显示流线图,并表示涡系不对称破碎的扩展的性质。

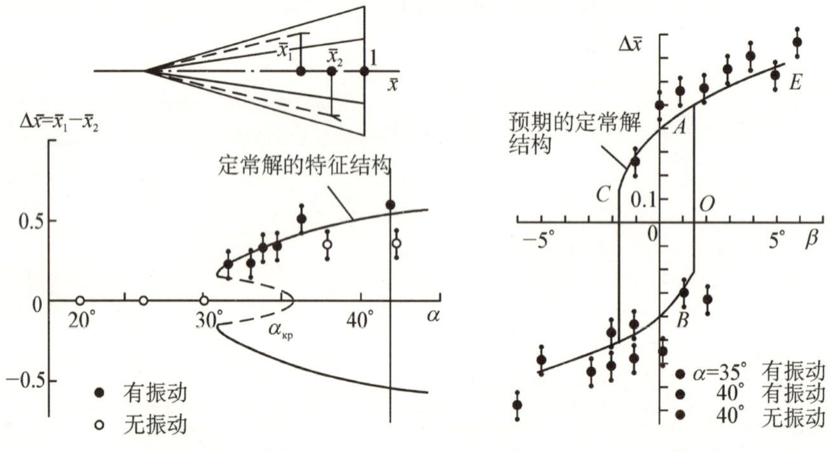

图 8.17 在涡系破碎时产生不对称(a)和在改变侧滑角时的空气动力迟滞现象(б)

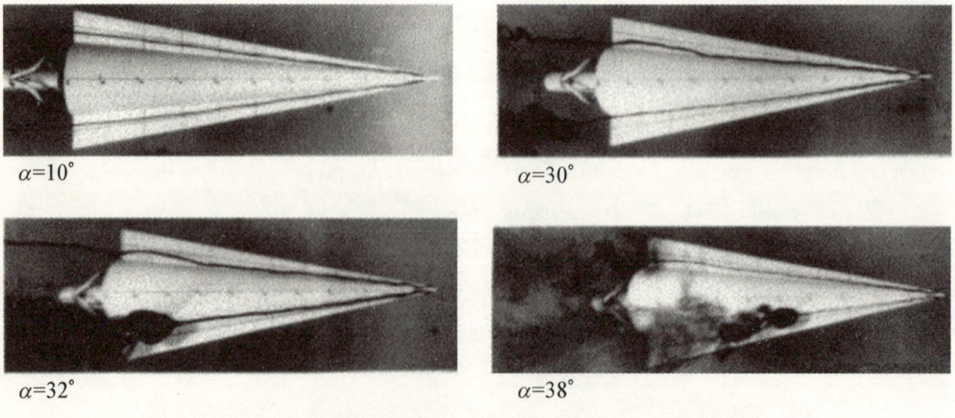

图 8.18 在迎角增加(侧滑角为零)时涡系的不对称破碎

(在水洞中显示,机翼前缘后掠角为 70°)

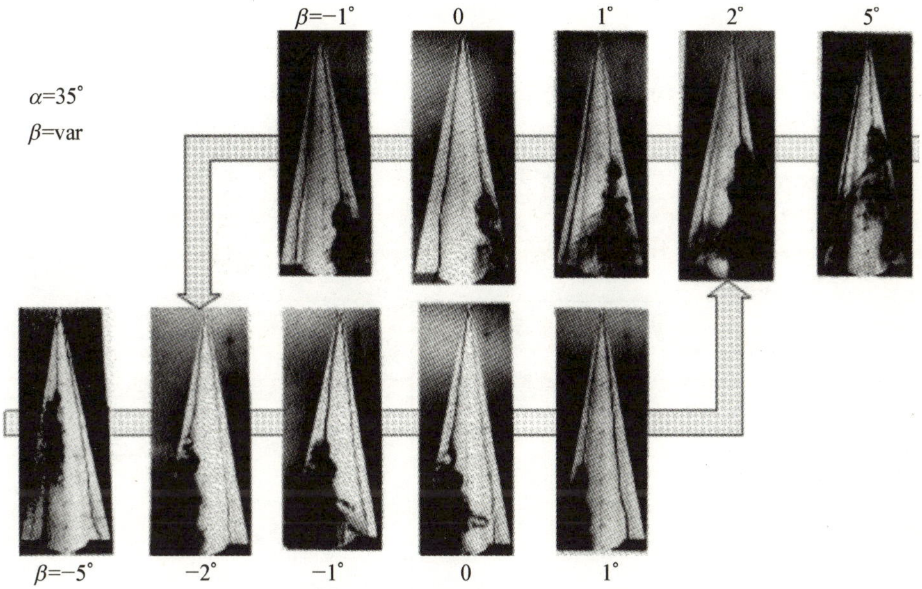

图 8.19　在侧滑变化时涡流的空气动力迟滞
（在水洞中的显示，机翼前缘后掠角为 80°）

飞机布局的空气动力不对称

在机动飞机的整个布局上产生不对称的分离涡流可能原因不同。其中如上所描述的进程可能出现在飞机的细长头部、机头空速管安装杆上和安装在机头和空速管杆上的后掠形涡流发生器上。产生的不对称继续发展并影响飞机的整个布局的绕流。飞机加长的头部也产生其他类绕流不对称的旋涡结构，与机头两侧产生许多单独的涡系有关。这样的进程在专门研究火箭空气动力学的著作中十分详细地研究过并加以描述。定常不对称的空间涡系，在这种情况下得到按卡门涡街加长头部横截面绕流的非定常性质所支持。从现行截面一边依次脱离的每一涡系都产生新的定常空间涡束。加长头部所产生的不对称涡系诱发机身、机翼、垂直尾翼、飞机其他表面上的气动载荷，致使产生不对称的滚转和偏航力矩。

消除产生空气动力的不对称，一般说来是一项复杂的任务，因为它是由分离涡流本身性质所决定的。然而已经了解流动对称化的各种方法，其中包括靠排除小的不对称突出物，或通过安装不大的侧边条使光滑的前机身气流分离线对称化等。

机翼上面涡系的不对称破碎主要是导致产生不对称的滚转力矩。通常这对迎角 $\alpha\approx30°\sim40°$是典型的。机身头部的不对称涡系在迎角较高值 $\alpha\approx50°\sim70°$范围内产生偏航力矩。由于旋涡结构的不对称形式，相应的偏航力矩值可能变化到改变不对称力矩的作用方向。

大迎角的空气动力不对称，通常在风洞测力试验时可以看到，并且清楚地表现在水洞的旋涡结构显示。近年来，产生不对称气动力矩问题也在飞行试验中加以研究。在飞行试验研究院(ЛЛИИ)(В・И・阿赫拉梅耶夫，М・Г・戈曼，С・Л・蒂乐蒂什尼科夫，1986 年)按苏-27 飞机大迎角飞行试验的结果进行了研究，而稍后些在美国德莱顿中心试验 X-31 实验机时也进行了这样的研究[18]。

为了评估描述不对称气动载荷的适应性，两种情况都采用了飞行试验和风洞测力试验结果最简单的对比程序(见图 8.20)。

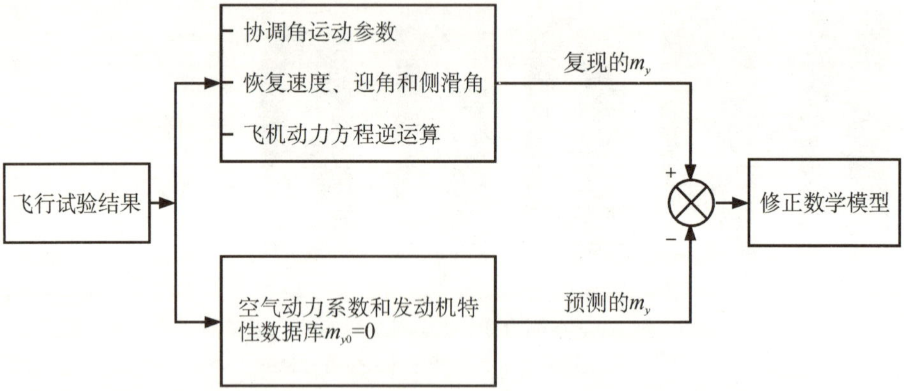

图 8.20 处理飞行试验结果和估算不对称偏航气动力矩的流程

飞机气动力和力矩的数学模型是建立在气动力试验的数据基础上的，同时数学模型的气动力不对称已经消除 ($m_{y0}=0$)。飞行中测定的迎角 $\alpha(t)$、测滑角 $\beta(t)$ 和飞行速度 $V(t)$ 的变化，欧拉角 $\theta(t)$, $\psi(t)$, $\gamma(t)$ 和角速度 $\omega_x(t)$, $\omega_y(t)$, $\omega_z(t)$ 的变化以及过载 $n_x(t)$, $n_y(t)$, $n_z(t)$ 的变化用来复现气动力系数，其中包括偏航力矩系数的瞬时值。为了用试飞结果恢复偏航力矩，采用飞机角运动的动力学方程逆运算流程。此时，在第 1 种情况下也需要完成按欧拉方程协调运动参数的流程和复现在测量这些参数用的传感器受限制情况下的飞行速度、迎角和侧滑角的变化。对比按飞行试验结果复现的和用数学模型预测的偏航力矩系数的变化就可以得到进入大迎角时气动力不对称变化性质的概念。

在图 8.21 上示出了按苏-27 飞机飞行试验的结果复现的不对称偏航力矩系数变化示例。m_{y0} 值的变化用随迎角变化关系曲线示出。飞机在保持平飞所需的法向过载时实施了减速状态。列举了两种以不同的速率增加迎角的减速状态。两种情况都在 $\alpha\approx 40^\circ\sim 45^\circ$ 时产生很大的偏航气动力不对称，在 $\alpha\geqslant 50^\circ$ 时发生不对称作用方向变化。清楚可见运动历程，即迎角变化方向和速率的影响。产生这种动态迟滞可能是与建立涡流的惯性有关。

在参考文献[18]中列出了 X-31 实验机大迎角($\alpha\leqslant 72^\circ$)产生偏航气动力不对称特点的研究结果(该文章的一些结果示于图 8.22～图 8.24)。曾将水洞和风洞以及飞行试验直接取得的结果进行详细分析并加以对比。图 8.22 示出飞机头部绕流

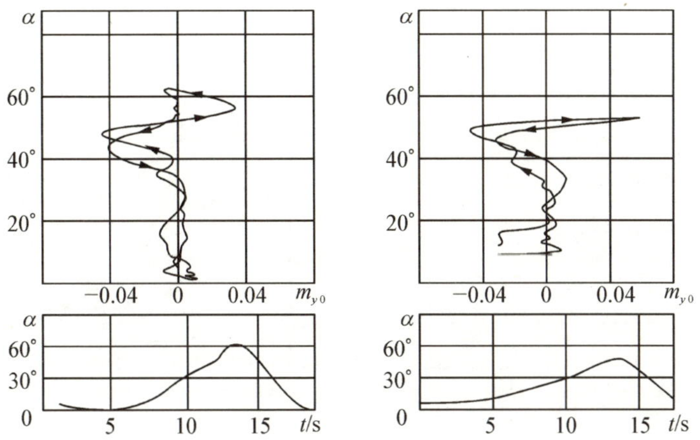

图 8.21　在进入大迎角时偏航气动力不对称(苏- 27 飞机水平减速)

示意图和由于涡流不对称在机身上产生侧力的机理。

产生很大的偏航不对称的迎角范围,在风洞和水洞中都能相当好地确定。在飞行中所观察到的不对称量级要比风洞中的大些(图 8.23)。而在风洞中飞机模型的头部安装单面侧边条-涡流发生器会导致建立此不对称,其量级接近于飞行中所观察到的量级。

在动态机动时,气动力不对称的量级低于或等于在缓慢减速并进入大迎角(约 60°)时所观察到的值。这样,接近于稳定的条件下得到的不对称量级可以取作最差的。由于动态效应大的不对称值可能在小的迎角下看到。

曾经提到过,偏航气动力不对称在很大程度上带有不规律的性质。所以仔细画出完全确定的不对称的可能变化区域(图 8.24(a))。在头部和空速管杆上安装砂纸湍流带使产生不对称的流谱较有规律,当分析出不对称性与迎角清晰的关系后,不对称可能值的区域被缩小很多(图 8.24(б))。所进行研究得到的重要结论就是确定了以下事实:机身头部空速管杆的存在对气动力不对称量级的决定性影响。正是加长的空速管杆引起很大的涡流不对称和很大的不对称偏航力矩。

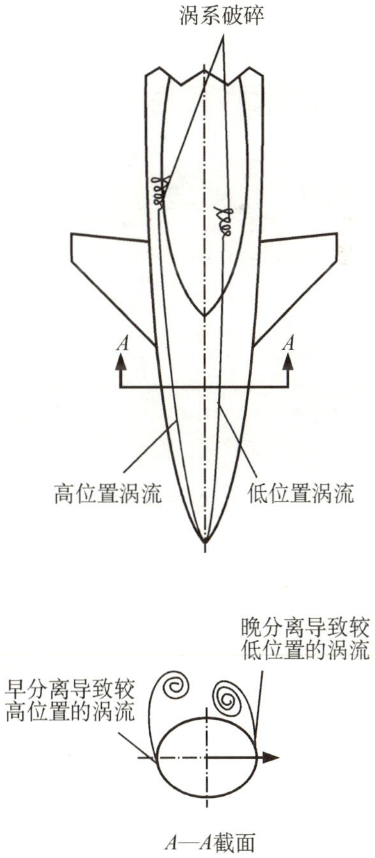

图 8.22　产生涡流不对称的示意图

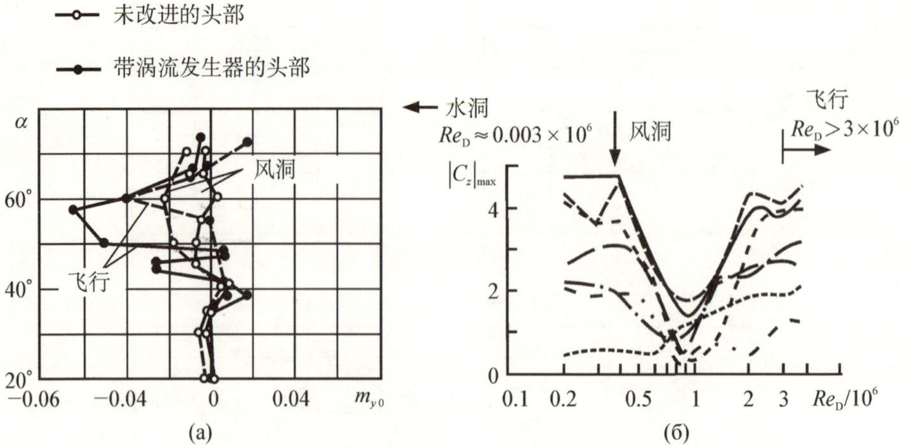

图 8.23 在风洞和飞行中得到的偏航不对称量级的对比(a)和雷诺数对加长尖拱形体大迎角产生的侧力值的影响(б)

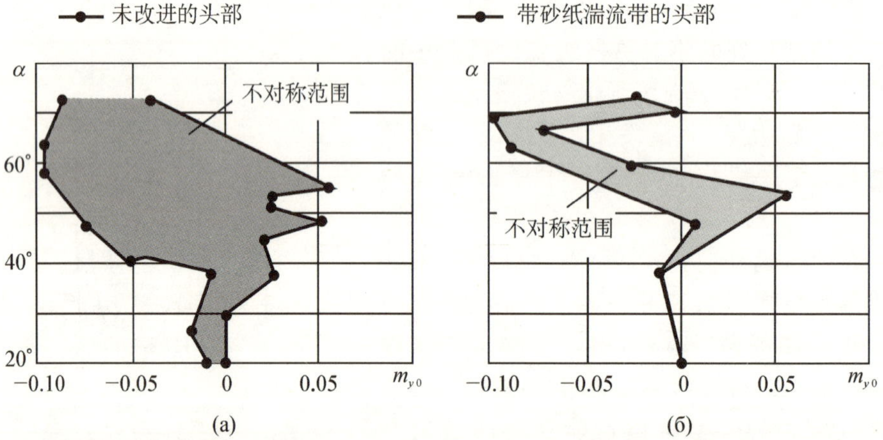

图 8.24 无湍流发生器(a)和沿空速管杆与飞机头部安装砂纸湍流带(б)X－31 飞机不对称的偏航力矩可能值的范围

纵向和横侧运动的非定常特性

大迎角的非定常空气动力特性在很大程度上取决于飞机的空气动力布局以及操纵面的偏转。为了图示说明这一点，下面研究已在图 8.5 示出的 3 种不同的飞机布局(下面所列举的结果是中央空气流体动力研究院 Γ·И·斯托利亚罗夫和研究人员取得的)。

布局 1

正常布局的飞机，俯仰阻尼在大迎角 ($\alpha\approx20^\circ\sim35^\circ$) 增加，在 $\alpha\approx35^\circ\sim45^\circ$ 范围增加更多。在 $\alpha\approx45^\circ\sim55^\circ$范围却相反，产生“负阻尼”，其值取决于振荡频率(图 8.25 左图)。“负阻尼”效应很可能是机翼的分离绕流与水平尾翼的干扰有关。偏转机翼前缘使这种效应减弱，但不能完全排除(图 8.25 右图)。

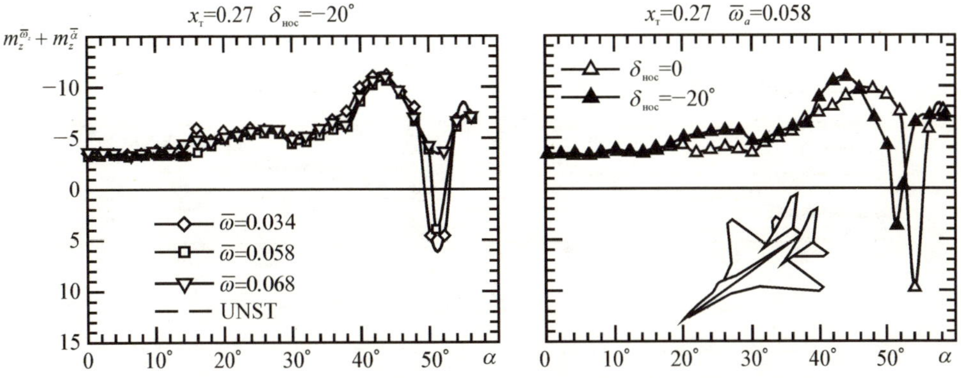

图 8.25　振荡频率和机翼前缘偏转对俯仰阻尼值的影响(布局 1)

布局 2

水平鸭翼(ПГО)的布局,俯仰“负阻尼”效应在较小的迎角就产生并且在较宽的范围,亦即在 $\alpha \approx 35° \sim 50°$ 内存在。也可以观察到气动力导数与用强迫振荡法实现的振荡频率关系很大(图 8.26 左图),“负阻尼”效应既与鸭翼在迎角增加时气流分离扩展的滞后有关,也与在迎角减小时分离绕流恢复的滞后有关。鸭翼在产生“负阻尼”中的“过失”在图 8.26 右图上明显地可见。图中示出完整布局和无鸭翼布局的实验结果。除去鸭翼会使得大迎角下阻尼恢复。

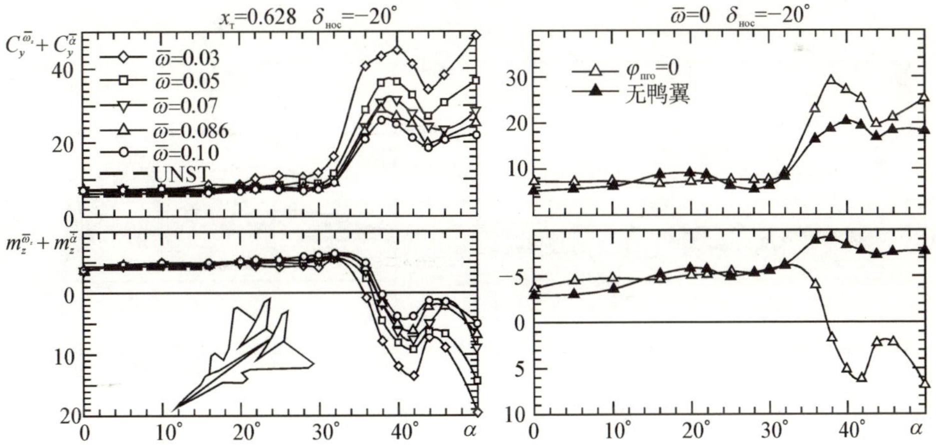

图 8.26　纵向运动的非定常气动力导数(布局 2)

布局 3

前掠机翼和鸭翼的布局在迎角 $\alpha \approx 30°$ 也有俯仰“负阻尼”问题。这发生在鸭翼偏度为零的情况。如果使它顺气流方向偏转 $\delta_{пго} = -30°$ 角,则“负阻尼”效应便消失。鸭翼偏转 $\delta_{пго} = -30°$ 角正好排除了鸭翼在 $\alpha \approx 30°$ 范围的气流分离。这就说明了排除“负阻尼”的原因(图 8.27)。

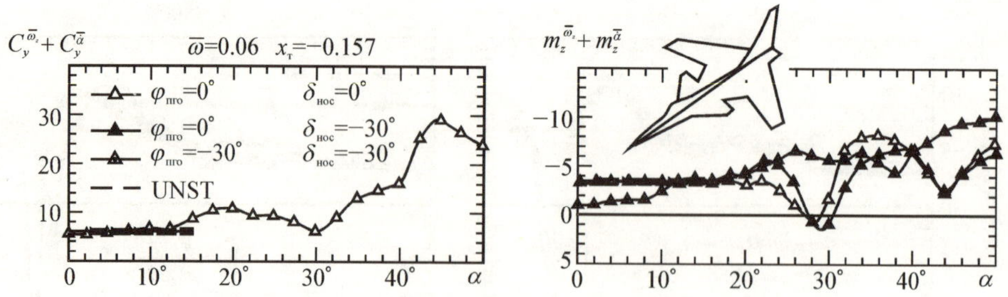

图 8.27　纵向运动的非定常导数(布局 3)

为了对比在所有图上的小迎角范围，示出了按 UNST 程序所计算的空气动力导数结果(粗虚线)。如所见，它们与试验的数据吻合很好。

大迎角横侧运动的非定常空气动力特性在很大程度上也取决于飞机的空气动力布局。在一定的迎角范围内它们取决于振荡频率和气动力操纵面——机翼前缘和水平尾翼的偏角。下面也研究示于图 8.5 的 3 种不同布局。

布局 1

正常布局飞机的滚转和偏航非定常和旋转导数示于图 8.28 和图 8.29。在图 8.28 上示出了用强迫振荡法在不同的频率下得到的滚转和偏航阻尼特性。在迎角 $\alpha \geqslant 30°$ 时可以看到不同频率的差异。不论是滚转方向的($\alpha \approx 40° \sim 45°$)，还是偏航方向的 ($\alpha \approx 50° \sim 55°$)“负阻尼”区域都很窄。

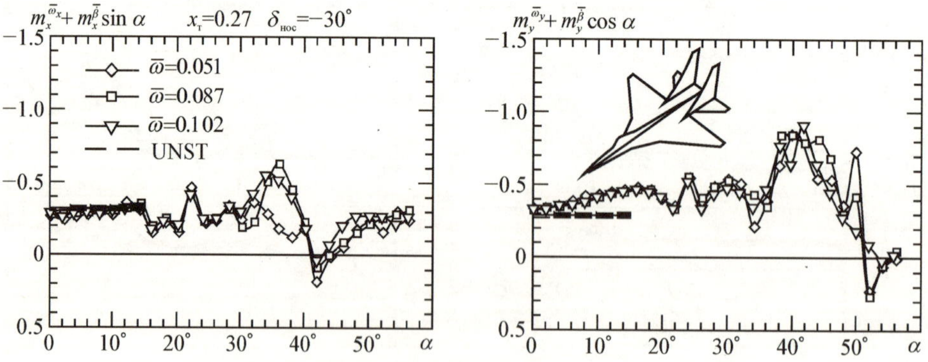

图 8.28　滚转和偏航组合非定常旋转导数(布局 1)

图 8.29 示出评估机翼前缘偏转对大迎角横侧运动的非定常空气动力特性影响的结果。在很大程度上产生的变化是与分离绕流的扩展延伸到大迎角及分离的效应减弱有关。

布局 2

带鸭翼的飞机布局在迎角 $\alpha \approx 30° \sim 40°$ 范围内，由于鸭翼气流分离过程的发展产生滚转阻尼的突增和很大的偏航“负阻尼”区域(图 8.30)。如所见，在这一迎角范围内振荡频率(如同振幅的)影响很大。振荡频率的增加导致阻尼和“负阻尼”的峰

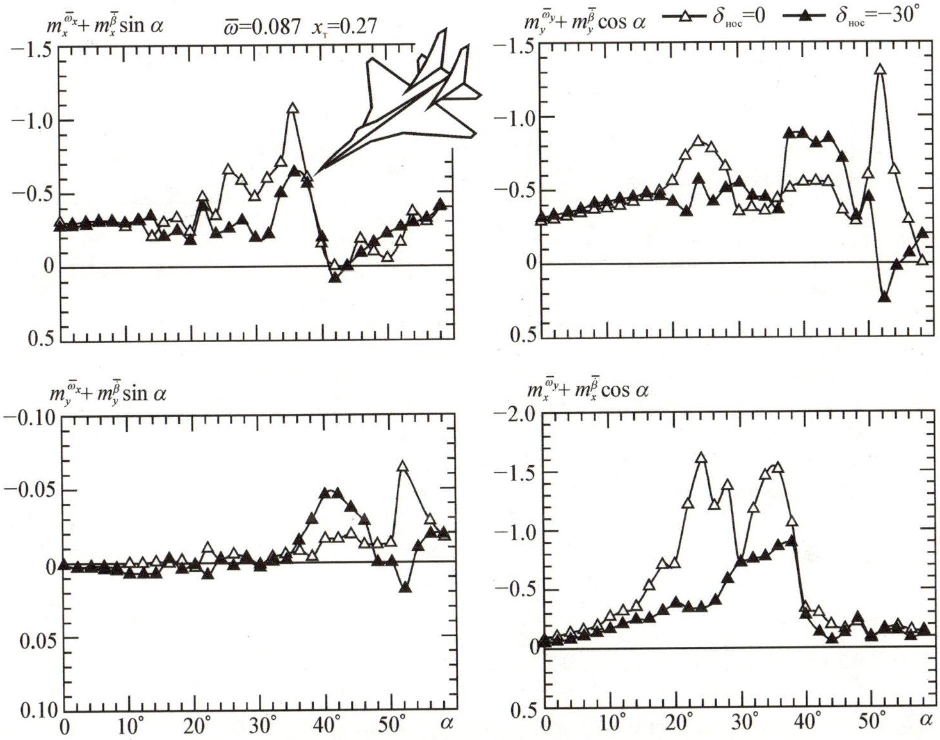

图 8.29　机翼前缘偏转对滚转和偏航非定常导数的影响(布局 1)

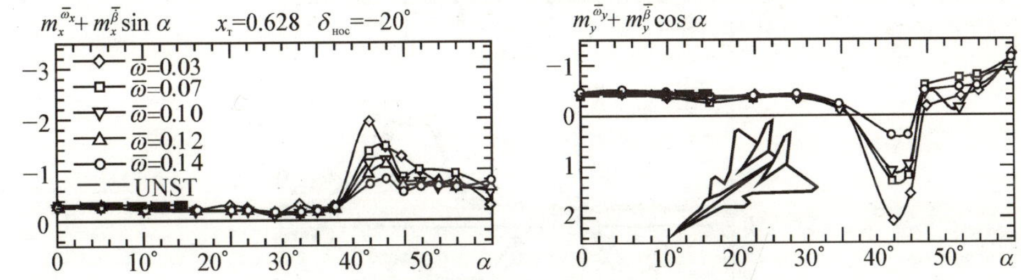

图 8.30　横侧运动非定常空气动力导数(布局 2)

值减小很多。因而为了在类似飞行状态模拟飞机动态特性，就必须建立更适合的非定常空气动力特性模型，因为采用空气动力导数概念显然是不合适的。

布局 3

有鸭翼时，安装前掠机翼为非定常运动的空气动力提供新的性能特点。图 8.31 和图 8.32 示出了横侧运动组合非定常旋转导数。图 8.31 示出展示鸭翼和机翼前缘偏转的影响。例如，鸭翼顺气流方向偏转 $\delta_{пго}=-30°$且前缘襟翼偏转 $\delta_{нос}=-20°$*，对俯仰阻尼特性影响良好(消除了“负阻尼”区，见图 8.27)，导致消

* 与图不一致，似应改为−20°——校者注。

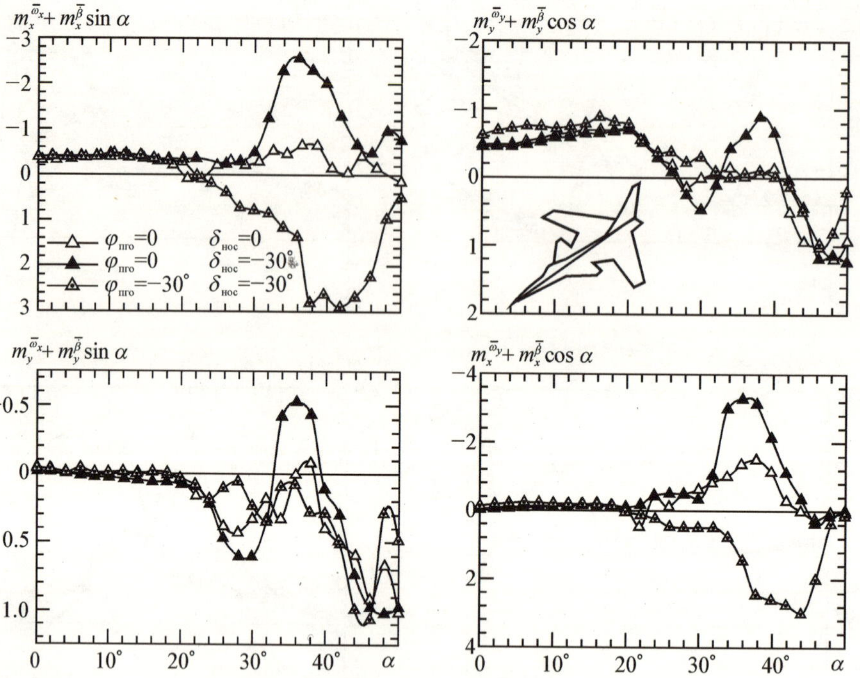

图 8.31 横侧运动非定常导数(布局 3)

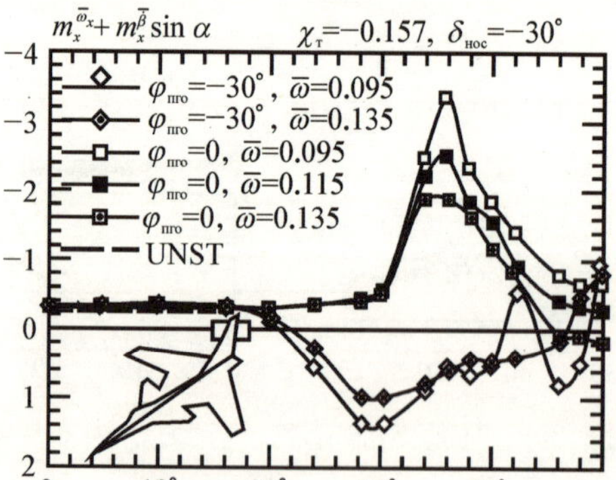

图 8.32 鸭翼偏转对滚转阻尼的影响(布局 3)

除偏航“负阻尼”区域(见图 8.31 右上图),但产生很大的滚转不稳定度(见图 8.31 左上图)。

在图 8.32 上示出了水平鸭翼两个不同的位置在不同的振荡频率下的结果。同以前一样,在由于分离绕流动态效应所产生的峰值范围内,振荡频率的影响最大。

在稳定旋转时的空气动力特性对模拟飞机在大迎角下,特别是在失速和尾旋中的动态特性是必需的。在大迎角下的旋转可能对分离和涡流的性质影响很大,且使飞机的空气动力和力矩有质的变化。

在扰动运动中，飞机的旋转实际上是相对来流的速度矢量进行的，同时，在大多情况下与这一方向的偏差可以认为是很小的。因此，为了研究飞机大迎角的空气动力的特点，多年来(以前只是为了研究尾旋运动状态)，其中也包括目前已广泛地采用在风洞中飞机模型稳定旋转的方法。这样的装置在中央空气流体动力研究院已经研制出，并在垂直风洞 T－105 中使用。其中包括在 Ш－5 装置上进行飞机模型相对于来流的稳定旋转。同时借助计算机进行遥控，使模型在给定的迎角和侧滑角值下并且还给出所需的旋转角速度值。无量纲的角速值$\overline{\omega}=\dfrac{\omega l}{2V}$能在$\overline{\omega}\approx-0.5\sim0.5$范围内变化，这完全保证实验与进入大迎角的实际飞行相似。应当提到，当模型的转动角速度矢量与来流的方向重合时，能实现定常的绕流条件，即迎角、侧滑角和旋转角速度不变。原则上说，存在使该实验装置现代化的可能。此时模型的旋转轴可偏离气流的方向。此时，除了定常的气动载荷以外，还可以测定非定常的反应。

为了举例说明稳定旋转时空气动力学的特点，图 8.33 和图 8.34 分别示出不同的旋转角度下纵向和横侧运动的空气动力特性。对应平尾两种极限偏角和零侧滑时，法向力和俯仰力矩系数(与迎角的)关系(研究正常式布局)示于图 8.33。研究了无旋转和两个相反方向作很快旋转的情况。可见旋转实际上对侧滑为零时的纵向特性无明显的影响。有侧滑时，这种影响比较大，这将允许确定俯仰力矩的旋转导数$m_z^{\omega_z}(\alpha)$。

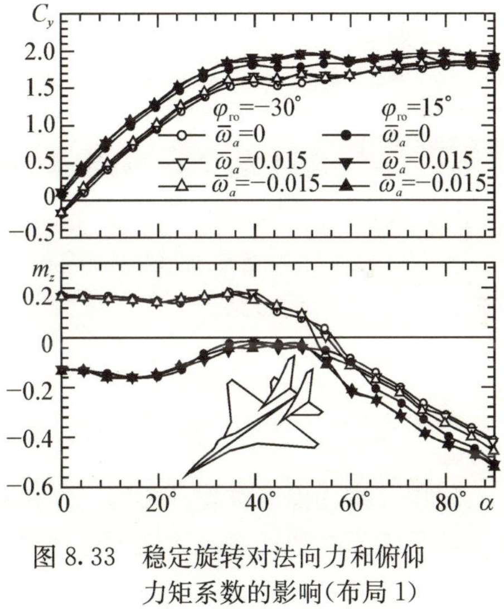

图 8.33　稳定旋转对法向力和俯仰力矩系数的影响(布局 1)

图 8.34 示出滚转力矩 m_x 和偏航力矩 m_y 系数以及侧向力系数 C_z 与模型旋转角速度的关系。大迎角下飞机空气动力学的最典型的特点是存在滚转方向的空气动力自转区。空气动力自转的效应是由于在迎角 $\alpha>25°$ 机翼上表面涡系不对称破碎过程的发展而产生的。$\alpha\approx50°$ 时，即涡系已经完全破碎并且不能明显地影响空气动力特性时，自转效应便消失。应当指出，垂直和水平尾翼在这一迎角范围也有影响。图 8.34 右图上示出了无水平和垂直尾翼布局的类似结果。可见滚转方向的自转区域稍许变窄一些，但是在偏航力矩中产生了类似自转的问题(出现对于旋转为中立反应区)。其特点是在迎角增加到 $\alpha>30°$ 时，侧向力系数改换符号，以及 C_z 对旋转的反应。

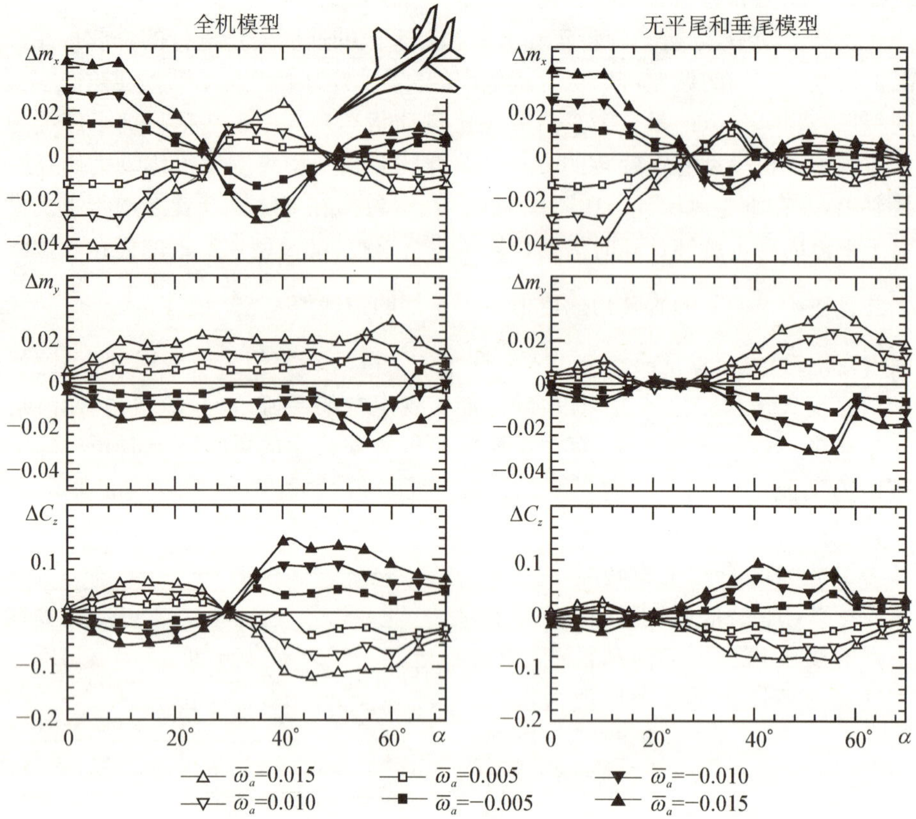

图 8.34 稳定旋转对横侧运动的影响(布局 1)

8.4 非定常空气动力特性的描述方法

作用在大气中运动的飞行器上的空气动力载荷,一般取决于其运动的整个过程。这是因为在运动过程中在它后面产生涡流尾迹,该涡流尾迹本身诱导附加的洗流,从而改变空气动力载荷(总的和分布的力和力矩)。在大迎角下气流分离时产生的涡流结构和环流区又对物体绕流造成更大的反作用,甚至在定常条件下也能导致空气动力迟滞(绕流结构的非单一性)。在分离绕流非定常扩展时,空气动力载荷变化很大并且与定常条件下的值可能有质的差别(动态迟滞)。

非定常运动的空气动力载荷大体上可以表示为随运动参数诸如迎角和侧滑角 α, β,旋转角速度 ω_x, ω_y, ω_z,操纵面偏转等变化的泛函。例如,法向气动力公式可表示为如下形式:$Y(t)=Y[\alpha(\tau),\ \beta(\tau),\ \omega_z(\tau),\ \cdots],\ -\infty\leqslant\tau\leqslant t$。

在解飞行动力学问题时,最广泛地采用简化公式。它用有限个运动参数及其对时间导数的级数关系式来代替上述泛函。例如 $Y(t)=Y(\alpha,\ \dot{\alpha},\ \ddot{\alpha},\ \cdots)$,式中 α, $\dot{\alpha}$, $\ddot{\alpha}$, …对应 t 瞬时的值。这一简化与近似变化的运动参数可能性有关。这一近似变化用瞬时运动参数及其对时间导数的收敛的泰勒级数 $\alpha(\tau)=\alpha(t)+(t-\tau)\dot{\alpha}(t)+\frac{1}{2}(t-\tau)^2\ddot{\alpha}(t)+\cdots$来拟合运动时间过程。结果空气动力和力矩表达式问题可以归结为以运动参数及其一阶导数的泰勒级数各项的拟合，这些一阶导数近似地确定空气动力载荷—— $\Delta Y(t)=Y^{\alpha}\Delta\alpha+Y^{\dot{\alpha}}\Delta\dot{\alpha}+Y^{\ddot{\alpha}}\Delta\ddot{\alpha}+\cdots$。空气动力导数（或稳定性导数）的概念在广大的飞行状态范围内是相当准确的，这对解决飞行器设计的实际问题极为重要[1, 17]。然而这样的准定常研究方法在产生气流分离、涡系破碎、激波移动所发生分离等的绕流情况是不适用的。

在小迎角无分离绕流时，用泛函严密地描述非定常空气动力载荷，可以用线性形式表示并引入滞后自变量而大大简化（为举例说明，仅研究法向力系数）[19]：

$$C_y(t)=C_y(0)+\int_0^t C_{y_\alpha}(t-\tau)\frac{\mathrm{d}}{\mathrm{d}\tau}\alpha(\tau)\mathrm{d}\tau+\frac{b_a}{V}\int_0^t C_{y_{\omega_z}}(t-\tau)\frac{\mathrm{d}}{\mathrm{d}\tau}\omega_z\mathrm{d}\tau \qquad (8.1)$$

在线性情况下，运动参数阶跃变化的空气动力传递函数 $C_{y_\alpha}(t-\tau)$ 和 $C_{y_{\omega_z}}(t-\tau)$ 取决于瞬时时间 t 与考虑运动历程影响的内部时间参数 τ 之差。此时，为了在任意改变运动参数时确定空气动力反应（除初始载荷值以外），只要知道空气动力传递函数就行，而它们可以近似地在空气动力实验中测定或从解非定常绕流问题中求出[2, 3]。

现代的和未来的飞机，其机动能力的扩大导致研究模拟和预测非线性空气动力载荷相适应的方法成为飞行动力学的重要问题。这一问题主要是与在大迎角和侧滑角、大旋转速度下存在分离绕流、涡系破碎以及在跨声速飞行状态下产生激波时预测空气动力载荷有关。

以前在设计飞机时，由于可以简化空气动力载荷的描述，分别研究飞行动力学和空气动力学的问题是允许的。为把握极限区的飞行提出了飞行力学、非定常空气动力学、气动弹性和综合自动控制系统相互联系研究的必要性，以便更适当地提出并解决飞机设计问题。

一般为了研究在大气中非定常运动，必须研究描述飞机作为刚体运动的欧拉方程，该方程并且与边界条件由飞机动力学方程形成的非定常绕流的动力学方程协调一致。尽管计算空气动力学成就很大，但目前已有的非定常绕流计算方法还很昂贵，因而还不实用。在许多情况下，它们暂时还不能完全相符地反映绕流过程的物理实质。

为了避免解非定常绕流的动力学方程并与飞行器运动方程闭合，就需要单独的数学模型，以便取得作用于运动着的飞行器上的总空气动力和力矩。这样的空气动力模型应适用于模拟在飞机任意非定常运动时的空气动力反应，并在试验运动参数变化的有限次实验测定和空气动力反应的理论计算的基础上建立起来。

模拟空气动力特性的非线性方法从 20 世纪 60 年代初发展起来[19~21]。传递函数的线性方法通过引入非线性过渡响应和广义叠加积分的概念加以改进，该积分实质上是线性卷积模型的综合(杜阿密卷积积分)式(8.1)。

非线性过渡响应考虑到飞机整个运动历程所引起的变化，其实本身就是泛函：

$$C_y(t)=C_y(0)+\int_0^t C_{y_\alpha}[\alpha(\xi),\ \omega_z(\xi),\ t,\ \tau]\frac{\mathrm{d}}{\mathrm{d}\tau}\alpha(\tau)\mathrm{d}\tau+\frac{b_a}{V}\int_0^t C_{y_{\omega_z}}[\alpha(\xi),\ \omega_z(\xi),\ t,\ \tau]\frac{\mathrm{d}}{\mathrm{d}\tau}\omega_z\mathrm{d}\tau \tag{8.2}$$

在非线性情况下，必须建立空气动力传递函数的全部泛函数空间，以便复现运动参数任意变化时的空气动力反应。根据空气动力反应过程的函数插值建立的非线性模型示例于参考文献[22]。非线性过程响应的理论认为，过渡函数(基准响应)应以绕流动态特性数值模拟或是在实验中加以确定。在非线性过渡函数的基础上研制和检查模型需要大量非定常空气动力数据，因此对于实用目的非线性过渡函数法是有很多困难的。它要求专门的确定非线性过渡函数的方法并组织其函数拟合。飞行动力学有限的数学模型此时用积分-微分方程组表示，致使动态特性模拟，稳定性研究和操纵综合复杂很多。

在参考文献[13, 14, 15, 16, 23]中提出了模拟非线性空气动力特性可选择的一种方法。

为了描述在空气动力(总的和分布的)载荷表现出的绕流动态效应，在参考文献[16, 23]中引入的附加动态变量，它可以称为内部变量。因为与飞机运动的运动参数不同，它们是用来描述分离涡流的状态的。如所预料，这些附加变量的动态可以用某一非线性动力学系统加以描述，其量纲与描述分离涡流内部状态的矢量 $\boldsymbol{x}$ 相适应：

$$\frac{\mathrm{d}\boldsymbol{x}}{\mathrm{d}t}=\boldsymbol{g}(\xi、\boldsymbol{x})\quad \boldsymbol{x}\in\boldsymbol{R}^n \tag{8.3}$$

此时，空气动力特性将最终地既取决于现时运动参数 ξ，也取决于分离-涡流内部状态参数 $\boldsymbol{x}$：

$$C_y=C_y(\xi,\ \boldsymbol{x}) \tag{8.4}$$

参考文献[16, 23]指出，在大迎角产生分离绕流和涡系破碎条件下，实验测量的非定常空气动力载荷可以用某一非线性映象和为标量的内部变量一阶最简单的动力学系统解来拟合。这一动力学系统含有特征的时间常数，这些时间常数描述绕流建立过程和与绕流结构，更替有关的临界状态的发生条件。动力学系统的结构可从分析实验数据和采用辨识法得到。

引入内部动态特性的方法在参考文献[24, 25, 26, 27]中得到证明，并成功地运用于飞机的一系列动力学问题。业已表明，采用非线性动力学系统可以在时间领域内，相当简单和准确地模拟在大迎角分离绕流扩展条件下的非线性空气动力载荷。这样的研究方法自然能模拟在静态滞后情况下绕流平衡状态的分支，复现绕流的自激振荡状态，引出对不同空气动力表面之间干扰作用的描述形式的物理理解等。

在非线性过渡函数方法中的主要问题是确定过渡函数空间并组织其函数插值，以便能模拟每一瞬时状态的空气动力反应。为了得到良好的拟合，需要确定相当大量的过渡函数，以积累过分多的初步信息。这是此方法很大的缺点，此外还有确定过渡反应本身复杂性很大。

采用非线性动力学系统的主要复杂性在于其结构的不确定性，内部状态矢量的量纲和积分载荷表达式非线性映象的形式。这一方法的特点是不积累绕流可能的非线性反应族，而是建立非线性动力学系统，其解能很好地拟合在不同的初始条件和运动参数变化时空气动力载荷的变化。

研究绕流的物理特点和分析空气动力载荷的动态特点，可以大大简化动力学系统结构的形成。形成数学模型的参数和函数应根据实验的或数值法得到的空气动力反应用辨识法加以确定。

在分离绕流状态条件下，非线性、非定常空气动力模型的研制和采用现在正处在初步发展阶段。而在实际工作中不得不折衷地采用可用的实验数据来建立空气动力数学模型，关于这一点在下一节较详细地叙述。

8.5　在偏离和尾旋的动力学研究中空气动力特性的表示

在模拟飞机动态特性时，可根据风洞试验所得的数据来建立空气动力和力矩的描述。在这种情况下，既用静态也用动态的实验方法。动态实验的主要目的是实现飞机模型的典型扰动形式，并测量与其对应的空气动力载荷的变化。

如前所述在无分离绕流的条件下，相对于初始飞行状态小的扰动以及完全发展了的气流分离，可以采用空气动力导数的概念。非定常的空气动力反应可以表示为与扰动运动的参数成比例，这些参数有迎角和侧滑角变化速率的量纲为一的值$\left(\bar{\dot{\alpha}}=\frac{\dot{\alpha}b_a}{V},\ \bar{\dot{\beta}}=\frac{\dot{\beta}l}{2V}\right)$和角速度投影的量纲为一的值$\left(\bar{\omega}_x=\frac{\omega_x l}{2V},\ \bar{\omega}_y=\frac{\bar{\omega}_y l}{2V},\ \bar{\omega}_z=\frac{\omega_z b_a}{V}\right)$。因此如下的量纲为一的空气动力系数表示形式是允许的：

$$C_i = C_i(\alpha,\ \beta,\ \delta) + C_i^{\bar{\omega}_x}\bar{\omega}_x + C_i^{\bar{\omega}_y}\bar{\omega}_y + C_i^{\bar{\omega}_z}\bar{\omega}_z + C_i^{\bar{\dot{\alpha}}}\bar{\dot{\alpha}} + C_i^{\bar{\dot{\beta}}}\bar{\dot{\beta}}$$

$$m_i = m_i(\alpha,\ \beta,\ \delta) + m_i^{\bar{\omega}_x}\bar{\omega}_x + m_i^{\bar{\omega}_y}\bar{\omega}_y + m_i^{\bar{\omega}_z}\bar{\omega}_z + m_i^{\bar{\dot{\alpha}}}\bar{\dot{\alpha}} m_i^{\bar{\dot{\beta}}}\bar{\dot{\beta}}$$

$$i = x,\ y,\ z$$

在小迎角下非线性关系$C_i(\alpha,\ \beta,\ \delta)$，$m_i(\alpha,\ \beta,\ \delta)$可以利用它对位置确定的运动参数的偏导数表示为线性形式。

在用强迫振荡方法所进行的实验中，由于模型运动参数的耦合只可求出组合*非定常和旋转导数：

$$m_{i\text{в. к}}^{\bar{\omega}_x} = m_i^{\bar{\omega}_x} + m_i^{\dot{\bar{\beta}}} \sin\alpha_0 - m_i^{\dot{\bar{\alpha}}} \frac{2b_a}{l} \cos\alpha_0 \tan\beta_0$$

$$m_{i\text{в. к}}^{\bar{\omega}_y} = m_i^{\bar{\omega}_y} + m_i^{\dot{\bar{\beta}}} \cos\alpha_0 - m_i^{\dot{\bar{\alpha}}} \frac{2b_a}{l} \sin\alpha_0 \tan\beta_0$$

$$m_{i\text{в. к}}^{\bar{\omega}_z} = m_i^{\bar{\omega}_z} + m_i^{\dot{\bar{\alpha}}}$$

$$i = x,\ y,\ z,\ \text{в. к}\text{—— 强迫振荡} \tag{8.5}$$

类似的公式对空气动力系数也是成立的。如果在侧滑角为零值 $\beta_0 = 0$ 进行试验，关系式(8.5)可以简化。

因为模型质心位置不动的强迫振荡方法不能分别得到旋转和非定常导数值，所以在空气动力系数数学表达时，允许用简化描述代替初始的表达式：

$$m_i = m_{i\text{ст}}(\alpha,\ \beta,\ \delta) + m_{i\text{в. к}}^{\bar{\omega}_x}\bar{\omega}_x + m_{i\text{в. к}}^{\bar{\omega}_y}\bar{\omega}_y + m_{i\text{в. к}}^{\bar{\omega}_z}\bar{\omega}_z$$

$$i = x,\ y,\ z,\ \text{ст}\text{—— 定常的} \tag{8.6}$$

使用式(8.6)时产生的不正确性是与未考虑在自由飞行中空气动力和重力作用下以及在风扰动作用下质心的移动[1]。在很大的程度上这样的近似在分析横侧扰动时是成立的，而在分析纵向运动时则差些。

用强迫振荡法以式(8.5)形式取得的非定常和旋转导数的运用大约对于直线航迹的飞行条件是最适合的，这时角速度平均值小而航迹曲率半径相当大。这时作为空气动力和力矩的未扰动值自然要取用静态试验方法得到的值(见式 8.6)。

在飞机进入大迎角并在分离绕流发展的条件下迅速旋转时，角速度既对绕流本身也对空气动力和力矩可能产生很大的影响。度量这种影响可能是量纲为一的角速度值 $\bar{\omega}_{x_a} = \frac{\omega l}{2V}$。在尾旋状态和小速度飞行时可能达到$\bar{\omega}_{x_a} = 0.2 \sim 0.4$，当盘旋和缓盘旋下降时以及在大飞行速度下飞机滚转方向加速旋转时，该值很小——$\bar{\omega}_{x_a} \leqslant 0.2$。

为了描述在大迎角下飞机旋转运动时的空气动力和力矩，特别是在尾旋时，利用稳定旋转法得到的数据作为其未扰动值。进行这种实验最常用的形式是对应于旋转角速度与来流方向一致的情况 ($\boldsymbol{\omega} \times \boldsymbol{u} = 0$)。在这种实验中与在进行静态实验时相同，迎角和侧滑角值依然不变。量纲为一的角速度值$\bar{\omega}_{x_a}$是附加参数，空气动力和力矩系数与其关系也可能是非线性的。

为了描述扰动运动中矢量 $\boldsymbol{\omega}$ 与 $\boldsymbol{u}$ 的不匹配值，分出一系列表征运动**螺旋性**的**非定常**运动参数。作为这些参数可以取用量纲为一的角速度在速度坐标轴上的投

* 指包含非定常影响的旋转导数——校者注。

影——$\bar{\omega}_{y_a}$，$\bar{\omega}_{z_a}$，以及量纲为一的迎角和侧滑角的变化速率——$\bar{\dot{\alpha}}$，$\bar{\dot{\beta}}$。

空气动力反应与参数$\bar{\omega}_{y_a}$，$\bar{\omega}_{z_a}$，$\bar{\dot{\alpha}}$，$\bar{\dot{\beta}}$值的关系可以认为是线性的：

$$m_i = m_{i\text{y. в}}(\alpha,\ \beta,\ \bar{\omega}_{x_a},\ \delta) + m_i^{\bar{\omega}_{y_a}}\bar{\omega}_{y_a} + m_i^{\bar{\omega}_{z_a}}\bar{\omega}_{z_a} + m_i^{\bar{\dot{\alpha}}}\bar{\dot{\alpha}} + m_i^{\bar{\dot{\beta}}}\bar{\dot{\beta}} \tag{8.7}$$

$i=x,\ y,\ z$；$\delta=(\delta_{\text{в}}、\delta_{\text{э}}、\delta_{\text{н}})$；y. в——稳定旋转，式中标有下脚 y. в 的第一项决定着空气动力系数的未扰动值，而旋转导数 $m_i^{\bar{\omega}_{y_a}}$，$m_i^{\bar{\omega}_{z_a}}$，和非定常导数 $m_i^{\bar{\dot{\alpha}}}$，$m_i^{\bar{\dot{\beta}}}$ 取决于绕流状态，绕流状态首先由参数 α 和 $\bar{\omega}_{x_a}$ 来确定。

在矢量 $\boldsymbol{\omega}$ 和 $\boldsymbol{u}$ 共轴时，通常用稳定旋转法得到的式(8.7)中的第一项给空气动力和力矩值带来主要贡献。

在许多情况下，简化非线性关系是办得到的，正如经验表明，包括与侧滑角 β、角速度$\bar{\omega}_{x_a}$和操纵面偏转 δ 的关系能以线性方式表示：

$$\begin{gathered} m_{i\text{y. в}} = m_i(\alpha) + m_i^{\beta}(\alpha)\beta + m_i^{\bar{\omega}_{x_a}}\bar{\omega}_{x_a} + \Delta m_x(\alpha,\ \delta) \\ i = x,\ y,\ z \end{gathered} \tag{8.8}$$

力矩对旋转角速度在速度矢量投影$\bar{\omega}_{y_a}$偏导数与角速度在机体坐标轴上的力矩系数偏导数有关，

$$\begin{gathered} m_{i\text{y. в}}^{\bar{\omega}_{x_a}} = m_i^{\bar{\omega}_x}\cos\alpha\cos\beta - m_i^{\bar{\omega}_y}\sin\alpha\cos\beta + m_i^{\bar{\omega}_z}\frac{2b_a}{l}\sin\beta \\ i = x,\ y,\ z \end{gathered} \tag{8.9}$$

空气动力系数混合表示形式

在实际工作中通常是在模型不存在稳定旋转的情况下采用强迫振荡法，而稳定旋转法是在模型旋转矢量和来流速度共轴的情况下采用。在旋转轴偏离来流方向时采用稳定旋转法的可能性可以在参考文献[28]中加以了解。

因此，为了描述飞机以很大的旋转角速度值在空间运动条件下的空气动力特性，势必要利用稳定旋转法得到的数据和用强迫振荡法得到的组合非定常和旋转导数式(8.5)。此时，在机体坐标轴上角速度投影的系数导数换算成速度坐标轴上角速度投影的导数。

$$\begin{gathered} m_i = m_{i\text{y. в}}(\alpha,\ \beta,\ \bar{\omega}_{x_a},\ \delta) + m_{i\text{в. к}}^{\bar{\omega}_{y_a}}\bar{\omega}_{y_a} + m_{i\text{в. к}}^{\bar{\omega}_{z_a}}\bar{\omega}_{z_a} \\ i = x,\ y,\ z \end{gathered} \tag{8.10}$$

式中：$m_{i\text{в. к}}^{\bar{\omega}_{y_a}} = m_{i\text{в. к}}^{\bar{\omega}_x}\sin\alpha + m_{i\text{в. к}}^{\bar{\omega}_y}\cos\alpha = m_i^{\bar{\omega}_x}\sin\alpha + m_i^{\bar{\omega}_y}\cos\alpha + m_i^{\bar{\dot{\beta}}}$

$$\begin{aligned} m_{i\text{в. к}}^{\bar{\omega}_{z_a}} &= \frac{2b_a}{l}m_{i\text{в. к}}^{\bar{\omega}_y}\cos\alpha - (m_{i\text{в. к}}^{\bar{\omega}_x}\cos\alpha - m_{i\text{в. к}}^{\bar{\omega}_y}\sin\alpha)\sin\beta \\ &= \frac{2b_a}{l}m_i^{\bar{\omega}_z}\cos\beta - (m_i^{\bar{\omega}_x}\cos\alpha - m_i^{\bar{\omega}_y}\sin\alpha)\sin\beta + \frac{2b_a}{l}m_i^{\bar{\dot{\alpha}}} \end{aligned}$$

式(8.10)中的系数表示形式称为混合描述型。混合型可以最佳地利用可支配的数据,但有本身的不足。在无稳定旋转振荡时,绕流状态可能与模型稳定旋转时的绕流状态不同。通常在不同的装置上和用不同模型取得的数据也是相当重要的。

有些迎角范围,其中分离涡流发展的动态效应变得如此重要,以致如上所采用的空气动力系数的描述形式变得不可接受。考虑运动历程,尤其是动态迟滞效应对在大迎角下空气动力载荷发展性质的影响的必要性,导致必须修正空气动力学的数学描述。

8.6 动态和静态迟滞的模拟

在产生分离涡流的情况下,完全吻合地进行数学模拟在大迎角下空气动力特性问题是模拟飞机动态特性、研究运动稳定性以及正确估算产生的气动载荷的一项很重要的任务。

下面专门阐述在大迎角分离涡流发展的条件下建立描述非定常和非线性空气动力载荷的动力学模型的特点。研究了翼型和三角形机翼的分离绕流的示例。认可的数学模型结构可用于飞机的整体布局。

翼型的气流分离

为了取得翼型动态分离发展的最简单的模型,研究如下形式的这一过程。假设翼型是相当厚的,因而其光滑表面的气流分离从后缘发展起来,这时将不考虑涡流区的产生过程和翼型头部单独涡系的脱离过程。因此,分离绕流的状态可以用分离点的位置给定,该位置可以用相对坐标 $x \in [0, 1]$表示。

当 $x=1$ 时,分离点位于翼型的后缘上,这实际上对应于无分离绕流。当 $x=0$ 时,气流分离点位于翼型的前缘上。这对应于全部分离。翼型上的空气动力载荷实际上取决于气流分离点的坐标 x。下面列出了假设分离区可以用基尔霍夫等压区和空泡线性理论的标准假设来模拟,得到的法向力和俯仰力矩系数的解析式为:

$$C_y^{\text{н}}(\alpha, x) = \frac{\pi}{2}\sin\alpha(1+\sqrt{x})^2$$

$$m_z^{\text{н}}(\alpha, x) = \frac{\pi}{2}\sin\alpha(1+\sqrt{x})^2\left[\frac{5(1-\sqrt{x})^2+4\sqrt{x}}{16}\right] \tag{8.11}$$

由分离绕流的定常条件取得的关系式(8.11)示出气动力既与翼型迎角又与坐标 x 的关系同样密切。可以认为该坐标是表征分离绕流状态的附加内部变量。

在保持绕流定常条件下 ($\dot{\alpha} \approx 0$),法向力系数与迎角的关系可能与对应于绕流这些定常条件的分离点位置的变化有关:

$$C_y^{\text{ст}}(\alpha) = C_y^{\text{н}}(\alpha, x_0(\alpha)) \tag{8.12}$$

式中,$x_0(\alpha)$——定常条件下分离点的位置。

这样，关系式(8.12)与(8.11)相结合就可以导出定常条件下分离点变化的关系 $x_0(\alpha)$。

在研究绕流的非定常条件时应当假定，空气动力载荷也将取决于迎角和分离点的瞬时位置，该位置由于分离绕流发展过程的惯性可能与其定常条件下的位置差别很大。已知影响分离绕流发展过程的各种因素并可以假定把它们分为两组。属于第 1 组可以有所谓的准定常效应，诸如边界层状态建立效应、边界层状态改善效应和因迎角的非定常性 $\dot{\alpha}>0$ 气流分离产生时间延迟效应。根据迎角变化无分离绕流分离时间或恢复时间大约与迎角变化速率 $\dot{\alpha}$ 成正比。因此，上述效应可以用在关系 $x_0(\alpha-\tau_2\dot{\alpha})$ 中引入位移变量来描述。

与分离绕流扩展直接有关的因素应归入第 2 组因素。这一过程或无分离绕流的恢复过程用某一扩展的或建立的特征时间来表示。在迎角为常值时，分离绕流状态的扩展，它的建立(例如，在某一扰动作用之后)可用某一动力学系统加以描述。在最简单的情况下可用一阶松弛方程。考虑到上述情况，此松弛方程将有如下形式：

$$\tau_1 \frac{\mathrm{d}x}{\mathrm{d}t} + x = x_0(\alpha - \tau_2\dot{\alpha}) \tag{8.13}$$

式中，τ_1——松弛过程的特征时间常数。

关系式(8.11)和(8.13)对法向力和俯仰力矩空气动力系数组成了在翼型上分离绕流扩展动态效应的封闭数学模型。

所描述的模型其主要性能特点可直观地示于图 8.35。图的上部示出在不同分离点位置下，法向力系数 $C_y^{\text{н}}$ 关系网格的背景上静态法向力系数曲线 $C_y^{\text{ст}}(\alpha)$(实线)。图的下部示出对应于定常条件(实线)和迎角增加 $\dot{\alpha}>0$ 与迎角减小 $\dot{\alpha}$(虚线)的非定常运动这两种情况下分离点位置的变化。图上部图中相应法向力系数的变化(虚线)显示出空气动力值很大的动态迟滞。

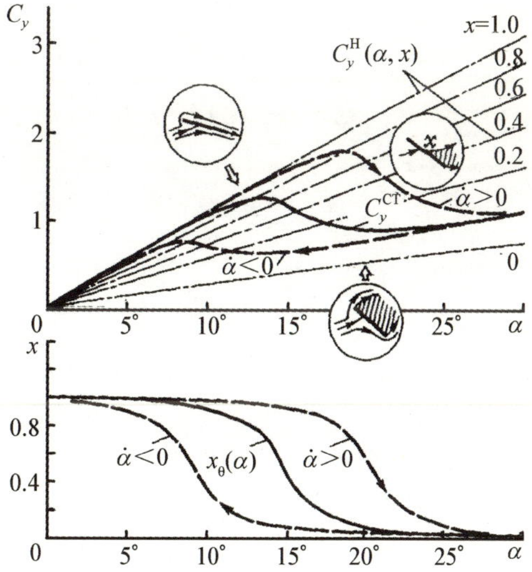

图 8.35　在翼型上分离绕流扩展时的动态迟滞

因此，上述数学模型描述在空气动力实验时可以观察到的在翼型和大展弦比机翼上产生分离绕流主要的非定常和非线性特点。它含有两个特征时间常数 τ_1 和 τ_2 作为未知数，以及通常为未知的函数 $x_0(\alpha)$ 和 $C_y^{\text{н}}(\alpha, x)$，它们应在用实验测得的数据来辨识数学模型过程中加以确定。存在静态迟滞时，为了描述翼型的非定常特性，内部变量的动力学方程应改写为非线性形式：

$$\frac{\mathrm{d}x}{\mathrm{d}t}=F(\alpha_*,\ x) \tag{8.14}$$

其中在静态迟滞有两个稳定分支的情况下，式(8.14)中的非线性函数可以取用与迎角及其导数有关的系数3次多项式的形式：

$$F(x,\ \alpha_*)=g_3(\alpha_*)x^3+g_2(\alpha_*)x^2+g_1(\alpha_*)x+g_0(\alpha_*)$$

$$\alpha_*=\alpha-\tau_2\dot{\alpha}$$

可以观察到的静态迟滞分支和限定非单一性区的分支点 A 和 B（图8.36）应当用非线性方程的解加以描述：

$$F(x,\ \alpha)=g_3(\alpha)x^3+g_2(\alpha)x^2+g_1(\alpha)x+g_0(\alpha)=0 \tag{8.15}$$

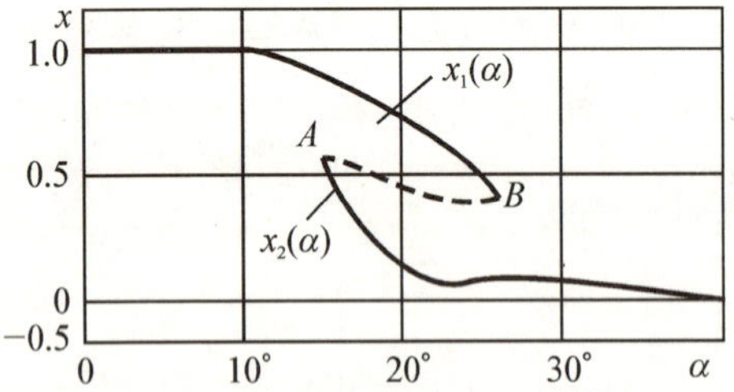

图8.36　存在静态迟滞时函数 $x(\alpha)$ 的形式

为了在静态迟滞 $x\in[A,\ B]$ 内求得函数 $g_3(\alpha)$、$g_2(\alpha)$、$g_1(\alpha)$ 和 $g_0(\alpha)$，利用在所观察到的，即稳定滞后分支上所给定的条件：

(1) 方程(8.15)应分别在两个滞后分支 $x_1(\alpha)$ 和 $x_2(\alpha)$ 上是成立的，

(2) 当这些分支上的偏导数 $\frac{\partial F}{\partial x}$ 决定松弛时间的倒数 $-\left(\frac{1}{\tau_1}\right)$ 时：

$$\begin{aligned}
&g_3(\alpha)x_1^3+g_2(\alpha)x_1^2+g_1(\alpha)x_1+g_0(\alpha)=0\\
&g_3(\alpha)x_2^3+g_2(\alpha)x_2^2+g_1(\alpha)x_2+g_0(\alpha)=0\\
&3g_3(\alpha)x_1^2+2g_2(\alpha)x_1+g_1(\alpha)=-\frac{1}{\tau_{1_1}}\\
&3g_3(\alpha)x_2^2+2g_2(\alpha)x_2+g_1(\alpha)=-\frac{1}{\tau_{1_2}}
\end{aligned} \tag{8.16}$$

当接近于分支点 $[\alpha_A,\ \alpha_B]$ 时，时间常数分别趋向无穷大，即当 $\alpha\rightarrow\alpha_A$ 时，$\tau_1\rightarrow\infty$，以及当 $\alpha\rightarrow\alpha_B$ 时，$\tau_1\rightarrow\infty$。

展弦比 $\lambda=5$ 和翼型为NACA-0018的直机翼的绕流实验研究查明了在分离绕流扩展的迎角区，法向力和俯仰力矩值存在静态迟滞。在包括静态条件下非单值区，机翼随迎角振荡时，动态迟滞环扩大很多。图8.37示出法向力系数 C_y 的变化示例，它是在机翼以包括静态迟滞区的幅值和不同的频率振荡（实线）和保持一个分支状态的试验中测得的。用虚线示出了用非线性方程(8.14)进行数学模拟时得到的曲线，实线为试验曲线。

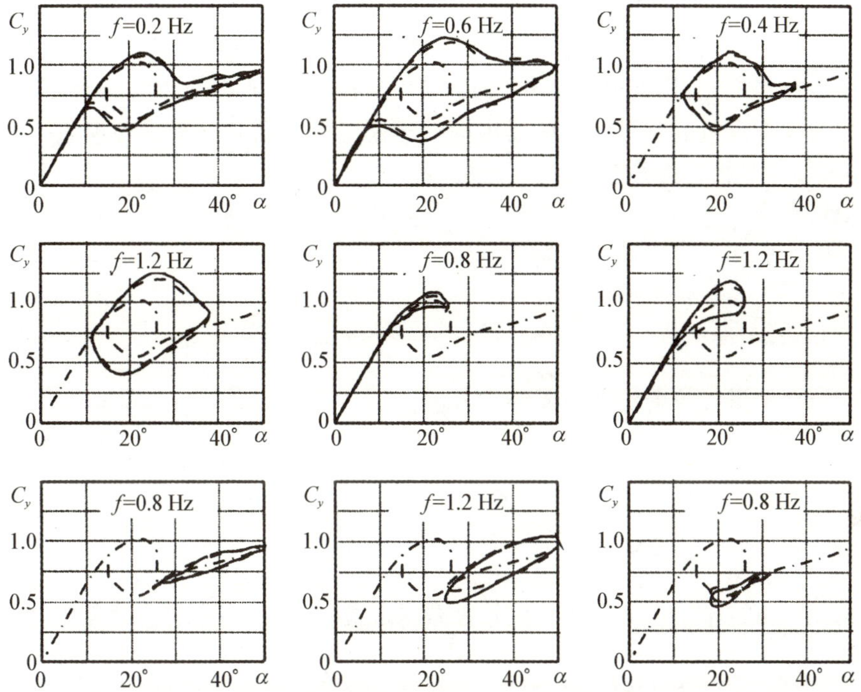

图 8.37　存在静态迟滞时法向力系数 $C_y(\alpha)$ 的动态变化

（实线——试验；虚线——模拟）

在三角形机翼上面涡系的破碎

为了描述三角形机翼的非定常空气动力载荷，在涡系破碎的绕流状态可以利用类似的数学模型。在这种情况下，作为内部动态变量可以取涡系破碎点的相对位置 $x\in[0,\ 1]$，其变化也服从于方程(8.13)。这种最简单的动力模型的可用性通过对比模拟与实验观察的结果得到验证。图 8.38 示出了前缘后掠角$\chi=70°$三角机翼上面涡系破碎点的位置。该机翼作俯仰运动并且有迎角周期和线性的变化。在水洞中向未破碎的涡核喷射颜料进行涡系破碎位置的显示。如所见，最简单的动力模型(8.13)含有两个时间常数 τ_1 和 τ_2，能足够准确地描述机翼上面涡系的破碎过程，从而也可以用来描述空气动力载荷的变化。涡系所引起的对空气动力载荷值很大的贡献，实际上在涡系破碎时便消失。因此，观察到的空气动力载荷与涡系破碎点的瞬时位置关系很大。方程(8.13)再增加空气动力系数与迎角 α 和内部变量 x 关系就形成封闭的数学模型：

$$C_y = C_y^{\text{H}}(\alpha,\ x) + C_{y_*}^{\omega_z}\,\frac{\omega_z b_a}{V} + C_{y_*}^{\dot{\alpha}}\,\frac{\dot{\alpha} b_a}{V}$$

$$\tau_1\,\frac{\mathrm{d}x}{\mathrm{d}t} + x = x_0(\alpha - \tau_2\dot{\alpha}) \tag{8.17}$$

在这里引入带常值导数的线性项 $C_{y_*}^{\omega_z}$，$C_{y_*}^{\dot{\alpha}}$ 是为了考虑与涡系破碎过程无关的非定常效应。在小迎角下这些项将决定在无分离绕流和未破碎的涡流下的非定常反应。

上面已经提到，用强迫振荡方法实验测定的大迎角非定常空气动力导数，既与振动频率又与振幅关系很大。所提出的数学模型可以用来分析这种现象。为此目的，将式(8.17)相对其静态状态进行线性化。

对于在定常条件下与涡系破碎点的位置偏差小 $\xi = x(\tau) - x_0(\alpha(\tau))$，式(8.17)中的动力学方程可以线性化并表示为如下形式：

$$\tau_1 \dot{\xi} + \xi = -(\tau_1 + \tau_2)\frac{\mathrm{d}x_0}{\mathrm{d}\alpha}\dot{\alpha} \tag{8.18}$$

将方程(8.18)进行拉普拉斯变换得

$$\xi = -(\tau_1 + \tau_2)\frac{\mathrm{d}x_0}{\mathrm{d}\alpha}\frac{s\alpha}{1 + \tau_1 s} \tag{8.19}$$

式中，$s = \dfrac{\mathrm{d}}{\mathrm{d}\tau}$——微分算子。

将式(8.17)中第1方程线性化并考虑到 $C_y(\alpha, x_0(\alpha)) = C_{y\,\text{ст}}(\alpha)$ 后给出：

$$C_y = C_{y\,\text{ст}}(\alpha) + \frac{\partial C_y}{\partial x}\xi + C_{y_*}^{\omega_z}\frac{\omega_z b_a}{V} + C_{y_*}^{\dot{\alpha}}\frac{\dot{\alpha} b_a}{V} \tag{8.20}$$

将式(8.19)代入式(8.20)得线性化数学模型的最后形式

$$C_y = C_{y\,\text{ст}}(\alpha) + k(\alpha)\frac{s\alpha}{1 + \tau_1 s} + C_{y_*}^{\omega_z}\frac{\omega_z b_a}{V} + C_{y_*}^{\dot{\alpha}}\frac{\dot{\alpha} b_a}{V} \tag{8.21}$$

式中，$k(\alpha) = -(\tau_1 + \tau_2)\dfrac{\partial C_y}{\partial x}\dfrac{\mathrm{d}x_0}{\mathrm{d}\alpha}$。

用强迫振荡法所确定的非定常空气动力导数可以与线性数学模型的参数相关联。在迎角周期变化 $\alpha = \alpha_0 + \alpha_s \sin \omega t$、$\omega_z = \dot{\alpha}$ 时，法向力系数的变化可以用傅里叶级数前几项表示：

$$C_y = C_{y\,\text{ст}}(\alpha_0) + C_{y\,\text{в.к}}^{\alpha}\alpha_s \sin \omega t + C_{y\,\text{в.к}}^{\dot{\alpha}}\alpha_s \omega \cos \omega t \tag{8.22}$$

对比方程(8.22)，(8.21)给出空气动力导数和数学模型参数之间的如下关系：

$$\begin{aligned} C_{y\,\text{в.к}}^{\alpha}(\alpha, \omega) &= C_{y\,\text{ст}}^{\alpha} + k(\alpha)\frac{\omega^2 \tau_1}{1 + \omega^2 \tau_1^2} \\ C_{y\,\text{в.к}}^{\dot{\alpha}}(\alpha, \omega) &= C_{y_*}^{\omega_z} + C_{y_*}^{\dot{\alpha}}\frac{k(\alpha)}{1 + \omega^2 \tau_1^2} \end{aligned} \tag{8.23}$$

在图 8.38(б)上示出了在不同频率 $\bar{\omega} = \dfrac{\omega b_a}{V} = 0.015,\ 0.144,\ 0.306$ 下用强迫振荡法得到的三角形机翼大迎角法向力系数组合非定常和旋转导数关系(试验点用点标志标出)。相应的选定(8.21)中的函数 $k(\alpha)$ 和时间常数 τ_1 就可以得到线性数学模型与试验结果吻合很好(见图 8.38(б)——实线)。

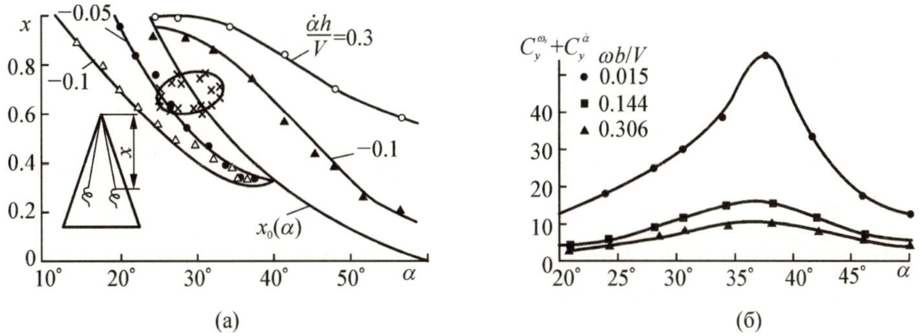

图 8.38　$\lambda=1.5$ 三角形机翼角运动时在水洞中用显形法得到的涡系破碎点的位置

(a) 静态关系——粗实线,扰动位置——点标志,数学模拟——细实线;(б) 三角形机翼组合非定常和旋转导数的试验数据(点标志)和线性化模型结果(实线)

具有复杂平面形状的机翼和水平尾翼等飞机的布局

然而,为了描述大迎角非定常机动条件下的空气动力载荷的变化,可以利用上述最简单情况描述的数学模型。

例如,对法向力系数 C_y(以及对俯仰力矩系数)可以用如下表示形式,给定与迎角和内部动态变量 x 的关系,在这种情况下该变量已作为广义变量出现,并不具有如同以前一定的物理意义:

$$C_y=\left[C_{y_1}(\alpha,\beta)+C^*_{y_{\omega_{z1}}}\frac{\omega_z b_a}{V}+C_{y\delta_{\text{B1}}}\delta_{\text{B}}\right]g(x)+\left[C_{y_0}(\alpha,\beta)+C^*_{y_{\omega_{z0}}}\frac{\omega_z b_a}{V}+C_{y_{\delta_{\text{B0}}}}\delta_{\text{B}}\right](1-g(x))\tag{8.24}$$

式中,δ_{B}——平尾偏转角,标定函数 $g(|g|<1)$ 取决于内部动态变量 x(以及标定的 $|x|<1$),并对于不同的绕流状态的空气动力特性起加权函数作用。因此,加权函数 $g(\alpha, x)$ 在绕流结构变化时,控制空气动力特性的变化并近似地可以表示为:

$$g=(1-\mu)x^2+\mu x\tag{8.25}$$

式中,共用的参数 μ 可以作为迎角和侧滑角的函数来看待。

内部动态变量 x 的特性以最简单的松弛方程加以描述:

$$\tau_1\frac{\mathrm{d}x}{\mathrm{d}t}+x=x_0(\alpha-\tau_2\dot{\alpha},\ \beta-\tau_3\dot{\beta},\ \delta_{\text{B}}-\tau_4\dot{\delta}_{\text{B}})\tag{8.26}$$

式中,$x_0(\alpha, \beta, \delta_{\text{B}})$——坐标 x 与迎角、侧滑角和平尾偏角的静态关系;

τ_i——特征时间常数 $i=1, 2, 3, 4$ 的所有可能值,与绕流结构,即与内部变量值 x 有关。

数学模型参数的确定

采用上面所研究的数学模型最实际的问题之一是选择给定模型的未知的参数和函数,以实现在不同的运动形式下,在实验中所观察到的空气动力反应的最佳复现。数学模型在小和大的幅值振荡时,不论是在定常的还是非定常的条件下都应该是成立的。

为了确定函数 $x_0(\alpha,\beta)$,可用按满足定常性条件而得来的关系:

$$C_y^{\text{ст}}(\alpha,\beta)=C_{y1}(\alpha)g(x_0(\alpha,\beta))+C_{y0}(\alpha,\beta)(1-g(x_0(\alpha,\beta))) \tag{8.27}$$

选择剩下的参数和函数可以用在实验取得的空气动力反应与数学模拟所取得的预测反应之间不匹配值最小的方法来实现。为此,引入误差函数,它是每次过渡过程的误差平方(k 为过渡过程号码、i 为过程按时间划分间隔的号码):

$$\Phi_\varepsilon=\frac{1}{m(n+1)}\sum_{k=1}^{m}\sum_{i=1}^{n}\left[C_{y_k}^{\text{эксп}}(t_i)-C_{y_k}^{\text{мод}}(t_i)\right]^2 \tag{8.28}$$

选择数学模型的参数可根据误差函数式(8.28)最小的条件进行。为此,可以采用直接数值最小化法,诸如梯度法、共轭梯度法、按坐标下降法等。应当提到,误差函数面是相当复杂的并有大量局部最小值、凹谷等,致使求得整体最小值问题复杂很多。为较成功地选择所求参数初始近似值可以采用直接的物理测量,例如分离绕流建立过程的松弛时间(图 8.11),按不同的过渡过程依次调整参数等。

图 8.39 示出对苏-27 飞机的法向力系数按亚声速风洞飞机模型俯仰自由运动的试验结果(左图)和按飞机进行动态机动“眼镜蛇”时飞行试验的结果(右图)识别数学模型的示例。实线示出实验过程,而点画线示出数学模拟的结果。两种情况下按内部动态变量的变化性质可直观地看出所列过程的非定常程度。

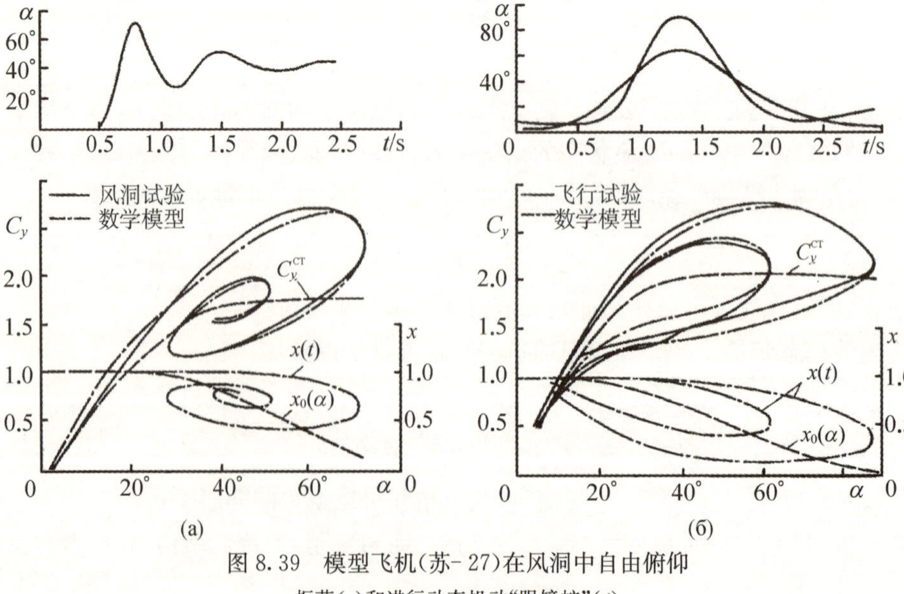

图 8.39 模型飞机(苏-27)在风洞中自由俯仰

振荡(a)和进行动态机动“眼镜蛇”(б)

参考文献

[1] Бюшгенс Г С，Студнев Р В. Аэродинамика самолета. Динамика продольного и бокового движения [M]. Машиностроение，1979. 349с.

[2] Белоцерковский С М，Скрипач Б К，Табачников В Г. Крыло в нестационарном потоке газа [M]. Наука，1971. 767с.

[3] Белоцерковский С М，Скрипач Б К. Аэродинамические производные летательного аппарата и крыла при дозвуковых скоростях [M]. Наука，1975.

[4] Храбров А Н，Колинько К А. Программа расчета статических и нестационарных аэродинамических производных самолета [M]. ЦАГИ，1994.

[5] Беговщиц В Н，Кабин С В，Колинько К А и др. Метод свободных колебаний на упругом шарнире для исследования нестационарных аэродинамических производных на трансзвуке [J]. Ученые записки ЦАГИ，1996. Т. XXYII，№3-4.

[6] Курьянов А И，Столяров Г И，Штейнберг Р И. О гистерезисе аэродинамических характеристик [M]. Ученые записки ЦАГИ，1979，10(3).

[7] Нейланд В Я，Столяров Г И，Табачников В Г. Влияние относительной толшины прямоугольного крыла малого удлинения и числа Рейнольдса на режимы перестройки структуры обтекания [J]. Ученые записки ЦАГИ，1985，16(3).

[8] Караваев Э А，Прудников Ю А，Часовников Е А. Особенности формирования статического гистерезиса аэродинамических характеристик прямоугольного крыла [J]. Ученые записки ЦАГИ，1986. Т. XYII，№6.

[9] Колин И В，Мамров В П，Святодух В К и др. Множественный гистерезис стационарных аэродинамических характеристик самолета с прямым крылом большого удлинсния при малых числах Рейнольдса [J]. Препринт ЦАГИ，№87. 1996.

[10] Святодух В К，Колин И В，Лацоев К Ф и др. Способ определения аэродинамических сил и моментов при апериодическом перемещении модели и устройство для его осуществления. Госпатент СССР，SU 1779961 A1，G 01 M 9/00.

[11] Гоман М Г，Захаров С Б，Храбров А Н. Аэродинамический гистерезис при отрывном обтекании удлиненных тел [J]. ДАН АН СССР，1985. Т. 282，№1.

[12] Гоман М Г，Задорожний А И，Храбров А Н. Несимметричное разрушение вихрей и аэродинамический гистерезис при обтекании крыла малого удлинения с фюзеляжем [J]. Ученые записки ЦАГИ，1988，9(1).

[13] Гоман М Г. Математическое описание аэродинамических сил и моментов на неустановившихся режимах обтекания с неединственной структурой [C]. Тр. ЦАГИ，1983. Вып. 2195，с. 14-27.

[14] Прудников Ю А，Петошин В И，Часовников Е А. Математическое моделирование нестационарных аэродинамических характеристик треугольного крыла на больших углах атаки. Вопросы аэродинамики и динамики полета летательных аппаратов: Сборник научных трудов [M]. ЦНГИ Волна，1985.

[15] Погодаев А А，Святодух В К. Математическое описание нестационарных нелинейных аэродинамических характеристик для задач динамики полета [C]. Тр. ЦАГИ，1989. Вып. 2449，с. 4-27.

[16] Гоман М Г，Столяров Г И，Тыртышников С Л и др. Описание продольных

аэродинамических характеристик самолета на больших углах атаки с учетом динамических эффектов отрывного обтекания [J]. Препринт ЦАГИ, №9,1990.

[17] Etkin B. Dynamics of Atmospheric Flight [J]. John Wiley & Sons, Inc. , N. Y. , 1972.

[18] Cobleigh B R, Croom M A, Tamrat B F. PRC Inc. & NASA Langley & Rockwell International Comparison of X - 31 Flight, Wind-Tunnel, and Water-Tunnel Yawing Moment Asymmetries at High Angles of Attack. Paper HA - AERO - 06, High Alpha Conference IY - Electronic Workshop [R]. NASA Dryden Flight Research Center, July 12 - 14, 1994, URL: http://www. dfrc. nasa. gov/Workshop/HighAlphaIV/highalpha. html

[19] Tobak M, Schiff L B. On the Formulation of the Aerodynamic Characteristics in Aircraft Dynamics [R]. NASA TR R - 456, 1976.

[20] Tobak M, Chapman G T, Schiff L B. Mathematical Modeling of the Aerodynamic Characteristics in Flight Mechanics [R]. Proceedings of the Berkeley-Aimes Conference on Nonlinear Problems in Control and Fluid Dynamics, Math Sci Press, Brookline, MA, 1985, 435 - 450, also NASA TM - 85880, Jan. 1984.

[21] Tobak M, Unal A. Bifurcations in Unsteady Aerodynamics [R]. NASA TM - 88316, June 1986.

[22] Reisenthel P H. Development of a Nonlinear Indicial Model For Maneuvering Fighter Aircraft [R]. AIAA 96 - 0896, 34th Aerospace Sciences Meeting & Exhibit, Jan. 1996, Reno, NV.

[23] Goman M, Khrabrov A. State-Space Representation of Aerodynamic Characteristics of an Aircraft at High Angles of Attack. Journal of Aircraft [J]. 1994,31(5):1109 - 1115.

[24] Fishenbeg D. Identification of an Unsteady Aerodynamic Stall Model from Flight Test Data [R]. AIAA 96 - 3438 - CP.

[25] Singh J, Jategoankar R V. Flight Determination of Configurational Effects on Aircraft Stall Behavior [R]. AIAA 96 - 3441 - CP.

[26] Fan Y, Lutze F H. Identification of an Unsteady Aerodynamic Model at High Angles of Attack [R]. AIAA 96 - 3407 - CP.

[27] Klein V, Noderer K D. Modeling of Aircraft Unsteady Aerodynamic Characteristics [R]. Part 1 - Postulated Models, NASA TM 109120, May 1994; Part 2 - Parameters Estimated From Wind Tunnel Data, NASA TM 110161, April 1995; Part 3 - Parameters Estimated From Flight Data, NASA TM 110259, May 1996.

[28] Rotary-Balance Testing for Aircraft Dynamics. Oscillatory Coning [R]. AGARD Advisory Report 265,1990,69 - 76.

第9章　超声速飞机的操纵系统

在操纵系统的发展中有两个阶段具有特殊的意义，它们对系统结构有重大的影响，并为飞机操纵实现自动化开辟了巨大的可能性。

第1阶段是与研制不能转入直接手动操纵的不可逆助力操纵有关。它能确保飞行员在所有飞行状态范围内获得适用的操纵特性，而且与操纵面上所作用的气动铰链力矩的值无关。

第2阶段是与用电传系统代替机械系统将操纵信号传给操纵面作动器有关的，并在此基础上引进了自动系统，其中包括飞机的人工增稳系统。

本章研究超声速飞机的操纵系统。现代的高亚声速干线飞机(图-204、A300、安-124、A330、A340、伊尔-86、伊尔-96、B757、B767、B777等)也都采用不可逆助力操纵和电传操纵。因此，人们对在干线飞机上所用的操纵系统的结构构成，特别是对确保高可靠性和飞行安全性的基本原则表示关心。

超声速范围的飞行状态开拓过程具有一系列新的特点，对操纵系统的结构会产生影响。其中最重要的特点是：

(1) 操纵面的气动铰链力矩($M_{\text{ш аэр}}$)有极大的增加。

(2) 在超声速范围内，所有通道(俯仰通道、滚转通道和航向通道)的操纵效率都降低。

(3) 纵向操纵有很大的“过补偿”。

(4) 高空和超声速时飞机的阻尼特性明显变坏，飞机对飞行员操纵指令的响应也明显变坏。

于是，为实现超声速飞行对操纵系统提出了特殊的要求，以便能借此克服上面所说的困难。

在研究与超声速飞机操纵系统结构有关的问题时，主要注意力要放在对操纵系统的共同特性上。操纵系统所有通道的结构都具有许多共同的特点，因为自动不可逆助力操纵系统都是按照同样原则构成的。

9.1 超声速飞机的操纵系统的结构与操纵装置

在现代飞机上，为产生操纵力矩基本上采用了 3 种操纵装置，即气动力面、喷气操纵（或燃气动力）和用于地面滑跑时可操纵的前起落架支柱。

使用喷气（或燃气动力）舵或推力矢量转向来产生操纵力（力矩）的操纵装置都需要很大的能源。喷气操纵装置用于小飞行速度或空速大体为零状态，以及高度很高的飞行状态。

在地面滑跑时，操纵前起落架支柱是方向操纵的有效装置，凭借它可确保对起降跑道上的飞机进行操纵，和实现在机场上的滑行。

飞机的纵向操纵装置

从表 9.1 可见，在超声速飞机上获得最广泛应用的纵向操纵装置为：

表 9.1 超声速飞机的操纵装置

操纵通道 / 操纵装置类型	俯仰操纵	滚转操纵	航向操纵	升力控制	减速制动
1. 全动平尾(ro)(前置或后置)	●				
2. 差动平尾(ro)	●	●			
3. 翼尖舵		●			
4. 升降副翼	●	●			
5. 副翼		●			
6. 襟副翼		●		●	
7. 阻流板(扰流片)		●		●	●
8. 前缘襟翼				●	
9. 偏转前缘				●	
10. 襟翼				●	
11. 变后掠机翼				●	
12. 方向舵		●	●		
13. 全动垂直尾翼(BO)		●	●		
14. 全动前垂尾(导流片)			●		
15. 喷流舵	●	●	●		
16. 推力矢量控制	●	●			
17. 前起落架操纵			●		
18. 分段舵			●		
19. 前缘舵			●		
20. 自适应机翼		●		●	
21. 减速板					●
22. 反推力装置					●
23. 刹车					●

——全动平尾；
——差动平尾；
——前翼；
——升降副翼；
——推力矢量控制；
——上述各种形式操纵装置的组合。

正常布局飞机纵向操纵面的效率用以下导数表示：

$$m_z^{\varphi} = -C_{y\,\text{го}}^{\varphi}\,\bar{S}_{\text{го}}\,\bar{l}_{\text{го}}$$

式中：$C_{y\,\text{го}}^{\varphi}$——平尾升力系数对平尾偏度的导数；

$\bar{S}_{\text{го}} = \bar{S}_{\text{го}}/\bar{S}_{\text{кр}}$——平尾的相对面积；

$\bar{l}_{\text{го}} = l_{\text{го}}/b_a$——平尾气动焦点到飞机重心的距离。

以前翼为纵向操纵面的鸭式布局飞机具有的纵向操纵效率与正常布局飞机的很接近。

升降副翼通常用于无尾布局飞机的纵向和横侧操纵。但是这些沿机翼后缘设置的操纵面(其中包括副翼、襟副翼)在飞机超声速飞行时会丧失相当大的效率。

在某些沿机翼后缘分段安装的操纵面的无尾布局飞机上，翼根附近布置的可偏翼段用作纵向操纵(如同升降舵)，而翼梢附近布置的部分可偏翼段用作横向操纵(如同副翼)。

在最近出现的飞机布局中，可以看到在纵向操纵中运用不同操纵装置的组合，例如前翼加平尾，前翼加升降副翼，前翼加平尾加推力矢量控制。

正如已经指出的那样，在超声速飞机上主要的操纵系统是不可逆助力操纵系统，它借助运用专门的操纵力模拟装置来保证操纵飞机时有可接受的杆力值，且与操纵面上所作用的铰链力矩 $M_{\text{ш аэр}}$ 的特性无关。在现代超声速飞机上，操纵面主要有：采用结构补偿的，或根本不采用补偿的，像装有“钢琴式”铰链的操纵面(例如，苏-27、F-104、F-4 等)。

升降副翼的偏角一般不超过 $\delta_{\text{эв}} = \pm 25°$ 的量值。

这个角度范围按照驾驶杆上安装的限动器(驾驶杆限动器)在俯仰通道和滚转通道之间分配，但总偏度由作动器限制。在存在自动器时，在手动操纵信号上，附加上了俯仰和滚转的控制增稳系统的自动器信号，这时应满足下列关系式：

$$\delta_{\text{эв}} \geqslant \delta_{\text{в}} + \delta_{\text{к}} + \Delta\delta_{\text{всуу}} + \Delta\delta_{\text{ксуу}}$$

式中，$\delta_{\text{эв}}$——升降副翼的总偏角；

$\delta_{\text{в}}$——升降副翼的俯仰偏角；

$\delta_{\text{к}}$——升降副翼的滚转偏角；

$\Delta\delta_{\text{всуу}}$和$\Delta\delta_{\text{ксуу}}$——升降副翼按自动器信号的俯仰和滚转偏角。

在正常布局的超声速飞机上，主要的纵向操纵面是由左、右两个半翼面组成的全动平尾，其每个翼面都固定在转轴上，依靠各自的作动器保证翼面相对其旋转轴独立偏转。这种结构既可以在水平安定面用作纵向操纵面时实现翼面同步偏转，又可在水平安定面同时用作滚转操纵时实现左、右翼面的差动偏转(左、右翼面偏转时形成所谓的“剪刀差”)。

另一种通常用于非机动飞机的全动平尾结构为整体式(不分段的)结构，它能整个地相对于固定在机身内的悬挂接头旋转。这种结构安定面的重量效率较好，但它只能用于纵向操纵(例如，图-160飞机的滚转操纵使用了襟副翼)。通过适当地选择全动平尾的旋转轴的弦向位置，以及旋转轴的后掠角可以对$M_{\text{ш аэр}}$的值产生种种影响。

为降低平尾作动器的需用输出力，希望将平尾转轴位置选在平尾的焦点变化范围内。结果在亚声速飞行状态平尾的$M_{\text{ш аэр}}$将是过补偿的。对于具有不可逆助力操纵的飞机来说，这种情况是完全容许的。但是从飞行安全的观点来看，在平尾过补偿状态下必须事先采取措施，以使作动器输出力的余量要比平尾正常补偿状态大一些，以防操纵系统可能发生故障(例如一个液压系统)。实际上，机动飞机的平尾作动器的输出力余量，在平尾处于过补偿状态，和一个液压系统发生故障情况下，应不小于这个状态下的$M_{\text{ш аэр}}$的1.25～1.5倍。对于气动不安定飞机来说，输出力余量应采用更大的数值，因为必须确保平尾有较高的偏转速率。

在第1代超声速飞机(米格-19、米格-21、苏-7等)上广泛采用具有斜置(后掠)固定轴的平尾(图9.1)。与直固定轴相比，可降低$M_{\text{ш аэр}}$，相应地也可减小作动器输出力而赢得了某些好处。在结构上，平尾的轴既可以固定在机身上，也可固定在平尾内部。这时，斜轴一般安装在平尾剖面中具有足够大结构高度的区域。但是，平尾作动器与斜轴的连接是比较复杂的，因为在作动器传力过程中必须采用许多机械环节，引入了驾驶杆系中的弹性和间隙。

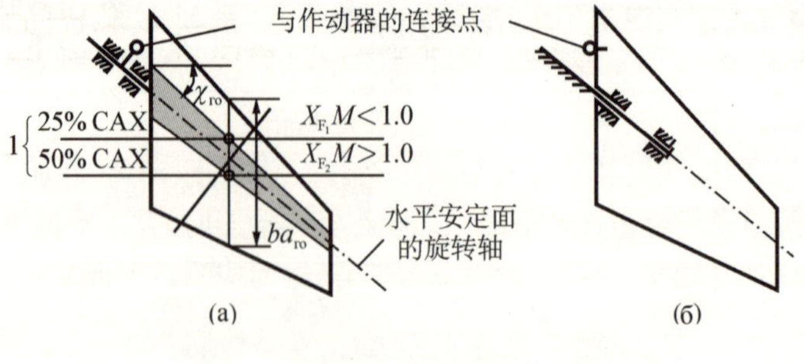

图9.1 采用斜轴的平尾固定示意图

(а) 轴刚性固定在平尾上；(б) 轴刚性固定在机身上；(1) 气动焦点随M数的移动范围

采用直轴的作动器布局在$M_{\text{ш аэр}}$增大时具有结构优势，因此，许多俄国国内的和国外最新的采用差动平尾的飞机(苏-24、米格-27、苏-27、米格-29、F-14、F-16、F-15、F-18 等)都用的是直轴。采用直轴时,平尾可实现的偏角会大些(图 9.2)。

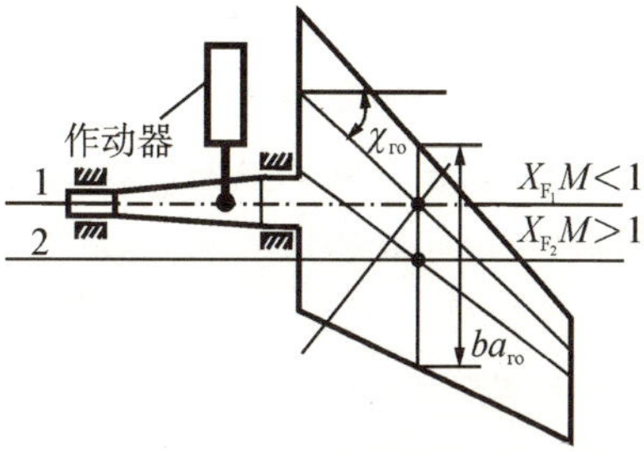

图 9.2　采用直轴的平尾固定示意图

1—25%CAX, 2—50%CAX

操纵这样的平尾需要很有力的舵面作动器(一些飞机的单侧平尾所用的双腔作动器的功率如下:F-14——55 000 kgf,F-111——45 360 kgf,“狂风”——31 400 kgf)。飞机平尾作动器输出力超过它本身的起飞重量。当然,为安装这种推力级的作动器,要求飞机上的安装底座是强承力结构,以排除作动器载荷作用下出现下陷。在直轴情况下,确保传力结构的刚度则要简单些。

必须十分关注由于气动铰链力矩超过可用值,使一侧的平尾中途停住的情况,这在高速飞行状态会发生。

一般全动平尾的偏角处于 $\varphi_{ст}=(+10°)\sim(-30°)$ 范围内。差动平尾的偏角的变化范围会大些(图 9.3),即 $\varphi_{ст}^{диф}=(+15°)\sim(-35°)$。平尾的偏转速率在一个很大的范围内变化,取决于飞机的稳定性余度和操纵的自动化程度,大致为 $\dot{\varphi}_{ст}\approx 35°/s\sim60°/s$(对于尺寸小的飞机)。

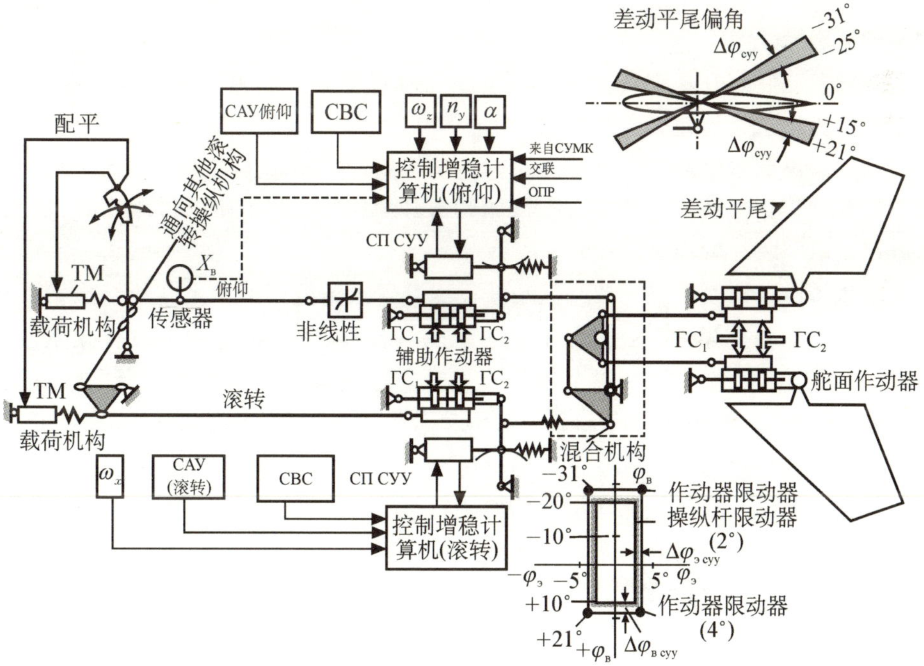

图 9.3　带有差动平尾的纵向和横侧操纵系统的示意图

推力控制和推力矢量转向、喷气舵

最近，由于要研制能在气动操纵装置效率变得很小的新飞行状态下工作的机动飞机，人们对这类辅助纵向操纵产生了很大的兴趣。主要是在作特种“钟”式、“眼镜蛇”特技时以超临界迎角飞行，以极小速度和其他状态的飞行。

推力矢量控制对发动机在飞机上的布置提出了一定的要求。这种融合体飞机把发动机布置在距飞机纵轴一定距离上，最适合这类操纵(如苏- 27、米格- 29、F - 14、F - 15、F - 18)。由于发动机采用这种分置形式，飞机既可以实现俯仰操纵，也可实现滚转操纵。

横向操纵装置

超声速飞机的横向操纵装置可以有以下几种：(见表 9.1)

——副翼(外侧或内侧副翼或两者一起)；

——升降副翼，执行副翼功能；

——襟副翼，执行副翼功能；

——阻流板(扰流片)；

——差动平尾；

——可偏外翼翼尖；

——可偏转发动机喷口或喷气舵；

——机翼弯度的差动变化(在自适应机翼情况下)。

超声速飞机上应用最为广泛的滚转操纵装置是副翼、升降副翼、襟副翼、阻流板或差动平尾。

副翼、襟副翼、升降副翼在结构上彼此并没有实质上的差异。这些操纵面的总偏度大约为 $\delta_{\text{з, зв, фл}} \approx \pm 25°$。

这些操纵面偏度的分配是按照它们的功能确定的。如果采用机械信号综合器，这个任务就可用机械方式解决，或者，如果信号的相加是在电子部件中实现，这个任务就可用电气方式解决。

阻流板(扰流片)是极为普及的滚转操纵装置。阻流板通常由几块组成，每块都用独自的作动器打开。阻流板属于多功能操纵装置，因为它可用于滚转操纵、空中减速、地面着陆滑跑的减速，以及用作直接升力控制系统的控制面。当用于直接升力控制系统时，阻流板相对应某个开度是对称打开的(例如，$\Delta\delta_{\text{инт}} \approx +10°$)。

在接近收起状态附近存在气动力死区，这一点限制了它们在小信号控制中使用的可能性(例如，在滚转振荡阻尼中的使用)，另外，在飞行中甚至在中等信号情况下经常使用阻流板也会降低升阻比。因此，在某些飞机上，特别是在阻流板和副翼一起用时，在阻流板操纵系统中加入死区，以使阻流板在小信号(例如，阻尼信号)范围内不工作，即滚转阻尼只通过副翼通道或只通过差动平尾来实现。

实际使用中，所有阻流板作动器都是单腔的。向对称方式配置的阻流板的作动器供压一般是由同一个液压系统来实现的。在供压液压系统发生故障时，阻流板在抽吸力的作用下离开收起位置。

在变后掠飞机上一般不使用副翼。没有副翼说明必须使用全翼展襟翼，因此，为进行滚转操纵主要使用阻流板和差动平尾。但是在机翼大后掠（$\chi > 50°$）的情况下，阻流板的效率变小，一般将它们断开。此后，滚转操纵只能使用差动平尾（如米格-23、苏-24、F-111、F-14）。

应该指出的是，作为滚转操纵装置的差动平尾在用于作大迎角机动（例如苏-27、米格-29、F-16、F-15 等）的高机动性飞机上发挥着极重要的作用。在这些飞机上，当进入超临界迎角时，副翼（襟副翼）操纵通道的效率降低，而按迎角信号它的偏度实际上变为零，在这种情况下操纵只有借助于差动平尾和方向舵来进行。

方向操纵装置

在超声速飞机上可作为方向操纵装置的有（见表 9.1）：

——方向舵，在大多数现代高机动飞机（米格-29、苏-27、F-14、F-15、F-18、F-22 等）上使用了两个垂尾和两个方向舵，对于这样的飞机来说，高效的方向操纵是不可少的，为此需要很大的垂尾面积；

——全动垂直尾翼（例如，图-160），操纵全动垂直尾翼的效果与全动平尾相同；

——机身下部的辅助固定式或可偏（转动）式操纵面；

——开裂式舵面（如 B-2、“暴风雪”（Буран）美航天飞机）；

——喷气舵；

——前舵（用于滚转和偏航）。

方向舵的偏角一般限制在 $\delta_{\text{р н}} = \pm 30°$ 的范围内。

应该指出，所给出的方向舵偏角范围主要是在小速度飞行时使用的。在高速飞行时，方向舵偏转范围实际上受强度条件限制。

超声速飞机布局的特点是，由于飞机头部加长产生的不稳定作用使方向稳定性变差。

提高方向稳定性最有效的途径是，引进自动装置和转为使用全动垂直尾翼（如图-160），这与使用全动平尾或全动垂直尾翼（如：洛克希德 SR-71）相类似。在这种情况下，垂直尾翼的可用偏角范围可以是 $\varphi_{\text{к}} = \pm 20°$。这时必须注意的是，这个偏角范围的一部分应给控制增稳系统使用（$\varphi_{\text{к cyy}} \approx \pm 5°$）。此外，对于发动机分开布置的飞机布局来说，垂直尾翼的效率应是确保在一台发动机发生故障时的飞机配平（如 SR-71）。

垂直尾翼的需用偏转速率取决于许多因素。大致可认为其量值等于（不考虑作动器负载）$\dot{\varphi}_{\text{к}} \geqslant \pm 20(°)/\text{s}$。

用于提高飞行性能的操纵装置

这类操纵装置可归纳如下：

——可偏前缘或可偏前缘襟翼；

——可偏襟翼或襟副翼；

——变后掠机翼；

——阻流板；

——减速板(空中的减速装置)；

——反推力装置。

变后掠机翼主要用于改善飞机的起飞-着陆特性和按照飞行 M 数优选机翼后掠角来提高飞机长时间飞行的升阻比。该系统有相当大的惰性，机翼构型变化需要足够长的时间(机翼后掠角的变化速率($\dot{\chi}$)接近于一般襟翼的偏转速率，机翼全展开从 χ_{min} 到 χ_{max} 的整个变换过程在 20～30 s 内完成)。

在现代机动飞机(米格-29、苏-27、F-16、F-15、F-14 等)上，机翼前缘(前缘襟翼)和襟翼除执行传统的降低飞机起飞-着陆速度功能外，在提高飞机的机动能力方面也很快获得了广泛的运用。由于这个缘故，它们的偏转速率要有很大提高，与主操纵面的偏转速率相比变得彼此相当(达到飞机短周期运动速度)，并扩大了它们飞行 M 数的使用范围。这些操纵装置一般按迎角和过载信号自动偏转，即 $\delta_{\text{пр.з}}=f(\alpha,\ n_y)$。

超声速飞机的操纵系统结构

超声速飞机的不可逆助力操纵系统结构相当复杂，从飞行安全角度来看，这种复杂结构是用自动系统承担保证这些飞机的稳定性、操纵性和飞行性能等重要功能为先决条件的[2]。在这种情况下，从控制可靠性和飞行安全性来看，这些自动系统应是多余度的。由于这个缘故，决定了现代飞机的自动化的不可逆助力系统结构将由数量相当多的各种功能系统组成，其中最重要的是：

——飞机驾驶杆及杆力生成系统。

——将驾驶杆与舵面作动器联系起来的机械式或电传操纵系统。在实现电传操纵时，电传信号既可使用模拟式亦可使用数字式，其中包括用电的和光导纤维的总线进行信号传输。在电传中，还必须使用将电信号转换成机械信号的执行装置。

——控制增稳系统计算机，用于形成飞机控制律；改善飞机稳定性和操纵性；按照迎角 α、侧滑角 β、过载 n_y、速度 V、M 数等参数限制极限飞行状态；调节驾驶杆与舵面之间的传动比 $k_{\text{ш}}$；控制飞机的配平；实现系统状态的监控和以空勤人员使用方便的形式提供系统状态信息。

——操纵系统中所用的驾驶杆、角速度、过载、迎角、侧滑角、速度、飞行 M 数和其他参数的传感器。

这些传感器一般输出模拟信号。为能使用这些信号的数字量，必须将它们由模拟量转换成数字量。部分飞行参数的数字信号，例如迎角、侧滑角、速度和飞行 M 数，由大气数据系统传输给飞控系统计算机。

上述 4* 项组成了控制系统的控制部分。

* ——译校改。

——执行装置：伺服作动器和舵机，其中包括它们的控制和监控部件。

伺服作动器和舵机确保对直接传给飞机舵面的系统信号进行处理，在飞机的操纵系统中使用了各种执行装置，有机电型、电动液压型和液压机械型。在装电传操纵系统的飞机上，主要使用了电动液压舵机，它把伺服作动器和舵机综合成一个部件。这些舵机称为复合舵机。电传操纵系统与舵机的相互交联借助专用的电子部件，控制监控部件来实现。

这些系统一般都处于彼此紧密协同工作之中，因此，在一般情况下将操纵系统分解成独立的功能系统在一定程度上是相对的。

此外，这些系统的正常功能还取决于与操纵系统协同工作的子系统。属于这些子系统范畴的有：

——自动驾驶系统，其中包括对发动机推力的导引等的综合控制；

——大气数据系统；

——供电系统；

——液压系统。

最近看到有一种趋势，即针对一系列单独的任务，把这套系统同发动机控制和火力控制综合在一起。

在图 9.4 上示出现代飞机自动化不可逆助力操纵系统的结构，其中包括保障不可逆助力操纵系统工作所必需的功能部件。

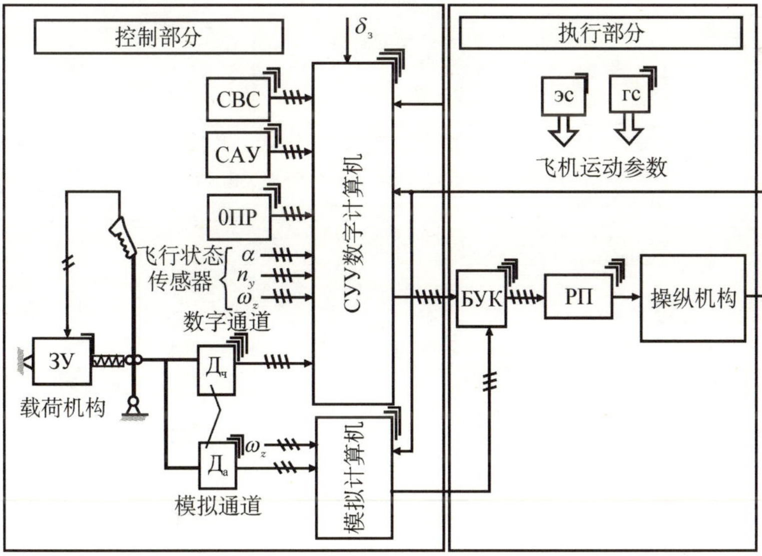

图 9.4　现代飞机的自动化不可逆助力操纵的结构

20 世纪 60～70 年代(见表 9.2)在系统的输入部分中机械传动占优势，它实际上将单个系统的所有部件联成一个统一的操纵系统。

表 9.2

序号	飞机	生产国家	原准机首飞时间	最大速度 km/h	主系统类型	通道数	备份系统类型	CУУ类型（伺服作动器）	通道数	驾驶杆加载类型传动比调节	作动器类型助力腔数目	液压系统数	液压系统内压力 kgf/cm^2	稳定性余度 $m_z^{C_y}$	操纵装置	附注
1	2	3	4	5	6	7	8	9	10	11	12	13	14	15	16	17
1	苏-17	俄	1966	1 850	MCУ		—	ACУУ$\omega_z\omega_x\omega_v$（PAУ-107）	1	θ-APЗ(q, H)；HM γ-ПЗ ψ-ИЗ+ДПЗ	ГМРП2	2	210	<0	平尾 副翼 方向舵	机翼 χ=可变
2	苏-24	俄	1970	2 240	MCУ		—	ACУУ$\omega_z\omega_x\omega_v$（PAУ-单通道）	1	θ-APЗ(q, H)； APУ(q, H)；HM γ-ПЗ ψ-ПЗ+ДПЗ	KAУ2 ГМРП2	2	210	<0	差动平尾 阻流板 （4 部分） 方向舵	机翼 χ=可变
3	苏-27	俄	1977	2 500	АСДУ	4	—	ACУУ$\omega_z\omega_x\omega_v n_y$ $n_z\alpha$	4	θ-APЗ(q, H)； ОПР-αn_y γ-ПЗ ψ-ПЗ+ДПЗ	ЭРГП2	3	280	~0	差动平尾 襟副翼 方向舵 （2 部分）	
4	米格-21	俄	1956	2 175	MCУ	1	—	ACУУ$\omega_z\omega_x$（PAУ-107）	1	θ-APУ(q, H)； γ-ПЗ；HM ψ-HPУ*	ГМРП2 ГМРП1	2	210	<0	平尾 副翼 方向舵	手操纵
5	米格-23	俄	1967	2 500	MCУ	1	—	ACУУ$\omega_z\omega_x\omega_y$（PAУ-107）	1	θ-APЗ；HM γ-ПЗ；HM （阻流板） ψ-ПЗ+ДПЗ(в. п.)	ГМРП2	2	210	<0	差动平尾 阻流板 （2 部分） 方向舵	机翼 χ=可变

（续表）

序号	飞机	生产国家	原准机首飞时间	最大速度 km/h	主系统类型	通道数	备份系统类型	СУУ类型（伺服作动器）	通道数	驾驶杆加载类型传动比调节	作动器类型助力腔数目	液压系统数	液压系统内压力 kgf/cm^2	稳定性余度 $m_z^{C_y}$	操纵装置	附注
1	2	3	4	5	6	7	8	9	10	11	12	13	14	15	16	17
6	米格-25	俄	1964	3 000	МСУ	1	—	АСУУ$\omega_z\omega_x\omega_y$（РАУ-107）	1	θ-АРЗ(q, H)； $K_ш$(q, H) γ-ПЗ ψ-ПЗ+ДПЗ(в. п.)	ГМРП2	2	210	<0	差动平尾 副翼 方向舵 （2 部分）	
7	米格-27	俄	1973	1 800	МСУ	1	—	АСУУ$\omega_z\omega_x\omega_y$（РАУ-107）	1	θ-АРУ(q, H) γ-ПЗ；НМ （阻流板） ψ-ПЗ+ДПЗ(в. п.)	ГМРП2	2	210	<0	差动平尾 阻流板 （2 部分） 方向舵	机翼 χ=可变
8	米格-29	俄	1977	2 450	МСУ	1	—	АСУУ$\omega_z\omega_x\omega_y\alpha$（АРМ-150К）	2 1 1	θ-ПЗ；НМ；ОПР- α，n_y γ-ПЗ ψ-ПЗ+ДПЗ(в. п.)	ГМРП2	2	210	<0	差动平尾 副翼 方向舵 （2 部分）	
9	图-22	俄	1958	1 610	МСУ	1	—	АСУУ$\omega_z\omega_x\omega_y$（РАУ-107）	3	θ-ПЗ+ДПЗ，限制$\dot{x}_в$ γ-ПЗ ψ-ПЗ+…	ГМРП2	2	210	~0	水平安定面 副翼 方向舵	液压马达作动器
10	图-144	俄	1968	2 500	МСУ	1	—	АСУУ$\omega_z\omega_x\omega_y$（РАУ-57）	3—4	θ-ПЗ+ДПЗ γ-ПЗ；НМ ψ-ПЗ+ДПЗ	ГМРП2	4	210	~0	升降副翼 （8 部分） 方向舵 （2 部分）	无尾

(续表)

序号	飞机	生产国家	原准机首飞时间	最大速度 km/h	主系统类型	通道数	备份系统类型	СУУ类型（伺服作动器）	通道数	驾驶杆加载类型传动比调节	作动器类型助力腔数目	液压系统数	液压系统内压力 kgf/cm^2	稳定性余度 $m_z^{C_y}$	操纵装置	附注
1	2	3	4	5	6	7	8	9	10	11	12	13	14	15	16	17
11	ВКС “暴风雪”	俄	1988	宇宙速度	ЦСДУ	4+1	—	ЦСУУ$\omega_z\omega_x\omega_y n_y$		θ-ПЗ γ-ПЗ ψ-ПЗ	ЭГРП1	3	280	>0	升降副翼 (4部分) 方向舵	无尾
12	F-104	美	1954	2 300	МСУ	1	—	АСУУ$\omega_z\omega_x\omega_y\alpha$ (СП)	1	θ-ПЗ；α限制 γ-ПЗ ψ-ПЗ	ГМРП2	2	210	<0	平尾 副翼 方向舵	
13	F-4E	美	1958	2 300	МСУ	1	—			θ-АУ(q)； $\dot{x}_в$限制 γ-ПЗ ψ-ГЦ；V限制	ГМРП2				平尾 副翼 阻流板(4) 方向舵	
14	F-5E	美	1959	1 700	МСУ	1	—	АСУУ$\omega_z\omega_x$ (СП)		θ-ПЗ γ-ПЗ ψ-ПЗ；$K_ш(q)$	ГМРП2	2	210	<0	平尾 副翼 方向舵	
15	F-14A	美	1971	2 450 (H=15 km)	МСУ	1	—	АСУУ$\omega_z\omega_x\omega_y$ (СП)	2	θ-АУ；НМ； $\Gamma_{РУЗ}(n_y\omega_z)$ γ-АУ；$\Gamma_{РУЗ}(\omega_x)$ ψ-АУ；q限制	ГМРП2	2	210	<0	差动平尾 阻流板 (4部分) 方向舵	机翼 χ=可变

（续表）

序号	飞机	生产国家	原准机首飞时间	最大速度 km/h	主系统类型	通道数	备份系统类型	СУУ类型（伺服作动器）	通道数	驾驶杆加载类型传动比调节	作动器类型助力腔数目	液压系统数	液压系统内压力 kgf/cm^2	稳定性余度 $m_z^{C_y}$	操纵装置	附注
1	2	3	4	5	6	7	8	9	10	11	12	13	14	15	16	17
16	F-15A	美	1972	2 650	МСУ+СДУР（备份）		—	АСУУ$\omega_z n_y \alpha p_в$（СП）	2	θ-АУ(G) $\dot{x}_в$ 限制 γ-ПЗ ψ-ПЗ	ГМРП2	2	210	<0	差动平尾 副翼 方向舵 （2 部分）	
17	F-16C	美	1974	2 150	АСДУ	4—3	—	АСУУ$f\omega_z n_y \alpha p_в$	4—3	θ-ПЗ；ОПР-α、n_y γ-ПЗ ψ-ПЗ	ЭГРП2	2	210	>0（1—3%）	差动平尾 襟副翼 方向舵	
18	F/A-18	美	1978	1 900	ЦСДУ	4	МСУ（平尾）	ЦСУУ$\omega_z n_y \alpha$	4	θ-ПЗ γ-ПЗ ψ-ПЗ	ЭГРП（КАУ）	2	210	<0	差动平尾 副翼 方向舵 （2 部分）	
19	F-20	美	1980	M=2.0（H=13 km）	ЦСДУ	2	МСУ	ЦСУУ$\omega_z n_y \alpha$（СП）	2	θ-ПЗ γ-ПЗ ψ-ПЗ	ГМРП2	2	210	<0	平尾 副翼 方向舵	
20	F-111A	美	1964	2 350	МСУ	1	—	АСУУ$\omega_z \omega_x \omega_y$（СП）	3	θ-ПЗ γ-ПЗ ψ-	ГМРП2	2	210	<0	差动平尾 阻流板(6) 方向舵	机翼 χ=可变

（续表）

序号	飞机	生产国家	原准机首飞时间	最大速度 km/h	主系统类型	通道数	备份系统类型	СУУ类型（伺服作动器）	通道数	驾驶杆加载类型传动比调节	作动器类型助力腔数目	液压系统数	液压系统内压力 kgf/cm^2	稳定性余度 $m_z^{C_y}$	操纵装置	附注
1	2	3	4	5	6	7	8	9	10	11	12	13	14	15	16	17
21	B-1B	美	1974	$M=1.2$	МСУ	1	—	АСУУ$\omega_z\omega_x\omega_y n_y n_z$（СП）	3—4	θ-ПЗ；ВБ γ-ПЗ；ВБ ψ-ПЗ；РН限制	ГМРП2	4	280	<0	差动平尾 阻流板(8) 方向舵	机翼 χ=可变
22	B-2	美	1989	1 010	ЦСДУ	4	—	ЦСУУ$\omega_z\omega_x\omega_y n_y n_z$	4	θ-ПЗ γ-ПЗ ψ-ПЗ	ЭГРП2	4	280	>0	11个舵面 其中两端 为分段舵	飞翼
23	航天飞机	美	1979	宇宙速度	ЦСДУ	4	—	ЦСУУ$\omega_z\omega_x\omega_y n_y\alpha$	4	θ-ПЗ γ-ПЗ ψ-ПЗ	ЭГРП1	3	280	>0	升降副翼 （4部分） 方向舵	无尾
24	"幻影"III	法	1961	2 350 （H=12 km）	МСУ	1	—	АСУУ$\omega_z\omega_y$（СП）	1	θ-ПЗ+ДПЗ($V_{ПР}$)； НМ；ВБ γ-ПЗ；НМ；ВБ ψ-ПЗ	ГМРП2	2	210	<0	2个配平翼 段升降副 翼(4部分) 方向舵	无尾
25	"幻影"F-1C	法	1969	2 340	МСУ СДУ$_\gamma$	1	—	АСУУω_z		θ-АУ；ОПР$_{толк}$ ВБ；"$K_ш$" γ- ψ-	ГМРП2	2	210	<0	平尾 副翼 方向舵	
26	"幻影"IVA	法	1959	2 340	МСУ			АСУУ$\omega_z n_z$		θ-АУ γ-АУ ψ-АУ	ГМРП2	2	210	<0	升降副翼 （4部分） 方向舵	无尾

（续表）

序号	飞机	生产国家	原准机首飞时间	最大速度 km/h	主系统类型	通道数	备份系统类型	СУУ类型（伺服作动器）	通道数	驾驶杆加载类型传动比调节	作动器类型助力腔数目	液压系统数	液压系统内压力 kgf/cm^2	稳定性余度 $m_z^{C_y}$	操纵装置	附注
1	2	3	4	5	6	7	8	9	10	11	12	13	14	15	16	17
27	“幻影”2000	法	1978	>2 340	АЦСДУ	4	—	ЦСУУ$\omega_z\omega_x\omega_y n_y\alpha$		θ-ПЗ；ОПР-$n_y\alpha$ γ-ПЗ ψ-ПЗ	ЭГРП2	2	280	>0	升降副翼（4部分） 方向舵	无尾
28	“阵风”A	法	1986	2 100（H=10.3 km）	ЦСД	3	АС-ДУ	АСУУ	3	θ-ОПР-$n_y\alpha$ γ- ψ-	ЭГРП2	2	210	>0	前翼 升降副翼（4部分） 方向舵	无尾
29	“协和”	法英	1969	2 150（M=2）	АСДУ	3	МСУ	АСУУ$\omega_z\omega_x$	2	θ-АУ γ-АУ ψ-	КАУ2	3	280	<0	升降副翼（6部分） 方向舵	无尾
30	“美洲豹虎”E	法英	1971	1 700（H=11 km）	МСУ	1	—	АСУУ$\omega_z\omega_x\omega_y$	2	θ-АУ(q) γ-ПЗ ψ-ПЗ	ГМРП2	2	20	<0	差动平尾 阻流板（2部分） 方向舵	
31	“狂风”(MRCA)	英德	1979	2 350	АСДУ	3—4	МСУ	АСУУ$\omega_z\omega_x\omega_y$	3—4	θ-АУ(q, H, M, X) γ-ПЗ；НМ ψ-ПЗ	ЭГРП（КАУ）	2	280	<0	差动平尾 阻流板（4部分） 方向舵	机翼 χ=可变

（续表）

序号	飞机	生产国家	原准机首飞时间	最大速度 km/h	主系统类型	通道数	备份系统类型	СУУ 类型（伺服作动器）	通道数	驾驶杆加载类型传动比调节	作动器类型助力腔数目	液压系统数	液压系统内压力 kgf/cm^2	稳定性余度 $m_z^{C_y}$	操纵装置	附注
1	2	3	4	5	6	7	8	9	10	11	12	13	14	15	16	17
32	SAAB J-37（雷）	瑞典	1967				МСУ			θ- γ- ψ-	ГМРП	2	210	>0		
33	JAS-39“狮鹰”	瑞典	1987		ЦСДУ	3	ЦС-ДУ			θ- γ- ψ-	ЭГРП2	2	2	>0	小的前翼 升降副翼 （4部分） 方向舵	无尾
34	I AI“幼狮”	以色列	1983	2 440（H=11 km）	СДУ	2	МСУ	АСУУ$\omega_z n_y \alpha$…（СП）		θ-АУ($\omega_z n_y \alpha P_л$)； ПЗ(应急) γ- ψ-	ГМРП2	2	210	<0	小的前翼 升降副翼 （4部分） 方向舵	无尾
35	I AI“狮”	以色列	1986	1 480	ЦСДУ	4	—	ЦАСУУ		θ- γ- ψ-	ЭГРП2	2	210	>0	小的前翼 升降副翼 （4部分） 方向舵	无尾
36	EAP	英	1986	M>2.0	ЦСДУ	4	—	ЦСУУ	4	θ- γ- ψ-	ЭГРП2	2	210	>0（8%）		无尾

（续表）

序号	飞机	生产国家	原准机首飞时间	最大速度 km/h	主系统类型	通道数	备份系统类型	СУУ类型（伺服作动器）	通道数	驾驶杆加载类型传动比调节	作动器类型助力腔数目	液压系统数	液压系统内压力 kgf/cm^2	稳定性余度 $m_z^{C_y}$	操纵装置	附注
1	2	3	4	5	6	7	8	9	10	11	12	13	14	15	16	17
37	YF-23A	美			ЦСДУ	4	—	ЦСУУ	4	θ- γ- ψ-	ЭГРП2	3	280	>0	差动平尾	

表中的缩略语

АУ ——感力自动装置

АСДУ ——模拟式电传操纵系统

АСУУ ——模拟式增控增稳系统

АРЗ ——载荷调节自动装置

АРУ ——操纵调节自动装置

ВБ ——辅助作动器

ГЦ ——液压作动筒

ГМРП ——液压机械作动器

G ——负载

ДПЗ ——辅助弹簧感力装置

КАУ ——成套操纵装置

МСУ ——机械操纵系统

НМ ——非线性机构

НРУ ——直接手操纵

ОПР ——极限状态限制器

ПЗ ——弹簧感力装置

СДУ ——电传操纵系统

СУУ ——增稳系统

ЦСУУ、ЦСДУ ——数字式增稳系统和数字式电传操纵系统

ЭГРП ——电动液压作动器

А——英国　Г——德国　И——以色列　Р——俄国

С——美国　Ф——法国　Ш——瑞典

机械传动的主要优点就在于其具有高可靠性、性能稳定、对外界参数(例如,温度、压力、各种电磁辐射等)的敏感度低。

但是,随着控制增稳系统算法的复杂化,还由于机械传动存在固有的不利因素,诸如,惯性、重量(质量)、摩擦、弹性、间隙,等等。下一步自然就是用电气联系代替机械联系,它们能确保操纵信号得到更准确的处理(传输),动态特性得到改善,形成特性在性能设计时具有更大的灵活性,操纵可更轻便直至使用侧杆作为驾驶杆成为可能。还能简化机载系统的配套任务和引进各种类型的控制系统计算机,先是模拟式而后是数字式,以及相应的算法。

但是这种操纵的使用需要在完善元件库,制定有效的余度管理方法,对系统状态进行深入和可靠的监控,建立可靠的动力保证系统方面作大量的工作。

在研究涉及向电传操纵系统转换的一系列问题时,同时应注意到,这个转换首先与用电交联取代机械"信号"交联有关。其实,电传操纵系统只是飞机驾驶盘的一部分,是它的控制部分。

不可逆助力操纵是后来研制成现代飞机电传操纵系统的基础。因此,在俄国和国外飞机上采用不可逆助力操纵的经验是极为重要的。

作为主要设备的第一个不可逆助力操纵系统的结构包含以下装置:

——机械液压舵机;

——驾驶杆感力装置;

——液压动力系统,驾驶杆和将驾驶杆与舵机相连的机械传动装置。

后来,在这些装置中又增加了各种自动系统的伺服传动装置、辅助作动器、传动比调节器、极限状态限制器和一些其他装置,实现了以机械操纵系统为基础的所有这些装置在不可逆助力操纵系统中的综合。

随着现代超声速飞机的完善,不可逆助力操纵的结构装满了为满足新飞机布局的独特静态和动态特性、为适应其操纵特性、操纵可靠性和飞行安全而发展着的所必需的新设备和新系统。随着操纵系统结构变得极其复杂,按现代对操纵系统要求的水平,机械系统已不可能用作系统综合的有效手段,而在保证其可靠性至少不低于机械操纵系统可靠性的条件下,电传操纵系统却能更好地完成这一任务。因此,在不可逆助力操纵自动系统范围内,后续的研究和研制工作都与运用余度电传操纵有关,从一开始在系统的结构框架中有不同类别的余度电传操纵系统加机械操纵系统,而后全由电传系统完成——实际上完全排除了机械操纵系统作为功能系统。

虽然最近(45 年内)所研制的飞机式样繁多,但是其操纵系统的结构可归结为几个主要的类型,它们是(图 9.5):

——机械交联加最低水平的自动化系统组成的操纵系统(图 9.5(а));

——机械交联加改变由操纵特性的自动化系统组成的操纵系统(图 9.5(б));

——有机械备份的电传操纵系统(图 9.5(в));

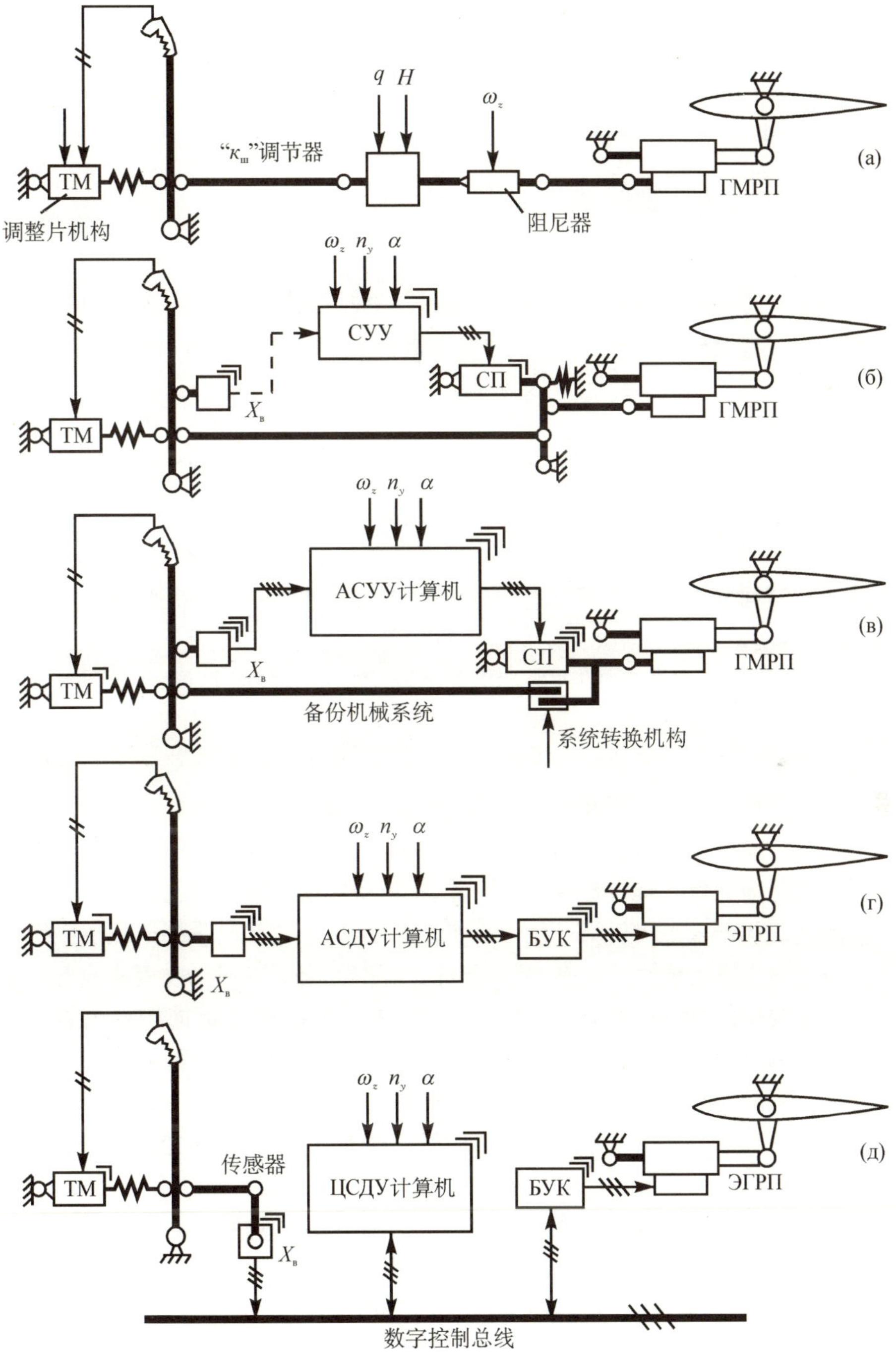

图 9.5　归纳的系统结构的主要类型

——无机械交联，但采用了以下电传操纵技术系统。

(1) 模拟技术(图 9.5(г))。

(2) 数字技术(见图 9.5(д))。

于是，采用自动化不可逆助力操纵的现代飞机的操纵系统可以约定为由两个主要部分组成，即控制部分和执行部分(图 9.4)。

9.2 操纵系统的控制部分

控制部分包含以下功能：

——在驾驶杆上生成所要求的杆力和杆位移操纵特性；

——实现驾驶杆与舵面作动器之间的(机械、电或其他形式的)交联；

——按照飞行员的操纵指令以及飞机运动参数的反馈信号(α，ω_z，ω_x，ω_y，n_y)形成规定的飞机控制律；

——对飞行员无意中使飞机进入超出极限的飞行状态进行限制；

——综合飞机各种自动系统的信号，经过处理后，加给舵面和其他控制装置。

所有这些功能都是通过使用电子、电气、液压和机械链及其执行机构来实现的。在系统的控制部分中运用电子技术，使控制部分能实现所需的飞机操纵性和稳定特性，并在飞机使用过程中改进控制系统使其更具灵活性。由于电子设备不断取得进步，控制部分的设备重量，它的外形和能量消耗都出现下降的趋势，特别是转到使用数字技术后情况更是如此。

系统的控制部分包括执行上述功能的设备和系统。控制部分的系统功能元件的组成可以随操纵系统的特性及对它提出的要求的变化而变化。

在运用自动控制技术的初始阶段，利用机械式操纵系统进行系统综合。使用机械操纵系统还能确保其具有很高的可靠性，这已被飞行实践所证实。

机械系统用于未来飞机的可能性事实上已不存在，这是由下列情况造成的：

——机械操纵系统由于具有间隙、弹性、摩擦和其他非线性，在对来自飞行员和自动系统的控制信号进行宽频谱合成中的精度和快速性有很高要求时，在控制信号的传输中使用机械操纵系统不能保证不安定飞机所需的操纵品质。

——当驾驶杆和舵面作动器之间保留机械系统时，飞行员操纵不安定飞机就需要借助自动系统对机械操纵系统的输出信号进行大量修正，以便让飞行员保持安定飞机的操纵习惯。当自动系统的校正发生故障时，虽然机械操纵系统没有出毛病，但是飞机操纵实际上变得不可能。因此，在这种情况下，使用可靠性与机械系统相当的余度电气链路(不是机械操纵系统)是合理的。

——随着飞机的改进，操纵系统可执行的功能不断增多，这些功能的实现实际上总是带来了机械系统的复杂性(由于使用了附加的机械回路、复合器、伺服作动器和其他装置)。因此，在电气链路(信号)的基础上实现功能连接更简单，在这种情况下可以获得减重效果，特别是在大型飞机上。

——当过渡到完全电操纵时，作动器只应有接收控制信号的电输入装置，由于有了这一装置，驾驶杆与作动器之间完全取消了机械元件，相应地，完全取消了它所特有的不足(摩擦、间隙、惯性等)。

——在取消机械操纵系统的情况下，操纵系统的控制(输入)部分可以通过使用典型的电子设备(计算机、数字数据总线、控制与监控部件、传感器和其他装置)来构成，借助这些设备可以灵活地改变输入部分的系统结构。

自动操纵系统领域内的上述研究为过渡到采用电传操纵系统作了准备，研制与运用提高飞机(图-144、图-154、安-124、伊尔-96)效能的控制增稳系统以及有机械备份系统的电传操纵系统(T-4)，为把电传操纵系统用作飞机舵面的主要操纵系统奠定了可靠的基础。在第一个电传操纵系统结构中，主要使用了模拟元件，其可靠性已经飞行实践证实过。使用有效的余度方法、完善的系统状态监控方法、可靠的电源、液压供应方法就可以在实际中任何可能的电传操纵系统元件发生故障，以及与其协同工作的系统故障时能保证用电传操纵系统的飞机实现安全飞行。

为满足对操纵可靠性和飞行安全的要求，模拟式电传操纵系统采用的余度水平至少不少于 4，才能在接连发生两次故障后保持电传操纵系统的工作能力。还研制过以 6 余度形式的电传操纵系统，这时，按生存性原理，把它分为两套独立的 3 余度系统，分别安置在飞机两侧是合理的。这样的系统在一侧子系统完全故障，而另一侧子系统发生一个故障后，或是两个电传操纵系统子系统接连发生 3 个故障后仍能工作。

此外，现代飞机主要由于操纵面及其作动器的数目增加，操纵系统功能的扩大，其控制部分的复杂性增加，以及对系统动力学特性，其信号处理精度及操纵可靠性的要求有严格限制，决定了要依靠使用电子控制系统领域中的成果来提高系统控制部分效率的必要性。

当保持模拟式电交联时，由于必须使用大量的导线才能把每个功能信号与操纵系统中的设备连接起来，这就难以保证所需的信号处理精度及系统控制部分的综合。

因此，采用数字技术的控制部分结构是更为合理的结构(图 9.6)。

在飞机操纵系统中使用数字式计算机，与模拟式系统相比，目的在于能更有效地保证操纵系统中数据的处理和计算过程的控制，其中包括：

——对来自飞机各种系统传感器和驾驶杆指令的大量信息进行采集和储存；

——对大量信息进行处理，并将它们以归纳的形式显示在座舱显示器上；

——在操纵飞机时，考虑飞机特性和飞行状态的变化，包括飞机气动特性和强度存在的限制，生成高精度的指令信号；

——对系统状态进行监控。在发生故障时实现系统重构，就最关系飞行安全的系统引入优先权。

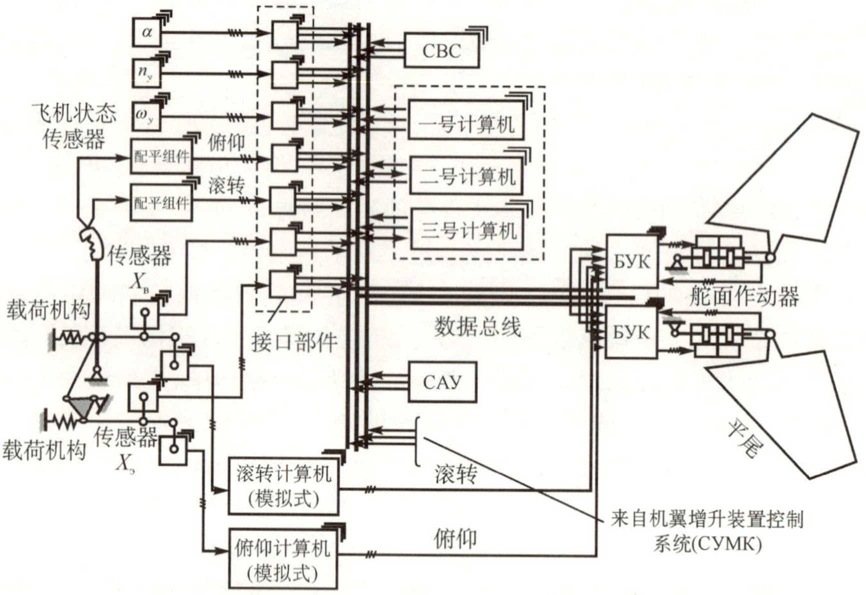

图 9.6　数字式电传操纵系统的结构示例

在执行上述功能时，数字技术的能力在很大程度上取决于所用数字机的先进程度。在评估数字机的先进程度时，通常要使用一系列数字式微处理机参数，一般用 3 个主要的特性(即数据字长、存储器可寻址单元的数量以及指令执行速度)来评估它。

随微处理机的字长增大，计算精度也提高。目前航空中采用的是 16 位和 32 位微处理机，如英特尔、摩托罗拉、西洛格等公司的产品。

另一个重要的能力参数就是主存储器容量，即含有的微处理机可寻址单元的数量。主存储器包含单独供电的永久性存储器和暂时存储器。在永久性存储器中存储最重要的信息，其容量一般不超过 1 M 字节。主存储器的典型特性是存储器存取时的耗时很小，平均为 50～150 mμs(ns)。用于 F－16(数字式系统方案)，Lavi(以色列)和 JAS－39(瑞典)飞机操纵系统 Lear Siegler 公司(美国)的计算机拥有的主存储器容量如表 9.3 所示[3]。

表 9.3　主存储器容量　　单位：Kb

存储器名 \ 飞机	F－16	Lavi	JAS－39
永久性存储器(总/使用的)	16/12K	24/18K	32/20K
暂时存储器(总/使用的)	2/1.2K	3/2K	4K

指令执行速度是微处理能力的第 3 个特征参数，它用程序每一步的“存取-执

行”循环的持续时间来评估，该循环时间取决于微处理机的主时钟频率。对于现代微处理机来说，它是 25，33，66 MHz。

微处理机能力只能在高可靠的计算机上实现，因此，从飞行安全的观点来看，计算机要有 3～4 余度。在这种余度水平情况下，系统的工作能力起码在数字通道接连发生 2 个故障时能得到保持(上述 F-16 和 Lavi 飞机的 Lear Siegler 公司的计算机具有 4 余度，而 JAS. 39 飞机为 3 余度)。

现代数字式操纵系统不仅硬件有余度，而且程序(软件)也有余度(例如 A320 和 B777 飞机)。这是要求必须将系统故障概率降到实际上不可能发生的程度 ($q < 1 \times 10^{-9}$) 而引起的。

由于这种缘故，人们对波音 777 客机的数字式操纵系统的某些数据产生了兴趣，这种飞机有 3 余度的数据总线和 9 余度的微处理机，飞机的控制按右、中、左 3 个独立通道来实现，其中的每一个通道都有 3 余度的微处理机和采用自己的编程语言。左通道采用 AMD 29000 型微处理机和 C 语言编程，其主时钟频率为 16.5 MHz。中央通道采用 MOTOROLA 68040 型微处理机和 ADA 语言编程，其主时钟为 25 MHz。右通道采用 INTEL 80486 型微处理机和 PL/M 语言编程，其节拍频率为 33 MHz。所有的微处理机都运用高级语言的 32 位微处理机，微处理机的吞吐量为每秒 12.5～13 M 次运算。微处理机模块的永久可编存储器是 256 K 字节，存储器的存取时间为 70 mμs(ns)。

当转到用数字形式信号时，功能系统大量信号的传输可沿一条由两根扭绞的屏蔽导线组成的总线来实现，但有确定的离散频率和顺序。而且，这个频率应是很高的，达到 50～100 MHz 才能保证传输速度为 1～2 Mbps。对于光导纤维通信来说，信号的传输速度可达到 20 Mbps。数字式数据总线是飞机综合电子系统的最重要的部件之一。借助数据总线可以将设置在飞机各个地方的超过 100 个(多达 120 个)的各种信号源(终端)连接起来。在一般情况下，可用的终端数取决于数据总线的通过能力，控制这些过程的计算机的运算速度和设备与终端通信的通过能力。

目前人们正对在操纵系统中使用数字式数据总线问题给予极大的关注。例如，MIL-STD-1553B 总线标准(1978 年开始生效)已在从 B-52 和 F-4 至 F-18/A 和 AV-8B 大约 30 种美国作战飞机，以及 JAS-39(瑞典)和“狂风”(英法)飞机上使用。

在民用航空中 ARINC-429 总线在某种程度上类似于 MIL-STD-1553B 总线，也是一对扭绞的屏蔽导线，它具有 1 Mbps 级的传输速度和能进行多达 30 种信号的传输，这种总线已安装在 B757，B767，A300/A310/A320 运输机上。

在俄国的飞机上采用了在结构和参数上都与 MIL-STD-1553B 和 ARINC-429 相近似的总线。

数字式数据总线直接用于飞机操纵回路的经验目前局限在为数不多的飞机上，

因此作为确保采用数字式总线系统可靠性的主要手段，人们正在研究能广泛用于高生存率要求的电子系统的措施，这首先是：

——运用余度总线。执行对飞行安全来说是关键功能的总线应具有 3～4 余度，以确保接连发生两次故障后仍能保持工作能力。

——有效地防范总线的硬件设备和其软件发生共点故障。

在飞机控制回路中采用数字式总线意味着控制自动化达到了新阶段。然而现代电传控制系统的传感器和作动器主要使用的是模拟信号，在总线和这些装置之间进行数据交换时，必须使用数-模和模-数变换器进行变换。这些操作在信号传输中带来了附加时延。

俄国和国外在开发光导纤维技术方面已开展了多年工作，在这方面波音公司已迈出了巨大的步伐。在 B777 客机上使用了具有 3 余度的 ARINC－629 总线，这种总线按电子和光导纤维两种方案配置。ARINC－629 总线保证以 2 Mbps 的速度在 100 m 距离内沿扭绞电缆进行传输时，可在有大量终端(多达 120 个)的情况下获得满意的通信能力。

ARINC 总线的另一方案是使用 4 通道光导纤维通信，以保障在接连发生两次故障后具有工作能力，该总线具有 20 Mbps 的快速运行能力。

由于操纵系统可以使用数量相当多(多达 35～40 个)的舵面作动器，因此导致出现自总线来的控制信号向舵面作动器分配的问题，正如已指出的那样，在总线和舵面作动器之间应有控制和监控部件。

使用舵面作动器控制与监控部件可以有几种方案。

一种结构方案包含有多个电子部件，它们的每一个都服务于一组飞机作动器模块，其中包括各控制通道(俯仰、滚转和偏航)的作动器模块。值得关注的是，这种结构方案在 B777 飞机上已得以实现。

另一种结构方案是，每一个作动器模块都有自己的控制和监控部件。为了减小作动器模块的电子部件数量，可以将它们联成一个电子部件，用来为具体操纵面(例如在该半个机翼上的副翼和阻流板)的所有作动器模块服务，这种控制部分的示意图见图 9.7。

这样一来，由操纵系统控制部分所包含的所有上述系统都归属于大多数机电系统和电液系统的综合，它们的功能完全可由电子系统承担。操纵系统进化过程中变动很小的最保守部分(见表 9.2)是驾驶杆和它的载荷机构及配平机构。在机动飞机上，甚至在战略轰炸机(B－1，图－160)上，主要利用带弹簧载荷机构的中央杆式的驾驶杆和脚蹬。这实际上就是控制部分仍然保留系统承力机构部分。

此外，还有如下 3 种操纵职能尚无统一的解决方案：

(1) 实现杆力配平。在一种情况下，配平可以以这样的方式进行：即驾驶杆将根据从杆至舵面作动器传输的信号而调整到中立位置 ($P_{B} = 0$)；在另一种情况下，

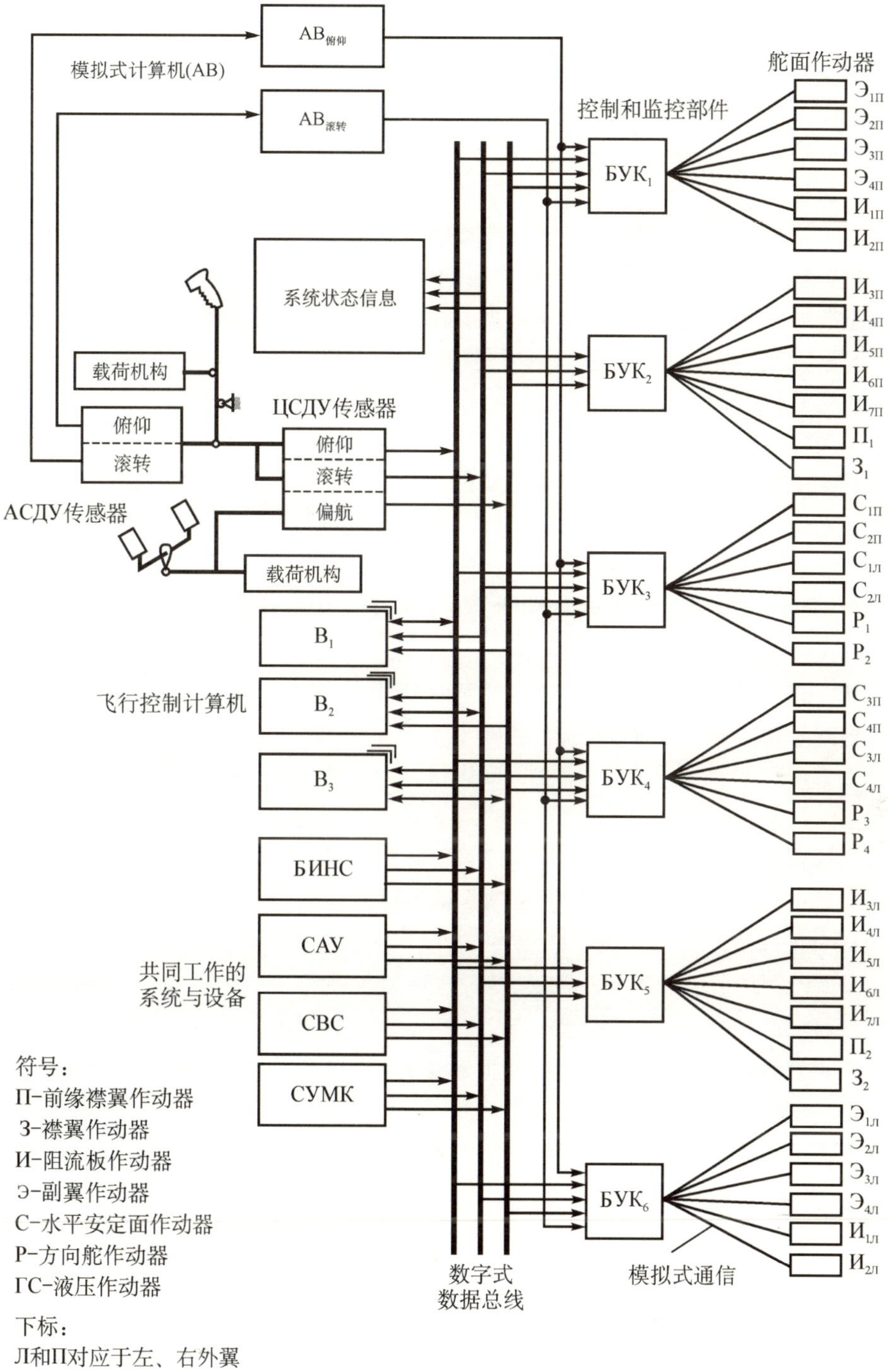

图 9.7　重型飞机操纵系统的控制部分示例

当驾驶杆的配平位置偏离中立位置时，用调整片效应机械配平杆力。

(2) 防止飞行员无意中使飞机进入超过极限的飞行状态。在防止飞机进入这些状态方面同样有两种系统方案。第1种方案是，在驾驶杆上生成阶梯式的力或增大梯度的力，以告诫飞行员：飞机已接近这种状态。借助专门的施力机构可以在驾驶杆上沿诸如减小飞机迎角或过载的方向施加强制性作用力。在第2种方案中，这个任务由计算机来实现，它生成飞行员的信号，并发往舵面。

(3) 在飞机自动控制过程中实现驾驶杆的调整，即保持驾驶杆位置与舵面位置同步。在有些操纵系统中，驾驶杆不用调整或出现所谓伪调整情况，即只对驾驶杆的慢速变化信号才调整。在其他系统中实现了在自动控制情况下的驾驶杆全面调节，在这种情况下，САУ伺服作动器直接驱动驾驶杆并偏转舵面(如Т-4、"协和"号飞机)。

从所研究的系统特性可清楚看出，所有这些功能都可列入系统综合的范畴内，只有驾驶杆感力系统属于例外，它模拟的是飞机对飞行员操纵动作的响应。

最后应该指出的是，为获得高品质的飞机飞行数据及好的飞机作战效能，必须将操纵系统与动力装置的推力控制与武器控制进行综合，所研究的数字式电传操纵系统就能最完满地实现这些目标。

由于数字式电传操纵系统中包含有电液装置(例如，电液作动器、电液阀等)，为确保其工作效能，必须配备可靠的电力和液压供应系统。

从安全飞行角度来看，电传操纵系统功能上属于安全关键系统范畴，甚至不允许它出现短暂的动力供应中断，特别是对数字式系统元件而言更是如此。因此，电传操纵系统研制人员采取了种种措施，以排除电传操纵系统动力供应中断的任何可能性。

飞行员的驾驶杆和杆力机构

带载荷机构的驾驶杆是确保飞行员对飞机操纵感觉的最重要成套设备。驾驶杆的杆力和杆位移特性的选择依据是，确保飞行员能精确地操纵飞机(不发生飞机振荡)和建立他对飞行状态的感觉，以防止飞机无意中进入安全条件所不允许的飞行状态(例如，超过$\alpha_{доп}$、$n_{y\,доп}$等)。

中央驾驶杆式的驾驶杆(进行俯仰和滚转操纵)和脚蹬(进行偏航操纵)已获得了最广泛的应用，在飞机进化过程中，驾驶杆的运动参数和布局、它在座舱中的布置基本上都已标准化了，这为飞行员掌握各种类型的飞机提供了方便。

为了在驾驶杆上形成必需的杆力，超声速飞机上使用了各种装置，既有彼此独立的，亦有相互组合在一起的，其中包括弹簧和液压杆力自动装置、电动载荷调节自动装置、随角加速度或过载产生附加杆力的配重块、液压或电动阻尼器式的驾驶杆移动速度限制器(通过杆力进行限制)和其他一系列装置。

弹簧是最简单的驾驶杆载荷机构(图9.8(а))，由弹簧产生的杆力特性通常是非线性的，特别是在纵向通道中，非线性载荷特性是由弹簧存在的预压力和随驾驶杆行程变化出现的特性"转折"所决定的(图9.8(б))。

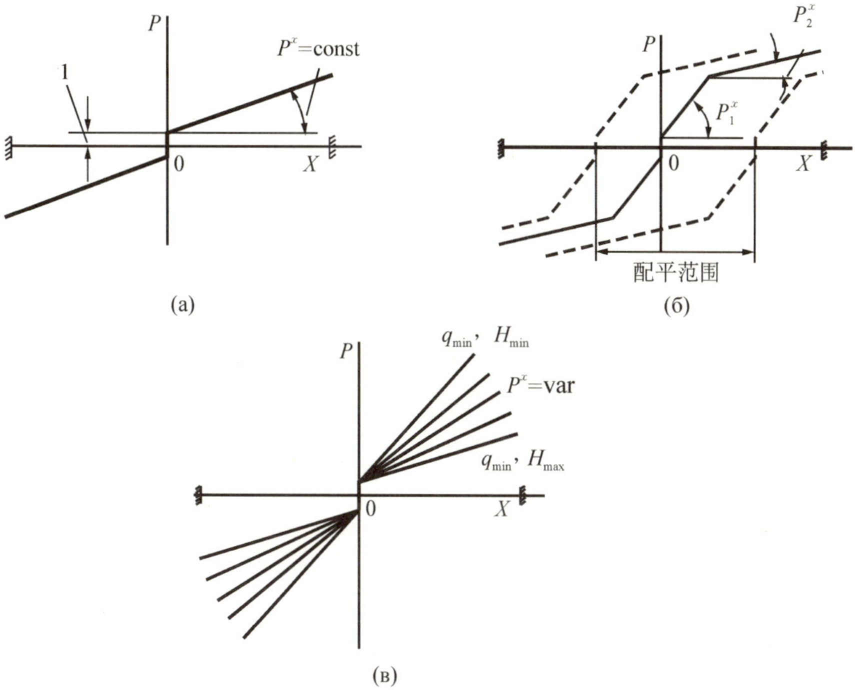

图 9.8　驾驶杆载荷机构特性

(а)弹簧载荷机构；(б)带“转折”变化的弹簧载荷机构；(в)按 $p=f(q、H)$ 变化的可调载荷机构
P—杆力；X—杆行程；1—预压力

为确保当系统中存在摩擦力(由杆系和作动器分油活门引起的)时驾驶杆能回中，以及为排除由于控制增稳系统伺服作动器的运动在驾驶杆上产生力反传，而操纵系统中又没有设置辅助作动器，故弹簧预先加有预压力。

通常对于轻型超声速飞机来说，所用的预压力不大于 10 N。当在驾驶杆配平位置处操纵飞机时，飞行员要给驾驶杆加上所谓的起动杆力 $P_{стр}$，它等于由摩擦引起的杆力 $P_{тр}$与弹簧预紧力 $P_{зат}$之和：

$$P_{стр}=P_{тр}+P_{зат}$$

这时值得指出的是，纵向操纵性指标 P^{n_y} 的最小值在一定程度上与起动杆力 $P_{стр}$有关，实际中取 P^{n_y} 的最小值$\geqslant 3P_{стр}$。

因此，为提供轻便的操纵希望起动杆力尽可能小。事实上这意味着要减小杆系和作动器中的摩擦，考虑到驾驶杆起动杆力的值以及相应的纵向操纵性指标 P^{n_y} 的最小值直接取决于摩擦力的值，在操纵系统要求中列入由系统摩擦所引起的容许杆力值的规定是合理的。规范中一般规定了起动杆力值，例如轻型飞机纵向通道中由摩擦产生的施加在驾驶杆上的杆力 $P_{тр}$不应大于 2.25 N。在机械操纵系统中要确保这样的由摩擦产生的杆力值，用一般的工艺方法并不总能做到，因此，在某些飞机(如，F-15、F-111、“幻影”ⅢE 等)上这个问题通过在机械系统中安装辅助作动器来解决。

在杆力特性中必须引入"折线变化"是基于在大多数亚声速飞行中要求平尾及相应驾驶杆的偏度很小,驾驶杆力会过于轻,操纵过于灵敏会导致飞行员无意中使飞机振荡或有超过其过载容许值的危险。为了排除这些不足,使用了具有"折线变化"特性(大约在3%杆行程处)的载荷机构,使高亚声速、小杆偏度(大杆力梯度 $P^{X_{\text{в}}}_{\max}$)时的纵向操纵变重,而小速度、大杆偏度(小梯度 $P^{X_{\text{в}}}_{\min}$)时的纵向操纵变轻。这时,为避免从一种杆力梯度向另一种杆力梯度转换时飞机发生振荡,推荐转折处的梯度比不得大于

$$\overline{P}^{X_{\text{в}}} = P^{X_{\text{в}}}_{\max}/P^{X_{\text{в}}}_{\min} \approx 3.0$$

在某些飞机的操纵系统中采用由两个弹簧组成的载荷机构代替具有折线特性的载荷机构,其中一根弹簧确保起飞着陆状态的驾驶杆杆力特性,而另一根弹簧在起飞后根据起落架或襟翼收起信号接上,此后驾驶杆的杆力特性由具有较高梯度 $P^{X_{\text{в}}}$ 的两根弹簧的组合体来保证。

所研究的弹簧式载荷机构可以在一系列情况下确保在驾驶杆上加有适当的杆力。

但是,对于飞行状态变化范围大和重量随飞行时间变化很大的飞机来说,就需要更为复杂的载荷机构。正如已经指出的那样,纵向操纵性指标 P^{n_y} 是最重要的指标之一。从操纵特性观点来看,希望 P^{n_y} 的值随飞行状态变化很小。

对于轻型超声速飞机来讲,操纵性指标 P^{n_y} 和 X^{n_y} 应在下列范围内[8]:

$$P^{n_y} = 10 \sim 30 \text{ N/ 单位过载}$$

$$X^{n_y} \geqslant 12 \text{ mm/ 单位过载}$$

对于重型飞机来讲,建议这些参数值要确保在以下范围内:

$$P^{n_y} = 100 \sim 250 \text{ N/ 单位过载}$$

$$X^{n_y} \geqslant 40 \text{ mm/ 单位过载}$$

其中最小值 $P^{n_y} \approx 100$ N/ 单位过载适用于驾驶杆式操纵,而最大值 $P^{n_y} \approx 250$ N/ 单位过载适用于盘式操纵。

在一般情况下,为保证获得所需的操纵性指标必须使用更为复杂的载荷机构或所谓的自动杆力装置,它能随飞行状态(如飞行速度 V、飞行高度 H)变化同时调节参数 $P^{X_{\text{в}}}$ 和 $k_{\text{ш. в}}$。

操纵性指标 P^{n_y} 通过以下关系式与 $P^{X_{\text{в}}}$ 和 X^{n_y} 参数相联系:

$$P^{n_y} = \frac{\mathrm{d}P}{\mathrm{d}n_y} = \frac{\mathrm{d}P}{\mathrm{d}X_{\text{в}}}\frac{\mathrm{d}X_{\text{в}}}{\mathrm{d}\varphi}\frac{\mathrm{d}\varphi}{\mathrm{d}n_y} \text{ 或 } P^{n_y} = P^{X_{\text{в}}}\frac{1}{k_{\text{ш. в}}}\varphi^{n_y}$$

其中,$\dfrac{\mathrm{d}P}{\mathrm{d}X_{\text{в}}} = P^{X_{\text{в}}}$ —— 杆力梯度,即随操纵杆位移变化由载荷机构产生的杆力梯度,单位为 N/m;

$\frac{\mathrm{d}\varphi}{X_{\text{в}}}=k_{\text{ш в}}=k_{(\text{ш в})0}+\left(\frac{\mathrm{d}\varphi}{\mathrm{d}X_{\text{в}}}\right)\text{cyy}$——纵向操纵传动比，单位为 m^{-1}；

$k_{(\text{ш в})0}$——初始传动比，单位为 m^{-1}；

$\frac{\mathrm{d}\varphi}{\mathrm{d}n_y}$——飞机纵向操纵特性。

在采用机械式杆系的轻型超声速飞机上，通常使用两种形式杆力自动装置，一种叫杆力自动调节器，与非线性机构配合使用，而另一种杆力自动装置同时改变杆的驾驶杆的载荷 $P^{X_{\text{в}}}$ 和传动比 $k_{\text{ш в}}$，这种自动装置叫力臂自动调节器。

杆力自动调节和力臂自动调节器两种自动装置根据速压 q 和飞行高度 H 改变驾驶杆的杆力特性(图 9.8)。

杆力自动调节器自动装置的特点是，在它工作时，由于存在非线性，因此在所有飞行状态下水平安定面能保持在整个偏度范围内偏转，其中也包括杆力调节系统发生故障时。但是它工作时的传动比变化不随飞行状态而变，而是随驾驶杆的位置而变，这种特点缩小了 APЗ 能确保在整个飞行状态范围内获得最佳操纵特性的能力。杆力自动调节器最初广泛用于苏-7 和苏-9 飞机的操纵系统中。

与杆力自动调节器不同的是，力臂自动调节器能实现根据速压 q 和飞行高度 H，用一个作动器实现杆力梯度 $P^{X_{\text{в}}}$ 和系统传动比 $k_{\text{ш в}}$ 的同时变化。由于有这一特性，平尾的偏转范围按机构运动关系随飞行状态的变化而变化，从而会在一系列情况下限制飞机的机动能力，并且要求当力臂自动调节器发生故障停在平尾对操纵杆只能响应小偏度的位置时采取安全措施，即在限定的平尾偏度范围内完成飞行的任务。通常使用力臂自动调节器时，将传动比 $k_{\text{ш в}}$ 的变化范围限制在 $\bar{k}_{\text{ш в}}=k_{\text{ш в}}^{\max}/k_{\text{ш в}}^{\min}\approx 2.0$。力臂自动调节器能保证从米格-19 和米格-21 飞机起，米格超声速飞机能具有良好的操纵特性。

为将力臂自动调节器的能力推广运用到米格-29 型的新一代飞机上，借助使用“折线”载荷弹簧的 $P^{X_{\text{в}}}$ 和 $k_{\text{ш в}}$ 的非线性特性，使这种自动装置得以完善。随着速压 q 和飞行高度 H 的变化将这些参数调整大约 2.5 倍，使之能确保在整个飞机飞行状态范围内，满足对纵向操纵指标 P^{n_y} 和 X^{n_y} 的值所提出的要求实际处在最佳水平上。

表 9.4 列出了一系列俄国国内现代飞机有关操纵及其杆力特性的一些数据实例。

表 9.4　数据实例

驾驶杆参数 \ 飞　机	苏-27	米格-29
俯仰操纵		
——行程/mm	−160～+100	−140～160
——最大行程时的杆力/N	145～105	−64～40
——预压力/N	0	0
——中立点附近的杆力梯度 $P^{X_{\text{в}}}$/N·mm^{-1}	1.7	1.2

(续表)

驾驶杆参数 \ 飞机	苏-27	米格-29
滚转操纵		
——行程/mm	±(120～140)	±100
——最大行程时的杆力/N	80	±30
——预压力/N	0	±13
航向操纵		
——行程/mm	±100	±85
——最大行程时的杆力/N	±400	±200
——预压力/N	0	±15
——中立点附近的杆力梯度 $P^{X_в}$/N·mm^{-1}	5	—

在采用电传操纵系统的飞机上，驾驶杆的杆力特性主要是靠采用简单的弹簧机构来实现的。对杆力提出的操纵特性要求(例如 P^{n_y})，并不是借助调节梯度 $P^{X_в}$ 来保证的，而是要借助随飞行状态按以下关系式对系统的传动比 $k_{ш.в}$进行更有深度的调节来实现的：

$$P^{n_y} = P^{X_в}\frac{1}{k_{ш.в}(q,\ H,\ M,\ X_т,\ \cdots)}\varphi^{ny}$$

在电传操纵系统中，驾驶杆的载荷机构实际上是带有配平机构的简单弹簧。由于不存在机械杆系，因此驾驶杆上的力只由弹簧产生，弹簧的特性可用飞行员的生理能力，例如手的能力来确定。

采用电传操纵系统为采用侧位形式的驾驶杆来操纵飞机提供了可能性。

采用侧位驾驶杆有以下目的：

——提高飞行员在大过载条件下实现更为有效操纵的能力；

——改善了仪表板的视野；

——减轻了驾驶杆的重量等。

此外，将侧位驾驶杆用作主要驾驶杆的经验现在还只局限于几种飞机；例如 F-16 和 A320。在采用电传操纵系统的一些飞机上，如“狂风”(MRCA)、F-18/A(具有备份机械操纵系统)，一般使用的是中央驾驶杆。

当使用侧位驾驶杆作为飞机操纵杆时，必须考虑这类驾驶杆所特有的一系列特性：

——驾驶杆在座舱内的侧位布局要求飞行员掌握只用一只手操纵飞机的新技能；

——只是当系统对飞行员无意中使飞机进入极限飞行状态存在限制时才能采用小杆力侧位驾驶杆；

——在某些根据安全条件必须使用双侧位驾驶杆(供第 1 和第 2 飞行员使用)的大型飞机(如图-160、B-1)上，应解决两个飞行员之间相互影响问题，特别是对杆之间采用电交联的情况就更应如此。电子控制逻辑应确保在任何情况下任何一个飞行员都能操纵飞机；

——应为侧位驾驶杆研制新的考虑腕力操纵的杆力标准和位移标准。

传统的驾驶盘式驾驶杆已过时，它们的运用大多与操纵飞机时飞行员必须使用大杆力的直接手操纵有关。由于使用了不可逆助力操纵，特别是用了电传操纵系统后，使用它们就成了问题。在大型重型超声速飞机（图-160和B-1）上使用中央驾驶杆代替驾驶盘的经验证实了这种形式驾驶杆的效能，因此在采用电传操纵系统飞机上驾驶杆的尺寸有继续减小的趋势。但是这并不意味着，在不久的将来中央驾驶杆将让位于侧位驾驶杆。

9.3 操纵系统的执行部分

操纵系统执行部分的结构

执行部分处理控制部分的信号，特别是，执行部分包括承力舵面作动器及其动力供应系统（电气系统和液压系统），并考虑了在飞机舵面上作用有很大气动载荷条件下它们的工作。

执行部分直接与飞机结构（飞机的承力方案）相关，这部分占操纵系统重量的主要部分。按照确保操纵可靠性的要求，执行部分应有余度。在余度传力系统中可能发生舵面作动器通道之间的力纷争问题，并将影响作动器的使用寿命，使作动器结构重量增加，彼此间的耦合增强。

由于采用了较为经济的舵面作动器系统的执行部分可能获得一定的减重效果。

最初不可逆助力操纵的执行部分一般都采用按所谓的串列布局配置的液压机械作动器，即作动器由两个独立的腔组成，每个腔中都有自己的活塞，这些活塞固定在一个公共活塞杆上。每个腔中液体流量的控制是通过与飞行员驾驶杆相连的机械杆系移动单独的分油活门来实现的。给所有作动器施加的反馈都是机械反馈。

对于要求提高舵面操纵可靠性的大型飞机来说，采用在每个操纵面上使用两个并排安装的双腔作动器。甚至在两个液压系统发生故障和一个分油活门卡死后，这种操纵面的操纵仍能得到保障（例如图-144、“协和”式飞机、图-160、B-1）。发生故障的分油活门的作动器腔产生一个附加载荷，作用在作动器没有发生故障的其他部分的$M_{ш.аэр}$上，从而可能恶化舵面的操纵特性。因此，在某些飞机（例如“协和”、A300）上，当分油活门发生故障时，便切断了向故障腔供压的液压系统。这些措施能确保气动操纵面操纵的可靠性达到实践中令人难以置信的水平（每飞行小时的事件发生概率为10^{-9}）。

在操纵系统中使用液压机械作动器的飞机上，为处理自动装置的信号使用了单独的执行装置——伺服作动器，伺服作动器的机械输出信号借助差动机构与飞行员的机械信号相加，然后，叠加后的机械信号输给液压机械作动器的输入端。

在这些自动系统中，广泛采用了结构上十分简单的电动伺服作动器（例如

РАУ -107 型伺服作动器)作为执行装置。这些系统借助串联安装若干电动伺服作动器的方法(例如在图- 22 飞机上安装的 ДТ - 105 阻尼器),使效率得以增大。

在提高自动装置效能(提高操纵面偏角)时,需要有新的途径来确保自动系统,其中包括伺服作动器的工作可靠性。对这些系统的功能来说,要求舵面作大角度偏转 ($\Delta\delta_{в} > \pm 10°$),但如果自动装置的伺服作动器处于极端状态,就会超过按安全条件确定的容许值。

为解决自动系统发生故障时的飞行安全问题,20 世纪 60 年代就已生产出 PA - 56、PA - 57 和 PA - 58 型多通道电液伺服作动器。随后,它们被安装在配备了自动操纵系统的图- 154、图- 144、T - 4 飞机上。这些伺服作动器具有很好的动态特性,并能在系统的电气部分或液压部分发生单故障(PA - 56)或连续发生两个故障(PA - 57、PA - 58)后保持自动系统的工作能力。

使用所指出的伺服作动器可以大大地扩展自动系统在保证飞机稳定性和操纵性特性方面的能力,其中也包括气动不安定性不大的飞机构型。除处理自动增稳系统信号外,还处理 САУ 信号,例如飞机在自动进场着陆时按 IKAO Ⅲ 类标准(图- 144)。

在图- 160 飞机的电传操纵系统中以及图- 154、图- 144、图- 22M、B - 1 和其他飞机的自动系统中,使用了所谓控制信号的级联式处理方式(图 9.9)。在这一方案中第一级是有自定位电反馈的多通道伺服作动器,用作第二级的是舵面液压作动器,借助机械杆系实现第 1 级和第 2 级之间的交联。

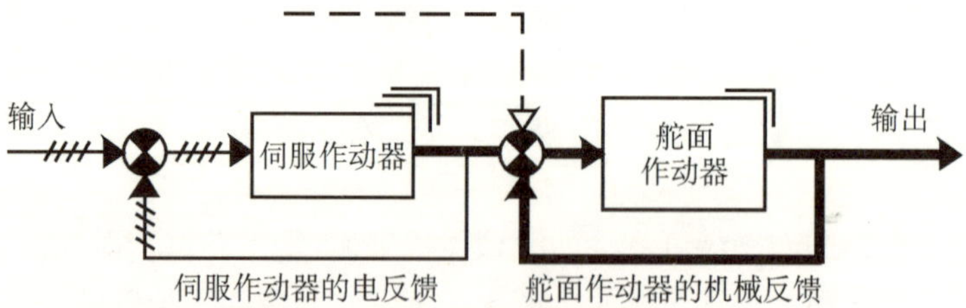

图 9.9 级联式控制信号处理方案

但是,级联式方案固有的不良特性为:

——自动器的信号处理精度由这两个级的误差决定;

——当伺服作动器和舵面作动器的速度不协调时,伺服作动器可能给杆系施加很大的力;

——伺服作动器应具有大的行程,在这个方案中所用的伺服作动器的行程一般大致为±35 mm。

虽然存在一些不足,但是级联式方案仍获得了成功的应用,并继续在使用机械杆系的飞机上使用,特别是操纵面(例如各段舵面)和舵面作动器的数量相当大的飞机上使用。在系统以自动驾驶系统状态工作时,舵面的所有各段必须同步动作。在使用统一的多通道伺服作动器的级联方案中，这些问题的解决实际上比较简单。

在采用电传操纵的飞机上，机械系统的功能至多是确保有备份操纵能力，而事实上就是要在电传操纵系统意外发生完全失效时能进行应急操纵。例如像图-160、狂风(MRCA)、F-18/A 这些飞机就具有机械系统，一旦自动驾驶系统完全失效时可用作备份或应急操纵。因此，在这些飞机的操纵系统中装有专门的装置，能确保由最后的驾驶杆与舵面的位置协调迅速转换到机械操纵系统。这里所说的飞机就应在主要飞行状态下具有气动稳定性。尽管机械系统在确保操纵特性上的功能是有限的，但在确保飞机的飞行安全上所起的作用目前仍是很大的。

随着飞机转变到采用气动不安定的布局，飞行员对这种不使用控制增稳系统的飞机将无法操纵，因此，这种飞机的控制增稳系统在结构上分别使用飞行员的电信号、反馈的电信号和交联的电信号来确保所需的飞机控制律。

为将飞行员的操纵信号传给作动器和实现各种子系统的综合，因而去掉机械交联，这样就能：

——构成更为灵活的飞机控制律，其中包括对极限飞行状态的限制系统；

——改善操纵系统的静、动态特性；

——简化操纵系统的综合化问题；

——使操纵系统减重。

在这种情况下，所有作动器都只靠电气输入执行任务(图 9.10 和图 9.11)。这就能简化作动器结构，并通过广泛运用模拟和数字电子线路来构成它的结构，以实现(例如)：

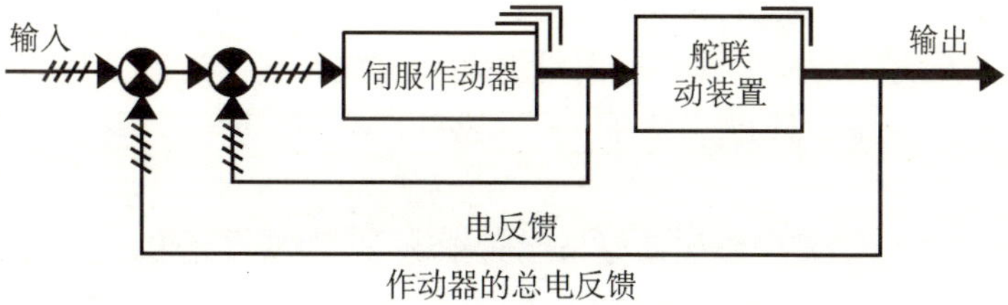

图 9.10　存在总反馈的作动器布局中控制信号的处理

——闭合舵机的随动系统；

——校正动态特性；

——确保回路的稳定性；

——修正通道之间的失调；

——实现对作动器工作能力的监控；

——使用电子模型建立通道的自监控；

——实现结构重构；

——引进运动速度和载荷限制。

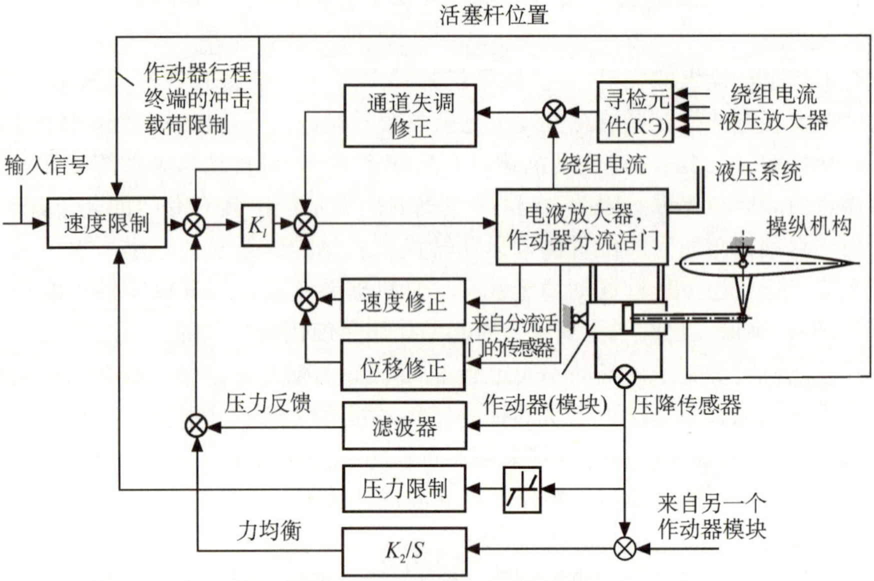

图 9.11 电传操纵系统的自动舵面作动器示意图

图 9.11 中示出电传操纵系统自动化舵面作动器的结构方案实例。控制对象存在气动不稳定度，对电传操纵系统作动器的幅值-相位频率特性、信号处理精度、通道故障时的扰动水平、故障和外界影响情况下特性的稳定性等方面都会提出更高的要求。

去掉伺服作动器和舵面作动器之间的机械交联为舵机创造了条件。第一种电传操纵系统复合舵机方案由带有位置反馈的多余度(3～4 余度)伺服作动器和由分油活门机构和承力作动筒组成的舵面承力附件组成。整个这套装置合在一起用位置反馈闭合。这种作动器已装备了电传操纵的第一批苏- 27 飞机上进行平尾的操纵。

后来，作动器已朝着伺服作动器与舵面作动器更紧密综合的方向发展。

作动器的所有这些结构上和布局上的改进，能确保气动不稳定飞机在大气动载荷(250～300 kN)条件下的控制信号处理具有高精确度，并获得好的动态特性。

这样的作动器能确保在电传操纵结构中：

——在位置信号精度下，飞机的剩余振荡水平不超过俯仰过载值 $\Delta n_y \leqslant \pm 0.02$；

——在取舵机输出位移值 1.0 ± 0.1 mm 所对应的操纵信号幅值输入，在频段 0.5～10 Hz 范围内，舵机幅频曲线的上凸值不大于 1.5 dB；

——取舵机输出位移值 0.1 ± 0.01 mm 所对应的操纵信号幅值输入，在频段 0.5～10 Hz 范围内，舵机幅频曲线的上凸值不大于 2.0 dB；

——频率为 1 Hz 时，舵机输出的相位滞后不大于：

- $-20°$，此时，输入信号的值与舵机输出位移幅值为 1.0 ± 0.1 mm 相对应；

● −35°，此时，输入信号的值与舵机输出位移幅值为 0.1±0.01 mm 相对应。

上述参数由以下条件来保证：

——内回路的品质因数为 100 s^{-1}；

——外回路的品质因数为 30 s^{-1}。

作动器幅值特性曲线凸起值的增加和小输入信号时作动器输出环节的相位滞后的增加是由作动器中的非线性效应引起的。

应在以下情况发生后仍能确保作动器具有所指出的特性：

——电子部分接连发生两个故障；

——发生一个液压系统故障；

——接连发生的组合故障即电子部分发生一个故障和液压系统发生一个故障。

在发生这组故障时，作动器的工作能力应靠与发生这些故障的概率无关的结构方法（首先是余度法）来保障。

特殊故障，它们属于极少发生，或确切地讲，实际发生概率极低的故障，这种故障的发生概率要用计算方法来证实，并执行专门措施（试验，作动器各研制阶段的监控）。这基本上是属于破坏、脱开、活动元件卡死等类型的机械元件的单个故障：

● 导致输出环节自行位移的故障每个飞行小时的发生概率应不大于 10^{-9}；

● 导致作动器与操纵面的运动连接破坏的故障每个飞行小时的发生概率应不大于 10^{-9}；

● 导致作动器双通道的外部密封性破坏，且工作液泄漏量超过 0.5 L/min 的故障每个飞行小时的发生概率应不大于 10^{-9}；

● 导致作动器输出环节卡死的故障每个飞行小时的发生概率应不大于 10^{-8}。

对作动器特性的要求并不局限于这些，对现代电传操纵系统的作动器还提出了另外许多要求，用以规定其工作，例如，对故障时作动器的性能、容许的过调量、衰减量、飞机上的安装条件；与操纵面连接的刚度、动态刚度、固定刚度、内部检查设备、电气和液压供应系统等都提出了要求。

配备分段舵面的操纵系统的执行部分

在大型超声速飞机上，例如图-160、B-1 上，机翼操纵面一般分段配置，这时每一段都用一个或多个作动器（模块）来偏转。操纵面的分段使用是一种很成功的解决手段，可达到以下的目的：

——确保高的操纵可靠性；

——减轻作动器的重量和减小其外廓尺寸；

——确保大 $M_{\text{ш аэр}}$ 引起的载荷均匀分布。

分段能确保在操纵面的一段或多段由于电气、液压和机械故障而发生任何故障时，操纵系统的工作能力得以保持。

操纵面的分段设置已在阻流板操纵系统中获得了广泛的推广。在这些系统中，分段的数目可达到 14～16。图-144 和“协和”式超声速飞机的俯仰和滚转操纵所采用的升降副翼操纵系统证实了其所具有的高可靠性。这些飞机有分成 8 块(图-144)和 6 块(协和式)分段的升降副翼。

升力控制系统执行部分的结构

超声速飞机的升力控制采用了以下系统：

——襟翼(襟副翼)操纵系统和前缘襟翼(可偏转前缘)操纵系统；

——阻流板操纵系统；

——机翼变后掠系统。

在常规的重型超声速飞机上，一般都使用由前缘附翼和后缘襟翼组成的系统，这个系统主要用于起飞-着陆飞行状态。前缘襟翼和后缘襟翼的操纵一般都用独立的电液旋转作动器来实现，它通过旋转传动轴，将力矩传给前缘襟翼和后缘襟翼的收放机构。每个系统都可按预定程序彼此独立或协同一致地工作。前缘襟翼和后缘襟翼用传动机构来保证同步工作，在这种情况下为防止这些操纵面的破坏，这些飞机一般都对增升装置的偏转加上了随飞行速度变化而变化的限制，通常这是自动完成的。从某个速度开始，后缘襟翼开始“被压回去”，即在载荷的作用下减小偏度。

所研究的增升装置一般都具有不大的偏转速率，例如从一个极端位置到另一个极端位置总的偏转时间为 30～40 s，增升装置偏转速率由作动器功率来限定，在这段时间内飞行员可以补偿由构型变化所引起的飞机配平变化。前缘襟翼和后缘襟翼的偏角范围一般分别为 $\delta_{\text{пр}} = 0° \sim 20°$、$\delta_{\text{з}} = 0° \sim 35°$。为获得最大的升力增加，后缘襟翼一般都采用多段式 —— 两段式和 3 段式。在飞机进场着陆时，可用几种方式放下这些后缘襟翼，这样的程序有利于飞行员消除放后缘襟翼所引起的飞机不平衡。

在轻型超声速飞机上，升力的控制装置——前缘襟翼(偏转前缘)和后缘襟翼(襟副翼)——既用于在起飞-着陆速度范围降低着陆速度和缩短起飞距离，亦用于大飞行速度时改善飞机的机动性。因此缘故，升力控制装置的偏转速率接近于主操纵面的偏转速率 ($\delta_{\text{пр.з}} \approx 20(°)/\text{s}$)。

这些装置的控制结构的构成也相应地与主要舵面的控制结构很相像(为保持故障发生后的工作能力，采用分段设置和余度技术)。例如苏-27 飞机使用的偏转前缘和襟副翼采用了平移式作动器，它是沿前缘和襟副翼翼展安装的带滑阀式分油阀的成组作动筒。这些操纵面作动器的液压压力供应由两套系统来实现，其每一套系统给偏转前缘和襟副翼作动筒的一半作动筒供压。

在某些国外飞机(F-5、F-16、F-18 等)上，前缘的偏转由有大传动比的行星齿轮减速器的小型机械传动装置来实现。安装在机身上的液压马达式作动器用来作为传动装置的作动器。

在实施机动时，前缘在自动状态，一般按速压 q、飞行 M 数、迎角 α 的信号，即 $\delta_{\text{пр}} = f(q, M, \alpha)$，进行偏转。这时，增升装置的偏转可以随动方式(如苏-27)或间歇方式(如米格-29)进行。

在米格- 29 飞机上，前缘的偏角范围为 $\delta_{пр}=0°\sim20°$，偏转速率 $\delta_{пр\,max}=20(°)/s$，在 F - 4 飞机上，前缘的偏角范围为 $\delta_{пр}=0°\sim17°$，而后缘襟翼为 $\delta_{з}=0°\sim35°$。在机动时，前缘附翼偏至 $\delta_{пр}=7°$，而后缘襟翼可占据 $\delta_{з}\approx0°\sim10°$ 的位置。

阻流板常用作升力控制，阻流板从收起状态偏到中等偏度（≈10°），相对这个偏度，阻流板随直接升力控制系统信号在±10°范围内作对称偏转，以修正航迹和下滑线，这种升力控制形式主要用于进场着陆时（在机场或航空母舰上）。阻流板一般由电液作动器来偏转，除了输入直接升力控制系统信号外，还可输入盘式操纵的滚转信号和空中减速信号。阻流板的偏转速率一般很高，可以达到 $\delta_{инт}\approx100(°)/s$ 和更高，阻流板的偏度为 $\delta_{инт}\approx55°\sim60°$。

取决于飞机类型，操纵系统中机翼上阻流板可以用到 4～12 块。块数较少的主要用于机动飞机（米格- 23、苏- 24、F - 14、F - 111、“狂风”、“美洲豹”）上。重型飞机上的分块数为：图- 160 机翼上为 12 块，B - 1 为 12 块，图- 22M 为 10 块。每块阻流板通常都用有电气或机械输入端的单腔式作动器偏转。在电动操纵时，为保持横向操纵力矩的对称性，使用成对的段块工作状态监控器。一旦任何一个段块发生故障，就切断对称的两个段块。当用液压操纵时，各阻流板段块由共同的余度伺服作动器通过机械杆系驱动，一旦任何一个段块作动器发生故障，那么该段块就在阻流板其余段块的作动器合力作用下作“强制”运动。在这种情况下，也可借助断开另外半个机翼上的阻流板段块作动器的液压系统来消除不对称性，只要能获得执行这个程序所需的客观信息。

在阻流板操纵系统中通常加进了死区，在小信号时，例如在滚转阻尼系统工作时，使阻流板不偏转。但是这个死区不会对直接升力控制系统的工作产生影响，因为该系统是相对于阻流板伸出位置（≈10°）而工作的。

升力控制系统中还包括机翼变后掠系统。

这些飞机的机翼变后掠控制系统在结构上极为相近，其中包括：余度旋转式液压作动器、将作动器与滚珠螺旋制动器相联系的旋转式机械传动装置、将机翼外翼旋转到一定角度的滚珠螺旋制动器、确保两个机翼外翼同时旋转的同步转轴、反馈机构、机翼变后掠与增升装置偏转协调装置和其他部件。

机翼变后掠系统是功率相当强大的系统，例如 F - 111 飞机的机翼变后掠作动器拥有两个功率均为 100 马力、流量为 150 L/min 的液压马达，螺旋制动器的推力约为 230 tf。B - 1 飞机尽管机翼外翼的旋转速度不超过大约 3(°)/s，但这个推力已达 450 tf。后掠角从一个状态转成另一个状态的整个过渡时间为 20 s。值得指出的是，变后掠系统在整个飞行过程都工作，其液压工作液的需用流量要与主操纵面作动器的需用流量相叠加。

控制增稳系统的信号处理

飞行员对自动化飞机驾驶特性的感觉应达到像用传统的手段（例如增大安定面和舵面）所能确保的特性那样，因此控制增稳系统的工作不应由飞行员来感觉。为使控制增稳系统的工作不易被察觉,应保证它一定的运行条件。

在机械杆系中,控制增稳系统按所谓的串联式布局连接,即控制增稳系统的信号与飞行员的机械信号叠加。控制增稳系统的执行元件用的是伺服作动器(电液式的或电动式的),所提及的飞行员的机械信号与控制增稳系统伺服作动器的机械信号的叠加在差动摇臂上实现。随后,叠加后的信号由摇臂输给舵面作动器的输入端。

在控制增稳系统动作时,驾驶杆应保持不动,或换句话说,在控制增稳系统工作时不应产生对驾驶杆的"力反传"。正如众所周知的,力反传是由于应由伺服作动器克服的杆系和作动器分油活门中的摩擦力增大所致。为消除力反传,一般采用以下措施:

——在驾驶杆的载荷机构中预先加预压力;

——在机械系统中安装附加作动器。

增加预压力会使操纵变重,降低驾驶精度。

安装附加作动器能:

——可靠地排除掉对驾驶杆的力反传,其中包括一旦发生(例如)任何一个操纵面卡死和必须压缩弹性拉杆的情况;

——减小由作动器分油活门中的摩擦力和对中弹性拉杆(在脱开杆系时所用的)受压所引起的作用在驾驶杆上的杆力;

——依靠附加作动器"隔断"杆系部分,改善控制增稳系统的工作精度;

——限制手操纵时的移动速度,并排除其移动速度叠加发生失调时飞行员的信号和控制增稳系统的伺服作动器信号之间出现的强对抗。

对高效率的伺服作动器来说,主要问题是要确保其具有高可靠性。在这方面,人们已就元件库可靠性水平,以及确保高可靠性的各种结构方法的研制做了许多工作。例如,在图-154 飞机上多年来(约 30 年)运用伺服作动器系统的经验表明,提高生存能力是可靠性的基本原则。对于高效伺服作动器来说,首先应避免在极限状态下伺服作动器自行偏移,因为飞行员实际上已没有有效的补偿这种偏移的手段。在这种情况下,作为确保安全性的主要措施,应该研究采用通道完全分置的伺服作动器余度法,其中也包括沿飞机两侧分置通道,以使在最恶劣情况下这样的故障只在一侧扩展,而另一侧系统可以反抗这一故障的方法。这种途径也在安-124 和伊尔-96-300 飞机上得到了实施。

自动驾驶系统信号的处理

盘式操纵系统中接入自动驾驶系统的原则在操纵系统的进化过程中发生着变化。第一代自动驾驶系统,或自动驾驶仪,起着在长时间驾驶飞机过程(主要是巡航飞行状态)中分担驾驶员工作负荷的辅助功能。在这些自动驾驶仪功能中包括稳定飞机角度位置、高度和飞行速度等功能。为了在气动稳定飞机上实现这些功能,要求的舵偏角不大,相应地要求执行机构(舵机)的力不大。从飞行安全的意义来看,这样的自动驾驶仪属于舒适类或辅助类系统，即一旦自动驾驶仪发生故障，并断开它时，飞机可继续飞行不必改变飞行计划。这样的自动驾驶仪通常像包含有必需的功能元件(传感器、计算机、执行机构、操纵台、指示器等)的自主系统那样工作。

1) 按并列方式接入自动驾驶系统

在飞机上安装自动驾驶仪时，其执行机构或舵机与驾驶杆系的连接按所谓的并列方式进行。于是在自动驾驶仪工作时，整个驾驶杆系与驾驶杆和舵一起像飞行员操纵飞机时那样运动(图 9.12)。

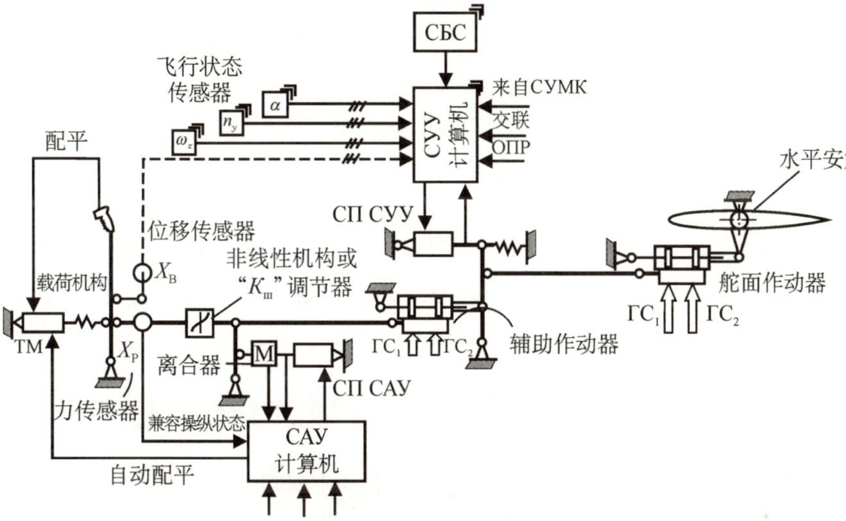

图 9.12 存在辅助作动器的情况下，带有按并列配置方式接入自动驾驶系统的纵向操纵系统

在这种情况下，驾驶杆就像是自动驾驶仪工作正确性的指示器。在飞行员使用飞机时，对自动驾驶仪的正常运行规定了一定的范围。一旦出现了偏差，飞行员应能通过按压快速切断自动驾驶仪按钮和/或“超控”其舵机，迅速承担起操纵任务。为满足这一要求，舵机通过按一定的力(或力矩)设计的解脱离合器与驾驶杆系连接，这个力换算到驾驶盘大约为 300～400 N。这个力的选择首先取决于：

——在规定的飞行状态范围内要能确保自动驾驶仪的功能；

——飞行员要能克服离合器的作用力。

转到手操纵后，飞机驾驶杆上不应伴随出现杆力骤变，为此，采用了手动配平或自动配平。

扩展自动驾驶仪的使用范围，包括自动着陆和复飞状态，导致自动驾驶仪的舵偏角明显增大(可高达整个舵偏角范围的 50%)，这就要求自动驾驶仪在结构上采取专门的措施，以便在自动驾驶仪一旦发生故障时能提高飞行的安全性。这种情况下，从飞行安全角度来看，主要的措施之一是自动驾驶仪关键控制通道采用 3～4 余度，以确保在关键飞行阶段至少发生一个故障时能自动着陆。但是，尽管采用了多余度，仍为飞行员预先准备了快速切断自动驾驶仪按钮和超控自动驾驶仪的能力。

从自动驾驶仪功能特性来看，其舵机(伺服作动器)在操纵系统中的安装应尽可能地靠近操纵面的舵面作动器。在这种情况下，像弹性、间隙、惯性、摩擦力等杆系参数对自动操纵特性的影响就会减轻。在某些飞机(例如苏-24)上，自动驾驶仪的舵机(伺服作动器)直接与舵面作动器相连(采用复合舵机)，依靠离合器将自动驾驶仪接入盘式操纵系统。离合器与输入机械杆系的连接要使在自动驾驶仪工作时这个杆系由舵面作动器来推动，而相应的杆系惯性、摩擦力、系统载荷机构产生的杆力也由舵面作动器克服，而不是由伺服作动器克服。

应该指出的是，自动驾驶仪接入盘式操纵系统不应导致在任何自动驾驶仪故障情况下盘式操纵系统的可靠性降低，因此，自动驾驶仪接入方式的选择应首先同对飞机主要操纵提出的保证飞行安全的要求结合起来。

2) 按串联方式接入自动驾驶系统

按串联方式接入自动驾驶仪(图 9.13)，首先用于内部含有控制增稳系统的飞机操纵系统中，控制增稳系统已完全与飞机综合化，飞机的特性只能与控制增稳系统一起进行研究。在这种情况下，控制增稳系统的余度等级由对盘式操纵系统的要求来确定，而不是由对自动驾驶仪的要求来确定。

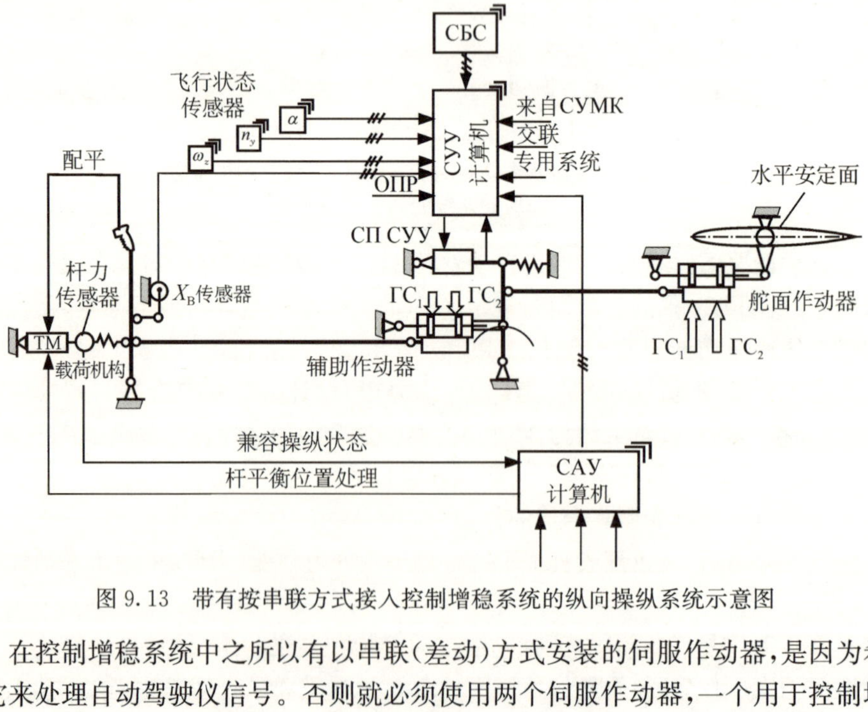

图 9.13 带有按串联方式接入控制增稳系统的纵向操纵系统示意图

在控制增稳系统中之所以有以串联(差动)方式安装的伺服作动器，是因为希望用它来处理自动驾驶仪信号。否则就必须使用两个伺服作动器，一个用于控制增稳系统，另一个用于自动驾驶仪，这样会使操纵系统变得复杂，并增加重量。

既然控制增稳系统有不依赖飞行员的用舵能力，那它就不应妨碍飞机的手动操纵(事实上，这意味着，当控制增稳系统伺服作动器工作时，驾驶杆上至少应不存在

“力反传”)。将自动驾驶仪信号接入控制增稳系统的伺服作动器,一方面会导致伺服作动器行程增大,致使确保系统故障安全问题变得复杂化;另一方面使用自动驾驶仪以驾驶杆运动的形式工作的特征消失,这也会影响到接通自动驾驶仪时的飞行安全。这样一来,增大控制增稳系统伺服作动器行程和不存在驾驶杆的运动就成为直接关系飞行安全的因素。通过将控制增稳系统信号引入驾驶杆载荷配平机构的伺服作动器,部分解决了驾驶杆运动问题。但考虑到,这个伺服作动器只有小的移动速度,因为是根据稳态飞行条件下飞行员手动杆力配平来选定的,则驾驶杆的位置只在稳态飞行条件下才与舵协调一致。

这种自动驾驶仪接入方式的重要特点为:将自动驾驶仪信号接入控制增稳系统伺服作动器就需要增加其行程,而防止飞机发生故障的主要措施只能是增加余度,它能确保操纵通道的完全隔离,对自动驾驶仪工作能力获得严格监控(或增加监控覆盖面)以及对发现的故障迅速作出响应并加以隔离。

由于将自动驾驶仪信号接入了盘式操纵系统的执行机构,自动驾驶仪的工作质量将在很大程度上取决于控制增稳系统执行机构的作用。

3) 电传系统中自动驾驶系统的接入

在配备了电传操纵系统的飞机(图 9.6)上可能有几种自动驾驶仪接入方式,选择哪种方式取决于电传操纵系统的特点(例如,电传操纵系统是否配备有机械操纵系统)、自动驾驶仪的余度水平、用于飞机驾驶的自动工作状态的重要性等。大体上讲,自动驾驶仪信号接入电传操纵系统应不会导致主要操纵电传操纵系统的可靠性降低,因为一般来说,这些系统从飞行安全性的角度来看所具有的重要性等级是不同的。

在一种方式(T-4、“协和”号)中,自动驾驶仪信号借助直接作用于飞行员驾驶杆的专用自动驾驶仪伺服作动器接入电传操纵系统。当偏转操纵杆时,来自驾驶杆位移传感器的信号输往电传操纵系统舵面作动器的输入端,为确保对自动驾驶仪的具有超控能力伺服作动器借助离合器或加有预压力的弹性拉杆与驾驶杆相连。当自动驾驶仪工作时,其伺服作动器克服电传操纵系统驾驶杆载荷机构的力。为确保在这种自动驾驶仪接入方式在转换时无冲击力,可能需要杆力的自动配平。

自动驾驶仪信号接入电传操纵系统的这种方式具有以下特点:

——自动驾驶仪的工作就像并列式接入时那样处于飞行员的监控下;

——自动驾驶仪的余度水平的确定可不考虑电传操纵系统;

——设备重量大,自动驾驶仪信号传输给舵面的过程中时延也大。

另一种自动驾驶仪信号接入方式可认为是只使用带电气输入端的舵面作动器的电传操纵系统,电传操纵系统是所有飞机系统中具有最高余度等级的系统。在将自动驾驶仪信号直接接入电传操纵系统中时,应对自动驾驶仪可能发生的故障采取安全防范措施。

自动驾驶仪计算机应具有可靠的监控手段，以排除假信号进入电传操纵系统。

在这种系统方案中，自动驾驶仪的接入特点是，不存在用自动驾驶仪信号带动驾驶杆的问题。在所研究型号的电传操纵系统中其必要性是存在争论的，一些公司(如波音公司)遵照传统，借助专用作动器来带动驾驶杆(作动器输出参数见表 9.5)，而另一些公司(如空中客车工业公司)并不认为这样做是合理的。

表 9.5 操纵机构作动器输出参数典型值

<table>
<tr><th rowspan="2">作动器参数 / 操纵装置</th><th rowspan="2">偏角/(°)</th><th rowspan="2">偏转速率(当 $M_{ш\,аэр}\approx 0$ 时)/(°)/s</th><th rowspan="2">作动器行程/mm</th><th colspan="2">当输入信号的幅值对应于作动器输出环节的位移为以下值时，在 5～10 Hz 频率范围内振幅频率特性 АЧХ 的抬起量和频率为 1 Hz 处的相移</th></tr>
<tr><th>1.0 mm</th><th>0.1 mm</th></tr>
<tr><td>1</td><td>2</td><td>3</td><td>4</td><td>5</td><td>6</td></tr>
<tr><td>前翼 ПГО</td><td>+15～−60</td><td>80</td><td>300</td><td rowspan="6">0°
1.5 dB</td><td rowspan="6">35°
3.0 dB</td></tr>
<tr><td>平尾 ГО</td><td>+15～−25</td><td>60</td><td>220</td></tr>
<tr><td>差动平尾 ГО</td><td>+20～−30</td><td>70</td><td>250</td></tr>
<tr><td>副　翼</td><td>+25～−30</td><td>80</td><td>80</td></tr>
<tr><td>升降副翼</td><td>+20～−40</td><td>75</td><td>100</td></tr>
<tr><td>襟副翼</td><td>+40～−25</td><td>80</td><td>120</td></tr>
<tr><td>阻流板</td><td>0～−60</td><td>150</td><td>70</td><td rowspan="6">15°
2.0 dB</td><td rowspan="6">45°
3.5 dB</td></tr>
<tr><td>可偏垂直安定面</td><td>±20</td><td>40</td><td>220</td></tr>
<tr><td>方向舵</td><td>±30</td><td>50</td><td>100</td></tr>
<tr><td>可偏导流片</td><td>±30</td><td>40</td><td>200</td></tr>
<tr><td>推力矢量控制</td><td>±15</td><td>30</td><td>150</td></tr>
<tr><td>前起落架控制</td><td>±20</td><td>20</td><td>150</td></tr>
<tr><td>前缘襟翼</td><td>+25～0</td><td>15</td><td>60</td><td rowspan="5"></td><td rowspan="5"></td></tr>
<tr><td>可偏转前缘</td><td>+35～0</td><td>25</td><td>60</td></tr>
<tr><td>后缘襟翼</td><td>0～−40</td><td>25</td><td>100</td></tr>
<tr><td>变后掠机翼</td><td>16～72</td><td>3</td><td>500</td></tr>
<tr><td>减速板</td><td>0～60</td><td>100</td><td>250</td></tr>
</table>

9.4 操纵系统的可靠性

在飞机及其系统的进化过程中，对操纵系统的要求也得到了完善。扩大飞机的飞行状态范围(速度、高度、迎角等)，掌握新飞行条件下驾驶技术(如复杂气象飞行和低空飞行)、采用新的飞机布局、考虑操纵系统的结构来选择构型——所有这一切都要求操纵系统的研制者要寻求有效途径来确保操纵系统的高可靠性和飞机的飞行安全性。机械式操纵系统获得了最高的可靠性指数。这种系统已在众多飞机的各种使用条件下使用多年,获得了完全可靠的运行数据,因此在向自动系统过渡时,该系统及其初始阶段的可靠性指标完全可以作为可靠性“标准”,用来对具有其他结构形式的其他功能含义的系统的可靠性进行评定。但为此必须拥有根据对象在近似条件下使用时的统计数据分析所获得的单位飞行小时机械系统正常工作概率或故障率的定量指标。

为了获得这个定量指标,利用了配备机械操纵系统的飞机的事故统计数据。在美国,由于机械式操纵系统故障而引起的旅客机事故的频度在 1952～1959 年间为每飞行小时为 2.3×10^{-7},而 1962 ～ 1969 年间为 1.19×10^{-7}。美国类似的数据也具有同样的量级。随后,运输机类的这个指标下降到每飞行小时为 1×10^{-7}。英国军用航空的统计数据为,在 1964 ～ 1973 年间由操纵系统故障引起的轰炸机事故频度为每飞行小时为 5.5×10^{-7},而战斗机为每飞行小时为 5.4×10^{-6}[7]。于是,根据这些数据,把电传操纵系统失效概率的预测值取为每飞行小时为 2.3×10^{-7}。

由于确信机械操纵系统的可靠性具有很高的水准,因此认为具有这种功能含义的所有其他系统所具有的故障概率起码不低于所指出的值。无余度的电气、电子和液压操纵系统不能确保这样的可靠性指标,因此,必须给它们加上余度。每飞行小时 2.3×10^{-7} 这个数字为系统研制提供了确定系统余度水平的可能。在这种情况下,余度系统的完全失效概率不得超过上述所列数值。

业已指出,按照 1960～1970 年间首次使用电传操纵系统(如 T－4,图－144 飞机)时所实现的电动、电液系统元件库的可靠性水平,无余度电液通道的失效概率可估计为每飞行小时 $q_{\text{кэнэлэ}}\approx10^{-3}$。

根据余度系统的失效概率应不超过每飞行小时 2.3×10^{-7} 的量值,这个失效概率值可用来为电传系统选定所需余度水平,例如对三通道和四通道系统的失效概率的近似评定(条件是,三通道系统在接连发生两次通道故障后失效,四通道系统在接连发生三次通道故障后失效)相应地获得了以下的值:

$$Q_{\text{сду}}^{(3)}\approx3\times10^{-6}\quad\text{每飞行小时}$$

$$Q_{\text{сду}}^{(4)}\approx4\times10^{-9}\quad\text{每飞行小时}$$

$$\text{即 } Q_{\text{сду}}^{(4)}<Q_{\text{мсу}}<Q_{\text{сду}}^{(3)}$$

在研制 T－4 和图－144 飞机(1965～1968 年间)的模拟式电传系统时,尽管配备了备份机械操纵杆系,仍认为采用 4 通道系统是合理的。其理由是:

——四通道系统失效概率的值小于机械式操纵系统的失效概率(指的是每飞行小时的概率值为 2.3×10^{-7}),也就是对多通道系统的未知特性要留一定的可靠性余量;

——在四通道系统的情况下，空勤人员能在系统任一通道发生第 1 个故障，即在多通道余度系统最常见的故障时不改变飞行计划。在(四通道系统的)第 2 个接着发生故障时系统的状态被评定为没有备份系统的状态。

这样一来，系统中“不存在备份”迫使空勤人员改变飞行计划，以便抵达最近的机场。这种事件的发生概率可近似地用以下量值来评估：

每飞行小时的概率为 $Q_{op}^{(4)} \approx 6 \times 10^{-6}$。

其中 $Q_{op}^{(4)}$——四通道系统中不存在备份的概率。可以看出，对四通道而言，这个值相当小。

正如实践所指出的那样，采用余度技术是当飞机重要功能系统发生故障时提高操纵可靠性和飞行安全的工作能力的最有效的措施。余度可以在一定数量和形式的故障下保持系统的工作能力。但是应该看到，每一种故障形式(电气故障、液压故障、机械故障)都对系统的工作能力产生一定的影响。为了补偿和隔离它，需要采用相应的结构措施，例如舵面的分段设置、采用具有分离装置和弹性元件的两套杆系、采用一定的余度方法，以使所遇到的故障对系统不是关键的(图 9.14)。

这些情况导致有必要对操纵系统的现有要求进行修订，以考虑系统发生故障，故障与系统的相互作用时操纵系统的品质及它们对飞行安全的影响。因此，这些要求的变化迫使系统的研制者要证实在要求中所列的各种故障形式下操纵系统的工作能力，其中包括用飞行试验的方法加以确认，如果系统的研制人员没有能力证实这些故障在实际中概率极低(每飞行小时的 $q \leqslant 10^{-9}$)。那么，系统研制人员就不得不采取结构措施(例如余度技术)，以便在故障发生时确保飞机的飞行安全。

由于这些缘故，从 20 世纪 70 年代开始，民用飞机的系统已考虑按飞机适航性标准 НДГС(按照航空法 АП－25)、FAR－25、BCAR 等要求的新条款进行设计，而军用飞机按专门要求进行设计。

有关这个问题的信息都已包含在上面提及的 АП－25、FAR－25[8] 等资料中。在这里将注意力集中于要求中的两项原则性条款，它们对于选择操纵系统结构具有重要的意义。

1) 操纵系统结构应考虑到任何一种故障(除卡滞以外)而不考虑其发生概率。这个要求也把脱开型机械故障(尽管其发生概率相当小)看成必须采取结构措施的故障，例如采取备份措施，以保持系统的工作能力与故障发生概率无关。因此，最近备有机械杆系的飞机的所有操纵系统都有备份杆系或某种替代操纵手段(例如，通过另一通道进行操纵)。

2) 按照要求，接连发生两个组合故障(其中包括脱开型故障)或发生单个的卡滞故障的实际概率极低(每飞行小时的 $q \leqslant 1 \times 10^{-9}$)。

但是，采用计算方法至多能提供一个系统故障发生概率值的范围(可靠性范围)，而预期实际的故障发生概率(可靠性)值应包括在其中，进行这种计算首先适用于查明可靠性必须提高(例如为此采用余度技术)的可靠性差的元件。

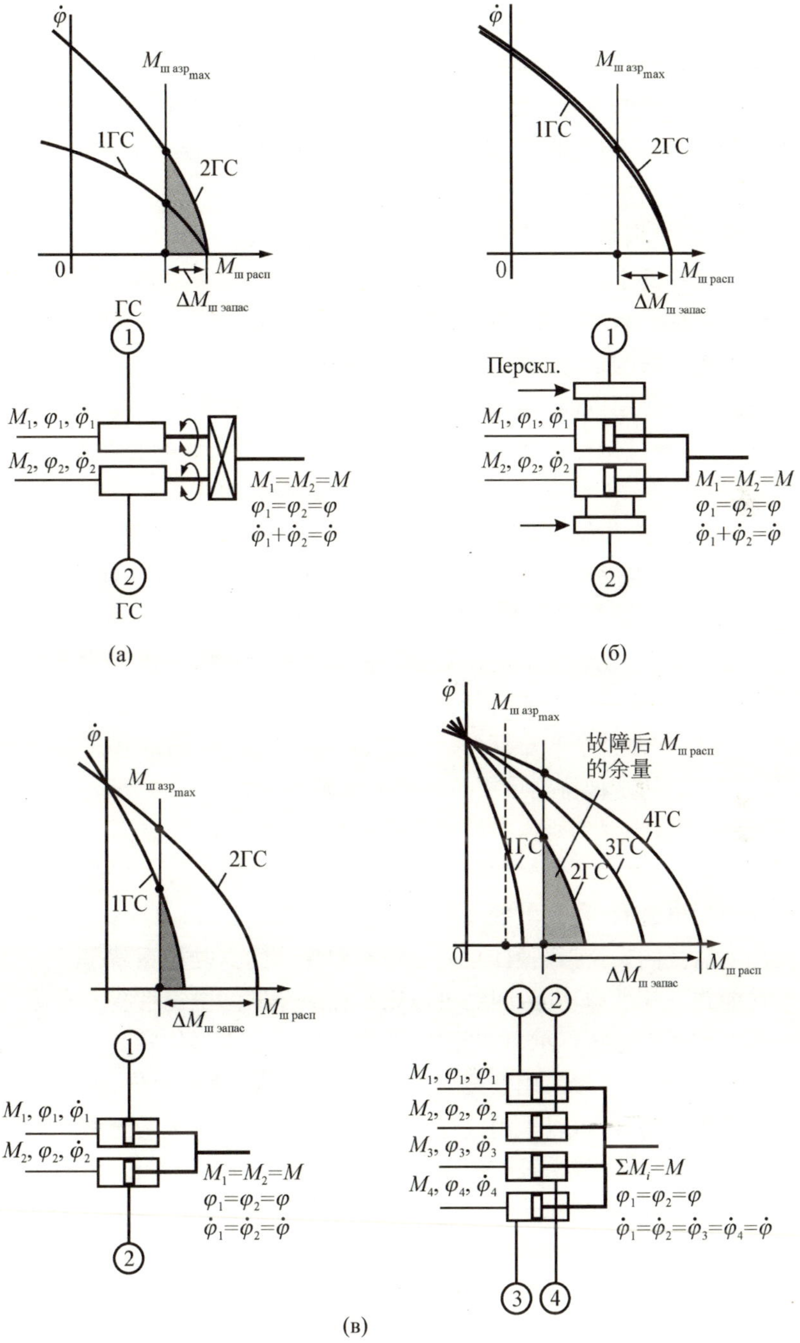

图 9.14　作动器基本余度方案

(a) 按通道速率叠加方案；(б) 按通道替代方案；(в) 按通道力综合方案

当元件(附件、系统)的可靠性统计数据中存在不确定性时,系统的研制人员为了提高系统可靠性常常不得不按照运用余度技术的途径行事。虽然由此将付出系统增重、成本提高和复杂性增加的代价,但是这都可在发生所研究的故障情况下,以及系统使用过程中可能发生的各种类型错误的情况下,或者在飞机上发生可能导致操纵系统损坏(相邻系统的附件损坏、局部发生火灾,气瓶发生爆炸等)的特殊情况下赢得飞行安全性的提高。

在许多场合,采用余度系统是与可靠性所得到的改善不可能加以展示有关。检验故障概率为每飞行小时 1×10^{-7} 的系统可靠性需要系统不间断地工作数年,因此,用台架试验和飞行试验并不能有把握地证实系统可靠性数值。为此,需要有装有新系统的所有飞机总数的信息。不过,在评定结构可靠性时台架试验具有重要意义。

在这方面出现使用以前习惯上认为具有高可靠性的重要机械系统的趋势就是证明。尽管如此,对机械杆系和其他重要机械元件采用余度的必要性已得到认可,只要看诸如伊尔-86、B-1B、B747 等这些飞机的操纵系统以及许多飞机的平衡的平尾操纵机构(双重的齿轮、螺旋机构、万向接头等)就可以确信这一点。

由于十分明显的缘故,对机械系统采用余度技术要比所有其他系统实行得晚,妨碍通过机械系统采用余度技术的主要原因是,这使系统重量显著增加。在操纵系统发展的一定阶段内,主要是采用无余度的机械系统(元件)。由于对飞行安全起着十分重要的作用,这些系统占据着特别重要的地位,相应地承担着对飞行安全至关重要的责任,并对它在整个寿命期(设计、制造、装配、使用)内的状态实施监控。余度技术可以将它们从这种特别重要的地位上解脱出来。

值得指出的是,当遇到机构系统的余度问题时,由于以下原因才具有使用的必要性:

正如前面指出过的,在大多数飞机上,机械系统用于将来自飞行员的控制信号传给舵面作动器。例如,将驾驶杆与舵面作动器相连的驾驶杆系就是执行这一功能的。这个功能并不是承力功能,因而可以用有相应余度的电气系统来成功实现。

另一些机械系统是执行承力功能的,即它们用于在直接偏转其上作用着巨大气动载荷的舵面,对承力连接采用余度就需要付出巨大的增重代价,因此在可以采用操纵面分段设置的场合,可以采用这样的余度技术来避免巨大的增重。因为在这种情况下,由于机械故障造成一段舵面失效,从飞行安全的观点来看,可能不认为是关键事件,而一段舵面的操纵作动器和舵面本身才是特别重要的元件。

对任何一种重要功能系统采用余度技术的效率都可以在飞机研制过程中,在专用的功能试验台上,通过对故障的仿真,其中包括按照飞行安全条件不可能在飞行中复现的故障(例如短时间断开供电系统、系统进入稳定性极限状态等)十分简单地予以验证。此外,还可以考查故障对系统和飞机的输出特性影响过程(故障状态下的扰动特性)。

目前,余度技术也是在操纵系统上作用有不利的,甚至是危急的外部作用时,提高操纵系统生存能力的有效手段之一。

当余度操纵系统合理配置在飞机上时，还可同时解决在该系统发生固有故障时以及受到不利因素影响的条件下，确保操纵系统具有高可靠性和强生存能力。

因此，操纵系统在飞机上的布置必须既按可靠性的要求，也要按生存性的要求来进行，旨在提高操纵系统对上面已指出的不利因素影响的抗损伤能力。

在一般情况下，余度技术是提高操纵系统可靠性和生存能力的通用手段。但是，这并不意味着，余度系统不会在系统中发生故障或功能元件发生损坏的情况下改变系统本身的性能。重要的是，这些性能变化不会超出飞行安全条件所限定的边界。在现今对操纵系统提出的要求中，故障或损伤对系统性能的影响程度已按飞机是运输(旅客)机还是军用机、飞机的状态类型或飞机稳定性水平作出了规定。

对于运输(旅客)飞机来说，研究了 4 种按故障状态所引起后果的严重性来划分的状态类型。这些特定状态是：

——复杂飞行条件；

——复杂状态；

——应急状态；

——灾难性状态。

由于这些特殊状态直接影响飞行安全，因此，在适航性标准的要求中对其发生频率作了规定[8]。例如飞机整体由故障状态(功能性故障)引发灾难性状态的发生概率不应高于每飞行小时 10^{-7}。目前出现一种通过实际上完全排除灾难性事故，即使每飞行小时的 $q \leqslant 1 \times 10^{-9}$，来继续提高飞行安全(对运输机而言)的趋势。同时，还在适航性标准中也作了规定的飞机预期使用条件下，对所列出的所有状态都进行了研究。

在军用航空中采用的是，取决于飞机处于什么样的飞行状态范围(基本的、使用的和极限的飞行状态范围)以及飞机操纵系统处于什么样的状态(正常还是有故障)，飞机的操纵品质可具有不同水平。从飞行安全角度来讲，存在 3 种可接受的水平，即 $\boldsymbol{y}_{\mathrm{p1}}$、$\boldsymbol{y}_{\mathrm{p2}}$和 $\boldsymbol{y}_{\mathrm{p3}}$。

尽管在由特定状态(对运输机而言)和操纵品质(对军用机而言)所反映出的故障条件下，操纵性特性变化程度的标志会有所不同。但由于它们是用执行任务效能的降低程度和飞行时使空勤人员抗御故障和外部干扰能力降低的工作负担的变化来评定的，因此，它们之间存在着紧密的相互联系。

通常，对操纵系统的适用要求中，研究能代表故障影响下系统性能变化程度特点的几个系统状态。这些状态具有 1～5 个等级，前 3 个状态，即 1，2 和 3 等效于飞行品质等级的 1，2，3 级，而状态 4 和 5 只适用于具有逃离飞机手段的军用飞机。在 4 和 5 状态下，操纵系统不能确保安全地继续飞行，而是有可能用于控制下降，以试图实现应急着陆，或用以保证逃离飞机(借助弹射)的可能性。

至此，所阐述的评定飞机系统结构可靠性的方法涉及所有系统，与它们所执行的功能特性无关。在这样的一般方法下，用来执行从飞行安全角度来看是最重要功能的系统“不见了”。然而，对这些系统应作最精心的分析，而且应采取适合于它们的最有效的措施来确保在考虑一切可能因素（故障、外来作用、空勤人员和地勤人员的失误，以及制造缺陷等）的情况下，使其工作能力保持不变。

因此，为保证飞行安全，对功能重要的系统要作更多的强调。由此对以某种方式参与飞机操纵的所有系统，按其功能重要性适当地划分成 3 类，然后，按其功能重要性阐述对每一类系统的安全性要求。

为此，以系统功能对飞行安全的重要性为标准，将其划分为几个功能类型组。例如有的功能系统，按照飞行安全要求，任何情况下它都不容许丧失功能。在研制这些系统时，主要的任务是确保在飞机飞行中它的全时工作能力，或者从更广的角度看，则是确保在飞机整个寿命期中它的工作能力。然而，有的系统其功能可以丧失，但丧失时不应对飞行安全和飞机着陆条件造成危险。对于这类系统来说，确保飞行安全的措施应是要建立故障安全条件。最后，一类系统是用于提高机组乘员和旅客的舒适度的，而且，这些系统，无论是从丧失本身功能的角度来讲，还是从故障可能产生的影响来讲，都不会对飞行安全产生重大的影响。

下面列出在考虑功能重要性的情况下对系统可靠性的要求：

1 类系统

1 类系统的故障概率应小于每飞行小时 1×10^{-9}，即系统故障应视为实际不可能发生事件。这样的高可靠性（或故障发生概率）要求可以用功能系统的多余度来保证，在这种情况下，功能系统至少在其两个或多个通道接连发生故障后能保持工作能力。为了确保这种可靠性，必须采用 3～4 系统余度，同时，在系统（由于出现不正常情况）转换成“无余度”状态后，飞行人员应停止执行飞行计划，并在最近的机场结束飞行。

2 类系统

2 类系统的故障概率应小于每飞行小时 1×10^{-5}。这类系统的可靠性应用 2～3 余度来保证。在这种情况下，功能系统应至少在一个通道发生故障后能保持工作能力。系统应具有故障安全性，即系统功能停止时飞机不应伴随有不允许的扰动，而且故障系统不应妨碍安全地结束飞行和实现着陆。为确保故障安全性，这类系统应在发生不正常现象具有自监控能力，并在发生不正常现象后系统停止工作，系统故障后飞机的飞行状态和飞行人员的驾驶动作将受到限制。

3 类系统

这种系统的故障概率应小于每飞行小时 1×10^{-3}。在系统故障时不应发生飞行安全保障问题，这类系统应是故障安全的，可以按承担的飞行计划继续飞行。作为保证故障安全的主要措施，要研究对系统效能加以限制，或者其执行机构的行程施加限制（更多的是机械限制）。

在表 9.6 中给出了对操纵系统每个通道（俯仰、滚转、偏航通道）的结构可靠性的主要要求。

表 9.6　对操纵系统每个通道(俯仰、滚转、偏航)结构可靠性的要求

系统功能重要性类别	保证操纵可靠性和飞行安全性的条件	保证可靠性和安全性的主要措施	要求的故障概率(每飞行小时)	附注
1 类系统	(1) 接连发生两次故障后操纵系统保持工作能力 ● 系统电子部分中或电子部分中的 1 个和供压系统中的 1 个(液压或电源)或 ● 两个供压系统(液压或电源或其组合)* (2) 在 1 个脱开型故障或机械连接破坏时保持工作能力 (3) 系统不存在备份时结束飞行	● 余度技术 ● 电子系统采用 4 余度,电气和液压系统采用 2～4 余度 ● 舵面分段设置 ● 防止解脱的双重机械连接 ● 必要时对飞机带故障的飞行施加限制	$<1\times10^{-8}\sim10^{-4}$	*用于重型飞机
2 类系统	(1) 在系统电子部分故障和 1 个供压系统(液压或电源)故障后保持工作能力 (2) 2 次故障后保证故障安全	● 余度技术 电子部分采用 3 余度,电气和液压部分采用 2 余度 ● 系统故障后对飞机飞行施加限制	$<1\times10^{-5}\sim10^{-6}$	
3 类系统	(1) 1 次故障保证故障安全	● 对系统效能"硬性"限制 ● 必要时采用 2 余度	$<1\times10^{-4}$	

参考文献

[1] Бюшгенса Г С. Аэродинамика и динамика полета магистральных самолетов [C]. Под ред. Москва - Пекин: ЦАГИ, Авиа - изд. КНР, 1995.

[2] Бюшгенс Г С. Полная автоматизация управления самолетами к XXI веку [J]. ТВФ, 1993, №1.

[3] Jant's Avionics [M]. - London, 1988.

[4] Бюшгенс Г С, Стуэнев Р В. Аэродинамика самолета. Динамика продольного и бокового движения [M]. Машиностроение, 1979.

[5] Бюшгенса Г С. Вопросы автоматизации управления самолетами [M]. Под ред. Машиностроение, 1978.

[6] Техника воздушного флота [J]. ТВФ, 1990, №2.

[7] Техническая информация [J]. ЦАГИ, 1980, №21 - 22.

[8] Авиационные правила, часть 25. Нормы летной годности самолетов транспортной категории [M]. МАК, 1994.

* 本章单位换算中取 $g = 10\ \mathrm{m/s^2}$——译注。

第10章　飞行动力学分析的基本方法

利用电子计算机进行数学模拟的方法是飞行动力学中使用的最有效的一种研究方法。为了模拟飞行器的空间运动以及研究其动力学特性，无论飞行器本身，还是飞行器运动的形式均可以使用不同的数学模型。根据解决问题的目的，描述的详细程度可以不同。对每一个具体情况要进行以下选择：

——飞行器的机械模型(刚体或是弹性体，存在的液体燃料的质量流动等)；

——坐标轴系和描述飞行器状态的形式(空间位置、方向角、结构变形的弹性模态等)；

——在飞行过程中产生的气动力和力矩的数学描述；

——发动机作用力和力矩的描述及它们与飞行状态的关系，以及与飞行器气动力绕流的相互影响；

——自动化操纵系统元件及其控制律的描述等。

在研究个别的运动形式时，可以使用已简化了的子系统方程，为阐明飞机动力学特性使用这些方程式是最有效的。

运动模拟的质量取决于在任意非定常空间运动的气动力和力矩描述的准确度。在飞行动力学中传统表示气动力系数的方法是以飞机模型在风洞试验中得到的气动力数据作为基础的。对于小迎角飞行状态(飞行状态的主要部分)，允许利用气动力系数相对运动参数的偏导数形式来表示这些系数。对于大迎角使用包线范围和极限情况，这种描述气动力系数的形式，由于绕流分离的动态效应，上述方法已不再适用。在超声速飞机稳定性和操纵性模拟和分析过程中，应使飞机的特性符合根据在飞行模拟台上和飞行试验的经验基础上所制定的各种要求，在这些要求中明确给出飞行员评定认为合适的飞机操纵性和稳定性品质的定量指标范围。这些品质由两种情况组成——静态的和动态的，并按飞机的分类、飞行的阶段(类型)和驾驶品质的评定等级进行划分。在本章的最后用专门一节综述这些问题。

10.1　刚性飞机动力学的数学模型(运动方程式)

飞行力学使用的坐标轴系

在建立运动方程式时,使用了下面几种坐标轴系,坐标原点取在运动物体的重心上(假设坐标轴系符号为 $Ox_iy_iz_i$,3 个坐标轴 Ox_i,Oy_i 和 Oz_i 构成右手坐标系,没有考虑地球表面的曲率[1~3])。

——$Ox_gy_gz_g$ 为地面坐标轴系,它的轴分别平行于相对地球是固联的惯性判读坐标轴系 $O_gx_gy_gz_g$ 的各轴,这时 Oy_g 轴垂直向上;

——$Ox_ky_kz_k$ 为轨迹坐标轴系,它的 Ox_k 轴指向运动物体相对惯性判读轴系 $O_gx_gy_gz_g$ 的速度矢量方向,Oy_k 轴位于垂直平面内,当物体在 Ox_k 轴方向上水平运动时,它的方向向上;$Ox_ky_kz_k$ 相对 $Ox_gy_gz_g$ 的方向角由欧拉角 ϑ、Ψ($|\theta|\leqslant\pi/2$,$|\Psi|\leqslant\pi$)确定;

——$Oxyz$ 为机体坐标轴系(体轴),它的各轴相对固联在所研究的物体上,Oxy 平面通常固联在飞机的对称面内(如果存在对称面);$Oxyz$ 相对 $Ox_gy_gz_g$ 的方向角由 ϑ、γ、ψ 角($|\vartheta|\leqslant\pi/2$,$|\gamma|\leqslant\pi$,$\psi\leqslant\pi$)确定;

——$Ox_ay_az_a$ 为速度坐标轴系,它的 Ox_a 轴沿物体的空速矢量方向,而 Oy_a 轴位于 Oxy 平面内,并且在 Ox 轴和 Ox_a 轴重合时也与 Oy 轴重合;$Ox_ay_az_a$ 相对 $Ox_gy_gz_g$ 的方向角,由欧拉角 ϑ_a、γ_a、ψ_a($|\vartheta_a|\leqslant\pi/2$,$|\gamma_a|\leqslant\pi$、$|\psi_a|\leqslant\pi$)确定;而相对 $Oxyz$ 的方向角由 α、β($|\alpha|\leqslant\pi$,$|\beta|\leqslant\pi/2$)确定。在无风时,Ox_k 和 Ox_a 轴重合,$\psi_a=\Psi$,$\vartheta_a=\theta$,当绕 $Ox_a(Ox_k)$ 轴转动 γ_a 角,则轨迹坐标轴系转换为速度轴系。

从一个坐标轴系到另一个坐标轴系的变换,可利用方向余弦矩阵完成。$\mathbf{A}^{x_iy_iz_i\to x_jy_jz_j}$ 表示从坐标轴系 $Ox_iy_iz_i$ 到 $Ox_jy_jz_j$ 的变换矩阵。此时,$\mathbf{A}^{x_iy_iz_i\to x_jy_jz_j}=(\mathbf{A}^{x_jy_jz_j\to x_iy_iz_i})^{-1}=(\mathbf{A}^{x_jy_jz_j\to x_iy_iz_i})^{\mathrm{T}}$。

对于上面列举的坐标轴系,变换矩阵用下面方法来表达:

$$
\mathbf{A}^{x_gy_gz_g\to xyz}(\vartheta,\gamma,\psi)=\begin{pmatrix}\cos\psi\cos\vartheta & \sin\vartheta & -\sin\psi\cos\vartheta\\ \sin\psi\sin\gamma-\cos\psi\sin\vartheta\cos\gamma & \cos\vartheta\cos\gamma & \cos\psi\sin\gamma+\sin\psi\sin\vartheta\cos\gamma\\ \sin\psi\cos\gamma+\cos\psi\sin\gamma\sin\vartheta & -\cos\vartheta\sin\gamma & \cos\psi\cos\gamma-\sin\psi\sin\vartheta\sin\gamma\end{pmatrix}
$$

$$
\mathbf{A}^{x_gy_gz_g\to x_ay_az_a}(\vartheta_a,\gamma_a,\psi_a)=\begin{pmatrix}\cos\psi_a\cos\vartheta_a & \sin\vartheta_a & -\sin\psi_a\cos\vartheta_a\\ \sin\psi_a\sin\gamma_a-\cos\psi_a\sin\vartheta_a\cos\gamma_a & \cos\vartheta_a\cos\gamma_a & \cos\psi_a\sin\gamma_a+\sin\psi_a\sin\vartheta_a\cos\gamma_a\\ \sin\psi_a\cos\gamma_a+\cos\psi_a\sin\gamma_a\sin\vartheta_a & -\cos\vartheta_a\sin\gamma_a & \cos\psi_a\cos\gamma_a-\sin\psi_a\sin\vartheta_a\sin\gamma_a\end{pmatrix}
$$

$$
\mathbf{A}^{xyz\to x_ay_az_a}(\alpha,\beta)=\begin{pmatrix}\cos\alpha\cos\beta & -\sin\alpha\cos\beta & \sin\beta\\ \sin\alpha & \cos\alpha & 0\\ -\cos\alpha\sin\beta & \sin\alpha\sin\beta & \cos\beta\end{pmatrix}
$$

$$\boldsymbol{A}^{x_g y_g z_g \to x_k y_k z_k}(\Psi, \theta) = \begin{pmatrix} \cos\Psi\cos\vartheta & \sin\theta & -\sin\Psi\cos\theta \\ -\cos\Psi\sin\theta & \cos\theta & \sin\Psi\sin\theta \\ \sin\Psi & 0 & \cos\Psi \end{pmatrix}$$

无风时，

$$\boldsymbol{A}^{xyz \to x_k y_k z_k}(\alpha, \beta, \gamma_a) =$$

$$\begin{pmatrix} \cos\alpha\cos\beta & -\sin\alpha\cos\beta & \sin\beta \\ \sin\alpha\cos\gamma_a + \cos\alpha\sin\beta\sin\gamma_a & \cos\alpha\cos\gamma_a - \sin\alpha\sin\beta\sin\gamma_a & -\cos\beta\sin\gamma_a \\ \sin\alpha\sin\gamma_a - \cos\alpha\sin\beta\cos\gamma_a & \cos\alpha\sin\gamma_a + \sin\alpha\sin\beta\cos\gamma_a & \cos\beta\cos\gamma_a \end{pmatrix}$$

$$\boldsymbol{A}^{x_a y_a z_a \to x_k y_k z_k}(\gamma_a) = \begin{pmatrix} 1 & 0 & 0 \\ 0 & \cos\gamma_a & -\sin\gamma_a \\ 0 & \sin\gamma_a & \cos\gamma_a \end{pmatrix}$$

飞行器作为刚体时的运动方程式

这些方程式包括：

——描述物体重心运动的运动学方程式；

——描述物体方向角变化的运动学方程式；

——物体平移运动的动力学方程(力方程)；

——物体旋转运动的动力学方程(力矩方程)。

本节将给出在没有风扰动情况下的运动方程式组(考虑与风影响有关的一些变化在下面一节给出)。

平移运动的运动学方程组确定了飞行器重心位置在惯性坐标轴系 $O_g x_g y_g z_g$ 的变化：

$$\frac{\mathrm{d}\boldsymbol{R}}{\mathrm{d}t} = \boldsymbol{V} \tag{10.1}$$

式中，$\boldsymbol{R} = (x_g, y_g, z_g)^{\mathrm{T}}$—— 飞机重心位置矢量；

$\boldsymbol{V} = (V_{x_g}, V_{y_g}, V_{z_g})^{\mathrm{T}}$—— 飞行速度矢量在 $Ox_g y_g z_g$ 轴系的投影。它也可以利用不同的变量加以改写，特别是在研究运动轨迹问题时，利用下面的形式是最适宜的：

$$\begin{aligned} \dot{x}_g &= V_k \cos\theta\cos\Psi \\ \dot{y}_g &= V_k \sin\Psi \\ \dot{z}_g &= -V_k \cos\theta\sin\Psi \end{aligned}$$

式中，V_k——在轨迹坐标轴系中的运动速度。

借助表示机体坐标系 $Oxyz$ 相对地面轴系 $Ox_g y_g z_g$ 之间的方向角 ϑ, γ, ψ 变化的欧拉方程，可以写出描述物体方向角角运动的运动学方程：

$$
\begin{aligned}
\dot{\psi} &= \frac{1}{\cos\vartheta}(\omega_y \cos\gamma - \omega_z \sin\gamma) \\
\dot{\vartheta} &= \omega_y \sin\gamma + \omega_z \cos\gamma \\
\dot{\gamma} &= \omega_x - \tan\vartheta(\omega_y \cos\gamma - \omega_z \sin\gamma)
\end{aligned}
\tag{10.2}
$$

在 $\vartheta = \pm 90°$ 时，这些方程有奇异点。

描述速度坐标轴系相对地面坐标轴系的方向角可以利用类似的方程组(此时，角度 ϑ_a，γ_a，ψ_a 导数的表达式可以用通过相对地面轴系 $Ox_g y_g z_g$ 旋转坐标轴系 $Ox_a y_a z_a$ 的角速度矢量 $\boldsymbol{\Omega}_a$ 的各个分量来表示)。以这些方程为依据，旋转角速度矢量 $\boldsymbol{\Omega}_a$ 在速度轴系各轴的投影坐标(ω_{x_a}，ω_{y_a}，ω_{z_a})可以表示为：

$$
\boldsymbol{\Omega}_a = \begin{bmatrix} \omega_{x_a} \\ \omega_{y_a} \\ \omega_{z_a} \end{bmatrix} = \begin{bmatrix} \dot{\psi}_a \sin\vartheta_a + \dot{\gamma}_a \\ \dot{\psi}_a \cos\vartheta_a \cos\gamma_a + \dot{\vartheta}_a \sin\gamma_a \\ -\dot{\psi}_a \cos\vartheta_a \sin\gamma_a + \dot{\vartheta}_a \cos\gamma_a \end{bmatrix}
\tag{10.3}
$$

另外，矢量 $\boldsymbol{\Omega}_a$ 也能够表示成飞行器的角速度(或机体坐标轴系)相对于地面坐标轴系 $Ox_g y_g z_g$ 和相对于速度轴系 $Ox_a y_a z_a$ 以及机体坐标轴系 $Oxyz$ 的矢量之和：

$$
\boldsymbol{\Omega}_a = \boldsymbol{A}^{xyz \to x_a y_a z_a} \begin{bmatrix} \omega_x \\ \omega_y \\ \omega_z \end{bmatrix} + \begin{bmatrix} -\dot{\alpha}\sin\beta \\ -\dot{\beta} \\ -\dot{\alpha}\cos\beta \end{bmatrix}
\tag{10.4}
$$

比较式(10.3)和式(10.4)就能得到角度 α，β，γ_a 导数的运动学关系式：

$$
\begin{aligned}
\dot{\alpha} &= -(\omega_x \cos\alpha - \omega_y \sin\alpha)\tan\beta + \omega_z + (\dot{\psi}_a \cos\vartheta_a \sin\gamma_a - \dot{\vartheta}_a \cos\gamma_a)\frac{1}{\cos\beta} \\
\dot{\beta} &= \omega_x \sin\alpha + \omega_y \cos\alpha - \dot{\psi}_a \cos\vartheta_a \cos\gamma_a - \dot{\vartheta}_a \sin\gamma_a \\
\dot{\gamma}_a &= (\omega_x \cos\alpha - \omega_y \sin\alpha)\frac{1}{\cos\beta} - \dot{\psi}_a(\tan\beta\cos\vartheta_a \sin\gamma_a + \sin\vartheta_a) + \dot{\vartheta}_a \tan\beta\cos\gamma_a
\end{aligned}
$$

还应注意到在没有风扰动情况下，$\psi_a = \Psi$，$\vartheta_a = \theta$(下面将会提供有关 $\dot{\Psi}$ 和 $\dot{\theta}$ 的方程)。

方向余弦矩阵 $\boldsymbol{A}^{x_g y_g z_g \to xyz}(\vartheta, \gamma, \psi)$ 各元素是惯性坐标轴系 $O_g x_g y_g z_g$ 单位矢量——$\boldsymbol{l}$，$\boldsymbol{h}$，$\boldsymbol{s}$ 在飞机机体坐标系 $Oxyz$ 上的投影[5]。

$$
\boldsymbol{A}^{x_g y_g z_g \to xyz}(\vartheta, \gamma, \psi) = \begin{pmatrix} \boldsymbol{l}_x & \boldsymbol{l}_y & \boldsymbol{l}_z \\ \boldsymbol{h}_x & \boldsymbol{h}_y & \boldsymbol{h}_z \\ \boldsymbol{s}_x & \boldsymbol{s}_y & \boldsymbol{s}_z \end{pmatrix}
$$

由于单位矢量 $\boldsymbol{l}$，$\boldsymbol{h}$，$\boldsymbol{s}$ 在惯性空间是不变化的，所以它们对时间的全导数等

于零，

$$\frac{\tilde{\mathrm{d}}\boldsymbol{l}}{\mathrm{d}t}+\boldsymbol{\omega}\times\boldsymbol{l}=0$$

$$\frac{\tilde{\mathrm{d}}\boldsymbol{h}}{\mathrm{d}t}+\boldsymbol{\omega}\times\boldsymbol{h}=0 \tag{10.5}$$

$$\frac{\tilde{\mathrm{d}}\boldsymbol{s}}{\mathrm{d}t}+\boldsymbol{\omega}\times\boldsymbol{s}=0$$

式中，$\frac{\tilde{\mathrm{d}}}{\mathrm{d}t}$——表示对于选定的旋转坐标轴的导数。

这样一来，方程(10.5)确定了 9 个方向余弦随时间的变化，而且这样就没有任何奇点。如果第 3 个单位矢量能以头两个单位矢量的矢量积来计算时，即 $\boldsymbol{s}=\boldsymbol{l}\times\boldsymbol{h}$，微分方程的维数还能够减少。

矢量方程式还具有下面标量形式的表达式：

$$\frac{\mathrm{d}l_x}{\mathrm{d}t}=l_y\omega_z-l_z\omega_y$$

$$\frac{\mathrm{d}l_y}{\mathrm{d}t}=l_z\omega_x-l_x\omega_z$$

$$\frac{\mathrm{d}l_z}{\mathrm{d}t}=l_x\omega_y-l_y\omega_x$$

在积分运动学方程(10.5)过程中，必须对方向余弦进行修正，以满足 6 个规范化正交性条件：

$$(\boldsymbol{l}\cdot\boldsymbol{l})=1 \qquad (\boldsymbol{l}\cdot\boldsymbol{h})=0 \qquad (\boldsymbol{l}\cdot\boldsymbol{s})=0$$
$$(\boldsymbol{h}\cdot\boldsymbol{h})=1 \qquad (\boldsymbol{s}\cdot\boldsymbol{s})=1 \qquad (\boldsymbol{h}\cdot\boldsymbol{s})=0$$

在利用四元数方法描述飞机在空间的方向角时，仅需引进一个附加的参数就能达到消除运动方程的奇点的作用。借助 4 个量——3 个单元矢量 $\boldsymbol{q}=(q_1, q_2, q_3)$ 和一个标量 q_0 给出四元数。它们满足规范化条件：

$$q_0^2+q_1^2+q_2^2+q_3^2=1$$

四元数的每个分量按照下面微分方程变化：

$$\dot{q}_0=\frac{1}{2}(\omega_x q_1+\omega_y q_2+\omega_z q_3)$$

$$\dot{q}_1=\frac{1}{2}(\omega_x q_0+\omega_z q_2-\omega_y q_3) \tag{10.6}$$

$$\dot{q}_2=\frac{1}{2}(\omega_y q_0+\omega_x q_3-\omega_z q_1)$$

$$\dot{q}_3 = \frac{1}{2}(\omega_z q_0 + \omega_y q_1 - \omega_x q_2)$$

利用矢量形式，可把它们改写得更加紧凑：

$$\dot{q}_0 = -\frac{1}{2}(\boldsymbol{\omega} \cdot \boldsymbol{q})$$

$$\dot{\boldsymbol{q}} = -\frac{1}{2}(\boldsymbol{\omega} \times \boldsymbol{q} - q_0 \cdot \boldsymbol{\omega})$$

式中，$(\boldsymbol{\omega} \cdot \boldsymbol{q})$—— 矢量的标量积；

$(\boldsymbol{\omega} \times \boldsymbol{q})$—— 矢量的矢量积。

为确定四元数参数初始值，应当利用下面的关系式：

$$q_0 = \cos\frac{\psi}{2}\cos\frac{\vartheta}{2}\cos\frac{\gamma}{2} - \sin\frac{\psi}{2}\sin\frac{\vartheta}{2}\sin\frac{\gamma}{2}$$

$$q_1 = \sin\frac{\psi}{2}\sin\frac{\vartheta}{2}\cos\frac{\gamma}{2} + \cos\frac{\psi}{2}\cos\frac{\vartheta}{2}\sin\frac{\gamma}{2}$$

$$q_2 = \sin\frac{\psi}{2}\cos\frac{\vartheta}{2}\cos\frac{\gamma}{2} + \cos\frac{\psi}{2}\sin\frac{\vartheta}{2}\sin\frac{\gamma}{2}$$

$$q_3 = \cos\frac{\psi}{2}\sin\frac{\vartheta}{2}\cos\frac{\gamma}{2} - \sin\frac{\psi}{2}\cos\frac{\vartheta}{2}\sin\frac{\gamma}{2}$$

同时在必要情况下，利用这些关系式可以计算欧拉角当前值

$$\tan\psi = \frac{2(q_0 q_2 - q_1 q_3)}{2(q_0^2 + q_1^2) - 1}$$

$$\sin\vartheta = 2(q_0 q_3 - q_1 q_2)$$

$$\tan\gamma = \frac{2(q_0 q_1 - q_2 q_3)}{2(q_0^2 + q_2^2) - 1}$$

在方程(10.6)积分过程中，为了满足规范化条件，必须对计算的四元数参数实行修正。

可以用矢量的形式写出最简练的位移运动的动力学方程：

$$m\frac{\mathrm{d}\boldsymbol{V}}{\mathrm{d}t} = \boldsymbol{F}_a + \boldsymbol{P}_{\text{лев}} + \boldsymbol{P}_{\text{пр}} + \boldsymbol{G} \tag{10.7}$$

式中，$\boldsymbol{F}_a$——气动力矢量；

$\boldsymbol{P}_{\text{пр. лев}}$——右侧和左侧发动机的推力矢量；

$\boldsymbol{G}$——重力；

m——飞机的质量。

把微分方程(10.7)写成坐标形式，在许多方面取决于所选择的坐标轴系，它与要解决的问题特点有关。

平移运动的方程式也可以写成飞机相对旋转坐标轴系 $Oxyz$ 的形式：

$$m\left(\frac{\tilde{\mathrm{d}}\boldsymbol{V}}{\mathrm{d}t}+\boldsymbol{\omega}\times\boldsymbol{V}\right)=\boldsymbol{F}_a+\boldsymbol{P}_{\Sigma}+\boldsymbol{G} \tag{10.8}$$

式中，$\frac{\tilde{\mathrm{d}}}{\mathrm{d}t}$——相对所选轴的微分运算符。

方程式(10.8)的标量形式为：

$$\begin{aligned}
m\left(\frac{\mathrm{d}V_x}{\mathrm{d}t}+\omega_y V_z-\omega_z V_y\right)&=-C_x\frac{\rho V^2}{2}S+P_{\Sigma_x}-mgh_x^{*}\\
m\left(\frac{\mathrm{d}V_y}{\mathrm{d}t}+\omega_z V_x-\omega_x V_z\right)&=C_y\frac{\rho V^2}{2}S+P_{\Sigma_y}-mgh_y\\
m\left(\frac{\mathrm{d}V_z}{\mathrm{d}t}+\omega_x V_y-\omega_y V_x\right)&=C_z\frac{\rho V^2}{2}S+P_{\Sigma_z}-mgh_z
\end{aligned} \tag{10.9}$$

式中，$h_x=\sin\vartheta$；$h_y=\cos\gamma\cos\vartheta$；$h_z=-\sin\gamma\cos\vartheta$；

C_x，C_y，C_z——总气动力系数；

V——飞行速度；

ρ——空气密度；

m——飞机质量；

S——飞机机翼面积；

g——自由落体加速度。

式(10.9)形式的方程组用电子计算机进行计算是相当经济的。此时确定气动力系数所需要的飞行速度、迎角和侧滑角的值可以按下面的公式计算：

$$V=\sqrt{V_x^2+V_y^2+V_z^2}$$

$$\beta=\arcsin\left(\frac{V_z}{V}\right)$$

$$\alpha=\begin{cases}-\arcsin\dfrac{V_y}{\sqrt{V_x^2+V_y^2}}, & V_x\geqslant 0\\[2ex] \mathrm{sign}(V_y)\left[-\pi+\arcsin\dfrac{|V_y|}{\sqrt{V_x^2+V_y^2}}\right], & V_x<0\end{cases}$$

为了使分析研究更为方便，可以把方程(10.7)改写成相对速度坐标轴系 $Ox_ay_az_a$ 的形式。

利用速度坐标轴系角速度 $\boldsymbol{\Omega}_a$ 的投影表达式，方程式可以改写成下面形式：

$$m\frac{\mathrm{d}V}{\mathrm{d}t}=(\boldsymbol{F}_a+\boldsymbol{P}_{\Sigma}+\boldsymbol{G})_{x_a}$$

---

* 新版书式(10.9)出现"−"号，而以前资料没有——译者注。

$$mV\omega_{z_a} = (\boldsymbol{F}_a + \boldsymbol{P}_\Sigma + \boldsymbol{G})_{y_a}$$
$$mV\omega_{y_a} = (\boldsymbol{F}_a + \boldsymbol{P}_\Sigma + \boldsymbol{G})_{z_a}$$

或者

$$m\frac{\mathrm{d}V}{\mathrm{d}t} = (\boldsymbol{F}_a + \boldsymbol{P}_\Sigma + \boldsymbol{G})_{x_a}$$
$$\frac{\mathrm{d}\alpha}{\mathrm{d}t} = \omega_z - (\omega_x\cos\alpha - \omega_y\sin\alpha)\tan\beta - \frac{(\boldsymbol{F}_a + \boldsymbol{P}_\Sigma + \boldsymbol{G})_{y_a}}{mV\cos\beta}$$
$$\frac{\mathrm{d}\beta}{\mathrm{d}t} = \omega_x\sin\alpha + \omega_y\cos\alpha + \frac{(\boldsymbol{F}_a + \boldsymbol{P}_\Sigma + \boldsymbol{G})_{z_a}}{mV}$$

式中,各个力是用速度轴系各轴的投影计算的。

在研究与轨迹运动研究相关问题时,利用固定在地面不动坐标系 $O_g x_g y_g z_g$ 各轴投影的质心运动方程式是最适宜的:

$$\dot{V}_k = \frac{1}{m}R_{x_k} - g\sin\theta$$
$$\dot{\theta} = \frac{1}{mV_k}R_{y_k} - \frac{g}{V_k}\cos\theta$$
$$\dot{\Psi} = -\frac{1}{mV_k\cos\theta}R_{z_k}$$

式中,力的总矢量 $\boldsymbol{R}$(重力分量除外)在轨迹坐标轴系 $Ox_ky_kz_k$ 各轴上的投影,可以用下面的形式通过机体坐标轴系 $Oxyz$ 所给定各力的分量来表示:

$$\begin{bmatrix} R_{x_k} \\ R_{y_k} \\ R_{z_k} \end{bmatrix} = \boldsymbol{A}^{xyz\to x_ky_kz_k}\begin{bmatrix} R_x \\ R_y \\ R_z \end{bmatrix}$$
$$\boldsymbol{A}^{xyz\to x_ky_kz_k} = \boldsymbol{A}^{x_ay_az_a\to x_ky_kz_k}(\gamma_a)\boldsymbol{A}^{xyz\to x_ay_az_a}(\alpha,\ \beta)$$

能够确定动量矩矢量 $\boldsymbol{K}$ 变化的角运动动力学方程,通过机体坐标轴系 $Oxyz$,可以写成下面矢量形式:

$$\frac{\tilde{\mathrm{d}}\boldsymbol{K}}{\mathrm{d}t} + \boldsymbol{\omega}\times\boldsymbol{K} = \boldsymbol{M}_a + \varepsilon_{\text{дв}}\times(\boldsymbol{P}_{\text{пр}} - \boldsymbol{P}_{\text{лев}}),\ \boldsymbol{K} = \boldsymbol{J}\boldsymbol{\omega} + \boldsymbol{K}_{\text{дв}} \qquad (10.10)$$

式中,$\boldsymbol{M}_a$——气动力矩总矢量;

$\varepsilon_{\text{дв}} = (x_{\text{дв}},\ y_{\text{дв}},\ z_{\text{дв}})$—— 发动机偏心矢量;

$\boldsymbol{J}$——惯性张量矩阵;

$\boldsymbol{K}_{\text{дв}}$——发动机转子动力矩。

角运动的动力学方程(10.10),同样也叫做力矩方程,它的坐标形式写法,在惯性张量不作任何简化假设情况下,具有下面形式:

$$\begin{bmatrix}\dot{\omega}_x\\ \dot{\omega}_y\\ \dot{\omega}_z\end{bmatrix}=\boldsymbol{J}^{-1}\left(\begin{bmatrix}M_x\\ M_y\\ M_z\end{bmatrix}+\begin{bmatrix}-J_{xy}\omega_x\omega_z+J_{xz}\omega_x\omega_y+(J_y-J_z)\omega_y\omega_z+J_{yz}(\omega_y^2-\omega_z^2)\\ J_{xy}\omega_y\omega_z-J_{yz}\omega_y\omega_x+(J_z-J_x)\omega_x\omega_z+J_{xz}(\omega_z^2-\omega_x^2)\\ -J_{xz}\omega_y\omega_z+J_{yz}\omega_x\omega_z+(J_x-J_y)\omega_x\omega_y+J_{xy}(\omega_x^2-\omega_y^2)\end{bmatrix}\right)$$

式中，M_x，M_y，M_z——由气动力矩和发动机力矩所构成的总力矩矢量的分量。

$$\boldsymbol{J}=\begin{pmatrix}J_x & -J_{xy} & -J_{xz}\\ -J_{xy} & J_y & -J_{yz}\\ -J_{xz} & -J_{yz} & J_z\end{pmatrix}$$

在飞行器存在对称面情况下，由于 $J_{xz}=J_{yz}=0$，力矩方程式被大大简化。而在主惯性轴上，也由于 $J_{xy}=0$，惯性张量矩阵具有对角线形式。

因此，如果气动力 $\boldsymbol{F}_a$、气动力矩 $\boldsymbol{M}_a$ 以及发动机推力 $\boldsymbol{P}_{\text{пр, лев}}$ 矢量关系确定之后，方程式(10.7)和式(10.10)组成一个有 12 阶方程组的闭合系统。

突风扰动计算

突风扰动是以随空间和时间变化的速度场 $\boldsymbol{W}(x_g, y_g, z_g, t)$ 的形式给出的。下面研究的仅是这种情况即飞行器作为刚体，而在考虑结构弹性的同时，对气动力载荷分布及非定常气动力和结构动力学一般解问题进行必要的分析。

空速矢量 $\boldsymbol{V}_a$ 可以通过地速和突风速度来表示，即 $\boldsymbol{V}_a=\boldsymbol{V}_k-\boldsymbol{W}$。此时，空速在地面坐标轴系 $Ox_gy_gz_g$ 的投影具有下面形式：

$$V_{a_{x_g}}=V_a\cos\psi_a\cos\vartheta_a=V_k\cos\Psi\cos\theta-W_{x_g}$$
$$V_{a_{y_g}}=V_a\sin\vartheta_a=V_k\sin\theta-W_{y_g}$$
$$V_{a_{z_g}}=V_a\cos\psi_a\cos\vartheta_a=-V_k\cos\Psi\cos\theta-W_{z_g}$$

为了建立模型目的，可以按机体坐标轴系给定的空速分量计算 α，β：

$$V_a=\sqrt{V_{a_x}^2+V_{a_y}^2+V_{a_z}^2}$$

$$\beta=\arcsin\frac{V_{a_z}}{V_a}$$

$$\alpha=\begin{cases}\arcsin\dfrac{-V_{a_y}}{\sqrt{V_{a_x}^2+V_{a_y}^2}}, & V_{a_x}\geqslant 0\\ \left(\arcsin\dfrac{|V_{a_y}|}{\sqrt{V_{a_x}^2+V_{a_y}^2}}-\pi\right)\operatorname{sign}V_{a_y}, & V_{a_x}<0\end{cases}$$

式中，

$$\begin{bmatrix}V_{a_x}\\ V_{a_y}\\ V_{a_z}\end{bmatrix}=\boldsymbol{A}^{x_gy_gz_g\to xyz}(\vartheta, \gamma, \psi)\begin{bmatrix}V_{a_{x_g}}\\ V_{a_{y_g}}\\ V_{a_{z_g}}\end{bmatrix}$$

这个变换还与得到总矢量 $\boldsymbol{R}$ 各分量(重力分量除外)的过程有关：

$$\begin{bmatrix} R_{x_k} \\ R_{y_k} \\ R_{z_k} \end{bmatrix} = \boldsymbol{A}^{xyz \to x_k y_k z_k} \begin{bmatrix} R_x \\ R_y \\ R_z \end{bmatrix}$$

计算它们时，必须通过地面轴系 $Ox_g y_g z_g$ 进行从机体坐标轴系 $Oxyz$ 到轨迹坐标轴系 $Ox_k y_k z_k$ 的转换：

$$\boldsymbol{A}^{xyz \to x_k y_k z_k} = \boldsymbol{A}^{x_g y_g z_g \to x_k y_k z_k}(\theta,\ \Psi)\boldsymbol{A}^{xyz \to x_g y_g z_g}(\vartheta,\ \psi,\ \gamma)$$

无量纲(量纲为一)运动方程式

在保证飞机动力学相似性时，既要考虑满足布局和飞行状态的气动力相似，而且还要满足动力学相似，以保证飞机运动的动态过程相似。

利用矢量形式，写出关于固定在飞机机体轴系 $Oxyz$ 上的运动方程式组：

$$\begin{aligned} &\frac{\tilde{\mathrm{d}}\mathbf{V}}{\mathrm{d}t} + \boldsymbol{\omega} \times \mathbf{V} = \frac{\boldsymbol{F}_a}{m} - g\boldsymbol{h} \\ &\boldsymbol{J}\frac{\mathrm{d}\boldsymbol{\omega}}{\mathrm{d}t} + \boldsymbol{\omega} \times \boldsymbol{J}\boldsymbol{\omega} = \boldsymbol{M}_a \\ &\frac{\tilde{\mathrm{d}}\boldsymbol{h}}{\mathrm{d}t} + \boldsymbol{\omega} \times \boldsymbol{h} = 0,\ |\boldsymbol{h}| = 1 \\ &\frac{\tilde{\mathrm{d}}H}{\mathrm{d}t} = \mathbf{V} \cdot \boldsymbol{h} \end{aligned} \tag{10.11}$$

式中，$\boldsymbol{F}_a$——气动力推力和发动机推力矢量之和；

$\boldsymbol{M}_a$——气动力总力矩；

$\boldsymbol{\omega}$——角速度矢量；

$\boldsymbol{h}$——当地垂直线的单位矢量；

$\boldsymbol{J}$，m——飞机的惯性张量和质量；

g——自由落体加速度；

H——飞行高度。

引入无量纲变量和相似参数序列，它们不仅在分析飞机运动时有用，而且在确定它的动力相似条件时也有用。把方程(10.11)改变成无量纲形式时，它具有下面形式：

$$\begin{aligned} &\frac{\tilde{\mathrm{d}}\boldsymbol{i}_a}{\mathrm{d}\tau} + \frac{\boldsymbol{i}_a}{V}\frac{\mathrm{d}V}{\mathrm{d}\tau} + \mu\bar{\boldsymbol{\omega}} \times \boldsymbol{i}_a = \frac{\boldsymbol{c}}{2} - \frac{\mu}{Fr}\boldsymbol{h} \\ &\hat{\boldsymbol{J}}\left(\frac{\tilde{\mathrm{d}}\bar{\boldsymbol{\omega}}}{\mathrm{d}\tau} + \frac{\bar{\boldsymbol{\omega}}}{V}\frac{\mathrm{d}V}{\mathrm{d}\tau}\right) + \mu\bar{\boldsymbol{\omega}} \times \hat{\boldsymbol{J}}\bar{\boldsymbol{\omega}} = \boldsymbol{m} \\ &\frac{\tilde{\mathrm{d}}\boldsymbol{h}}{\mathrm{d}\tau} + \mu\bar{\boldsymbol{\omega}} \times \boldsymbol{h} = 0,\ |\boldsymbol{h}| = 1 \end{aligned}$$

$$\frac{\mathrm{d}\overline{H}}{\mathrm{d}\tau}=\frac{\boldsymbol{i}_a\cdot\boldsymbol{h}}{\mu} \tag{10.12}$$

式中，$\tau=(\rho SV/m)t$—— 无量纲时间；

$\overline{\boldsymbol{\omega}}=\omega l/(2V)$—— 无量纲角速度矢量；

$\boldsymbol{i}_a$—— 沿速度矢量指向的单位矢量；

V—— 飞行速度；

$\overline{H}=H/(l/2)$—— 换算飞行高度；

$\mu=2m/(\rho Sl)$—— 飞机相对密度；

$\hat{\boldsymbol{J}}=4J/(ml^2)$—— 惯性张量换算矩阵；

$Fr=2V^2/(gl)$—— 弗劳德数(Froude)；

$\boldsymbol{c}$—— 空气动力和气体动力无量纲系数矢量；

$\boldsymbol{m}$—— 空气动力力矩和气体动力力矩的无量纲系数矢量。

如果在两种情况下，例如飞机和它的模型之间，在方程(10.12)中引入的无量纲相似参数——μ，$\hat{\boldsymbol{J}}$，Fr 相同时，则飞机和它们模型之间的自由运动将实现动力相似。

此时，需要保证动力相似条件：飞机相对密度 μ 相等。由此得出飞机质量(m_1)和模型质量(m_2)之比

$$\frac{m_1}{m_2}=\frac{\rho_1}{\rho_2}M^3$$

保证惯性矩换算矩阵$\hat{\boldsymbol{J}}$相等，意味着飞机模型质量分布按相似关系与真实的飞机相一致(M——飞机模型的比例)。考虑模型和飞机的质量之比，它们惯性矩比例关系可表示为

$$\frac{J_1}{J_2}=\frac{\rho_1}{\rho_2}M^5$$

同样，由弗劳德数确定了线性速度和角速度之间的关系：

$$\frac{V_1}{V_2}=M^{1/2},\ \frac{\omega_1}{\omega_2}=M^{-1/2}$$

确定飞机和模型运动转换过程的动力学特征时间的比(例如，振动周期)，同样可用模型的比例关系确定：

$$\frac{T_1}{T_2}=M^{1/2}$$

10.2　考虑飞机结构弹性的飞机运动方程式

飞机结构弹性对它的动态特性的影响应分为两个方面：

——静变形对飞机稳定性和操纵性的影响；

——结构弹性振动对“飞机-操纵系统”系统运动稳定性影响。

为了确定弹性变形对飞机稳定性和操纵性的影响，应对各种定常飞行状态（对不同的重量、法向过载、M 数、速压等情况）进行静弹性变形和气动力分布等计算。对于机翼展弦比 $\lambda > 4$ 的常规布局形式的飞机，使用梁式结构的飞机示意图法，根据这个示意图法用带有相对应的刚度和惯性质量特性的梁，代替飞机各个部件（如机翼、机身、平尾、垂尾等）。从动力作动器到操纵面的操纵杆系的弹性，作动器本身和它们固定到飞机机身接头上的弹性等问题用具有等效刚度的弹簧进行模拟。然后组成该梁弯-扭变形和在气动力和惯性力的作用下操纵面偏转的联立方程式。在求解有关气动力分布、梁的变形和操纵面偏转等问题时，就可得到气动力系数与飞行状态之间的关系式[6]。对于那些比较复杂形状的飞机，梁示意图法已不适用，在求解这种问题时，采用有限元方法。气动力系数与结构弹性变形的关系，借助修正因子确定：

$$C^{\alpha}_{y\,\text{упр}} = \xi_{C^{\alpha}_{y}}(M,\ q)\cdot C^{\alpha}_{y\text{ж}},\ C^{\delta}_{y\,\text{упр}} = \xi_{C^{\delta}_{y}}(M,\ q)\cdot C^{\delta}_{y\text{ж}}$$

$$m^{\delta}_{z\,\text{упр}} = \xi_{m^{\delta}_{z}}(M,\ q)\cdot m^{\delta}_{z\text{ж}},\ m^{\bar{\omega}_x}_{x\,\text{упр}} = \xi_{m^{\omega}_{x}}(M,\ q)\cdot m^{\bar{\omega}_x}_{x\text{ж}}$$

$$m^{\delta}_{x\,\text{упр}} = \xi_{m^{\delta}_{x}}(M,\ q)\cdot m^{\delta}_{x\text{ж}}\quad \cdots$$

而对于静稳定余度，由它的增量来确定：

$$m^{C_y}_{z\,\text{упр}} = m^{C_y}_{z\text{ж}} + \Delta m^{C_y}_{z}(M,\ q)$$

对于现代带锯齿的三角形机翼歼击机，结构弹性变形对气动力系数的影响是由于机翼和平尾的弯曲、扭转和弦向变形引起的气动力变化的结果，同时它们还取决于气动力压力的分布（M 数）。对于 $M<1$ 飞行情况，由于弯曲机翼翼尖剖面的有效迎角减小，实际上抵消了由于扭转而增加的迎角，结果升力系数实际上与速压的大小无关，而焦点随 q 增加向后有不大的移动，相应的静稳定性余度增加（$\Delta m^{C_y}_{z} < 0$）（图 10.1、10.2）。在 $M>1$ 飞行情况，由于气动力压心向后移动，机翼扭转改变符号，结果翼尖截面的有效迎角减小，导致升力系数降低和焦点随 q 增加向前移动（静稳定性余度减少——$\Delta m^{C_y}_{z} > 0$）。就是这些效应造成了 $M>1$ 的飞行状况与 $M<1$ 的飞行情况相比，随着速压的增加，平尾（水平安定面）、副翼和滚转阻尼的效率系数有较大的降低（图 10.2 和图 10.3）。机翼的弹性变形导致在某个速压值下，副翼的效率改变符号——副翼反效（图 10.3）。

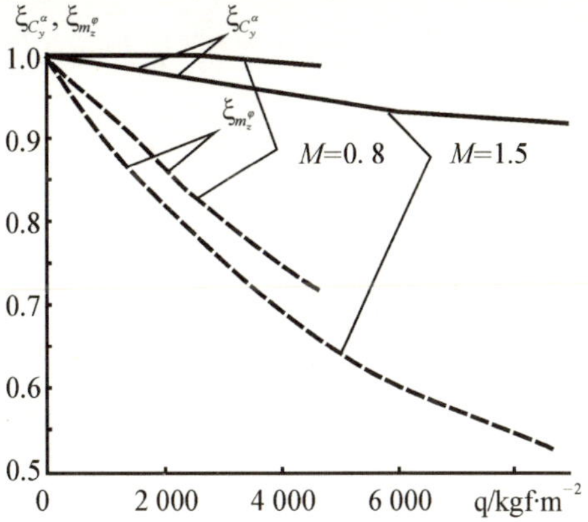

图 10.1　$\xi_{C^{\alpha}_{y}}(M,\ q)$、$\xi_{m^{\varphi}_{z}}(M,\ q)$ 关系曲线

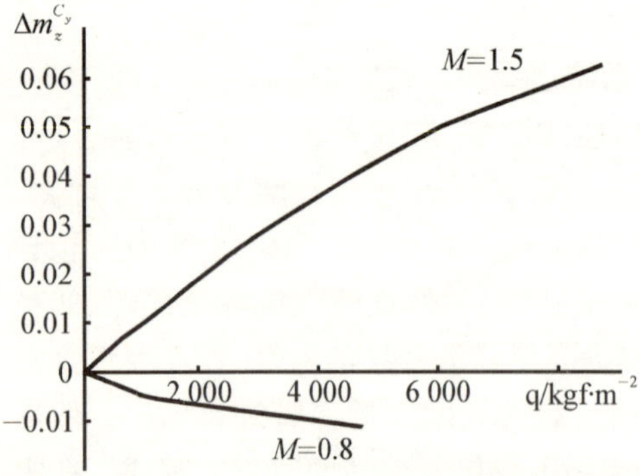

图 10.2 $\Delta m_z^{C_y}(M, q)$关系曲线

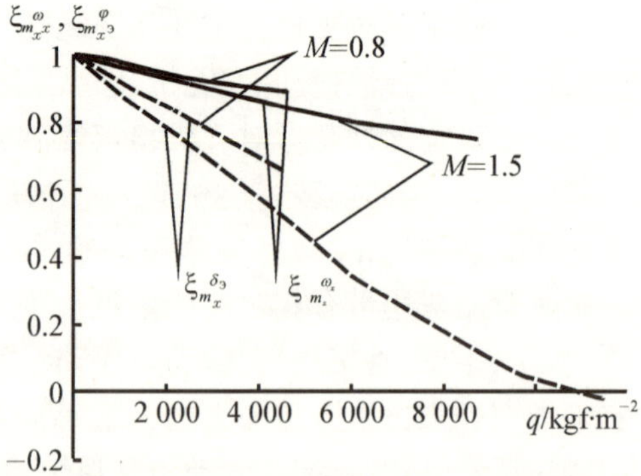

图 10.3 $\xi_{m_x^{\omega_x}}(M, q)$，$\xi_{m_x^{\delta_э}}(M, q)$关系曲线

为了研究结构弹性振动与自动控制系统之间的相互作用，该控制系统使用法向和侧向过载、角速度等传感器的信号作为反馈，则需要有弹性结构飞机的动态模型，这个问题由两部分组成：

——确定在无气动载荷条件下结构弹性振动的固有频率和固有形态；

——在气流中建立弹性结构飞机运动方程组。

此时，如同计算正常布局型式飞机的静态变形一样，飞机结构使用梁式简化示意图法。然后建立该梁的弯-扭振动联立方程组和确定在无气动载荷条件下结构弹性振动的固有频率和固有形态。为求解这类问题可以使用不同的计算方法（Ритца、Бубнова－Галеркина、Прогонки[7, 8, 9]）。对于比较复杂形状的飞机，对它们而言，梁式简化示意图法已不适用，在求解此种问题时，应使用有限元方法[10]。在无气动载荷状态下确定结构弹性振动的固有频率和固有形态的任务时，应分解成纵向（对称形式）和侧向（非对称形式）两种运动来求解。

按着弹性振动的固有形式（它是完全正交坐标轴系的函数）把结构的线性位移和角位移分别排序，同时还确定了，例如，按着准定常假设，在有弹性变形和操纵面偏转情况下的气动力时，就可以得到下面形式的弹性结构的飞机纵向扰动运动方程式：

$$C^s \ddot{\boldsymbol{q}} = \left[\frac{\rho V}{2} D^s + D_k^s\right]\ddot{\boldsymbol{q}} + D_k^s \dot{\boldsymbol{q}} + \left[\frac{\rho V^2}{2} B^s + G^s\right]\boldsymbol{q} + \frac{\rho V^2}{2}\boldsymbol{R}_w^s \frac{w}{V} + R^s \boldsymbol{y}_s \tag{10.13}$$

式中，$\boldsymbol{q}$——弹性结构的飞机对称振动广义坐标矢量；q_{-1} 为对应于飞机重心（ц. м.）垂直方向的位移，q_0 为对应于飞机作为刚体时绕 Oz 轴的转动，$q_i(i=1, \cdots, N_s)$ 为对应于对称的结构弹性振动，N_s 为考虑结构对称弹性振动的阶（ТОН）数，$q_i = \delta^s_{i-N_s}(i = N_s+1, \cdots, N_s+L_s)$ 为对应于操纵面的偏转，用于纵向通道操纵使用（升降舵或全动平尾、前水平翼（鸭翼）等）；

$\boldsymbol{y}_s$——L_s 维对称操纵面作动器活塞杆偏转矢量；

w——突风速度的垂直方向分量，m/s；

V——飞行速度，m/s；

ρ——空气密度；

$\boldsymbol{C}^s$——惯性系数矩阵；

$\boldsymbol{G}^s$，$\boldsymbol{D}_k^s$——分别为结构刚度矩阵和结构阻尼矩阵；

$\boldsymbol{B}^s$，$\boldsymbol{D}^s$——分别为气动刚度矩阵和气动阻尼矩阵；

$\boldsymbol{R}^s$——作动器活塞杆偏转对操纵面的作用矩阵；

$\boldsymbol{R}_w^s$——突风作用矢量。

该方程组是相对机体坐标系得到的，它的轴与飞机惯性主中心轴相重合（Ox 轴指向后，Oy 轴为向上，Oz 为指向右机翼）；作为无扰动情况，首先研究速度不变且迎角为零时的水平飞行，在计算形态下，还认为操纵面是不动的。在以后为了简单起见，将认为仅使用一个方向的操纵面，相应地可用矢量 $\boldsymbol{R}^s$ 代替 $\boldsymbol{R}^s$ 矩阵，用标量 y_s 代替矢量 $\boldsymbol{y}_s$。由此可导出相应的标准广义形态矩阵 $\boldsymbol{C}^s$：

$$\boldsymbol{C}^s=\begin{bmatrix} m & 0 & 0 & \cdots & 0 & c^s_{-1,\,N_{s+1}} \\ 0 & J_{zz} & 0 & \cdots & 0 & c^s_{0,\,N_{s+1}} \\ 0 & 0 & 1 & \cdots & 0 & c^s_{1,\,N_{s+1}} \\ \vdots & \vdots & \vdots & & \vdots & \vdots \\ 0 & 0 & 0 & \cdots & 1 & c^s_{N_s,\,N_{s+1}} \\ c^s_{N_{s+1},\,-1} & c^s_{N_{s+1},\,0} & c^s_{N_{s+1},\,1} & \cdots & c^s_{N_{s+1},\,N_s} & J_{\mathrm{Ps}} \end{bmatrix}$$

式中，$\boldsymbol{J}_{\mathrm{Ps}}$——操纵面相对旋转轴的惯性矩。

列 $c^s_{i,\,N_{s+1}}$（$i=-1,\ \cdots,\ N_s$）确定操纵面运动对结构振动的惯性作用，行 $c^s_{N_{s+1},\,i}$（$i=-1,\ \cdots,\ N_s$）确定结构振动对操纵面运动的惯性作用。

$\boldsymbol{B}^s$、$\boldsymbol{D}^s$ 系数矩阵取决于飞机的载荷和 M 数，$\boldsymbol{G}^s$ 和 $\boldsymbol{D}_k^s$ 矩阵取决于载荷并具有下面形式：

$$\boldsymbol{G}^s=\begin{bmatrix} 0 & 0 & 0 & \cdots & 0 & 0 \\ 0 & 0 & 0 & \cdots & 0 & 0 \\ 0 & 0 & -\omega_{s1}^2 & \cdots & 0 & 0 \\ \vdots & \vdots & \vdots & & \vdots & \vdots \\ 0 & 0 & 0 & \cdots & -\omega_s^2 N_s & 0 \\ 0 & 0 & 0 & \cdots & 0 & -k_{\mathrm{Ps}} \end{bmatrix}$$

$$\boldsymbol{D}_k^s=\begin{bmatrix} 0 & 0 & 0 & \cdots & 0 & 0 \\ 0 & 0 & 0 & \cdots & 0 & 0 \\ 0 & 0 & -\mu_{s1} & \cdots & 0 & 0 \\ \vdots & \vdots & \vdots & & \vdots & \vdots \\ 0 & 0 & 0 & \cdots & -\mu_s N_s & 0 \\ 0 & 0 & 0 & \cdots & 0 & -\mu_{\mathrm{Ps}} \end{bmatrix}$$

式中，ω_{si}——结构对称弹性振动的第 i 阶固有频率；

μ_{si}——结构对称弹性振动的第 i 阶结构阻尼系数；

k_{Ps}——弹簧的刚度系数，用它模拟从作动器到操纵面操纵线系的弹性，模拟作动器本身及它与飞机机身固定接头的弹性；

μ_{Ps}——表示相对舵面旋转轴的摩擦力矩的系数；通过到操纵面的杆线偏转作动器活塞杆的作用矢量具有下面形式：

$$\overline{\boldsymbol{R}}_s=\begin{bmatrix}0\\0\\0\\\vdots\\0\\k_{\mathrm{Ps}}r_s\end{bmatrix}$$

式中，r_s——操纵面摇臂之臂长。

弹性结构飞机侧向扰动方程式有类似的形式：

$$C^a\ddot{\boldsymbol{p}}=\left[\frac{\rho V}{2}\boldsymbol{D}^a+\boldsymbol{D}_k^a\right]\dot{\boldsymbol{p}}+\left[\frac{\rho V^2}{2}\boldsymbol{B}^a+\boldsymbol{G}^a\right]\boldsymbol{p}+\frac{\rho V^2}{2}\boldsymbol{R}_u^a\frac{u}{V}+\boldsymbol{R}^a\boldsymbol{y}_a \qquad (10.14)$$

式中，$\boldsymbol{p}$——弹性飞机非对称振动广义坐标矢量，p_{-2} 为对应于飞机重心（ц. м.）的侧向位移，p_{-1} 为对应于当飞机作为刚体时绕 Ox 轴的旋转，p_0 为对应于当飞机作为刚体时绕 Oy 轴的旋转，$p_i(i=1, \cdots, N_a)$ 为对应于非对称结构弹性振动，N_a 为考虑结构弹性振动的非对称性阶数，$p_i=\delta_{i-N_a}^a$ $(i=N_a+1, \cdots, N_a+L_a)$ 为对应于为了在侧向通道进行控制而使用的操纵面的偏度(方向舵、副翼等)；

$\boldsymbol{y}_a$——L_a 维非对称操纵面的作动器活塞杆偏转矢量；

u——突风侧向分速度，m/s。

$\boldsymbol{G}^a$，$\boldsymbol{D}_k^a$，$\boldsymbol{B}^a$，$\boldsymbol{D}^a$，$\boldsymbol{R}^a$ 矩阵和 $\boldsymbol{R}_u^a$ 矢量与纵向运动的类似的矩阵和矢量相对应。

把飞机作为刚体来分析它的扰动运动时，对于纵向运动用迎角 α 和角速度 ω_z 替代变量 q_{-1} 和 q_0，而对于侧向运动用侧滑角 β 和角速度 ω_x，ω_y 的值代替变量 p_{-2}，p_{-1}，p_0。考虑到 $\boldsymbol{B}^s$ 矩阵的第 1 行的元素等于零(广义力与垂直位移无关)并得到下列正确关系式：

$$\dot{q}_{-1}=\frac{V_y}{f_{-1}}=V_y=V(\vartheta-\alpha)_y,\ \dot{q}_0=\frac{\omega_z}{f'_{0x}}=\omega_z,\ q_0=\frac{\vartheta}{f'_{0x}}=\vartheta$$

$$\frac{d_{i-1}^s}{f_{-1}}+\frac{b_{i0}^s}{f'_{0x}}=0,\ i=-1, 0, 1, \cdots, N_s$$

式中，$f_{-1}=1$—— 广义坐标 q_{-1} 所对应的结构结点垂直位移的形式；

$f_0=(x-x_{\text{ц},\text{т}})$—— 广义坐标 q_0 所对应的垂直位移的形式。

方程组(10.13)可以写成下面形式：

$$
\begin{aligned}
& mV(\omega_z-\dot{\alpha})=Y^{\alpha}\left(\alpha+\frac{w}{V}\right)+Y^{\omega}\omega_z+\frac{\rho V}{2}\sum_{j=1}^{N_s}d_{-1j}^{s}\dot{q}_j+\frac{\rho V^2}{2}\sum_{j=1}^{N_s}b_{-1j}^{s}q_j+ \\
& \qquad Y^{\dot{\delta}_s}\dot{\delta}_s+Y^{\delta_s}\delta_s-c_{-1,N_s+1}^{s}\ddot{\delta}_s \\
& J_{zz}\dot{\omega}_z=M_z^{\alpha}\left(\alpha+\frac{w}{V}\right)+M_z^{\omega_z}\omega_z+\frac{\rho V}{2}\sum_{j=1}^{N_s}d_{oj}^{s}\dot{q}_j+\frac{\rho V^2}{2}\sum_{j=1}^{N_s}b_{oj}^{s}q_j+ \\
& \qquad M_z^{\dot{\delta}_s}\dot{\delta}_s+M_z^{\delta_s}\delta_s-c_{0,N_s+1}^{s}\ddot{\delta}_s \\
& \ddot{q}_i=\frac{\rho V_2}{2}b_{i0}^{s}\left(\alpha+\frac{w}{V}\right)+\frac{\rho V}{2}d_{i0}^{s}\omega_z+\frac{\rho V}{2}\sum_{j=1}^{N_s}d_{ij}^{s}\dot{q}_j+\frac{\rho V^2}{2}\sum_{j=1}^{N_s}b_{ij}^{s}q_j+ \\
& \qquad \mu_{si}\dot{q}_i-\omega_{si}^2q_i+\frac{\rho V}{2}d_{iN_s+1}^{s}\dot{\delta}_s+\frac{\rho V^2}{2}d_{iN_s+1}^{s}\dot{\delta}_s-c_{i,N_s+1}^{s}\ddot{\delta}_s \\
& \qquad i=1,\cdots,N_s \\
& c_{N_s+1,-1}^{s}V(\omega_z-\alpha)+c_{N_s+1,0}^{s}\omega_z+\sum_{j=1}^{N_s}c_{N_s+1,j}^{s}\ddot{q}_j+J_{\text{P}s}\ddot{\delta}_s \\
& =M_{\text{ш}}^{\alpha}\alpha+M_{\text{ш}}^{\omega_z}\omega_z+\frac{\rho V}{2}\sum_{j=1}^{N_s}d_{N_s+1,j}^{s}\dot{q}_j+\frac{\rho V^2}{2}\sum_{j=1}^{N_s}b_{N_s+1,j}^{s}q_j+ \\
& \qquad (M_{\text{ш}}^{\dot{\delta}}-\mu_{\text{P}s})\dot{\delta}_s+(M_{\text{ш}}^{\delta}-k_{\text{P}s})\delta_s+k_{\text{P}s}r_sy_s
\end{aligned}
\tag{10.15}
$$

式中，Y^{α}, Y^{ω}, …, M_z^{α}, $M_z^{\omega_z}$, …——气动力在 Oy 轴的投影和气动力矩在 Oz 轴的投影对相应变量的导数；$M_{\text{ш}}^{\alpha}$, $M_{\text{ш}}^{\delta}$, …——操纵面的气动铰链力矩对相应变量的导数。

类似地，也可以把侧向运动方程组(10.14)写成下面的形式：

$$
\begin{aligned}
& mV(\dot{\beta}-\omega_y)=Z^{\beta}\left(\beta+\frac{u}{V}\right)+Z^{\omega_x}\omega_x+Z^{\omega_y}\omega_y+\frac{\rho V}{2}\sum_{j=4}^{N_a}d_{-2j}^{a}\dot{p}_j+ \\
& \qquad \frac{\rho V^2}{2}\sum_{j=4}^{N_a}b_{-2j}^{a}p_j+Z^{\dot{\delta}}\dot{\delta}_a+Z^{\delta}\delta_a-c_{-2,N_a+1}^{a}\ddot{\delta}_a \\
& J_{xx}\dot{\omega}_x=M_x^{\beta}\left(\beta+\frac{u}{V}\right)+M_x^{\omega_x}\omega_x+M_x^{\omega_y}\omega_y+\frac{\rho V}{2}\sum_{j=4}^{N_a}d_{-1j}^{a}\dot{p}_j+ \\
& \qquad \frac{\rho V^2}{2}\sum_{j=4}^{N_a}b_{-1j}^{a}p_j+M_x^{\dot{\delta}_a}\dot{\delta}_a+M_x^{\delta_a}\delta_a-c_{-1,N_a+1}^{a}\ddot{\delta}_a \\
& J_{yy}\dot{\omega}_y=M_y^{\beta}\left(\beta+\frac{u}{V}\right)+M_y^{\omega_x}\omega_x+M_y^{\omega_y}\omega_y+\frac{\rho V}{2}\sum_{j=4}^{N_a}d_{0j}^{a}\dot{p}_j+ \\
& \qquad \frac{\rho V^2}{2}\sum_{j=4}^{N_a}b_{0j}^{a}p_j+M_y^{\dot{\delta}_a}\dot{\delta}_a+M_y^{\delta_a}\dot{\delta}_a-c_{0,N_a+1}^{a}\ddot{\delta}_a
\end{aligned}
$$

$$\ddot{p}_i=\frac{\rho V^2}{2}b_{i0}^a\left(\beta+\frac{u}{V}\right)+\frac{\rho V}{2}(d_{i-1}^a\omega_x+d_{i0}^a\omega_y)+\frac{\rho V}{2}\sum_{j=4}^{N_a}d_{ij}^a\dot{p}_j+\frac{\rho V^2}{2}\sum_{j=4}^{N_a}b_{ij}^a p_j-$$

$$\mu_{ai}\dot{p}-\omega_{ai}^2 p_i+\frac{\rho V}{2}d_{iN_a+1}^a\dot{\delta}_a+\frac{\rho V^2}{2}b_{iN_a+1}^a\delta_a-c_{i,N_a+1}^a\ddot{\delta}$$

$$i=1,\cdots,N_a$$

$$c_{N_a+1,-2}^a V(\dot{\beta}-\omega_y)+c_{N_a+1,-1}^a\dot{\omega}_x+c_{N_a+1,0}^a\dot{\omega}_y+J_{\mathrm{Pa}}\ddot{\delta}_a$$

$$=M_{\text{Ш}}^{\beta}\beta+M_{\text{Ш}}^{\omega_x}\omega_x+M_{\text{Ш}}^{\omega_y}\omega_y+\frac{\rho V}{2}\sum_{j=1}^{N_a}d_{N_a+1,j}^a\dot{p}_j+\frac{\rho V^2}{2}\sum_{j=1}^{N_a}b_{N_a+1,j}^a p_j+$$

$$(M_{\text{Ш}}^{\dot{\delta}_a}-\mu_{\mathrm{Pa}})\dot{\delta}_a+(M_{\text{Ш}}^{\delta_a}-\mu_{\mathrm{Ps}})\delta_a+k_{\mathrm{Pa}}r_a y_a$$

式中，ω_{ai}——结构非对称弹性振动第 i 阶固有频率；

μ_{ai}——结构非对称弹性振动第 i 阶结构阻尼系数；

k_{Pa}——从作动器到操纵面操纵线系的刚度系数；

μ_{Pa}——表示相对舵面旋转轴的摩擦力矩系数；

r_a——舵面摇臂臂长；

Z^{β}，Z^{ω_x}，…，M_x^{β}，$M_x^{\omega_x}$，…，M_y^{β}，$M_y^{\omega_x}$——气动力在 Oz 轴上的投影和气动力矩在 Ox 轴和 Oy 轴上的投影对相应变量的导数；

$M_{\text{Ш}}^{\alpha}$，$M_{\text{Ш}}^{\delta}$，…——操纵面气动力铰链力矩对相应变量的导数。

弹性飞机扰动运动方程组可以用来确定弹性变形对飞机稳定性和操纵性特性的影响。为确定弹性变形对飞机纵向稳定性和操纵性品质的影响，假设在(10.15)方程组中的 $\ddot{q}_i=\dot{q}_i=0$，$i=1,\cdots,N_s$，它对应静态变形，同时由弹性振动方程组可用 α，ω_z，δ_s 表示广义坐标 q_i。把得到表达式代入方程组的前两个式子中，就确定了对所研究的飞行状态下(M 数和速压)的气动力和力矩导数的增量 ΔY^{α}，ΔY^{δ_s}，…，ΔM_z^{α}，$\Delta M_z^{\delta_s}$，…，以及修正因子：

$$\xi_{C_y^{\alpha}}(M,q)=\frac{Y^{\alpha}+\Delta Y^{\alpha}}{Y^{\alpha}},\ \xi_{c_y^{\delta}}(M,q)=\frac{Y^{\delta_s}+\Delta Y^{\delta_s}}{Y^{\delta_s}}$$

$$\xi_{m_y^{\delta}}(M,q)=\frac{M_z^{\delta_s}+\Delta M_z^{\delta_s}}{M_z^{\delta_s}},\cdots$$

及静稳定度余度的变化：

$$\Delta m_z^{C_y}(M,q)=\left[\frac{M_z^{\alpha}+\Delta M_z^{\alpha}}{Y^{\alpha}+\Delta Y^{\alpha}}-\frac{M_z^{\alpha}}{Y^{\alpha}}\right]\cdot\frac{1}{b_a}$$

类似的，也能够确定弹性变形对侧向稳定性和操纵性品质的影响。

操纵系统传感器的信号和被检测的运动参数 y_s，y_a 在一般情况下包括下列分量；即把飞机作为刚体时描述它的运动的各分量 $y_s^{\mathrm{TB.\,T}}$，$y_a^{\mathrm{TB.\,T}}$，以及线性组合的弹性振动广义坐标，它们的一阶或二阶导数等：

$$y_s = y_s^{\text{ТВ. Т}} + \sum_{j=1}^{N_s} h_{ij}^s(x, y, z)\frac{\mathrm{d}^k q_j}{\mathrm{d}t^k}$$

$$y_a = y_a^{\text{ТВ. Т}} + \sum_{j=1}^{N_a} h_{ij}^a(x, y, z)\frac{\mathrm{d}^k p_i}{\mathrm{d}t^k}$$

式中，$k=0$ 为广义位移(线性位移、旋转、扭转或弯矩、剪力)；$k=1$ 为广义速度(线性的或角度的)；$k=2$ 为广义加速度(直线的或角度的)；$h_{ij}(x, y, z)$ 为表示某些阶弹性振动对信号 y_i 贡献的系数。特别是在机身坐标为 $x_{\text{дат}}$，$z_{\text{дат}}=0$ 点上，由操纵系统传感器测量的俯仰速度$\hat{\omega}_z$ 以及法向过载$\hat{n}_y$ 应按下面公式计算：

$$\hat{\omega}_z(t, x_{\text{дат}}) = \omega_z(t) + \sum_{j=1}^{N_s}\frac{\mathrm{d}f_j(x_{\text{дат}})}{\mathrm{d}x}\dot{q}_j(t)$$

$$\hat{n}_y(t, x_{\text{дат}}) = \frac{1}{g}V(\omega_z - \dot{\alpha}) + \frac{x_{\text{дат}} - x_{\text{ц. м}}}{g}\dot{\omega}_z(t) + \frac{1}{g}\sum_{j=1}^{N_s} f_j(x_{\text{дат}})\ddot{q}_j(t)$$

式中，$f_i(x)$——机身第 j 阶弹性振动模态；

$\mathrm{d}f_j(x)/\mathrm{d}x$——机身在第 j 阶弹性变形情况下，对 Ox 轴旋转的角度(弧度)；

$x_{\text{ц. м}}$——飞机重心坐标。

正如图 10.4 所示的关系看出，考虑结构弹性既导致飞机短周期运动特性的变化 ($f \approx 0.5$ Hz)，也在结构弹性振动频率上出现附加的共振峰值。利用把飞机作为刚体时的这种运动方程式结构，再引进取决于速压和考虑静弹性变形对机身气动力特性影响的修正系数，就可以得到达到频率级为 1.5～2 Hz 相当精确的弹性飞机动力学特性(图 10.4)。

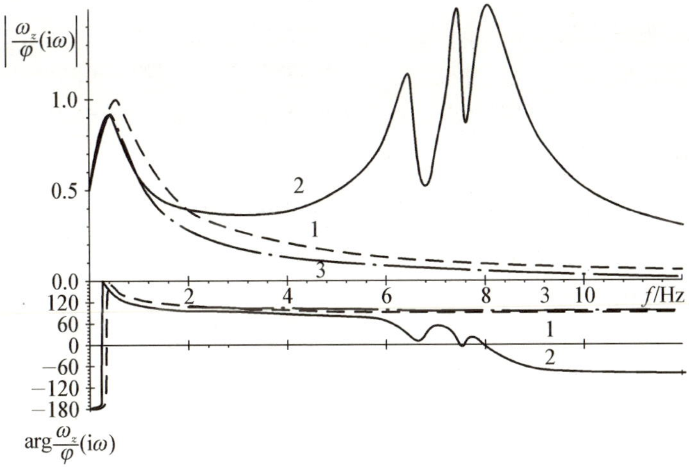

图 10.4　结构弹性对飞机频率特性的影响

1—刚性飞机；2—弹性飞机；3—对结构静态变形修正之后

在确定弹性飞机动态方案时(运动方程组),选择的弹性振动阶数应当保证在给定的频率范围内符合描述的飞机气动弹性特性(即飞机任意点上(如机翼、机身)的任一参数——弯矩、过载、角速度等的幅相频率特性)。为了在弹性振动方程中模拟包括飞行员在内的飞机动态目的,可以作进一步的简化。此时应给出能够保证数学模型一致所要求的频率范围,而作为被监控的特性,按机身不同截面的过载和角速度选择飞机的频率特性供操纵面偏转和阵风作用之用。然后删去弹性振动的个别阶次,以使在给定的峰值区域内,被监控的幅值频率特性的共振峰值的变化和相应的相位频率特性的变化不超出给定的范围(例如,$\Delta A \leqslant 10\%$,$\Delta\varphi \leqslant 30°$),此时飞机的动态和静态操纵特性不应改变。

10.3 飞机稳定性和操纵性的分析方法

飞机动力学理论研究的基本任务是研究与飞机运动稳定性和操纵性有关的问题,传统方法是把运动分解为几种确定的形式来进行这方面的研究。例如,轨迹运动和相对重心的运动可分解为飞机的纵向和侧向运动,进行近似的研究,运动的形式可以分为长周期(轨迹)和短周期(角度)运动等。在每一种运动情况下均可分解成不同量纲的近似方程组,由于在限定的时间间隔内采用了一些假设,可以把这些方程看作为自主操作的形式(带有与时间无关的一些系数),在许多情况下,允许这些方程式以线性化的形式来研究。

现代的超声速飞机不可能没有飞行自动操纵系统,它不仅被用来保证在手动操纵回路中所需的稳定和操纵特性,而且也被用于运动轨迹的控制上,降低了在湍流大气中飞行的气动载荷,限制飞行的临界状态等。考虑到气动力操纵面的伺服作动器和测量传感器的非线性限制,描述自动控制系统动作的运动方程组及整个闭合系统(飞机+控制系统)从性质上讲也应是非线性的。因此在研究稳定性和操纵性时,广泛地大量地使用了线性和非线性方法,不仅包括近似的分析方法,还有借助现代计算机来实现的精确方法等。特别是广泛地使用了大家都熟知的线性系统研究方法(时域和频率域稳定性准则,特征多项式根轨迹图法,控制律综合方法,包括使用时域或频率域表示的控制对象的数学模型等)。

在研究飞机非线性动力学模型时,定性方法表现出非常的有用。成功地使用了一些近似的分析方法,诸如像在研究自动控制系统工作时,由于它的各个部件的非线性而引起的自振状态用的谐波平衡方法。

由于飞机动力学数学模拟及半物理模拟等方法允许在最一般布局的情况下研究此类问题,并且提供了飞机驾驶操纵人员参与飞机控制系统的机会,因此这些方法大大地拓宽和补充了一切可供使用的理论分析方法,结果在解决此类问题中,在原理上引进了一些重要的全新的特点。

通常使用李雅潘诺夫(Ляпунов)的运动渐近稳定性的概念,作为工程上研究飞机运动稳定性的基础。不过应该记住,只有在某个有限的时间间隔内,可以使用近似的运动方程式，直到实现有关运动性质所作的假设为止，才是正确或方可适用（例如，飞行速度不变，小迎角等）。从方便使用大家都熟知的数学方法这一点来看，每一次都应该从表征转换过程收敛性的时间比例尺度出发，对渐近稳定性概念进行判断。

无论是稳定性分析，还是运动方程的综合，都允许使用李雅潘诺夫函数方法。在这种情况下，提出的问题在没有使用简化假设时，要考虑运动的非线性和不定常性质，要研究完全的非自主操纵的运动方程式。下面将要给出有关能够解决空间运动轨迹稳定问题的这种方法的实例。由于一系列原因，这种相似方法至今尚未获得工程上广泛的使用。

下面将给出分析飞机动力学特性时经常使用的各种近似的子系统运动方程组（10.16～10.19）。

垂直平面内的运动方程式

可以特地划分出用于研究垂直平面运动的方程组。此时假设了运动是平面运动，即 $\omega_z \neq 0$，而 $\omega_x = \omega_y = \gamma = \beta = 0$。这种假设的可行性是以不存在与侧向运动的气动力和陀螺效应相互作用为条件的，就是说 $C_z = m_x = m_y = K_{\text{дв}} = 0$，也就是略去这种相互作用的可能性。

$$
\begin{aligned}
\frac{\mathrm{d}V}{\mathrm{d}t} &= \frac{(F_x + P)\cos\alpha - F_y \sin\alpha}{m} - g\sin\theta \\
\frac{\mathrm{d}\theta}{\mathrm{d}t} &= \frac{(F_x + P)\sin\alpha - F_y \cos\alpha}{mV} - \frac{g}{V}\cos\theta \\
\frac{\mathrm{d}\vartheta}{\mathrm{d}t} &= \omega_z \\
\frac{\mathrm{d}\omega_z}{\mathrm{d}t} &= \frac{\rho V^2 S b_a}{2J_z} m_z
\end{aligned}
\tag{10.16}
$$

式中，角度 $\theta = \vartheta - \alpha$ 是轨迹倾斜角。

方程组(10.16)描述了飞机纵向短周期（象征角度变化）和长周期（象征轨迹变化）的运动，这些方程还可适用于在垂直平面内的大扰动运动参数的飞行动力学研究（“眼镜蛇”、“尾冲失速”等状态）。

此时与空间情况相比较，俯仰角变化的范围将是另一种情况：$-180 < \vartheta \leqslant 180°$。

由于相对于重心的运动和轨迹运动在特征时间上的差别（在飞行速度足够大时）原则上还可以进一步把运动方程组(10.16)分解为“短周期”和“长周期”两个近似的子系统方程组。

横侧扰动运动方程组

分析飞机横侧扰动运动时，通常使用完全方程式，在飞行速度不变，迎角 $\alpha \approx \alpha_0$ 和俯仰角 $\vartheta \approx \vartheta_0$，飞机存在气动力、质量和惯性对称平面等假设条件下可得到下面的方程组。

在这种情况下，可以使用下面的偏于侧向运动参数——侧滑角(β)、角速度沿机

体轴方向的投影(ω_x, ω_y)和倾斜角(γ)有常系数的近似线性方程式:

$$\begin{aligned}
\dot{\beta} &= \omega_y \cos\alpha_0 + \omega_x \sin\alpha_0 + \overline{Z}^{\beta}\beta + \overline{Z}^{\delta_{\rm H}}\delta_{\rm H} + \frac{g}{V}\sin\gamma \\
\dot{\omega}_x &= \overline{M}_x^{\beta}\beta + \overline{M}_x^{\omega_x}\omega_x + \overline{M}_x^{\omega_y}\omega_y + \overline{M}_x^{\delta_{\rm э}}\delta_{\rm э} + \overline{M}_x^{\delta_{\rm H}}\delta_{\rm H} \\
\dot{\omega}_y &= \overline{M}_y^{\beta}\beta + \overline{M}_y^{\omega_x}\omega_x + \overline{M}_y^{\omega_y}\omega_y + \overline{M}_y^{\delta_{\rm э}}\delta_{\rm э} + \overline{M}_y^{\delta_{\rm H}}\delta_{\rm H} \\
\dot{\gamma} &= \omega_x - \tan\vartheta_0\omega_y\cos\gamma
\end{aligned} \tag{10.17}$$

式中,力矩投影根据惯性矩阵的旋转进行换算(见 10.1 节),并利用由强迫振动方法得到的成套无量纲气动力导数完成计算。

5 阶方程组

在研究像横滚(Бочка)、半滚倒转(Переворот через крыло)等带有快速旋转的空间机动时,允许精简去沿隐含轴的位移运动方程式和角度运动动力学方程式(见 10.1 节)。飞机相对速度矢量旋转时的重要因素是建立力矩的平衡,此时平衡力尚未产生,同时可以略去飞机轨迹的弯曲对相对运动产生的动态影响。在这种情况下,假设飞行速度的值不变 $V=\text{const}$,而重力的影响也不存在(假设 $g=0$)。此时对完全运动方程组仅需保留下面 5 个方程:

$$\begin{aligned}
\frac{d\alpha}{dt} &= \omega_z + \tan\beta(\omega_y\sin\alpha - \omega_x\cos\alpha) - \frac{\rho v s(-C_x + C_p)\sin\alpha}{2m\cos\beta} \\
\frac{d\beta}{dt} &= \omega_y\cos\alpha + \omega_x\sin\alpha + \frac{\rho v s}{2m}[(-C_x + C_p)\cos\alpha + C_y\sin\alpha]\sin\beta + \frac{\rho v s}{2m}C_z\cos\beta \\
\frac{d\omega_z}{dt} &= \frac{J_x - J_y}{J_z}\omega_x\omega_y + \frac{\rho(H)V^2 S b_a}{2J_z}m_z - \frac{K_{\text{дв}}}{J_z}\omega_y - \frac{(P_{\text{пр}} + P_{\text{лев}})y_{\text{дв}}}{J_z} \\
\frac{d\omega_y}{dt} &= \frac{J_z - J_x}{J_y}\omega_x\omega_z + \frac{\rho(H)V^2 S l}{2J_y}m_y + \frac{K_{\text{дв}}}{J_y}\omega_z + \frac{(P_{\text{пр}} - P_{\text{лев}})z_{\text{дв}}}{J_y} \\
\frac{d\omega_x}{dt} &= \frac{J_y - J_z}{J_x}\omega_y\omega_z + \frac{\rho(H)V^2 S l}{2J_x}m_x
\end{aligned} \tag{10.18}$$

在研究飞机沿滚转方向快速旋转和进入大迎角,以及在分析失速特性时的角度运动动态特性时,可以用这个近似方程组进行研究。参考文献[2]已经对方程组(10.18)在小迎角和线性气动力系数情况下进行了详细地研究。

8 阶方程组

根据空间运动的完全方程组,可以分解出确能够定参数 V, α, β, ω_x, ω_y, ω_z, ϑ, γ, H, ($H=y_g$) 变化的联立方程组:

$$\frac{d\alpha}{dt} = \omega_z - [(a_x - \omega_y\sin\beta)\sin\alpha + (a_y + \omega_x\sin\beta)\cos\alpha]/\cos\beta\ ^{*}$$

* 新版书 $\cos^{-1}\beta$——译者注。

$$
\begin{aligned}
\frac{d\beta}{dt} &= a_z\cos\beta - (a_x\sin\beta - \omega_y)\cos\alpha + (a_y\sin\beta + \omega_x)\sin\alpha \\
\frac{dV}{dt} &= V(a_x\cos\beta\cos\alpha - a_y\cos\beta\sin\alpha + a_z\sin\beta) \\
\frac{d\omega_z}{dt} &= \frac{J_x - J_y}{J_z}\omega_x\omega_y + \frac{\rho(H)V^2 Sb_a}{2J_z}m_z - \frac{K_{дв}}{J_z}\omega_y - \frac{(P_{пр} + P_{лев})y_{дв}}{J_z} \\
\frac{d\omega_y}{dt} &= \frac{J_z - J_x}{J_y}\omega_x\omega_z + \frac{\rho(H)V^2 Sl}{2J_y}m_y + \frac{K_{дв}}{J_y}\omega_z + \frac{(P_{пр} - P_{лев})z_{дв}}{J_y} \qquad (10.19) \\
\frac{d\omega_x}{dt} &= \frac{J_y - J_z}{J_x}\omega_z\omega_y + \frac{\rho(H)V^2 Sl}{2J_x}m_x \\
\frac{d\vartheta}{dt} &= \omega_y\sin\gamma + \omega_z\cos\gamma \\
\frac{d\gamma}{dt} &= \omega_x - \tan\vartheta(\omega_y\cos\gamma - \omega_z\sin\gamma) \\
\frac{dH}{dt} &= V_x\sin\vartheta + V_y\cos\vartheta\cos\gamma + V_y\cos\vartheta\sin\gamma \\
&= V(\cos\beta\cos\alpha\sin\vartheta - \cos\beta\sin\alpha\cos\vartheta\cos\gamma - \sin\beta\cos\vartheta\sin\gamma)
\end{aligned}
$$

式中，

$$
\begin{aligned}
a_x &= \frac{\rho VS}{2m}(-C_x + C_p) - \frac{g}{V}\sin\vartheta \\
a_y &= \frac{\rho VS}{2m}C_y - \frac{g}{V}\cos\vartheta\cos\gamma \\
a_z &= \frac{\rho VS}{2m}C_z + \frac{g}{V}\cos\vartheta\sin\gamma
\end{aligned}
$$

余下的变量 ψ，x_g，z_g 由方程组(10.19)解的积分来计算。在方程组(10.19)中，反映高度 H 变化的最后一个方程式其作用很小，它的作用可通过气动力、力矩和发动机推力与空气密度 $\rho(H)$ 的关系表现出来。如果假设在飞行中密度 ρ 变化不大，那么方程组(10.19)的前面 8 个方程可以单独进行研究，在飞机的构型不变时(操纵面的偏度不变)，它们组成了个自主的方程组。

$$
\frac{d\boldsymbol{X}}{dt} = F(\boldsymbol{X}, \boldsymbol{\delta})
$$

式中，$\boldsymbol{X} = (V, \alpha, \beta, \omega_x, \omega_y, \omega_z, \vartheta, \gamma)' \in R^8$—— 状态矢量；

$\boldsymbol{\delta} = (\delta_в, \delta_э, \delta_н, \boldsymbol{P})' \in R^s$—— 控制矢量。

当轨迹和相对运动相互作用比较紧密时，特别是进行沿螺旋线方向盘旋和尾旋状态研究空间运动就要利用方程组(10.19)。当飞机相对螺旋垂直轴旋转的转动运动和平移运动同时建立时，飞机沿螺旋线轨迹的运动就对应着实现力和力矩平衡条件(方程组(10.19)的特点)的运动平衡状态。由定常条件俯仰角 $\dot{\vartheta} = 0$ 和倾斜角

$\dot{\gamma}=0$,可以得出螺旋线垂直轴方向将与角速度矢量方向重合,此时$\dot{\psi}=\omega$。如果没有旋转($\omega=0$),那么运动以直线轨迹进行。

自动控制系统的数学描述法

现代飞机上都装备有操纵飞机运动的自动控制系统,它能够彻底地改变飞机的动力学特性。带有控制系统的飞机,这已经是一个比飞机本身空间维数大得多的新的动力学研究对象,甚至在允许用线性近似方法研究飞机本身运动方程式的那些飞行状态,其闭合系统的数学模型,也由于空气动力操纵面的伺服作动器(液压助力器)的物理限制(诸如行程限制和偏转速度的饱和)在性质上也将是非线性的。同样在大扰动情况下,测量飞机运动状态参数的传感器也出现非线性的效应。

研究现代飞机的稳定性和操纵性必须在考虑自动控制系统功能的情况下进行。为此要使用描述飞机所有部件的数学模型——测量运动参数的传感器、操纵面的承力作动器及形成控制算法的机载数字计算机(БЦВМ)的不连续性等。当存在必要的非线性因素情况下,通常以传递函数的形式来表示传感器和承力作动器的模型。这种形式对利用线性方法或者谐波平衡方法分析稳定性是最为方便的。在一般情况下,对自动系统功能数学模拟来说,表示成下面的形式是最合适的:

$$\frac{\mathrm{d}\boldsymbol{\delta}}{\mathrm{d}t}=\boldsymbol{G}\left(\boldsymbol{x},\ \frac{\mathrm{d}\boldsymbol{x}}{\mathrm{d}t},\ \boldsymbol{\delta},\ \boldsymbol{s}\right) \tag{10.20}$$

式中,$\boldsymbol{s}=(x_{\text{в}},\ x_{\text{э}},\ x_{\text{н}},\ x_{\text{дв}},\ \cdots)'$——操纵矢量,它的组成成分是驾驶杆和脚蹬的偏度,发动机油门杆位置。函数矢量 $\boldsymbol{G}$ 利用控制律和传感器以及作动器操纵机构的模型来确定。方程式组(10.20)应当与飞机动力学方程一起进行研究。特别是飞机平衡飞行状态的计算应当利用下面的联立方程式组:

$$\begin{aligned}\boldsymbol{F}(\boldsymbol{x},\ \boldsymbol{\delta})&=0\\ \boldsymbol{G}(\boldsymbol{x},\ 0,\ \boldsymbol{\delta},\ \boldsymbol{s})&=0\end{aligned} \tag{10.21}$$

方程组(10.21)的 $\boldsymbol{x}$ 和 $\boldsymbol{\delta}$ 矢量的各分量是应当确定的未知参数,而 $\boldsymbol{s}$ 矢量的各分量是操纵参数集。

是(10.20)和(10.21)方程的特殊的特点状态矢量存在的限制,即气动力操纵面偏度的限制 δ ($\delta_{\text{в}\min}<\delta_{\text{в}}\leqslant\delta_{\text{в}\max}$; $|\delta_{\text{э}}|\leqslant\delta_{\text{э}\max}$; $|\delta_{\text{н}}|\leqslant\delta_{\text{н}\max}$)。对带有相位变换限制的那种非线性系统中,当操纵面进入限制时,可能出现附加的平衡状态。这种情况在进行急剧空间机动时可能存在。

分析稳定性线性方法的应用

在许多种情况下利用合理的简化假设,可以得到对于研究飞机动态特性非常适用的线性方程组:

$$\dot{\boldsymbol{x}}=\boldsymbol{A}\boldsymbol{x}+\boldsymbol{B}\boldsymbol{u} \tag{10.22}$$

式中,$\boldsymbol{x}$——n 维相位矢量;

A——$(n\times n)$ 维常系数矩阵；

B——操纵面效率矩阵；

u——控制矢量。

在这种情况下，利用大家非常熟悉的动态分析和控制综合等线性分析方法，可以有效地对飞机运动的稳定性和操纵性的特点进行研究。首先应当提到的是稳定性的代数准则，也就是劳茨-古利维茨(Раус - Гурвиц)准则，以及以拉普拉斯线性系统的运用为基础的传递函数法，还有无论以频率还是时间域表示所研究的方程组的控制律综合的线性方法。根轨迹图和模态综合方法可以属于后者[12]。

传递函数方法

把拉普拉斯变换应用到方程(10.22)之后，可以得到：

$$(p\boldsymbol{E}-\boldsymbol{A})\boldsymbol{x}(p)=\boldsymbol{B}\boldsymbol{u}(p),\tag{10.23}$$

式中，**E**——单位矩阵；

$p=\mathrm{d}/\mathrm{d}t$—— 拉普拉斯算子。

由方程(10.23)，可以把状态矢量 $\boldsymbol{x}(p)$ 表示为：

$$\boldsymbol{x}(p)=(p\boldsymbol{E}-\boldsymbol{A})^{-1}\boldsymbol{B}\boldsymbol{u}(p),\tag{10.24}$$

这里矩阵$\boldsymbol{W}(p)=(p\boldsymbol{E}-\boldsymbol{A})^{-1}\boldsymbol{B}$，它确定了相位矢量 $\boldsymbol{x}$ 的拉普拉斯变换和操纵矢量 $\boldsymbol{u}$ 的关系，此矩阵称为传递矩阵。$\boldsymbol{W}(p)$ 矩阵的元素就是各种操纵参数与飞行器运动各种特性相联系的传递系数。在许多情况下，利用以显示形式表现出与飞机特性和飞行状态相关性的这种传递函数就能解决门类广泛的各种稳定性和操纵性问题[2,4]。

在传递函数的分母中含有矩阵 $p\boldsymbol{E}-\boldsymbol{A}$ 的行列式，它是方程组(10.22)的特征多项式，其一般形式可以表示成下面的形式：

$$p^n+a_{n-1}p^{n-1}+a_{n-2}p^{n-2}+\cdots+a_1p+a_0=0\tag{10.25}$$

式中，系数 a_i，$i=1, 2, \cdots, n-1, n$ 通过矩阵**A** 的系数计算得到的，同时在许多情况下，它们可以表示成 **A** 矩阵系数的精确或近似关系式。在研究飞机动态特性和扰动运动的稳定性时，无论是数字计算，还是近似的分析方法，都要进行特征方程(10.25)根的计算。

劳茨-古利维茨代数准则能够得到扰动运动稳定性的必要和充分条件，这个条件是以加在特征方程系数上的有限关系的形式来表示的：$a_i>0$，$i=1, 2, \cdots, n$；$\Delta_i>0$，$i=1, 2, \cdots, n-2$，这里后面的关系式与专门构成的行列式有关。特别是特征方程自由项变号是发生非周期不稳定性很有效的判据：$a_0=0$，而高一阶的劳茨行列式是发生振荡不稳定性的判据：

$$\Delta_{n-1}=\begin{vmatrix}a_{n-1} & 1 & 0 & 0 & \cdots\\ a_{n-3} & a_{n-2} & a_{n-1} & 1 & \cdots\\ a_{n-5} & a_{n-4} & a_{n-3} & a_{n-2} & \cdots\\ \cdot & \cdot & \cdot & \cdot & \cdots\end{vmatrix}=0$$

根轨迹法是一种图解分析方法，它通过改变线性方程(10.25)里的一个参数，绘制方程(10.25)特征多项式根的轨迹。这个方法在设计控制律的最初阶段是最有效的，此时反馈系数之一便起到作为绘制闭环系统特征多项式根轨迹的参数的作用。利用传递函数零点和极点，在复数平面上的根轨迹，便可利用所谓"流体动力学相似律"给予直观的解释。传递函数零点和极点具有液体流场中汇和源的性质。这种方法在参考文献[12]中给予了比较彻底的介绍。

谐波平衡法以及类似它的一些方法提供了近似确定非线性系统自振参数和过渡过程的可能性。在研究控制飞行自动系统的动态和品质时，并考虑气动力操纵面承力作动器的实际特性，已经证明利用这种方法很有效。把研究系统周期振荡状态的动态平衡原理和根轨迹图方程相结合，能够在许多情况下对非线性闭环系统(飞机＋控制系统)进行近似研究变得相当简单和有效。在这种情况下，自振的振幅可以充作根轨迹图的参数，它能够确定的不仅有振幅，还有能够按根轨迹与复平面虚轴相交的特点确定出方程组的自振解稳定性的特点。控制系统非线性元件的谐波线性化方法和谐波平衡概念的有关介绍可见参考文献[12]。

李雅潘诺夫方法的应用

在参考文献[11]中研究了一种由控制目的而确定飞行器运动的非局部稳定方法。本方法的特点是能够综合控制算法，这些控制要保证任何可实现运动的稳定性，包括非定常的空间运动。得到的算法和程序具有通用性质，且当控制目的、飞行状态和控制对象的动态参数改变时，它们也不变。这样的系统在最大程度上符合了飞行器的用途，就其性质，飞行器是多用途多种状态的对象。

用矢量的形式来研究诸力和力矩的完全非线性方程组：

$$\begin{gathered} m(\dot{\boldsymbol{V}}+\boldsymbol{\omega}\times\boldsymbol{V})=\boldsymbol{R}(\boldsymbol{v},\,\boldsymbol{\omega},\,\boldsymbol{r},\,\boldsymbol{\vartheta},\,\boldsymbol{u},\,t) \\ \dot{\boldsymbol{K}}_{c}+\boldsymbol{\omega}\times\boldsymbol{K}_{c}=\boldsymbol{M}_{a}(\boldsymbol{v},\,\boldsymbol{\omega},\,\boldsymbol{r},\,\boldsymbol{\vartheta},\,\boldsymbol{u},\,t) \\ \boldsymbol{K}_{c}=\boldsymbol{J}\boldsymbol{\omega} \end{gathered} \tag{10.26}$$

补充的运动学关系式：

$$\dot{\boldsymbol{r}}=A(\vartheta)\boldsymbol{v} \qquad \dot{\vartheta}=B(\vartheta)\boldsymbol{\omega} \qquad \boldsymbol{\vartheta}=(\vartheta,\,\gamma,\,\psi)^{\mathrm{T}} \tag{10.27}$$

让在式(10.26，10.27)里的控制矢量 $\boldsymbol{u}=(u_1,\,u_2,\,\cdots,\,u_n)^{\mathrm{T}}$(这里使用标准的符号)满足下列不等式：

$$|u_i|\leqslant H_i,\ H_i=\mathrm{const}>0,\ i=1,\,2,\,\cdots,\,n$$

控制系统式(10.26，10.27)的原来目的就是使飞行器的重心速度矢量和它的角速度 ω 按照给定的程序变化：

$$V=V^{*}(t) \qquad \omega=\omega^{*}(t) \tag{10.28}$$

对未扰动运动达到稳定目的，并为操纵提供可使用的潜力条件下，并保持若干储备 h_i 时，这个程序是可以实现的—— $|u_i|\leqslant H_i-h_i,\ h_i=\mathrm{const}>0,\ i=1,\,2,\,\cdots,\,n$。

因此,问题就在于组成那些能使任何可以实现程序运动达到稳定的控制律。综合控制问题的一般解可以利用李雅潘诺夫函数方法实现,对稳定运动速度问题的李雅潘诺夫函数具有类似动能的形式,并能给出运动系统偏离给定未扰动运动的一般度量值:

$$G=\frac{1}{2}\Delta\boldsymbol{\omega}^{\mathrm{T}}\boldsymbol{J}\Delta\boldsymbol{\omega}+\frac{1}{2}m\Delta\boldsymbol{v}^{\mathrm{T}}\Delta\boldsymbol{v}$$

$$\Delta\boldsymbol{v}=\boldsymbol{v}-\boldsymbol{v}^{*}(t)$$

$$\Delta\boldsymbol{\omega}=\boldsymbol{\omega}-\boldsymbol{\omega}^{*}(t)$$

函数 G 对于变量 $\Delta\boldsymbol{v}$, $\Delta\boldsymbol{\omega}$ 来说肯定是确定的,同时由等式 $G=0$ 直接得出满足条件(10.28)。允用的控制律 $u_i(|u_i|\leqslant H_i)$ 从下列条件选取:

$$\dot{G}(\boldsymbol{u},\ \Delta\boldsymbol{v},\ \Delta\boldsymbol{\omega},\ \boldsymbol{v}^{*}(t),\ \boldsymbol{\omega}^{*}(t),\ t)<0 \tag{10.29}$$

从意义上讲,可以把上面的理解为李雅潘诺夫函数里的一定的负数,很显然与时间有关。由于运动方程(10.26),函数 G 的导数可用 G 来表示,不等式(10.29)本身实质上表示的就是选择允许控制的原则。

基于描述相对程度轨迹偏离的方程(10.26),G 函数的全导数应具有下面形式:

$$\begin{aligned}\dot{G}=&m\boldsymbol{v}^{*}(t)\cdot(\Delta\boldsymbol{\omega}\times\Delta\boldsymbol{v})+\boldsymbol{\omega}^{*}(t)\cdot(\Delta\boldsymbol{\omega}\times\Delta\boldsymbol{K}_{\mathrm{c}})+\\&\Delta\boldsymbol{v}\cdot\Delta\boldsymbol{R}+\Delta\boldsymbol{\omega}\cdot\Delta\boldsymbol{M}_{a}\end{aligned} \tag{10.30}$$

这个关系式表示了关于飞行器在方程处于偏离情况下动能改变的力学原理。考虑式(10.30),飞行器运动的稳定性条件可以写成下面形式:

$$\begin{aligned}\min_{|u_i|\leqslant H_i}\dot{G}=&m\boldsymbol{v}^{*}(t)\cdot(\Delta\boldsymbol{\omega}\times\Delta\boldsymbol{v})+\boldsymbol{\omega}^{*}(t)\cdot(\Delta\boldsymbol{\omega}\times\Delta\boldsymbol{K}_{\mathrm{c}})+\\&\min_{|u_i|\leqslant H_i}(\Delta\boldsymbol{v}\cdot\Delta\boldsymbol{R}+\Delta\boldsymbol{\omega}\cdot\Delta\boldsymbol{M}_{a})<0\end{aligned} \tag{10.31}$$

这样一来,飞行器控制综合问题解的存在问题便转化为检查不等式(10.31)的代数问题了,这个不等式也将确定指定运动具有的稳定区域。在进入线性控制情况下,在飞行动力学问题中得到的解析解是通用的。在开关式的一类控制律得到的解保证与控制对象的动态参数无关。用相类似的方式也可以求得飞行器按给定的程序改变相坐标的稳定问题,特别是它的方向角问题。

上面指出的稳定性和操纵性特性的分析方法(包括在操纵时的过渡过程)例子能够得到一架带有控制增稳系统(СУУ)飞机的动态性质相当完整的描绘。有关更详细的评定稳定性的一系列问题可见第 13~15 章。为了能得到飞行员评估的飞机动态性能,在飞行模拟台上,进行飞机在主要飞行状态下的半物理模拟是非常有益的(见第 11 章)。

10.4 关于稳定性和操纵性的要求

目前已经建立了形成稳定性和操纵性要求的一些普遍原则，足以对所有形式和用途的飞机普遍适用。对与专门用途飞机有关的要求应加以补充。

这种共同要求的问题有：

——操纵力的限制，不仅限制力的最大值，还有力对操纵参数梯度的限制；

——驾驶杆行程和操纵面效率的限制；

——飞机动态特性的标准，诸如振荡衰减、振荡频率、操纵时的过渡过程；

——关于进入危险飞行状态的限制要求或告警；

——对操纵系统和所有保证稳定性和操纵性的全套设备的可靠性要求。

目前所有的超声速飞机都有不可逆的助力操纵系统（通常是液压传动），以及保证飞机稳定性和操纵性的自动装置。这些装置可以具有不同的特性和各种各样的结构（见第 9，12，13 等章），并且同执行动作的伺服作动器（助力器）一起成为一个相当复杂的动态系统（通常是非线性的）。由于这个原因，它对飞机的动态特性有重要的影响，同时考虑飞行员的操纵作用，也应当在飞机稳定性和操纵性的要求中得到全面的反映。

通常稳定性和操纵性要求是订货方根据飞行试验的经验定性制定的。对于军用飞机来讲，这些要求是由每个国家的军方订货人拟定的，对于亚声速民用飞机则执行由俄罗斯、美国和欧洲制定的适航标准。

对于苏联时期研制的图-144 超声速旅客机曾制定了暂时要求。要求的具体数值取决于飞机的类别、飞机的目标任务和飞行阶段。

稳定性和操纵性要求要达到的品质也要分成几种等级，它们与在选择保证飞行安全方法（其中包括备用操纵系统）中使用的各种可能不同的技术方案密切相关，并允许在有故障情况下使驾驶变得复杂一些。

要求等级

首先稳定性和操纵性要求将根据飞机的类别和大小量级进行划分。在考虑飞机基本用途和重量原则上，对所有型式和用途的飞机进行下面分类。这种分类法以前只在强度方面应用过，并把使用过载的大小作为分类的基础。

在制定有关稳定性和操纵性要求时，使用的分类法是比较通用的。进行下列分类：

Ⅰ类——机动飞机

首先，歼击机、教练机、运动飞机都应当属于这类飞机，飞机具有的最大使用过载 $n_y^э$ 在 7～9 范围内，甚至稍大于它。负过载在 −2～−4 之间。

Ⅱ类——有限机动过载飞机，它的最大正向使用过载 $n_y^э$ 在 4～5 之间。前线航空兵的超声速飞机可归并此类。

通常Ⅰ类和Ⅱ类飞机的起飞重量可达到 50～60 t，而大部分飞机都小于此数。

Ⅲ类——非机动飞机。属于这类飞机有远距离飞行的军用飞机、超声速旅客机和运输机。稳定性和操纵性的特殊性表明对这类飞机有必要按起飞重量再分等级，把使用过载 $n_y^э \approx 2.5$ 且起飞重量大于 100 t 的划为重型超声速飞机 Ⅲ б类，这些重型飞机在稳定特性上，特别是操纵特性与较轻的一些飞机（Ⅲ a）有些区别。

按着上面给出的分类，对超声速飞机操纵品质要求的主要区别，在于随飞机重量的增加，操纵时的杆力也随之增大，从而防止很容易地进入接近最大 $n_{y\max}^э$ 的状态，并在操纵的过渡过程中比较迟钝。当操纵比较轻时，必须有对进入过载 $n_y^э$ 的限制系统。

除了按飞机类别划分要求外，目前通常还要根据飞机的任务和具体的飞行阶段进行划分，它们分成下面几个阶段：

A 阶段——需要精确跟踪、精确控制轨迹的快速机动的飞行阶段。对于军用飞机而言，这就是战斗使用任务。对于民用飞机，这个阶段就是，例如，在航空摄影或其他类似应用中要保持的飞行状态任务。

Б 阶段——起飞-着陆飞行阶段，在这些阶段必须有足够精确的飞行轨迹控制能力，能足够迅速地在这些情况下对突然发生的复杂飞行状态作出反应，例如，起飞、着陆、复飞等均属这个范围。

B 阶段——不需要快速机动和精确跟踪的飞行阶段。超声速飞机的巡航飞行、爬升和下降就是这种飞行阶段例子。

飞机在不同阶段所实现的稳定性和操纵性要求品质，同样也要划分为不同的驾驶特性评定等级：

1 级——在所研究的飞行阶段稳定性和操纵性的品质非常好，且飞行员对飞机操纵特性的评定予以高分。

2 级——稳定性和操纵性的品质能保证完成在给定飞行阶段的任务，但完成任务的评分有些降低，在给出令人满意的驾驶评估特性的同时，飞行员感受到的载荷也随之增加。

3 级——稳定性和操纵性的品质不能保证在给定的飞行阶段有效地完成任务，或是飞行员驾驶飞机完成给定任务付出的载荷过重。这种情况下，飞行员评定的驾驶品质处于所允许的边界上。

引进 3 级评定驾驶特性的等级，就可以用来研究当在操纵系统中和在保证超声速飞机稳定装置中引进备份和应急系统时，某些品质恶化的特点。

在许多情况下对飞机情况进行更详细的分级是有益的。除了上面给定的 A、Б、B 的 3 级以外，在规定要求时，应合理地把飞行状态划分为按速度、飞行高度和过载确定的 3 个飞行包线范围。

基本飞行范围——在这个飞行状态下，飞机应完成它专门用途的基本任务。例如对于歼击机是空战；对于超声速旅客机是直线定常飞行状态（例如，巡航飞机）。

使用飞行范围——在符合飞机正常使用情况下，这些状态涉及所有可能的速度、飞行高度、过载和迎角的各种组合，该飞行状态允许被大量地使用。

极限飞行范围——这种飞行状态根据飞行安全条件，超出它们是不允许的。这里指的是不允许超出该飞机飞行使用手册中(РЛЭ)预先规定的迎角、飞行速度和过载的极限值。

上面列出的有关稳定性和操纵性的详细要求,导致必须用计算的方法、数学模拟方法、在飞行操纵台上进行模拟的方法,对飞行情况所有阶段进行详细的研究,并最后在飞行试验中仔细检查。

在设计的第一阶段,主要利用前两种方法,并把气动力特性的研究结果作为这两种方法的基础。

关于飞机纵向稳定性和操纵性的要求

在完成机动过程中所必需的驾驶杆力和位移的变化是飞行员感觉飞行状态的真实来源。驾驶杆力和驾驶杆位移很容易通过它引起的过载变化,即 dP/dn、dX_P/dn,或者它引起的速度变化,即 dP/dV 和 dX_P/dV 的特征来说明。当产生过载需要的力小时,由于操纵过轻,飞行员可能使飞机发生摆动。操纵力过分大,驾驶容易产生疲劳。

参数 $dP/dn(dX_P/dn)$是飞机重要特性之一,因此它的最大值和最小值在航空适航规范中作了规定。这些要求是在统计分析和空中飞行试验及飞行模拟台的试验分析结果基础上形成的。对使用中央驾驶杆操纵的飞机所规定的 dP/dn 要求值的例子列于表 10.1。

表 10.1 飞机规定的 dP/dn 要求值的例子

参 数	英国	法国	美国
最小值$(dP/dn)_{min}$/(kgf/单位过载)	1.56	1.00	1.37
最大值$(dP/dn)_{max}$/(kgf/单位过载)	3.6	4.00	3.70
$(dP/dn)_{max}/(dP/dn)_{min}$	2.27	4.00	2.67
$\frac{(dP/dn)_{max}}{(dP/dn)_{min}}-1$	1.27	3.00	1.67

由上看出,不同国家规范的 dP/dn 值均在一个很窄的范围内,很显然,dP/dn 值的要求取决于驾驶杆的类型。到现在,对于旅客和运输飞机主要还是通过驾驶盘进行操纵的,而机动和运动飞机仍以中央驾驶杆进行操纵的。近年来对于机动飞机开始采用利用侧位驾驶杆的控制系统。在图 10.5 上给出了操纵力与中央和侧位驾驶杆偏移量之间关系的例子($P(\overline{X}_P)$)。

除了 dP/dn 值以外,感觉飞机的动态,还有驾驶杆相对单位过载的位移量$\frac{dX_P}{dn}$。通常规定了 dX_P/dn 的最小值。例如,对于机动飞机,按照某些技术要求,应当满足不等式 $dX_P/dn \geqslant 10 \sim 12$ mm/单位过载。图 10.6 给出了机动飞机有关确定 dX_P/dn 和 dP/dn 之间最佳关系的研究结果。由图看出当 dX_P/dn 和 dP/dn 之间存在某种确定关系时,用中央驾驶杆操纵的飞机可以得到最高的评分。在某些情况下,转用力驾驶杆进行操纵时,此时驾驶杆的 $dX_P/dn \approx 0$,操纵飞机多少要比常规驾驶杆复杂。

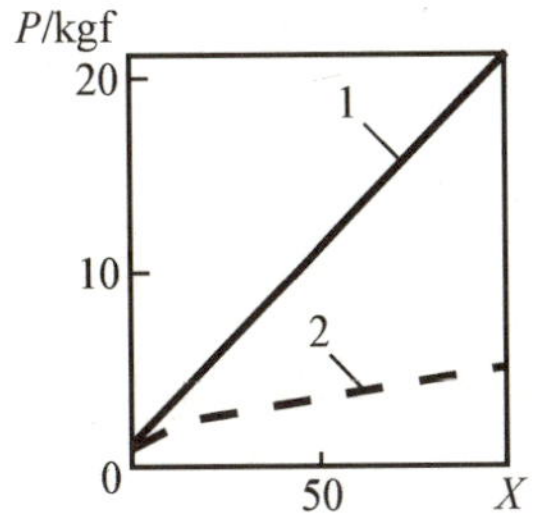

图 10.5　载荷 P 在不同操纵方式时与位移 X 的关系

1—中央驾驶杆；2—侧向杆；X—相对最大位移的百分比

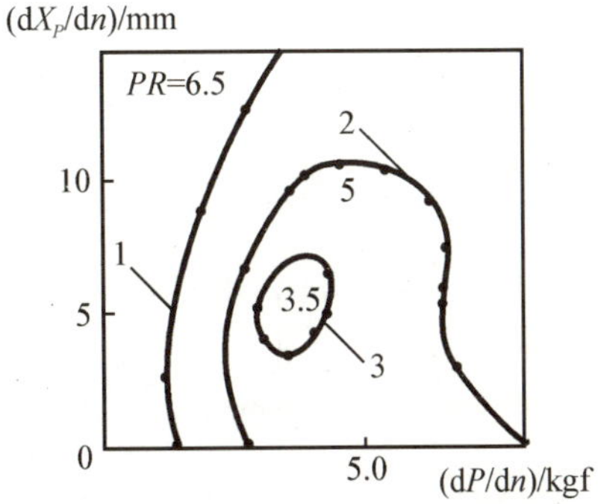

图 10.6　利用中央驾驶杆操纵时（对品质为 $2.4<\omega_0<2.8$　1/s；$0.56<\xi<0.68$ 的飞机）飞行员对飞机作出相同评分的区域

（按库珀-哈勃评分制）1—不能接受；2—满意；3—优秀

规定$(\mathrm{d}P/\mathrm{d}n)$规范值的要求有一定难度，主要是杆力与杆位移 $P(X)$ 存在着复杂的关系，存在着由于旋紧力等因素而形成的预加启动力，这些因素都能对飞行员驾驶飞机的难易程度产生重要影响。

对于最简单的弹簧线性加载特性，$\mathrm{d}P/\mathrm{d}n$ 的量值与按过载稳定性的有效余度（考虑自动化作用）成正比。在这种情况下所允许的 $\mathrm{d}P/\mathrm{d}n$ 量值的范围，在某种程度上决定了在给定的设计飞机重心范围条件下，飞机允许的最小稳定性余度，和控制系统调节所需要的程度。

允许的 $\mathrm{d}P/\mathrm{d}n$ 量值范围很小时，将导致必须采用在实际当中能够实现它的专门措施。利用调节操纵系统参数 K_{III} 和 P^x 能够对 $\mathrm{d}P/\mathrm{d}n$ 某些变化进行补偿。例如，如果使弹簧载荷 P^x 与速压成正比例增加，那么 $\mathrm{d}P/\mathrm{d}n$ 变化的相当大部分将会得到补偿。按速压调节 K_{III} 也能达到类似的效果。

对于超声速飞机来讲，由于 M 数对飞机力矩特性的影响，首先表现在飞机的焦点在通过跨声速 M 数范围（从 $M=0.8$ 到 $M=1.2$）时向后移动，$\mathrm{d}P/\mathrm{d}n$ 的变化范围扩大了。此外，通常对超声速飞机都是在大速压范围内飞行，由于结构弹性的影响，使纵向操纵效率变化范围增大了。在这种情况下，$\mathrm{d}P/\mathrm{d}n$ 量值将是两个重要变量 M 数和速压的函数。如果对参变量 K_{III} 和 P^x 进行调节，这些变化基本上能够得到补偿。

在现有的规范文件内，通常给出的 $\mathrm{d}P/\mathrm{d}n$ 和 $\mathrm{d}X_P/\mathrm{d}n$ 要求与飞机的动态特性无关。但是在飞行模拟台上的试验表明，最小允许的 $\mathrm{d}P/\mathrm{d}n$ 量值首先与飞机纵向运动阻尼特性有关。在图 10.7 中给出了机动飞机对应这种关系的例子，由图看出，在阻尼降低少于 $\xi_a=0.6\sim0.7$ 时，必须增加驾驶杆的载荷。在保证衰减率 $\xi_a\geqslant0.7$ 条件下，允许中央驾驶杆用最小的载荷。

关于 $\mathrm{d}P/\mathrm{d}n$ 随飞行状态关系的最佳变化尚没有统一意见。毫无疑问地，若在所有飞行状态下保持不变的 $\mathrm{d}P/\mathrm{d}n$ 值，将会导致在小速压 q 飞行状态操纵过于敏感，要改变过载，则需要有很大的迎角变化，在这种飞行状态，飞行员主要是按俯仰

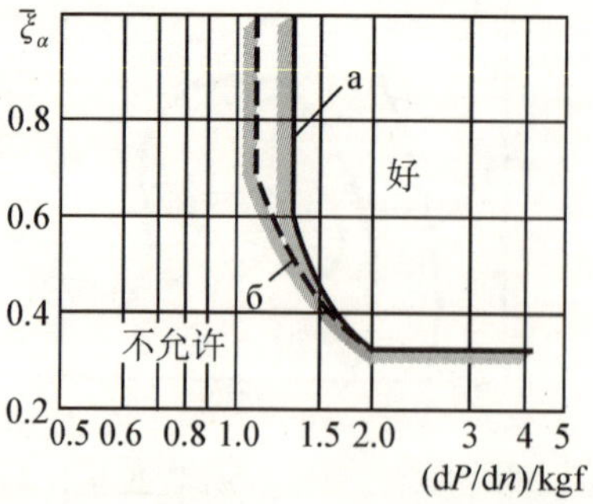

图 10.7　飞行员对飞机的评分与 $\mathrm{d}P/\mathrm{d}n$ 和纵向阻尼 ξ_α 降低量的关系

a—A 阶段，快速机动，精确驾驶；
б—C 阶段，起飞和着陆飞行状态

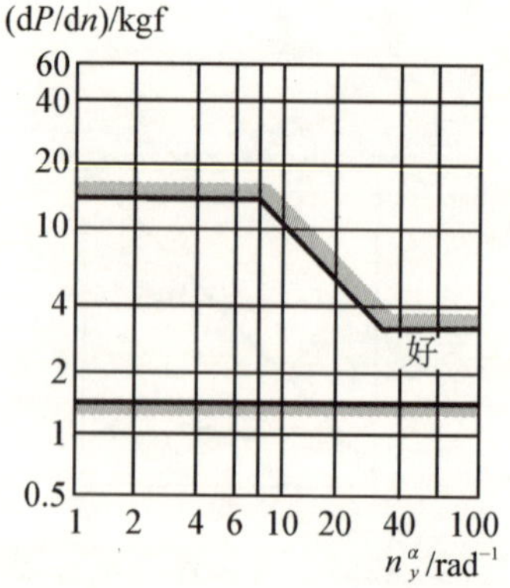

图 10.8　$\mathrm{d}P/\mathrm{d}n$ 与 n_y^α 参数的关系

角的变化来驾驶飞机的，它与按过载实现操纵的大速压 q 的飞行状态不同。因此在选择 $\mathrm{d}P/\mathrm{d}n$ 这个量时，希望它在较小的 n_y^α 值时再增加一些。

看来 $\mathrm{d}X_P/\mathrm{d}n$ 这个值随着飞行状态也应有显著的变化，在大速度状态采用最小的值，而在小表速的飞行状态则要显著增大。正如飞行模拟台研究所表明的那样，用按照 ϑ 角和过载 n_y 驾驶飞机的特点来区分飞行状态的 n_y^α 边界值仍为 $n_y^\alpha \approx 15\ \mathrm{rad}^{-1}$。$\mathrm{d}P/\mathrm{d}n$ 与 n_y^α 规定关系的例子表示在图 10.8 上，图中曲线说明了上面的设想。

为了得到飞机操纵性良好的评定意见，在偏转驾驶杆时，杆力随时间的变化具有有利的特性同样也是重要的。在不可逆助力操纵和在操纵系统中没有加平衡配重时，弹簧加载装置产生的作用力与驾驶杆的偏度成正比，也就是说在阶跃操纵舵面时，初始时刻杆力的增量应等于飞机建立过载后值的杆力值。如果在操纵系统中加入了杆平衡配重，则这个平衡便被破坏。初始时刻杆力增量由弹簧的载荷来确定，其后产生一个过载 Δn_g，它是时间的函数，杆力将增加，其值与过载 $G_{\mathrm{rp}}\Delta n_y(t)$ 成正比，这里 G_{rp}——折算为驾驶杆力的配重重量。

按速度的静稳定性可以用 $\mathrm{d}X_P/\mathrm{d}V$ 和 $\mathrm{d}P/\mathrm{d}V$ 来表征，对它的要求较宽松，速度变化时，相对所需要的驾驶杆行程通常不加任何限制，但与保证纵向操纵效能有关要求除外，纵向操纵效能应有一定的余度，它应当超出纵向平衡变化的所有可能情况。毫无疑问，在改变飞机构型时(例如，放下着陆机构等)，不希望驾驶杆(或驾驶盘)位置有过大的改变。

杆力相对速度的梯度希望在速度变化为 $\pm 50 \sim 100$ km/h 时，其杆力要比在驾驶杆系因摩擦而引起的作用力要大。同时过大的杆力梯度将需要频繁地改变配平稳定装置位置。

在跨声速范围(通常对各种气动力布局的飞机，M 数的范围从 0.8 到 1.2)会有一段按速度静不稳定区域，带来的结果是如果操纵系统中没有采用专门措施，则 dP/dV 和 dX_P/dV 改变符号为负。在这个速度范围内，速度通过这个区域时，允许杆力向不稳定方向增大，但要求杆力增量具有平滑，力的梯度对中央驾驶杆操纵情况下每 $\Delta M = 0.01$ 时为 $\Delta P = 2 \sim 5$ kgf，而对驾驶盘控制时为 $2 \sim 7.5$ kgf（对 1 级和 2 级品质）；对于第 3 级对应的分别为 $3 \sim 9$ kgf 和 $4 \sim 12$ kgf。一般负方向杆力对于驾驶杆不应大于 10 kgf，而对于驾驶盘则不应大于 $12 \sim 15$ kgf。

对于大多数驾驶任务来说，飞行员对飞机的评价要依赖偏转驾驶杆时过载变化的过渡过程参数，也取决于稳定俯仰角下飞机的操纵品质。如研究结果表明的那样，从分析稳定俯仰角任务得到的技术要求，通常还包含了对过载的操纵品质的要求。因此，在有关飞机纵向运动品质要求研究的众多报告中主要是在不变的飞行速度下，研究飞机稳定俯仰角问题。为适于此类问题，利用下面传递函数来描述飞机纵向运动的动力学问题：

$$\frac{\omega_z}{\varphi} = \frac{\overline{M}_z^{\varphi}(p + \overline{C}_\alpha)}{p^2 + 2\,\overline{\xi}_\alpha \omega_\alpha p + \omega_\alpha^2}$$

式中

$$\overline{C}_\alpha = \frac{C_{y\,\text{п}}^{\alpha} qS}{mV},\ 2\,\overline{\xi}_\alpha \omega_\alpha =^{*} \frac{C_{y\,\text{п}}^{\alpha} qS}{mV} - \frac{m_z^{\overline{\omega}_z} + m_z^{\dot{\overline{\alpha}}}}{I_z}\frac{qSb_a^2}{V}$$

$$\omega_\alpha^2 = \left(-m_z^{\alpha} - \frac{C_{y\text{п}}^{\alpha} m_z^{\overline{\omega}_z}}{mV^2} qSb_a\right)\frac{qSb_a}{I_a}$$

在传递函数里引进了 4 个变量：$\overline{M}_z^{\varphi}$，$\overline{C}_\alpha$，ω_α，$\overline{\xi}_\alpha$ 作为参数。量 M_z^{φ} 表示操纵面效率特性，并且假设为完成飞机所需的机动，这个效率是足够的（驾驶杆和 φ 之间的关系及驾驶杆的载荷，假设是可选的）。

历史上，最初的对飞机纵向运动特性的技术要求，开始是以允许的固有振荡频率 ω_α 和阻尼衰减量 $\overline{\xi}_\alpha$ 要求值的形式定义的。在 ω_α，$\overline{\xi}_\alpha$ 或 ω_α^2，$2\,\overline{\xi}_\alpha\omega_\alpha$ 参数平面上定义这些要求时，为推广到分析飞机不稳定情况，建立了有人驾驶飞机有相同评分的区域。按库珀-哈勃评分制（Купер - Харпер）等于 3.5 分的评定边界，可以划分出具有良好驾驶品质的飞机参数区域，而评为 6.5 分的评定边界则划分开可接受和不准许品质的区域。

这种可接受与不可接受品质区域使用方便，这取决于所进行检查的飞机驾驶品质的计算简化程度，以及这些品质与过渡过程特性的直接关系。

图 10.9 给出了对不同类型的飞机——机动的、有限机动的重型运输飞机在巡航飞行状态下同等评分区的对比情况。由这些曲线看出，在频率上的要求实际上是有区别的，它们是以操纵时各种不同的快速作用的必要性为条件的。但是对所有类

* 原书为"—"改为"="—— 译者注。

型的飞机来说，最小的阻尼衰减量值为 $\bar{\xi}_\alpha \approx 0.4$，低于这个值，飞机就不会得到好的评分。还必须指出，在所研究的情况下，纵向振荡频率的最小允许值为 $\omega_\alpha \approx 1/\mathrm{s}$，低于它，甚至重型飞机也得到了飞行员不好的评定。同样在图 10.9 也给出了飞行员对飞机驾驶品质的评分随飞机运动参数变化情况的评论。

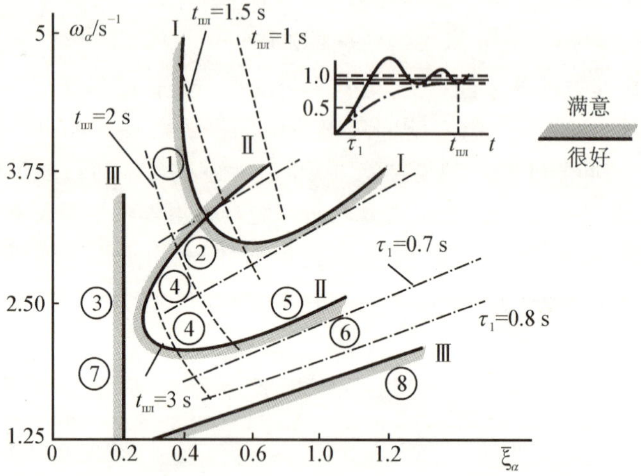

图 10.9　对 3 种类型飞机：Ⅰ——机动飞机；Ⅱ——有限机动飞机；Ⅲ——运输飞机的飞行员评估飞机最佳区域分界线

飞行员对有限机动飞机的评价：①—对风扰动的敏感性增加，操纵过轻，反应过快；②—飞行员感到飞机摆动；③—飞机有危险的振荡；④—振荡；⑤—飞机迟钝；⑥—迟钝，操纵时需要很大的力。飞行状态 $V_{пнд} = 370\ \mathrm{km/h}$；$\mathrm{d}P/\mathrm{d}n = 30\ \mathrm{kgf}$

应当指出，对于在两参数平面(ω_α，$\bar{\xi}_\alpha$)内所建立的评分边界形式要求必须要特别慎重，因为只有在飞机余下的其他所有参数相对试验的值保持不变的条件下，它们才是正确的。只要任何一个特性参数，例如 $K_{ш}$、$C_{уп}^{\delta_в}$、$C_{уп}^{\alpha}$ 等有变化，那么相应的边界就可能有显著移动。

上面所给出的例子属于巡航飞行状态。正如模拟经验所表明那样，在飞机进场着陆状态，对飞机动态特性的要求实际上与飞机的尺寸和重量无关。很显然它受到下面条件的制约：在接近着陆速度时，飞行员应有相同的时间完成修正机动，而不取决于飞机的型式。图 10.10 给出了所有类型飞机在进场着陆飞行状态时的等同评分的边界的例子。在这个图上同样也给出了飞行员的评价，阐明了对飞机给出的这种和那种评定意见的原因。

用(ω_α、$\bar{\xi}_\alpha$)作为飞行员评定飞机特性的基本参数并不是唯一可能的选择，近几年也曾有人建议用 $n_y^\alpha = (C_{уп}^\alpha qS)/G$ 和 ω_α 作为评分基本参数的。

后者这种边界的物理意义在于它们确定了飞行员用手操纵情况下，在迎角变化时飞机俯仰角 $\ddot{\vartheta}$ 和线加速度 Δn_y 之间所允许的关系。

实际上，由纵向力矩方程可以得到一个近似关系 $\Delta\ddot{\vartheta} \approx \omega_\alpha^2 \Delta\alpha$，由此用相应的过载增量 Δn_y 去除这个等式的左、右两边，得到：

$$\frac{\Delta\ddot{\vartheta}}{\Delta n_y} \approx \frac{\omega_\alpha^2}{(\Delta n_y/\Delta\alpha)}$$

由这个关系式看出，若按对数比例尺在 ω_α 和 $\Delta n_y/\Delta\alpha$ 平面内建立参数 $\Delta\ddot{\vartheta}/\Delta n_y$ 关系时，则参数 $\Delta\ddot{\vartheta}/\Delta n_y$ 为常值时对应一组直线。

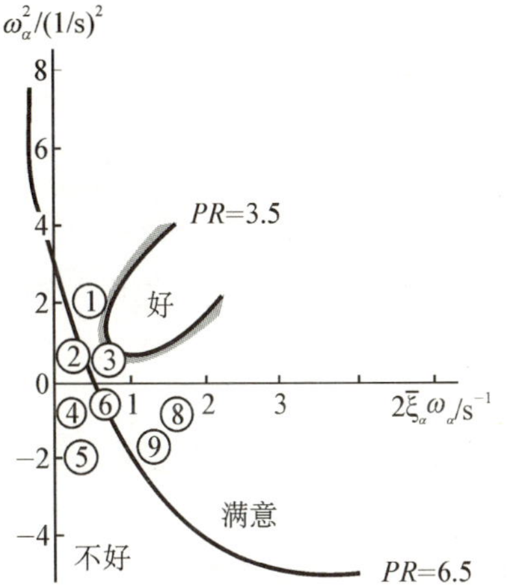

图 10.10　所有类型的飞机在进场着陆状态下具有等同评分区域的边界

飞行员关于飞机操纵特性的评定意见：①—配平性差，飞行员应当阻尼飞机运动；②—飞机俯仰变化很快，必须不断地操纵飞机；③—不能配平飞机，快速不稳定性，飞行员评定飞机摇摆；④—不能配平飞机，非周期性不稳定；⑤—不可能操纵；⑥—配平性能差，有较大的过调量，飞行员负担过重；⑦—配平性能差，迟钝，恢复配平状态不好；⑧—不可能配平，无法预测飞机的反应；⑨—非周期稳定性损失过快

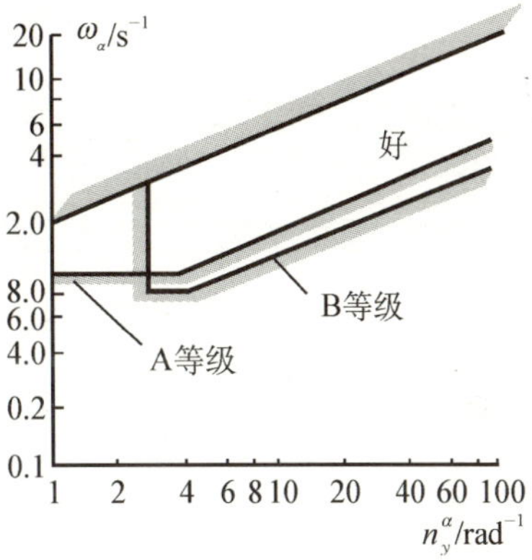

图 10.11　良好驾驶品质区域边界图

在图 10.11 上给出了对两种不同飞行阶段，对应库珀-哈勃评分制为 3.5 分的机动飞机良好品质边界的例子。A 阶段对应于需要精确驾驶和快速机动的飞行阶段。B 阶段对应于起飞-着陆飞行状态的飞行阶段。

但是应该认识到这种以两元参数平面边界形式的要求与飞行使用经验不总是相对应的。特别是这种要求的缺点之一就是不能够考虑附加有能改变飞机动态特性自动装置的操纵通道的特性，以及没有全面考虑飞机动态特性(仅是 4 个参数中的 2 个)。因此提出了一组新的准则。在这些准则中研究了操纵运动(阶跃式偏转驾驶杆)中过渡过程中的一些包络线和形成以包络线形状准确给出飞行员对飞机的评分要求。这就是所谓的 C^* 准则——它给出阶跃式偏转驾驶杆时函数 $C^*(t)$ 的边界关系。函数 $C^*(t)$ 为飞机运动参数的线性组合(取飞行员座舱处的过载 $\Delta n_{y\,к.л}$ 和角速度 ω_z)，按下列公式计算：

$$\begin{aligned} C^*(t) &= \Delta n_{y\,к.л} + K_1\omega_z \\ \Delta n_{y\,к.л} &= \Delta n_y + l_{каб}\,\dot{\omega}_z \end{aligned} \tag{10.32}$$

式中，$K_1 = V_0/g$；$l_{каб}$—— 飞机重心到飞行员座舱的距离。

V_0 的值可取作某个不变的飞行速度，这个速度把整个飞行状态区域划分为两部分：一部分基本上是按过载进行操纵的，而另一部分则按俯仰角速度 ω_z($V_0 =$ 120 m/s) 进行操纵的。C^* 准则是根据由下面的传递函数确定的 C^* 值将其过渡过程值经正则化处理后(即属于 C^* 的稳态值)，取其包络线而得到的：

$$\frac{C^*}{\delta_в} = \left[\frac{\omega_п^2}{177.2}\right]\frac{(p+61.1)(p+2.9)}{p^2+2\xi_\alpha\omega_\alpha p+\omega_\alpha^2} \tag{10.33}$$

$\bar{\xi}_\alpha$ 和 ω_α 的值取自图 10.12(它们用圆点标出)，然后对所有得到过程(图 10.13) 绘制包络图。C^* 准则的应用方法在于在阶跃式偏转驾驶杆之后，把所研究飞机有关参数的过渡过程与已经建立的 C^* 准则过程包络线进行比较。如果所研究的过程没有超出包络线之外，那么由 C^* 准则得出飞机具有良好的飞行员驾驶品质。这种形式的准则对于模拟和选择操纵系统的参数是方便的。但是简单的包络线 $C^*(t)$ 可能实际上是不充分的，因此引进附加的有关 dC^*/dt 条件(见图 10.13(б))。这些要求是根据巡航飞行状态定义的，起飞、着陆和极限迎角等情况除外。对高频阻尼不好的运动分量的过程，尚缺乏条件对 C^* 准则进行补充。

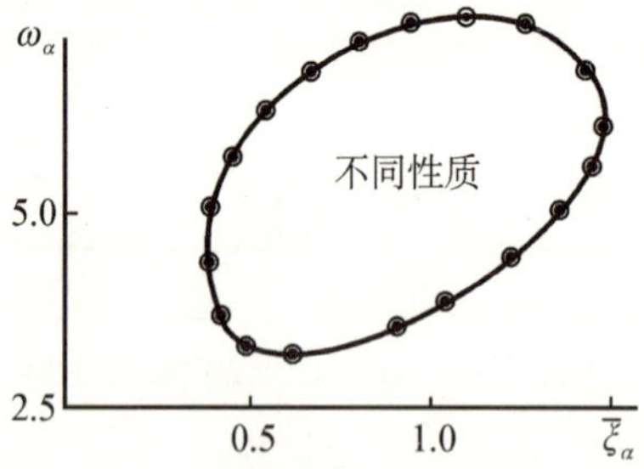

图 10.12　在建立 C^* 一准则包络线图所使用的 $\bar{\xi}_\alpha$、ω_α 参数值

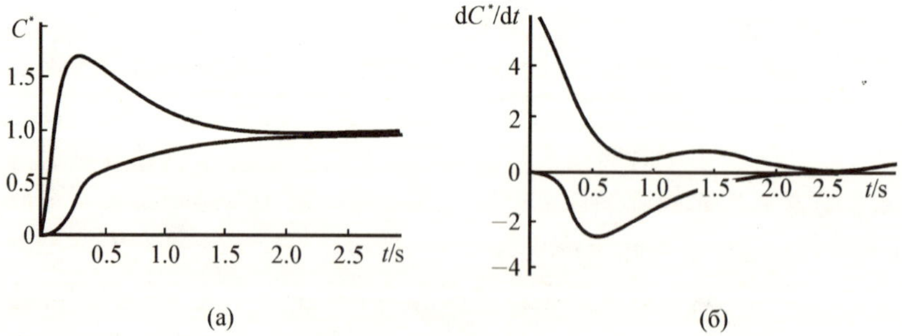

图 10.13　(a)C^* 准则包络图；(б)dC^*/dt 导数包络图

上面所建立的评价飞机驾驶品质的准则应用起来极为方便，尤其是在模拟机上进行研究，其计算结果直接给出过渡过程。但是这个准则与基于 $\bar{\xi}_\alpha$、ω_α 平面上(图 10.9 和图 10.10) 所建立的允许飞机特性区域边界的准则相比较，事实上没有包括新的结果，所以它是以它们的应用为基础的，因此它的使用也是有限制的。

特别是由表达式(10.33)得知，C^* 准则的边界是根据相当大的 $\overline{C}_{-\alpha}$ 值($\overline{C}_{-\alpha} \approx$ 2.8) 绘制的。$\overline{C}_\alpha$ 值的变化(减小) 可能对有人驾驶飞机的评定产生重要影响，并改变最佳值 $\bar{\xi}_\alpha$、ω_α 的区域。

C^* 准则便于使用在于在许多情况下，借助它的帮助可以对比简单的飞机短周期运动复杂得多的且具有比较复杂传递函数的操纵系统飞机的品质进行评定。但是这种可能性不是很明显，同时 C^* 准则的运用范围也没规定。

在许多报告中给出了飞行员对飞机的评估结果与从 C^* 准则得出的评定并不相对应的例子。这常常是由于在运动开始阶段的过程存在重要差别而形成的，例如，由于飞机-控制回路的阶次很高。在许多情况下，使用由两个参数来描述的过渡过程的特性要求是有效的，一是起动时间(第一次进入稳定过载的时间)，对于基本飞行状态，这个时间通常规定范围到 $t_{cp} = 1.5$ s(对于机动飞机)；另一是过载超增量 $(n_{y\,max} - n_{y\,уст})/n_{y\,уст}$，它给定的范围为 0.2 ～ 0.3。

在飞行模拟台上的许多试验研究和在飞行研究中，飞机品质对飞行员评定飞机的影响已经表明，在协调飞机纵向稳定性和操纵性所有要求，并把这些要求缩减到不太多的参数(特别是减到两个)时存在很大困难。这个事实导致必须在飞机最复杂状态——稳定飞机的状态，制定另一种飞行员和飞机之间的相互作用的分析方法。

上面所列举的所有的要求是在短周期运动概念内定义的，但是它们常常以研究飞机完全运动方程组作为它的基础。对短周期运动提出要求的可行性是以运动具有可分解性，且在大多数情况下，长周期运动特性对有人驾驶飞机的评定影响很小为基础的。然而当飞机只有很小的稳定性余度时，这种运动分解是不允许的。

现在来研究在定常水平飞行情况下，飞机按速度稳定性的某些要求。在这种情况下研究不包括跨声速飞行范围。按惯例，在跨声速区域不存在长时间巡航飞行状态，同时这些状态只是通过过程。

具有速度静稳定性，即

$$\left.\frac{\mathrm{d}m_z}{\mathrm{d}C_y}\right|_{n_y=1} < 0$$

是飞机长周期运动稳定的必要条件。检查这个条件的最简单方法是确定下面的梯度有正确的符号：

$$\frac{\mathrm{d}\varphi}{\mathrm{d}V} > 0 \text{ 或} \frac{\mathrm{d}P}{\mathrm{d}V} > 0$$

(对于不可逆助力操纵，它们之间成比例关系)。因此，在给定情况下可能提出的主要要求表现为：在驾驶杆固持不动而后松杆 $(P = 0)$ 的情况下，此时速度偏离原来的大小，不应当出现非周期性增大偏离平衡开始值的趋势。

通常这个条件是在 $n_y = 1$ 和飞行速度变化限制在 ±100 km/h(或 15%$V_{бал}$)的条件下，根据飞行员施加在驾驶杆上的力变化特性来检查的。正如前面指出过的那样，稳定运动在速度减小时对应于拉力情况和驾驶杆向后移动。

按速度静稳定度由两部分组成：其中之一由按迎角的静稳定性来表示：

$$\frac{\partial m_z}{\partial \alpha}\left[\text{或}\frac{\partial m_z}{\partial C_y}\right]$$

条件 $V=\text{const}$。而另一部分与力矩随速度(或 M 数)的变化有关,并与下值有关:

$$\frac{\partial m_z}{\partial V}\left(\text{或}\frac{\partial m_z}{\partial M}\right)$$

从飞行员的观点来看,与保证速度静稳定性一样,

$$\left.\frac{\mathrm{d}m_z}{\mathrm{d}C_y}\right|_{n_y=1}$$

不是无关紧要的。

因为,当 m_z^M(或 m_z^V)正值增加时,长周期振动的频率增加,俯仰对水平突风的响应增强,同时飞行员会对这种参数组合作出不好的评估。

正如飞行试验所表明的那样,飞行员能够操纵那些具有长周期振动阻尼不足的飞机,甚至具有一定程度的不稳定性的飞机。但是对后一种情况下,需要飞行员对飞机时刻注意,杆力配平很难实现,引起飞行员的不满。在某些情况下这种不稳定性可能妨碍基本任务的完成。

在跨声速飞行区域,不得不涉及有关按速度的静不稳定性问题,即:

$$\left.\frac{\mathrm{d}m_z}{\mathrm{d}C_y}\right|_{n_y=1}>0$$

因此,通常情况是在某个飞行 M 数范围内,按速度的杆力和杆位移导数有相反的符号。如果它们具有平稳光滑的特性且没有引起飞行员的反对,则所述特性通常认为是允许的。但这些放宽的要求(对第 1 级品质任何情况下)对持续停留在跨声速区域飞行也未必认为是可接受的。

使用自动装置可以满足上面给出的所有要求,但是它会引起飞机系统的复杂化,需要在有故障情况下具有一定的安全措施。而在通常情况下,它使驾驶负担减轻了。

对横侧稳定性和操纵性的要求

和纵向运动一样,横侧运动同样需要作出一些规定:操纵时的驾驶杆力、在执行操纵运动时操纵机构的位移梯度、横侧扰动运动本身的稳定性、扰动运动特性,最后,还有受控运动的动态问题。

目前对于超声速飞机初步形成了减小操纵时杆力范围的倾向。当利用驾驶盘进行滚转操纵时,杆力不应当超过 10～15 kgf,而当使用任何形式的驾驶杆,杆力限制到 6～8 kgf。在进行偏航操纵时,作用在脚蹬板上的最大作用力,目前可达到 30 kgf。这样,在侧风情况下进场着陆,在克服不对称推力时,定常侧滑的操纵杆力应处在可接受的范围内。这时应该永远记住沿滚转方向和俯仰方向杆力的协调问题,特别是使用驾驶杆操纵时。因此,品质标准的主要问题应当与横侧运动的动态特性和横侧稳定性密切相关。

在现阶段,利用自动化装置实际上总是能够满足横侧振荡稳定性的要求、振荡衰减强度的要求。这个要求将最低衰减率限制为 4～5 次振荡(直到完全衰减)。对

不稳定的螺旋运动，通常限制它的扰动量在 20～30 s 内比开始时只能增加 1 倍。

与飞机进行着陆有关的飞行阶段是最重要的阶段之一，在这个飞行阶段的飞机动态要求要用特殊方式表示出来。进场着陆状态操纵特点是由接近地面、飞行速度比较小（相应地操纵面的效率也低了）和消除已有误差的时间有限等条件决定的。

在进场着陆飞行状态，对横侧操纵效率的要求通常由保证飞机在各种状态下的平衡条件来表现的，例如，飞机在有侧风情况下飞行，发动机故障等。由于允许在复杂的气象条件下进行着陆的无线电导航设备的发展，因此对横侧操纵出现了新的计算情况。这种情况与飞行员完成下列任务有关。当飞机从云层出来，并且飞行员已经看见了起飞-着陆跑道时，他发现飞机位于跑道轴线侧面存在侧向位置误差 Z_0，并带着航向误差 $\Delta\psi$ 角飞行（图 10.14），这些误差在剩下的这段时间里应能得到修正。

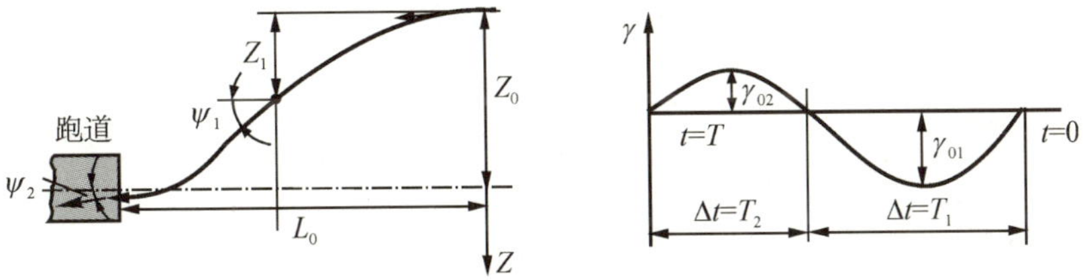

(a)　　(б)

图 10.14　在分析飞机在修正侧向误差运动时所使用的符号

(a)飞机相对跑道的轨迹；(б)在修正侧向误差 Z_0 时，倾斜角 γ 的变化

现在让我们来研究由着陆情况得出的对飞机横侧操纵性的要求。考虑到各种类型现代飞机的着陆速度非常接近，因此完成修正的机动时间实际上与飞机的类型无关，可以认为无论是机动飞机，还是非机动飞机，规定的着陆时的横侧操纵快速动作要求是共同的。

由图 10.15 给出，有人驾驶飞机在降落时消除横侧误差的机动驾驶的特点。为了消除横侧误差，飞行员进行 S 形机动，在机动中滚转角随时间改变 $\gamma(t)$，它近似于具有不相同振幅的两个半正弦波曲线（图 10.14(б)）。进行 S 形机动的时间 T 值与要消除的初始横侧误差 Z_0 的大小至关重要。

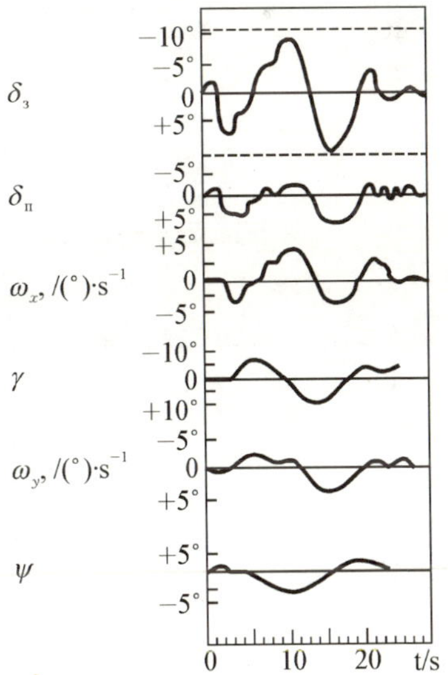

图 10.15　飞机着陆时，为消除横侧误差，飞机运动基本参数的过渡过程例子

当飞机距离跑道前端的距离较近时，可以把在倾斜飞行中所能达到的滚转角速度作为此时倾斜角速度应有值的限制。此时最大倾斜角的值与所研究的谐波控制律的滚转角速度存在下面关系：

$$\gamma_{max} \approx \frac{T \cdot \omega_{x\,max}}{2\pi} \tag{10.34}$$

考虑到，$|\gamma_0| = \gamma_{max}$，可以得到：

$$\gamma_{max} = \left[\frac{\omega_{x\,max}^2 Z_0}{g \cdot 2\pi}\right]^{1/3} \tag{10.35}$$

在图10.16给出了按公式(10.35)计算的γ_{max}值与飞行试验结果的比较。看得出在飞行当中飞行员达到的倾斜角通常接近于公式(10.35)所确定的值，也就是说飞行员利用了接近于最大的滚转角速度。可以利用(10.35)式和(10.34)式来得到消除侧向误差Z_0所需要的估计的机动时间T：

$$T \approx \left[\frac{4\pi^2 Z_0}{g\omega_{x\,max}}\right]^{1/3} \tag{10.36}$$

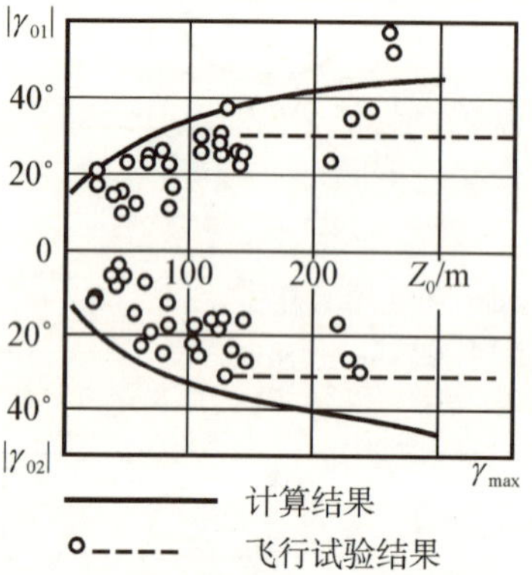

图10.16　在消除横侧误差Z_0所使用的倾斜角计算幅值与飞行试验结果的比较

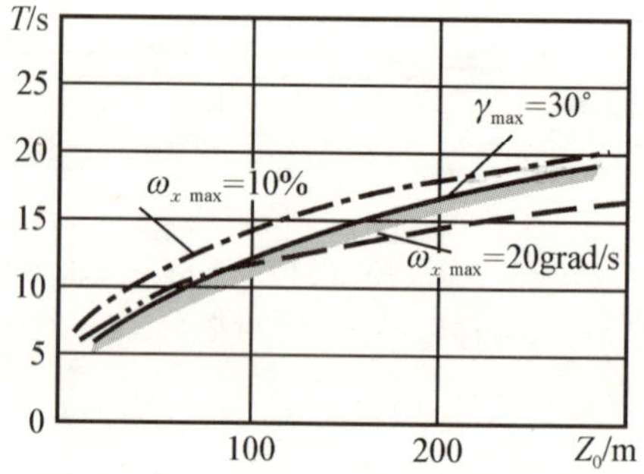

图10.17　在不同滚转角速度下，消除横侧误差Z_0与所必需的机动时间T的关系

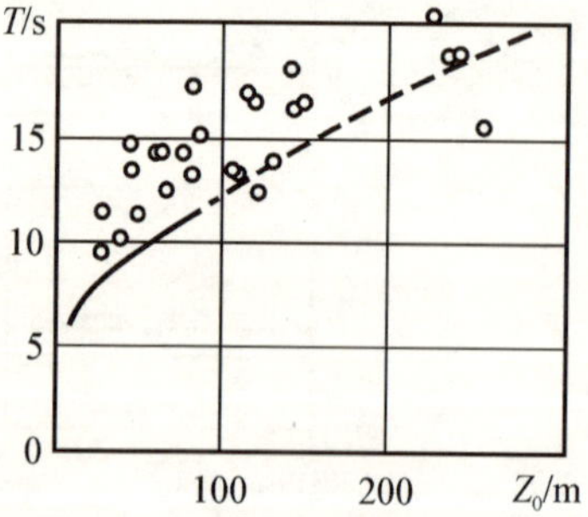

图10.18　完成消除横侧误差机动计算的最短评估时间与飞行试验结果的比较

利用这个公式就能够建立不同的$\omega_{x\,max}$值时的$T(Z_0)$关系(图10.17)。在这个图上同样也标出了对应$\gamma_{max}=30°$的边界。这个角度就是飞行员在重型飞机上在着陆机动飞行时经常使用的最大倾斜角。

根据飞行试验许多资料已经得知，关系式(10.36)能很好地用于评估完成机动飞行的最短时间，如果对它进行不大的修正时，则：

$$T_1 = T + 1\,\text{s}$$

在图10.18上给出了计算评估的最短时间与

飞行试验结果的比较。分析图 10.17 给出的曲线，可以得出有关飞机在降落时滚转角速度要求的结论。可以预料，在这种情况当飞行员因为形成倾斜坡度不够快，而不能实现他所需要的滚转角度 $\gamma \approx 30°$ 时，他会把飞机的驾驶品质评价为不可接受。特别是由图 10.17 得知，由于进入 $\gamma \approx 30°$ 时没有规定角速度的大小，为实现上面关系，必须有：

$$\omega_{x\max} \geqslant 15 \sim 20°/\mathrm{s}$$

这个评估结果与其他一些报告所提出的要求符合得相当好。

当飞行员评估飞机驾驶品质时，主要的就是简单地执行两种类型横侧操纵任务，即稳定倾斜角问题，这时飞行员偏转副翼，力图消除倾斜方向出现的误差；而第 2 个任务是滚转操纵，这时飞行员几乎是开环操纵，并根据进行倾斜转弯的时间和根据副翼随时间偏转的简单规律评价飞机。沿偏航方向操纵飞机(产生和消除侧滑)通常是次要的，同时看来仅在降落时为了在侧风作用下平衡飞机才具有独自意义。在消除与飞机不对称有关的各种扰动时，包括发动机故障，也需要飞行员对航向操纵施加干预。

现在我们来研究有人驾驶飞机的评价与横侧操纵特性的关系，然后再研究对飞机横侧扰动运动特性评估的影响。

在小迎角飞行时实现的横侧操纵的飞机运动，接近了独立的滚转情况。对于更一般的操纵条件，特别是飞机在大迎角配平状态的横侧操纵，研究独立的滚转运动是不够的，它只能给出部分的信息。首先把研究限制在独立的飞机滚转运动的分析上，并确定出飞机参数对飞行员评价飞机操纵品质的影响，然后再转到一般情况的分析。正如大家知道的，飞机独立滚转运动可用下列方程组描述：

$$\dot{\omega}_x = \overline{M}_x^{\omega_x}\omega_x + \overline{M}_x^{\delta_э}\delta_э$$
$$\dot{\gamma} = \omega_x$$

解这个方程组取决于两个参数，通常使用下面两个参数：T_{ω_x} 为滚转时间常数 $(T_{\omega_x} = -1/\overline{M}_x^{\omega_x})$；$(-\overline{M}_x^{\delta_э})\delta_{э\max}$ 为偏转横侧操纵面达到最大偏角 $\delta_{э\max}$ 时所能实现的最大滚转角加速度。

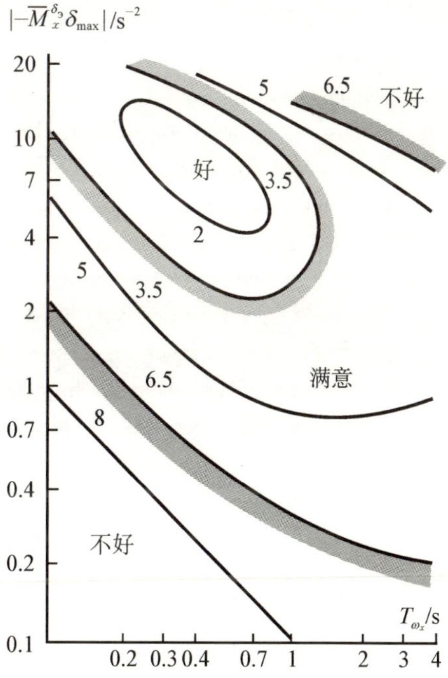

图 10.19　根据库珀-哈勃评分制，有人驾驶飞机横侧操纵品质的等同评分线，取决于操纵效率和滚转时间常数 T_{ω_x}

为了分析一般情况飞机的操纵品质，还必须知道驾驶杆偏度与副翼 ($\delta_э = f(X_{Pэ})$ 之间的运动学关系和驾驶杆载荷特性（$P_э = P_э(X_{Pэ})$）。

在许多报告中都对独立的飞机滚转运动动力学和驾驶品质分析问题进行了研究，这些报告基本上都得到了相接近的结果。在图 10.19 上显示这些结果的曲线给出了按库珀-哈勃评分制对以上所选参数为函数的飞机滚转驾驶品质所作的等同评分区。图上给出的即是在定常滚转情况下，也是操纵飞机滚转情况下得到的关系。

但是在滚转运动情况下（特别是 ω_x 不大情况下），无论是由于重力的作用，还是由于偏转副翼产生的偏航力矩（$m_y^{\delta_э}$）都要产生侧滑。由于通过横侧静稳定性使飞机侧滑增加，可能产生一个通常与滚转方向相反的附加滚转力矩。必须保证使这种不利效应的影响尽可能的小。在最坏情况下可能出现所谓的滚转“悬停”现象（即$\omega_x \to 0$），这是完全不允许的（有关这种情况详细说明见第 14 章）。

在横侧振荡情况下，滚转角速度与航向角速度之比，即 $\omega_{x\max}/\omega_{y\max} = \chi$，显著增大，可能会出现横侧静稳定性过大的不利影响。对于轻型飞机，χ量值不应大于 3～4；对于重型飞机不应超过 1～2。

参考文献

［1］ Бюшгенс Г С，Студнев Р В. Аэродинамика самолета. Динамика продольного и бокового движения［М］. Машиностроение，1979，349с.

［2］ Бюшгенс Г С，Студнев Р В. Динамика самолета. Пространственное движение［М］. Машиностроение，1983.

［3］ Etkin B. Dinamics of Atmospherik Flight. Stability and Control［M］. - NY：John Wiley & Sons，1972.

［4］ Гуськов Ю П，Загайнов Г И. Управление полетом самолетов［М］. Машиностроение，1991.

［5］ Шилов А А. Об исключении особенности в общих уравнениях движения летательного аппарата［J］. Инженерный сборник. 1962，3(3).

［6］ Амирьянц Г А，Транович В А. Теоретическое исследование влияния упругости конструкции на эффективность органов управления самолета［С］. Тр. ЦАГИ，1980. Вып. 2088.

［7］ Бисплингхофф Р Л，Эшли Х，Халфмэн Р Л. Аэроупругость［М］. ИЛ，1958. - 799с.

［8］ Колесников К С，Сухов В Н. Упругий летательный аппарат как обьект автоматического управления［М］. Машиностроение，1974. - 267с.

［9］ Фын. Введение в теорию аэроупругости［М］. Физматлнт，1959.

［10］ Образцов И Ф，Савельев Л М，Хазанов Х С. Метод конечных элементов в задачах строительной механики летательных аппаратов［М］. Высшая школа，1985. - 392с.

［11］ Бюшгенс Г С，Гоман М Г，Матюхин В И，Пятницкий Е С. Стабилизируемость и универсальные законы управления движениием твердого тела при учете аэродинамических воздействий［J］. ДАН РФ. 1995，342(1)：49 - 52.

［12］ Удерман Э Г. Метод корневого годографа в теории автоматических систем［М］. Наука，1972.

第11章　在飞行模拟器上模拟飞机的动态特性

飞行模拟器上的模拟，是研究和研制有人驾驶飞机的操纵系统和半自动操纵系统的基本工具。在这一命题后面有一系列的技术：

——带控制系统的飞机动态特性的数学模型；

——模拟飞行条件的技术设备；

——计算系统；

——试验方法。

对飞行模拟技术设备的相当详细的综述，列于参考文献[1]中。从该书出版之时起，随着岁月的流逝，飞行模拟器的基本技术组成已发生了巨大变化，它们是：

——运动系统；

——视景系统；

——驾驶杆的杆力加载系统；

——模拟-数字计算机数据处理系统。

在模拟器运动系统中，6自由度的作动筒支撑方案，实际上已开始占主导地位。按这一方案，1983年，中央空气流体动力研究院在“暴风雪”号计划的范畴内，建立了ПСПК－102飞行模拟器。该模拟器在不断地改进，直到现在，仍是俄罗斯这类装置中最现代化的装置(图11.1)。

由于计算技术的显著进步，实际上所有现代化视景系统建立的原理，都是将座舱外环境的图象进行计算机合成。不同的只是将映象显示在无穷远处的技术方案。

近年来，飞行模拟器上的试验方法和对所研究的系统各种构形的评估有关的问题获得了极大的进展。如果，以前对此实际上唯一的手段是库珀-哈珀驾驶品质评估尺度，那么，现在已制定了一些定量的、完全客观的以测量“飞机-飞行员”系统的频率特性为基础的方法和对应于这些方法的程序软件[2]。

不在飞行模拟器上模拟，就不能研制出好的飞机这一思想，早已是清楚无疑的了，而随后可以无事故地试验飞机。

试飞阶段之前，飞行模拟器可解决下列问题：

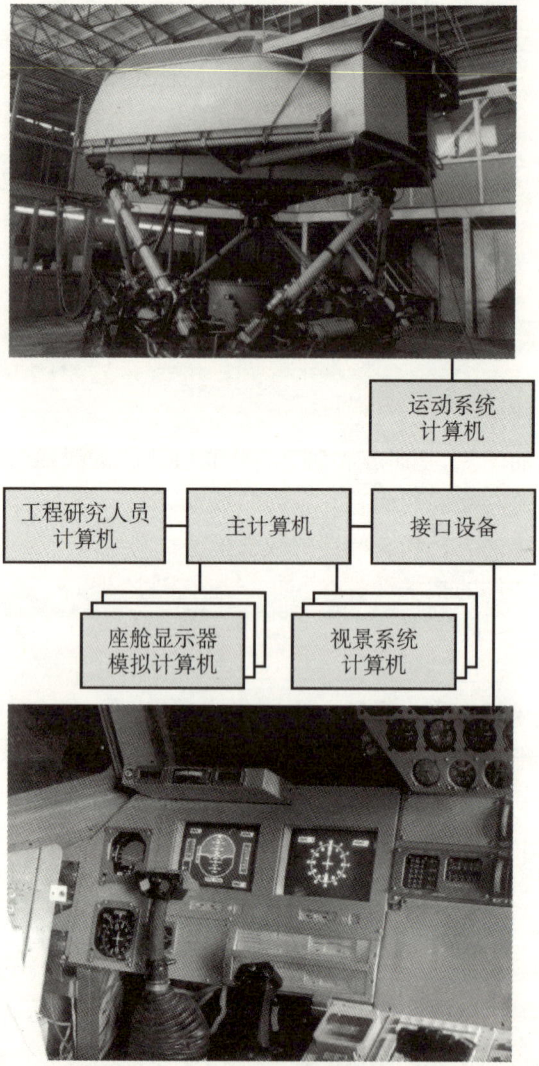

图 11.1 ПСПК－102 飞行模拟器

——调整与演示主要飞行状态的稳定性和操纵性；

——制定复杂条件下和故障条件下飞机的驾驶方法；

——选择驾驶杆特性和参数；

——对信息显示系统及其组成部件(平视显示器、多功能显示器等)进行人机工程优化；

——选择合理的飞行自动化程度，调整人工操纵回路与自动回路间的相辅相容性；

——完善试飞大纲和方法。

飞行模拟器的一个专门型号，即所谓的全尺寸演示试验台(ПРСО)，可在接近于实际情况的条件下，研究和试验制式的机载综合系统，包括机载数字计算机、传感器和加有载荷的作动器。

在飞机设计过程中很好地利用模拟器进行跟踪验证的情况下，可将飞机的试飞任务量压缩到最小，并大大减少试飞风险。在这方面，最成功的例子是研制和演示验证米格-29、苏-27 及航天飞机“暴风雪”号控制增稳系统的计划。由于进行了工作量浩大的模拟台验证工作，“暴风雪”号的整个试飞周期仅为 24 次飞行，每次飞行的平均时间约为 30 min，且没有一次飞行带回来过“意想不到的情况”，而仅仅是证实了在风洞中和飞行模拟器上得到的计算数据和试验数据。

半物理模拟综合工具的重要组成部分，是带操纵系统飞机动态特性的数学模型。对所研究的各类飞行器来说，建模问题是非常复杂的，因为典型的超声速飞机，是多参数的、覆盖着很宽的 M 数范围的、严重非线性的空气动力。所采用的用方向余弦结合最佳修正算法来描述飞机运动方程的形式，可明显地加快动态模型的计算速度(加快 10%～15%)，这种形式在参考文献[3]和[4]发表后，已应用于俄罗斯国内的模拟实践中。且这种描述形式将摆脱复杂机动情况下运动学关系式的一些特殊问题。

储存气动力参数的数据库和执行多参数检索和插值的操作需耗费大量的电子计算机资源。但是，按现代化计算机的能力，此问题已不再是关键问题了。研制现代超声速飞机时，广泛协作的实践表明了建立统一的气动力数据库这一技术途径的优越性，在这种技术途径中，飞机设计局与中央空气流体动力研究院共同建立跟踪统一的气动力数据库，并将它提供给所有参加研制的企业。

在保证运动模型实时积分或增大积分步长问题上所遇到的严重障碍，是飞机的动态结构模型中存在着高频环节，它包括控制系统的个别元件(角速度传感器、加速度计、弹性振荡陷波器)以及在研究包括地面运动段的起飞和着陆时，考虑起落架的运动构件。采用这些环节的准静态相似模型来替换它们(见下文)，可使积分步长达到 0.02～0.04 s，由此保证了模型在现代个人计算机上可实时运行。作为研究工具的飞行模拟器对其数学软件的一个重要的要求，是具有灵活性和可在连续模拟的同时复现已往的飞行片断。为满足上述要求，模拟程序使用了高级语言编写，并采用规范化的模块结构，使软件的使用和修改非常方便。

11.1　起飞-着陆特性研究

传统上，在航空中非常关注起飞-着陆状态，为此，编制了考虑起落架所有重要结构特点的、飞机起落架与跑道表面相互作用的[5]、极其复杂的数学模型。下面推荐一种用于实时模拟的起落架与机场跑道表面相互作用的准静态模型。在确定起落架支柱上的垂直载荷时，该模型忽略了起落架支架悬挂部分的运动质量，它与飞机总质量相比可以不计。此外在模型的起落架支柱的静加载曲线中(图 11.2)考虑了轮胎压缩量。

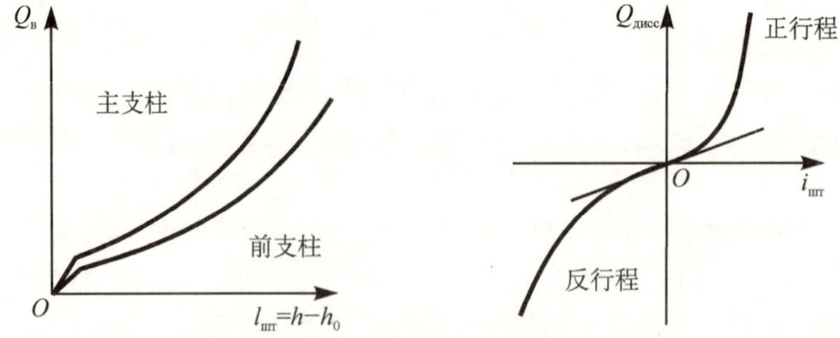

图 11.2 起落架的恢复力和耗散力的典型特性

由悬挂部分作用到飞机上的力，按自由耦合的原理来确定，它是活塞杆位移及速度值的函数：

$$F_y = \begin{cases} \Phi = Q_{возд}(l_{шт}) + \sigma i_{шт}^2 \operatorname{sign} l_{шт} + k_l i_{шт} & 当\ \Phi > 0 \\ 0 & 当\ \Phi < 0 \end{cases}$$

同样，活塞杆的行程可根据机轮沿跑道滚转的几何条件来确定：

$$H + (y_n - h)\cos\gamma\cos\upsilon + x_n\sin\upsilon - z_n\sin\gamma\cos\upsilon = r_к + \varepsilon$$

式中，ε 为从某一基准面算起的跑道不平度的高度。活塞杆的总行程取悬挂部分压缩后的位置与未压缩位置之差(图 11.3)：

$$l_{шт} = h - h_0$$

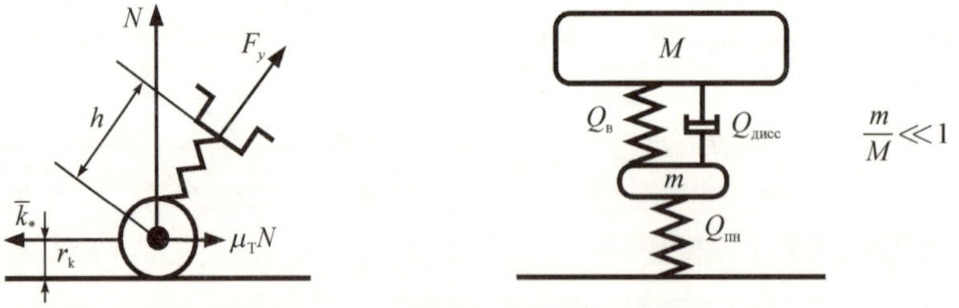

图 11.3 起落架的几何示意图

机轮上的侧向偏移力，是侧向偏移角 $\beta_к$、机轮上的法向载荷和刹车系数 $\nu_к$ 的函数。为确定飞机空间运动时的偏移角和法向反作用力的方向、摩擦力和侧向偏移力，引入指向轮盘径向的单位矢量 k_* 和指向轮盘法向的单位矢量 ν_* 的概念(图 11.4)。机轮的侧向偏移系数 $F(\beta_k, \mu_k)$用具体的轮胎在机轮专用试验台上经试验测得，实验曲线经有关渠道按类似于气动数据的分布方法，供有关单位使用。

根据飞机在机场跑道上的运动速度，前三点式起落架的前轮有两种工作状态：自定向工作状态，此时，机轮偏转角 $\delta_{нк}^*$ 由侧向偏移角等于零($\beta_к = 0$)的条件来确定；操纵工作状态，此时，前轮偏转角正比于方向舵的偏度 $\delta_н$。这两种状态可统一于

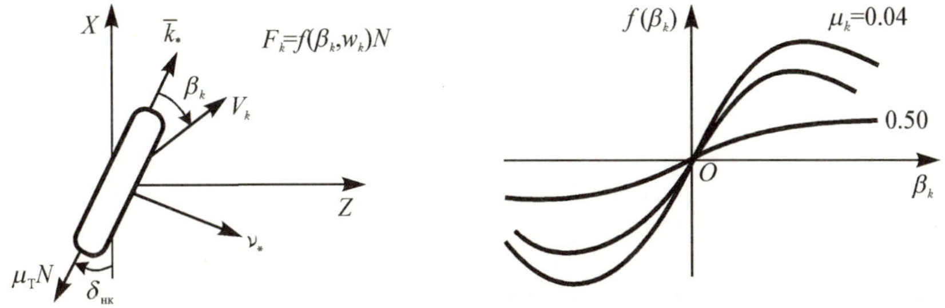

图 11.4　作用在起落架上的侧向力示意图

下列关系式：

$$\delta_{\text{НК}} = \kappa_{\text{НК}}(1-\mu_{\text{НК}})\delta_{\text{Н}} + \mu_{\text{НК}}\delta_{\text{НК}}^{*}$$

式中，$\mu_{\text{НК}}=0$，在操纵状态中；$\mu_{\text{НК}}=1$，在自定向状态。按所描述的准静态模型和考虑悬挂运动构件动态的全模型，进行接地动态模拟，结果表明，作为刚体的飞机的动力学参数（角速度和线速度、坐标和角度），模拟的准确度可达 10%，载荷峰值显示精度稍差些（精度为 30%～40%）。

动态模型结构图中另一个高频元件，是刹车自动防滑装置。众所周知，它用来将当前打滑值 ($W=1-\omega_k R/V$) 保持在摩擦系数与打滑的关系曲线 $\mu_{\text{Т}}=\mu_{\text{Т}}(W)$（图 11.5）线性范围内的最大值附近。

机轮滚转方程有如下形式：

$$T_{\text{К}}\dot{\omega}_{\text{К}}+\omega_{\text{К}}=\left(1-\frac{\mu_{\text{К}}}{\mu_{\text{Т}}^{W}}\right)\frac{V}{R}-\overline{M}_{\text{Т}}$$

式中，$T_{\text{К}}=\dfrac{J_{\text{К}}V}{NR^2\mu_{\text{Т}}^{W}}$　$\overline{M}_{\text{Т}}=\dfrac{M_{\text{Т}}V}{NR^2\mu_{\text{Т}}^{W}}$

$\omega_{\text{К}}$——机轮转动角速度；

$\mu_{\text{К}}$——不刹车的滚转摩擦系数；

$M_{\text{Т}}$——刹车系统产生的力矩；

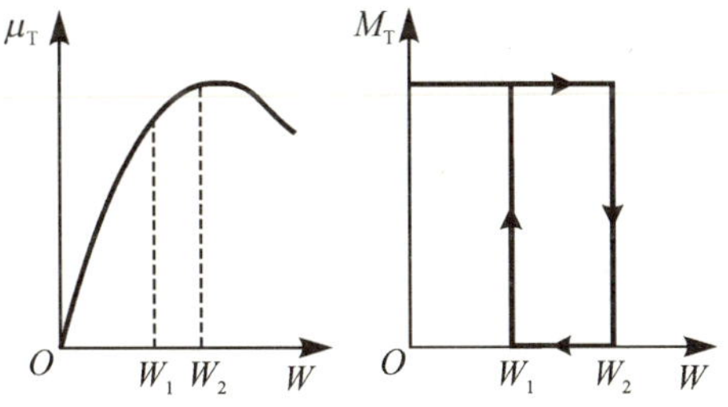

图 11.5　刹车特性

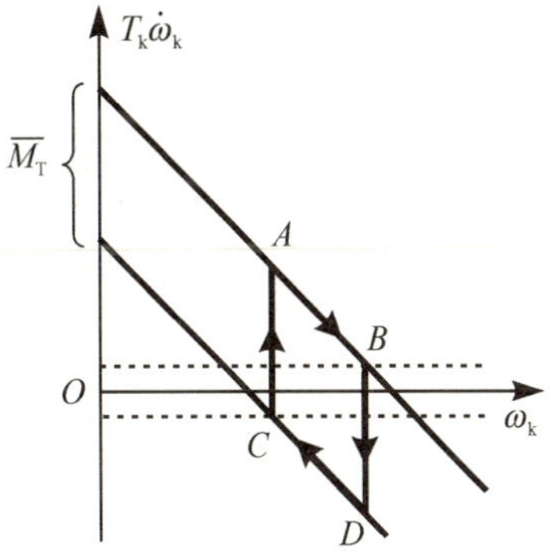

图 11.6　循环刹车状态

μ_{T}^{W}—— $\mu_{T}=\mu_{T}(W)$ 特性曲线的斜率。

由所列方程中可见，其数值积分要求极小的步长(0.001 s)，飞机前进运动速度越小，步长越小。

根据打滑空转的门限值(W_1、W_2)，对滚转方程和刹车力矩中的继电器式控制律的联合分析表明，在相当大的刹车力矩和机轮受中等的法向载荷的情况下，可实现频率为 10～20 Hz(图 11.6)的循环刹车状态，反之，打滑取定常值。

在第 1 种情况下，取周期的平均系数值，我们得到：

$$\mu_{T}=\begin{cases}\dfrac{M_{T}}{NR}\dfrac{\tau_2}{\tau_1+\tau_2}+\mu_{K} & \text{当}\dfrac{M_{T}}{NR}\geqslant\mu_{T}^{W}W_2-\mu_{K}\\ \dfrac{M_{T}}{NR}+\mu_{K} & \text{当}\dfrac{M_{T}}{NR}<\mu_{T}^{W}W_2-\mu_{K}\end{cases}$$

式中，$\tau_1=\ln\dfrac{\mu_{T}^{W}W_2-\mu_{K}}{\mu_{T}^{W}W_1-\mu_{K}}\quad\tau_2=\ln\dfrac{\mu_{T}^{W}W_2-\mu_{K}-\dfrac{M_{T}}{NR}}{\mu_{T}^{W}W_1-\mu_{K}-\dfrac{M_{T}}{NR}}$

所描述模型的效能，通过与考虑滚转方程，并在各种计算状态下(带侧风滑跑和在跑道不平的条件下滑跑)，根据全模型计算的值相比较来验证。

起落架功能的上述准静态模型，不仅可以用刚体飞机短周期运动频率所确定的步长，对飞机运动方程进行积分，而且是分析起飞-着陆状态下飞机动态特性的方便工具。

对某些经典布局形式的飞机来说，已知在起落架三点接地运动时，有航向不稳定和主起落架两点接地滚动时有纵向不稳定现象。

特别是，对于"无尾方案"的典型布局特点，即大面积的升降副翼且起落架主轮远远位于重心之后，会使这些现象更加加剧。

在这种情况下，考虑主支柱摆动时的起落架与跑道的相互作用力而进行的纵向静矩分析表明，特性曲线 $M_z^{\Sigma}(\alpha、\delta_{B})$(图 11.7)具有抛物线形式，且迎角工作范围对应于曲线的不稳定的那段。

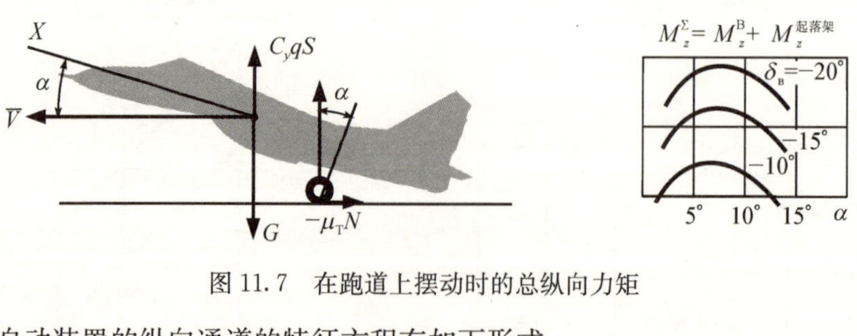

图 11.7 在跑道上摆动时的总纵向力矩

带自动装置的纵向通道的特征方程有如下形式：

$$\delta_{\text{в}} = K_{\omega_z}\left(1 + \frac{K_\vartheta}{K_{\omega_z} p}\right)$$

并考虑到各支柱的压缩，它具有 4 阶形式。与其对应的根轨迹，在图 11.8 上示出。由图可看出，俯仰阻尼器只能降低非周期不稳定度，而为了得到稳定的回路，必须引入俯仰信号。

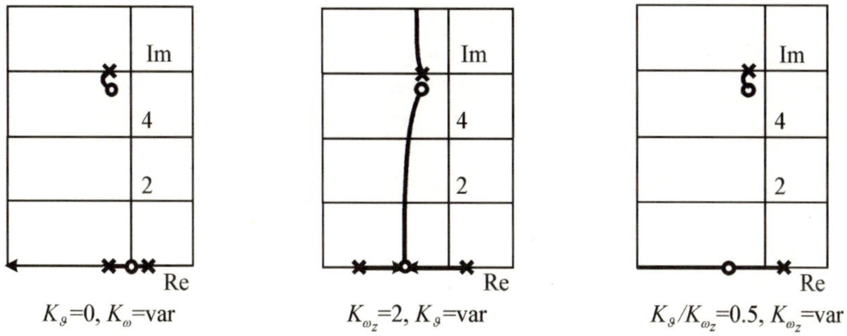

图 11.8　根轨迹图

模拟器试验表明，在飞行员具有适当的驾驶技术和熟练程度的情况下，没有该信号也能用手操纵抬起前轮。

与模拟器试验相比较的试飞结果(图 11.9)验证了这些观点，而且展示了在 ПСПК - 102 飞行模拟器上进行训练的效果，经过这样的训练后，机组人员前轮抬起的高速滑跑就不会再感到困难了。

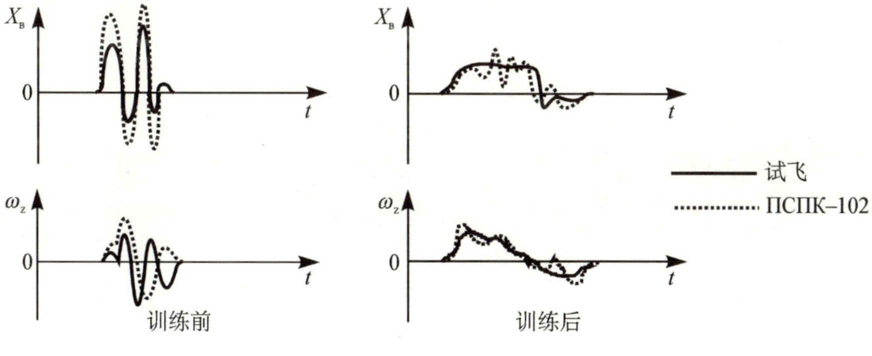

图 11.9　地面训练对完成高速滑跑质量的影响

在前轮的操纵状态中，当前轮载荷过大时可能会出现航向不稳定性。稳定性的近似条件，为下列不等式：

$$\omega_0^2 m V^2 J_y = Aq^2 + Bq + C > 0$$

式中，$A = Sl\left(\frac{-m_y^\beta 2m}{\rho} + \frac{C_z^\beta m_y^{\omega_y} Sl}{2}\right)$

$$B=(k_1x_1^2+k_2x_2^2)C_z^{\beta}qS+\frac{(k_1+k_2)m_y^{\omega_y}Sl^2}{2}+\left(\frac{2m}{\rho}+m_y^{\beta}Sl\right)(k_1x_1+k_2x_2)$$

$$C=k_1k_2(x_1-x_2)^2,\ k_1=N_1f_1^{\beta},\ k_2=2N_2f_2^{\beta}$$

式中，N_1 和 N_2——起落架前轮支柱和后轮支柱上的法向载荷；

f_1^{β} 和 f_2^{β}——机轮侧向偏移力的系数；

x_1 和 x_2——这些力作用点的纵向坐标。

从 B 的关系式和图 11.10 可以看出，布局固定情况下的稳定性，由法向载荷在前支柱与后支柱之间的分布来确定，也就是最终由纵向气动力矩来确定。当升降舵向低头方向偏舵非常大时(这种用舵情况很典型)，前轮的不稳定力矩超过主轮的稳定力矩，稳定性条件被破坏，且飞机有可能冲出跑道。

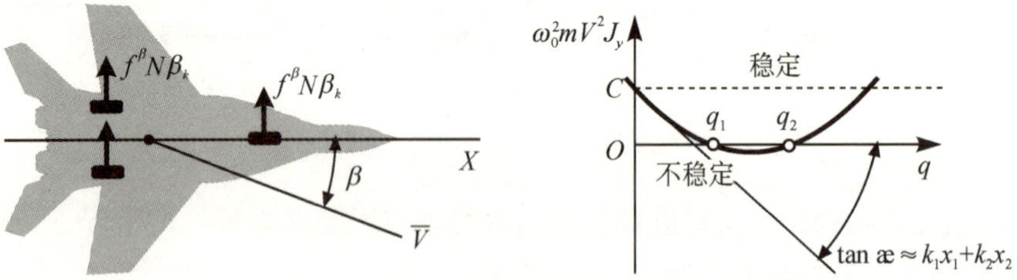

图 11.10 跑道颠簸时航向稳定性的条件

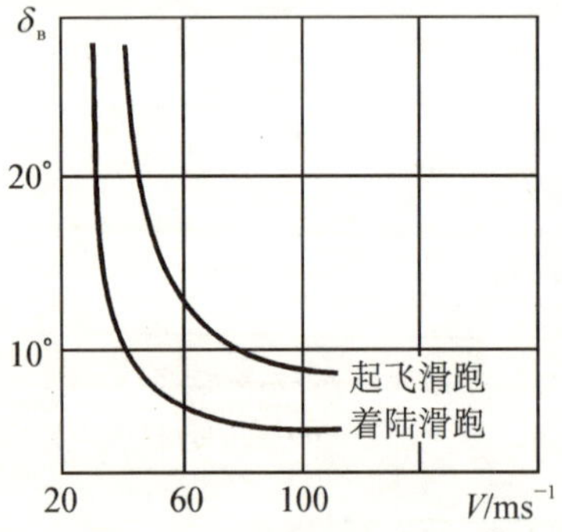

图 11.11 驾驶技术建议

模拟表明，可通过在(图 11.11)坐标 $\delta_B(V)$中对升降舵偏量引入适当的限制，很容易地解决这个问题。

使用算法手段，在着陆滑跑时，按下列控制律偏转前轮和方向舵：

$$\delta_H=k_{\omega_y}\omega_y+k_{\psi}\psi+k_{X_H}X_H$$

$$\delta_{HK}=k_{HK}\delta_H$$

可大大减轻飞行员将飞机稳定在跑道轴线上过程的工作负担，特别是，因为在跑道上的操纵模式接近于习惯的空中飞行段的模式，驾驶杆位移决定于飞行员所控制的飞行参数的变化速度。此时，脚蹬位移到侧向速度的传递函数，具有下列形式：

$$V_z=\frac{J_yC_0p^2+B_1pA_3}{A_0p^3+A_1p^2+A_2p+A_3k_{\psi}/V}X_H$$

这样复杂算法的效果，已被飞行模拟器上的实验所验证，飞行员的评价也是肯定的。前轮和方向舵控制律参量的选择，可用驾驶员驾驶品质评分标准(Pilot Rating (PR))，在驾驶品质评定的基础上，通过实验来实现(图 11.12)。

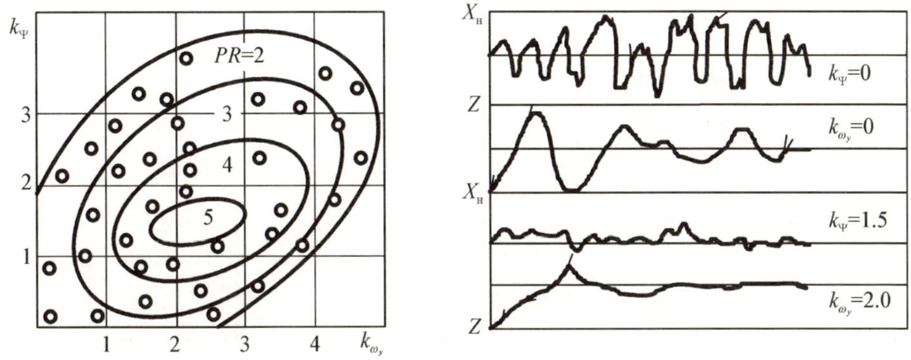

图 11.12　用自动装置改善跑道上的航向稳定性

11.2　短周期运动特性的模拟器演示

从飞行员的感受和直接影响飞行安全的角度来看，最重要的是在模拟器上和训练器上优质地模拟再现短周期运动。

保证稳定性和操纵性的控制律算法的综合(控制增稳系统)按专门的要求来实现。众所周知，在这些要求中，规定了经典的稳定性和操纵性的品质参数，如 $X_в^{n_y}$，t_{cp}，$\Delta\bar{n}_y$，$X_э^{\bar{\omega}}$，T_{ω_x}，æ 等。依据所列参数，模拟器模型的校正自然按与飞行包线内协调好的各点上的这些参数(图 11.13)进行。在飞机研制的不同阶段上，作这样的校正的基础，是根据适当考虑了整个控制通道(传感器、滤波器、模-数变换器、数字化实现、作动器等)动态特性的专用详细模型所得到的数学仿真数据。试飞开始后，为这个目的，采用飞行大纲中事先规定的专门检测状态的数据来验证所述性能。

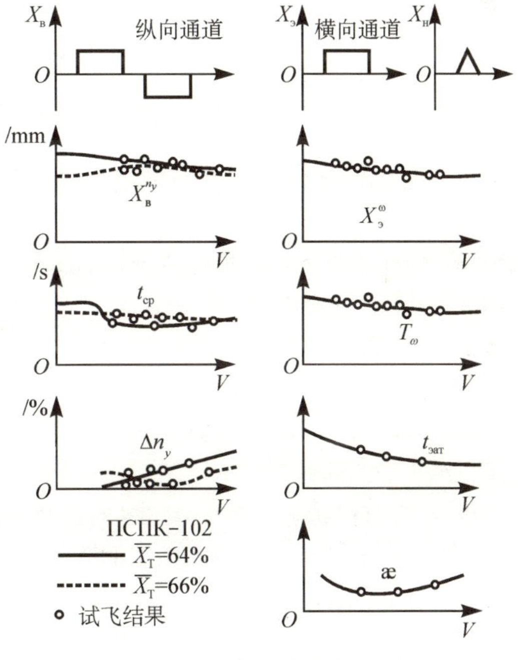

图 11.13　根据经典稳定性和操纵性特性来验证模型

对于具有高度自动化程度的数字式控制增稳飞机来说，在模拟器上确认和验证最重要控制通道 $X_в\to\omega_z$ 和 $X_э\to\omega_x$ 的幅频-相频特性(АФЧХ)显得非常重要。这是因为，由于控制系统特性，以及作动器速度的限制，纵向通道中的相位滞后处于允许值边界上，所以，在飞行模拟器上准确逼真地复现控制通道的幅频-相频特性，对模拟结果的可信度和训练过程中获得技能的正确性具有决定性的影响。

由于动态模型的实际积分步长有限，$X_в \to \omega_z$ 通道（同样地 $X_э \to \omega_x$ 通道）的所有高频环节都用各通道的总延迟来替代（图 11.14），而这些延迟的具体数值按下列函数的最小极值确定：

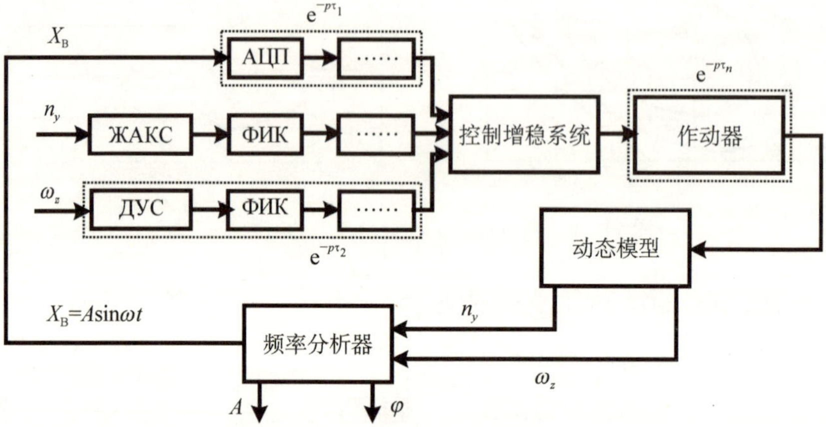

图 11.14 模型频率修正的过程

$$\varphi(\tau_i) = \sum_{j=1}^{n} [\sigma_A^2 (A_{Mj} - A_{эj})^2 + \sigma_\varphi^2 (\varphi_{Mj} - \varphi_{эj})^2]$$

式中，σ_A^2 和 σ_φ^2 为反映已有实验数据置信度的加权系数，$A_M(\omega_j)$、$\varphi_M(\omega_j)$ 为模拟器动态模型的幅频-相频特性，而下标“э”或者对应于标准模型，或者对应于试飞数据。试验台模型幅频-相频特性的确定，在飞行包线中每一计算点上用谐波分析器来确定。

当然，模拟器模型与研究对象相符的决定性的证据是试飞员按试飞大纲根据实际飞行结果做出的评语。

小的，在有些状态下是负值的纵向静稳定裕量和作动器速度限制（这些特点对现代飞机是典型的），是带控制系统的飞机存在不稳定极限环的原因。进入这种极限环的边界会使飞机发生不可逆转的强烈摆动，并因导致结构破坏或失速而损失飞机（见第 13 章）。

大扰动稳定性分析的问题，包括在相位空间中确定自主系统平衡位置的吸引区和从将系统的相位坐标引出吸引区边界可能性的角度，分析作用在系统上的扰动。对“控制增稳系统——飞机”而言，吸引区的边界是不稳定极限环，其参数不难用谐波平衡法计算的。在 α，ω_z 平面内，极限环具有接近于椭圆的形式：

$$\Delta\alpha = A_{\Delta\alpha} \sin(\omega_p t + \varphi), \ \omega_z = A_{\omega_z} \cos \omega_p t$$

式中，ω_p 是极限环的频率。

显然，如果不稳定的极限环大大超过系统中实现的相位坐标的偏移量，那么系统在工程概念中是稳定的。为评估系统的大扰动不稳定趋势，建议引入该状态的危险尺度，即与坐标(α, ω_z)中的极限环面积成反比的量值：

$$S=(\alpha_{\max}-\alpha_{\min})(\omega_{z\max}-\omega_{z\min})/(2A_{\Delta\alpha}\cdot 2A_{\Delta\omega_z})$$

式中，列在括号中的量值与相应传感器的量程相对应。使用这些因子的目的是使 S 参数变成无量纲值。

引入的参数可用计算方法来研究飞行包线，以便弄清从大扰动不稳定性角度来说最危险的区域(图 11.15)，以及有效地评估系统的各种参数对所研究现象的影响(图 11.16)。

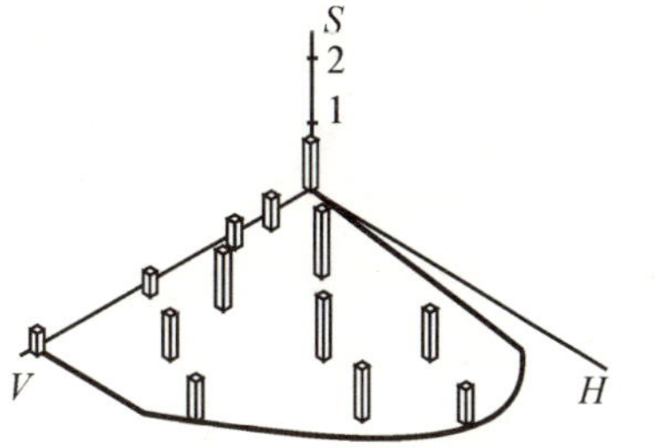

图 11.15　在不同飞行状态上进入大扰动不稳定区中的风险程度

在反馈系数 k_{ω_z} 和 k_{n_y} 平面内，对操纵系统参数的等值线和稳定性边界的联合分析，可在考虑线性稳定性的最优性能和保证大扰动不稳定趋势最小取折衷的情况下，有目的地进行调参选择(图 11.17)。

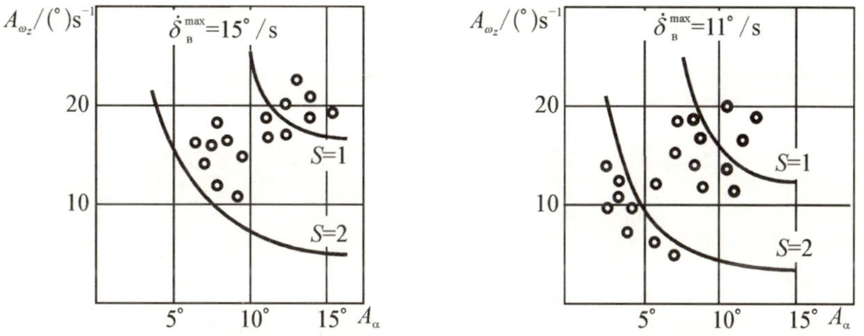

图 11.16　升降副翼可用偏转速度对进入大扰动不稳定区风险程度的影响

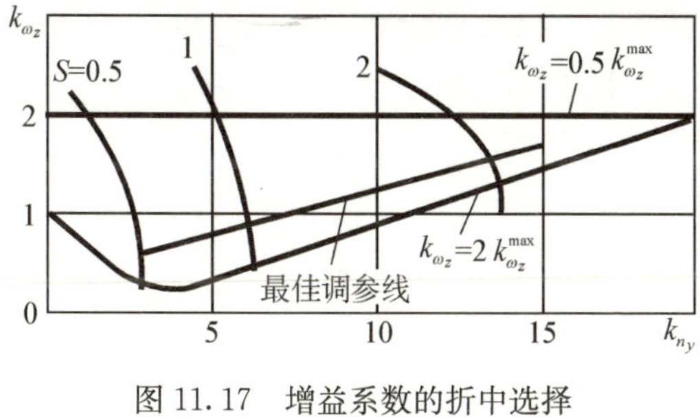

图 11.17　增益系数的折中选择

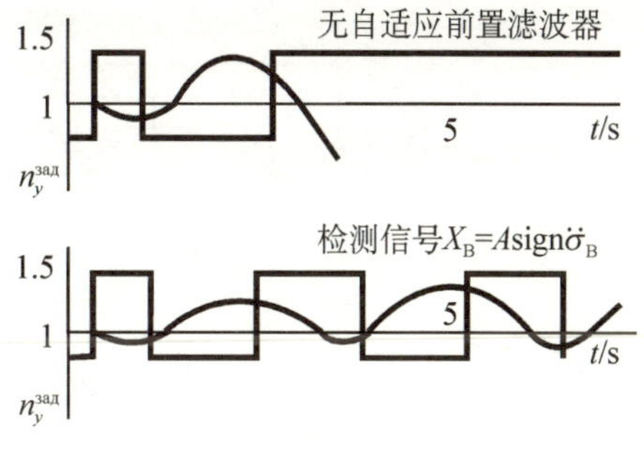

图 11.18　从大扰动稳定性角度来说最差的输入信号形式

控制系统设计时的一个重要问题是确定相平面上进入不稳定极限环的映射点所对应的扰动类型和幅值。在风的谐波长度不受限制情况下，分析最大垂直风分量

作用下系统的响应后表明，风所引起的实际振荡幅值很小，通常是极限环尺度的几分之一，这是因为该级别飞机机体的升力特性相对较小而造成的。这样，由飞行员或自动系统来的输入信号振动就成为基本计算状态。根据非线性系统（带控制速度限制$|\dot{\sigma}_{B}|<\dot{\sigma}_{B\max}$）过渡过程稳定性的充分条件，最坏的控制信号形式是低频率的开关式控制；在$\dot{\sigma}_{B}$达到极值的瞬时，以输入信号的最大幅值进行切换，也就是$X_{B}=X_{B\max}\operatorname{sign}\ddot{\sigma}_{B}$进行切换（图 11.18）。

这样，检查系统大扰动不稳定性时的计算状态应取低频率的方波输入信号，而不是以前所用的锯齿形信号或谐波信号。

在非线性系统中[6]应用受迫振荡稳定性准则，在所研究的问题中可得出这样的结论，即：如果操纵时只使用作动器速度特性的线性部分，受迫振荡将稳定。根据这些观点，参考文献[7]中推荐了一个设于系统入口处的非线性校正装置。该自适应前置滤波器根据反馈信号当前速度$\dot{\sigma}_{o.c}$与极限值$\dot{\sigma}_{B\max}$的接近程度，自适应地控制输入信号速度的限制值。此外，当作动器的可用速度不够时，优先将速度用于反馈信号，而不放过会加重这种情况的来自驾驶杆的强大信号进入系统中。自适应前置滤波器的结构在图 11.19 中给出。除了保证在输入作用下回路的稳定性之外，这种解决方案与以前已知方案相比，具有一系列优越性：

——已无必要将作动器的可用功率增大到超过线性综合所要求的数值（响应时间、衰减率等）；

——与按飞行状态调参的非自适应前置滤波器方案不同，能保证充分使用作动器的速度能力；

——将控制增稳系统的线性综合的任务与保证大扰动稳定性的任务划分开来，这在调参式自适应控制增稳系统是无法做到的；

——该控制方案按自身性能已接近线性，否则要达到类似的效果将要求把作动器的可用速度提高 30%。

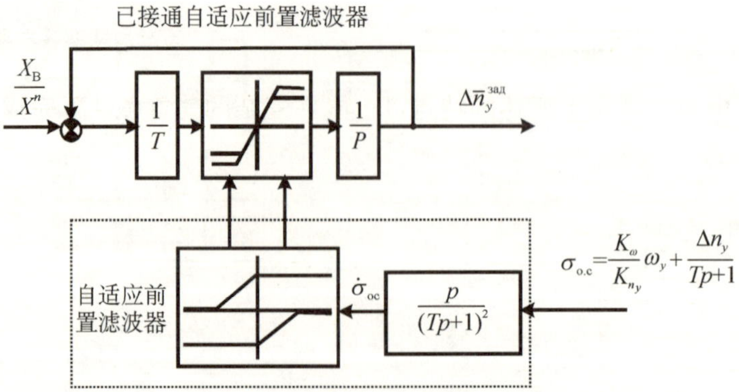

图 11.19　自适应前置滤波器的结构

所述自适应前置滤波器的方案在考虑风扰动和弹性干扰的数学模拟和试验台

模拟中已通过了各方面的检查。在图- 154ЛЛ 飞行实验室上进行飞行实验的结果，证实了自适应前置滤波器的所述性能，而试飞员在评语中也指出，在急剧方波操纵时线性程度(图 11.20)和回路的稳定性均有提高(图 11.21)。

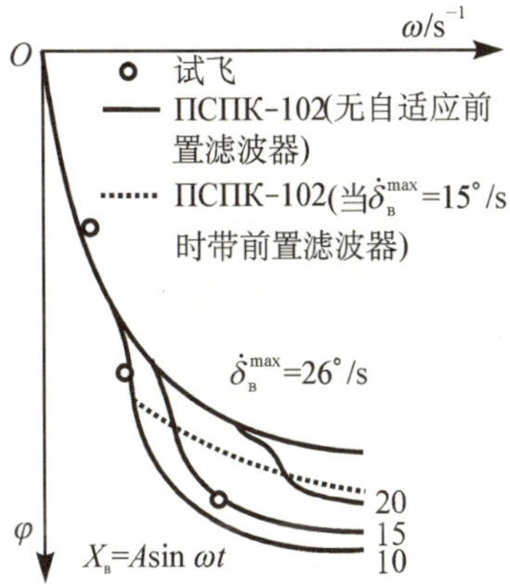

图 11.20　$X_в \to \omega_z$ 通道的相位特性

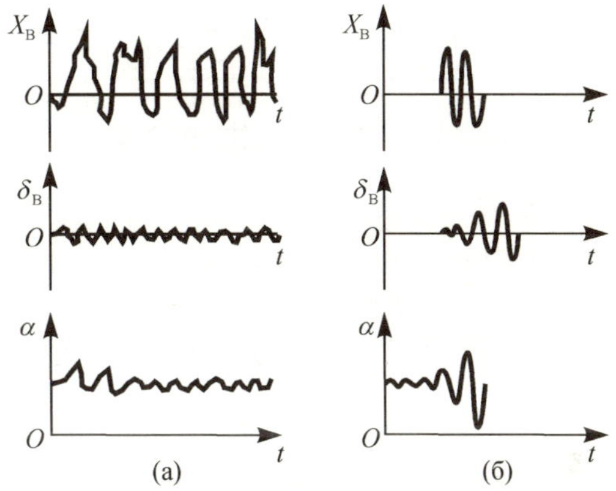

图 11.21　接通和断开自适应前置滤波器时的故意摇杆状态(ПСПК－102)

(a) 接通自适应前置滤波器　(δ) 断开自适应前置滤波器

正如已谈到的那样，纵向通道中的相位稳定储备经常处于极限值上，这是一系列现代飞机(特别是涉及 $C_y^{\delta_в}$ 值大的"无尾式"飞机，见图 11.22)布局特点和控制增稳系统采用数字化实现的结果。这些情况是在纵向通道中出现等效纯时延这一术语概念和要求对其限制的原因：

$$\frac{\omega_z}{X_в}=\frac{M_z^{X_в}(p+Y^\alpha)\mathrm{e}^{-p\tau}}{p^2+2\xi\omega_0+\omega_0^2}$$

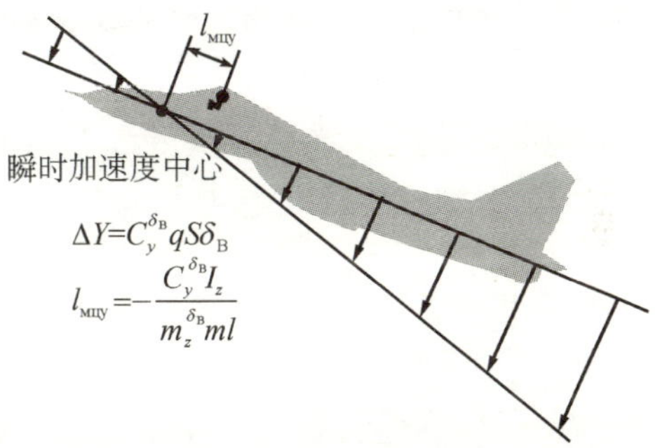

图 11.22　阶跃偏转升降副翼时的瞬时加速度分布图

在试飞中也表现出了所述的特点，比如，在复杂的气象条件下完成飞行时和着陆，从自动操纵转换到手动操纵时(图 11.23)。这些情况下飞行员操纵增益增大和进入"飞机-飞行员"闭环系统不稳定边界同时发生。应当指出，在模拟器模拟的条件下，当飞行人员缺乏这样操作的真实原由时，要再现相似的状态须按人为复杂化的操纵任务专门布置试验。

可把俯仰角补偿跟踪任务作为这样的复杂操纵任务。为此，向视景系统的 θ 通道内加入与德莱顿形式的大气湍流频谱对应的谐波信号。利用建立在快速傅里叶变换基础上的频率分析专用软件包[2]，对"飞机-飞行员"系统特性的处理结果表明，在闭环系统的幅频-相频特性曲线上，频率 3～4 rad/s 处，存在着在试飞中记录下来的谐振峰(图 11.24)，具有典型的驾驶员诱发振荡。

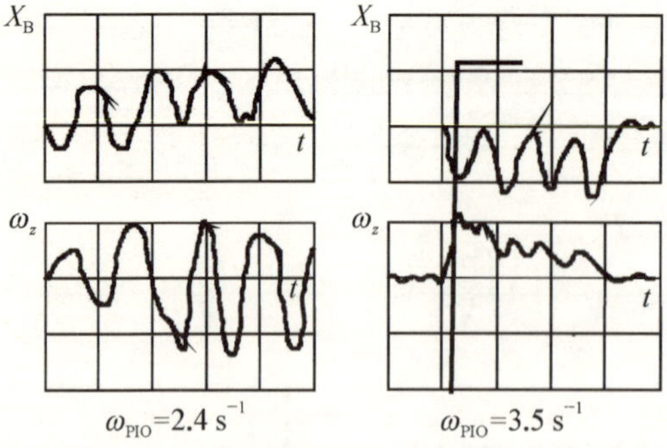

图 11.23　试飞记录片断

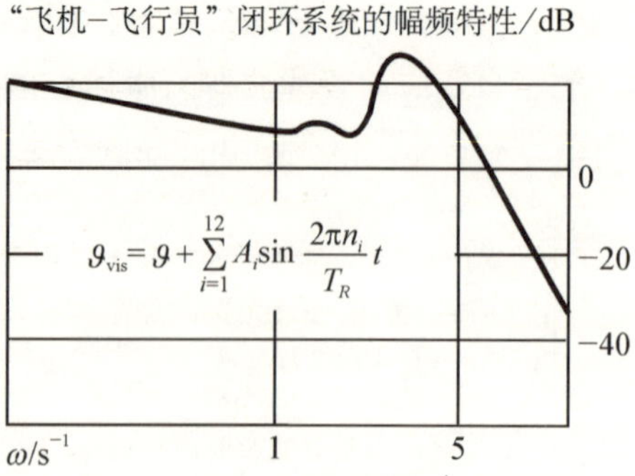

图 11.24　补偿跟踪任务

11.3　故障情况下的驾驶模拟演示方法

在准备和进行试飞的过程中，必须进行一定工作量的故障情况的地面模拟演示。

考虑到 ПСПК-102 型模拟器具有很好的动态品质，应将主要精力放在研究这样一些故障情况上，即故障引起的加速度感觉能够以明显的方式影响机上乘员对故障的辨别过程和对故障后果的抑制过程。在这类意外故障情况中，首先包括发动机故障、控制增稳系统故障和起落架放下系统的故障。

在试验阶段之前，对有关飞行模拟器上评定意外飞行情况的实验方法进行研究。该方法中的一个条款规定每一个试验实践应以随机的方式在 7～10 个背景情况下进行。并且在这样或那样的过程中，飞行员应在足够工作负荷强度下完成制订的“飞行”任务。

发动机装置部件故障的模拟器模拟演示，宜按下列三个基本方面进行：

——分析故障的直接后果和在空中飞行中与在沿跑道滑跑时克服它的可能性；

——故障后返回起飞机场的可能性评估和合理地布置飞行路线和飞行任务，以提高完成任务的可靠性；

——训练编内机组乘员在故障条件下驾驶飞机。

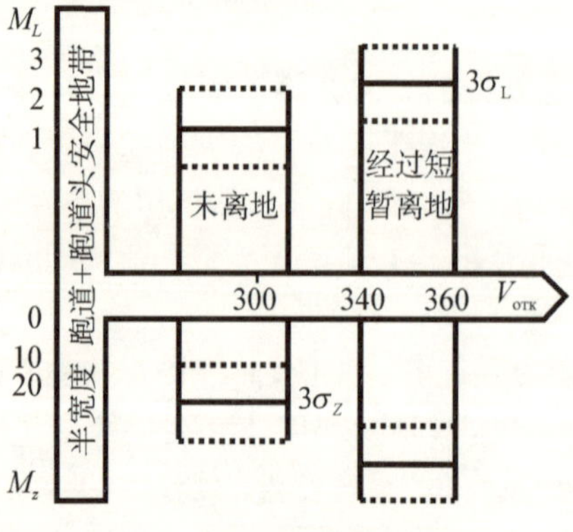

11.25　关键发动机故障时的中断起飞统计特性

下面给出具体飞机在飞行模拟器上的实验结果。由于发动机装置布置在尾部(推力矢量的偏心距小)和气动力操纵面的效率高、甚至在起飞滑跑中关键的发动机故障情况下，飞机都可能保持在 80 m 宽的跑道上，并且侧向位置误差的数学期望值和飞行员的负荷，随着发生故障时速度的增大而线性地增大。图 11.25 上示出了不同起飞滑跑速度下，发动机发生故障时，执行中断起飞情况下距跑道轴线的最大偏离和停住飞机所必需的跑道长度的多次实验的平均值和方差。

根据速度超过抬前轮速度时关键发动机故障的要求，应继续起飞。但高空上，根据试飞实际上通常在特级机场进行这一事实，提供了重新研究这一情况的可能性。于是，同飞行人员一起研究，制定了经过短暂离地后中止起飞的方法，只要故障发生在按下“收起落架”按钮之前，这个方法是有效的。该方法的要点是，在起落架收起之前，不要急于飞离跑道 ($V_y < 2 \sim 3$ m/s)，以便在发生故障时，与跑道间有可靠的目视连系。

图 11.26 示出了飞行轨迹的示例，其中划分出了两台加力状态的发动机故障时不能返回机场的各飞行段。根据这样的试验结果，制定了在轨迹安全段上油门杆操作方法。在保证试飞安全方面，起极重要作用的是飞行人员对意外情况的准备程度。该架飞机在准备和进行试飞期间，机上乘员在飞行模拟器 ПСПК－102 上的平均工作时间为 600 h。

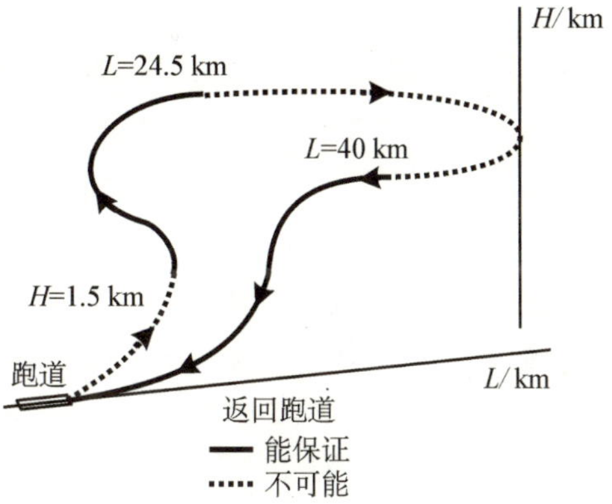

图 11.26 在第一次起飞航迹上两台带加力发动机故障

当起落架放下系统故障时，由于没有应急元件，在这类情况下，事前制定最佳驾驶动作并由飞行人员在地面上掌握它。飞行模拟器上的试验表明，单侧主起落架故障情况下，在完好的一侧起落架接地后，飞机的急剧倾斜不可能避免，因此，根据飞行员的评语和客观指标 ($V_y^{крыла} \approx -7$ m/s)，放不下主起落架的着陆被评定为是灾难性的。

对于该例飞机前起落架放不下的情况，制定出保证机身头部与跑道表面具有适当的垂直接触速度 ($V_y \approx -1$ m/s) 的驾驶方法。该方法建议，在升降副翼还未失去效率的着陆滑跑速度上 ($V_{проб} \approx 250$ km/h) 使机头柔和下降到迎角为 $\alpha \approx 2° \sim 3°$(图 11.27)，并在开始不受控制的机头下沉之前 ($V_{проб} \approx 200$ km/h) 放出减速伞。

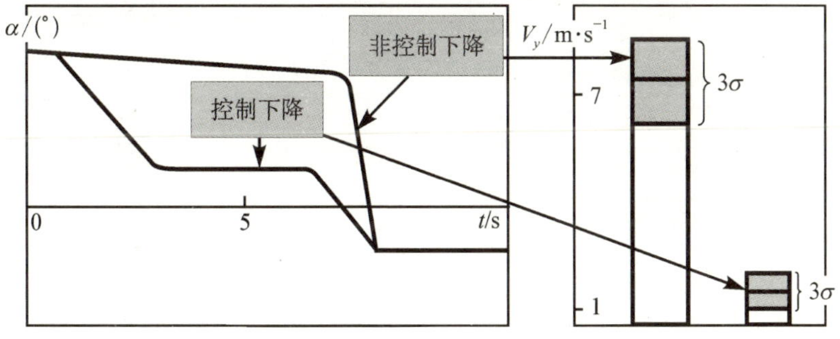

图 11.27 前起落架未放出的着陆

从安全考虑，在一些现代飞机上安装了模拟备份控制增稳系统(СУУРА)(图11.28)。它通常对系统的控制律进行简化(无过载信号和某些交联信号)，采用与飞行状态平均值对应的固定调参值。

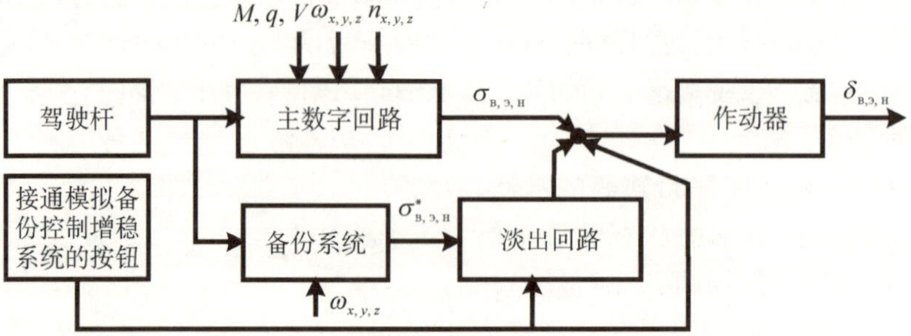

图 11.28 主回路和备份回路相互关系的结构图

通常，模拟系统主要是按故障1级、部分按故障2级要求保证可接受的驾驶品质。考虑故障情况时，应特别注意由故障引起的控制回路切换时的驾驶品质。为进行这些研究，采用了几个故障模型，其中最使我们感兴趣的，是俯仰角速度反馈“断路”的模型。此故障($k_{\omega_z}=0$)对应于纵向运动振荡不稳定状态。采用对回路切换前和切换后的控制通道频率特性的变化可接受程度的评估准则[8](按该准则要求；相角迟后$\varphi=-180°$时，幅值变化不应超过$\Delta A=7$ dB)，最有利的切换状态是$V_{表速}\approx 450$ km/h，并且，在转换到模拟备份控制增稳系统中的最初几秒钟内，应限制大幅度偏杆的操纵干预，$|X_в|<30$ mm，这一点，在发生可导致作动器可用速度降低的液压系统的故障时，尤为重要。所述限制与力争最大限度地减小通道幅频-相频特性切换前和切换后的差别有关(图11.29)。根据这一系列实验的结果，以信号灯盘、声音信号和主警告灯闪烁的形式，合理地把ω_z信号“断路”型的故障通报给机上乘员。

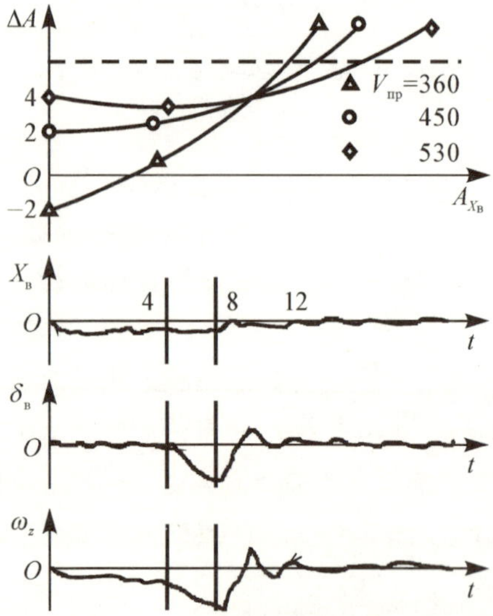

图 11.29 向模拟备份控制增稳系统转换的方法的建议

11.4 以微机为基础进行半物理模拟的培训设备、练习设备和研究设备

通过在ПСПК-102飞行模拟器上所进行的研究工作，获得实验方法和建立快速动态实时模型方面的技术储备，可将这些成果可推广应用于计算机研究设备和培训设备领域。这一技术发展方向是提高飞行安全的重要途径。对经济因素的考虑

表明，创立这一技术，正如创立任何现代技术一样，应提高投入产出比并保证有大量的供货。

手动操纵状态的研究经验和飞行人员的培训经验表明，为从技术上和经济上有效地解决这些问题必须具有不同复杂程度和仿真飞行条件真实程度的、层次配置的成套硬件设备和软件工具。开发不同层次的教学及研究设备能够方便地选择完全符合受培训者专业技术水平或所研究问题的性质的具体系统。图 11.30 中给出了所述系统的合理配置。

提高训练或研究系统经济效益的一个重要因素，是统一系统中所使用的软件和硬件，并且采用系列化的计算装备。使用 IBM 兼容微机的方针，不仅可以大大降低这类系统领域内的研制成本，而且可以保证这些系统具有很高的可靠性、紧凑性和维护的极其简便。

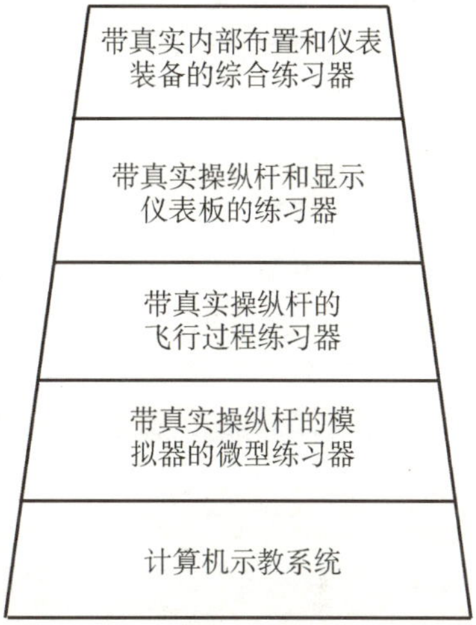

图 11.30　用于仿真研究和飞行训练的模拟装置的合理配置

近些年来，在中央气动流体动力研究院内研制了图 11.30 上所示培训用系列模拟台的全部试验样件。下面我们对其进行详细研究。

微型练习器(MINISIM-Mini-Simulator)除了奔腾级别的计算机外，微型练习器还装备有飞机或直升机模拟驾驶杆，这些模拟器利用夹子安装在一般的办公桌上。模拟器根据航空工业中采用的标准制成，并且有相当高的机械性能[9]。使用这种模拟器，除了从成本方面考虑外，另一个目的是防止形成生理感觉方面的虚假经验。因而，训练时的重点放在开发飞行员的智力和战术思维能力方面。该装置的外形在图 11.31 中示出。

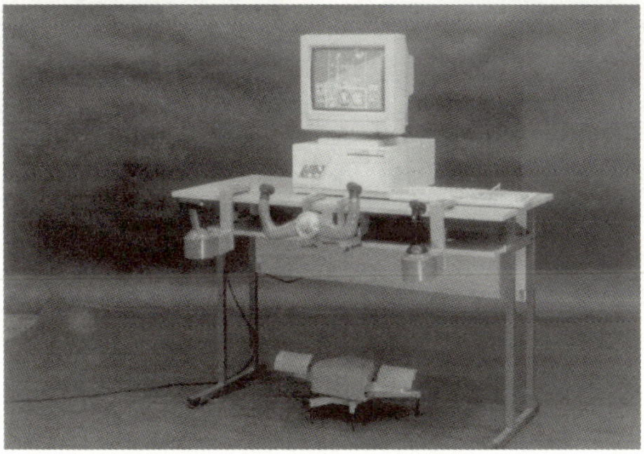

图 11.31　微型练习器的外形

驾驶杆的位移，通过电位计式角度传感器来测量并通过模-数转换板(量程±5 V、12 位、5 通道)送入计算机存储器，转换器与放大器一同保证自动平衡传感器的零位和校准增益系数。

培训任务的完成主要靠完善的软件包，它含有使用指南信息部分(教材软件)及用于实时仿真的程序部分。它的部分章节具有参考信息的性质(计算机教材)，而部分则用于实时模拟状态。

目前，俄罗斯和许多其他国家的空军中，为 Су－27、Миг－29、Миг－31、Су－24 和直升机 Ka－50 等舰载机和陆基飞机使用着 150 多套这类微型练习器。这些模拟器已通过了有关检验机构的鉴定并被飞行人员和指挥人员评为有效的培训、改装训练、飞行前准备和飞行后分析的设备。

微型练习器批生产和使用 4 年来，已编制出了相当完善的软件版本和文档，以保证飞行员无需技术人员的附加帮助，就可以在微型练习器上有效地进行工作。

已有的软件工具的技术贮备，可以在相当短的时间内，建立用于其他飞行器类似的培训软件包。

微型练习器作为一种研究工具，可用作初步评估稳定性和操纵性性能及提供驾驶-导航信息形式的人机工程研究的试验台。

部分任务模拟器(PARTSIM-Part Task Simulator)在飞行任务模拟器上，不同于微型练习器的地方，是装有真实的驾驶杆和操纵台，实现了它们在相应座舱中的布局。但是，所有显示(座舱外空间、仪表板)仍在个人计算的显示器上来完成[10]。

图 11.32 部分任务模拟器的外形

部分任务模拟器的外形在图 11.32 中给出。

部分任务模拟器的软件包含有用于所有飞行使用状态的带操纵系统的飞机动态模型。

飞行员可以在模拟器上练习所有驾驶状态、导航状态和专门任务的课目。

由于使用了带调整片机构的真实装备驾驶杆，飞行员可获得运动感觉方面的经验，也就是获得在不同机动中杆的正确位置和对应的杆力的概念。

在课题研究中，部分任务模拟器也具有广泛的能力：可以在考虑驾驶杆实际载荷特性情况下(特别是在装有变载荷的模拟器的情况下)研究操纵性和操纵台人机工程。

带显示仪表板的模拟器 MIDISIM-Midi-Simulator)。MIDISIM 装置与前面一些模拟台原则性的差别，在于它把座舱外的视景信息和指示仪表分别用在两个单独显示器上显示。此外，使用了菲涅耳校准透镜，可使飞行员产生无穷远处的错觉，这从人的视觉生理角度来看，更接近于现实情况。

实现 MIDISIM 的综合计算采用 3 台带教官的位置的计算机，这大大拓宽了该装置的培训能力。

座舱模型的外形、其内部安排和装置的布置在图 11.33 上给出。

由于采用了与微型练习器及部分任务模拟器软件具有高度继承性的易更换的软件，以及用 IBM 型兼容机支持的带大屏幕(对角线 20 in)SVGA 显示器的监控器上实现被模拟飞机的仪表板的传真，使模拟器具有高度通用性。模拟器的数-模综合系统，按图 11.34 上所列方案来建立。

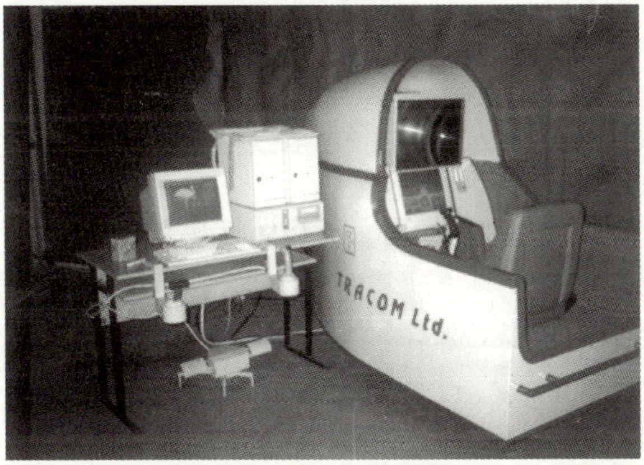

图 11.33　MIDISIM 装置的外形

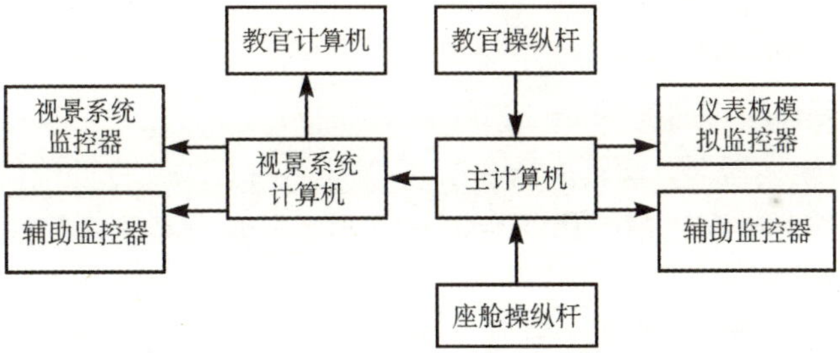

图 11.34　MIDISIM 装置的综合计算系统方案示意图

主计算机实时软件能保证解决下列问题：

——在所有飞行使用状态上模拟飞机的空间运动；

——模拟无线电导航系统的工作；

——模拟发动机装置的工作；

——模拟大气条件(压力、温度、等值风和梯度风、大气扰流)；

——模拟起落架的工作；

——将训练结果档案化，以便随后进行分析和记录。

带与微型练习器类似的驾驶杆的教官工作岗位，能保证解决下列问题：

——训练过程中观察飞机的状态(监视、飞行轨迹、过渡过程等显示画面)；

——向受训人员演示正确的驾驶动作，纠正受训人员的操作；

——引入故障；

——设置飞行条件(初始条件、飞机或直升机的构型、加油量、外挂物、日/夜、云等)；

——从教官这边模拟敌机或友机的行动。

全尺寸模拟器的通用综合计算设备(FULLSIM — Full Scall Simulator)应用上述模-数综合设备的原理方案及结构，中央气动流体动力研究院对一系列带活动座舱的全尺寸模拟器 ПСПК-102、ПСПК-1、-2、-3)进行了改进。取得了成功。

上述推荐的综合设备在结构原理上，具有很大的适应和扩展能力。可根据所模拟的飞机(从带有简单仪表装备的轻型飞机，直到装有平视显示器的现代化飞机)的不同进行选配。可使用与主计算机同型的 NE-2000 型网络板拓展外围计算机数量，完成更复杂的仿真任务。

对于这些情况所推荐的综合计算设备的结构，与图 11.34 上所列的结构类似。按上述原理实现的最发达的综合计算设备，已安装在中央气动流体动力研究院的 ПСПК-102 飞行模拟台上，它含有 8 台 IBM 兼容计算机，其中 3 台用来合成座舱外空间的图像(航向视角 130°)，3 台笔记本型带 10 inSVGA 监控器的计算机，用作机载显示器(图 11.1)。

这样，所述技术的通用基础硬件组成是：

——IBM 兼容计算机；

——模拟驾驶杆；

——NE-2000 型网络适配器；

——用作噪声模拟器的 Sound-Blaster 音频板；

——模-数转换器/数-模转换器和输入/输出各种开关命令的接口板。

由这些部件可集成从 MINISIM 到 FULLSIM 任何复杂程度的模拟器综合计算设备。

众所周知，现代模拟器的关键要素是软件。计算机模拟器的基础程序组成部分：

——在计算机显示器上合成和表示二维和三维目标的图形程序，即所谓的 2D 实时图形和 3D 图形(每秒不少于 24 帧)的绘图程序；

——带飞控系统和武器系统的飞机和直升机实时动态模型；

——训练或研究用的交互式软件工具；

——保证软件与各种硬件交联的实时放大器。

所编制的 2D 图形和 3D 图形程序，能保证使不昂贵的系统具有可接受的分辨率性能(640×400，256 种颜色，每一帧上有 1 100 纹理多边形、日/夜、在云中飞行、在复杂的气候条件中飞行和其他一些特殊效应)。由于在 C 语言和汇编语言上使用特殊的编程方法和在这一基础上形成的服务程序软件包,可达到这样的性能。

所建立的图形系统,可在计算机屏幕上显示被模拟飞机的仪表板、座舱外环境、以及各种辅助画面(三维航迹图、平面航迹图、单独的操纵显示器屏幕或与仪表板结合在一起的操纵显示器屏幕等)。立体图形子系统保证给出座舱外空间画面,包括地平线、带地上构造和地貌细节的大地(高山、森林、湖泊、建筑物等)和有云的纹理的天空。为了形成这样的信息,使用专门的面向投影几何的加速算法。该投影几何法将外部形象以最小视觉畸变挪到显示器屏幕上。这些算法能保证直接地、同时也快速地处理 SVGA -视频电路,并使用其特殊函数来工作。

在计算机练习器中实现的飞机动态数学模型,包括有任何现代练习器中均有的传统模块(飞机气动特性库、空间运动方程、操纵系统的数学模型、考虑风扰动的大气模型、来自起落架的力和力矩模型等)。

由于在微机上实现类似的任务时,会受到运算速度和所需存储容量方面的极大的限制,因此采用了表示数据(气动力特性数据库)和处理数据(超快速插值法)的非标准方法。结果,比如现代飞机完整的气动力特性数据库具有约 120 K 字节容量,同时,使用它与使用传统方法相比,在运算速度方面也快了许多倍。

微机的广泛推广,开辟了将其他单位研制的更先进的练习器模型灵活地列入自己的微机中的可能性。这种集成的成功例子如下:火控系统模型、大迎角和非定常状态气动力特性的模型[11]。

在将微机作为模拟工具使用时,与练习器组成所用的传统计算系统相比,开辟了受训人员或研究人员与练习器相互作用的、实际上是没有限制的、交互式的能力。在制定培训程序时,这些能力表现得尤为卓有成效。交互式状态根据一定的场景来建立。通常这些场景由外场使用领域的专家,在飞行使用指南、战斗训练和其他文件的基础上创造出来。通常,这些场景的基础是训练心理学领域内的典型三位一体:“演示+训练+检查”。

由于交互式模拟能够既模拟连贯的飞行任务,又能模拟飞行任务的个别片断,能够停在一个状态,对状态进行检查,并灵活地改变飞机和操纵系统的性能及显示形式,交互式模拟也大大提高了在飞行模拟器上工作的效率。

其实,为支持在飞行模拟器上的研究而专门研制的程序软件系统是在俄罗斯的航空研究院和设计局中广泛闻名的 САПР ДИНАМИКА[12]。针对所述的多计算机系统,创作了这一综合程序的修订版本,取名为 DOMCRIS(Dynamic Object Creation & Research Interactive System)。

为了支持各种机载显示器多功能显示器和平视显示器和整个仪表板布局的人机工程学领域的研究,在中央气动流体动力研究院研制了类似的软件系统,并取名为 SEGAMBIS(Swift EGA Module Based Interactive System)。该系统为具有中等计算机水平的人机工程人员提供了可相当快地根据放大的要素(标度尺、计数器、数字、字母、符号、指针等)组成任何驾驶-导航画面、战斗画面和其他显示画面以及整个仪表板的能力,并对这些画面进行编辑,在以典型操纵任务为背景的数学模拟状态中评估这些画面,且最终在半物理模拟状态中在飞行员的参与下优化这些画面。

参考文献

[1] Бюшгенс Г С, Студнев Р В. Аэродинамика самолета. Динамика продольного и бокового движения [M]. Машиностроение, 1979.

[2] Ефремов А Е, Оглоблин А В, Родченко В В, Предтеченский А Н. Летчик как динамическая система [M]. Машиностроение, 1992.

[3] Васильев А Ф, Шилов А А. Программа расчета движения в атмосфере осесимметричного аппарата [C]. Тр. ЦАГИ, 1968.

[4] Шилов А А. Оптимальная коррекция матрицы направляющих косинусов при расчетах вращения твердого тела [J]. Ученые записки. ЦАГИ. 1977. Т. VIII. №5.

[5] Брагазин В Ф, Бобылев А В, Бюшгенс А Г. Устойчивость продольного движения самолета по взлетно-посадочной полосе [C]. Тр. ЦАГИ. 1986. Вып. 2324.

[6] Попов Е В, Пальтов И П. Приближенные методы исследования нелинейных автоматических систем [M]. Физматгиз, 1960.

[7] Бюшгенс А Г, Дасов А Н, Муравлева Т А, Поливанов Ю А. Самонастраивающийся префильтр. Авторское свидетельство №237798, 1984.

[8] Tarasov A, Fedotov I, Tatarnikov K. Aircraft Handling Qualities Research and Criteria Development for Nonstationar / Nonlinear Situation [R]. Final Report Contract No. SPC - 94 - 4002 EOARDC.

[9] Бюшгенс А Г, Желонкин В И, Смирнов К С. и др. Мини-тренажер авиационный. Патент РФ №41679 на промышленный образец, 1993.

[10] Бюшгенс А Г, Желнин Ю Н, Кочетков В П. и др. Мини-тренажер с реальными рычагами управления. Патент РФ №38580 на промышленный образец, 1992.

[11] Гоман М Г, Столяров Г И, Тартышников С Л. и др. Описание продольных аэродинамических характеристик самолета на больших углах атаки [C]. Препринт ЦАГИ №9, 1990.

[12] Бобцов В А, Шумилов А А. Интерактивная система коллективного пользования для автоматизации процесса моделирования динамики летательных аппаратов и систем управления [M]. Сб. Вопросы кибернетики Изд. АН СССР, 1984.

第 12 章　超声速飞机的纵向稳定性和操纵性

12.1　概述

向超声速飞行过渡会导致纵向稳定性和操纵性的气动性能具有一系列重要特点，它们使正常飞行范围内保证飞行品质变得复杂了。此外，近年来，在保证大迎角下和超大迎角下具有可接受的飞行品质方面，出现了一些新的要求。

超声速飞机纵向气动力性能的最重要的特点如下：

——纵向力矩与迎角关系曲线的非线性，特别是在大迎角 α 下出现静不稳定性时 ($m_z^{c_y} > 0$)；

——当 $M > 1$ 及近声速时在大迎角下，纵向操纵效率降低；

——当向 $M > 1$ 过渡时，飞机焦点向后移，在某些布局形式中，后移量可达 20%～25% CAX。甚至在 $M < 1$ 时的静稳定性裕量取到最小的情况下，该现象也会导致升阻比因纵向配平而产生的巨大损失；

——在近声速区形成纵向速度静不稳定性 ($\mathrm{d}m_z/\mathrm{d}C_y > 0$)。由于该原因，在驾驶杆位置不变(飞机上没有控制增稳系统)的情况下从超声速向亚声速减速时，可产生过载增量。在 $M \approx 1$ 区域，由于 m_{z0} 的不利变化，这种情况可能会加剧；

——大迎角下纵向气动阻尼减小，在高空纵向阻尼也减小；

——大迎角下，当接近 $C_{ya\,\max}$ 时，由于机翼上的气流分离形成大振幅的振动和振荡。

纵向运动(无侧滑)气动力性能的所有上述特点都可能是应用从其他角度看是合理的布局的障碍。因此，根据现行要求，通过采用自动化的控制增稳系统(СУУ)，可保证现代超声速飞机的稳定性和操纵性。此时，应在所有飞行迎角范围内保证有必要的、对补偿任何可能的扰动和纵向配平都有足够的纵向操纵效率。正如第 9 章中所指出的那样，不可逆助力操纵系统(НБУ)和电传操纵系统(СДУ)可通过引入专用传感器的信号(ω_z，Δn_y 或 α)来产生与飞行员无关的纵向操纵面的附加偏转，该附加偏转甚至在静不安定或阻尼不够的情况下也能修正飞机的动力学特性。

本章研究的是利用控制增稳系统(СУУ)保证纵向操纵性和稳定性的基本原理。在控制系统所有元件理想化工作情况下，在常用飞机线性运动方程下，形成控制律算法。传感器自身动态特性和操纵系统其他元件的影响，结构弹性的影响，以及一系列非线性作用的影响，将在下一章中讨论。

为了实现采用控制增稳系统的控制系统的功能，必须将舵面偏转到最大角度，这要求设计相应结构的飞机操纵系统并使之具有很高的可靠程度。由自动系统大量偏转舵面，既可采用大行程舵机的机械系统来实现，也可采用近几年研究的电传操纵系统来实现。在电传操纵系统中，飞行员驾驶杆与飞机气动力操纵面之间的机械连接被电气联系所取代。飞机操纵系统由机械系统向电传系统演化的主要阶段，已在第 9 章中示出。

电传操纵系统的主要优点：

——可方便地引入任何附加信号；

——可大大减小结构形变的影响，减小摩擦力、间隙和死区，提高操纵精度，因为大部分机械传动已被电所取代了；

——可提高生存力；

——与自动驾驶仪的交联简单；

——可减轻重量(特别是在大飞机上)。

电传操纵系统的一般结构在第 9 章中已列出过。飞行员驾驶杆上装有测量加到杆上的力或杆位移的传感器。信号送入多通道模拟或数字计算机。计算装置送出的信号，加到多通道执行作动器上。

使用带有飞机控制增稳系统的电传操纵系统，可保证具有下述能力：

——处理来自飞行员的操纵信号和反馈信号以便在操纵时获得所需的飞机响应；

——在各控制通道之间建立必要的交联；

——在飞行构型和状态发生变化时自动配平飞机；

——限制来自飞行员的信号，防止进入危险的飞行状态。

建立电传操纵系统的主要问题，就是要保证其至少具有与作用相同的机械操纵系统一样高的可靠性。

为保证飞机具有便于飞行员驾驶的操稳特性，需要对包含飞行员在内的飞机操纵系统中的有关自动装置的结构形式、算法(控制律)及参数的选择提出明确的要求，这些要求是有别于对自动驾驶仪提出的相应的要求的。因此，在分析能保证飞机的操纵性和稳定性的各种系统方案之前，先形成对这种系统的某些一般要求。

(1) 必须考虑飞行员特性而提出的要求。它要有下列一些要求：

——飞机的操纵特性，无论是杆(盘)力或是杆位移灵敏度，都应适合飞行员。

——带控制增稳系统的飞机的动态特性，应是飞行员可接受的。尤其是，既不允许响应速度太快(通频带宽)，也不允许响应速度太慢(通频带窄)，因为在这两种情况下，飞行员应要么引入延迟(滤除信号)，要么引入超前，这就降低了对飞机的评价。对飞行员评价飞机而言，飞机在运动发展初始阶段的响应，常常是极其重要的。如果飞机在初始运动阶段延迟很大，那么，很难精确操纵。这种动态特性，对于带自动驾驶仪的飞机可能是可接受的，但对飞行员操纵状态来说是不允许的。

——带控制增稳系统的飞机纵向通道应具有足够的通频带，以便让飞行员在某些精确驾驶飞行状态时产生的高频试探脉冲通过。大部分飞行员在着陆的最后阶段都会使水平安定面(升降舵)产生频率为 1～1.5 Hz 的幅值不大的振荡，以便产生角加速度为 6～7(°)/s^2 的俯仰振荡。使用试探脉冲的目的，看来在于不断地分析飞机的特性，预测其对于控制航迹所必需的低频控制分量的响应。不具备这一能力，就会使飞机在这些飞行阶段难以驾驶。

——当飞机的运动伴有自动控制系统工作引起的剩余振荡时，这种自振的等级应在允许的范围内。

(2) 不同于带自动驾驶仪的系统，由飞行员操纵的飞机控制系统，应考虑到飞机在整个包线内所有可能的工作状态，包括极限包线甚至临界飞行状态内进行工作。这就必须选择相应的操纵系统的功能并根据飞行状态调节传动比。

(3) 由飞行员操纵的飞机控制系统，应考虑飞机作任意机动时都成功地实现功能的条件，而自动驾驶仪一般仅考虑在稍微偏离正确飞行条件下的工作。这一要求，使得分析一系列研制自动驾驶仪时通常不用考虑的问题，成了必须做的工作。

当飞机做任意机动时，其指向(γ, ϑ)，过载角速度和加速度(特别是对机动飞机)都有显著变化时，必须研究控制增稳系统的功能和评估飞机动态性能的可能的变化。

飞机的复杂空间运动，可导致交叉相互影响，它既由控制增稳系统传感器的特性所造成，也由寄生效应所引起的交叉耦合所造成。这些寄生效应与传感器在飞机上安装的影响有关，结果，传感器所测得的是比选择相应的单个控制通道参数时所设想的更复杂的运动分量。对于驾驶杆任意地偏转，其中包括急剧的阶跃式偏杆、大的外部扰动的作用等等，也必须进行分析，它们会导致带控制增稳系统的飞机在“大扰动中”失稳(见第 13 章)。

这样，从所列要求中可得出，在分析和综合控制增稳系统时，除了有关保证作为控制对象的带控制增稳系统的飞机所需要的动态特性的一般要求之外，还必须在各种飞行条件下进行系统功能分析。下面以飞机的纵向操纵系统为例进行这类分析的相应说明。

飞机的纵向控制问题，可有条件地表示为双回路控制问题，这里的外回路是飞机沿航迹(V, L, V_y, H 等的变化)的运动，也就是其质心的运动，而内回路是飞机相对于质心的运动。在本章中分析仅限于内回路的控制和研究适用于这些问题的飞行员操纵自动的实现。此时所研究的是能改善飞机操纵性和稳定性并能减轻飞行员驾驶飞机的负担的系统。所研究的控制系统的特点在于，它们一般是飞机的必要组成部分且其方案和参数的选择实质上取决于飞机的具体的气动力性能。因此，其参数的选择是分析飞机的动态和飞行员操纵特点的自然组成部分。

在选择控制系统的算法和结构时，一般都力争建立从某种意义上来说是最佳的系统。由于保证高可靠性和飞行安全的重要性适用于实际控制系统的设计，一般归结为在现有的经验和对传递系数进行优化并随飞行状态对其进行调节的基础上，选择合理的信息源和控制增稳系统的结构。但是，在很多情况下，对飞机操纵品质的规范性的要求，不能直接用于分析飞机操纵的自动化，因为这些要求是用飞机性能的术语表述的，当改善稳定性和操纵性的自动化装置显著改变飞机的特性时，必须采用其他的方法，特别是将飞机-控制增稳系统-飞行员作为一个整体研究闭环系统性能的方法。由于对多数类别的飞机来说，飞行员操纵方式仍是主要的(其中，机动飞机就属于这种情况)，故只有在控制回路中考虑了飞行员时，才能够表示对带控制增稳系统的飞机的要求。

在设计控制系统时，可以划分为下列主要阶段：

——选择敏感元件和控制增稳系统的主反馈；

——对单个飞行状态和飞机构形优化参数；

——对全飞行包线和所有飞机构形优化调参控制律。

在适用的实际控制系统设计中，重要的是保证高可靠性和安全性，一般归结为在现有经验的基础上选择合理的信号源和控制增稳系统结构，优化传递函数并随飞行状态进行调参。

根据控制增稳系统的结构和算法，可以在不同的技术方案下取得令人满意的飞机动态性能。设计时，考虑下列主要因素：

——实现的简易性；

——开发和实现的费用；

——对控制增稳系统的不同工作状态、元件和调参的一致性；

——对不希望的输入作用和控制增稳系统参数相对于额定值的偏离敏感度低；

——对传感器在飞机上的安装位置的敏感度低；

——使用的可靠性和简易性。

由于研制测量飞机运动参数的新传感器特别困难，实际上可供开发和装机的控制增稳系统方案的数量就非常有限。目前，在飞机纵向自动控制中，可以使用过载 n_y 传感器、角速度 ω_z 传感器和角度 α，ϑ 传感器。

飞机可有不同程度的自动控制，实际上，对自动控制的要求是在飞机设计的初始阶段就已提出。因此，我们在研究各种形式的自动控制增稳系统方案时，把主要注意力放到下列问题上：

——带控制增稳系统的飞机的操纵稳定性能；

——保证传动比在稳定储备要求所允许的范围；

——飞机性能的改变对控制增稳系统工作能力的影响，特别是它能否在气动不安定的飞机上使用；

——根据飞行状态选择和调节传动比。

在分析控制增稳系统时，我们主要是研究带控制增稳系统的飞机能否满足对阻尼值 $\bar{\xi}_\alpha$ 和振荡频率 ω_α 的要求这一简单条件来选择其参数。使用飞行员模型优化控制系统参数的方法方面的某些见解，在本章末列出。

12.2　改善纵向阻尼的控制增稳系统

获得广泛应用的改善纵向振荡阻尼特性（当静安定时）的最简单的装置是纵向振荡阻尼器，即俯仰阻尼器。

装有俯仰阻尼器的飞机操纵系统的功能示意图，列于图 12.1 中。俯仰阻尼器中的敏感元件是角速度传感器（ДУС），它是一个只感受飞机运动角速度矢量的一个分量的速率陀螺。通常使用可串联作动器或舵机（PM）作为执行装置；串连作动器或舵机连接在操纵回路中并可以补充飞行员的操纵，实现占平尾全行程 5%～10%的平尾小量偏转 $\Delta\varphi$。这种小行程振荡阻尼器具有故障安全性，可做成单通道的装置。如果不考虑执行装置的动态特性，将俯仰阻尼器引入操纵系统中就等效于改变气动阻尼导数 $m_z^{\bar{\omega}_z}$，也就可以改善飞机的阻尼特性。使用俯仰阻尼器使产生单位过载所需的杆偏量 $\left(\frac{\mathrm{d}x}{\mathrm{d}n}\right)$ 稍有增加，这在很多情况下是我们所期望的。但是，当平尾效率没有余量时，由于俯仰阻尼器会降低机动中平尾的效率，这种变化就会是我们不希望的了。小行程舵机的俯仰阻尼器（图 12.2(a)）的缺点，是在定常机动时它可能会进入行程的限制区。这一点可用不同的方式来避免。目前，最常见的是使用只让从角速度传感器来的高频信号通过的滤波器（所谓的盘旋机构）。

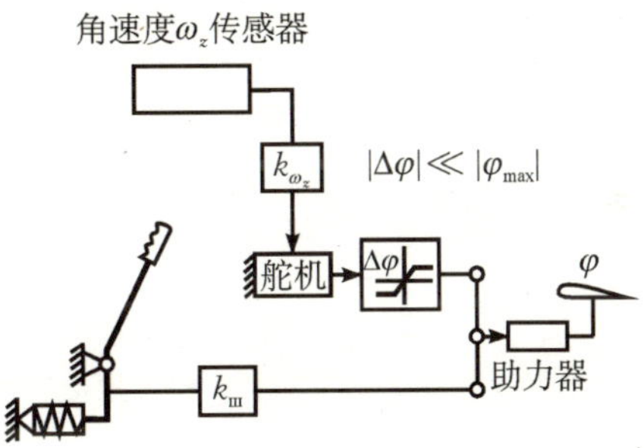

图 12.1　带俯仰阻尼器飞机的功能示意图

带这种类型阻尼器的飞机操纵系统的示意图，在图 12.2(б)中给出。在具有盘旋机构时，尽管舵机的行程小，阻尼器仍能保持其性能。

分析带俯仰阻尼器的飞机的动态时，我们将只研究短周期运动。分析纵向运动的这种简化是允许的，因为所研究的是稳定飞机的动态，对它而言，允许将其划分为长周期运动和短周期运动。我们要研究是图 12.2(a)中给出的、带有俯仰阻尼器的飞机的动态。考虑到对我们所研究的问题来说，可以用一阶传递函数近似表述作动器（舵机和助力器）的动态特性，此时开环系统的传递函数具有下列形式：

$$W_{раз} = k_{\omega_z}(-\overline{M}_z^{\varphi})\frac{p+\overline{C}_\alpha}{p^2+2\xi_\alpha\omega_\alpha p+\omega_\alpha^2}\frac{1}{T_1 p+1}\frac{1}{T_б p+1}$$

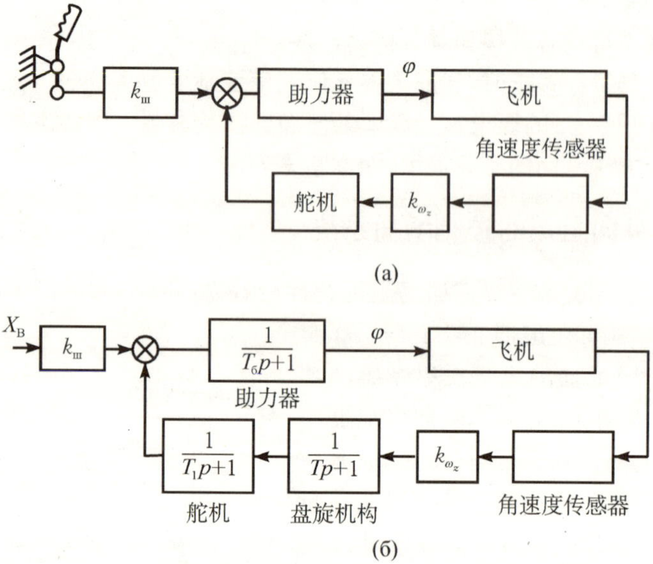

图 12.2 带俯仰阻尼器的飞机(a)和带具有盘旋机构的俯仰阻尼器的飞机(б)的结构示意图

式中，$\overline{C}_\alpha = C_y^\alpha/(mV)$；

ω_α——短周期运动的频率；

ξ_α——衰减率；

k_{ω_z}、T_1 和 $T_б$——控制系统的参数(图 12.2)。

如果将 $k_{\omega_z}(-\overline{M}_z^\varphi)$作为可取 0 到$\infty$间数值的变参数来研究，并使用根轨迹法，就可得出飞机-俯仰阻尼器闭环系统的根轨迹(图 12.3)。对装有带盘旋机构的俯仰阻尼器的飞机(图 12.2(б))来说，相应的根轨迹绘于图 12.3(б)中。从图 12.3(a)(б)中可以看出，飞机上具有俯仰阻尼器，首先是影响纵向振荡的衰减率。如果伺服作动器的延迟非常小，使用俯仰阻尼器可大大改变纵向运动特征方程的根，直到获得一对实根；但对执行装置(舵机和助力器)实际的动态特性而言，使用阻尼器可保证的最大阻尼是有限制的。

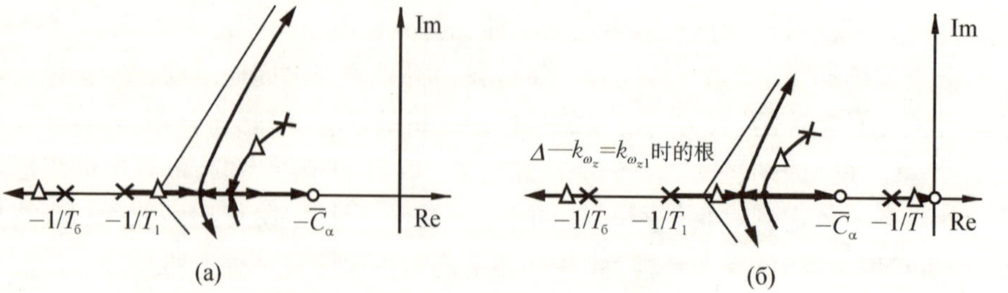

图 12.3 带俯仰阻尼器的飞机的根轨迹

(a) 俯仰阻尼器(见图 12.2(a))；(б) 带盘旋机构的俯仰阻尼器(见图 12.2(б))

通过适当地选择阻尼器系数，可满足对阻尼值的要求，在该阻尼下，飞行员对飞机的评价将是良好的。但是，由于飞机-阻尼器系统的特征方程根取决于乘积 $(k_{\omega_z} m_z^{\varphi} q S b_A)/I_z$，当飞行状态变化时，必须根据速压值来调节系数 k_{ω_z}。如果在阻尼器示意图中加入 $(T_2 p+1)/(T_3 p+1)$ 形式的校正滤波器(图 12.4)，就可以降低对系数 k_{ω_z} 所需调节程度的要求。带这种阻尼器的飞机对飞行状态的依赖性已大大减小了，这在图 12.5(а)、(б)中已说明。从该图中可以看出，引入校正滤波器时，以传递函数零点的形式出现了对从复极点出发的根轨迹的“吸引区”，这可稳定飞机的动态性能。

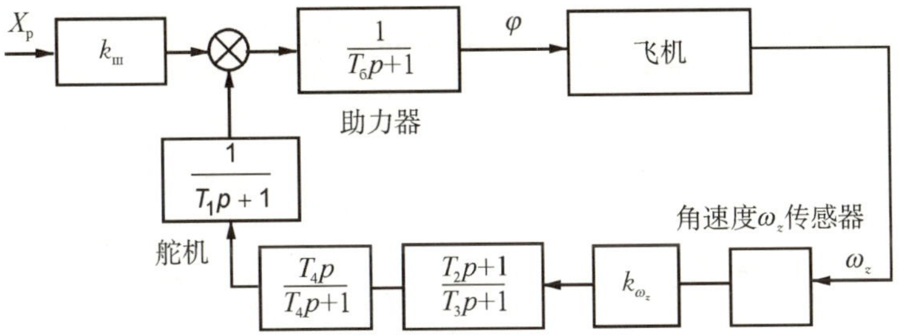

图 12.4　俯仰阻尼器中有校正滤波器 $(T_2 p+1)/(T_3 p+1)$ 的系统的示意图

$T_1=0.1$；$T_2=0.5$；$T_6=0.05$；$T_3=0.2$；$T_4=4$

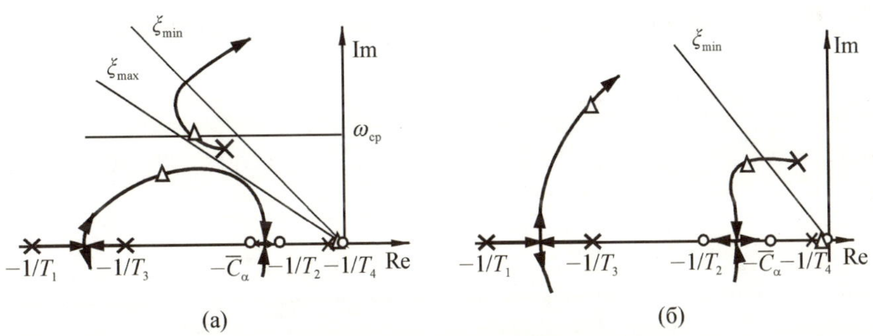

图 12.5　带俯仰阻尼器飞机的根轨迹(见图 12.4)

(а) 低飞行高度；(б) 高飞行高度

根据飞机-俯仰阻尼器开环系统的传递函数表达式和根轨迹分析，可以得出下列结论：

——飞机-俯仰阻尼器系统的参数取决于飞行状态，因而，阻尼器参数必须随飞行状态调节；

——当飞机在大速压下飞行，俯仰阻尼器的传递系数大时，会出现由执行装置(作动器)动态所决定的高频不稳定性；

——使用俯仰阻尼器不能保证静不稳定飞机在全飞行包线内具有满意的操纵品质；

——有盘旋机构时使飞机的阻尼有所恶化并导致出现附加的小根值 $0<|\lambda|<1/T_4$。

12.3 静不稳定飞机的控制增稳系统——一般原理

飞机纵向操纵自动化的更普遍的方向，是使用具有过载信号(迎角信号)的、按下述函数关系工作的自动稳定装置：

$$\varphi = k_{\omega_z}\omega_z + k_{n_y}\Delta n_y + k_{\text{ш}}X_{\text{в}} \tag{12.1}$$

式中，$\Delta n_y = n_y - 1$，是过载传感器的信号。

相应的功能示意在图 12.6 中给出。方程(12.1)可解决两个任务：改善阻尼和增大飞机静稳定度。这种系统的实现，也像俯仰阻尼器一样，一般是利用小行程的串连作动器(舵机)(图 12.6)。纵向增稳的自动装置可使飞机的稳定性有所改善并增大阻尼。这时操纵性也有变化。

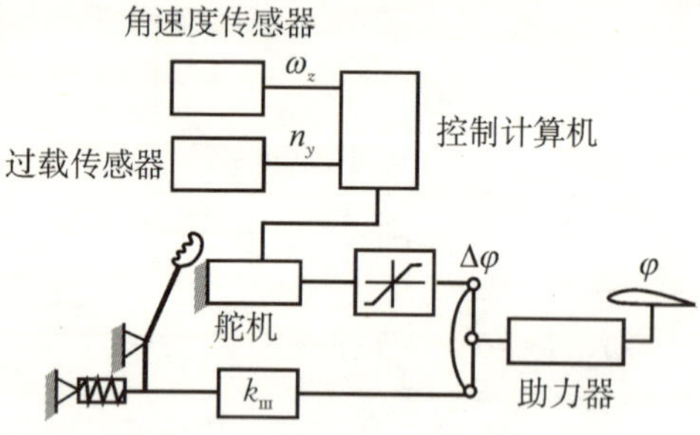

图 12.6 纵向增稳自动装置的功能示意图

为分析带纵向增稳自动装置或(12.1)的飞机的动态特性，必须善于确定闭环系统的根值。为使用根轨迹法，必须将图 12.7 的示意图化成单回路形式(图 12.8)。开环系统的传递函数将有下列形式：

$$W_{\text{раз}} = k_{\omega_z}(-\overline{M}_z^{\varphi})\frac{p+\overline{C}_\alpha^*}{p^2+2\overline{\xi}_\alpha\omega_\alpha p+\omega_\alpha^2}\frac{1}{T_1 p+1}\frac{1}{T_6 p+1} \tag{12.2}$$

式中：$C_\alpha^* = \left(\dfrac{k_n}{k_{\omega_z}}\dfrac{V}{g}+1\right)\overline{C}_\alpha$

12.9(a)、(б)中，给出了稳定的和气动不稳定飞机的根轨迹示例。根据对图 12.9 上根轨迹形式的分析，可得出带有所研究类型控制系统的飞机动态特性的下列结论：

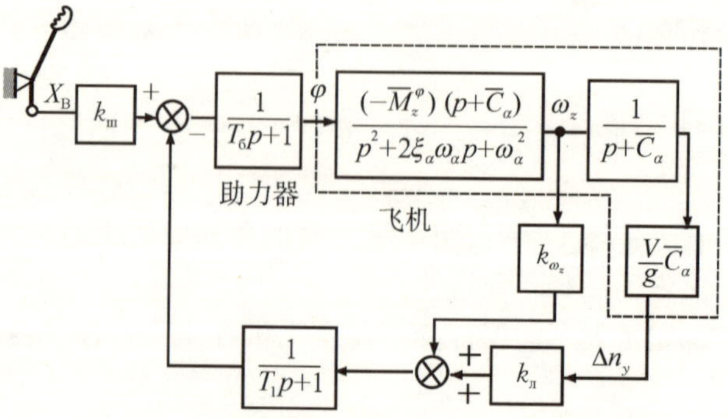

图 12.7 带纵向增稳自动装置的飞机的示意图

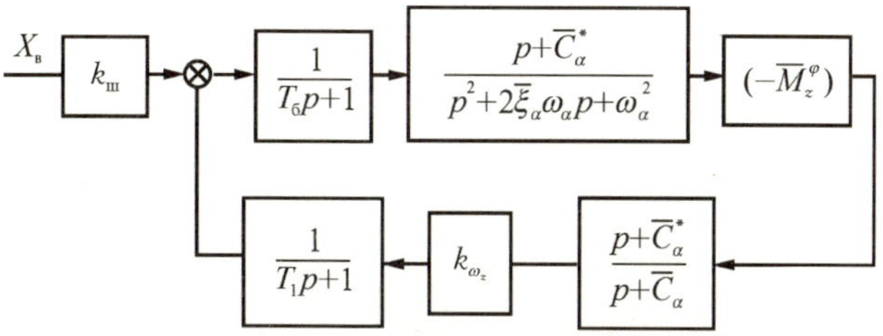

图 12.8　带有转化成单回路形式的图 12.7 的纵向增稳自动装置的飞机的示意图

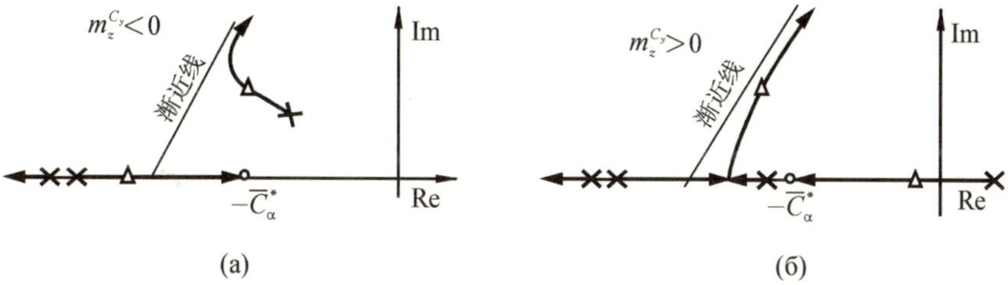

图 12.9　带纵向增稳自动装置的飞机的根轨迹(图 12.7)

——如果系统中使用足够大的平尾偏度，使用控制增稳系统可保证气动不稳定飞机的运动稳定性；

——取决于飞机的静稳定度，要求不同的控制系统调参；

——飞行状态的变化显著影响控制系统的功能；

——为保证即使在飞机特性(重心位置、外挂物等)变化时，$\frac{dx}{dn}\left(\frac{dp}{dn}\right)$的变化很小，需要根据飞行状态和飞机的性能专门调节传动比。

相当复杂的调参，特别是调参与飞机特性的依赖关系，自然是我们所不希望的。这迫使我们寻找其他类型的函数关系。这也就导致了必须设计无静差系统和设计具有大增益系数及大行程舵机的有静差系统。

对超声速飞机来说，如能利用静不稳定性，就可获得一系列与飞机纵向配平有关的显著优越性。如果亚声速飞行实现了 $m_z^{C_y}>0$，在超声速时就可以减小静稳定裕量。众所周知，该裕量在超声速时会增加 10%～20%平均空气动力弦长。此外，当 $M<1$ 实现 $m_z^{C_y}>0$ 时，飞机纵向力矩配平的升力损失就减少，平尾上的载荷减小，同时，配平阻力也减小，飞机配平时的升阻比损失也减小。上述一切，都在图 12.10 和图 12.11 中给予了说明。

上述效应，可在其他条件相等时，使超声速飞机的起飞重量明显减少。当静不安定度($m_z^{C_y}>0$)过渡到大约等于 10% CAX 时，起飞重量可减少 5%～10%。应当指出，$M<1$ 时 $m_z^{C_y}>0$ 的量值，要受到纵向操纵所需最大下俯力矩的限制，该操纵效能应保证飞机能从允许的极限迎角返回到小迎角(图 12.10)。

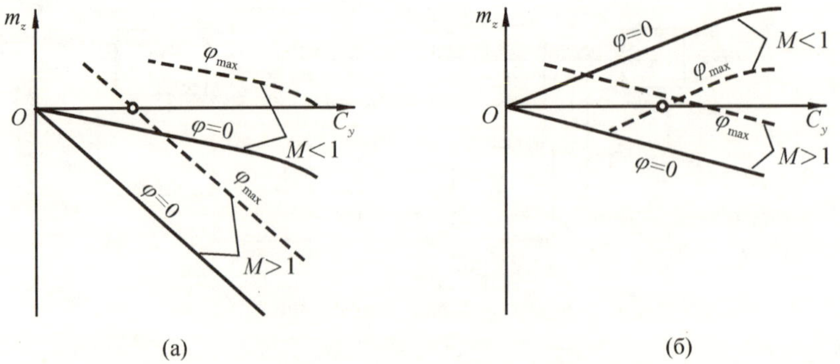

图 12.10　静稳定飞机(a)和静不稳定飞机(б)的纵向力矩

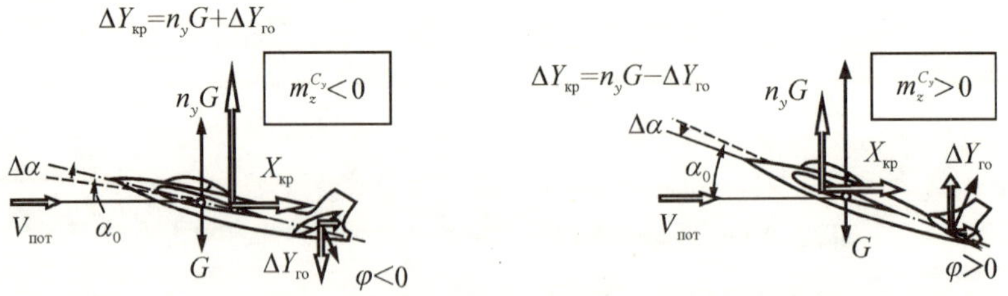

图 12.11　飞机的纵向稳定裕量对其配平时所需力的量值的影响($\Delta\alpha$—为补偿平尾的升力 $\Delta Y_{го}$时机翼迎角的变化)

12.4　无静差陀螺控制增稳系统

无静差控制增稳系统拥有毋庸置疑的优点，它能保证飞机的静态操纵特性($X_{в}^{n_y}$, P^{n_y})实际上与飞机的气动性能、重量性能和重心位置无关。本节将研究几种基于既使用陀螺传感器的信号，又使用过载传感器信号的无静差操纵系统。在苏联，早在 1955～1960 年，В·Н·马特维耶夫、Г·С·比尤什根斯、Ю·И·西多罗夫、Ю·А·鲍里斯就研究了半自动纵向操纵系统形式的这类控制增稳系统。

在许多著作中研究过建立这类系统的各种问题。本节中的重点是评估无静差控制系统对飞机操纵性能的影响。我们的研究从分析带角速度 ω_z 传感器的飞机纵向操纵无静差系统开始，即所谓的纵向陀螺自动控制装置(АПУ)。

我们来研究装有纵向陀螺自动控制装置(АПУ)形式的控制系统的飞机的动态特性。

$$\varphi = k_{\omega}(\omega_z - KX_{в}) + k_{\vartheta}\int_0^t(\omega_z - KX_{в})\mathrm{d}t \tag{12.3}$$

由表达式(12.3)可知，飞行员通过纵向陀螺自动控制装置操纵飞机。正比于驾驶杆偏量或杆力的信号 $KX_{в}$，进入纵向陀螺自动控制装置的计算装置中，在那里形成函数(12.3)。计算装置的输出信号到达一般由舵机和助力器组成的执行作动器的输入端，作动器就实现飞机平尾的偏转。

纵向陀螺自动控制装置的结构实现可以是不同的。控制函数中具有误差信号的积分，会导致驾驶杆(杆或盘)与平尾之间的单值对应关系消失，而这种关系对于没有纵向陀螺自动控制装置的飞机来说却是有代表性的。因此，为保持杆偏量与平尾之间联系，在实现系统结构时，必须使用力驾驶杆，即其输出信号与飞行员加到杆上的力成正比(图 12.12)的驾驶杆。在这种情况下，进入函数式(12.3)中的信号 KX_p 是与飞行员加到杆的力成正比的。但是，在这样的方案中，杆位移与杆力之间存在着一定的矛盾，这种矛盾在不稳定的飞机上尤为严重。

在电传操纵系统的方案中，当平尾的偏度 φ 与操纵杆偏度无关时(图 12.13)，可直接实现函数式(12.3)。显然，对这种系统元件的可靠性要求比第一种情况高。

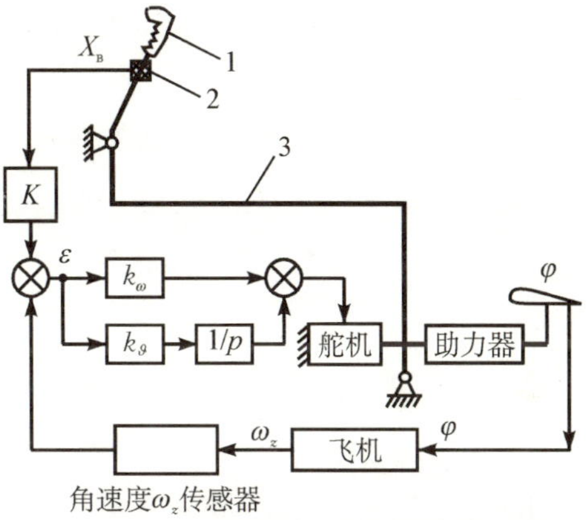

图 12.12　带应变操纵杆和机械操纵杆系的纵向陀螺自动控制装置的功能示意图

1—力驾驶杆；2—杆力传感器；3—机械操纵杆系

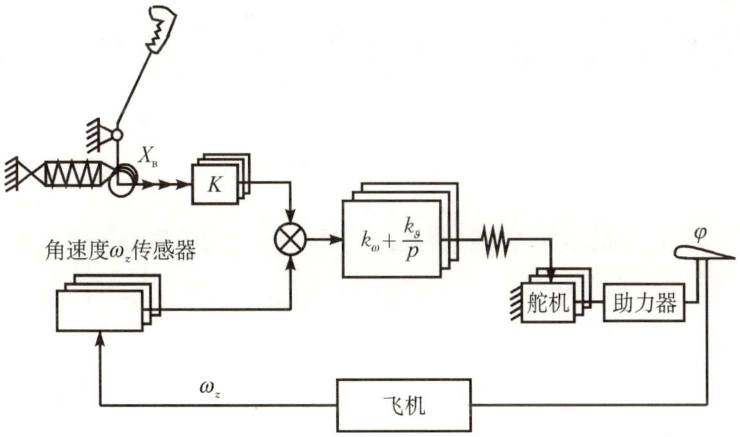

图 12.13　在电传操纵系统方案中的纵向陀螺自动控制装置功能示意图

分析带控制系统(其结构示意图在图 12.14 中给出)的飞机的动态时，我们将研究下列主要问题：

——带控制系统的飞机静态操纵特性($X_в^{n_y}$、P^{n_y})；

——动态特性，飞机-纵向陀螺自动控制装置系统的根与飞机参数的关系；

——带纵向陀螺自动控制装置的飞机的稳定性，允许的传动比选择范围；

——带纵向陀螺自动控制装置的飞机的动态特点。

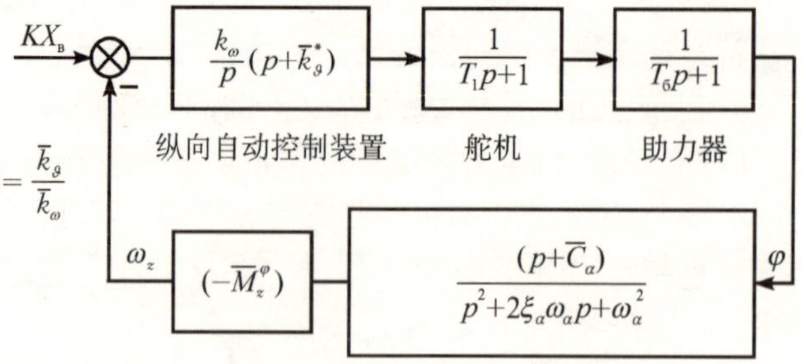

图 12.14　纵向陀螺自动控制装置的结构示意图

根据关系式(12.3)可以得出，带纵向陀螺自动控制装置的飞机，在稳定平飞中 $KX_p=0$。当飞行员不介入操纵时，纵向陀螺自动控制装置就像自动驾驶仪方式那样工作：

$$\Delta\varphi = k_\omega\omega_z + k_\vartheta\Delta\vartheta \tag{12.4}$$

当操纵杆偏转对应于常值 KX_B 的角度时，纵向陀螺自动控制装置将偏转平尾，直到保证被积分表达式为零，也就是满足条件

$$KX_B = \omega_z \tag{12.5}$$

满足该关系式应与飞机的参数无关，当然，前提是操纵面具有实现这一条件的足够的效率。

满足等式(12.5)也是无静差控制系统的任务之一。如果考虑到，在定常运动中满足关系式

$$\omega_{z0} = \frac{\Delta n_y g}{V} \tag{12.6}$$

我们可以得出，纵向陀螺自动控制装置能保证下列飞机的静态操纵性能(与飞机的气动力性能和重心位置无关)：

$$X_B^{n_y} = \frac{g}{KV} \tag{12.7}$$

如果根据飞行状态对传动比 $K=f(V,H)$ 进行调节，可以保证必要的关系式 $X_B^{n_y}(V,H)$。

分析带纵向陀螺自动控制装置的飞机的动态时，研究根轨迹非常方便。气动不稳定飞机短周期运动的根轨迹示例在图 12.15 上给出。绘制根轨迹时，在系数比值 $\overline{k}_\vartheta/k_\omega=\overline{k}_\vartheta^*$ 不变的情况下研究有效增益系数 $k_\omega(\overline{M}_z^\varphi)$ 的变化。系数比值 $\overline{k}_\vartheta^*$ 的变化可对根轨迹的形式产生附加影响。

在分析纵向陀螺自动控制装置的传动比对飞机动态的影响之前，先研究带控制系统的飞机运动稳定性的条件，也就是确定应分析的传动比数值的范围。正如从图

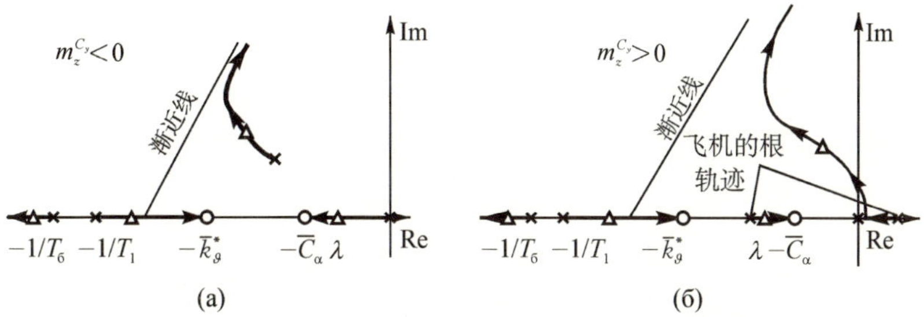

图 12.15　带纵向陀螺自动控制装置的飞机的根轨迹

(a) 稳定的飞机；(б) 不稳定的飞机

12.15(б)中的根轨迹所看出的那样，飞机运动的不稳定性，或是在飞机气动不稳定的前提下，因传动比数值小而发生，或是由于作动器动态的影响致使传动比数值很大而发生。看来，确定稳定性区域边界的最方便的办法是 Д 划分法。Д 划分法的实质在于，将根据控制增稳系统传动比数值求根的正解问题，换成给定根值而求解与这些根值对应的传动比的反解问题。

假设带控制增稳系统的飞机的特征方程为

$$\Delta_0(p) = a_0 p^n + a_1 p^{n-1} + \cdots + a_{n-1} p + a_n = 0 \tag{12.8}$$

式中，a_i 为控制增稳系统系数 k_1 和 k_2 的函数或传动比中数值大者的函数。最简单的情况是当控制增稳系统的参数只有两个且它们线性地进入特征方程的系数中时，假设我们有特征方程(12.8)的某组根并开始改变传动比 k_1 和 k_2。在这种情况下，可以用下列方法之一来改变稳定根的数量：

(1) 实根变为零；在这种情况下，按韦达定理等于所有根乘积的系数 a_n 变成零。这是实根变号的判据且对应的边界是方程

$$a_n(k_1,\ k_2) = 0 \tag{12.9}$$

(2) 实根可以在通过无穷时变号，这可以在 p^n 的系数 a_0 变成零时来实现。稳定的条件是 $a_0(k_1,\ k_2) = 0$（这种等式在分析飞机的动态时一般不用）；

(3) 共轭复根的实部变为零，这是振荡不稳定性。这一现象的判据是等式 $\Delta_0(\mathrm{i}\omega) = 0$，对于算子 $\Delta_0(\mathrm{i}\omega) = 0$ 的实部和虚部而言，等式 $\Delta_0(\mathrm{i}\omega) = 0$ 可分解成两个方程组：

$$X(\omega,\ k_1,\ k_2) = 0;\ Y(\omega,\ k_1,\ k_2) = 0 \tag{12.10}$$

式中，ω 为复数根频率，其值在确定稳定性边界时可取 0 到∞的所有值。根据式(12.10)可以得出稳定性边界上的系数的方程组。

绘制稳定性边界时，必须使用包括在下列内容中的阴影线法则。

当沿着频率 ω 从 0 到 +∞增长方向上的边界移动时，如果 $\Delta > 0$，稳定性区域在左侧，如果 $\Delta < 0$，稳定性区域在右侧。边界的交叉表明有正实部的根的数量有

变化，但在边界内部可能有一些在我们所研究的参数变化时不变的不稳定根。这使得我们必须通过对区域内部的任何一点做检验计算来检查所得到的边界。如果在该区域内所有的根都对应于稳定运动，那么所得到的边界是稳定的。

现在，我们来研究带纵向操纵陀螺自动装置的飞机的稳定性。根据对图 12.14 上所列示意图的分析，可得到闭环系统的传递函数，其分母为下列特征方程：

$$\Delta_0(p) = p(p^2 + a_1 p + a_0)(T_6 p + 1)(T_1 p + 1) + (p\bar{k}_\omega + \bar{k}_\vartheta)(p + \bar{C}_\alpha) \tag{12.11}$$

式中，$\bar{k}_\omega = k_\omega(-\overline{M}_z^\varphi)$；$\bar{k}_\vartheta = k_\vartheta(-\overline{M}_z^\varphi)$。

做完必要的变换后，我们得到五阶特征方程，而将 $p = \mathrm{i}\omega$ 代入特征方程中并按实部和虚部将表达式中的各项归类后，将得到两个方程：

$$\mathrm{Re} = 0：\omega^4[a_1 T_1 T_6 + T_1 + T_6] - \omega^2[(T_1 + T_6)a_0 + a_1 + \bar{k}_\omega] + \bar{C}_\alpha \bar{k}_\vartheta = 0 \tag{12.12}$$

$$\mathrm{Im} = 0：\omega^4 T_1 T_6 - \omega^2[1 + a_0 T_1 T_6 + (T_1 + T_6)a_1] \cdot [a_0 + \bar{k}_\vartheta + \bar{C}_\alpha \bar{k}_\omega] = 0 \tag{12.13}$$

经过简单的变换后，我们可得到在稳定性边界上控制增稳系统传动比的表达式：

$$\bar{k}_\vartheta = \frac{A\bar{C}_\alpha + B\omega^2}{(\bar{C}_\alpha^2 + \omega^2)}；\bar{k}_\omega = \frac{\bar{C}_\alpha B - A}{(\bar{C}_\alpha^2 + \omega^2)} \tag{12.14}$$

式中，$A = -\omega^4[a_1 T_1 T_6 + T_1 + T_6] + \omega^2[(T_1 + T_6)a_0 + a_1]$；

$B = -\omega^4 T_1 T_6 + \omega^2[1 + a_0 T_1 T_6 + (T_1 + T_6)a_1] - a_0$。

由表达式(12.14)得出，$\omega = 0$ 时，$\bar{k}_\vartheta = 0$，所以稳定性边界由点 $\bar{k}_\vartheta = 0$，$\bar{k}_\omega = -a_0\sqrt{C_\alpha}$ 出发，在该点中特征方程的两个根为零。

表达式(12.14)可通过数值计算给出稳定域边界。但为了获得稳定性区域与纵向陀螺自动控制装置的参数的显性关系式，我们将得到近似的解析式。为此，我们将分别对低频值 ω 和高频值 ω 研究稳定性边界的表达式。现在我们研究低频($\omega \to 0$)稳定性区域边界。

在这种情况下：

$$A \approx a_1\omega^2；B \approx -a_0(\text{当 } a_1 \gg (T_1 + T_6)a_0 \text{ 时})$$

由此

$$\bar{k}_\vartheta \approx \frac{\omega^2}{\bar{C}_\alpha^2}(a_1 \bar{C}_\alpha - a_0)；\bar{k}_\omega \approx -\frac{a_0}{\bar{C}_\alpha} - a_1 \frac{\omega^2}{\bar{C}_\alpha^2} \tag{12.15}$$

考虑到

$$\frac{\omega^2}{\overline{C}_\alpha^2} \approx \frac{\overline{k}_\vartheta}{a_1 \overline{C}_\alpha - a_0}$$

得到

$$\overline{k}_\omega \approx -\frac{a_0}{a_1} + \frac{a_1}{a_0}\overline{k}_\vartheta$$

这是一个用$\overline{k}_\vartheta$、$\overline{k}_\omega$ 坐标表示的直线方程。对于稳定的飞机和不稳定飞机的相应的边界在图 12.16 上示出。

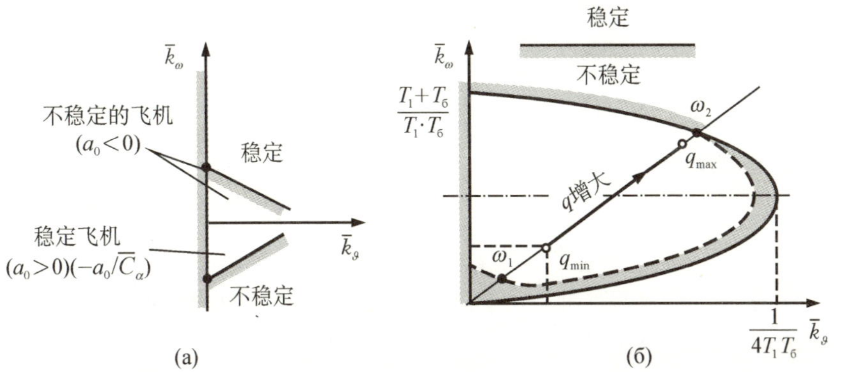

图 12.16　带纵向陀螺自动控制装置的飞机的稳定性区域

(a) 低 ω 值时的稳定性区域边界；(б) 高 ω 值时的稳定性区域边界；——为近似计算；----为精确计算

现在我们研究高频时的稳定性区域边界，在此可近似取：

$$A \approx -\omega^4(T_1 + T_б),\ B \approx -T_1 T_б \omega^4 + \omega^2$$

由此，在简单的变换后，得到：

$$\overline{k}_\vartheta \approx -\omega^4 T_1 T_б + \omega^2,\ \overline{k}_\omega \approx \omega^2(T_1 + T_б) \tag{12.16}$$

根据关系式(12.16)很容易得到用$\overline{k}_\vartheta(\overline{k}_\omega)$函数关系式表示的稳定性边界：

$$\left[\overline{k}_\vartheta - \frac{1}{4T_1 T_б}\right] = -\frac{T_1 T_б}{T_1 + T_б}\left[\overline{k}_\omega - \frac{T_1 + T_б}{2T_1 T_б}\right]^2 \tag{12.17}$$

这是一个传动比平面上的抛物线方程(图 12.16(б))。当 q 值从 q_{min}变化至 q_{max}时，选择常值 k_ϑ、k_ω 后，将得到轮廓点移动并可移到稳定性边界外。表达式(12.17)非常方便，特别是利用它可迅速估算运动是能够稳定的传动比的近似最大值。这些值可根据下列不等式来估算：

$$\overline{k}_\omega < \frac{T_1 + T_б}{T_б};\ \overline{k}_\vartheta < \frac{1}{4T_1 T_б}$$

在研究传递函数，比如$\{\omega_z/(KX_p)\}$时，可以很方便地分析飞机的操纵性能：

$$\left\{\frac{\omega_z}{KX_{\text{B}}}\right\}=\frac{k_\omega(-\overline{M}_z^{\varphi})(p+\bar{k}_\vartheta^*)(p+\overline{C}_\alpha)}{\Delta_0(p)} \tag{12.18}$$

特征行列式 $\Delta_0(p)$一般有一对共轭复根和一个主导实根，它们决定了飞机的动态特性。如果考虑到实根在数值上与$\overline{C}_\alpha$ 很相近，并考虑前面对分子和分母中相近算子的影响所作的估计，则关系式(12.18)可简化并将其化成下列形式：

$$\left\{\frac{\omega_z}{KX_{\text{B}}}\right\}\approx\frac{p+\bar{k}_\vartheta^*}{(p^2+2\bar{\xi}_\alpha\omega_\alpha p+\omega_\alpha^2)} \tag{12.19}$$

为确定迎角的传递函数，可使用下列传递函数：

$$\left\{\frac{\alpha}{\omega_z}\right\}=\frac{1}{p+\overline{C}_\alpha}$$

进行变换后，根据关系式(12.18)和(12.19)，有

$$\left\{\frac{\alpha}{KX_{\text{B}}}\right\}=\left\{\frac{\omega_z}{KX_{\text{B}}}\right\}\left\{\frac{\alpha}{\omega_z}\right\}\approx\frac{p+\bar{k}_\vartheta^*}{(p^2+2\bar{\xi}_\alpha\omega_\alpha p+\omega_\alpha^2)(p+\lambda)} \tag{12.20}$$

由关系式(12.20)得出，实根 λ 的数值对按迎角的过渡过程有显著影响。由图12.15 看出，对气动稳定的飞机，$|\lambda|<\overline{C}_\alpha$。代表这种情况的$\lambda$小时，操纵时的过渡过程拉长。对于气动不稳定的飞机来说，根 $|\lambda|>\overline{C}_\alpha$ 且操纵时按迎角和过载的过渡过程一般都相当好。这样，在飞机上使用所研究类型的纵向陀螺自动控制装置，可导致操纵时飞机的动态和过渡过程发生原则性的变化。现在，这些动态和过渡过程可用与不带控制增稳系统的飞机运动方程不同的方程来描述。用于比较的数据列于表 12.1 中。

表 12.1 数据的比较

函数	飞机		飞机+纵向自动控制装置	
$\left\{\frac{\omega_z}{KX_{\text{B}}}\right\}$	$\frac{p+\bar{c}_\alpha}{p^2+2\bar{\xi}_\alpha\omega_\alpha p+\omega_\alpha^2}$	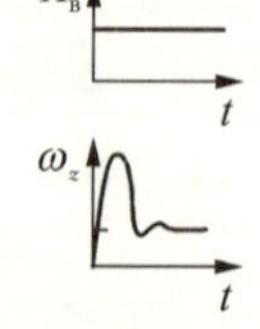	$\frac{p+\bar{k}_\vartheta^*}{p^2+2\xi_*\omega_*p+\omega_*^2}$	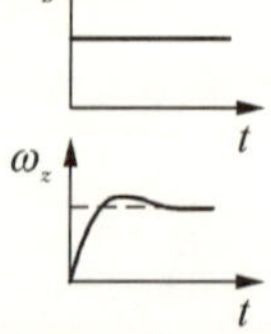
$\left\{\frac{\alpha}{KX_{\text{B}}}\right\}$	$\frac{1}{p^2+2\bar{\xi}_\alpha\omega_\alpha p+\omega_\alpha^2}$	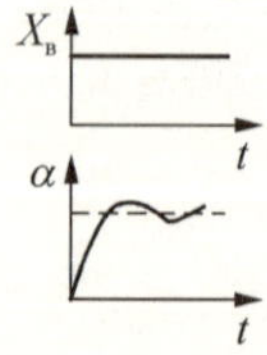	$\frac{p+\bar{k}_\vartheta^*}{(p^2+2\xi_*\omega_*p+\omega_*^2)(p+\lambda)}$ $\lambda\approx\overline{C}_\alpha$	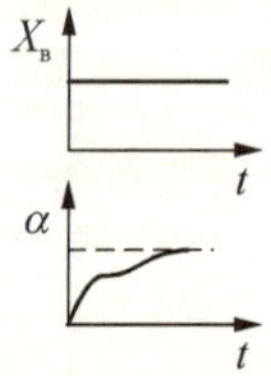

由表中得出，根据与不带自动装置的飞机的比较，带纵向陀螺自动控制装置的

飞机，具有良好的按角速度 ω_z 的过渡过程。但在一系列情况下具有拉长的按迎角（过载）的过渡过程。

过载变化的过渡过程的特性，在很大程度上由实根 λ 的值来决定。现在我们研究实根 λ 的值与纵向陀螺自动控制装置参数的关系。如果研究的是执行装置具有理想动态特性的简化的特征方程，使用改进的 Д 划分法是很方便的。显然，这种情况下得到的结果将仅适用于带纵向陀螺自动控制装置的飞机运动稳定性区内部。考虑到上述看法，得到下列形式的近似特征方程

$$p^3 + p^2(a_1 + \bar{k}_\omega) + p(a_0 + \bar{k}_\vartheta + \bar{C}_\alpha \bar{k}_\omega) + \bar{C}_\alpha \bar{k}_\vartheta = 0 \qquad (12.21)$$

现在来确定实根 $p = -\lambda$（对于稳定的运动 $\lambda > 0$）的曲线。将该表达式代入 (12.21) 并合并同类项，得到

$$\bar{k}_\omega \lambda - \bar{k}_\vartheta = \frac{\lambda}{\lambda - \bar{C}_\alpha}(\lambda^2 - \lambda a_1 + a_0) = b(\lambda)$$

这是一个系数取决于根 λ 数值的直线方程。直线在 $(\bar{k}_\vartheta, \bar{k}_\omega)$ 平面上的位置明显取决于 $b(\lambda)$ 值。这种函数的示例列于图 12.17(a) 上。由图 12.17(a) 看出，对于 $\lambda > \bar{C}_\alpha$ 的情况，函数 $b(\lambda)$ 为负值，因而，$\lambda=$const 线通过我们感兴趣的 $(\bar{k}_\vartheta、\bar{k}_\omega)$ 平面的第一象限（图 12.17(б)）。当 $b(\lambda)>0$ 时，$\lambda=$const 线集中在 $(\bar{k}_\omega)$ 轴附近，也就是对应于大 $\bar{k}_\omega$ 值和小 $\bar{k}_\vartheta$ 值。在 $\bar{k}_\vartheta$、$\bar{k}_\omega$ 值的这个区域内，特征方程有 3 个实根。

由于在选择纵向陀螺自动控制装置的参数时，一般使根为一对共轭复根，那么，$(\bar{k}_\vartheta、\bar{k}_\omega)$ 平面的这个部分所引起的主要是理论上的兴趣。安定飞机 $\lambda =$ const 线的相应位置的示例，列于图 12.17 中。

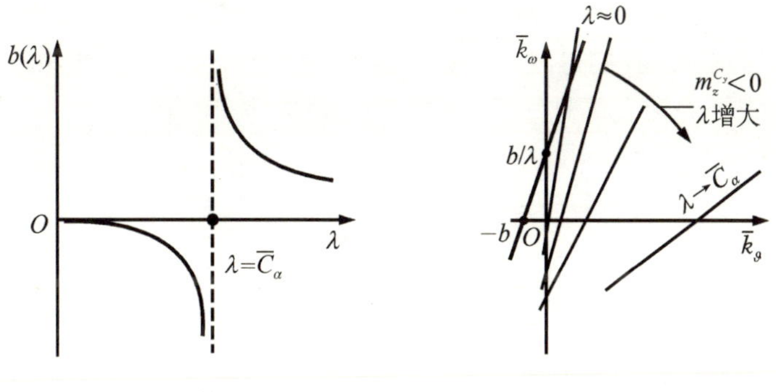

图 12.17　飞机-纵向陀螺自动控制装置（稳定的飞机）特征方程实根的常值线

(a) $b(\lambda)$ 关系曲线；(б) $\lambda=$const 线在 $(\bar{k}_\vartheta, \bar{k}_\omega)$ 平面上的位置

对于静不稳定飞机的类似关系曲线，列于图 12.18 上。这种情况下，当 $\lambda < \bar{C}_\alpha < \lambda^*$（图 12.18）时，$b(\lambda)$ 取负值，因而，对于满足这一不等式的实根值来说，象限 $(\bar{k}_\vartheta > 0, \bar{k}_\omega > 0)$ 中满足 $\lambda =$ const 线。

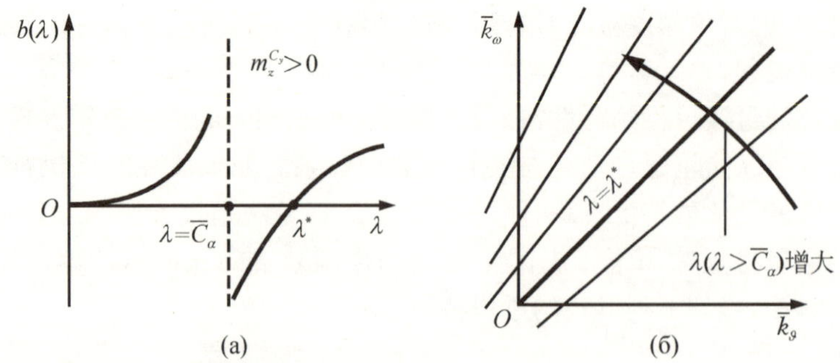

图12.18 飞机-纵向陀螺自动控制装置(静不稳定飞机)特征方程实根常值线

(a) $b(\lambda)$关系曲线；(б) $\lambda=\mathrm{const}$线在平面($\overline{k}_\vartheta$, $\overline{k}_\omega$)上的位置

这一结果可使以前在分析根轨迹时得出的有关实根值与飞机气动稳定度或不稳定度关系的结论具体化。特别是可以直观地看出，对于静稳定的飞机来说，实根值小于参数$\overline{C}_\alpha$值，而对于静不稳定飞机，实根值大于$\overline{C}_\alpha$值。在时间上拖长的按法向过载Δn_y的过渡过程，会使飞行员做出低的评价。

为加快按过载的过渡过程，可预先让来自驾驶杆的信号通过$(T_1^* p+1)/(T_2^* p+1)$型的加速滤波器，式中$T_1^* > T_2^*$。滤波器参数的选择，应保证飞机具有满意的过载操纵性。这种校正的缺点是必须根据飞行状态调节滤波器参数。此外，根据保证飞机在“大扰动中”，也就是在“猛烈”操纵时稳定性的条件，可能也不希望使用加速滤波器。

用纵向陀螺自动控制装置装备飞机，不仅导致了纵向运动中飞机动态系统的显著变化，而且改变了飞机在空间机动时的特性。现在，我们利用准静态近似来研究进行慢滚时，也就是横滚360°时，没有飞行员对纵向操纵干预的情况下飞机的动态。

在带有纵向陀螺自动控制装置的飞机上实施这一机动时，根据纵向陀螺自动控制装置起作用的条件，我们得出，当$X_\mathrm{p}=\mathrm{const}=0$时，运动过程中将满足条件$\omega_z=0$。另一方面，根据力在飞机对称面上的投影平衡方程，应有：

$$-\frac{g}{V}\Delta n_y+\omega_z-\frac{g}{V}(1-\cos\gamma)=0$$

考虑到$\omega_z=0$，我们得出，横滚转弯过程中的过载，将按下列关系式变化

$$\Delta n_y=\cos\gamma-1$$

也就是当$\gamma=90^\circ$时，过载的变化量为$\Delta n_y=-1$且将等于零，而当$\gamma=180^\circ$时，变化量为$\Delta n_y=-2$和$\Delta n_y=-1.0$。

根据后一关系式，可得出，由于纵向操纵自动陀螺的工作，在进入$\gamma=180^\circ$的滚转角时，飞机将力图做水平倒飞。从这个例子可以看出，带控制增稳系统的飞机的特性发生了重要的变化。

在飞行模拟试验台上，对装备有纵向操纵陀螺自动控制装置型系统的飞机动态

的模拟结果表明，对机动飞机而言，以上得到的空间运动特性是不希望有的，因为这会导致空间机动时，必须更用力地偏杆 X_p。

看来，纵向陀螺自动控制装置，在较大程度上能满足对非机动飞机操纵系统的要求。

纵向陀螺自动控制装置，在误差信号电路中含有积分环节。这使得在起飞和着陆状态下，飞机沿地面运动时，系统的工作产生一定的特点。当飞机气动不稳定或稳定性不满足要求的情况下，控制增稳系统应在所有飞行阶段上均一直起作用。沿地面运动时，当飞机不因驾驶杆的偏转而改变运动参数 ω_z、n_y 时，系统中所具有的积分环节，会导致水平安定面有进入任何符号的最大偏角的可能，这可能会引起飞机着陆时的随意“跳跃”或增加起飞的难度。因此，从触地的时刻起和在跑道上着陆滑跑时，是不希望使用无静差操纵系统的。

为实现飞机沿地面运动时的操纵，在控制增稳系统中必须预先设计一个使系统成为有静差系统的专门工作模态。为得到满意的 $X_{\text{B}}^{n_y}(P^{n_y})$ 值，在做这样的运动时，还应额外地增大阻尼及俯仰稳定通道中的传动比。这种结构图的可能方案绘于图 12.19 中。在起飞-着陆状态中，根据起落架收放信号、襟翼收放信号等，通过将误差信号切换到积分环节上或有静差环节上，来实现控制增稳系统工作模态的改变。控制增稳系统处于这种有静差工作状态时，积分环节转换到使输出信号与水平尾翼当前偏量 φ“同步”状态，以保证“无瞬态扰动”地从一个状态过渡到另一个状态。

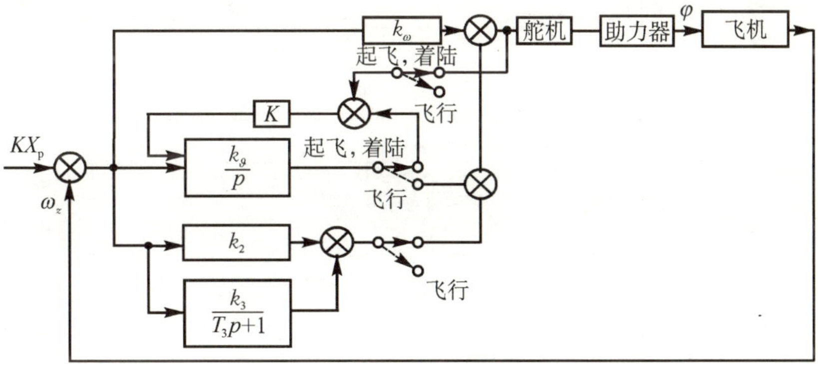

图 12.19　起飞-着陆状态下功能有变化的控制系统的结构示意图

12.5　无静差过载控制增稳系统

根据纵向陀螺自动控制装置采用的原理，也可以构成带法向过载 n_y 传感器的纵向操纵自动装置：

$$\Delta\varphi = k_\omega\omega_z + k_n(\Delta n_y - KX_{\text{B}}) + k_{in}\int_0^t(\Delta n_y - KX_{\text{B}})\mathrm{d}t \tag{12.22}$$

式中，$\Delta n_y = n_y - 1$。

结构上，可以以纵向陀螺自动控制装置所用的原理为基础来实现该系统。纵向操纵过载自动装置的结构示意图在图 12.20 中给出。从控制系统的函数关系(图 12.20)可以看出，如果飞行员偏转驾驶杆，且有信号 $KX_{\text{в}}$ 进入系统中，水平安定面 φ 将偏转，直到建立起补偿控制信号的过载 Δn_y，也就是满足下列关系式

$$KX_{\text{в}} = \Delta n_y$$

由该关系式可得出，系统可保证飞机具有下列形式的静态操纵性性能

$$X_{\text{в}}^{n_y} = \frac{1}{K}$$

如果传递系数 K 值为常数，那么，$X_{\text{в}}^{n_y} = \text{const}$，也就是与飞行状态和飞机的性能无关。平飞中 $\Delta n_y = 0$，且为保障这一条件，飞行员应将驾驶杆(盘)保持在中立位置 ($X_{\text{p}} = 0$)。

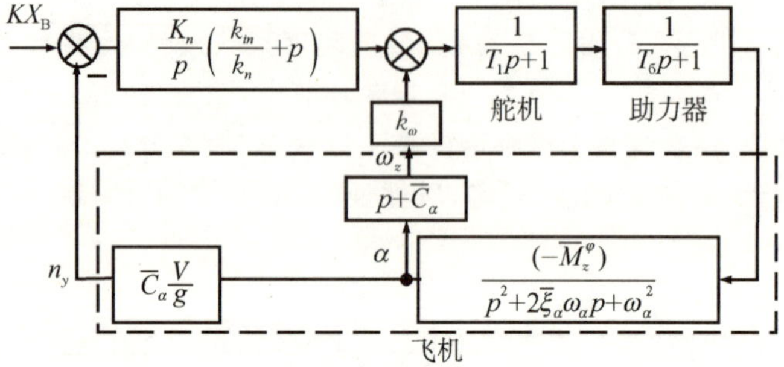

(a)

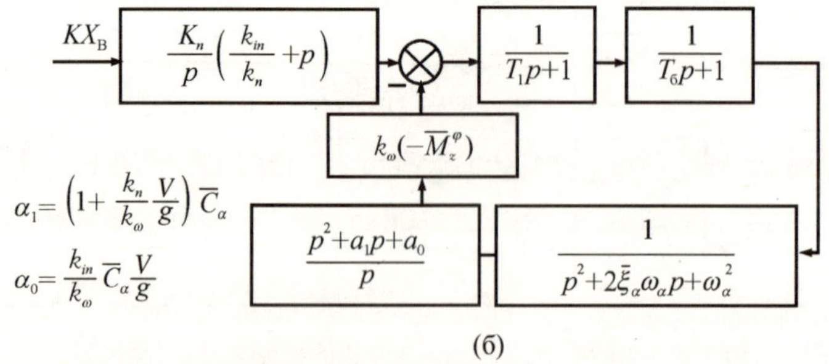

(б)

图 12.20 带纵向过载自动控制装置的飞机的结构示意图

(a) 纵向操纵自动装置结构示意图；(б) 转换成单回路形式的结构示意图

在反馈中使用过载信号，使系统对过载传感器在飞机上的安装位置敏感，而且对结构的弹性振荡也敏感。后者在分析重型飞机的动态时尤其重要。由于我们现在的研究任务只限于控制增稳系统对飞机操纵性和稳定性性能的影响，因此所有的分析都只研究具有足够高的弹性振荡频率的飞机。然而，在这种情况下也常常必须考虑过载传感器在飞机上的安装位置。如果将过载传感器安装在飞机对称面内距

飞机重心 $x_{\text{д}}$ 的地方时，将测得下列飞机运动参数的组合：

$$\Delta n_{y\text{д}} = \Delta n_y + \frac{\dot{\omega}_z x_{\text{д}}}{g}$$

式中，$\Delta n_{y\text{д}}$——传感器测得的过载增量；

Δn_y——飞机重心处的法向过载增量(如果传感器安装在飞机重心前面，$x_{\text{д}}$ 为正值)。

过载增量 Δn_y 可以通过迎角的变化 $\Delta\alpha$ 和平尾的偏量 $\Delta\varphi$ 来表示：

$$\Delta n_y = \frac{C_y^\alpha qS}{G}\Delta\alpha + \frac{C_y^\varphi qS}{G}\Delta\varphi$$

如果考虑到可写成下列形式的$\dot{\omega}_z$ 的近似表达式

$$\dot{\omega}_z = \overline{M}_z^\alpha \Delta\alpha + \overline{M}_z^\varphi \Delta\varphi$$

以及关系式 $m_z^\varphi \approx -C_y^\varphi \overline{L}_{\text{го}}$，关系式 $\Delta n_{y\text{д}}$可变换成下列形式：

$$\Delta n_{y\text{д}} = \frac{C_y^\alpha qS}{G}\left(1 + \overline{x}_{\text{д}}\frac{m_z^{C_y}}{i_z}\right)\Delta\alpha + \frac{C_y^\varphi qS}{G}\left(1 - \frac{\overline{x}_{\text{д}}\overline{L}_{\text{го}}}{i_z}\right)\Delta\varphi$$

式中，$i_z = I_z/(mb_A^2)$；$\overline{x}_{\text{д}} = x_{\text{д}}/b_A$。

当传感器安装在$\overline{x}_{\text{д}}^*$ 点时

$$\overline{x}_{\text{д}}^* = i_z/\overline{L}_{\text{го}}$$

$\Delta\varphi$ 之前括号中因子的表达式将变成零，且被测过载将只与迎角增量 $\Delta\alpha$ 有关：

$$\Delta n_{y\text{д}}\Big|_{(\overline{x}_{\text{д}}=\overline{x}_{\text{д}}^*)} = \frac{C_y^\alpha qS}{G}\left(1 + \frac{m_z^{C_y}}{\overline{L}_{\text{го}}}\right)\Delta\alpha$$

当过载传感器安装在该点前面时 $(\overline{x}_{\text{д}} > \overline{x}_{\text{д}}^*)$，在被测过载中，我们将得到附加稳定影响的项$(\dot{\omega}_z x_{\text{д}})/g$。当$\overline{x}_{\text{д}} < \overline{x}_{\text{д}}^*$ 时，有一些由作用在平尾上的力产生的减稳作用。

我们将认为，过载传感器就安装在$\overline{x}_{\text{д}}^*$ 点附近。这种情况下，图 12.20 的示意图可变换成单回路的形式(见图 12.20(б))，且利用它可绘制闭环系统的根轨迹。绘制根轨迹时，我们将把乘积 $k_\omega(-M_z^\varphi)$作为变系数来研究，而将认为 $\overline{k}_n = k_n/k_\omega$ 和$\overline{k}_{in} = k_{in}/k_\omega$ 是常值，也就是假设，k_{in}随着 k_ω 的变化成正比地同时变化。

在图 12.21 中，绘有气动稳定飞机的根轨迹示例 ($m_z^{C_y} < 0$，图 12.21(a)) 和气动不稳定飞机的根轨迹示例($m_z^{C_y} > 0$，图 12.21(б))。

从对图 12.15 和图 12.21 上根轨迹的比较可以看出，它们的区别，首先在于使用纵向过载自动控制装置的情况下，通过适当地选择传动比可以影响零点 N_1 值，也就是可保证得到所需的实根值。而在使用纵向陀螺自动控制装置时，这是不可能

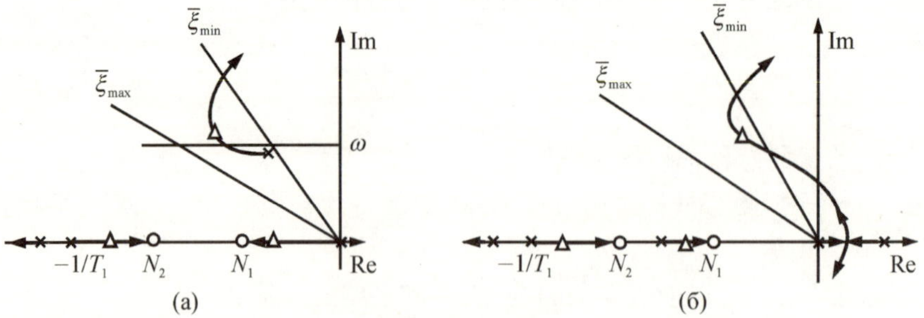

图 12.21　带纵向过载自动控制装置的飞机的根轨迹
(a) 稳定的飞机；(б) 不稳定的飞机

的，且会导致操纵时按过载的过渡过程拖长。从图 12.21 也可以得出，使用纵向过载自动控制装置，既可以对气动稳定的飞机增稳，也可以对气动不稳定的飞机增稳。

现在我们来评估纵向操纵时带纵向操纵过载自动装置的飞机的动态特性。传递函数$\left\{\dfrac{\alpha}{KX_{\text{в}}}\right\}$具有下列形式

$$\left\{\frac{\alpha}{KX_{\text{в}}}\right\}=\frac{k_{\text{п}}(\bar{k}_{in}^{*}+p)}{\Delta_0(p)}$$

式中，$\bar{k}_{in}^{*}=\bar{k}_{in}/k_n$。

分子中的零点一般取靠近较小极点的 N_1 值且对其进行补偿。利用这一点，在变换后将得到

$$\left\{\frac{\alpha}{KX_{\text{в}}}\right\}\approx\frac{C_0}{p^2+2\xi\omega p+\omega^2}\tag{12.23}$$

式中，C_0 为常数，$C_0=g\omega^2/(V\bar{C}_\alpha)$。

通过适当地选择传递函数式(12.23)的参数，既可以保证气动上稳定的飞机按迎角(过载)的受控过程具有足够好的动态性能，也可保证气动上不稳定的飞机具有上述特性。

带纵向过载自动控制装置的飞机的操纵性特性，正如从传递函数式(12.23)中所看出的那样，接近于一般飞机的特性。这是由于过载传感器测量的运动的主要分量，是飞机的迎角，也就是主要用来确定飞机的稳定性的参数。由于这一原因，在完成空间机动，特别是做横滚时，带纵向过载自动控制装置的飞机的动态特性，在过载传感器安装在飞机对称面内的条件下，与一般的气动稳定的飞机的动态特性是一样的。

在过载传感器 Δn_y 安装的一般情况下，由于过载传感器安装在相对于飞机的重心坐标为($x_{\text{д}}$, $y_{\text{д}}$, $z_{\text{д}}$)的点上，所测量的是复杂的运动参数组合，带纵向操纵自动装置的飞机的空间运动特点可能会大大复杂化：

$$\Delta n_{y\text{д}} = \Delta n_y + \frac{1}{g}[(\dot{\omega}_z x_{\text{д}} - \dot{\omega}_x z_{\text{д}}) + (\omega_z z_{\text{д}} + \omega_x x_{\text{д}})\omega_y - (\omega_z^2 + \omega_x^2) y_{\text{д}}]$$

为排除寄生信号对纵向操纵自动装置的功能的干扰，过载传感器必须安装在飞机头部的对称面内。

使用过载传感器作为敏感元件，就必须根据飞行状态，对纵向操纵自动装置的传递系数做大范围的调节。的确，为保证飞机按迎角的安定度为常数，必须使力矩方程中 $\Delta\alpha$ 的系数为常值。很容易就可看出，该系数通过纵向操纵自动装置用下列方式来表述：

$$k_n = \frac{m_z^{\varphi} q S b_A}{I_z} \frac{C_y^{\alpha} q S}{G} \tag{12.24}$$

为保证表达式(12.24)近似于恒定值，必须使纵向操纵自动装置的传递系数 k_n 正比于 $1/q^2$ 变化。显然，系数 k_n 的这样大的调节范围，对于飞行条件变化显著的飞机来说，是很难实现的。

应该指出，在纵向操纵自动装置的反馈中只使用过载信号，可导致俯仰角剩余振荡振幅大。

纵向过载自动控制装置的特点，是静操纵特性 $X_{\text{в}}^{n_y}$ 在飞行速度变化时保持常值。低表速时，这可导致飞机对按俯仰角速度的操纵灵敏度太高。这一缺陷可通过按飞行状态附加调节参数 K 来消除。

我们所研究的无静差系统的两种方案，是飞机纵向操纵系统的个别情况。实践中，很多情况下都是在反馈中合理地使用信号 Δn_y 与 ω_z 的组合。这样，我们必须分析可用下列函数描述的一组一般化系统：

$$\varphi = k_1[k_0 \Delta n_y + \omega_z(1-k_0) - KX_{\text{в}}] + k_2\int_0^t [k_0 \Delta n_y + \omega_z(1-k_0) - KX_{\text{в}}]\mathrm{d}t$$

从该函数，也可以得到特例纵向陀螺自动控制装置（当 $k_0=0$）和 $k_0=1$ 得到纵向过载自动控制装置(无阻尼项)。下面我们研究使用这类纵向操纵自动装置增稳飞机的一般性能和动态特性。

操纵性特性

定常状态的飞机操纵性特性用导数 $X_{\text{в}}^{n_y}(P^{n_y})$、$X_{\text{в}}^{\omega_z}(P^{\omega_z})$来确定，且根据飞行条件和所研究的飞行阶段上应解决的任务，对这些导数值的要求将是不同的。考虑到，在定常运动状态中满足下列关系式：

$$\omega_z \approx \frac{\Delta n_y g}{V} \quad 和 \quad KX_{\text{в}} = k_0 \Delta n_y + \omega_z(1-k_0)$$

我们得到

$$X_{\text{в}}^{n_y} = \frac{1}{K}\left[k_0 + \frac{(1-k_0)g}{V}\right],\ \frac{\mathrm{d}X}{\mathrm{d}\omega_z} = \frac{1}{K}\left[\frac{k_0 V}{g} + (1-k_0)\right]$$

在图 12.22 上给出 $k=\text{const}$ 时 $X_{\text{в}}^{n_y}$ 与 V 的关系曲线示例。

迎角限制及超出允许迎角的可能性

在飞机上，对迎角的强制性限制，要么通过改变驾驶杆的行程，要么通过改变从控制系统中驾驶杆的信号的传动比(调节系数 $k_{\text{ш}}$)来实现。建立迎角限制系统的复杂程度(或无限制器时超过允许迎角值的概率)，在所研究的纵向操纵自动装置的范围内，取决于偏到限动挡块时改变(削弱)来自驾驶杆的信号的必要措施，以便使飞机不进入超过允许的迎角 $\alpha\approx\alpha_{允许}$。在飞机操纵面具有足够效率情况下，可以实现的最大迎角值按下列关系式来确定

$$\alpha_{\max}=\Delta\alpha_{\max}+\alpha_{\text{гп}},$$

$$\Delta\alpha_{\max}/\alpha_{\text{гп}}=\Delta n_y=X_{\max}/X_{\text{в}}^{n_y}$$

式中，$X_{\max}$为驾驶杆的最大偏移量。由此得出

$$\alpha_{\max}=\left(\frac{X_{\max}}{X_{\text{в}}^{n_y}}+1\right)\cdot\alpha_{\text{гп}}$$

相应的关系曲线 $\alpha_{\max}(V)$ 列于图 12.23 中。由图 12.22 可以得出，在很宽的飞行速度范围内保证 $X_{\text{в}}^{n_y}$ 为常值时，使引入限制器变得简单，因而，降低了超出允许迎角的概率。这对于纵向过载自动控制装置是典型的。对于纵向陀螺自动控制装置来说，状况要好得多：这里只在很窄的飞机飞行速度范围内，可能超过允许迎角。

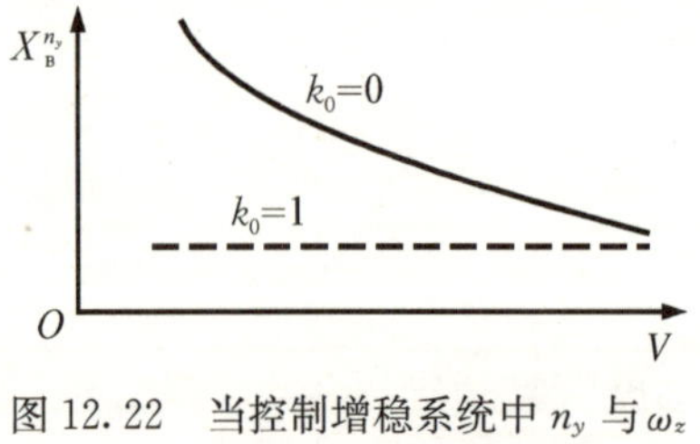

图 12.22 当控制增稳系统中 n_y 与 ω_z 信号比不同的情况下 $X_{\text{в}}^{n_y}$ 与飞行速度 V 的关系曲线
——纵向陀螺自动控制装置；
----纵向过载自动控制装置

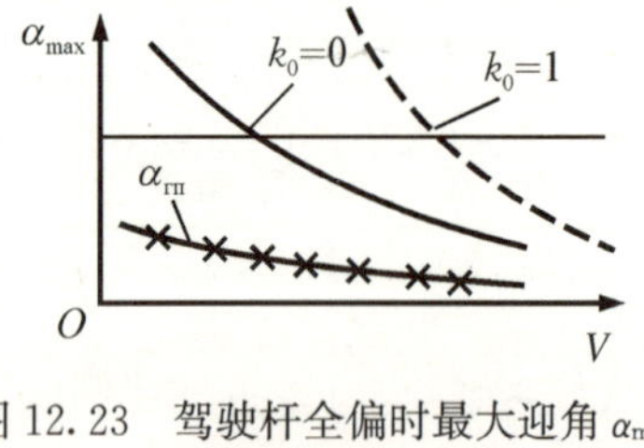

图 12.23 驾驶杆全偏时最大迎角 $\alpha_{\max}$ 与控制增稳系统中 n_y 和 ω_z 信号比的关系曲线
——纵向陀螺自动控制装置；
----纵向过载自动控制装置

带纵向操纵自动装置的飞机的空间机动

正如前面已指出的那样，满足条件

$$KX_{\text{в}}=k_0\Delta n_y+\omega_z(1-k_0)$$

飞机作空间机动时，比如，在飞行员不参与纵向操纵做横滚时，也就是在握杆于中立位置飞行时，会使飞机的动态具有一系列特点。下面我们更详细地研究这种情况。假设飞机已在平飞中配平，并作滚转(“横滚”机动)。那么，近似地准静态地满足沿飞机 Oy 轴的力的平衡方程

$$-\frac{g}{V}\Delta n_y + \omega_z - \frac{g}{V}(1-\cos\gamma) \approx 0 \qquad (12.25)$$

根据条件 $KX_{\text{в}}=0$ 得出，纵向操纵自动装置通过满足下列关系式的方式，保证飞机力矩的平衡：

$$k_0\Delta n_y + (1-k_0)\omega_z = 0$$

由此得出

$$\omega_z = -\frac{k_0}{1-k_0}\Delta n_y \qquad (12.26)$$

将式(12.26)代入式(12.25)中，得到

$$\Delta n_y = \frac{-(1-\cos\gamma)}{1+\dfrac{k_0}{1-k_0}\dfrac{V}{g}}$$

由这些关系式得出，在所研究的飞机横滚运动中，法向过载会发生变化，且这种变化对于纵向陀螺自动控制装置 ($k_0=0$) 尤为明显。在这种情况下，取决于滚转角，过载甚至可能变号，因为带纵向操纵自动装置的飞机，力图保持 $\omega_z=0$ 的运动状态，特别是平飞的状态。对纵向过载自动控制装置而言($k_0=1$)，带纵向操纵自动装置的飞机的动态，接近于一般情况，也就是滚转时，过载实际上不变(图 12.24)。

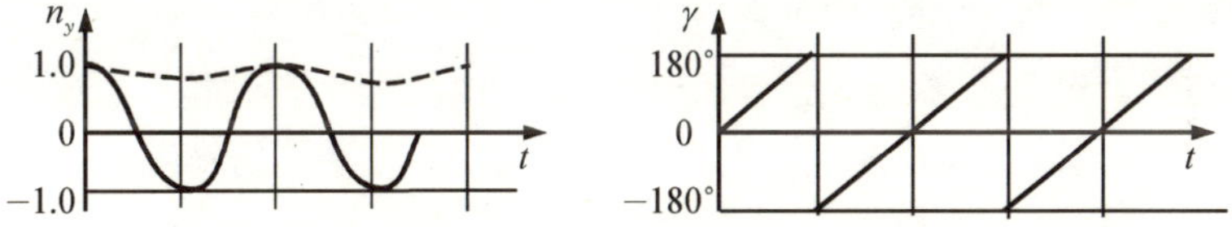

图 12.24　带纵向陀螺自动控制装置和纵向操纵过载自动装置的飞机沿倾斜旋转时过载 n_y 的变化

——纵向陀螺自动控制装置；- - - -纵向过载自动控制装置

考虑速度变化时的飞机的稳定性

以前所作的所有分析中，都假设飞机的飞行速度不变 ($V=\text{con st}$)。下面研究纵向操纵自动装置的使用如何影响长周期运动中的飞机特性，也就是影响它按速度的稳定性。飞机按速度的稳定性，可近似地按下面两种情况来确定：

——用取决于速度的力矩的变化，也就是加速和减速时飞机配平的变化来确定；

——用速度偏离额定值时力平衡的变化来确定。

众所周知，当 $X_{\text{配平}}=\text{con st}$ 的情况下，如果速度偏离配平位置时，飞机力图返回原始运动，飞机就将是稳定的。如果 $\mathrm{d}X_{\text{配平}}/\mathrm{d}M>0$，就会发生这种情况。的确，比如，当 $\Delta V>0$ 时，过载增大且飞机开始爬高，也就是增大航迹倾角 θ。航迹角的增大会使飞机减速，速度的偏离(增大)也就停止了。超声速机动飞机的典型关系曲线 $X_{\text{бал}}$

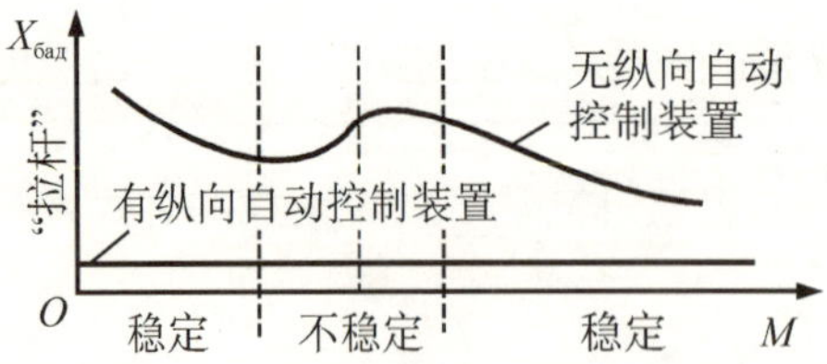

图 12.25 超声速机动飞机的典型关系曲线 $X_{бaл}(M)$

(M)具有图 12.25 中所给出的形式。

图上还给出了带纵向操纵自动装置的飞机的相应关系曲线 $X_{бaл}(M)$。由图可以得出，带所研究类型的无静差纵向操纵自动装置的飞机具有中性速度稳定性。

下面我们研究另一种典型的运动状态，对该状态分析飞机按速度的稳定性，就是研究稳定过载 $n_y=1$ 时，飞机的稳定性。在这种情况下，如果速度变化时，运动使速度值返回到原始数值，飞机就是稳定的。作为估计，可以认为这样的条件的近似式是

$$(C_{x1}/C_{y1}) > (\partial C_x/\partial C_y)_{C_{y1}}$$

由该关系式得出，如果在所研究的飞行状态上，飞机以小于 $\alpha_{K_{max}}$ 的迎角飞行，飞机就是稳定的。在飞机上使用所研究类型的纵向操纵自动装置，不会导致飞机在这一部分运动中出现特殊情况。

前面所研究的无静差纵向操纵自动装置，具有一系列优良品质，其中主要的是：利用这种系统实现了飞机的不变的静操纵特性，而这实际上是在飞机的任何气动特性和重心下实现的。但由于控制函数中具有积分环节，这些系统实现起来相当复杂。特别是在实现多通道的余度系统时尤其如此。事实上，在多余度控制系统各余度通道中有平行工作的积分环节，即使各通道积分器入口信号有很小的差别时，误差经各通道分别积分后被扩大和积累，这会导致各通道依次被切除，最终，导致整个系统故障。

使用数字计算机，在很大程度上减少了实现无静差系统的难度。

12.6 纵向运动有静差控制增稳系统

下面我们研究以图 12.26 所示示意图为基础的有静差纵向控制系统方案之一的工作原理。系统在结构上的实现，可以利用类似于以前针对纵向操纵陀螺自动装置和纵向操纵过载自动装置所研究的原理。为保证飞机的静态操纵特性，控制系统中使用 Δn_y 与 ω_z 信号组合形式的反馈信号，该反馈信号与来自飞行员驾驶杆的信号相加。Δn_y 与 ω_z 之间比值的选择，按下列条件：空间机动时过载的变化相当小；过渡过程中能获得所需的快速作用，以及小表速飞行时能保证 $X_{B}^{n_y}$ 值的增长。系数 k_n 与 k_ω 的比值通常处于 $0.02 < k_n/k_\omega < 0.08$ 的范围内。正如从表 12.2 所列关系式中可得出的那样，为保证 $X_{B}^{n_y}$ 与飞机参数的依赖关系很小，系统的正向通路中应有相当大的增益系数 k_0。

在综合控制系统结构时的重要问题之一，是保证带控制增稳系统的飞机的动态特性对飞机参数变化和飞行状态变化不敏感。在前面研究的无静差控制增稳系统的方案中，未采用这样的专门措施，结果其动态特性严重依赖于飞行状态。在转到

表 12.2　带不同控制增稳系统的飞机的操纵性特性 $X_{бал}$ 和 $X_{в}^{n_y}$

带控制增稳系统的方案	$X_{бал}$	$X_{в}^{n_y}$
无控制增稳系统的飞机	$-\frac{1}{k_{ш}}\left(\frac{m_{z0}}{m_z^{\varphi}}+\frac{m_z^{C_y}}{m_z^{\varphi}}\frac{G/S}{q}\right)$	$-\frac{1}{k_{ш}}\left(\frac{m_z^{C_y}}{m_z^{\varphi}}\frac{G/S}{q}+\frac{m_z^{\bar{\omega}_z}}{m_z^{\varphi}}\frac{gb_A}{V^2}\right)$
带无静差控制增稳系统的飞机	0	$-\frac{1}{k_{ш}}\left(k_{\omega_z}\frac{g}{V}+k_n\right)$
带有静差控制增稳系统的飞机	$-\frac{1}{k_0 k_{ш}}\left(\frac{m_{z0}}{m_z^{\varphi}}+\frac{m_z^{C_y}}{m_z^{\varphi}}\frac{G/S}{q}\right)$	$-\frac{1}{k_{ш}}\left(\frac{m_z^{C_y}}{k_0 m_z^{\varphi}}\frac{G/S}{q}+\frac{m_z^{\bar{\omega}_z}}{k_0 m_z^{\varphi}}\frac{gb_A}{V^2}+k_{\omega_z}\frac{g}{V}+k_n\right)$

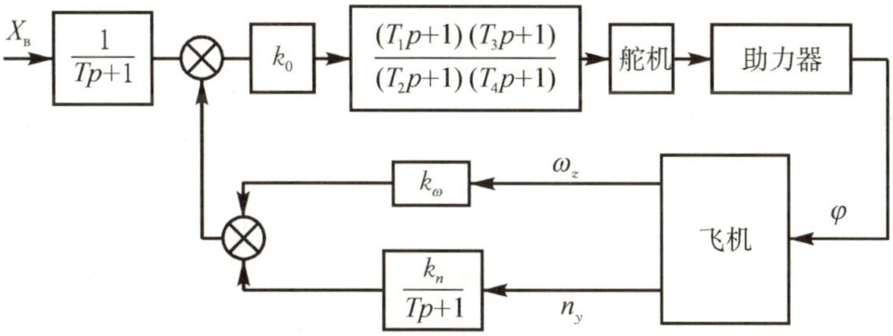

图 12.26　带有静差纵向操纵系统的示意图

分析保证控制增稳系统对飞机参数和飞行状态变化敏感度小的具体例子之前，我们先研究某些一般规律以及解决这一问题的可能途径。目前，保证带控制系统的飞机具有所需动态特性的一个基本手段，是用程序调节飞行状态参数函数中的传动比。但是，这种方法有如下缺点：

——在各种构形中，在带各种组成形式的外挂物的情况下，必须有足够准确地测量值与飞机动态性能的关系，一般要求进行大量的试飞；

——随着参数数量的增加(变几何外形、飞行包线拓宽等)，程序变得复杂，试飞量也增加；

——程序调参总是按某些计算条件来实现的，而不是按飞机实际的条件和性能。

目前，建立与飞机参数和飞行状态的变化敏感度小的“鲁棒”控制系统的研究，正在两个方向上进行——建立自适应系统的方向和建立一般控制系统、但采取适当措施降低其对调节对象参数变化敏感度的方向。

对飞机参数的变化敏感较低的系统可以实现，特别是按下列方式实现。系统的结构中引入一些能形成闭环传递函数所需的零点位置的附加滤波器。在这样的零点位置下，根轨迹将结束于这些零点，而这种情况下的飞机的动态将满足对它提出的要求。在图 12.26 上所示的示意图中，这可以通过在信号 Δn_y 电路中安装滤波器和适当选择其参数来实现。实际上，可以指出，图 12.26 上的示意图，可以变换成图

12.27 的形式，该图中的 W_{M} 算子作为过程的反演“理想模型”。

$$W_{\text{M}}=\frac{p^2+2\bar{\xi}_1\omega_1 p+\omega_1^2}{Tp+1}$$

式中，$2\bar{\xi}_1\omega_1=\left(\bar{C}_\alpha+\frac{1}{T}\right)$，$\omega_1^2=\frac{k_n}{k_\omega}\frac{1}{T}\frac{\bar{C}_\alpha V}{g}$。

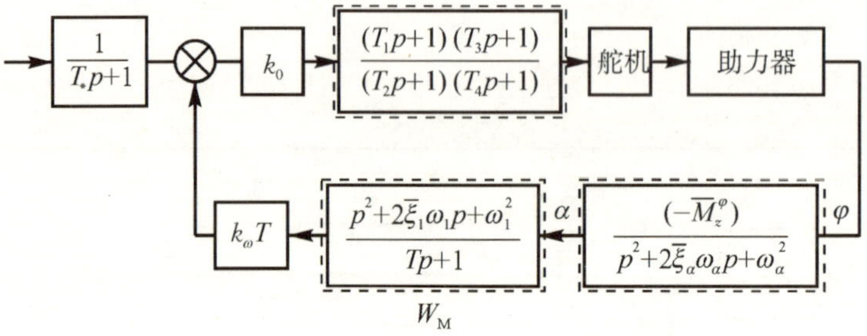

图 12.27 变换成带反馈反演模型 W_{M} 形式的示意图(见图 12.26)

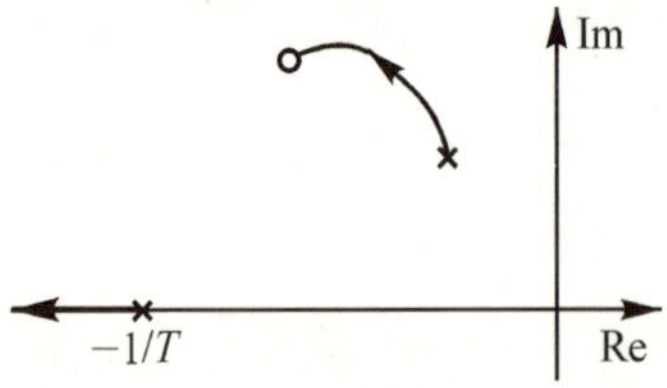

图 12.28 带控制增稳系统的飞机(见图 12.27)在 $T_1=T_2=T_3=T_4=0$ 时，当系数 k_0 变化的情况下主要根的轨迹

由此得出，反演“理想模型”W_{M} 的参数取决于控制系统的系数(k_n/k_ω；T)和飞机的升力特性，也就是随飞行状态稍有变化。W_{M} 分子中由 $2\xi_1\omega_1$ 项说明的阻尼比，主要由 $1/T$ 值来确定且当飞行状态改变时变化很小。为降低理想模型频率 ω_1 的变化程度，可以根据飞行状态调节比值 k_n/k_ω。

“飞机-控制增稳系统”开环系统传递函数分子中具有“模型”，稳定了该系统根轨迹的图形(图 12.28)，可以简化飞行状态函数中控制增稳系统参数的调节。引入 Δn_y 信号滤波器也有益于提高控制系统的抗干扰能力和降低飞机结构的弹性振荡对其功能的影响。随着控制系统结构的完善，飞机-控制增稳系统闭环系统根轨迹形式的变化，用表 12.3 来说明。

为保证所研究类型的系统中(图 12.26)具有可接受的操纵性能，必须保证有足够大的增益系数 k_0。此时，为保证稳定性，必须在前向通路直接链中具有传递函数 W_Φ 的校正滤波器：

$$W_\Phi=\frac{\left(\frac{p}{4}+1\right)\left(\frac{p}{27}+1\right)}{(p+1)\left(\frac{p}{80}+1\right)}$$

这种滤波器频率特性的例子列于图 12.29 中。滤波器可提高低频时的增益系数，改善系统的静态性能和减小高频时的相位滞后。滤波器的这些特性可使控制系统中的增益系数 k_0 提高到原来的 6～8 倍并使带控制系统的飞机获得满意的性能。

无校正滤波器(图 12.26)、带控制增稳系统的飞机短周期运动的轨迹在图 12.30 中给出。在系数 k_0 变化时,这样的根轨迹图对应于气动不稳定的飞机。可以看出,应保证根值接近于由复数零点参数确定的期望数值。

表 12.3　飞机-控制增稳系统闭环系统根轨迹形式的变化

控制增稳系统的功能	稳定的飞机	不稳定的飞机
$k_\omega \omega_z$	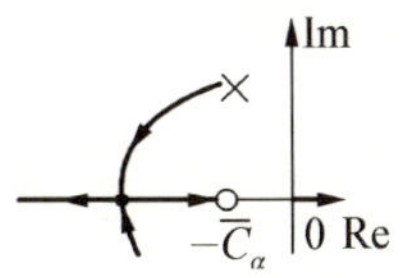	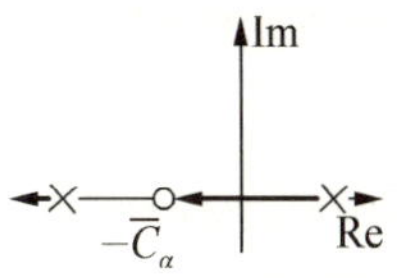
$k_\omega(\tau p+1)\omega_z$	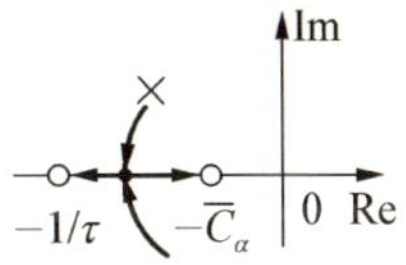	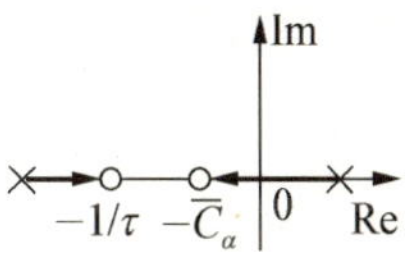
$k_\omega \omega_z + k_n \Delta n_y$	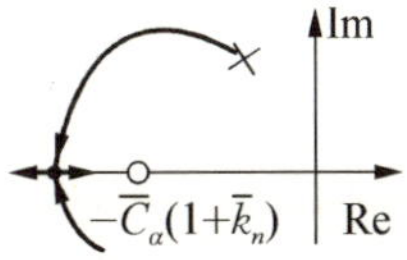	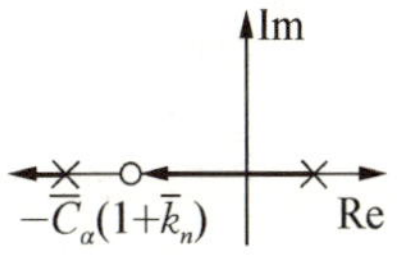
$k_\omega(\tau p+1)\omega_z + k_n \Delta n_y$	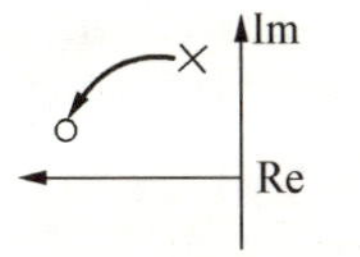	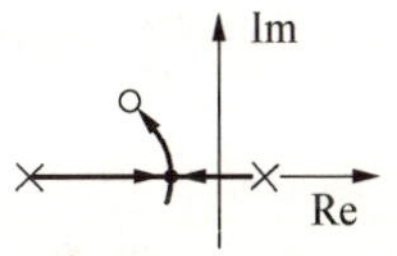
$\dfrac{k_\omega(\tau p+1)\omega_z + k_n \Delta n_y}{Tp+1}$	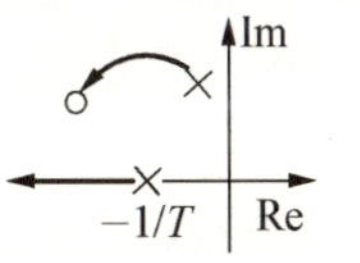	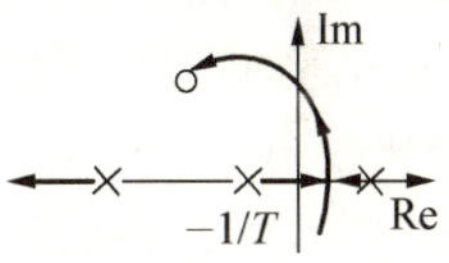

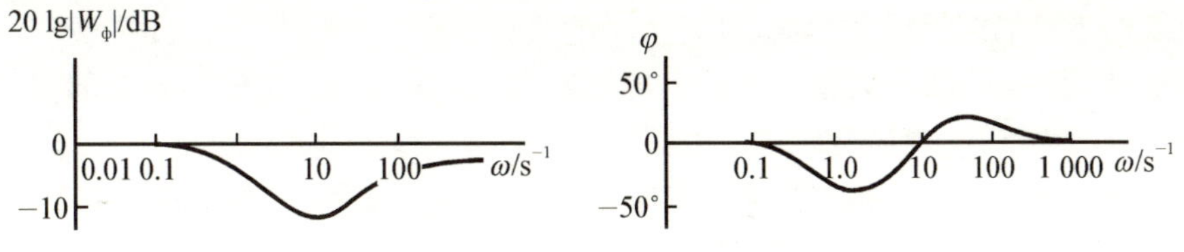

图 12.29　校正滤波器 W_ϕ 的频率特性

(a) 用分贝表示的幅频特性;(б) 相频特性

在由驾驶杆到控制增稳系统的信号的直接链中,引入用作"平滑"来自飞行员的输入信号的滤波器(所谓的"前置滤波器")(图 12.26)。由图 12.26 中的示意图,可以得出说明飞机操纵性的传递函数$\{\alpha/X_B\}$:

$$\{\alpha/X_B\} = \frac{1}{T_* p+1} \frac{k_{э\phi}(T_1 p+1)(T_3 p+1)(Tp+1)}{\Delta_0(p)}$$

式中的算子 $\Delta_0(p)$ 具有根轨迹上由三角形(图 12.30)所标出的根。由图 12.30 可以看出,引入系统中的滤波器,特别是过载信号滤波器,会使飞机对驾驶杆偏量 X_B 的响应超前,使飞行员的评价变差,因为飞机对操纵太敏感。这就迫使我们在飞行员信号电路中引入附加的滤波器 $1/(T_* p+1)$ 来补偿由滤波器造成的超前。正如前面所指出的那样,在来自飞行员的信号电路中安装该滤波器的目的,也在于降低输入信号增长的程度,以防止水平安定面进入极限偏转速率,这会导致大扰动时,飞机-控制增稳系统的系统失稳(大扰动稳定性)。

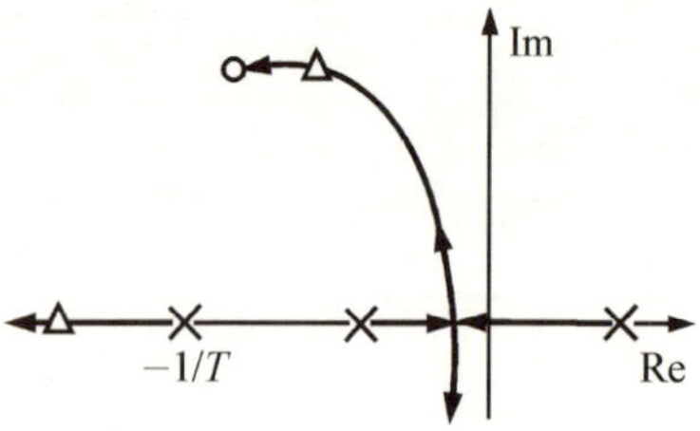

图 12.30　根据分析短周期运动得出的带控制增稳系统的气动不稳定飞机的根轨迹(见图 12.26)

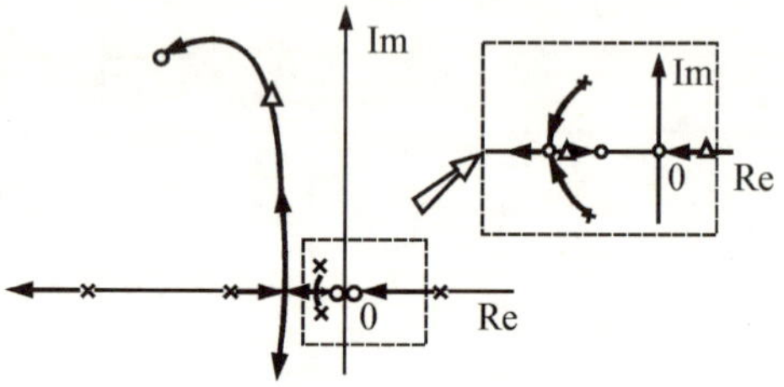

图 12.31　按纵向运动完全方程得出的图 12.30 所画情况下的根轨迹

在分析静不稳定飞机的动态时,并不是所有情况下研究短周期运动都可行。这使得我们必须考虑速度的变化来分析飞机纵向运动的完整方程。结果零点附近的根轨迹图形稍有变化,且对于用来绘制图 12.30 上根轨迹的飞机参数,具有图 12.31 所示的形式。由图 12.31 得出,对于带控制系统的气动不稳定飞机,在分析纵向运动完全方程时,对应于快速运动的分量的根值,类似于研究短周期运动时所确定的值(请比较图 12.30 和图 12.31)。

对静不稳定飞机的沉浮运动的正值根,在飞机上使用控制增稳系统时不变号,也就是说,飞机像以前一样,具有对应于按速度不稳定的不稳定根。但是,带控制增稳系统的飞机的沉浮运动的根,可有很小的模值,那么在飞机上飞行时就不会使飞行员有意见。当飞机上装备有无静差控制系统时,不会出现这种不稳定的沉浮根,且飞机具有中性速度稳定性。

建立气动不稳定飞机有静差控制系统时引起的问题之一,是保证从地面起飞滑跑、起飞到着陆为止所有飞行阶段上飞机的操纵性。这时,在离地之前的地面滑跑阶段,正如前面所指出的那样,飞机的过载不变(等于 1.0),不能使用它作为控制系统中的反馈信号。在地面上运动时和前轮抬起及离地阶段的操纵,可根据角速度传感器的信号 ω_z 来实现。由于这个缘故,在打算所有飞行阶段上都连续工作的控制系统中,在地面上着陆滑跑时,断开 Δn_y 信号且改变 ω_z 信号的传动比。这可以减少在地面上着陆滑跑时“噪声”对控制系统的作用并保证能满意地操纵飞机。可按照某种起飞结束的标志来实现将过载信号接入系统中(对着陆的切换类似),比如,按起落架放下(收起)信号、襟翼放下(收起)信号等。

可援引大量的、包括在苏 27 飞机上进行试飞的对电传操纵系统所做的综合性的研究，作为对上面叙述的建立控制系统一般原理的举例说明。图 12.32 上举例示出了控制系统纵向通道的简化示意图。

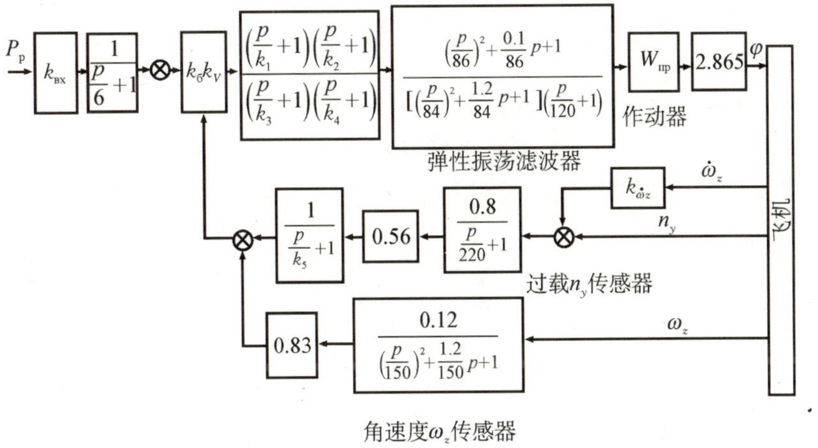

图 12.32　试验机 F-4E(美国)操纵系统纵向通道示意图

$$W_{пр}=\frac{1\,944.6(p^2+201p+200)}{p(p^3+347.9p^2+3.244\times10^4\cdot p+1.028\times10^6)};\ k_V=19.97$$

在分析飞机的动态时，我们实际上限于研究某些固定的飞行状态和飞机的参数的特征方程根的关系。但是，必须对整个飞行范围来选择控制增稳系统的参数，且希望选择时使调参方式简单。在表述参数的选择过程时，实质上是要解决如何实现这种选择的问题：以某些要求为基础或是研究将飞行员数学模型分析加入闭环系统。这两种方法都有自己的优点和缺点。

当以接近于给定的过渡过程类型的某些要求为基础，比如，按 C^* 准则来选择控制增稳系统的参数时，由于试图严格满足要求时引起的系统中的各种关系，选择可能会不成功。建立比较灵活的要求模型，则变成在复杂性上与选择控制增稳系统参数相当的问题。使用飞行员数学模型来选择控制增稳系统参数的方法，其优点在于可以使用增益系数 $K_л$ 型的最简单的飞行员模型、调整控制信号使之带有足够的阻尼这一最简单的质量要求。

选择控制增稳系统参数的调参时，可以从优化当飞行员操纵“飞机-控制增稳系统”时系统性能的愿望出发，同时，将最佳响应理解为使下列形式的“代价”函数达到最小值时的响应：

$$I=\sum_i\int_0^{\infty}[q_ix_i(t)]^2\mathrm{d}t \tag{12.27}$$

式中，x_i——飞机运动的相位坐标，其中包括调整控制的误差信号；

q_i——加权系数。

相位坐标中也包括水平安定面因控制增稳系统而产生的偏量 $\Delta\varphi$。

在水平安定面偏转 $\Delta\varphi$ 和控制信号误差 ε 变化时，加权系数 q_i 可根据计算频率 ω_1 上比重相同的条件求得：

$$\frac{q_\varphi}{q_\varepsilon} \approx \left\{ \frac{\varepsilon}{\varphi}(\mathrm{i}\omega_1) \right\}$$

式中，$\{\varepsilon/\varphi\}$为误差信号对水平安定面偏转的频率特性，$\omega_1 \approx 4/\mathrm{s}$。

图 12.33 上给出了“代价”函数形成过程示意图。所研究过程中的输入信号，以通过滤波器 $1/(p+1)$的阶跃信号的形式给出。

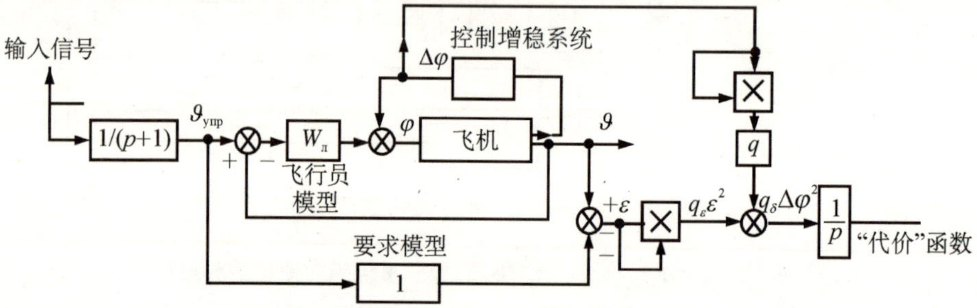

图 12.33 使用飞行员模型的控制增稳系统参数选择过程的示意图

飞行员数学模型，采用不引入超前值，只作为增益系数 $K_л$ 和通过帕德展开式表示的等效纯延迟 ($\tau_л \approx 0.25$ s) 的最简单的形式：

$$W_л \approx \frac{-10K_л}{p+10}\left(\frac{p-16}{p+16}\right)$$

优化时，控制增稳系统的参数和系数 $K_л$ 根据式(12.27)的数值最小的条件选择。

列举的材料可形成有关人工操纵飞机自动化系统发展前景的某些结论：

(1) 可以有效地利用自动化能力的最有前途的控制系统，是建立在反馈中使用 Δn_y 与 ω_z 信号组合基础上的电传操纵系统；

(2) 气动不稳定飞机的控制增稳系统的特点，是它在从起飞到着陆的所有飞行阶段上全时使用，故要求在控制律中加入相应的部分；

(3) 在所有飞行阶段和飞行状态中都使用控制增稳系统，就必须在全飞行包线内研究带控制增稳系统的飞机的动态，包括临界飞行状态，大扰动稳定性等(见第13 章)。

参考文献

[1] Бюшгенс Г С, Студнев Р В. Динамика продольного и бокового движения [M].

Машиностроение，1979.

[2] Бюшгенс Г С，Сидоров Ю И. Исследования по автоматическому демпфированию боковых колебаний [C]. Тр. ЦАГИ，1968. Вып. 1098.

[3] Удерман Э Г. Метод корневого годографа в теории автоматических систем [M]. Наука，1972.

[4] Бюшгенса Г С. Вопросы автоматизации управления [M]. Машиностроение，1978.

[5] Бюшгенс Г С，Ветчинкин Г В，Предтеченский А Н，Сидоров Ю И. Система полуавтоматического продольного управления с гироскопическим автоматом [C]. Тр. ЦАГИ，1966.

[6] Брагазин В Ф，Диденко Ю И，Святодух В К，Шелюхин Ю Ф. Устойчивость и управляемость по скорости неманевренного самолета с интегральной системой штурвального управления [C]. Тр. ЦАГИ. 1994. Вып. 2516.

第 13 章　控制系统的实际动态特性对飞机稳定性和操纵性的影响

本章在考虑控制系统各元件的实际特性、结构弹性的影响、控制增稳系统中引入滤波器和使用数字计算机的情况下，研究超声速飞机的稳定性和操纵性。

本章还研究非线性问题，这些问题是由于控制系统的执行部分在小输入信号时存在着不灵敏区、操纵面的偏转速度限制和其他决定飞机非线性动态的因素造成的。

控制增稳系统方案和参数的选择，本质上取决于飞机的具体气动力性能。近年来在亚声速飞行状态趋于采用气动不安定的飞机布局，导致对操纵系统及其动力的可靠性要求提高。合理地选择的控制律算法和执行部分动态特性，也具有很大意义。控制律算法和动态特性应保证：

——在考虑了重量-惯性和气动特性偏差（M 数、迎角、绕流的非定常性以及飞机结构弹性的影响）的情况下，飞机的稳定性和操纵性有给定的静态特性和动态特性；

——刚体飞机及考虑结构弹性振荡影响的飞机，有必要的稳定储备；

——大幅值操纵及突风时的稳定性；

——带控制增稳系统的飞机无剩余振荡或者将剩余振荡降低到可接受的程度；

——按飞行状态平滑调节控制增稳系统的参数。

正如研制超声速飞机的经验所表明的那样，只要综合地对待前面列举的问题和以折衷解决方案为基础，成功地解决控制系统设计的一般问题是可以做到的。

本章主要研究飞机纵向运动的电传操纵系统（СДУ）。在这些系统中，飞行员的操纵和反馈都通过电信号的传送来实现。这些系统使用在多模态的飞机上，并且对它们来说，前面列举的问题最迫切[1~4]。

13.1　操纵系统各元件的动态特性

系统执行部分输出的信号是由控制增稳系统计算机根据反馈传感器的信号和驾驶杆位移信号或杆力信号形成的。纵向控制通道中的反馈，一般用俯仰角速度信号、迎角信号和过载信号来实现。速压、静压和 M 数信号则用来调节控制信号和反馈的系数，也用来给定驾驶杆的配平位置。

驾驶杆位移传感器、速压传感器、静压传感器和 M 数传感器的动态特性，实际上对带控制增稳系统的飞机的动态没有明显影响。对俯仰角速度传感器、迎角传感器和过载传感器来的信号，则应单独研究。

反馈传感器的信号

对应于飞机的运动参数并在控制增稳系统中作为反馈以保证刚体飞机运动所需特性的信号。首先，含有由飞机结构弹性振荡所引起的分量，其次，由于传感器的静态特性和动态特性，使它发生畸变。

在计算研究结构的弹性振荡对飞机纵向运动的影响时，使用下列研究方法[5]：

(1) 飞机结构任意一点的垂直位移，用下列级数的形式表示：

$$y(x,\ z,\ t)=\sum_{k=-1}^{N}f_k(x,\ z)q_k(t) \tag{13.1}$$

式中，$f_k(x,\ z)$——基函数，一般是用飞机“空机”振荡模态，也就是在来流速度为零和飞机与其他物理设施无机械连接情况下的飞机的振荡模态；

q_k——广义坐标。下标 $k=-1$ 对应飞机垂直位移的平行平面；下标 $k=0$ 对应于飞机相对重心的转动；下标 $k\geqslant 1$ 对应于飞机结构的弹性振荡(图 13.1)。

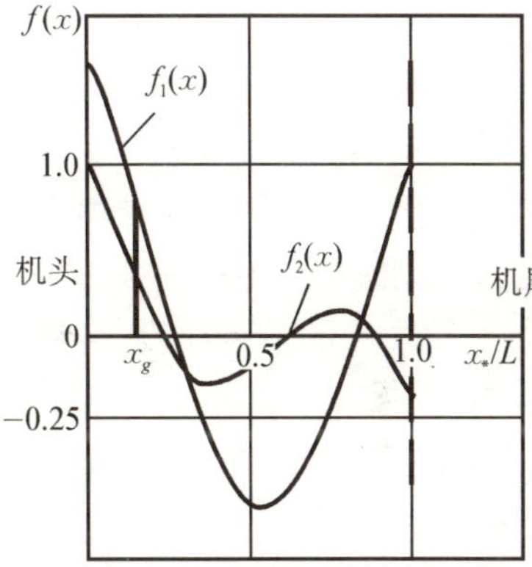

图 13.1　机身弹性振荡模态

在选择 $f_{-1}=1$、$f_0=x_{\text{ц.м}}-x_*$ 形式的前两种模态时，飞机的迎角和俯仰角与广义坐标 q_{-1} 和 q_0 有如下关系式：

$$\alpha=q_0-\frac{\dot{q}_{-1}}{V},\ \vartheta=q_0$$

式中，V 为飞行速度。

(2) 广义坐标的变化用方程组来表示：

$$\boldsymbol{C}\ddot{\boldsymbol{q}}+(\boldsymbol{D}^*+\boldsymbol{D})\dot{\boldsymbol{q}}+(\boldsymbol{A}+\boldsymbol{B})\boldsymbol{q}=\boldsymbol{A}_{\varphi}x_{\text{шт}} \tag{13.2}$$

式中：$\boldsymbol{C}=\begin{bmatrix} m & 0 & 0 & \cdots & 0 & C_{-1,\ N} \\ 0 & I_z & 0 & \cdots & 0 & C_{0,\ N} \\ 0 & 0 & C_{11} & \cdots & 0 & C_{1,\ N} \\ \vdots & \vdots & \vdots & & \vdots & \vdots \\ C_{N,\ -1} & C_{N,\ 0} & C_{N,\ 1} & \cdots & C_{N,\ N-1} & C_{N,\ N} \end{bmatrix}$——惯性系数矩阵；　(13.3)

$\boldsymbol{D}^*$ 和 $\boldsymbol{D}$——结构和气动阻尼矩阵；

$\boldsymbol{A}$ 和 $\boldsymbol{B}$——结构和气动刚性矩阵；

$$\boldsymbol{A}_\varphi = \begin{bmatrix} 0 \\ 0 \\ 0 \\ a_{N\varphi} \end{bmatrix}$$——作动器活塞杆通过操纵杆系对操纵面作用的列矢量； (13.4)

$x_{\text{шт}}$——作动器活塞杆位移。

矩阵式(13.3)和(13.4)的形式，对应于在操纵面相对于结构不动时所确定的基准振荡模态，或者，在使用全动平尾的情况下，相对根弦不动时所确定的基准振荡模态。在这种情况下，$q_N=\varphi$，φ 为操纵面的转动角(平尾的根弦)。$\| C \|$ 矩阵的最后一列对应于操纵面对结构振荡的惯性作用，最后一行对应于结构振荡对操纵面的惯性作用。当在控制增稳系统中使用全动平尾和重量不平衡的升降副翼时，结构振荡和操纵面的上述相互惯性作用尤为明显。

结构弹性对飞机稳定性和操纵性的影响表现为两方面：通过利用准静态效应直接改变气动力特性和通过控制增稳系统的传感器来施加影响，因为传感器的信号取决于其安装处的结构形变。

确定结构振荡的模态和频率，既在无控制增稳系统的弹性振荡(颤振)频域内，又在带控制增稳系统的弹性振荡频域内保证飞机具有标准规定的稳定储备，是气动弹性综合问题中的专门任务(详细情况见第10章)。

本书只研究直接与控制增稳系统算法相关问题。首先，这与来自其传感器的信号有关。

俯仰角速度传速器 安装在弹性结构上的角速度传感器的信号，可用下列形式表示：

$$\tilde{\omega}_z = \omega_z - \sum_{k=1}^{N} \frac{\partial f_k(x_{\text{д}})}{\partial x_*} \dot{q}_k(t)$$

式中，$\frac{\partial f_k(x_{\text{д}})}{\partial x_*}$ 为以导数形式表示的传感器安装处的弹性振荡模态。

对于一般安装在飞机机身上的传感器的信号来说，操纵面对飞机结构振荡的最大响应值，对应于机身弯曲振荡的固有频率。

图13.2(a)上列出了对于刚体的飞机、对结构弹性进行准静态修正的飞机和全弹性模型的飞机，ω_z/φ 频率特性的例子。通常，最困难的是保证机身一阶振荡的稳定性。因此，希望俯仰角速度传感器的配置，靠近其模态的腹点。但这根据结构条件，以及由于结构弹性振荡模态随飞行状态有偏差并不总能做到。所以，系统中引入抑制这些飞机结构弹性振荡信号的专用滤波器。

目前最普遍的角速度传感器是基于使用与弹簧和阻尼器连接的陀螺。按其本质，这是振荡环节，但其固有频率比飞机短周期运动频率高一个数量级。所以，在分析飞机的稳定性和操纵性时，可以将这些振荡环节看作是理想环节。

过载传感器　安装在弹性结构上的过载传感器的信号，可用下列形式来表示：

$$\Delta n_{\text{уд}} = \frac{1}{g}\left[\ddot{y}_{\text{ц.м}} + l_{\text{д}}\,\dot{\omega}_z + \sum_{k=1}^{N} f_k(\dot{x}_{\text{д}})\,\ddot{q}_k(t)\right]$$

式中，$\ddot{y}_{\text{ц.м}}$——飞机重心的垂直加速度；

$l_{\text{д}}$——从飞机重心到传感器放置处的距离；

$f_k(x_{\text{д}})$——传感器安装处的振荡模态值。

应指出，由过载传感器所测的信号，与广义坐标的二次时间导数成正比，也就是说，结构局部位移信号与振荡固有频率的平方成正比地被放大。相应地，频率特性 $\Delta n_{\text{уд}}/\varphi$ 含有一系列振幅相当大的峰值(图 13.2(б))，当在控制增稳系统中使用过载传感器时，保证结构弹性振荡稳定性的任务，要通过选择过载传感器的安装位置和对其信号进行滤波来解决。合理的方法是将过载传感器放置在位于飞机重心前面的机身一阶垂直弯曲的节点附近。

就结构而言，过载传感器本身是一个具有弹簧和阻尼连接的质量块。它的固有频率比飞机短周期运动频率几乎高两个数量级，所以，在分析飞机的稳定性和操纵性时，可以把它看作理想环节。

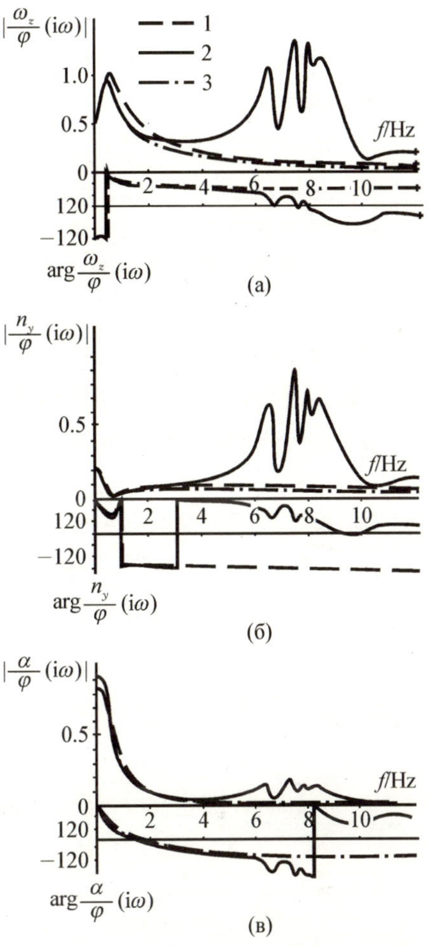

图 13.2　(a) 结构弹性对俯仰角速度频率特性的影响；(б) 结构弹性对过载频率特性的影响；(в) 结构弹性对迎角频率特性的影响

1—刚性飞机；2—弹性飞机；3—只修正结构静形变

迎角传感器　位于弹性结构上的迎角传感器的信号，可用下列形式表示：

$$\alpha_{\text{д}} = \alpha - \frac{l_{\text{д}}\omega_z}{V} - \sum_{k=1}^{N}\left[\frac{\partial f_k(x_{\text{д}})}{\partial x_*}q_k(t) + \frac{f_k(x_{\text{д}})\,\dot{q}_k}{V}\right]$$

式中，α——按基准线(机身水平基准线、机翼根弦等)计数的迎角。

迎角传感器的信号含有的结构弹性振荡的相应分量较少(图 13.2(в))，但在控制增稳系统中使用它时，必须注意以下几点：

——当将迎角传感器安装在机身上时，其读数由局部绕流来确定且要求根据真实迎角校准读数；

——风标型传感器是固有频率比飞机短周期运动频率高一个数量级的振荡环节；该信号含有由传感器的局部气流特性、气动力特性和动态特性引起的高频干扰，所以需要滤波；

——在使用以分析机身上或专门伸入气流中的物体上的压力分布为基础的迎角测量系统时，必须考虑气动压力管路的延迟和处理压力传感器信号的时间。

正如按所研究信号的弹性飞机频率特性的例子所表明的那样，控制增稳系统综合的最初阶段，使用对结构弹性进行气动性能的准静态修正的刚体飞机模型就足够了。

这时的反馈信号传感器，可作为理想环节来模拟，但同时，必须考虑用于抑制结构弹性振荡信号和高频干扰的控制增稳系统的滤波器。

控制增稳系统传感器信号的滤波

控制增稳系统的滤波器可划分成两组——用于保证所要求的飞机短周期运动特性的功能滤波器和抑制高频信号的滤波器。高频滤波器的参数选择方法是，应使高频区有足够高效率的情况下，在短周期运动频段内由滤波器引入的相位畸变位于允许的范围之内。下面我们研究控制增稳系统典型滤波器的幅值特性和相位特性：

(1) 具有下列传递函数的非周期滤波器 $W_{\phi1}(p)=\dfrac{1}{T_{\phi1}p+1}$；

(2) 二阶滤波器 $W_{\phi2}(p)=\dfrac{1}{T_{\phi2}^2p^2+2\zeta_{\phi2}T_{\phi2}p+1}$；

(3) 陷波器 $W_{\phi3}(p)=\dfrac{T_{\phi3}^2p^2+2\zeta_{\phi3}^*T_{\phi3}p+1}{T_{\phi3}^2p^2+2\zeta_{\phi3}T_{\phi3}p+1}$。

我们将在这样的条件下比较滤波器的性能：即在给定的频率 ω_* 上，这些滤波器能保证给定程度的信号衰减 $A_*=|W_\phi(i\omega_*)|\ll 1$。

根据这些条件，以及在幅频特性无峰值的条件，滤波器的参数用下列方式确定：

$$T_{\phi1}\omega_*=\frac{1}{A_*}$$

$$T_{\phi2}\omega_*=\sqrt{\frac{1}{A_*}},\ \zeta_{\phi2}=0.6$$

$$T_{\phi3}\omega_*=1,\ \frac{\zeta_{\phi3}^*}{\zeta_{\phi3}}=A^*,\text{取 }\zeta_{\phi3}=0.6$$

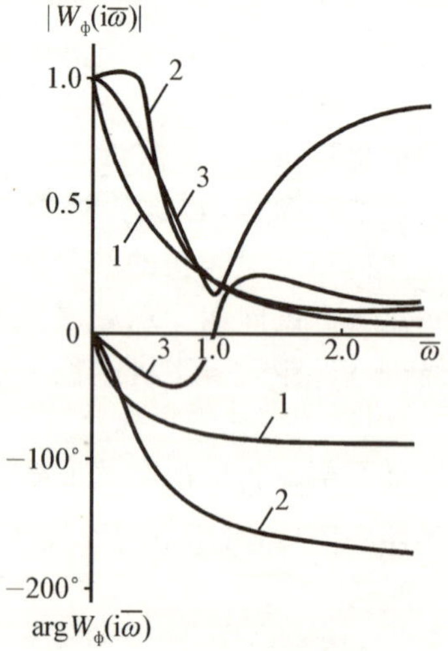

图 13.3 校正滤波器的幅频特性和相频特性

1— $W_{\phi1}(\bar{p})=\dfrac{1}{0.5\bar{p}+1}$；

2— $W_{\phi2}(\bar{p})=\dfrac{1}{(2.3\bar{p})^2+1.2\times2.3\bar{p}+1}$；

3— $W_{\phi3}(\bar{p})=\dfrac{\bar{p}^2+0.2\bar{p}+1}{\bar{p}^2+1.2\bar{p}+1}$

我们所研究的 3 个滤波器在 $A_*=0.2$ 时的幅频特性和相频特性的例子，列于图 13.3 上。如果认为，ω_* 对应于机身一阶弯曲，那么，短周期运动的频率一般在 $\omega_0\approx0.1\omega_*$ 附近，而带控

制增稳系统的飞机的临界频率(也就是当增大控制增稳系统反馈系数对“飞机-控制增稳系统”闭环系统发生失稳的频率)为

$$\omega_{\text{кр}} \approx (0.3 \sim 0.5)\omega_*$$

表 13.1 对滤波器的性能进行了比较。

表 13.1　滤波器性能

频　率	滤波器 1		滤波器 2		滤波器 3	
	A	φ	A	φ	A	φ
$0.1\omega_*$	0.84	27°	1.02	16°	0.99	6°
$0.4\omega_*$	0.45	63°	0.95	82°	0.87	25°
ω_*	0.20	79°	0.20	145°	0.166	0
$2\omega_*$	0.10	84°	0.05	166°	0.78	155°

滤波器 1 在从 $\omega = 0.3\omega_*$ 开始的很宽的频段内信号衰减明显，但在飞机短周期运动频率上会引入很大的相位畸变。

滤波器 2 信号的振幅值，在频率 $\omega > 0.6\omega_*$ 也大大衰减了，在带控制增稳系统飞机的临界频率上，振幅仍接近于 1 时，但相位延迟会很大。

滤波器 3 只衰减频率 ω_* 附近的信号，且与其他滤波器相比，在低频上引入的延迟最小。

根据控制增稳系统中反馈传感器信号中的高频成分的强度和引入的延迟对飞机稳定性和操纵性的影响，使用不同的滤波器。

对含有很宽的高频信号谱的迎角和过载信号而言，使用一阶或二阶滤波器。为补偿由它们引入的延迟，必须补充增大俯仰角速度的反馈系数。俯仰角速度信号的滤波最困难，因为引入到这个控制通路中的延迟，明显影响带控制增稳系统飞机的稳定储备。正如在研制气动稳定余量小或具有不大的不稳定度的超声速飞机中的经验所表明的那样，在机身一阶弯曲频率处，俯仰角速度信号的必要衰减程度与低频区域相比，应为 10～15。因此，在该通道中，经常将陷波器与二阶滤波器结合使用。

在机载数字计算机(БЦВМ)上实现控制增稳系统算法的特点

使用数字计算机，可以解决一系列对模拟技术来说难以克服的问题。首先，在具有足够精度和稳定度的机载数字计算机上，可以实现更复杂的控制算法，包括将其按飞行状态重构。其次，机载数字计算机可以实现对输入信号、中间信号和输出信号的监控和选择，评估设备与共同工作的各系统的状态等。

但是，在控制增稳系统中使用机载数字计算机，会引起一系列静态和动态效应。带机载数字计算机的控制增稳系统的框图，在图 13.4 上给出。机载数字计算机包括数字计算器(ЦВ)、模拟信号向数字码的转换器(A/D 转换)和由数字码传送到控制增稳系统执行部分的模拟信号的转换器(D/A 转换)[6]。

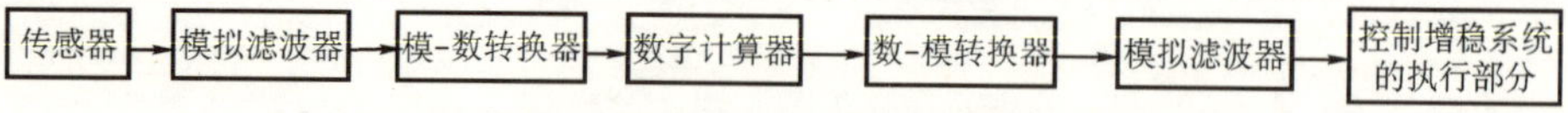

图 13.4　带机载数字计算机的控制增稳系统的框图

模-数转换器实现模拟信号按时间和电平的离散化。电平的离散化误差取决于模-数转换器的位数,且为保证控制增稳系统的信号具有可接受的复现精度,希望位数不小于 12 位。为估算适时量化的动态效应,一般使用由采样器(ИЭ)和保持器(Э)组成的输入装置模块(图 13.5)。

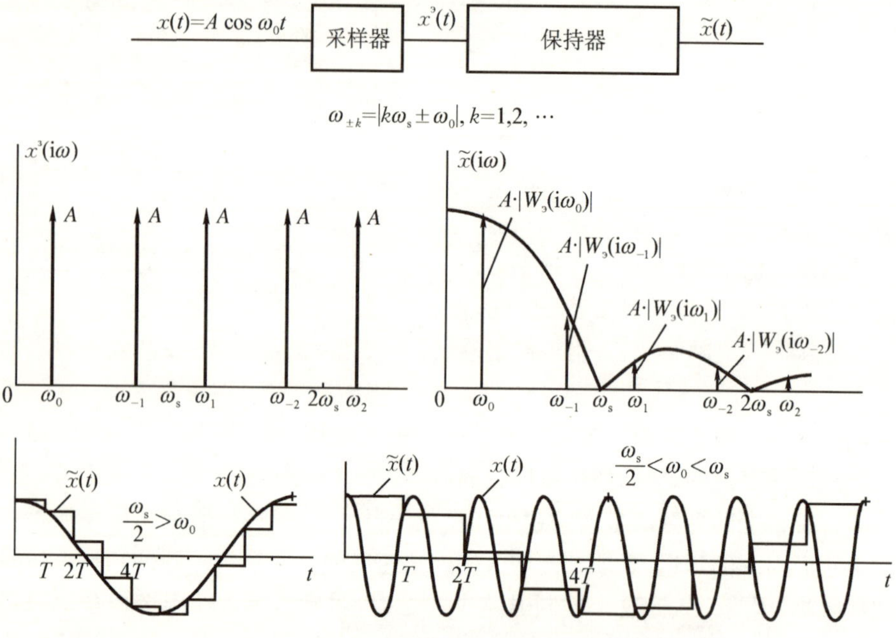

图 13.5　机载数字计算机输入装置控制信号的转换

ИЭ—采样器；$x^э(\mathrm{i}\omega)$、$\tilde{x}(\mathrm{i}\omega)$—单谐波输入信号情况下采样器和保持器的输出信号谱

采样器输出信号的拉普拉斯变换,由下列公式来确定:

$$y^*(p)=\frac{1}{T_0}\sum_{k=-\infty}^{\infty}y(p+\mathrm{i}r\omega_s),$$

式中,$y(p)$——输入信号的拉普拉斯变换;

T_0——采样周期;$\omega_s=\dfrac{2\pi}{T_0}$ 为量化圆频率。

保持器传递函数的形式为 $W(p)=\dfrac{1-\mathrm{e}^{-T_0 p}}{p}$,对应于幅度特性:

$$|W_э(\mathrm{i}\omega)| = T_0 \left| \frac{\sin\frac{\omega T_0}{2}}{\frac{\omega T_0}{2}} \right| \text{和相位：} \arg W_э(\mathrm{i}\omega) = -\frac{\omega T_0}{2}$$

图 13.5 示出了频率为 ω_0 的单谐波输入信号谱变换的特性。采样器的输出谱为周期函数；如果 $\omega_0 < \frac{\omega_s}{2}$，那么，根据保持器的幅值特性，其输出谱中的高频分量被抑制。如果 $\frac{\omega_s}{2} < \omega_0 < \omega_s$，那么，在采样器的输出谱中将出现组合频率 $\omega_0 - \omega_s$；在保持器的输出端，组合频率的信号幅度，比频率为 ω_0 的信号幅度大(图 13.5)。这个所谓的移频效应，在控制增稳系统中应予排除，办法是在机载数字计算机的入口安装抑制高频干扰的滤波器。正如从保持器的相位特性中所得出的那样，其延迟用数值 $T_0/2$ 来估算。考虑到接收和处理输入信号所用时间按基本算法所做的计算、计算结果的检测，由机载数字计算机本身引入系统中的总延迟，根据其计算时钟的周期，为 $0.8 \sim 1.5T_0$。

这些因素连同机载数字计算机的防护滤波器，可在控制增稳系统中引入很大的相位延迟并严重影响飞机的稳定性和操纵性性能。

控制增稳系统的执行部分

正如第 9 章中所指出的那样，控制增稳系统的执行部分，既可按串联安装的伺服作动器和承载作动器的方案来实现，也可按具有总反馈的方案来实现。后一方案具有一系列保证超声速飞机所需动态特性的显著优越性。所以，以后在分析带控制增稳系统的飞机的稳定性和操纵性时，主要将研究这一方案。

这种作动器的结构框图，在图 13.6 上给出。控制增稳系统计算机的电信号，由电液装置(ЭГУ)转换成伺服作动器阀芯的机械位移，随后依次转换成伺服作动器活塞杆的位移、转舵作动器滑阀及其活塞杆的位移。

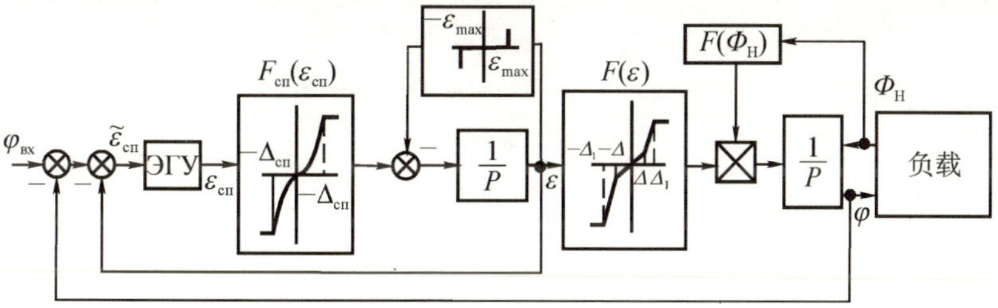

图 13.6　具有总反馈的舵面作动器框图

伺服作动器的速度特性 $F_{сп}(\varepsilon_{сп})$ 和舵面作动器的速度特性 $F(\varepsilon)$，具有非线性特性。其中可划分出小信号输入区域内函数 $F_{сп}(\varepsilon_{сп})$ 和 $F(\varepsilon)$ 的导数值不大的区段、近似线性段和确定伺服作动器及舵面作动器最大速度的饱和区。在研究作动器的动态时，经常用到速度特性的线性近似 $F_{сп}(\varepsilon_{сп}) \approx D_{сп}\varepsilon_{сп}$ 和 $F(\varepsilon) \approx D \cdot \varepsilon$，式中 $D_{сп}$ 和 D 分别为伺服作动器和舵面作动器的品质因数。

舵面作动器活塞杆上的载荷，以两种方式影响其性能：

——通过改变速度特性的方式；对节流作动器，函数为

$$F(\Phi_{н}) = \sqrt{1 + \frac{\Phi_{н}}{\Phi_{max}} \operatorname{sign} \varepsilon}$$

式中，$\Phi_{н}$——由操纵面作用到作动器活塞杆上的载荷；

Φ_{max}——作动器的最大推力；

——通过作动器腔中工作液的可压缩性、其构件的形变、工作液的溢出及其在作动筒各腔之间串流。

保证作动器本身的稳定性和带操纵面的作动器的稳定性是一个专门问题，这个问题既可用在所给定的结构范围内选择参数的办法来解决，也可用引入附加交联关系的办法来解决。保证稳定余量足够大的条件，会限制舵面作动器和伺服作动器的品质因数值，但其工作值应保证控制增稳系统在处理信号时，作动器具有可接受的性能。

在线性情况下研究飞机稳定性和操纵性的问题时，可使用简化的作动器模型，它可用下列传递函数来描述：

$$\frac{\varphi}{\varphi_{вх}} = W_{рп}(p) = \frac{D}{T_{сп} p^2 + p + D}$$

式中，$T_{сп} = 1/D_{сп}$。

该模型可准确地反映从 $\omega = 0$ 到 $\omega \simeq D$ 的频段内和载荷达 $0.2\Phi_{max}$ 时，中等信号电平范围内的作动器的动态。

13.2　考虑控制系统元件特性带控制增稳系统的飞机动态

带有静差和无静差控制增稳系统的飞机的性能，在第 12 章中已进行了初步研究，该章指出了使用每一信号的目的和根据飞行状态调节这些信号的基本规律。从控制系统实际性能考虑，必须解决一些覆盖面更广的、更复杂的问题。

有静差控制增稳系统纵向通道的一般框图，在图 13.7 中给出。驾驶杆位移信

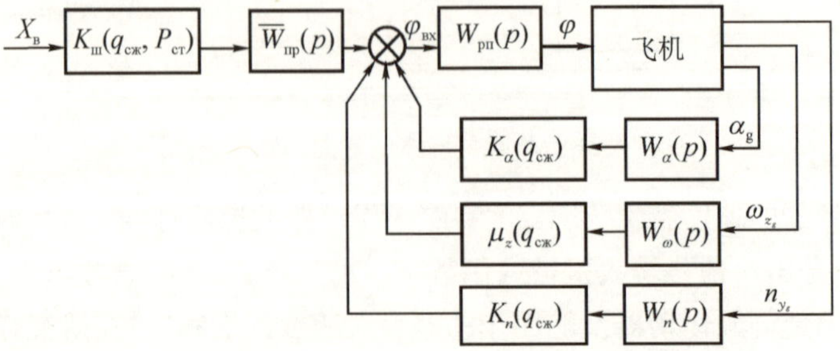

图 13.7　有静差控制增稳系统纵向通道的一般框图

号 $x_в$，经一般为非线性动态环节的专门滤波器(前置滤波器)传输。在线性化情况下，它的动态特性对应于传递函数 $W_{пр}(p)$。俯仰角速度、过载和迎角反馈传感器的信号，相应地通过传递函数分别为 $W_{\omega}(p)$，$W_{n}(p)$，$W_{\alpha}(p)$ 的滤波器和根据飞行状态调节的系数 μ_z，k_n，k_α 后在舵面作动器的输入端相加形成 $\varphi_{вх}$ 信号。在线性化情况下，输入信号与操纵面偏角之间的传动关系，用传递函数 $W_{рп}(p)$ 来描述。

考虑来自操纵面的升力时，飞机俯仰角速度 ω_z、重心处的过载 Δn_y 和迎角 α 的传递函数表达如下：

$$\left[\frac{\omega_z}{\varphi}(p)\right]=\frac{p(\overline{M}_z^{\varphi}-\overline{y}^{\varphi}\overline{M}_z^{\dot{\alpha}})+(\overline{M}_z^{\varphi}\overline{y}^{\alpha}-\overline{y}^{\varphi}\overline{M}_z^{\alpha})}{p^2+d_0p+\omega_0^2}$$

$$\left[\frac{\Delta n_y}{\varphi}(p)\right]=\frac{V}{g}\frac{\overline{y}^{\varphi}p[p-(\overline{M}_z^{\dot{\alpha}}+\overline{M}_z^{\omega_z})]+(\overline{M}_z^{\varphi}\overline{y}^{\alpha}-\overline{y}^{\varphi}\overline{M}_z^{\alpha})}{p^2+d_0p+\omega_0^2}$$

$$\left[\frac{\alpha}{\varphi}(p)\right]=\frac{\overline{M}_z^{\varphi}-\overline{y}^{\varphi}(p-\overline{M}_z^{\omega_z})}{p^2+d_0p+\omega_0^2}$$

式中，$d_0=\overline{y}^{\alpha}-\overline{M}_z^{\omega_z}-\overline{M}_z^{\dot{\alpha}}$；

$\omega_0^2=-\overline{M}_z^{\alpha}-\overline{y}^{\alpha}\overline{M}_z^{\omega_z}$ 为无控制增稳系统的飞机的固有频率的平方；当气动不稳定度足够大时，$\omega_0^2<0$。飞机短周期运动的基本特性，可用驾驶杆阶跃偏转情况下，飞机重心处过载的过渡过程中表示，该过渡过程对应于下列传递函数：

$$\frac{\Delta n_y}{\Delta X_в}=\frac{W_{пр}(p)W_{рп}(p)\left[\frac{\Delta n_y}{\varphi}(p)\right]k_ш}{1-W_{рп}(p)\left\{\mu_zW_{\omega}(p)\left[\frac{\omega_z}{\varphi}(p)\right]+k_nW_n(p)\left[\frac{\Delta n_{yg}}{\varphi}(p)\right]+k_\alpha W_\alpha(p)\left[\frac{\alpha}{\varphi}(p)\right]\right\}}=\frac{A(p)}{B(p)}$$

式中，$A(p)$ 和 $B(p)$——由具体的反馈系数和滤波器的传递函数所确定的多项式。

下面我们研究只使用 Δn_y 和 ω_z 信号的情况，在这种情况下，我们认为：$\overline{y}^{\varphi}=0$，$l_g=0$，$W_n(p)=1/(T_np)+1$；$W_{\omega}(p)=1$。

多项式特征方程可用下列形式表示：

$$B(p)=(p^2+d_0p+\omega_0^2)(T_{сп}p^2+p+D)(T_np+1)-\mu_z\overline{M}_z^{\varphi}D\times\left[(p+\overline{y}^{\alpha})(T_np+1)+\frac{k_n}{\mu_z}\frac{V}{g}\overline{y}^{\alpha}\right]$$

我们将研究比值 k_n/μ_z 固定、改变 μ_z 时该多项式的根。这种情况下的特征方程可表示为：$1+\mu_zW_{\mu}(p)=0$，式中

$$W_{\mu}(p)=-\frac{\overline{M}_z^{\varphi}D\left[(p+\overline{y}^{\alpha})(T_np+1)+\frac{k_n}{\mu_z}\frac{V}{g}\overline{y}^{\alpha}\right]}{(T_np+1)(p^2+d_0p+\omega_0^2)(T_{сп}p^2+p+D)}$$

根轨迹在很大程度上由函数 $W_\mu(p)$ 的零点和极点来确定[7]。

$W_\mu(p)$ 的零点位置按下列方程来确定：

$$1+\frac{k_n}{\mu_z}\frac{V}{g}\overline{y}^\alpha\frac{1}{(p+\overline{y}^\alpha)(T_n p+1)}=0$$

图 13.8(a)上给出了比值 k_n/μ_z 变化时 $W_\mu(p)$ 零点的轨迹。如果 $k_n/\mu_z=0$，那么，零点位于 $p_{01}=-\overline{y}^\alpha$；$p_{02}=-1/T_n$ 处。

当 $(k_n/\mu_z)\cdot(V/g)\cdot\overline{y}^\alpha=(T_n/4\,\overline{y}^\alpha)\cdot(\overline{y}^\alpha+1/T_n)^2-1$ 时，有 $p_{01}=p_{02}=-(1/2)(\overline{y}^\alpha+1/T_n)$。如果继续增大比值 k_n/μ_z，那么，零点将分布在左半平面中的垂直线上，该垂直线距虚轴有 $(1/2)\cdot(\overline{y}^\alpha+1/T_n)$ 的距离，且过载信号滤波器的时间常数 T_n 越大，该距离越小。这在很大程度上由带控制增稳系统的飞机在通过系数 μ_z 闭合整个系统时其根的实部来决定。

当 $k_n/\mu_z=\text{const}$ 和 μ_z 变化时，系统的根轨迹在图 13.8(б)、(в)上给出。极点分布在下列点上：

$P_{*1}, P_{*2}=-d_0/2\pm\sqrt{d_0^2/4-\omega_0^2}$ ——无控制增稳系统的飞机的根；

$P_{*3}, P_{*4}=-1/2T_{\text{сп}}\pm\sqrt{(1/2T_{\text{сп}})^2-D/T_{\text{сп}}}$ ——舵面作动器的根；

$P_{*5}=-1/T_n$ ——过载信号滤波器的根。

如果 $\omega_0^2<0$，那么，不带控制增稳系统的飞机的一个根处于右半平面上且存在着下临界值 $\mu_z=\mu_z^{\text{н}}$，在该临界值下，与它对应的闭环系统的根与虚轴相交(图 13.8(б))。

$$\mu_z^{\text{н}}=\frac{1}{\overline{M}_z^\varphi}\frac{\omega_0^2}{\overline{y}^\alpha\left(1+\dfrac{k_n}{\mu_z}\dfrac{V}{g}\right)}$$

当 T_n 值大时，μ_z 的下边界可用复数根来确定(图 13.8(б))。当 μ_z 增大时，系统的主导根趋近于前面指出的零点，由相应滤波器极点出发的根，沿实轴向左运动，而对应于作动器的根，趋向右半平面并在上临界值 $\mu_z=\mu_z^{\text{в}}$ 处与虚轴相交，表明闭环系统失稳。

带控制增稳系统飞机最重要的一个性能，是按控制增稳系统参数的稳定余量。其中，按上边界的稳定余量确定为参数的上临界值与其额定值的比值。相应地按下边界的稳定余量等于参数额定值与其下临界值的比值。此外，还应按相位或按控制操纵系统允许各元件附加的延迟来检查系统的稳定余量。

系统 μ_z 的额定值应分布在距 $\mu_z^{\text{н}}$ 和 $\mu_z^{\text{в}}$ 足够远的地方，以保证带控制增稳系统的飞机的必要(一般不少于 2 倍)稳定余量。如果满足该条件，那么，作动器特性对主导根数值的影响就小。对通常各种型号飞机使用的值为 $T_n=0.1\sim0.5\,\text{s}$ 的情况，该参数对系统的主导根具有较严重的影响。

在所研究的情况下，时间常数 T_n 的这一影响可用下列方式来估算。假设，对不

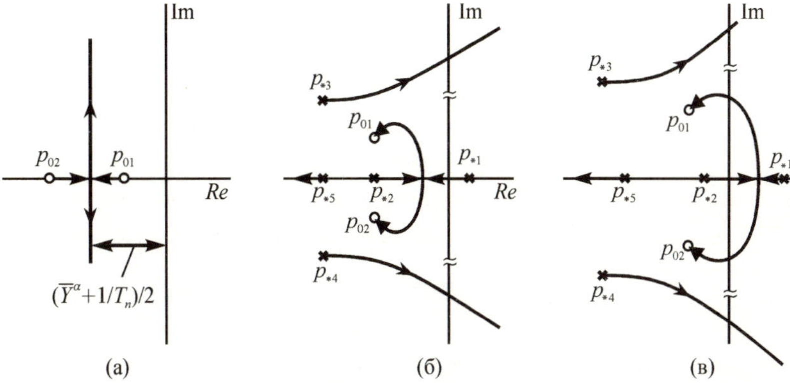

图 13.8 带有静差控制增稳系统的飞机的根轨迹

(a) $k_n/\mu_z=\text{var}$ 时的 $W_{\mu}(p)$的零点；(б)、(в) $k_n/\mu_z=\text{const}$，$\mu_z=\text{var}$ 时闭合系统的根

带过载信号滤波器($T_n=0$)的系统而言，利用系数 μ_{z0} 和 k_{n0} 选择主导根

$$p_{1,2}=(-\zeta_{\alpha}\pm\mathrm{i}\sqrt{1-\zeta_{\alpha}^{2}})\omega_{\alpha}$$

为了在引入时间常数为 T_n 的过载信号滤波器时，使这些值保持不变，系数 μ_z 和 k_n 应变化下列值：

$$\Delta\mu_z=\frac{k_{n0}\dfrac{V}{g}\overline{y}^{\alpha}T_n}{1+T_n(\overline{y}^{\alpha}-2\zeta_{\alpha}\omega_{\alpha})};\ \Delta k_n=\frac{k_{n0}T_n^2\omega_{\alpha}^2}{1+T_n(\overline{y}^{\alpha}-2\zeta_{\alpha}\omega_{\alpha})}$$

滤波器的时间常数越大，过载信号在保证带控制增稳系统的飞机的静稳定性中起的作用越大，俯仰角速度的附加信号值就越大。

存在着极限值 $T_n=1/(2\zeta_{\alpha}\omega_{\alpha}-\overline{y}^{\alpha})$，在该值下依靠改变系数 μ_z 和 k_n 无法补偿滤波器对主导根的影响。

过载信号滤波器向飞机的动态中还引入一个效应。这个信号作为保障飞机静稳定性的基本信号使用。因此，如果除了由飞机自身动态引入的延迟外，还有附加的延迟加入到控制增稳系统的位置交连中，就会在过渡过程中引起超调倾向。

对于我们所讨论的控制增稳系统的简化模型，传递函数 $\Delta n_y/\Delta X_{\text{в}}$ 可表示成下列形式：

$$\frac{\Delta n_y}{\Delta X_{\text{в}}}=\frac{V}{g}\frac{k_{\text{ш}}\overline{M}_z^{\varphi}\,\overline{y}^{\alpha}D(T_np+1)W_{\text{пр}}(p)}{(p^2+2\zeta_{\alpha}\omega_{\alpha}p+\omega_{\alpha}^2)(p-p_3)(p^2+2\zeta_3\omega_3p+\omega_3^2)}$$

式中，ζ_{α}，ω_{α}——主导根的参数；

ζ_3，ω_3——对应于作动器的根的参数；

p_3——对应于滤波器的根。

根据 μ_z 和 k_n 的数值，它可以从原始值 $p_3=-1/T_n$ 大大向左移动。正如已指

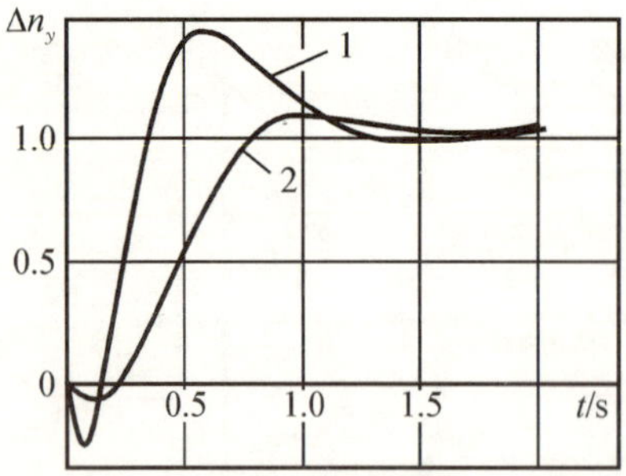

图 13.9　在飞机的受控运动中，前置滤波器对过渡过程的影响

1—无前置滤波器；2— $T_{пр}=0.4$ s

出的那样，当稳定储备上边界足够大时，对应于作动器的根对过渡过程的性能影响很小。因此，飞机的动态主要由主导根、传递函数的零点值 $p_0=-1/T_n$ 和极点 $p=p_3$ 来确定。如果 $|p_3|\gg 1/T_n$，那么，过渡过程具有超调倾向(图 13.9)。为补偿这一效应，使用前置滤波器，即驾驶杆位移信号滤波器(图 13.7)。它的传递函数以下列形式来选择：

$$W_{пр}(p)=(\lambda_{пр}pT_{пр}p+1)/(T_{пр}p+1);\ \lambda_{пр}<1$$

当 $\lambda_{пр}=0$ 时，近似值 $T_{пр}\approx T_n$。上述类型的前置滤波器可减小超调值(图 13.9)但上升时间略有增大。

只有控制增稳系统在其参数变化范围内有足够的稳定余量时，才能保证带控制增稳系统的超声速飞机的过渡过程，具有可接受的品质。通常，“飞机-控制增稳系统”闭环系统稳定余量上边界的最小值是按 μ_z 的稳定余量。稳定余量的决定因素是舵机的动态特性和俯仰角速度反馈信号的校正滤波器。这一信号在增大飞机扰动运动阻尼方面的效率，可能受到由滤波器和作动器引入到系统中的滞后的限制。

下面我们讨论按具有总反馈的方案构成的典型作动器及抑制俯仰速度通道中弹性振荡信号的、由陷波器和二阶环节组成的典型滤波器的频率特性，其传递函数具有下列形式：

$$W_{фук}(p)=\frac{T_{ф3}^2p^2+2\zeta_{ф3}^*T_{ф3}p+1}{(T_{ф3}^2p^2+2\zeta_{ф3}T_{ф3}p+1)(T_{ф4}^2p^2+2\zeta_{ф4}T_{ф4}p+1)}\tag{13.5}$$

参数相互关系为：$T_{ф3}=1/\omega_{ф3}$；$T_{ф4}=0.66T_{ф3}$；$\zeta_{ф3}=\zeta_{ф4}=0.6$；$\zeta_{ф3}^*=0.1$，式中 $\omega_{ф3}$ 为机身一阶弯曲固有频率。在频率达 $\omega=0.5\omega_{ф3}$ 时，所研究的元件具有接近于 1 的幅值特性，且引入大致相同的相位滞后。

下面我们对所研究的频段，利用下面的延迟环节来近似俯仰角速度通道中的传递函数，以便在只含俯仰角速度反馈的带控制增稳系统的飞机的简化模型上，评估这些因素的影响：

$$W_{рп}(p)W_{фук}(p)=e^{-p\tau}$$

在这种情况下，带控制增稳系统的飞机的特征方程可写成下列形式：

$$1-\mu_z\overline{M}_z^{\varphi}\frac{(p+\overline{y}^{\alpha})e^{-p\tau}}{p^2+d_0p+\omega_0^2}=0$$

因为我们研究的是较高频域内系统根的特性，那么，在假设 $d_0=\overline{y}^{\alpha}=0$ 的情况下，可简化飞机的模型。

现在我们使用新参数：$\bar{p}=p\tau/2$；$\bar{\omega}_0=\omega_0\tau/2$；$\tilde{\mu}_z=-\mu_z\overline{M}_z^{\varphi}\tau/2$，并且使用帕德近似 $e^{-p\tau}\approx(1-p\tau/2)/(1+p\tau/2)$，得到 $(\bar{p}+\bar{\omega}_0^2)(\bar{p}+1)+\tilde{\mu}_z\bar{p}(1-\bar{p})=0$。

在变化$\tilde{\mu}_z$ 时，根据$\bar{\omega}_0$ 的值，可能有两种类型的根轨迹：

——$\bar{\omega}_0\leqslant 0.1$ 时，3 个根都变成负实根；

——$\bar{\omega}_0>0.1$ 时，复数根的阻尼受限。

稳定性边界由系数 $\tilde{\mu}_{z\text{в}}=1-\bar{\omega}_0^2$ 和临界频率$\bar{\omega}_{\text{кр}}=1$ 来确定。该频率对应于俯仰角速度通道相位滞后为 90°。

下面我们确定由俯仰阻尼器引入系统中的最大阻尼。对于系统根 $(\bar{p}=\bar{\lambda}+i\bar{\omega})$ 的实部和虚部，下列关系式是正确的：

$$\bar{\lambda}^3-3\bar{\omega}^2\bar{\lambda}+(\bar{\lambda}^2-\bar{\omega}^2)(1-\tilde{\mu}_z)+\lambda(\bar{\omega}_0^2+\tilde{\mu}_z)+\bar{\omega}_0^2=0$$

$$3\bar{\lambda}-\bar{\omega}^2+2\bar{\lambda}(1-\tilde{\mu}_z)+\bar{\omega}_0^2+\tilde{\mu}_z=0$$

在 $\bar{\lambda}=\bar{\lambda}_*$，$\tilde{\mu}_z=\tilde{\mu}_*$ 和$\bar{\omega}=\bar{\omega}_*$ 的某些参数值下，导数 $d\bar{\lambda}/d\tilde{\mu}_z=0$。这些数值用下列公式来确定：

$$\bar{\lambda}_*=-\frac{1}{2}\left[1-3\bar{\omega}_0^2-2\sqrt{2(1+\bar{\omega}_0^2)}\,\bar{\omega}_0\right]$$

$$\tilde{\mu}_*=\frac{8\bar{\lambda}_*^2+2\bar{\lambda}_*+\bar{\omega}_0^2-1}{2(2\bar{\lambda}_*-1)};\ \bar{\omega}_*^2=3\bar{\lambda}_*^2+2\bar{\lambda}_*(1-\tilde{\mu}_*)+\bar{\omega}_0^2+\tilde{\mu}_*$$

在图 13.10 上，给出了无量纲阻尼系数 $\zeta_*=\dfrac{-\bar{\lambda}_*}{\sqrt{\bar{\omega}_*^2+\bar{\lambda}_*^2}}$ 和增益系数$\tilde{\mu}_{z\text{в}}$与参数$\bar{\omega}_0$的关系曲线。只有在$\bar{\omega}_0\leqslant 0.28$ 时，才可能有使飞机过渡过程达到满意品质的边界值 $\zeta_*=0.35$。

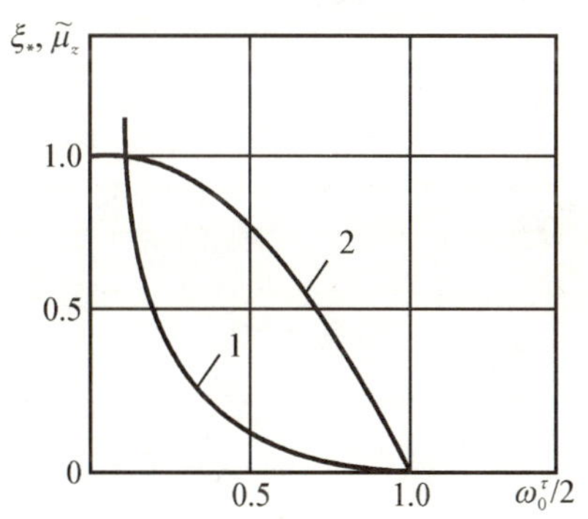

图 13.10　俯仰阻尼器通道内的延迟对其效率的影响

1—ζ_*，为飞机的最大阻尼系数；2—按$\tilde{\mu}_z$的稳定性边界；τ—俯仰阻尼器通道的延迟；ω_0—不带俯仰阻尼器的飞机的固有频率，$\tilde{\mu}_z=-\mu_z\overline{M}_z^{\varphi}\cdot\tau/2$

数值 $2\bar{\omega}_0=\omega_0\tau$ 决定了在不带控制增稳系统的飞机的振荡频率处俯仰通道的相位滞后，且为保证飞机具有必要的阻尼，该相位滞后值不应超过 30°。

应当指出，$\zeta>0.35$ 的值，对应于按参数 μ_z 的稳定余量大于 2.8。

提高俯仰角速度通道稳定余量上边界的方法之一，是在该通道中引入具有下列传递函数的滤波器：

$$W_{\Phi}(p)=\frac{T_{\omega 1}p+1}{T_{\omega 2}p+1}\tag{13.6}$$

式中，$T_{\omega1} < T_{\omega2}$。

$T_{\omega1}$、$T_{\omega2}$的数值，应满足条件：$T_{\omega1}\omega_{кр} \gg 1$，$T_{\omega2}\omega_{кр} \gg 1$，式中 $\omega_{кр}$为系统的临界频率。在这种情况下，上边界值将增大为原来的 $T_{\omega2}/T_{\omega1}$倍。所指出的规律性，对于使用俯仰角速度反馈、迎角反馈和过载反馈的实际控制增稳系统来说，也是正确的。俯仰角速度通道的临界频率，实际上与其相位滞后达 90°时的频率一致。为估算临界 μ_z 值，可使用关系式

$$\mu_z^{в} \approx - \frac{\omega_{кр}}{\overline{M}_z^{\varphi} \mid W_{\omega}(\omega_{кр}) W_{рп}(\omega_{кр}) \mid}$$

图 13.11 上给出了带控制增稳系统的飞机在不同滤波器情况下的稳定边界示例。原始飞机具有气动不稳定性并存在着由不稳定性造成的按系统参数的下稳定边界。

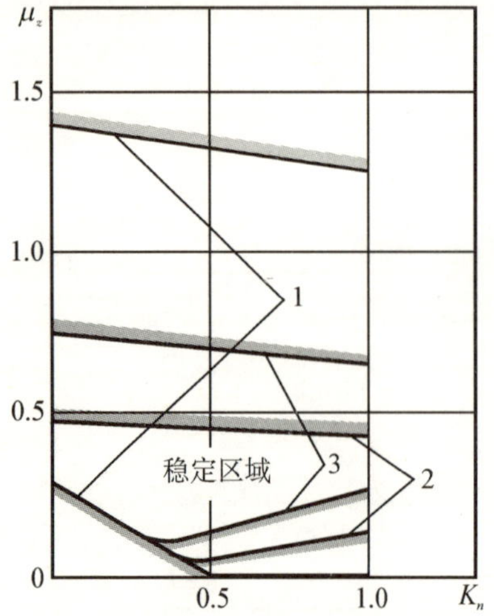

图 13.11 具有不同的校正滤波器时带控制增稳系统飞机的稳定性边界

1—$W_{\omega}(p) = W_n(p) = 1$；2—$W_n(p) = 1/(T_n p + 1)$，$W_{\omega}(p) = W_{фук}(p)$；3—$W_n(p) = 1/(T_n p + 1)$，$W_{\omega}(p) = W_{ф}(p) W_{фук}(p)$

为保证系统具有足够的稳定余量，必须使上下边界系数相差 4 倍以上。在我们所研究的情况下，考虑到过渡过程的性能应可接受，这一点可通过在 ω_z 通道中使用带传递函数式(13.5)和式(13.6)的复杂的滤波器来实现：

$$W_{\omega}(p) = W_{ф}(p) W_{фук}(p) \quad (13.7)$$

为从合理选择俯仰角速度通道滤波器的观点评估控制增稳系统的性能质量，有意义的做法，是将控制增稳系统与某些满足同样一些函数关系的标准系统相比较。我们将把带有下列传递函数的滤波器的系统，作为标准系统来研究：

$$W_{эт}(p) = \prod_{k=1}^{n} \left[\frac{T_k^2 p^2 + 2\zeta_k^* T_k p + 1}{T_k^2 p^2 + 2\zeta_k T_k p + 1} \right]^n \frac{1}{(0.66T_k)^2 p^2 + 2\zeta_k\, 0.66 T_k p + 1}$$

式中，$\zeta_k = 0.6$；$\zeta_k^* = 0.1$。

假定，在结构弹性振荡的 ω_k频率上，提出将控制信号衰减到其低频信号电平的 $1/\lambda_k$ 的要求：

$$\mid W_{эт}(\mathrm{i}\omega_k) \mid \leqslant \frac{1}{\lambda_k}$$

这一条件确定了时间常数为 $T_k = 1/\omega_k$ 的陷波器的“n”数。临界频率 $\omega_{кр}^{эт}$和临界标准值 $\mu_{кр}^{эт}$对应于被研究的标准系统。在将各系统与标准系统相比较时，它们的效

能的判据是指标 $\overline{\omega}_{кр}=\omega_{кр}/\omega_{кр}^{эт}$ 和 $\overline{\mu}_{кр}=\mu_{кр}/\mu_{кр}^{эт}$。

表 13.2 中列出了一系列不同类别的超声速飞机操纵系统的上述特性。

表 13.2　操纵系统特性参数

飞机	1	2	3	4
$\lambda_к$	25	50	24	14
$\omega_{кр}/\omega_{кр}^{эт}$	0.8	0.58	0.4	0.28
$\mu_{кр}/\mu_{кр}^{эт}$	0.76	0.52	0.37	0.22

在表的第 1 行中，列出了参数 λ_k 的值。λ_k 是俯仰角变化速度通道中（从传感器到操纵面）对飞机最关键的该阶结构弹性振荡信号所需衰减程度。对飞机 1，3，4 来说，危险的是机身一阶垂直弯曲，对飞机 2 来说，参数 $\lambda_к$ 的增大可用机身和平尾弯曲频率靠近来解释。

飞机 1 的系统最接近于标准的控制增稳系统，其滤波器的结构与(3)相符。飞机 2 的滤波器含有陷波器和时间常数远大于 $1/\omega_к$ 的二阶环节，这可在系统的质量上反映出来。飞机 3 的控制增稳系统，要求有与飞机 1 大致相同的信号衰减度，但是，尽管在系统中使用了陷波器，在我们所研究的方面，系统的质量要低得多。这可以解释为：飞机 3 的控制增稳系统中包括机载数字计算机。由它和抑制干扰用的模拟滤波器一同引入的延迟，严重影响带控制增稳系统的飞机的临界频率和稳定边界。飞机 4 的控制增稳系统的质量较低，可解释为系统中仅使用了一阶滤波器。

给定结构的有静差控制增稳系统参数的选择

给定结构的控制增稳系统参数的选择过程，可考虑每一阶段上对控制增稳系统的综合要求，用依次近似的方法来实现。例如，对于框图列于图 13.7 上的系统，对滤波器参数的每一种方案，在 $k_n-\mu_z$ 面上（图 13.12）都画有：

——结构弹性振荡的标准稳定余量的边界 $k_n=f_y(\mu_z)$；

——当作刚体的飞机具有给定稳定余量的稳定区域上边界 $k_з^в$；

——具有给定稳定余量的稳定区的下边界 $k_з^н$；

——对重心前限的 $X_{пп}^{n_y}$ 和重心后限的 $X_{пз}^{n_y}$ 来说，具有静态特性 X^{n_y} 偏差的下边界 $k_з^х=X_{пп}^{n_y}/X_{пз}^{n_y}$；

——系统给定阻尼的边界，也就是主导根允许值边界向平面 $k_n=f_\zeta(\mu_z)$ 上映射的边界。

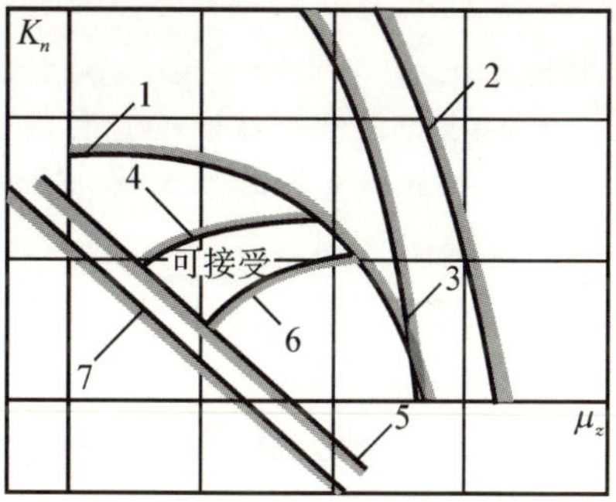

图 13.12　有静差控制增稳系统参数选择的准则

1—阻尼系数 $\zeta=0.5$；2—弹性振荡的稳定性余量；3—上边界稳定性余量；4—$\sigma_{ny}=20\%$；5—下边界稳定性余量；6—$t_{cp}=1$ s；7—X^{n_y} 偏差

下面，参数的选择过程按下列方法实现：

——由直线 k_3^{H} 和 k_3^{x} 中选出与 k_n 和 μ_z 较大值对应的直线；

——以该直线的各点为起始点，绘制对应于给定响应时间的曲线 $k_n = f_\tau(\mu_z)$；

——按类似过程绘制对应于允许的过载超调值的曲线 $k_n = f_\sigma(\mu_z)$；在这一阶段确定偏转驾驶杆信号前置滤波器的特性。

这样就确定了参数的范围，在该范围内部，当控制增稳系统和飞机的特性在该状态有偏差时，仍能满足对飞机动态特性的要求。这些范围应大得足以保证按飞行状态平稳地调参。

根据评估操稳特性的其他判据来验证所得到的调参方案且必要时进行新的迭代。

根据对有静差控制增稳系统参数选择过程的描述，这样的过程应利用综合程序，在电子计算机的对话状态下进行。

正如第 12 章中指出的那样，使用无静差控制律可以保证：

——给定的操纵性静态特性 X^{n_y} 和 X^{α}；

——给定的驾驶杆配平位置；

——通过适当限制驾驶杆偏转信号，限制迎角和过载。

但是，要保证具有无静差控制增稳系统的飞机拥有可接受的动态特性，就必须使飞机的俯仰角速度、过载和迎角的传动系数，与带有静差控制增稳系统的飞机相比有所提高，因而，也就使保证带控制增稳系统飞机稳定性的问题，无论在飞机作为刚体的运动频域内，还是在结构弹性振荡的频域内，都变得复杂了。

13.3　控制增稳系统中的极限状态限制器

控制增稳系统的最重要的部分之一是提高飞行安全和使飞行员最大限度地利用飞机机动能力的极限状态限制器，它用以限定给定的攻角和过载值。对有静差控制增稳系统来说，它们可能有不同的作用原理[14]：

——按迎角调节从俯仰驾驶杆到操纵面的传递系数；

——在迎角和过载接近允许值时，在有静差或无静差系统中增加附加的迎角到舵面反馈或附加的过载到舵面的反馈；

——通过飞行员驾驶杆信号在无静差系统中接入极限状态限制器回路；

——根据反馈信号在驾驶杆上施加止动力的系统。

对于无静差控制增稳系统的飞机来说，通过选择适当的控制律算法可自动地保证给定的限制；只是在从一个要限制的参数向另一个限制参数过渡时才产生问题。

对采用附加反馈的有静差限制器来说，如同调节驾驶杆到操纵面的传递系数的系统一样，但要在保证限制参数的精度要求（用大增益系数来达到）和系统稳定性之间取得折衷是相当困难的。为消除静态误差，宜用积分。如果积分器仅对给定的限制值和被监测参数当前值的误差来积分时，那么，当飞机重心移动范围大时，在后重心飞行时，可能在 $\alpha(X_в)$ 或 $n_y(X_в)$ 操纵特性的 $\alpha_{доп}(n_{y\,доп})$ 附近出现空行程。该效应可通过向积分中引入驾驶杆位移信号来消除。

为将系统从有静差控制律切换到积分控制律，可采用图 13.13 所示的结构。确定系统静态性能的主要信号是误差值 $X_в - X_{в\,max}$ 和 $\alpha - \alpha_{доп}$，此外，$X_{в\,max}$ 是驾驶杆向迎角增大方向的最大偏量。为保证必需的动态特性，向系统中引入经滤波后的迎角、俯仰角速度和前置滤波器输出信号。

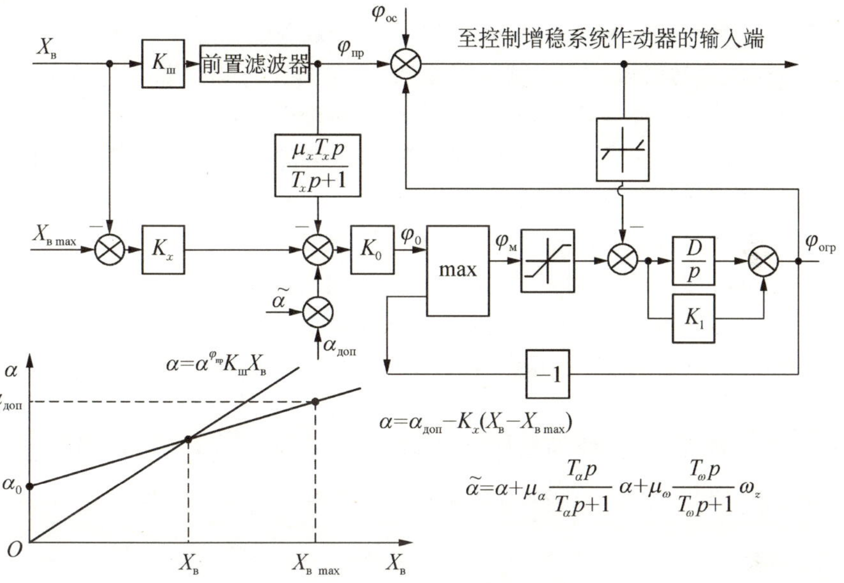

图 13.13　无静差迎角限制器的结构

下面研究迎角从零变化到 $\alpha_{доп}$ 时系统的关系式，此时认为具有规定反馈的飞机性能是线性的且飞行员驾驶杆的零偏角与零迎角相对应。此时 $\alpha = \alpha^{\varphi_{пр}}\varphi_{пр}$，式中 $\alpha^{\varphi_{пр}}$ 是取自考虑控制增稳系统反馈后的性能（$\alpha^{\varphi_{пр}} < 0$）。

在稳定状态中，取大值逻辑组件输出信号 $\varphi_м$ 等于零。这可能有两种情况：

$$\left.\begin{aligned}\varphi_0 &< 0\\ \varphi_0 &= 0\end{aligned}\right\}$$

式中，$\varphi_0 = k_0[k_x(X_в - X_{в\,max}) + \alpha - \alpha_{доп}]$。

第 1 种情况可实现有静差控制律，第 2 种情况可实现积分控制律。每种情况都对应着各自的关系曲线 $\alpha = f(X_в)$（图 13.13）。

对有静差控制律：

$$\alpha = \alpha^{\varphi_{пр}} k_ш X_в,$$

对积分控制律：

$$\alpha = \alpha_{доп} - k_x(X_в - X_{в\,max}) \text{ 或 } \alpha = \alpha_0 - k_x X_в$$

式中，$\alpha_0 = \alpha_{доп} + k_x X_{в\,max}$。

α_0 值由系数 k_x 值来确定，在选择它时，宜使积分控制律下能保证有可接受的 $X_в^\alpha$ 值。在下式条件下由有静差控制律切换到积分控制律

$$X_в^* = \frac{\alpha_{доп} + k_x X_{в\,max}}{k_x + \alpha^{\varphi_{пр}} k_ш}$$

为使所选的值 $X_в < 0$ 情况下存在切换点，必须使 $k_x + \alpha^{\varphi_{пр}} k_ш < 0$，也就是使有静差控制律下驾驶杆的最大偏角与超过允许值的迎角值相对应。

这样，所研究的极限状态限制器在驾驶杆偏角小时不改变带控制增稳系统的飞机性能且在稳态下保证驾驶杆最大偏角与迎角允许值之间准确对应。

在飞行模拟器上进行极限状态限制器工作效能的评估时应完成下列机动：

——通过将驾驶杆急剧拉到底改出俯仰角 $\vartheta = -45°$ 的俯冲；

——俯仰杆位移从平飞配平位置到最大拉杆位移作不同拉杆速度下的盘旋；

——俯仰阶梯状拉杆盘旋，直到杆拉到限动位置（$\Delta X_в = 20$ mm，衰减过程时间 $\Delta t = 5$ s），以相同步长作阶梯状回杆盘旋；

——压坡度以 $\alpha = \alpha_{доп}$ 迎角盘旋；

——作大迎角 α 滚转。

对有静差迎角限制系统和无静差迎角限制系统的比较评估表明，实际上在所有计算状态上无静差极限状态限制器更准确且能保证最大迎角的超调值 $\alpha_{доп}$ 为

$$\Delta\alpha_{max} = \alpha_{max} - \alpha_{доп} \leqslant 1°$$

使用非无静差交联关系的迎角限制器时大多数飞行状态能保证迎角限制值 $\alpha_{доп}$ 的超调 $\Delta\alpha_{max} \leqslant 5°$，稳态误差 $\Delta\alpha \leqslant 3°$。无静差的限制器进入 $\alpha_{доп}$ 的时间实际上和有静差限制器是一样的。

这样，将迎角基本使用范围内的有静差控制律和大迎角下的无静差控制律相结合，在保持飞机具有可接受的操纵性的情况下保证了对迎角的有效限制。

使用无静差控制增稳系统限制过载和迎角的静态极限值时，可以在积分环节入口处使驾驶杆最大位移信号等于相应的被限制参数。

存在着某个使 $\Delta n_{y\,доп} = \Delta n_y(\alpha_{доп})$ 的速压值 $q = q_*$。如果 $q > q_*$，则只需限制过载，如果 $q < q_*$，则要求从控制过载的状态切换到控制迎角的状态或它们的组合状态。

当从一个控制功能向另一个控制功能切换时，必须使飞机操纵性的静态特性和动态特性在允许的范围内变化。此外，还需要考虑到，通常，这种切换是在非稳态飞行状态上进行的。

13.4　控制增稳系统执行部分的非线性对飞机稳定性的影响

实际的控制系统具有非线性特性，对带控制增稳系统的飞机的稳定性和操纵性

的总体评价，在很大程度上将由它们对飞机在全包线内运动的影响来决定。根据其物理本质和对飞行安全的影响程度，操纵系统中的非线性可分成两种类型：

——控制系统元件的饱和及限幅特性，它决定了电传飞机在大扰动运动下的特性；

——控制系统元件的死区、间隙、弹性、摩擦，它决定了小信号时的系统特性。

数字控制增稳系统的模-数转换器也属于非线性元件，但是，当它的位数相当多时(不少于 12 位)，控制增稳系统信号电平的离散化误差可忽略不计。

对于以电传操纵系统为基础实现的控制增稳系统而言，最严重的非线性是伺服作动器和承力作动器的速度特性(见图 13.6)，它具有小信号输入时的低斜率区和饱和区。为了对带非线性作动器飞机的动态进行初步研究，我们使用根轨迹法[7]。

对于具有数值为 Δ 的死区和数值为 Δ_1 的饱和区的元件来说(图 13.14(a))，谐波线性化的等效系数 $k(A_\varepsilon)$ 取决于输入信号。如 $\varepsilon = A_\varepsilon \sin \omega t$，则 $F(\varepsilon) \approx A_\varepsilon k(A_\varepsilon) \sin \omega t$。

关系曲线 $k(A_\varepsilon)$ 的图形列于图 13.14(б)上。假设，伺服作动器的特性是线性的，而承力作动器的速度特性具有死区和饱和区。那么，带有静差控制增稳系统的飞机的特征方程可写成下列形式：

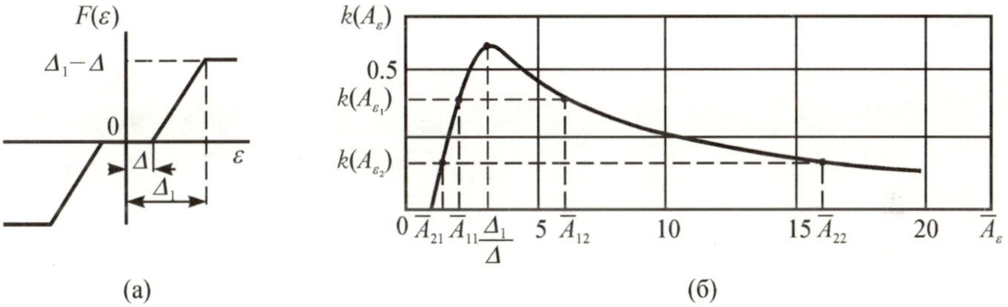

图 13.14　带死区和饱和区的元件的特性(图中 $\overline{A}_\varepsilon = A_\varepsilon/\Delta$)

$$1 + D\frac{A_1(p)}{B_1(p)} = 0$$

式中：

$$A_1(p) = (p^2 + d_0 p + \omega_0^2)\widetilde{W}_n(p)\widetilde{W}_\omega(p) - \overline{M}_z^\varphi[\mu_z(p + \overline{y}^\alpha)\widetilde{W}_n(p)\approx{W}_\omega(p) + k_n\frac{V}{g}\overline{y}^\alpha \approx{W}_n(p)\approx{W}_\omega(p)]$$

$$B_1(p) = (p^2 + d_0 p + \omega_0^2)(T_{\text{сп}} p + 1)\widetilde{W}_n(p)\widetilde{W}_\omega(p)p$$

其中，$\widetilde{W}_n(p)$，$\widetilde{W}_\omega(p)$，$\overset{\approx}{W}_n(p)$，$\overset{\approx}{W}_\omega(p)$分别为过载信号滤波器和俯仰变化速度信号滤波器传递函数的分母和分子：

$$W_n(p)=\frac{\overset{\approx}{W}_n(p)}{\tilde{W}_n(p)},\ W_\omega(p)=\frac{\overset{\approx}{W}_\omega(p)}{\tilde{W}_\omega(p)}$$

应当指出，$A_1(p)$是带具有理想作动器的控制增稳系统的飞机的多项式特征方程，且当承力作动器的品质因数 D 变化时，它决定根轨迹的零点。自然，这些零点均位于左半平面内。根轨迹的一个极点，也就是方程 $B_1(p)=0$ 的根，位于坐标原点，两个极点由不带控制增稳系统的飞机的特性来决定，其余的由伺服作动器和滤波器的特性决定。图 13.15 上列出了决定根的典型轨迹。在这种情况下，我们认为 $D=D_0k(A_\varepsilon)$。

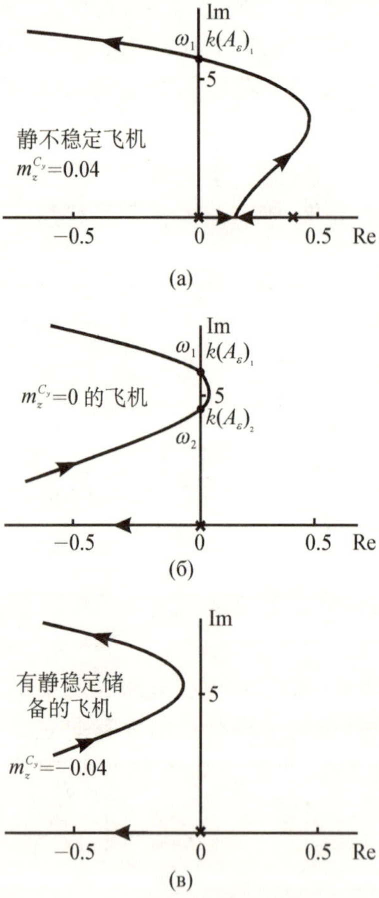

图 13.15 当作动器的等效品质因数变化时带有静差控制增稳系统的飞机的根轨迹

对静不稳定的飞机（$\omega_0^2<0$），一个极点位于右半平面的实轴上。随着系数 $k(A_\varepsilon)$ 的增大，由该极点和坐标原点出发的闭环系统的根相向移动，随后变成共轭复数极点且在某 $k(A_\varepsilon)_1$ 的系数下与 ω_1 频率处的虚轴相交，向左半平面移动（图 13.15(a)）。这种情况表明，在闭环非线性系统中，当系数 $k(A_\varepsilon)=k(A_\varepsilon)_1$ 时，可能有频率为 ω_1 的定常周期运动。

正如从图 13.14 中看出的那样，系数 $k(A_\varepsilon)_1$ 的每个值都对应于信号 $\varepsilon(t)$ 的两个幅值——A_{11} 和 A_{12}，这些幅度值是极限环的振幅。

操纵面的极限环幅值按下列关系式来确定：

$$A_{ij}^{\varphi}=\frac{k(A_\varepsilon)_1D_0}{\omega_1}A_{ij}$$

如果知道幅值 A_{ij}^{φ} 和飞机的传递函数 $\Delta n_y/\varphi$ 和 ω_z/φ，可以确定飞机按俯仰角和过载的自振幅值。

极限环稳定性的条件，可通过下列不等式的形式来建立：

$$\left.\frac{\mathrm{d}\delta}{\mathrm{d}k(A_\varepsilon)}\frac{\mathrm{d}k(A_\varepsilon)}{\mathrm{d}A_\varepsilon}\right|_{A_\varepsilon=A_{ij}}<0$$

式中，δ 为特征方程根的实部。由于对研究的控制增稳系统的结构来说，在闭环系统“静不安定飞机——非线性控制增稳系统”的稳定边界上，满足条件 $\dfrac{\mathrm{d}\delta}{\mathrm{d}k(A_\varepsilon)}<0$，那么，对系

统小振荡幅值来说，极限环稳定 $\left(\left.\frac{\mathrm{d}k(A_\varepsilon)}{\mathrm{d}A_\varepsilon}\right|_{A_\varepsilon=A_{11}}>0\right)$ 和对大振荡幅值来说，极限环不稳定 $\left(\left.\frac{\mathrm{d}k(A_\varepsilon)}{\mathrm{d}A_\varepsilon}\right|_{A_\varepsilon=A_{12}}<0\right)$。

这样，在静不安定飞机上，舵面作动器的死区，会导致在具有稳定极限环的系统中引起自振；作动器的移动速度限制会引起大幅值的不稳定的极限环振荡。

图 13.16 上给出了 $n_y-\varphi$ 平面内极限环的相位图。第 1 极限环的特点，是操纵面的振荡幅值在数量级上为作动器死区的数值和它是“软激励”，也就是这种振荡发生在任何小扰动的情况下。这种振荡的允许程度，由保证机组人员和乘客舒适及完成专门任务的条件来确定。

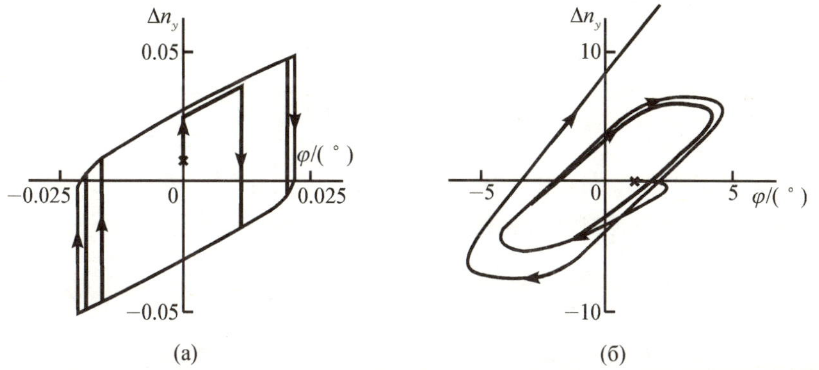

图 13.16　带具有非线性作动器的控制增稳系统的静不稳定飞机的极限环

(a) 作动器速度特性中存在死区的“小扰动下”的稳定的极限环；(б) 作动器速度特性中存在饱和区的“大扰动下”的不稳定的极限环

第 2 极限环的特点是硬激励状态。通过急剧地移动驾驶杆手柄或者当有强烈的阵风作用在飞机上时，就可能进入该极限环振荡。从飞行安全的角度来说，是不允许出现这种极限环振荡的，因为这会使飞机进入大迎角或大过载。

当飞机为静稳定时，与不带控制增稳系统的飞机对应的极点，分布在左半平面内(图 13.15(б)，(в))。随系数 $k(A_\varepsilon)$ 的增大，根轨迹由主导极点出发移向右半平面，且在 $k(A_\varepsilon)=k(A_\varepsilon)_2$ 时和频率 ω_2 上会与虚轴相交，也就是说，系统变成不稳定；随着 $k(A_\varepsilon)$ 的进一步增大，在 $k(A_\varepsilon)_1$ 和频率为 ω_1 时，闭环系统的根重新转向左半平面(图 13.15(б))。这种形式的根轨迹，对静稳定余量小的飞机来说是典型的。

这样，在具有非线性控制系统的静稳定飞机上，在 $k(A_\varepsilon)$ 的两个值下，可能出现极限环振荡。由于系数 $k(A_\varepsilon)$ 的每个数值，都有两个自振幅值来对应(图 13.14)，那么，对于具有非线性控制系统的静稳定飞机来说，就可能有四个极限环振荡。振荡幅值小的极限环(A_{21}，ω_2)是不稳定的且具有硬激励的特点。激励起这种极限环振荡的，是很小的初始扰动。这种扰动会导致系统振荡幅值的增长，直到形成自振幅值为 A_{11} 和频率为 ω_1 的稳定的极限环。该极限环在特性上接近于静不稳定飞机的第一极限环。

极限环(A_{21}，ω_2)和(A_{11}，ω_1)是由舵面作动器的死区引起的。当初始扰动足够大时，闭环系统可以进入类似于静不稳定飞机第 2 极限环的第 3 极限环(A_{12}、ω_1)。在这种情况下，系统中的振荡将增大，直到形成第 4 极限环(A_{22}、ω_2)。虽然，该极限环是稳定的，且它的特点是自振幅值很大，超过了允许的范围。

应当强调的是，在带非线性控制增稳系统的静稳定飞机上，只有在一定的飞机和控制增稳系统的参数下，才能实现 4 个极限环振荡。这些参数可以是根轨迹完全分布在左半平面内，也就是系统中无自振(图 13.15)。

以上所列结果是在简化的非线性作动器的情况下得到的。它们指出了在考虑控制系统各元件的实际特性和飞机受扰动时，解决带控制增稳系统飞机的“小扰动”稳定性和“大扰动”稳定性问题的必要性。

带控制增稳系统飞机的“小幅值”稳定性

飞机的小幅值自振参数，决定于控制律算法和小信号区域的作动器特性。这里，除了伺服作动器和承力作动器速度特性的死区和低斜率区外，间隙和多通道共用作动器子通道间的交感作用等，都起着极其重要的作用。因此，在确定舵机形式前，先从总体上提出对控制增稳系统执行部分性能的要求是适宜的[8]。

“小幅值”自振，影响飞行员的舒适性和完成专门任务的可能性。因此，合理的办法是不要求完全消除自振，而是将其降低到可接受的程度。这一般会导致限制过载振荡幅值 $A_{доп}^{n_y}$(0.02～0.05)和俯仰角振荡幅值 $A_{доп}^{\vartheta}$(0.1°～0.2°)。

下面研究图 13.17 上所列系统的方块图。开环系统的传递函数可表示成下列形式：

$$W_{рс}(p) = W_{рп}(p)W_{лч}(p)$$

式中，$W_{рп}(p) = \varphi/\varphi_{вх}$ 是作动器的传递函数，$W_{лч}(p) = \varphi_{вх}/\varphi$ 是包括飞机、传感器和控制增稳系统计算机的系统线性部分的传递函数。在系统中产生周期运动的条件可描述成下列形式：

$$W_{рп}(\mathrm{i}\omega) = |W_{рп(\mathrm{i}\omega)}\mathrm{e}^{\mathrm{i}\varphi_{рп}}| = 1/W_{лч}(\mathrm{i}\omega) = \mathrm{e}^{-\mathrm{i}\varphi_{лч}}|W_{лч}(\mathrm{i}\omega)|^{-1}$$

或 $|W_{рп}(\mathrm{i}\omega)| = 1/|W_{лч}(\mathrm{i}\omega)|$，当 $\varphi_{рп} = -\varphi_{лч}$ 时。

如果使用频率法，可以根据过载振荡和俯仰角振荡的允许幅值，确定小信号区域内对作动器频率特性的要求。如果这些允许值已给定，那么，系统线性部分的频率特性，能

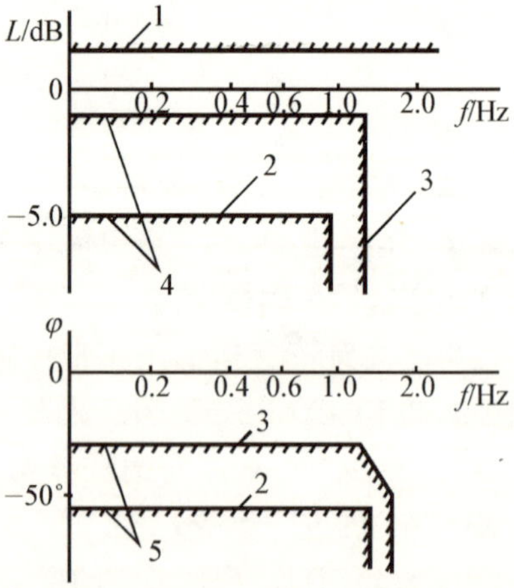

图 13.17　对应于带控制增稳系统飞机允许自振水平的舵面作动器的频率特性的边界(G_0 = 20 t，$m_z^{C_y}$ = 0.1)

1—对作动器幅频特性要求的上边界；2— $a_{вх} \geqslant 5\times10^{-4}\varphi_{max}$；3— $a_{вх} \geqslant 1\times10^{-2}\varphi_{max}$；4—作动器幅频特性的下边界；5—对作动器相频特性的要求

确定作动器的允许幅频特性和相频特性，其示例列于图 13.17 上。应当指出，这些要求的建立，是针对于等于作动器活塞杆最大行程的千分之几和万分之几的输入信号而言的，且为了满足这些要求，需要有相当高的结构设计水平和作动器制造工艺水平。

大扰动下带控制增稳系统飞机的稳定性

正如前面的分析所表明的那样，控制增稳系统作动器的速度限制，会产生使系统在大扰动时出现不稳定极限环振荡的危险。这种扰动可以是飞行员的剧烈操纵或风的作用。

当落入极端状态时，飞行员在条件反射下可用驾驶杆进行大幅值的近似周期性的操纵运动。因此，带控制增稳系统的飞机在大扰动下稳定性的问题，可以归结为带有饱和特性的非线性系统强迫振荡的稳定性问题[9]。

下面我们研究具有一个位于积分器输入端的非线性单元的广义系统，积分器的输出，是研究对象的控制信号(图 13.18(a))。

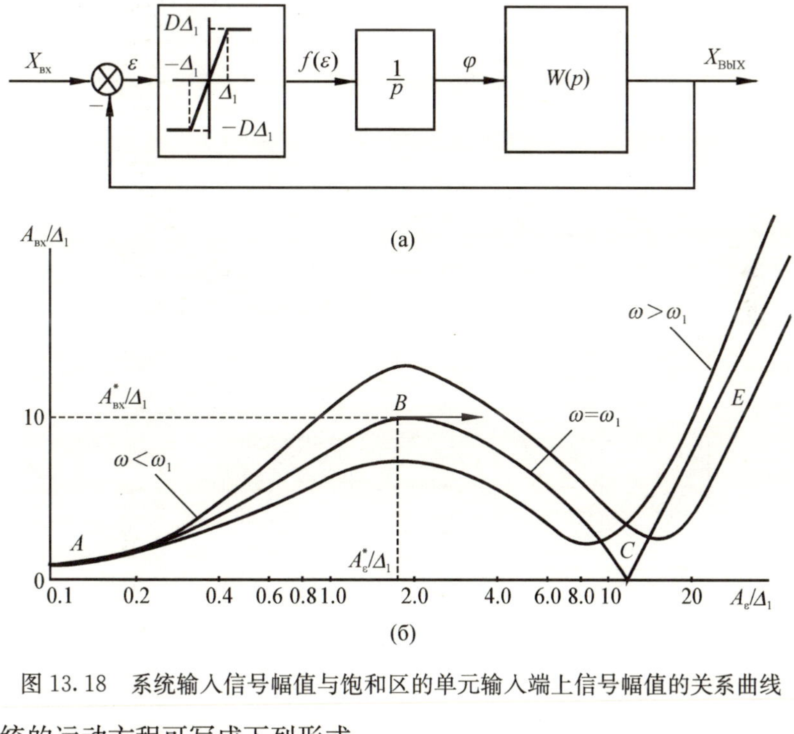

图 13.18　系统输入信号幅值与饱和区的单元输入端上信号幅值的关系曲线

系统的运动方程可写成下列形式：

$$\varepsilon + W(p) f(\varepsilon)/p = X_{вх}$$

如果对谐波输入信号 $X_{вх} = A_{вх}\sin\omega t$ 使用一般的谐波线性化方法，我们就会得到非线性单元输入端和输出端信号的近似表达式：

$$\varepsilon_0 = A_\varepsilon \sin(\omega t + \varphi_\varepsilon),\ f(\varepsilon_0) = D(A_\varepsilon) A_\varepsilon \sin(\omega t + \varphi_\varepsilon)$$

式中，A_ε 根据振幅的方程来确定：

$$\left|1+\frac{W(\mathrm{i}\omega)}{\mathrm{i}\omega}D(A_\varepsilon)\right|\cdot\left|1-\frac{W(-\mathrm{i}\omega)}{\mathrm{i}\omega}D(A_\varepsilon)\right|A_\varepsilon^2=A_{\text{вх}}^2$$

下面研究静不稳定飞机的方案。在这种情况下，系统中存在着具有按下列方程确定的参数和 ω_1、A_ε^1 的极限环振荡：

$$1+\frac{W(\mathrm{i}\omega_1)}{\mathrm{i}\omega_1}D(A_\varepsilon^1)=0$$

如果为强迫振荡绘制频率为 ω_1 时的关系曲线 $A_{\text{вх}}(A_\varepsilon)$，则它将有图 13.18(б)上所表示的形式。在该曲线上可划分出 3 段：

——AB 段：$A_{\text{вх}}$ 和 A_ε 单调地从零增加到局部最大值 $A_{\text{вх}}^*$；这里的强迫振荡稳定；

——BC 段：$A_{\text{вх}}$ 由局部最大值变化到零，"C"点对应于不稳定的极限环振荡；这一段上的强迫振荡不稳定；

——CE 段：$A_{\text{вх}}$ 单调地随 A_ε 的增大而增长；强迫振荡不稳定。

这样，在频率 $\omega=\omega_1$ 时，系统强迫振荡特性随着幅值 $A_{\text{вх}}$ 的增大而发生的变化，按下列顺序进行：在通过特性 $f(\varepsilon)$ 的线性段后 $\left(\frac{A_\varepsilon}{\Delta_1}\leqslant 1\right)$，导数 $\mathrm{d}A_{\text{вх}}/\mathrm{d}A_\varepsilon$ 减小到零（点 $A_{\text{вх}}^*/\Delta_1$、A_ε^*/Δ_1），并发生强迫振荡的中断，发生向 CE 段的过渡和振荡幅值的进一步增大。

应当指出，强迫振荡的不稳定性出现在 $A_\varepsilon/\Delta_1\approx 2$ 的情况下，也就是幅值比自主系统极限环振荡幅值小得多的情况下（$A_\varepsilon^1/\Delta_1\approx 12.3$*）。

在强迫振荡频率不等于 ω_1 情况下的关系曲线 $A_{\text{вх}}(A_\varepsilon)$，也有类似的特性。

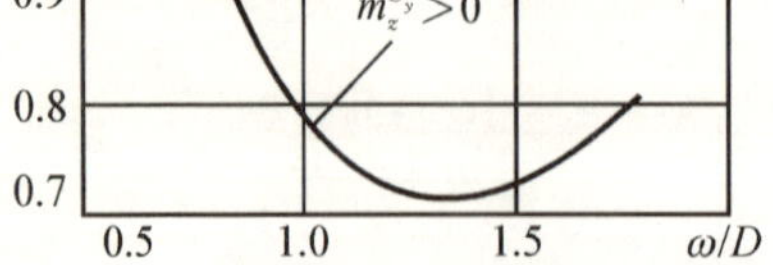

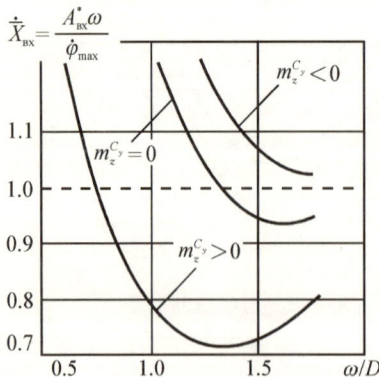

图 13.19　具有带饱和区的单元的系统输入信号的允许速度与其频率的关系曲线

强迫振荡的稳定性，可通过限制输入信号的速度来保证。如果针对每个频率都确定 $A_{\text{вх}}^*$ 值并根据频率 ω 绘制输入信号的相应速度与控制飞机的信号最大速度的比值 $A_{\text{вх}}^*\omega/\dot{\varphi}_{\max}=\dot{\bar{X}}_{\text{вх}}$（图 13.19），那么，最小值 $\dot{\bar{X}}_{\text{вх}}$ 确定了输入信号的最大允许速度。对静稳定的飞机，$\dot{\bar{X}}_{\text{вх}\min}$ 大于 1；对于静不稳定的飞机，其值小于 1，且其数值随着飞机静不稳定度的增大而减小。

在图 13.20 上给出了用于控制增稳系统中的驾驶杆位移信号速度限制的迴路的实例[10~12]。它是一个限制积分器输入端信号的

* 似应为 $A_{\text{вх}}/\Delta_1\approx 12.3$—— 译者注。

前置滤波器。

在图 13.20(a)的方案中,根据速压来调节限制值。同时在信号不超过前置滤波器饱和区情况下调节前置滤波器的时间常数。在图 13.20(б)的方案中,前置滤波器信号的最大速度,根据控制增稳系统的综合反馈信号速度水平来调节,也就是说该信号与来自飞行员的控制信号相比,更受青睐。

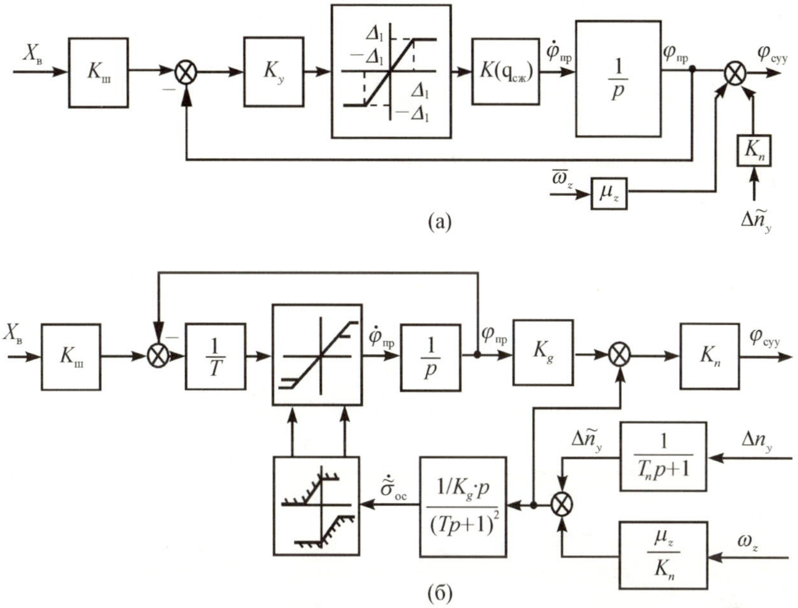

图 13.20　限制输出信号速度的前置滤波器的结构

在飞行模拟器试验和试飞的过程中,验证了上述前置滤波器电路在飞行员的大扰动作用下,保证飞行安全的效能。

应当指出,利用上述前置滤波器来限制飞行员控制信号的速度,增大了阶跃偏转驾驶杆时飞机进入大过载和大迎角的时间。因此,选择前置滤波器的参数和操纵面偏转速度的问题,应在综合考虑对飞机机动性的要求和所有影响带控制增稳系统的飞机"大扰动"稳定性因素的情况下,特别是在考虑强烈突风作用的情况下来解决。

突风作用下带控制增稳系统飞机的稳定性

强烈突风的作用,是检查带控制增稳系统的飞机"大扰动"稳定性的计算状态之一。飞机强度规范的制定者们,在处理飞机落入突风中的概率、突风的形式和强度方面的统计数据时,积累了丰富的经验。结果引入了具有下列形式的典型突风的概念:

——梯度突风(图 13.21(a));

——涡旋突风(图 13.21(б));

——" 1—cos "突风(图 13.21(в))。

突风对飞机的作用程度,在很大程度上由其时间特性来决定,当飞行速度给定时,时间特性表示为等效于突风速度增长段的数值和其减小段的数值(h_W)。对于带控制增稳系统的静不稳定的飞机来说,最危险的是涡旋阵风和"1—cos"型的突风,因为它们的作用,在某种程度上,会引起具有相应后果的强迫振荡。

下面来研究带作动器的简化的飞机模型,该作动器能保证操纵面的偏转速度在数值上为常数:

$$\ddot{\alpha}-\overline{M}_z^{\alpha}(\alpha+\alpha_W)=\overline{M}_z^{\varphi}\varphi;\ \dot{\varphi}=\pm\dot{\varphi}_{\max};\ \alpha_W=W/V$$

当有阶跃突风作用且由作动器送出减少扰动的指令时,方程组的解在 $\overline{M}_z^{\alpha}>0$ 时具有下列形式:

$$\alpha=\alpha_W\left(\mathrm{ch}\sqrt{\overline{M}_z^{\alpha}}t-1\right)+\mathrm{sh}\sqrt{\overline{M}_z^{\alpha}}t\,\frac{\overline{M}_z^{\varphi}\dot{\varphi}_{\max}}{(\overline{M}_z^{\alpha})^{3/2}}-\frac{\overline{M}_z^{\varphi}\dot{\varphi}_{\max}}{\overline{M}_z^{\alpha}}t$$

为使作动器能阻止飞机迎角的增长,必须满足下列条件:

$$\dot{\varphi}_{\max}>\frac{(\overline{M}_z^{\alpha})^{3/2}\alpha_W}{-\overline{M}_z^{\varphi}}$$

这样可以确定克服强度为 $W=\alpha_W V$ 阶跃突风所需作动器的最小速度。

对于涡旋突风和"1—cos"形式的突风,必需的$\dot{\varphi}_{\max}$值取决于突风速度增长段的长度 h_W 且可能大大超过阶跃突风的容许值。此时,必须随着飞机静不稳定度的增大而保持增大作动器最大速度这一基本趋势。

如果在有突风扰动时,按稳定性条件对作动器速度提出的要求,超出按操纵性条件的要求,则可通过选择控制增稳系统的算法,将其归结为同一水平[13]。

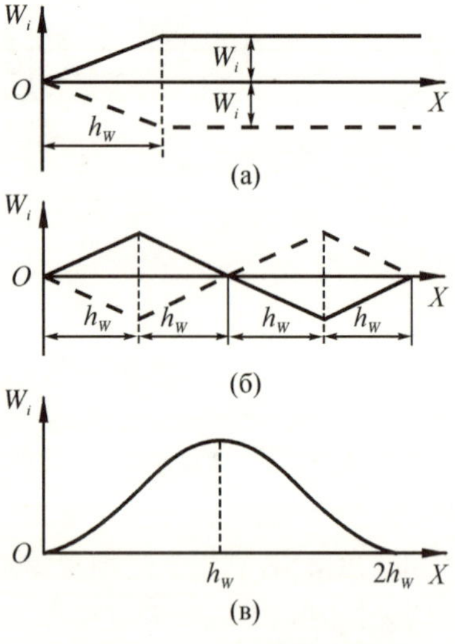

图 13.21 离散突风剖面图

(a) 梯度突风;(б) 涡流突风;(в) "1—cos"突风

下面研究带有静差控制增稳系统的飞机,在系统具有 Δn_y 和 ω_z 反馈时飞机的运动。

$$(p+\overline{y}_z^{\alpha})\alpha=\omega_z-\overline{y}^{\alpha}\alpha_W;\ (p-\overline{M}_z^{\omega_z})\omega_z-\overline{M}_z^{\alpha}\alpha=\overline{M}_z^{\varphi}\varphi+\overline{M}_z^{\alpha}\alpha_W$$

$$\varphi_{\text{вх}}=[k_n W_n(p)\Delta n_y+\mu_z W_\omega(p)\omega_z]$$

$$\varphi=W_{\text{рп}}(p)\varphi_{\text{вх}};\ \Delta n_y=\frac{V}{g}\overline{y}^{\alpha}(\alpha+\alpha_W)$$

那么传递函数 $\varphi_{\text{вх}}/\alpha_W$ 将有下列形式：

$$W_{\text{вх}}(p)=\frac{\varphi_{\text{вх}}}{\alpha_W}$$

$$=\frac{p\left[(p-\overline{M}_z^{\omega_z})\dfrac{V}{g}\overline{y}^{\alpha}k_nW_n(p)+\overline{M}_z^{\alpha}\mu_zW_{\omega}(p)\right]}{(p^2+d_0p+\omega_0)^2-\overline{M}_z^{\varphi}W_{\text{рп}}(p)\left[\mu_z(p+\overline{y}^{\alpha})W_{\omega}(p)+k_nW_n(p)\dfrac{V}{g}\overline{y}^{\alpha}\right]}$$

从 $W_{\text{вх}}(p)$的分子表达式可以看出，其高频部分取决于过载反馈的参数，也就是说，在突风作用时，舵机入口处的快变信号是沿过载通道进来的。

下面我们引入一个供选择的系统，在该系统中，部分过载信号由经过相应滤波器的俯仰角速度信号所代替：

$$\Delta\widetilde{n}_y=\frac{V}{g}\frac{1}{T_{\alpha}p+1}\omega_z;\ T_{\alpha}=\frac{1}{\overline{y}^{\alpha}}$$

$\Delta\widetilde{n}_y=(V/g)\cdot\overline{y}^{\alpha}(\alpha+\alpha_W/(T_{\alpha}p+1))$，是经过时间常数为 T_{α} 的非周期滤波器的该信号的风分量。

现在研究下列形式的控制律：

$$\widetilde{\varphi}_{\text{вх}}=k_n[W_n(p)\Delta n_y(1-\lambda)+\lambda\Delta\widetilde{n}_y]+\mu_zW_{\omega}(p)\omega_z$$

当 $\lambda=0$ 时，我们有一个原始系统，当 $\lambda=1$ 时，我们有一个完全将 Δn_y 换成$\Delta\widetilde{n}_y$ 的系统。

传递函数 $W_{\text{вх}}(p)$将有下列形式：

$$\widetilde{W}_{\text{вх}}(p)=\frac{\overline{\varphi}_{\text{вх}}}{\alpha_W}$$

$$=\frac{p\left\{(p-\overline{M}_z^{\omega_z})\dfrac{V}{g}\overline{y}^{\alpha}k_nW_n(p)(1-\lambda)+\overline{M}_z^{\alpha}\left[\mu_zW_{\omega}(p)+\dfrac{\lambda\dfrac{V}{g}k_nW_n(p)}{Tp+1}\right]\right\}}{(p^2+d_0p+\omega_0)^2-\overline{M}_z^{\varphi}W_{\text{рп}}(p)\left[\mu_z(p+\overline{y}^{\alpha})W_{\omega}(p)+k_nW_n(p)\dfrac{V}{g}\overline{y}^{\alpha}\right]}$$

$\widetilde{W}_{\text{вх}}(p)$分母不变，也就是操纵运动的原有特性未变，而分子的高频部分，将随着 λ 接近于 1 而减小。

结果在系统的第 2 个方案中，在有风作用时，作动器入口上的信号变化速率将更慢，在大扰动时它进入限速状态。图 13.22 上给出了 $m_z^{C_y}=+0.1$ 的静不稳定飞机所需的作动器最大速度与参数 λ 的关系曲线。当 $\lambda=1$ 时，也就是过载信号完全被通过滤波器 $\overline{y}^{\alpha}/(p+\overline{y}^{\alpha})$ 的俯仰速度信号所代替时，所需的作动器最大速度减小 30%～35%。此时，飞机的俯仰响应增大。

图 13.22 上也给出了飞机在连续湍流作用下的俯仰均方差曲线。当 $\lambda=1$ 时，

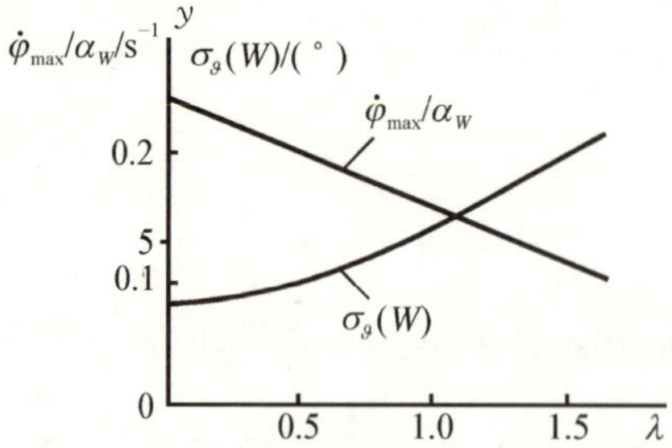

图 13.22 所需的作动器速度$\dot{\varphi}_{max}$与过载信号被滤波后的俯仰变化速度信号(λ)置换程度的关系曲线

$\sigma_\vartheta(W)$为强度 $\sigma_W = 1$ m/s 的大气湍流突风作用时的俯仰均方差。

该均方差值约增加为原来的 2 倍。

当将风标型传感器测得的迎角信号替换成滤波后俯仰角速度传感器信号时,也会得到类似的结果。

正如已指出的那样,在完全符合 $T_\alpha = 1/\overline{y}^\alpha$ 的情况下,所述的信号替换,不影响纵横向分离后的飞机纵向短周期运动的特性。

如果这种相符关系不能保持,那么,操纵时的过渡过程可能超出允许的响应时间边界和超调边界。因此,所述信号替换只有在突风作用时是适宜的。为此,可以使用经过两个滤波后的俯仰角速度信号所围绕的过载信号的控制方案:

$$\Delta\tilde{n}_{y1} = \frac{\tilde{V}_1}{g}\frac{\omega_z}{T_{\alpha1}p+1};\ \Delta\tilde{n}_{y2} = \frac{\tilde{V}_2}{g}\frac{\omega_z}{T_{\alpha2}p+1}$$

参数$\tilde{V}_1$,$\tilde{V}_2$,$T_{\alpha1}$,$T_{\alpha2}$的选择,应在所确定的 V 和 T_α 当前名义值的可能误差下,使 Δn_y 值处于 $\Delta\tilde{n}_{y1}$ 和 $\Delta\tilde{n}_{y2}$之间(图 13.23(a))。

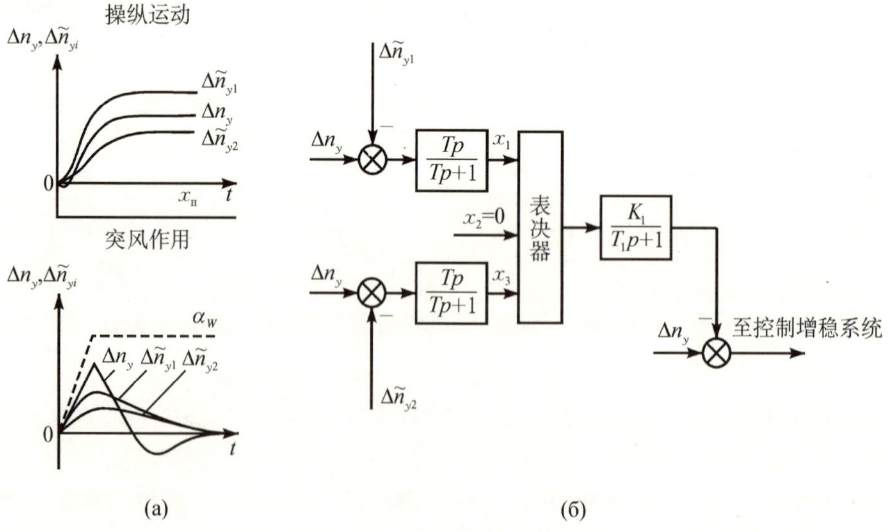

图 13.23 突风补偿组件信号的形成

在有突风作用时,所研究的 3 个信号中,中间信号为 $\Delta\tilde{n}_{y1}$ 或 $\Delta\tilde{n}_{y2}$。因而,如果向控制增稳系统中发出信号 Δn_y、$\Delta\tilde{n}_{y1}$、$\Delta\tilde{n}_{y2}$之中的中间信号,那么,受控运动就保持原始的性能,而抑制突风扰动只需要较小的最大速度值。

这种装置(风扰动补偿回路)的示意图,在图 13.23 中给出。该图中静态误差和飞机纵向运动与横侧运动相互作用的影响减为最小值。带无静差控制增稳系统的静不安定飞机所需作动器速度与涡旋突风增长段长度的关系曲线,在图 13.24 中列出。对于最不利的 h_W 值而言,所需的作动器最大速度约降为原来的 2/3。

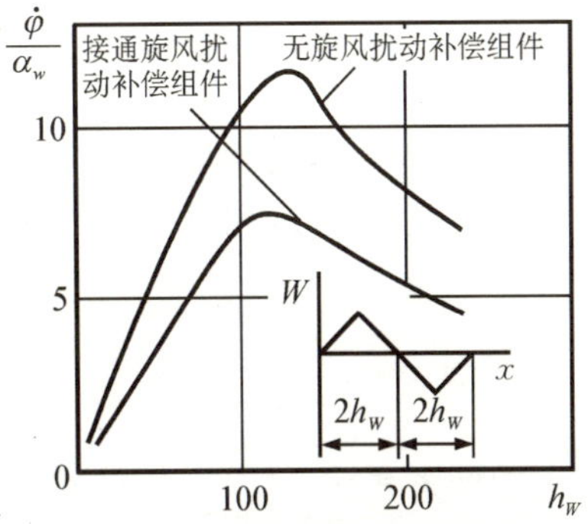

图 13.24　风扰动补偿回路的效率

带控制增稳系统的飞机的动态特性与对操纵面偏转速度要求之间,存在着一定的联系。图 13.25 上,列出在舵机线性范围内静不稳定飞机控制增稳系统的一系列相关参数与飞机过载响应时间 $t_л$ 的关系曲线的示例。在控制增稳飞机的给定稳定余量上下边界范围内,通过选择前馈增益系数和反馈增益系数,来实现这一参数的改变。根据大阵风扰动下稳定性的条件,所需的操纵面的偏转速度($\dot{\varphi}_{рп}$),随着控制增稳飞机响应速度的提高而单调增大。前置滤波器信号的允许速度有一个最大值,在该值过后,允许速度随着参数 $t_л$ 的减小而减小。

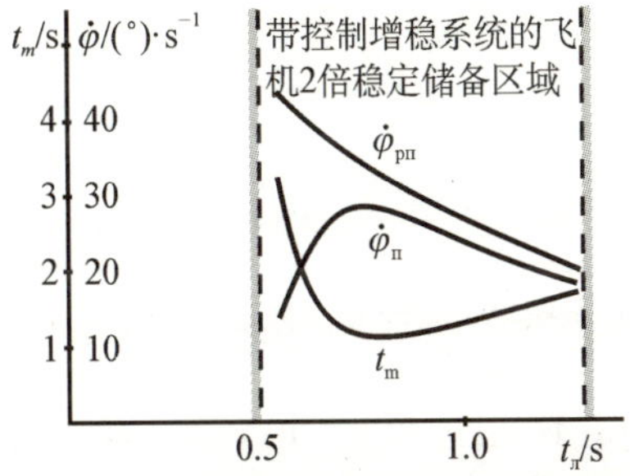

图 13.25　根据小扰动情况下增稳飞机的过载信号响应时间,对作动器和前置滤波器性能提出的要求

t_m—进入最大过载的时间;$\dot{\varphi}_{рп}$—风扰动时稳定所需的作动器速度;$\dot{\varphi}_{пр}$—前置滤波器信号速度的限制值

因此,当 $t_л$ 的数值小时,飞机进入最大过载的时间(t_m),大大超过 $t_л$ 时间。在这种情况下,最终采取的方案,将是对飞机机动性能的要求和对其操纵系统重量和动力最小化要求的折衷方案。

保证飞机的稳定性、操纵性及其飞行安全问题的一体化

本章叙述的只是选择飞机纵向操纵通道结构和参数的部分问题。此时的决定性因素是带控制增稳系统飞机的稳定余量、飞机在时域内的动态特性和大扰动下的飞行安全。这可看作是对控制增稳系统结构和参数的初步选择阶段,随后,根据飞机操稳性能的其他判据——频率判据、时域判据和参数判据,对其进行修正。

作为第 1 阶段,也应分析飞行速度固定的单独的纵向运动。对该阶段的结果,必须进行飞机完整的空间运动模拟修正,既作纯数值模拟,也要在飞行模拟台上进行有飞行员参加的模拟试验,以及在试飞过程中修正。

应对起飞-着陆状态进行相当全面的研究,该状态是确定所需操纵面偏转速度和控制增稳系统重构必要性的计算情况之一。

设计飞机控制系统的首要问题还有:

——如何考虑铰链力矩作用下的操纵面最大偏转速度要求,选择执行部分;

——如何选择控制系统结构及监测手段以保证可靠性及故障安全要求(见第9章);

——人感系统的选择;

——在控制系统元件故障时,保证飞机具有给定的飞行品质。

参考文献

[1] Бюшгенс Г С, Студнев Р В. Аэродинамика самолета. Динамика продольного и бокового движения [M]. Машиностроение, 1979.

[2] Бюшгенс Г С, Студнев Р В. Динамика самолета. Пространственное движение [M]. Машиностроение, 1983.

[3] Гуськов Ю П, Загайнов Г И. Управление полетом самолетов [M]. Машиностроение, 1991.

[4] Бюшгенса Г С. Аэродинамика и динамика полета магистральных самолетов [M]. Москва-Пекин, 1995.

[5] Колесников К С, Сухов В Н. Упругий летательный аппарат как обьект автоматического управления [M]. Машиностроение, 1974.

[6] Куо Б. Теория и проектирование цифровых систем управления [M]. Машиностроение, 1986.

[7] Удерман Э Г. Метод корневого годографа в теории автоматических систем [M]. Наука, 1972.

[8] Клюев М А, Константинов С В, Манукян Б С, Наумов В А, Шенфинкель Ю И. Возможности реализации повышенных требований к динамической точности электрогидравлического привода в области малых входных сигналов [R]. Киев: Сборник докладов XVI Всесоюзного совещания по гидравлической автоматике, 1983.

[9] Берко В С, Живов Ю Г, Поединок А М. Приближенный критерий устойчивости вынужденных колебаний регулируемых объектов с нелинейным приводом [J]. Ученые ЗапискН ЦАГИ, 1984,15(4).

[10] Zhivov Yu G, Berko V S, Poyedinok A M. Aircraft Stability and Control at High Disturbances. AGARD [R]. International Conference on Aircraft Flight Safety. Zhukovsky, Russia, 1993.

[11] Шенфинкель Ю И. Система управления самолета СУ-27 [R]. Техника Воздушного Флота, № 2,1990.

[12] Бюшгенс А Г, Дасов А Н, Ефремов А В, Кувшинов В М, Федотов И И, Шапиро М Г. Использование самонастраивающегося префильтра для улучшения характеристик продольного движения самолета при ограниченной скорости отклонения рулевых поверхностей [C]. С б. статей, Труды ЦАГИ, 1990.

[13] Берко В С, Берко Г С, Живов Ю Г, Филиппов В Л. Блок уменьшения потребной скорости привода при воздействии порывов ветра на самолет с СДУ [C]. Сб. статей, Труды ЦАГИ, 1990.

[14] Берко В С, Берко Г С, Живов Ю Г, Поединок А М, Сыроватский В А, Фалъко С В, Хмелевский В Л. Астатическая система ограничения угла атаки самолета [J]. Техника Воздушного Флота. №. 4-5,1988.

第 14 章　超声速飞机横侧稳定性和操纵性

对飞机横侧运动的研究，通常在将完整的空间运动分离成两个相互独立的运动即纵向运动和横侧运动的条件下进行。这种处理方法是基于下列一些原因：

——飞机对称面的存在，是将完整的运动分离成两个独立运动的物理基础；

——很多操纵任务，如飞机的滚转稳定和偏航稳定、航向的改变、进场着陆时横侧偏差的消除等，都是在高度、飞行速度准恒定和飞机纵向运动的配平情况下完成的；

——所研究的微分方程组阶数的降低，使得我们可以对稳定性和操纵性的品质特点进行解析分析。

本章分析在使用改善稳定性和操纵性的自动装置时，飞机横侧扰动运动和受控运动的性质。首先研究横侧运动中飞机气动力特性的特点。

14.1　横侧操纵稳定运动中的气动特点

横侧运动中，影响稳定性和操纵性的主要气动力特性列举如下：

——航向静稳定度 m_y^{β}；

——横向静稳定度 m_x^{β}；

——滚转和偏航阻尼的旋转导数 $m_x^{\bar{\omega}_x}$ 和 $m_y^{\bar{\omega}_y}$；

——交叉旋转导数 $m_x^{\bar{\omega}_y}$ 和 $m_y^{\bar{\omega}_x}$；

——横向操纵面的效率 $m_x^{\delta_э}$ 和 $m_y^{\delta_э}$；

——航向操纵面的效率 $m_x^{\delta_н}$ 和 $m_x^{\delta_н}$。

这些气动力特性的数值取决于飞机的气动力布局、结构弹性、飞机的运动参数，如迎角、M 数、侧滑角。

航向稳定性

现代超声速飞机的总航向稳定余量决定于两个大数值量的差：无垂尾的不稳定性值 $|m^{\beta}_{y\,б\,во}|$ $(m^{\beta}_{y\,б\,во}>0)$ 和由垂尾产生的稳定性值 $|m^{\beta}_{y\,во}|$ $(m^{\beta}_{y\,во}<0)$（图 14.1）。此时 $m^{\beta}_{y\,б\,во}$值实际上不随 M 数变化，而超声速范围内的垂尾的效率 $m^{\beta}_{y\,во}$随着 M 数的

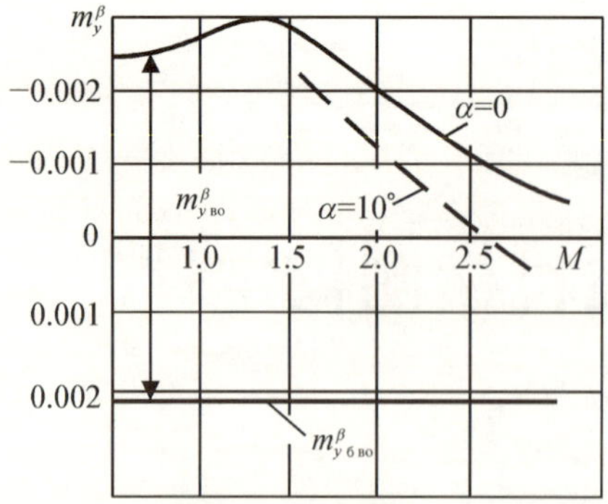

图 14.1 航向稳定余量与 M 数和迎角的关系曲线

增大显著减小。此外，当 $M \geqslant 1.7 \sim 1.8$ 时可观察到，由于由机身发出的涡流在水平面内形成洗流和机身来的气流的分离，随着迎角的增长，垂尾的效率降低。当前机身部分装有不大的水平边条时，机身上涡的位置显著变化。安装这样的边条或改变机身的形状在一系列情况下可以大大提高大迎角下垂尾的效率。此外，当机身尾部宽时，使用双垂尾在一系列情况下也可以改善飞机的航向稳定性。

机翼在机身上沿高度的配置位置，对垂尾的效率也有相当大的影响，当机翼位置较低时，$m^\beta_{y\,\text{во}}$ 增大，当其位置高时，$m^\beta_{y\,\text{во}}$ 减小。这种效应的平均估算值为 $(20\%\sim30\%)m^\beta_{y\,\text{во}}$。

如果由于结构上或布局上的困难，不能保证飞机具有可接受的航向稳定性，应当使用起飞和着陆时可收起和展开的下部腹鳍。

当超声速飞行时，在现代超声速飞机上使用空气流量大的发动机。因此，由于发动机入口上气流转向而造成的稳定性的减小，在所有飞行状态上都是很严重的（图 14.2）。

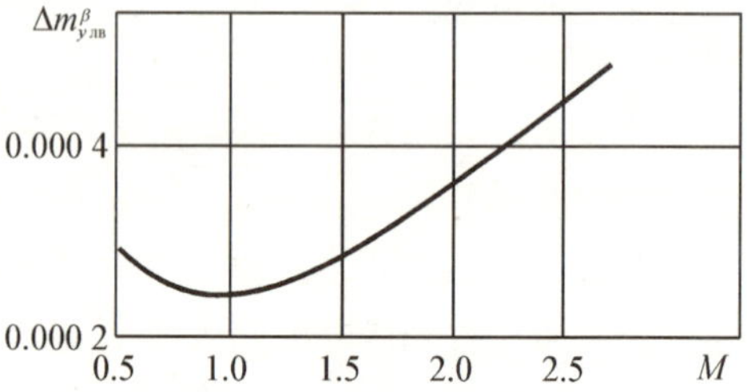

图 14.2 进入发动机气流的转向对航向稳定性余量的影响

机身和后掠垂尾的弯曲变形，对航向稳定性也可施加显著的影响。

对于现代超声速飞机，在飞行高度 $H = 11 \sim 15$ km，同时达到 $q_{\max} = 5\,000 \sim 8\,000$ kgf/m^2 和 M 数接近于 2 的范围内，变形的影响表现得最为强烈。在这种情况下，由上述原因，造成航向稳定性更加急剧减小。

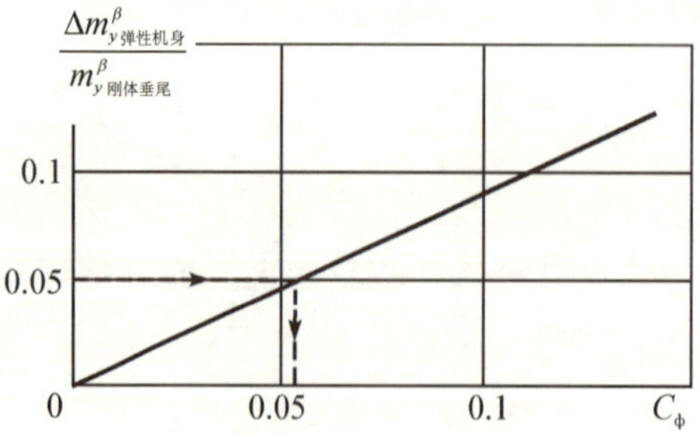

图 14.3 机身弹性对航向稳定性裕量的影响

由于机身弹性造成的飞机航向稳定性的变化取决于下列量纲为一的系数：

$$C_\phi = q\frac{S_{\text{во}}}{\chi_\phi}\left(-\frac{m^\beta_{y\,\text{во}}}{B_{\text{во}}}\right)$$

且当 $C_\phi \geqslant 0.05$ 时尤为明显（图 14.3）（χ_ϕ 为机身刚度 kgf/(°)，该刚度在数值上等于在距飞机重心距离为 $L_{\text{во}}$ 的位置加到垂尾上的力，该力能引起垂尾固定处的机身 1°的偏差角）。机身弹性造成的航向稳定性损失通常为刚性垂尾效率的 5%～10%。

刚性轴的后掠角χ_E越大(与 $\tan\chi_E/\cos\chi_E$ 值成正比)和速压与无量纲系数$S_{BO}^2/\overline{EI}_{BO}$的乘积越大($\overline{EI}_{BO}$为垂尾的平均弯曲刚性),由于垂尾自身弯曲所造成的效率变化就越大。当$\chi_{BO}=55°$时,由于垂尾弯曲所造成的垂尾效率损失是刚性垂尾效率的 10%～15%。从这一角度看,使用大后掠角垂尾是不利的,且合理的垂尾后掠角为$\chi_{BO}=30°\sim40°$。继续增大后掠角,会由于弯曲形变而导致效率的急剧下降。

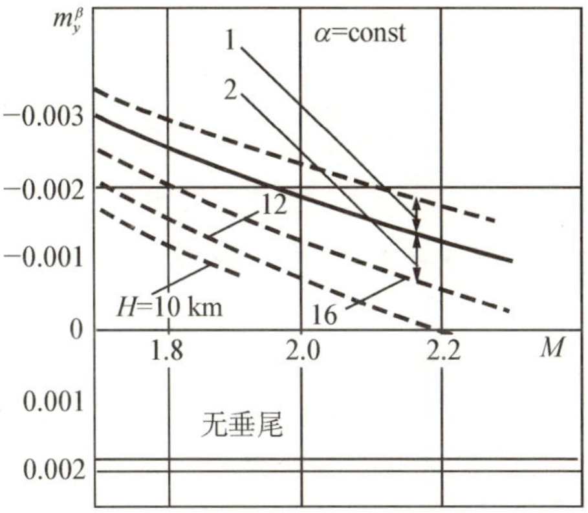

图 14.4　结构形变(2)和发动机(1)对航向稳定性余量的影响

由于对垂尾的效率加入了必要的修正,飞机总的航向稳定性显著区别于理想情况下的计算值且与飞行状态有关。这种变化的示例,在图 14.4 中示出。

必须指出,外挂的导弹、炸弹、油箱,对航向稳定性会造成严重的影响。

在选择极限 M 数航向稳定性裕量时,首先必须有这样一个明确的认识,即:将在什么样的条件下使用这些极限状态,飞机在多大程度上可能进入这些状态,在多大程度上容易超出这些状态。那么,以对飞机及其使用的一般要求为基础,必须在每个具体的情况下,解决引入保证航向稳定性的自动装置的合理性问题。

如果上述极限状态在飞机上很少见,只存在着在这些状态上保证驾驶安全性的问题,可以引入对飞行状态(M 和 α)的相应限制。大致可认为,在所有迎角下直到航向稳定性变为零时的 M 数余量应不小于 $\Delta M=0.15\sim0.2$,而 m_y^β 的最低允许值不应大于-0.0005。

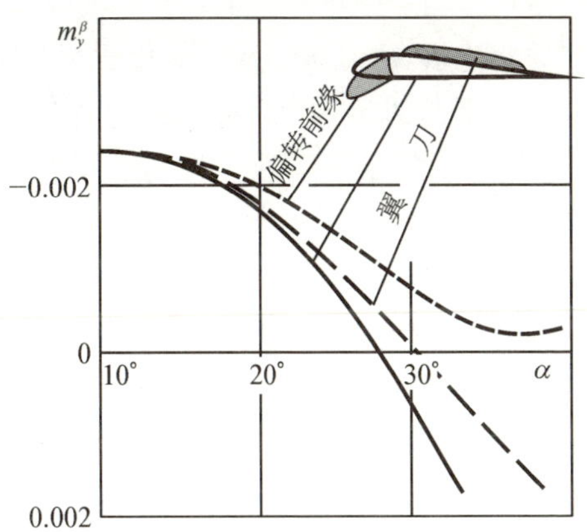

图 14.5　翼刀和前缘襟翼对航向稳定性余量的影响

在亚声速和跨声速上,迎角的增大对飞机的航向稳定性有严重影响。这一影响是由于垂尾升力特性的损失、前机身和机翼形成的涡系与飞机气动力布局间相互干扰而造成的。提高大迎角下的航向稳定性,可通过增大垂尾的尺寸和改变其位置、在前机身安装专门的升力条、使用机翼前缘的前缘襟翼来实现(图 14.5)。为保证大迎角下的航向稳定性,有效的方法是进行气动力"修形"。这些方法包括使用不大的升力面或对气动形状做些小改动来形成按迎角稳定的且从干扰的角度看有利的涡流结构。

横向静稳定性

飞机的横向静稳定性，主要由机翼和垂尾来保证。机身和平尾的贡献小到可忽略，所以可不考虑。

机翼的横向静稳定性由产生侧滑角时机翼的有效后掠角的变化来制约。这时，根据机翼的后掠角，横向稳定性将随着迎角的增大（或升力系数的增大）而增大（当 $\chi_{кр}>0$）和减小（当 $\chi_{кр}<0$）。在线性区，横向稳定性余量 m_x^β 正比于 $C_{y\,кр}\cdot\sin\chi_{кр}$。在机翼剖面升力特性急剧变化的 M 数区域中，横向稳定性余量也随 M 数改变。

下列因素对 m_x^β 值有影响：

——机翼的上反角（近似为 $\partial m_x^\beta/\partial\psi=-k\sqrt{\cos\ \chi}C_{y\,кр}^{\alpha}$ 其中 ψ——机翼上反角）；

——机翼上安装翼刀；

——机翼的前缘装置（前缘襟翼，前缘附翼）；

——机翼相对于机身的高度位置。

应当指出，具有后掠机翼和完善的机翼增升装置的现代超声速飞机，具有很高的横向稳定度，特别是在大迎角下（图 14.6）。

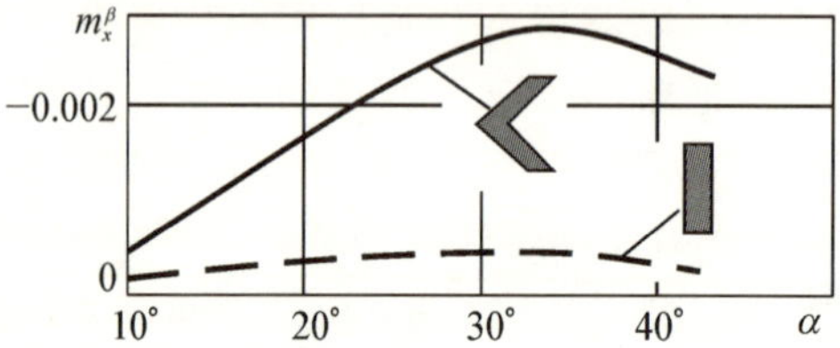

图 14.6 机翼的后掠对横向稳定性余量的影响

机身相对于机翼的位置可改变 $m_{x\,кр}^\beta$ 值。机翼处于机身上方时，m_x^β 向负值方向进一步增长。当机翼处于下方时，机身的影响会导致负值 m_x^β 减小。作为机翼和机身相互干扰结果的这一变化，实际上不随迎角改变。机翼沿机身高度上的移动，等价于机翼上反角的变化。当从中单翼向上单翼转换时，m_x^β 的变化量，对应于上反角变化 3°～4°。

垂尾的安装可改变 m_x^β 值。这一变化是因为，侧滑时垂尾上产生的侧力，相对于 x 轴有力臂，能产生滚转力矩。这一变化在小迎角时很显著。在大迎角下，横向稳定性余量主要由机翼贡献。

气动阻尼（见第 8 章）

飞机的滚转阻尼等于机翼和尾翼的阻尼之和。由机身产生的阻尼，小到可忽略。当机翼相对于飞机纵轴旋转时，滚转阻尼是由于法向载荷沿翼展重新分布而产生的。它主要取决于机翼的展弦比、根梢比、后掠角。在线性区域，$m_{x\,кр}^{\bar{\omega}_x}$ 值正比于机翼的升力特性 C_y^α。可使用比值 $C_y^\alpha/C_{y\,несжим}^\alpha$ 与马赫数的关系曲线评估气体压缩性对 $m_{x\,кр}^{\bar{\omega}_x}$ 的影响。在大迎角下，机翼的升力特性因有分离现象而变差，滚转阻尼也下降（图 14.7）。

来自尾翼的滚转阻尼，由垂尾产生的阻尼和平尾产生的阻尼叠加而成。其数值一般为机翼滚转阻尼的 10%。

飞机的偏航阻尼，由机翼、机身和垂尾产生，垂尾占主要的。

机翼的偏航阻尼是由于飞机相对于飞机的 y 轴旋转时，机翼的诱导阻力和翼型阻力的变化而产生的。机翼的偏航阻尼值取决于根梢比和后掠角且正比于升力系数的平方 $C_{y\,\text{кр}}^2$。

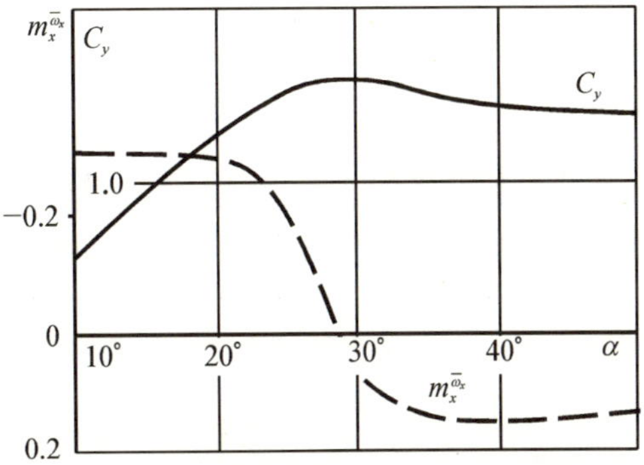

图 14.7　升力系数和滚转阻尼与迎角的关系曲线

由垂尾产生的飞机的偏航阻尼，是由于飞机相对 y 轴旋转时，垂尾侧滑角的变化而产生的。在线性区域，阻尼值 $m_{y\,\text{BO}}^{\bar{\omega}_y}$ 正比于垂尾的航向稳定性裕量 $m_{y\,\text{BO}}^{\beta}$。

机身的偏航阻尼与机翼及垂尾的偏航阻尼相比是小量，所以可忽略不计。

横向操纵面的效率（见第 7 章）

对飞机而言，传统的横向操纵面是副翼。副翼偏转时产生滚转力矩和偏航力矩（$m_x^{\delta_э}$ 和 $m_y^{\delta_э}$）。其中对导数 $m_x^{\delta_э}$ 的贡献最大。副翼的效率应保证飞机在所有飞行状态上具有可接受的滚转操纵性能。当使用薄机翼时，特别是使用带后掠的机翼时，机翼的弹性大大减小了大表速下副翼的效率，并可出现反效现象（见第 7 章）。

当迎角增大时，来自副翼的偏航力矩增大，且它们可能对横向操纵性有相当大的影响。在线性情况下，来自副翼偏转的偏航力矩与滚转力矩之比（$m_y^{\delta_э}/m_x^{\delta_э}$）和迎角近似成正比。应当指出，左右机翼的副翼偏角之间，存在着在给定迎角下用以实现副翼最大横滚效率的最佳关系。

为保证大表速状态下飞机的横向操纵，以及在超声速情况下飞机的横向操纵，除使用副翼外，还使用差动平尾。这一操纵面的特点是滚转力矩由具有较小力臂的力产生。同时，加到尾翼区的甚至不大的侧力，会产生相当大的偏航力矩，因为它的力臂相当大。使用差动平尾的另一个特点，与将它用作纵向操纵面有关。这会导致差动偏转平尾时，其滚转力矩和偏航力矩随迎角和平尾配平位置的不同而明显变化。

在大迎角下，广泛应用扰流片来提高横向操纵效率。

航向操纵面的效率

通常，使用方向舵或全动垂尾作为航向操纵面。应当指出，在偏转航向操纵面时，在产生偏航力矩 $m_y^{\delta_н}$ 的同时，还产生滚转力矩 $m_x^{\delta_н}$。方向舵的效率应保证单发动机故障时的航向配平和侧风着陆时的平衡。近来，在大迎角下保证飞机进行协调滚转机动，成了方向舵的重要任务。从这一角度看，必须保证大迎角下方向舵的偏航效率。

14.2 飞机横侧运动稳定性的近似分析

当飞机在平静大气中假设角速度和侧滑角很小的飞行情况下，相对于主惯性轴相重合的机体坐标轴系其横侧扰动运动的方程组，可写成下列形式（见第 10 章）：

$$\begin{cases}\dot{\beta}=\omega_x\sin\alpha+\omega_y\cos\alpha+\overline{C}_\beta\beta+\dfrac{g}{V}\cos\vartheta\sin\gamma+\Delta\overline{C}_z\\ \dot{\omega}_x=\overline{M}_x^\beta\beta+\overline{M}_x^{\omega_x}\omega_x+\overline{M}_x^{\omega_y}\omega_y+\Delta\overline{M}_x\\ \dot{\omega}_y=\overline{M}_y^\beta\beta+\overline{M}_y^{\omega_x}\omega_x+\overline{M}_y^{\omega_y}\omega_y+\Delta\overline{M}_y\\ \dot{\gamma}=\omega_x-\tan\vartheta(\omega_y\cos\gamma-\omega_z\sin\gamma)\\ \dot{\psi}=\dfrac{1}{\cos\vartheta}(\omega_y\cos\gamma-\omega_x\sin\gamma)\\ \dot{z}=-V\cos(\vartheta-\alpha)\sin(\psi-\beta)\end{cases}\tag{14.1}$$

式中，β——侧滑角；

ϑ——俯仰角；

z——相对于初始航向的侧向偏移；

ψ——航向角；

α——主惯性轴 Ox 与速度矢量的夹角；

γ——倾斜角；

ΔM_x，ΔM_y，ΔC_z——操纵面偏转和外部扰动作用造成的力矩和力，$\overline{M}_i=M_i/J_i$（J_i 为惯性矩）。

方程(14.1)右侧的各项：$\Delta\overline{M}_x$、$\Delta\overline{M}_y$、$\Delta\overline{C}_z$ 是操纵面偏转产生的操纵力和力矩，可近似地表示成下列形式：

$$\Delta\overline{C}_z\approx\overline{C}_z^{\delta_н}\delta_н$$

$$\Delta\overline{M}_x\approx\overline{M}_x^{\delta_э}\delta_э+\overline{M}_x^{\delta_н}\delta_н$$

$$\Delta\overline{M}_y\approx\overline{M}_y^{\delta_э}\delta_э+\overline{M}_y^{\delta_н}\delta_н$$

这里，操纵面的偏转既可以由飞行员偏驾驶杆产生：

$$\delta_э=K_{ш.э}X_э,\ \delta_н=K_{ш.н}X_н$$

也可以由自动控制增稳系统横侧通道产生。现代超声速飞机上的控制增稳系统的信号，一般可近似地表示成下列形式（不考虑作动器速度的限制和其他非线性特性）：

$$\delta_э=K_{\omega_x}^э\omega_x+K_{\omega_y}^э\omega_y+K_н\delta_н$$

$$\delta_н=K_{\omega_x}^н\omega_x+K_{\omega_y}^н\omega_y+K_э\delta_э+K_{n_z}n_z$$

(可使用侧滑角信号来代替 n_z 信号)。

方程组(14.1)的最后 3 个方程,确定了飞机相对于地面的位置和姿态。当参数 α, q, V, H 是给定的时间函数时,方程组充分描述飞机的横侧运动。由它可得出,航向角 ψ 和横向偏移量 z 对相对于质心的运动没有影响。这表明,飞机按坐标 ψ 和 z 是中立稳定的。因而,当分析稳定性时,ψ 和 z 的方程可不考虑。

横侧运动方程(14.1)适宜在分析自动装置的影响时使用。为了用解析法研究横侧运动的稳定性和操纵性品质,采用半机体坐标轴系描述的飞机运动方程是很方便的。

现在引入符号:

$$\Omega_\psi = \omega_y \cos\alpha + \omega_x \sin\alpha,\ \Omega_\gamma = \omega_x \cos\alpha - \omega_y \sin\alpha,\ \gamma_a = \gamma\cos\alpha$$

那么,将方程组(14.1)的方程线性化并变换到半机体坐标系,我们得到:

$$\begin{cases} \dot\beta = \overline{C}_\beta \beta + \Omega_\psi + \dfrac{g}{V}\gamma_a \\ \dot\Omega_\psi = \bar\sigma_\beta \beta + \overline{M}{}_\psi^{\Omega_\psi}\Omega_\psi + \overline{M}{}_\psi^{\Omega_\gamma}\Omega_\gamma \\ \dot\Omega_\gamma = \bar\sigma_\gamma \beta + \overline{M}{}_\gamma^{\Omega_\psi}\Omega_\psi + \overline{M}{}_\gamma^{\Omega_\gamma}\Omega_\gamma \\ \dot\gamma_a = \Omega_\gamma \end{cases} \tag{14.2}$$

式中,

$$\bar\sigma_\beta = \overline{M}{}_y^\beta \cos\alpha + \overline{M}{}_x^\beta \sin\alpha$$
$$\bar\sigma_\gamma = \overline{M}{}_x^\beta \cos\alpha - \overline{M}{}_y^\beta \sin\alpha$$

$\overline{M}{}_\psi^{\Omega_\psi}$、$\overline{M}{}_\psi^{\Omega_\gamma}$、$\overline{M}{}_\gamma^{\Omega_\psi}$、$\overline{M}{}_\gamma^{\Omega_\gamma}$ 为半机体坐标系中的有效阻尼力矩:

$$\overline{M}{}_\psi^{\Omega_\psi} = \overline{M}{}_y^{\omega_y}\cos^2\alpha + (\overline{M}{}_y^{\omega_x} + \overline{M}{}_x^{\omega_y})\sin\alpha\cos\alpha + \overline{M}{}_x^{\omega_x}\sin^2\alpha$$
$$\overline{M}{}_\psi^{\Omega_\gamma} = \overline{M}{}_y^{\omega_x}\cos^2\alpha + (\overline{M}{}_x^{\omega_x} - \overline{M}{}_y^{\omega_y})\sin\alpha\cos\alpha - \overline{M}{}_x^{\omega_y}\sin^2\alpha$$
$$\overline{M}{}_\gamma^{\Omega_\psi} = \overline{M}{}_x^{\omega_y}\cos^2\alpha + (\overline{M}{}_x^{\omega_x} - \overline{M}{}_y^{\omega_y})\sin\alpha\cos\alpha - \overline{M}{}_y^{\omega_x}\sin^2\alpha$$
$$\overline{M}{}_\gamma^{\Omega_\gamma} = \overline{M}{}_x^{\omega_x}\cos^2\alpha - (\overline{M}{}_x^{\omega_y} + \overline{M}{}_y^{\omega_x})\sin\alpha\cos\alpha + \overline{M}{}_y^{\omega_y}\sin^2\alpha$$

在电子计算机上分析一般方程组(考虑控制增稳系统的作用)最方便。此时,适宜从绘制特征方程的根轨迹(因为方程是线性的)开始分析。这种分析的示例,将在下一节中给出。

为分析没有控制增稳系统的横侧运动的稳定性,可以使用洛茨-古尔维茨准则,它可表示成下列形式:

$$B_0 > 0、B_1 > 0、B_2 > 0、B_3 > 0,\ R = (B_3B_2 - B_1)B_1 - B_3^2B_0 > 0$$

式中,B_0、B_1、B_2、B_3 为下列特征方程的系数:

$$p^4 + B_3p^3 + B_2p^2 + B_1p + B_0 = 0$$

这一个传统的方法，不能提供对横侧运动稳定性本质的深入认识。

横侧运动一般由 3 种运动模态组成：

——横侧短周期振荡运动；

——非周期滚转运动；

——螺旋运动。

这些运动具有明确的物理解释。横侧短周期振荡运动是飞机侧滑角和滚转角的联合运动。滚转运动主要是实施滚转机动，此时滚转角快速变化。螺旋运动是万有引力影响横侧运动的结果。

下面我们对这些运动进行定性的近似分析。

现在，我们在忽略阻尼的情况下，研究飞机的侧滑角的运动。侧滑角的近似方程具有下列形式：

$$\ddot{\beta}-\bar{\sigma}_\beta\beta=0$$

由此得出，侧滑运动的非周期稳定性，由数值$\bar{\sigma}_\beta$ 来确定，该数值可称作飞机航向动稳定导数。它取决于惯性矩 J_x 和 J_y 的比值及航向和横向静稳定性裕量。按侧滑角稳定的近似条件可表示成下列形式：

$$\bar{\sigma}_\beta=\frac{qSl}{J_y}\left(m_y^\beta\cos\alpha+\frac{J_y}{J_x}m_x^\beta\sin\alpha\right)<0$$

由此得出，当 $m_y^\beta>0$ 和 $m_x^\beta<0$ 时，大迎角下侧滑角的运动可能是稳定的，而同样当 $m_y^\beta<0$ 和 $m_x^\beta>0$ 时，该运动可能是不稳定的。

下面我们研究在近似分析沿侧滑角的运动时考虑阻尼的情况。如果阻尼不大，那么，可以认为 $\dot{\Omega}_\gamma/\dot{\Omega}_\psi\approx\Omega_\gamma/\Omega_\psi\approx\bar{\sigma}_\gamma/\bar{\sigma}_\beta=æ$。那么飞机沿侧滑角的运动方程具有下列形式：

$$\ddot{\beta}-(\overline{M}_\psi^{\Omega_\psi}+æ\overline{M}_\psi^{\Omega_\gamma})\dot{\beta}-\bar{\sigma}_\beta\beta=0$$

由此得出，对于偏航运动的振荡稳定性，必须满足下列不等式：

$$\overline{M}_\psi^{\Omega_\psi}+æ\overline{M}_\psi^{\Omega_\gamma}<0$$

在存在各种扰动(侧风、脉冲蹬舵)下的横侧振荡运动中，重要的是使最大倾斜角速度和最大偏航角速度的比值，不超过一定的数值(对轻型飞机来说≈2～3，对重型飞机来说≈1～2)。比值 $\omega_{x\max}/\omega_{y\max}$按下式来确定：

$$\frac{\omega_{x\max}}{\omega_{y\max}}\approx\frac{\bar{\sigma}_\gamma}{\bar{\sigma}_\beta}\frac{1}{\sqrt{1-\dfrac{(\overline{M}_\gamma^{\Omega_\gamma})^2}{\bar{\sigma}_\beta}}}$$

在分析飞机滚转的运动时，必须考虑由角速度 Ω_γ 引起的侧滑角 β 的变化。此时，可近似地认为阻尼很小，因而也就认为，$\dot{\Omega}_\psi$ 和 Ω_ψ 是小量，可近似地通过 Ω_γ 来表示 β：

$$\beta \approx -\frac{\overline{M}_\psi^{\Omega_\gamma}}{\bar{\sigma}_\beta}\Omega_\gamma$$

那么，可得到 $\dot{\Omega}_\gamma$ 的近似方程：

$$\dot{\Omega}_\gamma = \left(-\frac{\bar{\sigma}_\gamma}{\bar{\sigma}_\beta}\overline{M}_\psi^{\Omega_\gamma} + \overline{M}_\gamma^{\Omega_\gamma}\right)\Omega_\gamma$$

由该方程式得出，角速度 Ω_γ 的变化过程是非周期的且可用滚转运动方程的根来说明：

$$\lambda_{\text{кр}} \approx -\frac{\bar{\sigma}_\gamma}{\bar{\sigma}_\beta}\overline{M}_\psi^{\Omega_\gamma} + \overline{M}_\gamma^{\Omega_\gamma}$$

如果满足下列不等式，飞机的滚转运动是稳定的：

$$\overline{M}_\gamma^{\Omega_\gamma} - æ\,\overline{M}_\psi^{\Omega_\gamma} < 0$$

下面我们研究飞机运动的慢变分量，即所谓的螺旋运动。因为所研究的分量对应于缓慢运动，那么

$$\dot{\beta} = \dot{\Omega}_\psi = \dot{\Omega}_\gamma = 0$$

结果，我们具有倾斜角变化的近似线性方程：

$$\dot{\gamma}_a \approx \frac{g}{V}\frac{\bar{\sigma}_\beta \overline{M}_\gamma^{\Omega_\psi} - \bar{\sigma}_\gamma \overline{M}_\psi^{\Omega_\psi}}{\bar{\sigma}_\beta \overline{M}_\gamma^{\Omega_\gamma} - \bar{\sigma}_\gamma \overline{M}_\psi^{\Omega_\gamma}}\gamma_a = \frac{g}{V}\frac{\overline{M}_\gamma^{\Omega_\psi} - æ\,\overline{M}_\psi^{\Omega_\psi}}{\overline{M}_\gamma^{\Omega_\gamma} - æ\,\overline{M}_\psi^{\Omega_\gamma}}\gamma_a$$

如果满足下式，螺旋运动是稳定的：

$$\lambda_{\text{сп}} = \frac{g}{V}\frac{\overline{M}_\gamma^{\Omega_\psi} - æ\,\overline{M}_\psi^{\Omega_\psi}}{\overline{M}_\gamma^{\Omega_\gamma} - æ\,\overline{M}_\psi^{\Omega_\gamma}} < 0$$

当 $\lambda_{\text{сп}} > 0$ 时，飞机沿空间螺旋运动并伴有飞行高度的减小。在这种情况下，飞机具有螺旋不稳定性。当螺旋很小时，这种不稳定形式对飞行员来说并不严重。

上面将横侧运动划分成各分量来分析是在一定的近似条件下进行的。

一般情况下，飞机横侧运动方程组的特征方程为四阶方程并可表示成如下形式：

$$(p^2 + 2\xi p + \omega_0^2)(p - \lambda_{\text{кр}})(p - \lambda_{\text{сп}}) = 0$$

$\lambda_{\text{кр}}$，$\lambda_{\text{сп}}$，2ξ 和 ω_0^2 的近似值前面已给出。当使用不同的求解方程的方法时（比如牛顿法），可在飞机气动力性能的各种组合下将这些值修正。

当满足下列条件时：

(1) $|\overline{C}_\beta \overline{M}_\psi^{\Omega_\psi}| \ll |\bar{\sigma}_\beta|$，$|\overline{M}_\gamma^{\Omega_\gamma}\overline{M}_\gamma^{\Omega_\psi}| \ll |\bar{\sigma}_\gamma|$，$|\overline{C}_\beta \overline{M}_\gamma^{\Omega_\psi}| \ll |\bar{\sigma}_\gamma|$

$$|\overline{M}_\gamma^{\Omega_\gamma}(\overline{C}_\beta + \overline{M}\psi_{\gamma^\psi}^{\Omega_\psi})| < 0.3|\bar{\sigma}_\beta|$$

(2)
$$(\overline{M}_\gamma^{\Omega_\gamma})^2 < 0.3|\bar{\sigma}_\beta|$$

(3)
$$\left|\bar{\sigma}_\gamma\left(\overline{M}_\psi^{\Omega_\gamma} + \frac{g}{V}\right)\right| < 0.4\overline{M}_\gamma^{\Omega_\gamma}\bar{\sigma}_\beta$$

特征方程的根，具有下列表达式：

$$\omega_0^2 \approx -\bar{\sigma}_\beta$$

$$2\xi \approx -\overline{C}_\beta - \overline{M}_\psi^{\Omega_\psi} - æ\left(\overline{M}_\psi^{\Omega_\gamma} + \frac{g}{V}\right)$$

$$\lambda_{\text{кр}} \approx \overline{M}_\gamma^{\Omega_\gamma} - æ\left(\overline{M}_\psi^{\Omega_\gamma} + \frac{g}{V}\right)$$

$$\lambda_{\text{сп}} = \frac{g}{V}\frac{\overline{M}_\gamma^{\Omega_\psi} - æ\overline{M}_\psi^{\Omega_\psi}}{\overline{M}_\gamma^{\Omega_\gamma} - æ\overline{M}_\psi^{\Omega_\gamma}}$$

由此得出，横侧短周期振荡频率 ω_0 不仅取决于航向稳定性裕量 m_y^β，也取决于横向稳定性裕量 m_x^β。并且，迎角及惯性矩比值 J_y/J_x 越大，m_y^β 的影响程度也越大。至于飞行状态的影响，则横侧振荡运动的频率，在大 M 数的飞行状态时减小，在大迎角飞行状态时也减小，因为航向稳定性余量和横向稳定性余量下降。

根据横侧振荡运动阻尼的表达式可以得出，当滚转运动和偏航运动相互关联很大时（$æ \gg 1$），横侧振荡的阻尼严重依赖于有效旋转导数$\overline{M}_\psi^{\Omega_\gamma}$ 和重力项 g/V。这里，推出的阻尼值与单独的偏航运动的阻尼值相比（$2\xi \approx -\overline{C}_\beta - \overline{M}_\psi^{\Omega_\psi}$），既可能大大增加（当 $\overline{M}_\psi^{\Omega_\gamma} + g/V < 0$ 时），也可能减小，直到丧失振荡稳定性。这种情况可在小速度、大迎角的飞行状态上出现。横侧振荡运动的阻尼在大飞行高度上或小速度下减小。

滚转运动和偏航运动的相互关联，还表现在由根 $\lambda_{\text{кр}}$确定的滚转运动的阻尼中。由于组合（$\overline{M}_\psi^{\Omega_\gamma} + g/V$）的存在，横侧振荡运动和滚转运动之间阻尼的重新分配，会导致在横侧振荡运动阻尼增大时，滚转运动阻尼减小和横侧振荡运动阻尼减小时滚转运动阻尼增大。

当不满足条件(2)时，应改用 2ξ、$\lambda_{\text{кр}}$和 $\lambda_{\text{сп}}$的如下表达式：

$$2\xi \approx -\overline{C}_\beta - \overline{M}_\psi^{\Omega_\psi} - æ\frac{\overline{M}_\psi^{\Omega_\gamma} + g/V}{1 - (\overline{M}_\gamma^{\Omega_\gamma})^2/\bar{\sigma}_\beta}$$

$$\lambda_{\text{кр}} \approx \overline{M}_\gamma^{\Omega_\gamma},\ \lambda_{\text{сп}} \approx \frac{g}{V}\frac{\overline{M}_\gamma^{\Omega_\psi} - æ\overline{M}_\psi^{\Omega_\psi}}{\overline{M}_\gamma^{\Omega_\gamma}}$$

如果违反条件(3)，那么，在这种情况下可能形成新的运动模态，此时，新的振荡运动形式会代替非周期滚转运动和螺旋运动，且其特征方程具有下列形式：

$$(p^2 + 2\xi p + \omega_0^2)(p^2 + 2\xi_1 p + \omega_1^2) = 0$$

对该种情况有下列表达式：

$$2\xi \approx -\overline{M}_{\gamma}^{\Omega_\gamma} + æ\left(\overline{M}_{\psi}^{\Omega_\gamma} + \frac{g}{V}\right)$$

$$\omega_1^2 \approx \frac{g}{V}(\overline{M}_{\gamma}^{\Omega_\psi} - æ\overline{M}_{\psi}^{\Omega_\psi})$$

这种情况是相当罕见的。它是由所有运动模态(振荡模态、滚转模态和螺旋模态)强烈耦合所造成的，在 $æ \gg 1$ 时表现出来并被飞行员评价为不满足要求的情况。

所得到的表达式可评估飞机气动参数和飞行状态对横侧运动特征方程根的影响。但这些表达式是近似的，为了最终估算横侧稳定性，应根据横侧运动的完整方程，考虑运动方程中所包含的所有系数与迎角和 M 数的关系计算出特征方程的根。

14.3　飞机横航向操纵性

飞机的横向操纵性

飞机的滚转操纵是横侧运动的主要形式，利用横向操纵面，如副翼、扰流片、差动偏转平尾等来实现。这些操纵面的特点是存在着交叉气动力矩，这会导致它们偏转时不仅产生滚转运动，而且还产生侧滑和偏航的运动。

在评价超声速飞机的横向操纵时，必须解决下列问题：

——选择横向操纵面的效率(根据配平要求和快滚要求)；

——在操纵时保证具有可接受的滚转过渡过程；

——保证高精度地稳定飞机。

确定横向操纵效率选择的基本要求之一，是保证飞机侧风着陆时的横向配平。此时，正侧风分量的计算用值为 $W = 10 \sim 15$ m/s。应当指出，当具有来自横向操纵面的偏航力矩时，使用方向舵配平侧滑角会变得复杂，而当 $m_y^{\delta_э}/m_x^{\delta_э} < 0$ 时，配平所需的方向舵偏度将增大。可建议 $m_x^\beta/m_y^\beta < 1.5 \sim 2.0$。计算状态是增升装置偏转的低速状态。

选择横向操纵效率的其他情况，是在多发动机布局形式中的单发动机故障配平和飞机非对称构形情况下，如外挂在外翼上的非对称配置时的配平。应当指出，横向操纵面在用于配平后，还不应使飞机丧失滚转机动的能力。

除飞机横向配平的条件外，横向操纵还应保证一定的滚转角速度。这一条件可表示成阶跃偏转横向操纵面时，在给定的时间内(比如在 1 s 或 2 s 内)所达到的滚转角值。但实际上，这一要求可近似地换算成稳态滚转角速度方面的要求。

在分离的滚转运动中，飞机的传递函数具有下列形式：

$$\frac{\gamma}{\delta_э} = \frac{\overline{M}_x^{\delta_э}}{p(p-\lambda_{кр})} \quad 或 \quad \frac{\gamma}{\bar{\delta}_э} = \frac{\dot{\omega}_{x\max} T_{\omega_x}}{p(T_{\omega_x} p + 1)}$$

$$\frac{\omega_x}{\bar{\delta}_э} = \frac{\dot{\omega}_{x\max} T_{\omega_x}}{(T_{\omega_x} p + 1)}, \quad \omega_{x\,уст} = \dot{\omega}_{x\max} T_{\omega_x}$$

式中，$\bar{\delta}_э = \delta_э/\delta_{э\max}$ 为副翼的相对偏量，$\dot{\omega}_{x\max} = M_{x\max}/J_x$ 为飞机在横向操纵面偏转时的最大角加速度，$T_{\omega_x} \approx -J_x/M_x^{\omega_x}$ 为滚转运动时间常数，它表征阶跃偏转副翼时，飞机达到稳态角速度的时间快慢。

这样，飞机的滚转运动由两个参数：$\dot{\omega}_{x\max}$和 T_{ω_x} 来确定。

图 14.8 上，在$\dot{\omega}_{x\max}$和 T_{ω_x} 的坐标中，给出了求解阶跃偏转横向操纵面时倾斜运动方程得到的 $\omega_{x\,уст} = \mathrm{const}$ 线和 $\gamma_{t=\mathrm{const}} \approx \mathrm{const}$ 线。由曲线图可看出，当 T_{ω_x} 小时（$T_{\omega_x} < 1\,\mathrm{s}$）、$\omega_{x\,уст} = \mathrm{const}$ 线和 $\gamma_{t=\mathrm{const}} \approx \mathrm{const}$ 线实际上是平行的，也就是飞机达到要求的滚转角的时间，主要可由稳态滚转角速度来确定。

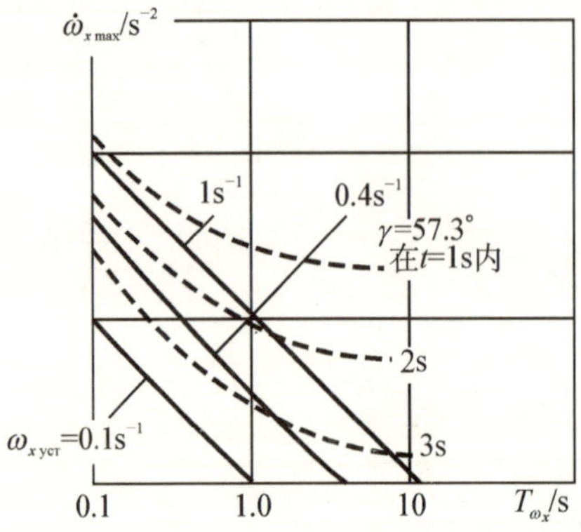

图 14.8 取决于操纵效率和倾斜时间常数 T_{ω_x} 的常值线 $\omega_{x\,уст} = \mathrm{const}$ 和 $\gamma_{t=\mathrm{const}} = \mathrm{const}$

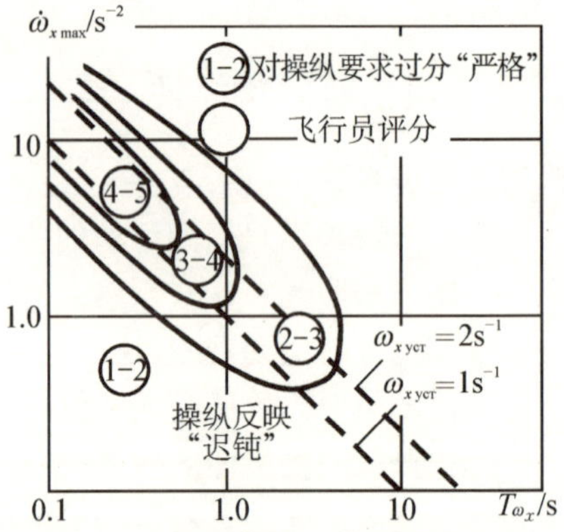

图 14.9 根据横向操纵效率和滚转时间常数 T_{ω_x}，飞行员对横向操纵性能所做的等评价线

图 14.9 上列出了当驾驶杆的行程与副翼偏转角为线性关系时，在飞机的一些设计状态上，机动飞机的横向操纵性能在飞行模拟台上的研究结果。此处，飞行员对飞机操纵性采用了五分制评分：5 分——非常好，4 分——好，3 分——可接受，2 分和 1 分——不满足要求。正如从曲线中可看出的那样，在常用飞行状态上，飞行员对机动飞机的最高评价，是在 $\omega_{x\,уст} \approx 1.5 \sim 2.0\,\mathrm{rad/s}$ 的情况下做出的。

当角速度小和过渡过程缓慢时（T_{ω_x} 大），飞行员会指出飞机的反应“迟钝”，而当角速度大和 T_{ω_x} 小时，操纵需要很仔细，飞机有可能出现摆动。正因如此，不允许飞机的滚转时间常数 $T_{\omega_x} > 1$，而大于 3 rad/s 的最大角速度不应与小的 T_{ω_x} 值相结合。

在一些情况下，根据着陆配平这一条件所选择的横向操纵面的效率，在大速度下可能是过高的。在这种情况下，首先宜研究使用驾驶杆位移到副翼偏度间的非线性传动机构，该机构在小压杆量有小的传动梯度。也可能只偏转横向操纵面的某些段(如扰流板)。

飞行高度的增大，会导致时间常数的明显增长：

$$T_{\omega_x} = -\frac{4J_x}{\rho VSl^2 m_x^{\bar{\omega}_x}}$$

这会导致飞机的横向操纵性恶化。

飞行员的评价取决于飞机的类别和飞行状态。比如，对非机动飞机而言，在着陆状态下，根据飞行模拟台研究的结果，飞行员评定的高分数对应于角速度范围 $\omega_{x\,\text{уст}} \approx 0.3 \sim 1.0\ \text{rad/s}$。

对该状态，适宜使用无量纲滚转角速度要求 $\bar{\omega}_x = \omega_x l/(2V) > 0.075$ 作为检验条件，因为该值表示的是飞机完成着陆前滚转机动的特征距离(以翼展为参考长度)。这可由滚转角的表达式看出：

$$\gamma = \int_0^t \omega_x \mathrm{d}t = \int_0^{\bar{L}} \bar{\omega}_x \mathrm{d}\,\bar{L}$$

式中，$\bar{\omega}_x = \omega_x / \dfrac{Vl}{2}$，$\bar{L} = L / \dfrac{l}{2} = Vt / \dfrac{l}{2}$。

在研究飞机完成其基本用途的一些单个机动的效率时，可以得出对所谓的形成倾斜的速度要求。根据模拟的任务：①一前一后飞行的两架飞机的同步机动；②完成 180°的航向转弯，可得出任务①所需的形成倾斜角的速度为 1 s 内 γ 变化 90°，而对于任务②，滚转角速度应为 120°/s。

超声速飞机的特点在于，当横向操纵面偏转时，由于滚转运动和偏航运动的惯性耦合和运动耦合作用，以及由于横向操纵面偏转所形成的偏航力矩，会产生一种与单独的滚转运动有明显区别的运动特性。

飞机按倾斜角的一般传递函数可表示为

$$\frac{\gamma_a}{\delta_э} = \frac{\bar{M}_\gamma^{\delta_э}(p^2 + 2\xi_2 p + \omega_0^2\lambda^2)}{(p-\lambda_{кр})(p-\lambda_{сп})(p^2 + 2\xi p + \omega_0^2)}$$

式中，$\lambda_{кр}$为与非周期滚转运动模态所对应的特征方程根，$\lambda_{сп}$为对应于螺旋运动的特征方程根(由于它很小，在研究受控运动时，其影响可忽略不计：$g/V \approx 0$)，$-\xi \pm \mathrm{i}\sqrt{\omega_0^2 - \xi^2}$ 为对应于短周期横侧振荡运动的特征方程根：

$$2\xi_2 = -\bar{C}_\beta - \bar{M}_\psi^{\Omega_\psi} + \bar{M}_\gamma^{\Omega_\psi} \cdot \frac{\bar{M}_\psi^{\delta_э}}{\bar{M}_\gamma^{\delta_э}}$$

$$\bar{M}_\psi^{\delta_э} = \bar{M}_y^{\delta_э}\cos\alpha + \bar{M}_x^{\delta_э}\sin\alpha$$

$$\bar{M}_\gamma^{\delta_э} = \bar{M}_x^{\delta_э}\cos\alpha - \bar{M}_y^{\delta_э}\sin\alpha$$

$$\lambda^2 = 1 - \frac{\overline{M}_{\psi}^{\delta_э}}{\overline{M}_{\gamma}^{\delta_э}} - \frac{\overline{\sigma}_\gamma}{\overline{\sigma}_\beta}$$

那么，飞机的倾斜角传递函数可表示成下列形式：

$$\frac{\gamma_a}{\delta_э} \approx \frac{\overline{M}_{\gamma}^{\delta_э}\left[\left(\frac{p}{\omega_0}\right)^2 + \frac{2\xi_2}{\omega_0}\frac{p}{\omega_0} + \lambda^2\right]}{p(p-\lambda_{кр})\left[\left(\frac{p}{\omega_0}\right)^2 + \frac{2\xi}{\omega_0}\frac{p}{\omega_0} + 1\right]}$$

为了使滚转运动特性接近于单独的滚转运动的特性（这对应于传递函数分母的第1个因子），应减小决定横侧振荡运动与滚转运动相互联系的分母第2个因子的影响。

对于具有很大的 J_y/J_x 和横向稳定性余量增大的超声速飞机而言，表征滚转运动和偏航运动相互关系的基本参数是 λ^2。

数值 $\lambda^2 \approx 1$ 对应于横向操纵面偏转所产生的偏航力矩与滚转产生的偏航运动互相补偿的情况。在这种情况下，滚转受控运动接近于单独的滚转运动。随着参数 λ^2 的减小，飞机的滚转伴有侧滑角的产生，它通过横向稳定性削弱和阻碍滚转操纵力矩的作用（图 14.10；其中，$\dot{\boldsymbol{\omega}}_\beta = \overline{M}_x^\beta \boldsymbol{i} + \overline{M}_y^\beta \boldsymbol{j}$，$\dot{\boldsymbol{\omega}}_\delta = \overline{M}_x^\delta \boldsymbol{i} + \overline{M}_y^\delta \boldsymbol{j}$，$M_{x\ упр} = \overline{M}_x^\delta \delta$，$\boldsymbol{i}$ 和 $\boldsymbol{j}$ 为机体坐标系的单位矢量）。

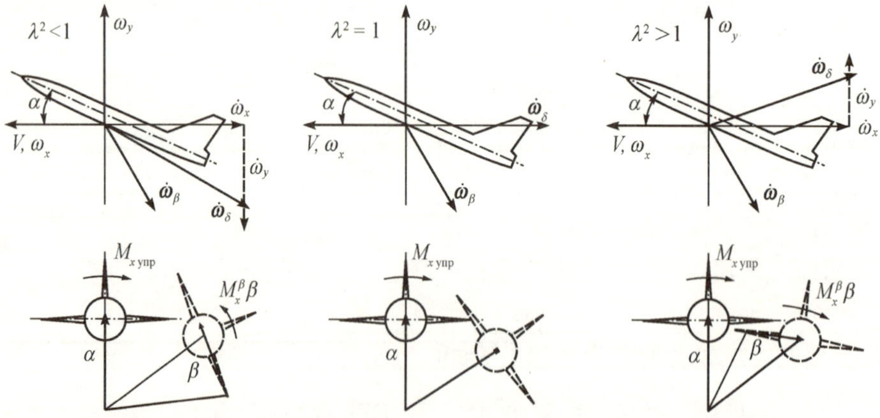

图 14.10 横向操纵时产生的侧滑运动与参数 λ^2 的几何关系示意图

由于侧滑运动具有振荡的特点，那么，滚转运动也会产生振荡分量。当 $\lambda^2 < 0.5$ 时，它变得相当明显，以致产生滚转“悬停”现象（图 14.11），这时，在某一时刻，滚转运动停止，而随后又向反方向发展。当 $\lambda^2 \leqslant 0$ 时，飞机对横向操纵面的偏转具有滚转反效。当 $\lambda^2 > 1$ 时，滚转时产生的侧滑角有利于滚转运动的发展，但因为形成 β 时带有延迟，那么，当 $\lambda^2 > 1$ 时，需要仔细精确的操纵，且飞行员对横向操纵干预会引起飞机滚转振荡。

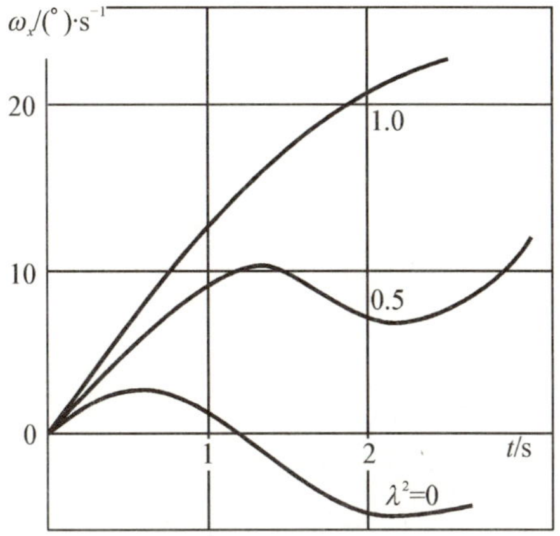

图 14.11　根据参数 λ^2,在横向操纵时的滚转过渡过程

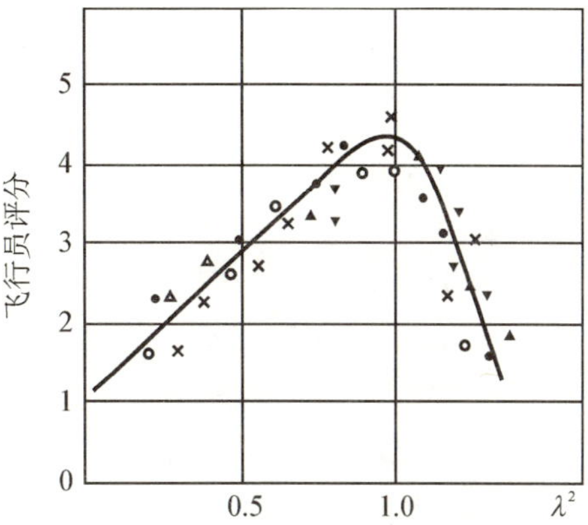

图 14.12　飞行员对横向操纵的评价与参数 λ^2 的关系曲线

在图 14.12 上,列出了在飞行模拟台上,飞行员对飞机横向操纵品质的评分与参数 λ^2 的关系。由这些数据可以看出,为保证在给定情况下具有满意的横向操纵品质,必须保证参数值在 $0.5 \leqslant \lambda^2 \leqslant 1.2$ 的范围内,此时,最高评分所对应的,是滚转操纵运动接近于单独滚转运动的情况 ($\lambda^2 \approx 1$)。当 λ^2 随迎角而具有不同值时,所需的偏航操纵力矩和滚转操纵力矩比值变化情况的例子,列于图 14.13 上。

在大迎角下,当惯性矩 J_y 与 J_x 相差很大时 ($J_y/J_x \approx 10$) 和横向稳定性余量过高时,为保证具有可接受的横向操纵品质(也就是为使 $\lambda^2 \approx 1$),必须使横向操纵面,除了产生滚转力矩外,还产生相当大的偏航力矩,希望用它产生侧滑角来"转动"飞机。

当无偏航力矩或者所产生的偏航力矩符号相反时(这对一般的副翼是典型的),滚转操纵运动将被飞行员评价为不满意的运动。

图 14.13 上也给出了对一般副翼来说比值 $m_y^{\delta_э}/m_x^{\delta_э}$ 变化的例子。从所列数据可以看出,在大迎角下由副翼偏转而产生的附加偏航力矩,即使在这些状态下不考虑副翼滚转效率减小的情况,也会大大恶化飞机的横向操纵性。

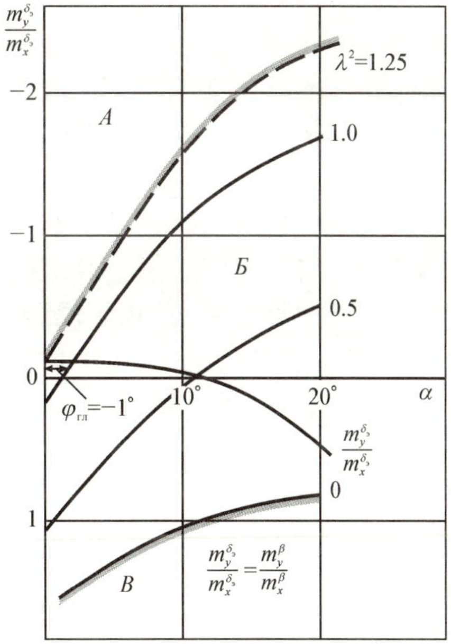

图 14.13　λ^2 的等值线与比值 $m_y^{\delta_э}/m_x^{\delta_э}$ 和迎角的关系

A—飞机可能振荡的区域;*Б*—飞行员的最好评价分区;*B*—飞机滚转反效的区域

当迎角小时，主惯性轴斜率对横向操纵性具有严重的影响。主惯性轴具有大的负斜率值时，即使在小迎角下具有小的“滚摆”偏航力矩，也会导致过分“严格”的操纵。

除了在低飞行速度下确定滚转操纵运动特点的基本参数 λ^2 外，由飞机重量的侧向分量所引起的侧滑角，对这一运动也产生明显的影响，它将加重飞机滚转时的停顿现象。

航向操纵性

选择方向舵效率的计算状态为：

——侧风着陆时的配平；

——带分开布置的发动机的飞机单发故障。

评价飞机偏转方向舵时的飞机操纵品质，必须考虑下列情况：

(1) 方向舵的偏转，不仅产生 $m_y^{\delta_н}$ 力矩，还能产生滚转力矩。这些滚转力矩（对位于机身上方的方向舵而言）的方向与协调转弯所需方向相反的方向。结果，在横向稳定性值小时，方向舵偏转时飞机的总滚转力矩可能指向与所需方向相反的方向。这种现象，即为众所周知的“蹬舵反倾斜”，被飞行员理解为飞机的横向不稳定性，它使驾驶飞机变得困难且在副翼效率低时是不允许的。

无“反倾斜”的条件如下式：

$$\frac{m_x^\beta}{m_y^\beta} > \frac{m_x^{\delta_н}}{m_y^{\delta_н}}$$

它增加了对横向稳定性裕量最小允许值的限制。飞机最小横向稳定性的状态，通常为小迎角（大 q 值）状态，是“反倾斜”的计算情况。

(2) 对超声速飞机而言，特别是在大迎角下，大的横向稳定性是很典型的。对于新布局形式的飞机，可期望横向稳定性会进一步增长（比如，转向上单翼布局形式）。在这些条件下，方向舵的滚转作用可能太强，甚至在偏转方向舵时产生的不大的侧滑角，也能引起飞机的急剧滚转。

这种现象可以在低速状态下观察到，特别是当增升装置偏转时。在大迎角下副翼效能减小的条件下，这会导致飞机具有这样的操纵特点，即在某些情况下要被迫专门限制飞机的最小速度。

不会破坏飞机横向配平（当舵面偏角与驾驶杆行程为线性关系时）的副翼偏量与方向舵偏量之比，按下列表达式来确定：

$$\frac{\overline{X}_э}{\overline{X}_н} \approx \frac{\overline{\delta}_э}{\overline{\delta}_н} = \frac{\delta_{н\,\max} m_x^\beta m_x^{\delta_н}}{\delta_{э\,\max} m_y^\beta m_y^{\delta_н}}$$

因而，该比值取决于飞机横侧稳定性和操纵性的所有基本参数。为正常驾驶飞机，可建议，在最小速度 $V = V_{\min}$ 时，值 $\delta_э/\delta_н \leqslant 3$。

(3) 在高速状态下，允许的侧滑角值变得很小，所以，必须对其采取限制措施。改善飞机航向操纵性品质的最简单的办法，是使用脚蹬的可变载荷机构。在着陆状态下必须使用小梯度 $dP_н/dX_н$ 的载荷机构，而在与大速压值对应的飞行状态上，必须具有更重的脚蹬载荷。在某些情况下，为限制侧滑角，可使用方向舵助力器推力限制，但这样做每次都要求进行专门的分析。

14.4　带控制增稳系统的超声速飞机横侧的稳定性和操纵性

通常，超声速飞机的稳定性和操纵性品质，不能在所有使用速度范围内满足飞行员从驾驶方便和简单的角度对飞机提出的要求。这些品质可通过在飞机上的滚转通道或偏航通道中，或者同时在两个操纵通道中使用相应的自动装置来进行改善。迫使横侧运动中操纵自动化的基本原因，一般如下所列：

——阻尼不足，特别是在高空飞行时。飞机气动阻尼效率的降低，是由于飞行高度增大时大气密度减小所致。阻尼的相对衰减率由飞行高度来确定，且正比于$\sqrt{\rho}$的减小(式中 ρ 为所研究的飞行高度上的空气密度)。

——大 M 数下航向稳定性降低。

——飞机的横向操纵性性能恶化。横向操纵性的恶化，可能是由于滚转阻尼降低，导致高空飞行时滚转根减小造成的。此外，飞机大迎角飞行时，特别是在着陆或机动时，在横向操纵的情况下，滚转和偏航的交感作用大大增长，这种交感作用，既是由于运动学相互作用，也是由于横向操纵面(副翼、扰流片等)的气动“阻滞”力矩所造成的。这种交感作用会导致飞机的滚转“停顿”，导致飞机对副翼偏转的响应出现滞后，这种滞后会使驾驶飞机变得困难。

——必须保证在大大超过平飞迎角的大迎角下飞机的横侧稳定性和操纵性。这个问题首先与机动飞机有关。解决这一问题的困难在于，对现代机动飞机而言，要求在飞机可能失稳的迎角下进行飞行，但在这些条件下，必须保证机动飞机具有满意的操纵品质。

只用气动手段来解决这些问题是不可能的，这就必须对操纵进行适当的自动化。目前对横-航向操纵自动化的要求最强烈的是在很宽的迎角范围和 M 数范围内飞行的机动飞机。

在超声速飞机操纵自动化时，必须保证满足一系列要求，其中的基本要求如下：

(1) 保证具有满意的横向操纵品质(滚转时间常数值 $T_{\omega_x} < 1$，稳态滚转角速度值与驾驶杆偏量之间具有必要的比例 $d\omega_x/dX_э$(或与杆力之间比值 $d\omega_x/dP_э$)，滚转-偏航交感小，即 $0.7 < \lambda^2 < 1.2$ 及横向操纵时侧滑角小)。

(2) 保证飞机横侧运动的短周期振荡模态具有满意的品质(短周期的阻尼 $\bar{\xi}_\beta > 0.35$，所有飞行状态上的横侧短周期振荡频率 $\omega > 1(°)/s$。

(3) 当一台发动机故障和侧风着陆时，保证具有足够的操纵效能配平飞机。

(4) 保证具有满意的螺旋运动的品质 $|\lambda_{сп}| < 0.05$。

为满足上述要求，一般情况下，在飞机的控制增稳系统中可使用下列子系统：

——偏航阻尼器；

——滚转阻尼器；
——由副翼到方向舵的交联(驾驶杆的横向操纵位移信号进入方向舵通道)；
——航向增稳；
——减小从驾驶杆到副翼的传动比。

为进行分析，适宜采用第 14.2 节给出的近似的线性化的完整方程组。

下面我们研究各操纵自动化单元的功能。

偏航阻尼器

偏航阻尼器是横侧操纵通道重要自动化单元之一。它用来提高横侧运动振荡分量的阻尼。一般，使用方向舵作为实现偏航阻尼功能的操纵面。偏航阻尼器功能采用角速度传感器信号且一般具有下列形式：

$$\delta_{\text{н}} = K_{\omega_y}(\omega_y \cos\nu + \omega_x \sin\nu)$$

式中，ν——角速度传感器敏感轴与体轴 Oy 之间的夹角。

如果传感器轴沿 Oy 轴安装，那么 $\nu = 0$ 且偏航阻尼器功能具有下列形式：

$$\delta_{\text{н}} = K_{\omega_y} \cdot \omega_y$$

现在我们使用简化的无阻尼的方程组来分析这种情况下偏航阻尼器的工作

$$\dot{\beta} = \omega_y \cos\alpha + \omega_x \sin\alpha$$

$$\dot{\omega}_y = \overline{M}{}_y^{\beta}\beta + \overline{M}{}_y^{\delta_{\text{н}}}\delta_{\text{н}}$$

$$\dot{\omega}_x = \overline{M}{}_x^{\beta}\beta + \overline{M}{}_x^{\delta_{\text{н}}}\delta_{\text{н}}$$

“飞机-偏航阻尼器”闭环系统的特征方程具有下列形式：

$$1 = \frac{K_{\omega_y}\overline{M}{}_y^{\delta_{\text{н}}}(p^2 + \lambda_{\text{д.р}}^2\omega_0^2)}{p(p^2 + \omega_0^2)} W_{\text{сист}}(p)$$

式中

$$\omega_0^2 = -\overline{M}{}_y^{\beta}\cos\alpha - \overline{M}{}_x^{\beta}\sin\alpha$$

$$\lambda_{\text{д.р}}^2 = \frac{\omega_1^2}{\omega_0^2}$$

$$\omega_1^2 = -\sin\alpha\left(\overline{M}{}_x^{\beta} - \frac{\overline{M}{}_x^{\delta_{\text{н}}}}{\overline{M}{}_y^{\delta_{\text{н}}}}\overline{M}{}_y^{\beta}\right)$$

$W_{\text{сист}}(p)$为操纵系统执行部分和测量部分的传递函数。

根据参数 $\lambda_{\text{д.р}}^2$，将可实现不同形式的根轨迹。图 14.14 上给出了 $0 < \lambda_{\text{д.р}}^2 < 1$ 时的根轨迹。在这种情况下可保证横侧运动的稳定性。当 $\lambda_{\text{д.р}}^2 > 1$ 或 $\lambda_{\text{д.р}}^2 < 0$ 时，“飞机-偏航阻尼器”闭环系统具有不稳定性。$\lambda_{\text{д.р}}^2$的边界值对应于下面的情况：当 $\lambda_{\text{д.р}}^2 = 0$ 时，横侧运动振荡分量的阻尼对倾斜阻尼无影响，在这种情况下角速度传感器敏感

轴正交于速度矢量 ($\alpha=0$)；当 $\lambda^2_{д,р}=1$ 时，仅产生倾斜运动阻尼，而没有振荡分量阻尼，发生这种情况是由于振荡相对于 Ox 轴产生，而传感器轴沿 Oy 轴安装。

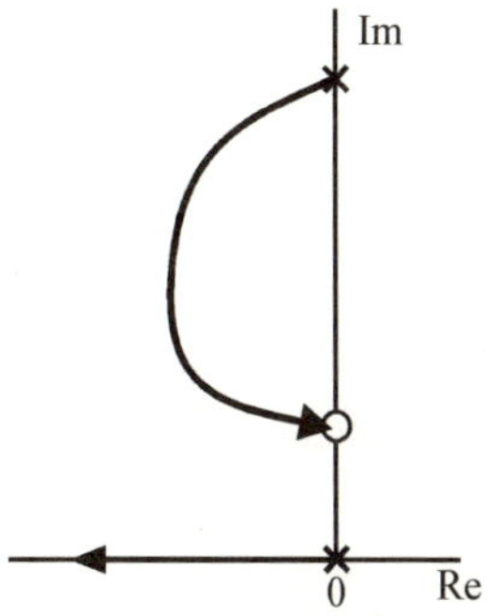

图 14.14　带偏航阻尼器飞机的根轨迹 ($0<\lambda^2_{д,р}<1$)

为了分析角速度传感器敏感轴的安装方向对偏航阻尼器工作的影响，下面我们研究函数为 $\delta_н=K_{\omega_y}(\omega_y\cos\nu+\omega_x\sin\nu)$ 的"飞机-偏航阻尼器"闭环系统的特征方程

$$1=\frac{K_\omega(\overline{M}_y^{\delta_н}\cos\nu+\overline{M}_x^{\delta_н}\sin\nu)(p^2+\lambda^2_{*д,р}\omega_0^2)}{p(p^2+\omega_0^2)}W_{сист}(p)$$

式中

$$\lambda^2_{*д,р}=\frac{\sin(a-\nu)(\overline{M}_x^\beta\overline{M}_y^{\delta_н}-\overline{M}_y^\beta\overline{M}_x^{\delta_н})}{(\overline{M}_y^\beta\cos\alpha+\overline{M}_x^\beta\sin\alpha)(\overline{M}_y^{\delta_н}\cos\nu+\overline{M}_x^{\delta_н}\sin\nu)}$$

下面我们根据与上述分析类似的分析，来研究对于 $\lambda^2_{*д,р}=0$ 和 $\lambda^2_{*д,р}=1$ 的边界值。$\lambda^2_{*д,р}=0$ 的情况，对应于等式 $\nu=\alpha$，也就是角速度传感器敏感轴的安装方向与飞行速度矢量正交。如果 $\lambda^2_{*д,р}=1$，那么 $\nu=-\arctan(\overline{M}_y^\beta/\overline{M}_x^\beta)$，也就是角速度传感器敏感轴正交于横侧振荡角加速度矢量 $\boldsymbol{M}_\beta=\overline{M}_x^\beta\boldsymbol{i}+\overline{M}_y^\beta\boldsymbol{j}$ (图 14.15)。

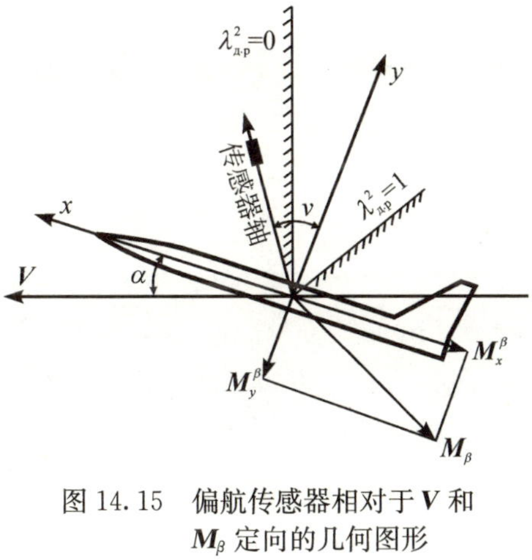

图 14.15　偏航传感器相对于 $\boldsymbol{V}$ 和 $\boldsymbol{M}_\beta$ 定向的几何图形

由此可以得出，由偏航阻尼器产生的横侧振荡阻尼程度，取决于角速度传感器敏感轴相对于飞行速度矢量 $\boldsymbol{V}$ 和横侧振荡角加速度矢量 $\boldsymbol{M}_\beta$ 的安装方向。此时，偏航阻尼器的最大效能可在角速度传感器敏感轴的安装方向正交于飞行速度矢量时(或通过保证偏航阻尼器表达式中 ω_x 与 ω_y 的适当比值)来实现。

应当指出，所得结果具有简单的物理意义。横侧运动的振荡分量首先通过飞机侧滑角振荡表现出来。因此，对振荡分量的有效阻尼而言，自然就在偏航阻尼中采用正比于侧滑角导数的信号：

$$\delta_н=K_{\omega_y}\dot\beta$$

式中

$$\dot\beta=\frac{g}{V}n_z+\omega_y\cos\alpha+\omega_x\sin\alpha+\frac{g}{V}\cos\vartheta\sin\gamma$$

分析表明，在这种情况下，偏航阻尼器的工作集中在横侧运动振荡分量的阻尼上，对滚转阻尼没有实质影响，也不会使角速度不变的长时间盘旋变得困难。

对于滚转角受限制的重型飞机，考虑信号中的重力分量是合理的。

滚转阻尼器

在安装滚转阻尼器时，通常要解决两个问题：为改善滚转操纵时过渡过程的特性而提高滚转运动的阻尼和增大横侧运动振荡分量的阻尼。通常使副翼或差动平尾作为实现滚转阻尼器功能的操纵面，滚转阻尼器功能使用角速度传感器信号且在最简单的情况下具有下列形式：

$$\delta_э = K_{\omega_x}\omega_x$$

就像在偏航阻尼器情况下一样，在使用简化的无阻尼方程组时，我们写出“飞机-滚转阻尼器”闭环系统的特征方程：

$$1 = \frac{K_{\omega_x}\overline{M}_x^{\delta_э}(p^2 + \lambda_{д.к}^2\omega_0^2)}{p(p^2 + \omega_0^2)}W_{сист}(p)$$

式中

$$\lambda_{д.к}^2 = \frac{\left[\overline{M}_y^{\beta} - \dfrac{\overline{M}_y^{\delta_э}}{\overline{M}_x^{\delta_э}}\overline{M}_x^{\beta}\right]\cos\alpha}{\overline{M}_y^{\beta}\cos\alpha + \overline{M}_x^{\beta}\sin\alpha}$$

根据该参数，滚转阻尼器对横侧运动的稳定性具有各种不同影响。

当 $0 < \lambda_{д.к}^2 < 1$ 时，滚转阻尼器既阻尼横侧运动振荡分量，也阻尼滚转运动。

当 $\lambda_{д.к}^2 < 0$ 和 $\lambda_{д.р}^2 > 1$ 时，引起“飞机-滚转阻尼器”闭环系统不稳定。

当 $\lambda_{д.к}^2 < 0$ 时，滚转阻尼器的工作会导致滚转运动阻尼的减小，这与飞机对横向操纵面偏转时的反倾斜有关。

当 $\lambda_{д.к}^2 > 1$ 时，横侧运动振荡分量的阻尼减小。

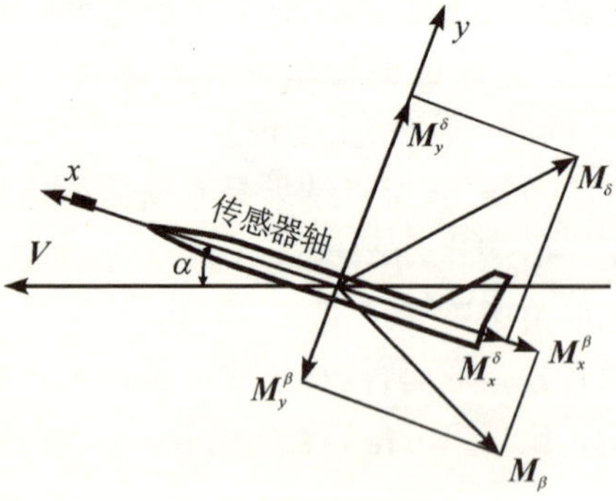

图 14.16 滚转传感器相对于矢量 $\boldsymbol{M}_\delta$ 和 $\boldsymbol{M}_\beta$ 指向的几何说明

根据对 $\lambda_{д.к}^2$ 边界值的研究可以得出，当 $\lambda_{д.к}^2 = 0$ 时，$\overline{M}_y^{\delta_э}/\overline{M}_x^{\delta_э} = \overline{M}_y^{\beta}/\overline{M}_x^{\beta}$，而当 $\lambda_{д.к}^2 = 1$ 时，$\overline{M}_y^{\delta_э}/\overline{M}_x^{\delta_э} = -\tan\alpha$。这表明，对这最简单的关系式 $\delta_э = K_{\omega_x}\omega_x$ 而言，滚转阻尼器的工作效能由控制力矩相对于速度矢量和横侧振荡角加速度矢量 $\boldsymbol{M}_\beta$ 的指向来确定。

图 14.16 上给出了矢量 $\boldsymbol{M}_\delta$、$\boldsymbol{M}_\beta$、$\boldsymbol{V}$ 和角速度传感器轴分布的几何说明。

下面我们研究滚转阻尼器表达式的更一般的情况

$$\delta_э = K_{\omega_x}(\omega_x\cos\mu + \omega_y\sin\mu)$$

式中，μ 为角速度传感器* 敏感轴与 Ox 轴之间的夹角。

---

* 原文为阻尼器——译者注。

“飞机-滚转阻尼器”闭环系统的特征方程,将有如下形式:

$$1=\frac{K_{\omega_x}(\overline{M}_x^{\delta_э}\cos\mu+\overline{M}_y^{\delta_э}\sin\mu)(p^2+\lambda^2_{*д.к}\omega_0^2)}{p(p^2+\omega_0^2)}$$

式中

$$\lambda^2_{*д.к}=\frac{(\overline{M}_x^{\delta_э}\overline{M}_y^{\beta}-\overline{M}_y^{\delta_э}\overline{M}_x^{\beta})\cos(\alpha+\mu)}{(\overline{M}_y^{\beta}\cos\alpha+\overline{M}_x^{\beta}\sin\alpha)(\overline{M}_x^{\delta_э}\cos\mu+\overline{M}_y^{\delta_э}\sin\mu)}$$

可以指出,$\lambda^2_{*д.к.}=0$ 和 $\lambda^2_{*д.к}=1$ 对应着对于前面研究的关系式 $\delta_э=K_{\omega_x}\omega_x$。

使滚转阻尼器有效工作的控制力矩之所以重要,是因为滚转运动和偏航运动相关联且在横向操纵面偏转时,会产生侧滑角。当 $\lambda^2_{*д.к}=1$ 时,偏转副翼实际上不产生侧滑角,因而也就不会激励起横侧运动的振荡分量。此时,滚转阻尼器在不影响振荡运动阻尼的同时,增大滚转运动阻尼。当 $\lambda^2_{*д.к}>1$,在偏转副翼时,形成使滚转角速度增大的侧滑角。但是,由于在滚转控制力矩 $M_x^{\delta_э}\delta_э$ 和力矩 $m_x^{\beta}\beta$ 之间存在着延迟,会产生“飞机-滚转阻尼器”闭环系统的不稳定性。

当 $0<\lambda^2_{*д.к}<1$ 时,不仅阻尼滚转运动,也阻尼横侧运动的振荡分量。振荡分量的阻尼程度取决于横航向稳定性的比值和迎角。当 $\overline{M}_y^{\beta}/\overline{M}_x^{\beta}\tan\alpha>1$ 时,滚转阻尼器极有效地阻尼横侧振荡运动。

当 $\lambda^2_{*д.к}<0$、偏转副翼时,所产生的侧滑角增大,它引起的滚转力矩与滚转操纵力矩反向。结果,滚转阻尼器会减小滚转运动阻尼并提高振荡分量的阻尼。

滚转阻尼器会减小对应于螺旋运动的特征根值的模。因此,如果螺旋运动具有不稳定性,将其降低的最有效办法是使用滚转阻尼器。

滚转阻尼器会降低扰动运动中滚转运动和偏航运动的相互关联性。当航向通道中有各种扰动时,比如,单侧发动机故障、方向舵偏转、大气湍流的扰动,飞机的滚转反应会减小。

当操纵系统中接入滚转阻尼器时,飞机的滚转操纵运动中,存在着一系列的特点。首先,为保持定常运动的操纵性,适宜使用下列形式的控制律:

$$\delta_э=K_{\omega_x}\left(\omega_x+\frac{K_xX_э}{Tp+1}\right)$$

式中,$X_э$ 为横向操纵的杆位移量。

通过合理地选择时间常数 $T\approx0.2\sim0.5\text{ s}$ 和传动比 K_x,可在满意的滚转过渡过程品质下,保持可用滚转角速度不变。

其次,在稳定飞机倾斜角的任务中,接入倾斜阻尼器会拓宽 $\lambda^2\sim0$ 时飞行员评价满意的范围。

方向舵与横向操纵面的交联

严重影响飞机滚转过渡品质的因素之一,是在横向操纵面偏转时产生侧滑角。

产生侧滑角的原因，既因滚转运动和偏航运动的运动学交感，也因横向操纵面不仅产生滚转力矩，也产生偏航力矩而造成的这些通道的气动力交感作用。在这些条件下，削弱滚转运动和偏航运动的气动力交感作用的有效方法，是通过将方向舵与横向操纵面，如副翼联合起来使用的方法来形成滚转操纵力矩与偏航操纵力矩所期望的比值。

为确定保证测滑角接近于 0 的滚转操纵运动所需的方向舵和副翼之间的函数关系，可以利用传递函数 $\delta_{н}/\delta_{э}(p)$。该函数是在横侧线化方程组的基础上，用两个操纵面——副翼和方向舵使侧滑角恒等于零的条件下得到的。

传递函数 $\delta_{н}/\delta_{э}(p)$ 具有下列形式：

$$\frac{\delta_{н}}{\delta_{э}}(p)\Big|_{\beta=0}=-\frac{\overline{M}_{x}^{\delta_{э}}(b_2p^2+b_1p+b_0)}{\overline{M}_{y}^{\delta_{н}}(a_2p^2+a_1p+a_0)}$$

式中

$$a_2=\cos\alpha+\frac{\overline{M}_{x}^{\delta_{н}}}{\overline{M}_{y}^{\delta_{н}}}\sin\alpha,\quad b_2=\sin\alpha+\frac{\overline{M}_{y}^{\delta_{э}}}{\overline{M}_{x}^{\delta_{э}}}\cos\alpha$$

$$a_1=-\overline{M}_{x}^{\omega_x}\cos\alpha+\left(\overline{M}_{x}^{\omega_y}+\frac{g}{V}\right)\sin\alpha+\frac{\overline{M}_{x}^{\delta_{н}}}{\overline{M}_{y}^{\delta_{н}}}\left[-\overline{M}_{y}^{\omega_y}\sin\alpha+\left(\overline{M}_{y}^{\omega_x}+\frac{g}{V}\right)\cos\alpha\right]$$

$$a_0=\frac{g}{V}\left[(\overline{M}_{x}^{\omega_y}\cos\alpha+\overline{M}_{x}^{\omega_x}\sin\alpha)-\frac{\overline{M}_{x}^{\delta_{н}}}{\overline{M}_{y}^{\delta_{н}}}(\overline{M}_{y}^{\omega_y}\cos\alpha+\overline{M}_{y}^{\omega_x}\sin\alpha)\right]$$

$$b_1=-\overline{M}_{y}^{\omega_y}\sin\alpha+\left(\overline{M}_{y}^{\omega_x}+\frac{g}{V}\right)\cos\alpha+\frac{\overline{M}_{y}^{\delta_{э}}}{\overline{M}_{x}^{\delta_{э}}}\left[-\overline{M}_{x}^{\omega_x}\cos\alpha+\left(\overline{M}_{x}^{\omega_y}+\frac{g}{V}\right)\sin\alpha\right]$$

$$b_0=-\frac{g}{V}\left[(\overline{M}_{y}^{\omega_y}\cos\alpha+\overline{M}_{y}^{\omega_x}\sin\alpha)-\frac{\overline{M}_{y}^{\delta_{э}}}{\overline{M}_{x}^{\delta_{э}}}(\overline{M}_{x}^{\omega_y}\cos\alpha+\overline{M}_{x}^{\omega_x}\sin\alpha)\right]$$

在实现这种近似关系时，对滚转角的传递函数将具有下列形式：

$$\frac{\gamma}{\delta_{э}(\delta_{н}\neq 0)}\approx\frac{\overline{M}_{x}^{\delta_{э}}-\dfrac{\overline{M}_{x}^{\delta_{н}}}{\overline{M}_{y}^{\delta_{н}}}\overline{M}_{y}^{\delta_{э}}}{p(p-\overline{M}_{x}^{\omega_x})}$$

这样，实现了上面所列的操纵面的函数关系式，从原理上解决所提出的问题。

但是，应当指出，实现这样的函数关系是相当复杂的，而在一系列情况下，由于它的不稳定性，原则上是不可能实现的。此外，也没有必要在很长的时间间隔内保证 $\beta=0$ 的条件。为了保证协调滚转转弯，在操纵运动的初始阶段，可以使用副翼和方向舵的两种交联形式。

(1)“硬”交联

$$\frac{\delta_{н}}{\delta_{э}}=-\frac{\overline{M}_{x}^{\delta_{э}}b_{2}}{\overline{M}_{y}^{\delta_{н}}a_{2}}=-\frac{m_{y}^{\delta_{э}}\cos\alpha+\dfrac{J_{y}}{J_{x}}m_{x}^{\delta_{э}}\sin\alpha}{m_{y}^{\delta_{н}}\cos\alpha+\dfrac{J_{y}}{J_{x}}m_{x}^{\delta_{н}}\sin\alpha}$$

(2)“均衡”交联

$$\frac{\delta_{н}}{\delta_{э}}=-\frac{T_{1}p}{T_{2}p+1}$$

“硬”交联可提供一定的效果：保证侧滑角角加速度接近于零 ($\ddot{\beta}\approx 0$) 的“快速”滚转操纵运动的协调性。

但是，如果在航向通道中需要用方向舵进行配平，那就适宜使用“均衡”交联。在这种情况下，可以保留用于侧风和不对称状态的方向舵配平偏度。

应当指出，方向舵与副翼之间的交联，应按迎角进行调节。在大迎角下，这种交联最重要。在小迎角下交联将减小且甚至能变号。

航向增稳

对超声速飞机而言，最有代表性的特性，是在极限飞行状态(M_{max}，α_{max}，q_{max})下，航向稳定性大大降低。用气动力手段保障航向稳定性，在一系列情况下是不合理的，这就必须使用像航向增稳自动装置这样的自动设备。采用方向舵作为实现航向增稳功能的操纵面，而此功能所用信号传感器，可有侧滑角传感器，或用横侧过载传感器。

航向增稳功能的控制律，可用如下形式：

$$\delta_{н}=-K_{n}n_{z}+K_{\omega_{y}}\omega_{y}$$

或者

$$\delta_{н}=-K_{\beta}\beta+K_{\omega_{y}}\omega_{y}$$

实际上更常使用带侧向过载信号的控制律。这是因为，侧滑角的测量，是相当复杂的技术问题。为测量侧向过载，使用线加速度传感器。但是，在使用 n_z 信号时，实现大传动比 K_n 成了严重问题且其必须按飞行状态(特别是按速压)来调节。此外，必须采取专门措施来抑制侧向过载信号中由结构弹性引起的高频分量。

通过选择比值 $K_{\beta}/K_{\omega_{y}}$，可以使带航向稳定性自动装置的开环系统传递函数，具有所期望的零点分布。应当指出，为保证飞机的振荡稳定性，适宜在控制律中引入滚转角速度交联信号。

$$\delta_{н}=K_{\beta}\beta+K_{\omega_{y}}(\omega_{y}\cos\alpha+\omega_{x}\sin\alpha)$$

在这种结构下，航向增稳自动装置对滚转操纵运动没有影响。

包括有以上所研究的各单元的超声速飞机横侧运动操纵系统的合理示意图，列于图 14.17 上。

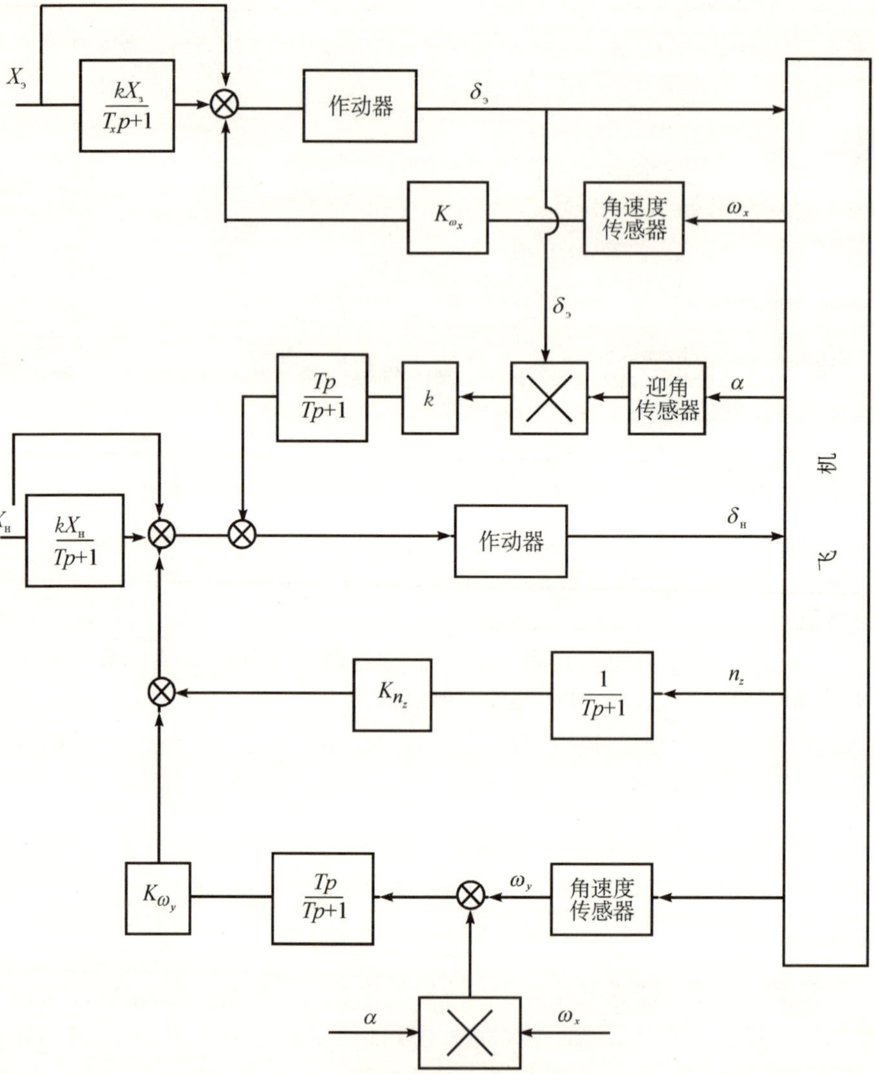

图 14.17 横侧控制增稳系统的框图

参考文献

[1] Бюшгенс Г С，Студнев Р В. Динамика продольного и бокового движения [M]. Машиностроение，1979.

[2] Гуськов Ю П，Загайнов Г И. Управление полетом самолетов [M]. Машиностроение，1991.

[3] Бюшгенс Г С，Студнев Р В. Динамика самолета. Пространственное движение [M]. Машиностроение，1983.

第 15 章　空间运动动力学

15.1　概述

一般情况下，飞机的扰动运动或操纵运动都是空间运动，因为纵向运动（迎角、俯仰角、俯仰角速度）和横侧运动（侧滑角、倾斜角、滚转角速度和偏航角速度），均同时发生变化。当飞机运动参数变化的幅度小时，纵向和横侧运动的方程，可近似地进行分离研究。当运动参数变化的幅度大时，分离方程将导致不允许的误差。因此，必须研究空间运动的全量方程组。

飞行动力学工作，应着重研究完整的飞机运动方程，其中可包括研究飞机在基本飞行包线内广泛使用的绕纵轴旋转的机动飞行动力学。上述机动飞行可以是进入/改出盘旋、战斗转弯、平飞和进入俯冲时的半滚、快滚和慢滚、变转弯方向的盘旋（8 字形特技），等等。

图 15.1 给出在飞机空间运动的基本特征参数——迎角 α 和旋转角速度 ω 平面内的不同运动特性区域图，图中划分出了基本飞行范围和临界飞行范围。当代机动飞机的使用包线范围还覆盖了一部分稳定性和操纵性变坏的区域，即有偏离倾向的区域。甚至允许做能返回基本飞行状态的快速大迎角动态机动（“眼镜蛇”机动）。为扩大机动能力和实现其性能极限，当代飞机不可避免地会超出基本飞行包线飞行。因此，研究所谓的极限飞行状态，像偏离、尾旋和惯性旋转，是空间运动研究中的重要部分。

为了研究上述问题，必须分析飞行员同时使用纵向和横向操纵，而在许多情况下也使用航向操纵情况下飞机的操纵运动。由此可知，飞机的空间运动的研究，实际上是分析最一般情况下飞机的运动及其稳定性和操纵性。就物理概念而言，飞机在空间运动的特性，在于当飞机绕与主惯性轴不重合的轴旋转时，所产生的惯性力矩对飞机动态的影响。当飞机伴有绕纵轴的快速旋转时这种力矩对飞机动态的影响，对一系列运动来说极其重要，在使用飞行包线和极限飞行区域（接近和超过临界迎角）都要分析空间运动。像偏离、尾旋、钟形机动（即尾冲）（急剧上升到速度完全丧失后尾部朝下跌落）、普加乔夫“眼镜蛇”机动这类运动，在很大程度上，也取决于惯性力矩对飞机的作用。此外,这些飞行状态的特性,还决定于气动力和力矩与运动参数间复杂的、非线性关系的影响。下面先研究小迎角和侧滑角及中等迎角和侧滑角飞行区域内的运动,这时力和力矩与运动参数的关系是线性的,然后再研究偏离和尾旋问题。

飞机空间运动动力学研究的问题,通常很复杂,需使用电子计算机才能进行充分的研究。但是,即使这样的分析,也会因所研究方程的严重非线性而遇到相当大的困难。这使得飞机运动参数与操纵面偏转之间有非单值的关系式。数学上非单值性表示飞机存在着多个平衡状态,即有奇异点,奇异点邻域的运动实现取决于先前的运动。因此,获得飞机运动可能形态的概念极其重要,以便根据这些知识,在电子计算机上正确地进行数值研究。这类问题的解可选取一些相应任务模型来做,它对应于飞机的相关参数——俯仰临界滚转角速度 ω_α 和偏航临界滚转角速度 ω_β 的某些特定情况。通常,非常重视飞机落入惯性旋转状态过程的动态分析。该状态与偏离和尾旋状态一样,是机动飞机所特有的基本临界状态。

目前,为保证超声速飞机的驾驶特性,广泛使用控制增稳系统(СУУ)。前面已谈过了现代飞机操纵自动化的基本发展方向。用控制增稳系统,特别是用带有大行程执行机构的控制增稳系统来装备飞机,可极大地影响飞机的空间运动性能。控制增稳系统的任务之一,是消除飞机进入所谓的临界状态的可能性。通常,临界状态是指飞行中失去稳定性,或是某一操纵面(如偏离时的横向操纵)失效。

控制增稳系统的任务,在于要么消除失稳,要么限制飞机进入可能的临界状态区域。当偶然进入临界状态区域时,控制增稳系统应保证飞机从这一区域改出。

超出稳定性边界时,失稳的特性是各种各样的。失稳形式可以是柔和的或是急剧的。失稳过程可能是可控制的或是不可控制的。失稳状态可能是尾旋形式的稳定的定常运动状态,比如,偏离后运动所进入的状态,或是在定常滚转时的失稳,它可使飞机进入大滚转角速度的旋转状态(图 15.1)。上述示例中,通常会产生一定的操纵困难(其中如舵面反效现象等)。这些临界状态存在的条件、对这些状态的预防以及探讨从这些状态中改出的方法,都是空间动力学主要研究的问题。

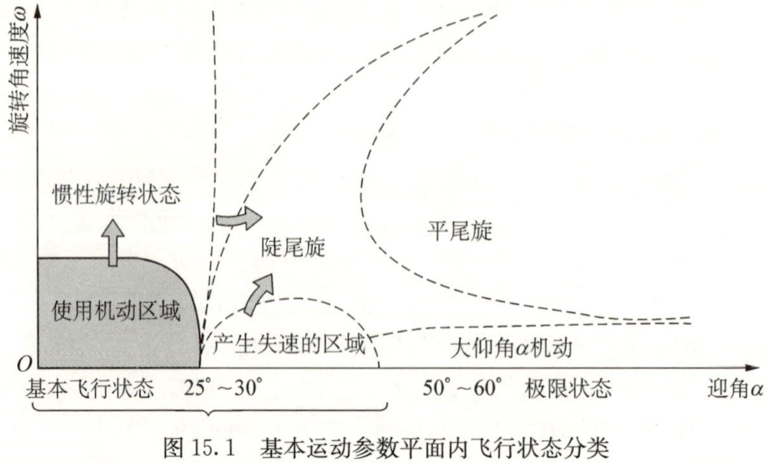

图 15.1 基本运动参数平面内飞行状态分类

鉴于上述原因，既要在主要飞行包线内，也要在使用飞行包线和极限飞行范围内，分析飞机实际的气动力性能，研究所选择的控制增稳系统的影响。

对具体的带控制增稳系统飞机作飞行动力学分析时，应在不同构型和全部飞行状态下应用电子计算机作大量的各种计算。下面将给出在这项研究中使用电子计算机的一些例子和方法。

15.2　非线性动力学研究的定性方法

研究飞机空间运动动力学问题，本质上是非线性的，所以，使用非线性系统的定性分析方法极其有效[4~7]。第 10 章中已指出，在对运动特点作一定的物理假设的情况下，飞机动力学的许多问题，都可归结为研究自治的非线性方程组，这些方程组取决于飞行状态的参数和所进行的机动飞行。在这种情况下，根据计算出的奇异点、周期和其他特解建立运动方程的相位图，以及研究运动方程小扰动和大扰动的稳定性，可以为预测飞机的操纵运动打下良好的基础。使用定性理论研究的成果，可以大大提高飞机动力学的数值模拟和半物理模拟的效率。

用定性理论研究飞机的非线性动力学时，一般应主要注意平衡状态和自振运动以及它们与参数值的关系。如果稳定的平衡状态和自振状态是吸引集(吸引子①)的最简单的例子，并且确定了系统的定常状态，那么，鞍点平衡状态和周期性闭轨在形成空间相位图中起着决定性的作用，因为它们决定着作为各种吸引子区边界的相迹的多种不稳定性[6, 19]。

图 15.2 示出动力学系统稳定的特解一些例子，它们是：奇点(平衡状态)、闭轨(自振状态)、环面多簇轨迹(无规律自振)、奇异吸引子(不规则运动状态)。非线性

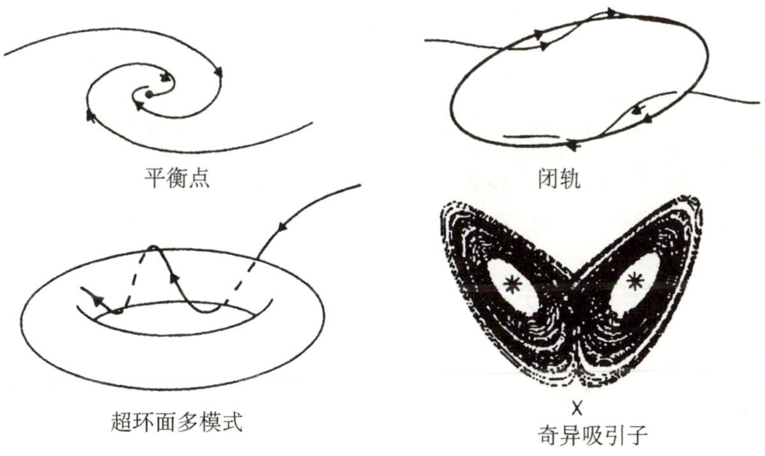

图 15.2　非线性动力学系统的特殊轨迹

① 为动力学系统理论中使用的、表示轨迹稳定流型的术语——原著注。

动力学系统性能的复杂性，可能与系统有几个分隔的吸引子有关，其中每个吸引子都有自己的吸引区。这使得运动与初始条件和参数的变化顺序密切相关。

图 15.3 示出运动平衡状态最经常遇到的分支①情况：

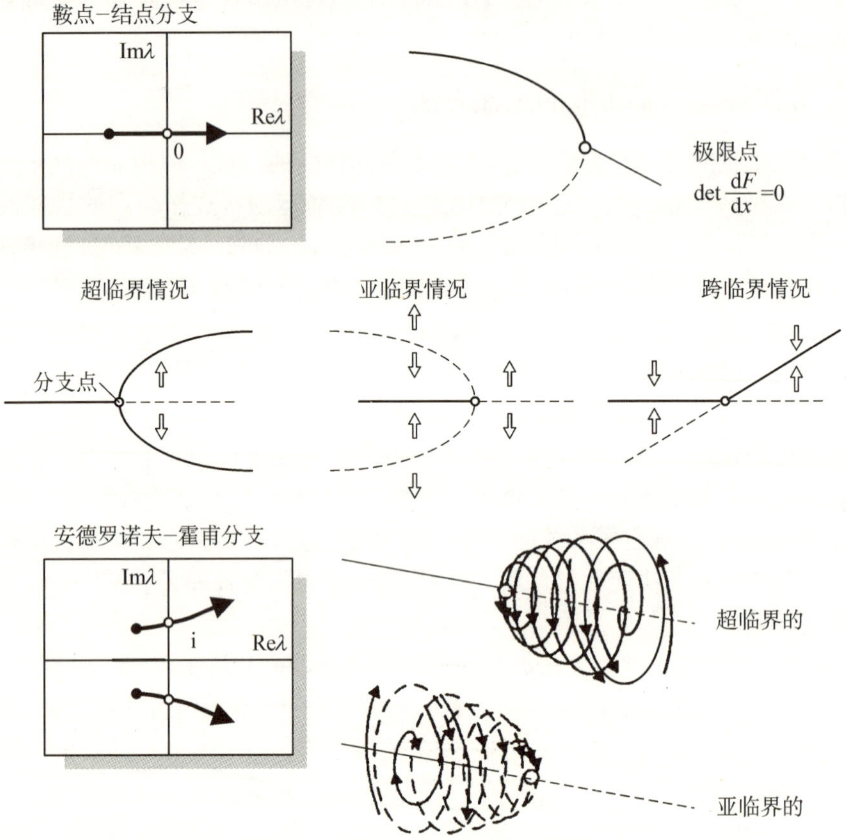

图 15.3 平衡点的分支

——具有不稳定性的汇点和它的消失(或者当运动参数反方向变化时出现的情况)。这类分支情况称为鞍点-结点分支，当它映射在参数平面上时，对应于平衡曲线的极点。穿越这类点就伴随着急剧的失稳且突跃式地过渡至另一个吸引子；

——在产生两个交叉的不同解的分支处，分支点丧失稳定性。在超临界、亚临界和穿越临界处(图 15.3)，分支的特性可能是不同的。这种情况乃是结构不稳定，所以当运动参数有微小扰动时，分支点消失。前述的超临界和亚临界情况对应于有对称性的系统；

——稳定的平衡点变为不稳定的振动且同时产生稳定的闭轨(安德罗诺夫-霍甫分支)。此时，稳定性丧失导致柔和的自振发生；

① 方程组解结构性质的变化，往往表示个别解的稳定性变化，发生新的解，等等。

——随着不稳定的闭轨产生，稳定的平衡点汇合且变为振动不稳定。稳定的平衡点具有可能产生急剧失稳的有限吸引区。

在单位圆的复平面内，当退出多值的周期解①时，产生稳定的周期性轨道的分支。图 15.4 中示出汇合和稳定性消失的例子，以及产生稳定的环面多簇和稳定的双重周期性循环的鞍形循环。

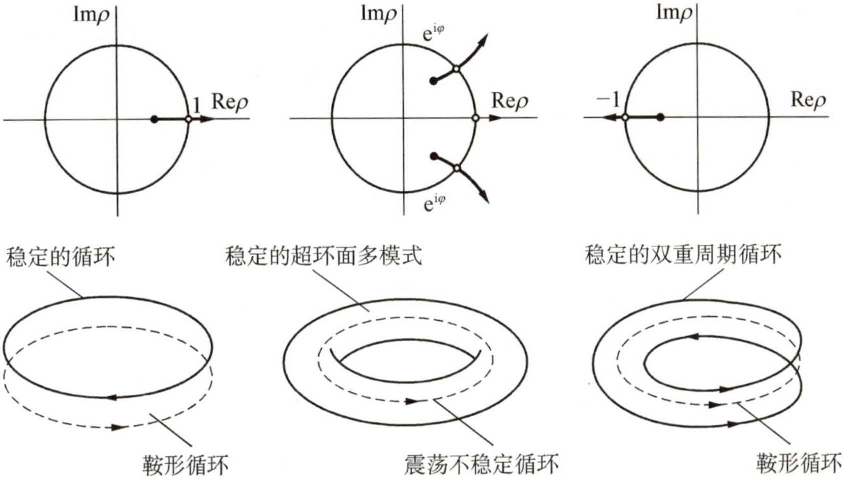

图 15.4　闭轨的分支

在一般情况下，由于方程的维数很高和气动力系数与运动参数是任意的非线性关系，实际上不可能使用解析法对空间运动方程作定性研究。近年来，出现了许多电子计算机软件包，它们可使用数值法实现对非线性动力学系统的定性研究[10~12]。比如，软件包 КРИТ[11]直接适用于飞机动力学的非线性问题。它含有一套可进行有效研究的下列算法：

——平衡运动状态或配平运动状态，这些运动状态的局部稳定性（小扰动稳定性），参数变化的影响；

——自振运动状态及其局部稳定性，参数变化的影响；

——参数变化时，稳定运动状态的分支特点（产生“发散”和自振）；

——定常运动状态的引力区及确定能导致失稳的临界扰动量级；

——应用数学模拟法研究飞机的动力学。

下面将列出急滚、偏离和尾旋时，利用 КРИТ 软件包所得到的飞机动力学研究的某些成果。这些结果一方面展现了非线性飞机动力学的特点，另一方面也说明了 КРИТ 软件包的能力。

① 局部的类似固有参数的稳定性特征。

15.3 急滚时的动力学特点

在早先的理论著作和实践飞行中就已指出[2, 18, 20]，具有拉长的椭球形惯矩分布和具有相当大的横向气动稳定性的超声速飞机，急滚时可能会丧失运动稳定性和操纵性。产生这些特性的主要原因是纵向运动和横侧运动的惯性交感作用和气动交感作用。

分析纵向运动和横侧运动的交感作用，以及临界惯性旋转状态，是每架当代机动飞机动力学研究的重要部分。伴有失稳的运动状态，会大大限制飞机完成含有急滚运动的空间机动能力。在实际处理中，有时会在飞行员的驾驶守则内，加入一系列的限制以避免出现危险情况。

为阐明纵向运动和横侧运动交感作用的基本特点，可使用下列近似方程组：

$$\begin{aligned}
\frac{d\alpha}{dt} &= \omega_z - \boxed{\beta\omega_x} - \overline{Y}^{\alpha}\alpha - \overline{Y}^{\varphi}\varphi \\
\frac{d\beta}{dt} &= \omega_y - \boxed{\alpha\omega_x} - \overline{Z}^{\beta}\beta - \overline{Z}^{\delta_{н}}\delta_{н} \\
\frac{d\omega_z}{dt} &= \boxed{-A\omega_x\omega_y} + \overline{M}_z^{\alpha}\alpha + \overline{M}_z^{\omega_z}\omega_z + \overline{M}_z^{\varphi}\varphi \\
\frac{d\omega_y}{dt} &= \boxed{-B\omega_x\omega_z} + \overline{M}_y^{\beta}\beta + \overline{M}_y^{\omega_y}\omega_y + \overline{M}_y^{\omega_x}\omega_x + \overline{M}_y^{\delta_{н}}\delta_{н} + \overline{M}_y^{\delta_{э}}\delta_{э} \\
\frac{d\omega_x}{dt} &= \boxed{-C\omega_y\omega_z} + \overline{M}_x^{\beta}\beta + \overline{M}_x^{\omega_x}\omega_x + \overline{M}_x^{\omega_y}\omega_y + \overline{M}_x^{\delta_{э}}\delta_{э}
\end{aligned} \tag{15.1}$$

式中

$$A = \frac{J_y - J_x}{J_z},\ B = \frac{J_z - J_x}{J_y},\ C = \frac{J_y - J_z}{J_x},\ \overline{Y}^{\alpha} = \frac{c_y^{\alpha}qS}{mV}$$

$$\overline{Z}^{\beta} = \frac{c_z^{\beta}qS}{mV},\ \overline{Y}^{\varphi} = \frac{c_y^{\varphi}qS}{mV},\ \overline{Z}^{\delta_{н}} = \frac{c_z^{\delta_{н}}qS}{mV},\ \overline{M}_z^{\alpha} = \frac{m_z^{\alpha}qSb_a}{J_z}$$

$$\overline{M}_z^{\varphi} = \frac{m_z^{\varphi}qSb_a}{J_z},\ \overline{M}_x^{\beta} = \frac{m_x^{\beta}qSl}{J_x},\ \overline{M}_x^{\beta} = \frac{m_x^{\beta}qSl}{J_x},\ \overline{M}_z^{\omega_z} = \frac{m_z^{\bar{\omega}_z}qSb_a^2}{VJ_z}$$

$$\overline{M}_y^{\omega_y} = \frac{m_y^{\bar{\omega}_y}qSl^2}{2VJ_y},\ \overline{M}_y^{\omega_x} = \frac{m_y^{\bar{\omega}_x}qSl^2}{2VJ_y},\ \overline{M}_x^{\omega_y} = \frac{m_x^{\bar{\omega}_y}qSl^2}{2VJ_y},\ \overline{M}_x^{\omega_x} = \frac{m_x^{\bar{\omega}_x}qSl^2}{2VJ_y}$$

$$\overline{M}_y^{\delta_{н}} = \frac{m_y^{\delta_{н}}qSl}{J_y},\ \overline{M}_y^{\delta_{э}} = \frac{m_y^{\delta_{э}}qSl}{J_y},\ \overline{M}_x^{\delta_{н}} = \frac{m_x^{\delta_{н}}qSl}{J_x},\ \overline{M}_x^{\delta_{э}} = \frac{m_x^{\delta_{э}}qSl}{J_x}$$

方程(15.1)中标出了决定纵向和横侧运动交感和惯性交感的非线性项。在推导这些近似方程时，假设飞行速度固定不变，即 $V = \text{const}$；迎角和侧滑角相对较小，

即 α，$\beta \ll 1$，气动系数允许用线性表达式；重力作用下轨迹弯曲对旋转动态的影响很小，这在满足条件 $\omega_x \gg \dfrac{g}{V}$ 时是正确的。

平衡状态解的分析

在操纵面具有不同的偏度情况下，对方程(15.1)作平衡状态解，分析其在小扰动(线性近似)下的稳定性，是急滚飞机动力学的数学模拟方法[2]的一个重要补充方法。

方程(15.1)的稳态解或平衡解，由下列条件来确定：

$$\frac{\mathrm{d}\alpha}{\mathrm{d}t} = \frac{\mathrm{d}\beta}{\mathrm{d}t} = \frac{\mathrm{d}\omega_z}{\mathrm{d}t} = \frac{\mathrm{d}\omega_y}{\mathrm{d}t} = \frac{\mathrm{d}\omega_x}{\mathrm{d}t} = 0$$

此时，问题可归结为在控制参数，即操纵面偏角 φ，$\delta_{\text{э}}$，$\delta_{\text{н}}$ 情况下，解 α，β，ω_z，ω_y，ω_x 的非线性代数方程问题。

此类问题的解可利用电子计算机做数值解，如可有效地应用连续求解法。但是，在上述简化假设下，更直观的求解法是图解解析法，它可以弄清其动力学的基本特性。

图解解析法

第一阶段求解的图解解析法中假设，滚转角速度 ω_x 的数值是一个给定的参数。那么，由方程组(15.1)得到的头 4 个代数方程，是对应于因变量运动参数 α、β、ω_z、ω_y 写出的线性方程组。通过求解下列线性方程组(此处略去副翼的交叉气动导数，即 $\overline{M}_y^{\delta_{\text{э}}} = 0$)：

$$\begin{bmatrix} -\overline{Y}^{\alpha} & -\omega_x & 1 & 0 \\ \omega_x & \overline{Z}^{\beta} & 0 & 1 \\ \overline{M}_z^{\alpha} & 0 & \overline{M}_z^{\omega_z} & -A\omega_x \\ 0 & \overline{M}_y^{\beta} & B\omega_x & \overline{M}_y^{\omega_y} \end{bmatrix} \begin{bmatrix} \alpha \\ \beta \\ \omega_z \\ \omega_y \end{bmatrix} = \begin{bmatrix} \overline{Y}^{\varphi}\varphi \\ -\overline{Z}^{\delta_{\text{н}}}\delta_{\text{н}} \\ -\overline{M}_z^{\varphi}\varphi \\ -\overline{M}_y^{\omega_x}\omega_x - \overline{M}_y^{\delta_{\text{н}}}\delta_{\text{н}} \end{bmatrix}$$

可以找到运动参数与操纵面偏度 φ，$\delta_{\text{э}}$，$\delta_{\text{н}}$ 及滚转角速度值 ω_x 的关系。下面列出了迎角和侧滑角关系式的公式：

$$\left.\begin{aligned} \alpha_{\text{ст}}(\omega_x) &= \frac{-\overline{M}_z^{\varphi}\varphi(\overline{M}_{\overset{*}{y}}^{\beta} + B\omega_x^2) + (\overline{M}_y^{\omega_x}\omega_x + \overline{M}_y^{\delta_{\text{н}}}\delta_{\text{н}})\overline{M}_{\overset{*}{z}}^{\omega_z}\omega_x}{A_0(\omega_x)} \\ \beta_{\text{ст}}(\omega_x) &= \frac{-\overline{M}_z^{\varphi}\varphi\overline{M}_{\overset{*}{y}}^{\omega_y}\omega_x + (\overline{M}_y^{\omega_x}\omega_x - \overline{M}_y^{\delta_{\text{н}}}\delta_{\text{н}})(\overline{M}_{\overset{*}{z}}^{\alpha} + A\omega_x^2)}{A_0(\omega_x)} \end{aligned}\right\} \tag{15.2}$$

式中

$$A_0(\omega_x) = (\overline{M}_{\overset{*}{z}}^{\alpha} + A\omega_x^2)(\overline{M}_{\overset{*}{y}}^{\beta} + B\omega_x^2) + \overline{M}_{\overset{*}{y}}^{\omega_y}\overline{M}_{\overset{*}{z}}^{\omega_z}\omega_x^2$$

$$\overline{M}_{z^*}^{\alpha}=\overline{M}_{z}^{\alpha}+\overline{Y}^{\alpha}\overline{M}_{z}^{\omega_z}, \quad \overline{M}_{y^*}^{\beta}=\overline{M}_{y}^{\beta}-\overline{Z}^{\beta}\overline{M}_{y}^{\omega_y}$$

$$\overline{M}_{z^*}^{\omega_z}=\overline{M}_{z}^{\omega_z}+A\overline{Z}^{\beta}, \quad \overline{M}_{y^*}^{\omega_y}=\overline{M}_{y}^{\omega_y}-B\overline{Y}^{\alpha}$$

如果式(15.2)中的分母 $A_0(\omega_x)$ 取零值,则在该处的 $\alpha_{\text{ст}}$, $\beta_{\text{ст}}$ 值变成无穷大且关系式 $\alpha_{\text{ст}}(\omega_x)$, $\beta_{\text{ст}}(\omega_x)$ 有不连续点。

使分母变为零的式(15.2)的滚转角速度值称之为临界滚转角速度值(ω_α, ω_β):

$$\omega_{\alpha、\beta}=\{\omega_x : A_0(\omega_x)=0\}$$

如果忽略旋转气动导数(阻尼导数),即 $\overline{M}_{z^*}^{\omega_z}=0$, $\overline{M}_{y^*}^{\omega_y}=0$,则临界滚转角速度的表达式具有相当简单的形式:

$$\omega_\alpha=\sqrt{\frac{-m_z^{\alpha}qSb_a}{J_y-J_x}} \quad \omega_\beta=\sqrt{\frac{-m_y^{\beta}qSb_a}{J_z-J_x}}$$

阻尼导致临界滚转角速度值的变化,它使它们彼此接近,即使值较小的临界滚转角速度增大,大的值减小。在阻尼值高到一定值后,临界角滚转速度消失。

图 15.5 给出平衡滚转时对应两种不同的临界滚转角速度相互关系情况(为简单起见,假设 $\delta_{\text{н}}=0$, $\overline{M}_{y}^{\omega_x}=0$)下的迎角与滚转角速度关系的示例。关系式 $\omega_\alpha>\omega_\beta$ 是超声速飞行状态的典型特征,而关系式 $\omega_\alpha<\omega_\beta$ 是亚声速飞行状态的典型特征。实线表示未滚转时纵向配平迎角为正值情况,即 $\alpha_0>0$、$\varphi<0$。虚线表示 $\omega_x=0$ 时纵向配平迎角为负值情况,即 $\alpha_0<0$、$\varphi>0$。在临界滚转角速度值下,所示关系曲线有不连续点且变号。当 $\omega_x\to\infty$ 时,迎角值趋近于零。

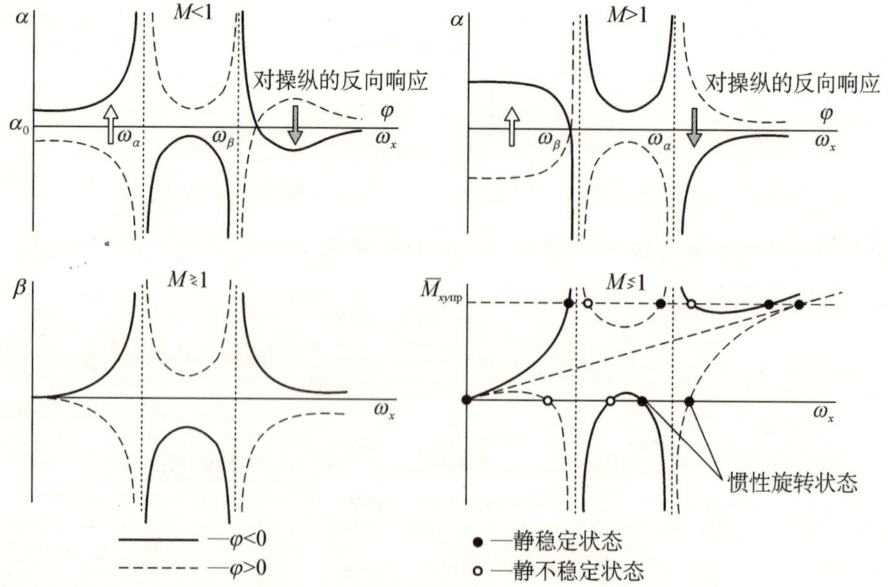

图 15.5 确定定常滚转解的图解解析法

侧滑角的平衡值随滚转角速度的变化特性，无论在 $\omega_\alpha > \omega_\beta$，还是 $\omega_\alpha < \omega_\beta$ 的情况下，都是一致的。

纵向和横侧运动的惯性交感，可导致飞机对操纵面的偏转产生"反效"。在图 15.5 中给出了亚临界滚转和超临界滚转拉杆使升降舵（或平尾）由正值向负值偏转时，该效应使迎角值向图中箭头所指变化方向变化。

在用图解解析法求解问题的第 2 阶段，所得到的解析关系式 $\alpha_{\text{ст}}(\omega_x)$，$\beta_{\text{ст}}(\omega_x)$，以及 $\omega_{y\,\text{ст}}$，$\omega_{z\,\text{ст}}$ 可用来找出滚转力矩配平条件。下面研究由方程组(15.1)得到的第 5 个代数方程。

$$C\omega_{y\,\text{ст}}(\omega_x)\omega_{z\,\text{ст}}(\omega_x) + \overline{M}_x^{\beta}\beta_{\text{ст}}(\omega_x) + \overline{M}_x^{\omega_x}\omega_x + \overline{M}_x^{\delta_э}\delta_э = 0$$

由该方程可以算出保持给定角速度 ω_x 所需的滚转操纵力矩值 $\Delta\overline{M}_x = \Delta\overline{M}_x^{\delta_э}\delta_э$

$$\Delta\overline{M}_x = -C\omega_{y\,\text{ст}}(\omega_x)\omega_{z\,\text{ст}}(\omega_x) - \overline{M}_x^{\beta}\beta_{\text{ст}}(\omega_x) - \overline{M}_x^{\omega_x}\omega_x$$

图 15.5 上也给出了所需滚转操纵力矩值 $\Delta\overline{M}_x$ 与滚转角速度值 ω_x 的关系示例。这里，忽略了作用相对较小的一些惯性力矩项，而 $C\omega_y\omega_z$ 项的影响，应予考虑。它的影响只在紧靠临界滚转角速度值处最严重，且会导致解的增加。

由所列关系曲线可以看出，在滚转操纵面的同一偏度下，即同一 $\Delta\overline{M}_x$ 值下，可能有 5 个带不同角速度值的滚转平衡状态。图中实线画出的是 $\alpha_0 > 0$ 的曲线，而虚线画出的是 $\alpha_0 < 0$ 的曲线。

当 $\alpha_0 > 0$ 时，存在着所谓的"视在"副翼失效。因为当滚转速度接近第 1 临界滚转角速度时，纵向运动与横侧运动的惯性交感和气动交感所引起的侧滑角产生了阻止滚转的力矩。实际上，当 $\omega_x > 0$ 时，产生 $\beta > 0$ 的正侧滑角，且由于 $\overline{M}_x^{\beta} < 0$，形成了阻止滚转力矩 $\overline{M}_x^{\beta}\beta$。

当 $\alpha_0 < 0$ 时产生滚转"发散"，由于负的侧滑角，产生加速滚转的力矩（虚线）。在这种情况下，存在着某个危险的滚转角速度和操纵力矩值。在该操纵力矩下，亚临界角速度滚转失去平衡状态。参数 $\omega_{x\,\text{подхв}}$、$\Delta\overline{M}_{x\,\text{подхв}}$ 称作是"发散"参数。当副翼超过临界偏度时，飞机在临界旋转状态（$\omega_x > \max\{\omega_\alpha、\omega_\beta\}$ 解的虚线分支）的范围内出现失稳和不均匀加速滚转。该分支对应于惯性旋转状态。

例如，甚至在除去操纵力矩或副翼偏向阻止滚转方向 $\Delta\overline{M}_x \leqslant 0$ 情况下，超临界角速度的滚转仍然继续。此时，如果滚转角速度接近于临界角速度值，则迎角和侧滑角值显著增加，而法向过载和侧向过载也随之增加。在惯性旋转状态下，法向过载值可达 10，而侧向过载值为 1 至 2，此时，它们可能超出允许的强度极限值。例如，已知有大量飞机垂尾因飞机落入惯性旋转状态而损坏。

如果飞机没有临界角速度 ω_α、ω_β，也就是说分母 $A_0(\omega_x)$ 没有零点，而这种情况在许多飞行状态上是可能的，此时关系曲线的形状也有所变化，它们将不含不连续点。在类似的情况下，将可观察到滚转角速度随操纵力矩变化的曲线具有滞后的特性。

滚转平衡状态的稳定性分析

利用由方程(15.1)得到的线性运动方程，研究其运动参数与其平衡值的微小偏差：

$$\alpha = \alpha_{\text{ст}} + \Delta\alpha,\ \omega_z = \omega_{z\,\text{ст}} + \Delta\omega_z$$

$$\beta = \beta_{\text{ст}} + \Delta\beta,\quad \omega_y = \omega_{y\,\text{ст}} + \Delta\omega_y,\quad \omega_x = \omega_{x\,\text{ст}} + \Delta\omega_x$$

此时，平衡状态的稳定性可根据5阶特征多项式的根来评估：

$$\lambda^5 + b_4\lambda^4 + b_3\lambda^3 + b_2\lambda^2 + b_1\lambda + b_0 = 0$$

该多项式的系数，取决于飞机的惯性和气动特性，以及滚转平衡状态本身的参数。特征多项式系数的表达式可在参考文献[2]中找到。此处只研究在上述图解解析方法范围内，分析非周期稳定性有用的方面。

特征方程的常数项，可用下式表示：

$$b_0 = A_0(\omega_x)\frac{\partial \Delta\overline{M}_x}{\partial \omega_x}$$

稳定性的必要而充分条件，是特征多项式的系数为正值且满足劳斯-古尔维茨条件。如果常数项 b_0 变成负值，则可以肯定，平衡状态会变为非周期不稳定的状态(正实根为奇数)。因此，导出 b_0 的表达式是用图解解析法所得到的平衡滚转状态的非周期不稳定解的简单和直观的判据。

使用图解解析法可以分析更复杂的问题，尤其是评估一个发动机的喘振时，偏转方向舵和非对称偏航力矩的影响、气动导数随迎角变化(主要是$\overline{M}_x^\beta(\alpha)$、$\overline{M}_x^{\omega_x}(\alpha)$的影响、自动控制系统的影响等。

但是，在一般情况下，研究空间运动平衡状态最有效的求解方法，是使用电子计算机进行数值计算。解决类似问题的最有效的方法，是随参数变化的连续求解法。

俯仰力矩的非线性

俯仰力矩的非线性关系给飞机的快滚时的平衡条件增添了新的特性。为进行近似分析，可以不考虑横侧运动的影响。当飞机的航向通道稳定裕量显著地高于纵向通道时，即 $\omega_\beta \gg \omega_\alpha$ 时，可以这样做。此时可以认为，运动交感作用，未产生明显的侧滑角。因而，实际上也没有俯仰角速度：$\beta \sim 0,\ \omega_z \sim 0$。

让飞机以角速度 ω、迎角 α 绕速度矢量旋转。根据这种运动的运动学，角速度在纵轴和法向轴上的投影用下式表示：

$$\omega_x = \omega\cos\alpha,\ \omega_y = -\omega\sin\alpha\quad (图 15.6)。$$

因此，在平衡状态中，由气动力矩和惯性力矩组成的俯仰总力矩应等于零，它可用下式表示：

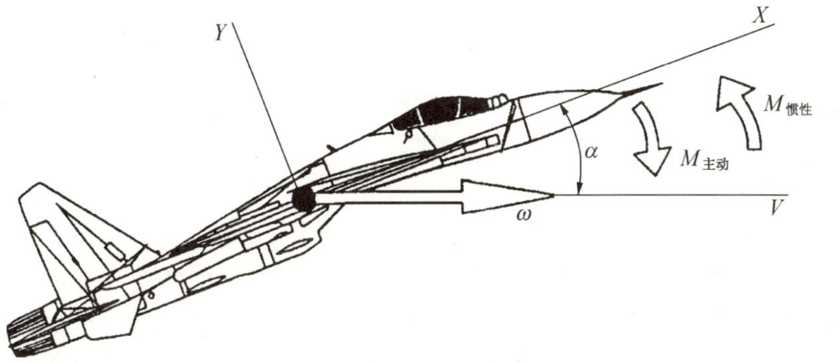

图 15.6　稳态旋转分析的近似示意图

$$M_{z\sum} = m_z(\alpha,\ \varphi)qSb_a + (J_y - J_x)\sin\alpha\cos\alpha\,\omega^2 = 0$$

在线性情况下，当 $m_z \sim m_z^\alpha \alpha$，$\sin\alpha \sim \alpha$，$\cos\alpha \sim 1$ 时，临界旋转角速度 ω_α 可根据下列条件求得：

$$\frac{\partial M_{z\sum}}{\partial \alpha} = 0$$

在 $M_z(\alpha,\ \varphi)$为非线性情况下，可用曲线来分析平衡条件。图 15.7 上给出了两种不同的升降舵(平尾)偏角的情况下，俯仰力矩系数与迎角的关系。曲线具有“勺形”的非线性特点。在该图上还画出了对应于两种角速度下的乘了负号的惯性力矩变化曲线。

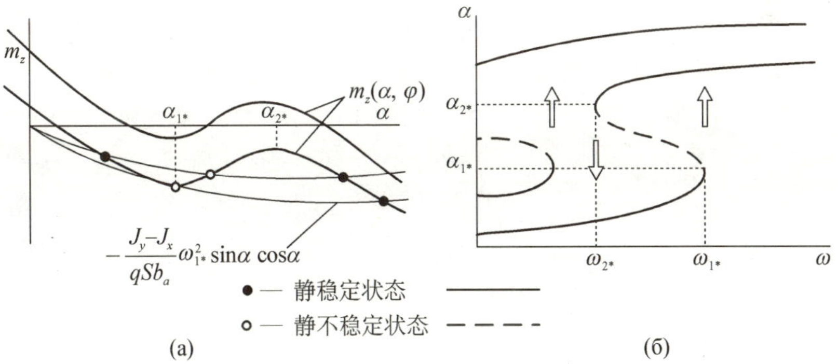

图 15.7　(a) 稳态滚转时惯性矩和气动力矩的平衡；(б) 由于气动力矩的非线性导致的飞机俯仰发散

可以看出，存在着滚转角速度的临界值，在该值下出现附加的大迎角稳定滚转状态 ω_{*2}，而小迎角旋转状态 ω_{*1} 消隐：

$$\omega_* = \sqrt{\frac{-m_z(\alpha_*,\ \varphi)qSb_a}{(J_y - J_x)\sin\alpha_*\cos\alpha_*}}$$

在这些点上，将出现迎角的跳跃式变化，而在角速度增加或减小时，迎角将以迟滞的形式变化。

如果甚至当 $\omega=0$ 时，在大迎角下也存在第 2 个稳定平衡点，则飞机滚转时将会进入深度偏离状态(图 15.7)。且在这种情况下，飞机停止滚转后，也不会返回到小迎角区域了。

数值分析

空间运动方程的数值分析，允许不用作气动力线性的简化假设来研究静态解。空间机动时，特别是高速飞行时产生的临界情况，通常与方程(15.1)稳态解的分支特性有关。此时，出现稳定特性的变化和平衡条件的消失。在进行分支分析时，可取操纵面的偏角作为参数来研究。

图 15.8 上示出同时用平尾 φ 和副翼 $\delta_э$ 操纵时，飞机稳态滚转角速度曲面的算例。计算在低飞行高度和亚声速飞行状态下使用连续求解法进行[10, 20]。曲面的“皱褶”对应操纵面的可能产生各种飞机滚转状态临界偏度值。在操纵参数 φ，$\delta_э$ 平面上，划分出不同稳态滚转的区域。由分支图线上可见，稳态滚转解的数量在 1 至 5 间变化(根据突变理论的分类，所得曲面相应于“蝴蝶”型的特征[8])。

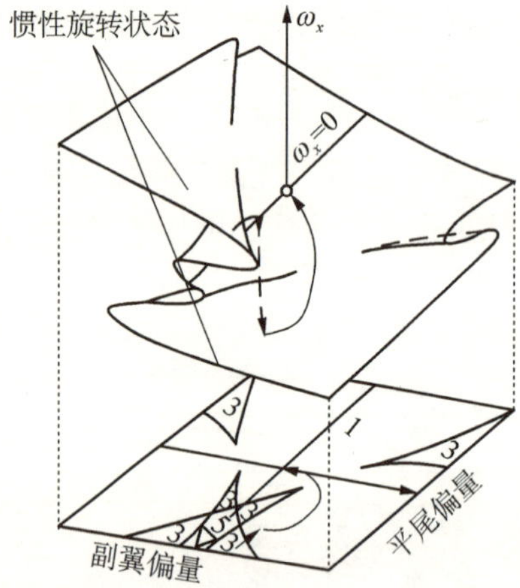

图 15.8 在操纵参数平面内的分支曲线和滚转速度稳态值曲面

所给出的曲面形式的稳态运动参数的计算结果提供了非常直观地分析操纵运动特性的可能性。例如，在平尾正偏角 $\varphi>0$ 下作滚转机动会使飞机落入临界滚转状态。这时用副翼来将飞机改出此惯性旋转区是不可能的，因它仅能改变滚转的方向。而当向抬头方向偏平尾 $\varphi<0$ 时，可中止这类旋转且回到小迎角区(图 15.8)，但在正常飞机驾驶中没有这样做的，因为惯性旋转状态伴随有迎角和对应法向过载的急剧增加。由此，建立和分析稳态运动参数曲面能够确定操纵面的安全使用偏度，以及由临界运动状态下改出的办法。

图 15.9 给出上述情况下滚转角速度值与平尾和副翼偏角的数量关系。图 15.9(а)给出在不同副翼偏角 ($\delta_э=\pm10°$、$\pm5°$、$\pm2°$ 和 $0°$) 下，ω_x 曲面的剖面图。平尾正偏角下，可能产生惯性旋转状态。$\delta_э=0$ 时的分支点会导致急剧的“失稳”和“突跃”地进入惯性旋转状态(旋转方向取决于扰动作用的符号)。在该范围内对平尾操纵的响应具有迟滞性质。图 15.9(б)示出在各种平尾偏角下 ω_x 曲面的剖面。图中示出 $\omega_x(\delta_э)$关系是对应俯仰配平于正过载 ($n_{y0}>0$，$\varphi<0$) 和负过载 ($n_{y0}<0$，$\varphi>0$) 情况。后一种情况下可能产生滚转角速度的“发散”。图上还画出根据不考虑阻尼项的近似公式算出的临界滚转角速度 ω_α 和 ω_β。

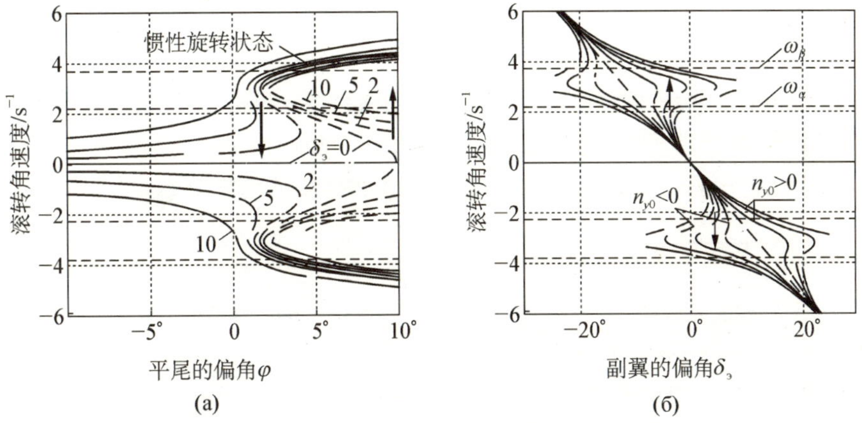

图 15.9　稳态滚转角速度与偏角的关系曲线

(a) 角速度与平尾偏角；(б) 角速度与副翼偏角

实线—稳定状态；虚线—非周期不稳定状态；点画线—振荡不稳定状态

图 15.10 示出了俯仰初始配平于零过载 $n_y=0$ 下，用副翼进行脉冲操纵（脉冲持续4 s）时的动态过程算例。作此操纵时，飞机落入惯性旋转状态，甚至在操纵作用取消后旋转仍继续保持。

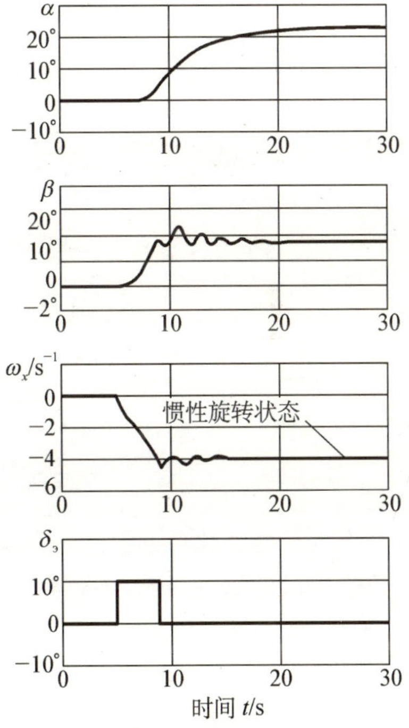

图 15.10　脉冲偏转副翼时飞机动态过程的模拟（进入惯性旋转状态）

自振的产生

当操纵时，除稳态旋转参数变化外，扰动运动特性也随之改变时，可能出现振荡不稳定和形成运动参数围绕其某平均值呈周期性变化的运动。这种运动模式既可在空间运动的数学模拟中，也可在飞行中经常观察到。

运动参数大幅值振荡，可使飞机的操纵性极度恶化，并导致飞机落入临界旋转状态。因此，分析在操纵参数变化时自振的产生和发展特性，对于确定操纵面的允许偏角是必要的。对运动平衡状态的局部稳定性分析，可挑选出振荡运动模式的失稳点（特征值的一对共轭复数进入右半复平面）。在计算这种具有失稳性质的周期解的幅值时，可利用庞卡莱点映射法进行[12, 18~20]。

图 15.11 给出高空可超声速飞行状态下飞机空间运动方程的静态解和自振解的算例。图 15.11(a)给出了平尾偏度固定于平飞位置不变情况下，平衡解和自振解的幅值随副翼偏角的关系。自振运动状态开始出现于振动不稳定的起始点 H_1 和

H_2，它既处于平衡解的亚临界分支，也处于超临界分支上。滚转角速度的振荡幅值，在第(1)组和第(2)组中，都用垂直线族示出。当副翼偏角为 $\delta_э = 17°$ 时，周期性解的第(1)组失去稳定性。它随后变为随机振动状态。再进一步偏副翼导致“突跃”过渡到超临界状态组(2)(见图 15.11(б))。图 15.11(в)、(г)上说明分布在对应的小迎角和大迎角区的第(1)和(2)组自振解的各种闭轨迹的投影。

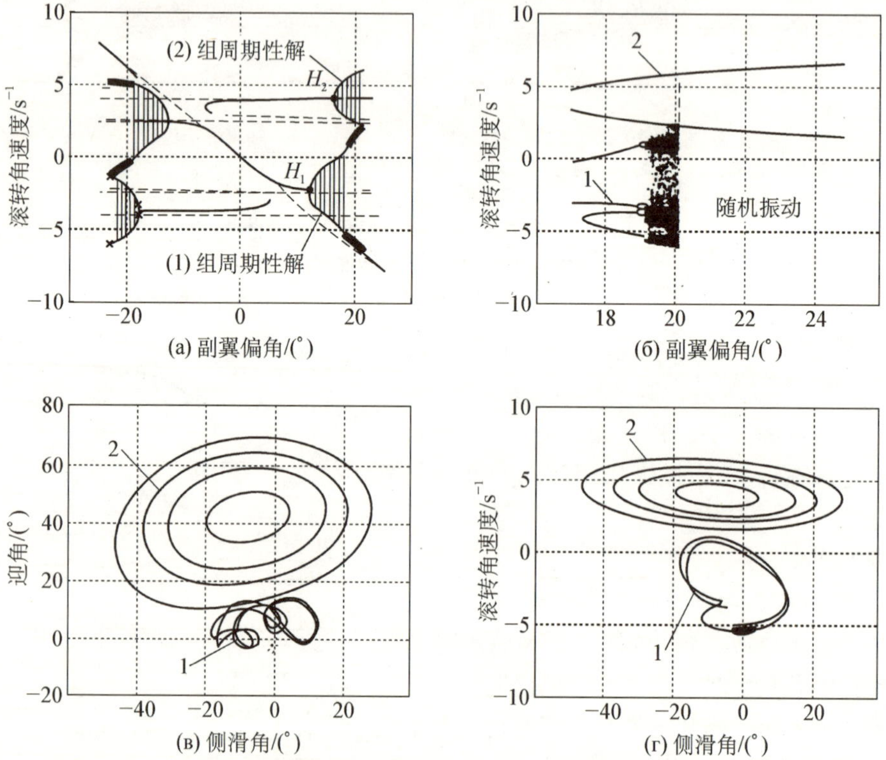

图 15.11 自振运动状态的产生

作为平衡解和自振解的补充，图 15.12 上给出阶跃偏转副翼时，飞机动态过程的数学模拟算例。当 $\delta_э = 8°$ 时，形成转动角速度为常值的滚转(虚线)；当 $\delta_э = 18°$ 时，形成了运动参数是周期性变化的(1)组滚转状态；而当 $\delta_э = 24°$ 时振幅增大，几个周期过后，运动转入(2)组自振区(图 15.12)。所有这些动力学特点实际上可由平衡解和自振解的参数分析和它们的稳定特性中得出。

大扰动稳定性

飞机空间运动动力学的重要特点是定常运动状态稳定区域的有限性，无论是平衡状态还是自振状态[10, 14]都具有这个特点。建立二维剖面稳定区图，可以评估运动参数的临界扰动量。这种扰动量可导致“急剧”失稳而过渡到其他的稳定状态，通常是过渡到临界运动状态。图 15.13 和图 15.14 上给出渐近稳定区或稳定运动状态的吸引区算例。此剖面以各种运动参数(α, β)，(ω_x, β)，(ω_y, β)平面表示。图

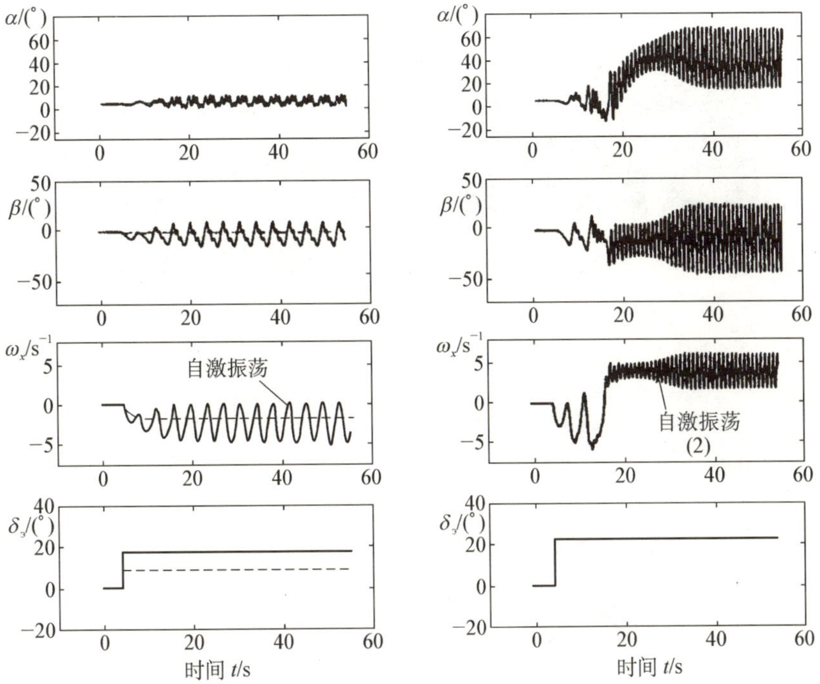

图 15.12 阶跃偏转副翼时，飞机动态特性的数学模拟(出现自振落入临界区)

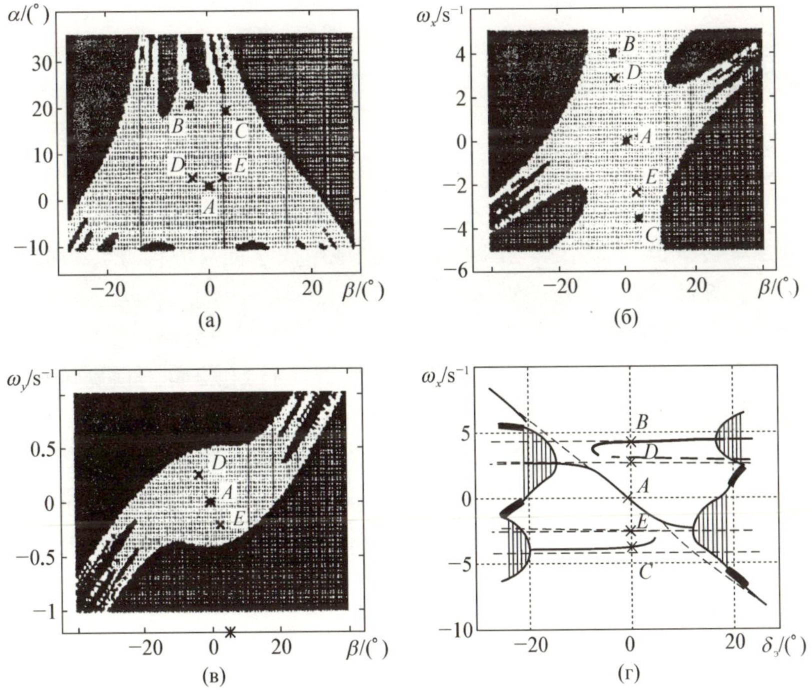

图 15.13 稳定运动状态吸引区的二维剖面

点 A—以 $n_{y0}=1$ 平飞；点 B，C—$\delta_э=0$ 惯性旋转状态

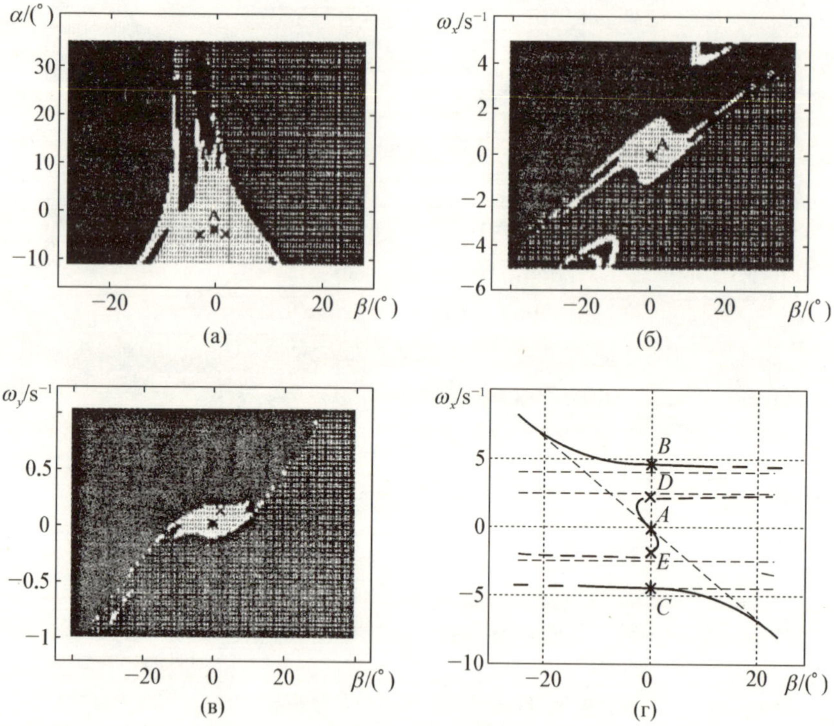

图 15.14 稳定旋转状态吸引区的二维剖面

点 A— $n_{y0}=-1$ 直线飞行；点 B，C— $\delta_э=0$ 时惯性旋转状态

15.13 研究副翼为中立位置 $\delta_э=0$ 和平尾对应于平飞 ($n_{y0}=1$) 位置情况(点 A)。除了点 A 状态外，还存在 B、C 两点。它们相应于稳定的惯性旋转状态，旋转方向相反(见图 15.13(г))。点 D 和 E 为非周期不稳定解(鞍点)，它们形成了吸引区边界。在图 15.13(а)(б)(в)中，亮区(点 A)对应于平飞状态的吸引区，暗区(点 B)对应于正旋转方向惯性旋转状态的吸引区。中间区域强烈地取决于向反方向旋转的惯性旋转吸引区(C 点)。图 15.14 为类似的吸引区剖面对应俯仰配平于负法向过载 $n_{y0}=-1$ 直线飞行情况。此时偏副翼所得平衡解的特点不同(见图 15.14(г))，但当 $\delta_э=0$ 时，与前面一样，存在 3 种稳定状态——A(无滚转的直线飞行)和 2 种惯性旋转状态 B、C。如图所示，初始状态稳定区 A 的大小(亮区)大为减小。因此，侧滑角、滚转角速度和偏航角速度的临界扰动值降低，超过临界扰动值将使飞机陷入惯性旋转。

所示吸引区是采用直接计算方法[12]对运动方程积分得到的。此外还检验了吸引子的截获轨迹。计算提供了 1 组二维剖面来评估动态系统的全局特性，可用以预测飞机的在大扰动下飞行特点。

飞行状态特性区研究

从出现惯性交感的观点研究危险的飞行状态区，可根据运动平衡状态和自振状态的分支特点，分析它在小扰动和大扰动下的稳定性。这种分析可以划分出急剧滚转时出现临界状态的飞行区域[9]，但十分困难。

为此,除精确计算外,可进行运动特性的近似估算。这些运动特性可取:临界滚转角速度 ω_α, ω_β、“发散”时的滚转速度、可用滚转角速度(近似估算时,可不考虑交感作用)、惯性旋转状态中飞机的运动特性。图 15.15 给出这种近似分析的示例,它可以在飞行包线范围内画出运动参数等值线和危险的运动交感作用飞行区。飞行的临界状态将根据可用滚转角速度与“发散”的滚转角速度(使稳定的平衡旋转状态消失的滚转角速度)的比值或用临界角速度 ω_α, ω_β 来确定。挑选出可能出现大过载和可能进入惯性旋转的危险的飞行范围。因为存在惯性旋转状态,并有可能落入该状态,限制了高空超声速状态飞行范围。有时为制止这种惯性旋转状态,可考虑采用急剧减速的方法(减小发动机推力或打开减速板)来中止惯性旋转状态。

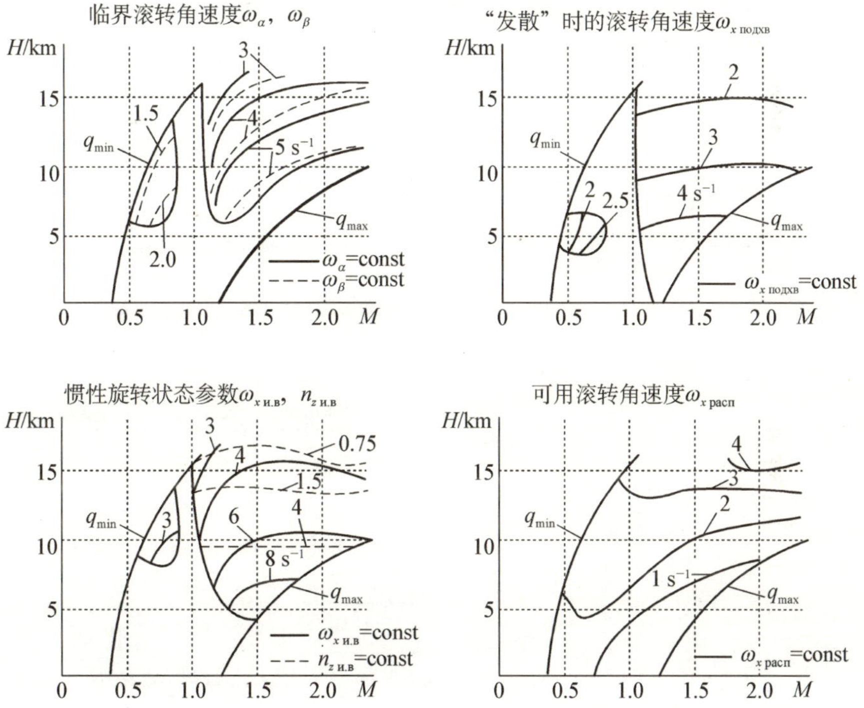

图 15.15　惯性交感表现强烈的飞行状态范围

为提高在所挑选出的临界飞行范围内的飞行安全,必须对急剧机动时的迎角和滚转角速度加以限制,或者采用自动控制来改变飞机的动态性能。

控制增稳系统(СУУ)的影响

控制增稳系统(СУУ)对飞机空间运动动力学的影响是很大的。原则上说,自动控制可实现纵向控制通道和横侧控制通道的完全分离,并保证每个通道所要求的动态特性。为此,控制律必须使用非线性反馈[15]。但是,增稳系统纵向通道和横侧通道综合时,通常是用不考虑惯性耦合和非线性气动耦合的线性模型来实现的。因此,自然应在快滚转时对增稳系统对动态特性的影响做类似于前面针对不带增稳系统飞机所作的评估。

在图 15.16 上给出急剧滚转时考虑增稳系统功能的运动参数稳态值的算例。在所研究的例子中，机动飞机装有增稳系统，该系统可用的副翼、方向舵和平尾的偏角范围为：

$$\delta_{\text{э СУУ}} = 0.25\delta_{\text{э max}}, \quad \delta_{\text{н СУУ}} = 0.3\delta_{\text{н max}}, \quad \varphi_{\text{СУУ}} = 0.1\varphi_{\max}$$

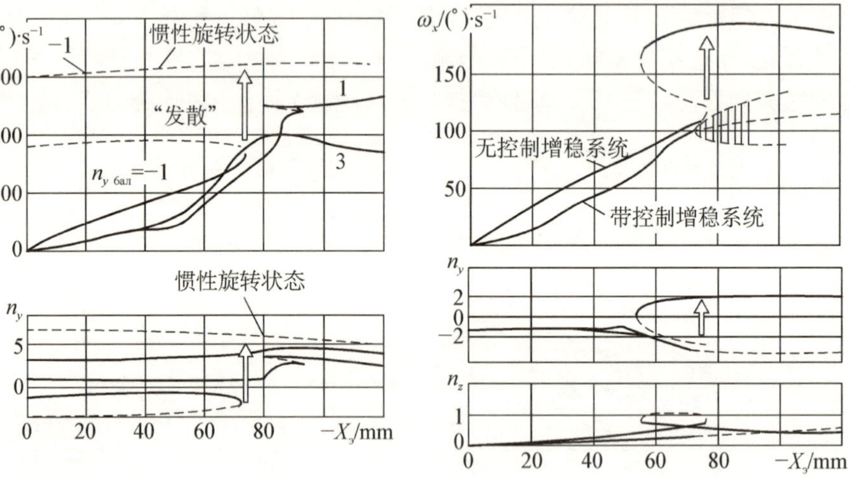

图 15.16　稳态滚转时机动飞机运动参数平衡值曲线

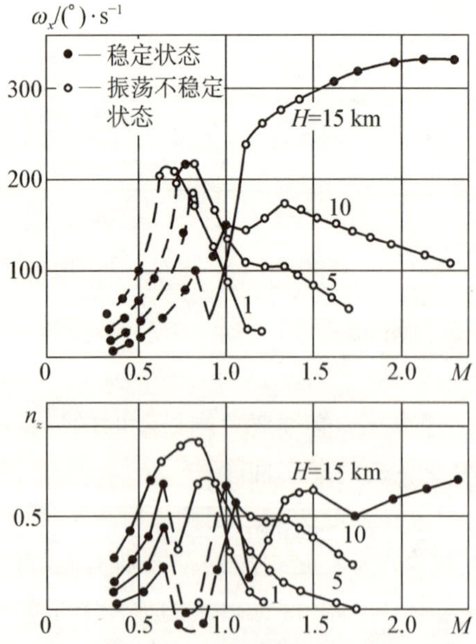

图 15.17　杆横向偏移最大时，机动飞机的滚转角速度和侧向过载
（俯仰配平于最小过载）

左侧曲线中给出了滚转角速度和法向过载在稳态机动中与杆的侧向偏移 $X_{\text{э}}$ 的关系曲线。给出了在 $M = 1.7$，$H = 15$ km 的超声速飞行状态下，不同的初始法向过载值 $n_{y\,\text{бал}} = -1$，1，3 的 3 种情况。

实线表示稳定的旋转状态，点画线表示振荡不稳定状态，虚线表示非周期不稳定的旋转状态。

右侧曲线中给出 $M = 0.9$、$H = 10$ km、$n_{y\,\text{бал}} = -1.5$ 的飞行状态的滚转角速度、法向过载和侧向过载稳态值的关系曲线。这些结果说明了增稳系统的影响。所示的增稳系统的功能，消除了非周期失稳和滚转角速度"发散"，但在 $X_{\text{э}} < -80$ mm 的旋转状态下，仍存在着振荡不稳定性。

图 15.17 给出了纵向配平于最小过载 $n_{y\,\text{бал}\,\min}$、横向最大杆位移 $X_{\text{э}\,\max}$、考虑增稳

功能情况下的最大滚转角速度的计算值。计算使用了 КРИТ 软件包，采用连续求解法，是在不同高度和 M 数状态下进行的。在所示曲线上，黑点对应稳定的旋转状态，白点表示具有振荡不稳定性的旋转状态，它将导致自振。所得的关系曲线可以预测飞机动态特性，即弄清交感运动明显（n_z 值大）的状态；确定滚转操纵性不满足要求的 $\omega_x < \omega_{x\,\min}$ 的状态；查明振荡不稳定的旋转状态；确定旋转参数随 M 数变化梯度大的状态，在加速或减速时，旋转参数有可能急剧变化的状态。

飞机动态特性的数学模拟

飞机动态特性的数学模拟，是对平衡旋转状态分析结果的很好补充。在根据定性研究结果所挑选出的飞行范围内，进行最详细的模拟，根据飞机动态特性数学模拟的结果修正临界范围。比如，在图 15.18 上，选出了飞机纵向配平在负过载 $n_{y\,бал} = -1$ 时，完成“横滚”（滚 1 圈）可能进入惯性旋转状态的飞行范围。边界 A 确定了横向杆位移全偏时进入惯性旋转状态的区域，边界 B 对应于杆和脚蹬同向加速旋转方向全偏的情况（增稳系统工作）。区域 C 为全压杆（$X_{э\,\max} = \pm 120$ mm）时可能产生定常滚转振荡不稳定的飞行状态。虚线给出滚转角速度发散值 $\omega_{x\,подхв}$ 以及全压杆时法向过载增量 Δn_y。

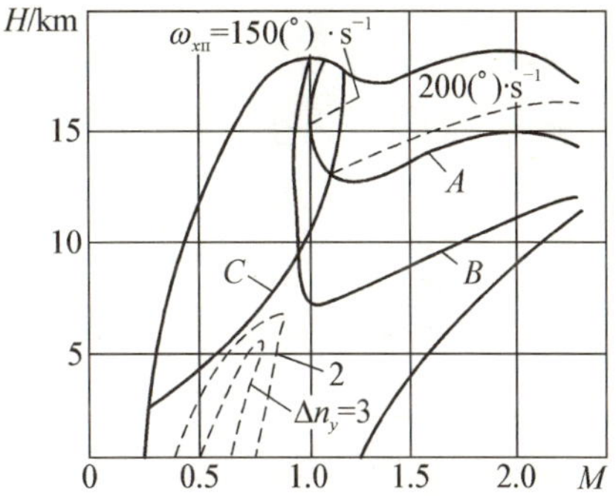

图 15.18　做 1 圈横滚时可能落入惯性旋转的飞行状态范围

A—横向杆最大杆位移；B—横向杆位移和脚蹬朝加速滚转方向最大偏移；C—振荡不稳定滚转区域边界

最后指出，采用定性分析与动态特性数学模拟相结合的方法和专用软件包 КРИТ[12]，可有效地研究气动系数随运动参数变化严重非线性情况下的飞机纵向和横侧运动耦合特性，而自动控制系统的功能大大地改变了原有的动态特性。

15.4　偏离动力学

将迎角增大到 $C_{y\,\max}$ 对应的范围时会产生飞机的偏离。这是因为，大迎角下机动飞机由气动力产生的稳定性和操纵性大大恶化，这将产生各种形式的不稳定运动和操纵反效现象。这种情况既出现在纵向运动，也出现在横侧运动。

自动控制增稳系统在大迎角下明显地减小或延缓这些不良现象。当操纵面有足够效能时，可完全消除飞机发生偏离的可能性。在下一代飞机上使用推力矢量偏转和各种涡系控制装置（在飞机头部安装涡流发生器和吹气装置），为大迎角下的自动控制开辟了广阔的前景。使用新的操纵机构可以获得很大的俯仰、滚转和偏航操纵力矩。

研究偏离区内飞机动力学特点，无论对于提高机动能力，还是对于保障大迎角下的飞行安全，都有重大意义。该问题的重要部分，是利用自动操纵改善大迎角区域中的动态特性。这要求用不同于基本飞行包线内使用的专门控制律算法。

纵向偏离

纵向运动中的偏离，通常与俯仰力矩随迎角变化的非线性有关。这种非线性，对于“无尾式”布局的飞机或对于正常式布局但静不稳定度大的飞机(图 15.7)是很典型的。俯仰“发散”是由于向抬头方向偏转平尾或者有外部扰动作用时，低头下俯力矩不足而造成的。在这种情况下，对飞机的气动布局的要求之一，就是必须在大迎角全偏平尾时，产生不低于某一量级，即 $m_{z\,\text{ПИК}} \approx -0.05$ 的下俯力矩。使用推力矢量偏转，对任何飞机构型，实际上完全可以解决这个问题。

侧向偏离

侧向运动中的偏离，是现代机动飞机最典型特点。这是因为气动力矩系数随迎角、侧滑角和旋转角速度的关系，通常变成非线性的。此时，参数的微小偏差可能产生：丧失航向静稳定性 $m_y^{\beta} > 0$，丧失横向静稳定性 $m_x^{\beta} > 0$，丧失滚转气动阻尼 $m_x^{\bar{\omega}_x}$。此外，非定常气动导数 $m_x^{\dot{\bar{\beta}}}$、$m_y^{\dot{\bar{\beta}}}$ 也和迎角有关，在很窄迎角范围内，其数值就可能有很大变化。偏离的原因也可能是在无侧滑情况下产生的不对称的滚转和偏航气动力矩(见第 8 章)。

图 15.19 示出典型正常式布局机动飞机的下列曲线：横向和航向稳定性导数曲线 $m_x^{\alpha}(\alpha)$，$m_y^{\alpha}(\alpha)$；副翼效率曲线 $m_x^{\delta_\text{э}}$，$m_y^{\delta_\text{э}}$；旋转和交叉导数 $m_x^{\bar{\omega}_{xa}}$，$m_y^{\bar{\omega}_{xa}}$，$m_x^{\bar{\omega}_{ya}}$，$m_y^{\bar{\omega}_{ya}}$ (此处$\bar{\omega}_{xa}$，$\bar{\omega}_{ya}$是角速度在半机体轴上的投影)。

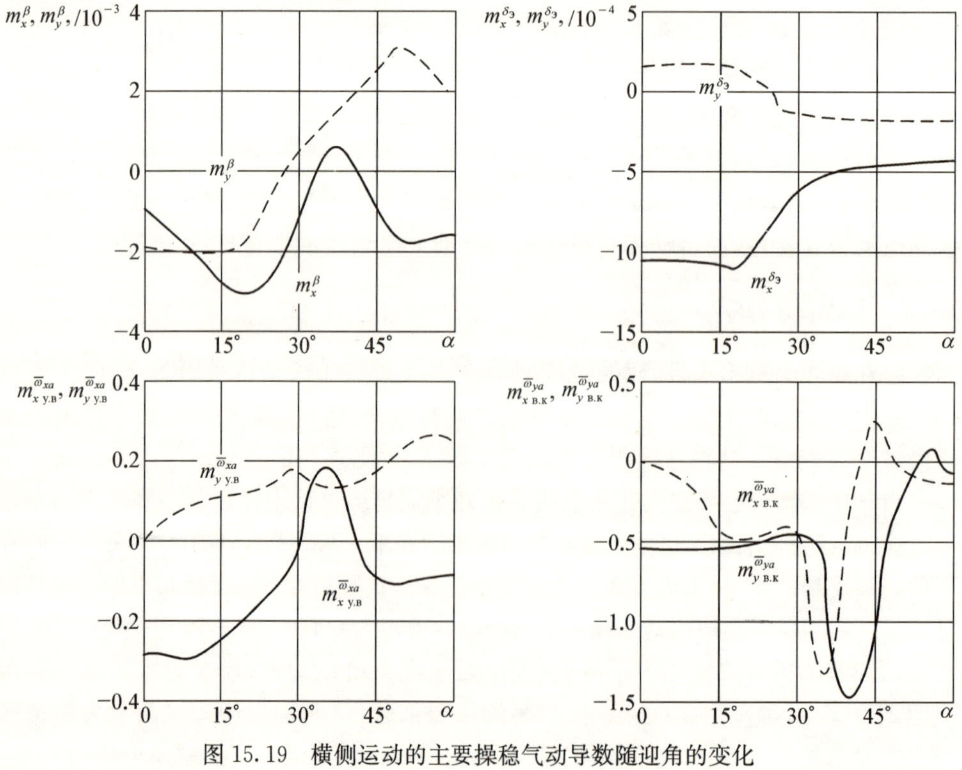

图 15.19 横侧运动的主要操稳气动导数随迎角的变化

上述所列的气动特性的单个的或全部的变化，在飞行员不干预情况下会产生的强烈的扰动运动。其原因是产生了各种形式的失稳，其中包括侧滑偏离发散和滚转自振运动等。

飞机横侧扰动运动的特点及其小扰动稳定性，可利用线性化方程来评估。此时，由飞机俯仰配平所确定的迎角值，可作自变参数。这种近似分析方法可确定产生不稳定过程发展条件的临界迎角值，并形成相当简单的开始偏离的工程准则。但运动的进一步发展在线性方法的范围内，已不可能预测。必须分析大迎角下空间运动方程的非线性特性，特别是组成飞机尾旋动力学中的平衡解和周期解的结构和稳定性的特性。对大迎角下空间运动方程的定性研究，可弄清这些特性并建立偏离的非线性理论。

为消除可能引起偏离的不利变化而对飞机气动力布局进行修改的可能性极其有限。因而，目前起很大作用的是自动控制系统（控制增稳系统）。根据飞机的用途，它应要么提供迎角限制，要么在不限制机动飞行范围的情况下，消除上述飞机动态特性的危险征候。

线性方法范畴内的偏离准则

在工程实践中，飞机设计及其气动布局修形阶段，广泛使用确定飞机偏离迎角的一些近似准则。这些准则是在线性化运动方程的基础上，根据确定飞机横侧运动稳定性和操纵性条件的近似解析关系式得出。需要着重指出的是，这些条件是用传统方法得到的有限的一组气动力试验数据确定的。

下面在忽略速度变化 ($V=\text{const}$) 和横侧气动力及重力作用下飞机质心运动 ($C_z^\beta \approx 0$、$\frac{g}{V}\approx 0$) 的情况下，来研究横侧运动快变分量的简化方程，此时认为迎角恒定 $\alpha=\text{const}$。可以使用相对半机体轴描述的横侧运动方程，这些方程中没有第 14 章中所列方程(式(14.2))中相对于滚转角的第 4 个方程。

所研究方程组的特征值，由下列特征方程来决定：

$$\lambda^3+A_2\lambda^2+A_1\lambda+A_0=0 \tag{15.3}$$

该特征方程的系数用飞机的气动导数和无因次参数写出的表达式如下：

$$\begin{aligned}
A_2 &= -\frac{1}{\dot{j}_x}\left(m_{x\,\text{в.к}}^{\omega_x}+m_{y\,\text{в.к}}^{\bar{\omega}_y}\frac{J_x}{J_y}\right)=-\frac{\sigma_{\dot{\beta}}}{\dot{j}_x}\\
A_1 &= -\frac{\mu}{\dot{j}_y}\left(m_y^\beta\cos\alpha+m_x^\beta\sin\alpha\frac{J_y}{J_x}\right)=-\frac{\mu}{\dot{j}_y}\sigma_\beta\\
A_0 &= -\frac{\mu}{\dot{j}_x\dot{j}_y}\left(-m_y^\beta m_{x\,\text{y.в}}^{\bar{\omega}_{xa}}+m_x^\beta m_{x\,\text{y.в}}^{\bar{\omega}_{xa}}\right)=-\frac{\mu}{\dot{j}_x\dot{j}_y}\sigma_\omega
\end{aligned} \tag{15.4}$$

式中，$\mu=2m/(\rho Sl)$ 是飞机的相对密度，$j_{x,y}=J_{x,y}/[m(l/2)^2]$，下标 в. к 表示用“强迫振荡”方法测出的旋转导数。y. в 表示用“稳态旋转”方法测出的旋转导数。

A_1 的表达式中舍弃了旋转导数项，σ_β 的定义与参考文献[1]中所采用的类似，在(15.4)中加入了2个附加的无量纲参数 $\sigma_{\dot\beta}$ 和 σ_ω。所有这3个无量纲数值 σ_β、$\sigma_{\dot\beta}$ 和 σ_ω 将被称为横侧运动中飞机动稳定性系数。

这些稳定性系数计算起来相当简单且它们用传统风洞试验中得到的气动力矩偏导数来确定(表15.1)。

表 15.1 动态稳定系数

系数	需要的气动导数	风洞试验方法
$\sigma_{\dot\beta}$	$m_{x_{\text{в.к}}}^{\bar\omega_x}(\alpha) = m_x^{\bar\omega_x} + m_x^{\bar{\dot\beta}}\sin\alpha$ $m_{y_{\text{в.к}}}^{\bar\omega_y}(\alpha) = m_y^{\bar\omega_y} + m_y^{\bar{\dot\beta}}\cos\alpha$	相对于 OX 轴和 OY 轴的强迫振荡法
σ_β	$m_x^\beta(\alpha)$ $m_y^\beta(\alpha)$	静力试验
σ_ω	$m_{x\,\text{у.в}}^{\bar\omega_{xa}}(\alpha)$ $m_{y\,\text{у.в}}^{\bar\omega_{xa}}(\alpha)$ m_x^β 和 m_y^β	稳态旋转法

扰动运动的稳定性用劳斯·古尔维茨判据来确定：

$$A_0 > 0,\ A_1 > 0,\ A_2 > 0,\ A_2A_1 - A_0 > 0$$

由这些关系式可导出下列简单的、用无量纲系数 σ_β、σ_ω 和 $\sigma_{\dot\beta}$ 表示的稳定性判据：

$$\sigma_{\dot\beta} < 0,\ \sigma_\beta < 0,\ \sigma_\omega < 0,\ R = \sigma_{\dot\beta}\sigma_\beta + \sigma_\omega > 0\ \text{或}\ \sigma_\beta < -\frac{\sigma_\omega}{\sigma_{\dot\beta}} \tag{15.5}$$

稳定性柔数 σ_β，$\sigma_{\dot\beta}$ 和 σ_ω 也和气动导数一样，取决于迎角，且在大迎角范围内变化很大。不满足稳定判据式(15.5)中的任一条就会产生偏离。这时的迎角称作偏离迎角 $\alpha_{\text{св}}$。

不满足(15.5)式的条件，会导致性质不同的失稳类型(图15.20)。比如，不满足条件 $\sigma_\omega<0$，特征方程式(15.3)的实根会向右半平面移动(图15.20(a))。此情况对应于横侧非线性运动方程的解出现了由原始无旋转状态变成非周期不稳定状态的分支点，与此同时会产生两个对实轴对称的稳定的平衡旋转状态。

不满足条件 $R = \sigma_{\dot\beta}\sigma_\beta + \sigma_\omega > 0$，使得特征方程式(15.4)的一对共轭复根移向右半平面，且如果此时横侧振荡频率 $\omega_0 \approx \sqrt{-\sigma_\beta}$ 不降低(见图15.20(б))，则在非线性系统中形成产生自振运动的先决条件。当 $\sigma_{\dot\beta}$ 的模 $|\sigma_{\dot\beta}|$ 减小时尤其会发生这样的情况。

当 σ_β 变号时，在共轭复根移向右半平面的同时，还伴有振荡频率 ω_0 的急剧下降(见图15.20(в))，这可能加速根值向实轴移动并产生分支点 $(\sigma_\omega = 0)$。由于大迎角下基本气动导数 m_x^β、m_y^β、$m_x^{\bar\omega_{xa}}$ 的变化特点使得根的这种变化情况会在很窄的迎角范围内 $\Delta\alpha\approx1°\sim2°$内发生。这使得运动失稳的性质接近于图15.20(a)上所示情况。

不满足条件 $\sigma_\beta < 0$ 和 $\sigma_{\dot\beta} < 0$ 可认为是航向动稳定性丧失的标志。不满足条件

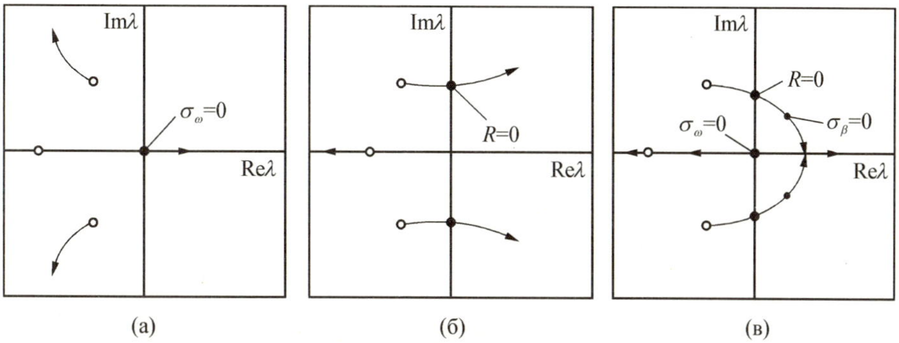

图 15.20　偏离时横侧失稳类型

$\sigma_\omega<0$ 是滚转运动失稳或产生气动力自转的标志。

操纵性准则

横侧运动中的操纵性是大迎角下飞行员评价飞机的重要方面。传统的操纵面——副翼、方向舵、差动平尾、扰流片，在大迎角下只能人为地有条件的分成横向操纵面和航向操纵面。这是因为，这些气动操纵面会产生与其基本气动力矩量值相当的交叉气动力矩 $m_x^{\delta_i}$、$m_y^{\delta_i}$。因此，在大迎角下使用这些操纵面时，会出现滚转和偏航的严重交感。为消除这一交感，通常在控制增稳系统中引入副翼和方向舵之间的交联，以消除横向操纵的气动耦合效应。

飞行员习惯的飞机操纵应保持副翼偏角和滚转角速度$\overline{\omega}_{xa}$（或角加速度$\dot{\overline{\omega}}_{xa}$）之间的单值关系。

副翼偏角 $\delta_э$ 不大时，稳态滚转角速度值$(\overline{\omega}_{xa})_e$可用气动力矩和惯性力矩平衡方程来估算。在研究小角速度的操纵运动时，可以忽略惯性力矩（空间运动全量方程中的非线性项）的作用。此时，可用以下近似的关系式：

$$(\overline{\omega}_{xa})_e \approx -\left(\frac{\sigma_\delta}{\sigma_\omega}\right)\delta_э \tag{15.6}$$

式中，$\sigma_\delta=-(m_y^\beta m_x^{\delta_э}-m_x^\beta m_y^{\delta_э})$。

这样，当保持滚转扰动运动的稳定性时$(\sigma_\omega<0)$，所有迎角下飞机的响应，在满足条件 $\sigma_\delta<0$ 时将是单值的。无量纲参数 σ_δ 称为横侧操纵参数。在英文文献中，类似参数的缩写为 LCDP(Lateral Control Departure Parameter)[22]。

这个参数与偏离问题密切相关，因为飞机在副翼偏转时产生反滚转响应（σ_δ 变号），会在操纵过程中出现不稳定。

如果飞行员可用副翼操纵来稳定倾斜角，则可近似地认为对振荡扰动运动产生的滚转气动力矩实现了理想补偿，并保证满足下列恒等式：$\dot{\overline{\omega}}_{xa}\equiv\overline{\omega}_{xa}\equiv 0$。由横侧运动方程中对应的角加速度方程（见第 14 章）可以确定保证这种稳定所要求的副翼偏角，当从前 2 个方程中消去 $\delta_э$ 值后，可得到确定飞机偏航扰动运动的方程：

$$\ddot{\beta}+A_1\dot{\beta}+\mu A_2\beta=0 \tag{15.7}$$

式中

$$A_1=\frac{m_y^{\bar{\omega}_{ya}}m_x^{\delta_э}-m_x^{\bar{\omega}_{ya}}m_y^{\delta_э}}{j_y m_x^{\delta_э}\cos\alpha+j_x m_y^{\delta_э}\sin\alpha}$$

$$A_2=\frac{\sigma_\delta}{j_y m_x^{\delta_э}\cos\alpha+j_x m_y^{\delta_э}\sin\alpha}$$

式中，$\sigma_\delta=-(m_y^\beta m_x^{\delta_э}-m_x^\beta m_y^{\delta_э})$。

由方程(15.7)可见，在这种情况下，操纵性参数 σ_δ 确定了偏航扰动运动的频率。因此，在所研究的情况下，当操纵响应反向时，会产生非周期失稳。

以上得到的丧失稳定性和操纵性的近似准则，可用来确定飞机开始偏离时的可能迎角。该值可由形成偏离准则的函数零点的最小值来确定。

偏离的非线性特点

偏离的非线性特点，可借助于考虑非线性气动力矩和惯性矩作用的情况下的全量运动方程的分析来弄清偏离过程的动态特性。

偏离的动态过程，在很大程度上取决于 $\alpha\approx\alpha_{св}$ 区的平衡状态和自振运动状态。

在大迎角下 $(\alpha\approx\alpha_{св})$，稳态运动的研究及稳定性分析既可用五阶空间运动方程(类似于急滚动力学研究所用方程)也可用考虑运动轨迹的螺旋性的八阶全量方程(见第 10 章)。通常所得结果定性一致，但量值有所差异。

在没有不对称滚转和偏航的气动力矩情况(运动方程对称)下，运动方程平衡解也可能出现分支。其必要条件是在没有旋转的配平状态下发生非周期不稳定或者 $\sigma_\omega(\alpha)\geqslant 0$。如果在所有迎角 α 下 $\sigma_\omega(\alpha)$ 的符号不变，则平衡状态不会出现分支。

当存在横航向不稳定 $m_x^\beta>0$、$m_y^\beta>0$ 时，气动自转 $m_x^{\bar{\omega}_{xa}}>0$ (图 15.19)可能在零侧滑和无旋转 $(\beta=0,\ \bar{\omega}_{xa}=0)$ 情况下，在平衡状态的非周期不稳定性区域出现。图 15.21 示出用 КРИТ 软件包和全量空间运动方程所得到的偏离区内迎角和滚转角速度平衡值的关系曲线。

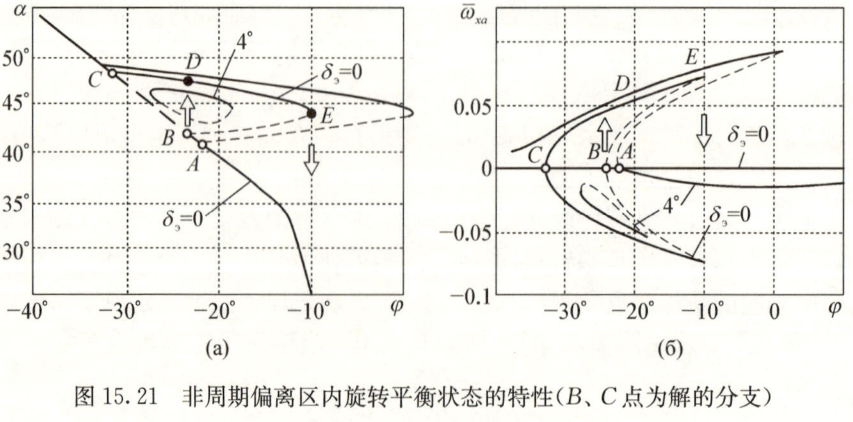

图 15.21　非周期偏离区内旋转平衡状态的特性(B、C 点为解的分支)

在 $\bar{\omega}_{xa}=0$ 轴上(图 15.21(б)),出现两个分支点 B 和 C,它们形成一组右旋和左旋的平衡解(实线表示稳定的旋转状态,虚线为非周期不稳定)。

$\delta_э=0$ 时旋转状态的气动自转区在平尾偏角的很大范围 $\varphi=-(33\sim10)°$ 内存在。此时对应的迎角值保持在 $\alpha\approx45°$ 量级(图 15.21(a))。

在偏离区内操纵平尾时的动态特性取决于平衡解变化的情况。在 $\bar{\omega}_{xa}=0$ 轴上分布着 3 个奇点 A, B, C。在点 A 上发生副翼操纵响应反向(发生 σ_δ 反号)。在点 B 和 C 上,由于参数 σ_ω 的变号,平衡解出现分支。当偏转平尾达到分支点 B 时,出现飞机迎角突跃增加并开始滚转起来(落入状态 D)。滚转的方向可正、可负,取决于所受扰动的方向。反向偏转平尾仅在 E 点时会导致自转状态的消失,随着旋转被中止,迎角减小到配平值。

由此,在解的分支区,平尾操纵发生迟滞现象。偏离开始发生于 B 与 C 点之间某个平尾偏角(与迎角)范围内。从 C 点向 D 点和 E 点方向偏平尾时,自动滚转角速度 $\bar{\omega}_{xa}$ 增大。

偏副翼 ($\delta_э=4°$) 时,分支点 B 和 C 消失。平衡状态线分解为两组:一组为闭轨,当 $\bar{\omega}_{xa}<0$ 时它收缩;另一组当 $\bar{\omega}_{xa}>0$ 时扩展。由于在 A 点发生副翼操纵响应反向 ($\sigma_\delta>0$),负滚转方向的自转状态被削弱,正滚转方向的自转状态被加强。

自振运动

自振运动与在大迎角下振荡失稳有关。这一不稳定特性可能在 $\bar{\omega}_{xa}=0$ 的基本分支或平衡解的自转分支下发生。在基本分支上,横侧运动振荡失稳可在不满足条件 $R>0$(线性偏离判据)时开始。现代机动飞机在大迎角下有发生自振的特性。图 15.22 上示出大迎角下发生自振的飞机动态特性算例。对这种自振,飞行员的感受主要为滚转振荡。虽然同时也产生俯仰振荡和偏航振荡,但振幅较小。

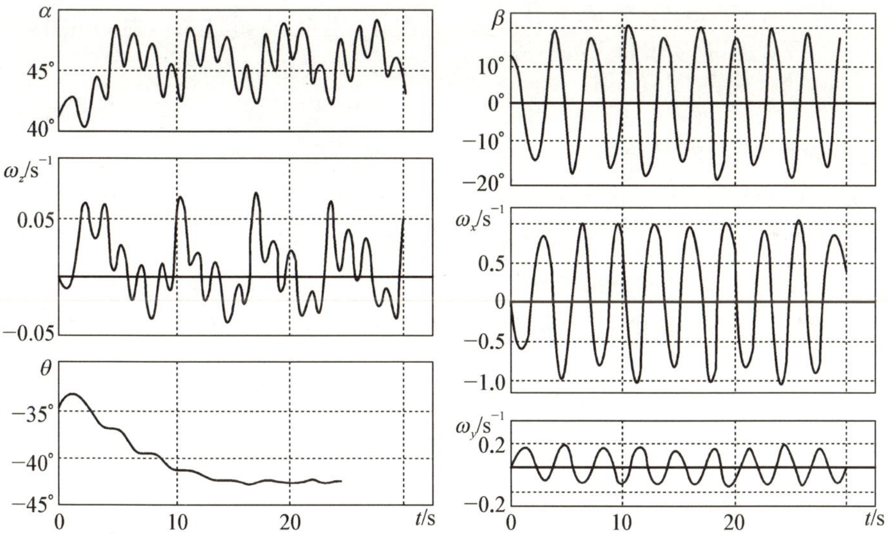

图 15.22　大迎角下机动飞机自振运动状态的参数(数学模拟)

在所研究的情况下，自振产生的原因是大迎角范围内，机翼上涡的破碎过程中飞机丧失横向稳定性。此时，滚转力矩与侧滑角呈非线性关系，在大侧滑角下，横向稳定性会重新恢复。而平衡飞行状态振荡不稳定引起的自振是在恢复横向稳定性的侧滑幅值下形成的。

自动控制系统，通常为控制增稳系统，对飞机的动态特性有重大影响。此时，操纵机构的效能对控制增稳起非常重要的作用。当系统采用角速度和侧向过载(或侧滑角)的线性反馈时，可根据大迎角下平衡飞行状态的稳定性要求选择反馈增益。控制增稳系统的功能将导致等效的气动力稳定和操纵导数改变，并引起偏离动态判据值的变化。这些在控制律中都决定于系数的选择，非常方便。

选择控制律时仅局限于对平衡状态的研究是不够的，因为大迎角时，可能存在稳定的自振运动状态。重要的是在调整控制增稳系统的控制律时，应在保证配平飞行状态稳定的同时，完全消除自振运动状态。

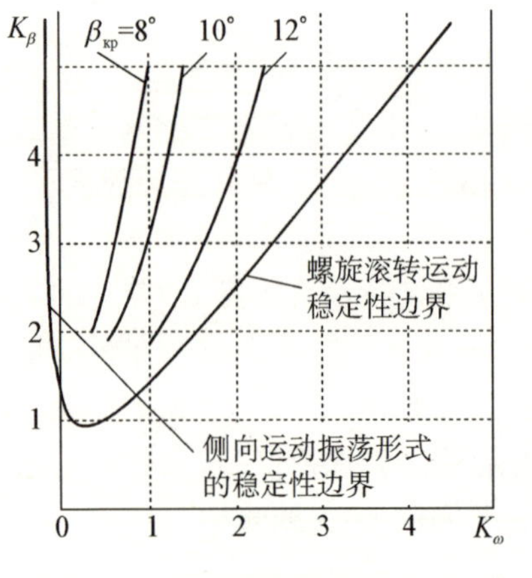

图 15.23　在控制律增益系数 K_β 和 K_ω 平面上，控制增稳飞机平衡飞行状态的稳定范围

在图 15.22 给出的情况下，为了消除飞机横侧运动的振荡不稳定，曾利用差动平尾偏转 $\Delta\varphi$。因为在此迎角下，副翼和方向舵的效能降得很低。差动平尾的最大偏角一般受许多因素的限制，其中重要的一条是减小对纵向控制通道的影响。此时，由于飞行速度小，控制律中同时引入角速度和侧滑角信号，$\Delta\varphi = K_\beta\beta + K_\omega(\omega_x \sin\alpha_0 + \omega_y \cos\alpha_0)$。系数 K_β 和 K_ω 的选择根据配平状态的稳定要求来进行。图 15.23 中，在参数 K_β 和 $K_\omega(\alpha_0 = 45°)$ 平面上，给出平衡状态的稳定范围。在限制差动平尾的最大偏角情况下，若扰动超过某些临界值时，仍有发生自振运动状态的可能。在图 15.23 上平衡状态的稳定区内，画出了临界侧滑角扰动值为 $\beta_{кр} = 5°, 10°, 12°$ 的等值线。侧滑角超过此值将出现自振。

增稳飞行状态下稳定区大小取决于提供给控制增稳系统使用的差动平尾偏角 $\Delta\varphi_{огр}$的大小。图 15.24 中给出了自振运动状态的幅值以及平衡状态吸引区(B)和自振状态吸引区(A)与控制增稳系统中用于增稳的差动平尾偏角之间的关系。随着平衡飞行状态吸引区的扩大，自振状态幅值减小。因此，在某个 $\Delta\varphi_{огр}$值下，自振状态完全消失。

原则上说，在控制增稳系统设计时，应采用 $\Delta\varphi_{огр}$值。

抗偏离特性

飞机抗偏离和抗尾旋性，可用动力学的定性分析方法进行研究。此时，也可建立数量关系。

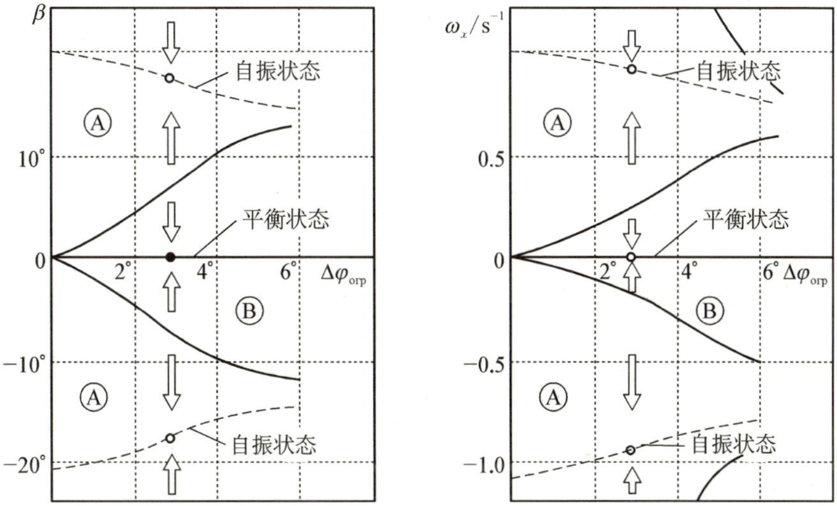

图 15.24　划分给控制增稳系统的差动平尾偏角范围对自振幅值和 $\beta=\omega_x=0$ 的平衡飞行状态稳定区(B)的影响

飞机进入大迎角接近稳定飞行边界时，可用在外部扰动作用下稳定性范围变小来表征。这里“范围”的大小实际上是指临界扰动量值的大小而言，超过该扰动值会导致远离原始飞行状态且进入尾旋状态。为图解说明类似情况，图 15.25 显示 $\varphi=-20^\circ$ 稳定平衡飞行状态的示例。图上除 $\bar{\omega}_{xa}=0$ 的稳定状态外，还有 2 个左旋和右旋的稳定的平衡(或自振)运动状态。这些解对应以后将要更详细叙述的陡尾旋状态。为进入这些尾旋状态，存在着某一临界扰动值。该扰动量级可作为接近偏离的尺度来使用。

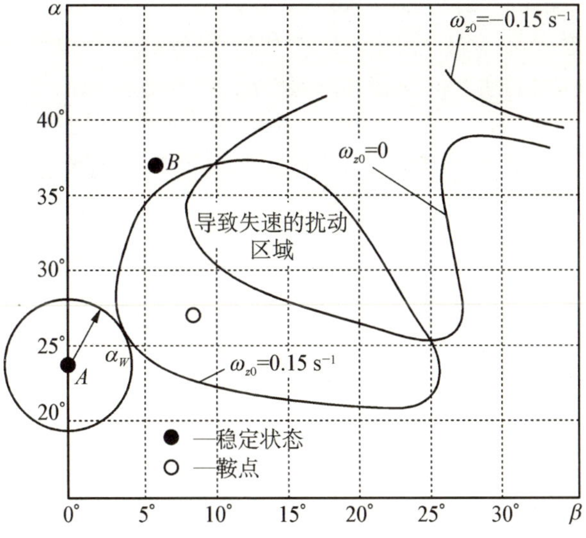

图 15.25　偏离时临界扰动量的评定

在图 15.25 上给出稳定飞行状态 A 的位置（$\alpha \approx 24°$，$\beta = 0$）和稳定的尾旋状态 B 的位置同时，还给出对应于各种初始俯仰角速度 $\omega_{z0} = -0.15, 0, 0.15^* s^{-1}$下，尾旋状态 B（$\alpha \approx 37°$，$\beta = 6°$）吸引区的边界值计算结果。为了评估风扰动的影响，选取了迎角 α 和侧滑角 β 的扰动平面。根据阵风相对飞机的指向，将产生不同的迎角和侧滑角扰动。考虑到空间机动时飞机倾斜角可能会变化，可以根据与临界旋转状态吸引区边界相切的圆周的半径，来估算突风临界值 α_W。如果以 α_W 为标准，则由此可确定在风扰动下飞行仍然稳定的极限迎角值。随着迎角的增大，稳定性区域将减小。α，β 平面内用内切圆周半径的形式表示的稳定区域的估算值，可作为飞机抗偏离和抗尾旋特性之一。

同时存在风扰动和角速度扰动，会导致稳定区形状和大小的变化。分析表明，其中影响最大的是偏航角速度 ω_y 和俯仰角速度 ω_z，它们可由操纵运动、特别典型的是在错误操纵作用下产生。

15.5 尾旋动力学

由偏离产生的飞机扰动运动的发展，大多数情况下都以进入尾旋状态而告终。尾旋中飞机的动力学和操纵特性与基本飞行状态有着本质的区别。因而，这些状态在很大程度上决定着大迎角下的操纵安全[3]。对每个新型飞机来说都一定要进行尾旋动力学的研究。尾旋研究的手段相当广泛。它包括在风洞中所作的飞机模型的天平测量试验和动态试验，以及大比例尺遥控模型和真实飞机的试飞。研究尾旋时，还广泛使用计算法，以及在飞行模拟器上对这些运动状态的半物理仿真。

用于改善基本飞行状态操稳品质的控制增稳系统，在大迎角下应增加防止偏离的自动控制功能。现在正在研制接近危险状态时的自动告警装置、边界状态自动限制器，以及自动防偏离和自动尾旋改出系统。

尾旋发展的过程可以划分为进入阶段和稳态阶段，先是由气动力矩和惯性矩的平衡关系形成飞机相对质心的旋转，随后建立轨迹参数和作用力的平衡。飞机在稳态尾旋中的运动，是以相当小的半径沿垂直螺线轨迹下降。尾旋时的动态特性可以是多种多样的并取决于驾驶方式。可能出现等速旋转的稳态螺旋，此时，所有运动参数恒定不变，往往会形成一种中等稳态旋转速度基调下的、参数变化具有自振特点的运动。飞机在尾旋中的自振，可具有非周期和不规律的特点[3]。

保证驾驶安全，要求专门研究中止尾旋状态和返回基本飞行状态安全区域的方法。将飞机从偏离和尾旋中改出的典型驾驶方法，是根据多年飞行实践经验和使用尾旋模型在垂直风洞中试验得出的。但对新一代机动飞机而言，这些方法并不总是有效。这在很大程度上是与大迎角下操纵面的气动效率不足、没有下俯力矩裕量、产生不对称滚转和偏航气动力矩等有关。下面列举某些计算分析和数学模拟的结

---

* 原文为“−0.15”。——译者注。

果，通过这些例子可以看出尾旋动力学研究的特点和方法。

等速尾旋近似的计算方法

对运动参数为常值的稳态尾旋，能建立起气动力和重力的平衡，以及气动力矩和惯性矩的平衡关系。

研究简化的运动学示意图（图 15.26）后（此简化在尾旋半径小时是正确），可以得到计算飞机尾旋基本性能的近似方程。

力的平衡条件，可以通过引入气动力在垂线方向上的投影 C_h 和尾旋半径方向的投影 C_R 来描述：

$$\left.\begin{aligned} mg &= C_h S\frac{\rho V^2}{2} \\ mR_{ш}\omega^2 &= C_R S\frac{\rho V^2}{2} \end{aligned}\right\} \tag{15.8}$$

式中，$C_h \approx -C_x\cos\alpha + C_y\sin\alpha$；

$C_R \approx C_x\sin\alpha + C_y\cos\alpha$。

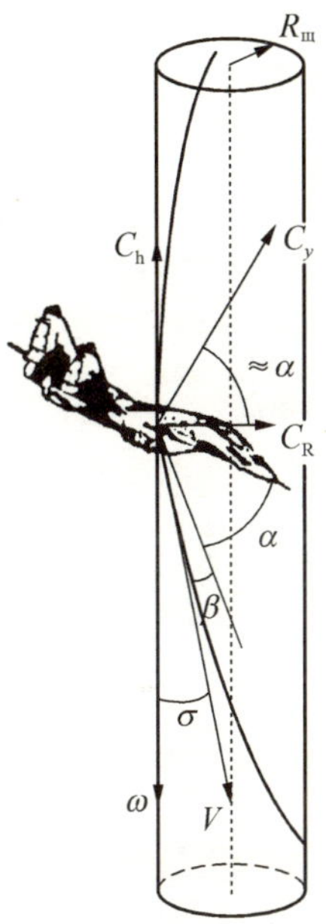

图 15.26　等速尾旋时，飞机运动的近似运动学示意图

力矩平衡条件可通过角速度在机体坐标轴上的投影来表示：

$$\begin{aligned} \frac{\rho V^2 Sl}{2}m_x &= (J_z - J_y)\omega_y\omega_z \\ \frac{\rho V^2 Sl}{2}m_y &= (J_x - J_z)\omega_z\omega_x \\ \frac{\rho V b_a}{2}m_z &= (J_y - J_x)\omega_x\omega_y \end{aligned} \tag{15.9}$$

假设侧滑角和螺线形轨迹与垂线的偏离角 σ 很小，以及近似满足关系式 $\alpha+\theta\approx 90°$，$\psi\approx(\beta+\sigma)$，可用总角速度来表示角速度在机体坐标轴 ω_x，ω_y，ω_z 上的投影：

$$\begin{aligned} \omega_x &= \omega\cos\alpha \\ \omega_y &= -\omega\sin\alpha \\ \omega_z &= \omega(\beta+\sigma) \end{aligned} \tag{15.10}$$

轨迹相对于重垂线的倾角可由（15.8）式中第 2 个方程求得：

$$\sigma = \arcsin\left(\frac{R_ш\omega}{V}\right) \approx \left(\frac{\rho S l C_R}{4m\bar{\omega}}\right) \tag{15.11}$$

式中，$\bar{\omega} = \dfrac{\omega l}{2V}$。

将式（15.10）的值代入力矩平衡方程（15.9）中，可导出下列无因次方程，考虑式

(15.11)时其右端项不仅与迎角和侧滑角有关,也与无量纲角速度有关:

$$m_x = \frac{8}{\rho S l^3}\,\overline{\omega}^2 (J_z - J_y)(\beta + \sigma)\sin\alpha$$

$$m_y = \frac{8}{\rho S l^3}\,\overline{\omega}^2 (J_x - J_z)(\beta + \sigma)\cos\alpha \qquad (15.12)$$

$$m_z = \frac{8}{\rho S l^3 b_a}\,\overline{\omega}^2 (J_y - J_x)\sin\alpha\cos\alpha$$

当已知在风洞中用稳态旋转法求得的下列无量纲气动力系数关系式:

$$m_{x,\,y,\,z} = m_{x,\,y,\,z}(\alpha,\ \beta,\ \overline{\omega},\ \varphi,\ \delta_э,\ \delta_н)$$

将所建立的 3 个非线性方程的联立求解,可根据操纵面的偏角 φ, $\delta_э$, $\delta_н$ 确定稳态尾旋的参数,即:迎角 α、侧滑角 β 和无量纲角速度值 $\overline{\omega}$。

这组方程也可以写成与角速度关系更直接的另一种描述形式[16](也可见参考文献[17]、[18]):

$$m_x\cos\alpha - m_y\sin\alpha + \frac{b_a}{l}m_z\beta = \frac{(J_y - J_x)}{ml^2}\,\overline{\omega}\,C_R\sin 2\alpha$$

$$m_x\cos\alpha + \frac{J_y - J_z}{J_z - J_x}m_y\sin\alpha = 0 \qquad (15.13)$$

$$m_z + \frac{4(J_y - J_x)}{\rho S l^2 b_a}\,\overline{\omega}^2\sin 2\alpha = 0$$

近似方程(15.13)能相当精确地估算出等速尾旋中运动参数值,确定可能存在的各种状态,其所求得的结果与全量方程的解吻合得很好。

尾旋中的侧滑角通常很小,因此,允许用线性关系表示滚转气动力矩和偏航气动力矩与侧滑角的关系:

$$m_x = m_x^\beta(\alpha)\beta + \Delta m_x(\alpha,\ \overline{\omega},\ \delta_э,\ \delta_н)$$

$$m_y = m_y^\beta(\alpha)\beta + \Delta m_y(\alpha,\ \overline{\omega},\ \delta_э,\ \delta_н)$$

此时可以将 β 从式(15.13)中的前两个方程中消去。结果,问题变成二阶非线性方程组的问题。在该方程组中,第 1 个方程满足俯仰平衡的条件,第 2 个方程满足滚转和偏航平衡的条件。该方程组可用在变量 α, $\overline{\omega}$ 平面内通过绘制每个方程的零值线的方法求解。这些线的交点就给出了所研究方程可能的定常解的集。操纵面的偏角固定时,近似方程可能有不同数量的解,其数量取决于气动力曲线的特性。从所得到的一组解中选出可能的尾旋状态,与对解稳定性的研究有关,也与确定解的引力区有关。做这样的分析已该使用完整的动力学方程了。

图 15.27 给出用近似力矩方程算出尾旋平衡状态参数的例子。对应操纵面的各种偏角,在迎角 α 值和无量纲角速度值 $\overline{\omega}_{xa}$ 的平面内,绘有满足俯仰力矩平衡(实线)和滚转-偏航力矩平衡(虚线)条件的线。这些线的交点决定了等速尾旋中的参数值。

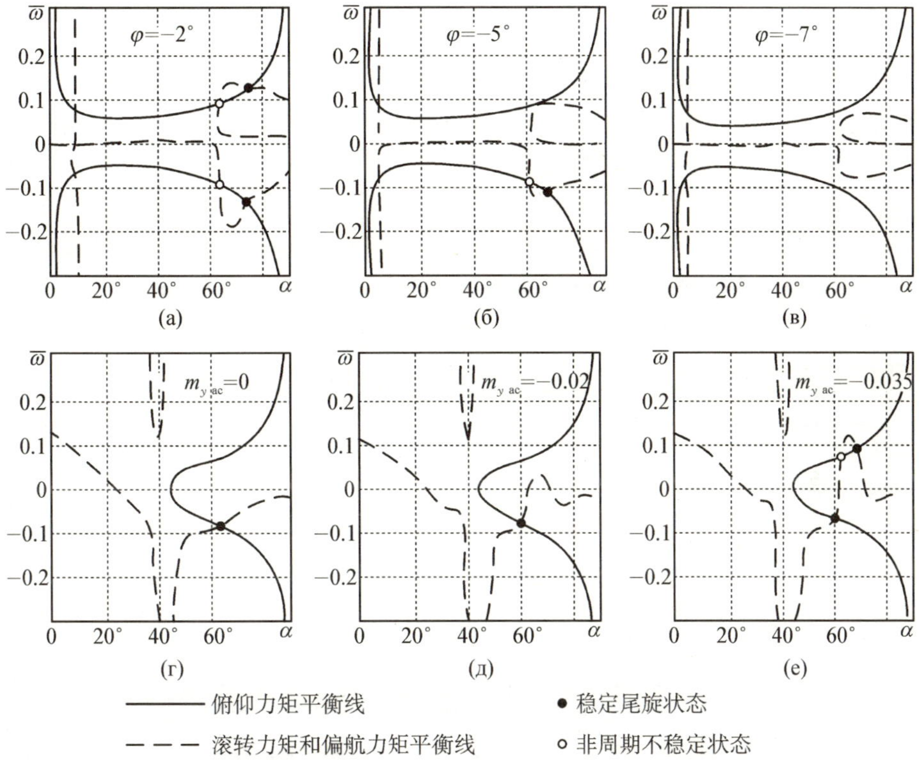

图 15.27　利用力矩平衡近似方程计算等速尾旋参数的算例

(а)、(б)、(в) 平尾偏角对平自转尾旋 ($\delta_э=\delta_н=0$) 产生条件的影响；(г)、(д)、(е) 偏航气动力不对称程度对在 $\varphi=-30°$、$\delta_э=-20°$、$\delta_н=-20°$ 情况下平尾旋产生条件的影响

上面一组曲线说明了平尾偏角对所求得解特性的影响(图 15.27(а)、(б)、(в))。甚至在副翼、方向舵处于中立位置和没有气动不对称性时，平尾向中立位置的偏转($\varphi=-7°$，$-5°$，$-2°$)也会导致在大迎角下($\alpha\approx70°$)产生两对旋向相反的解。这是因为在所示的例子中，在大迎角下旋转时，由于垂尾被平尾遮蔽，飞机会产生偏航加速旋转力矩。白圈确定了非周期不稳定解，而黑点确定了潜在的尾旋状态。关于扰动运动特性的最终答案，可用空间运动线性化方程分析稳定性的结果求得。在很多情况下，黑点对应的状态，可能是稳定的，在一定的条件下是振荡不稳定的。

下面一组曲线说明了偏航气动力不对称程度对产生稳定的平尾旋状态(图 15.27(г)、(д)、(е))的可能影响。当平尾沿抬头方向全偏 ($\delta_э=-20°$、$\delta_н=-20°$、$\varphi=-30°$，(图 15.27(г)) 时，副翼和方向舵的偏角会引起参数为 $\alpha\approx63°$、$\overline{\omega}\approx-0.09$ 的尾旋状态(应指出，此时没有气动不对称力矩 $m_{y\,ac}$)。当 $m_{y\,ac}=-0.035$(图 15.27(е)) 时，产生旋转方向相反的 1 对增加解。黑圈确定了稳定的平尾旋参数。飞机从该状态下退出非常复杂。这是因为，该平尾旋状态可在操纵面所有可能的偏角下存在。在类似的情况下，改出尾旋的有效方法，是使用摇摆法，特别是俯仰摇摆法[19]。

图 15.28 示出副翼和方向舵偏角变化时，平衡尾旋中飞机参数的算例。使用连续求解法[12]进行计算，可得到相关的一族平尾旋状态（$\alpha = 65° \sim 75°$）和陡尾旋状态（$\alpha = 40° \sim 55°$）的解。尾旋状态稳定性的类型用各种线来标明（实线表示稳定的尾旋状态，虚线表示非周期不稳定状态，点画线表示振荡不稳定尾旋状态）。正如所见，平尾旋状态稳定，而陡尾旋状态可能是振荡不稳定的，这可引起运动参数的振荡。图的右部示出副翼和方向舵偏角平面内的分支曲线，它可以直观地划分出各种尾旋状态——平尾旋和陡尾旋的存在区域。分支曲线可能对选择改出尾旋的操纵有用。

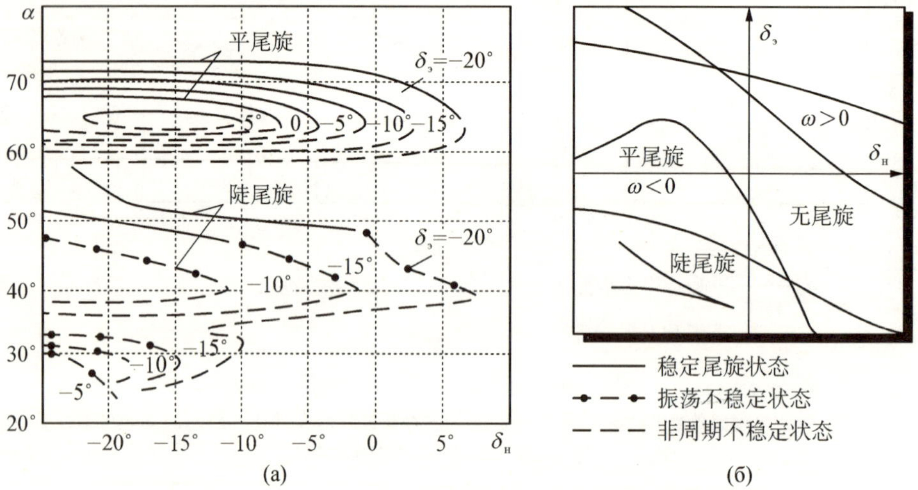

图 15.28 使用连续求解法，按完整的运动方程计算尾旋参数的例子

(a) 平衡迎角与横侧操纵面偏度的关系曲线；(б) 副翼和方向舵偏度平面内的分支曲线

飞行动力学数学模拟

大迎角下飞行动力学的数学模拟，大大充实了使用定性分析法的计算研究结果。同样，进行动力学的初步定性研究，也有助于更有效地进行数学模拟、选择更危险的情况、选择操纵面的偏度和初始的运动条件等。特别有价值的，是在试飞员的参与下，进行尾旋状态下飞行动力学的半物理模拟。在有球形视景的飞机模拟器上（ЦАГИ ПСПК－1、2 飞行模拟器）模拟偏离和尾旋状态有非常高的可信度。但必须有大迎角下的相应的气动力和力矩的数学模型。

飞行动力学的半物理模拟，对于设计防止飞机进入尾旋和将飞机改出尾旋的自动控制系统，也是有效的方法。由于尾旋问题非常复杂，实际上尚没有一种成熟的控制律综合方法，带控制系统的飞行动力学的半物理模拟，是修正控制律和选择其参数的唯一方法。

通常，风洞实验研究的结果和计算分析可获得对尾旋特性很好的预测，并可制订出驾驶技术方面的建议，这些在进行飞行动力学的半物理模拟时极其有益。在准备和进行飞机在大迎角下的专门试飞阶段，进行半物理模拟是最合适的。这样的综合研究可大大提高进行飞机尾旋试验的安全性。

图 15.29 给出飞机动态特性数学模拟的算例，说明尾旋中可能产生的复杂振荡。左图 15.29(a)给出在一段时间间隔内，侧滑角、迎角和偏航角速度的过渡过程。可以看出运动参数变化的两个特征时间，即周期 $T \approx 3 \sim 4$ s 的高频振荡和周期 $\Delta t = 160$ s 的低频振荡。此时，如果在很短的时间间隔上研究飞机的动态特性，尽管所列举的过程是稳定的，但既可能看到的是衰减过程，也可能看到的是发散过程。对这种复杂动态特性的解释是，存在着稳定的环面簇轨迹，它可以在一定的条件下，在大迎角下产生。对运动方程特解的定性分析表明，所观察到的现象，是从平衡尾旋状态开始，随后在出现振荡不稳定性后出现自振状态。右图 15.29(б)示出了相位轨迹的各种投影，它们直观地描绘出了环面簇轨迹结构的形成。

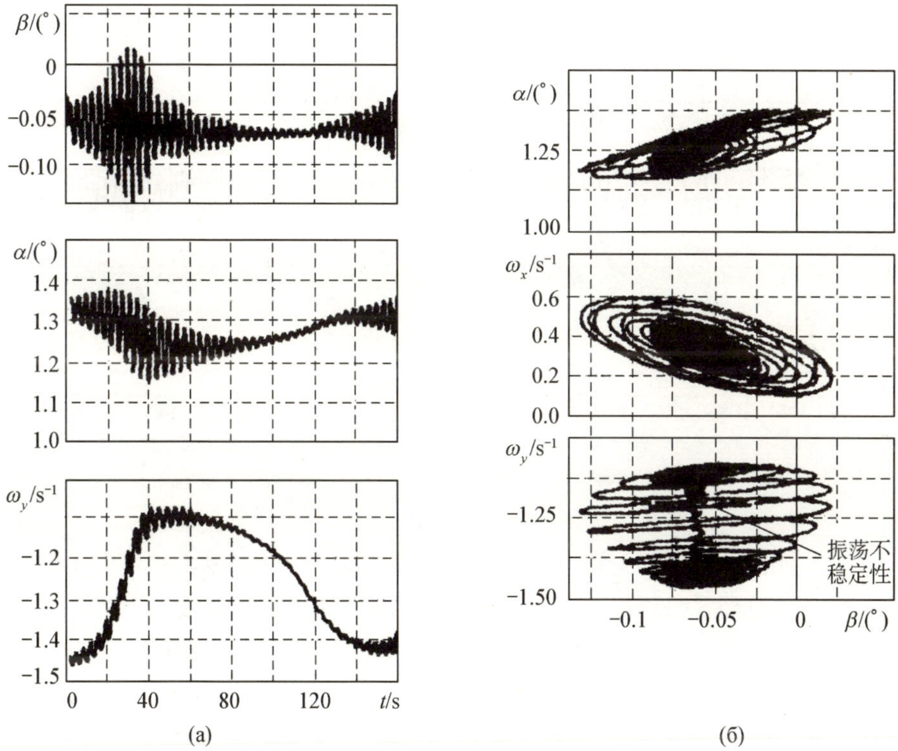

图 15.29　尾旋中飞机的非正常动态特性(a)过渡过程；稳定的环面簇运动参数轨迹(б)相位曲面的投影

在尾旋研究过程中，试飞是终结阶段。它们代表着最复杂和最危险的试验形式。因此，试验机通常装备有保障试飞安全的专用技术设施。这包括各种型号的反尾旋固体燃料火箭和反尾旋伞。试飞的主要目的是评价飞机抗偏离特性、研究尾旋状态并制订出改出尾旋的方法。

图 15.30 示出由试飞得到的机动飞机运动参数变化记录的例子。图 15.30 的左部给出了副翼在中立位置时（$\delta_{\text{н}}=-25°$，$\varphi=-30°$）进入尾旋的示例，飞机所有运动参数都以大幅值的剧烈振荡进入陡尾旋（$\alpha\approx 45°\sim 50°$）。这些结果与图 15.28 上所列的定性研究结果吻合得很好。因为只偏转方向舵时，尾旋平衡状态是振荡不稳定的。当舵面偏到中立位置时，尾旋在 $\Delta T\approx 4\ \mathrm{s}$ 的时间内中止。图 15.30 的右部给出了用同时偏转方向舵和副翼（$\delta_{\text{н}}=-25°$，$\delta_{\text{э}}=-15°$，$\varphi=-30°$）的方法进入尾旋的例子。在偏离和进入尾旋时，反旋转方向偏转副翼，会使得偏航角速度增至 $\omega_y\approx 1\ \mathrm{rad/s}$。飞机进入平尾旋（$\alpha\approx 60°$），此时，滚转角速度具有非常大的振荡。向低头方向偏转平尾（$\varphi\approx 0$）会使振荡衰减并同时增加尾旋旋转强度（$\omega_y\approx 2\ \mathrm{rad/s}$）。尾旋变得更平。所示例子表明，为使飞机从平尾旋状态改出，首先必须使旋转停止，而随后偏转平尾来减小迎角。

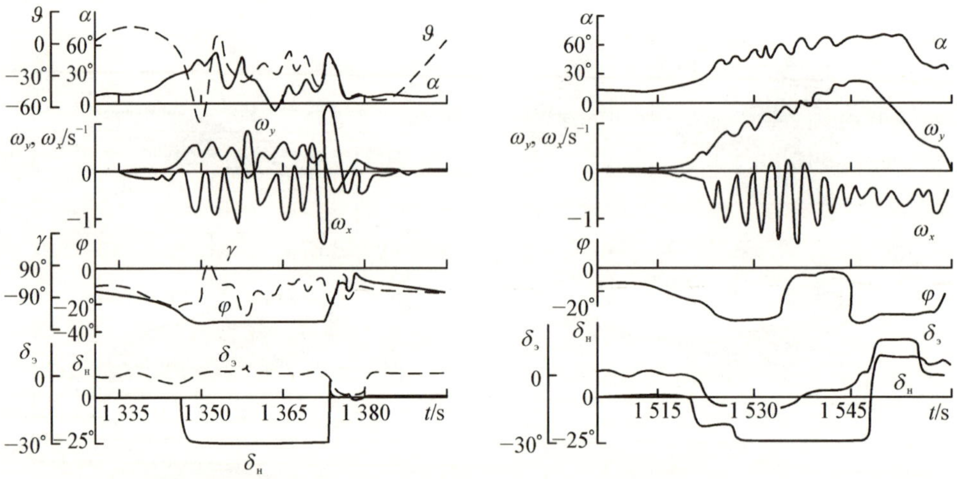

图 15.30　尾旋试飞中飞机运动参数变化的示例

前面举例的计算分析与定性研究的结果和尾旋动力学数学模拟的结果，对分析和解释复杂的且经常是不能复现的动态特性的试飞结果极其有益。比如，图 15.27(а)，(б)，(в)上所示的尾旋参数的计算结果，与试飞中平尾旋时平尾偏到中立位置所观察到的飞机偏航超转现象吻合得非常好。

尾旋的自动改出

用于飞机改出偏离和尾旋的典型驾驶方法，是在理论和试验过程，且最终经专门试飞验证制定出。通常，这些研究的经验表明，下一代机动飞机，传统的改出尾旋方法(操纵面回中；反尾旋方向偏平尾和方向舵；副翼顺尾旋方向偏转)并不总是有效。很多情况下，它与大迎角下气动力操纵面效率不足，俯仰方向没有足够的下俯力矩余量，出现大的不对称偏航力矩等有关。为了在大迎角下进行有效地操纵，可通过控制增稳系统接通补充的控制手段，例如平尾差动偏转，利用平尾来激起摇摆运动(改出尾旋)，以及采用发动机推力差进行操纵等。对装有发动机转向喷管的飞机，用它提供的推力矢量(OBT)控制力矩来中止尾旋且由尾旋中改出，可能是最有效的解决办法。

现有飞机在偏离和尾旋时存在的复杂且非常规的动态特性和操纵，使得需要制订在危急情况下的特殊驾驶守则以及对飞行员进行特殊的训练。然而，从统计分析飞行事故表明，绝大多数作战的飞行员均不能在大迎角下将飞机从危险状态下改出。很多情况下，他们不能准确地确定所发生的与失控有关的态势，恰当地估计其后果，采用了错误的操作，结果是适得其反。

提高驾驶安全性的可能途径之一是采用自动边界限制(通常是迎角限制)以阻止偏离和尾旋的发生。但这一种系统难免导致对飞机的机动性的限制，也不能保证完全避免进入尾旋。近来正研究为大迎角状态用的专用自动控制系统。它使飞机实现其极限的机动特性成为可能，且保证发生偏离时中止偏离的发展及发生尾旋时能有效地改出尾旋。

自动改出尾旋(АВШ)研究的一些结果在参考文献[19]中。尾旋自动改出的基本控制律中所设置的改出方法，曾在飞机飞行研究中用过，它与运动的数学模拟结果吻合良好。改出尾旋方法的要点可归纳为：开始偏转操纵面以制止旋转——$\delta_{н}=\delta_{н\,max}\mathrm{sign}\omega_y$，$\delta_э=\delta_{э\,max}\mathrm{sign}\,\omega_y$，$\Delta\varphi=\Delta\varphi_{max}\mathrm{sign}\,\omega_y$；然后平尾向低头方向偏转以减小迎角。实现这种操纵可按极简单的原理框图[19]进行。

大迎角飞行时，由于出现涡结构的不对称(见第 8 章)，此时引起很大的不对称偏航力矩。上述操纵改出法可能不能保证中止旋转，将飞机从平尾旋状态改出(图 15.27(e))。在类似上述情况下，尾旋自动改出可以用平尾激励俯仰摇摆运动的补充办法。为此，在控制回路中加入了比例加积分的“反阻尼器”，其控制律如下：

$$\varphi=\varphi_0+\varphi_a\,\mathrm{sign}\,\frac{p\omega_z}{T_p+1} \tag{15.14}$$

式中，参数 φ_0，φ_a，T 从保证很好地激励俯仰和滚转摇摆运动的角度选取，并取决于平尾最大偏转速率。

改尾旋算法在改尾旋时可自动接通，也可以由飞行员按下电钮后接通。自动接通尾旋自动改出需要一段辨识程序，为此可以采用简便的方法。根据飞机运动参数长时间滞留在尾旋区(例如关系式 $\alpha>\alpha_{шт}$，$|\omega_y|>\omega_{y\,шт}$)而判定。特别应注意分析出飞机滞留在大迎角而未旋转的情况(在一些缺乏下俯力矩的迎角范围可能出现)。改出这些所谓“深度失速”或“落叶”式的飞行状态可仅用俯仰摇摆式(15.14)算法。

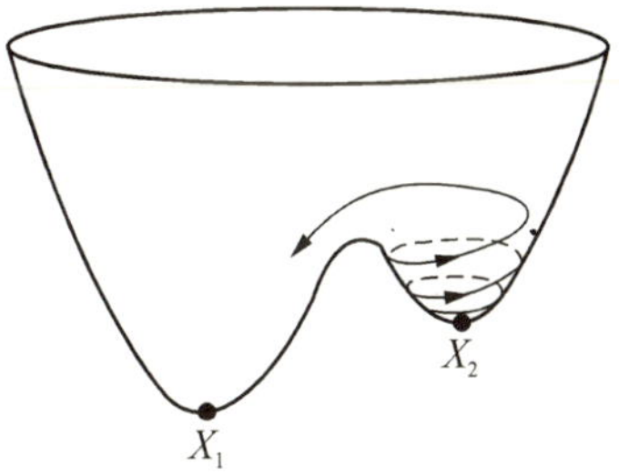

图 15.31　振荡法图

摇摆改出方法的概念可用势能的概念作图解说明。在图 15.31 中，状态 X_2 对应于平尾旋和深失速状态。

如果按前述方法朝着改出危险飞行状态的方向偏转操纵面，不能使飞机消除危险，而朝增加摇摆运动的动能方向激励运动，则可由危险状态的吸引区中改出，恢复至小迎角状态区 X_1。图 15.32 给出自动改出尾旋的动态过程数值模拟算例。开始用偏平尾和方向舵进入平尾旋，此后，反尾旋方向偏平尾和方向舵（$\varphi = 0$，$\delta_н = 20°$）顺尾旋方向偏副翼（$\delta_э = 20°$），但未能制止旋转、减小迎角（$t = 60 \sim 75$ s 的时间间隔）。利用摇摆运动动态改出方法接通自动尾旋改出系统（$t = 75$ s），则在 10 s 时间内飞机从尾旋中改出。在操纵面效率不足的条件下，同时使用摇摆法和原用方法可大大地缩短改出尾旋的时间。

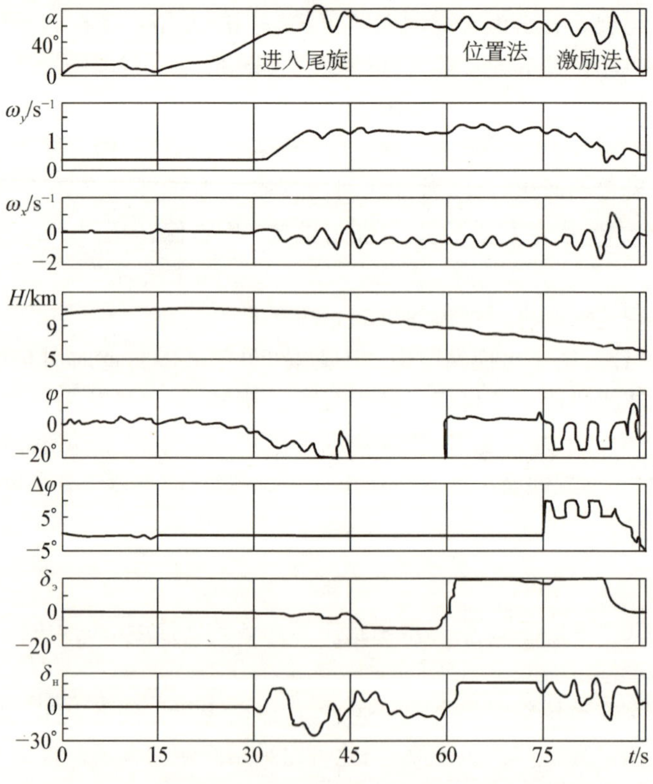

图 15.32　由平尾旋自动改出时的飞机动态过程的数学模拟

所叙述的操纵方法曾在研制尾旋的自动改的实验系统中使用且直接在飞机的试飞中进行了有效性验证。

参考文献

[1] Бюшгенс Г С, Студнев Р В. Аэродинамика самолета. Динамика продольного и бокового

движения [M]. Машиностроение, 1979. 349с.

[2] Бюшгенс Г С, Студнев Р В. Динамика самолета. Пространственное движение [M]. Машиностроение, 1983.

[3] Котик М Г. Динамика штопора самолета [M]. Машиностроение, 1976.

[4] Гуськов Ю П, Загайнов Г И. Управление полетом самолетов [M]. Машиностроение, 1980.

[5] Андронов А А, Витт А А, Хайкин С Э. Теория колебаний [M]. Физмат лит, 1959.

[6] Арнольд В И. Дополнительные главы теории обыкновенных дифференциальных уравнений [M]. Наука, 1978.

[7] Неймарк Ю И. Метод точечных отображений в теории нелинейных колебаний [M]. Наука, 1972.

[8] Гилмор Р. Прикладная теория катастроф в 2 - х томах [M]. Мир, 1984.

[9] Гоман М Г, Суханов В Л. Расчет взаимодействия продольного и бокового движений самолета при маневрах по крену [J]. Руководство для конструкторов по проектированию самолетов. ЦАГИ, 1979. Том 1. Книга 6, вып. 4.

[10] Гоман М Г, Суханов В Л. Автоколебательные режимы движения самолета по крену [J]. Ученые записки ЦАГИ. 1985,16(2).

[11] Doedel E, Kernevez J P. AUTO: Software for continuation and bifurcation problems in ordinary differential equations [C]. California Institute of Technology. - Pasadena, 1986.

[12] Гоман М Г, Милаш Е В, Храмцовский А В. Диалоговая система программ КРИТ для исследования нелинейной динамики самолета [J]. Информационный сборник пакетов прикладных программ по аэромеханике самолета. ЦАГИ, 1986. Вып. 4.

[13] Guicheteau P. Notice d'utilisaton du code ASDOBI [M]. Preprint ONERA, 1992.

[14] Гоман М Г, Храмцовский А В. Расчет границы области асимптотической устойчивости динамической системы [J]. Ученые записки ЦАГИ, 1990,21(3):79 - 87.

[15] Гоман М Г, Клумов А С, Меркулов А Е. Компенсация инерционного и кинематического взаимодействия продольного и бокового движений самолета средствами автоматики [C]. Тр. ЦАГИ, 1987. Вып. 2349.

[16] Долженко Н Н. Об исследовании установившегося штопора самолета [C]. Тр. ЦАГИ, 1968. Выпуск 8817.

[17] Святодух В К. Метод расчета установившегося движения самолета по спирали [J]. Ученые записки ЦАГИ, 1984,15(6):51 - 62.

[18] Шилов А А. Расчет установившегося виража [J]. Ученые записки ЦАГИ, 1984,15(6): 63 - 70.

[19] Ахрамеев В И, Гоман М Г и др. Автоматизация вывода самолета из режимов штопора [J]. Техника Воздушного Флота, 1991,3.

[20] Mehra R K, Kessel W C, Carrol J V. Global Stability and Control Analysis of Aircraft at High Angles-of-Attack [C]. ONR CR 215 - 248 -(1)(2)(3),1978 - 1980.

[21] Guicheteau P. Bifurcation theory applied to the study of control losses on combat aircraft [J]. La Recherche Aerospatiale, 1982,2:61 - 73.

[22] Zagaynov G I, Goman M G. Bifurcation analysis of critical aircraft flight regimes [J]. ICAS Proceedings, 1984,1:217 - 223.

[23] Hsiao-Dong Chiang, Hirsh Morris W, Wu Felix F. Stability Regions of Nonliner Autonomous Dynamical Systems [J]. IEEE trans. on Automatic Control, Jan. 1988,33(1).

[24] Manoeuvre Limitations of Combat Aircraft [R]. AGARD Advisory Report No. AGARD-AR-155A.
[25] Rotary-Balance Testing for Aircraft Dynamics [R]. AGARD Advisory Report，1990:265.

第 16 章　超声速飞机的飞行技术性能

16.1　概述

飞机飞行技术性能和机动特性的计算归结为解一系列问题，这些问题可以假定分为 3 类：

——计算表征在给定的瞬时飞机飞行状态的参数而不考虑前面的过程和随后的运动。这是在给定的飞行高度下确定最大和最小速度；在给定的速度下确定最大飞行高度、起飞离地速度和着陆接地速度、着陆进场速度；在给定的飞行高度和速度下，极限和稳定垂直速度及水平平面内的极限和稳定转弯角速度问题等。为确定这些参数，必须用解析或图解法**求代数方程的解**。

——计算表征飞机从一种飞行状态向另一种飞行状态过渡过程中的飞行参数（轨迹问题），这是计算从一种飞行高度和速度向另一种高度和速度过渡的时间、燃油消耗量及轨迹（个别情况——以给定的速度爬升和等高度增速），计算在给定的高度以给定的速度或在给定的速度以常值升力系数的航程和续航时间，计算起飞滑跑距离和着陆滑跑距离等等。这些与其类似的问题都需要对微分方程组积分，此时要有给定的控制函数或补充一些变量的关系式使未知的函数数目与方程数目相等（闭合方程组）。

——计算表征飞机从一种飞行状态过渡到另一种飞行状态的**最佳过程的参数**。属于这一类问题有计算最大航程和续航时间、计算动升限（极限可达的飞行高度）、计算进入给定飞行高度的最少时间、计算最小耗油量的上升等。这些问题归结为确定控制函数或变量间的关系式不够，以保证相应的指标极限值，并随后计算这些指标，即一般归结为飞机运动方程基础上的**变分问题解**。

计算的目的可以是或者是求得具体的结果，或者是求一般的规律。第 1 种情况利用精确的方程并用计算机解。对于第 2 种情况，利用极为简单的方程及反映变量间基本的一般依赖关系。

在计算飞行技术性能和机动特性时所利用的基本（“精确”）的方程组是由 5 个

一阶微分方程组成的方程组，它描述在垂直平面内飞机无侧滑的质心运动。该方程组很方便地表示如下(图 16.1)：

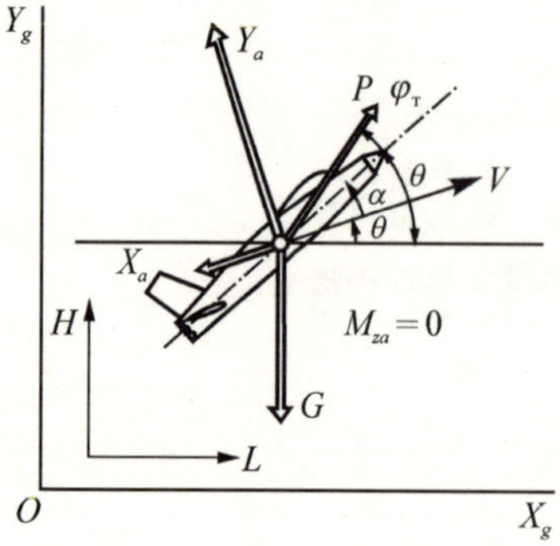

图 16.1 飞行中作用于飞机上的力

$$
\left.
\begin{aligned}
&\left.\begin{aligned}
m\frac{\mathrm{d}V}{\mathrm{d}t} &= G(n_{xa}-\sin\theta)\\
mV\frac{\mathrm{d}\theta}{\mathrm{d}t} &= G(n_{ya}-\cos\theta)
\end{aligned}\right\}\text{飞机质心运动方程}\\
&\left.\begin{aligned}
\frac{\mathrm{d}H}{\mathrm{d}t} &= V\sin\theta\\
\frac{\mathrm{d}L}{\mathrm{d}t} &= V\cos\theta
\end{aligned}\right\}\text{微分关系方程}\\
&\left.\frac{\mathrm{d}m}{\mathrm{d}t} = -m\overline{Q}_t \text{ 或 } \frac{\mathrm{d}G}{\mathrm{d}t} = -G\overline{Q}_t\right\}\text{质量消耗方程}
\end{aligned}
\right\}
\tag{16.1}
$$

在这些方程中：

$n_{xa}=(P_{xa}-X_a)/G$——切向过载——气动力和推力在飞机轨迹切线上的投影之和，用与飞机重量之比来衡量，$P_{xa}=P\cdot\cos(\alpha+\varphi_т)$，$X_a=C_{xa}\cdot q\cdot S$；

$n_{ya}=(P_{ya}+Y_a)/G$——法向过载——气动力和推力在轨迹法线上的投影之和，以与飞机重量之比来衡量，$P_y=P\sin(\alpha+\varphi_т)$，$Y_a=C_{ya}\cdot q\cdot S$；

$\overline{Q}_t=(P/G)\cdot Ce_{эф}$——单位时间燃油重量消耗量，以与飞机重量之比来衡量，$Ce_{эф}(V\cdot H,\ \overline{P})$——发动机节流特性，$\overline{P}=P/P_{расп}$。

函数 n_{xa}，n_{ya}，$\overline{Q}_t$ 可用来比较不同的布局、尺寸和重量的飞机。其中集中了考虑到限制的轨迹问题解所必需的全部飞机信息。对飞机任一给定的飞行重量，这些函数取决于变量 V，H，$\overline{P}$，α，$\varphi_т$。

方程组含有 8 个变量：

——5 个状态("相位坐标")函数 $V(t)$，$\theta(t)$，$H(t)$，$L(t)$和 $G(t)$；

——3 个控制函数$\overline{P}(t)$；$\varphi_т(t)$；$\alpha(t)$。

如果引入飞机总的单位机械能 $E=H+V^2/(2g)$ 及其一次导数 $\mathrm{d}E/\mathrm{d}t=\mathrm{d}H/\mathrm{d}t+(V/g)(\mathrm{d}V/\mathrm{d}t)$ 加以研究，则方程组(16.1)的第 1 和第 3 方程就能够求得 $\mathrm{d}E/\mathrm{d}t=n_{xa}V$(因而 $\mathrm{d}E/\mathrm{d}s=n_{xa}$，式中 s——轨迹弧长)的关系式。它可以代替第 1 个方程，因为作用在飞机上的力(动力装置的推力和空气动力)实质性地取决于空气密度，即飞行高度，并且方程组中第 3 个方程 $H=V\sin\theta$ 存在之所以必要，是因为它将飞行高度同速度和轨迹倾斜角联系起来。

作用在飞机上的力不是显性地取决于路程在地表面上的投影距离(L)，因此，在方程组中运动学关系式 $L=V\cos\theta$(第 4 个方程) 的存在并不需要。在解方程组和求出 $V(t)$与 $\theta(t)$以后可以单独研究它，并用来求飞机通过的路程。

飞机的重量由于燃油消耗而变化，但变化得相当地慢。因此，在研究短时间机动时，方程组中第 5 个方程 $dm/dt = -m\overline{Q}_t$ 的存在不是必需的——在这种情况下飞机的质量可以认为是常值，而重量的消耗在解题后确定。

因此，决定飞机**短时间运动**的参数的方程组(16.1)的基本方程可以认为是方程组的**前 3 个**方程——飞机运动方程和在飞行速度、轨迹倾斜角和飞行高度之间微分关系的方程。

在方程组中必须补加确定飞行速度 $V = \sqrt{2g(E-H)}$。如果取 E，θ，H 作为状态函数，自由落体加速度 g 可以认为是常值，并等于 g_c——地球表面自由落体加速度。

在计算飞行**航程和续航时间**时，必须利用后两个方程，并设 $\cos\theta = 1$。

属于飞机的飞行技术性能传统地指：最大和最小飞行速度、最大飞行高度、最有利的飞行速度和高度、飞行航程和续航时间、决定起飞和着陆的参数。一般这些飞行状态是相当于升力和纵向力矩与迎角和操纵面偏度成线性关系的区域。

$$C_{ya} = C_{ya}^{\alpha}(\alpha - \alpha_0) + C_{ya}^{\varphi} \cdot \varphi$$

而在任一 M 数下，飞机总的阻力可以写成抛物线形式：

$$C_{xa} = C_{xa\,\min} + [1/(\pi\lambda_{эф})](C_{ya} - C_{ya}^{*})^2 \quad 或 \quad C_{xa} = C_{xa\,0} - A_1 C_{ya} + A_2 C_{ya}^2$$

$$C_{xa\,0} = C_{xa\,\min} + (1/(\pi\lambda_{эф}))C_{ya}^{*2}, \qquad C_{xa\,\min} = C_{xa\,0} - A_1^2/(4A_2)$$

$$A_1 = [2/(\pi\lambda_{эф})]C_{ya}^{*}, \qquad C_{ya}^{*} = A_1/(2A_2)$$

$$A_2 = 1/(\pi\lambda_{эф}) —— 诱导阻力增加指数；$$

$$\lambda_{эф} = 1/(\pi A_2) —— 有效展弦比(\lambda_{эф} \leqslant \lambda)$$

式中，$C_{xa\,0}$ 和 A_1 或 $C_{xa\,\min}$ 和 C_{ya}^{*}(取决于 φ)决定着 C_{xa}、C_{ya} 坐标的极曲线位置，而系数 A_2 或有效展弦比决定着 $C_{ya}(\alpha)$ 线性关系区的极曲线形状。

因此，飞机的升力特性及其纵向力矩特性由一系列与 M 数和 Re 数有关的数字给定，而每一 M 数在这个区域的极曲线由 3 个数：$C_{xa\,\min}$；C_{ya}^{*} 和 A_2(或 $\lambda_{эф}$)给定，这 3 个数决定着最大升阻比 $K_{\max}$ 和与其相应的升力系数 $C_{ya\,K_{\max}}$：

$$C_{ya\,K_{\max}} = \sqrt{C_{xa\,0}/A_2}\,;\ K_{\max} = \frac{1}{2\sqrt{C_{xa\,0}A_2} - A_1}$$

$$C_{ya\,K_{\max}} = \sqrt{\pi\lambda_{эф}C_{xa\,\min} + C_{ya}^{*2}}\,;\ K_{\max} = \pi\lambda_{эф}/[2(C_{ya\,K_{\max}} - C_{ya}^{*})]$$

为了计算飞行技术性能，必须给定如下(通常也足够)：

——在线性区内飞机(模型)的气动力特性，即 C_{ya}^{α}，α_0，$C_{xa\,0}$，A_1 和 A_2(后 3 个可以给定 $C_{xa\,\min}$，C_{ya}^{*}，$\lambda_{эф}$ 代替)，确定这些数时要考虑给定重心位置 $\overline{X}_т$ 的配平(即在 $m_z = 0$ 时)，而这些数在试验 Re 数下是随 M 数变化的。

——计及说明书(标准)的进气道和喷管损失的发动机高度-速度和节流特性。

——在相当于没有压缩性的 M 数下，考虑到地面(屏蔽)影响、飞机(模型)的升力特性和升阻比或阻力。

在图 16.2～图 16.5 上示出了类似特性的例子。

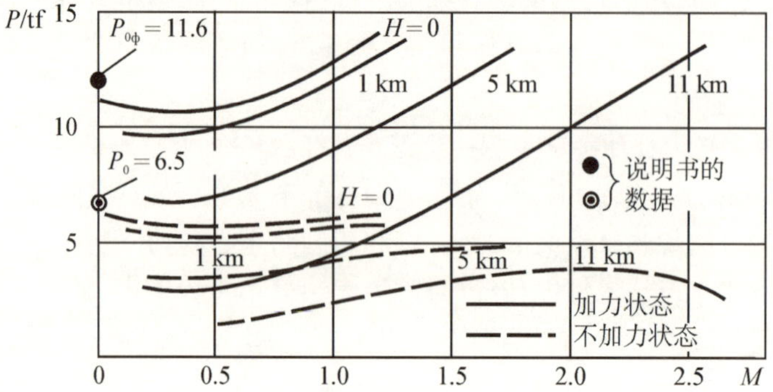

图 16.2　涡轮喷气发动机高度-速度特性(示例)

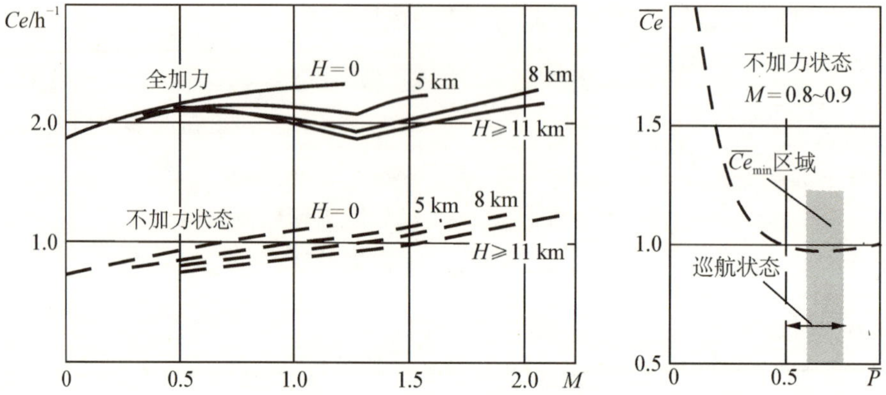

图 16.3　涡轮喷气发动机燃油消耗量特性(示例)，$\overline{Ce}=\dfrac{Ce(\overline{P})}{Ce(\overline{P}=1)}$

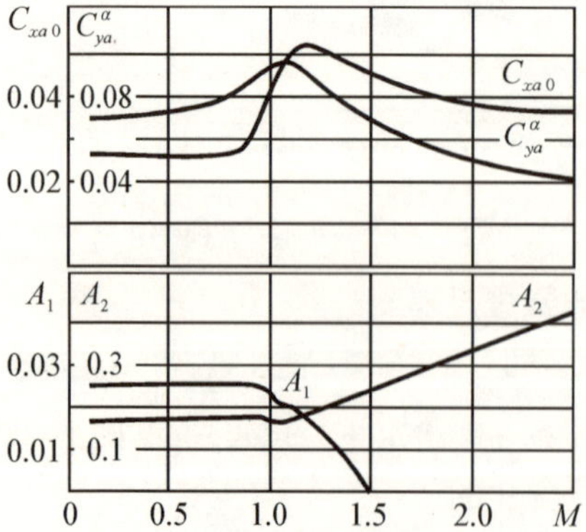

图 16.4　在线性区内给定的飞机主要气动力特性

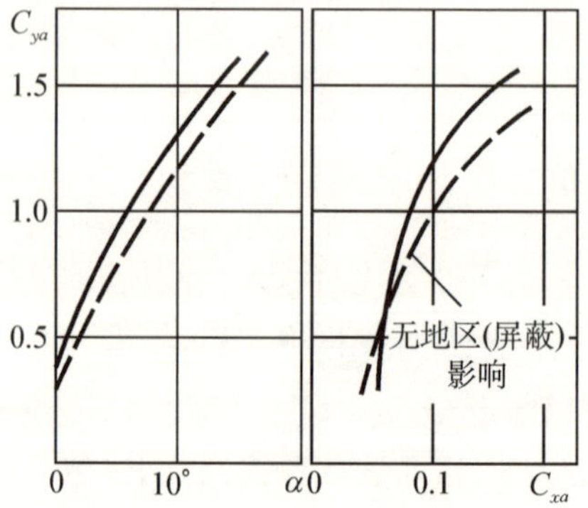

图 16.5　飞机着陆构型的气动力特性

在计算飞行技术性能之前，必须对这些特性按换算到实际情况加以修正，即从模型换算到与该模型几何相似的具体飞机，但表面状况不同、进气道和喷管等与模型有所不同，并且 Re 数也不同（这些问题可以看第 1 章和下一节）。

16.2　计算飞机飞行性能所必需的气动力特性*

为了计算飞机的飞行技术性能，必须具有其动力装置、尺寸和重量的数据及其空气动力特性——在整个飞行高度和速度范围内的升力特性和阻力。最可靠的确定飞机空气动力特性的方法——就是它的几何相似模型在风洞里的实验研究，它可以获得主要气动力系数随迎角、操纵面偏度、M 数及 Re 数的变化。

在有了风洞模型试验结果的情况下，为了取得计算飞行技术特性的初始数据，必须计及 Re 数和模型与实物表面状况的差别，以及模型和飞机上层流边界层向湍流层转捩线位置的差别，对试验结果加以修正。

如果没有所研究飞机的模型试验结果，其极曲线计算可以近似地用有系统的参数试验的模型风洞试验结果进行计算。

极曲线系数 A_2（或其倒数 $\pi\lambda_{эф}$）取决于展弦比、机翼平面形状和 M 数，并且对于单独的薄机翼可以按线性理论确定。

对于机身及有限厚度任意平面形状机翼的组合体，系数 A_2（或 $\pi\lambda_{эф}$）可以根据在跨声速和超声速下有系统的实验研究加以确定：

$$\pi\lambda_{эф} = \frac{(C_{ya} - C_{ya}^{*})^2}{C_{xa} - C_{xa\,\min}}$$

正如处理一系列实验结果表明，$(C_{ya} - C_{ya}^{*})^2$ 与 $(C_{xa} - C_{xa\,\min})$ 的关系在 $0 < C_{ya} \leqslant (1 \sim 1.5)C_{ya\,K_{\max}}$ 范围内实际上是线性的（图 16.6），因而系数 A_2（或 $\pi\lambda_{эф}$）对于该 M 数是常值。

对于 $M = 0.7 \sim 4$，机身（$\bar{S}_{мф} = 0.05$）和前缘不同后掠角三角形机翼组合体，系数 $\pi\lambda_{эф}$ 的实验值的平均值比较示于图 16.7。在图 16.8 上给出 $M = 0.8 \sim 2.5$ 范围的后掠机翼和机身组合体的 $\pi\lambda_{эф} = f(M)$ 的实验关系曲线图。按照这些关系曲线，在没有几何相似模型风洞试验结果的情况下，对整个飞行速度范围，可以估算带给定的参数飞机的诱导极曲线。

在超声速下飞机诱导极曲线主要是取决于展弦比和机翼后掠角；改变根梢比对系数 $\pi\lambda_{эф}$ 值影响很小。

随着展弦比的增加和**后掠角**的减小，$\pi\lambda_{эф}$ 值增加（图 16.9～图 16.11）。然而，随着 M 数的增加，改变机翼 λ 和 χ 时，$\pi\lambda_{эф}$ 值的差别减小，并在 $M \geqslant 3$ 时变得无关紧要了。

改变**翼型相对厚度**在 $\bar{c} = 3\% \sim 8\%$ 范围内实际上不影响机身和平直、后掠及三角形机翼组合体在跨声速和超声速下的极曲线（图 16.6）。

---

* 本节采用了 Н·К·列别季和 Л·Н·昂科娃的实验研究结果。

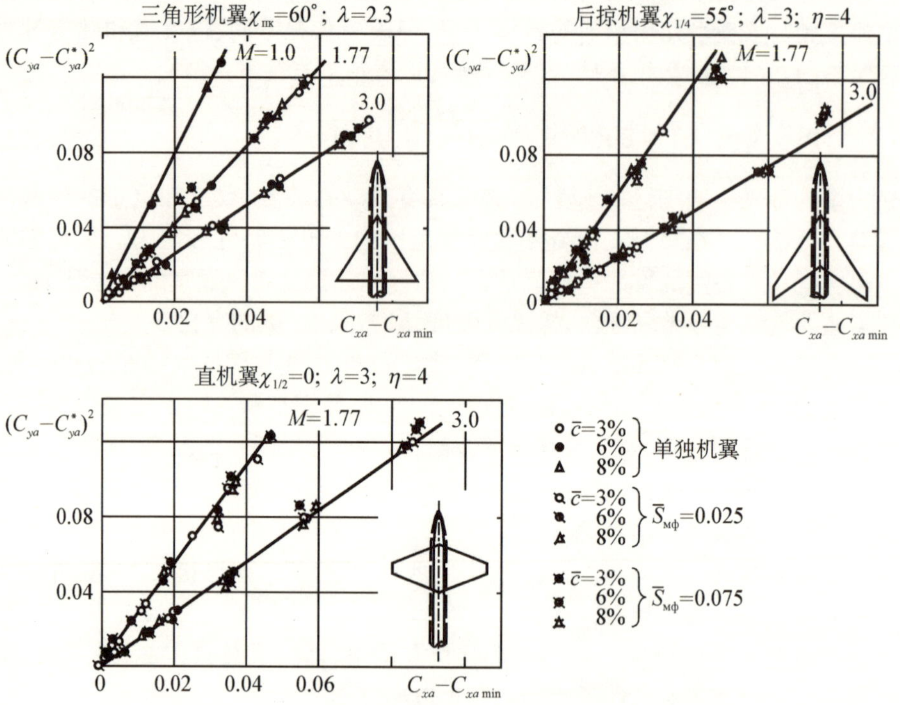

图 16.6　机身最大横截面相对面积和机翼平面形状的影响

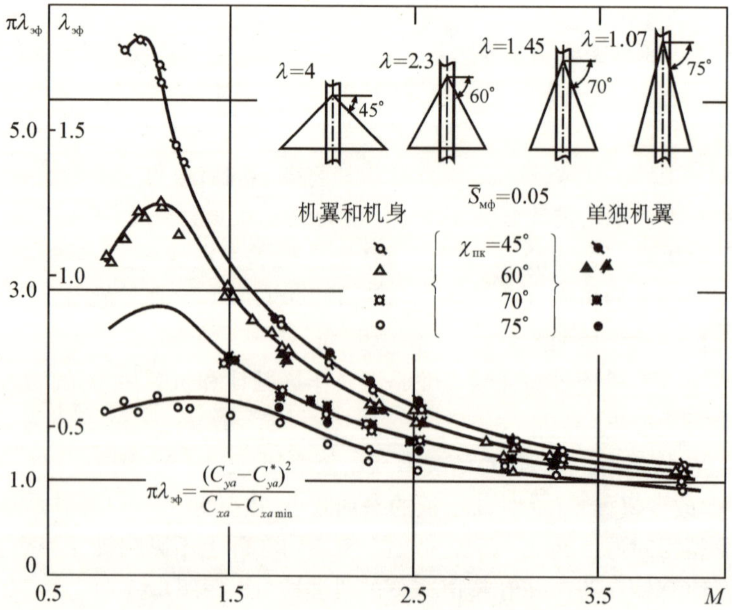

图 16.7　三角形机翼前缘后掠角的影响

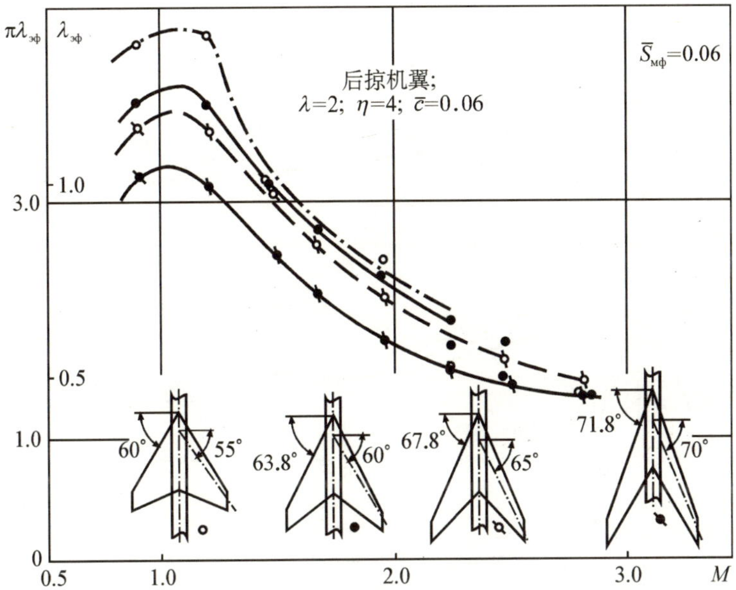

图 16.8　梯形机翼后掠角的影响

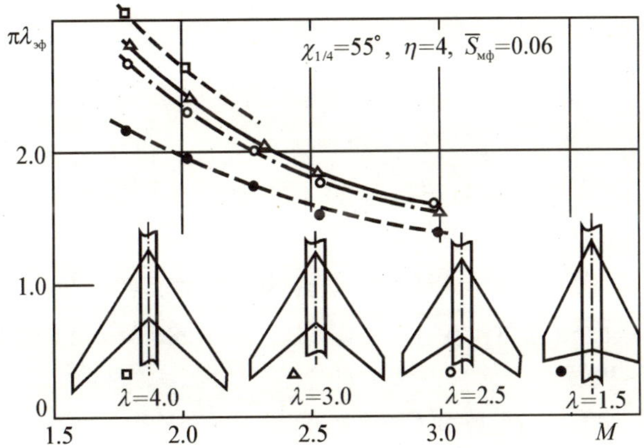

图 16.9　后掠机翼、展弦比的影响

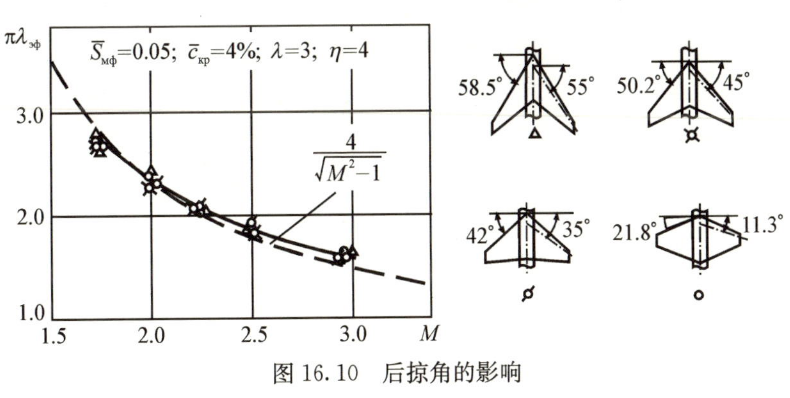

图 16.10　后掠角的影响

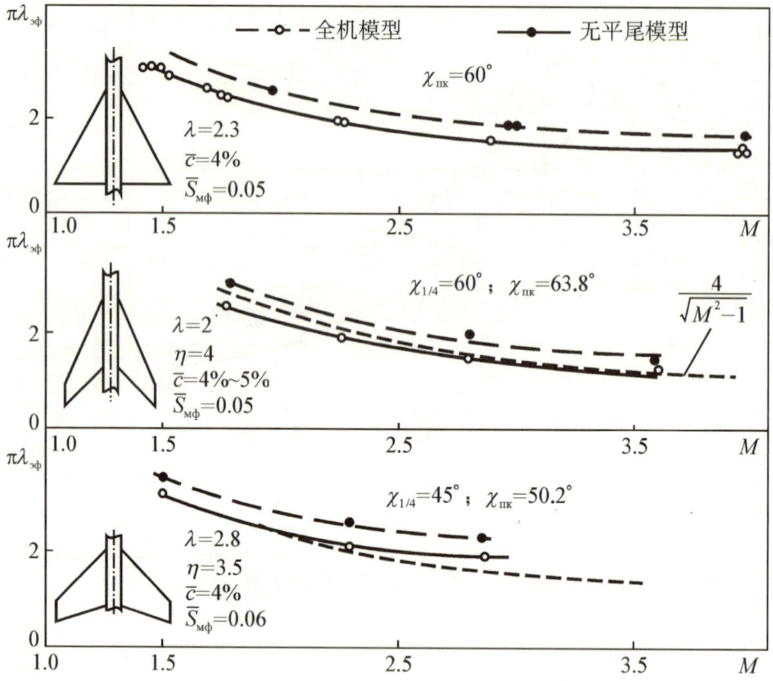

图 16.11　安装水平尾翼的影响

翼型的形状在超声速下对单独的机翼和带机身的机翼诱导极曲线的曲率不产生实质性的影响，而在亚声速和跨声速下，在布局中采用小曲率半径前缘的亚声速翼型，则极曲线的曲率增加。

机身最大横截面的形状导致诱导极曲线的弯度的某些变化直到大 M 数。

机身最大横截面相对面积在 $\bar{S}_{мф}=2.5\%\sim7.5\%$、$M>1$ 时实际上对机身和梯形、后掠和三角形机翼组合体极曲线的曲率不产生影响(图 16.6)。

水平尾翼的存在使机身和所研究的机翼的组合体的诱导阻力减小(图 16.11)。

在机翼下悬挂良好流线型的外挂物，实际上不影响飞机诱导极曲线的曲率。然而，当外挂物布置在翼尖上，在跨声速和超声速下极曲线的曲率便增加。

所列出的关系 $\pi\lambda_{эф}=f(M,\lambda,\bar{c},\bar{S}_{мф})$ 可以用来评估超声速飞机不考虑配平的极曲线。偏转水平安定面使飞机极曲线变化很大，特别是在 $M>1$ 时，因此，为了计算飞行技术性能必须采用考虑到飞机按飞行状态纵向的配平 ($m_z=0$) 的极曲线。根据风洞模型实验研究取得空气动力系数值，就可以在需要的 C_{ya} 值和 M 数范围内计算飞机的配平极曲线。

根据实验的结果用图解法可以绘制飞机的平衡极曲线(图 16.12)。

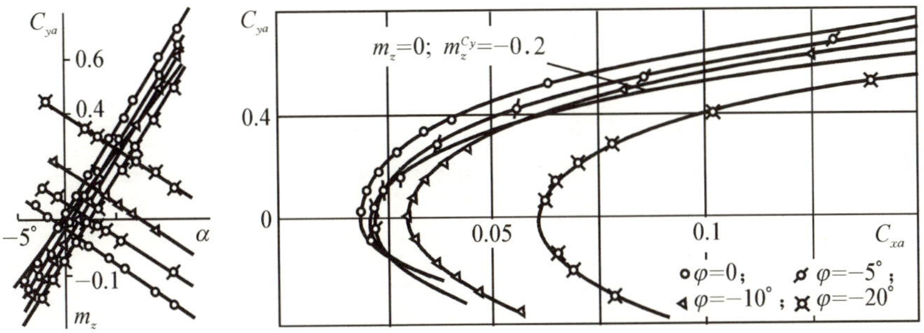

图 16.12　在纵向静稳定余量 $m_z^{C_y}=-0.2$ 时，飞机配平关系曲线 $C_{ya}(\alpha)$ 和平衡极曲线的示例

确定零升力阻力系数

飞机的阻力系数 $C_{xa\,0}$ 一般可以写成如下阻力和的形式：

——机翼外形阻力——$C_{x\,0\,\text{кр}}(S_{\text{конс}}/S)$；

——机身阻力——$C_{x\,0\,\text{ф}}(S_{\text{мф}}/S)$；

——水平尾翼浸润面积阻力——$C_{x\,0\,\text{го}}(S_{\text{го}}/S)$；

——垂直尾翼浸润面积阻力——$C_{x\,0\,\text{во}}(S_{\text{во}}/S)$；

——飞行员座舱盖阻力——$\Delta C_{x\,0\,\text{фон}}$；

——在机翼或机身下悬挂的外挂物的附加阻力（考虑到与飞机的干扰）——$\Delta C_{x\,0\,\text{гр}}$；

——由于飞机表面与光滑的气动力表面(缝隙、铆钉、口盖、焊缝等)不同的附加阻力和未计及零件的阻力——$\Delta C_{x\,0\,\text{вредн}}$；

——由于飞行速度和高度的变化飞机附加摩擦阻力——$\Delta C_{x\,0\,Re}$；

这个和的前 6 项是空气粘性引起的摩擦阻力和飞机部件的形状及厚度决定的波阻之和。

对于近似估算最通用的机翼形状(直薄机翼、后掠和三角形机翼)和典型的超声速飞机单发动机布局的尺寸和机身形状 ($\bar{S}_{\text{мф}}=0.05\sim0.1$；$\lambda_{\text{эф}}=10\sim13$)，可以利用从有系统的实验研究中得到的机翼-机身组合体的实验关系曲线 $C_{xa\,0}=f(M)$。

在第 2～4 章中介绍的带轴对称机身的系列直薄机翼、后掠和三角形机翼的实验关系曲线 $C_{xa\,0}=f(M)$，可以用来近似地估算所计算的机翼-机身组合体的 $C_{xa\,0}$。

在所计算的机翼-机身组合体的机翼参数与在这些章所介绍的机翼参数不同的情况下，可以按第 2 章介绍的相应的关系 $C_{xa\,0}=f(\lambda_{\text{кр}},\eta,\chi_{\text{пк}},\bar{c}_{\text{кр}})$ 将 $C_{xa\,0}$ 换算成别的展弦比、根梢比、后掠角、相对厚度或翼型前缘曲率半径。

机身最大横截面面积和形状的变化对机翼-机身组合体 $C_{xa\,0}$ 影响的估算，可以按图 16.13 所示的关系曲线 $\Delta C_{xa\,0\,\text{ф}}/\bar{S}_{\text{мф}}=f(M)$。

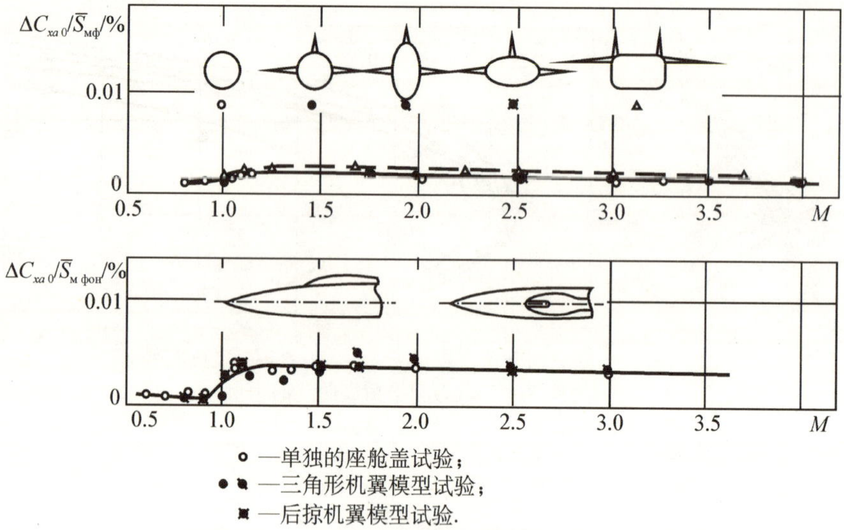

图 16.13　$C_y = 0$ 时 M 数和机身(ф)与座舱盖(фон)最大相对截面对飞机阻力系数的影响

在第 2 章介绍了梯形和三角形机翼与圆柱体机身组合的 $C_{xa0} = f(M)$ 的关系。这些资料可以用来估算机身最大横截面形状变化对机翼-机身组合体的 C_{xa0} 的影响。

带选定参数的水平尾翼和垂直尾翼的阻力系数可按单独机翼 C_{xa0} 同样的方法确定。

尾翼阻力系数换算成别的相对面积可以根据如下关系进行：

$$\frac{C_{xa\,0\,ом.\,го+во}}{\bar{S}_{го+во}} = f(M)$$

对具有接近于典型参数的尾翼而相对厚度又不同时，换算 $C_{xa\,0\,го+во}$ 用与翼型相对厚度平方成正比($M > 1$)。

飞行员座舱盖的阻力按单独座舱盖和带座舱盖的前机身风洞试验资料估算，该座舱盖具有不同前玻璃的倾斜角和不同的最大相对横截面。

对于超声速飞机所采用的飞行员座舱盖的形状和尺寸在图 16.13 上给出了 $C_{x0\,фон} = f(M)$ 的关系，式中 $C_{x0\,фон}$ 是与用机翼面积比表示的座舱盖相对最大横截面值。

由于翼下悬挂各种外挂物，飞机阻力的估算根据第 2 章介绍的 $\Delta C_{x\,0\,сн+инт} = f(M)$ 和 $\Delta C_{x\,0\,пил} = f(M)$ 的关系进行。

带外挂物的阻力增量也可以按第 2 章的经验公式计算。

由于飞机表面与气动力光滑表面不同(波纹度和粗糙度、铆钉和螺钉头、蒙皮对接、缝隙等)和飞机上装有突出于气流中的小零件(天线、操纵系统的组合件和附件、冷却系统的进气口等)阻力和附加阻力所有分量准确的计算方法很复杂、费事,需要有关于飞机,其中包括关于其表面边界层状态和压力分布的详细信息。

采用这些方法在探索改善已经设计出来的飞机外形的途径时是必需的,而其模型则经过风洞试验。为了确定与换算成实际情况有关的 ΔC_{xa},在飞机设计的早期阶段,在选择其布局和基本参数进行有系统的计算、比较评价各种方案时,较为简单的方法就够用了。下面提出一种方法,通过消除或平均二阶量参数的影响可以得到在改变确定的飞机布局的基本参数及其飞行状态时摩擦阻力变化的简单关系。这种方法的基础是已经研究十分清楚的平板摩擦阻力规律。飞机的绕流假定是无分离的,迎角和流动空间性的影响忽略不计,边界层认为是湍流的。

在湍流摩擦阻力系数计算的实践中,最常用的是平板的经验规律。在 $Re=10^6\sim10^9$ 范围内的所有公式都给出十分接近的结果,位于实验值散布范围之内。压缩性对摩擦阻力系数的影响通常引入与飞行 M 数有关的因子加以考虑。

计及空气压缩性影响的计算平板平均摩擦系数 C_F 的公式具有如下形式:

$$C_F=\frac{0.030\,6}{\sqrt[7]{Re}}\frac{1}{(1+0.1M^2)^{3/4}} \tag{16.2}$$

飞机的摩擦阻力系数 $C_{xa\ \text{тр}}$ 显然是其部件(机翼、尾翼、机身、发动机短舱等)摩擦系数之和。

采用摩擦幂定律可以把飞机摩擦系数表示为 3 个相乘数,其中第 1 个仅取决于飞机的几何参数,第 2 个取决于飞行高度,而第 3 个取决于 M 数。在集合飞机所有几何参数中,可以分出飞机的特征长度尺寸——当量平板的弦长。这个假想的量是这样弦长的平板,其浸润表面和摩擦系数等于飞机的浸润表面和摩擦系数。对于所采用的摩擦(幂)定律,当量平板的弦长由公式确定:

$$b_{\text{экв}}=\left[\frac{S_{\text{ом}}/S}{\sum_k\frac{S_{\text{ом}\,k}/S}{\sqrt[7]{b_k}}}\right]^7$$

分析一系列不同用途的超声速飞机的几何参数表明,当量平板的弦长在量值上接近于矩形平板的弦长,其面积等于飞机水平投影面积 $S_{\text{пр}}$ 和展长等于机翼展长 l(图 16.14)。

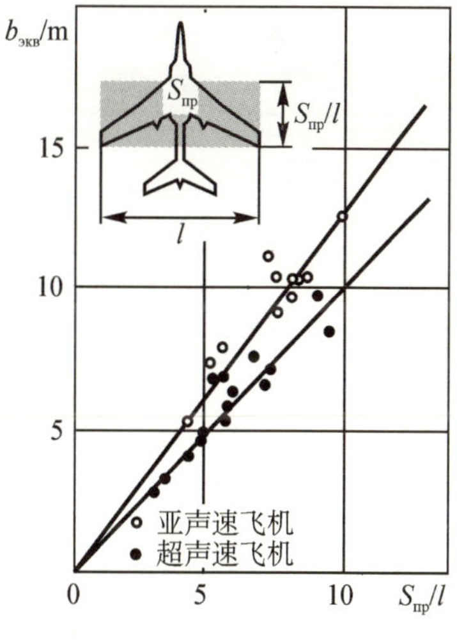

图 16.14　飞机特长度-当量平面弦长的确定

利用当量平板的弦长作为飞机的特征长度尺寸并规定取决于飞行 M 数和高度的因子,得到飞机摩擦阻力系数的如下公式,该公式适用于分析这个系数与其几何参数和飞行状态变化的基本规律性:

$$C_{xa\,\text{тр}} = C_F(H = 11\ \text{km};\ M = 0.8;\ b_{\text{экв}}) f_H f_M \frac{S_{\text{ом}}}{S} = \frac{0.00315}{\sqrt[7]{b_{\text{экв}}}} f_H f_M \frac{S_{\text{ом}}}{S} \tag{16.3}$$

函数

$$\left.\begin{aligned} f_H &= \frac{C_F(H)}{C_F(H = 11\ \text{km})} = \sqrt[7]{\frac{\left(\frac{\rho a}{\mu}\right)_{H=11\text{km}}}{\left(\frac{\rho a}{\mu}\right)_H}}; \\ f_M &= \frac{C_F(M)}{C_F(M = 0.8)} = \left(\frac{1.065}{1 + 0.1M^2}\right)^{3/4} \left(\frac{0.8}{M}\right)^{1/7} \end{aligned}\right] \tag{16.4}$$

示于图 16.15。式(16.4)中第 1 式的值 $\frac{\rho a}{\mu}$ 是在 $M = 1$ 和特征长度尺寸 $l = 1\ \text{m}$ 时的雷诺数。

采用公式(16.3)和(16.4)可以对给定构型的飞机确定的 $H = 11$ km 和 $M = 0.8$ 的摩擦阻力系数换算成任意飞行高度和 M 数的。

作这样的换算也可以在这样情况下，即在给定的高度和速度下摩擦系数用不同于上述的方法确定的。

对于亚声速和超声速飞机，利用公式(16.4)换算求得的摩擦系数与飞行 M 数和高度的关系示例示于图 16.16。

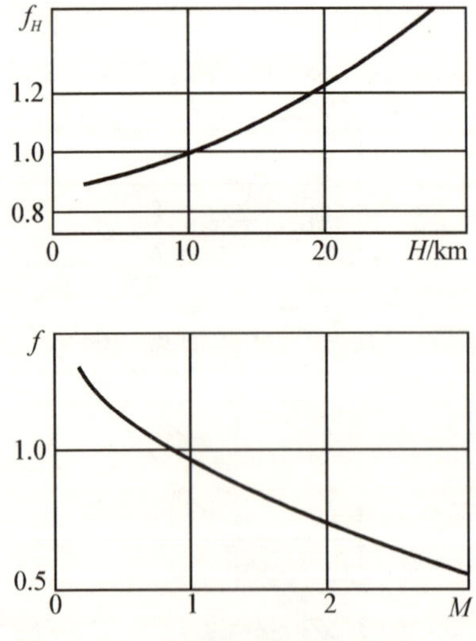

图 16.15 计算飞机摩擦阻力系数时所需的系数 $f_H(M)$ 和 $f_M(M)$

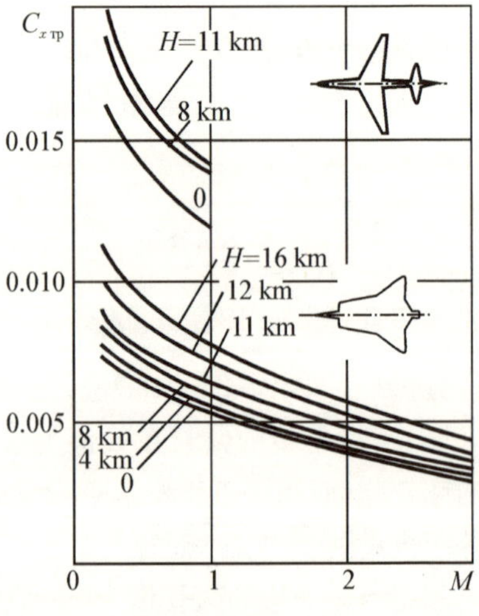

图 16.16 摩擦阻力系数与飞行 M 数和高度的关系示例

在公式(16.3)中有飞机的 2 个几何参数：当量平板弦长和飞机浸润面积与机翼面积之比。确定各种飞机摩擦阻力系数不同的主要参数是飞机总浸润表面面积与其机翼面积之比，该比在公式(16.3)中是线性的。这个比，因而摩擦阻力系数取决于空气动力布局形式和翼载并可能变化 1.5～2 倍：从“无尾”式飞机 $S_{ом}/S\approx 3$ 到正常式飞机 $S_{ом}/S\approx 4\sim 6$(图 16.17)。

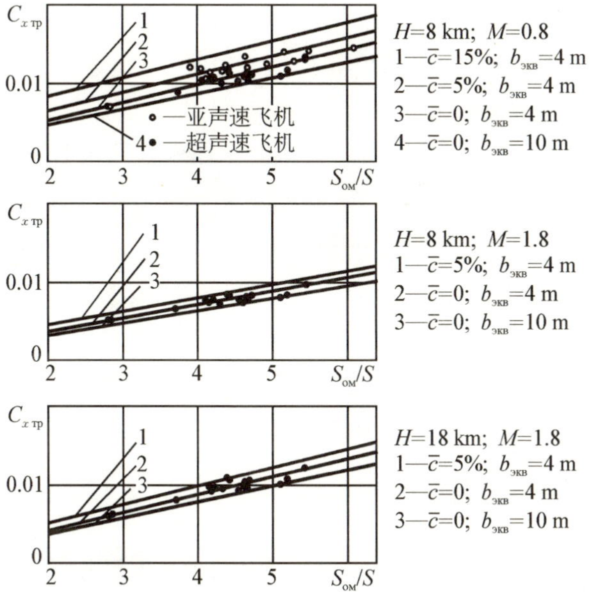

图 16.17　摩擦阻力系数与飞机浸润面积($S_{ом}$和机翼面积 S)之比的关系

飞机的长度尺寸对摩擦系数值影响很小：改变当量平板弦长 $b_{экв}$从 3 m 到 $b_{экв}=15\sim 20$ m 时，阻力系数变化 20%～30%。处理各种飞机摩擦系数的计算结果表明，对飞机部件相对厚度$\bar{c}$的修正在第 1 次近似计算中与参数$\bar{c}/\bar{S}_{ом}$呈线性变化(图 16.18)，

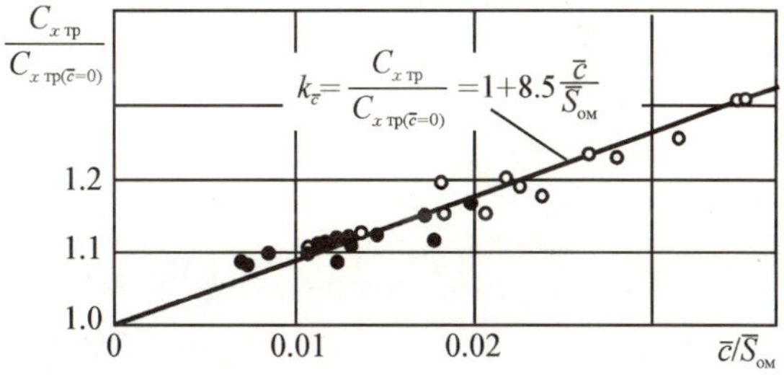

图 16.18　$C_{x\ тр}$按飞机部件相对厚度的修正

$$C_{x\ тр}\approx C_{x\ тр(\bar{c}=0)}\left[1+8.5\frac{\bar{c}}{\bar{S}_{ом}}\right]$$

阻力增加对于超声速飞机可能是 10%～15%和对于亚声速飞机可能是25%～30%。

研究飞机部件的摩擦阻力系数表明，机翼和尾翼的摩擦阻力与飞机的摩擦阻力之比平均比这些部件的浸润表面积与飞机的浸润表面积之比大 25%。机身摩擦阻力与飞机摩擦阻力之比比机身浸润表面积与飞机总浸润表面积之比大约小 25%，这是因为机翼和尾翼比机身具有较小的特征尺寸，而且相对厚度的影响也不同。

在有层流段时摩擦阻力要减小。对于光滑的平板，摩擦阻力减小为

$$\Delta C_F = -\bar{x}_п [C_{F\,турб}(\bar{x}_п) - C_{F\,лам}(\bar{x}_п)]$$

式中，$\bar{x}_п = x_п / l$——用特征长度尺寸衡量的层流边界层变成湍流层转捩点的位置。

计算表明，在 $Re = 10^6 \sim 10^8$ 范围内摩擦系数与层流边界层变成湍流边界层的转捩点位置的变化接近于线性。

增加层流段长度 $\Delta\bar{x}_п = 0.1$ 弦长，在 $Re = 10^6 \sim 10^8$ 范围，平板阻力系数与完全湍流边界层的阻力系数相比减小 7%～9%。

对于完全湍流边界层，计算模型和飞机的摩擦系数的差时可以利用式(16.3)，在第 1 次近似计算中可忽略厚度和空间流动的影响。

在式(16.3)基础上经过基本的变换得：

$$\Delta C_{x\,тр} = C_{x\,тр.\,мод} - C_{x\,тр.\,нат} = C_{x\,тр.\,нат}\left\{\left[\frac{Re_{нат}}{Re_{мод}}\right]^{1/7} - 1\right\}$$

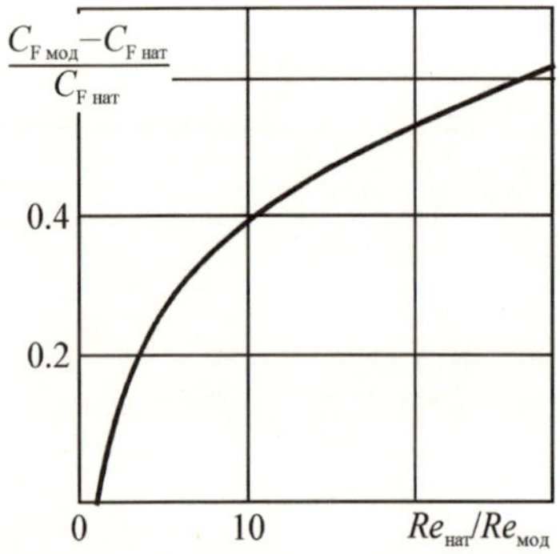

图 16.19 依据实物与模型的 Re 数之比由模型摩擦系数换算成飞机摩擦系数

计算飞机阻力系数到高度 $H = 11$ km，利用早先作出的 2 条曲线就可以大大简化计算。其中第 1 条——$Re_{нат(H=11km)} / Re_{мод}$ 关系函数(图 16.19)。

$$f_{Re} = \left[\frac{Re_{нат}}{Re_{мод}}\right]^{1/7} - 1,$$

式中，$Re_{нат(H=11km)} = 7.57 \times 10^6 Mb$。

第 2 条——在高度 $H = 11$ km 平板摩擦系数与飞行高度和特征长度尺寸的关系：

$$C_{F11} = \frac{0.030\,6}{(1 + 0.1M^2)^{3/4} M^{1/7}} \frac{1}{(\rho a/\mu)_{H=11}^{1/7} b^{1/7}}$$

于是从模型换算成飞机的修正量用这 2 个函数与飞机浸润表面面积和机翼面积或其他计算空气动力系数的设定面积之比的乘积来确定：

$$\Delta C_{x\,тр} = -f_{Re} C_{F11} \frac{S_{ом}}{S}$$

机翼和尾翼相对厚度的影响可以在系数公式中引入按统计数据确定的 $k_{\bar{c}}(\bar{c}/\bar{S}_{ом})$(图 16.18)

$$\Delta C_{x\,тр\,\bar{c}} = -f_{Re} C_{F11} k_{\bar{c}} \frac{S_{ом}}{S}$$

飞机与其几何相似模型不同之处，在于表面状态和突出于气流中的不可模拟的零件。这使飞机的阻力系数与其引入雷诺数修正之后所得到的数值相比增加了。

在选择布局阶段，为了计算可以采用废阻的平均统计值并根据实验和计算研究的结果认为，阻力系数的增加与这个值和飞机表面面积与机翼面积之比的乘积成正比（图 16.20）。

$$\Delta C_{x\,\text{вр}} = \Delta C_{\text{F вр}} \cdot \frac{S_{\text{ом}}}{S}$$

结果，在零升力时所得到的模型风洞试验的阻力系数换算成高度 $H = 11\,\text{km}$ 实际条件的总修正量将是

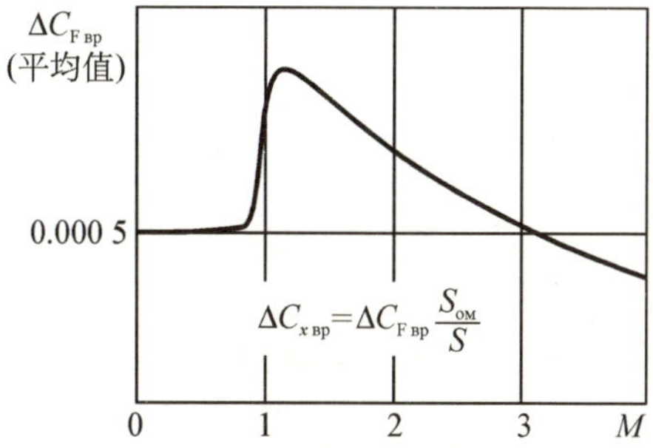

图 16.20　从模型换算成飞机时平均的阻力系数增量值

$$\Delta C_{x\,\text{нат}} = (\Delta C_{\text{F вр}} - f_{Re} C_{\text{F11}} k\,\bar{c})\,\frac{S_{\text{ом}}}{S}$$

飞机的摩擦阻力系数从高度 $H = 11\,\text{km}$ 换算成任意高度的修正量可借助 2 条事先计算的函数曲线：

$$\Delta C_{x\,\text{тр}\,H} = C_{x\,\text{тр}\,H} - C_{x\,\text{тр}11} = \Delta f_H C_{\text{F11}} \cdot k_{\bar{c}}\,\frac{S_{\text{ом}}}{S}$$

式中，C_{F11}——按图 16.21 确定，而 $\Delta f_H = f_H - 1$ 按图 16.22 确定。

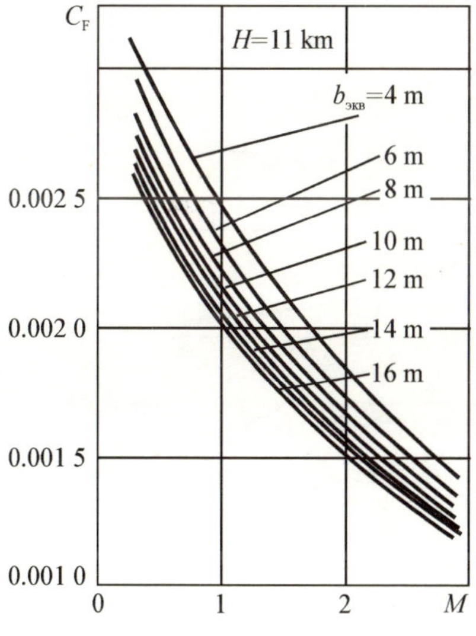

图 16.21　高度 11 km 飞机不同的特征长度摩擦系数与 M 数的关系

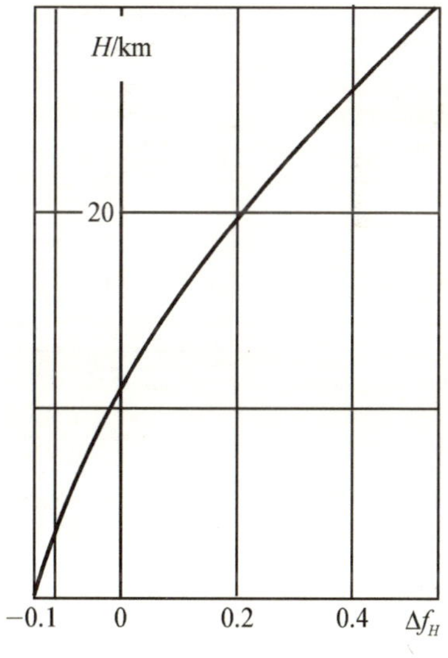

图 16.22　飞机摩擦阻力由飞行高度 $H = 11\,\text{km}$ 换算成任意高度的关系式 $\Delta f_H(H)$

进一步简化计算公式并分析飞机阻力分量表明，在亚声速下飞机零升阻力系数粗略估算可按如下结构的公式进行：

$$C_{xa\,0} = 1.35(C_{\text{F}} + 0.000\,3)\,\frac{S_{\text{ом}}}{S} + 0.03\,\overline{F} + \frac{0.05}{S};$$

式中第1项是摩擦系数和“废”阻系数(C_F 按图16.21确定)，第2和第3项考虑飞机升力部件厚度的“不可计算”的影响($\overline{F}$——机身及其他升力部件总的相对面积)、座舱盖及其他不良流线型部件的阻力。公式的系数是各种布局飞机模型在中央空气流体动力研究院风洞试验结果统计处理得到的。

在图16.23上对于一系列超声速飞机示出了相对于浸润表面面积的 $H=11\ 000$ m 最小阻力系数和这些飞机的摩擦阻力系数范围。

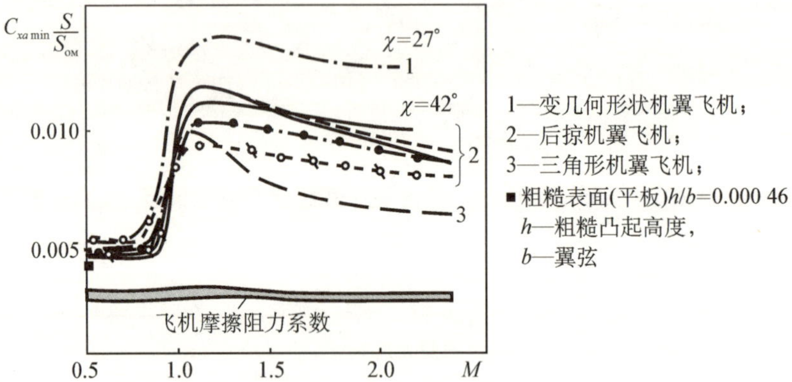

图16.23 相对于浸润表面积 $S_{ом}$ 的飞机阻力系数

在图16.24上示出了相对于这些减速板面积的超声速飞机机身减速板的平均附加阻力。

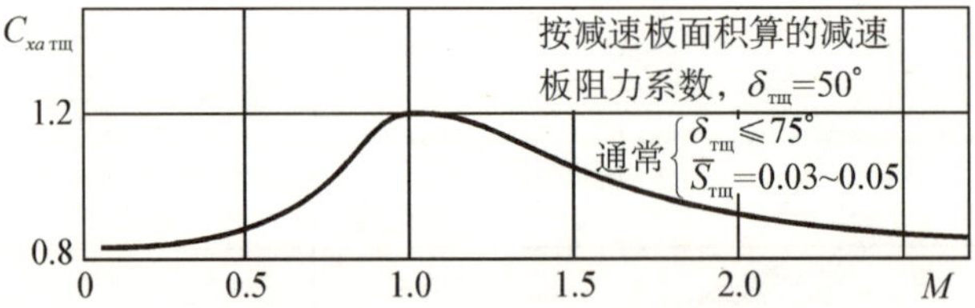

图16.24 机身减速板(无缝隙)

在图16.25上示出了在高度≠11 km用近似方法和准确计算确定的 Re 数对飞机附加阻力的比较。

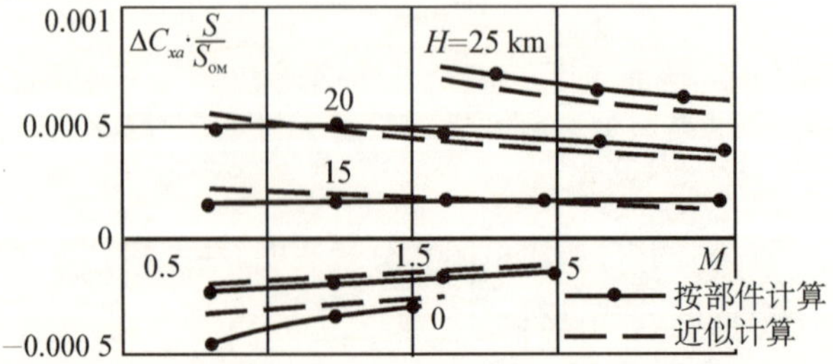

图16.25 在高度 $H\neq 11$ km 考虑 Re 数的飞机附加阻力

16.3　稳定水平飞行($n_{xa}=0$；$H=\text{const}$，$n_{ya}=1$)

稳定水平飞行（$\cos\theta\approx1$ 或准水平飞行）——非机动(运输)飞机的基本状态。确定这样飞机的空气动力布局，要根据保证表征这一主要状态的给定的参数值，而起飞着陆特性则由选择机翼增升装置或加装保证在起飞着陆迎角下增加升力的专门设备加以保证(图-144)。对于机动飞机来说，稳定水平飞行也是主要状态之一。在计算这一状态时要确定最大和最小飞行速度和高度、巡航飞行的续航时间和航程。这些状态的计算和分析通常与其他特性的计算和分析是分不开的，并根据统一的综合程序与飞机空气动力、动力装置、重量和几何特性原始数据的统一系统来处理。这一综合程序作为第 1 阶段指标计算，包括对给定的一组飞行重量，计算表征飞机指标的 n_{xa}，$\overline{Q}_t$，α 与 V，H，$\overline{P}$，n_{ya}，$\varphi_{\text{т}}$ 函数关系。

对给定的飞行重量在给定的高度上的稳定水平飞行**最大和最小速度**，传统上是通过对比需用推力，即飞机水平飞行的阻力 $X_a=G/K$，与在全部可能的速度范围内动力装置的可用推力 $P_{\text{расп}}$ 来确定。最大和最小飞行速度对应如下条件(图 16.26)：

$$P_{\text{расп}}=G/K \text{ 或 } P_{\text{расп}}/G=1/K \text{ 或 } n_{xa\,1}=(P/G)_{\text{расп}}-1/K=0$$

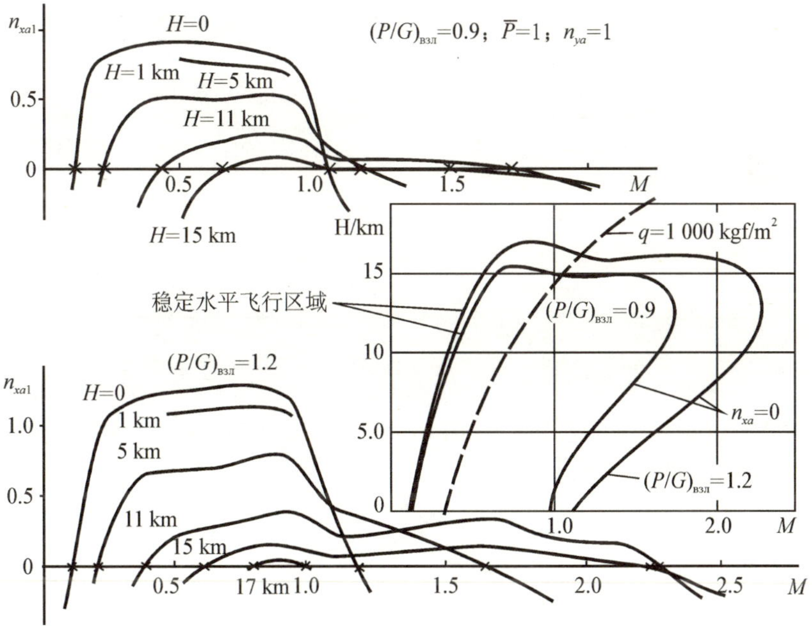

图 16.26　计算稳定水平飞行状态区域的边界

满足这些条件的点(如果这些点是存在的)在整个高度上可能有 2 个(1 个)点或在高空有 4(3)个点。附加的点由于通过声速 ($M=0.8\sim1.2$) 空气动力特性急剧变化而出现。在 V、H 平面内 $V_{\min}(H)$和 $V_{\max}(H)$点的几何位置形成稳定水平飞行状态区域的边界。边界的上部对应着稳定飞行的最大高度。最大飞行速度是在大速压(小迎角)下达到的,因此,水平飞行所需要的升力系数 $C_{ya\ \text{гп}}$ 和所确定的飞机的升阻比 $K=C_{ya\ \text{гп}}/C_{xa}$ 并不取决于动力装置的推力。在亚声速下 $V_{\min}$ 和 $H_{\max}$ 是在小速压(大迎角)下达到的。因此,在计算它们时通常要考虑水平飞行所需要的升力系数与推力在轨迹上的法向分量,对于 $\alpha \leqslant 25°$ 使用公式

$$C_{ya} \approx \frac{G/S}{q} \cdot \frac{1}{1+\dfrac{P_{\text{расп}}/S}{C_{ya}^{\alpha}} \cdot \dfrac{1}{q}},\ n_{xa1} \approx \frac{P_{\text{расп}}}{G} - \frac{1}{K}$$

在确定最大和最小飞行速度和高度时(在超声速下不仅存在最大的而且存在最小的飞行高度),要考虑到与 M 数、迎角、驻点温度、速压或进气道管道内压力有关的动力装置工作的限制,与飞机升力特性、稳定性或操纵性、保证密封座舱所需压力有关的飞行安全的限制等。

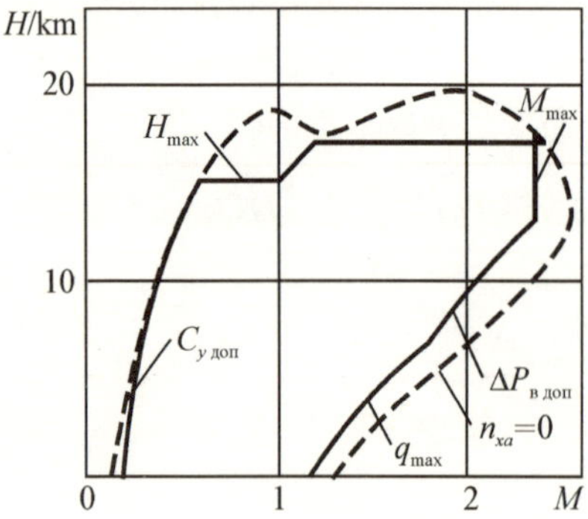

图 16.27 飞机的最大、最小速度和最大飞行高度由各种限制确定(示例)

作为每一高度上的最大飞行速度是取对应于限制速度中的最小速度,如果它小于满足 $n_{xa}=0$, $H=\text{const}$, $n_{ya}=1$ 的速度。

作为每一高度上的最小飞行速度是从这些速度中取最大值,如果它超过对应于 $n_{xa}=0$、$H=\text{const}$、$n_{ya}=1$ 的速度。

超声速飞机的最大和最小飞行速度通常由各种限制确定的(图 16.27 和图 16.28)。

在不同的高度 $H=\text{const}$ 最大飞行速度中的最大者称为飞机的最大速度。稳定飞行状态区域边界的数个点(点),在这些点上最大和最小速度相一致,称为飞机的理论静升限。

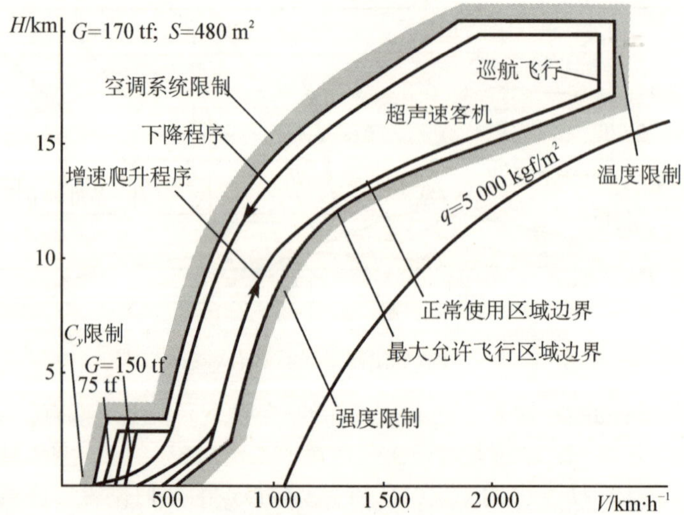

图 16.28 超声速客机的稳定平飞区域(示例)

在 $\overline{P}=1$、$H=\text{const}$、$n_{ya}=1$ 时，$n_{xa}(V)$ 关系的存在就能够计算在给定的速度范围内飞机的水平飞行增速：

$$t_{\text{разг}}=\frac{1}{g_c}\int_{V_H}^{V_K}\frac{dV}{n_{xa1}}\approx\frac{V_K-V_H}{g_c(n_{xa1})_{\text{cp}}}$$

通常为了比较分析的目的，在给定的高度上对某一给定的速度范围确定增速时间。取 $V_н=600$ km/h 和 $V_к=1\,100$ km/h，在高度 $H=1\,000$ m，得：

$$t_{\text{разг}}=\frac{14.15}{(n_{xa1})_{\text{cp}}}$$

对于高起飞推重比的超声速飞机，该值为 12～16 s。

水平稳定飞行的**经济速度和最有利速度**。在每一飞行高度上除了最大和最小速度以外，在分析时有意义的是：

$V_{эк}$——经济速度，在该高度上对应于单位时间最小燃油消耗量的速度（小时消耗量最小）；

$V_{нв}$——最有利速度，在该高度上对应于经过的单位路程的最小燃油消耗量的速度（公里消耗量最小）。

单位时间燃油消耗量 Q_t 和经过单位路程的燃油消耗量 Q_V 由以下显而易见的公式确定：

$$Q_t=Ce\cdot P_{\text{расп}}\cdot\overline{P}=\frac{Ce}{1-\Delta\overline{P}_\Sigma}\cdot\frac{G}{K}\ \text{或}\ \overline{Q}_t=\frac{Q_t}{G}=\frac{Ce}{1-\Delta\overline{P}_\Sigma}\cdot\frac{1}{K}=\frac{Ce_{\text{эф}}}{K};$$

$$Q_V=\frac{Ce}{1-\Delta\overline{P}_\Sigma}\cdot\frac{G}{V\cdot K}\ \text{或}\ \overline{O}_V=\frac{Ce_{\text{эф}}}{V\cdot K}$$

式中，$\Delta\overline{P}_\Sigma$——补充期望的相对推力损失（即增加到其期望的发动机推力上）。这些损失在专门的试验台上通过进气道和喷管模型试验加以确定（第 5 章）。$\Delta\overline{P}_\Sigma$ 关系的可能特性示于图 16.29。

Ce——燃油消耗率，取决于飞行速度（M 数）和动力装置的调节推力参数（$\overline{P}=G/(K\cdot P_{\text{расп}})<1$）该调节参数本身取决于由飞行速度决定的需用推力和可用推力（图 16.30）。

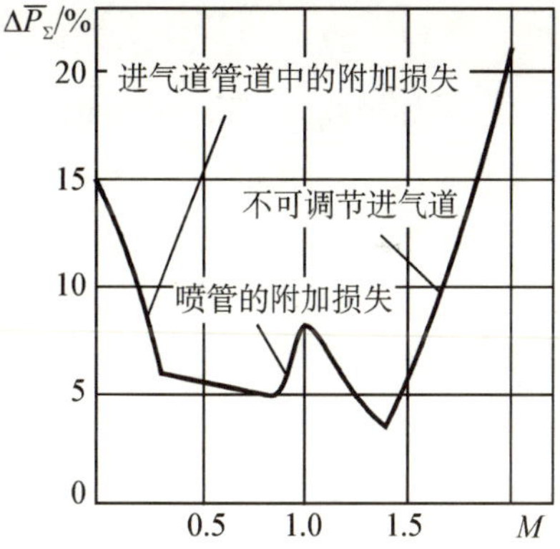

图 16.29　附加于说明书中的推力损失关系示例

假设飞机极曲线和燃油消耗率不取决于速度（M 数），而极曲线用抛物线拟合，可以得到在没有压缩性影响的速度范围内成立的近似公式：

——单位时间最小燃油消耗量状态（Q_t）：

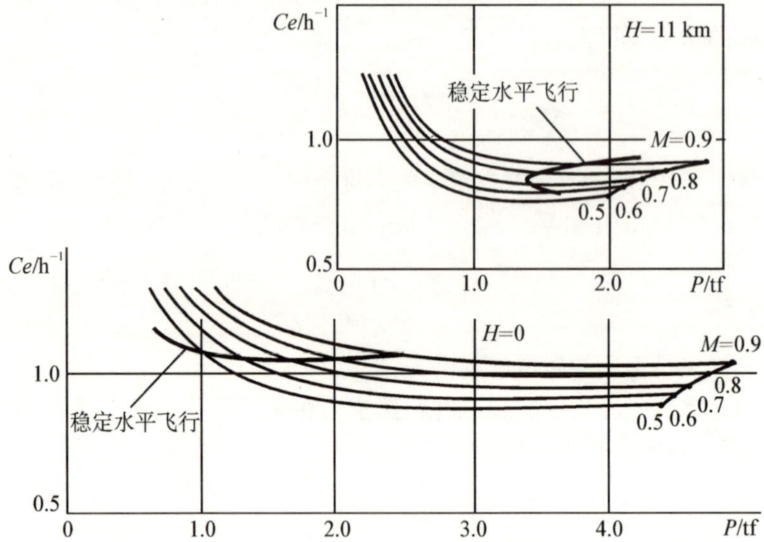

图 16.30 稳定水平飞行中燃油消耗率

$$C_{ya\ \text{гп}} = C_{ya\,K_{\max}},\ K_{\text{гп}} = K_{\max}$$

$$V_{\text{эк}} = V_{K_{\max}} = \sqrt{\frac{2}{\rho}\left[\frac{G/S}{C_{ya\,K_{\max}}}\right]}$$

——单位路程最小燃油消耗量状态 Q_V：

$$C_{ya\ \text{гп}} = \frac{1}{\sqrt{3}}\left[\sqrt{1+\frac{1}{3}(C_{ya}^{*}/C_{ya\,K_{\max}})^2}+\frac{1}{3}(C_{ya}^{*}/C_{ya\,K_{\max}})\right]\cdot C_{ya\,K_{\max}}$$

$$V_{\text{HB}} = \sqrt[4]{3}\left[\sqrt{1+\frac{1}{3}(C_{ya}^{*}/C_{ya\,K_{\max}})^2}-\frac{1}{3}(C_{ya}^{*}/C_{ya\,K_{\max}})\right]\cdot V_{K_{\max}}$$

在对称极曲线($C_{ya}^{*}=0$)的情况下，计算单位路程最小燃油消耗量状态的公式可大大简化：

$$C_{ya\ \text{гп}} = \frac{1}{\sqrt{3}}C_{ya\,K_{\max}} = 0.577C_{ya\,K_{\max}}$$

$$K_{\text{гп}} = \frac{\sqrt{3}}{2}K_{\max} = 0.866K_{\max}$$

$$V_{\text{HB}} = \sqrt[4]{3}V_{K_{\max}} = 1.316V_{K_{\max}} = 1.316V_{\text{эк}}$$

$$KV = \frac{\sqrt{3\sqrt{3}}}{2}K_{\max}V_{K_{\max}} = 1.14K_{\max}V_{K_{\max}}$$

重要地指出，在没有压缩性影响的情况下，在给定的飞行高度，最小公里消耗量的速度明显地超过 K_{max} 和 $Q_{t\,min}$ 的速度。

这是因为临近 K_{max} 的升阻比随飞行速度变化很小，而速度的影响在 KV 乘积中成为决定性的。正是因为在 K_{max} 附近升阻比与飞行速度关系很小，所以 $n_{xa}(V)$ 曲线也有这样的特点(图 16.26)。类似的状态只在低空飞行时才能实现(图 16.31)。随着飞行高度的增加，对应于 K_{max} 的飞行的经济速度在增加。V_{HB} 超前它 30%也增加，首先进入压缩性影响和 K_{max} 下降区域。翼载的增加和 $C_{ya\,K_{max}}$ 的减小促进了这一点(参数 $(G/S)/C_{ya\,K_{max}}$ 增加)。为增大 $K_{max}M$ 乘积而增加飞行速度，当 M 数达到从该 M 数开始最大升阻比减小比速度增加更强烈时，就变得不利了(图 16.31)。

实际上 $Q_{V\min}$ 状态对应于稍小一些的 M 数，因为 Ce 随速度增加而增加(图 16.30)。$Q_{t\,min}$ 状态是在较小的飞行速度和高度、没有压缩性影响的区域内达到的。

因此，事实上两种状态都对应着 K_{max} 飞行，但是最小小时消耗量是在 K_{max} 情况下无压缩性影响达到的，而最小公里消耗量是在对应于 $K_{max}M$ 最大乘积的 K_{max} 情况下，在压缩性影响开始的区域内达到的($M_{опт}$ 在图 16.31 上)。

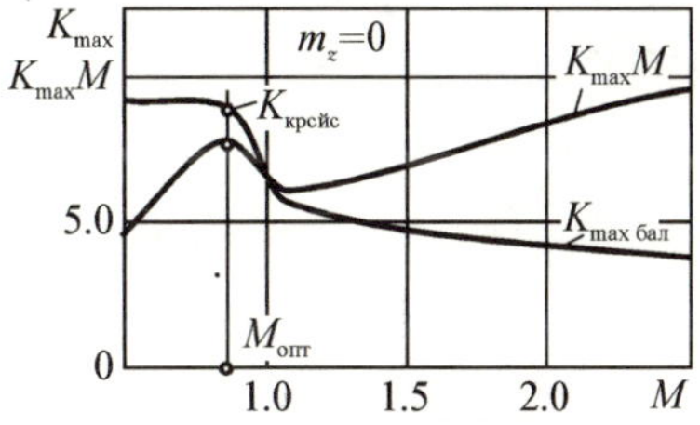

图 16.31　巡航飞行最佳 M 数的确定(第一次近似)

在每一具体情况下，依据飞行高度和速度直接计算小时和公里消耗量就不难确定 $Q_{t\,min}$ 和 $Q_{V\min}$ 状态，计算结果的示例示于图 16.32。

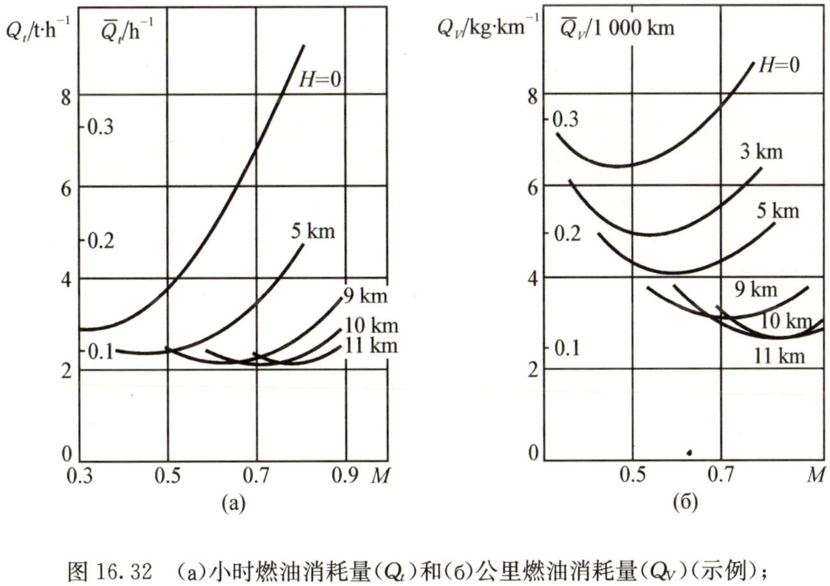

图 16.32　(a)小时燃油消耗量(Q_t)和(б)公里燃油消耗量(Q_V)(示例)；
$m = 25$ t，$P_{0ф}/G_{взл} = 1.2$，涡扇发动机，不加力状态

巡航状态的**航程**由公里燃油消耗量和飞机燃油相对储备量——飞机燃油装载系数$\overline{G}_т$来确定的：

$$L_{крейс}=\frac{KV}{Ce_{эф}}\ln\frac{G_н}{G_К}=\frac{KV}{Ce_{эф}}\ln\frac{1-\overline{G}_{т.\,нв}}{(1+\overline{G}_{т.\,сн})-\overline{G}_т}$$

式中，$\overline{G}_{т.\,нв}$——上升中的相对燃油消耗量（上升至起始巡航高度）；$\overline{G}_{т.\,сн}$——下降时的相对燃油消耗量（巡航终结后）。

运动方程精确解得到的公式是在$H>11\,000\,\mathrm{m}$，假设动力装置的推力是沿轨迹的切向，飞行在常值升力系数下以等速进行。在这些假设中M数、发动机工作状态和燃油消耗率均为常值，并不随燃油消耗而发生变化，因为飞行重量的减小以飞行高度的增加来补偿。

在确定空气动力布局阶段，增加亚声速航程是以减少公里燃油消耗量和增加飞机燃油储备量来达到。在调试飞机阶段——在进入巡航状态时选择最佳爬高和速度状态。

如果在等高度用常值升力系数并随燃油消耗而减小飞行速度进行飞行，则航程可以按近似公式确定：

$$L_{крейс}=2\frac{K_{ср}V_н}{Ce_{ср}}(1-\sqrt{G_к/G_н})$$

在$Ce=\mathrm{const}$，等高度，减小速度，$C_{ya}=\mathrm{const}$飞行会使航程明显减少，但事实上$Ce_{ср}<Ce(G_н)$，$K_{ср}>K_н$，这就缩小了差别。

所研究的巡航飞行状态计算公式汇集于表16.1中：

表16.1 巡航飞行状态计算公式

	$V=\mathrm{const}$；$H=\mathrm{var}$		$V=\mathrm{var}$；$H=\mathrm{const}$
H	$H_н+6\,341.6\ln(G_н/G_к)$	V	$V_н\sqrt{G_к/G_н}$
L	$(KV/Ce_{эф})\ln(G_н/G_к)$	L	$2(K_{ср}V_н/Ce_{ср})(1-\sqrt{G_к/G_н})$
t	$(K/Ce_{эф})\ln(G_н/G_к)$	t	$(K/Ce_{эф})\ln(G_н/G_к)$

这里，下标（н，к）分别表示巡航飞行开始和结束。

$$K_{ср}=\sqrt{K_нK_к}\,;\qquad C_{ya\ гп}=\frac{G_н/S}{q(H_нV_н)}$$

如果发动机喷管是可转向的并且飞行中推力矢量的方向可以改变，则其最佳位置对应于这一矢量沿轨迹切线的方向，即导出布列盖公式时实现所作出的假设。

推力矢量向下偏转$\varphi_т=-\alpha$角（这相当于喷管向上偏转）将保证附加抬头

力矩。

$$\Delta m_z = \frac{C_{ya}}{K}\bar{l}_c\alpha$$

平衡这一力矩要求正常式飞机向上偏转水平安定面，致使升阻比增加——类似于静稳定飞机 $m_{z0} > 0$ 影响的效应。

$$\Delta\varphi_{бал} = -\frac{C_{ya}}{K}\frac{\bar{l}_c\alpha}{m_{zF}^{\varphi}}$$

超声速状态航程按上述的公式和关系式确定，除了在超声速下一般没有飞机气动性能所决定的 $K_{max}M = f(M)$ 关系的最大值，虽然根据动力装置工作及其调节可能有最大值。在一般情况下给定 $M_{опт}$ 和 $H_н$，这就决定了上述方法示出的需用的 $(P/G)_{взл}$ 和 $(G/S)_{взл}$。很大的差别在于进入超声速巡航飞行状态的燃油消耗量不是像亚声速状态那样的 3%～5%，而是起飞重量的 10%～15%（图 16.33 和图 16.34）。飞行速度和高度的关系在这里起着明显的作用并在解依据飞机用途和飞行目的所提出的变分问题的基础上加以选择。其中主要的是从起飞机场到进入巡航状态时燃油消耗量最小、时间最少、距离最短。

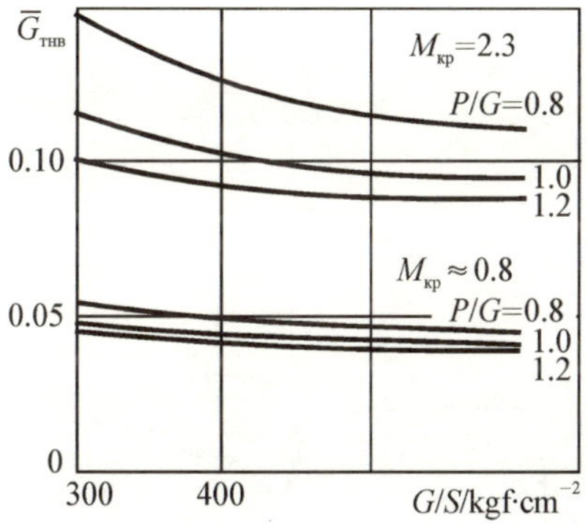

图 16.33　巡航飞行开始前相对燃油消耗量（评估用）

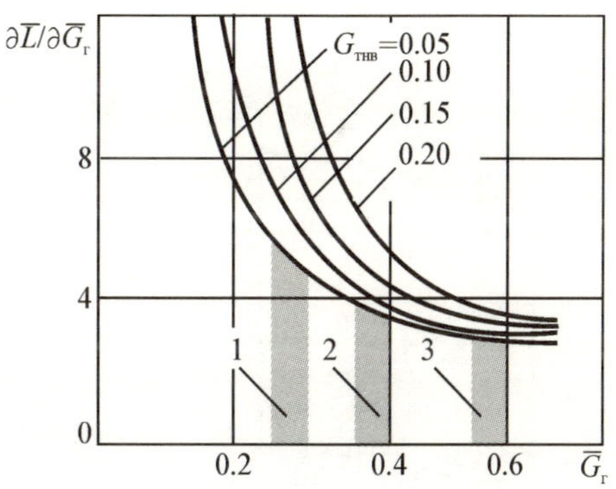

图 16.34　在增加燃油相对储备量相当于 1% 起飞重量时，相对增加的航程（%）；1—$G = 10 \sim 15$ tf，2—$G = 40 \sim 50$ tf，3—$G = 100 \sim 120$ tf

16.4　飞机的起飞及着陆距离

起飞距离

起飞分为两个阶段——起飞滑跑和空中段（图 16.35）。

起飞滑跑在轨迹倾斜角 $\theta = 0$ 时进行；飞机以动力装置可用推力 P 所保证的极限可能的加速度作直线运动，直至达到离地速度 $V_{отр}$，起飞着陆跑道的位置高度由密度 ρ 给出。

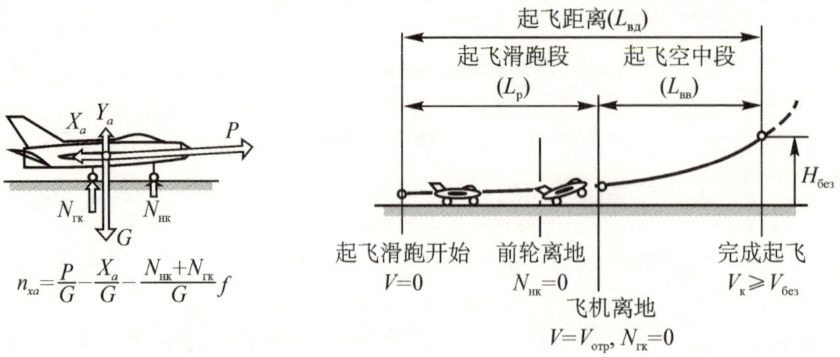

图 16.35 在起飞滑跑时作用在飞机上的力及起飞示意图

起飞空中段在 $H=0$，$\theta=0$，$V=V_{отр}$ 的情况下开始。

飞机离开起飞着陆跑道后继续爬升加速直至 $H_{без}$和 $V_{без}$给定值，以保证继续飞行的安全，在此过程中飞机应改变构型(收上起落架和襟翼)。

起飞滑跑和起飞空中段的总长度决定了起飞距离——飞机在起飞从起动瞬时到爬升到 $H_{без}$和速度 $V_{без}$所通过的水平距离。

超声速飞机起飞时的切向过载(加速度)决定于可用的推重比并在起飞过程中变化很小(图 16.36 和图 16.37)。

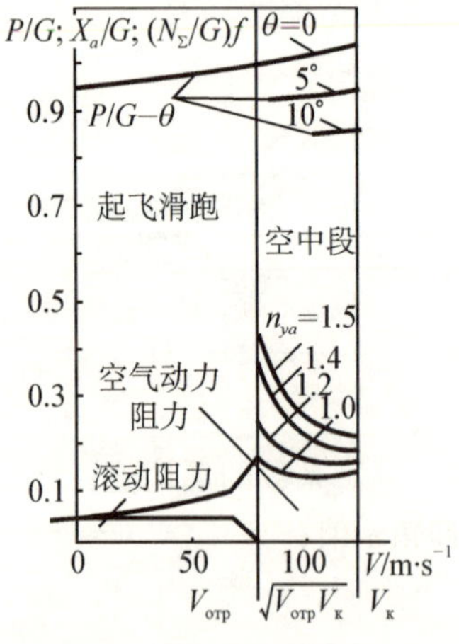

图 16.36 起飞时推力和阻力的变化(示例)

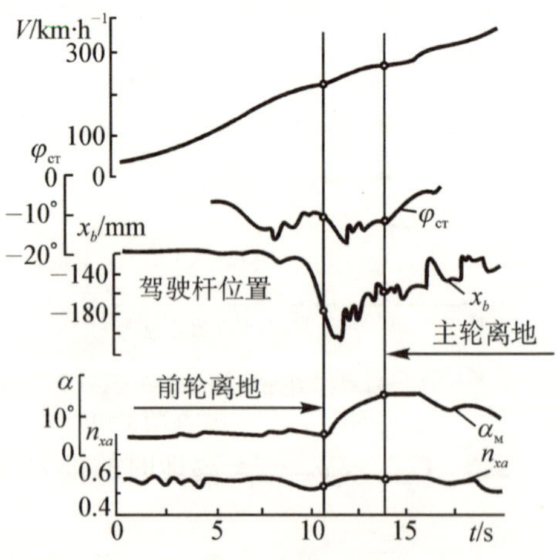

图 16.37 试飞记录的表征飞机起飞特性的各参数(示例)

因此，为了在飞机空气动力设计阶段分析起飞距离，可以提出计算其所有各阶段的简单公式。

由于解描述飞机起飞滑跑运动微分方程组的结果，在一系列简化的假设中，得到确定表征起飞滑跑主要参数的计算公式：

离地速度

$$V_{\text{отр}}=\sqrt{\frac{2}{\rho}}\sqrt{\frac{G/S}{C_{ya\ \text{отр}}}\left(1-\frac{P_{\text{отр}}}{G}\alpha_{\text{отр}}\right)}$$

起飞滑跑时间

$$t_{\text{p}}=\frac{1}{g_{\text{c}}}\sqrt{\frac{2}{\rho}}\sqrt{\frac{G/S}{C_{ya\ \text{отр}}}}\frac{\sqrt{1-\frac{P_{\text{отр}}}{G}\alpha_{\text{отр}}}}{\frac{P_{\text{p}}}{G}-f}\cdot\left[1+\frac{1}{3}\frac{1-\frac{P_{\text{отр}}}{G}\alpha_{\text{отр}}}{\frac{P_{\text{p}}}{G}-f}\frac{C_{xa\ \text{p}}-fC_{ya\ \text{p}}}{C_{ya\ \text{отр}}}\right]$$

起飞滑跑长度

$$L_{\text{p}}=\frac{1}{\rho g_{\text{c}}}\frac{G/S}{C_{ya\ \text{отр}}}\frac{1-\frac{P_{\text{отр}}}{G}\alpha_{\text{отр}}}{\frac{P_{\text{p}}}{G}-f}\cdot\left[1+\frac{1}{2}\frac{1-\frac{P_{\text{отр}}}{G}\alpha_{\text{отр}}}{\frac{P_{\text{p}}}{G}-f}\frac{C_{xa\ \text{p}}-fC_{ya\text{p}}}{C_{ya\ \text{отр}}}\right]$$

在 t_{p} 和 L_{p} 的公式中，括弧前的因子表示质量等于飞机质量的质点加速到等于离地速度所需的时间和路程长度。括弧内的第 2 项表示空气动力阻力对起飞滑跑时间和路程长度的影响。

假设 $C_{ya\ \text{p}}=0$，可以得到考虑空气动力阻力计算起飞滑跑时间和路程长度的最简单公式：

$$t_{\text{p}}\approx\frac{1}{g_{\text{c}}}\sqrt{\frac{2}{\rho}}\sqrt{\frac{G/S}{C_{ya\ \text{отр}}}}\frac{\sqrt{1-\frac{P_{\text{отр}}}{G}\alpha_{\text{отр}}}}{\frac{P_{\text{p}}}{G}-f-\frac{1}{3}\frac{C_{xa\ 0}}{C_{ya\ \text{отр}}}}$$

$$L_{\text{p}}\approx\frac{1}{\rho g_{\text{c}}}\frac{G/S}{C_{ya\ \text{отр}}}\frac{1-\frac{P_{\text{отр}}}{G}\alpha_{\text{отр}}}{\frac{P_{\text{p}}}{G}-f-\frac{1}{2}\frac{C_{xa\ 0}}{C_{ya\ \text{отр}}}}$$

式中：P_{p}，$C_{xa\ \text{p}}$，$C_{ya\ \text{p}}$——起飞滑跑时推力平均值和 C_{xa}、C_{ya} 系数的平均值；

$P_{\text{отр}}$，$C_{ya\ \text{отр}}$，$\alpha_{\text{отр}}$——离地时的推力、C_{ya} 系数和迎角 α 值；

g_{c}——自由落体加速度；

ρ——空气密度；

$G=mg_{\text{c}}$——飞机飞行重量；

S——机翼面积；

f——滚动阻力系数。

决定起飞滑跑的主要参数 $(G/S)/C_{ya\ \text{отр}}$ 和 (P/G) 不取决于计算空气动力特性所用的特征面积。

飞机在起飞空中段的运动用(16.1 节)的方程来描述。

通过简化、积分和一系列变换之后,得 4 个代数方程组,写成如下形式解方程组很方便:

——起飞空中段的长度:

$$L_{вв}=\frac{H_{без}+\dfrac{V_{без}^2-V_{отр}^2}{2g_c}}{k_т\left(\dfrac{P}{G}\cdot\right)_{взл}-\dfrac{1}{K_{ср}}}+\frac{2}{g_cK_{ср}}\cdot\frac{H_{без}V_{без}V_{отр}}{H_{без}+\dfrac{V_{без}^2-V_{отр}^2}{2g_c}}$$

——平均过载:

$$n_{ya\,ср}=1+\frac{2}{g_c}\cdot\frac{H_{без}V_{без}V_{отр}}{L_{вв}^2}$$

——飞行时间:

$$t_{вв}=\frac{L_{вв}}{\sqrt{V_{без}V_{отр}}}$$

——最终轨迹倾斜角:

$$\theta_к=\frac{2H_{без}}{L_{вв}}$$

式中:$K_{ср}$——起飞空中段平均升阻比;

$V_{ср}=\sqrt{V_нV_к}$—— 在这一段上飞机平均速度;

$H_{без}$,$V_{без}$——保证安全的跑道上空起飞空中段终端的高度和飞行速度。

系数 $k_т$ 考虑到从动力装置起飞推力换算成平均飞行速度 $V_{ср}$时它的值和附加于说明书的推力的损失,即

$$P_{ср}=k_тP_{взл}\text{ 和 }n_{xa\ ср}=k_т\left(\frac{P}{G}\right)_{взл}-\frac{n_{ya\ ср}}{K_{ср}}$$

升力系数平均值按下式确定

$$C_{ya\ ср}=C_{ya\ отр}u$$

式中

$$u=\frac{V_{отр}}{V_{без}}n_{ya\ ср}=\left[1+\frac{2}{g_c}\cdot\frac{H_{без}V_{без}V_{отр}}{L_{вв}^2}\right]\frac{V_{отр}}{V_{без}}$$

假设在实际运动中升力系数单调地变化,$u=C_{ya\ ср}/C_{ya\ отр}$ 值定性地决定着升力系数(过载)的控制规律,以保证达到高度 $H_{без}$时达到速度 $V_{без}$:

——在 $u=1$ 时,升力系数平均值等于离地时它的值,即在起飞空中段升力系数为常值,过载增加,操纵杆在起飞位置;

——在 $u>1$ 时,离地后升力系数增加,过载增大,应向后拉操纵杆;

——在 $u<1$ 时，离地后升力系数减小，应向前推操纵杆。这是带一段平飞起飞，$n_{ya}\approx 1$（图 16.37）。

应当强调指出，在高度 $H_{без}$ 上过早地达到给定的速度不总是可能的。如果当 $V_к = V_{без}$ 时，$C_{ya\ ср}$ 或 $n_{ya\ ср}$ 值超过允许值，则最终速度应增大到 $C_{ya\ ср}$ 和 $n_{ya\ ср}$ 对应着的限制值（图 16.38）。类似的情况对于大推重比的飞机在起飞时是典型的。

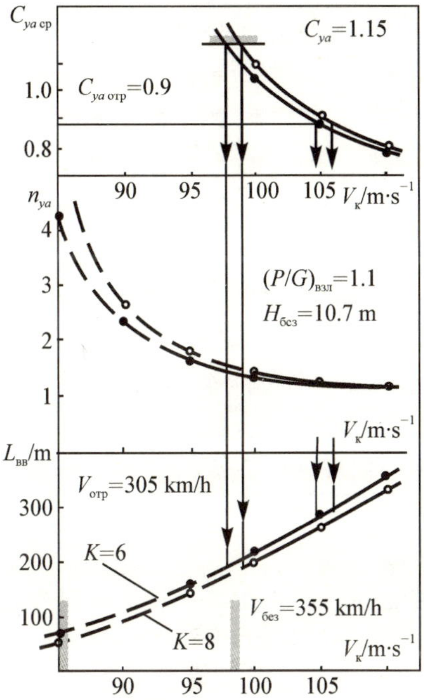

图 16.38　当离地速度为 305 km/h(84.7 m/s) 时空中段参数与 $H_{без}=10.7$ m时的 $V_к$ 的关系（虚线对应 $C_{ya}>C_{ya\ доп}=1.15$）

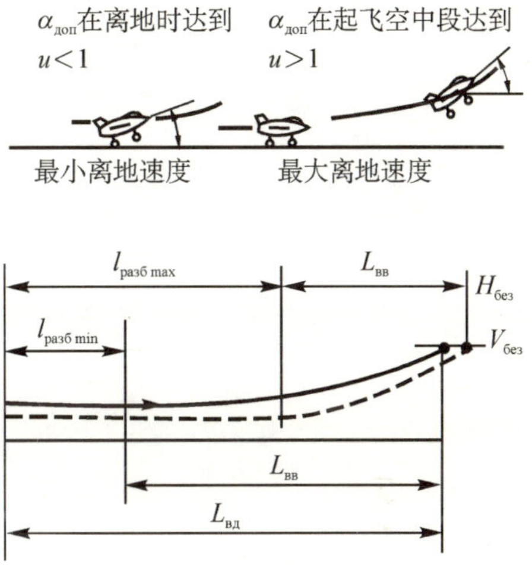

图 16.39　起飞时飞机的可能运动形式

显然，存在最大的离地速度 $V_{отр\ max}$，在此速度下飞机在高度 $H_{без}$ 上达到给定的速度 $V_{без}$，并且在起飞空中段就进入了按 C_{ya} 和 n_{ya} 的限制。

最小离地速度 $V_{отр\ min}$ 也是存在的，该速度对应着在离地时极限允许迎角，即在跑道上加速结束时达到按 C_{ya} 或 α 的限制（图 16.39）。$V_{отр\ min}$ 和 $V_{отр\ max}$ 表征着飞机在给定的起飞重量和给定的起飞安全速度下的起飞特性。

计算表明，对于推重比相当大的超声速飞机，在 $V_{отр\ min}(\alpha_{доп}) \leqslant V_{отр} \leqslant V_{отр\ max}(V_{без},\ C_{ya\ доп})$ 时。起飞距离的长度实际上不取决于离地速度（图 16.40）。对它影响很大的只有安全起飞速度和飞机起飞推重比。这是因为飞机在跑道上运动时的加速度主要是决定于 $P/G-f$ 之差，而在空中的加速决定于 $P/G-n_{ya}/K$ 之差，同时 f 和 n_{ya}/K 值接近（两个都是 0.1 量级）并且比超声速飞机的起飞推重比小

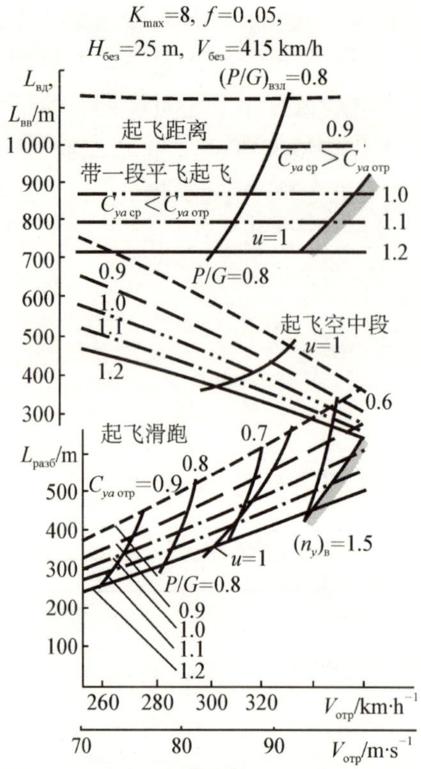

图 16.40 起飞距离与离地速度和推重比关系的示例

得很多。

计算的结果与飞行试验的结果相符合。

分析飞机飞行试验资料表明，离地迎角值的散布是很大的，并且约为 6°～12°，对于现代大部分飞机对应的尾撑与跑道面相接触的仰角值实际上是在 $\vartheta_{кас} = 13° \sim 14°$。因此，决定高推重比飞机的起飞距离的主要参数——第 1 是起飞推重比值$(P/G)_{взл}$，第 2 是保证起飞安全的参数 $H_{без}$ 和 $V_{без}$——其值由标准文件中给定。如果起飞翼载是根据保证(亚声速或超声速)巡航飞行最小公里消耗量的条件选定的，则将起飞距离划分为起飞滑跑和空中段是由选择增升装置($V_{отр}$)决定的。对小型飞机，增升装置的效率不可能很高(翼弦短和机翼厚度小)。此时，飞机的重心位置和纵向操纵效率应保证前轮离地速度要小于飞机离地速度(图 16.35)。

着陆距离

着陆分为两个阶段——空中段和着陆滑跑(图 16.41)。

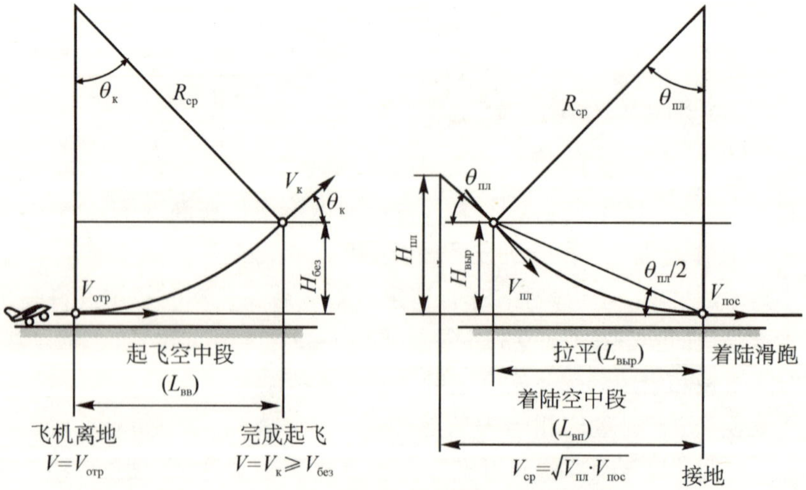

图 16.41 在起飞和着陆空中段飞机运动的示意图

空中段开始在 $\theta = 0$；$V = V_{пл}$ 时，高度在 $H = H_{пл}$ 上，它包括大体上继续下滑

直到拉平开始高度 $H_{\text{выр}}$ 和拉平——减小轨迹倾斜角到 $\theta=0$，速度到 $V=V_{\text{пос}}$ 和高度到 $H=0$ 的运动。

着陆滑跑在 $H=0$，$\theta=0$ 时进行，飞机作直线运动并用飞机刹车系统的能量、发动机的反推力及其他减速设备所能保证的极限可能的减速。

空中段和着陆滑跑的总长度决定着着陆距离——飞机着陆从在高度 $H_{\text{пл}}$ 以速度 $V_{\text{пл}}$ 和轨迹倾斜角 $\theta_{\text{пл}}$ 进入跑道端的时间起直到飞机完全停止所通过的水平距离。

由于解描述飞机着陆滑跑运动的微分方程组的结果，在一系列简化的假设中得到确定表征着陆滑跑主要参数的计数公式：

着陆速度

$$V_{\text{пос}}=\sqrt{\frac{2}{\rho}}\sqrt{\frac{G/S}{C_{ya\ \text{пос}}}}$$

着陆滑跑时间

$$t_{\text{проб}}=\frac{V_{\text{пос}}}{g_{\text{c}}[(P/G)_{\text{рев}}+f]}\frac{\arctan\sqrt{z}}{\sqrt{z}}+\Delta t_{\text{зап}}$$

着陆滑跑长度

$$L_{\text{проб}}=\frac{V_{\text{пос}}^{2}}{2g_{\text{c}}[(P/G)_{\text{рев}}+f]}\frac{\ln(1+z)}{z}+V_{\text{пос}}\Delta t_{\text{зап}}$$

式中

$$z=\frac{C_{xa\ \text{проб}}-fC_{ya\ \text{проб}}+C_{xa\ \text{т. п}}\bar{S}_{\text{т. п}}}{[(P/G)_{\text{рев}}+f]\cdot C_{ya\ \text{пос}}}$$

$\Delta t_{\text{зап}}$——滞后时间——从机轮接触跑道面瞬间到刹车装置有效作用开始的时间间隔，在此时间内飞机速度实际上不变，$(P/G)_{\text{рев}}=-(P/G)_{\text{проб}}$；

$(P/G)_{\text{проб}}$——着陆滑跑时飞机的推重比（慢车状态——$(P/G)>0$，用反推力——$(P/G)_{\text{проб}}<0$）；

$C_{ya\ \text{пос}}$——起落架主轮接地并考虑地面影响的升力系数；

$C_{xa\ \text{проб}}$，$C_{ya\ \text{проб}}$——着陆滑跑时飞机的 C_{xa} 和 C_{ya} 系数；

$C_{xa\ \text{т. п}}$——减速伞阻力系数（相对于伞衣面积）；

$\bar{S}_{\text{т. п}}$——减速伞伞衣面积与机翼面积之比。

为了计算不采用反推力和减速伞的着陆滑跑，可以利用最简单的公式，类似于计算起飞滑跑的最简单公式：

$$t_{\text{проб}}\approx\frac{1}{g_{\text{c}}}\sqrt{\frac{2}{\rho}}\sqrt{\frac{G/S}{C_{ya\ \text{пос}}}}\frac{1}{f-(P/G)_{\text{проб}}+\dfrac{1}{3}\dfrac{C_{xa\ \text{проб}}-fC_{ya\ \text{проб}}}{C_{ya\ \text{пос}}}}+\Delta t_{\text{зап}}$$

$$L_{\text{проб}} \approx \frac{1}{\rho g_{\text{c}}} \frac{G/S}{C_{ya\ \text{пос}}} \frac{1}{f-(P/G)_{\text{проб}}+\frac{1}{2}\frac{C_{xa\ \text{проб}}-fC_{ya\ \text{проб}}}{C_{ya\ \text{пос}}}} + \sqrt{\frac{2}{\rho}}\sqrt{\frac{G/S}{C_{ya\ \text{пос}}}}\Delta t_{\text{зап}}$$

根据飞行试验的结果，在计算着陆时减速参数(反推力、空气减速装置、扰流片、机轮刹车)对飞机运动的影响，如果放前轮之前允许使用它们，建议接地后考虑不早于 2 s。

在图 16.42 上示出了按上述的公式使用反推力和减速伞、考虑和不考虑滞后时间，计算着陆滑跑长度的结果。$\overline{P}_{\text{рев}} = 0$ 左边的各点相当于发动机空转工作的着陆，$(P/G)_{\text{рев}} = -(P/G)_{\text{проб}} = -0.05$(对于无减速伞飞机反推力和反推力滞后时间的影响)。

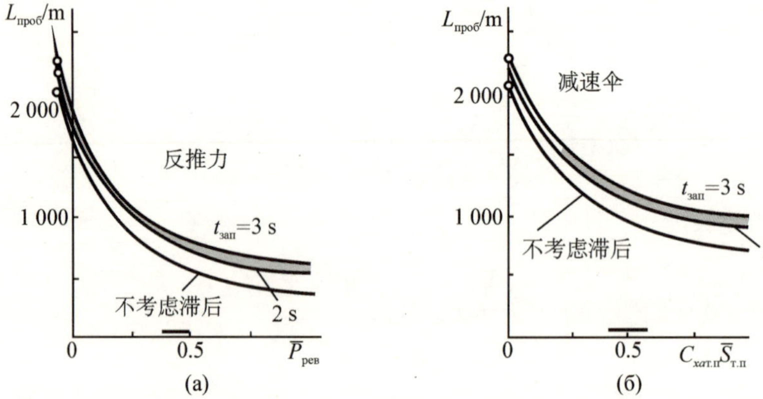

图 16.42 反推力、减速伞及减速装置作用滞后时间对着陆滑跑距离的影响

($G/S = 416$ kgf/cm² (1 kgf/cm² ≈ 0.098 MPa), $V_{\text{пос}} = 81.5$ m/s, $f = 0.2$, $C_{xa\ \text{проб}} = 0.0715$, $C_{ya\ \text{проб}} = 0.33$)

可见在反推力系数 $\overline{P}_{\text{рев}} = 0.4 \sim 0.5$ 时，反推力使着陆滑跑长度减小 1/2 到 2/3，并且考虑到滞后在确定带反推力的着陆滑跑长度是极为重要的。忽略不计滞后会使着陆滑跑长度明显地偏低。

着陆空中段的参数计算公式，最简单且最清楚的，是直接用示意图(图 16.41)的能量及几何关系。它们可以写成下式：

——拉平段长度：

$$L_{\text{выр}} = \frac{(V_{\text{пл}}^2 - V_{\text{пос}}^2) - \frac{2}{K_{\text{ср}}}V_{\text{пос}}V_{\text{пл}}\theta_{\text{пл}}}{2g_{\text{c}}\left[\frac{1}{K_{\text{ср}}} - \frac{\theta_{\text{пл}}}{2} - \left(\frac{1}{K_{\text{пл}}} - \theta_{\text{пл}}\right)k_{\text{т}}\right]} > 0$$

——拉平开始高度：

$$H_{\text{выр}} = \frac{\theta_{\text{пл}}}{2}L_{\text{выр}},\ 0 < H_{\text{выр}} \leqslant H_{\text{пл}}$$

——拉平时过载：

$$n_{ya\ \text{выр}} = 1 + \frac{V_{\text{пос}} V_{\text{пл}} \theta_{\text{пл}}}{g_{\text{c}} L_{\text{выр}}} = 1 + 2\,\frac{V_{\text{пос}} V_{\text{пл}} H_{\text{выр}}}{g_{\text{c}} L^2_{\text{выр}}}$$

着陆距离空中段的长度及其通过的时间

$$L_{\text{вп}} = \frac{H_{\text{пл}}}{\theta_{\text{пл}}} + \frac{(V^2_{\text{пл}} - V^2_{\text{пос}}) - \dfrac{2}{K_{\text{ср}}} V_{\text{пос}} V_{\text{пл}} \theta_{\text{пл}}}{4g_{\text{c}}\left[\dfrac{1}{K_{\text{ср}}} - \dfrac{\theta_{\text{пл}}}{2} - \left(\dfrac{1}{K_{\text{пл}}} - \theta_{\text{пл}}\right) k_{\text{т}}\right]}$$

$$t_{\text{вп}} = \frac{L_{\text{вп}}}{\sqrt{V_{\text{пос}} V_{\text{пл}}}}$$

该解是非单值的——它含有发动机控制参数 $k_{\text{т}}$，该参数决定着在 $V_{\text{пл}}$ 和 $\theta_{\text{пл}}$ 时下滑需用的推力占动力装置推力的比例，是在拉平过程用的平均值。空间段最小长度对应于 $k_{\text{т}} = 0$，即无推力拉平情况。

不满足不等式（前面的拉平段长度 $L_{\text{выр}}$ 公式）的解的存在表示给定的原始数据 $H_{\text{пл}}$，$\theta_{\text{пл}}$，$V_{\text{пл}}$，$V_{\text{пос}}$ 未经校正——问题没有解，必须改变原始数据（与计算起飞距离情况相同）。

在上述关系式的基础上，通过引入标准条件来缩减原始数据的数目，可以得到一系列简化的标准评估计算公式。可以给定：

——调节推力参数；

——着陆开始高度；

——着陆速度与下滑着陆进场速度之比和在拉平与平飞时飞机平均升阻比与下滑时升阻比之比 $(K_{\text{ср}}/K_{\text{пл}} < 1)$。

于是在公式中只剩下两个表征飞机的参数：$V_{\text{пл}}$ 为着陆进场（下滑）速度，$K_{\text{пл}}$ 为下滑时升阻比，和一个参数 $\theta_{\text{пл}}$ 为表征着陆系统的下滑角。

在这种情况下，计算着陆的公式写成下式：

$$L_{\text{выр}} = \frac{V^2_{\text{пл}}}{2g_{\text{c}}} \frac{\left[1 - \left(\dfrac{V_{\text{пос}}}{V_{\text{пл}}}\right)^2\right] K_{\text{пл}} - 2\left[\dfrac{K_{\text{пл}}}{K_{\text{ср}}}\right] \dfrac{V_{\text{пос}}}{V_{\text{пл}}} \theta_{\text{пл}}}{\left[\dfrac{K_{\text{пл}}}{K_{\text{ср}}}\right] - \dfrac{\theta_{\text{пл}}}{2} K_{\text{пл}} - (1 - K_{\text{пл}} \theta_{\text{пл}}) k_{\text{т}}}$$

$$L_{\text{вп}} = \frac{H_{\text{пл}}}{\theta_{\text{пл}}} + \frac{L_{\text{выр}}}{2}$$

$$H_{\text{выр}} = \frac{L_{\text{выр}}}{2} \theta_{\text{пл}}$$

$$n_{y\ \text{выр}} = 1 + \frac{V^2_{\text{пл}}}{g_{\text{c}}} \left[\frac{V_{\text{пос}}}{V_{\text{пл}}}\right] \cdot \frac{\theta_{\text{пл}}}{L_{\text{выр}}}$$

保证起飞安全

在飞机设计阶段，计算飞机起飞滑跑时通常进行起飞滑跑最小速度的计算，在此速度下起落架**前轮能够离地**。显然，此速度对应着在给定的纵向力矩系数 m_z 时前轮反力为零。它应不大于(0.7～0.8)$V_{отр}$。保证这个关系可能是选择操纵面产生抬头力矩的最大偏度的设计情况。

此外，研究一下**单发动机故障时的起飞**。单发动机飞机在起飞滑跑发动机发生故障时，飞行员动用一切减速装置，以使飞机停下来。

在多发动机飞机上一台发动机故障时，飞行员或者也可以动用一切减速装置使飞机停下来，或者在一台发动机不工作的情况下完成起飞滑跑进行起飞。

通常研究如下情况：

——中断起飞滑跑的长度——飞机起飞滑跑到发动机故障的速度 $V_{отк}$ 和无机场拦阻装置使飞机减速停止的总长度。

——完成起飞滑跑的长度——全部发动机工作时飞机起飞滑跑到故障速度 $V_{отк}$ 的长度和在一台发动机故障时，从 $V_{отк}$ 到离地速度它的起飞滑跑长度的总和(图 16.43(a))。

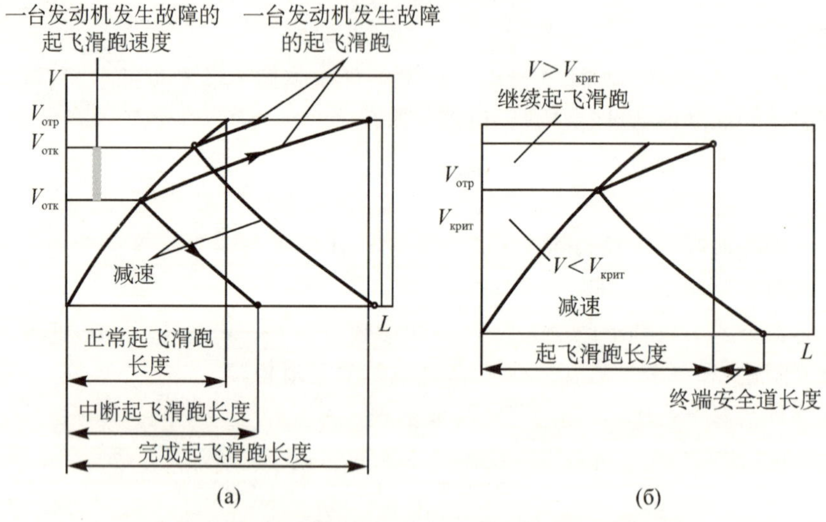

图 16.43 确定滑跑过程中一台发动机故障的临界速度

单发动机飞机的起飞安全，在起飞重量和起飞跑道长度这样的组合中加以保证，当以任一速度 $V_{отк} \leqslant V_{отр}$ 起飞滑跑时发动机发生故障的情况下，飞行员可以停止起飞，要使中断起飞滑跑的长度始终小于起飞跑道和终端安全道的总长度。

多发动机飞机的起飞安全在起飞重量和起飞跑道长度这样的组合中加以保证，当以任一速度 $V_{отк} \leqslant V_{отр}$ 起飞滑跑时发动机发生故障的情况下，飞行员可以或者停止起飞，要使中断起飞滑跑的长度始终是小于起飞跑道和终端安全道的总长度，或者用工作着的发动机继续起飞，要使完成起飞的长度始终是小于或等于起飞跑道的长度。显然，存在一种发动机故障速度，称为临界故障速度 $V_{крит}$，在此速度下中断起飞长度和终端安全道长度之差与完成起飞长度相一致。

如果发动机故障发生在起飞滑跑速度小于临界速度 $V_{отк} \leqslant V_{крит}$，飞行员应停止起飞。

如果发动机故障发生在起飞滑跑速度大于临界速度，飞行员继续起飞。

对应于发动机故障临界速度的完成起飞长度，决定着飞机跑道最小长度，该长度能保证给定起飞重量的飞机安全起飞。

参考文献

[1] Колосов Е И. Влияние изменения тяговых, расходных и конструктивных характеристик ТРД на основные летные данные самолета [C]. Тр. ЦАГИ, 1950.

[2] Иродов Р Д, Курочкин Л А, Шкадова И И. Методы исследования движения самолета применительно к аэродинамическому расчету [C]. Тр. ЦАГИ, 1963.

[3] Микеладзе В Г, Титов В М. Основные геометрические и аэродинамические характеристики самолетов и крылатых ракет [M]. Машиностроение, 1974.

[4] Иродов Р Д. Общие принципы расчета летно-технических характеристик самолета [C]. ЦАГИ, 1983.

[5] Миеле А. Механика полета / Пер. с англ [M]. Наука, 1965.

第 17 章　超声速飞机的机动特性

17.1　概述

对于计算飞机的机动特性，只了解其线性迎角范围的空气动力系数和导数是不够的(第 16 章)，必须给定可能使用的迎角、M 数和飞行高度整个范围的空气动力特性和这一范围的动力装置特性。

飞机的机动特性由其改变能量、飞行方向、空间位置和相对轨迹位置能力的参数所决定。

改变能量的能力用导数 $\mathrm{d}E/\mathrm{d}t$ 表示能量上升率(m/s)，即按物理意义来说，用单位剩余功率 $\mathrm{d}E/\mathrm{d}t = n_{xa}V = V_y^*(V,\ H,\ n_{ya})$ 来描述。当 $n_{xa} \leqslant 1$，在 $V = \mathrm{const}$ 时，值 V_y^* 与垂直速度相等。这种能力也可以用导数 $\mathrm{d}E/\mathrm{d}s = n_{xa}(V,\ H,\ n_{ya})$ 来描述，式中 s 为轨迹弧长，即用单位剩余推力在数值上等于切向过载 n_{xa}(在 $H = \mathrm{const}$，$\mathrm{d}E/\mathrm{d}s = \dot{V}/g_c$) 来描述。

如果飞机的极曲线可用抛物线拟合，则在线性区域 $n_{xa}(V,\ H,\ n_{ya})$ 由关系式确定：

$$n_{xa} = P/G - n_{ya}/K = P/G - \left(\frac{C_{xa\,0}}{G/S}\right)\cdot q + A_1 \cdot n_{ya} - (A_2 \cdot G/S) \cdot n_{ya}^2/q$$

飞机改变飞行方向的能力通常用在水平面和垂直面内稳定和极限的角速度来表征：

$$|\,\mathrm{d}\psi/\mathrm{d}t\,| = (g_c/V)\sqrt{n_{ya}^2 - 1}；\ \mathrm{d}\theta/\mathrm{d}t = (g_c/V)(n_{ya} - \cos\theta)$$

在

$$\left.\begin{matrix}\theta = 0^\circ \\ n_{ya} > 1\end{matrix}\right\}\frac{\dot{\theta}\,|_{\theta=0^\circ}}{\dot{\psi}} = \sqrt{\frac{n_{ya}-1}{n_{ya}+1}} < 1,\text{但}\frac{\dot{\theta}\,|_{\theta=180^\circ}}{\dot{\psi}} = \sqrt{\frac{n_{ya}+1}{n_{ya}-1}} > 1$$

式中，n_{ya}——或者是极限可用过载 $n_{ya\ \text{расп}} = (C_{ya\ \text{доп}}/(G/S))_q$；或者是稳定法向过载

$n_{ya\ \text{уст}}=(C_{ya\ \text{уст}}/(G/S))_q$。

改变飞行方向所需的空间大小用瞬时或稳定盘旋(转弯)半径来表征:

$$R_{\text{гор}}=\frac{V}{\dot{\psi}}=\frac{V^2}{g_c\sqrt{n_{ya}^2-1}};\qquad R_{\text{верт}}=\frac{V}{\dot{\theta}}=\frac{V^2}{g_c(n_{ya}-\cos\theta)}$$

在

$$\left.\begin{matrix}\theta=0\\ n_{ya}>1\end{matrix}\right\}\frac{R_{\text{верт}}|_{\theta=0}}{R_{\text{гор}}}=\sqrt{\frac{n_{ya}+1}{n_{ya}-1}}>1,\text{但}\frac{R_{\text{верт}}|_{\theta=180^\circ}}{R_{\text{гор}}}=\sqrt{\frac{n_{ya}-1}{n_{ya}+1}}<1$$

即在同样法向过载和 $\theta=0$ 时,在垂直面内转弯半径(轨迹曲率半径)总是比在水平面内的大些,在 $\theta=180^\circ$ 时,发生相反的关系。

飞机改变相对于轨迹位置的能力,但不改变轨迹,属于在小速压下的一种飞行能力,并在国外英文资料中用专门的术语"agility"(敏捷性 поворотливость)表示。这种能力在下面 17.4 节中加以研究。

飞机的机动能力对于不同的飞行高度和速度最终由一组 $n_{xa}(n_{ya})$ 关系来表征(图 17.1)。

每一条曲线 $n_{xa}=f(n_{ya})$ 由 3 个点来决定:

——n_{xa1}——在水平飞行中 n_{xa} 值,即在 $n_{ya}=1$ 时的 n_{xa};

——$n_{xa\ \text{уст}}$——稳定法向过载,即在 $n_{xa}=0$ 时的 n_{ya};

——n_{ya*}——对应于 n_{xa} 最大值,即在水平飞行中飞机极限加速度 $\dot{V}_{\max}=g_c n_{xa*}$ 的法向过载。

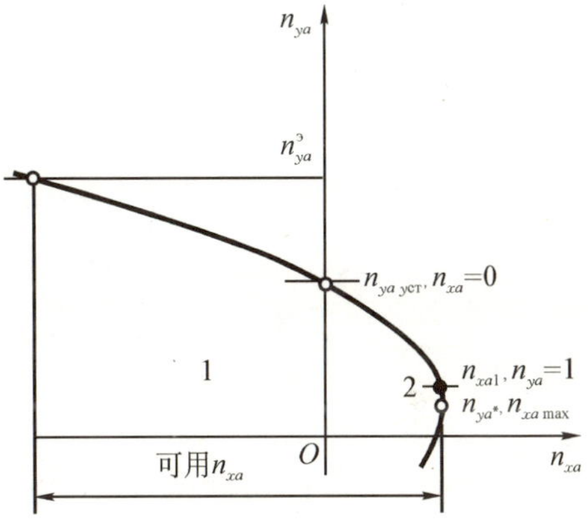

图 17.1　过载极曲线 $n_{xa}=n_{xa}(n_{ya})$,
$M=\text{const}$, $H=\text{const}$, $\bar{P}=1$
$1-\frac{dE}{dt}<0$, $2-\frac{dE}{dt}>0$

于是在线性区域

$$n_{xa}=a[(n_{ya\ \text{уст}}-n_{ya*})^2-(n_{ya}-n_{ya*})^2]$$

式中

$$a=\frac{n_{xa1}}{(n_{ya\ \text{уст}}-1)(n_{ya\ \text{уст}}+1-2n_{ya*})}$$

或

$$n_{xa}=n_{xa1}\frac{(n_{ya\ \text{уст}}-2n_{ya*})n_{ya\ \text{уст}}+2n_{ya*}n_{ya}-n_{ya}^2}{(n_{ya\ \text{уст}}-2n_{ya*})n_{ya\ \text{уст}}+2n_{ya*}-1}$$

在评估飞机的机动能力时,$n_{xa}(n_{ya})$关系具有决定性意义——不次于模型的极曲线，因而称它为过载极曲线。

对于每一飞行状态(V, H)，决定过载极曲线的 3 个过载值可以取作飞机机动能力基本的**总指标**：

$$n_{xa1}=\frac{P}{G}-\frac{C_{xa0}}{G/S}q+A_1-A_2\frac{G}{S}\frac{1}{q}(\text{或}\ V_{y1}^{*}=n_{xa1}\cdot V)$$

$$n_{ya\ \text{уст}}=\sqrt{\frac{\left[P/G-\dfrac{C_{x0}\cdot q}{G/S}\right]q}{A_2(G/S)}}+\frac{1}{2}\cdot\frac{A_1}{A_2(G/S)}\cdot q$$

$$n_{ya^*}=\frac{C_{ya^*}}{G/S}\cdot q;(\text{对于对称极曲线}\ n_{ya^*}=0)。$$

其中应补充：

$n_{\text{y}}^{\text{э}}$——使用过载(速度坐标系或机体坐标系的)，该过载在飞机使用时不准超过(取决于飞行 M 数和飞机的飞行重量)。

$$n_{\text{y пред}}=0.7\left[\frac{C_{ya\ \text{доп}}}{G/S}\right]\cdot p(H)M^2=0.5\left[\frac{C_{ya\ \text{доп}}}{G/S}\right]\cdot\rho(H)V^2$$

——能安全产生升力($C_{ya\ \text{доп}}$)的极限过载和过载与飞行速度的一系列其他限制(q_{max}，进气道和发动机之间管道内的压力 $p_{\Sigma\ max}$等)。

在图 17.2～17.8 上示出了具有高起飞推重比、典型的超声速机动飞机的这些关系曲线。

在上面所列出的公式与随后所有公式一样，飞机是用综合参数 P/G, $C_{xa0}/(G/S)$, $A_2(G/S)$, A_1, $(G/S)/C_{ya\ \text{доп}}$ 来描述，与描述飞行状态的参数 H, M, n_{ya} 相分开。

根据对飞机的机动特性要求中的叙述，通常规定：

——最大能量上升率(对于固定的高度)；

——最大稳定过载(对于固定的高度)；

——由升力特性所决定的可用过载(对于固定的高度和飞行速度)；

——最大速度限制(按飞机和动力装置部件的强度)；

——使用过载。

在图 17.2 上所举出的示例，在高度 $H<17$ km 上最大飞行速度是按强度限制(q_{max}、管道内的压力、发动机进口温度)确定的。在高度 $H<10$ km 上最小速度同样是以升力系数允许值确定的。

在比较机动飞机时，通常对比(在 M, H 坐标上的)区域，在此区域内它们能作急骤的机动，认为为此必须拥有某一最小过载，以此过载可以作机动而无能量损失，并有用“肉眼”看得见另一架飞架的一半距离(≈4 km)为半径作盘旋的能力。在 M, H 平面内，急骤机动区域的位置由以下关系式确定：

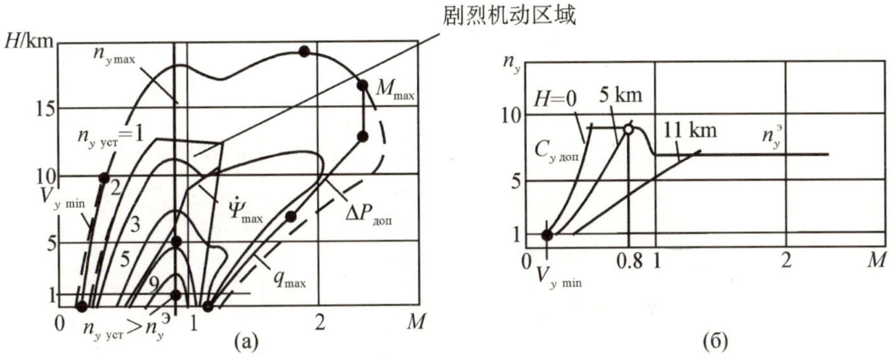

图 17.2　(a) 稳定过载；(б) 限制过载

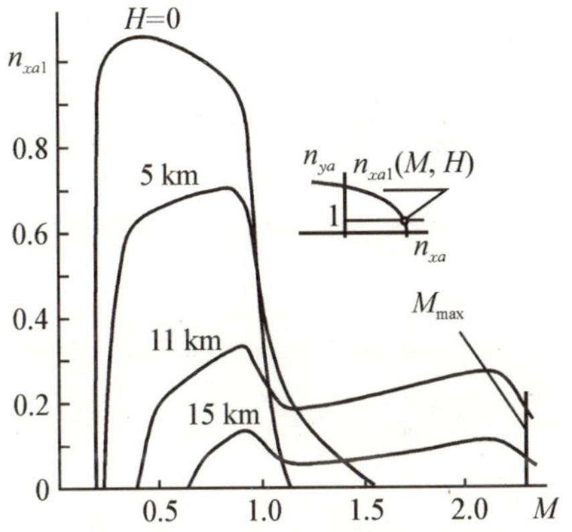

图 17.3　$n_{ya}=1$ 的单位剩余推力

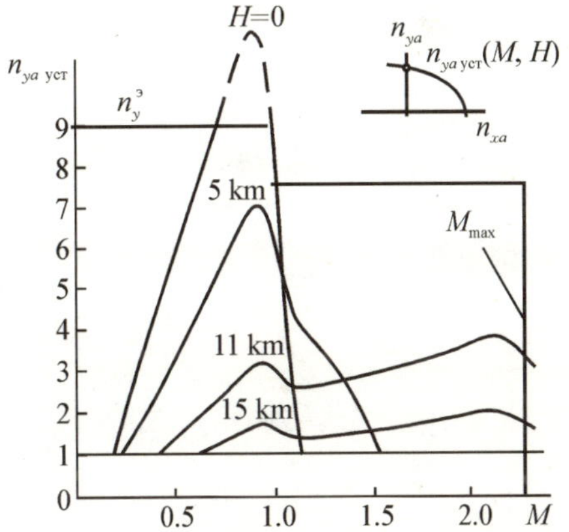

图 17.4　稳定法向过载（$E=\mathrm{const}$，即 $n_{xa}=0$ 的 n_{ya}）

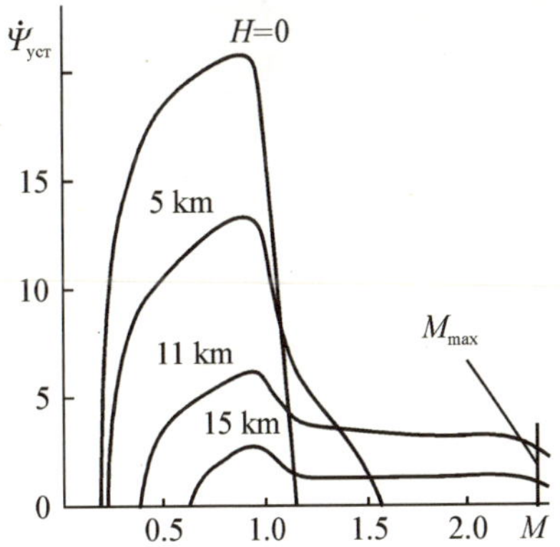

图 17.5　水平平面内稳定盘旋角速度

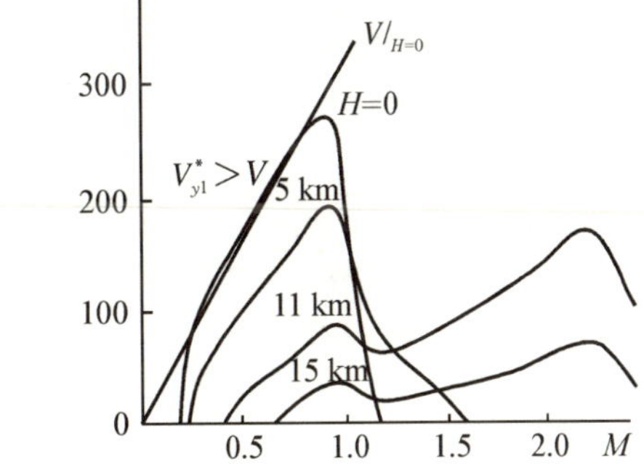

图 17.6　单位剩余功率（$n_{ya}=1$ 的 V_y^*）

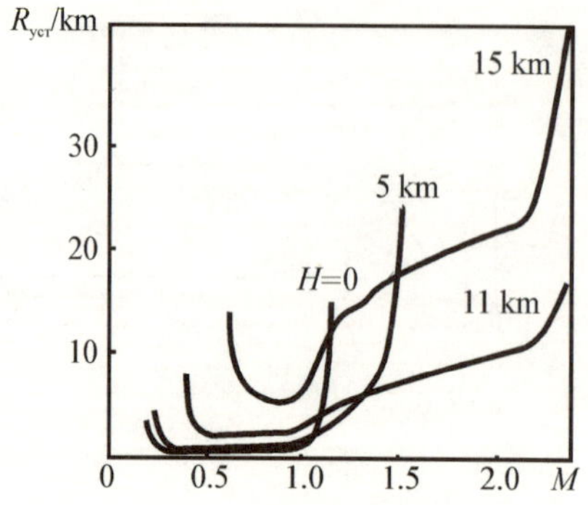

图 17.7 水平平面内稳定盘旋半径

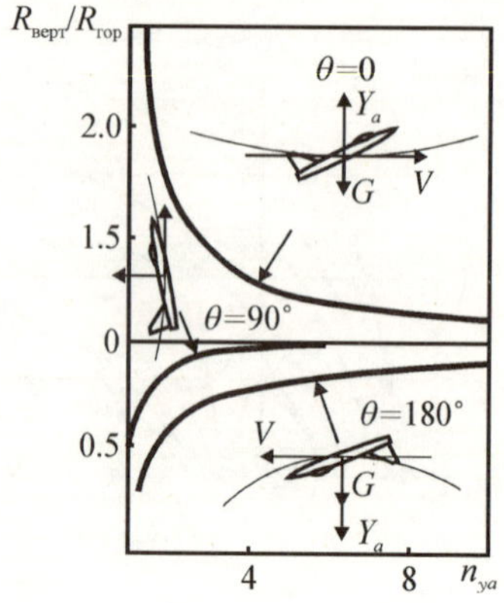

图 17.8 水平平面和垂直平面内转弯半径关系

上边界

$$\rho(H)=\frac{2}{g_c}\cdot\frac{G/S}{C_{ya\ доп}}\cdot\frac{1}{R_{доп}}\sqrt{1+\frac{1}{(V^2/g_c R_{доп})^2}}$$

右边界

$$V=\sqrt{g_c R_{доп}\sqrt{n_{ya}^2-1}}\approx\sqrt{g_c R_{доп}\cdot n_{ya\ расп}}$$

左边界——达到稳定过载的速度，该稳定过载对应于实现 $C_{ya\ доп}$——在 $C_{ya\ доп}$时达到 $n_{ya\ min}$的线，

$$p(H)=\frac{n_{ya\ min}}{0.7M^2}\left[\frac{G/S}{C_{ya\ доп}}\right]\text{或}\ \rho(H)=\frac{n_{ya\ min}}{0.5V^2}\left[\frac{G/S}{C_{ya\ доп}}\right]$$

如果它位于$(M,\ H)$平面上 $n_{ya\ уст}=1$ 曲线的右下方。

在每一飞行高度上对应于达到最大角速度的曲线位置也是很有意义的。

在水平面内最大转弯角速度对应于在 $n_{ya\ доп}$时达到使用过载 $n_y^э$：

$$p(H)=\frac{n_y^э}{0.7M^2}\left[\frac{G/S}{C_{ya\ доп}}\right]\text{或}\ \rho(H)=\frac{n_y^э}{0.5V^2}\left[\frac{G/S}{C_{ya\ доп}}\right]$$

对于超声速飞机，急骤机动区域的位置与它的其他机动特性一起举例示于图 17.2。对比机动飞机的过载极曲线就能够得出关于它们机动能力关系的概念。

如果一种飞机的 $n_{xa\ 1}$和 $n_{ya\ уст}$超过另一种飞机的这些值(图 17.9)，则显然在所研究的飞行状态$(V,\ H)$，可以认为第 1 种飞机的机动性更好。

如果第 1 种飞机按 $n_{xa\ 1}$胜过第 2 种，而按 $n_{ya\ уст}$不如它，这就意味着它在垂直和上升机动方面超过第 2 种而在水平面内机动方面不如它。在对比这些飞机时，很自然的可以称第 1 种为高速飞机，称第 2 种为机动飞机。

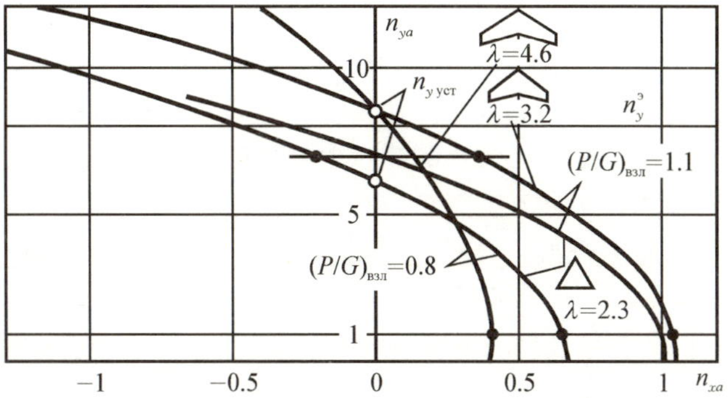

图 17.9　不同布局飞机的过载极曲线（$H=3$ km，$M=0.9$）

借助于表格或图线对比飞机的机动特性只能给出关于它们机动能力的一般概念。同时，为了实际工作最有意义的是，查明在这些或那些特性中有何种优势并且新飞机比批生产的飞机绝对优势足够到何种程序。这类的定量评估由于分析两种飞机在其相互对抗条件下相关运动的结果可以得到。因此，两种飞机的机动特性的差别，显然在运动过程中改变它们的相互位置时将表现出来。

在所描述的运动过程中，建立飞机的操纵是其模拟最复杂的方面之一。现在存在着对策和直观式的两种研究方法。

对于对策研究法特点是将该问题归结为某一微分对策，此时双方（飞机）的每一方都有一个优化目标函数。在这种情况下产生许多困难，既有计算性质的也有原理性质的。后者由这一情况所决定的，即精确解，如果它能求得，也实质性地取决于问题的假设——目标函数，其选择总是推测的。

直观式的研究法是基于研究“空战”了解飞机机动特点和问题的物理实质。飞机操纵逻辑的设定就能够相应地建立仿真模型，在模型中可以考虑到不同的因素：最佳运动轨迹的定性特征、飞机机动能力的对比、对方飞机的运动信息、驾驶方法。

17.2　一般的和专用的机动性指标

为了确定加速度和角加速度、飞机的总机械能、飞行高度和方向的变化率，采用运动方程和微分关系式。其中主要的在上面 17.1 节中作了介绍。

作为改变飞行方向方法的机动效率由法向过载 n_{ya} 值来确定，而改变可用能量——切向过载 n_{xa} 则取决于推重比和法向过载。两种过载可以按给定控制 $\overline{P}$，α，$\varphi_т$ 时的飞机模型在风洞的试验结果确定。

法向过载 n_{ya}——在计算改变飞行方向的机动时通常作为控制函数给定，并考虑到按飞行安全（强度、升力特性）和实现可能性（配平）对它的限制。

切向过载 $n_{xa}=P/G-n_{ya}/K=\mathrm{d}E/\mathrm{d}s$——决定着飞机的能量能力，其中包括单位轨迹长度其总单位机械能（$E=H+V^2/2g_c$）最大可能的增量与实施的法向过载的关系。

对于水平飞行，n_{xa}决定纵向加速度与重力加速度(g_c)的比。

$\dot{V}=g_c n_{xa}$，当 $n_{xa}=1$ 时$\dot{V}=g_c$，当 $n_{xa}=0$ 时 $V=\text{const}$。

在垂直爬升时，$n_{xa}=1$ 对应于以常值速度飞行——只是位能增加。

$Vn_{xa}=\mathrm{d}E/\mathrm{d}t=V_y^*$ —— 飞机的能量上升率(m/s)，这是动力装置的单位功率与阻碍运动的气动力单位功之差。

n_{xa}和 V_y^* 的符号表示改变飞机能量的方向——即飞机在机动时是获得还是损失的能量。

用电子计算机计算机动特性时，将确定飞机的能量能力与确定的最大和最小速度(M数)及确定的飞行高度很方便的统一起来，在 V, H 平面内绘制 $n_{xa}=\text{const}$, $V_y^*=\text{const}$, $n_{ya\ \text{уст}}=\text{const}$ 等值线。对应于 $n_{xa}=0$, $V_y^*=0$，和 $n_{ya\ \text{уст}}=1$ 的曲线显然相互重合并形成稳定飞行状态区域的边界。该边界由最大高度及最大速度和最小速度组成，是由动力装置在该状态下动力功所保证的。飞行中能量上升率的绝对值(V_y^*)可能超过在 $n_{xa}>1$ 时沿轨迹的速度——这是带加速的垂直爬高 ($V_y=V$, $\dot{V}>0$)。

为了得到飞机能量(V_y^*)和几何上升率之间的关系，只要将决定飞机总单位能量的关系式对时间微分就够了，这就有可能写成

$$V_y=\frac{V_y^*}{1+\dfrac{V}{g_c}\cdot\dfrac{\mathrm{d}V}{\mathrm{d}H}}\leqslant V$$

在垂直爬升时，这个关系式确定导数 $\mathrm{d}V/\mathrm{d}H$ 值，即决定速度随飞行高度增加的变化量：

$$\mathrm{d}V/\mathrm{d}H=(g_c/V)(n_{xa}-1)$$

当以常值总机械能，在(V, H)平面内沿 $E=\text{const}$ 线运动时，满足关系式

$$\mathrm{d}V/\mathrm{d}H=g_c/V，即\ V=\sqrt{2g_c(E-H)}$$

因此，在 $V_y^*=0$(即 $E=\text{const}$) 情况下，不能使用 V_y^* 和 V_y 的关系式，运动是以稳定过载进行的

$$n_{ya\ \text{уст}}=K\cdot P_{\text{расп}}/G$$

分析作为计算水平面内瞬时角速度和转弯半径公式的运动方程，计及 Y_a 轴上的推力分量是有利的，这在 17.1 节中曾经省略，是为了可以看清过载极曲线方程，它是关联了 n_{xa}、飞行状态(V, H, n_{ya})和飞机综合参数

$$\frac{P_{\text{расп}}}{G},\ \frac{C_{x0}}{G/S},\ \frac{A_2 G}{S},\ A_1$$

如果在机动期间发动机的喷管不转动($\varphi_{\text{т}}=0$)，迎角不超过$\alpha\approx25°$，在$\alpha=0$时

不存在升力($\alpha_0=0$);精确到 α^3 则可以写成

$$n_{ya}G=Y_a+P_{\text{расп}}\sin\alpha\approx Y_a+P\cdot\alpha$$

——为实现法向过载 n_{ya}(控制的)所需的系数 C_{ya} 和迎角按 16.1 节的公式确定。

——在飞行速度减小时,如果以常值升力系数进行转弯,在水平面内瞬时转弯角速度减小,如果以常值过载进行转弯,则增加。因此,在速度对应于同时实现 C_{ya} 和 $n_{ya}^{\text{э}}$ 时,瞬时角速度达到其最大值。这些速度值由下式确定:

$$V(\omega_{\text{гор max}})=\sqrt{\frac{2}{\rho}\left[n_{ya}^{\text{э}}\left(\frac{G/S}{C_{ya\ \text{доп}}}\right)-\left(\frac{P_{\text{расп}}/S}{C_{ya}^{\alpha}}\right)\right]}\approx\sqrt{\frac{2}{\rho}}\sqrt{n_{ya}^{\text{э}}\left(\frac{G/S}{C_{ya\ \text{доп}}}\right)}$$

$$\omega_{\text{гор max}}=g_{\text{c}}\sqrt{\frac{\rho}{2}}\frac{\sqrt{(n_{ya}^{\text{э}})^2-1}}{\sqrt{n_{ya}^{\text{э}}\left(\frac{G/S}{C_{ya\ \text{доп}}}\right)-\left(\frac{P_{\text{расп}}/S}{C_{ya}^{\alpha}}\right)}}\approx g_{\text{c}}\sqrt{\frac{\rho}{2}}\sqrt{\frac{n_{ya}^{\text{э}}}{\left[\frac{G/S}{C_{ya\ \text{доп}}}\right]}}$$

——瞬时转弯半径一般情况下达到最小值是在较小的速度——以极限升力系数值的飞行区域内。假设在改变飞行速度时,决定瞬时转弯半径的所有参数都不变,得:

$$V(R_{\text{гор min}})=\sqrt{\frac{2}{\rho}}\frac{\sqrt{\left(\frac{G/S}{C_{ya\ \text{доп}}}\right)^2-\left(\frac{P_{\text{расп}}/S}{C_{ya}^{\alpha}}\right)^2}}{\sqrt{\frac{P_{\text{расп}}/S}{C_{ya}^{\alpha}}}}$$

$$R_{\text{гор min}}=\frac{2}{\rho g_{\text{c}}}\sqrt{\left(\frac{G/S}{C_{ya\ \text{доп}}}\right)^2-\left(\frac{P_{\text{расп}}/S}{C_{ya}^{\alpha}}\right)^2}\approx\frac{2}{\rho g_{\text{c}}}\cdot\frac{G/S}{C_{ya\ \text{доп}}}$$

对应于达到最小瞬时转弯半径的法向过载

$$n_{ya}(R_{\text{гор min}})=\left(\frac{G/S}{C_{ya\ \text{доп}}}\right)\left(\frac{C_{ya}^{\alpha}}{P_{\text{расп}}/S}\right)=\frac{C_{ya}^{\alpha}}{(P_{\text{расп}}/G)C_{ya\ \text{доп}}}$$

对于飞行推重比小的飞机:

$$\frac{P_{\text{расп}}}{G}\leqslant\frac{C_{ya}^{\alpha}}{n_{ya}^{\text{э}}C_{ya\ \text{доп}}}$$

达到瞬时转弯半径最小值同时达到转弯角速度最大值并且是

$$R_{\text{гор min}}=\frac{2}{\rho g_{\text{c}}}\frac{n_{ya}^{\text{э}}\left(\frac{G/S}{C_{ya\ \text{доп}}}\right)-\frac{P_{\text{расп}}/S}{C_{ya}^{\alpha}}}{\sqrt{(n_{ya}^{\text{э}})^2-1}}\approx\frac{2}{\rho g_{\text{c}}}\cdot\frac{G/S}{C_{ya\ \text{доп}}}$$

计算示例示于图 17.10～图 17.11。

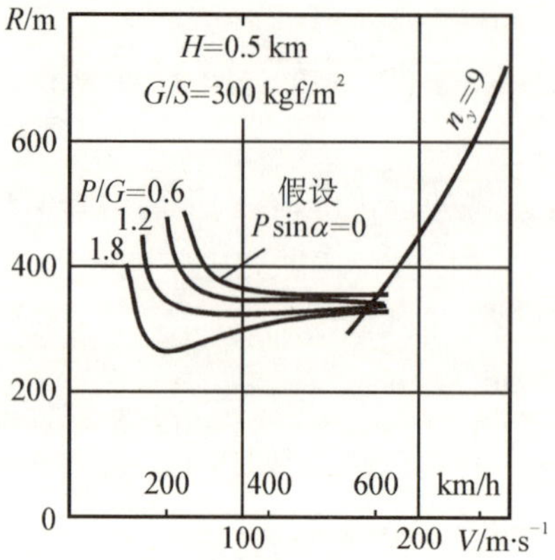

图 17.10 水平平面盘旋半径与推重比和飞行速度的关系

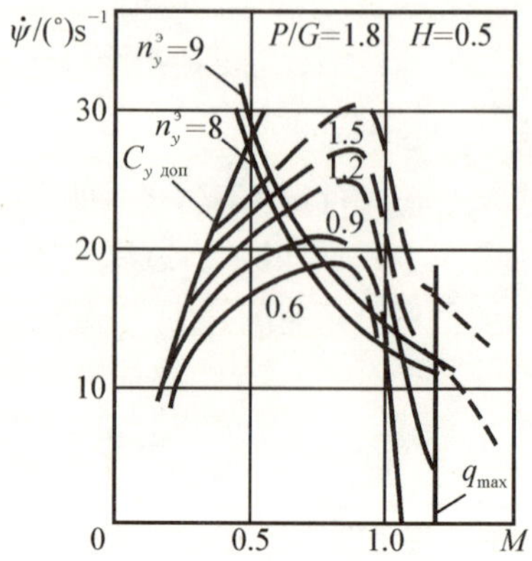

图 17.11 水平平面内转弯角速度与推重比和飞行 M 数的关系

补充瞬时加速度和角速度($\dot{V}$, $\dot{\theta}$, $\dot{\psi}$)，运动方程可以确定在垂直面内对应于 $n_{xa}=0$ 的瞬时角速度和转弯半径：

$$\omega_{\text{верт}}\big|_{n_{xa}=0}=\frac{g_c}{V}(n_{ya\ \text{уст}}-\cos\theta),\quad R_{\text{верт}}\big|_{n_{xa}=0}=\frac{V^2}{g_c(n_{ya\ \text{уст}}-\cos\theta)}$$

和水平面内稳定盘旋角速度及半径：

$$\omega_{\text{гор уст}}=\frac{g_c}{V}\sqrt{n_{ya\ \text{уст}}^2-1},\quad R_{\text{гор уст}}=\frac{V^2}{g_c\sqrt{n_{ya}^2-1}}$$

考虑到推力法向分量确定的稳定法向过载可以按下式计算：

$$n_{ya\ \text{уст}}=\frac{C_{ya\ \text{уст}}}{G/S}q\left(1+\frac{P_{\text{расп}}/S}{C_{ya}^{\alpha}}\cdot\frac{1}{q}\right)$$

重要的是，稳定法向过载与飞机飞行重量的乘积为一常值并且极曲线的不对称($C_{ya}^{*}>0$)明显地使稳定过载增加。

在计算对应于相当大的迎角($C_{ya}>(1.5\sim2)C_{ya}K_{\max}$)的稳定过载时，必须考虑到飞机极曲线与抛物线的差别。

极限盘旋瞬时角速度和半径在 $\overline{P}=1$ 时由飞机极限使用过载或极限升力特性($n_{ya}^{э}$或 $C_{ya\ \text{доп}}$)来确定。

对于 $n_{ya}=n_{ya}^{э}$，转弯角速度和半径可以按下面列出的公式确定。

对于 $C_{ya}=C_{ya\ \text{доп}}$，在计算法向过载时应计及推力矢量在轨迹法线上投影的公式。

为了求得 n_{xa} 的极限负值，该负值表征飞机总机械能的最大减小率，在上面列出

的公式中应当置 $P=0$ 或 $P=P_{\min}$，而飞机的阻力系数取与其减速装置极限可能的(对于所研究的状态)效率相等的值。

对于不同的飞行高度和飞机飞行重量，通常研究在 $\overline{P}=1$ 时的 $n_{xa}(V, n_{ya})$ 关系。在 $\overline{P}=1$ 和 $P=0$ 时的 $n_{xa}(n_{ya})$ 关系曲线对每一飞行高度和速度与飞机飞行重量限制着飞机可能的法向和切向过载的区域(图 17.12)。

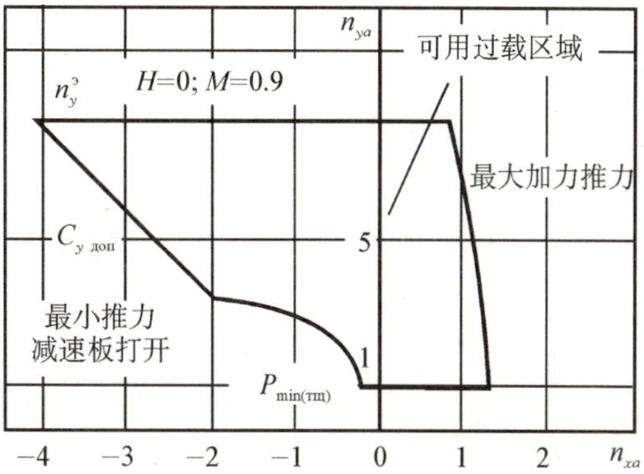

图 17.12　法向(n_{ya})和切向(n_{xa})过载限制

计及按升力特性、M 数和强度所有限制确定的不同飞行高度的 $n_{xa}(n_{ya}, V)$ 或 $n_{xa}(n_{ya}, M)$ 关系曲线或一系列飞行高度和速度的一组过载极曲线给出关于飞机能量能力的完整概念。这样的关系曲线的示例示于图 17.13。

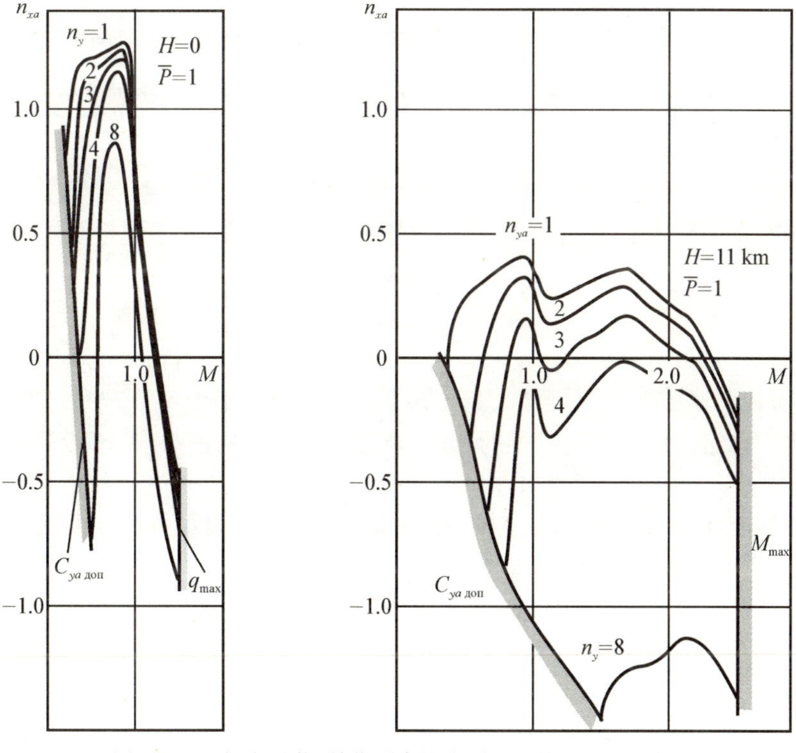

图 17.13　切向过载(单位剩余推力)与 M 数和法向过载的关系并考虑到按 C_{ya}，q 及 M 的限制

其中，含有用增量写成的运动方程，在电子计算机上计算其机动能力所必需的飞机的全部信息，即计算所有的经典平面机动——增速、盘旋、急跃升、俯冲、聂斯切

洛夫筋斗(在垂直面内的封闭曲线)和空间高级特技：

——殷麦曼(半筋斗顶点滚 180°)；

——半滚倒转(滚转 180°,并在半筋斗下半圈改平)；

——急跃升半滚转(在急跃升顶部滚 180°并作半筋斗向下半圈回到初始飞行高度)；

——兰威斯曼或急跃升半滚转(在急跃升顶部在斜平面内转 180°并俯冲到初始飞行高度改出,空间机动)；

——战斗转弯(在实施急跃升过程中转 180°,空间机动)。

这些以及其他特技均是急跃升、俯冲、聂斯切洛夫筋斗的上升段和下降段、盘旋和滚转 180°的组合。

为了实施高级特技在机动开始时需要实现大大超过 1 的法向过载,动能有剩余或在实施急跃升或筋斗上升段($n_{xa}>0$) 过程中有保持它的能力及操纵面有高的效率。在飞机机动时不超过限制范围,实际上在轨迹所有的点上它是配平的、完全可操纵的并且相对于所有三个轴是静稳定的(有可能在控制系统中采用自动装置)。

17.3　超声速飞行时机动特性的特点

在飞机的总机械能 $mV^2/2+GH$ 中,动能部分随着速度的增加而急骤增加。在 $E=H+V^2/2g_c=\text{const}$ 时,由于单位速度损失的飞行高度的增加,随飞行速度的增加成线性关系增加：

$$\mathrm{d}H/\mathrm{d}V\,|_{E=\text{const}}=-V/g_c$$

可是在超声速飞行的情况下,改变飞行方向而不损失速度(水平机动)或能量(垂直机动)的实际可能性大大减小(图 17.5～图 17.8)。

垂直机动属于不稳定机动,因为飞行速度和高度通常变化范围很大(对于空间机动 $n_{y\,\text{уст}}$——这是对应于 $E=\text{const}$ 的法向过载)。对于垂直面内机动最有利的亚和跨声速,在此速度下能实现最大稳定过载(图 17.14)和能量上升率(图 17.15)。对起飞推重比超过 1 ($P/G>1$) 的飞机,稳定过载比使用过载大,转弯角速度达到 30(°)/s,而稳定转弯半径可以百米级测量并且与可以用来机动的高度范围相比是相当的小。因此,在低空和跨声速下,超声速机动飞机只要保持与地面安全距离的条件下,可以实施所有经典的高级特技。

在大的超声速下,经典的垂直机动的可能性在稳定飞行状态区域(低于静升限)变窄很多,并限于实施急跃升和斜平面转弯,因为在实际的 $n_{ya\,\text{уст}}$ 下,转弯半径在这里变为几十公里,而角速度变为每秒几度(图 17.2～图 17.8)。在 $M>2$ 时,稳定的(或与其接近的)转弯半径已经大大超过垂直的空间范围,在此范围还可能在 $n_{ya}>1$ 时增加能量。因此,超声速飞机如不大大的损失能量,即实际上不过渡到亚声速范围就不能实现轨迹倾斜角 $\theta\approx 90°$。同时,超声速飞机利用其很高的动能量级能进入超过静升限几公里的高度,即实施急跃升型不稳定机动并损失速度直到进入最小允许速压($q_{\min}$),随后转入俯冲并返回稳定飞行状态区域,一般动能

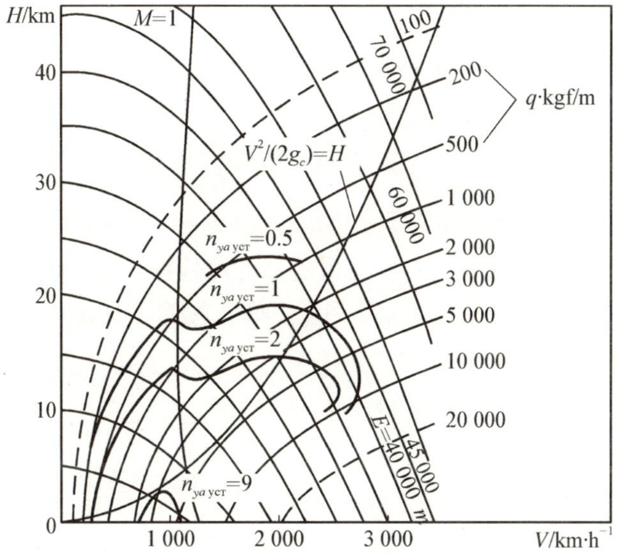

图 17.14　稳定法向过载与高度、速度和速压的关系

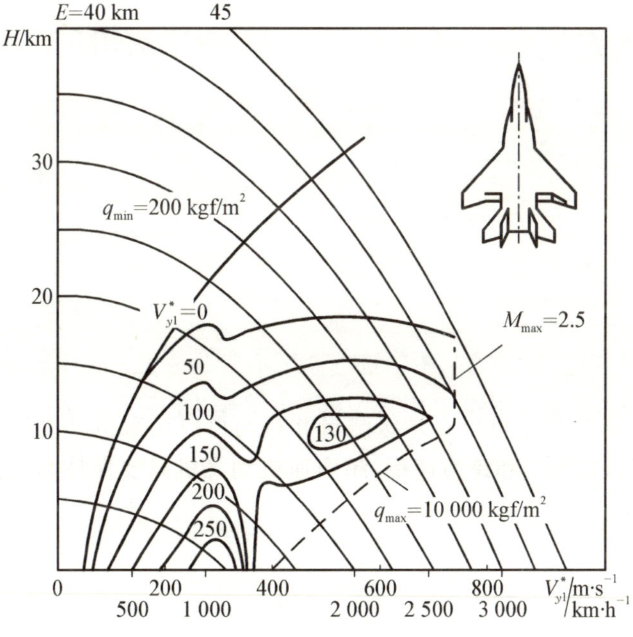

图 17.15　在 H、V 平面上等单位剩余功率(能量上升率)等值线

损失相当小。

类似的机动必须从比静升限低很多的高度开始，以使飞机在爬升状态大大增加轨迹倾斜角，因为只有对应于速度垂直分量($V_{\text{H}}\sin\theta_{\text{H}}$)的动能才能转化为飞行高度增量：

$$\Delta H_{дин} = [V_н^2/(2g_c)]\sin^2\theta_н$$

超过静升限($H_{стат}$)的飞行是按弹道曲线进行的,但是,如果 $0 < n_{ya} < 1$,只有在发动机工作时才没有能量损失

$$H(n_{ya\ уст}) = H_{стат}(V_н) - 6\ 341.6 \cdot \ln(n_{ya\ уст})$$

超声速飞机在动力爬升中能达到的最大高度称为动升限($H_{дин}$)。为了进入 $H_{дин}$,机动开始要在稳定角速度 $\dot{\theta}$ 最大值的高度和速度区域,即在比静升限低 6~8 km(图 17.16,图 17.17),以便以最大可能的总机械能和轨迹倾斜角进入稳定飞行状态区域的边界。

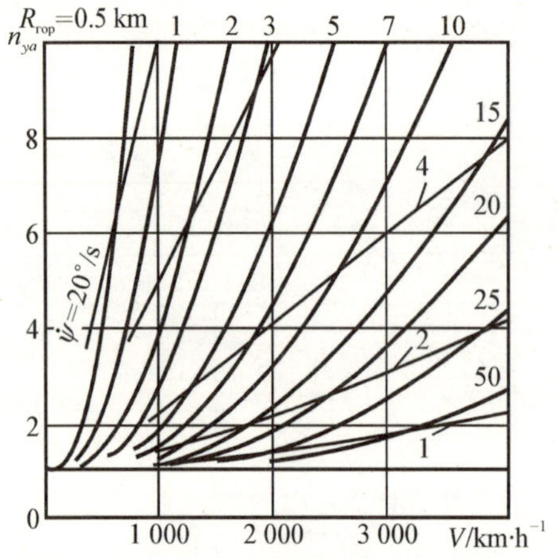

图 17.16 在水平面内盘旋角速度和半径与速度及可用过载的关系

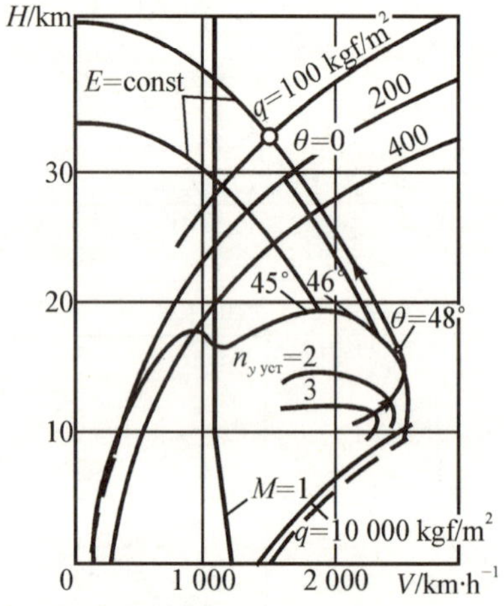

图 17.17 计算飞机动升限的初始条件 $\dot{\theta} = 1.7(°)/s$, $R = 22$ km(示例)

在达到动升限($\theta_к = 0$)时,沿轨迹的速度不要超过通过静升限时的水平分速度($V_н\cos\theta_н$)。因此 $V_н\cos\theta_н$ 决定动升限上的速压,不应小于 $q_{min\ доп}$:

$$0.5\rho(H_{дин})V_н^2\cos^2\theta_н \geqslant q_{min\ доп}$$

所列的概念就能确定 $H_{дин}$ 的理论,值它取决于通过静升限 $H_н$ 时的初始速度和轨迹倾斜角。

解题由两个步骤组成:

(1) 在 $E = H_н + (V_н^2/2g_c) = \text{const}$ 线上求出稳定飞行状态区域($V_н$, $H_н$)边界上给定点的轨迹倾斜角 $\theta_н$,在其实现时飞机以常值总机械能(沿弹道曲线)运动,达到最小允许速压,同时达到动升限 ($\theta_к = 0$)。在这种情况下,理论动升限为 $H_{дин} = H_к = H_н + (V_н^2/2g_c)\sin^2\theta_н$,而轨迹顶点的不稳定速度 $V(H_{дин}) = V_к = V_н\cos\theta_н$。为了确定 $\theta_н$ 和 $H_к$,显然需要解含两个未知数的两个方程组:

$$\begin{cases} H_{к} = H_{н} + [V_{н}^{2}/(2g_{c})]\sin^{2}\theta_{н} \\ \rho(H_{к}) = 2q_{\min\ доп}/(V_{н}^{2}\cos^{2}\theta_{н}) \end{cases}$$

用图解法(图 17.17)或用基本程序在电子计算机上求解方程组。

(2) 求出在 $V_{н}$，$H_{н}$ 点上实现需用轨迹倾斜角 $\theta_{н}$ 的方法，考虑到在常值过载下随着速度增加，转弯半径增加，而稳定过载随高度按如下规律减小：

$$n_{ya\ уст} = \exp\left(\frac{H_{стат} - H}{6\ 341.6}\right)$$

(在 $H \leqslant H_{стат}$ 时，$n_{ya\ уст} \geqslant 1$，在 $H > H_{стат}$ 时，$n_{ya\ уст} < 1$。)

返回稳定飞行状态区域是沿弹道曲线下降段增加速度进行的。事实上在轨迹的两个段上发生总能量某些损失，因而，返回初始高度的飞行速度将比初始速度小些。

因此，超声速飞机达到动升限就要求预先选择飞机最佳的操纵，以保证在稳定飞行状态区域边界上 $H_{н} + (V_{н}^{2}/2g_{c})\sin^{2}\theta_{н}$ 达到最大值，并考虑到飞机及其动力装置的所有限制。

正式的飞行动高度的区域通常认为受两条曲线的限制(图 17.17)：$-E = \text{const}$ 与稳定状态区域相切和 $q_{\min\ доп} = \text{const}$。

这些曲线的交点——理论上动升限——只有在静升限上实现轨迹倾斜角 $\theta_{н}(V_{н}$，$H_{н}$，$q_{\min\ доп})$时才能达到。飞机不预先超过按 $M_{\max}$的限制，这一点不总是可能的。

在图 17.17 的示例中，达到动升限的机动是在速度 $V \sim 2\ 200$ km/h、高度 $H = 11 \sim 12$ km 上开始的。飞机实施加速爬升 $(1 < n_{ya} < n_{ya\ уст})$，同时增加轨迹倾斜角 $(\theta > 0)$。

最大倾斜角 $(\theta \approx 48°)$ 是在通过对当时速度 $V_{н}$=2 550 km/h 的最大稳定飞行高度 $H_{н}$=16 km，即在 $n_{x} = 0$ 时达到的。随后飞行按弹道曲线进行 $(n_{xa} = 0)$。最大飞行高度 $H_{к}$ 为 $H_{дин} = H_{н} + \Delta H \approx 30$ km 并在通过静升限后经过 1 min 达到。对应于达到动升限的飞行速度为 $V_{к} = V_{н}\cos\theta \approx$ 1 700 km/h，即在超声速飞行时，达到动升限。此时速压为

$$q = (V\cos\theta)^{2}\rho(H_{к})/2 \approx 200\ \text{kgf/m}^{2}$$

即根据保证操纵性和动力装置工作的条件对应的最小允许的速压。飞行轨迹示于图 17.18。动升限高度 $H_{дин} = 30$ km，大体上相当于美国空军少校史密特于 1975 年驾驶 F-15 飞机所创造的世界纪录。1977 年苏联空军上校 A·B·费多托夫驾驶 E-266

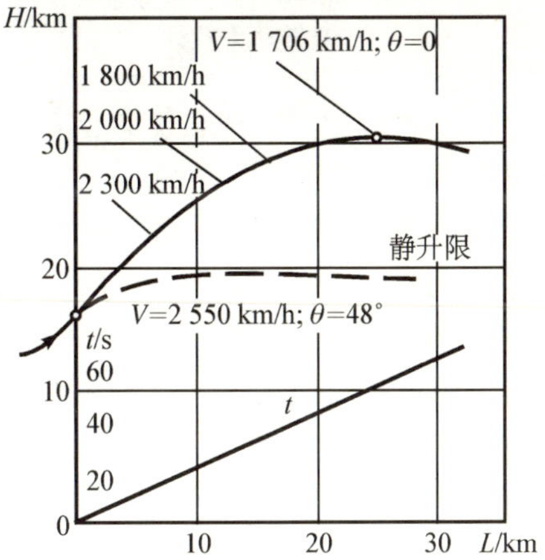

图 17.18　确定飞机的动升限(示例)

飞机创造了新的绝对纪录 $H_{дин}=37\ 650$ m，这相当于 $V_{н}\approx 3\ 000$ km/h 和 $q_{доп}\approx 100$ kgf/m^2。

17.4 超临界迎角机动的应用

飞机在超临界迎角下的运动具有一系列特点，是与它在这一状态的重心位置和气动力特性有关，用机体坐标系分析最方便(图 17.19)。在不同的重心位置下曲线 $m_z(\alpha)$实际上是等间距的。即使在小迎角下静不稳定的飞机 ($\bar{x}_т>0.37$)，也可在超临界区得到静稳定状态的配平。

借助于偏转舵面在小迎角下产生抬头力矩使飞机进入极大的静稳定状态的配平点，并有很大的角速度 ($\omega\approx\alpha$)，这样继续增大迎角，是由于所积累的动能($J_z\omega_z^2$)引起的。在"惯性"运动过程中飞机能实现迎角 $\alpha_{бал\ max}$的 1.5～2 倍。

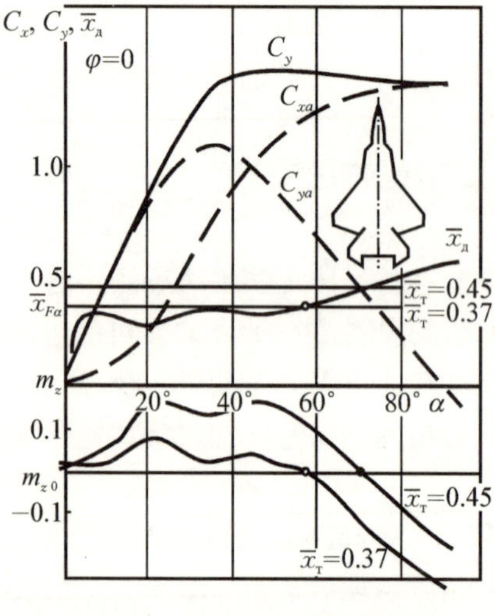

图 17.19 速度和机体坐标系飞机的空气动力特性

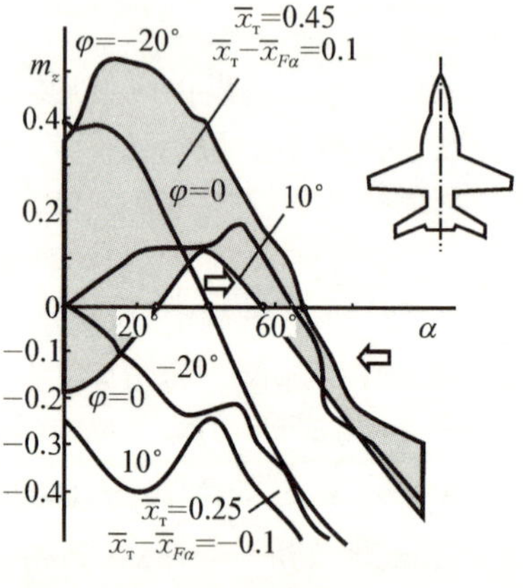

图 17.20 重心位置对 $m_z(\alpha,\varphi)$关系曲线的影响

在达到 α_{max}以后，飞机依靠布局保证的低头力矩返回到 $\alpha_{бал\ max}$迎角，这与操纵面偏转无关，因为在这个区域操纵面不起作用。在这种返回过程中，操纵面偏转产生的低头力矩是在它们的效率恢复的迎角区域(图 17.21)，和飞机达到 $\alpha_{бал\ max}$后继续减小迎角到它的这个值，该值对应于新的 $\varphi_{ст}$角。依据飞机重心位置、操纵面效率、飞机惯性矩和操纵方式，全部运动在 5～10 s 内完成(图 17.22，图 17.23)。

"普加乔夫眼镜蛇"机动是按首批掌握这种机动的试飞员之一的名字命名的，在 1989 年夏季法国的列-布尔热国际航空展览会上，他表演了这种高级特技动作。为了能够安全地实施普加乔夫眼镜蛇机动，飞机应具有航向稳定性、滚转操纵性并在所有迎角下均有低头力矩的余量。在这里关键的是临近 $C_{ya\ max}$的 α 区域，在此区域机翼和操纵面上的法向力停止增加。在图 17.20 上这是在 $\bar{x}_т=0.45$ 时 $\alpha=28°$ 和

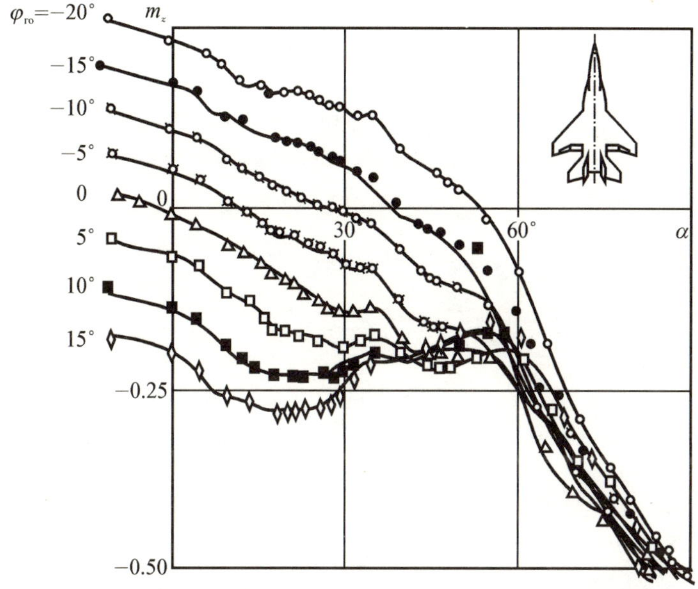

图 17.21　在 $\alpha = 0° \sim 90°$ 范围内超声速飞机水平安定面效率

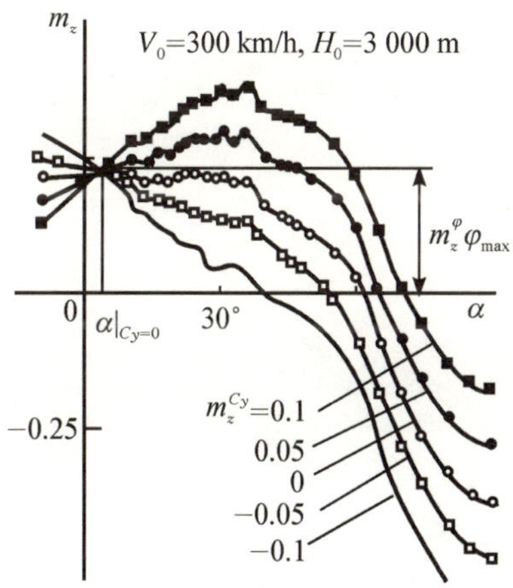

图 17.22　超声速飞机在 α=0 时对不同 $m_z^{C_y}$ 的配平能力

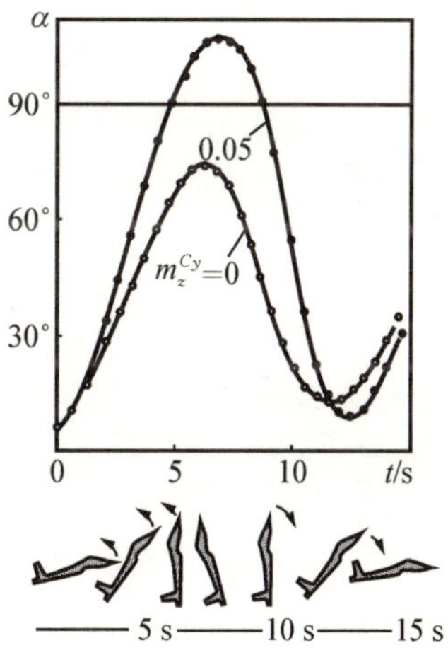

图 17.23　飞机动态进入超临界迎角区域

$\alpha = 54°$ 之间的区域，在 $\varphi_{max} = 10°$ 时不能配平。

在这种情况下，偏转水平安定面 $\varphi = -20°$，飞机就容易进入超过 $\alpha = 90°$ 的迎角，然而在返回"线性区域"时，它应靠惯性运动越过没有低头力矩的临界区域。重心位置后移和在小迎角区域过渡到静不稳定，在所研究的机动的开始段使抬头力矩增加，并使 $\alpha_{бал}$ 增加超过 $C_{y\,max}$，但使超临界区域的低头恢复力矩减少，并在某一不稳定度下使在 $\alpha = 30° \sim 50°$ 时的低头恢复力矩不足。需要增加水平安定面的偏度范围和加装飞行中推力矢量的操纵。在这种情况下有可能进一步发展“普加乔夫眼镜蛇”机动，即飞机相对于轨迹的“敏捷性”，——进入迎角大于 270°，即靠惯性继续运动直到 $\alpha>180°$时的下一个抬头力矩区飞行再进入小迎角区域，但是在倒飞状态流动“从机尾”向前。在 $\alpha\approx-90°$ (270°)时飞机重量沿推力方向指向向下，使有可能在重力和动力装置推力的作用下，转入俯冲，并急剧地改变飞行方向。

参考文献

[1] Бюшгенс Г С，Студнев Р В. Динамика пространственного движения самолета [M]. Машиностроение，1967.

[2] Василъченко К К，Вид В И，Волк И Пндр. Летные исследования маневренных самолетов на больших и сверхбольших углах атаки [J]. ТВФ，1992. №4 - 6.

[3] Иродов Р Д. Расчет перегрузок и углов крена самолета при движении по пространственной траектории [M]. Оборонгиз，1957.

[4] Колосов Е И，Шкадова И И，Медвежникова Л А. Методы расчета вертикальных маневров самолета [C]. Тр. ЦАГИ，1956.

第 18 章　超声速飞机的参数选择

18.1　概述

确定飞机布局在其第 1 次近似中，即在对其要求给定的情况下，在第 1(概念)设计阶段进行空气动力布局、原型机主要尺寸和参数的选择。这一阶段包括协调飞机尺寸、起飞重量、装载、设备项目和机内油箱的载油量。

这时不只一次地校核计算所设计的飞机可能的飞行性能和机动特性，以便确定它是否符合技术任务书。

在研制先进的空气动力布局时也总是进行飞机合理参数的选择，因为必须对比不是模型而是飞机的主要参数及其满足预先要求的可能性。

为了这些目的，采用简便的形式化的飞机设计方法，这些方法基于通过适当地处理批生产飞机的统计数据和一般相似规律按“重量-几何-空气动力”三角形关系将参数联系在一起。

从飞机的飞行性能和机动特性的要求中分出主要的重点要求。这通常是最大速度、航程或活动半径、起飞着陆特性和决定飞机机动能力的参数。

原型机总体外形设计和确定其主要参数采用两种主要方法，两种方法互相补充并且都是基于飞机空气动力学和飞行动力学的关系：

——第 1 种(正解法)——从风洞所研究的布局和动力装置的特性出发到飞机(原型机)的参数；分析技术任务书中重点要求实现的可能性。

——第 2 种(反解法)——从技术任务书的重点要求出发到对飞机空气动力特性、尺寸、起飞质量和发动机起飞推力的总的要求。

在两种情况下假定要求没有按照优先顺序，则可以在选定的原型机布局的框架内得到满足。

第 1 种方法是利用总体关系，保证在不同的飞行状态下，空气动力布局和动力装置、巡航飞行高度的速度与机翼载荷、起飞推重比$(P/G)_{взл}$和可用推重比 P/G 的协调，直接进行飞行技术和机动特性的计算，并将其结果与技术任务书对比。

第2种方法是利用“反解计算”——从给定的飞行技术性能和机动特性到布局参数的计算，即从技术任务书到计算飞行技术性能和机动特性的原始数据。问题没有单值解——给定的飞行技术性能和机动特性可以用不同的布局保证（在一般情况下）或者它们本来就是不可能达到的。因此，在这里只可以讲对布局的要求，即将技术任务书转换为对飞机的空气动力特性、起飞推重比和质量的要求。选择能够实现这些技术任务的空气动力布局形式（或几种布局形式）是基于现有的科学储备。

就此结束飞机原型机设计的第1阶段。第2阶段进行布局的修正和优化，因为优化的目标已经选定。

按照研究设计布局的方法和形成要求的优先顺序，所有飞机可以假定分为两类，其发展趋势和参数选择的原则是不同的。

(1) 执行**运输**任务的超声速飞机——以给定的速度将装载物从基地运送到到达站，在到达站着陆（或不着陆）和在投放装载物后（或不投放）返回原地。这样飞机的空气动力布局要在利用最经济的超声速（或亚声速）巡航飞行状态，根据保证给定的最大飞行速度、给定的航程（活动半径）的条件下加以选择。超声速最大速度通常只能在相当狭窄的高度范围内实现。保证可接受的起飞着陆特性是通过选择增升装置来达到的。

可以属于这一类的超声速飞机有批生产的图-144、“协和”、SR-71、B-58、图-22和图-22M、图-160、B-1和实验机M-50、T-4、B-70等一系列其他飞机（图18.1）。

这是**非机动**飞机，它们的使用载荷不大并受结构强度条件的限制，迎角受飞行安全条件的限制。它们的特点是起飞重量相当大（$G > 80 \sim 100\,\mathrm{t}$），尺寸也大，而飞行迎角范围相对不大。

非机动飞机的起飞推重比通常为$P/G = 0.4 \sim 0.5$。

这一类飞机的发展是沿着增大飞行航程和有用装载、提高经济性及其使用安全性的道路进行的。

(2) **机动**超声速飞机在所有高度上能实现超声速水平飞行，具有很高的亚声速机动特性并且在外挂点上能携带在质量和品种上都多的外挂物。

这些飞机的空气动力布局和推重比保证达到大的超声速、亚声速进入超临界迎角的机动和起飞-着陆特性符合这些飞机要在相当短的跑道的机场上使用的要求。

属于这一类的超声速飞机有歼击机及与其机动性接近的作战飞机：米格-21、米格-23、米格-29、苏-7、苏-9、苏-15、苏-17、苏-27、F-104、F-4、F-5、F-15、F-16、F-18、F-22、J-35、J-37、“幻影”系列（Ⅲ，5，50，2000和F-1）和许多其他飞机。很明显，它们的气动力布局形式、形状和布局是差别很大的（图18.2(a)和(б)），飞行中可实现的迎角、速度和高度范围很大，使用过载很高（$n_{ya}^{э} = 8 \sim 9$）。这一类的典型特点——在飞行实践中不稳定状态的范围很大（以动态进入上升，大大超过静升限，小速度飞行能达到超大临界迎角等等）。这些状态是通过利用飞机在其前进运动和绕质心旋转的动能来保证的。

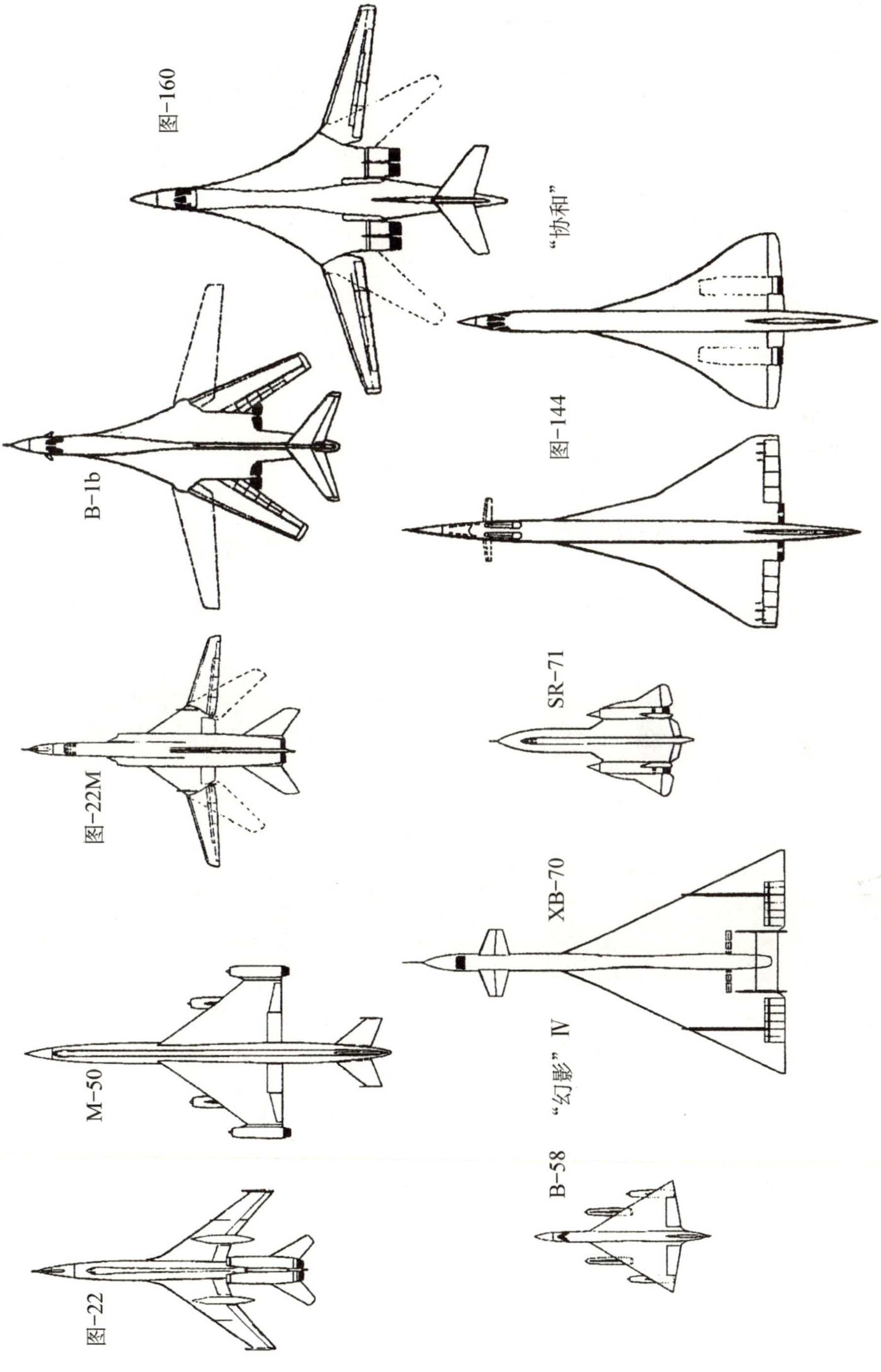

图 18.1　非机动超声速飞机的气动力布局形式

图 18.2(a) 1953～1963 年期间机动和有限机动的超声速飞机气动力布局形式

图 18.2(б)　1964～1995 年期间机动和有限机动的超声速飞机气动力布局形式

机动超声速飞机的起飞推重比随着发动机净重与其起飞推力之比（$\gamma_{дв}$）的减小而不断地增加，并在 $\gamma_{дв}=0.12\sim0.11$ 时，达到了 $P/G=1\sim1.2$（图 18.3 和图 18.4）。

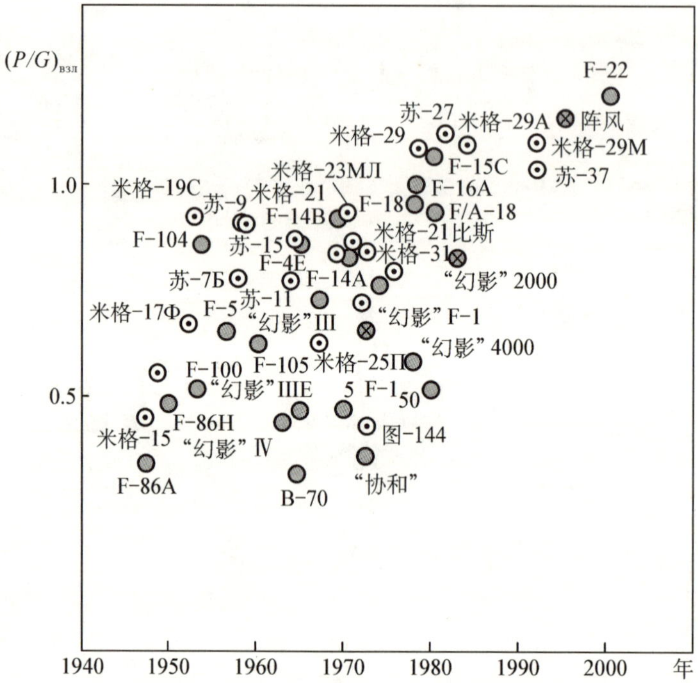

图 18.3　喷气飞机起飞推重比的动态变化

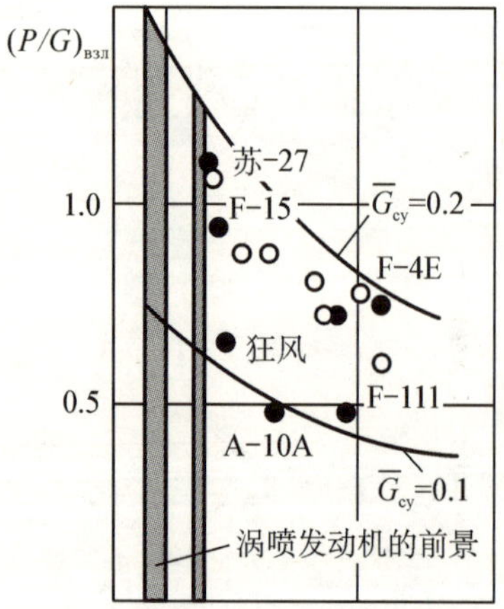

图 18.4　起飞推重比与涡喷发动机的比重的关系

这些飞机的发展按照完全确定的方向——一代一代地提高机动能力和活动半径并结合探索保证除亚声速外，还有超声速巡航状态的可能性，即在中等超声速下相当经济的飞行。

飞行 M 数通常受限制的不是现代涡轮喷气发动机在超声速下的可用推力，而是结构材料和飞行安全的要求、速压、进气道管道内的压力等（第 16 章）；起飞重量通常不超过 50～60 t。

这一类超声速飞机的完善是基于空气动力学所有方面的发展：提高升力特性，减小阻力，在 M 数、迎角和升力面活动部分的偏度尽可能大的范围内保证空气动力特性的线性和操纵面效率和配平。归根结底——在超声速最大速度相当大的情况下，保证亚声速极限可能的机动特性。

选择机动飞机参数的特点——必须满足一系列相互矛盾的要求。在这里原则上不需要分出一项(唯一的)效率指标,因为对于机动飞机来说,按携带装载物、航程和飞行速度、起飞-着陆特性的各项要求还要加上一组对机动特性的附加要求,这一组要求本身是互相矛盾的而且与航程和续航时间的要求也是矛盾的。

原则上,还可以分出中间的一类即"有限"机动的超声速飞机,其所有参数都居于"重型"非机动和"轻型"机动飞机的中间值。这是前线轰炸机和侦察机,它们执行运输任务,但是在载重投掉或大大减少之后,便具有机动类飞机的许多特征。可以列入其中的有苏- 24 和雅克- 28(苏联)、F - 111(美国)。

近年来这些飞机的位置由在外挂点(包括副油箱)上和机内专用舱段大大增加载重的轻型机动飞机所占据。

在最大起飞重量的情况下有用装载的总质量达到了空机的重量。这种所谓的歼击轰炸机,其起飞重量和推重比、使用过载和飞行安全的限制由使用装载的品种来决定。好像是把高的起飞推重比 $P/G>1$、相对低的翼载和使用过载 $n_{ya}^{э}=9$ 都换成装载物的质量了。

18.2　超声速飞机气动力布局的选择

决定飞机气动力布局的最重要参数是规定的最大 M 数。与设计的超声速飞机 M_{max}有关的是:选择机翼气动力布局——其平面形状、展弦比及组成它的翼型;确定进气道形式(见第 5 章)。在有些情况下,如巡航 $M<1.5\sim1.6$,有可能用不调节的进气道。当巡航 M 数再大时,必须用可调节的进气道,由于对飞机的其他要求,其形式必须好好选择(见第 5 章)。在选择布局的主要部分时要考虑超声速飞机的用途。超声速客机要求这种气动力布局,即保证有高的升阻比、乘客的舒适、在机翼里有足够大的容积装燃料、满足起飞-着陆特性及提高飞行安全的要求。机动飞机布局的构成很大程度上是根据能有高的稳定盘旋过载、增速时间短以及其他专门要求来定的。这类飞机的机翼布局很大程度上,如第 2, 3, 4 章所述,要使之在其主要机动速度范围(跨声速)在小的阻力下获得高的 $C_{y\,max}$。

对于多用途飞机气动力布局提出了特殊要求。必须满足亚声速大航程,在所有高度上的超声速飞行并有可接受的对机场条件的要求,这样机翼就要用可变几何形状(见第 3 章)。

超声速飞机的用途决定了发动机型别的选择、在飞机上的布置、采用反推力及操纵推力转向的必要性。

要得到超声速飞行有大的航程则应采用涡喷和小涵道比的涡扇发动机并在巡航速度不开加力。

机动和有限机动飞机,它们用的发动机的推重比差不多在 8～10,要求发动机有加力,对于机动、起飞及增速和上升是必需的。发动机的位置安排和数量,在进行气动力布局过程中选定。

原则上最重要的问题还是选择超声速飞机的气动力布局形式。除了 3 种经典的飞机布局形式：

正常布局形式——操纵和配平用的辅助翼面是独立的并布置在飞机质心之后(机翼后)。

无尾布局形式——操纵和配平用的辅助翼面布置在飞机质心之后并作为机翼可偏转的升力部件(升降副翼)。

"鸭"式——操纵和配平用的辅助翼面是独立的并布置在飞机质心之前(机翼前)。

"混合"式得到了很大的普及，其操纵和配平用的辅助翼面布置在质心前和后。这就是：

带水平前翼的**无尾布局形式**，水平前翼是可操纵的或刚性固定的(前翼)；

附加水平前翼的正常布局形式。

这两种布局形式飞机纵向通道的主要操纵还是靠布置在质心后面的辅助翼面。

安装水平前翼能够实质性地扩大保证飞机配平和静操纵性的 M 数和迎角范围。此外，出现保证优化配平状态的可能性(满足两种要求——在 $m_z = 0$ 时阻力最小)。

经典"鸭"式飞机，其水平前翼用来作为唯一的操纵面(正如莱特兄弟第 1 架飞机曾有过那样)，今天已不存在了。

在所有飞行状态下，前翼对于配平和安全的操纵飞机是不够用的。特别是水平前翼分离迎角比机翼来得早些，在"鸭"式中很危险——飞机机头下沉 ($m_z < 0$)，随之而来，使水平前翼迎角在超临界区域进一步增大并难于恢复和稳定到初始飞行状态。如果没有其他操纵面，因为在超临界区域 $\Delta\alpha > 0$ 使水平前翼的法向力减小，飞机便失去操纵。因此，应把水平前翼只看作是附加的操纵面，它将给原始布局提供附加的可能性。

在正常布局形式或无尾布局形式飞机上安装附加的水平前翼，不改变布局各部分起的作用的一般比例，它解决如下问题：

——如果附加的水平前翼固定住，则依靠它向前移动空气动力焦点，使纵向静稳定度减小或飞机转入静不稳定飞机类。当静稳定余度保持不变(质心前移)，则增加纵向及航向操纵面的效率。

——如果附加的水平前翼是可操纵的，即在飞行中能改变其角度位置 ($\varphi =$ var)，则除上述情况外，由于它带来的附加纵向力矩，也即增加了纵向操纵系统的效率。对于静不稳定的飞机，这特别重要。因为基本的(尾部)水平安定面(或升降副翼)，在这类飞机上由于迎角配平过早的失效，而前翼下偏(迎角减少)产生俯冲力矩的余量(见第 6 章)。因此对于不稳定的飞机如没有附加的前翼，配平迎角通常是有限制的。

在超临界迎角飞行速压是很小的，这将使操纵面的气动效率接近零。因此为了飞机在超临界迎角区、极小的速压下操纵和配平飞机，必须使用推力转向（见第 12 章）。不用推力转向实际上只能如前述那样，适当地选择和协调纵向静稳定度和操纵效率，动态地进入超临界区。

附加的前翼可以放出来也可以收起只是在规定的飞行状态。如前翼只在 $M>1$ 时伸出到气流中，它使气动焦点前移，于是可以减少或克服通过声速时由于压缩性影响造成的气动焦点后移。

如果前翼作为机翼切出的部分而且在大迎角时也伸到气流中，则在这种情况下，导数 C_{ya}^{α} 不大而且 $\Delta m_z>0$ 实际上不随迎角变化。这种活动的附加前翼用于客机图-144，以便保证机翼后缘增升装置（升降副翼）向下偏（$\Delta m_z<0$），因而增加无尾飞机在起飞-着陆状态的升力。

实际上所有无尾布局形式的超声速机动飞机，最终的方案都装上了附加的前翼——无论在研制过程，或是在准备改型。

因此超声速飞机合理的布局形式应该是：

对于单一状态的远程超声速飞机——带附加可收放前翼的无尾布局形式。

对于机动飞机——带前后布置的操纵面的混合形式。

对于这两种基本类型的超声速飞机，其机翼气动力布局的选择遵循根本不同的途径。

在第 1 种情况（对于非机动飞机），为了得到远的超声速航程，通常采用亚声速前缘（在 $M\approx 2$ 相当对 $\chi=60°$，详见第 2，3，4 章）接近三角形的机翼，它利用空间扭转和翼型弯度——即机翼中翼面的弯扭（第 2 及 4 章）可以对增加升阻比有很大的作用。

在第 2 种情况（对于机动飞机），通常采用前缘中等后掠的机翼，以保证亚声速时有高的最大升阻比 $K_{\max}$。

如第 4 章所述，这种布局机翼采用边条后可以得到高的气动力特性。

翼根前边条使机翼气动焦点前移，而且在超声速比亚声速移动得更多。因此，升力面加翼根前边条，用以无尾布局形式的飞机为了减小焦点过声速的后移。结果向图-144 飞机推荐并布置带前缘转折的三角形机翼。尖前缘的边条也应用了，用来稳定各种布局形式飞机在大迎角下梯形机翼的绕流（第 4 章），能保证升力实际上线性变化到迎角 25°～30°的边条最佳相对面积为 0.1～0.12（第 4 章）。

正常式布局形式的机翼前边条对平尾的流动同样也有很大的影响。

平尾作为操纵面的效率，在这种情况下，如果飞机质心位置（重心定位）不变也是不变的。

机翼增升装置不仅在改善起飞-着陆性能上有大的作用而且能保证在机动时 $C_{y\max}$ 有很大增加而阻力则减少。自适应外翼，即带前后缘增升装置的外翼，由与飞机操纵系统综合在一起的专门系统在飞行中操纵，原则上给定的程序操纵（第 4 章），对每一升力值保证阻力最小，从而对每一飞行状态保证最大可能的升阻比。当增升装置不偏转时自适应机翼接近于平面机翼，与单一飞行状态的飞机所采用翼面固定的最佳弯扭的机翼的阻力相比，在没有升力时飞机的阻力明显地减小。

自适应机翼实质性地改变飞机的空气动力特性，但保持其空气动力布局和各部分作用的基本比例不变。

普通的机翼前后缘增升装置对飞机的空气动力特性的影响都是熟知的，因而不需要解释(见第 4 章)。

下一代正常布局形式的超声速机动飞机的布局在两个方向上研究：

——布局上是有明显的独立的机身，像前一代飞机一样，但机翼有延伸很大的根部薄边条(美国的 F－18)及装有活动平尾的尾部梁架(美国的 F－16，图 18.2)。

——新的，那种称为“融合体”的带升力机身的布局(图 18.5)。这种机身的中段和尾段是很宽(达 1/3 翼展)的有翼型形状的升力体平台而它的前段则有带飞行员座舱的标准段。其有翼型的前段有达 75°级的后掠角，其作用如同边条。在机身有升力的部分可以安装带进气道、发动机及尾喷管的短舱，而在这种升力体平台“侧边”——外翼、活动水平尾翼及两个垂直安定面的尾翼。梯形机翼的最佳参数 $\lambda = 3.2 \sim 3.6$，$\chi = 40^\circ \sim 45^\circ$，$\eta = 4 \sim 6$。外翼前缘有分段的可偏转的前缘襟翼，后缘则布置有副翼和襟翼。机翼活动部分由与飞控系统综合的专门辅助系统的信号按飞行范围来偏转，即对飞行状态是自动去适应的(自适应)。机体维持体积的部件——前机身、发动机短舱——其分布是使横截面积分布图有足够的光顺，这样保证飞机的波阻相对的不大(图 18.5)。

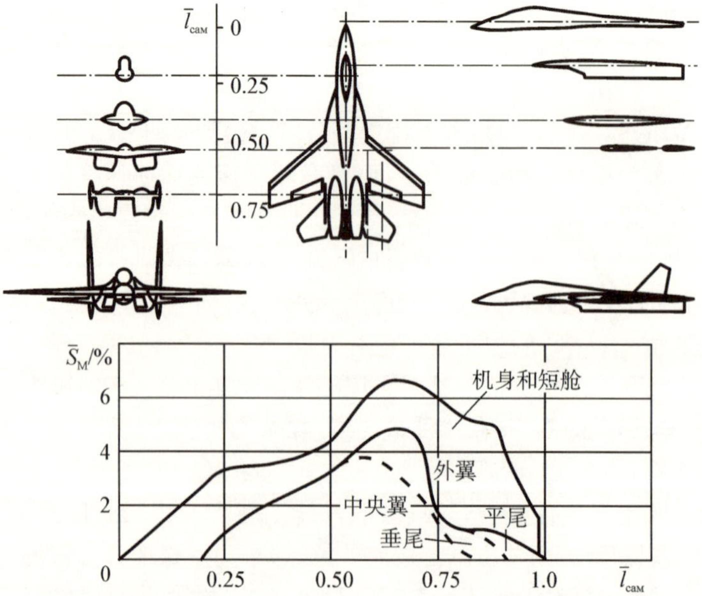

图 18.5 超声速机动飞机融合体布局形式举例。横截面面积分布图

采用升力机身或安装前边条和尾部梁架在合理选择其构型时就能保证实际上的 $C_{ya}(\alpha)$ 线性关系直到 $\alpha=30°$，其 C_{ya}^{α} 对应于基准机翼的展弦比和面积(第 4 章)。

带升力机身或独立机身有边条的布局所固有的是阻力系数和升力系数都增高了，因为平面投影面积与机翼面积比(即承升表面与 $S_{кр}$ 比)及浸润表面与机翼面积比(即产生摩擦阻力、型阻和波阻的表面面积与 $S_{кр}$ 比)，这些布局要比常规布局的大。因为这种原因，无尾布局形式的飞机的 C_{xao}、C_{ya}^{α} 系数比平面形状相同或接近的机翼的标准正常布局形式飞机的要小，因为这种布局形式的 $S_{ом}/S_{кр}$ 和 $S_{пр}/S_{кр}$ 要比经典正常布局形式的小。C_{xa0} 值小并不总是空气动力布局完善性的指标，并且在比较两种飞机时，其中一种飞机的 C_{xa0} 值小并不意味着它的阻力小。只可以对比 $(C_{xa0}/(G/S))$ 系数值。A_2 系数值较小或 $\lambda_{эф}$ 有效展弦比较大，并不意味着该飞机具有较小的诱导阻力。只能对比 $(G/S)/\lambda_{эф}$ 指标，即 $G/l_{эф}^2$。为了能够比较 C_{ya}^* 值，应重新与有效展长的平方相比($C_{ya}^*/\lambda_{эф}$)。

自适应外翼与不断地控制可偏转部件的自动化系统相结合能保证在变化着的飞行条件下(M 数、迎角、过载、完成机动的特点、大气扰动)空气动力特性的优化。用“融合体”空气动力布局时要解决复杂的自动控制系统结构和布局的选择的复杂方法。升力特性的增加和诱导阻力的减小就可以实现增高了的推重比(改进发动机的结果)，不只是为了提高 n_{xa} 和 V_y^*，而且也是为了大大提高可用的稳定法向过载(图 18.6)。

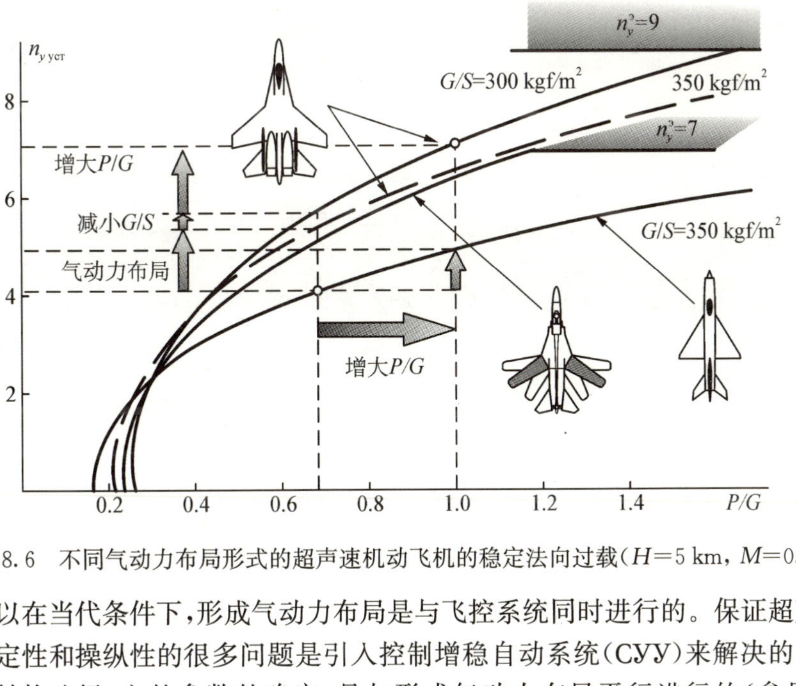

图 18.6　不同气动力布局形式的超声速机动飞机的稳定法向过载(H=5 km, M=0.9)

所以在当代条件下，形成气动力布局是与飞控系统同时进行的。保证超声速飞机的稳定性和操纵性的很多问题是引入控制增稳自动系统(СУУ)来解决的。这种系统的结构选择，它的参数的确定，是与形成气动力布局平行进行的(参见第 9，12～15 章)。

原始布局有静不稳定(无论纵向还是横侧运动)只有在引入相应结构的控制增稳系统才允许。当然必要的条件是操纵面要有相应的效率。在很多情况下(对于非机动飞机,特别是客机),在作气动力布局时应考虑保证有高的可靠性,如将操纵面分段和飞控系统要有余度。

18.3　超声速飞机的参数选择

超声速飞机的空气动力布局根据满足航程、机动能力和起飞-着陆特性要求的条件来选择,即所谓的重点要求,关于这一点前面已经叙述过。

当有选择空气动力布局的风洞试验研究结果和新的发动机特性数据,用第 1 种方法(“正解”)有可能确定飞机的主要参数及飞行技术和机动特性,因而形成值得实际应用的方案概念并在它上面进一步工作的方向。布局和发动机可能有几种。飞机参数的选择,从确定动力装置的推力和机翼面积的关系开始是方便的,该关系保证实现与选定空气动力布局和发动机型别相对应的最小可能的单位航程燃油消耗量($\overline{Q}_{v\min}$)。在理想的情况下,为了实现$\overline{Q}_{v\min}$,飞机应在高度 $H=11\,000$ m、最大升阻比状态以速度相当于 $M=M_{опт}$,即以$(K_{\max}M)_{\max}$飞行(第 16 章,图 16.31)。发动机应在不加力巡航状态,即 $P=(0.5\sim0.75)P_{\max}$工作,燃油消耗率最小,即最小的节流特性(图 16.3 和 18.7)。如上所述决定着在$\overline{Q}_{v\min}$状态飞行时动力装置推力和飞机阻力之间总的关系:

$$P=X_a,\text{即 } P_{0ф}k_{крейс}k_{vн}=\frac{1}{K_{\max}}C_{ya\,K_{\max}}qS$$

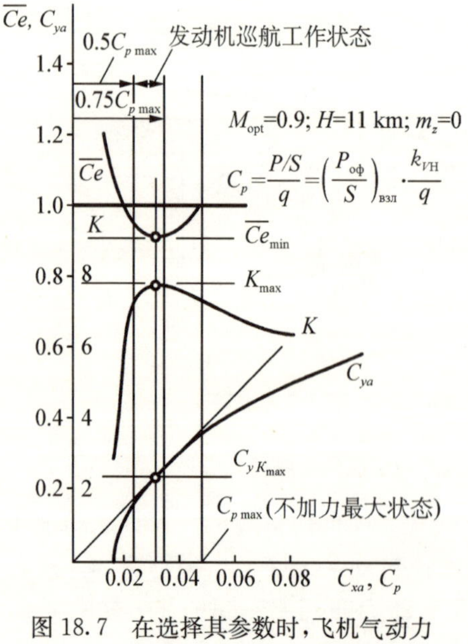

图 18.7　在选择其参数时,飞机气动力布局与动力装置的协调原理

在这一关系式中将表征飞机空气动力布局的参数($K_{\max}$和 $C_{ya\,K_{\max}}$)和表征动力装置的参数结合起来:

——$P_{0ф}$——不考虑进气道和喷管损失的发动机台架(期望)推力;

——$k_{vн}=P_{расп}/P_{0ф}$——在$(M;H)$状态可用推力与发动机台架推力之比(图 18.8);

——$k_{крейс}=P_{крейс}/P_{расп}$——在巡航飞行,包括相当于最小节流特性或发动机巡航边界动力装置推力与可用推力之比(图 18.7)。

空气动力布局与动力装置(发动机)的最佳匹配由飞机的发动机起飞台架推力对机翼面积比来确定:

$$(P_{0ф}/S)_{взл}=(1/k_{крейс})(q/k_{vн})(C_{ya\,K_{\max}}/K_{\max})$$

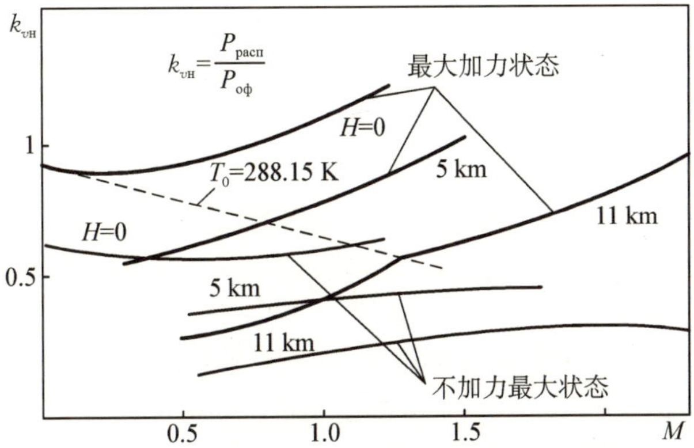

图 18.8　动力装置的无量纲可用推力(示例)

对于 11 000 m$\leqslant H \leqslant$20 000 m 关系式$(q/k_{vн})$与巡航飞行开始高度 $H_н$ 无关，因为速压和用系数 $k_{vн}$表示的动力装置推力与空气密度成正比。当精度考虑到 Re 数影响时，$(P_{0ф}/S)_{взл}$值只取决于 $M_{опт}$数。

起飞的机翼载荷应保证飞机在给定的高度 $H_н$ 上以 $M = M_{опт}$ 开始巡航飞行并考虑到燃油消耗量和进入巡航飞行状态前飞机飞行重量的减小$(G_{расч} = G_{взл} - G_{т\,нв})$：

$$\left(\frac{G}{S}\right)_{взл} = \frac{1}{1-\overline{G}_{т\,нв}} C_{ya\,K_{max}} q \quad 其中 \quad q = 0.7 M_{опт}^2 p(H_н)$$

根据所求得的关系式需用的起飞推重比为：

$$\left(\frac{P_{0ф}}{G}\right)_{взл} = \frac{P_{0ф}/S}{(G/S)_{взл}} = \frac{1-\overline{G}_{т\,нв}}{k_{крейс} k_{vн} K_{max}}$$

因此，$(P_{0ф}/S)_{взл}$ = const 关系给定了飞机起飞机翼载荷、起飞推重比和巡航飞行开始高度$(H_н)$之间的关系，该飞机是按所研究的空气动力布局和所采用的发动机型别设计的。这就能够确定表征起飞和着陆以及飞机能够进行机动的飞行高度和速度(M 数)的主要参数，该机动高度和速度取作能进行剧烈机动区域的基准(第 17 章)。通常取用 $M = 0.9$；$H = 5\,000$ m 或 $H = 1\,000$ m。按动力装置的高度-速度特性确定系数 $k_{vн\,ман}$，即以给定的机内油箱相对剩余燃油量 $(G_{ост}/G_т = k_т)$ 计算机动特性点上的加力状态可用推重比：

$$(P_ф/G)_{ман} = \left(\frac{P_{0ф}}{G_т}\right)_{взл} \frac{k_{vн\,ман}}{1-\overline{G}_т(1-k_т)}$$

起飞-着陆特性 $V_{отр}$，$V_{пос}$，$l_{разб}$，$l_{проб}$——按第 16 章的公式确定。

作为表征飞机机动能力的主要参数取单位剩余推力 n_{xa1}或单位剩余功率 V_{y1}^* 和稳定法向过载 $n_{ya\,уст}$是方便的，这些参数按第 17 章的公式不难计算出来。

在这些计算中，飞机尺寸和起飞重量还是没有确定。只得出了在这种发动机起飞推力对机翼面积比下飞机的起飞-着陆和机动特性的可能性，该比值保证了$\overline{Q}_{v\,\min}$。

在图 18.8 上给出了$k_{v\text{н}}(M, H)$关系曲线，即发动机无量纲特性的例子，换算真实条件的三角形机翼正常布局形式模型的空气动力特性示于图 18.9。计算结果见图 18.10～18.12。首先在G/S及P/G参数图上的区域中可以看出，气动布局和发动机特性的协调及发动机在巡航状态作巡航飞行的情况，关于图的作法按上述。有必要把图示解释一下。在$(P_{0\text{ф}})_{\text{взл}}$及$S$最佳比例时，巡航飞行高度越高，因而起飞推重比越大和翼载越小，在所取的计算点$H=5\,000\,\text{m}$，$M=0.9$上飞机的机动能力就越高(图 18.11)，并且就容易保证需要的、可接受的飞机起飞和着陆特性(图 18.12)。给定$(P_{0\text{ф}}/G)$及$(G/S)_{\text{взл}}$对于确定飞机机动特性和起飞-着陆特性的第一次近似已足够了，如果知道附加条件，则这些特性应该是可以实现的($C_{y\,\text{пос}}$，$C_{y\,\text{отр}}$、摩擦系数f等，第 16 章)。

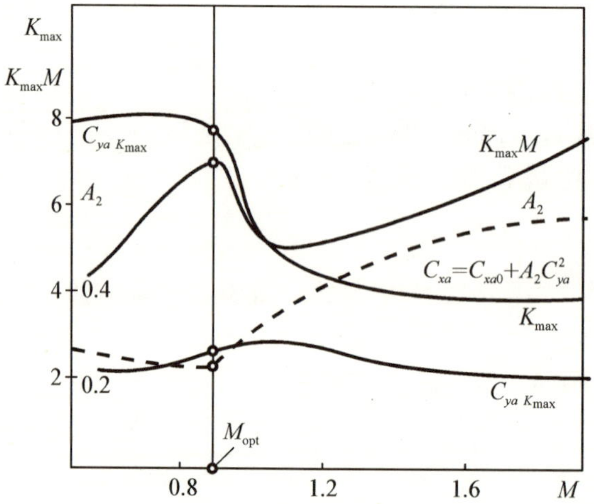

图 18.9　$m_z=0$时三角形机翼($\chi_{\text{пк}}=57°$)正常布局形式机动飞机的气动力特性

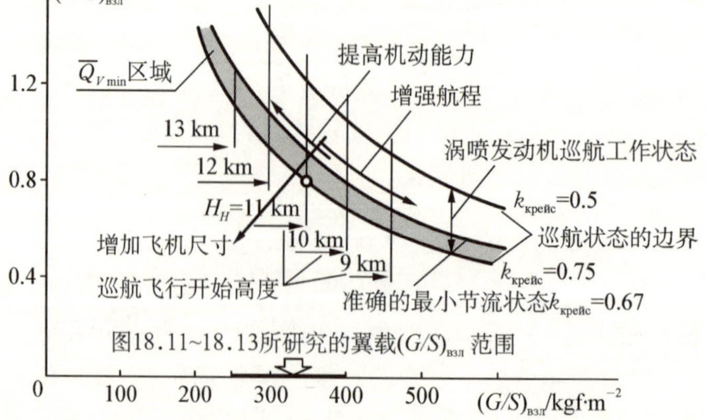

图 18.10　带三角形机翼正常布局形式飞机空气动力布局和动力装置的匹配

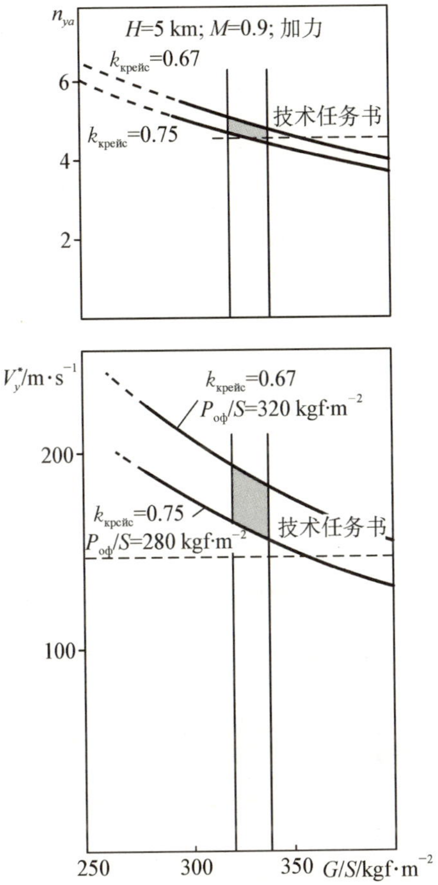

图 18.11　稳定盘旋法向过载及高上升率与起飞翼载的关系(关于选择飞机的几何和质量特性见图 18.13)

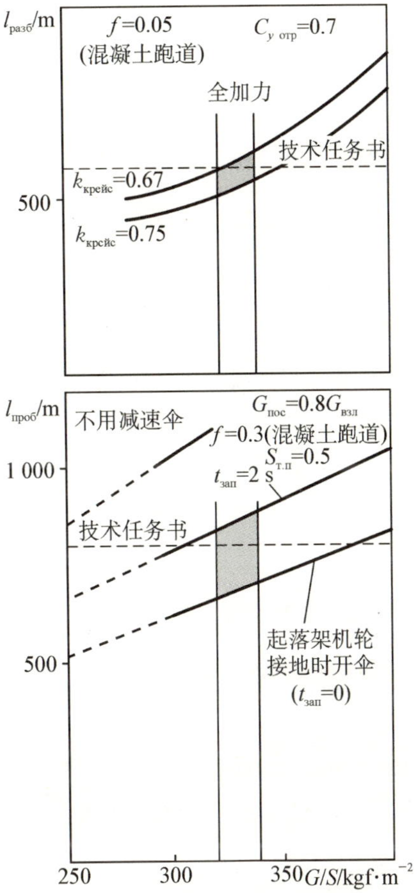

图 18.12　起飞和着陆滑跑距离与$(G/S)_{взл}$的关系(关于选择飞机的几何及质量特性也见图 18.13)

为了计算航程 L 必须知道相对燃油储备($\overline{G}_т$),它取决于飞机起飞重量及给定的任务装载 $G_{фн}$,即空勤组、设备和商务、酬载、有用、战斗及其他载荷重量的总和。飞机的综合重量汇总包含这种载荷、燃油 $G_т$、动力装置 $G_{су}$和结构 $G_к$ 的重量,这些重量总合起来就是飞机起飞重量

$$G_{взл}=G_{фн}+G_т+G_{су}+G_к$$

操纵系统的重量,与飞机起飞重量成正比,包括在 $G_к$内。

通常进行这样的研究:

$\overline{G}_{су}=\gamma_{су}(P_{0ф}/G)_{взл}$——动力装置相对重量,式中 $\gamma_{су}=G_{су}/P_{0ф}=\gamma_{дв}+k_{су}$,

$\overline{G}_к=G_к/G_{взл}$——结构相对重量,取决于飞机尺寸及其结构,$G_к=q_sS_{ом}$,式中 q_s——每 1 m^2 飞机浸润面积的结构重量。当变参数时,它可以取为常数,只与飞机的类别有关。

这样，

$\overline{G}_{к}=q_{s}\left[\frac{S_{ом}}{S}\right]\frac{1}{(G/S)_{взл}}$，式中，$S_{ом}/S$——无量纲参数，布局的特征——浸润面积与机翼面积比。

$\overline{G}_{т}=G_{т}/G_{взл}$——燃油相对重量——关系式右边取决于布局（$S_{ом}/S$）及“技术系数”$\gamma_{cy}$和 q_{s}，计算取：

$$\overline{G}_{т}=1-\overline{G}_{cy}-\overline{G}_{к}-\frac{G_{фн}}{G_{взл}}$$

三者中只要知道 1 个就能决定飞机尺寸值——起飞重量、发动机起飞推力、机翼面积——而且也决定另 2 个，因为（$P_{0ф}/G$）$_{взл}$及（G/S）$_{взл}$是已知的。飞机的体积（V_{c}）由下式确定：

$$V_{c}=\frac{(S_{ом}/\Phi)^{3/2}}{6\sqrt{\pi}}$$

式中，Φ——无量纲参数（形状系数），代表布局——飞机浸润面积与等体积的球体表面积比。

当 $P_{0ф\ взл}$，$G_{взл}$，S 已知后，计算就可转向具体化——$\overline{Q}_{v\min}$区的每个点可以给定相应的所有参数，确定飞机及其飞行技术和机动特性，有兴趣的是包括飞机的浸润面积 $S_{ом}$及体积（V_{c}），$\overline{G}_{к}$，$\overline{G}_{cy}$，$\overline{G}_{т}$（$G_{фн}$），其布局密度（$G_{взл}/V_{c}$）及相对 $S_{ом}$的阻力系数 C_{F}（图 16.13）。把这些参数与实际确定的翼载参数范围比较，在此范围可以选定飞机参数以后用，这样就对关联三角“质量-几何-气动力”作了第一次近似（“存在区域”）。航程与相对储油量有关，因而也取决于飞机的尺寸及任务装载重量（$G_{фн}$），可以按第 16 章的公式计算。

在得出所有参数结果后，对每个起始巡航高度、起飞推重比、翼载、起飞-着陆及机动特性表征着飞机特点。这就足以评估所研究布局的飞机的可能性。这部分计算可以分解成单个程序模块，它可以用于任何用途飞机的气动力布局主要能力的分析。

举例，计算给定发动机起飞推力的用三角翼的飞机（图 18.13）的质量和几何特性。图 18.14 展示了用融合体布局形式（图 18.5）飞机的类似计算结果。

点 A“给定机动性下的最大航程”落在$\overline{Q}_{v\min}$区。为了进一步提高机动能力，将付出航程损失的代价，它在所给的示例中超过规定值 A 点，可以通过增加推重比并超出$\overline{Q}_{v\min}$区，即得到 M 点“给定航程的最大机动能力”。在这种情况下，增大翼载受给定的 $n_{ya\ уст}=6.5$ 及最小平飞速度的限制。对所研究的布局的飞机所得到的存在区域，从中选择（$P_{0ф}/G$）$_{взл}$及（G/S）$_{взл}$保证能满足技术任务书的要求。最大 M 数是由速压和驻点温度的限制决定的。

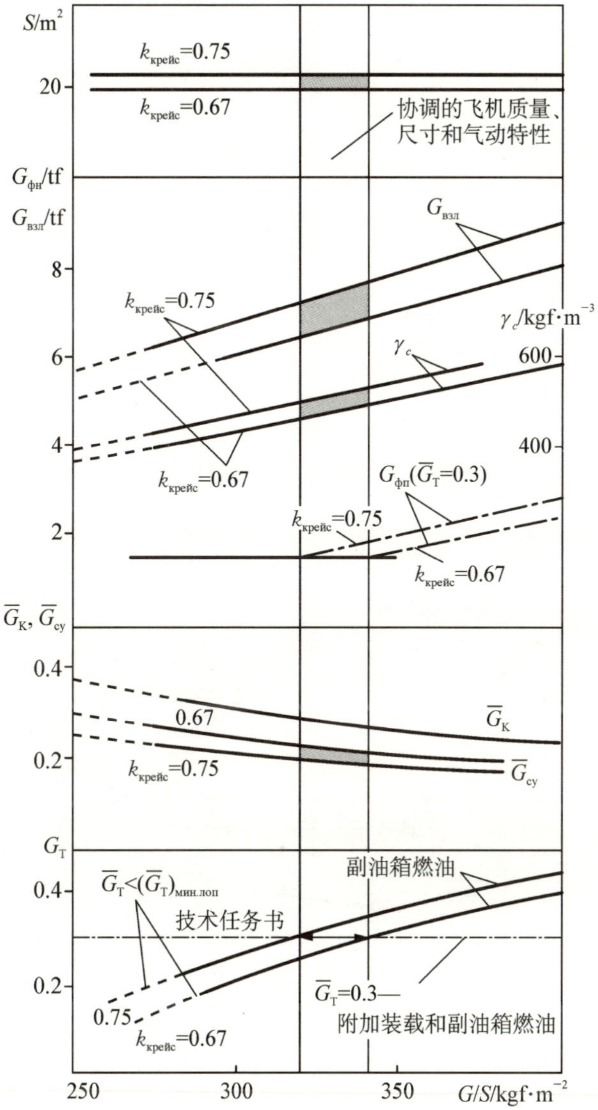

图 18.13　选择飞机的几何和质量特性(示例，$(P_{0ф})_{взл}=6\,500$ kgf，$G_{фн}=1\,500$ kgf)；γ_c——布局密度

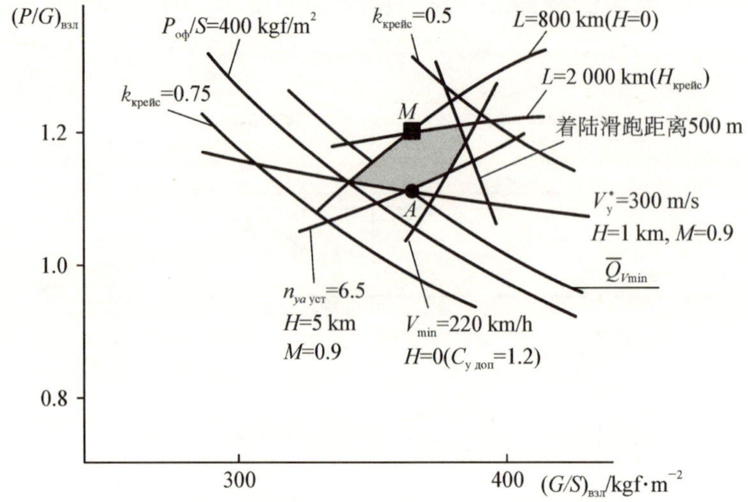

图 18.14 用“正解”法确定的飞机主要参数。气动布局及发动机给定
（$k_{крейс}$=0.5～0.75——发动机巡航工作状态的边界）

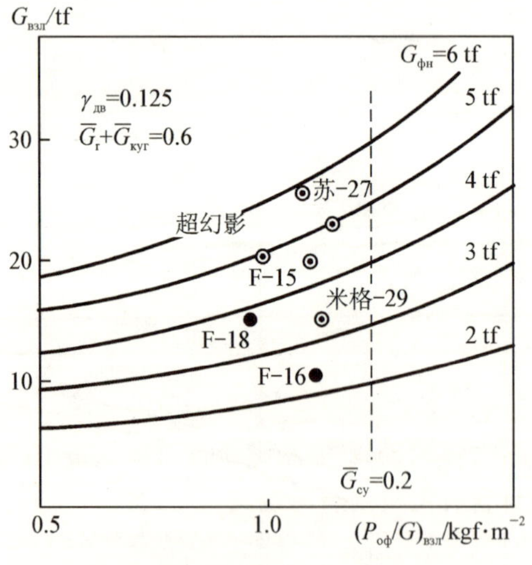

图 18.15 起飞重量与需要的推重比和
任务装载的关系

“正解”法飞机尺寸通常由发动机起飞推力 $P_{0ф}$及任务装载质量确定的。

作为“存在区”的补充，已用的相关型号示于图 18.15，它显示起飞质量与起飞推重比、发动机比重及任务装载总重的关系，可以看出在这种情况下选择这个或那个参数的有效性及“风险度”。

在图 18.16 上示出了概略的计算方框图。

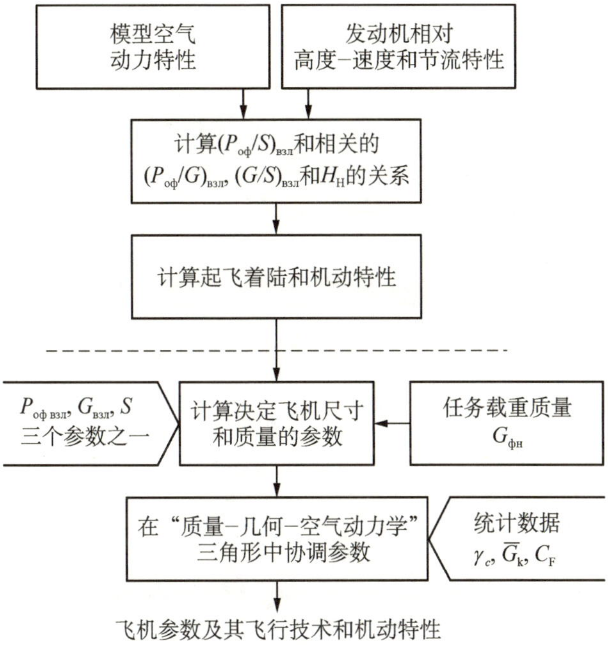

图 18.16　“正解”法计算流程框图

第 2 种(“反解”)方法用来将技术任务书转换为对飞机空气动力布局、尺寸、起飞重量及其动力装置起飞推力的要求,关于这一点上面已经叙述过,不预先给出某一具体飞机的空气动力布局。

该方法在最初确定飞机尺寸和重量及其空气动力特性时使用,在给定的有用装载质量和所采用的技术水平保证满足重点要求。这种水平以一组“技术系数”和对技术任务书的附加要求来给出,例如:规定在给定的机动特性、机内油箱剩余燃油和装载物品种类之间的关系,用以实现这些特性。

飞机的极曲线认为是二次抛物线,在 $C_{ya} > 1.5C_{ya\,K_{max}}$ 时对分离影响和极曲线偏离抛物线加以修正。“技术系数”是根据统计分析大量生产飞机的主要参数和比例确定的,前提是统计含有飞机制造的经验,因为每一种飞机的研制都是在技术上可能的范围内按照协调的技术任务书合理选择其参数的结果。

属于主要技术系数有:

——飞机最小阻力相对于速压和浸润面积 C_F。

——用之确定设计重量的机内油箱剩余燃油量 $k_{т}$。

——设计状态动力装置可用推力与一台(或多台)发动机起飞台架推力之比 $k_{vН}$。

——从发动机启动到进入巡航飞行状态的时间内用占飞机起飞重量比例表示的燃油消耗量和这一航段的长度($\overline{G}_{тн}$和 $L_{н}$)。

——从下降开始到着陆后发动机关车的时间内用占飞机起飞重量比例表示的

燃油消耗量和油箱总共剩余燃油量，该剩余燃油量由有关的标准文件规定；下降段的长度（$\overline{G}_{\text{т сн}}$和 $L_{\text{сн}}$）。

——巡航飞行状态燃油消耗率（$Ce_{\text{крейс}}$）。

——飞机巡航状态最大升阻比与机动状态最大升阻比之比（$\overline{k}_{\text{крейс}}$）。

——动力装置的比重——动力装置重量与发动机台架推力之比，$\gamma_{\text{cy}} = \gamma_{\text{дв}} + k_{\text{cy}}$，式中 $\gamma_{\text{дв}} = G_{\text{дв}}/P_{\text{дв}}$；$k_{\text{cy}} = (G_{\text{cy}} - G_{\text{дв}})/P_{\text{дв}}$。

这些参数一部分用于“正解”计算方法中。

计算结果用表征飞机过载极曲线公认的和一系列综合参数的形式表示：

$$(P/G_{\text{p}})\text{；} C_{xa0}/(G_{\text{p}}/S)\text{；} A_1\text{；} A_2(G_{\text{p}}/S)$$

它们将飞机的起飞重量、尺寸和空气动力特性联合起来并取决于飞机的需用最大升阻比和形状系数 Φ。

$$\Phi = (36\pi)^{-1/3} \frac{S_{\text{ом}}}{V_{\text{c}}^{2/3}}$$

给定形状系数和布局密度（$\gamma_{\text{c}} = G_{\text{взл}}/V_{\text{c}}$）就能够协调飞机的结构质量、飞机体积、飞行重量和空气动力特性。

属于决定飞机外形的参数有起飞推重比、起飞重量、综合重量汇总表、浸润面积（$S_{\text{ом}}$）、飞机体积（V_{c}）、有效翼展（$l_{\text{эф}} = \sqrt{\lambda_{\text{эф}} S}$）、阻力指标（$C_{xa\,\min} S$）等。所得到的资料可以作为一组布局的说明，其中每一种布局：

——由系数 Φ 和最大升阻比 $K_{\max}$ 来表征；

——满足所有重点要求；

——内部相容性，即其体积、重量和需用最小阻力是相互协调的。

因此，技术任务书转换为对飞机的尺寸、重量和空气动力特性的要求，这些要求要满足这项技术任务书。

在给定与机翼面积 S 比，即算空气动力系数的面积与浸润面积之比 $S/S_{\text{ом}}$（或反过来 $S_{\text{ом}}/S$）的情况下，进行搜索限制区域。

在这种情况下，代替与机翼面积无关的综合参数，（或对其补充）研究和分析空气动力系数和翼载，即按具体空气动力布局设计的飞机的特性，取决于下列参数之一——起飞重量、机翼面积、最大升阻比、有用装载重量、动力装置起飞推力等。

将得到的结果与布局数据库的内容并按飞机起飞重量，按其尺寸或按实际可以达到的空气动力特性水平现有的或可能的限制加以对比就能够选定一种或几种布局，以便进一步分析和按“原型机”优化。

对于选定的布局中的每一种，在无条件满足所有重点要求的条件下对加入计算的技术参数对飞机总体外形的影响进行分析。在给定的技术水平及其在未来可能提高的条件下也可以改变技术任务书中的单个项对飞机总体外形的影响进行分析。

为了使一种飞行技术或机动特性符合技术任务书，在"正解"计算方法中修改初始数据也会改变飞机所有其他特性。采用按"反解"计算方法形成的空气动力布局的流程就能够确定初始数据所需的修改，以保证满足技术任务书的所有其余项目。因此，正解和反解方法相互补充，可以形成满足技术任务书的飞机布局并保证实际工艺水平和空气动力性能要求的协调。

对类似的计算结果的分析就能够选定原型机的布局，确定机翼面积和所有空气动力系数的需要值，并且应与相应的模型风洞研究的结果或计算研究的结果加以对比。为了优化或将试验得到的空气动力系数值换算为需用值，改变机翼面积或机翼平面形状时，进行形状系数 Φ 修改。这就过渡到一种新的布局并且自然会出现表征原型机的所有参数的新的需要值。这些需要值，显然是借助于事前绘制的网格而不需要补充计算，简单地从一个 Φ 值过渡到另一个来确定。如果由于出现其新的确定原则的结果而改变机翼面积（例如，通过将边条面积加入机翼面积），则此时布局各部分的作用保持不变，并且空气动力系数的需要值是在 $\Phi = \text{const}$ 的相应于这种布局的情况下进行改变。

对由于从技术任务书转换而得到的空气动力特性的要求的分析，就可以评价其相互符合程度，并确定必须修正研究的布局参数或者改动技术任务书的部分参数，即向这一方向或那一方向修改它会有用或是必需的。在计算过程中给出和变动约十几个参数，这些参数表征飞机的技术水平和可能的空气动力和构造的完善性，并确定"存在区域"，在其中每一点都对应着关于在设计时的技术水平上可行的完全确定的一系列假定。

这种方法通过引入修正的计算公式和补充技术参数可以完善。在超声速飞行状态下的飞行技术特性认为是最重要的情况下，这种方法是可用的。

算法假定可以分为 4 个模块(图 18.17)：

第 1——确定飞机的相对需要参数（比较的指标，第 16 章）与 K_{max} 的关系；

第 2——协调尺寸、起飞重量、概略的重量汇总表和综合参数，它将空气动力系数、飞机尺寸和需用的升阻比综合在一起；

第 3——在附加给定机翼面积与飞机浸润面积比例的情况下，空气动力系数、机翼面积和机翼载荷；

第 4——需用参数与数据库比较（按飞机和模型的统计、科研储备）；选定空气动力布局。

各项要求由参数给定：

n_{xa1}；V_{ya1}^*——对于设计状态的 H_p、V_p（或 M_p）。

L——对于巡航状态的 $H_{кр}$；$V_{крейс}$（或 $M_{крейс}$）。

$G_{фн}$——任务装载重量（设备、有用装载、空勤组）。

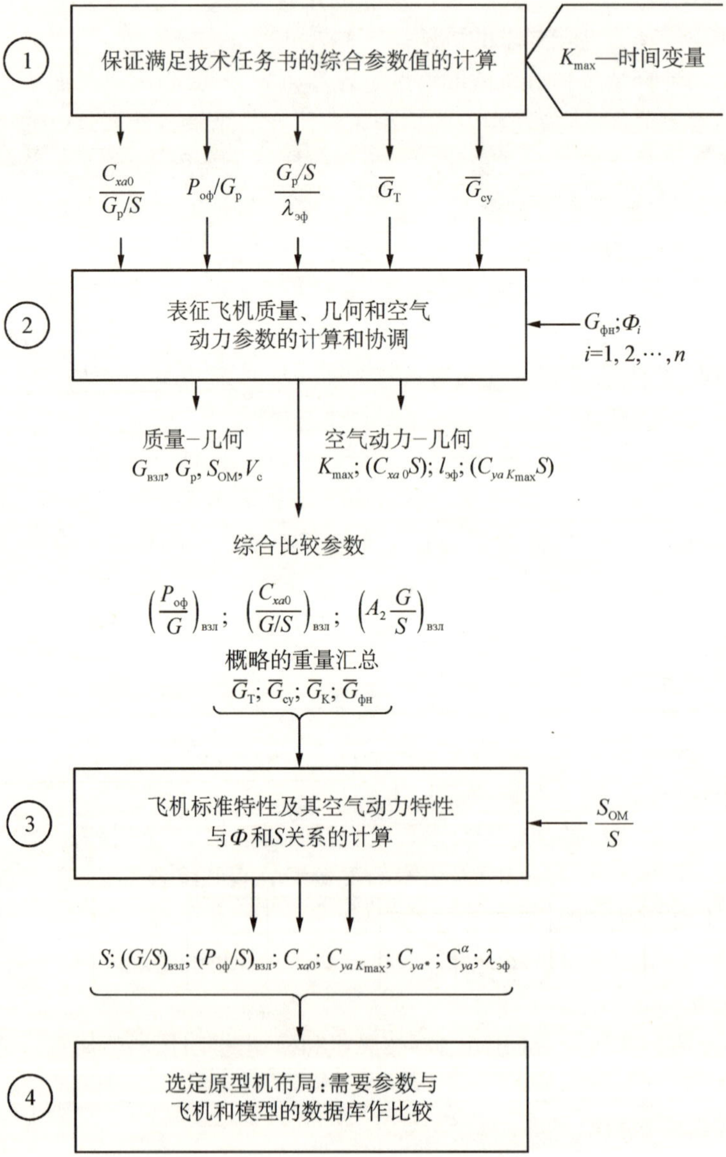

图 18.17 “反解”法计算流程框图

在图 18.18～图 18.19 上举例示出了按“反解”计算方法计算的结果。要求：

——在高度 $H=5\ 000\ \text{m}$，$M=0.9$ 带机内油箱剩余燃油 $0.5G_{\text{т}}$ 的机动能力。

$$n_{ya\ \text{уст}}=6.5;\ V_{y1}^{*}=200\ \text{m/s};\ n_{xa1}=0.7$$

——$L=2\ 600\ \text{km}$，与之相对应的 $(LCe/V)_{\text{крейс}}=2.5$，$G_{\text{фн}}=4\ \text{tf}$。

在图 18.18 上示出了需要的综合参数和概略重量汇总表的分项值与布局形状系数 Φ，即飞机浸润表面面积与其同样体积的球体表面面积之比的关系。体积从机身移向机翼或其他升力部件（增加 Φ）便导致需用起飞重量和结构相对重量增加，需用的起飞推重比增加相对不大而最大升阻比则减小。

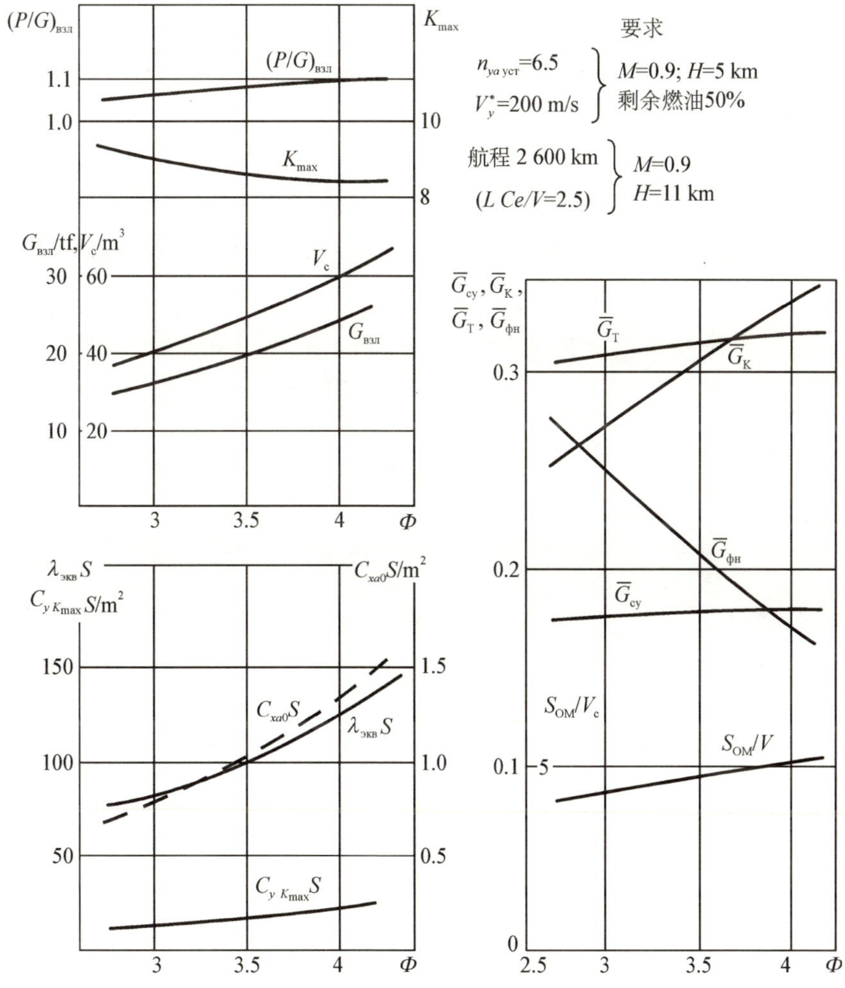

图 18.18　第 1、第 2 模块的计算结果（示例）

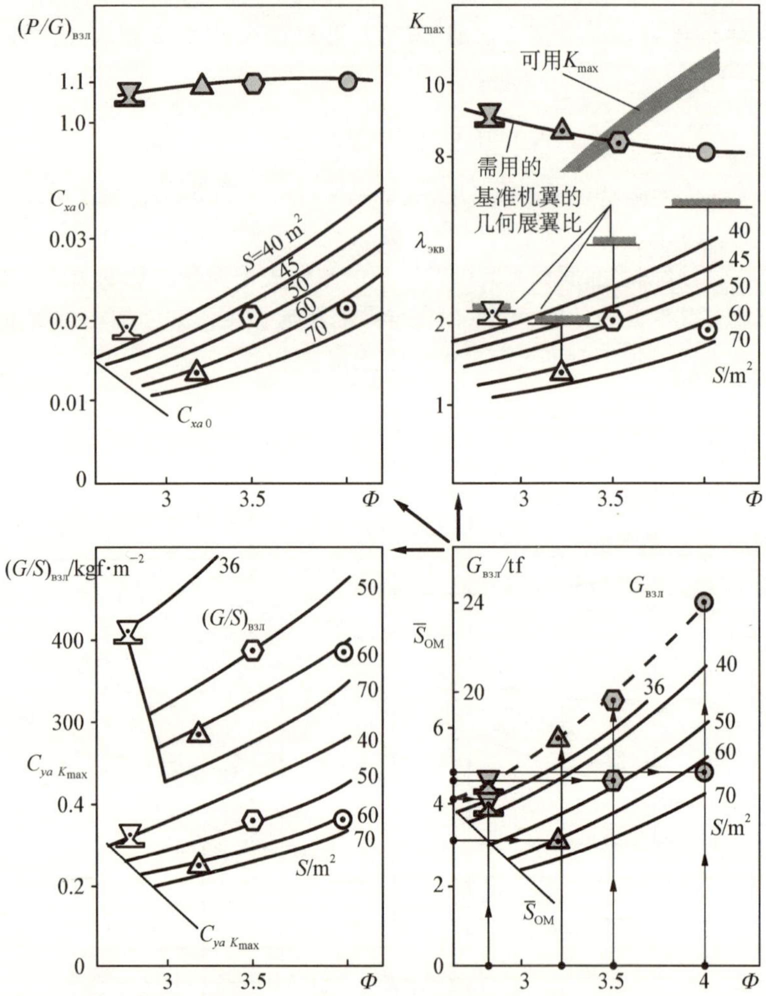

图 18.19　第 3、4 模块中的计算结果(示例)，给定 Φ 及$\overline{S}_{ом}$，确定飞机的各主要组成部分的作用

在图 18.19 上示出了为满足技术任务书要求，传统的气动力系数与在可行技术水平上飞机机翼面积(S)及形状系数(Φ)的一般关系(图 18.17 第 3 模块中的计算结果)。这种关系可以在给定气动布局形式即给定 Φ 及$\overline{S}_{ом}$值情况下，确定飞机主要参数的要求：

$\Phi = 2.8$；$\overline{S}_{ом} = 4.2$—— 苏- 15，带三角形机翼 $\lambda = 2.15$ 的正常布局形式。

$\Phi = 3.2$；$\overline{S}_{ом} = 3$——“幻影”2000，带三角形机翼 $\lambda = 1.9$ 的无尾布局形式。

$\Phi = 3.5$；$\overline{S}_{ом} = 4.7$——F - 15，正常布局形式，后掠机翼 $\lambda = 3$。

$\Phi = 4.0$；$\overline{S}_{ом} = 4.9$—— 苏- 27，带后掠机翼 $\lambda = 3.5$ 的正常融合体布局形式。

其能力可与所得到的要求对比。可见，对于带三角形机翼的布局，对保证满足技术任务书有关航程和机动的空气动力特性的要求实际上是不能实现的。带机翼 $\lambda=3$ 的正常布局形式符合各项要求。融合体布局形式能保证更高的要求 —— 在 $M=0.9$ 时实际最大的升阻比大于 $K_{max}=10$。

18.4　气动力布局形式的简要分析

空气动力布局形式中的每一种，都有与其对应的经过实践检验的最佳机翼平面形状(第 2，3，4 章)。

对于正常布局形式，这是带前缘后掠角 40°～45°的机翼，后缘设计成不大的后掠，接近于 $\chi_{з.к}=0$ 或不大的前掠，$\bar{c}=4\%\sim5\%$。翼展给定时，后缘后掠角决定着展弦比，展弦比通常为 $\lambda=3\sim3.5$。对于这些空气动力布局形式典型的起飞翼载($G/S=350\sim450\ \mathrm{kgf/m^2}$)，最佳的机翼尺寸要与机身尺寸协调，保证在机翼后配置水平尾翼和必需的飞机重心位置(图 18.2)。

对于无尾布局形式采用小展弦比($\lambda\leqslant2$)、小相对厚度(2%～4%)和大根梢比($\eta>12$)接近于三角形的机翼，有前缘转折、沿机身伸展的机翼(图 18.1)。在没有水平尾翼的情况下，机翼面积实际上没有上限，这使有可能选定其最佳值，即保证相当小的翼载(在正常起飞重量下 $G/S\leqslant250\ \mathrm{kgf/m^2}$)并补偿相似机翼(图 18.2)的相对小的升力特性(C_{ya}^{α})。同样可以说诱导阻力增大系数(A_2)或有效展弦比($\lambda_{эф}$)，三角形机翼比后掠机翼小得很多，再次说明用增大机翼面积来补偿。这一情况在如上所述的(第 17 章)综合比较参数中得到反映。

$C_{x0}/(G/S)$；$A_2(G/S)$或$(G/S)/\lambda_{эф}=G/l_{эф}^2$；$A_1$ 或 $C_{ya}^{*}/\lambda_{эф}$。

如果布局和尺寸不同的 2 架飞机，综合比较参数对应相同，在第 1 次近似对于展弦比不大的机翼($\lambda_{эф}$与 $\lambda_{геом}$成比例)，无尾飞机机翼翼展在起飞重量相同情况下与正常式后掠机翼的翼展是接近的。展弦比 $\lambda<2$ 的三角翼或接近三角翼的机翼面积将比正常式展弦比 $\lambda=3\sim3.5$ 的后掠翼机翼面积大到 1.5～2 倍。在这种情况下，无尾飞机的机身相对最大横截面积将相应地减小那么多，即不是起飞重量不大的机动飞机的 8%～10%，而是 5%～6%，这才能保证当 $\bar{S}_{мф}=\mathrm{const}$ 与风洞试验得到的研究模型的空气动力特性相比，最大升阻比没有很大的差别(图 18.20 及第 2 章)。

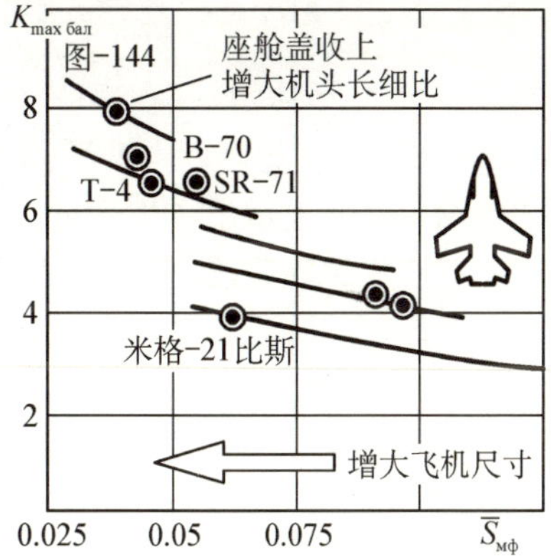

图 18.20　机身最大横截面面积比、飞机的尺寸和布局形式对最大配平升阻比的影响 ($M=1.5$)

无尾布局形式主要的缺点不是 C_{ya}^{α} 及 $\lambda_{эф}$ 值低，而是与同样用途和起飞重量的正常布局形式飞机比(机翼面积加大了 1 倍)，随之而来的一系列原因，飞机尺寸要大，而且要达到起飞和着陆需要的可用升力，纵向配平也困难。

用升降副翼着陆要下偏，而且要增长操纵面的力臂，对于无尾布局形式可以用附加的前翼，前翼实际上在所有近来的无尾飞机上采用(图 18.2)，它作为附加的操纵和配平翼面来用。如飞机是静稳定的，要配平无尾飞机通常带飞机升阻比的损失。

如果一架是后掠翼正常式布局的飞机，另一架是三角翼无尾式布局飞机而都以统一的机身作布局的基准(机身最大横截面取决于发动机、进气道及飞行员座舱)，则无尾飞机原则上有大的体积可以装更多的燃油。然而，要用机翼中的额外容积，翼载就要增大，而起飞推重比就要减少，这样起始巡航高度及在需要作急骤机动区的飞机的机动能力下降。

在保持起飞重量和燃油储量的情况下，按燃油量的装载效率和航程便减小。

在图 18.21 上对带发动机的无尾飞机(Б)和正常布局按前一节的第 1 种方法(正解)计算出来$\overline{Q}_{v\min}$区域，其无量纲特性示于图 18.8。下一幅图 18.22 示出了机动特性与选定的巡航飞行起始高度及与这一高度相对应的翼载的关系。为了通用补充示出了用苏-27 布局以同样的发动机(图 18.8)设计的融合体布局飞机(И)的$\overline{Q}_{v\min}$区域。

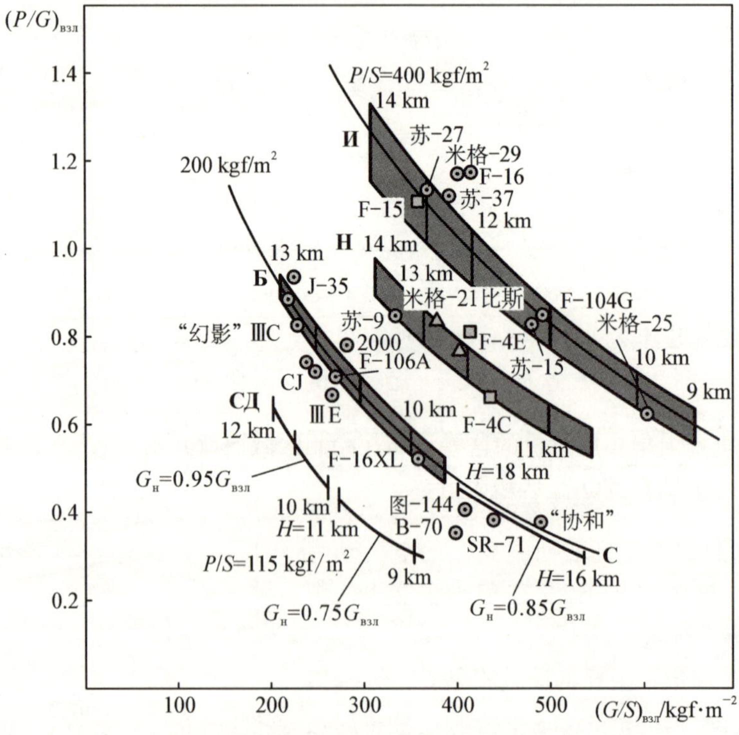

图 18.21　对于批生产超声速飞机各种气动布局形式的$(P/G)_{взл}$及$(G/S)_{взл}$、参数的关联图

Б——无尾；И——融合体；Н——正常式；С 及 СД——非机动飞机

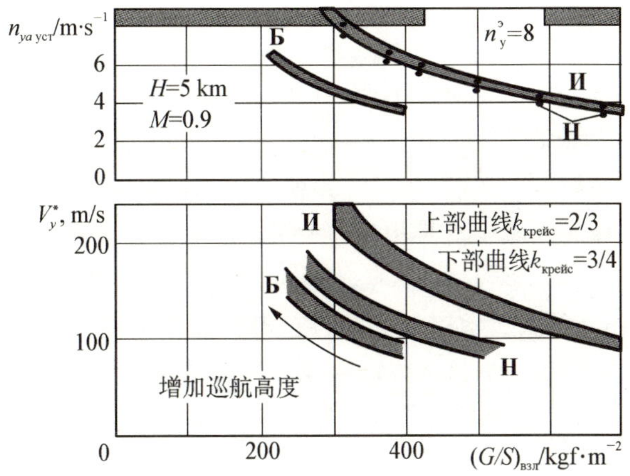

图 18.22　在选择 $Q_{v\min}$ 参数区时，无尾(Б)、正常式(Н)及融合体(И)布局形式飞机的机动能力

依据任务装载和燃油的重量，在 G/S、P/G 平面上对应于任一种空气动力布局形式的飞机的点可能位于在发动机正常和最大起飞推力载荷之间的 $(P_{0ф}/S)_{взл}=$ const 线上任一位置上。

在巡航飞行中，这一点向上并向左移至对应于巡航飞行终止的 P/G 和 G/S。

可以提到，带后掠机翼的正常布局形式飞机或带三角形机翼无尾式飞机的 $\overline{Q}_{v\min}$ 区域按 $(P_{0ф}/S)_{взл}$，因而按起飞翼载和推重比是明显地不同。起飞推力与机翼面积的最佳比 $(P_{0ф}/S)_{взл}$ 为

——对于三角形机翼无尾式飞机为 180～220 kgf/m^2；

——对于正常机身式布局为 280～320 kgf/m^2；

——对于正常、融合体或与其接近的布局形式为 380～420 kgf/m^2。

对空气动力特性平均值和发动机平均无量纲特性绘制了图 18.21 的区域“Б”、“Н”、“И”，因此其位置一般来说只表明所研究布局的原则区别。然而，所有批生产的三角形机翼无尾布局飞机的这些点均在绘制区域内或其附近，正常布局飞机的这些点大多也集结在其 $\overline{Q}_{v\min}$ 区域附近。

决定需用起飞推重比和翼载区域的飞机布局和发动机的主要参数用下式关联

$$(P_{0ф}/S)_{взл}=(1/k_{крейс})\cdot(C_{ya\,K_{\max}}/k_{vн})\cdot(q_{11}/K_{\max})$$

$(P_{0ф}/S)_{взл}$ 参数值由高度 $H=11\ 000$ m 上的速压(q_{11})(取决于巡航飞机 M 数)和(对高度 $H=11\ 000$ m、$M_{крейс}$ 确定的)$C_{ya\,K_{\max}}$、$K_{\max}$ 和 $k_{vн}$ 系数来确定。

最大升阻比决定了航程而空气动力学家的主要努力旨在增加航程。因此，G/S、P/G 平面上的 $\overline{Q}_{v\min}$ 区域位置用空气动力学方面的 $C_{ya\,K_{\max}}$ 和 $M_{онт}$ 值与发动机方面的 $k_{vн}$ 值来“调节”。

“$k_{крейс}$ 系数对应于 $Ce_{\min}$ 区域(图 18.7)。

所有超声速机动飞机的参数，毫无例外，均根据保证亚声速巡航飞行的条件选择，为此，$q_{11}(M_{онт})=1\ 000\sim1\ 300\ \mathrm{kgf/m^2}$。实现超声速巡航状态，为此 $q(M_{крейс})$ 与 M^2 成正比例增加，而 K_{max} 大大减小(图 18.21)，即在 $M=1.6(q_{11}=4\ 000\ \mathrm{kgf/m^2})$ 时 $\overline{Q}_v$ 降到最低程度，导致 $(P/G)_{взл}$ 和 $(G/S)_{взл}$，这些在所研究的布局中是不能实现的。

因此，为了保证超声速巡航飞行状态，就要求不只是大大增加在 $M>1$ 时的最大升阻比，这只有在大大减少机身相对最大横截面面积和机翼厚度的情况下才是可能的，而且还要使 $C_{ya\,K_{max}}$ 减小。这一点只有过渡到小展弦比三角翼或与其接近的机翼才得以保证。还必须大大地增加 $k_{vн}$ 系数，即将加力和不加力推力比例向有利于不加力推力方向改变，这只有提高发动机工作温度才是可能的。

这些要求偏离了保证亚声速巡航飞行的条件。

对于超声速运输机可实现两种空气动力布局形式：

——带三角机翼的无尾布局；

——带变后掠机翼的正常布局。

第 1 种布局——用于以超声速巡航状态为主的飞机(图-144、T-4、“协和”号、XB-70)。

第 2 种布局——用于主要是亚声速巡航状态的飞机(图-160、B-1、图-22M)。

在超声速巡航飞行状态下，加力推力可调节时节流特性没有最小值，因此，巡航飞行设计 $M=2.2\sim2.3$ 的飞机布局和发动机匹配区域(在图 18.21 用字母“C”标出)，对 $k_{крейс}=0.75$ 绘出。该区域对应于 $(P_{0ф}/S)_{взл}=190\ \mathrm{kgf/m^2}$ 并与上面列举的飞机的 $(P/G)_{взл}$ 和 $(G/S)_{взл}$ 完全符合。在计算中所采用的布局空气动力特性和动力装置无量纲的特性示于图 18.23 和图 18.24。

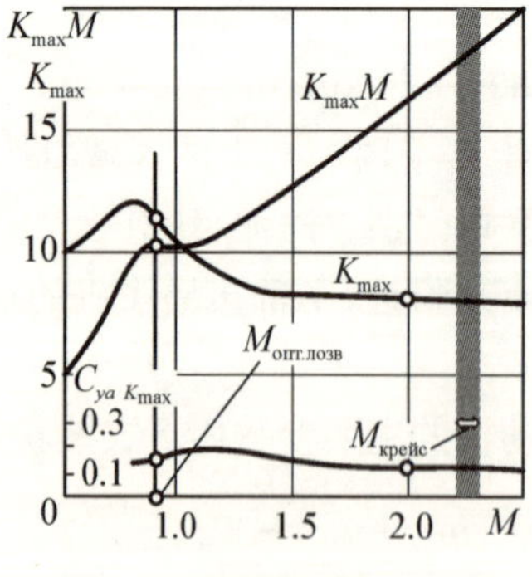

图 18.23 超声速客机的空气动力特性

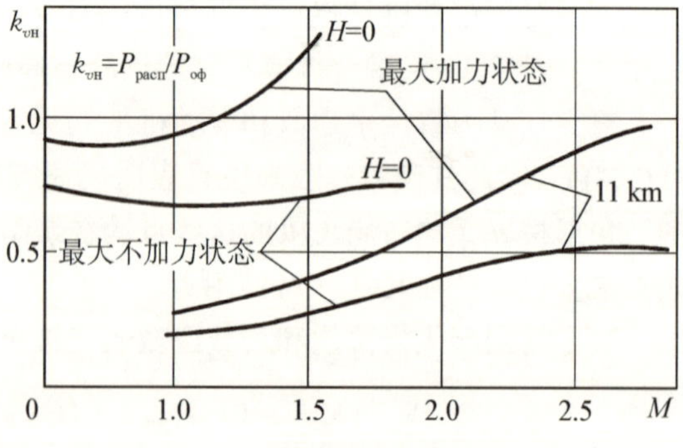

图 18.24 超声速客机动力装置的无量纲可用推力(示例)

如果选这些布局，但为亚声速巡航状态选择这一区域，则 $(P_{0ф}/S)_{взл}$ 比将是 $115\ \mathrm{kgf/m^2}$(图 18.21 中的 CД 线)，即超声速和亚声速状态在这里不协调。为了实现最佳的亚声速飞行，就需要很小的翼载，如同无尾机动飞机那样。

机翼尺寸大及其沿机身伸展，没有大速压下的飞行要求就能够有效地采用机翼中弧面弯扭，以提高巡航飞行状态下的升阻比，很大的绝对厚度使有可能安排必需的后缘增升装置，而伸出式水平前翼——能保证相当大的抬头力矩，就可以利用这种增升装置来大大提高起飞和着陆的升力，如果这一点是必需的。

此外，运输机所固有的燃油相对储量很大——大约是起飞重量的一半，这就大大减轻了着陆的问题。

必须考虑重型超声速飞机飞过时对地面的声爆强度大，而降低它只有降低翼载和提高飞行高度。这种不能容忍的现象，为了居民生活实质上限制超声速客机的航线只能越洋飞行，如飞过陆地只能用亚声速。超声速客机的第 2 个缺点——运营费用高。对于图- 144 及"协和"客机其油耗接近 100 g/(座・km)，第 2 代超声速客机此值将减少一半。该值在近代亚声速干线飞机上只有 18～25 g/(座・km)。

因此，带三角形机翼的无尾布局形式对具有正常布局形式有亚声速巡航飞行状态的机动超声速飞机没有优越性，但对于非机动超声速运输飞机是要优先考虑的。

参考文献

[1] Бюшгснс Г С. Авиация XXI века [J]. ТВФ, 1990, №1.

[2] Огородников Д А, Цховребов М М. Авиационные двигатели XXI века [J]. ТВФ, 1990, №1.

[3] Шкадов Л М. Авиация XXI века. Прогнозы и перспективы [J]. ТВФ, 1994, №1 - 2.

[4] Антонов В И, Кнышев Л И, Симонов М П. Основные требования к истребителю IV поколения и их реализация в конструкции истребителя - перехватчика Су - 27 [J]. ТВФ, 1990, №2.

[5] Самойлович О С. Методология формирования облика летательных аппаратов [J]. ТВФ, 1991, №4.

[6] Колоколова Л Г. Метод обобщенных моделей свойств самолета для этапа раннего проектирования [J]. ТВФ, 1995,5 - 6.

[7] Фомин Н А. Проектирование самолетов [М]. Оборонгиз, 1961.

[8] Крон Г. Исследование сложных систем по частям / Пер. с англ [М]. Наука, 1972.

补充参考文献

[1] Франкль Ф И，Христианович С А，Алексеева Р Н. Основы газовой динамики［C］. Тр. ЦАГИ，1938.

[2] Христианович С А，Серебрийский Я М. О волновом сопротивлении［C］. Тр. ЦАГИ，1944.

[3] Христианович С А，Галъперин В Г. Физические основы околозвуковой аэродинамики［C］. Тр. ЦАГИ，1948.

[4] Христианович С А. Механика сплошной среды. Сборник работ［M］. Наука，1984.

[5] Христианович С А. О сверхзвуковых течениях газа［C］. Тр. ЦАГИ，1941.

[6] Нихолъский А А. Теоретические исследования по механике Жидкости и газа / ЦАГИ，1981.

[7] Христиановича С А. Прикладная газовая динамика［R］. Под ред. ЦАГИ，1948.

[8] Руководство для конструкторов. Т. Аэродинамика и динамика［C］. ЦАГИ，выпуски 1970－1980.

[9] Струминский В В. Аэродинамика стреловидных крыльев средних и малых удлинений［M］. Наука，1983.

[10] Струминский В В. СкольЖение крыла в вязком и сЖимаемом газе［R］. Доклады АН СССР，1946.

[11] Струминский В В，Лебедь Н К. Расчет аэродинамических характеристик стреловидных крыльсв［C］. ЦАГИ，1947.

[12] Струминский В В，Бюшгенс Г С，Костюк К К и др. Исследования по аэродинамике сверхзвуковых самолетов и крылатых ракет и разработка рациональных аэродинамических компоновок［C］. Отчет ЦАГИ，1961.

[13] Христианович С А，Гальперин В Г，Миллионщиков М А，Симонов Л А. Прикладная газовая динамика［C］. ЦАГИ，1948.

[14] Красильщиков П П. Практическая аэродинамика крыла［C］. Тр. ЦАГИ，1973.

[15] Rebuffet P. Aerodynamique Experimentale［M］. －Paris，1968.

[16] Петров К П. Аэродинамика элементов летательных аппаратов［M］. Машиностроение，1985.

[17] Белоцерковский С М，Кудрявцева Н А，Потапалов С А，Табачников В Г. Исследование свсрхзвуковой аэродинамики самолета на ЭВМ［M］. Наука，1983.

[18] Белоцерковский С М，Скрипач Б К，Табачников В Г. Крыло в нестационарном потоке газа［M］. Наука，1971.

[19] Schlichting H, Truckenbrodt E. Aerodynamics of the airplane [M]. Пер. с немецк. - New York, 1979.

[20] Jones R T. Wing theory [M]. - Prington, 1990.

[21] Эшли Х, Лэндл М. Аэродинамика крыльев и корпусов летательных аппаратов. Перевод с англ / Под ред. Штейнберга Р. И [М]. Машиностросние, 1969.

[22] Устойчивость, управляемость и динамика самолетов (Сб. работ) [С]. Тр. ЦАГИ, 1968.

[23] Бюшгенс Г С, Студнев Р В. Аэродинамика самолета. Динамика продольного и бокового движения [М]. Машиностроение, 1979.

[24] Красовский А А. Системы автоматического управления полетом пилотируемых летательных аппаратов [М]. ВВИА им. Жуковского, 1971.

[25] Бюшгенс Г С, Студнев Р В. Динамика самолета. Пространственное движение [М]. Машиностроение, 1983.

[26] Loftin L K. Quest for performance. The evolution of modern aircraft [R]. - NASA, 1985.

[27] Hansen J R. Engineer in charge A history of the Langly Aeronautical laboratory 1917 - 1958[C]. - NASA, 1987.

[28] Bilstein R E. A history of the NACA and NASA 1915 - 1990[C]. - NASA 1992.

[29] Бюшгенс Г С, Бедржицкий Е Л. ЦАГИ - дентр авиационной науки [М]. Наука, 1993.

[30] ЦАГИ - основные этапы научной деятельности. 1968 - 1993 [М]. Наука. Физматлит, 1996.

[31] Бюшгенса Г С. Аэродинамика и динамика нолета магистральных самолетов. Москва - Пекин [С]. ЦАГИ, Авиа-изд. КНР, 1995.

[32] Etkin B. Dynamics of Atmospheric Flight [M]. - Johnwiley, 1972.

[33] Миеле А. Механика полета [М]. Наука, 1965.

[34] Удерман Э Г. Метод корневого годографа в теории автоматических систем [М]. Наука, 1979.

[35] Бочкарев А Ф, Андреевский В В и др. Аэромеханика самолета [М]. Машиностроение, 1985.

[36] Акимов В М, Бакулев В И, Курзинер Р И и др. Теория воздушно-реактивных двигателей / Шляхтенко С М [М]. Машиностроение, 1987.

[37] Эшли Х. Инженерные исследования летательных аппаратов / Пер. с англ [М]. Машиностроение, 1980.

[38] Бюшгенс Г С, Вождаев Е С, Загайнов Г И и др, Якимов Г Л, Андреев Ю В, Калибабчук О Г, Мигунов В К. Аэродинамика высокоманевренных фронтовых истребителей [С]. Тр. ЦАГИ, 1986.

[39] Бюшгенс Г С, Александров Г В, Белоцерковский С М и др. Аэродинамика самолетов с крыльями изменяемой геометрии [С]. Тр. ЦАГИ, 1980.